中国轻工业"十三五"规划教材

生物活性物质学

主编　郑建仙

中国轻工业出版社

图书在版编目（CIP）数据

生物活性物质学 / 郑建仙主编 . —北京：中国轻
工业出版社，2024.8
ISBN 978-7-5184-3360-5

Ⅰ.①生… Ⅱ.①郑… Ⅲ.①生物活性 — 物质 — 研究
Ⅳ.①Q1

中国版本图书馆 CIP 数据核字（2020）第 266492 号

责任编辑：贾　磊

文字编辑：田超男　　责任终审：白　洁　　整体设计：锋尚设计
策划编辑：贾　磊　　责任校对：吴大朋　　责任监印：张　可

出版发行：中国轻工业出版社（北京鲁谷东街5号，邮编：100040）
印　　刷：三河市万龙印装有限公司
经　　销：各地新华书店
版　　次：2024年8月第1版第1次印刷
开　　本：787×1092　1/16　印张：38.5
字　　数：950千字
书　　号：ISBN 978-7-5184-3360-5　定价：88.00元
邮购电话：010-85119873
发行电话：010-85119832　010-85119912
网　　址：http://www.chlip.com.cn
Email：club@ chlip.com.cn

利用生物技术
开发功能性食品

袁隆平

开发生物活性物质
功在当代利在千秋

（签名）

《生物活性物质学》编委会

顾　问　　袁隆平　齐庆中

主　编　　郑建仙

编　委　　单　杨　黄寿恩　吴炜亮　周中凯
　　　　　董庆亮　袁尔东　周　丹　葛亚中
　　　　　姜　土　王　超　郑璐辰　张慧慧
　　　　　胡涵翠　黄　敏　徐　璐　王　浩
　　　　　陈彦西　饶志娟　徐　俊　王永俊
　　　　　（排名不分先后）

编写分工

郑建仙　第一章，第二章，第三章第一、二（部分）、三（部分）、四节，第四章，第五章，第六章第六节，第七章，第八章第四~五节

单　杨　第六章第九节，第九章第二节

黄寿恩　第六章第二节，第八章第二节

吴炜亮　第三章第二~三节（部分），第六章第四节，第八章第三节，第九章第一节（部分），第九章第五~六节

周中凯　第六章第五节，第八章第六节

董庆亮　第十一章第一~四节

袁尔东　第六章第十节，第十三章第八节

周　丹　第九章第四节，第十二章第一~二节，第十三章第六节

葛亚中　第六章第八节，第十三章第七节

姜　土　第六章第一节，第十三章第一节

王　超　第十三章第三节

郑璐辰　第八章第一节，第九章第三节

张慧慧　第十二章第三~七节

胡涵翠　第十章

黄　敏　第十一章第五~七节

徐　璐　第八章第七节，第九章第一节（部分）

王　浩　第六章第七节，第十三章第二节
陈彦西　第六章第三节
饶志娟　第十三章第四~五节
徐　俊　第十四章第三~四节
王永俊　第十四章第一~二节，第十四章第五~六节
全书由郑建仙统稿审定

中共中央、国务院印发的《"健康中国 2030"规划纲要》指出："推进健康中国建设，是全面建成小康社会、基本实现社会主义现代化的重要基础，是全面提升中华民族健康素质、实现人民健康与经济社会协调发展的国家战略，是积极参与全球健康治理、履行 2030 年可持续发展议程国际承诺的重大举措。未来 15 年，是推进健康中国建设的重要战略机遇期。经济保持中高速增长将为维护人民健康奠定坚实基础，消费结构升级将为发展健康服务创造广阔空间，科技创新将为提高健康水平提供有力支撑，各方面制度更加成熟更加定型将为健康领域可持续发展构建强大保障。"

社会的进步，无疑为人类自身发展带来了诸多新的机会。但由于工业发达而带来的负面影响，诸如生存环境的恶化等，严重威胁着人类的生存安全。物质文明的高度发达，琳琅满目的商品供应，在一定程度上促进了恶性肿瘤、高脂血症、高血压、高尿酸血症、糖尿病、肥胖症等的发生。这些所谓的现代"文明病"，在世界范围内的发病率居高不下，时刻威胁着地球上每一个人的身体健康。老龄化社会的形成，紧张快节奏的现代生活方式，大量亚健康人群的存在，为数众多的各种急慢性疾病患者，这些都刺激着人们更加关注自身的健康与生存，这就为健康产品的发展产生了源源不断的推动力。国民收入的增加和消费水平的提高，使得人们有足够的经济实力来消费相对昂贵的健康产品，科学普及与新闻媒体有效宣传可让公众了解科学，这也为健康产品的发展提供了必要条件。

我国正面临着工业化、城镇化、人口老龄化以及疾病谱、生态环境、生活方式不断变化等带来的新挑战，健康是促进人的全面发展的必然要求，是经济社会发展的基础条件。实现国民健康长寿，是国家富强、民族振兴的重要标志，也是全国各族人民的共同愿望。

生物活性物质是指对人类健康具有生物活性的一类物质，它可以是单一成分，也可以是复合成分。生物活性物质大多是天然物质，或天然等同物质，也包括部分化学合成物质。生物活性物质是所有健康产品的关键配料（部分属于食品添加剂），广泛应用在营养食品、婴幼儿配方食品、功能性食品、特殊医学用途配方食品、药品和特殊用途化妆品等各类健康产品中。

生物活性物质学，是研究生物活性物质化学、营养、生物、毒理、工程和管理等方面内容的一门综合性学科，具有很强的科学性、实用性和社会性，与国计民生的关系密切，对促进人体健康具有重要作用。

笔者早在 1994—1999 年，陆续出版了我国功能性食品领域第一部大型专著《功能性食品》（三卷本），2003 年出版了国内第一部高等学校教材《功能性食品学》（第一版），2006 年出版《功能性食品学》（第二版），2019 年出版《功能性食品学》（第三版）。《功能性食品学》主要论述的是 50 种具体功能性食品，以及特殊医学用途配方食品的开发原理和生产实践。限于篇幅，对生物活性物质学的内容，只是做了提纲挈领式的介绍。

当今，健康产业的发展日新月异，符合人类对健康的追求，契合党中央、国务院提出的"健康中国"战略方针。为满足时代的发展要求以及食品相关专业教学改革的需求，笔者团队决定出版这部全新的高等学校教材《生物活性物质学》。

新课程生物活性物质学，是对我国目前食品科学主干专业基础课食品化学、食品营养学、食品原料学的综合补充，也是当今国际食品工业发展的必然要求。同时，这是一个令人期待的高科技领域，是当今国际食品科学领域的前沿研究热点，具有广阔的发展空间和巨大的市场潜力。

由于生物活性物质学所涉及的研究内容十分广泛，为了尽可能反映当今国际的研究全貌与技术水准，笔者广泛参考各方面的文献资料。本教材所表述的研究背景、概括的科学原理、引用的研究数据和图表，源自全世界相关领域众多科学家的研究成果，笔者谨此向这些研究者致以崇高的敬意。

本教材的完成，得到了众多知名人士的鼎力支持与指点。共和国勋章获得者、中国"杂交水稻之父"袁隆平院士，我国食品配料和食品添加剂行业领军人物齐庆中先生，都对全书结构提出了许多建设性的意见，并亲自担任编委会顾问，给予全体编委莫大的鼓励和支持！

就在本教材紧张编撰过程中，惊闻袁隆平院士于 2021 年 5 月 22 日在长沙逝世。国士无双，巨星陨落，举国哀悼。全体编委永远铭记袁隆平院士在本教材编写过程中给予的高屋建瓴的教诲，并将以此激励自己为实现"健康中国"竭尽全力。袁隆平院士的精神影响着一代又一代的中国人，督促我们为实现中华民族伟大复兴的"中国梦"而奋发图强。

需要特别强调的是，我国对婴幼儿配方食品、保健食品、特殊医学用途配方食品和特殊用途化妆品等健康产品的管理非常严格，具体管理内容也会随时代发展而不断调整。本教材所阐述的全部内容，均立足于科学技术层面。当将本教材有关内容转变成具体的工业化产品，或将本教材内容用于科学宣传时，必须完全符合国家的法律法规，不能用科学技术原理代替法律法规。

囿于笔者水平，难免挂一漏万，不妥之处，敬请批评指正。

郑建仙

2024 年 6 月于华南理工大学

目录 | Contents

（1）掌握功能性食品、特殊医学用途配方食品的定义和内容。
（2）掌握生物活性物质及营养素的定义和内容。
（3）了解生物活性物质学的研究内容。
（4）了解我国对保健食品的定义和管理。
（5）掌握营养素摄入量指标 EAR、RNI、AI 及 UL 的定义。
（6）掌握功效成分剂量指标 ED_{50}、MED、ADI 的定义。
（7）理解健康中国的重大意义。

物换星移，沧海桑田，人类社会迎来了全新的 21 世纪。回想过去，人类经历了漫长的食不果腹的凄惨岁月。仅仅到了 20 世纪的最后几十年里，人类社会才发生了天翻地覆的变化。现代社会物质文明的高度发达，既为人类的生存发展带来了很多新的机遇与挑战，同时也带来了诸多新的困惑与忧虑。肥胖症、高脂血症、糖尿病、冠心病、恶性肿瘤等所谓现代"文明病"的发病率居高不下，时刻威胁着地球上每一个人的身心健康。

2016 年 10 月 25 日，中共中央、国务院印发《"健康中国 2030"规划纲要》，要求各地区各部门结合实际认真贯彻落实。"健康是促进人的全面发展的必然要求，是经济社会发展的基础条件。实现国民健康长寿，是国家富强、民族振兴的重要标志，也是全国各族人民的共同愿望。"

一、健康中国的重大意义

党和国家历来高度重视人民健康。中华人民共和国成立以来特别是改革开放以来，我国健康领域改革发展取得显著成就，城乡环境面貌明显改善，全民健身运动蓬勃发展，医疗卫生服务体系日益健全，人民健康水平和身体素质持续提高。

推进健康中国建设，是全面建成小康社会、基本实现社会主义现代化的重要基础，是全面提升中华民族健康素质、实现人民健康与经济社会协调发展的国家战略，是积极参与全球健康治理、履行 2030 年可持续发展议程国际承诺的重大举措。未来 15 年，是推进健康中国建设的重要战略机遇期。经济保持中高速增长将为维护人民健康奠定坚实基础，消费结构升级将为发展健康服务创造广阔空间，科技创新将为提高健康水平提供有力支撑，各方面制度更加成熟更加定型将为健康领域可持续发展构建强大保障。

把健康摆在优先发展的战略地位，立足国情，将促进健康的理念融入公共政策制定实施的全过程，加快形成有利于健康的生活方式、生态环境和经济社会发展模式，实现健康与经济社会良性协调发展。

全民健康是建设健康中国的根本目的。立足全人群和全生命周期两个着力点，提供公平可及、系统连续的健康服务，实现更高水平的全民健康。要惠及全人群，不断完善制度、扩展服务、提高质量，使全体人民享有所需要的、有质量的、可负担的预防、治疗、康复、健康促进等健康服务，突出解决好妇女儿童、老年人、残疾人、低收入人群等重点人群的健康问题。要覆盖全生命周期，针对生命不同阶段的主要健康问题及主要影响因素，确定若干优先领域，强化干预，实现从胎儿到生命终点的全程健康服务和健康保障，全面维护人民健康。

二、生物活性物质

生物活性物质是指对人类健康具有生物活性的一类物质，它可以是单一成分，也可以是复合成分。生物活性物质大多是天然物质，或天然等同物质，也包括部分化学合成物质。生物活性物质是所有健康产品的关键配料（部分属于食品添加剂），广泛应用在营养食品、婴幼儿配方食品、功能性食品、特殊医学用途配方食品、药品和特殊用途化妆品等各类健康产品中。

健康产品中真正发挥生物功效的成分，称为功效成分（Functional composition），或活性成分、功能因子。富含这些成分的配料，就属于生物活性物质。随着科学研究的不断深入，更新更好的功效成分将会不断被发现。就目前而言，已确认的功效成分主要包括以下（1）～（7）类，富含这（1）～（7）类功效成分的物料就属于生物活性物质，它们是以单一成分为主的。下面（8）～（14）这 7 类天然活性物质，则含有复杂的多种功效成分。

（1）功能性碳水化合物　参见本教材第二章，如膳食纤维、活性多糖、功能性低聚糖、功能性单双糖、功能性糖醇等。

（2）氨基酸、肽与蛋白质　参见本教材第三章，如必需氨基酸、条件必需氨基酸、酪蛋白磷酸肽、免疫球蛋白、酶蛋白等。

（3）功能性脂质　参见本教材第四章，如必需脂肪酸、$\omega-3$ 多不饱和脂肪酸、$\omega-6$ 多不饱和脂肪酸、磷脂等。

（4）维生素和维生素类似物　参见本教材第五章，包括水溶性维生素、脂溶性维生素等。

（5）矿物质　参见本教材第五章，包括常量元素、微量元素等。

（6）植物活性化合物　参见本教材第六章，如皂苷、生物碱、萜类化合物、有机硫化合物等。

（7）微生态制剂　参见本教材第七章，如益生菌、益生素、合生元。

（8）药食两用植物活性物质　参见本教材第八章，92 种。

（9）保健食品允许使用的植物活性物质　参见本教材第九章，105 种。

（10）属于普通食品的植物活性物质　参见本教材第十章，90 种。

（11）属于常规中草药的植物活性物质　参见本教材第十一章，123 种。

（12）动物活性物质　参见本教材第十二章，94 种。

（13）新食品原料　参见本教材第十三章，139 种。

（14）公告为普通食品原料　参见本教材第十四章，45 种。

三、生物活性物质学

生物活性物质学，是研究生物活性物质化学、营养、生物、毒理、工程和管理等方面内容的一门综合性学科。它具有很强的科学性、实用性和社会性，与国计民生的关系密切，对促进我国人民的身体健康具有重要作用。

生物活性物质学的主要内容和基本任务包括：

①研究功效成分的化学、毒理学、功能学；

②研究功效成分有效剂量和安全剂量；

③研究功效成分的配伍性及其在健康产品制造、贮藏过程中的稳定性；

④研究健康产品及其功效成分功能学评价的程序和方法；

⑤研究功效成分、生物活性物质和健康产品制造技术；

⑥研究健康产品的开发和市场开拓；

⑦研究新技术在健康产品及其功效成分、生物活性物质制造过程中的应用；

⑧研究健康产品的管理体制和政策法规。

新课程生物活性物质学，是对我国目前食品科学主干专业基础课食品化学、食品营养学、食品原料学的综合补充，也是当今国际食品工业发展的必然要求。同时，这是一个令人振奋的高科技领域，是当今国际食品科学领域的前沿阵地，有广阔的发展空间和巨大的市场潜力。开发生物活性物质的根本目的，就是要最大限度地满足人类自身的健康需要。

四、功能性食品

功能性食品（Functional food）的定义，是强调其成分对人体能充分显示机体防御功能、调节生理节律、预防疾病和促进康复等功能的工业化食品。

我国对保健食品（Health food）的定义，是指具有特定功能的食品，适宜于特定人群食用，可调节机体的功能，又不以治疗为目的。它必须符合下面 4 条要求。

①保健食品首先必须是食品，必须无毒无害，符合应有的营养要求。

②保健食品又不同于一般食品，它具有特定保健功能。这里的"特定"是指保健功能必须是明确的、具体的，而且经过科学验证是肯定的。同时，特定功能并不能取代人体正常的膳食摄入和对各类必需营养素的需要。

③保健食品通常是针对需要调整某方面机体功能的特定人群而研制生产的，不存在对所有人都有同样作用的所谓"老少皆宜"的保健食品。

④保健食品不以治疗为目的，不能取代药物对病人的治疗作用。

保健食品，是指声称具有特定保健功能或者以补充维生素、矿物质为目的，能够调节人体机能，不以治疗疾病为目的，含有特定功效成分，适宜于特定人群食用，有规定食用量的食品。

在学术与科研上，称谓"功能性食品"更科学些。至于生产销售单位，可继续沿用由来已久的"保健食品"这个名词。

功能性食品，是新时代对传统食品的深层次要求。在世界范围内，功能性食品极受欢迎，原因包括以下几个方面。

①随着科学技术的飞速发展，人们搞清或基本搞清了许多有益健康的功效成分、各种疾病发生与膳食之间的关系，通过改善膳食条件和发挥食品本身的生理调节功能，可达到提高人类健康的目的。

②各种老年病、儿童病以及成人病发病率的上升引起人们的恐慌。

③营养学知识的普及和新闻媒介的大力宣传，使得人们更加关注健康和膳食的关系，对食品、医药和营养的认识水平得以提高。

④国民收入的增加和消费水平的提高，使得人们具有更强的经济实力用来购买相对昂贵的功能性食品，从而形成了相对稳定的特殊营养消费群体。

五、特殊医学用途配方食品

生病的人体和健康的人体需要的营养是不同的，甚至有些时候患者会出现进食受限或人体无法充分获取营养的情况。营养不良的患者不仅面临着高的疾病复发率，同时也承担着更高的医疗费用。特殊医学用途配方食品就是为了满足进食受限、消化吸收障碍、代谢紊乱或特定疾病状态人群对营养素或膳食的特殊需要，专门加工配制而成的配方食品。针对不同年龄段，它可划分为适用于0～12月龄婴儿的特殊医学用途婴儿配方食品和适用于1岁以上人群的特殊医学用途配方食品，两者都必须在医生或临床营养师指导下，单独食用或与其他食品配合食用。其中，适用于1岁以上人群的特殊医学用途配方食品，又包括全营养配方食品、特定全营养配方食品、非全营养配方食品三大类。全营养配方食品，是指可作为单一营养来源满足目标人群营养需求的特殊医学用途配方食品。特定全营养配方食品是指可作为单一营养来源能够满足目标人群，在特定疾病或医学状况下营养需求的特殊医学用途配方食品。非全营养配方食品是指可满足目标人群部分营养需求的特殊医学用途配方食品，不适用于作为单一营养来源。

针对1岁以上人群的特殊医学用途配方食品的配方应以医学和（或）营养学的研究结果为依据，其安全性及临床应用（效果）均需要经过科学证实。特殊医学用途配方食品中所使用的原料应符合相应的标准和（或）相关规定，禁止使用危害食用者健康的物质。特殊医学用途配方食品的色泽、滋味、气味、组织状态、冲调性应符合相应产品的特性，不应有正常视力可见的外来异物。

特殊医学用途婴儿配方食品指针对患有特殊紊乱、疾病等特殊医学状况婴儿的营养需求而设计制成的粉状或液态配方食品。在医生或临床营养师的指导下，单独食用或与其他食物配合食用时，其能量和营养成分能够满足0～12月龄特殊医学状况婴儿的生长发育需求。特殊医学用途婴儿配方食品的配方应以医学和营养学的研究结果为依据，其安全性、营养充足性以及临床效果均需要经过科学证实。

特殊医学用途婴儿配方食品中所使用的原料应符合相应的食品安全国家标准和（或）相关规定，禁止使用危害婴儿营养与健康的物质。不应使用经辐照处理过的原料；所使用的原料和食品添加剂不应含有谷蛋白；不应使用氢化油脂。

我国的特殊医学用途配方食品的发展相对于发达国家来说兴起得较晚，但发展迅速，前景十分令人看好。国家也出台了一系列的规范和标准来对特殊医学用途配方食品的研制、生产、注册、销售进行管制。从 2010 年起，我国相继发布了 GB 25596—2010《食品安全国家标准　特殊医学用途婴儿配方食品通则》，接着在 2013 年又出台了 GB 29922—2013《食品安全国家标准　特殊医学用途配方食品通则》和 GB 29923—2013《食品安全国家标准　特殊医学用途配方食品良好生产规范》等。近年来，特殊医学用途配方食品注册管理办法等相关文件也不断发布实施，我国特殊医学用途配方食品行业一片生机勃勃。

六、营　养　素

营养素是为维持机体繁殖、生长发育和生存等一切生命活动和过程，需要从外界环境中摄取的物质。随年龄、性别、生理特点、运动消耗等多种因素的变化，机体所需量也随之变化。20 世纪 90 年代初期，美国和加拿大的营养学界根据原有的推荐膳食营养素供给量（Recommended dietary allowance，RDA）进一步提出了更加系统全面的膳食营养素参考摄入量（Dietary reference intakes，DRIs）。中国营养学会及时研究这一领域的进展，全面定制了中国居民膳食营养素参考摄入量，2023 版《中国居民膳食营养素参考摄入量》共提出七个指标概念，即：平均需要量（Estimated average requirement，EAR）、推荐摄入量（Reference nutrient intake，RNI）、适宜摄入量（Adequate intake，AI）、可耐受最高摄入量（Tolerable upper intake levels，UL）、宏量营养素可接受范围、降低膳食相关非传染性疾病风险的建议摄入量、特定建议值。

（一）平均需要量

平均需要量是根据个体需要量的研究资料制订的，根据某些指标判断可以满足某一特定性别、年龄、生理状况群体中，50%个体需要量的摄入水平。这一摄入水平，不能满足群体中另外 50%个体对该营养素的需要。平均需要量是制订推荐摄入量的基础。针对人群，平均需要量可以用来评估群体中摄入不足的发生率。针对个体，可以检查其摄入不足的可能性。

（二）推荐摄入量

推荐摄入量相当于传统使用的推荐日摄入量，是可以满足某一特定性别、年龄、生理状况群体中，绝大多数（97%~98%）个体需要量的摄入水平。长期摄入推荐摄入量水平，可以满足身体对该营养素的需要，保持健康和维持组织中有适当的储备。推荐摄入量的主要用途，是作为个体每日摄入该营养素的目标值。

值得注意的是，个体摄入量低于推荐摄入量时，并不一定表明该个体未达到适宜营养状态。如果某个体的平均摄入量达到或超过了推荐摄入量，则可以证明该个体没有摄入不足的风险。

RNI＝EAR+2SD（SD 为标准差）。如果关于需要量变异系数的资料不够充分，不能计算 SD 时，一般设平均需要量的变异系数为 10%，这样 RNI＝1.2EAR。

（三）适宜摄入量

在个体需要量的研究资料不足而不能计算平均需要量，因而不能求得推荐摄入量时，可设定用适宜摄入量来代替推荐摄入量。

适宜摄入量是通过观察或试验获得的，健康人群某种营养素的摄入量。例如，纯母乳喂养的足月产健康婴儿，从出生到 4~6 个月，他们的营养素全部来自母乳。母乳中供给的营养素含量，就是他们的适宜摄入量。适宜摄入量的主要用途，是作为个体营养素摄入量的目标，同时用作限制过多摄入的标准。

制定适宜摄入量时不仅考虑到预防营养缺乏的需要，而且也纳入了减少某些疾病风险的概念。适宜摄入量的准确性远不如推荐摄入量，可能显著高于推荐摄入量。适宜摄入量能满足目标人群中几乎所有个体的需要。当健康个体摄入量达到适宜摄入量时，出现营养缺乏的风险很小。如果摄入量长期超过适宜摄入量，则有可能产生毒副作用。

（四）可耐受最高摄入量

可耐受最高摄入量是平均每日摄入营养素的最高限量，这个量对一般人群中的几乎所有个体不致引起不利于健康的作用。当摄入量超过可耐受最高摄入量而进一步增加时，损害健康的风险随之增大。可耐受最高摄入量并不是一个建议的摄入水平。

可耐受最高摄入量的制订是基于最大无作用剂量（No-observed-effect level，NOEL），再加上安全系数。"可耐受"是指这一剂量在生物学上大体是可以耐受的，但这并不表示可能是有益的。对于健康的个体，超过推荐摄入量或适宜摄入量的摄入量似乎并没有明确的益处。

对许多营养素来说，还没有足够的资料来制定其可耐受最高摄入量。所以，未定可耐受最高摄入量并不意味着，过多摄入没有潜在的危害。

七、功效成分与营养素的关系

营养素是食品（包括普通食品和功能性食品）的营养成分，功效成分则是功能性食品的关键成分。虽然功效成分有时在部分普通食品中也有可能存在，但因含量低，不足以发挥特定的生物功效。

营养素包括六大类：碳水化合物、蛋白质、脂肪、维生素、矿物质、水。

功效成分包括七大类：功能性碳水化合物，氨基酸、肽和蛋白质，功能性脂质，维生素和维生素类似物，矿物质，植物活性化合物，微生态制剂。

反映营养素摄入量的指标有平均需要量、推荐摄入量、适宜摄入量和可耐受最高摄入量。

反映功效成分剂量的指标有半数有效剂量（50% Effect dose，ED_{50}）、最低有效剂量（Minimum effect dose，MED）和最大日允许采食量（Acceptable daily intake，ADI）。

（一）半数有效剂量

半数有效剂量是指对受试对象（实验动物或人）半数有效的剂量。

（二）最低有效剂量

最低有效剂量是指对绝大多数（97%~98%）受试对象发挥生物功效的最低剂量。

（三）最大日允许采食量

最大日允许采食量是指让人每日摄入该功效成分直到终生，而不发生可检测的危害健康的剂量。

和可耐受最高摄入量一样，最大日允许采食量的制订依据是基于最大无作用剂量，再加上安全系数。

最大无作用剂量指通过动物试验，以现有的技术手段和检测指标，未观察到与受试物有关的毒性作用的剂量。制订最大日允许采食量的安全系数，一般取值100。它假设人比实验动物对受试物敏感10倍，人群内的敏感性差异为100倍。这个数值，并不是固定不变的。可耐受最高摄入量的制订要保守些，其数值一般小于最大日允许采食量值。在没有可耐受最高摄入量时，可参考最大日允许采食量。

对于所有的功效成分，要批准使用，首先要确保其食用安全性。因此，都必须制订明确的最大日允许采食量，或因食用安全性高不需制订具体的最大日允许采食量。最大日允许采食量与可耐受最高摄入量相似，可作为该成分的最高限量，超过这一限量，就有可能损害人体健康。

遗憾的是，对于绝大多数的功效成分，目前几乎没有可供参考的半数有效剂量和最低有效剂量的具体数值。对于某特定功能性食品中某种功效成分的具体剂量，目前只能根据科研、生产经验和功能评价来加以确定。半数有效剂量和最低有效剂量具体数值的制订和评价，是功能性食品研究领域急需开展的重要工作。

营养素和功效成分呈交叉关系，如图 1-1 所示。即使是交叉部分，两者的剂量也明显不同。作为功效成分的剂量，一般都大于作为营养素的剂量。例如，维生素 C 作为营养素时，其推荐摄入量为 100mg/d（14 岁以上），而作为增强免疫功能的功效成分时，其最低有效剂量肯定要大于这个数值。

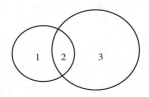

1—仅作为营养素，如淀粉、蔗糖、脂肪等；2—既是营养素又是功效成分，如维生素、矿物质等；
3—仅作为功效成分，如植物活性化合物等。
图 1-1　营养素和功效成分的交叉关系

八、健康食品开发原理

在中国，与人体健康有关的食品目前有三类：普通食品、保健食品和特殊医学用途配方食品。

普通食品是指各种供人食用或饮用的成品和原料，以及按照传统既是食品又是中药材的物品，但是不包括以治疗为目的的物品。能称为"普通食品"的东西，首先要保障其食用安全性，其次是产品的色香味应能被大众所接受（可口性）。

普通食品、保健食品、特殊医学用途配方食品三大类产品，对产品配料选择、配方剂量以及生产、管理等均有很大的不同，市场宣传要求也大不相同，应根据具体情况严加区别。在中国，保健食品目前实行"注册制"和"备案制"两种管理模式。

如果开发的目标物是普通食品，首先要考虑的是食用安全性。凡是能称作是食品的，都是非常安全的，安全也是食品的头等大事。其次要考虑产品的色香味形，食品要求美味可口，要唤起人的食欲。当然，食品也是提供人体营养的最主要的载体。从某种程度上说，开发普通食品难度相对较大，既要安全有营养，又要美味可口，十分不易。

当开发普通食品时，本教材讨论到的大多数生物活性物质都可以使用。例如，可以开发富含真菌多糖的固体饮料，开发以薏米、陈皮、紫苏、菌根、百合为原料的饼干，开发以枇杷、金银花、桔梗、橘红、雪梨为原料的果汁饮品，开发以葛根、蒲公英、山楂、甘草、低聚糖等为原料的固体饮料，开发以酸枣仁、山药、茯苓、杏仁等为原料的方便谷物粥等，都是这方面有创意的新产品。

我国法律规定，食品不能宣传功能。所以，如果开发的固体饮料以葛根、山楂、甘草、低聚糖等为主要原料，尽管这些原料具有良好的保护肝脏功能、调节肠道菌群等生物功效，但所开发的食品也不能宣称相应功能。如果要宣称，就必须申请保健食品证书。

本教材讨论的所有生物活性物质，都可以用来开发保健食品。除国家规定保健食品允许使用的中草药名单（第九章）外，未收入该名单的中草药（第十一章）也可以用来开发保健食品。但在具体操作上，应注意：

①有明显毒副作用的中药材，不宜用来开发保健食品；

②已获国家药政管理部门批准的中式药方剂，不能用于保健食品开发；

③受国家中药品种保护的中药成分，不能作为保健食品配方。

保健食品可以宣称功能，但该功能必须经过注册批准，例如"提高免疫力""预防化学性肝损伤""调节肠道菌群""改善睡眠"等等。随着时代的发展，国家可以受理的保健功能在不断调整中。另外，那些简单以补充维生素、矿物质为主的保健食品，现在都是通过"备案制"审批的，比较简单。

我国的保健食品，具体的产品形式可以是普通食品形式，如饮料（固体饮料）、饼干、糖果巧克力等，也可以是片剂、胶囊、口服液之类传统的药品形式。例如，一款以红花、葛根、香菇、猴头菇、山楂、黄秋葵、沙棘、茯苓为主要原料的固体饮料，就可以申报"提高免疫力"的保健食品。

目前，特殊医学用途配方食品的审批最为严格，对其所能使用的原料也有严格限制，审批程序与药品相似。感兴趣的读者，可参考郑建仙主编的《功能性食品学》（第三版）第十五章"特殊医学用途配方食品专题"，其中有详细介绍。

🔍 思考题

（1）什么是功能性食品？阐述功能性食品与生物活性物质的联系。

（2）功能性食品的功效成分一般可以分为哪几类？

（3）反映营养素摄入量的指标有哪些？分别阐述其定义。

（4）反映功效成分剂量的指标有哪些？分别阐述其定义。

（5）利用中药材开发功能性食品需要注意哪些事项？

（6）谈谈你对《"健康中国2030"规划纲要》的理解。

第二章

CHAPTER

2

功能性碳水化合物

[学习目标]

（1）掌握膳食纤维的种类、物化性质、生物功效及安全性。

（2）掌握活性多糖的种类、物化性质、生物功效及安全性。

（3）掌握功能性低聚糖的种类、物化性质、生物功效及安全性。

（4）掌握功能性单双糖的种类、物化性质、生物功效及安全性。

（5）掌握功能性糖醇的种类、物化性质、生物功效及安全性。

碳水化合物，占人类膳食能量来源的40%~80%。我国对15岁以上人群机体的能量推荐摄入量为8.79~13.81MJ/d。

随着营养学研究的深入，人们发现某些碳水化合物在增强免疫力、降低血脂、调节肠道菌群等方面有生物功效，这些碳水化合物统称为功能性碳水化合物。

第一节 膳 食 纤 维

1972年 H. C. Trowell 首次引入"膳食纤维"（Dietary fiber）这一自然科学新名词，1976年他将那些"不被人体消化吸收的多糖类碳水化合物与木质素"定义为"膳食纤维"。根据这个定义，出于分析上的方便，通常就将存在于膳食中的非淀粉类多糖与木质素部分称为膳食纤维。在某些情况下，也将那些不被人体所消化吸收的、在植物体内含量较少的成分，如糖蛋白、角质、蜡和多酚酯等，包括在广义的膳食纤维范围内。

膳食纤维与长期以来一直沿用的"粗纤维"（Crude fiber）有本质的区别，传统意义上的"粗纤维"是指植物经特定浓度的酸、碱、醇或醚等溶剂作用后的剩余残渣，强烈的溶剂处理导致几乎100%水溶性纤维、50%~60%半纤维素和10%~30%纤维素被溶解损失掉。因此，对于同一种产品，其粗纤维含量与总膳食纤维含量往往有很大的差异，两者之间没有一定的换算关系。

虽然膳食纤维在人体口腔、胃、小肠内不被消化吸收，但人体大肠内的某些微生物仍能降解它的部分组成成分。从这个意义上说，膳食纤维的净能量并不严格等于0。而且，膳食纤维被大肠内微生物降解后的某些成分被认为是其生物功效的一个起因。

膳食纤维的生物功效是明确而肯定的，诸如防治便秘与结肠癌、调节血脂、调节血糖以及减肥等。膳食纤维的不足或缺乏，与现代"文明病"的发病率与发病程度有直接的关系。然而，由于膳食纤维化学成分的高度不专一性，并不是所有的膳食纤维都具备这些生物功效。

一、膳食纤维的分类

膳食纤维可分为三大类：

①纤维状碳水化合物（纤维素）；

②基质碳水化合物（果胶类物质、半纤维素等）；

③填充类化合物（木质素）。

其中①②是构成细胞壁的初级成分，随着细胞的生长而生长；③为细胞壁的次级成分，通常是死组织，没有生物功效。来源不同的膳食纤维，其化学组成的差异可能很大。

（一）纤维素

纤维素是 β-Glcp（吡喃葡萄糖）经 β（1→4）糖苷键连接而成的直链线性多糖，聚合度大约是数千，它是细胞壁的主要结构物质。在植物细胞壁中，聚葡萄糖链内与链间强烈的氢键作用力，使得纤维素分子链呈规律性排列，形成结晶状的微纤维束（Microfibril）结构单元。但这种结晶结构并不是连续的，不同结晶结构间微纤维排列的规律性差异形成非结晶结构。非结晶结构内的氢键作用力较弱，易被溶剂破坏。纤维素的结晶区与非结晶区之间没有明确的界限，转变是逐渐的。不同来源的纤维素，其结晶程度也不相同。

通常所说的"非纤维素多糖（Noncellulosic polysaccharides）"泛指果胶类物质、β-葡聚糖和半纤维素等物质。

（二）半纤维素

半纤维素是植物细胞壁中除纤维素和木质素之外的另一类重要组分，由于总是与纤维素共同存在于植物细胞壁中而得名。但半纤维素的生成和化学结构与纤维素并没有关系，它是另一类植物多糖。

半纤维素的种类很多，它们由各种不同的单糖分子组成主链和支链，可根据主链分子中单糖种类的不同而分类。不同种类的半纤维素其水溶性也不同，有的可溶于水，但绝大部分都不溶于水。不同植物中半纤维素的种类、含量均不相同，其中组成谷物和豆类膳食纤维中的半纤维素有阿拉伯木聚糖、木糖葡聚糖、半乳糖甘露聚糖和 β（1→3,1→4）葡聚糖等数种。

阿拉伯木聚糖的主链由 β-Xylp（吡喃木糖）通过（1→4）糖苷键连接而成，Xyl（木糖）残基的 C-2 和 C-3 位上连有取代基，其中最主要的是单一的 α-Araf（呋喃阿拉伯糖），此外 α-吡喃葡萄糖及其 4-O-酯也比较常见。一般说来，主链上的取代基越少，分子越呈线性结构，则水溶性越差。阿拉伯木聚糖在小麦和大豆纤维中含量较多，其中小麦纤维中阿拉伯木聚糖主链木糖残基上 C-2 和 C-3 位的取代机会相当。

木糖葡聚糖的主链结构由 β-吡喃葡萄糖通过（1→4）糖苷键连接而成，C-6 分支点连有吡喃木糖，木糖与 Ara（阿拉伯糖）或 Man（甘露糖）等取代基。木糖葡聚糖是豆类纤维中最重要的一种不溶性半纤维素，但在小麦或大麦纤维中并不存在。

半乳糖甘露聚糖的主链由 β-Manp（吡喃甘露糖）通过（1→4）糖苷键连接而成，C-6 位置与 Galp（吡喃半乳糖）取代基相连。它是豆类纤维中最重要的一种水溶性半纤维素，也是瓜儿胶、洋槐豆胶的化学组成。

β（1→3,1→4）葡聚糖是由（1→3）或（1→4）糖苷键连接而成的线性分子。根据 2 种糖苷键的相对含量不同，有水溶性与水不溶性 2 种。β-葡聚糖在大麦和燕麦纤维中的含量较高，在黑麦、小麦和高粱等谷物纤维中也有少量存在。分析表明，大麦和燕麦中的水溶性 β-葡聚糖含有 70% β（1→4）糖苷键和 30% β（1→3）糖苷键。

（三）果胶及果胶类物质

果胶主链是经 α（1→4）糖苷键连接而成的聚 GalA（半乳糖醛酸），主链中连有（1→2）Rha（鼠李糖），部分半乳糖醛酸经常被甲基酯化。

果胶类物质主要有阿拉伯聚糖、半乳聚糖和阿拉伯半乳聚糖等。阿拉伯聚糖的主链由呋喃阿拉伯糖通过（1→5）糖苷键连接而成，其 C-2 或 C-3 位有时连有支链。半乳聚糖则是由 β-吡喃半乳糖通过（1→4）糖苷键连接而成的线性结构，在此线性链吡喃半乳糖 C-3 位上若连有阿拉伯糖或其低度聚合物，就成为阿拉伯半乳聚糖。

果胶或果胶类物质均能溶于水，它们在谷物纤维中的含量少，但在豆类及果蔬纤维中的含量较高。果胶能形成凝胶，对维持膳食纤维的结构有重要的作用。任何可导致其水溶性和胶凝性改变的因素均有可能影响其生物功效的有效发挥。

（四）木质素

木质素是由松柏醇、芥子醇和对羟基肉桂醇 3 种单体组成的大分子化合物。天然存在的木质素大多与碳水化合物紧密结合在一起，很难将之分离开来。木质素没有生理活性。

二、膳食纤维的物化性质

从膳食纤维的化学组成来看，其分子链中各种单糖分子的结构并无独特之处。但由这些并不独特的单糖分子结合起来的大分子结构，却赋予膳食纤维一些独特的物化特性，从而直接影响膳食纤维的生物功效。

（一）高持水力

膳食纤维化学结构中含有很多亲水基团，具有很强的持水力。不同品种膳食纤维，其化学组成、结构及物理特性不同，持水力也不同。源自初级细胞壁结构的膳食纤维，其持水力普遍高于源自次级细胞壁结构的膳食纤维。对于含有带电基团的膳食纤维（如含有羧基的果胶纤维和海藻纤维），溶液 pH、离子浓度以及离子性质等因素都会对其持水力产生影响。溶液的介电常数可能使纤维表面的带电特性发生变化，从而影响到纤维的持水性。碾磨、干燥、加热、挤压等各种加工手段，可能引起纤维基质物理特性的变化，而影响其持水力。研究显示，反复的水浸泡冲洗和频繁的热处理会明显减小纤维的持水力；而高温、高剪切或挤压力的作用可使某些水不溶性的纤维大分子断裂，形成较小分子的可溶性组分，使其持水力增加。

测定方法不同，膳食纤维持水力的具体数值也不相同。常用方法是使膳食纤维被水饱和后，经离心、过滤等方法去除多余水分后再测定。但此法测出的持水力与膳食纤维在人体肠道内的实际持水力有较大差别，因为膳食纤维在肠道内会被微生物部分发酵，从而对其持水能力产生影响。另一种方法，是模拟膳食纤维在大肠中的生理环境，将膳食纤维在体外发酵后，将纤维残渣和微生物团块用渗透吸引法进行测定。虽然这种方法比较麻烦，但不失为一种比较有实际生理学意义的测定方法。根据这种方法测定的各种膳食纤维的持水力大小，结合其发酵能力的不同，即可基本确定其在增加粪便排出量方面的功效强弱。

膳食纤维的高持水力对大肠功能有重要影响，它有利于增加粪便的含水量及体积，促进粪便的排泄。膳食纤维的持水力大小及其束缚水的存在形式均会影响生物功效的发挥，但似乎后者的影响更大些。

（二）吸附作用

膳食纤维分子表面带有很多活性基团，可以吸附螯合胆固醇、胆汁酸以及肠道内的有毒物质（内源性毒素）、化学药品和有毒医药品（外源性毒素）等有机化合物。膳食纤维的这种吸附螯合的作用，与其生物功效密切相关。

其中研究最多的是膳食纤维与胆汁酸的吸附作用，它被认为是膳食纤维降血脂功能的机制之一。不同品种膳食纤维对胆汁酸的吸附能力不同，同时与 pH 及胆汁酸的性质也有关。酸性条件下，膳食纤维对胆汁酸的结合最多，随 pH 增加则结合力下降。某些品种的膳食纤维会优先吸附未结合的胆汁酸，而对与牛磺胆酸、甘氨胆酸等结合的胆汁酸的吸附能力较弱。体外试验显示，木质素吸附胆汁酸的能力很大，果胶及其他酸性多糖对胆汁酸的吸附能力也较好，而纤维素的吸附作用则较小。肠腔内，膳食纤维与胆汁酸的作用可能是静电力、氢键或者疏水键间的相互作用，其中氢键可能是主要的作用形式。

（三）阳离子交换作用

膳食纤维化学结构中所包含的羧基、羟基和氨基等侧链基团，可产生类似弱酸性阳离子交换树脂的作用，可与阳离子，尤其是有机阳离子进行可逆的交换。这种可逆的交换作用，并不是单纯的结合而减少机体对离子的吸收，而是改变离子的瞬间浓度，一般是起稀释作用并延长它们的转换时间，而影响消化道的 pH、渗透压及氧化还原电位等，并出现一个更缓冲的环境以利于消化吸收。

膳食纤维组成单糖残基上游离羧基和糖醛酸的含量会影响其阳离子交换能力，高甲氧基果胶的阳离子交换能力低于低甲氧基果胶。

当然，膳食纤维对阳离子的交换作用也必然影响到机体对某些矿物质的吸收，这些影响作用并不都是积极的。

（四）无能量填充料

膳食纤维体积较大，缚水膨胀后体积更大，在胃肠道中会发挥填充剂的容积作用，易引起饱腹感。同时，由于膳食纤维还会影响可利用碳水化合物等成分在肠内的消化吸收，也使人不易产生饥饿感。所以，膳食纤维对预防肥胖症十分有利。

（五）发酵作用

膳食纤维虽不能被人体消化道内的酶所降解，但却能被大肠内的微生物所发酵降解。降解的程度、速度与膳食纤维的水溶解性、化学结构、颗粒大小以及摄取方式等多种因素有关，其中多糖分子中单糖和糖醛酸的种类、数量及成键方式等结构特性在很大程度上决定了该纤维在肠道内的发酵情况。以 β-糖苷键构成的纤维素、由阿拉伯糖和木糖构成的某些半纤维素很难被发酵，而糖醛酸却易被微生物作用。果胶等水溶性纤维几乎可被完全降解，纤维素等水不溶性纤维则不易为微生物所作用。同一来源的膳食纤维，颗粒小者较颗粒大者更易降解，而单独摄入的膳食纤维较包含于食物基质中的更易被降解。

膳食纤维被肠内微生物降解后，产生乙酸、丙酸和丁酸等短链脂肪酸。这些短链脂肪酸可被结肠细胞吸收利用为能量物质，同时还可能影响到肝脏中葡萄糖和脂质的代谢。膳食纤维的发酵作用使大肠内 pH 降低，从而影响微生物菌群的生长和增殖，诱导产生大量的好氧有益菌，抑制厌氧腐败菌。好氧菌群产生的致癌物质较厌氧菌群的少，即使产生也能很快随膳食纤维排出体外，这是膳食纤维能预防结肠癌的一个重要原因。另外，由于菌落细胞是粪便的一个重要组成部分，因此膳食纤维的发酵作用也会影响粪便的排泄量。

（六）溶解性与黏性

膳食纤维的溶解性、黏性对其生物功效有重要影响，水溶性纤维更易被肠道内的细菌所发酵，黏性纤维有利于延缓和降低消化道中其他食物成分的消化吸收。

膳食纤维有序和无序结构的稳定性决定了其溶解性能。多糖结构的分子排列若有如结晶体般的有序排列，则它在固体状态下比在溶液中更为稳定。纤维素等线性有序结构为水不溶性，瓜儿胶等由于其主链与侧链的不规则性使其水溶解性较好。果胶等含带电基团的纤维在盐溶液中易于溶解，因为电斥力的作用抑制了有序结构的形成。某些纤维在冷水中不能溶解，但在高温下却易溶解，这也是由于温度升高破坏了键合力而形成无序结构。

果胶、瓜儿胶、琼脂等具有良好的黏性与胶凝性，能形成高黏度的溶液。黏性是膳食纤维在溶液中的物理作用引起的，黏度大小与其化学结构密切相关。果胶的相对分子质量及甲氧基含量均会影响其黏度的大小，同时溶剂、浓度及温度等都会影响其黏度，在一定条件下高黏度溶液还会更进一步形成凝胶。在胃肠道中，这些膳食纤维可使其中的内容物黏度增加，形成胶质层，增加非搅动层（Unstirred layer）厚度，降低胃排空率，延缓和降低葡萄糖、胆汁酸和胆固醇等物质的吸收。

三、膳食纤维的生物功效

早期的研究工作业已表明，膳食纤维的缺乏与不足会引起各种疾病。这个结论现在这样表述："膳食中足够数量的膳食纤维，会保护人体免遭这些疾病的侵害"。现在，已不把文明病的发病程度专一归因于某个单独的食物成分，所以在引入高膳食纤维食品时必须指出它同时是低脂肪的。

用来解释膳食纤维能够保护人体免遭各种疾病侵害的理论学说，也逐渐为人们所接受。便秘的预防保护理论第一个被接受，接下去是心血管疾病、痔疮、糖尿病、结肠癌和肥胖症等，有研究指出，缺乏纤维的食物可能会引起间歇式疝的出现。虽然有很多事例表明，高膳食纤维食物会保护人体免受阑尾炎、胆结石、静脉血管曲张和局部贫血型心脏病的侵害，但相关内容的研究者仍然较少。

近几十年，由于科研人员的不断努力、新闻媒介的尽力宣传及在大量的事实面前，膳食纤维的重要生物功效在更大范围内为人们所接受。回想这一颇具戏剧性的转变过程，究其原因就在于，以前缺乏对膳食纤维本质与功效的认识。人们经常会除去那些不甚了解的东西，如目前对扁桃体和阑尾的看法也是如此。

对于不同品种的膳食纤维，由于其内部化学组成、结构以及物化特性的不同，在对机体健康的作用及影响方面也有差异，并不是所有的膳食纤维都具备下列所有的生物功效。

（一）无能量、干预肥胖

虽然膳食纤维在人体口腔、胃和小肠内不被消化吸收，但却会被结肠内的某些微生物所发酵降解，产生短链脂肪酸（乙酸、丙酸和丁酸）。其中，乙酸和丙酸可被结肠上皮细胞或末梢组织所代谢，提供能量，而丁酸则是结肠细胞的主要能源物质，因此，从这个意义上来说，膳食纤维的净能量并不严格等于 0，只是基本为 0。例如，大豆纤维、小麦纤维、玉米纤维等。

某些全水溶的膳食纤维，可被机体部分代谢，表现出较低的能量值。例如，利用 ^{14}C 标记的聚葡萄糖考察它在人体及动物体内的代谢情况，发现聚葡萄糖在动物和人体内的最大利用率为 25%，其实际能量值只有 4.18kJ/g。而大部分的碳水化合物为 16.72kJ/g，脂肪为 37.62kJ/g。聚葡萄糖的低能量是由于它不易被胃肠吸收，也不易被肠道中的微生物降解。聚葡萄糖由口腔摄入后，其大部分（60%）都被毫无改变地随粪便排泄。而未被排出的那部分被肠道微生物菌群利用，转化为挥发性脂肪酸和 CO_2。其中后者无营养价值，大部分作为胃肠气体被排出或者被输送到肺再呼出体外。挥发性脂肪酸被吸收，作为机体的能源，并最终以 CO_2 的形式由呼吸排出。这种微生物代谢只要食物中含有可利用的碳源并能到达大肠就会发生。临床研究表明，聚葡萄糖不影响维生素、矿物质和必需氨基酸的吸收和利用。

膳食纤维会减少小肠内食物之间以及食物与消化酶之间的混合，影响消化吸收。体外试验表明，各种纤维均能抑制碳水化合物、脂质和蛋白质的胰酶的活性，但这种抑制作用的机制目前尚不清楚。膳食纤维可减少脂质与胆酸的混合，抑制脂肪的乳化，影响脂质在小肠中的吸收。黏性膳食纤维可通过增加小肠内容物黏度，使非搅动层厚度增加等机制，延缓消化吸收过程，使高纤维膳食中的大部分营养素在小肠的下段被吸收。肠腔内的膳食纤维通过这种对营养素吸收速率和吸收部位的调节作用，而在维持胃肠系统的功能中有重要作用。完整的细胞壁会减缓消化酶进入植物性食物内，若将纤维磨成较细的颗粒，可破坏细胞壁的结构，促进可消化的营养素更易于被水解。

黏性膳食纤维随膳食进入胃中，使胃内容黏度增加，可延缓胃的排空，这也是黏性多糖延缓葡萄糖吸收的机制之一。通常，在大部分液体排空之前，膳食中的固体物质大都沉积于胃的底部，而后再经胃窦和幽门进入小肠。当膳食中的黏性多糖增加胃内容物的黏度，固体与液体混杂在一起不能分开，固体物质不易沉降于胃底，而不利于胃的排空。试验显示，健康个体连续 4 周摄入苹果果胶（20g/d）后，其胃排空时间延长了 2 倍；在停止摄入果胶 3 周后，其胃排空速率才恢复到试验以前的水平。

膳食纤维的高持水性及缚水后体积的膨胀性，对胃肠道产生容积作用，以及引起胃排空的减慢，更快产生饱腹感且不易感到饥饿，对于预防肥胖症大有益处。

（二）调节血糖水平、干预糖尿病

膳食纤维的缺乏被认为是引起人类糖尿病的重要原因之一，西方人糖尿病发病率高的一个重要原因就在于此。膳食纤维的摄取，有助于延缓和降低餐后血糖和血清胰岛素水平的升高，改善葡萄糖耐量曲线，维持餐后血糖水平的平衡与稳定。这一点对于糖尿病患者来说尤为有利，因为改善机体血糖情况，避免血糖水平的剧烈波动，使之稳定在正常水平或接近正常水平范围内是十分重要的。

膳食纤维稳定餐后血糖水平的作用机制主要在于，延缓和降低机体对葡萄糖的吸收速度和数量。研究显示，黏性膳食纤维的摄入，可使小肠内容物的黏度增加，在肠内形成胶基层，并使肠黏膜非搅动层厚度增加，使葡萄糖由肠腔进入肠上皮细胞吸收表面的速度下降，葡萄糖吸收速率也随之下降。同时，膳食纤维的摄入，也增加了胃内容物的黏度，降低了胃排空速率，也影响了葡萄糖的吸收。添加膳食纤维所引起的胃排空速率降低与餐后血糖水平降低显著相关。

由于膳食纤维的持水性和膨胀性，在肠道内干扰了可利用碳水化合物与消化酶之间的有效混合和作用，降低了可利用碳水化合物的消化率。并且，膳食纤维促进肠道蠕动，使食物在消化道内的消化和吸收时间变短，也影响了小肠对葡萄糖的吸收。这些因素共同作用的结果就是，机体对葡萄糖的吸收被延缓和降低，从而起到了平衡和稳定血糖水平的作用。

还有一种观点认为，膳食纤维可通过减少肠激素（如抑胃肽、胰高血糖素）的分泌来抑制血糖的升高。但由于膳食纤维不被机体所消化吸收，所以膳食纤维对激素的调节只能是其间接作用的结果。而延缓或阻碍葡萄糖的吸收才是其直接作用结果。也有一种可能是，膳食纤维在肠内被细菌发酵所产生的短链脂肪酸（包括乙酸、丙酸和丁酸）具有调节激素分泌的作用，但这种说法仍缺乏可靠的事实依据。

膳食纤维延缓和阻碍葡萄糖吸收的数种作用途径同时存在，但不同品种和物化性质膳食纤维的主要作用途径不同，导致其稳定血糖的效果也不同。膳食纤维延缓餐后葡萄糖的吸收，降低餐后血糖的最高峰值，减轻了胰岛的负担，并可促进糖代谢的良性循环，对预防糖尿病十分有利。大量研究事实均证实，长期摄入高纤维膳食，有利于稳定血糖，改善机体末梢组织对胰岛素的感受，降低糖尿病患者对胰岛素的要求。对于 2 型（非胰岛素依赖型）糖尿病患者，十分有必要提高日常膳食纤维的摄入量，以避免疾病症状的进一步恶化。但对于 1 型（胰岛素依赖型）糖尿病患者，膳食纤维的控制作用则较小。

（三）调节血脂水平、干预心血管疾病

高纤维食品可对高脂食品升高血清胆固醇的作用起到拮抗效果，其根本原因在于膳食纤维可有效降低血脂水平，这已被大量人体和动物试验所证实。普遍认为，膳食纤维可有效降低血清总胆固醇（Total cholesterol，TC）和低密度脂蛋白胆固醇（LDL-cholesterol，LDL-C）水平，但对血清甘油三酯（Triglyceride，TG）和高密度脂蛋白胆固醇（HDL-cholesterol，HDL-C）水平的影响却缺乏比较统一的试验结果。大多数试验显示，膳食纤维对高密度脂蛋白胆固醇和甘油三酯无明显影响。低密度脂蛋白胆固醇也被称作致动脉硬化因子，而高密度脂蛋白胞胆醇也被称为抗动脉硬化因子，前者的降低和后者的升高均显示血脂情况的改善。

膳食纤维调节血脂的作用机制可能包括：

①吸附肠腔内胆汁酸，减少胆汁酸的重吸收，阻断胆固醇的肠肝循环；

②降低膳食胆固醇的吸收率；

③被大肠内细菌发酵降解，所产生的短链脂肪酸对肝脏胆固醇的生物合成可能有抑制作用。

膳食胆固醇的吸收率与机体血浆胆固醇水平直接相关，膳食胆固醇吸收率下降有利于血浆胆固醇水平的下降。黏性膳食纤维可明显增加小肠内容物黏度，在小肠腔内形成胶基层，增加小肠非搅动层厚度，降低胆固醇从肠腔到黏膜的扩散速度，阻碍胆固醇与肠黏膜的接触，导致胆固醇吸收率的下降。同时，膳食纤维还可能与胆固醇结合或将其包裹在它的分子内，抑制胶态分子团的形成，阻碍胆固醇与胆汁的乳化作用，也导致膳食胆固醇吸收率的下降，而粪便中胆固醇排出量却增加。

膳食纤维进入大肠，被其中的细菌所发酵，其降解产物（主要是乙酸、丙酸和丁酸）可

被肠细胞作为能量物质利用或进入血液，并可能影响胆固醇和胆汁酸的吸收与代谢。其中，丙酸（盐）被认为有助于抑制胆固醇的生物合成和促进低密度脂蛋白胆固醇的清除。据推测，丙酸可抑制 β-羟［基］-β-甲戊二酸单酰辅酶 A（HMG-CoA）还原酶的活性，从而降低胆固醇的生物合成，最终导致血浆胆固醇水平的下降。但相关试验结果却非常不一致，这一假说目前仍缺乏足够的事实依据的支持。

由于高胆固醇膳食的摄入，引起机体血脂水平升高的主要因素应当是外源性胆固醇（膳食胆固醇），而非内源性胆固醇（肝脏生物合成胆固醇）。因此，其血脂水平下降的主要原因应当是抑制膳食胆固醇的吸收，而不是短链脂肪酸抑制胆固醇的生物合成。

（四）调节肠道菌群

机体肠道菌群结构受膳食因素的影响很大，不同膳食结构的人群，其肠内菌群的数量与结构也不尽相同，导致粪便微生物菌群的数量与结构也有较大差别。通过控制膳食结构来完全改变粪便微生物菌群是不太可能的，但却可使现存的微生物菌群比例发生变化。

未被小肠消化吸收的膳食纤维进入大肠后，对其中微生物菌群的数量和种类产生重要影响。水溶性膳食纤维由于易被肠道菌群作用，因而影响肠道菌群效果也更为明显。试验显示，没有肠道微生物菌群的无菌大鼠其平均寿命比对照组延长 50%，而饲喂含有 0.5% 抗氧化剂的饲料的大鼠其平均寿命大约比对照组延长 20%。这表明，微生物菌群对人体健康的危害几乎与自由基氧化作用的危害相当。大鼠试验表明，有害的微生物菌群会促使肝脏出现癌变。膳食纤维被结肠内某些细菌酵解，产生短链脂肪酸，使结肠内 pH 下降，影响结肠内微生物的生长和增殖，促进肠道有益菌的生长和增殖，而抑制肠道内有害腐败菌的生长并减少有毒发酵产物的形成。

某些品种的水溶性膳食纤维（如菊粉），还是肠道内固有的有益细菌——双歧杆菌的有效增殖因子，双歧杆菌在肠道内大量繁殖能够起抗癌作用。并且，随着年龄的增大，由于胃肠液分泌量的减少，肠道内的双歧杆菌活菌数会逐渐减少，这种趋势在老态龙钟的老年人身上尤为明显地表现出来。双歧杆菌活菌数的减少被认为是衰老、机体免疫力下降和肿瘤发生的重要原因。

（五）抑制有毒发酵产物、润肠通便、防治结肠癌

食物经消化吸收后所剩残渣到达结肠后，在被微生物发酵过程中，可能产生许多有毒的代谢产物，包括氨（肝毒素）、胺（肝毒素）、亚硝胺（致癌物）、苯酚与甲苯酚（促癌物）、吲哚与 3-甲基吲哚（致癌物）、雌性激素（被怀疑为致癌物或乳腺癌促进物）、次级胆汁酸（致癌物或结肠癌促进物）、糖苷配基（诱变剂）等，给人体的健康带来很多不利影响。肠道排泄物（粪便）中有约 50% 为细菌团聚物，所以在肠道中因发酵作用而产生有毒代谢产物的数量不容忽视。

膳食纤维对这些有毒发酵产物具有吸附螯合作用，可减少其对肠壁的刺激。并且，膳食纤维酵解产生短链脂肪酸，降低肠道 pH，刺激肠道蠕动，也有利于促进有毒物质的迅速排出。人粪便中包括细菌、未消化吸收的食物残渣、脱落的上皮细胞、水及其他有机或无机物质。膳食纤维增加粪便排泄量，主要通过细菌量、含水量和食物残渣量的增加，其中又以水分的增加最为重要。小麦纤维等以不溶性纤维为主，其增加粪便量较多，而菊粉等水溶性纤维只稍增加粪便的重量，且主要是由粪便含水量的增加而引起的。

膳食纤维被结肠内细菌发酵所产生的短链脂肪酸，能刺激肠道蠕动，有利于缩短食物在大

肠内的通过时间。通过时间与粪便重量负相关，但并不呈简单的线性规律。但是，一旦通过时间达到 20~30h，便不会随粪便重量的进一步增加而明显缩短。小麦纤维和果蔬纤维均能缩短通过时间，而果胶和树胶的效果并不明显。

结直肠癌的病因学研究表明，膳食因素在结直肠癌的发生和发展过程中起着决定性作用，增加膳食纤维的摄入有利于预防结肠癌。流行病调查显示，膳食纤维的摄入量与结肠癌的发病率或死亡率成反比。高脂肪膳食可刺激肝脏分泌大量的胆汁酸，继而产生过量的次级胆汁酸及类固醇（甾族化合物）。同时它还易造成体内亚硝胺的大量产生与积累，导致有害微生物酶及其有毒产物的增加，这与结肠癌的高发病率有很大关系。增加膳食纤维的摄入与减少脂肪的摄入，有利于降低结肠癌的死亡率，也有利于预防结肠癌。

结肠内的腐生菌适于在较高 pH 环境中生长，且易产生致癌物质。而膳食纤维在结肠内被一些有益菌所降解后产生短链脂肪酸，使结肠肠道内 pH 下降，抑制了腐生菌的生长，也减少了致癌物的产生。同时，膳食纤维对多种致癌物质有很强的吸附作用，使致癌物质在结肠内的浓度降低，减少了致癌物质对结肠壁的刺激。此外，膳食纤维还有助于降低结肠内参与生成致癌物质的酶的活性，使结肠肠道内致癌物质的产生量减少。

膳食纤维促进肠道蠕动，缩短了粪便在结肠内的停留时间；同时增加粪便的排泄量，使肠道内的致癌物质得到了稀释，减少致癌物质对肠壁细胞的刺激，也有利于预防结肠癌。

流行病学调查表明，结肠内胆汁酸浓度的增加，尤其是次级胆汁酸浓度的增加，将增加结肠癌变的概率。胆汁酸是癌诱变剂粪戊烷的 2 种前体物质之一，它经肠内细菌的作用，易转变为次级胆汁酸及其诱导体、多环芳香族碳氢化合物、雌激素和环氧化合物等致癌和促癌物质。降低结肠内胆汁酸浓度，有利于预防结肠癌。研究表明，膳食纤维降血清胆固醇水平：一方面通过增加粪便排泄量，稀释了结肠内胆汁酸的浓度；另一方面，膳食纤维可以吸附胆汁酸，促进粪便胆汁酸的排泄。动物试验显示，即便膳食纤维增加了粪便胆汁酸的总排泄量，但它同时也增加了粪便的体积、重量和含水量，因而粪便胆汁酸浓度并未增加。

膳食纤维在结肠中发酵降解产生的短链脂肪酸（包括乙酸、丙酸和丁酸），对防治结肠癌也十分有利。丁酸是这些短链脂肪酸中最重要的一种，它可调节结肠细胞的增殖，在预防结肠癌方面具有重要作用。

①细胞过度增生被认为是癌症的早期变化，是癌症的非基因性的原因。结肠上皮细胞过度增生极易导致结肠癌，而丁酸可抑制上皮细胞的过度增生和转化，预防结肠上皮细胞的癌变。

②丁酸可促进结肠癌细胞的分化，抑制肿瘤细胞系初级阶段的生长与增殖，降低其生长速率。

③丁酸可诱导肿瘤细胞产生与正常细胞相似的类型，使正常细胞增殖；并有助于促使转化细胞向正常细胞转变而防止其癌变。

④丁酸还可能改变某些致癌基因或它们产物的表达。

乙酸和丙酸还能促进大肠黏膜的血液流动及大肠蠕动。而且，短链脂肪酸的产生使得结肠内 pH 下降，不仅可抑制有害腐生菌的生长，也可促进肿瘤细胞的凋亡。同时 pH 的降低使得胆汁酸的溶解度变小，减少了胆汁酸代谢物产生的细胞毒性物质，也有利于预防结肠癌。抗性淀粉发酵所产生的丁酸量较多，如表 2-1 示出不同食品成分发酵所产生短链脂肪酸的比较。

表 2-1　　　　　　　　　　不同食品成分经发酵产生的短链脂肪酸的数量

成分	总酸/%		
	丁酸	丙酸	乙酸
抗性淀粉	38	21	41
淀粉	24	15	61
小麦纤维	19	15	57
纤维素	19	20	61
瓜儿胶	11	26	59
果胶	9	14	75

（六）预防肠憩室和乳腺癌

较多的膳食纤维有助于预防肠憩室。膳食纤维可使粪便体积增大，导致结肠内径变大，而不易形成憩室。直肠内径较大，其分段情况比狭窄的结肠更少，更不易发生憩室症。膳食纤维增加粪便含水量和体积，有利于减小肠壁压力，而预防憩室症。若膳食纤维摄入量太少，则粪便干而硬，通过结肠时给肠壁造成很大的压力，导致结肠环形肌肉乏力而产生一个个小憩室。对于因膳食纤维缺乏而造成的憩室症，补充膳食纤维即可缓解其症状。研究表明，小麦纤维对于治疗憩室症十分有效。

多次调查发现，同样风险下，大量摄入富含膳食纤维食品的妇女与几乎不吃这些食品的妇女相比，患乳腺癌的可能减少。目前对此的解释是，膳食纤维可能会减少血液中能诱导乳腺癌的雌激素的比例。

四、膳食纤维的具体产品

按溶解性，膳食纤维可分为水溶性和水不溶性两大类。水不溶性纤维包括纤维素、木质素、某些半纤维素和壳聚糖等，它们是细胞壁的组成成分；而果胶、瓜儿胶、聚葡萄糖（Polydextrose）、菊粉（Inulin）和真菌多糖等则为水溶性纤维，它们主要是植物细胞壁内的贮存物与分泌物。所有植物性食品均含有水溶性纤维和水不溶性纤维，但其水溶性和水不溶性纤维的含量则有很大差异。例如，谷物中水不溶性纤维的含量较高，而水果中水溶性纤维的含量高，豆类、燕麦和大麦中的水溶性与水不溶性纤维的比例比较均衡。

膳食纤维具有多种生物功效，但不同品种的膳食纤维其生物功效是不一样的。其中，菊粉是高品质天然膳食纤维的典型代表，应用前景广阔。它同时是一种水溶性膳食纤维；一种双歧杆菌增殖因子；一种脂肪替代品。

聚葡萄糖是一种人工合成水溶性膳食纤维的典型代表，同时也具有脂肪替代品的作用。抗性淀粉（Resistant starch，RS）兼具有淀粉和膳食纤维双重身份，具有良好的物化性质。壳聚糖（Chitosan）取材自节肢动物的外壳，是一种巨大的可再生资源，是目前唯一取材于动物体的膳食纤维。燕麦 β-葡聚糖（Oat β-glucan）是一种水溶性燕麦纤维，其调节血脂作用特别明显，是所有膳食纤维中调节血脂效果最为明显的一种。

（一）谷物纤维

1. 小麦纤维

小麦麸皮含有约 45% 的膳食纤维，其中以不溶性膳食纤维居多，在焙烤食品和快餐谷物食品中应用广泛。它有助于改善面包的质构，使其结构保持松软，增进风味，提高产品的持水性，延长货架期。在面包中，小麦纤维甚至可用做面粉的替代品，其最大用量可高达 20%。但当用量继续增大时，则需要对面包的加工方法作一些改变，因为小麦纤维会稀释弱化面包中的面筋而恶化面团的工艺性质。在肉类食品中，小麦纤维有利于提高其持水性，降低脂肪与能量。

2. 玉米纤维

玉米纤维呈浅黄褐色，气味很淡，具有怡人的清香，在快餐食品、焙烤食品、谷物食品、膨化食品及肉类食品中都有应用，也可作为汤料、卤汁的增稠剂。玉米纤维在肉类食品中的添加量为 2%~5%，在面团中为 11%，在快餐谷物食品中为 30%~40%。

3. 燕麦纤维

燕麦纤维中水溶性纤维含量较高，大多为 β-葡聚糖，在降低血清胆固醇和预防心血管疾病方面功效显著。它最初是在快餐谷物食品中作为配料，发展至今已在饼干、面包和点心等多种食品中得到了很好的应用，并可望得到进一步发展。研究显示，在面包和点心中添加 1%~5% 的燕麦纤维，可明显增加成品体积，提高产品质量。

4. 米糠纤维

米糠是一种较好的膳食纤维源，但因米糠油主要由不饱和脂肪酸组成，容易腐败而产生怪味，并且米糠中所存在的脂肪酶还会促进此过程的进行，这给它的应用带来了很多不利因素。利用挤压机对米糠进行高温、高压瞬时处理，可使其中的脂肪酶失活，提高其稳定性，并改善风味。通过这种方法生产的米糠纤维，膳食纤维含量 25%~30%，蛋白质含量 13%~16%，产品质量稳定，并具有怡人的清新气味。用于焙烤食品可明显改善其质量及适口性，并使起酥油用量减少 50%，从而降低生产成本，延长货架期。目前，米糠纤维在焙烤食品、膨化食品和糖果等食品中都有应用。

5. 大麦纤维

大麦纤维以啤酒发酵后的残渣为原料生产而成，含有 67% 不溶性纤维，3% 可溶性纤维、18.5% 蛋白质、6.8% 脂肪及 4.6% 灰分，在低能量焙烤食品中有很好的应用前景。

（二）豆类纤维

1. 豌豆纤维

豌豆纤维是以豌豆壳或脱壳后的豌豆为原料加工而成的。以豌豆壳为原料制得的豌豆纤维含 75%~80% 膳食纤维，色浅而味淡；以脱壳后的豌豆为原料制得的豌豆纤维含 47% 膳食纤维，具有很好的持水性。使用豌豆纤维的低脂类香肠及馅饼，具有良好的组织结构。豌豆纤维还可用作酱汁及调味品的增稠剂，在乳制品中也有很大的应用潜力。

2. 大豆纤维

大豆纤维是一种优质膳食纤维，一般以豆渣为原料提取制得，具有较明显的降血脂和稳定血糖的作用，很适合用来生产低能量食品，包括低能量的早餐食品、焙烤食品和饮料等。

多功能大豆纤维（Multifunctional soybean fiber, MSF）是由大豆种子的内部成分产出，与通常来自种子外覆盖物或麸皮的普通纤维明显不同。这种纤维是由大豆湿加工所剩的新鲜不溶性残渣为原料，经过特殊的湿热处理转化内部成分而达到活化纤维生物功效的作用，再经脱腥、干燥、粉碎和过筛等工序而制成，其外观呈乳白色。

多功能大豆纤维具有良好的功能特性，可吸收相当于自身重量 7 倍的水分，也就是吸水率达到 700%，比小麦纤维的吸水率 400% 高出很多。多功能大豆纤维持水性高，有利于形成产品的组织结构，以防脱水收缩。在某些产品如肉制品中，它能使肉汁的香味成分聚集而不逸散。此外，高持水特性可望明显提高某些加工食品的经济效益，如在焙烤食品中它可减少水分损失而延长产品货架寿命。这种多功能大豆纤维能在很多食品中得到应用并能获得附加的经济效益，包括早餐食品、小吃食品、通心面制品、焙烤食品、焙烤食品填充馅、酸奶、饮料、肉制品及冷冻食品等。

3. 可溶性植物胶

从豆类种子中提取出的瓜儿胶、洋槐豆胶和古柯豆胶等，与其他植物胶（如阿拉伯胶、琼脂等）和微生物多糖一样均属于可溶性纤维，具有良好的乳化性与悬浮增稠性。添加至食品中，能提高持水性与保形性，提高冷冻-融化稳定性等，具有广泛的用途。

（三）果蔬纤维

1. 橘子纤维

橘子纤维具有较强的吸水和吸油能力，水溶性纤维含量高，还有维生素 C 和 Ca、K 等矿物质，以及较高浓度的类黄酮，可用于焙烤食品、谷物食品、沙司、布丁及冷冻点心等食品中，添加量为 5%~20%。橘子纤维颗粒较粗，易于悬浮，能使冷饮、橘汁等饮料呈现出天然橘子色泽，即使在冷冻状态下也能保持其外观质量，可制作如天然果肉般外观的饮料、果汁（如粒粒橙）等。

2. 苹果纤维和梨纤维

在榨汁回收的低水分苹果纤维和梨纤维中，含有 65%~75% 的膳食纤维，其中大部分为不溶性纤维，其口味柔和，持水力为自身重量的 3.5~6 倍，主要用于焙烤食品和谷物食品中。以榨汁后所剩的残渣加工而得的胡萝卜纤维，风味独特，很受欢迎。

3. 甜菜纤维

甜菜纤维以甜菜浆汁为原料而制得，色白而味淡，纤维含量 74%，其中水溶性纤维 24%。甜菜纤维的特点是，持水性很好，吸水率达 500%，可应用于焙烤食品、膨化食品、方便食品、布丁、饮料及肉制品中，添加量为 5%~10%。另外，它还可用于汤料，添加量为 1%~2%。当纤维粒度小于 10μm 时，也可用于巧克力。

（四）其他天然膳食纤维

1. 甘蔗纤维

甘蔗纤维是以甘蔗制糖后所剩蔗渣为原料制得的，其总膳食纤维含量为 85%~90%，其中纤维素、半纤维素和木质素含量分别为 40%~45%、20%~25% 和 15%~20%。甘蔗纤维的膨胀性好，持水力为 500%，生物功效良好。

2. 菊粉

菊粉主要由菊芋（*Helianthus tuberosus*）或菊苣（Chicory）中提取而得，属于可溶性膳食纤维，同时还是一种天然的油脂替代品。

3. 壳聚糖

甲壳素（Chitin）是自然界第二大丰富的生物聚合物，分布十分广泛，是许多低等动物特别是节肢动物如虾、蟹、昆虫等外壳的重要成分，是一种巨大的可再生资源。壳聚糖是甲壳素脱去乙酰基后的产物。由于现存的技术尚不能将甲壳素完全脱去乙酰基变成100%的壳聚糖，也很难将两者完全分离开，故现有壳聚糖商品通常是甲壳素与壳聚糖的混合物，但要求壳聚糖含量在60%以上。作为低能量食品配料的壳聚糖，含量要求在85%以上。

壳聚糖添加于奶油、乳酪，可使组织的质地均匀，乳化性稳定；在冰淇淋制作的乳化后期添加，可以起到保持形态稳定性和乳化性的作用；在干酪中添加，可以赋予制品耐水性和延展性；还可添加到面条、面包、糕点、肉制品、乳制品和汤料等食品里。

（五）合成和半合成纤维

聚葡萄糖属于合成或半合成的水溶性纤维，能悬浮固体颗粒，控制黏度，利于膨胀，呈现出奶油状口感，提高对微波或热处理的稳定性，改善产品质构以及提高稠度等，应用于冰淇淋、饮料、糕点等多种食品中。另外，聚葡萄糖还被用作油脂替代品。

五、膳食纤维的推荐摄入量与适宜摄入量

美国食品和药品管理局（FDA）推荐的成人总膳食纤维摄入量，为20~35g/d。美国能量委员会推荐的总膳食纤维中，不溶性纤维占70%~75%，可溶性纤维占25%~30%。

我国低能量摄入（7.5MJ）的成年人，其膳食纤维的适宜摄入量为25g/d，中等能量摄入（10MJ）的为30g/d，高能量摄入（12MJ）的为35g/d。

六、菊　　粉

菊粉是由 Fru（果糖）经 β（1→2）键连接而成的线性直链多糖，末端常带有一个 Glc（葡萄糖），聚合度（DP）为2~60。其中，聚合度较低时（DP=2~9）则称为低聚果糖。菊粉不被人体消化吸收，是一种优质可溶性膳食纤维，同时还是一种天然的油脂替代品，可在不加或少加脂肪的条件下，依然良好保持食品原有的质构和口感。

菊粉在自然界中的分布十分广泛，某些真菌和细菌中也含有菊粉，但其主要来源是植物。双子叶植物中的菊科、桔梗科、龙胆科等11个科及单子叶植物的百合科、禾本科中很多种植物均含有菊粉。菊芋和菊苣最适合作为生产菊粉的原料，它们来源丰富，菊粉含量高，占其块茎干重的70%以上。菊芋是菊科多年生草本植物，耐贫瘠和干旱，适应性强，我国有零星种植。菊苣是一种两年生植物，适于生长在海洋气候条件下，在西欧国家（如荷兰）是一种普遍种植的蔬菜品种。

（一）菊粉的物化性质

许多高等植物都可以合成果糖的高聚物或低聚物作为其营养储备，它们分别属于3种天然化合物：

①左聚糖（levan）：β（2→6）键相连的线性聚合体；

②混合型：β（2→6）键和 β（1→2）键相连的衍生聚合体；

③菊粉：β（1→2）键相连的线性聚合体，少数有支链。

干燥的菊粉为白色无定形粉末，吸湿性很强，相对密度1.35。纯净菊粉无味，但商品菊粉常含有少量单糖和双糖而略带甜味。菊粉微溶于冷水，易溶于热水，溶解度随温度的升高而增加，10℃时溶解度为6%，90℃时为35%。由于菊粉吸湿性强，在水中分散时极易结块，加入淀粉或对其进行速溶化处理，可提高菊粉的分散性。菊粉溶于水时，可使水的冰点下降、沸点升高。

菊粉水溶液的黏度主要受浓度影响，黏度随浓度的升高而增大。表2-2为浓度在2%~8%范围内菊粉溶液的黏度变化。当浓度达到11%~30%时黏度进一步增大，这时的菊粉可作为增稠剂使用。

表2-2　　　　　　　　　　　　　　　菊粉水溶液黏度随浓度的变化

菊粉溶液浓度/%	黏度/（Pa·s）	菊粉溶液浓度/%	黏度/（Pa·s）
2	1.25	6	1.70
4	1.35	8	1.80

菊粉溶液要形成凝胶，其浓度必须达到一定值以使溶液中有固体颗粒存在。凝胶形成的最小浓度依赖于菊粉的聚合度，聚合度越高所需浓度越低，通常浓度要达到30%以上。凝胶形成的速度与溶液浓度有关，菊粉溶液浓度越大形成凝胶所需的时间越短。一般来说，需冷却30~60min才能形成凝胶，但当浓度达到40%~45%时，凝胶几乎立刻形成。凝胶的强度除了与溶液浓度有关，还与菊粉颗粒的大小有关。颗粒小的产品（如速溶产品）在同样的浓度下所形成的凝胶强度，较普通干燥产品大。其他因素，如制备方法、温度、其他物质的存在等，均会影响凝胶的形成及凝胶的特性。菊粉凝胶热可逆，受热液化，冷却后又恢复凝胶状态。菊粉凝胶一个突出特点是它具有与奶油非常相似的感官特性，包括外观、口感及质构，因此可作为脂肪替代品。

菊粉溶液在高温、低pH或被菊粉酶作用时，能够水解成低聚果糖及果糖，这已经成为目前开发果糖产品的一种新途径。但在凝胶状态下，由于缺乏自由水，即使在酸性或高温的条件下菊粉也十分稳定。

（二）菊粉的有效摄入量

菊粉比一般可发酵碳水化合物的耐受性要强得多。推荐摄入量为10g/d左右，不超过15g/d。它们是根据以下标准计算的。

①一般不能适应的受试者，一次吃1份标准份量食物不应产生不良反应，而且考虑到总会有一些高度敏感的人。

②一般不能适应的受试者，吃2倍标准份量的食物仅会产生轻微的不良反应。

如果采用其他标准，可能会得出更大的推荐量。

七、聚葡萄糖

聚葡萄糖是以葡萄糖为主要聚合单体，柠檬酸为催化剂，山梨醇为增塑剂，经热聚合而形成的一种水溶性高分子化合物。它是一种随机聚合物，含有多种形式的糖苷键，其中以（1→6）糖苷键为主，同时还含有一些山梨醇羟基及其与柠檬酸键合而成的单酯产物。除了聚合物本身，聚葡萄糖产品中还残留有葡萄糖、山梨醇和柠檬酸等成分，以及少量葡萄糖焦糖化的产物。山梨醇在聚合中起着重要的作用，它控制着分子量的上限，防止水不溶性物质的产生。

聚葡萄糖是一种全水溶的膳食纤维，同时是一种脂肪替代品，可以部分或全部地替代糖和脂肪。在降低食品能量的同时，能保持食品原有的风味和质感，从而使之更能引起消费者的兴趣，带来令人满意的口感享受。

（一）聚葡萄糖的物化性质

聚葡萄糖具有良好的水溶性，可以制备浓度高达80%的水溶液。它不溶于乙醇，但部分地溶于甘油和丙二醇。聚葡萄糖水溶液可以很容易地由聚葡萄糖粉末制得，溶解速率取决于混合设备的速度、剪切力以及粉末加入水中时的状态。在制备高浓度水溶液时，可将聚葡萄糖缓慢加入热水中，同时进行有效的机械搅拌以加速溶解。加入另一种可溶性物质作为分散剂，也可起到同样的效果。

聚葡萄糖可以作为一种湿润剂，防止或减缓含湿食品的不良变化，能使食品既不脱水也不吸水。在糖果和焙烤食品中，聚葡萄糖可以调节贮存过程中水分吸收或丧失的速率。但水分吸收和丧失的速率还受多种因素影响，如食品的性质、配方、包装、贮存或食用时的环境条件等。

聚葡萄糖无定形粉末在温度高于130℃时熔化，冷却后形成一种透明的玻璃状物质，有着与硬糖相似的脆性结构，但与糖不同的是聚葡萄糖不会形成晶体。

（二）聚葡萄糖的安全性和有效摄入量

一般来说，从食品中可能摄入聚葡萄糖的数量，都能为人体所耐受，不会引起什么不良反应。与山梨醇及其他多元醇，如目前应用在很多新产品中的麦芽糖醇、乳糖醇和异麦芽糖醇等相比，聚葡萄糖所引起的肠胃问题，可以说是十分微小的。这已在实践中被诸多食品公司和糖尿病协会所证实。目前，已有许多国家批准聚葡萄糖作为食品添加剂应用在各类食品中。但是，聚葡萄糖不能应用在婴儿或儿童的专用食品中。

聚葡萄糖作为通便剂，成人的剂量为50~130g/d，平均为90g/d；儿童的最大剂量为1g/（d·kg体重）。聚葡萄糖唯一可能出现的显著副作用就是肠胃气胀。

八、抗性淀粉

长期以来，淀粉一直被认为可以被人体完全消化、吸收，因为人体排泄物中未曾测得淀粉成分的残留。1985年，有人在进行膳食纤维定量分析时，发现存在淀粉被包含在不溶性膳食纤维中的现象，并将这部分淀粉定义为抗性淀粉。工业化食品中所含有的抗性淀粉，在体外试验中无法被淀粉酶水解，且在人体小肠中也无法被水解。1993年，欧洲抗性淀粉协会（EU-RESTA）将抗性淀粉定义为不被健康人体小肠所吸收的淀粉及其分解物的总称。

抗性淀粉可以作为无能量填充剂应用于低能量食品中。同时，它不像膳食纤维那样易吸收大量水分，因此十分适合应用于低水分应用含量的食品中，且不会影响食品的风味和质构。抗性淀粉还有一个优于膳食纤维的显著特点，它可通过一般的制备方法增加人们对抗性淀粉的摄入量。对于以禾谷类食物为主食的人们来说，通过加工途径易获得较高含量的抗性淀粉，这对东南亚、非洲一些以大米、玉米、麦类为主食的国家特别有意义。抗性淀粉的一个最主要的缺点就是感官品质较差。但日本已开发出包括面包、面条和饼干等一系列的抗性淀粉食品，这些食品具有抗性淀粉的生物功效，但对食品感官无不良影响，较易为消费者接受，具有广阔的市场前景。

自从有了抗性淀粉这一概念，淀粉也就有了新的分类方式，即依其消化性进行分类，如表2-3所示。

表2-3　　　　　　　　　　依据消化性不同的淀粉分类法

淀粉类型	存在形式	消化速度和程度
易消化淀粉（RDS）	刚煮熟的富含淀粉的食品，如热米饭、热馒头、热藕粉糊等	迅速

续表

淀粉类型		存在形式	消化速度和程度
不易消化淀粉（SDS）		大部分未加工的禾谷类，如生大米、玉米、高粱等	缓慢但彻底
抗性淀粉（RS）	物理性包埋淀粉（RS₁）	轻度碾磨的谷类、种籽、豆类食物	抗性
	抗性淀粉颗粒（RS₂）	绿豆淀粉、马铃薯淀粉、未成熟香蕉淀粉、高直链玉米淀粉、饼干	抗性
	老化淀粉（RS₃）	冷米饭、放置时间长的面包、绿豆粉丝、麦片、干炸土豆片等	抗性

物理性包埋淀粉是由于淀粉质被包埋在食物基质中而形成的，如淀粉颗粒受细胞壁限制而限于植物细胞中，或受到蛋白质成分的包裹。它们在水溶液中不能充分膨润、分散，淀粉酶难以与之接触，因此发生酶抗性。此类型抗性淀粉极易受食用时的咀嚼作用以及加工过程中粉碎及碾磨作用的影响而改变其在食物中的含量。

抗性淀粉颗粒包括未糊化的淀粉颗粒，以及具有抗性结构的淀粉颗粒。通常当淀粉颗粒未糊化时，对 α-淀粉酶会有高度的消化抗性。此外，天然淀粉颗粒，如绿豆淀粉、马铃薯淀粉等，其结构的完整性和高密度性以及高直链玉米淀粉中的天然结晶结构都造成了酶抗性。

老化淀粉广泛存在于食品中。利用示差扫描热分析仪的分析表明，在 140~150℃ 出现吸收峰，这主要是由老化的直链淀粉引起。老化的直链淀粉极难被酶作用，而老化的支链淀粉抗消化性小些，且通过加热能逆转。老化淀粉是抗性淀粉的重要成分，由于它是通过食品加工形成的，因而也是最重要的一类。

抗性淀粉在很多性质上类似于膳食纤维，但两者并不完全相同。抗性淀粉的持水力远不及膳食纤维，口感不粗糙，不会影响食品的风味和质构。研究发现，在麦片中添加抗性淀粉其持水力比添加燕麦纤维或小麦纤维者低，而膨胀率相对较大且不会产生像燕麦纤维或小麦纤维对麦片质构所产生的那些负面影响，但添加抗性淀粉者感官品质稍差。研究还发现，抗性淀粉与小麦纤维共用时有协同效应。

九、难消化糊精

难消化糊精，又称抗性糊精（Resistant dextrin），其分子结构较为复杂，基本组成单元有 α（1→4）、α（1→6）葡萄糖苷，以及一系列的由 α（1→2）、α（1→3）葡萄糖苷组成的发达分枝结构，后者不易被糖化酶和 α-淀粉酶水解，因而整体是难消化的，属于低分子水溶性膳食纤维。

难消化糊精常温下为白色或淡黄色粉末，耐酸、耐热和耐冷冻冷藏，渗透压、冰点与麦芽糊精较为接近。它易溶于水，10%的水溶液 pH 为 4.0~6.0，黏度值较低，几乎不受剪切速率和温度变化的影响。难消化糊精的甜度较低，约为蔗糖甜度的 10%，无其他异味。大鼠一次经口 $LD_{50}>2g/kg$。

我国原卫生部 2012 年第 16 号文件明确，抗性糊精按普通食品管理，没有限制使用量。

（一）有效降低血糖、血脂的含量，降低体重

难消化糊精热值为 4.2kJ/g，约为蔗糖的 1/4，且不易被淀粉酶消化，难以被人体的肠道消化和吸收，因此不会引起血糖快速上升，可避免体内血糖和胰岛素的波动。水溶性膳食纤维在肠道中会形成凝胶化黏膜，这种黏膜可以延缓葡萄糖的吸收，从而降低血糖含量。摄入难消化糊精可减轻 2 型糖尿病症状。

难消化糊精属于水溶性的膳食纤维，对降低血清胆固醇和甘油三酯含量也有显著帮助。难消化糊精可以促进胰高血糖素样肽-1 的分泌，增加饱腹感，减少糖类和脂肪的吸收。患有多囊卵巢综合征的妇女服用难消化糊精 3 个月后，体内的甘油三酯、总胆固醇和游离睾丸激素含量与安慰剂组相比在统计学上显著降低，难消化糊精的摄入可以调节患多囊卵巢综合征妇女的代谢、雄激素水平，以及减轻由多囊卵巢综合征引起的多毛症和月经周期不规律等症状。

对大鼠喂养抗性糊精，以评价其降低体重、减脂的功效。结果表明，喂养抗性糊精可在一定程度下抑制大鼠体重的增长，并对大鼠脂肪组织的累积也有一定的抑制作用。

（二）活化肠道有益菌，改善肠道环境

难消化糊精不被胃酶消化，因此不被人体吸收而直接进入肠道，50%～75% 被肠道菌群发酵，可有效促进双歧杆菌和嗜酸乳酸杆菌增殖。同时，双歧杆菌产生的大量短链有机酸可维持肠道的酸性环境，抑制沙门菌、大肠杆菌等腐败菌的繁殖，减少腐败产物生成，改善肠道环境。

（三）促进肠道蠕动，润肠通便

难消化糊精在消化道中具有抗消化和抗吸收的特点，是一种良好的水溶性膳食纤维，可在肠道内保持水分，产生膨胀的效果，并推动粪便移动，起到润肠通便的效果。

十、壳　聚　糖

甲壳素，又名几丁质、甲壳质或壳多糖等，是自然界第二大丰富的生物聚合物，分布十分广泛，是许多低等动物特别是节肢动物如虾、蟹、昆虫等外壳的重要成分，也存在于低等植物如菌藻类和真菌的细胞壁中，据估计每年的生物合成量超过 10 亿 t，是一种巨大的可再生资源。甲壳素的结构与纤维素相比，分子中除存在羟基外，还含有乙酰氨基和氨基功能基团，可供结构修饰的基团多。甲壳素脱去乙酰基后的产物为壳聚糖。甲壳素和壳聚糖及由此改性后的衍生物具有比纤维素及其衍生物更加丰富的功能性质，除在食品工业有许多用途外，在医药、化工、生物、农业、纺织、印染、造纸、环保等众多领域具有重要的用途。

甲壳素是 2-乙酰氨基-2-脱氧-D-葡萄糖经 β（1→4）糖苷键连接的聚合物，脱除乙酰基后的多糖化合物，2-氨基-2-脱氧-D-葡萄糖的 β（1→4）聚合物，即壳聚糖。由于现存的技术尚不能将甲壳素完全脱去乙酰基变成 100% 的壳聚糖，也很难将两者完全分离开，故现有壳聚糖商品通常是甲壳素与壳聚糖的混合物，但要求壳聚糖含量至少在 60% 以上，作为生物功效物质的要求壳聚糖含量在 85% 以上。

（一）壳聚糖的物化性质

1. 物化性质

甲壳素不溶于一般的酸碱，化学性质非常稳定，这是制约其长期得不到开发的重要原因。经脱乙酰基后的壳聚糖，呈白色至淡黄色的粉末，虽也不溶于水、碱溶液和有机溶剂中，但可溶于稀酸溶液中，包括无机稀酸和有机稀酸。在柠檬酸、酒石酸等多价有机酸的水溶液中，则是加热高温时溶解，在温度下降后则呈凝胶状。

壳聚糖呈粉末状态，无味无臭，水溶液有些辛辣感。将壳聚糖添加于食品中，进行汤煮和一定程度的煎炸、焙烤等加热处理，结构没有发生变化。在氮气保护下，加热至 250℃也不会

发生分解现象。

室温下将壳聚糖粉末置于避阳光处的自然环境中保藏 181d，在外观、溶解性、脱酰化程度等方面都没有发生明显的变化。添加壳聚糖的饼干，在包装状态下置于温度 40℃、相对湿度 75% 的环境中保存 80d，样品中的膳食纤维与壳聚糖含量都没有变化。

将甲壳素在特定溶剂中溶解后，脱除溶剂即可形成膜。这种膜不溶于水，耐热且可食用，特别适合用作焙烤食品、微波食品或其他食品的包装膜。对壳聚糖形成的膜进行酰化这一工艺已被成功地用于制作耐酸碱的反渗透膜。壳聚糖能形成凝胶这一性质已被广泛地用于食品风味剂的微胶囊化和细胞或酶的包埋、固定化。

2. 离子交换、吸附螯合特性

壳聚糖分子中存在游离氨基，在酸性条件下质子化而带正电荷，形成阳离子聚电解质，既有阳离子性质，又有高分子阳离子特性。—NH_3^+ 的存在是壳聚糖具有吸湿性、保湿性以及抗菌抑菌作用的结构基础，而高分子结构使壳聚糖具有优良的絮凝作用，尤其对带负电荷的大分子物质，通过静电吸引或离子交换也吸附小分子离子或其他类物质。

由于甲壳素和壳聚糖的界面性质，壳聚糖在最佳条件下能结合本身重量 4~5 倍的脂肪，甲壳素大约是 3.5 倍。微晶甲壳素经超声波处理可使 1g 甲壳素乳化 900mL 油，用微晶甲壳素制成的分散体系比用微晶纤维素更加稳定，微晶甲壳素可用作食品的稳定增稠剂。

壳聚糖与脂肪酸结合形成络合物，该络合物在体内还能进一步吸收脂类物质。因为壳聚糖在体内不会被消化吸收，这样体内的脂肪就有部分随壳聚糖被排出体外，从而有助于预防心血管疾病。

3. 抗菌特性

壳聚糖具有明显的抗菌特性，但不同浓度的壳聚糖其抗菌能力不一样。如壳聚糖浓度为 0.1% 时，8d 内可以完全抑制镰刀霉菌属的各种霉菌繁殖，但该浓度对根霉属、青霉属、曲霉属等霉菌没有效果。另外，脱酰化程度不同的壳聚糖其抗菌特性也不一样，脱酰化程度高的抗霉菌力强。其中的一个原因是，壳聚糖与霉菌细胞表层部产生作用，使细胞透过性增大。

关于抗细菌作用，当壳聚糖浓度在 0.015% 以上时，大肠杆菌的繁殖被完全抑制，并且革兰氏阳性菌和革兰氏阴性菌都受到同样的抑制。研究表明，低黏度即低分子的壳聚糖，显示了较强的抗菌力。壳聚糖的抗菌作用，仅是壳聚糖的氨基在酸溶液中离子化的结果。一般认为壳聚糖对细菌有广泛的抗菌作用，但对霉菌和酵母的抑制效果较为局限。

（二）壳聚糖的生物功效

1. 具有膳食纤维的部分特征

人体摄入壳聚糖后，通过粪便分析表明它几乎不被消化吸收，因此属于膳食纤维的一种。壳聚糖具有膳食纤维的部分特性，如保水性、膨胀性、吸附性和难消化吸收性等，能够促进消化道蠕动，吸附有毒物质，增加排便容积，降低腹压及肠内压，改善便秘等。

2. 降低血清胆固醇水平

以大鼠为对象进行长期试验，表明壳聚糖对血液和肝脏中胆固醇水平的上升有抑制作用。试验利用高胆固醇的饲料并在其中添加 2%~5% 的壳聚糖，这样喂养大鼠 20d。结果表明，大鼠对饲料的摄取量和发育没有影响，血液和肝脏中胆固醇值则有显著下降。另外以 0.5% 壳聚糖的量添加于不含胆固醇的饲料中喂养大鼠 81d，经与对照组相比表明，试验组大鼠高密度脂蛋白胆固醇增加，而低密度脂蛋白胆固醇下降。此外，有研究在饲料中添加 0.5% 胆固醇和

0.25%胆酸钠，再添加5%壳聚糖，发现血液中高密度脂蛋白胆固醇浓度上升。

选择健康男子8人为对象，对其膳食内容不加限制。在试验前的一周内每日摄取没有壳聚糖的饼干3块，试验期前半周每天食用添加0.5g壳聚糖的饼干3块（即壳聚糖摄入量1.5g/d），后半周每天食用6块（壳聚糖3g/d），试验结束后的一周内食用不含壳聚糖的饼干每天3块。试验结果表明，摄入壳聚糖后血清总胆固醇含量明显减少，高密度脂蛋白胆固醇明显升高，但当停止壳聚糖的摄取后，这些数值返回原有的水平。

3. 调节肠道菌群

让受试者摄取壳聚糖，采集粪便分析肠道微生物菌群和肠内细菌产生的腐败物质与挥发性脂肪酸的种类与数量。结果发现，肠内微生物菌群没有发生大的改变，唯腐败性的念珠菌属等有明显的减少。壳聚糖对粪便性状的影响见表2-4。图2-1表明，摄入壳聚糖有助于肠内短链脂肪酸的生长，导致pH下降，抑制肠内腐败菌的生长。另外，肠内细菌产生腐败性物质，由于壳聚糖的摄取，粪便中的氨、酚、对甲基苯酚、吲哚等有明显的减少（如图2-2和图2-3所示）。这些腐败性物质正是肝癌、膀胱癌、皮肤癌等的促进剂，而壳聚糖的摄取可使肠内代谢物产生良性变化。

表2-4　　　　　　　　　　壳聚糖对粪便重量、pH及水分含量的影响

项目	摄取前	摄取期间		摄取后
	0d	7d	14d	14d
粪便质量/g	95.5±17.3	111.2±16.8	116.3±19.3	97.1±19.4
pH	6.4±0.5	6.2±0.3	6.3±0.5	6.5±0.5
水分含量/%	74.9±7.9	76.7±5.9	76.4±7.5	74.6±6.3

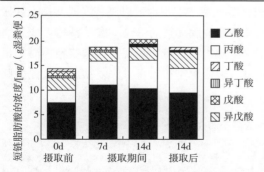

图2-1　壳聚糖对粪便中短链脂肪酸含量的影响

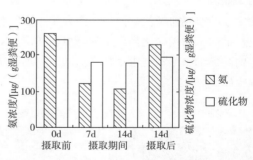

图2-2　壳聚糖对粪便中氨和硫化物含量的影响

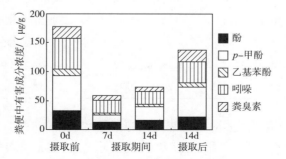

图2-3　壳聚糖对粪便中有害成分含量的影响

（三）壳聚糖的安全性

用壳聚糖喂养动物，当剂量达到饲料的 20% 时，有报道出现动物死亡现象。分析认为这是由于高浓度壳聚糖在动物内脏形成凝胶体，抑制了动物对营养素吸收的缘故。目前，系统研究壳聚糖高黏度大分子与低黏度小分子的生物作用，还需来源明确的壳聚糖在安全毒理与代谢方面做出进一步的长期慢性试验。

十一、魔芋精粉

魔芋精粉，是天南星科魔芋属植物的块茎，经粉碎、研磨后精制出来的产品。其主要成分为魔芋葡甘露聚糖（Konjac glucomannan，KGM），它由 D-甘露聚糖和 D-葡萄糖以 β（1→4）糖苷键连接（物质的量比为 1.6∶1）的高分子杂多糖，分子式为 $(C_6H_{10}O_5)_n$，平均相对分子质量从几十万到几百万不等。

魔芋精粉的性质，主要是由魔芋葡甘露聚糖决定的。魔芋葡甘露聚糖在常温下无毒、无异味，呈白色或淡棕黄色粉末，分子中含有大量的亲水基团羟基和羰基，具有很高的亲水性。因此，魔芋精粉的吸水性很强，溶胀能力可达自身体重的 80~120 倍，黏度高，凝胶性强。此外，魔芋精粉还具有成膜性、稳定性、乳化性、增稠性、保水性等性质。

（一）有效降低血糖含量，改善糖尿病症状

魔芋精粉是一种水溶性膳食纤维，热量低，不被胃肠消化和吸收，又增强饱腹感。另外，它还可以减缓可消化性糖的吸收，降低血糖含量。

使用四氧嘧啶选择性破坏 Wistar 大鼠的胰岛 β 细胞，以形成实验性糖尿病。设置生理盐水组、模型组、消渴丸组（1.5mg/g 体重）、魔芋精粉低剂量组（1.5mg/g 体重）、魔芋精粉高剂量组（3mg/g 体重），喂养 4 周，每周测定一次 Wistar 大鼠的空腹血糖值及血清胰岛素含量。结果如表 2-5 所示，无论是低剂量组还是高剂量组，喂养魔芋精粉均可以显著降低 Wistar 糖尿病大鼠的空腹血糖值，但与消渴丸相比，魔芋精粉并不影响胰岛素的分泌，魔芋精粉可能是通过影响大鼠的糖代谢而产生的降血糖作用。对大鼠的胰腺组织进行切片观察，魔芋精粉高剂量组的胰岛细胞结构与生理盐水组相似，细胞功能正常，说明魔芋精粉可以修复糖尿病大鼠的胰腺组织。

表 2-5　　　　　　　　　　魔芋精粉对四氧嘧啶糖尿病大鼠空腹血糖的影响

组别	血糖浓度/（mmol/L）			
	0h	0.5h	1h	2h
生理盐水组	6.72±0.64	11.27±1.18	8.02±0.49	6.52±0.72
模型组	20.12±2.14	35.45±3.47	38.26±3.82	38.03±3.72
消渴丸组	14.62±1.38	27.53±2.67	25.32±2.896	22.17±2.28
魔芋精粉低剂量组	14.00±1.31	25.31±2.07	24.62±2.309	20.54±2.17
魔芋精粉高剂量组	12.28±1.09	20.54±2.35	17.92±2.59	13.86±2.13

（二）有效降低血清中胆固醇、甘油三酯的含量

许多研究表明，可溶性膳食纤维降血脂的原理，与它们本身的可溶性、黏性、凝胶特性是分不开的，魔芋精粉就具备了这几种特性。详细来讲，一是魔芋精粉能在肠道中形成凝胶化黏

膜，抑制肠道黏膜运转胆汁酸，胆汁酸的肠肝循环受阻，类固醇排出量增加，并消耗了体脂；二是魔芋精粉在肠道中与胆固醇类物质结合，降低脂肪和胆固醇的吸收率。

此外，脂肪合成或输入过多，打破肝细胞脂肪代谢平衡时，脂质会在细胞内堆积，进而诱发肝脂肪变性。医学研究发现，魔芋精粉与果胶、褐藻胶、琼脂相比，能更有效地降低大鼠肝脏组织中的脂质含量，包括胆固醇和甘油三酯，表明魔芋精粉减轻肝脂肪变性的效果最佳。

（三）润肠通便，干预体重

使用高脂肪高营养的饲料喂养大鼠，以造成大鼠的肥胖模型，并设置空白组、模型组、魔芋精粉低剂量组（加喂 1.9mg/g 体重）、魔芋精粉高剂量组（加喂 19mg/g 体重）。45d 后，对大鼠进行称重，结果表明，试验组大鼠体重的增加量仅为对照组的 65%~68%，说明喂养魔芋精粉能有效降低大鼠体重。对大鼠生殖器附近的脂肪组织进行切片观察，发现试验组脂肪细胞的含脂量更少，且低剂量组与高剂量组无统计学上的差别，说明喂养量达到一定阈值后，再加大喂养量，降低体重的效果也是相同的。

魔芋精粉不被肠道消化吸收，在大肠中吸水体积膨胀，并具有很强的黏性。它可在肠道中与其他消化性多糖结合，一方面减缓了它们的吸收，另一方面加快了它们从肠道中通过的时间，最终增加粪便重量，起到润肠通便的作用。可以说，魔芋精粉作为膳食补充剂，可以作为肥胖者长期的营养干预方式之一。

第二节　活性多糖

来自植物、真菌的不少多糖类化合物，具有免疫调节功效，有的还有明显的抗肿瘤活性。另外，有些植物多糖还有调节血糖的生物功效。

真菌多糖主要是由 β（1→3）键连接的聚葡萄糖，大多具有提高免疫力、抗肿瘤等生物功效。研究表明，在多糖骨架链上占优势的交替（1→3）键连接的 β-葡聚糖往往具有较明显的抗肿瘤活性；若骨架结构主要由（1→6）键或其他键连接，则抗肿瘤活性就很低。香菇多糖、猪苓多糖、裂褶多糖和核盘菌多糖等都属于含有 β（1→3）键连接的葡萄糖残基为骨架的聚葡萄糖，因此对小鼠移植性肉瘤 S_{180} 有较强的抑制力，表现出较强的抗肿瘤活性。

一、真菌多糖

（一）香菇多糖

香菇多糖是一种广谱的免疫促进剂，具有抗肿瘤作用，尤其对慢性粒细胞白血病、胃癌、鼻咽癌、直肠癌和乳腺癌等有抑制和防止术后微转移的效果，此作用是通过增强机体免疫力而对癌细胞表现出的间接毒性，故它特别适合用在病后的机体康复上。

香菇多糖及其衍生物对寄生虫、霉菌、细菌及包括艾滋病病毒浸染均有一定的作用，如它能显著抑制用链霉素、异烟肼和利福平联合治疗的结核病复发，对带状疱疹病毒、爱柏森（Abelson）病毒、腺病毒12型及流感病毒等均有抑制作用，它破坏日本血吸虫（*Schistosoma Japonicum*）和曼氏血吸虫（*Schistosoma mansoni*）卵周围肉芽肿中心区域等。临床试验还表明，香菇多糖还是治疗各种肝炎，特别是慢性迁移性肝炎的良好物质。

尽管有关香菇多糖化学成分与结构的报道很多，但已明确有免疫活性关系的只有 β-葡聚糖一类。香菇多糖的一级结构具有 β（1→3）链为主链的吡喃聚葡萄糖，在主链上的葡萄糖通过 6-C 分支连接侧链，一般每 5 个葡萄糖就有 2 个支点，侧链是由 β（1→6）和 β（1→3）键连接的葡萄糖低聚合物。水溶性 β-葡聚糖为线状结构，无大分枝。以 β（1→3）链为主链的聚葡萄糖，其生物功效高于以 β（1→6）链为主链的多糖，而 β（1→3）和 β（1→6）结合的侧链共存是香菇多糖抗肿瘤作用所必需的。香菇多糖具有三重螺旋立体结构，当这种立体结构被尿素和二甲基亚砜（DMSO）破坏后，免疫活性随之消失。

香菇多糖对正常机体并无免疫促进作用，但能使荷瘤式或感染后机体的免疫应答得以提高。其制剂在动物体内筛选试验中未见直接抗癌效果，却明显促进体外淋巴细胞培养物的转化作用。曾经发现胸腺切除的动物注射抗淋巴细胞血清后，可削弱香菇多糖的抗肿瘤活性，且香菇多糖的作用还能被巨噬细胞抑制剂角叉菜胶和硅胶所削弱。所以说，香菇多糖是一种胸腺依赖淋巴细胞（T 淋巴细胞，简称"T 细胞"）导向并有巨噬细胞参与的特殊免疫佐剂。

香菇多糖以 1mg/kg 及 5mg/kg 体重剂量腹腔注射，可促进正常小鼠由 2.5mg/kg 伴刀豆球蛋白（ConA）刺激的脾脏 T 细胞增殖反应。腹腔注射 1.5mg/kg 体重及 10mg/kg 体重剂量的香菇多糖，分别能纠正环磷酰胺 200mg/kg 和 80mg/kg 诱导的免疫亢进或低下状态。此外，1.5mg/（kg 体重·d）及 10mg/（kg 体重·d）剂量的香菇多糖，可促使小鼠胸腺 L3T4$^+$（Th）细胞和 Lyt2$^+$（Ts）细胞数减少，外周脾脏 L3T4$^+$细胞和 Lyt2$^+$细胞数增加，腹腔巨噬细胞释放肿瘤坏死因子（Tumor necrosis factor，TNF）也明显增加。其中以 5mg/（kg·d）剂量的作用最好。

香菇多糖不能在体外激活自然杀伤细胞和诱导 β-干扰素生成，但可提高自然杀伤细胞对某些血清因子的反应性，从而刺激免疫关键细胞并伴有干扰素分泌以达到杀伤肿瘤细胞的效果。香菇多糖还可以激活补体系统的经典和替代途径，导致巨噬细胞的非特异细胞毒性提高和中性粒细胞对肿瘤组织的浸润。在活化 T 细胞的同时，也活化了能抵抗肿瘤的 5-羟色胺（Serotonin，5-HT）和 5-羟色氨酸的传递。与抗肿瘤活性关系密切的迟发型超敏反应，也得到恢复和增强。

香菇多糖还能增加受试动物的脾重，脾滤泡发生中心扩大，出现大量浆细胞，这说明香菇多糖能促进骨髓依赖淋巴细胞（B 淋巴细胞，简称"B 细胞"）增生并转化为浆细胞。脾窦中出现较多的多核巨细胞和网状细胞，表明香菇多糖具有增强网状内皮系统、提高识别抗原的功能，同时发现血清蛋白与 β-球蛋白组分显著增加，体液免疫得以加强。所以认为，香菇多糖是通过促进外周免疫器官而相应抑制中枢免疫器官作用，从而达到抗肿瘤、抗感染免疫调节作用。

临床研究表明，在人体中香菇多糖能增加 DNA 的合成和外周单核细胞免疫球蛋白的产生，在化疗过程中当与丝裂霉素、5-氟尿嘧啶、环磷酰胺及阿糖胞苷等多种药物合用时，其免疫反应和宿主存活期都超过单独使用上述药物的效果，表现出显著增效作用。目前，用于抗肿瘤的香菇多糖使用剂量一般为 2~15mg/kg。

（二）云芝多糖

中药云芝是指云芝 [*Trametes versicolor*（L.）Lloyd] 的子实体，文献中的云芝还包括采绒革盖菌（*Coriolus versicolor*）和多孔菌属变色多孔菌（*Polystictus versicolor*）等。革盖菌多糖（Coriolan）的葡萄糖含量为 97.2%，是一种含有由 β（1→3）和 β（1→6）糖苷键连接的带有高度分支的聚葡萄糖，并具有由 β（1→2）和 β（1→6）糖苷键连接的末端残基。1971 年，日本东京药学院宫琦志雄发现它具有抗肿瘤活性，能抑制小鼠皮下移植的肉瘤 S_{180} 的生长。

从云芝属子实体中提取的云芝多糖含有 20%~30% 的蛋白质，多糖主链以 β（1→3）糖苷键为主可能还兼有少量 β（1→4）糖苷键连接的聚葡萄糖，带有 β（1→6）糖苷键连接的短链聚葡萄糖侧链。注射或口服对小鼠肉瘤 S_{180} 均有抑制作用。它是一种良好的免疫增强剂，对四氯化碳引起的小鼠实验性肝损伤有明显治疗效果，病理检查发现其肝组织病变和肝坏死正得以明显修复。

云芝多糖对正常动物无免疫作用，但能恢复和增强带肿瘤机体的免疫功能。它能有效地阻止因移植肿瘤而导致的抗体产生能力下降和皮肤迟发型超敏反应的减弱，使因带肿瘤或使用抗癌药物而降低的 T 细胞与 B 细胞的免疫功能得以恢复，还能激活吞噬细胞的功能。分析表明，它对小鼠肉瘤 S_{180} 的抑制作用比丝裂霉素高 10 倍。云芝多糖已正式应用在临床治疗上，作为一种抗肿瘤药物可改善患者的自觉症状，增加食欲与体重，对于预防、治疗食道癌、肺癌、子宫癌以及乳腺癌有一定作用。应用云芝多糖治疗白血病也获得肯定的功效，可明显增强机体的细胞免疫功能及对放疗、化疗的耐受性，并减少感染与出血。

（三）银耳多糖

银耳（*Tremella fuciformis* Berk.）俗称白木耳，属于有隔担子菌亚纲银耳科。存在于子实体中的银耳多糖（Tremellan）是一种酸性杂多糖，其主链结构是由 α（1→3）糖苷键连接的甘露聚糖，支链由葡萄糖醛酸和木糖组成。存在于银耳深层发酵孢子体中的酸性杂多糖，主链结构与上述的相似，仅在支链上有些区别。

银耳多糖可明显促进小鼠的特异性抗体的形成和腹腔巨噬细胞的吞噬能力，增加外周血 T 细胞数量，延缓胸腺萎缩，并可对抗由免疫抑制剂环磷酰胺引起的细胞免疫和体液免疫低下的作用，对由环磷酰胺引起的小鼠骨髓微核率增加和脾脏萎缩等也有明显的对抗作用。银耳多糖能显著抑制癌细胞 DNA 合成速率，对小鼠移植性肉瘤 S_{180} 有显著的抑制作用。

肿瘤组织中的 cAMP（环磷腺苷）含量低于正常值，而银耳多糖可提高肿瘤细胞中的 cAMP 含量，从而影响核酸和蛋白质代谢，改变肿瘤细胞的特点使其往正常方向转化，实现抗肿瘤作用。

从银耳子实体中分离到的多糖，相对分子质量 1.15×10^5，由 Fuc（岩藻糖）、阿拉伯糖、木糖、甘露糖、葡萄糖和 GlcA（葡萄糖醛酸）组成，总糖含量为 75.7%，含葡萄糖醛酸 14.7%。按 300mg/kg 剂量腹腔注射 72h 后，对四氧嘧啶诱发高血糖小鼠的血糖明显下降。银耳孢子多糖对四氧嘧啶诱发高血糖小鼠也有明显降糖活性，对小鼠胰岛 β 细胞可能有细胞保护作用。

（四）金针菇多糖

金针菇（*Flammulina velutipes* Curt . Sing .）属于伞菌目口蘑科金钱菌属。1968 年，日本最先报道了其多糖成分对小鼠肉瘤 S_{180} 有明显的抑制作用，之后又有众多人员对此作了深入的研究。

1973 年对水溶性金针菇多糖进行仔细的分级与提纯，得到 4 种组分并分别命名为 EA3、EA5、EA6 和 EA7。EA3 含有 92.5% 葡萄糖，因此是一种比较单纯的 β（1→3）键连接的聚葡萄糖，化学结构与香菇多糖相似，1mg/kg 剂量持续作用 10d 对肉瘤 S_{180} 的抑制率为 82%，5mg/kg 剂量的抑制率达 96%，效果非常明显。其他 3 种组分除了葡萄糖外还含有少量的半乳糖、甘露糖、阿拉伯糖和木糖。EA5 和 EA7 在 1mg/kg 剂量下对小鼠肉瘤的抑制率为 84% 和 68%。在 5mg/kg 剂量下为 98% 和 87%，EA6 是一种糖蛋白，蛋白质含量占 30%，对肿瘤抑制率较低，在

1mg/kg 和 5mg/kg 剂量下的抑制率仅为 19% 和 25%，但在 300mg/kg 剂量下对肉瘤 S_{180} 和腹水癌抑制率达到 70% 和 80%。

金针菇多糖也是通过恢复和提高免疫力方法来达到抑制肿瘤的目的。试验表明，EA3 能增强 T 细胞功能、激活淋巴细胞和吞噬细胞，促进抗体产生并诱导干扰素产生；EA6 能增强小鼠对白血病 L1210 细胞的抵抗作用，增加 IgM 抗体的产生，增强 T 细胞的活性并激活淋巴细胞的转化，但不能产生淋巴细胞。试验表明，EA6 对宿主外周网状淋巴细胞系统无明显作用，不能增强单核巨噬细胞的吞噬能力。

（五）猪苓多糖

猪苓（*Polyporus umbellatus*）是多孔菌属的真菌，寄生在赤杨、栎树等根上。1973 年从猪苓菌核中提取出的水溶性多糖，主链是由 β（1→3）糖苷键连接的聚葡萄糖，在主链上每 3~4 个残基间出现一个以 β（1→6）糖苷键连接的 β-D-吡喃葡萄糖基作为侧链结构。1978 年的一项分析表明这种多糖具有明显的抗肿瘤活性。

1980 年，日本报道从水提取过的猪苓菌核残渣中分离出一种碱溶性聚葡萄糖，是由 β（1→3）糖苷键连接的吡喃葡萄糖基组成骨架，其中每三个葡萄糖基间通过 C-6 位置连接一个 β-D-葡萄糖基作为侧链。1982 年报道用 2%NaOH 溶液与用 2%NaOH 溶液加 2%尿素溶液提取的碱溶性猪苓多糖，后者的相对分子质量要大些且抗肿瘤活性也强些。

临床上猪苓多糖适用于原发性肺癌、肝癌、子宫颈癌、鼻咽癌、食道癌和白血病等放疗、化疗的辅助治疗，可提高患者的抗病能力，改善临床症状，使肝、肺癌患者的生存期延长 2~3 个月。

（六）茯苓多糖

茯苓（*Poria cocos*）属于多孔菌科真菌，生长在松属各种松树的根际。茯苓多糖（Pachyman）是茯苓菌核的基本组成，易溶于稀碱液而不溶于水，1980 年由日本成井确认其主链是一种线性 β（1→3）糖苷键连接的聚葡萄糖，支链是由 β（1→6）糖苷键连接的 9~10 个葡萄糖残基。该多糖基本上没有抗癌作用，分析认为这是由于结构中含有较长的 β（1→6）糖苷键支链。经高碘酸钠氧化、硼氢化钠还原和酸部分水解所得到的不含 β（1→6）糖苷键的新多糖，命名为茯苓异多糖（Pachymaran），它能够溶于水，具有很强的抗肿瘤活性。

通过适当的溶剂处理，可使不溶于水的茯苓多糖转变成易溶于水的改性多糖。例如用 4mol/L 浓度尿素溶液在 40℃处理茯苓多糖 4h，所得到的 U-茯苓多糖（U-Pachyman）即可溶于水中，且抗肿瘤活性增强。此外，人们还制备了各种不同的衍生化合物，如羧甲基茯苓异多糖（CM-Pachymaran）或羟乙基茯苓多糖（HE-Pachyman）等，用来研究结构与抗肿瘤活性的关系。茯苓多糖制成羧甲基茯苓异多糖后，水溶性增大，抗肿瘤活性也有增强。

（七）冬虫夏草多糖

冬虫夏草（*Cordyceps sinensis*）是虫草属真菌中的一种寄生性子囊菌寄生于鳞翅目的幼虫头上或体部的子座的复合物，为我国名贵的中药材。1977 年，有人报道了一种水溶性冬虫夏草多糖，是一种高度分支的半乳糖甘露聚糖，主链为由 α（1→2）糖苷键连接的 D-呋喃甘露聚糖，支链含（1→3）、（1→5）和（1→6）糖苷键连接的 D-呋喃半乳糖基以及（1→4）键连接的 D-吡喃半乳糖基，非还原性末端均为 D-呋喃半乳糖和 D-吡喃甘露糖。未见这种多糖抗肿瘤活性方面的研究文献。

1984 年，日本从大团囊虫草（*Cordyceps ophioglossoides*）培养物滤液中分离出一种水不溶性多糖，经分析确认是一种 β-葡聚糖，平均相对分子质量为 632000，这种聚葡萄糖是由（1→3）糖苷键连接的 β-D-吡喃葡聚糖组成骨架，其中每 2 个葡萄糖残基通过 C-6 分支点连有一个单糖残基分支。由此表明，这种水不溶性聚葡萄糖的组成与上述虫草水溶性多糖完全不同。研究还表明，这种水不溶性聚葡萄糖能强烈抑制小白鼠肉瘤 S_{180} 的生长，而由它衍生的多元醇比原多糖的抗肿瘤活性更强。

（八）灵芝多糖

灵芝属（*Ganoderma*）真菌的品种繁多，灵芝（*G. lucidum*）和紫芝（*G. japonicum*）是其中两种最著名的品种。1981 年报道从灵芝子实体中分离出一种水溶性多糖，经鉴定为阿木聚葡萄糖。次年再次报道一种存在于灵芝子实体中的水溶性多糖，是由岩藻糖、木糖和甘露糖组成的，其物质的量比为 1∶1∶1，其主链结构为（1→4）糖苷键连接的 D-甘露聚糖，主链上残基通过 C-3 分支点连接支链 [Fuc（1→4）Xyl（1→]，是一种高度分支的杂多糖。1982 年从紫芝子实体中提取出一种碱溶性多糖，是由（1→3）糖苷键连接的 β-D-吡喃葡聚糖为主链，其中每 30 个残基上连接有一个 β（1→6）-D-吡喃葡聚糖残基作为侧链。

灵芝属中的平盖灵芝（*G. applanatum*）又称树舌。1981 年，日本静冈大学农化系从中分离出两种半乳聚糖，一种是由 α（1→6）键连接的 D-吡喃半乳聚糖为主链，其中约 30% 的残基在 C-2 分支点连有单个 α-L-吡喃岩藻糖作为侧链；另一种是在 α（1→6）键连接的吡喃半乳聚糖主链上，约有半数的残基通过 C-3 分支点连有由甘露糖和岩藻糖组成的侧链，侧链部分糖基还被乙酰化。

1983 年再次报道从树舌中提取出两种 β-葡聚糖，其中一种在 0.15mg/kg 的浓度水平上即显示出较强的抑肿瘤活性，是最有效的抗肿瘤聚葡萄糖之一，但另一种则基本上不具有抑肿瘤活性。分析表明，它们均具含（1→6）分支的 β（1→3）葡聚糖特征。这表明 β-D-葡聚糖的抗肿瘤活性，不仅与它们的初级结构有关，更多的是与它们的分子大小、形状及在水中的溶解特性和构象形态有关。

由灵芝子实体中分离到降糖活性多糖 Ganoderan A 和 Ganoderan B，以 10mg/kg、30mg/kg 和 100mg/kg 剂量腹腔注射，对正常小鼠和四氧嘧啶诱发高血糖小鼠均有明显降糖活性。其中以多糖 A 为最显著，上述剂量注射 7h 后对正常小鼠的降糖率分别为 55%、59% 和 48%，24h 后降糖率分别为 78%、60% 和 56%。对四氧嘧啶诱发高血糖小鼠注射 7h 后，降糖率分别为 57%、52% 和 53%，24h 后降糖率分别为 81%、81% 和 67%。

（九）核盘菌多糖

核盘菌属（*Sclerotinia*）核盘菌（*S. sclerotiroum*）所产生的多糖是一种 β-葡聚糖，主链是由 β（1→3）键连接的聚葡萄糖，主链上平均每 2 个葡萄糖残基通过 C-6 分支点连有一个单一的葡萄糖残基作为侧链，这种多糖具有明显的抗肿瘤活性。

小核菌属（*Sclerotium*）、座盘菌属（*Stromatinia*）和伏革菌属（*Corticium*）均能产生类似结构的 β-葡聚糖。不同的菌种所分泌的聚葡萄糖的区别只在其侧链数目和长度上。例如，由葡聚糖小核菌（*S. glucanium*）产生的 β-葡聚糖通过主链残基 C-6 分支点只连接有单个的 β-D-葡萄糖残基作为侧链，而由整齐小核菌（*S. rolfsii*）产生的聚葡萄糖其侧链长度较长。用小核菌多糖喂养鸡，有降低其胆固醇和加快脂质排泄的作用，在抗肿瘤试验方面也显示出积极有效的作用。

（十）裂褶多糖

裂褶菌属（*Schizophyllum*）是多孔菌目腐木担子菌，具有鳃状子实体，是一种小型野生食用菌。裂褶多糖（Schizophyllan）具有由 β（1→3）键连接的聚葡萄糖主链，其中平均每 3 个残基上即有一个通过 C-6 分支点连接有单个葡萄糖残基的侧链。此多糖对细胞免疫和体液免疫均有促进作用，能促进小鼠脾脏产生抗体的细胞增多，消除抗胸腺球蛋白对机体免疫功能的抑制作用。用裂褶多糖进行肌肉、腹腔或静脉注射均可发挥其免疫佐剂的作用，并表现出高度的抗肿瘤活性。对大鼠移植性肉瘤 S_{37} 及肉瘤 S_{180}，当其使用剂量为 $1.25\sim5mg/kg$ 时的抑制率为 87%，对艾氏肉瘤，当其使用剂量为 $0.7mg/kg$ 时的抑制率为 74%。

（十一）黑木耳多糖

木耳属（*Auricularia*）中的黑木耳（*A. auriculajudae*）是一种常见的食用菌，日本东北大学的三嘉喜等人曾研究过其多糖结构与抗肿瘤活性。据报道，他们从黑木耳子实体中分离出一种酸性杂多糖和两种 β- 葡聚糖。酸性杂多糖是由木糖、甘露糖、葡萄糖和葡萄糖醛酸等组成，其主链是由（1→3）键连接的甘露聚糖，通过 C-2 或 C-6 分支点连接有木糖、葡萄糖或葡萄糖醛酸作为侧链。

两种 β- 葡聚糖中有一种能溶于水，是由 β（1→3）键连接的聚葡萄糖作为主链，平均每 3 个残基通过 C-6 分支点连接有一个葡萄糖残基作为侧链。这种多糖对小鼠移植性肉瘤 S_{180} 有很强的抑制活性。另一种虽然也具有 β（1→3）葡聚糖主链和 C-6 位单个残基，但因它具有高度分支的侧链，所以基本上没有抑肿瘤活性。

由黑木耳提取分离的多糖，其总糖含量为 81.5%，葡萄糖醛酸含量为 19.9%。注射 $500mg/kg$ 剂量 72h 后对四氧嘧啶诱发高血糖小鼠有明显降血糖作用。

（十二）灰树花多糖

灰树花（*Grifola frondosus*）属于非褶菌目、多孔菌科、树花属，是一种食用菌。灰树花多糖主链是由 β（1→3）键连接的聚葡萄糖，侧链主要为 β（1→6）键连接的葡萄糖残基，少量的为由（1→4）或（1→3）键连接的葡萄糖短链。

灰树花多糖可提高小鼠肝脏中谷胱甘肽硫转移酶（Glutathione s-transferase，GST）与细胞色素 P-450 酶的活性，谷胱甘肽硫转移酶是检测化学抗突变作用的一个指标，这表明灰树花多糖具有抗突变作用。细菌回复突变（Ames）试验和小鼠骨髓微核试验也证实其抗突变作用。据研究表明，灰树花多糖对小鼠移植性肉瘤 S_{180} 的抑制率为 48.5%，与环磷酰胺并用时其抑制率可提高至 95%，并能拮抗环磷酰胺引起的白细胞数目下降，而且有免疫调节作用。灰树花多糖可有效地改善肿瘤患者的主观症状，及显著拮抗放疗、化疗所引起的免疫功能下降，并未见毒副作用。

二、真菌多糖的生物功效

通过对具有抗肿瘤活性的 β- 葡聚糖进行 X 射线衍射分析表明，它们绝大多数具有三股螺旋构象，由氢键把由 β（1→3）键连接的葡萄糖残基连接起来。通过 α（1→3）键连接的聚葡萄糖是一种带状的单链构象，沿着纤维轴伸展而不是呈螺旋状，所以没有抗肿瘤活性。而水生植物莼菜中所含的酸性杂多糖及降解产物，是由通过 β（1→3）键连接的半乳聚糖或甘露聚糖组成主链，不是聚葡萄糖，显然也没有抗肿瘤活性。

经 ^{13}C 核磁共振波谱分析推断，连接在 β（1→3）葡聚糖骨架上的多羟基基团，对抗肿瘤活性起重要作用。许多具有极其相似结构的 β-葡聚糖其抗肿瘤活性却有较大的差异，这说明多糖结构与抗肿瘤活性之间的相互关系不仅涉及多糖的初级结构，还与它们的分子大小、水中溶解性及构象形态等也有关系。

（一）提高免疫力、抗肿瘤

目前，对多糖的抗肿瘤作用机制尚不明确。真菌多糖并不能直接侵袭肿瘤引起肿瘤细胞的内出血与坏死，它们的抗肿瘤活性似乎是依赖机体的反应，是机体媒介的效应。

1971 年报道，同时给试验动物饲喂香菇多糖和免疫抑制剂，发现香菇多糖的抗肿瘤活性降低，为此推断香菇多糖是激发一种非特异性反应而发挥出它对肿瘤的抑制作用。同年另一研究报道，对于切除胸腺的小鼠，香菇多糖失去了它的抗肿瘤活性，而且用抗淋巴血清注射未切除胸腺的小鼠，香菇多糖也失去抗肿瘤活性，这表明香菇多糖的作用是胸腺引起免疫机制的一部分，进一步说明其抗肿瘤活性是激发机体细胞媒介的反应。

多糖通过提高机体的免疫功能从而达到增强对肿瘤的抵抗力。提高机体的免疫功能包括增强细胞免疫和体液免疫两方面的作用。增强细胞免疫作用包括以下两种方式。

①刺激网状内皮系统的吞噬功能，如猪苓多糖能使移植肿瘤动物的单核巨噬细胞维持正常水平，银耳多糖能激活小鼠腹腔巨噬细胞和单核巨噬细胞的吞噬能力。

②刺激或恢复 T 细胞和 B 细胞，增强淋巴细胞的转化作用。例如，摄入银耳孢子多糖（第一周每天 $3\times1g$，$2\sim4$ 周每天 $2\times1g$）30d 后，T 细胞和 B 细胞数量分别增加 11% 和 8.6%；云芝多糖能明显提高胃癌手术后病人的淋巴细胞转化率；注射猪苓多糖能使正常人 T 细胞转化率明显上升。

增强体液免疫作用包括以下五种方式。

①提高血浆蛋白水平，如云芝多糖能提高白蛋白抗原的免疫能力。

②促进抗体的形成，如口服或注射云芝多糖可使移植肿瘤小鼠下降的抗体恢复正常水平；猪苓多糖能使移植肿瘤的小鼠脾脏抗体形成细胞数量明显增多。

③抗补体活性。多糖的抗肿瘤活性与补体 C3 残存量的降低有一定的关系，部分真菌多糖表现出强烈的抗补体活性。

④促进溶血素的形成。银耳多糖能使正常小鼠（100mg/kg，7d，经皮）和注射环磷酰胺小鼠（100mg/kg，灌胃）的半数溶血值分别增加 92.2% 和 112.9%，表明它能促进正常小鼠和免疫功能受抑制的小鼠的溶血素的形成。

⑤诱导干扰素的作用，如香菇多糖、云芝多糖都具有诱导干扰素的作用。

真菌多糖的抗肿瘤活性与试验动物的种系及性别有一定的关系。云芝多糖和香菇多糖对 ICR 小鼠和瑞士小鼠的移植性肉瘤 S_{180} 有很强的抑制作用，但对 C3H/5、C3H/He 和 AKR 等品系小鼠的肉瘤 S_{180} 作用较差或无效。用猪苓多糖（剂量为 0.1mg/kg）灌胃小鼠，雌鼠的肿瘤完全消退而对雄鼠的效果较差。对于小鼠其他移植性肿瘤，如艾氏实体瘤和肺癌 7423 等，雌鼠的自然消退数均高于雄鼠。

目前有关真菌多糖抗肿瘤活性的试验，大多是在移植性肿瘤动物身上进行测定的，现在的问题是这些多糖对原发性肿瘤生长是否也有抑制作用。迄今发现的抗肿瘤多糖虽然对移植性肿瘤有较强的抑制活性，但对原发性肿瘤却缺乏明显的作用，所以尚未有一种可以信赖的合格多糖可应用于人类肿瘤的治疗。然而，对于作为功能性食品的活性成分，重在防而不在治，既然真菌多糖能通过提高机体免疫力而达到增强人体的抵御疾病（包括肿瘤）的能力，这就符合功能性食品的要求。

（二）其他生物功效

出于真菌多糖具体化学组成与结构的差异，有些多糖组分还具有各种其他生物功效。下面以银耳多糖和银耳孢子多糖为例作些补充说明。

1. 抗衰老作用

银耳多糖能明显降低小鼠心肌组织的脂褐质含量，增加小鼠脑和肝脏组织中的超氧化物歧化酶（Superoxide dismutase，SOD）活力。有试验表明，银耳多糖可明显延长果蝇的平均寿命，增长率为28%，果蝇中脂褐质含量降低23.95%，但银耳孢子多糖对果蝇寿命和脂褐质含量的影响不及银耳多糖明显。

2. 促进蛋白质与核酸的合成

银耳多糖和银耳孢子多糖能促进人体血清蛋白质和淋巴细胞RNA的合成，但对淋巴细胞DNA合成的影响不明显。此外，200mg/kg×5d（灌胃或皮下注射）的银耳多糖能促进正常小鼠和部分切除肝脏的小鼠的肝蛋白质合成。在正常小鼠身上主要表现为血清蛋白质合成增加，而在部分切除肝脏的小鼠身上对肝脏结构蛋白合成的促进作用大于对血清蛋白质合成的促进作用。银耳多糖还促进肝RNA合成但不影响DNA合成，对正常或肝损伤小鼠的肝糖原含量也无影响。

3. 抵抗放射性的破坏并增加白细胞含量

银耳孢子多糖（灌胃，2mg/只×7d），对^{60}Co射线引起的小鼠放射性损伤有一定的保护作用，存活率比对照组高78%，原因可能是多糖促进射线损伤的造血细胞的修复，加速造血功能的恢复。银耳多糖灌胃9d后可使经$20.64×10^{-2}$C/kg^{60}Co照射的小鼠脾、胸腺与骨髓中DNA合成速度明显增快，与对照组差异显著。银耳多糖或银耳孢子多糖对环磷酰胺引起白细胞数目下降有明显的抑制效果，因此可作为肿瘤患者临床放化疗的辅助治疗物质。

4. 抗溃疡与抗炎症作用

银耳多糖和银耳孢子多糖对大鼠应激型溃疡有明显的抑制作用，可减少大鼠醋酸型溃疡面积，但对胃酸分泌及胃蛋白酶活性影响不明显。此外，银耳多糖对急性渗出水肿型炎症也有一定的抵抗作用，抗炎症与抗溃疡两者之间可能有一定的相互关系。

5. 降血糖作用

银耳多糖和银耳孢子多糖对四氧嘧啶致糖尿病小鼠有明显的预防作用，在注射四氧嘧啶前1h喂以多糖300mg/kg，可观察到小鼠血糖的升高幅度明显降低。其作用机制可能是多糖减弱了四氧嘧啶对胰岛β细胞的损伤。银耳多糖或孢子多糖对普通的或四氧嘧啶诱发的高血糖也有明显的抑制作用，促使葡萄糖耐量恢复正常，减少糖尿病小鼠的饮量。

由猴头（Hericium erinaceus）子实体中提取的多糖，具有降血糖活性。对正常小鼠按25mg/kg剂量灌胃7h后血糖浓度降低53%，灌胃24h后对四氧嘧啶诱发高血糖小鼠的血糖浓度降低50%。

6. 降血脂、抗血栓作用

银耳多糖和银耳孢子多糖可明显降低高脂大鼠的血清胆固醇水平。两种多糖分别以27.8mg/kg和41.7mg/kg剂量通过灌胃提供给家兔，发现它们可明显延长其特异性血栓及纤维蛋白血栓的形成时间，缩短血栓长度，减轻血栓干湿重，降低血小板黏附率和血液黏度，降低血浆纤维蛋白原含量并增强纤溶酶活性，具有明显的抗血栓作用。

7. 保肝作用

口服或腹腔注射银耳多糖能明显抵抗由于四氯化碳引起的谷丙转氨酶的升高，缓解四氯化碳所引起的肝细胞损伤。正如上述，银耳多糖还能促进肝脏合成蛋白质的功能。通过对小鼠肝细胞超微结构的观察表现，银耳多糖使得肝细胞内粗面内网质、糖原明显增加，而基质却相应降低，这表明肝细胞合成蛋白质功能活跃，糖原增多表明能量的供给与储存增加。银耳孢子多糖还可治疗慢性活动性肝炎和慢性迁移性肝炎，使乙型肝炎表面抗原（HBsAg）转阴并改善症状。

8. 抗凝血作用

用银耳多糖给小鼠灌胃有延长凝血时间的作用，在 50mg/kg 剂量时与对照组相比差异显著。银耳多糖的抗凝血作用显效缓慢，消失也缓慢，它不影响凝血酶原时间与出血时间，作用机制在于多糖影响了血小板的凝集力与黏着力以及内源系统某些因子活性。银耳多糖和银耳孢子多糖在体内外试验均显示出其明显的抗凝血作用，口服效果更佳。

9. 增强骨髓的造血功能

银耳多糖能兴奋骨髓的造血功能，可抵抗致死剂量 ^{60}Co 射线或注射环磷酰胺所致的骨髓抑制。实验表明，接受多糖的放射组其骨髓有核细胞较对照组多 186%，而化疗组的骨髓有核细胞较对照组多 77.1%。此外，银耳多糖对心血管系统也有一定的作用，可治疗慢性肺源性心脏病。

其他真菌多糖也具有上述类似的部分生物功效，如用猴头菌多糖和黑木耳多糖分别以 25mg/kg 和 500mg/kg 剂量给小鼠灌胃，分别经 24h 和 72h 后对四氧嘧啶诱发高血糖大鼠的血糖浓度降低 50%左右。100mg/kg 剂量的美味牛肝菌多糖对抗小鼠耳部炎症的抑制率达 44%以上。蜜环菌多糖在临床上早已应用于中枢神经系统的镇静和抗惊厥，可改善血液循环、增加脑动脉和冠动脉的血流量等，是治疗偏头痛的特效成分。灵芝多糖进入动物体内后对中枢神经系统起镇静、镇痛作用，对心血管系统起增强心肌收缩力和增加心输出量的作用，对脑垂体后叶素心肌缺血起保护作用，还有止咳、祛痰和保护肝脏作用。当然，这些作用有些可能由多糖提取物中的其他微量活性成分所致，不仅仅是灵芝多糖单方面的作用。

三、植 物 多 糖

天然植物具有调节血糖功能的活性成分，包括萜类、氨基酸与肽、黄酮、多糖、硫醚、生物碱和香豆精等，其中有些多糖的降血糖作用明显，安全性高。从 20 世纪 60 年代开始，人们对多糖进行了广泛的研究。多糖不仅是一种非特异性免疫增强剂，而起到抗菌、抗病毒、抗肿瘤、抗辐射、抗衰老的功用，而且具有降血糖、降血压、降胆固醇、抗炎、抗凝血、抗生育和止吐等多种生物功效。

一般来说，植物多糖的活性与相对分子质量、溶解度、黏度和化学结构有关。在降血糖活性多糖中，有单聚糖、杂多糖和黏多糖 3 种。有人认为在黏多糖中乙酰基的存在是降血糖活性的重要抑制因子，如秋葵黏质 F 和车前草黏质 A 的降糖活性均较弱，当脱乙酰化后两者降血糖活性显著提高。将冬葵子中提取的糖蛋白 MVS-Ⅴ（含 43%多糖和 57%蛋白质）经蛋白酶处理后，降血糖活性得以明显提高，这可能是由于分子中主体结构改变的缘故。

（一）人参多糖

人参（*Panax ginseng*）作为消渴药在中医药典籍中早有记载，近年来研究证明人参多糖（Panaxan）是主要的降糖活性成分。日本研究人员从朝鲜白参、中国红参和日本白参中分离到 21 种人参多糖，即人参多糖 A~U，分别以 10mg/kg、30mg/kg 和 100mg/kg 剂量腹腔注射正常小鼠，均发现有降血糖作用，其中有些多糖对四氧嘧啶诱发高血糖小鼠均有明显降血糖活性。降血糖活性最高的是人参多糖 A，以 10mg/kg 剂量腹腔注射 7h 后，对正常小鼠的降糖率为 71%，对四氧嘧啶诱发血糖小鼠降糖率为 38%，注射多糖 24h 后降糖率为 60%。

（二）黄芪多糖

黄芪多糖是由蒙古黄芪（*Astragalus mongholicus* Bunge.）根中分离出来的一种多糖，具有双向调节血糖作用。当腹腔注射剂量 250mg/kg、500mg/kg 连续 7d 后，它对正常小鼠血糖含量无变化，但可使葡萄糖负荷后小鼠的血糖水平显著下降，比对照组分别下降 43.63% 和 90.88%，并能明显对抗肾上腺素引起的小鼠血糖升高反应。当给予 300mg/kg 剂量后，它对苯乙双胍所致小鼠实验性低血糖又有明显对抗作用，血糖含量提高 38.4%。

（三）山药多糖

由山药（*Dioscorea japonica*）的根托中分离到 6 种降血糖多糖山药多糖（Dioscoran）A~F，以 30mg/kg、100mg/kg 剂量腹腔注射，对正常小鼠均有降血糖活性，其中以山药多糖 C、山药多糖 D 活性最为显著。山药多糖 C 当以 10mg/kg、30mg/kg、100mg/kg 剂量注射 7h 后，对四氧嘧啶诱发高血糖小鼠的降糖率分别为 43%、35% 和 37%，24h 后降糖率分别为 72%、53% 和 69%。

（四）桑白皮多糖

由桑树（*Morus alba*）根皮中分离到一种蛋白多糖，桑白皮多糖（Moran），有降血糖活性，以剂量 10mg/kg 和 300mg/kg 腹腔注射 7h 后对正常小鼠的降糖率为 66% 和 64%，对四氧嘧啶诱发高血糖小鼠的降糖率为 66% 和 49%，并能维持 24h。

（五）刺五加多糖

由刺五加（*Eleutherococcus senticocus*）根中分离到 7 种多糖，刺五加多糖（Eleutheran）A~G，对正常小鼠均有不同程度的降血糖活性，其中以刺五加多糖 F、刺五加多糖 G 作用最强。刺五加多糖 F 以 100mg/kg 剂量腹腔注射 7h 后血糖下降率为 56%，刺五加多糖 G 以 3mg/kg、10mg/kg、30mg/kg 剂量注射后的血糖下降率为 61%、50% 和 44%，刺五加多糖 C 对四氧嘧啶诱发高血糖小鼠在 30mg/kg 剂量时即有降血糖作用。

（六）紫草多糖

由紫草（*Lithospermum erythrorhizou*）根中分离到 3 种降糖活性多糖，紫草多糖（Lithosperman）A~C，当按 100mg/kg 剂量腹腔注射对正常小鼠的血糖下降率分别为 64%、83% 和 55%，其中紫草多糖 B 和紫草多糖 C 可维持 24h。对四氧嘧啶诱发高血糖小鼠，只有紫草多糖 A 在注射 7h 后降糖率达 51%。

（七）麻黄多糖

由麻黄（*Ephedra distachya*）的全草中分离到 5 种降血糖多糖，麻黄多糖（Ephedran）A~E，对正常小鼠按 100mg/kg 剂量腹腔注射 7h 后的降糖率分别为 71%、74%、72%、64% 和 66%。其中以麻黄多糖 C 最为显著，在剂量 10mg/kg 时血糖明显下降且能维持 24h，对四氧嘧啶诱发高血糖小鼠的降血糖活性以麻黄多糖 A 为最强。

（八）苍术多糖

由关苍术（*Atractylodes japonica*）根茎中分离的苍术多糖（Atractan）A~C 以 10mg/kg、30mg/kg、100mg/kg 剂量腹腔注射，对正常小鼠均具有明显降血糖活性。其中苍术多糖 A 作为主成分，以 30mg/kg、100mg/kg 剂量注射 7h 后，对四氧嘧啶诱发高血糖小鼠的降糖率分别为 50% 和 40%，24h 后降糖率分别为 70% 和 76%。

（九）知母多糖

由知母（*Anemarrhena asphodeloides*）根茎中分离到知母多糖（Anemaran）A～D，以 100mg/kg 剂量注射 7h 后，对正常小鼠的降糖率分别为 78%、56%、62% 和 64%，显然以知母多糖 B、知母多糖 C 作用最为显著，知母多糖 B 的作用可维持 24h。对于四氧嘧啶诱发高血糖小鼠，仅知母多糖 C 有显著降糖活性。

（十）乌头多糖

由乌头（*Aconitum carmichaeli*）根中分离到乌头多糖（Aconitan）A～D，以 100mg/kg 剂量腹腔注射，对正常小鼠 7h 后的降糖率分别为 78%、57%、66% 和 61%，其中乌头多糖 A、乌头多糖 B 与乌头多糖 C 能维持 24h。乌头多糖 A 以 30mg/kg、100mg/kg 剂量注射，对四氧嘧啶诱发高血糖小鼠有显著降血糖活性，降糖率分别为 66% 和 77%。

（十一）薏苡仁多糖

由薏苡（*Coix lachyma-jobi*）种子中分离到 3 种多糖，薏苡仁多糖（Coixan）A～C，以 10mg/kg、30mg/kg、100mg/kg 剂量腹腔注射对正常小鼠均具有降血糖作用，注射 7h 后降糖率分别为 56%、45% 和 40%。对四氧嘧啶诱发高血糖小鼠，以 30mg/kg、100mg/kg 剂量注射薏苡仁多糖 A7h 后，降糖率分别为 61% 和 26%。

（十二）茶叶多糖

茶叶含有咖啡因、鞣质、维生素和黄酮类化合物，从茶叶冷水提取物中分离到具有降血糖活性的茶叶多糖（T-b），相对分子质量为 4.0×10^4，由阿拉伯糖、核糖和葡萄糖（物质的量比 5.7：4.7：1.7）组成，腹腔注射 500mg/kg 剂量 7h 后对正常小鼠有降血糖作用。

（十三）紫菜多糖

紫菜多糖是从紫菜（*Porphyra tenera*）中提取分离的多糖，相对分子质量为 7.4×10^4，含糖量为 68.4%，含葡萄糖醛酸量为 16.40%，由岩藻糖、木糖、甘露糖、半乳糖与葡萄糖组成。对正常小鼠按 500mg/kg 剂量腹腔注射或灌胃 3h 后血糖下降 58.45% 及 68.39%，对四氧嘧啶诱发高血糖小鼠注射 50mg/kg 剂量，24h 后血糖下降 37.96%。

（十四）昆布多糖

从海带（*Laminaria japonica*）中提取的昆布多糖对正常小鼠按 100mg/kg 剂量灌胃，7h 后血糖浓度降低 49%，对四氧嘧啶诱发高血糖小鼠按 300mg/kg 剂量灌胃，24h 后血糖浓度降低 61%。

（十五）甘蔗多糖

从甘蔗（*Saccharum officinarum*）茎中分离出的 6 种降糖活性多糖，甘蔗多糖（Saccharan）A～F，甘蔗多糖 A 为 300mg/kg、甘蔗多糖 B～甘蔗多糖 F 为 100mg/kg 的剂量时，对正常小鼠腹腔注射 7h 后降糖率分别为 70%、64%、56%、77%、68% 和 60%，甘蔗多糖 B、甘蔗多糖 C 可维持 24h。但对四氧嘧啶诱发高血糖小鼠，只有甘蔗多糖 C 有显著降血糖活性，当注射 300mg/kg 剂量 7h 后血糖下降率为 52%。

（十六）米糠多糖

从禾本科植物稻（*Oryza sativa*）根中分离出 4 种降糖活性多糖，米糠多糖（Oryzabran）A～D。

当对实验小鼠给予米糠多糖 A、米糠多糖 D 为 300mg/kg 剂量，米糠多糖 B、米糠多糖 C 为 100mg/kg 剂量，腹腔灌胃 7h 后米糠多糖 A～米糠多糖 D 的血糖下降率分别为 64%、90%、63% 和 50%，注射 24h 后血糖下降率为 66%、83%、54% 和 54%。对四氧嘧啶诱发高血糖小鼠，米糠多糖 A 给予 100mg/kg、300mg/kg 剂量，注射 7h 后血糖下降率为 81% 和 52%。

（十七）其他植物多糖

从百合科、石蒜科、薯蓣科、兰科、虎耳草科、锦葵科和车前草科植物中分离到的黏质（Mucilage）均具有降血糖活性。如车前草科的车前草（*Plantago asiatica*）种子中分离出来的车前草黏质 A、虎耳草科植物圆锥绣球花（*Hydrangea paniculata*）树皮中提取分离的多糖、薯蓣科植物山药（*Dioscorea batatas*）根托中分离得到的山药黏质 B 都具有明显的降血糖活性。

锦葵科植物中所含有的 10 多种黏多糖均具有降血糖活性，如刚毛黄蜀葵（*Abelmoschus manihot*）中分离到的黏多糖，药蜀葵（*Althaea officinalis*）中分离到的黏多糖，咖啡黄葵（秋葵，*Abelmoschus esculentus*）中的黏多糖，黄葵（*Hibiscus moscheutos*）的黏多糖，冬葵（*Malva verticillata*）种子中分离到的 MVS-Ⅰ 和 MVS-Ⅴ，木槿（*Hibiscus syriacus*）叶中分离到的黏多糖均具有显著的降血糖活性。

四、燕麦 β-葡聚糖

燕麦是起源于我国的一种古老的粮食作物，中医认为燕麦味苦、性干，可治虚汗，能预防多种疾病，近几十年来，人们对燕麦的研究兴趣渐增，这主要是由于发现它所含有的 β-葡聚糖对人体的健康有着许多有益的功效。

（一）燕麦 β-葡聚糖的物化性质

燕麦中的 β（1→3, 1→4）葡聚糖简称燕麦 β-葡聚糖，是存在于燕麦胚乳和糊粉层细胞壁的一种非淀粉多糖。它是由单体 β-D-吡喃葡萄糖，通过 β（1→3）和 β（1→4）糖苷键连接起来，形成的一种高分子聚合物。

从燕麦中提取并纯化得到的 β-葡聚糖是一种胶黏、水化的物质，由于它溶于水后形成高黏度的溶液，并具有很高的持水性，因此可作为食品增稠剂、悬浮剂、胶凝剂和稳定剂等使用。它的黏度性质和对人体一系列的生物功效也有关，如降胆固醇、降血糖、预防糖尿病等，而其黏度取决于相对分子质量，分子结构和 β-葡聚糖浓度。随品种、产地、提取方法、测定方法不同，燕麦 β-葡聚糖相对分子质量从 4.4×10^4 到 3.0×10^8 不等。

（二）燕麦 β-葡聚糖的生物功效

1. 降低胆固醇

燕麦 β-葡聚糖对于高血脂人群有明显的降低胆固醇的作用，在用胆固醇喂养小鼠试验中，含有燕麦麸皮和燕麦胶的膳食都能降低血浆中胆固醇水平，而且含有燕麦胶（66% 燕麦 β-葡聚糖）的膳食比含燕麦麸皮的膳食更有效。

用燕麦提取物做了人体试验，试验以男性 7 人、女性 16 人，共 23 名轻度胆固醇血症患者作为受试人员，在第 1 周摄取对照食品以后，分别以 2 种不同含量的燕麦提取物（燕麦 β-葡聚糖含量分别为 1.6% 和 10.2%）交错摄取，持续 5 周，最后分析测定血清脂质。分析结果为，摄取燕麦提取物后的血清高密度脂蛋白（High density lipoprotein，HDL）、极低密度脂蛋白（Very low density lipoprotein，VLDL）、总甘油三酯的水平同摄取对照食品后的水平无明显差别；摄取燕麦提取物以后的血清总胆固醇和低密度脂蛋白胆固醇水平比摄取对照食物后的水平有明显降低（$P<0.001$），其中尤以摄取含 10.2% 燕麦 β-葡聚糖的燕麦提取物的效果最好。

有实验观测了不同的人群、不同时间、摄入不同量燕麦 β-葡聚糖后胆固醇变化情况，具体情况如表 2-6 所示，可以明显看出燕麦 β-葡聚糖具有降胆固醇作用。

表 2-6　　　　　　　　　　　　　　燕麦 β-葡聚糖降胆固醇的作用

起始胆固醇量/[（nmol/L）（mg/dL）]	正常人或肥胖病人（超重>20%）	测试者人数/人	燕麦量/β-葡聚糖含量	测试时间/周	总胆固醇降低量/[%（nmol/L）（mg/dL）]	低密度脂蛋白降低量/[%/（nmol/L）（mg/dL）]
4.91（190）	肥胖	20	110g/7.5g	3	12.8	12.1
6.69（269）	肥胖	8	160g/6.8g	10*	13/0.91（35）	14/0.65（25）
7.24（280）	肥胖	20	160g/6.8g	3	19/1.04（54）	23/1.06（41）
6.78（262）	正常	19	70g/5.8g	4	9/0.62（24）	10/0.47（18）
6.18（239）	正常	119	56g/3.8g	6	6/0.30（15）	9/0.36（14）

注：* 单位为 d。

燕麦 β-葡聚糖降低血液中胆固醇的准确机制目前还不清楚，认为可能是它促进胆汁酸排泄、增加血液胆固醇的消耗、促进低密度脂蛋白胆固醇的异化作用以及减少胰岛素的分泌作用等综合所致。但可以明确的是，要降低血清总胆固醇和低密度脂蛋白胆固醇，燕麦 β-葡聚糖的日摄入量必须高于 7.5g。

2. 调节血糖

有关燕麦 β-葡聚糖具有改善血液中血糖的作用也有许多研究报告。一些糖尿病患者吃了富含燕麦麸皮的膳食后，能够免用胰岛素疗法，且任何病例都可以减少胰岛素剂量。研究认为这是由于燕麦 β-葡聚糖能提高食物消化物的黏性，从而导致葡萄糖吸收延迟，达到调节血糖的作用。

研究选用健康 SD 大鼠 50 只，体重（194.5±5.3）g 进行试验，试验前饲喂基础饲料 1 周，再随机分为 5 组。A 为正常对照组，B 为高血糖模型对照组，C、D、E 组分别为高血糖大鼠模型 1、2、3 不同水平食品基料组（燕麦 β-葡聚糖含量 9.2%），每组动物 10 只，单笼饲养，自由饮水摄食，同时记录各组大鼠血糖指标变化情况，结果如表 2-7 所示。8 周后进行糖耐量试验，结果如表 2-8 所示。

表 2-7　　富含燕麦 β-葡聚糖的食品配料对大鼠空腹血糖的影响（$x \pm s$，$n=10$）

| 组别 | 血糖浓度/（nmol/L） | | |
	0 周	2 周	8 周
A	2.26±0.14	2.37±0.32	2.31±0.54
B	2.32±0.24	13.64±1.21	13.42±0.92
C	2.43±0.37	13.78±1.23	9.64±1.41
D	2.28±0.24	13.11±2.09	5.52±1.03
E	2.22±0.22	13.32±1.52	4.85±0.49

表 2-8　　　富含燕麦 β-葡聚糖的食品配料对大鼠糖耐量的影响（$x\pm s$，$n=10$）

组别	糖耐量（血糖浓度）／（mmol/L）			
	0min	30min	60min	120min
A	2.32±0.24	5.26±0.38	3.21±0.92	2.56±0.54
B	13.48±0.97	18.12±5.34	16.36±2.71	15.84±3.12
C	9.64±1.41	11.28±2.16	10.13±1.92	9.88±2.90
D	5.52±1.03	6.61±2.20	5.97±2.30	5.56±1.60
E	4.85±0.49	5.87±0.50	4.92±1.36	4.88±0.96

　　用富含燕麦 β-葡聚糖的食品基料饲喂的高血糖模型大鼠，8 周后大鼠血液中血糖比高血糖对照组降低 58.9%，餐后 30min 血糖升高值分别比正常对照组和高血糖对照组降低 62.7%、76.7%，糖耐量曲线改善效果十分显著，证明燕麦 β-葡聚糖具有调节血糖的作用。

　　燕麦 β-葡聚糖能提高耐糖能力，通过摄取燕麦提取物后，机体中胰岛素、葡萄肮（高血糖素，Glucagon）、葡萄糖的反应（特性曲线或灵敏度）与摄取对照食物相比，水平明显下降（$P<0.050$），其中以摄取含 10.2% 燕麦 β-葡聚糖的燕麦提取物的效果最好。

　　1995 年还进行了燕麦中的燕麦 β-葡聚糖制成药物 Oatrim 对中度高胆固醇血症患者的临床试验。用部分 Oatrim 代替了若干食物（如面包、甜食、肉卷和汤类）中的碳水化合物和脂肪。在食用试验食物 5d 后，进行了葡萄糖耐量试验。结果不论是耐糖量试验还是胰岛素反应都有显著改善。在长期观察中，由低升糖指数食物组成的膳食，不论对 1 型还是 2 型糖尿病都能有效地控制血糖。健康人和糖尿病患者食用从燕麦麸皮中提取的燕麦 β-葡聚糖或燕麦麸皮本身都能降低餐后血糖和血胰岛素水平。

　　上列结论证明燕麦 β-葡聚糖可以调节胰岛素水平，预防和辅助治疗由于耐糖能力异常而引起的糖尿病等疾病。

　　最近有人认为糖尿病患者不能一味吃高碳水化合物的食物，有时高碳水化合物食物也会升高餐后血糖和胰岛素水平、降低血中高密度脂蛋白胆固醇和升高血清甘油三酯。因此美国糖尿病学会在 1994 年提出"关于膳食中碳水化合物的热量百分比必须根据每个糖尿病患者的不同危险因素分别计算"，但进一步研究发现，将燕麦 β-葡聚糖加入膳食后能抑制餐后血糖和胰岛素升高的现象。且在以非胰岛素依赖性糖尿病患者为对象的含燕麦 β-葡聚糖量不同的燕麦早餐谷物（碳水化合物负荷量 35g）摄取试验中发现，这种血糖降低作用同燕麦 β-葡聚糖用量成正比，用量大，作用也大。

　　3. 降血压作用

　　以男女共 18 名患轻度高血压症和高胰岛素血症的患者为对象，试验给予含燕麦 β-葡聚糖 5.5g 的燕麦谷物早餐和含食物纤维 1.0g 以下的低纤维谷物早餐共六周，观察其血压变化。结果是，摄取燕麦谷物早餐组的患者收缩期血压明显降低 7.5mmHg（1mmHg＝133.322Pa）（$P<0.01$），扩张期血压明显降低 5.5mmHg（$P<0.02$）。

　　将接受高血压症治疗的男女共 88 名患者分为 2 组，在 12 周内每天给予全粒粉燕麦谷物早餐（含食物纤维 11.68g，燕麦 β-葡聚糖 5.42g）或者精白小麦制的谷物早餐，研究对高血压治疗剂必要性的影响。结果为摄取小麦谷物早餐组有 42%（43 名中的 18 名）患者的高血压治疗剂的用量减少一半或完全免除；摄取燕麦谷物早餐则有73%（45名中的33名）患者的高血压治疗剂的用量减半或全部免除（$P<0.05$）。观察还发现，此时摄取燕麦谷物早餐组患者的总胆固醇、低密度脂蛋白胆固醇（有害胆固醇）和血清葡萄糖也明显降低。

这些试验结果说明，摄取含燕麦β-葡聚糖的食物可明显减少高血压治疗剂的用量，改善了对血压的控制，具有治疗和预防高血压的作用。

4. 调节免疫力

蘑菇和酵母的β〔（1→3）（1→6）〕葡聚糖有调节人体免疫作用的功能。对燕麦β〔（1→3）（1→4）〕葡聚糖进行了细胞及动物试验的基础研究后，发现燕麦β-葡聚糖也具有调节免疫力的功能。

燕麦β-葡聚糖能影响免疫功能的作用已经有许多研究小组进行了研究并报导。Estrada等就燕麦β-葡聚糖对于感染蠕形艾美耳球虫（*Eimera vermiformis*）的老鼠的疾病情况影响进行了研究，试验采用18只雌性鼷鼠，从感染菌前10d开始到试验结束，每天给每只鼷鼠注射100μg的抗炎药（地塞米松DXM），感染菌后再将鼷鼠随机分为3组，其中一组每天每只鼷鼠口服3mg（燕麦β-葡聚糖含量68.2%）的制剂（DXM+β-葡聚糖-i.g.组，i.g.：灌胃），一组皮下注射500μg（燕麦β-葡聚糖含量68.2%）的制剂（DXM+β-葡聚糖-s.c.组，s.c.：皮注），另一组不给予燕麦β-葡聚糖（DXM-NT组），评估鼷鼠疾病情况，结果如图2-4所示。

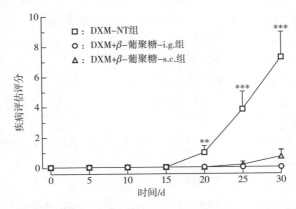

图2-4　燕麦β-葡聚糖对于感染 *E. vermiformis* 菌鼷鼠的疾病情况的影响

〔$^{**}P\leqslant0.01$；$^{***}P<0.001$（与DXM-NT组相比）〕

在试验过程中，DXM-NT组表现出明显的临床症状，并且在第28到第30天死亡50%，而DXM+β-葡聚糖-i.g.组和DXM+β-葡聚糖-s.c.组则几乎没有表现出临床症状，且没有死亡，试验结果说明燕麦β-葡聚糖对已经感染蠕形艾美耳球虫的鼷鼠有增强抵抗力的效果。

5. 调节胃肠道功效

一项试验通过对50名便秘患者在12周内给予含有燕麦β-葡聚糖的饼干，取得了改善排便次数和降低体重的效果，表明燕麦β-葡聚糖具有调节胃肠道的作用。更重要的是，通过流行病学的观察，大量的实例证明其还有助于预防肠道癌及其他一些癌症。

（三）燕麦β-葡聚糖的安全性

目前，还未有研究机构对燕麦β-葡聚糖的安全毒理进行详细的试验，作为我们日常食用的一种粮食作物——燕麦中的功效物质，燕麦β-葡聚糖至今未发现过有不良反应。

五、黏 多 糖

黏多糖（Mucopolysaccharide），又名糖胺聚糖（Glycosaminoglycan，GAG），一般由糖醛酸和氨基己糖组成的二糖单元交替连接组成，结构通式为（己糖醛酸-己糖胺）n，n 从数十到数百不等，部分糖胺聚糖可含有硫键。根据单糖种类，糖苷键的类型，基本单元数量，残基 $N-$乙酰基、$N-$硫酸基等的不同，可将黏多糖细分为硫酸软骨素（Chondroitin sulfate，CS）、硫酸皮肤素（Dermatan sulfate，DS）、硫酸乙酰肝素（Heparan sulfate，HS）、硫酸角质素（Keratan sulfate，KS）和透明质酸（Hyaluronic acid，HA）。

黏多糖广泛存在于自然界中，是动物结缔组织基质的主要成分。不同的黏多糖的制备方法也不尽相同。透明质酸的制备方法主要是通过链球菌发酵。硫酸乙酰肝素和硫酸软骨素则常用动物组织来提取，材料来源主要是海洋生物，如牡蛎、扇贝、海参、海星等。而使用生物发酵法制备黏多糖，是目前规模化生产的主攻方向。

（一）保湿性

黏多糖具有独特的空间网状结构，内部的氢键和极性键与水分子紧密结合，锁住水分，不易流失，从而起到保湿的作用。

对人体而言，通过饮水有利于保持体内水分，而皮肤表面的湿度，与皮肤表面的保湿能力和所处环境的温度、湿度息息相关。人体皮肤的角质层中存在天然的保湿因子，可控制水分蒸发，起到保湿作用。当环境湿度降低，而皮肤角质层又不能及时调节出足够的保湿因子时，皮肤就会缺水干燥，甚至引发多种皮肤疾病。

良好的皮肤保湿剂应该具备以下特征：

①不惧刺激性、腐蚀性，对皮肤副作用小；

②保湿性受环境湿度、温度变化影响较小；

③吸水性强，保湿能力强。

黏多糖正是符合了这些特征，因此将其作为保湿因子添加到化妆品中，涂抹后可在皮肤表面形成水化膜，有助保持角质层水分。

（二）抗血栓、抗凝血作用

以肝素作为抗血栓、抗凝血的药物，在医学临床上已有 70 多年的应用历史。近年来，黏多糖抗血栓的机制也被阐述得非常清晰。以海参黏多糖为例，研究表明，它可降低内皮细胞组织因子（Tissue factor，TF）的表达，促进凝血酶调节蛋白（Thrombomodulin，TM）的表达，同时降低内皮细胞纤维蛋白溶酶原激活物-1（PAI-1）分泌及抑制其 mRNA 转录，从而发挥抗血栓作用。

体内的凝血与抗凝血是一种拮抗作用。正常情况下，血液中的凝血因子不断被激活，产生凝血酶，生成微量纤维蛋白，附着在血管内膜，但它们同时又不断被抗凝血系统溶解，凝血因子被巨噬细胞吞噬。凝血系统与抗凝血系统，两者处于动态平衡。研究表明，肝素主要通过抗凝血酶Ⅲ（AT Ⅲ）发挥抗凝血作用，抗凝血酶Ⅲ与凝血酶在正常情况下是 1∶1 结合的，这种结合作用可让凝血酶钝化失活。而当肝素与抗凝血酶Ⅲ结合后，抗凝血酶Ⅲ与凝血酶的亲和力可增加数十倍，抗凝血酶Ⅲ与凝血酶结合更加迅速，凝血酶便迅速失活。

（三）清除自由基

自由基可以氧化降解黏多糖。羟基自由基与多糖碳氢链上的氢原子结合成水分子，碳链上的多糖碳原子失去氢氧原子变为单电子，生成碳自由基，最后分解成无毒无害产物，这一反应可以快速清除体内的自由基。

（四）促进机体抗炎作用

黏多糖类药物，通过调节肥大细胞（Mast cell，MC）脱颗粒、补体激活、减少白细胞与血管内皮的黏附、抑制白细胞和单核细胞产生的活性氧（Reactive oxygen species，ROS）中间体等多种方式，发挥抗炎作用。

六、透明质酸（玻尿酸）

透明质酸俗称玻尿酸。1934 年，美国哥伦比亚大学眼科教授 Meyer 从牛眼玻璃体中分离出透明质酸，1937 年，Kendell 等在发酵液中成功提取出透明质酸。随后，人们对透明质酸的结构、性质和功能有了更多的认识。玻尿酸的二糖单元由 N-乙酰-D-葡萄糖胺通过 β（1→3）糖苷键与 D-葡萄糖醛酸连接而成，两者物质的量比为 1∶1，而二糖单元间则以 β（1→4）糖苷键连接，重复的二糖单元最多可达 25000 个，因此，透明质酸的相对分子质量也从几千到数百万不等。透明质酸是目前所知的唯一的一种不含硫和不与核蛋白共价连接的黏多糖。

透明质酸由细胞膜的膜蛋白合成，广泛存在于动物的各种组织中。研究表明，人体内超 50% 的透明质酸存在于皮肤、肺部和肠中，除此之外，在血清、关节液、脑部软骨、尿液等也有分布。透明质酸在常温下，是无色无味的无定形固体，易溶于水且具有强吸湿性，但不溶于有机溶剂。小鼠一次经口 LD_{50} 为 15g/kg，未发现有遗传毒性。

根据来源的不同，透明质酸可分为内源性透明质酸和外源性透明质酸，前者是人体合成并分泌的，后者是外来补充的。当体内透明质酸的合成或代谢发生异常，导致组织、器官功能障碍时，可通过补充外源性透明质酸来达到对应的治疗效果。目前，透明质酸在治疗皮肤愈合时产生的病理性瘢痕、膝关节骨性关节炎等疾病取得非常好的疗效。

（一）具有高度的保湿性

透明质酸吸水性极强，透明质酸分子在水溶液中高度伸展，分子链单糖之间存在氢键，使得其在空间上呈现刚性柱形螺旋结构，而结构内侧有大量的羟基，水分子进入内部后立即被固定，不易流失，因此透明质酸表现出极强的亲水性，吸水能力可达自身质量的千倍左右。

在组织液和细胞当中，处处能体现这种保湿作用。透明质酸与蛋白质结合形成蛋白多糖，同时结合水分子，形成含有大量水分的胞外胶质基质，这是细胞代谢物质交换的基础介质，促使细胞正常代谢的同时，又可保持疏松又富有弹性的组织形态。在人体皮肤中，正是这种透明质酸-胶原蛋白-水的凝胶状结构，赋予皮肤韧性和弹性。透明质酸的保湿能力是可调节的，根据所处环境中的相对湿度来调节吸水量，从而达到调节细胞与组织液水平衡的目的。

人体体内的透明质酸含量会随着年龄的增长而降低。研究表明，人在 60 岁时皮肤中的透明质酸含量仅为 20 岁时的 1/4，婴儿皮肤中的透明质酸含量则为成年人的 20 倍，因此婴儿的皮肤总是稚嫩而富有弹性，老年人的皮肤则变得粗糙，甚至出现皱纹。

（二）促进组织创伤愈合

透明质酸在创伤愈合中具有特殊的生物功效，可促进表皮细胞增殖和分化，使受伤部位皮肤再生。透明质酸是结缔组织基质的主要组成成分之一，研究表明，皮肤创伤后，伤口游离透明质酸的含量从第一天开始即明显升高，并持续数天，这可能与透明质酸酶、透明质酸合成酶、CD_{44} 蛋白变化有密切关系。

透明质酸参与创伤愈合的三个关键阶段：

①在炎症期，长链透明质酸的合成增加，与 CD_{44} 受体结合，抑制中性粒细胞迁移，减轻炎症反应，在受伤部位形成多孔骨架，为细胞迁移提供有力条件；

②增殖期，短链的透明质酸合成增加，促使原始成纤维细胞分化出分泌性成纤维细胞和肌成纤维细胞，前者可分泌胶原蛋白构建胞外胶质基质，后者则可以引起创面收缩；

③最后在重建期，透明质酸促使瘢痕组织形成。

选用 Wistar 系大鼠，随机分成两组，每组 15 只。在脊柱两旁剪去直径 2.0cm 的全层皮肤至深筋膜，以形成皮肤圆形创伤模型。使用 0.9% 的生理盐水将透明质酸稀释为 1.0% 的溶液，试验组使用 0.2mL 透明质酸溶液滴于创面，以无菌纱布包扎，每日换药一次。对照组则以 0.9% 生理盐水代替，同样以无菌纱布包扎。观察两周内创面的愈合情况。试验结果见表 2-9。

表 2-9　　　　　　　　　　小鼠皮肤受伤后不同时间创面面积的比较

伤后时间/d	0	1	3	7	10	14
试验组/cm²	3.14	2.92±0.56	1.87±0.49	0.74±0.31	0.21±0.08	0.03±0.01
试验组小鼠数/只	30	30	30	30	28	28
对照组/cm²	3.14	3.08±0.73	2.29±0.68	1.35±0.44	0.52±0.14	0.15±0.08
对照组小鼠数/只	30	30	28	28	28	28
P	—	>0.05	<0.05	<0.01	<0.01	<0.05

结果显示，试验组在 3d 后，伤口的愈合速度比对照组快，并且随着时间的延长差异愈明显（10d 内），表明透明质酸可促进皮肤创伤的愈合。

（三）润滑、保护人体关节

透明质酸广泛分布于人体关节软骨、关节液和滑膜中，在润滑关节和减少摩擦、缓冲应力、促进骨关节创伤愈合等方面具有重要作用。

人体中的原始成纤维细胞、软骨细胞、滑膜细胞，均能合成和分泌透明质酸。研究表明，成年人正常的膝关节腔内有 5~8mg 的透明质酸盐，它们可以覆盖在关节和滑膜的表面，使关节滑液呈现出非牛顿流体的黏弹性，当关节处于摩擦或负重时，它能根据关节应力的变化而对关节产生润滑和缓冲的作用。

目前，临床上使用透明质酸治疗骨关节疾病的报道越来越多，但取得不错功效的同时，也带来一定的争议。对轻度或中度的关节炎患者，采用腔内注射透明质酸的方法，能有效改善骨关节炎的症状，疗效可维持数周到半年不等。也有报道表示，关节腔内注射透明质酸可能会带来轻度或严重的副作用，包括注射后局部疼痛、肿胀，甚至心血管方面的疾病、癌症等。就目前而言，作为非手术治疗的重要手段之一，腔内注射透明质酸治疗关节炎还是一种比较常用的方法。

七、硫酸软骨素

硫酸软骨素，是含聚阴离子的硫酸化糖胺聚糖，广泛分布在动物的软骨组织内，如人体的软骨、喉骨、鼻软骨、气管，鱼类鼻软骨、鸡胸软骨等，干燥的软骨中硫酸软骨素含量在 20%~40%。它常与蛋白质以共价的方式连接，形成蛋白聚糖，赋予软骨组织凝胶特性和抗变形能力。

硫酸软骨素的二糖单元有 50~70 个，分子质量在 1 万~5 万 u 不等，根据硫酸基团的数目、连接位点的不同，可分为 A、B、C、D、E、F 等多种异构体。不同的动物体内，其含有的硫酸软骨素类型是不同的，如猪、牛、羊软骨组织中硫酸软骨素 A 含量较多，而鲨鱼软骨组织中硫酸软骨素 C 含量较多。

纯化的硫酸软骨素，是无臭无味，白色或淡黄色粉末，和大多数的黏多糖一样，硫酸软骨素的吸水性极强，易溶于水，不溶于乙醇、乙醚、乙酸等有机溶剂。其盐类热稳定性较高，80℃ 高温仍可保持稳定的结构。

（一）抗凝血作用

与大多数黏多糖一样，硫酸软骨素也具有抗凝血的作用。1mg 硫酸软骨素 A 的抗凝血效果与 0.45U 的肝素相当，但硫酸软骨素的抗凝血作用比较缓和。肝素是通过激活抗凝血酶Ⅲ发挥抗凝血作用的，而硫酸软骨素则是其结构内的 3-β-D-葡萄糖醛酸残基被体内酸化的 α-L-吡喃岩藻糖取代，生成岩藻糖硫酸软骨素，后者对内源性凝血系统产生干扰，从而发挥抗凝血作用。

硫酸软骨素也具有抗血栓的作用。用氯化亚铁诱导大鼠形成动脉损伤模型，与直接加入过氧化氢酶相比，经硫酸软骨素修饰的过氧化氢酶抗血栓能力更强，在低剂量时就可改变体内已形成的血栓结构，促进血液流动。

（二）降血脂，抗动脉粥样硬化

脂质和复合糖类在动脉内膜积聚，外观呈黄色粥样状，称为动脉粥样硬化，它是人类冠心病、脑梗死等疾病的主要原因。而脂质代谢障碍，则是动脉粥样硬化的病变基础。研究表明，硫酸软骨素可与低密度脂蛋白特异结合，能有效降低血液中的脂质、脂蛋白的含量，减少心脏周围血管的胆固醇，防止动脉粥样硬化。将不同剂量的硫酸软骨素添加到饲料中，对高脂血症的小鼠进行灌胃，结果表明，添加了硫酸软骨素的组别，小鼠血液中甘油三酯、胆固醇的含量显著降低，降脂效果与硫酸软骨素的添加量呈正相关关系，说明硫酸软骨素可抑制高血脂饮食鼠模型中动脉粥样化的进程。

选取雄性大鼠 40 只，随机分成 5 组，分别定义为空白组、高脂组、低剂量组、中剂量组和高剂量组。其中，空白组喂养基础饲料，其余四组均喂养高脂饲料。低剂量组、中剂量组、高剂量组分别以 50mg/kg 体重、100mg/kg 体重、200mg/kg 体重的浓度灌胃硫酸软骨素，15d 后取眼球采血，测定血样中血清总胆固醇、高密度脂蛋白、低密度脂蛋白和甘油三酯的含量。结果见表 2-10。

表 2-10　　　　　　　　　　硫酸软骨素对高脂血症大鼠血脂水平的影响

组别	例数	剂量/ （mg/kg）	总胆固醇/ （mmoL/L）	甘油三酯/ （mmoL/L）	高密度 脂蛋白 胆固醇/ （mmoL/L）	低密度 脂蛋白 胆固醇/ （mmoL/L）
基础对照组	8	—	2.79±0.41	0.67±0.21	1.89±0.15	0.93±0.51
高脂对照组	8	—	4.28±0.25[*]	1.67±0.13[**]	1.72±0.31[**]	2.53±0.88[**]
低剂量组	8	50	4.19±0.80	1.51±0.12	2.08±0.27	2.39±0.36

续表

组别	例数	剂量/ (mg/kg)	总胆固醇/ (mmoL/L)	甘油三酯/ (mmoL/L)	高密度 脂蛋白 胆固醇/ (mmoL/L)	低密度 脂蛋白 胆固醇/ (mmoL/L)
中剂量组	8	100	4.09±0.44	1.26±0.55*	2.34±0.18*	1.65±0.32
高剂量组	8	200	3.74±0.25*	0.87±0.24**	2.65±0.28**	1.02±0.11*

注：高脂对照组与基础对照组比，* $P<0.05$，** $P<0.01$；低剂量组、中剂量组、高剂量组与高脂对照组比，* $P<0.05$，** $P<0.01$。

试验数据显示，高脂组的总胆固醇、甘油三酯、高密度脂蛋白胆固醇、低密度脂蛋白胆固醇均显著高于基础组，说明小鼠高脂模型成立。高剂量组中，总胆固醇指标低于高脂对照组，说明喂养高剂量的硫酸软骨素，可有效降低血液中血清总胆固醇的含量。而总胆固醇指标显示，喂养中剂量和高剂量的硫酸软骨素，可显著降低甘油三酯的含量。

（三）抗关节炎作用

骨关节炎，是以关节软骨变性、破坏及骨质增生等为特征的慢性关节病，分为原发性与继发性，原发性与遗传有关，继发性则与年龄、关节过度劳损甚至创伤等因素有关。硫酸软骨素是关节软骨的重要组成成分，当骨关节发生变性、破坏时，硫酸软骨素含量下降，因此，通过补充外源性的硫酸软骨素，可有效缓解关节炎症状，减轻炎症。

硫酸软骨素在骨关节炎防治过程中，主要作用有以下四个方面。

①硫酸软骨素和软骨组织有明显的亲和性，可直接进入软骨起到保护作用。这种保护作用涉及几个方面：补充软骨成分避免软骨损伤的进一步发展；提高骨滑膜产生透明质酸的能力润滑关节；抑制降解软骨的蛋白酶表达。

②硫酸软骨素可促进软骨细胞合成透明质酸、前列腺素和胶原，使软骨组织再生，起到修复软骨的作用。

③硫酸软骨素在体内可抑制促炎症反应酶的表达，从而减轻炎症。口服硫酸软骨素，对胃肠刺激少，并可减少人体对非甾体抗炎药的依赖。

④有效缓解疼痛。

（四）抗氧化，清除自由基

从羊软骨、鲨鱼鱼鳍骨、牦牛软骨、猪软骨等材料提取并纯化硫酸软骨素，对其进行抗氧化研究。结果表明，硫酸软骨素具有较强的抗氧化作用，对超氧自由基（$O_2^-·$）、羟自由基（·OH）、DPPH自由基（DPPH·）均有清除作用，并随着其浓度的增大而增强。其中，从鲨鱼鱼鳍骨提取的硫酸软骨素，其相对分子质量越小，抗氧化的能力越强。硫酸软骨素抗氧化的能力，可能是通过增强体内抗氧化酶、谷胱甘肽过氧化酶、过氧化氢酶、过氧化物歧化酶的活性而发挥作用的，抑或是通过抑制谷丙转氨酶、谷草转氨酶的活性。

（五）其他功效

除此之外，硫酸软骨素还具有免疫调节、抗肿瘤、保护和修复神经元等多种生物功效。

第三节　功能性低聚糖

低聚糖（Oligosaccharide），或称寡糖，是由 3~9 个单糖经糖苷键连接而成的低度聚合糖。由于人体肠胃道内没有水解这些低聚糖的酶系统，因此它们不被消化吸收而直接进入大肠内，优先被双歧杆菌所利用，是双歧杆菌的有效增殖因子。由于具有该独特的生物功效，故又称为功能性低聚糖，通常包括低聚异麦芽糖、低聚果糖、低聚半乳糖、低聚乳果糖、偶合糖、低聚木糖、低聚壳聚糖、低聚龙胆糖、棉子糖、水苏糖等。除了低聚龙胆糖有苦味外，其余的都带有程度不一的甜味。

功能性低聚糖能促进人体肠道内固有的有益细菌（双歧杆菌）的增殖，从而抑制肠道内腐败菌的生长，并减少有毒发酵产物的形成。双歧杆菌发酵低聚糖产生大量的短链脂肪酸，能刺激肠道蠕动、增加粪便湿润度并保持一定的渗透压，从而防止便秘的发生。龋齿是由于口腔微生物，特别是变形链球菌（Streptococcus mutans）侵蚀而引起的，功能性低聚糖不是这些口腔微生物的合适作用底物，不会引起牙齿龋变。由于双歧杆菌对氧、光、热和酸的高度敏感性，要想直接将它添加入食品中是相当困难的，但添加低聚糖却易如反掌。

一、有毒发酵产物的毒害性

食物经消化吸收后所剩残余物到达结肠后，在被发酵过程中会形成许多有毒的代谢产物，给人体的健康带来很多不利影响。

（一）有毒发酵产物的种类和数量

在人体结肠内形成的有毒发酵产物包括氨（肝毒素）、胺（肝毒素）、亚硝胺（致癌物）、苯酚与甲苯酚（促癌物）、吲哚与 3-甲基吲哚（致癌物）、雌性激素（被怀疑为致癌物或乳腺癌促进物）、次级胆汁酸（致癌物或结肠癌促进物）、糖苷配基（诱变剂）等。

肠道排泄物（粪便）中有约 50% 为细菌团聚物，所以在肠道中因发酵作用而产生有毒代谢产物的数量不容忽视。表 2-11 为 100g 湿粪便中有毒代谢产物的数量。据估计，1 个体重 70kg 的成人体内以每天 0.067~0.67mg 的速率产生 N-二甲基亚硝胺，此数据仅是小鼠最低致癌剂量的 10~1000 倍。

表 2-11　　　　　　　　　　100g 湿粪便所包含的有毒代谢产物

品种	氨	苯酚	甲苯酚	吲哚	3-甲基吲哚
数量/mg	395	0.5	4.1	2.8	1.1

已知参与生成这些有毒代谢产物的细菌包括大肠杆菌与梭状芽孢杆菌（代谢产物为氨、胺、亚硝胺、苯酚、吲哚、糖苷配基和次级胆汁酸），拟杆菌和粪链球菌（代谢产物为亚硝胺、糖苷配基和次级胆汁酸），变形杆菌（代谢产物为氨、胺和吲哚）等。

（二）参与形成有毒发酵产物的酶

有毒发酵是由有害的细菌中的酶所产生的，酶的产生又依赖于这些细菌及胃肠生态学。这

些酶包括 β-葡糖苷酶、β-葡糖苷酸酶、硝基还原酶、偶氮还原酶和甾醇-7-α脱氢木聚糖酶。梭状芽孢杆菌中的偶氮还原酶及 β-葡糖苷酸酶的活性最高，在拟杆菌、真细菌和消化链球菌中其活性较低，在双歧杆菌中则几乎没有活性。

（三）有毒发酵产物对人体健康的危害

1. 是引起癌变的一个重要原因

高脂肪膳食刺激肝脏分泌大量的胆汁酸，继而产生过量的次级胆汁酸及类固醇（甾族化合物），这与结肠癌的高发病率关系很大。

大量摄入肉类食物会造成有害微生物酶及其有毒代谢产物的增加，如西方膳食方式易造成体内亚硝胺的大量产生与积累，这被认为与高结肠癌发病率有一定的关系。

与结肠癌相似，乳腺癌的发生也与高脂肪或高肉食的膳食习惯有关。某些肠道微生物会将大量分泌的胆汁酸转变成过量的雌性激素，这是一个潜在的对雌性激素起作用的显著因素，被认为是引起乳腺癌高发病率的原因之一。

2. 是引起衰老及成人病的一个重要原因

随着年龄的增大，胃肠液分泌量减少，肠道内的双歧杆菌活菌数逐渐减少，这种趋势在老年人身上尤为明显地表现出来。双歧杆菌活菌数的减少已被认为是衰老、机体免疫力下降和成人病（如癌、关节炎）发生的重要原因。

已知精神压力会导致机体的内分泌失调而影响人体健康，精神压力同样也会改变肠道内微生物菌群的平衡，使双歧杆菌数急剧减少，而有毒微生物却大量增殖。

没有肠道微生物菌群的无菌大鼠平均寿命比对照组延长 50%，而喂以含有 0.5% 抗氧化剂的饲料的大鼠平均寿命大约比对照组延长 20%。这表明，微生物菌群对人体健康的危害几乎与自由基氧化作用的危害作用相当。大鼠实验表明，有害的微生物菌群会促使肝脏出现癌变。

二、功能性低聚糖的生物功效

自然界中仅有少数几种食物含有天然的功能性低聚糖。例如，洋葱、大蒜、芒壳、天门冬、菊苣根和洋蓟块茎等中含有低聚果糖，大豆中含有大豆低聚糖。但是，从一般人日常的膳食习惯上看，一个人每天从天然食物中摄取的低聚糖往往很难达到日常推荐量标准。据估计，美国人平均每天从天然食物中摄取的低聚果糖量仅接近于 0.8g/59kg 体重。从膳食中额外补充低聚糖，对于婴幼儿、成年人、老年人、工作压力大的人和那些希望具有健康的消化系统的人是非常有益。

（一）促使双歧杆菌增殖、调节肠道菌群

人体试验表明，摄入低聚糖可促使双歧杆菌增殖，从而抑制有害细菌，如产气荚膜梭状芽孢杆菌（*Clostridium perfringens*）的生长。持续数周每天摄入 2~10g 低聚糖后，肠道内的双歧杆菌活菌数平均增加 7.5 倍，而产气荚膜梭状芽杆菌总数减少了 81%；对于某些品种的低聚糖发酵所产生的乳酸菌素数量也增加 1~2 倍，而产气荚膜梭状芽孢杆菌素的数量减少 0.5~0.06（$P<0.05$）。

肠道中各种细菌的种类、数量和定居部位是相对稳定的，它们相互协调、相互制约，共同形成一个微生态系统，乳酸菌通过以上机制，呈优势生长，抑制病原性细菌的过度繁殖，如果由于抗生素、放疗、化疗、应激、年老或膳食不当等引起的肠内菌群失调，可通过摄取功能性低聚糖、乳酸菌制品纠正。据报道，双歧杆菌制品对儿童难治性腹泻有较好的功效。接受抗生

素治疗的儿童其肠道菌群易发生紊乱，导致霉菌和肠球菌占优势，厌氧菌尤其是双歧杆菌明显下降。通过摄取双歧杆菌制剂 3~7d，即可恢复肠内杆菌的优势地位，使肠道菌群正常化。

（二）抑制内毒素、保护肝脏功能

双歧杆菌发酵低聚糖，产生短链脂肪酸（主要是醋酸和乳酸，物质的量比为 3：2）和一些抗菌素物质，从而可抑制外源致病菌和肠内固有腐败细菌的生长繁殖。醋酸和乳酸均能抑制肠道内肠腐败细菌的生长，减少这些细菌产生的毒胺、靛基质、吲哚、氨、硫化氢等致癌物及其他毒性物质对机体的损害，延缓机体衰老进程。双歧杆菌素（Bifidin）是由双歧杆菌产生的一种抗菌素物质，它能非常有效地抑制志贺氏杆菌、沙门菌、金黄色葡萄球菌、大肠杆菌和其他一些微生物。由婴儿双歧杆菌产生的一种高分子质量物质也能有效地抑制志贺氏杆菌、沙门菌和大肠杆菌等。

人体体内和体外粪便培养试验表明，摄入低聚糖可有效地减少有毒发酵产物及有害细菌酶的产生。每天摄入 3~6g 低聚糖，或往体外粪便培养基中添加相应数量的低聚糖，3 周之内即可减少 44.6% 有毒发酵产物和 40.9% 有害细菌酶的产生。

双歧杆菌可抑制肠道中腐败菌的繁殖，从而减少肠道中内毒素及尿素酶的含量，使血液中内毒素和氨含量下降。对肝病患者应用双歧杆菌，发现血氨、游离血清酚及游离的氨基氮明显减少。双歧杆菌对门脉肝硬化性脑病有缓解作用，此类患者摄入短双歧杆菌和两歧双歧杆菌 109 个/d 持续 1 个月，就可出现血氨下降现象。

摄入低聚糖或双歧杆菌可减少有毒代谢产物的形成，这大大减轻了肝脏分解毒素的负担。有关的实验如下：

①让一个 69 岁患有肝硬化的老年病人每天摄入大豆低聚糖 3g，大约 5d 后其肝昏迷和便秘症状都有所缓解；

②有两组试验对象，一组是 12 个患有慢性肝炎或肝硬化的病人，另一组是 8 个患有肝硬化的病人，让他们持续 80d 都食用含有大量两歧双歧杆菌的发酵乳，结果这两组患者的血清和尿中有毒代谢物浓度均大幅度下降至正常或接近正常情况，病情普遍好转，如食欲增加、蛋白质耐受性增加和体重增加（平均 2.6kg）。

（三）调节肠胃道功能、防治便秘和腹泻

摄入低聚糖或双歧杆菌均可抑制病原菌和腹泻，两者的作用机制是一样的，都是减少了肠内有害细菌的数量。例如：

①让 6 个排便不良的老年人每天摄入 8g 低聚果糖，8d 之后其排便状况就有明显好转；

②让 15 个 1 个月~15 岁患有严重小儿腹泻（因大量口服或注射抗菌素而引起）的婴儿或儿童，每天摄入 3g（每 g 含 10×10^{10} 个短双歧杆菌）活菌制品，3~7d 后所有病人的大便次数均明显减少，大便外观也不像腹泻时那样稀溏；

③德国产的一种含长双歧杆菌、加氏乳杆菌和大肠杆菌的冻干生物制品"Omnifiora"，对肠胃失调者十分有效；

④众所周知，母乳喂养儿绝对比代乳品喂养儿健康。前者的抗病能力强，这归功于肠道内双歧杆菌处于绝对优势地位（占总菌数的 99%），而后者只占 50% 或更少。

双歧杆菌发酵低聚糖产生大量的短链脂肪酸，能刺激肠道蠕动、增加粪便湿润度并保持一定的渗透压，从而防止便秘的发生。在人体试验中，每天摄入 3.0~10.0g 低聚糖，一周之内便可起到防止便秘的效果，但对一些严重的便秘患者效果不佳。

（四）激活免疫、抗衰老和抗肿瘤

口服长双歧杆菌制品 2d 后，再喂以病原体大肠杆菌的无菌小鼠，临床上并没有什么症状。但在口服长双歧杆菌之前喂以大肠杆菌，在 48d 之内就出现死亡现象。无菌小鼠的长双歧杆菌单因子试验，也证实了双歧杆菌对宿主免疫的促进作用。双歧杆菌及其产物能诱导干扰素、促进细胞分裂而产生体液及细胞免疫，如表 2-12 所示。

表2-12　　　　　　　　　　　　　乳酸菌的免疫激活作用

乳酸菌	受试动物	免疫作用
婴儿双歧杆菌（*B. infantis*）	小鼠	促 B 细胞分裂，活化吞噬细胞
短双歧杆菌（*B. breve*）	人（顽固性腹泻症）	促进 IgA 抗体的产生，活化吞噬细胞
长双歧杆菌（*B. longum*）	小鼠	促 B 细胞分裂，促进特异性及非特异性 IgA 抗体的产生
短双歧杆菌（*B. breve*）	小鼠	促进抗体产生

双歧杆菌的抗肿瘤作用是由于肠道菌群的改善，抑制了致癌物的产生，同时双歧杆菌及其代谢产物激活了免疫功能，也能抑制肿瘤细胞的增殖。大量的动物试验结果表明，双歧杆菌在肠道内大量繁殖能够起抗肿瘤作用。这种抗肿瘤作用归功于双歧杆菌的细胞、细胞壁成分和胞外分泌物，使机体的免疫力提高。例如，喂养长双歧杆菌单因子的无菌小鼠，要比未处理的无菌小鼠活得长。口服或静脉注射具有致死作用的大肠杆菌或静脉注射肉毒素，在有活性长双歧杆菌同时存在的情况下，小鼠在第 2~3 周内，就可诱导抗致死作用；但在无胸腺的无菌小鼠中，未发现此现象。由此可见，长双歧杆菌可诱导抗大肠杆菌感染的细菌免疫。

（五）降低血清胆固醇、降低血压

大量的人体试验已证实摄入低聚糖后可降低血清胆固醇水平。每天摄入 6~12g 低聚糖，持续 2 周至 3 个月，总血清胆固醇可降低 20~50dL。包括双歧杆菌在内的乳酸菌及其发酵乳制品均能降低血清总胆固醇水平，提高女性血清中高密度脂蛋白胆固醇占总胆固醇的比率。

血清胆固醇水平的降低被认为是肠道内微生物菌群平衡改变的结果。而且，体外试验表明，人体肠道内 12 株固有的嗜酸乳杆菌可吸收胆固醇，嗜酸乳杆菌 2056 株菌能抑制小肠壁对胆固醇微胞的吸收。双歧杆菌代谢产生烟酸的能力与血清胆固醇水平的降低也有一定的关系。有人认为，双歧杆菌通过抑制人体内活化的 T 细菌，控制新形成低密度脂蛋白接收器，起到降低血清胆固醇含量的作用。对小鼠的试验结果表明，双歧杆菌通过影响 β-羟基-β-甲基戊二酸单酰辅酶 A 还原酶的活性，控制胆固醇的合成而降低血清胆固醇的含量。

摄入低聚糖还有降低血压的作用，有关实例如下。

①46 个高脂血症患者持续 5 周每日摄入 11.5g 低聚果糖后，其心脏舒张压平均下降 799.8Pa，空腹时的血糖值也有所降低，但不很明显。

②让 6 个 28~48 岁身体健康的成年男性连续一周每天摄入 3.0g 大豆低聚糖，其心脏舒张压平均下降了 839.7Pa。表明一个人的心脏舒张压的高低与其粪便中双歧杆菌数占总菌数的比率呈明显的负相关。

（六）合成维生素

双歧杆菌在肠道内能自然合成维生素 B_1、维生素 B_2、维生素 B_6、维生素 B_{12}、烟酸和叶酸，但不能合成维生素 K。双歧杆菌发酵乳制品中乳糖已部分转化为乳酸，解决了人们乳糖耐受性问题，同时也增加了水溶性可吸收钙的含量，使乳制品更易消化吸收。

（七）低能量或无能量、不会引起龋齿

功能性低聚糖很难或不被人体消化吸收，所提供的能量值很低或根本没有，因此可在低能量食品中发挥作用，最大限度地满足了那些喜爱甜品而又担心发胖者的要求，还可供糖尿病患者、肥胖症患者和低血糖患者食用。

龋齿是由于口腔微生物，特别是变形链球菌侵蚀而引起的，功能性低聚糖不是这些口腔微生物的合适作用底物，因此不会引起牙齿龋变。

因为低聚糖不被人体消化吸收，属于低相对分子质量的水溶性膳食纤维。低聚糖的某些生物功效类似于膳食纤维，但它不具备膳食纤维的物理特征，诸如黏稠性、持水性和膨胀性等。低聚糖的生物功效完全来源于其独有的发酵特征（双歧杆菌增殖特性）。膳食纤维，尤其是水溶性膳食纤维，部分也是因为其独特的发酵特性而具备某些生物功效的。但是，目前对膳食纤维发酵特性的研究还不够深入，尚无法与低聚糖的双歧杆菌增殖特性相比较。

低聚糖优于膳食纤维的特点：

①较小的日常需求量，通常每天仅需3g左右；

②在推荐量范围内不会引起腹泻；

③具有一定的甜味，甜味特性良好，无不理想的组织结构或口感特性；

④易溶于水，不增加产品的黏度；

⑤物理性质稳定，不螯合矿物质；

⑥易于添入加工食品和饮料中。

三、功能性低聚糖的有效摄入量

部分功能性低聚糖的每日有效剂量：低聚果糖3g、低聚半乳糖2~2.5g、大豆低聚糖2g和低聚木糖0.7g，如表2–13所示。大豆低聚糖不会引起腹泻的最大剂量，对于男性为0.64g/kg，对于女性则为0.96g/kg。一项研究认为，市面上现有的商品大豆低聚糖，其可能引起腹泻的最小剂量是男性44g、女性48g。

小鼠急性毒理试验表明，低聚半乳糖的LD_{50}大于15g/kg；亚急性和慢性毒理试验表明，每日每公斤体重摄入低聚糖4.0g持续35~180d是安全的；小鼠亚慢性、慢性毒理试验和致突变试验表明，每日每公斤体重摄入低聚果糖2.17g也没有明显的副作用。各种低聚糖的最大无作用量，即不引起腹泻的最大摄入量见表2–13。

表2-13　　　　　　　　　部分低聚糖的有效剂量和一般摄取量

名称	最低有效剂量/（g/d）	一般摄取量/（g/d）	最大无作用量/[g/（d·60kg）]
低聚异麦芽糖	10	>15	90
低聚果糖	3	5~8	18
低聚半乳糖	2~2.5	10	18
低聚乳果糖	2	2~3	36
低聚木糖	0.7	5	7.5

续表

名称	最低有效剂量/ （g/d）	一般摄取量/ （g/d）	最大无作用量/ [g/（d·60kg）]
棉子糖	3	5	10
大豆低聚糖	2	10	13.2
乳酮糖	3	10	—

研究认为，似乎没有必要担心因食用低聚糖（即便是大豆低聚糖）而可能引起的肠胃胀气现象。持续 2 周每日饮用含 3.0g 大豆低聚糖的碳酸饮料 100mL，既不会引起肠胃胀气也不会出现腹泻现象。这可能是由于低聚糖摄入量较少（3.0g/d），以及没有豆类碳水化合物的协同增效作用。豆类碳水化合物会刺激肠胃出现胀气现象。

四、低聚果糖

低聚果糖（Fructooligosaccharide），又称寡果糖或蔗果三糖族低聚糖，是指在蔗糖分子的果糖基上通过 β（1→2）糖苷键连接 1~3 个果糖基而成的蔗果三糖、蔗果四糖、蔗果五糖及其混合物。天然的或用糖苷酶法生产的低聚果糖，其结构式表示为 GF_n（G 为葡萄糖基，F 为果糖基，$n=2~6$），属于果糖与葡萄糖构成的直链低聚糖。

利用内切菊粉酶催化水解菊粉生产的低聚果糖，其结构式表示为 F_n（F 为果糖基，$n=3~7$），属于由果糖构成的直链低聚糖。虽然定义显示果糖基连接在蔗糖的 β（2→1）键上是低聚果糖区别于其他许多果糖聚合物的特殊之处，但现在一般不特别区分低聚果糖与果聚糖、葡果聚糖和 F_n 型低聚糖。

（一）低聚果糖的物化性质

蔗果三糖的比旋光度 α_D^{20} 为 +28.5°，它能迅速形成细密的白色结晶。蔗果三糖的熔点为 199~200℃，蔗果四糖的熔点为 134℃。低聚果糖甜度为蔗糖的 30%~60%，以 10% 的蔗糖溶液为参照物，蔗果三糖、蔗果四糖和蔗果五糖的相对甜度分别是 31%、22% 和 16%。

低聚果糖易溶于水，极易吸湿，其冻干产品接触到外部空气，很快就会失去稳定状态。低聚果糖的黏性、保湿性、吸湿性及在中性条件下的热稳定性等特性都与蔗糖相近，在日常的食品 pH 范围（4.0~7.0）内，低聚果糖的稳定性较强，在冷冻状态下通常能保存一年以上，但在 pH＝3~4 的条件下加热易发生分解。低聚果糖在 pH＝6、120℃ 环境中保持 5min，有 95% 残量，说明还很稳定，但在 pH＝4、90℃ 以上或 pH＝3、70℃ 以上环境中，低聚果糖开始发生明显的分解。

用 30% 低聚果糖水溶液替代 30% 糊精（DE10~15）水溶液，置于 5℃ 低温环境中保存 0~48h 进行老化试验。结果表明，在 0%~30% 的替代范围内，替代率越高，抑制淀粉老化的程度越明显。因此，低聚果糖具有明显的抑制淀粉回生的作用，这一特性当用在淀粉类食品中时非常突出。

（二）低聚果糖的生物功效

低聚果糖具有良好的生物功效，如表 2-14 所示。低聚果糖很难为人体吸收利用，能量值低，不会导致肥胖。

表2-14	低聚果糖的生物功效
生物功效	双歧杆菌增殖因子，调节肠道微生物菌群，促进排便，缓解便秘程度，抑制肠道有害产物的生成
有效摄入量	3g/d
安全摄入量	20g/d（成人） 0.30g/kg（男性） 0.40g/kg（女性）

由于低聚果糖不被消化吸收，因而能到达大肠为双歧杆菌所利用，是双歧杆菌的有效增殖因子。人体摄入低聚果糖后，体内双歧杆菌的数量明显增加。低聚果糖被双歧杆菌利用后产生的有机酸可使肠内 pH 下降，抑制肠道内沙门氏菌等腐败菌的生长，改善肠道环境，减少肠内腐败产物的生成，改变大便性状，防止便秘。低聚果糖的摄入对腹泻及便秘患者均有明显的改善作用，并能提高机体的免疫功能，具有很好的保健功能。

低聚果糖是一种水溶性膳食纤维，能降低血清胆固醇和甘油三酯含量，摄入低聚果糖后不会引起血糖水平的波动，因此可作为高血压、糖尿病和肥胖症患者的甜味剂。低聚果糖不能被变形链球菌作为发酵底物来生成不溶性聚葡萄糖，不提供口腔微生物沉积、产酸和腐蚀的场所（牙垢），由它生成的乳酸数量占蔗糖的 50% 以下，因此，低聚果糖是一种低腐蚀性、防龋齿的功能性甜味剂。

用含各种低聚糖的饲料喂养小鼠 1 个月，发现动物中 Ca、Mg 和 P 等矿物质的含量有所提高，动物大腿骨灼烧灰分中的 Ca、Mg 和 P 含量相应提高。低聚果糖能增加机体对矿物质的吸收率，这与盲肠内 L-乳酸浓度的提高有关。

添加低聚果糖的化妆品，可以抑制脸部皮肤表面有害菌的生长，因此低聚果糖对皮肤保健也有良好的作用。

（三）低聚果糖的安全性

对低聚果糖已进行毒理试验，包括小鼠急性、亚急性与慢性毒理试验、细菌回复突变试验、哺乳动物的基因突变试验及 DNA 试验，结果均证实了低聚果糖的食用安全性。

五、低聚乳果糖

低聚乳果糖（Lactosucrose）是一种非还原性低聚糖，由三个单糖组成，从一侧看为乳糖接上一个果糖基，从另一侧看则为蔗糖接上一个半乳糖基。

（一）低聚乳果糖的物化性质

低聚乳果糖是一种非还原性低聚糖，甜度为蔗糖的 30%，甜味特性类似于蔗糖。商业化生产的低聚乳果糖产品，由于含有蔗糖和乳糖等其他成分，因而甜度要高些。低聚乳果糖的甜味质量在各种低聚糖中最佳的，最近似于蔗糖的口味。

低聚乳果糖在中性条件下加热比较稳定，这与蔗糖相似。30°Bx 的低聚乳果糖溶液在 pH = 5.0、100℃加热 1h，不会发生分解。pH = 4.5 时 50% 的蔗糖或低聚乳果糖水溶液，在 100 ~ 180℃下加热 1h 后会变色，低聚乳果糖的变色程度更强。与同等条件下的蔗糖水溶液相比较，两者的耐酸、耐热稳定性相似。

（二）低聚乳果糖的生物功效

1. 低能量

由于低聚乳果糖的特殊结构，很难被人唾液中的消化酶、胃液及小肠黏膜中的酶消化水解，几乎不被分解直达大肠，能量值极低，很少能被转化为脂肪，具有降低血脂、改善脂质代谢、降低血液中的胆固醇和甘油三酯的含量等功效。图 2-5 表明，人体摄入低聚乳果糖后，血糖与血液胰岛素水平均未有明显升高，因此可供糖尿病人食用。

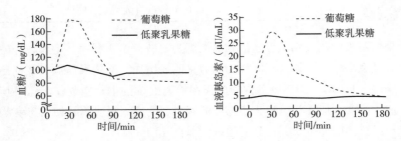

图 2-5　人体摄入低聚乳果糖后血糖水平与血液胰岛素水平的变化情况

2. 改善人体内的微生态环境

与其他功能性低聚糖一样，摄入低聚乳果糖后能有效地促进双歧杆菌的生长繁殖，其代谢产物是乳酸及醋酸，使肠道内的 pH 下降，从而抑制了肠道腐败菌的生长，改善排便功能和大便性状，同时抑制了有害物质的产生，起到抗衰老的作用。表 2-15 为纯低聚乳果糖对影响人体健康的肠道微生物菌群组成的影响的两组试验结果。从第二组结果可确定，低聚乳果糖每天的最小有效摄取量为 2g。

表 2-15　　　　　　　　　　低聚乳果糖对肠道微生物菌群组成的影响　　　　　　　　　单位:%

组别	摄取时间	双歧杆菌	拟杆菌	其他细菌
第一组	摄取前	10.5	61.9	27.6
	每天 3g 持续 1 周	38.9	49.0	12.1
	每天 6g 持续 1 周	38.1	42.6	19.3
	停止摄取 14d 后	10.2	61.7	28.1
第二组	摄取前	17.8	56.2	26.0
	每天 1g 持续 1 周	38.7	52.3	9.0
	每天 2g 持续 1 周	45.9	41.8	12.3
	每天 3g 持续 1 周	43.9	43.0	13.1
	停止摄取后	18.2	45.7	36.1

摄取低聚乳果糖后，通过改善肠道菌群的组成能减少粪便中腐败产物浓度，增加粪便中有机酸含量，降低肠道及粪便 pH，粪便保持适宜含水量，改善大便性状。表 2-16 为纯净低聚乳果糖影响健康人群粪便中腐败产物、氨及硫化物浓度的两组试验结果。其中第二组参加试验人数多达 38 人，由此可知其每天的最小有效摄取量也是 2g。

表 2-16　　低聚乳果糖对粪便中腐败产物、氨及硫化物浓度的影响

组别	摄取时间	腐败产物浓度	氨浓度	硫化物浓度
第一组	摄取前	170	240	5.4
	每天 3g 持续 1 周	80*	95*	3.3*
	每天 6g 持续 1 周	70*	80*	3.0*
	停止摄取 14d 后	125	250	3.9
第二组	摄取前	—	220	5.2
	每天 1g 持续 1 周	—	125*	3.6*
	每天 2g 持续 1 周	—	115*	2.4*
	每天 3g 持续 1 周	—	100*	2.4*
	停止摄取后	—	240	4

注: * $P<0.05$。

不消化化合物进入机体内，易引起肠胃渗透压的不平衡，导致腹泻等不良反应的出现。研究表明，成人每天每公斤体重摄入 0.6g 低聚乳果糖并不会出现上述副作用。据此可计算出，一个体重 50kg 的健康者，低聚乳果糖的安全摄取量为每天 30g。

（三）低聚乳果糖的安全性

国外已进行的毒理试验证实了低聚乳果糖是一种安全无毒的功能性甜味剂。例如，对于雄、雌性大鼠来说，低聚乳果糖的 LD_{50} 分别为 45.9g/kg、51.9g/kg；对于雄、雌性小鼠来说，低聚乳果糖的 LD_{50} 分别为 47.4g/kg、43.2g/kg，高纯度的低聚乳果糖 LS-98 的 LD_{50} 分别为 16.0g/kg、16.0g/kg。

六、低聚半乳糖

低聚半乳糖（Galactooligosaccharide）是以乳糖为原料，经 β-半乳糖苷酶作用而制得，是在乳糖分子中的半乳糖基上以 β（1→4）、β（1→6）键连接 1~4 个半乳糖分子的寡糖类混合物，其中以 β（1→4）键占多数，属于葡萄糖和半乳糖组成的杂低聚糖，半乳糖与葡萄糖之间也主要以 β（1→4）键连接。其结构通式为：Gal-（Gal）$_n$-Glc（$n=1~4$，Gal 为半乳糖，Glc 为葡萄糖）。

低聚半乳糖是一种天然存在的低聚糖，在动物的乳汁中有微量存在，母乳中含量较多。低聚半乳糖的热稳定性较好，即使在酸性条件下也是如此。它不被人体消化酶所消化，具有很好的双歧杆菌增殖活性。成人每天摄取 8~10g，一周后粪便中双歧杆菌数大大增加。

（一）低聚半乳糖的物化性质

商品低聚半乳糖是几种低聚糖（>55%）、乳糖（约20%）、葡萄糖（约20%）和少量半乳糖的混合物，有液态和粉末状。日本有一种低聚半乳糖产品 Oligomate 55，其包括半乳糖基和果糖基构成的二糖在内的 4'-低聚半乳糖含量超过固形物的 55%，产品甜度约为蔗糖的 35%。Oligomate 55 溶液黏度比高果糖浆略高，渗透压与等浓度蔗糖溶液相近，水分活度与蔗糖溶液相似，保湿性比高果糖浆高。

低聚半乳糖的稳定性较好。在中性条件下，160℃加热 10min 不会发生分解。pH=3、120℃或 pH=2、100℃条件下加热 10min 也不会降解，而在同样条件下，超过半数的蔗糖会发

生降解，这表明低聚半乳糖对酸的稳定性很好。低聚半乳糖在室温、酸性条件下可以长时间贮存。

（二）低聚半乳糖的生物功效

1. 双歧杆菌增殖活性

健康成人每天摄入 3g 或 10g 6′-低聚半乳糖一周后，粪便中双歧杆菌数量增加，且增加量与摄入量成正比，研究认为每天摄入 10g 6′-低聚半乳糖具有明显的促进双歧杆菌增殖效果。但如果人体原有双歧杆菌数量很少（这是中老年常存在的现象），则每日摄入 2.5g 6′-低聚半乳糖就能提高粪便中双歧杆菌数量。双歧杆菌增加的同时拟杆菌（Bacteroidaceae）常会减少，这是因为粪便菌群中的优势菌由拟杆菌变成了双歧杆菌。

2. 难消化性和低能量

低聚半乳糖不能被人体唾液、猪胰脏中的 α-淀粉酶、鼠小肠肠液和人体人造胃液水解。这是因为低聚半乳糖（4′-低聚半乳糖和 6′-低聚半乳糖）为 β 构型，而人体肠胃水解酶大多只对 α-糖苷键有专一性。小肠刷状缘膜处的乳糖酶（β-半乳糖苷酶）虽然能水解低聚半乳糖，但通常它水解能力很弱且数量少。

低聚半乳糖在体内的难消化性已由人体氢气呼吸试验证实。健康成年人摄入 15g 4′-低聚半乳糖 3.5h 后，呼气中 H_2 的平均峰增量为 113mg/kg，4′-低聚半乳糖从口腔到盲肠所需时间约为 1.9h，这表明低聚半乳糖不被小肠消化吸收，到达盲肠和结肠后被结肠菌发酵利用。

低聚半乳糖、低聚果糖和乳酮糖的能量为 $1.0 \sim 2.0kcal/g$（$1kcal = 4.18kJ$），是可消化性碳水化合物（如蔗糖）的 30%~50%。低聚半乳糖的能量按日本标准方法计算为 1.73kcal/g。

3. 润肠通便

多项研究显示低聚半乳糖有助于改善粪便特征和便秘现象。用双盲交叉试验研究了 75 位女性（平均年龄为 29.6 岁）连续服用低聚半乳糖一周后的排便情况，发现每天摄取 5g 低聚半乳糖，能增加排便次数，但每日摄入 2.5g 时效果不明显。在另一试验中，105 名试验者（平均年龄 35.2 岁）摄入 10g 低聚半乳糖后，排便速率均有显著提高，但少数试验者排便次数减少。因此可以推测短链脂肪酸的产生有助于提高渗透压、促进蠕动。对患有便秘的糖尿病人的研究中发现，在摄入低聚半乳糖后，便秘情况的改善和粪便中拟杆菌数量的减少有关。

4. 降低结肠癌的发生率

几种细菌酶如 β-葡糖苷酸酶、β-葡糖苷酶和硝基还原酶（Nitroreductase）可能在致癌前体转化为近致癌物质的过程中起重要作用。对有类似于人体肠道菌群的大鼠，用低聚半乳糖或者低聚半乳糖和短双歧杆菌饲养 4 周后，粪便中厌氧细菌（Anaerobic bacteria）、乳杆菌（Lactobacillus）和双歧杆菌总量增加，同时肠杆菌（Enterobacteriaceae）数量减少，粪便 pH 显著降低，β-葡糖苷酸酶和硝酸盐还原酶的活性也降低，但 β-葡糖苷酶活性升高。

低聚半乳糖能减少膳食中致癌物质 2-氨基-3-甲基-三氢咪唑喹啉（IQ）转化为有毒的 7-羟基衍生物。低聚半乳糖（10%）能降低 β-葡糖苷酸酶活性和老鼠粪便中次级胆汁酸浓度。当人体每天摄入 2.5g 和 10g 低聚半乳糖时，粪便中的次级胆汁酸会减少，每天摄入 10g 低聚半乳糖会降低粪便 β-葡糖苷酸酶活性。青年健康受试者每日摄入低聚半乳糖 15g，粪便中醋酸盐含量明显升高，而 β-葡糖苷酸酶活性明显降低。

（三）低聚半乳糖的安全性

低聚半乳糖是人乳和传统乳酪中的成分，由产 β-半乳糖苷酶的肠道菌发酵乳糖制得，因而通常被认为安全。分别以一次 20g/kg 的剂量口服低聚半乳糖和以每天 1.5g/kg 的剂量服用 6 个月，都没有表现出任何毒性。回复突变试验没发现任何诱变现象。目前只发现服用低聚半乳糖过量时，会引起暂时腹泻即渗透性腹泻。低聚半乳糖不引起腹泻的量为 0.3~0.4g/kg，或每人 20g。

七、低聚异麦芽糖

低聚异麦芽糖（Isomaltooligosaccharide），又称分枝低聚糖（Branching oligosaccharide），是指葡萄糖之间至少有一个以 α（1→6）糖苷键连接而成的、单糖数 2~5 不等的一类低聚糖。自然界中低聚异麦芽糖极少以游离状态存在，但作为支链淀粉或多糖的组成部分，在蜂蜜和某些发酵食品如酱油、黄酒或酶法制备的葡萄糖浆中都有少量存在。

尽管低聚异麦芽糖是一定聚合度范围的低聚糖混合物，但在转糖苷反应产物中，主要为异麦芽糖（Isomaltose）、潘糖（Panose）和异麦芽三糖（Isomaltotriose），其他聚合度或结构的低聚异麦芽糖则较少。商品低聚异麦芽糖有 2 种规格，主成分占 50% 以上的称为 IMO-50，90% 以上的称为 IMO-90。

（一）低聚异麦芽糖的物化性质

低聚异麦芽糖的甜度为蔗糖的 45%~50%，在食品中加入等量糖时可降低食品甜度，其甜味醇美、柔和，对味觉刺激性小，甜度随三糖、四糖、五糖等聚合度的增加而逐渐降低。它可与各种甜味剂混合代替蔗糖，降低产品的甜度及改善味觉。

低聚异麦芽糖的黏度较低，所以具有较好的流动性和操作性。尽管该产品属于寡糖类，但由于它是通过切枝再接枝的糖苷键转移反应来完成的，因此，转化程度远比生产直链低聚糖强烈。仅从评价反应程度的参数葡萄糖当量（DE 值）来看，低聚异麦芽糖比低聚麦芽糖的 DE 值大得多，所以体现出其对应黏度的差异。

低聚异麦芽糖的耐热、耐酸性能较好。在较高温度、pH = 3 的酸性溶液中加热一段时间，低聚异麦芽糖分子仅出现很轻微的分解，因此可以在食品中广泛应用。低聚异麦芽糖具有良好的保湿性能，其结构上具有多个羟基，与水分子有较强的结合能力，因此用作食品配料时，可在一定程度上维持食品的水分活度，保持食品的新鲜度，对淀粉的老化回生也有一定的抑制效果。

（二）低聚异麦芽糖的生物功效

1. 双歧杆菌增殖活性

人体的消化道内约有 10^{15} 个细菌，其中 100 种左右的细菌构成了肠道主要的菌群结构，这些菌群中存在有益菌、致病菌和好氧菌群三大类。低聚异麦芽糖较能促进有益菌增殖，但被乳酸杆菌的利用率较低，仅梭菌属的多枝梭菌利用低聚异麦芽糖的概率较高，其他利用率均低，因此低聚异麦芽糖是一种比较理想的双歧杆菌增殖因子。健康成人持续 1 周每天摄入 20g 后，其肠道内的双歧杆菌群由占比 14.8% 增加到占比 24.5%。

用青春双歧杆菌、长双歧杆菌、短双歧杆菌、角双歧杆菌、婴儿双歧杆菌和两歧双歧杆菌作为受试菌，将冷冻干燥菌种接种至 TPY 平板培养基上厌氧培养 48h，涂片染色镜检证实为纯菌后，挑 2~3 个菌落接种至 TPY 液体培养基中，37℃厌氧培养 24h，稀释 1000 倍，以平板活菌计数证实其菌量为 10^5~10^6CFU/mL，再分别接种至含不同浓度的低聚异麦芽糖的 TPY 液体培养基中，37℃厌氧培养 48h，取出后作活菌计数，重复试验 3 次，结果见表 2-17。可以看出，低聚异麦芽糖对长双歧杆菌、青春双歧杆菌、短双歧杆菌有促进作用，1.5%~2.0%的浓度均有良好促进效果。

表2-17   低聚异麦芽糖对双歧杆菌的选择性促进作用

菌种	低聚异麦芽糖浓度				空白培养基	加入菌量
	2%	1.5%	1.0%	0.5%		
长双歧杆菌	7.13±0.2**	7.19±0.1**	7.11±0.3*	6.93±0.31*	6.11±0.12	5.36±0.21
青春双歧杆菌	7.13±0.07**	6.46±0.12*	6.14±0.23	6.13±0.42	6.06±0.17	6.00±0.12
短双歧杆菌	7.11±0.26*	6.14±0.42	6.17±0.12	6.16±0.15	6.13±0.26	5.76±0.63
角双歧杆菌	7.13±0.20**	6.76±0.18*	6.27±0.28	6.25±0.11	6.04±0.15	5.69±0.35
婴儿双歧杆菌	6.67±0.65	6.36±0.19	6.23±0.17	6.21±0.13	6.03±0.16	5.78±0.37
两歧双歧杆菌	7.07±0.17	6.87±0.34*	6.16±0.25	6.05±0.17	6.00±0.12	5.84±0.16

注：与未加低聚糖的空白培养基组相比，$*$ $P<0.05$，$**$ $P<0.01$。

2. 调节血脂

在小鼠试验中用低聚异麦芽糖代替饮食中的纤维素，测得血浆中的总脂肪、胆固醇和甘油三酯浓度低于饮食中不添加低聚异麦芽糖的小鼠。补充低聚异麦芽糖能够降低健康青年人群的血清胆固醇浓度，但对血液中葡萄糖水平的影响还未有研究。摄入低聚果糖能有效降低空腹时的血糖水平，促进小鼠结肠和直肠中的钙和镁的吸收，低聚异麦芽糖也有可能改变血清电解液的浓度。

研究低聚异麦芽糖对老年人排便影响时，设计控制低纤维和添加低聚异麦芽糖两种饮食模式，同时测定老年人的血清各指标和电解液浓度，发现各参数值都在正常范围内（表2-18）。每次餐前测得的血清葡萄糖、总蛋白质、白蛋白、甘油三酯、总胆固醇以及高密度脂蛋白胆固醇的浓度在两种饮食模式下都差不多，但平均血清钠浓度在摄入低聚异麦芽糖后降低了58mg/dL。结果表明，低聚异麦芽糖不能对患胆固醇血症的老年人起到调节血脂水平的作用，这与非消化性低聚糖不能降低血清胆固醇浓度的研究结果一致，但能够避免血胆固醇过多。以异麦芽三糖为主的低聚糖添加到饮食中，能够增加小鼠对钙和磷的吸收率，这归功于非消化性碳水化合物的发酵产物——短链脂肪酸的作用。尽管低聚异麦芽糖能够显著增加钙和磷的吸收率，但对其他地方的短链脂肪酸和粪便pH并无显著影响，这可能也是血清中钙和磷浓度不受影响的原因。

表2-18   低聚异麦芽糖对血清各参数指标的影响（$x\pm s$，$n=7$）

项目	控制低纤维的饮食模式	添加低聚异麦芽糖的饮食模式
葡萄糖/（mg/100mL）	81.2±5.6	80.0±3.6
总蛋白质/（g/100mL）	7.2±0.2	7.0±0.1
白蛋白/（g/100mL）	3.6±0.1	3.5±0.1
甘油三酯/（mg/100mL）	45.8±7.9	44.3±9.7
总胆固醇/（mg/100mL）	162.3±11.5	165.1±12.6
高密度脂蛋白胆固醇/（mg/100mL）	35.4±3.8	34.7±2.9
Ca/（mg/100mL）	9.2±0.2	9.2±0.1

续表

项目	控制低纤维的饮食模式	添加低聚异麦芽糖的饮食模式
P/（mg/100mL）	3.2±0.2	3.1±0.2
Na/（mg/100mL）	3269.2±2.3	3210.8±11.5
K/（mg/100mL）	179.8±6.2	162.6±6.6

（三）低聚异麦芽糖的安全性

低聚异麦芽糖对人体有益无害，安全性极高，它的食用最大限量为 1.5g/kg 体重，与低聚半乳糖（最大耐受限量 0.91g/kg 体重）、大豆低聚糖（最大耐受限量 0.64~0.96g/kg 体重）、低聚果糖（最大耐受限量 0.3~0.4g/kg 体重）相比，低聚异麦芽糖具有较高的耐受性。

用低聚异麦芽糖水溶液对老鼠进行饲养试验，每日摄取量为 2.7~5.0g/kg 体重，1 年后解剖检查内脏和血液均无任何异常现象，用细菌回复突变试验及细胞染色体畸变试验检测，无任何变异原性。用低聚异麦芽糖粉经口投喂老鼠进行急性毒性试验，LD_{50} 为 44g/kg 体重以上，与低毒性的蔗糖（LD_{50} 为 26.7g/kg 体重）相比较，低聚异麦芽糖是非常安全的。

八、低聚异麦芽酮糖

低聚异麦芽酮糖（Isomaltulose-oligosaccharide）的甲糖基部分由 2—1 位连接而成，单糖数平均为 6~8 个。低聚异麦芽酮糖标准品由 49%异麦芽酮糖、31%二聚异麦芽酮糖、13%三聚异麦芽酮糖、6%四聚异麦芽酮糖和少量单糖等异麦芽酮糖的分解物组成。

低聚异麦芽酮糖的甜感与砂糖相似，高浓度时略有涩感，相对甜度 0.30%。耐热，pH＝3.5 左右加热时很少着色，聚合物可加水分解而生成异麦芽酮糖，中性时不水解。常温下 pH＝5 时保存 30d，不聚合、不分解；配制成 pH＝3 水溶液，放置数日即发生分解。

低聚异麦芽酮糖的生物功效与异麦芽酮糖很相似，它基本不能被唾液、胃液和小肠所分解，直接到达大肠，能调节肠道菌群，使大肠中双歧杆菌显著增殖。每日摄入 2.4g，即可使双歧杆菌数明显增加。其抗龋齿性也类似于异麦芽酮糖。

对低聚异麦芽酮糖的安全性已进行了一系列试验。急性毒性试验结果表明它为"实际无毒类"；慢性毒性试验通过对大鼠强制口服 26 周，大鼠未出现异常；对细菌的变异原性试验为阴性；对大鼠体内无机盐含量无明显影响；对各组织和血液中维生素 B_1 浓度无明显差异。

九、低聚龙胆糖

低聚龙胆糖（Gentiooligosaccharide），是由葡萄糖以 β（1→6）糖苷键连接而成的低聚糖，主要有龙胆二糖、龙胆三糖、龙胆四糖等。天然低聚龙胆糖存在于龙胆属植物的茎、根组织，另外，蜂蜜和海藻多糖中也含有低聚龙胆糖结构。

（一）低聚龙胆糖的物化性质

低聚龙胆糖具有传统玉米糖浆所没有的能提神的独特苦味，这种苦味可能由葡萄糖基之间羟基的立体化学引起的。低聚龙胆糖的苦味清新柔和，比柑橘皮（柚皮苷）的苦味更丰厚、微妙，它不会停留在舌头上。这种能提神的苦味特别适用于咖啡和巧克力制品，在果汁、糖果、冰淇淋等产品中加入适量低聚龙胆糖，可使甜味更佳。

低聚龙胆糖的黏度在 10~60℃ 时均比麦芽糖浆低，但较蔗糖高。低聚龙胆糖中的各组分（龙胆二糖、龙胆三糖、龙胆四糖）的保湿性、吸湿性都比蔗糖和麦芽糖浆高，这有利于食品中水分的保持，可用于防止淀粉食品的老化。

（二）低聚龙胆糖的生物功效

低聚龙胆糖是由 β（1→6）糖苷键连接而成的，不易被人体消化酶所消化，还具有一定的抗龋齿性。双歧杆菌和乳酸杆菌可有效地利用低聚龙胆糖，龙胆二糖对所有双歧杆菌都具有较强的增殖作用，而龙胆三糖和龙胆四糖除两歧双歧杆菌外，对其他双歧杆菌也都有较强的增殖效果。此外，它们对嗜酸乳杆菌（*Lactobacillus acidophilus*）、干酪乳酪杆菌（*L. Casei*）、加氏乳杆菌（*L. Gasseri*）等也有较强的增殖效果。

人体摄入低聚龙胆糖后，可促进肠道内双歧杆菌和乳酸杆菌的增殖，改善肠道菌群组成，能增加粪便中的有机酸含量、降低粪便 pH、改善便秘。6 位健康者连续 10d 每日摄入 7g 低聚龙胆糖，采集摄取前、摄取期间、摄取后的粪便，分析肠道菌群组成，结果见表 2-19。

表 2-19　　　　　　　　　　　　低聚龙胆糖对肠道菌群的影响　　　　　　　　　　单位：%

肠内菌群	摄入前	摄入中	停止摄入后
双歧杆菌	8.5	21.5	7.4
拟杆菌	10.8	10.0	10.3
梭状芽孢杆菌	62.6	43.2	61.8
其他菌	18.1	25.3	20.5

从表中可以看出，试验期间肠道内的总菌数没有明显的变化，仅肠道内菌群分布发生了变化。摄入低聚龙胆糖后，拟杆菌比例下降，而双歧杆菌比例从摄取前的 8.5% 增至 21.5%（$P \leqslant 0.05$），停止摄入后又降至 7.4%。此外，测定粪便的 pH 发现，摄取期间的 pH 比摄取前后低 0.5 左右。

十、低 聚 木 糖

低聚木糖（Xylooligosaccharide），是由 2~7 个木糖以 β（1→4）糖苷键连接而成的低聚糖，以二糖和三糖为主，虽然一般低聚糖概念指 DP（聚合度）>2，但木二糖（DP=2）仍被看作是一种低聚木糖。自然界存在许多富含木聚糖的植物，如玉米芯、甘蔗和棉籽等，木聚糖经酶水解或酸水解、热水解后可以得到低聚木糖。

自然界中，竹笋等天然植物含有少量低聚木糖。另外，部分植物半纤维素能在人体大肠内分解转化为低聚木糖。低聚木糖不仅具有优良的稳定性，能在较宽的 pH、温度范围内保持稳定，而且与其他低聚糖相比，它最难被人体消化吸收，对双歧杆菌的增殖效果最好，无致龋齿性，而有抗龋齿性，是一种优良的生物功效物质。

（一）低聚木糖的物化性质

低聚木糖中，木二糖的甜度为蔗糖的 40%，低聚木糖含量为 50% 的低聚木糖产品甜度约为蔗糖的 30%，甜味纯正，类似蔗糖。低聚木糖的黏度很低，且随温度升高而迅速下降。

与其他低聚糖相比，低聚木糖的突出特点是稳定性好。低聚木糖在较宽的 pH 范围（2.5~8.0，尤其在酸性环境，如低 pH 的胃液）和温度范围内（高至 100℃）能保持稳定。5% 低聚木糖水溶液在 pH=2.5~8.0 的条件下，加热 1h 后无明显变化。这说明，低聚木糖在绝大多数食品体系的 pH 条件下稳定性很好。1%低聚糖的水溶液在 pH = 2.5 ~ 7.0 的条件下，分别于 5℃、20℃、37℃的温度下贮存 3 个月，均未发生明显变化。

（二）低聚木糖的生物功效

1. 难消化性

与其他低聚糖相比，木二糖在消化系统中最稳定，不被消化酶水解，且代谢不依赖胰岛素。另外，它的主要伴随成分为木糖，略有特殊气味，具爽口甜味，也是一种不消化单糖，因此可不采用色谱分离技术进行分离纯化。低聚木糖用唾液、胃液、胰液和小肠液进行消化试验，结果显示各种消化液几乎都不能分解低聚木糖，它的能量值很低或为 0。

将低聚木糖在消化液中的消化能力与低聚果糖和低聚异麦芽糖进行比较。经体外消化 4h，高效液相色谱法结果显示没有低聚果糖、低聚异麦芽糖和低聚木糖的水解产物。大多数低聚异麦芽糖和一部分低聚果糖被小肠液消化，但低聚木糖不被任何消化酶消化。体外试验比较低聚木糖和低聚异麦芽糖、低聚果糖对胆汁酸吸收的阻滞作用。由于低聚木糖中二糖水解活力比其他膳食性低聚糖低，因此消化道中的碳水化合物水解作用被阻滞，这样血糖水平有效地受低聚木糖控制。

2. 促进双歧杆菌增殖、调节肠道菌群

低聚木糖在肠道内对双歧杆菌有高选择性的增殖效果。低聚木糖（包括单糖、二糖和三糖）有明显的双歧杆菌增殖作用，而且除青春双歧杆菌、婴儿双歧杆菌和长双歧杆菌外，大多数肠道细菌对低聚木糖的利用都较差。低聚木糖是目前发现有效用量最少的低聚糖，其每日有效摄入量为 0.7 ~ 1.4g，而其他低聚糖如低聚果糖的每日有效摄入量为 5.0 ~ 20.0g。低聚木糖的人体试验证实它对肠道菌群有明显的改善作用，结果如表 2-20 所示。每天只需口服 0.7g 低聚木糖，2 周后肠道菌群中的双歧杆菌的比例从 8.9% 增加到 17.9%，而拟杆菌（可能的致病菌）则从 52.6% 减少到 44.4%；3 周后，双歧杆菌的比例增至 20.2%，拟杆菌降至 32.9%。低聚木糖对双歧杆菌优良的选择性增殖效果使其能在市场上立足。

表 2-20　　　　　　　　　　　低聚木糖对肠道微生物菌群的影响

摄取时间	双歧杆菌所占比例/%			拟杆菌所占比例/%			其他细菌所占比例/%		
	0.7g/d	1.4g/d	3.5g/d	0.7g/d	1.4g/d	3.5g/d	0.7g/d	1.4g/d	3.5g/d
摄取前	8.5	9.3	10.6	52.6	56.9	51.8	38.9	33.8	37.6
持续摄取 1 周	7.6	33.1*	21.7*	47.6	31.4	43.4	44.8	35.5	34.9
持续摄取 2 周	17.9*	22.5*	31.7**	44.4	48.0	26.3	37.7	29.5	42.0
持续摄取 3 周	20.2	37.4	28.6	32.9	29.1	31.7	46.9	33.5	39.7

注：* P<0.01；** P<0.05。

3. 促进钙的吸收

低聚木糖与食物的配伍性良好，食物中添加少量低聚木糖，便能体现出保健效果。当低聚木糖与钙同时摄入时，它不但不会影响小鼠对钙的吸收，反而能起促进作用，如图 2-6 和图 2-7 所示。大鼠试验结果如图 2-8 和图 2-9 所示，在 7d 试验期间，大鼠自由摄取 2% 低聚木糖水溶液，结果表明，摄入低聚木糖后，大鼠对钙的消化吸收率提高了 23%，体内钙的保留率提高了 21%。

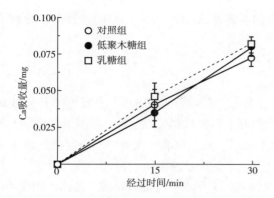

图 2-6　低聚木糖对十二指肠吸收钙的影响

（每只小鼠摄入钙 0.2mg，差异不显著）

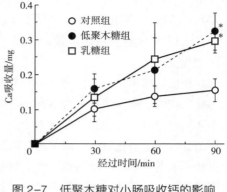

图 2-7　低聚木糖对小肠吸收钙的影响

（每只小鼠摄入钙 0.6mg，差异显著，* $P<0.05$）

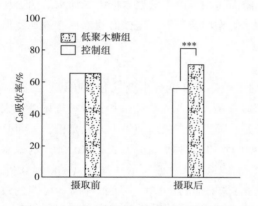

图 2-8　低聚木糖对机体钙吸收率的影响

（*** $P<0.001$）

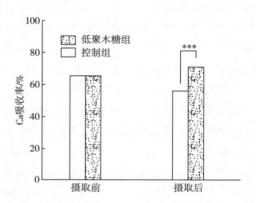

图 2-9　低聚木糖对机体钙保留率的影响

（*** $P<0.001$）

十一、大豆低聚糖

大豆低聚糖（Soybean oligosaccharide），是从大豆籽粒中提取的可溶性寡糖的总称，主要成分为水苏糖（Stachyose）、棉籽糖（Raffinose）、蔗糖等，此外，大豆还含有少量其他糖类如葡萄糖、果糖、松醇（Pinitole）、半乳糖松醇（Galactopinitole）、毛蕊花糖（Verbascose）等。棉籽糖是半乳糖基以 α（1→6）键与蔗糖的葡萄糖基连接构成的三糖，水苏糖是棉籽糖的半乳糖基以 α（1→6）键与半乳糖基连接的四糖，它们都属于 α-半乳糖苷类低聚糖。

大豆低聚糖广泛存在于各种植物中，不被人体消化吸收，是一种优良的双歧杆菌增殖因子，而且它还具有耐热、耐酸等良好的加工性能，因而在食品工业中有很好的应用前景。

（一）大豆低聚糖的物化性质

大豆低聚糖浆外观为无色透明的液糖，其甜味特性接近于蔗糖，甜度为蔗糖的 70% ~ 75%，几乎与葡萄糖相同，能量值为 8.36kJ/g。如果单是由水苏糖和棉籽糖组成的精制大豆低聚糖，则甜度仅为蔗糖的 22%，能量值更低。

大豆低聚糖浆浓度为 50% ~ 70% 时，其水分活度接近蔗糖。25℃浓度为 76% 大豆低聚糖浆，水分活度为 73%，因此不易生霉。在较高相对湿度（80%）环境下，大豆低聚糖浆吸湿平衡湿度为 58%。

大豆低聚糖对高温具有良好的热稳定性，大豆低聚糖浆加热到 160℃ 时所含水苏糖和棉籽糖破坏甚少。短时间加热比较稳定，在 140℃ 不会分解。在酸性（pH=5~6）条件下加热到 120℃ 稳定；当 pH=3 时，加热到 120℃ 残存 70%，pH=4 时加热到 120℃ 较稳定。

在酸性条件下，大豆低聚糖的热稳定性优于蔗糖，但在 pH<5 时热稳定性有所下降，在 pH=4 但温度低于 100℃ 时仍较稳定，而在 pH=3 时保持稳定的最高温度不超过 70℃。当用于酸性饮料时，只要 pH 不太低（>4），在 100℃ 的杀菌条件下大豆低聚糖足够稳定。它在酸性环境中的贮藏稳定性与温度有关，大豆低聚糖浆 pH=3 时，在 20℃、37℃ 存放 120d，20℃、120d 时仍残留 85% 以上，37℃120d 后仍残留 60% 以上。所以，大豆低聚糖可有效应用于酸性食品和饮料。

大豆低聚糖浆在 55℃ 保存 180d 不会析出晶体，在低温下可以长期保存。

（二）大豆低聚糖的生物功效

人们对于大豆低聚糖生物功效的认识有一个发展过程。在相当长一段时期内，人们对大豆低聚糖是持否定态度的，强调要在大豆加工过程中除去它，理由是大豆低聚糖不被消化吸收而直接进入大肠中经产气菌发酵产生 CO_2 等气体，引起嗝气、肠鸣或腹痛等使人难以忍受的肠胃胀气现象。

近年来，日本以大豆低聚糖为对象进行的一系列研究发现，分别摄入经酶解去除水苏糖和棉籽糖的大豆及未经处理的大豆，两者间的肠胃胀气现象并无明显差异。而将水苏糖、棉籽糖加入原不产气的食物中，摄入后并没引起肠胃胀气现象的加剧。这些研究表明，大豆低聚糖并不是引起肠胃胀气的直接因素。与此同时，人们发现大豆低聚糖具有双歧杆菌增殖效果、低能量、防龋齿性等特殊生物功效。于是，大豆低聚糖一改过去令人讨厌的形象，成为一种重要的生物功效物质。

1. 促进人体肠道内双歧杆菌增殖

大豆低聚糖是双歧杆菌的有效增殖因子，可被绝大部分双歧杆菌利用，双歧杆菌属的两歧双歧杆菌除外，而且利用率超过低聚果糖，产生显著的增殖效果，而大肠杆菌、产气荚膜梭菌等肠道有害菌对大豆低聚糖的利用率远不如双歧杆菌。

摄入大豆低聚糖后，肠道内及粪便中的双歧杆菌数量明显增多。让 6 名健康者持续 3 周摄取 10g 大豆低聚糖（内含 3g 棉籽糖和 3g 水苏糖），双歧杆菌数比摄入前增加了 2.2 倍，而有害菌产气荚膜梭菌的含量明显减少。图 2-10 表明，人体摄入大豆低聚糖后，肠道微生物菌群的变化情况与直接摄入双歧杆菌冻干制品的效果是一致的。

2. 调节血脂

分别对空白对照组（A）、试验对照组（B）和试验组（C）大鼠各 12 只喂食不同饲料，A 组喂符合美国分析化学家协会（AOAC）动物营养标准的基础饲料，B 组喂高脂饲料（90% 基础饲料、1.5% 胆固醇、8.0% 猪油、0.3% 猪胆盐），C 组喂高脂饲料并每周加入 1.2g/（kg 体重·d）大豆低聚糖，持续 7 周。

大豆低聚糖对大鼠血脂水平的影响见表 2-21。结果表明，大豆低聚糖能显著提高高脂血症大鼠血清高密度脂蛋白水平，降低总胆固醇、甘油三酯，提高高密度脂蛋白/总胆固醇比值。研究还发现大豆低聚糖能降低心肌组织脂质过氧化物（Lipid peroxide，LPO）水平（$P<0.01$），提高心肌组织超氧化物歧化酶活性（$P<0.01$），抑制脑组织过氧化损伤的趋势。这些结果显示大豆低聚糖具有改善脂肪代谢，降低高脂大鼠血脂水平的功能，从而能够拮抗过氧化损伤。

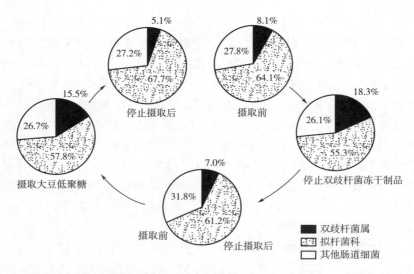

图 2-10　摄取大豆低聚糖或双歧杆菌冻干制品后肠道微生物菌群的变化

表 2-21　　　　　　　　大豆低聚糖对大鼠血脂水平的影响

	总胆固醇/ （mmol/L）	高密度脂蛋白/ （mmol/L）	甘油三酯/ （mmol/L）	高密度脂蛋白/ 总胆固醇
空白对照组	1.68±0.31	1.27±0.10	1.25±0.45	0.75±0.12
试验对照组	3.22±1.15	0.75±0.20	2.15±0.67	0.23±0.08
试验组	2.01±0.22	1.37±0.12	0.89±0.26	0.68±0.16

（三）大豆低聚糖的安全性

大豆供人们食用已有很悠久的历史。大豆所含的水苏糖、棉籽糖也是安全的。细菌回复突变试验、大鼠的急性与亚急性毒理试验等均证实了大豆低聚糖的食用安全性，如表 2-22 所示。

表 2-22　　　　　　　　大豆低聚糖的安全毒理性试验结果

项目	方法	动物种类	结果	食用安全量
急性毒性试验	喂食 10g/kg	小鼠	无异常现象，无死 亡和体重减轻	LD_{50} 大于 10g/kg
亚急性毒性试验	连续 28d 喂食 1.1g/kg、 2.2g/kg、4.4g/kg	大鼠	无异常现象	—
致癌变试验	重组缺陷型测定和 细菌回复突变试验	—	阴性	—

十二、棉　籽　糖

棉籽糖又称蜜三糖（Melitriose），即 α-D-吡喃半乳糖（1→6）α-D-吡喃葡萄糖（1→2）β-D-呋喃果糖，是由果糖、葡萄糖和半乳糖组成的三糖。棉籽糖广泛存在于甜菜、棉籽、蜂蜜、卷心菜、酵母、马铃薯、葡萄、麦类、玉米和豆科植物种子中，它是除蔗糖外在植物中分布最广的低聚糖，也是大豆低聚糖的主要成分之一。

（一）棉籽糖的物化性质

纯棉籽糖为长针状结晶体，白色或淡黄色。结晶体一般带有 5 分子结晶水，缓慢加热至 100℃会丧失结晶水。含结晶水的产品的熔点为 80℃，不含结晶水的为 118～119℃。棉籽糖的甜度为蔗糖的 20%～40%。它易溶于水，微溶于乙醇等极性溶剂，不溶于石油醚等非极性溶剂。20℃时，棉籽糖在水中的溶解度为 14.2%，略低于其他低聚糖，但温度上升其溶解度显著增大，80℃时高于蔗糖的溶解度。

棉籽糖晶体即使在相对湿度 90% 的环境中也不会吸湿结块，这是棉籽糖的一个显著特点，其他低聚糖粉末的吸湿性都较它强。

棉籽糖的热稳定性几乎与蔗糖相同，即使加热至 140℃时仍保持稳定，因此在一些需经热压处理的食品中使用也十分方便；但当加热至 180℃时，棉籽糖会分解成蜜二糖和果糖，蜜二糖还可能进一步分解。在酸性条件下，棉籽糖的热稳定性仍然很好，与蔗糖相仿甚至略高。在 pH=3.5、90℃环境中保持 30min，棉籽糖几乎没产生分解。

（二）棉籽糖的生物功效

棉籽糖是一种功能性低聚糖，它不为人体肠胃消化液所分解，能通过胃、小肠直接进入大肠肠道被微生物发酵利用，其代谢方式类似膳食纤维。棉籽糖的能量值为 6kJ/g。

1. 增殖双歧杆菌、调节肠内菌群

棉籽糖能被双歧杆菌、嗜酸乳杆菌等对人体有益的细菌所利用，是这些有益菌的有效增殖因子。体外试验表明，双歧杆菌属中有 10 种菌株能很好地利用棉籽糖，而大肠杆菌和产气荚膜梭菌对它的利用则很微弱。因此，棉籽糖对肠内细菌有明显的选择性增殖作用。有一项研究是让 7 名 27～37 岁的健康人每人每天摄取 15g 棉籽糖，然后分析其粪便中双歧杆菌数，结果见表 2-23。由表可以看出双歧杆菌所占比例由原来的 11.6%～15.5% 增加到 58.2%～80.1%。另一方面，拟杆菌和梭状芽孢杆菌等的数量则明显减少。

表 2-23　　　　　　　　　　棉籽糖对肠内双歧杆菌的增殖作用

摄取棉籽糖前后时间	双歧杆菌比例/%	摄取棉籽糖前后时间	双歧杆菌比例/%
摄取前	11.6～15.5	持续摄取 3 周	60.1
持续摄取 1 周	58.3	持续摄取 4 周	58.2
持续摄取 2 周	80.1	停止摄取后逐渐减至	8.3～5.8

2. 调节血脂

连续两周每天给试验组大鼠喂 3% 的棉籽糖，对照组大鼠不喂给棉籽糖，测定血浆中总甘油三酯的浓度后发现，对照组大鼠血浆中总甘油三酯的浓度为（171.77±13.04）mmol/L，试验组的总甘油三酯浓度为（98.20±9.11）mmol/L，总甘油三酯的浓度明显降低（$P<0.01$），这说明棉籽糖能明显降低血浆中总甘油三酯的浓度。

（三）棉籽糖的安全性

各种急性毒理、亚急性毒理及致突变毒理试验结果表明，棉籽糖是一种安全无毒的功能性低聚糖。棉籽糖的有效摄入量因个体差异而有很大的不同，有人摄入 2g/d 就有明显的双歧杆菌增殖效果，但有人摄入 5g/d 却没有明显变化。

根据人体试验及数据统计结果，棉籽糖对双歧杆菌有增殖作用的有效摄入量为 3g/d、改善排便功能的有效摄入量为 3~5g/d。由于人体不消化棉籽糖，因此易造成肠胃渗透压失衡，引起肠胃不适、腹泻等不良现象。10g/d 是棉籽糖的安全摄入量，每天摄入 10g 以下，不会出现不良反应。

十三、水 苏 糖

水苏糖（Stachyose），是蔗糖的葡萄糖基一侧以（1→6）糖苷键结合 2 个半乳糖而形成的糖类，属于非还原性糖。水苏糖广泛分布于豆科植物中，大豆中水苏糖含量为 4%，大豆低聚糖中约含 24% 的水苏糖。

（一）水苏糖的物化性质

水苏糖为白色粉末，无异味，微甜，甜度约为蔗糖的 22%，口感清爽。水苏糖溶于水，不溶于乙醚、乙醇等有机溶剂。纯晶体水苏糖为带 4 分子结晶水的片状物，熔点 101℃（也有文献报道熔点为 110℃），真空中 115℃ 失水，无水物的熔点为 167~170℃。

水苏糖具有良好的热稳定性，但在酸性条件下热稳定性有所下降，因此，水苏糖可用于需热压处理的食品；当用于酸性饮料时，只要 pH 不太低，在 100℃ 的杀菌条件下足够稳定；它在酸性环境中的贮藏稳定性和温度有关，温度低于 20℃ 时相当稳定。水苏糖的保湿性和吸湿性均小于蔗糖但高于高果糖浆，渗透压接近于蔗糖。

（二）水苏糖的生物功效

人体中缺乏分解水苏糖的酶——α-半乳糖苷酶，因此不能对其消化吸收，它能被肠道双歧杆菌专一性地利用。水苏糖对肠胃的调节功能与其他功能性低聚糖类似，能改善肠道菌群，促进双歧杆菌增殖，它对双歧杆菌的增殖效果优于低聚异麦芽糖和低聚果糖（有效量为 1/4~1/5）。水苏糖的适宜用量为 0.5~3g，过量可胀气和增加排气乃至轻泻。

水苏糖能促进肠内短链脂肪酸的增加，降低肠内 pH，润肠通便。它还兼有调节免疫、降血糖和降血脂（胆固醇）功能，并能促进肠道对钙、镁等微量元素的吸收。

有研究发现，水苏糖对临床/亚临床肝性脑病（HE/SHE）有预防作用。对乳果糖组、水苏糖组和葡萄糖对照组的新西兰家兔（各 8 只），在实验前进行体感诱发电位、脑干听觉诱发电位和动脉血氨检查。于 0h、24h 分别耳缘静脉注射硫代乙酰胺，并在实验开始时 3 组分别灌胃乳果糖、水苏糖和葡萄糖（剂量均为 1.33g/kg）作为临床/亚临床肝性脑病的预防性用药，待出现肝衰竭后再次检测体感诱发电位、脑干听觉诱发电位及动脉血氨。结果显示：水苏糖组、乳果糖组家兔体感诱发电位、脑干听觉诱发电位各波潜伏期较对照组明显缩短（$P<0.01$），动脉血氨水平明显下降（$P<0.01$），水苏糖组和乳果糖组各波潜伏期和动脉血氨无差异（$P>0.05$）。这些结果表明水苏糖对临床/亚临床肝性脑病有预防作用。

另一个试验，是将 58 例亚临床肝性脑病患者随机分为试验组 30 例及对照组 28 例，试验组给予水苏糖 10~60mL/d，对照组给予乳果糖 10~60mL/d，分三次口服，根据个体差异调整剂量使患者保持每日 2~3 次软便，疗程均为 4 周。服药前后行数字连接试验和诱发电位检查。结果显示：2 组治疗后诱发电位各波潜伏期及数字连接试验均较治疗前明显缩短（$P<0.05$），2 组间各波潜伏期及数字连接试验无差异（$P>0.05$）。该试验表明水苏糖作为治疗亚临床肝性脑病的药物与乳果糖一样有很好的疗效。

十四、偶　合　糖

偶合糖（Coupling sugar），即葡糖基蔗糖（Glycosyl sucrose），全称 α-麦芽糖基-β-D-呋喃果糖或 4-α-D-吡喃葡萄糖基-蔗糖。有的商品偶合糖，还含有麦芽糖基蔗糖。在自然界中，偶合糖天然存在于蜂蜜和人参中。它的口感接近于蔗糖，甜味纯正，而甜度只有蔗糖的一半。偶合糖是一种低致龋齿性三糖，与蔗糖相比产酸少，并能显著减少牙垢。偶合糖与蔗糖、麦芽糖一样，能被肠道黏膜内的双糖水解酶所水解。

偶合糖具有与蔗糖相似的甜质、糖浆光泽和抑制结晶特性，却是一种非致龋齿性甜味料。与蔗糖相比，偶合糖几乎不会在变形链球菌的作用下生成不溶性的聚葡萄糖，因而不会形成龋齿。

（一）偶合糖的物化性质

偶合糖的晶体有两种形式，分别为每摩尔的结晶偶合糖含 1mol 或 3mol 结晶水，含 3mol 结晶水的称为 Ⅰ 型结晶偶合糖，含 1mol 结晶水的称为 Ⅱ 型结晶偶合糖。Ⅰ 型结晶偶合糖的水分含量为 9.7%，Ⅱ 型结晶偶合糖的水分含量为 3.4%。

Ⅰ 型和 Ⅱ 型结晶偶合糖都是无色无味的透明晶体，存放一个月后没有发现显著的吸湿性。偶合糖的甜度较低，约为蔗糖甜度的一半。其甜味温和优良，能与其他甜味剂大量混合使用，改善甜味品质。偶合糖与葡萄糖及异构糖相比，发生褐变反应即美拉德反应的程度低，因此可用于不适合着色的食品。糖含量很高的食品（如糖果等）贮藏时间较长时，会出现返砂现象，若配以少量偶合糖，能抑制返砂现象，效果优于等用量的糖浆。

（二）偶合糖的生物功效

偶合糖是一种抗龋齿甜味料，在口腔内会抑制突变链球菌分泌葡糖基转移酶，从而防止不溶性聚葡糖，即龋齿斑的形成。比较蔗糖、偶合糖和麦芽糖对大鼠的龋齿性，结果见表 2-24。15.1% 的龋齿率是由于偶合糖中含有残存的蔗糖（13.0%±2.0%）或果糖和葡萄糖（两者各 7.0%±2.0%）所致。

表 2-24　　　　　　　　　　部分糖类对大鼠龋齿情况的比较

糖类	龋齿率/%	糖类	龋齿率/%
蔗糖	82.1	偶合糖	15.1
麦芽糖	48.1		

十五、低聚纤维糖

低聚纤维糖（Cellooligosaccharide），是由 2~10 个葡萄糖以 β（1→4）键连接而成的低聚糖混合物，纤维二糖在松树叶和玉米秆中有少量检出，其他未见天然的游离状态存在。

低聚纤维糖的结构与低聚麦芽糖不同，前者为 β（1→4）键连接，后者为 α（1→4）键连接，因此前者具有难消化性，而后者则为可消化性。纤维二糖在水中的溶解度约 12.5%（溶解度随聚合度的增大而下降，聚合度为 6 的纤维六糖的溶解度仅为 0.1%），低甜度，甜度约为蔗糖的 30%。

低聚纤维糖属于难消化性、低甜度的低聚糖，具有低聚糖共有的各种功能特性，尤其是促进各种双歧杆菌（短双歧杆菌、两歧双歧杆菌、青春双歧杆菌）繁殖的能力很强。

十六、低聚甘露糖

低聚甘露糖（Mannooligosaccharide），是一类由 2~10 个甘露糖以糖苷键聚合而成的直链或支链低聚糖，近白色粉末，无臭无味，易溶于冷水，水溶液呈中性，无色，透明，对热、酸非常稳定。

低聚甘露糖具有功能性低聚糖的一些功效，如它能减少犊牛粪中大肠杆菌浓度。还有报道指出，低聚甘露糖具有吸附病原体的作用，对沙门氏菌和梭状芽孢杆菌有吸附作用并可以和胃肠道内黏膜上皮细胞表面的植物凝集素特异性结合，竞争性抑制细菌在肠壁上附着增殖。低聚甘露糖与细菌结合后，可减缓抗原的吸收，刺激机体的免疫系统，从而提高动物体的免疫能力。

第四节　功能性单双糖

本节讨论的结晶果糖、1,6-二磷酸果糖、L-糖、L-阿拉伯糖、塔格糖、阿洛酮糖、氨基葡萄糖等功能性单糖，和乳酮糖、异麦芽酮糖、海藻糖等功能性双糖，都对人体健康具有重要的生物功效。

一、结晶果糖

通常接触的糖几乎都是 D-糖，其中属于生物功效物质的仅 D-结晶果糖（Crystalline fructose）反应一种，这是因为它具有以下几种独特的性质：

①甜度大，等甜度下的能量值低；

②代谢途径与胰岛素无关，可供糖尿病患者食用；

③不易被口腔微生物利用，对牙齿的不利影响比蔗糖小，不易造成龋齿。

结晶果糖相对甜度是蔗糖的 1.2~1.8 倍，溶液温度、pH 和浓度是影响结晶果糖水溶液甜度大小的重要因素。

（一）结晶果糖的物化特性

结晶果糖是己酮糖，熔点 103~105℃。水溶液中结晶果糖主要以吡喃结构存在，有 α 和 β 异构体，与开链结构呈动态平衡。纯净的结晶果糖呈无色针状或三棱形结晶，故称结晶果糖；能使偏振光面左旋，在水溶液中有变旋现象；吸湿性强，吸湿后呈黏稠状。

结晶果糖在 pH=3.3 时最稳定，其热稳定性较蔗糖和葡萄糖低；具有还原性，能与可溶性氨基化合物发生美拉德反应；与葡萄糖一样可被酵母发酵利用，可用于焙烤食品中。结晶果糖不是口腔微生物的合适底物，不易造成龋齿。结晶果糖的净能量值为 15.5kJ/g，等甜度下的能量值较蔗糖和葡萄糖低。

结晶果糖最成功的应用例子是在糖果制造业上，用来生产高质量的巧克力或角豆糖衣（Carob coatings）。果糖占糖衣总量的 35% 左右，由于果糖的甜度大，因此可在不降低总体甜度前提下把糖衣制得薄些。制造果糖糖衣时，必须特别注意操作温度不要超过 44℃，否则果糖晶体会结块，导致输送果糖的泵和管道出现严重的挂糖现象。

（二）结晶果糖的生物功效

人体对果糖的吸收起始于肠胃道，吸收入肠上皮细胞内。果糖以被动扩散形式吸收的可能性要比以主动运输形式吸收的大，它的吸收速度要比蔗糖和葡萄糖来得慢，吸收后主要在肝脏中，很快就进入代谢过程中。它的一个非常重要的特性就是，进入肝细胞内以及随后的磷酸化作用与胰岛素无关。在肝中被二磷酸果糖酶分解产生丙糖，丙糖可发生糖异生和糖原异生或用来合成甘油三酯，丙糖也可进入糖酵解途径中。这些丙糖的最终利用情况，取决于个体的代谢情况。

在正常人体中和受到良好管理的糖尿病患者机体中，糖原异生占主要地位，只有数量很少的果糖碎片会转化为葡萄糖。最终，肝糖原转变成葡萄糖释放至血液中，此时需要些胰岛素来满足磷酸化作用的需要及随后在四周组织中利用的需要。然而，这种转化和释放是在低血糖水平时才会发生，它不会导致餐后血浆葡萄糖浓度的迅速增加，低血糖谷（Hypoglycemic valleys）通常与葡萄糖和蔗糖的摄取有关。

山梨醇广泛用作糖尿病患者膳食中合适的甜味剂。人体吸收后，通过山梨醇脱氢酶的作用很快就转化为果糖，因此它的代谢情况跟果糖基本一样。但山梨醇的甜度只有结晶果糖的1/3，因此在低能量食品中使用山梨醇更有效。此外，人摄取山梨醇量达30g以上时，就会出现渗透性腹泻现象，而结晶果糖则没有这方面的问题。

二、　L-阿拉伯糖

（一）　L-阿拉伯糖的物化性质

L-阿拉伯糖（Arabinose）是典型的戊醛糖，分子式为$C_5H_{10}O_5$，相对分子质量150.13。它很少以游离态的形式存在，主要以杂多糖的形式存在于高等植物的半纤维素、树胶和果胶质中，如玉米芯、秸秆、甘蔗渣等，也存在于一些细菌多糖中。

L-阿拉伯糖甜度约为蔗糖的50%，为白色粉末状晶体，无味，易溶于水和甘油，不溶于甲醇、乙醚和丙酮，有较好的耐酸和耐热性能，熔点为154~158℃。

（二）　L-阿拉伯糖的生物功效

20世纪90年代末，L-阿拉伯糖就被美国食品药品管理局和日本厚生省批准使用，美国医疗协会更是将其列为抗肥胖剂的营养补充剂或非处方药，并建议每日摄入量为蔗糖的3%~6%。在2008年，我国将L-阿拉伯糖批准为新资源食品，可用于除婴幼儿食品外的各类食品中，推荐食用量不超过4.5g/d。

1. 调节血糖水平

L-阿拉伯糖可以抑制蔗糖的降解和减缓葡萄糖的吸收速率。L-阿拉伯糖对蔗糖的代谢过程具有明显的阻断作用。研究表明，在普通蔗糖中添加2%的L-阿拉伯糖，40%的蔗糖会被抑制降解，同时胰岛素的分泌量降低50%，当L-阿拉伯糖的添加量升至4%时，高达70%的蔗糖会被抑制降解，胰岛素分泌量几乎为零。这种抑制的机制为L-阿拉伯糖竞争性结合小肠中的二糖酶，如蔗糖酶、麦芽糖酶、乳糖酶、海藻糖酶等，使其降解蔗糖的速率变慢，部分双糖不能分解成单糖，从而降低血糖值。L-阿拉伯糖这种调节血糖的作用，对高脂血症、肥胖症、糖尿病等疾病的预防具有重要意义。

2. 促进有益菌增殖，改善肠道环境

L-阿拉伯糖在肠道中可促进有益菌如双歧杆菌、乳酸菌的增殖，同时，双歧杆菌以因为被

消化而进入到肠道的蔗糖为碳源，发酵产生大量有机酸和气体。有研究对服用L-阿拉伯糖前后肠道的有机酸含量进行对比，发现服用L-阿拉伯糖后肠道中的乙酸、丙酸、琥珀酸等的含量显著增加。一方面，这可降低肠道环境的pH，抑制腐败菌的繁殖，促进肠道蠕动，排清体内毒素，预防便秘；另一方面，这些短链脂肪酸可抑制肝脏合成脂肪，降低体内甘油三酯的水平。

3. 改变骨骼肌的比例

长期使用L-阿拉伯糖喂养糖尿病大鼠，大鼠中Ⅰ型肌肉纤维的比例显著增加，而Ⅱ型肌肉纤维的比例则显著下降。这种肌肉纤维比例的变化，可有效改善机体的胰岛素抵抗，并减轻Ⅱ型糖尿病的症状。

4. 对尿酸的调节作用

尿酸是嘌呤代谢的终产物，尿酸代谢紊乱可导致痛风性关节炎、高尿酸血症等疾病。研究表明，使用L-阿拉伯糖喂养正常小鼠，与空白组相比，其尿酸的排泄量显著增加。

5. 解酒护肝

酒精在体内的代谢，首先依靠乙醇脱氢酶将乙醇变为乙醛，然后乙醛在乙醛脱氢酶的作用下生成乙酸进而排出体外。L-阿拉伯糖可提高乙醛脱氢酶的活性，加速将乙醛转变为乙酸，从而降低乙醛对机体的伤害。

L-阿拉伯糖对蔗糖代谢的阻断作用，使它在预防肥胖症、糖尿病等疾病方面具有广阔的应用前景。早在2007年，日本的三和兴产株式会社就申请了一个专利，将L-阿拉伯糖添加比例为0%~95%的蔗糖具有降血糖功能予以保护。目前，L-阿拉伯糖已应用于功能性食品中，如糖尿病食品、减肥食品，或作为烘焙食品中蔗糖的代替物。将L-阿拉伯糖应用于饮料中，一方面可以作为饮料的甜味剂，另一方面可减少饮用者对糖的吸收。

L-阿拉伯糖在医药中的应用报道也不少，它可直接用于治疗肠胃病和糖尿病，或者是作为医药的中间体，如用于核苷类药物的合成。

三、塔　格　糖

塔格糖（Tagatose）是半乳糖的酮糖形式，是果糖的对映异构体，甜味特性与蔗糖相似。它是一种天然存在的单糖，在许多食品、某些植物及药物中都有存在。塔格糖不被机体消化吸收，是一种很好的低能量甜味剂。同时，它还具有多种生物功效，包括抑制高血糖、改善肠道菌群、不致龋齿等。2001年，美国食品药品管理局批准塔格糖为"一般公认安全（Generally Recognized as safe，简称GRAS）"。

（一）塔格糖的物化性质

塔格糖是果糖在C-4手性碳原子上的对映异构体，相对分子质量180.16。纯净的塔格糖为白色无水晶体物质，无臭，熔点134℃，玻璃化温度15℃。其水溶性很好，20℃条件下溶解度达到55%，其1%水溶液$\alpha_D^{20} = -5°$。与蔗糖类似，D-塔格糖溶于水后会引起沸点升高和冰点降低。

由于塔格糖溶于水时基本没有吸热现象，因此不会产生清凉的口感。塔格糖的吸湿性较低，其晶体即使在30℃、相对湿度75%条件下也不会吸湿。塔格糖在酸性条件下的稳定性很好，在pH=3~7均可稳定存在。而且，塔格糖很容易发生美拉德反应，在较低的温度下即可发生焦糖化反应。

塔格糖的甜度是蔗糖的92%，是一种很好的填充型甜味剂。其甜味特性与蔗糖相似，无任何不良异味或后味。相对而言，塔格糖的甜味刺激较蔗糖来得快，与果糖类似。

（二）塔格糖的生物功效

机体所摄取的塔格糖，并不能被小肠所完全吸收。动物试验显示，大鼠对塔格糖的吸收率为20%，猪对塔格糖的吸收率为25%。与葡萄糖、果糖等单糖类似，塔格糖被小肠吸收后，通过肝脏，经糖酵解途径代谢，产生能量0.75kcal/g，但其代谢速度明显慢很多。未被吸收的塔格糖直接进入大肠后，几乎被其中的微生物菌群所完全发酵。其中，发酵所产生的短链脂肪酸，几乎完全被机体所重新吸收代谢。因此，塔格糖的整个吸收代谢的过程，十分类似于如多元糖醇等不能完全消化吸收的碳水化合物的代谢过程。美国食品药品管理局认可塔格糖可在营养标签上标示其能量值为1.5kcal/g。

1. 不会引起血糖波动

塔格糖在机体内的吸收率较低，不会引起机体血糖水平的明显变化，很适合糖尿病患者食用。研究显示，给健康小鼠和遗传性糖尿病小鼠喂食塔格糖，并不会引起血糖水平的变化，且有助于抑制高血糖，缓解糖尿病小鼠的症状。

给健康受试者和2型糖尿病患者分别单独服用75g葡萄糖或75g塔格糖，或服用75g塔格糖30min后再服用75g葡萄糖，测定其3h内血糖和胰岛素水平的变化情况。图2-11和图2-12显示的结果表明，塔格糖并不会引起健康受试者和2型糖尿病患者空腹血糖和胰岛素水平的明显变化，并可明显抑制糖尿病患者因摄入葡萄糖所引起的血糖升高，但对糖尿病患者的胰岛素敏感性并无明显作用。

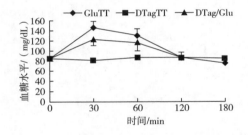
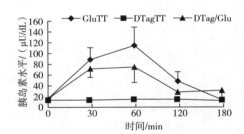

图2-11 塔格糖对健康受试者血糖及胰岛素水平的影响

（GluTT 表示仅服用 75g 葡萄糖；DTagTT 表示仅服用 75g 塔格糖；DTag/Glu 表示服用 75g 塔格糖 30min 后再服用 75g 葡萄糖。）

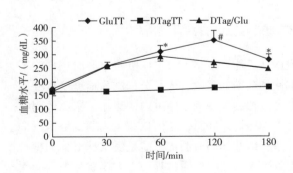
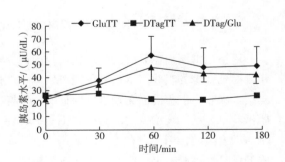

图2-12 塔格糖对2型糖尿病患者血糖及胰岛素水平的影响

（GluTT 表示仅服用 75g 葡萄糖；DTagTT 表示仅服用 75g 塔格糖；DTag/Glu 表示服用 75g 塔格糖 30min 后再服用 75g 葡萄糖；
*：与 DTag/Glu 相比，$P < 0.02$；#：与 DTag/Glu 相比，$P < 0.01$。）

给 2 型糖尿病患者服用 75g 蔗糖，或服用 75g 塔格糖 30min 后再服用 75g 蔗糖。结果发现，塔格糖对于因蔗糖引起的血糖升高也有很好的抑制作用，如图 2-13 所示。此外还有研究显示，塔格糖可抑制兔小肠内蔗糖酶的活力。

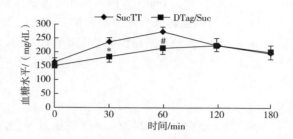

图 2-13　塔格糖抑制因蔗糖引起的血糖升高

（SuCTT 表示仅服用 75g 葡萄糖；DTag/Suc 表示服用 75g 塔格糖 30min 后再服用 75g 葡萄糖；

*：与 DTag/Suc 相比，$P<0.02$；#：与 DTag/Suc 相比，$P<0.01$。）

给 2 型糖尿病患者分别服用 0g、10g、15g、20g 或 30g 塔格糖，30min 后再服用 75g 葡萄糖，图 2-14 显示出其 3h 内血糖水平的变化情况。随着塔格糖服用剂量的增加，其抑制血糖升高的作用也越明显，具有一定的剂量—效应关系。

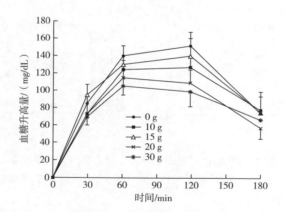

图 2-14　不同剂量塔格糖对葡萄糖所引起血糖升高的抑制作用

塔格糖抑制血糖升高的作用机制目前尚无定论，可能是塔格糖较低的吸收率同时也抑制了小肠对葡萄糖的吸收。塔格糖可能可以竞争性抑制葡萄糖的吸收，或部分抑制葡萄糖的运输而延缓其吸收。但目前尚无动物试验证实，塔格糖可以抑制葡萄糖在肠道内的运输。鼠离体刷缘膜试验也显示，高浓度的塔格糖并不能抑制葡萄糖的运输。同时，人体试验也表明，塔格糖抑制血糖升高的作用，存在着一定的剂量—效应关系，因此作用机制更可能是塔格糖对葡萄糖吸收的竞争性抑制。也有研究认为，在塔格糖被吸收进入血液的代谢过程中，需要有葡萄糖的作用，从而降低了机体对葡萄糖的储备，并起到抑制高血糖的作用。

动物试验发现，塔格糖可降低肝糖原的分解，这可能也是其抑制 2 型糖尿病患者血糖升高的原因之一。小鼠试验和鼠离体肝细胞试验都显示，塔格糖可很好地抑制高血糖素引起的肝糖分解，其原因可能在于塔格糖-1-磷酸在肝脏中代谢速度较慢。而且，塔格糖还可刺激鼠肝细胞的葡糖激酶，也可能促进了肝脏葡萄糖的吸收。

塔格糖可缓解糖尿病的症状，抑制各种并发症的发生。糖尿病患者因含有过高浓度的血糖，与血红蛋白发生过多的糖基化反应，而导致糖尿病的多种并发症，如糖尿病酮症中毒、动脉硬化等。塔格糖可降低血液中糖基化蛋白的形成，有助于预防糖尿病并发症的发生，对糖尿病患者十分有利。

5 只 6 周龄雄性 SD 大鼠自由摄入含 15%塔格糖的饲料作为实验组，对照组大鼠则相应摄入含 15%蔗糖的饲料。90d 后发现，喂食塔格糖的大鼠，其血液中糖基化蛋白的含量，明显比喂食蔗糖的对照组大鼠低。

在经过 2 个月的适应期后，给 2 型糖尿病患者每日随餐服用 3×15g 塔格糖，连续服用 1 年。结果再次显示，塔格糖对 2 型糖尿病有良好功效。

2. 调节肠道菌群

塔格糖在肠道中被微生物发酵，产生大量短链脂肪酸，特别是丁酸浓度显著升高。丁酸在抑制结肠癌、抑制肠道致病菌（如大肠杆菌等）方面有良好作用，并同时促进乳酸菌等有益菌的生长。

机体摄入的塔格糖，仅有 20%被小肠吸收，然后经肝脏，通过与果糖类似的途径被代谢。而绝大部分塔格糖直接进入结肠，被其中微生物菌群所选择性发酵，促进有益菌增殖，而抑制有害菌的生长，起到明显的改善肠道菌群的作用，是一种很好的益生元。同时，塔格糖发酵还产生大量有益的短链脂肪酸，尤其是丁酸，它是结肠上皮细胞的良好能量来源，对促进结肠健康有积极作用。

以 D-塔格糖为碳源，培养 176 种人体肠道细菌（包括正常菌群和致病菌）和乳品乳酸菌（dairy lactic acid bacteria）。发酵 48h 后，以体系 pH 降低至 5.5 以下和 pH 低于对照组 0.5 以上，作为判断菌种发酵塔格糖的标准。结果显示，人体肠道菌中仅有少数几种正常菌群可以发酵 D-塔格糖，包括粪肠球菌（*Enterococcus faecalis*）、屎肠球菌（*Enterococcus faecium*）和乳杆菌等。乳酸菌（lactic acid bacteria）通常都可发酵 D-塔格糖，试验中大部分乳品乳酸菌都可发酵 D-塔格糖，其中乳杆菌属、明串珠菌属（*Leuconostoc*）和片球菌属（*Pediococcus*）的发酵作用最强，以及粪链球菌属（*Enterococcus*）、链球菌属（*Streptococcus*）和乳球菌（*Lactococcus*）也都可以发酵 D-塔格糖。其中，嗜酸乳杆菌（*Lactobacillus acidophilus*）、鼠李糖乳杆菌（*Lactobacillus rhamnosus*）、嗜热链球菌（*Streptococcus thermophilus*）和屎肠球菌都属于益生菌。

人体粪便的微生物组成，也受所摄入塔格糖数量的影响。如图 2-15 所示，连续 14 每日摄入 30g 塔格糖后，乳酸菌和乳杆菌数量增多，而大肠菌类（Coliform bacteria）数量却降低。

有研究认为，塔格糖起到明显益生素作用的最低剂量为 7.5g/d。

3. 不致龋齿、抑制齿蚀斑

苏黎世大学进行了一项试验，给 6 名受试者以 10%塔格糖水溶液漱口，30min 后检查其牙斑情况。同时，试验的 3~7d，受试者维持其原来的饮食和口腔卫生习惯。结果发现，受试者牙斑 pH 并不会低于 5.7（以蔗糖为阳性对照）。1996 年的一项试验显示，以塔格糖溶液漱口 2min 后，牙齿 pH 并不会降低到 5.7 以下。另有 1998 年的一项试验，受试者每日以塔格糖水溶液漱口 5 次，每次漱口 2min 并重复一次。结果显示，受试者牙齿间的牙菌斑上，并未发现有酸生成。

2002 年 12 月 2 日美国食品药品管理局发表声明，基于诸多科学研究成果，可以确认塔格

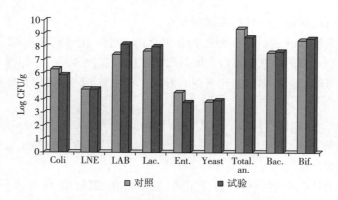

图 2-15   塔格糖对人粪便菌群组成的影响

（Coli—大肠菌类（coliform bacteria）；LNE—乳糖阴性肠杆菌（lactose-negative enterobacteria）；

LAB—乳酸菌（lactic acid bacteria）；Lac.—乳杆菌（*Lactobacillus*）；Ent.—粪链球菌（*Enterococcus*）；

Total. an.—厌氧菌（anaerobes）总量；Bac.—拟杆菌（*Bacteroides*）；Bif.—双歧杆菌（*Bifidobacterium*）。

糖不被口腔细菌发酵，不会导致龋齿。

此外，塔格糖在抑制牙菌斑、消除口臭方面也有良好功效，因此在口腔产品方面的用途广泛，可用于抑制龋齿、齿龈炎等牙齿疾病，消除口臭以及洁齿等。

四、阿洛酮糖

阿洛酮糖（Allulose，或 Psicose）是果糖在 C-3 位置的差向异构体，在甘蔗、小麦等植物中有痕量存在。在酱料、果汁、水果干、糖制品等食品的加工过程中，高浓度果糖在高温、高 pH 下通过非酶异构反应亦可生成微量的阿洛酮糖。目前，阿洛酮糖主要是通过阿洛酮糖 3-异构化酶生物转化 D-果糖进行工业化生产的。

（一）阿洛酮糖的物化性质

阿洛酮糖为白色粉末晶体，甜度相当于蔗糖的 70%，但能量值仅为蔗糖的 0.3%，为 0.2kcal/g。另外，它可与食品中的氨基酸或蛋白质发生美拉德反应。阿洛酮糖与蔗糖以 1：1 比例混合后，甜味感受速度、最大甜度感受强度、甜味持续时间等特性与蔗糖无明显区别。

（二）阿洛酮糖的生物功效

1. 对脂代谢的影响

在自发的 2 型糖尿病模型鼠 OLETF 大鼠和高脂饮食诱导的肥胖大鼠的正常饮食中添加不同剂量的阿洛酮糖，发现体重和体内脂肪积累的量与对照组相比有一定程度的降低。通过大鼠动物实验，发现阿洛酮糖是通过抑制脂肪合成和提高脂肪分解速度来实现降低脂肪积累的。将糖尿病模型小鼠分别饲喂阿洛酮糖和蔗糖，两组相比，阿洛酮糖组小鼠体重、脂肪增量均显著降低，基因分析发现与脂肪合成相关的 PPAR-7、C/EBPa 基因表达量下降，与炎症反应相关的肿瘤坏死因子-α 及白介素-6 基因表达也出现下降。

在健康人群中，对 13 名健康男性及女性开展随机的单盲交叉设计试验。如图 2-16 所示，餐前摄入少量（5g）阿洛酮糖处理组中，脂肪氧化曲线下的面积显著高于对照组，而碳水化合物的氧化显著降低。此外，与对照组相比，阿洛酮糖组的血糖水平明显降低，游离脂肪酸水平显著升高。结果表明，阿洛酮糖可促进健康人群餐后的脂肪氧化和增强能量代谢，是控制和维持体重的潜在新型甜味剂。

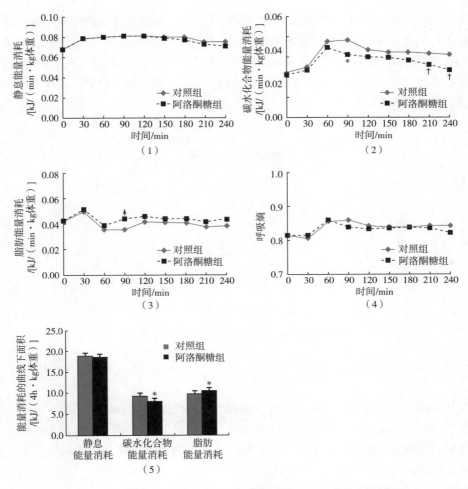

图2-16　阿洛酮糖对人体能量代谢参数的影响

($^*P<0.05$；$\uparrow P<0.01$。)

2. 对血糖代谢的影响

通过动物试验比较阿洛酮糖和果糖的血糖代谢，结果发现阿洛酮糖可抑制血浆中的葡萄糖浓度，以及抑制 α-葡萄糖苷酶的活性。以健康人群为受试对象的试验发现，阿洛酮糖可抑制麦芽糊精导致的血糖上升，但不会诱发低血糖，而且其自身亦不会引起体内血糖的升高。在针对边缘性糖尿病患者的试验中发现，阿洛酮糖对患者餐后血糖具有明显的抑制作用，且无副作用。

3. 抗糖尿病

通过喂饲自发的 2 型糖尿病模型鼠 OLETF 大鼠 5%阿洛酮糖水溶液 60 周，期间定期测量试验动物的血糖、血浆胰岛素、体脂量和体重变化。60 周处死后，收集胰腺、肝脏和腹部脂肪组织进行染色试验。实验结果与喂饲水的健康大鼠比较可知，阿洛酮糖可诱导肝葡糖激酶表达，从而提高肝糖原合成，同时可减缓 β 胰岛细胞的纤维化。长期试验结果提示，阿洛酮糖可通过维持血糖水平，降低体重增长，控制餐后血糖，减少炎症反应，降低糖化血红蛋白水平等途径发挥抗 2 型糖尿病的作用。

使用 Wistar 大鼠进行 10 周的饲喂实验，结果发现阿洛酮糖通过增强葡糖激酶的核输出来维持机体正常的葡萄糖耐量和胰岛素敏感性，而且阿洛酮糖还可通过清除活性氧自由基来表现出较高的抗氧化作用，从而降低胰岛 β 细胞的氧化损伤。在肥胖糖尿病模型小鼠中，阿洛酮糖可促进胰高血糖素样肽-1 的释放并通过胰高血糖素样肽-1 受体信号影响迷走传入神经，从而产生抑制食量和高血糖症的效果（图 2-17）。

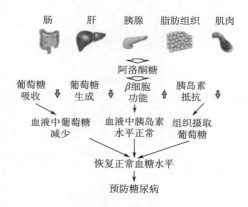

图 2-17   阿洛酮糖抗糖尿病的作用示意图

五、 L-糖

对于某一特定的 D-糖和 L-糖，两者之间的化学组成与化学性质几乎一样，但在生化特性方面却截然不同，人体内的酶系统只对 D-糖发生作用而对 L-糖无效。这是因为酶要发生催化作用，就要求底物分子在形状上能与酶分子相匹配，L-糖并不是催化糖代谢酶所要求的那种构型，不会被消化吸收，因此就没有能量。

（一） L-糖的物化性质

对于某一特定的 L-糖和 D-糖，物化性质的差别仅是由于它们的镜像关系引起的。它们的化学和物理特性如沸点、熔点、可溶性、黏度、质构、吸湿性、密度、颜色和外观等都一样。因此，可望用 L-糖来代替 D-糖生产出相同的食品，而又不增加产品的能量。

在一些包含 L-糖和"正常"糖的试验中，通过风味评定证实 L-糖与异构体 D-糖的口感一样。就现在所能得到的低能量甜味剂中，还没有一种能在焙烤中发生美拉德反应，但 L-糖可以。L-糖可望在外观、配方、工艺和产品贮藏性等方面与"正常"糖一样。

L-糖具有以下特点：

①不提供能量；

②与 D-糖的口感一样；

③因口腔微生物不能发酵 L-糖，故不会引起龋齿；

④对通常由细菌引起的腐败、腐烂现象具有免疫力；

⑤作为 D-糖的替代品，不需另外添加填充剂；

⑥在水溶液中稳定；

⑦在包括需经热处理的食品生产中稳定；

⑧可用在焙烤食品中，能发生美拉德反应；

⑨适合于糖尿病患者食用。

（二）L-糖的生物功效

需要进一步探究的是，生物机体中是否存在能使 L-糖穿过肠膜或转变成可代谢的 D-糖的酶；或者肠道中是否含有能把 L-糖分解代谢成可被机体消化吸收的各种中间产物的微生物。有关 L-糖在生物机体内可能的代谢过程研究证实，L-糖对机体的能量值为 0。

有关 L-糖（如 L-果糖、L-山梨糖）对试验动物小鼠胎儿分娩的影响，以及它从母体向胚胎体转移方面的研究，均未发现任何不良影响。另外，试验还表明 L-糖无致龋齿性，至于是否有抗龋齿活性则还在研究中。

欧洲一些国家还对 L-果糖和 L-山梨糖进行人体试验，结果证实了它的无毒性和无能量价值。然而，有关数据表明，L-糖与糖醇一样可能会引起人体出现轻泻现象。因此，对 L-糖也要像糖醇等甜味剂一样确定其最大日允许采食量。

六、1，6-二磷酸果糖

1905 年发现的天然化合物 1,6-二磷酸果糖（Esafosfina），化学名为 D-fructose 1，6-bisdihydrogen phosphate，简称 FDP，分子式 $C_6H_{14}O_{12}P_2$，相对分子质量 340.1。通常是以钠、钙或锌盐等形式存在。1,6-二磷酸果糖是葡萄糖代谢过程中的重要中间产物和驱动物质，近年来发现在医药、功能性食品及化妆品等方面有许多新的用途。

包括 1,6-二磷酸果糖在内的、分子式为 $(OH)_{6-p}$ $(C_{4+n}H_{5+m})$ $(OPO_3H_2)_p$（m，n，$p=1$，2，3）的一系列 100 种磷酸糖均有生物功效。将 1,6-二磷酸果糖制成其棕榈酸酯，发现其生物利用度和生物功效均明显提高。目前，1,6-二磷酸果糖的应用存在着较大的潜力，而其类似物的开发也刚刚起步。

作为医药品，1,6-二磷酸果糖主要用于治疗心血管疾病，是急性心肌梗死、心功能不全、冠心病、心肌缺血发作和休克等症的急救药。对各类肝炎引起的深度黄疸、转氨酶升高及低白蛋白血症有治疗作用。

（一）改善缺氧条件下心肌细胞的能量代谢

正常情况下的心肌主要是靠有氧代谢来供能，而缺氧后的能量只能由糖酵解来提供。发生实验性冠状动脉阻塞后，有人试图用葡萄糖、胰岛素和氯化钾重建缺血心肌的无氧代谢，但未获成功。其原因就是心肌缺血时发生了细胞内酸中毒，H^+ 浓度增高导致磷酸果糖激酶被抑制，所以尽管有大量的葡萄糖也不能进行无氧代谢。但此时如果输注 1,6-二磷酸果糖，就可以避开两步耗能的磷酸化过程（即葡萄糖激酶和磷酸果糖激酶催化的反应），直接刺激丙酮酸激酶产生比葡萄糖酵解多 1 倍的 ATP，改善和恢复心肌缺氧状态时的能量代谢，同时还能提高心肌的工作效率。

（二）避免在缺氧或缺血条件下的组织损伤

心肌缺血时由于 ATP 生成量的减少及代谢性酸中毒现象的出现，细胞膜及细胞内溶酶体的稳定性下降，溶酶体酶被释放出来，其中的组织蛋白酶可使组织蛋白分解而生成前列腺素、激肽、心肌抑制因子等。1,6-二磷酸果糖在增加细胞内 ATP 的同时，具有稳定细胞膜和溶酶体膜的作用。心肌在缺血或重灌流时，中性白细胞产生氧自由基而造成缺血后重灌流的组织损伤。而 1,6-二磷酸果糖可抑制氧自由基的产生，保护组织不受损伤。

（三）其他功效

在心功能衰竭时，常伴有肾、脑、肝和肺等器官的功能障碍，临床上 1,6-二磷酸果糖也可用来改善肾功能。另外动物试验还发现，1,6-二磷酸果糖对全身其他器官包括肾、肠、下肢、脑和神经系统、肝等因缺血而造成的损伤和功能障碍等均有明显的改善作用。

静脉注射 0.8mmol/kg 1,6-二磷酸果糖可促进肝细胞 DNA 和蛋白质的合成，有人发现 1,6-二磷酸果糖能治疗急性酒精中毒。有研究发现 1,6-二磷酸果糖可用于治疗成年人呼吸窘迫症，将 1,6-二磷酸果糖和蒽环类抗肿瘤化疗药物联合使用，可减轻毒副作用。除了医药品外，1,6-二磷酸果糖还可制备口服液、牙膏和护肤护发化妆品等，以及片剂、胶囊、冲剂等产品，显示出 1,6-二磷酸果糖在功能性食品中的应用前景。

七、氨基葡萄糖

氨基葡萄糖（Glucosamine，GlcN），又称葡萄糖胺、氨基糖，是葡萄糖分子 C-2 上的羟基被氨基取代形成的化合物，分子式为 $C_6H_{13}O_5N$，相对分子质量 179，分子结构如图 2-18 所示。氨基葡萄糖是天然甲壳素的组成成分，也是重要的功能性单糖。正常的人体每天可产生内源性氨基葡萄糖 4~20g，在维持机体生物功效方面发挥重要作用。

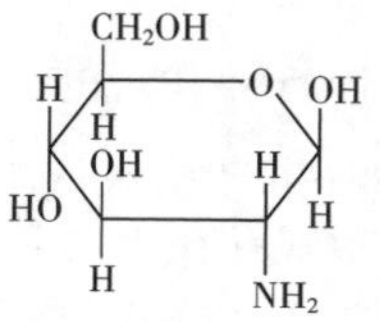

图 2-18　氨基葡萄糖分子结构图

氨基葡萄糖的商品化产品，主要是以盐的形式存在的，如氨基葡萄糖盐酸盐、氨基葡萄糖硫酸盐等。也有部分是非盐形式的，如当 2 号位上的 C 被乙酰氨基取代，形成的产物则为 N-乙酰-D-葡萄糖胺（GlcNAc）。大鼠一次经口 LD_{50}>5g/kg，静脉内注射和腹膜内注射的 LD_{50} 分别为 5.2g/kg 和 5.7g/kg，未发现氨基葡萄糖致突变的证据。

（一）预防和治疗骨关节炎

骨关节炎是一种常见的关节炎疾病，属于典型的退行性疾病，年龄越大，患病概率越高。氨基葡萄糖是软骨组织的重要组成成分，参与糖蛋白、糖脂、蛋白聚糖等物质的合成，具有维持软骨组织形态、补充关节液等多种作用，可用于修复软骨组织和减轻骨关节炎症状。研究表明，氨基葡萄糖可以抑制损伤关节软骨的基质金属蛋白酶和磷脂酶的生成，并减少软骨细胞产生超氧化自由基，从而延缓骨性关节退变过程，减轻对软骨基质的破坏，保护软骨。目前，氨基葡萄糖及其衍生物，已在临床上用于预防和治疗骨关节炎，带来较好效果的同时，可在一定程度上减轻患者对非甾体抗炎药的依赖。

（二）免疫调节作用

氨基葡萄糖还是一种免疫调节因子。使用体外培养的方法测定氨基葡萄糖对小鼠脾淋巴细胞增殖能力的影响，结果发现，氨基葡萄糖可以显著促进淋巴细胞的增殖。氨基葡萄糖与小鼠腹腔巨噬细胞共同培养时，可促进巨噬细胞产生一氧化氮，一氧化氮是一种重要的免疫介导因子，广泛参与各种生物功效的调节，如血压调节、免疫介导及防御机制等等，发挥着抗细菌、抗病毒、抗肿瘤等多种作用。

用氨基葡萄糖对小鼠进行灌胃试验，以进一步确定其对小鼠免疫功能的影响，结果表明，氨基葡萄糖可显著提高小鼠单核巨噬细胞的吞噬作用，并增加脾脏、胸腺的重量，从多个方面增强了小鼠的免疫功能。

（三）抗肿瘤作用

氨基葡萄糖的衍生物 N-乙酰-D-葡萄糖胺，可激活钙离子信号通路，促进 T 细胞的增殖。T 细胞可特异性结合肿瘤细胞并将其溶解，发挥抗肿瘤的作用。

（四）防腐抗菌作用

氨基葡萄糖盐酸盐（GAH）对食品中常见的细菌、霉菌、酵母菌等具有显著的抗菌作用，这种作用随着氨基葡萄糖盐酸盐浓度的增加而增强。

氨基葡萄糖及其衍生物，在食品、医药、化妆品等领域均具有广阔的应用空间。它在软骨保护、减轻骨关节炎症状等方面效果突出，副作用小，是目前临床上常用治疗骨关节炎的药物之一。在美容产品方面，N-乙酰-D-葡萄糖胺是合成透明质酸的前体物质，具有易吸收、保湿、抗自由基等多种特性，可作为护肤产品的主要有效成分之一。氨基葡萄糖在功能性食品领域，也有应用潜力，它在欧美等国家被视为是重要的生物功效物质。

八、乳 酮 糖

乳酮糖（Lactulose）是一种双糖，又称乳果糖或异构化乳糖，化学名为 4-O-β-D-吡喃半乳糖苷-D-果糖。人乳和牛乳中天然存在的乳糖是由半乳糖和葡萄糖组成，而乳酮糖则是由半乳糖与果糖组成的，因而它们的性质有很大的区别。表 2-25 对乳酮糖与乳糖的主要性质作了比较。

表 2-25 乳酮糖与乳糖的比较

项目	乳酮糖	乳糖
化学名	4-β-D-半乳糖苷-D-果糖	4-β-D-半乳糖苷-D-葡萄糖
相对甜度/%	48~62	20~30
溶解度（25℃）/%	≤20	≥70
应用	双歧杆菌增殖因子，食品或医药品中作为功效性甜味剂或生物功效物质	食品或医药品的赋形剂，婴幼儿乳制品的能量来源，微生物培养基碳源

（一）乳酮糖的物化性质

乳酮糖结晶呈白色不规则粉末状，相对密度为 1.35，熔点 169℃，比旋光度 $\alpha_D^{20} = -51.4°$。易溶于水，25℃、30℃、60℃ 和 90℃时的溶解度分别为 70%、76.4%、81%和 86%。纯净乳酮糖的甜味纯正，带有清凉醇和的感觉，甜度为蔗糖的 48%~62%。

乳酮糖通常以糖浆状商品出现，乳酮糖浆呈淡黄色略为透明的外观，高温或长时间贮存色泽会加深。因此在高温季节时，最好存放在阴凉处。有时也可添加些山梨醇之类的多元醇，以防其色泽加深。乳酮糖浆中的乳酮糖含量 50%左右，水分 30%，其余成分为乳糖、果糖、半乳糖及葡萄糖等。虽然其固形物含量较高，但在通常的保存条件下不会出现结晶析出现象。乳酮糖浆的黏度很低，25℃时为 0.3Pa·s，90℃时仅 0.012Pa·s。其甜度比纯净乳酮糖略高些，为蔗糖的 60%~70%。

（二）乳酮糖的生物功效

人体小肠黏膜分泌的 β 半乳糖苷酶不能水解乳酮糖，因而不能消化吸收。这样，乳酮糖就能到达大肠被双歧杆菌、乳杆菌等肠内有益菌所利用，可起到良好的增殖效果。

母乳喂养儿与人工喂养儿的一个突出区别，就在于前者粪便中的双歧杆菌数比后者多得多。例如，1 月龄母乳喂养儿的肠道菌群中双歧杆菌占 92.2%，大肠杆菌占 4.0%；同样是 1 月龄的人工喂养儿，其肠道菌群中双歧杆菌仅占 19.1%，大肠杆菌占 24.4%。但若给人工喂养儿同时喂食 1.0~1.5g/kg 剂量的乳酮糖，经过 24~96h，肠内双歧杆菌数大量增加。双歧杆菌代谢产生的乳酸和乙酸，可降低肠道内 pH 和有效抑制肠内腐败菌的生长。有研究表明，往人工喂养儿的食品中添加 1.2% 的乳酮糖，可使粪便 pH 降至 5.52±0.28，与母乳喂养儿的相应值 5.05±0.28 很接近。有鉴于此，乳酮糖对婴幼儿的健康十分重要。

含有乳酮糖的婴儿食品可增强粪便中溶菌酶的活力。母乳喂养儿粪便中溶菌酶活力最高，大龄儿童及成人粪便中的溶菌酶活力几乎为零。当 pH 高于 6.0 时，溶菌酶便失去活力。乳酮糖能刺激溶菌酶大量产生并增强其活力，这与其造成肠道低 pH 是一致的。

由于乳酮糖不被消化吸收，摄取后不会引起血糖水平的波动，因此适合糖尿病患者食用。同时，口腔微生物也不能代谢乳酮糖，因此不会导致龋齿的出现。

晚期肝硬化患者消化道内菌群常会出现平衡失调现象，并伴随出现高氨血症。摄入乳酮糖后，肠内有益的双歧杆菌、乳杆菌、肠球菌等大量增殖，从而抑制了会产生氨或胺化物的腐败菌生长。因此，乳酮糖在恢复肠道菌群平衡的同时，血清中游离氨与游离酚浓度也随之下降，极大地减缓了高氨血症的症状。

（三）乳酮糖的安全性

组成乳酮糖的两个单糖在自然界中天然存在，乳酮糖在加工乳制品（如干酪、炼乳）中也有少量存在，自古以来一直被人们摄取，这些事实都能证明乳酮糖的食用安全性。系统的毒理学试验，包括急性、亚急性和亚慢性毒理学试验，结果均表明乳酮糖作为食品甜味剂是安全的。

九、异麦芽酮糖

异麦芽酮糖（Isomaltulose），即 6-O-α-D-吡喃葡糖基-D-果糖，它最早是在 1957 年 Weidenhagen 等在甜菜制糖过程中发现的，他们根据工厂所在地 Palatine 而又称之为 Palatinose（帕拉金糖）。异麦芽酮糖是一种结晶状的还原性二糖，由葡萄糖与果糖以 α（1→6）糖苷键连接而成。

异麦芽酮糖天然存在于蜂蜜和甘蔗汁中，甜味特性和外观都和蔗糖很相似，但甜度只有蔗糖的一半。

（一）异麦芽酮糖的物化性质

异麦芽酮糖晶体含有 1 分子水，失水后不呈结晶状。与果糖一样，它也是正交晶系。含结晶水的异麦芽酮糖晶体的分子式为 $C_{12}H_{22}O_{11}H_2O$，相对分子质量为 360.32，熔点为 122~123℃，比蔗糖（182℃）低很多，旋光度 $\alpha_D^{20} = 97.2°$，还原性是葡萄糖的 52%。

异麦芽酮糖无任何异味，其甜度是蔗糖的 42%，而且不随温度变化。其甜味特性与蔗糖相似，但它对味蕾的最初刺激速度比蔗糖快，最强的甜味刺激与蔗糖一样，终了时的甜味刺激则要比蔗糖弱。异麦芽酮糖的相对甜度随浓度的增大而增大。在糖果和巧克力中添加异麦芽酮糖的效果与蔗糖没有明显差别。

室温下，异麦芽酮糖的溶解度只有蔗糖的一半，但随着温度的升高，其溶解度会急剧增加，80℃时可达蔗糖的85%。因此，在较高温度下生产的含异麦芽酮糖的食品在常温下保存时，可能会出现异麦芽酮糖结晶的现象。异麦芽酮糖溶液的黏度略小于等浓度的蔗糖溶液。

与颗粒状蔗糖和乳糖不同，异麦芽酮糖没有吸湿性，即使添加1.5%~15%的柠檬酸，其吸湿性也不会增强，而同样条件下颗粒状蔗糖的吸湿性会明显增加。将异麦芽酮糖与柠檬酸混合，保温贮藏22d没有转化糖生成。这些特性表明，对于含有机酸或维生素C的食品来说，异麦芽酮糖作为甜味剂比蔗糖更为稳定。

大多数细菌和酵母不能发酵利用异麦芽酮糖。将含有异麦芽酮糖和蔗糖的酸性饮料或面包贮存一段时间，发现异麦芽酮糖数量没有减少。因此，将异麦芽酮糖应用在发酵食品和饮料中，其抗微生物特性可以使产品的甜味更易保持。

（二）异麦芽酮糖的生物功效

1. 可供糖尿病患者食用

根据双糖在人体小肠内的消化机制可知，异麦芽酮糖可被水解成葡萄糖和果糖，然后以单糖形式被吸收。异麦芽酮糖的水解速度较蔗糖慢，因此其吸收速度也较慢。在8个健康受试者身上研究摄取异麦芽酮糖后血浆中葡萄糖和胰岛素水平的变化，以蔗糖作对照，结果如图2-19所示。摄取50g异麦芽酮糖后血糖值逐渐增大，60min时达到高峰值（110.9±4.9）mg/dL，并在随后60min试验中一直保持此峰值；而摄取50g蔗糖仅30min后，血糖值就达到峰值（143.3±8.8）mg/dL，然后迅速下降至空腹时的血糖水平。摄取异麦芽酮糖后体内血糖值的累积性增量要比蔗糖低很多，血浆中胰岛素的变化幅度基本与血糖值的变化幅度相平衡。这些结果表明，异麦芽酮糖的吸收速度要比蔗糖慢得多，因此可用作糖尿病患者食用的甜味剂。

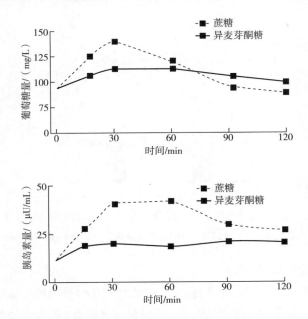

图2-19 健康人经口摄取50g异麦芽酮糖或蔗糖后血浆葡萄糖
水平与血浆胰岛素水平的变化曲线

2. 抗龋齿特性

20 世纪 80 年代初，日本对 18 个 14～33 岁的健康者进行了一次系统的致龋试验，试验者每天用 10mL 15% 的异麦芽酮糖水溶液冲洗牙齿 6 次，每次 2min，持续 6 周。在试验的第 4～5 周，分别测定用葡萄糖或异麦芽酮糖的水溶液冲洗牙齿后牙菌斑 pH 的变化（图 2-20）。试验中，用葡萄糖溶液冲洗后的牙菌斑 pH 比冲洗前低，pH 前/后最大落差为冲洗前 5min 与冲洗后 20min（$P<0.001$ 和 $P<0.01$）。同样用异麦芽酮糖溶液冲洗也会使牙菌斑 pH 下降，变化最大是冲洗后的第 2min、5min、10min 处（$P<0.01$、$P<0.05$ 和 $P<0.05$）。

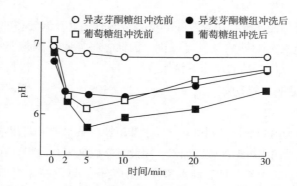

图 2-20　用 15% 异麦芽酮糖或葡萄糖水溶液冲洗口腔 30s 前后牙菌斑 pH 的变化

图 2-21 所示为冲洗前后的产酸活性。用葡萄糖溶液冲洗期间，牙菌斑的产酸活性比冲洗前的低 4.6%，但差别并不显著。用异麦芽酮糖溶液冲洗后，牙菌斑的产酸活性比冲洗前高（$P<0.05$）。不考虑冲洗前后测定的具体时间，则异麦芽酮糖的产酸活性明显要比葡萄糖的低（$P<0.001$）。

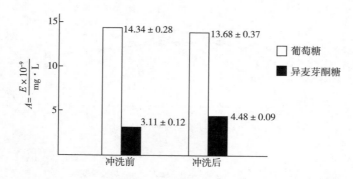

图 2-21　用 15% 异麦芽酮糖或葡萄糖水溶液冲洗口腔前后的产酸活性

[E 为产酸当量；A（产酸活性）为每毫克牙菌斑每分钟的 $E \times 10^{-9}$；* $P<0.05$。]

（三）异麦芽酮糖的安全性

异麦芽酮糖可由肠道黏液中的蔗糖酶-异麦芽糖酶复合物分解成葡萄糖和果糖，然后再以单糖形式吸收，因此异麦芽酮糖应该是安全的，但科学家们仍对其安全性做了深入的研究：

①细菌回复突变试验表明异麦芽酮糖没有致诱变活性；

②小鼠每天分别经口摄入 15g/kg、3.0g/kg 和 4.5g/kg 的异麦芽酮糖持续 26 周进行的慢性

毒理试验，并没出现死亡或任何明显的临床毒性，体重、食物摄入量及尿体积等指标也没任何变化，尿样分析没发现任何明显的差异，酮体和肌红素分析呈阴性，眼科和血液分析均无异常，血液分析表明尿酸和肌酸酐浓度降低，病理学检查没有任何病变的器官；

③小鼠口服 4g/kg、8g/kg、16g/kg 和 32g/kg 的异麦芽酮糖进行的急性毒理试验，未发现死亡现象，也没有出现临床上的中毒或病变现象；

④用异麦芽酮糖糖浆进行的慢性试验也没有发现任何毒理效果。

十、海 藻 糖

海藻糖（Trehalose）广泛存在于细菌、酵母、真菌、藻类及昆虫中，因可从海藻中提取而得名。天然存在的海藻糖，α-D-吡喃葡糖基（1→1）α-D-吡喃葡糖苷，是由 2 个葡萄糖残基通过一个 α，α（1→1）键连接而成的非还原性双糖。而由两个葡萄糖分子经 α，β（1→1）键或 β，β（1→1）键连接的双糖，是海藻糖的两种异构体，分别被称为新海藻糖（Neo-Trehalose）和异海藻糖（Iso-Trehalose）。其中，只有 α，α 型海藻糖才具有独特的生物学功能，它结构稳定、化学惰性、无毒性。

海藻糖可以保护蛋白质、生物膜及敏感细胞的细胞壁免受干旱、冷冻、渗透压变化等造成的伤害，在工业上可用做不稳定药品、食品和化妆品的保护剂，海藻糖还可保护 DNA 免受放射线引起的损伤。

（一）海藻糖的物化性质

海藻糖包括含 2 分子水结晶和无水结晶两种结晶态。含结晶水海藻糖熔点 97℃，熔解热 57.8kJ/mol，130℃失水。无水海藻糖熔点为 210.5℃，熔解热 53.4kJ/mol。海藻糖易溶于水和热乙醇，不溶于乙醚。它在水中的溶解度随温度变化较为明显，10℃时远小于蔗糖，80℃以上则大于蔗糖。

海藻糖的分子构象存在一种简单的双折轴向对称结构，分子内不存在醛基，为非还原性双糖。这种结构赋予海藻糖分子极强的稳定性和低呈色性，它对热、酸都非常稳定，是天然双糖中最稳定的，即使在 pH＝3.5、100℃下加热 24h，也仅有 1% 的损失。由于不具还原性，它即使与氨基酸、蛋白质等混合加热也不会产生美拉德反应引起着色等变化。海藻糖几乎不被一般的酶所分解，但可被海藻糖酶所专一水解。

海藻糖的甜度是蔗糖的 45%，甜味爽口而无后味。它与蔗糖一样，能在小肠内被消化吸收，可作营养源。但若一次性大量摄入海藻糖，缺乏海藻糖分解酶的人会表现海藻糖不适症状，类似于乳糖不适症。不同的是，对海藻糖表现出不适症的人很少。

（二）海藻糖的生物功效

自然界中存在着一类称为隐生生命（Cryptobiotic hiddenlife）的生物，即脱水的动植物。它们在极端干燥的条件下，可将体内 99% 的水脱去而不死亡。如蘑菇、干酵母以及生存于沙漠地带的一种缓步昆虫和一种卷柏植物，后 2 种生物在中午 50℃阳光下干燥处于假死状态，但一经降雨等补充水分，就又复活了。其奥秘是细胞内含有大量海藻糖，有的竟高达细胞干重的 35%。

存在于细胞浆内的海藻糖含量依外界环境的变化而不同，当细胞处于饥饿、干燥、高温、高渗透压及有毒试剂等胁迫环境时，胞内海藻糖含量迅速上升。由此认为，海藻糖在细胞中的主要功能是作为一种典型的应激代谢物。如活性干酵母和蛙类等生物，都能在干燥或冷冻条件下生存下来。这些现象被认为是海藻糖在冻结、干燥、高渗透压等严酷的环境下，对生物体膜、膜蛋白和 DNA 等发挥了保护功效。

海藻糖可稳定细胞和蛋白质结构，具有抗逆保鲜的作用，解决干燥保鲜问题，十分有利于鲜品的长途运输和长期贮存，减少因腐烂造成的损失。使用海藻糖还可望解决干旱、高寒、盐碱地区的作物生长问题。

海藻糖可以保护 DNA 免受放射线引起的损伤，保护效果随着海藻糖量的增加而增加。在有 10mmol/L 海藻糖存在的情况下，就可以保护 DNA 免受 4 倍高剂量的 β 和 γ 射线照射引起的损伤。

海藻糖还具有抗龋齿和抗腐性。它不会生成引起龋齿的不溶性聚葡萄糖，且能抑制由蔗糖产生的不溶性聚葡萄糖的附着。此外，海藻糖还具有防止淀粉老化和蛋白质变性等作用。

在医药上，海藻糖已被利用在试剂和诊断药的稳定化等方面。现在从海藻糖具有的非还原性、稳定性、优良的甜味、能量来源等的功能和特性上积极探索研究海藻糖的各种用途。

①用于移植脏器的保存液。

②用作淋巴细胞活素、激素、生物制剂、维生素、酶、提取物类等生理活性物质的品质改良剂和稳定剂。

③作为药物、牙膏、口服液、片剂、含糖药丸、漱口剂等的甜味剂、呈味改良剂、品质改良剂和稳定剂。

④利用在配合了稳定的氨基酸输液剂等的、经口或不经口使用的能量补给用组成物等方面，使之不变性。

⑤无水海藻糖可用于淋巴细胞活素液、生物制剂溶液和酶液等各种生理活性物质的常温脱水，同时又不至于失去有效成分和活性；用于高品质脱水医药品、脱水功能性食品的制造；用于制造糖衣片剂、外伤治疗用膏药、抗癌剂和抗肿疡剂。

第五节　功能性糖醇

多元糖醇是由相应的糖经镍催化加氢制得的，主要产品有木糖醇、山梨醇、甘露醇、麦芽糖醇、乳糖醇、异麦芽酮糖醇和氢化淀粉水解物等。多元糖醇的生物功效体现在：

①在人体中的代谢途径与胰岛素无关，摄入后不会引起血液葡萄糖与胰岛素水平大幅度的波动，可用于生产糖尿病人专用食品；

②不是口腔微生物（特别是变形链球菌）的适宜作用底物，有些糖醇（如木糖醇）甚至可抑制变形链球菌的生长繁殖，长期摄入糖醇不会引起牙齿龋变；

③部分多元糖醇（如乳糖醇）的代谢特性类似膳食纤维，具备膳食纤维的部分生理功能，如预防便秘、改善肠内菌群体系和预防结肠癌的发生等。

相比于对应的糖类甜味剂，多元糖醇的共同特点表现如下：

①甜度较低；

②黏度较低；

③吸湿性较大（但乳糖醇和甘露糖醇的吸湿性小）；

④不参与美拉德反应，需配合其他甜味剂才能应用于焙烤食品；

⑤能量值较低。

多元糖醇的不利因素表现在过量摄取会引起肠胃不适或腹泻，但各种不同产品的致腹泻特性不一样，麦芽糖醇等二糖醇的致腹泻阈值要比木糖醇和山梨醇等单糖醇的大。因此，在应用时应注意这些糖醇各自的最大添加量，不可超量使用。

一、木 糖 醇

木糖醇（Xylitol）是一种最常见的多元糖醇，由于它不是牙菌斑微生物的有效作用底物，因此对防止牙齿龋变有效。由于它的代谢与胰岛素无关，因此适用于糖尿病患者食品，还可作为人体非肠道营养的能量来源。

木糖醇是一种无味的白色结晶粉末状物质，具有清凉甜味，一般认为它的甜度与蔗糖一样。木糖醇是人体葡萄糖代谢过程中的正常中间产物，在各种水果、蔬菜中也有少量的存在。

（一）木糖醇的物化性质

表2-26为木糖醇的主要物化性质及与赤藓糖醇、甘露醇、山梨醇、麦芽糖醇、异麦芽糖醇、乳糖醇等其他糖醇及蔗糖的比较。图2-22为异麦芽糖醇与其他糖醇及蔗糖的熔点比较。木糖醇的熔程92~96℃，相对密度1.5，极易溶于水，每毫升水可溶解1.6g木糖醇，微溶于乙醇和甲醇。图2-23为木糖醇与其他糖醇及蔗糖在水中的溶解度比较。

表2-26　　　　　　　　　木糖醇的主要物化性质及与其他糖醇、蔗糖的比较

项目	木糖醇	赤藓糖醇	甘露醇	山梨醇	麦芽糖醇	异麦芽糖醇	乳糖醇	蔗糖
碳原子数	5	4	6	6	12	12	12	12
相对分子质量	152	122	182	182	344	344	344	342
熔点/℃	94	121	165	97	150	145~150	122	190
玻璃转化温度/℃	−22	−42	−39	−5	47	34	33	52
溶解热/（kcal/kg）	−36.5	−43	−28.5	−26	−18.9	−9.4	−13.9	−4.3
热稳定性/℃	>160	>160	>160	>160	>160	>160	>160	>150
pH	2~10	2~10	2~10	2~10	2~10	2~10	>3	水解
溶解度（20℃）/%	63	37	18	75	62	28	55	66
吸湿性	高	中	较低	高	高	很低	中	低

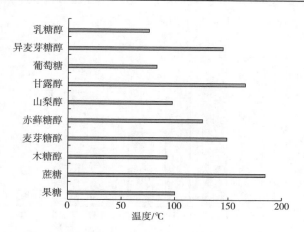

图2-22　木糖醇与其他糖醇、蔗糖、果糖的熔点比较

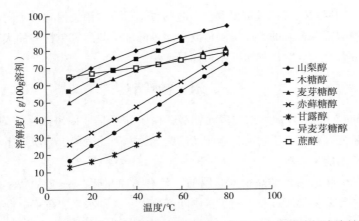

图 2-23　不同温度下木糖醇与其他糖醇、蔗糖在水中的溶解度比较

　　木糖醇的甜度与蔗糖接近，图 2-24 为 10%木糖醇及其他糖醇的水溶液与 10%蔗糖水溶液在 25℃，pH=6 时的甜度比较，其中以蔗糖为基准（100）。

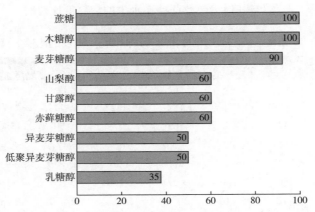

图 2-24　25℃ pH=6 时 10%木糖醇及其他糖醇水溶液与 10%蔗糖水溶液的甜度比较

　　图 2-25 为木糖醇及其他糖醇和蔗糖在水中的溶解热比较。将 50g 异麦芽糖醇与其他糖醇及蔗糖溶于 100g 水中，所导致的水温变化如图 2-26 所示。

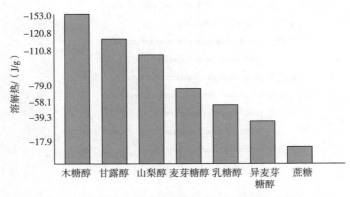

图 2-25　木糖醇与其他糖醇、蔗糖的溶解热比较

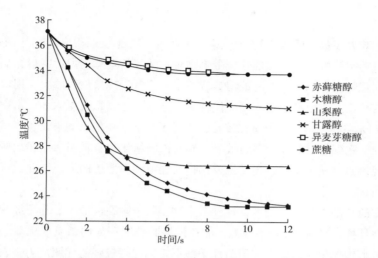

图 2-26　木糖醇溶解于水中的水温变化曲线及与其他糖醇、蔗糖的比较

　　由以上两图可见，木糖醇溶于水会吸热，其吸热值在糖醇类甜味剂中最大，因此食用时会产生凉爽的感觉。

　　木糖醇的热稳定性很好，10%木糖醇水溶液的 pH 为 5.0~7.0，不与可溶性氨基化合物发生美拉德反应。关于木糖醇的能量值，目前的争议还很大，各国认可的具体数值也不同。美国和日本认为是 11.7kJ/g，欧盟认为是 10kJ/g。表 2-27 为欧美各国及日本测定的木糖醇与其他糖醇的能量值。

表 2-27　　　　　　　　　　　　木糖醇和其他糖醇的能量值对比　　　　　　　　　　　单位：kJ/g

国家或地区	木糖醇	山梨醇	甘露醇	麦芽糖醇	异麦芽糖醇	赤藓糖醇
美国	10.032	10.868	6.688	12.54	8.36	0.836
日本	12.54	12.54	8.36	8.36	8.36	0.0
加拿大	12.54	10.868	6.688	12.54	8.36	—
澳大利亚和新西兰	13.794	13.794	8.778	15.884	12.122	0.836
欧盟	10.032	10.032	10.032	10.032	10.032	—

（二）木糖醇的生物功效

　　木糖醇在体内代谢不需要胰岛素参与，不会引起血糖水平波动，可供糖尿病患者食用。木糖醇不能被大多数口腔微生物所发酵，能防龋齿。

　　1. 不会引起血糖和胰岛素的波动

　　对糖尿病患者来说，最终目的是要稳定血液中葡萄糖水平以使糖代谢正常，因此必须限制蔗糖的摄入。有一项研究让糖尿病患者分别摄入 50g 葡萄糖、50g 木糖醇以观察血液葡萄糖值的变化情况。分析表明，摄入木糖醇后血液葡萄糖值提高很少，这证实了木糖醇转化成葡萄糖的过程实际上进行得很慢，还不足以引起血糖值的上升。另一项研究是让 1 型糖尿病患者分别摄入含 30g 蔗糖、30g 木糖醇或 30g 淀粉的早餐后，测定各自所需的胰岛素数量。观察表明，摄入蔗糖所需的胰岛素数量明显比摄入淀粉或木糖醇所需的胰岛素多。

2. 抗龋齿特性

木糖醇不能被大多数口腔微生物所发酵，牙齿与木糖醇接触不会引起牙菌斑 pH 的下降。将木糖醇与牙斑持续接触两年，发现牙斑微生物对木糖醇的发酵能力无明显影响。

用木糖醇代替膳食中几乎全部的蔗糖维持两年发现龋齿现象显著减少，用口香糖进行试验得到几乎相同的结论。在糖果中用木糖醇代替一半蔗糖，达到每天摄入 30g 木糖醇的标准，发现龋齿减少了 70% 左右。匈牙利曾对在校儿童进行了长达 3 年的大规模试验。试验中，用木糖醇代替部分蔗糖，观察它对龋齿的预防效果，并与内服氟化物及常规治疗相比较。发现木糖醇处理组的龋齿现象明显减少，减少程度比氟化物处理组和对照组的大。因此，可以认为木糖醇具有抗龋齿作用。

变形链球菌的致龋齿活性特别大，这种微生物紧紧依附在齿冠上，利用细胞外葡萄糖生长和代谢，在酸性环境中（pH=5）活性大，能在齿槽和裂缝深处的微氧或厌氧条件下生长。变形链球菌在牙斑上优先生长的原因在于酸性条件下它仍保持较强的代谢活力，它在 pH=5 环境中的活力比 pH=7 中的更大，而其他微生物在酸性环境中均无代谢活力。因此频繁食用蔗糖会使变形链球菌比其他牙斑微生物更易生长。

用木糖醇代替蔗糖来预防和控制龋齿成了一种很吸引人的方法。这有两个原因，首先，木糖醇不会产酸，事实上，摄取含木糖醇的口香糖后，牙斑 pH 不但没有下降反而有所上升，这时变形链球菌活性不大，其他微生物可竞争得过它；其次，木糖醇还直接抑制它的生长，这种抑制作用似乎与细胞内对细菌有毒的 5-磷酸-木糖醇的积累有关。

（三）木糖醇的安全性

木糖醇得到美国食品药品管理局认可，能安全用于食品，对其最大日允许采食量不作特殊规定。其小鼠经口 LD_{50} 为 22g/kg。

在健康的和患有糖尿病的受试者身上进行的耐药力研究表明，即使口服极高剂量的木糖醇（200g/d），人体对它的耐药力也很好，没有观察到任何不良变化。不过，机体对木糖醇的吸收较慢，有时出现暂时性轻泻和肠胃不适现象。一次性摄入过多木糖醇，会引起肠胃不适或腹泻，其原因在于肠胃对它的吸收速度慢，引起渗透压不平衡而造成的，因此必须控制每天的食用量。停止或减少摄入，这些现象即可消失。

持续摄入木糖醇，人体的耐药力会上升。根据各国试验，确定木糖醇每天的食用量为 1g/（kg·d）。正常人初次食用量为 30g/d，当消化系统适应后，最大允许食用量为 200～300g/d。对于糖尿病患者，每天的安全食用量控制在 90g。我国对糖尿病患者进行了 2 年的临床试验，规定成人每天的最大食用量为 50g。

二、赤 藓 糖 醇

赤藓糖醇（Erythritol）有 2 个重要的功能特性：极低热量（≤1.66kJ/g）和高耐受量（无副作用）。高耐受量是因为它是一种低相对分子质量物质，进入体内会很快被小肠吸收而后又很快地随尿排出体外。因此，赤藓糖醇在大肠内的发酵机会变得很小，可避免造成任何胃肠不适现象。

赤藓糖醇为 1,2,3,4-丁四醇，是白色结晶性粉末。赤藓糖醇是至今为止在自然界中发现的相对分子质量最小的糖醇，它具有糖醇的通性，还具有一些独特的物化性质和生物功效。

（一）赤藓糖醇的物化性质

赤藓糖醇结晶性好，吸湿性低，易于粉碎制得粉状产品。在相对湿度90%以上环境中也不吸湿，比蔗糖更难吸湿，故十分适合于应用在巧克力、口香糖、糖果、粉末饮料等忌湿食品中。赤藓糖醇对热、酸十分稳定，熔点126℃，沸点329～331℃。在一般食品加工条件下，几乎不会出现褐变或分解现象，能忍耐硬糖生产时的高温熬煮步骤而不褐变。

赤藓糖醇的溶解度较低，20℃时仅达到37%，低温条件下的饱和浓度较低。在一般食品中，其较低的溶解度不会出现特别的问题，只是在高浓度的果酱、果冻类食品中，需与其他糖醇混合使用以防结晶析出。

20%赤藓糖醇水溶液的冰点为-4.1℃，而等浓度的山梨糖醇、蔗糖水溶液的冰点分别为-2.5℃、-1.2℃。相对来说，赤藓糖醇的冰点下降较大。然而，由于它的溶解度有限，通常只能获得-4℃左右的冰点下降效果。如需更低的冰点，最好与其他多元糖醇混合使用。

由于赤藓糖醇是小分子物质，具有很强的依数性（Colligative property），如冰点下降、沸点升高以及高渗透压等，加上它较低的吸湿性及化为溶液时的低黏度特性，使降低或控制水分活度更易实现。水分活度的降低有利于提高食品的保存性。赤藓糖醇在25℃水中的水分活度为0.91。

赤藓糖醇属于填充型甜味剂，甜度为蔗糖的60%～70%。溶解热-97.4J/g，溶于水中时会吸收较多的能量，食用时有一种凉爽的口感特性。

（二）赤藓糖醇的生物功效

虽然从化学结构上看赤藓糖醇是一种多羟基化合物，但它的分子质量很小，所以在人体内及其他哺乳动物体内消化系统中的代谢方式与其他多元糖醇类不一样，因此它具有一些独特的生物功效。

1. 低能量

赤藓糖醇的独特性质之一就是它的能量值低（≤1.66kJ/g），因此对于控制体重来说，是一种很有用的甜味剂。目前，还没有其他任何一种填充型甜味剂，能像赤藓糖醇一样具有如此低的能量值。赤藓糖醇的相对分子质量较低，90%以上均能轻易通过被动扩散的形式被小肠吸收。由于人体没有任何能分解赤藓糖醇的酶，因此它不发生代谢，原封不动地随尿排出体外。另外剩余不足10%的部分进入大肠，可能会被肠内的微生物所发酵，产生挥发酸、一定量的生物和气体（H_2、CH_4）。挥发酸在肝脏被吸收和代谢，大约有一半的能量值被人体利用。

2. 不会引起血糖和胰岛素的波动

临床研究表明，赤藓糖醇的吸收并不会提高血浆中的葡萄糖的含量和胰岛素水平。这使得赤藓糖醇适合于糖尿病患者食用。在Bornet所做的一个试验中，单次食用赤藓糖醇1g/kg，3h后测量血浆中的葡萄糖量和胰岛素水平，结果表明其并不受赤藓糖醇的影响（图2-27）。

由于低升糖（Low-glycemic）食品具有潜在的优良性能，因此其重要性越来越得到重视。它能阻止2型糖尿病的恶化，减少低血糖病的发生率、长期糖尿病引起的并发症和冠心病的危险，并能控制肥胖。赤藓糖醇作为一种低升糖食品，也具有这种优良的性能。

3. 高耐受量

消耗过量的多羟基化合物，通常会引发一些不良反应如腹泻、腹部绞痛、肠胃胀气。虽然赤藓糖醇也属于多羟基化合物，但其最高耐受量相比于其他多羟基化合物要高得多。由于进入机体内的赤藓糖醇中有90%会迅速、彻底地被小肠所吸收，所以其耐受量很高，副作用很小。

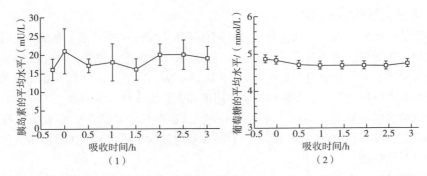

图 2-27　6 名健康的志愿者单次口服 1g/kg 赤藓糖醇后其血浆中葡萄糖和胰岛素的平均水平

那些不被小肠吸收而直接进入大肠中供细菌作碳源发酵用的低能量填充剂（包括低能量填充型甜味剂），可能会带来两方面的副作用——腹泻和肠胃胀气。因此，它们的日平均摄取量通常限制在 20g 以内，虽然短期内每天摄入 50g 也有较好的耐受性。

小肠内壁高浓度的不吸收碳水化合物会产生很高的渗透压，这样导致小肠壁黏膜表面产生水流，故引起了腹泻。而不消化吸收的碳水化合物进入大肠中，被肠道细菌发酵产生大量挥发性物质，超出了能通过血液重新吸收和随粪便排出的数量极限，故产生了肠胃胀气。这两种副作用的程度大小还与个体身体素质有关，严重者有时还会出现腹部痉挛和肠内翻滚现象。对于赤藓糖醇来说，由于大多能被小肠所吸收，故其耐受量很高，副作用很小。

日本有人以小鼠为试验对象，对赤藓糖醇、麦芽糖醇和山梨糖醇的致腹泻特性作了比较。对于麦芽糖醇与山梨糖醇来说，分别摄入 1g/kg 与 1.5g/kg 剂量就会出现腹泻。但对赤藓糖醇来说，上述剂量不会出现腹泻，要达到 2g/kg 时才会发生腹泻。以大鼠和狗为对象，一次性摄入 1g/kg 的赤藓糖醇不会出现腹泻。以健康成年人为对象，一次性摄入 10g 或 20g 赤藓糖醇不会出现腹泻；若一次性摄取 50g，有 33% 的人出现了腹泻。总的来说，赤藓糖醇的耐受量较山梨糖醇和麦芽糖醇高得多。表 2-28 为几种多羟基化合物在不产生腹泻时的最高耐受量。

表 2-28　　　　　不产生腹泻的赤藓糖醇和多羟基化合物的最高耐受量

多羟基化合物	不产生腹泻时的最高耐受量/（g/kg）	
	男	女
赤藓糖醇	0.66	0.8
山梨醇	0.17	0.24
麦芽糖醇	0.3	0.3
异麦芽糖醇	0.3	—
木糖醇	0.3	0.3

（三）赤藓糖醇的安全性

赤藓糖醇的耐受性很强，没有诱导突变性、致癌性和致畸性。只有当服用剂量过大时，才会对生理造成一定的影响，如暂时性的轻微腹泻、体重的轻微下降、易口渴、排尿增多、尿分析参数发生微小变化、盲肠和肾的重量增加。这些都是生理反应造成的，而非中毒所致。

赤藓糖醇的吸收性很强，且能迅速地排泄，剂量较高时未被吸收的赤藓糖醇会在大肠里进行发酵。赤藓糖醇被小肠迅速地吸收，不进行系统代谢，并且随尿迅速排出。动物试验和临床研究均证明赤藓糖醇即使是每天大量食用，仍然是安全的。

三、乳 糖 醇

乳糖醇（Lactitol）白色结晶或结晶性粉末，味甜，极易溶于水，微溶于乙醇。结晶乳糖醇有多种晶型，如无水乳糖醇、乳糖醇一水合物、乳糖醇二水合物、乳糖醇三水合物等。通常认为无水乳糖醇的能量值为蔗糖的一半，即 8.36kJ/g。

（一）乳糖醇的物化性质

10%乳糖醇水溶液的 pH 为 4.5~7.0。相对于 2%、4%、6%、8% 和 10% 的蔗糖液，乳糖醇的相对甜度分别只有它们的 0.3~0.42 倍。乳糖醇有清爽明快的甜味，类似于蔗糖。乳糖醇一水合物和二水合物的吸湿率很低，比山梨糖醇和木糖醇要低得多，与甘露糖相似。

乳糖醇溶于水时，会吸收很多热量，因此食用时就会感到一种凉爽的感觉，这是乳糖醇很吸引人的一个特点。乳糖醇一水合物的溶解热为 -52.1J/g，乳糖醇二水合物的为 -58.1J/g。

（二）乳糖醇的生物功效

与其他糖醇一样，乳糖醇也具有低能量、防龋齿、不影响血糖等生物功效，特别适合肥胖者、糖尿病患者食用。除此之外，乳糖醇还有自身独特的生物功效，其代谢特性类似于膳食纤维，具有膳食纤维的生物功效，如预防便秘、调节肠内微生态和预防结肠癌等。

1. 增殖肠道益生菌、防治结肠癌

乳糖醇可使肠中双歧杆菌大量增殖，因此乳糖醇也可称为双歧杆菌增殖因子（双歧因子）。为了证实产品中乳糖醇能增殖肠道有益菌群，研究者进行双盲随机试验，给 25 个健康受试者每天补充含 10g 乳糖醇的巧克力持续一周，在对照组中给另外 25 个受试者补充普通含糖巧克力。在测试期内第 1、第 7 天采集受试者粪便样品。在这些样品中对各种细菌数目进行测定记录，结果如表 2-29 所示（数据为相对值），10g/d 乳糖醇能显著提高结肠内双歧杆菌数量。双歧杆菌数量的增加证明了乳糖醇具有益生素功效。

表 2-29　　　　　　　　　　　　乳糖醇对益生菌的增殖作用　　　　　　　　　单位：CFU

细菌	对照组		10g 乳糖醇组	
	0d	7d	0d	7d
好氧菌数	6.75	6.98	6.76	6.88
大肠菌群	5.77	6.22	5.92	5.62
厌氧菌数	11.58	11.96	11.77	11.91
乳酸菌	3.80	3.75	3.70	3.86
双歧杆菌	9.48	9.62	9.37	10.05

乳糖醇口服进入消化道后，在胃和小肠内不易被各种消化酶以及酸碱所分解，也不会被吸收，它以原型进入大肠，在大肠末端经菌群发酵、分解、氧化，产生小分子的脂肪酸和气体。此外，乳糖醇有明显的保湿性，影响肠内渗透压，使肠内容物吸水体积增加，稀释粪便中的代谢产物，降低胆酸及有毒物质的浓度，从而可减少结肠上皮细胞产生的突变，促进肠道的蠕动，加速肠内容物在肠内的通行。这一系列的综合作用，促使大便变软，大便量增加，产生轻

泻通便的作用。

1997 年研究者研究了 36 名健康受试者摄入乳糖醇、乳酮糖（20g/d）后的影响，发现试验组中所有测定参数都发生了变化。研究结果表明，乳糖醇对结肠内肠道菌群及其代谢产物产生深刻的影响。这些影响包括以下几个方面：

①益生菌数量大增，腐败菌和潜在的致病菌均显著地减少；

②有致癌活性的酶，如胺还原酶、7-α-脱羟基酶、β-葡糖苷酸酶、硝基还原酶和脲酶等的活性下降；

③粪便中短链脂肪酸的总含量增加；

④粪便的 pH 和含水量改变；

⑤芳香类化合物如苯酚、甲酚、吲哚、粪臭素等的含量也下降。

2. 对糖尿病患者的适用性

不论是健康人还是糖尿病患者，每天食用 24g 的乳糖醇不会引起血液葡萄糖和血液胰岛素水平的变化，但糖尿病患者吃了之后可能出现腹泻现象。

让 8 个健康成人摄入等量的蔗糖、乳糖、乳糖醇或乳糖醇/蔗糖的混合物后，分别测定其血液葡萄糖浓度的平均上升值，结果分别为（63±26）%、（43±19）%、（6±3）% 和（40±14）%（mg%）。可见摄入乳糖醇后血糖上升值在人体正常波动范围内。因此，1 型和 2 型糖尿病患者均可食用乳糖醇。

3. 防龋齿性

在德国维尔茨堡大学进行的乳糖致龋齿性的研究中，对大鼠饲喂实验用饲料，其中一种含乳糖醇。试验证实，基础饲料中添加乳糖醇（45%）比添加乳糖、果糖、蔗糖的致龋齿性更低，但比对照组高。

瑞士苏黎世大学提出一种测定牙菌斑表面 pH 的新方法，是通过电极探测并借助电导传至记录仪。如图 2-28 所示，摄入 13g 用乳糖醇作甜味剂制作的巧克力后，牙菌斑表面 pH 很少受影响，而摄入供对照用的 15mL10% 蔗糖水溶液后，牙斑表面 pH 迅速通过临界值 5.7 降至 4.5 以下。用从牙菌斑表面分离出的口腔微生物变形链球菌、乳杆菌和双歧杆菌进行体外试验，发现它们发酵乳糖醇转变成酸的速率很低，与山梨糖醇相差无几。因此，乳糖醇不易在牙菌斑表面发酵产酸，具有非致龋齿性。另外，很多肠道细菌（如大肠杆菌）能够发酵乳糖但不能发酵乳糖醇，因此用乳糖醇增甜的食品不易感染肠道细菌，卫生好，同时有利于延长产品货架期。

（三）乳糖醇的安全性

1983 年 4 月 WHO/FAO 食品添加剂联合专家委员会（JECFA）系统地回顾了有关乳糖醇的安全资料，对乳糖醇的最大日允许采食量"不作特殊规定"。1984 年，欧盟食品科学委员会也评估了乳糖醇的安全性，认为每日摄入 20g 糖醇（包括乳糖醇）不可能产生腹泻症状；委员会对乳糖醇的最大日允许采食量也"不作特殊规定"。1988 年 12 月 31 日，英国农业、渔业和食品部（MAFF）批准乳糖醇应用于食品中。欧盟国家均已允许乳糖醇作为一种安全的食品甜味剂使用，对乳糖醇的使用规定与山梨糖醇、木糖醇、甘露醇、麦芽糖醇和异麦芽糖醇等的规定一样，但必须在食品标签上写明"过量摄取可能引起腹泻，但每天每人食用 20g 不会引起腹泻"。

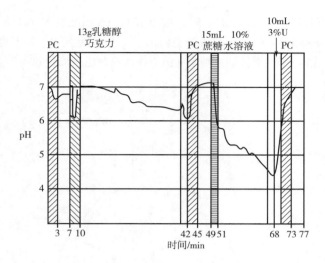

图 2-28　摄入 13g 乳糖醇巧克力后牙菌斑表面 pH 的变化

（对照试验用 10%蔗糖水溶液，PC 为咀嚼石蜡 3min，U 为脲溶液。）

四、山 梨 醇

山梨醇（Sorbitol）又名葡萄糖醇，与甘露醇为同分异构体。山梨醇产品的主要规格有 50%液体、70%液体和固体 3 种。液体产品外观为无色透明黏稠液，无嗅，味甜。固体产品外观为白色针状结晶或结晶性粉末，也可为片状或颗粒状，可含 1/2 或 1 分子结晶水。山梨醇具清凉爽口甜味，甜度约为蔗糖的 60%，在人体内可以产生能量 16.7kJ/g。

（一）山梨醇的物化性质

山梨醇具有很大的吸湿性，但吸湿能力略小于甘油，山梨醇保湿效果比甘油更趋于稳定。在较低湿度时，山梨醇散失水分较甘油低，在较高湿度时，吸收水分也较甘油低。而在相等浓度下，山梨醇黏度高于甘油，价格不到甘油的 1/2，具有很大的代替甘油的潜力。

山梨醇可发生脱水氧化、酯化、醚化等反应，还能螯合各种金属离子。但由于其分子中没有还原性基团，在通常情况下化学性质稳定，不燃烧、不腐蚀、不挥发、不与酸碱作用、不易受空气氧化、也不易与可溶性氨基化合物发生美拉德反应。尤其对热稳定性好，比相应的糖高很多，对微生物的抵抗力也较相应的糖强，浓度在 60%以上就不易受微生物侵蚀。

（二）山梨醇的生物功效

山梨醇在哺乳动物内通过山梨醇脱氢酶氧化成果糖，然后进入果糖-1-磷酸酯途径代谢，其代谢与机体内的胰岛素无关。同时，山梨醇还不是口腔微生物的适宜作用底物，而不致牙齿龋变，并具有利尿作用。

1. 不会引起血糖波动

山梨醇作为糖尿病患者可以食用的甜味剂自 20 世纪 20 年代即有报道，这些报道认为人体摄入大量山梨醇后血糖水平的上升幅度甚小，也不会引起对胰岛素需求量的增加，适合糖尿病患者食用。20 世纪 50 年代，通过对比观察人体摄入经[14]C 标记的山梨醇与葡萄糖后的血糖变化情况，证实了上述观点。

正常人和 2 型糖尿病患者早餐分别摄取蔗糖、山梨醇或果糖（早餐总能量摄入 1672kJ）后发现，正常人和糖尿病患者摄入含蔗糖的早餐后血糖水平上升幅度最大（正常人为44.0mg/dL，2型糖尿病患者为78.0mg/dL）；摄入山梨醇的血糖水平上升值最小（正常人为9.3mg/dL，2型糖尿病患者为32.2mg/dL）；摄入果糖的血糖上升值介于蔗糖与山梨醇之间（图2-29）。

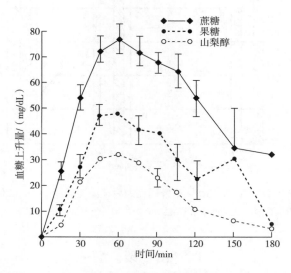

图2-29　糖尿病患者摄入山梨醇、果糖和蔗糖后血糖水平的变化

有人对糖尿病患者食用山梨醇的效果表示怀疑，理由是山梨醇有可能转化成葡萄糖，最终还是需要胰岛素。然而即使山梨醇在代谢过程中有可能转变成葡萄糖，但其转变会因糖尿病患者的高血糖水平而控制在一定范围内。另一个担心是，山梨醇在机体细胞内积聚会引起糖尿病并发症，而摄入山梨醇可能与其具有一定的关系。但事实证明这个担心也是多余的，因为细胞内山梨醇的积聚与缺乏胰岛素引起的高血糖水平有直接关系，而摄入山梨醇后血糖水平较低，因此它的摄入不但不会引起并发症反而可望用来减轻并发症的严重性。

有一份专门的研究表明，山梨醇也适合于糖尿病儿童患者。在夏季让糖尿病儿童患者食用山梨醇1~48d，每天摄入量为0~40g，摄入量控制在不至于引起腹泻范围内。结果表明，山梨醇的摄入不会引起其对胰岛素需求量的增加。

2. 不会引起牙齿龋变

与木糖醇一样，山梨醇和甘露醇等多元醇的致龋齿性比蔗糖低得多。蔗糖与糖醇的这点差别是由于其各自的降解产物对牙菌斑和唾液物理特性与化学组成的影响以及对微生物代谢的忍耐力不同而引起的，也就是说，是由于口腔微生物对它们的作用情况不一样而引起的。分析对比经口摄入蔗糖、山梨醇、甘露醇和木糖醇后牙齿表面酸物质的生成情况发现，摄入蔗糖后会迅速产生酸而导致pH下降，但木糖醇、山梨醇和甘露醇摄入后生成的酸所能引起的pH下降较少，此时pH仍大于临界值5.5，因而不会引起龋齿。

（三）山梨醇的安全性

山梨醇在美国作为公认的安全物质加以使用。WHO/FAO食品添加剂联合专家委员会1982年决定对山梨醇最大允许日允许采食量不作规定。但美国食品药物管理局还规定必须在食品标签上注明每天的摄取量不得超过50g，并标明"过量摄取可能导致腹泻"以示警告；同时还规定它在各种食品中的最大使用量：硬糖与咳嗽糖浆99%，口香糖75%，软糖98%，果酱、果冻

30%，焙烤食品与焙烤粉 30%，冰冻甜点心 17%，其他食品 12%。除美国外，世界上还有很多国家都允许使用。

五、甘 露 醇

甘露醇（Mannitol）学名己六醇，与山梨醇是同分异构体。甘露醇是一种无色或白色、针状或斜方柱状晶体或结晶状粉末，具有清凉甜味，甜度为蔗糖的 40%~50%。熔点 165~168℃，能量 8.36kJ/g。甘露醇的吸湿性很低，即使吸湿后也不会结块。

（一）甘露醇的物化性质

甘露醇的稳定性好，对稀酸、稀碱稳定，不易被空气中的氧气所氧化。它在水中的溶解度比山梨醇及其他大多数糖醇低得多。其溶解度 14℃时为 13%，25℃时为 18%。在水中的溶解热为 -120.9J/g，仅次于木糖醇（-153.1J/g）。20%水溶液的 pH 为 5.5~6.5。

最初认为甘露醇不为人体吸收与代谢，但后续的研究明显表明甘露醇能被人体吸收并部分进入代谢。让健康人口服 28~100g 甘露醇，有 65%的甘露醇被人体吸收，并在尿中回收到17.5%，这表明有 50%的甘露醇为人体所吸收利用。根据这个研究结果，可以推算甘露醇的能量为 8.36kJ/g。但美国认可的能量值仅 6.7kJ/g。

（二）甘露醇的生物功效

1. 不会引起血糖水平波动

甘露醇在肠道内吸收缓慢，因此对血糖水平的影响明显比蔗糖小得多，对胰岛素的依赖性也很小。此外，甘露醇的低能量刚好能满足糖尿病患者控制能量摄入和体重的要求。因此以甘露醇为代糖的食品非常适合糖尿病患者食用。由于糖尿病的复杂性，甘露醇的功效可能会随个体及其健康状况的差异而有所不同。因此在此类食品中，必须添加能提供热量的成分和其他营养素。另外，甘露醇的致腹泻阈值较低，一般每天摄入量不应超过 20g，因此只能配合其他甜味剂用于糖尿病患者专用食品中。

2. 不会引起牙齿龋变

与木糖醇一样，甘露醇的致龋齿性比蔗糖低得多。相关甘露醇特性机制参考山梨醇。

（三）甘露醇的安全性

在哺乳动物中，甘露醇脱氢生成果糖，后由糖酵解途径代谢，在人体内甘露醇是正常的内源性化合物。

体内体外试验证实甘露醇无致突变性，无细胞毒性。在某些种属上进行的致畸性研究也未显示有任何剂量相关毒性。在大鼠、小鼠试验中，5%剂量的甘露醇无致癌性。早期的致癌性研究曾发现甘露醇可使雄性大鼠的视网膜病、白内障的发病率增加，但后续的研究都没有证实这一点。在终生喂养试验中，甘露醇能增加雌性 Wistar 大鼠良性胸腺肿瘤的发生率，但在评价其种属特异性的三项研究中，均未发现有此类症状。其中一项研究在雌性 Fischer 大鼠身上进行，研究者发现甘露醇能增加肾上腺髓质增生和嗜铬细胞瘤的并发概率。

甘露醇作为治疗剂在临床实际中并未发现有毒副作用，甘露醇的吸收率很低，在人体和动物实验中都发现有致腹泻特性。

FAO/WHO 食品添加剂联合专家委员会在第 10 次、第 18 次、第 20 次、第 29 次会议上评估了关于甘露醇的可接受摄入量问题。第 10 次会议后发表了关于甘露醇的一篇毒理学专论。1986 年，基于长期毒性研究的评估资料尚未提交，在 29 次会议上暂定其最大日允许采食量为

$0\sim50mg/kg$。

基于甘露醇的毒性很低，2001 年，美国食品药品管理局对其最大日允许采食量"不作特殊规定"。甘露醇在美国允许使用，但必须在食品标签上注明每天摄取量不得超过 20g，同时标明"过量摄取可能引起腹泻"以示警告。

六、麦 芽 糖 醇

麦芽糖醇（Maltitol）的化学全名 4-O-α-D-葡萄糖基-D-葡糖醇，纯净的麦芽糖醇为无色透明的晶体，熔点 135~140℃，对热、酸都很稳定，其70%水溶液在150℃以上保持1h几乎不变化。由于麦芽糖醇结构中无游离羰基，所以在食品加工时不会发生美拉德反应，即使和氨基酸和蛋白质一起加热也不引起美拉德反应。

（一）麦芽糖醇的物化性质

麦芽糖醇易溶于水，20℃时它在水中的溶解度比蔗糖低，在30℃以上时较蔗糖高。液体麦芽糖醇在水中的溶解度较结晶麦芽糖醇大。麦芽糖醇甜度是蔗糖的80%~95%，甜味特性接近于蔗糖。风味柔和，无刺激性和返酸的后味；麦芽糖醇20℃时溶于水的溶解热为-23.0J/g，吸热量在所有糖醇中是最少的，因此食用时几乎没有凉爽的口感特性。

液体麦芽糖醇的吸湿、放湿平稳，具有很好的保湿性，粉状麦芽糖醇虽可吸湿3%~5%，但仍呈粉状，而麦芽糖醇纯度高的结晶，完全不吸湿。

（二）麦芽糖醇的生物功效

1. 不会引起血糖波动

人体对麦芽糖醇的吸收率较低，一般认为其能量值仅8.36kJ/g，因此当摄入麦芽糖醇时，血糖不会迅速升高，不刺激胰岛分泌，见图 2-30 和图 2-31，对糖尿病或肝病患者而言，它是一种理想的甜味剂。

通过对大鼠进行灌胃试验，蔗糖组血糖及尿糖浓度与对照组相比有显著性差异，而麦芽糖醇组则未见显著性差异，如图 2-32 所示。

1971 年，日本对23 岁至56 岁的成年男子以每千克体重 0.5g 的麦芽糖醇食用量进行试验，经过 1 周后，发现血液中各种成分如血糖、胰岛素及无机物等并无显著变化；而在同样情况下，食用葡萄糖者，其血液中血糖及胰岛素显著提高，尤其是糖尿病患者，更为显著。

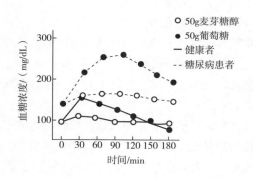

图 2-30　摄入麦芽糖醇和葡萄糖后人体血糖水平比较

［在健康者和糖尿病患者身上，50g麦芽糖醇允许量试验（MIT）和50g葡萄糖允许量试验（GIT）的比较。］

2. 促进钙的吸收

1996 年，通过用大鼠的一段回肠做体外试验，发现麦芽糖醇能促进钙质的吸收。特别当肠黏膜中的麦芽糖醇的浓度为 100mmol/L 时，钙通过回肠的量比空白试验中的量增加155%，见图 2-33。此外，还发现麦芽糖醇比葡萄糖、山梨糖醇和麦芽糖醇在促进钙吸收方面更为显著，见图 2-34。

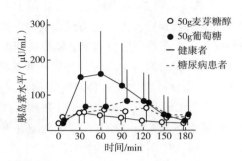

图 2-31　摄入麦芽糖醇和葡萄糖后人体内胰岛素免疫反应比较

（在健康者和糖尿病患者身上 50g 麦芽糖醇允许量试验和 50g 葡萄糖允许量试验的比较。）

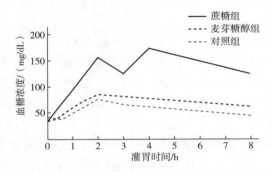

图 2-32　麦芽糖醇、蔗糖对血糖影响的比较

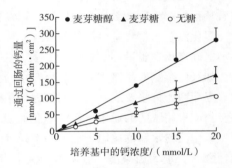

图 2-33　麦芽糖醇和对照物浓度均为 100mmol/L 时回肠中钙质的扩散的比较

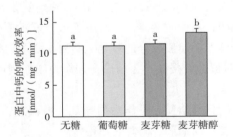

图 2-34　葡萄糖、麦芽糖和麦芽糖醇对钙质吸收的影响

（不同的字母代表不同的组之间存在显著性差异）

（三）麦芽糖醇的安全性

麦芽糖醇的安全性，分别在第 24 届、第 27 届和第 29 届 FAO/WHO 食品添加剂联合专家委员会上受到评估。在第 27 届会议上，根据提交的终身喂养试验结果，暂时规定了其最大日允许采食量。但在第 29 届会议上，专家委员会议定以前所做的终生喂养试验没有必要，因为麦芽糖醇能被人体完全分解。因此专家委员会决定对其最大日允许采食量不作限定，可根据各种不同的实际需要适宜添加。

第 33 届会议重新审议时，仍然维持第 29 届会议上"不作限定"的决议，只是限定用于防龋齿的麦芽糖醇的浓度至少为 98%，麦芽糖醇可以作为调味剂、保湿剂、甜味剂、加工助剂等使用。并且还特别规定：在硬糖和止咳药片中使用的麦芽糖醇的纯度应达到 99.5%；糖类替代品中应达到 99%；软糖中应达到 85%；口香糖中应达到 75%；果酱和果冻中应达到 55%；饼干和松糕中应达到 30%。1985 年，欧盟食品科学委员会对麦芽糖醇安全性进行了全面而详尽的评估，得出结论认为麦芽糖醇可以放心使用，对其用量不作限制。

尽管麦芽糖醇非常安全，但是也不能无限制地食用，因为麦芽糖醇和其他糖醇一样，大量食用将会导致腹泻，一般规定每日摄入以不超过 100g 为佳。

七、氢化淀粉水解物

氢化淀粉水解物（Hydrogenated starch hydrolysates）是由淀粉水解、氢化后得到的产物，它于 1960 年由瑞典一家公司首先生产。多年来，由于它的保湿、防结晶的物化性质及降低能量、非致龋齿性等生物功效，而被广泛应用在食品工业中。

氢化淀粉水解物是一般性的普通名称，通过它既不能区分出其中所含有多元糖醇的类别，也不能确定出含量最高的多元醇种类。部分特定的氢化淀粉水解物，各有更确切的名称。例如，如果山梨糖醇是该多元醇混合物中的主要成分，即含量 50% 或 50% 以上，则称为山梨醇糖浆。麦芽糖醇为主要成分的，就称为麦芽糖醇糖浆。那些没有特定的多元糖醇作为主要成分的混合物，采用统一的通用名称"氢化淀粉水解物"。

氢化淀粉水解物应用于描述一系列范围广泛的多元糖醇混合物，其中除了一些单或双聚多元糖醇（分别为山梨醇、甘露醇，或麦芽糖醇）外，还含有大量的氢化低聚糖和氢化多糖。故氢化淀粉水解物指一般是由山梨醇、麦芽糖醇、麦芽三糖及其他更高级糖醇组成的混合物。

（一）氢化淀粉水解物的物化性质

氢化淀粉水解物的固形物含量通常为 75%，其中麦芽糖醇含量占 50% 以上。但也有些产品，其麦芽糖醇含量很低，仅占 8%~23%，而主要的组成是麦芽四糖，占 50% 以上。氢化淀粉水解物为无色、无臭、透明、黏稠的液体，极易溶于水，难溶于乙醇。

由于氢化淀粉水解物具体产品组成成分的差异，其甜度各不相同，大致范围为蔗糖的 40%~90%。氢化淀粉水解物的吸湿性较强，不会结晶，且作为添加剂可有效降低其他糖醇的结晶现象。

氢化淀粉水解物的上述物化性质使它可作为甜味剂、增稠剂、产品黏度提升剂、保湿剂、结晶化改良剂、防冻和再水合辅助剂等，同时它还用作风味、色泽和酶的无蔗糖载体，广泛的运用于各种食品工业中，尤其是糖果和焙烤食品。

（二）氢化淀粉水解物的生物功效

1. 不会引起血糖波动

由于氢化淀粉水解物消化吸收较缓慢，一部分能到达大肠，被大肠中自然存在的肠道微生物所代谢，产生较低的能量，从而导致氢化淀粉水解物可利用的能量减少。因此，每克产品最多能提供 12.5kJ 的能量，而每克蔗糖能提供 16.7kJ 的能量。欧盟颁布的一个营养标签说明规定：所有的多元醇包括氢化淀粉水解物，其能量值约为 10kJ/g。

有人研究两种氢化淀粉水解物：山梨糖醇：麦芽糖醇：其他更高聚合度的低聚糖醇（14：8：78 和 7：60：33）与葡萄糖的相比，对无糖尿病者、2 型糖尿病患者及 1 型糖尿病患者血糖的影响。实验中每一组包括 3 名男性和 3 名女性，年龄 31~69 岁，在 5h 内测定摄入每种氢化淀粉水解物 $50g/1.73m^2$ 食物后的各项指标，并在以后的几天中，对每个实验对象按双盲交叉的方法，进行三种口服耐受试验中的一种试验。

分别在摄入试验配餐后的 0min、15min、30min、45min、90min、120min、150min、180min、240min 和 300min 时收集外表皮静脉血样，用以测定血液葡萄糖、胰岛素、自由脂肪酸和 C-肽水平。并在摄入试验配餐后的 4~5h 后，每隔 30min 收集一次肺部呼吸气体样本测定 H_2 值。

测定结果表明，对于所有的试验组，摄入氢化淀粉水解物 7∶60∶33 引起的血糖反应都低于 14∶8∶78，其中对 2 型糖尿病患者最为显著。对于无糖尿病者和 2 型糖尿病患者，因摄入氢化淀粉水解物糖浆而释放的胰岛素量显著低于葡萄糖，而 1 型的糖尿病患者则对任何样品都无胰岛素反应。

对无糖尿病者和 2 型糖尿病患者，C-肽增加幅度如下：葡萄糖>14∶8∶78>7∶60∶33，反映了由小肠吸收而产生的血液葡萄糖水平差异。同时，由葡萄糖免疫试验所导致的血液自由脂肪酸浓度降低现象，葡萄糖要比氢化淀粉水解物激烈。呼吸过程的 H_2 值，在葡萄糖免疫试验中未受影响，在氢化淀粉水解物糖浆免疫试验中却有所增加，且 7∶60∶33>14∶8∶78，这是未水解、未吸收的物质被消化道中微生物发酵导致的结果。

以上这些结果都表明，不论是对于糖尿病患者还是非糖尿病患者，氢化淀粉水解物的血糖反应都低于葡萄糖，除了氢化淀粉水解物中葡萄糖含量较低的原因外，还因为山梨糖醇对葡萄糖吸收有抑制作用。此外，氢化淀粉水解物的低能量性（为蔗糖的 75% 或更少）与控制体重的目标也是一致的。

2. 非致龋齿性

氢化淀粉水解物不易被口腔微生物所利用，具有非致龋齿性。口腔中含有多种微生物，其中有些微生物能分解糖和淀粉并将其发酵转化生成酸性代谢物，这些代谢产物经长时间作用可使牙齿的无机质溶出，随后导致龋齿。包括氢化淀粉水解物在内的多元糖醇，能抵制这种代谢作用，不会造成龋齿，它们作为蔗糖的替代品和作为正确的口腔卫生计划一部分的有效性已被美国牙医协会所验证。

（三）氢化淀粉水解物的安全性

关于氢化淀粉水解物的安全毒理问题，已进行过大量的关于人和动物的急性毒理、慢性毒理、致癌性、致突变性和致畸性等方面的试验，均证实其食用安全性。

1980 年，FAO/WHO 食品添加剂联合专家委员会决定对氢化淀粉水解物的最大日允许采食量不作规定，可根据各种不同的实际需要决定它们的适宜添加量。1983 年重新审议时，又将含 50%~90% 麦芽糖醇的氢化淀粉水解物的最大日允许采食量暂时确定为 0~25mg/kg。但在 1985 年，该委员会又恢复 1980 年的决定，对氢化淀粉水解物的最大日允许采食量"不作规定"。

八、异麦芽酮糖醇

异麦芽酮糖醇（Isomalt）是异麦芽酮糖的氢化产物，也可称为异麦芽糖醇。1985 年，基于当时所知的数据，FAO/WHO 食品添加剂联合专家委员会第 25 届会议异麦芽酮糖醇的最大日允许采食量为 0~25mg/kg。而今，异麦芽酮糖醇的食用安全性已得到实验充分证实，美国食品药品管理局给予其 GRAS 地位，对其最大日允许采食量不作限制。

从化学结构来看，异麦芽酮糖醇属于类似于麦芽糖醇和乳糖醇之类的二糖醇，而它是目前唯一一种能完全衍生于蔗糖的二糖醇。从化学组成上看，异麦芽酮糖醇是由 α-D-吡喃葡糖基-1,6-山梨醇（GPS）和 α-D-吡喃葡萄糖基-1,1-甘露醇（GPM）以大致相同的比例（在 43%~57% 范围内波动）组成的混合物。GPS 的分子式为 $C_{12}H_{24}O_{11}$，相对分子质量为 344.32；GPM 通常带 2 个结晶水，分子式为 $C_{12}H_{24}O_{11} \cdot 2H_2O$，相对分子质量为 380.32。异麦芽糖醇完全水解后的产物为葡萄糖（50%）、山梨醇（25%）和甘露醇（25%）。

（一）异麦芽酮糖醇的物化性质

异麦芽酮糖醇由还原性的异麦芽酮糖经氢化后产生，其化学稳定性及热稳定性均有提高。相比于其他糖醇，异麦芽酮糖醇的重要特性体现在甜味纯正、性质稳定、能结晶与重结晶且吸湿性低。

纯异麦芽酮糖醇的溶解度较低，在 25℃ 仅为 28%，但会随温度的升高而增加。结晶状态的异麦芽酮糖醇吸湿性极低，一般认为它不吸湿。图 2-35 给出不同相对湿度下异麦芽酮糖醇的吸湿等温线，其中，异麦芽酮糖醇在 25℃ 相对湿度 85% 以下的环境中几乎没有吸湿性；当温度提高到 60℃ 和 80℃、相对湿度分别是 75% 和 65% 时，吸湿性大增。因此，正常条件下异麦芽酮糖醇的保存期很长。同时，作为结晶颗粒，异麦芽酮糖醇的分散性好，不黏结，也易于包装贮运。图 2-36 为异麦芽酮糖醇与其他糖醇在不同相对湿度下的吸湿性比较。

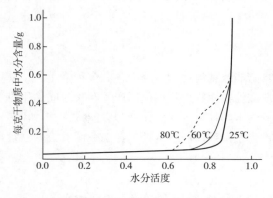

图 2-35　不同相对湿度下的异麦芽酮糖醇吸湿等温线

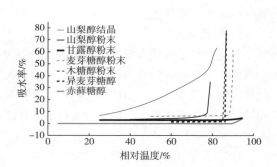

图 2-36　异麦芽酮糖醇与其他糖醇在不同相对湿度下的吸湿性比较

当异麦芽酮糖醇溶于水中时，只需很少的能量其晶体就会溶解，也就是说，异麦芽酮糖醇溶解热很低（-39J/g）。这意味着，异麦芽酮糖醇和其他多元糖醇不同，和蔗糖一样不具有致冷作用。

一般认为，异麦芽酮糖醇的甜度为蔗糖的 40%~60%。异麦芽酮糖醇有着非常纯净的蔗糖甜味，没有明显后味或回味，还具有增强食品风味的作用。它与其他多元糖醇如木糖醇、山梨醇等混合时，能产生协同增效的作用。在异麦芽酮糖醇中添加 10%~20% 的这类糖醇后，混合物甜度与蔗糖相似。异麦芽酮糖醇溶解时所吸收的能量很低，不会产生类似其他糖醇的清爽凉快的口感。

（二）异麦芽酮糖醇的生物功效

异麦芽酮糖醇的生物功效主要体现在两个方面：其一，异麦芽酮糖醇本身所含能量低，且不易被人体吸收，不会引起血糖波动，因此可作为肥胖病人、糖尿病患者的甜味剂；其二，对于异麦芽酮糖醇，人体口腔中造成蛀牙的微生物不能分解利用，因而食用后不会产生大量乳酸，不会导致龋齿，可作为儿童食品的甜味剂。

1. 不会引起血糖波动

进入体内的大部分异麦芽酮糖醇是作为碳源被大肠内微生物发酵，转化成有机酸、CH_4、CO_2 和 H_2 等。因此，异麦芽酮糖醇的代谢特性类似于膳食纤维。而且，摄入异麦芽酮糖醇后，胰岛素的分泌量减少，这也降低了来自异麦芽酮糖醇的脂肪合成作用。

正由于人体本身的消化酶极难分解和利用异麦芽酮糖醇，能被人体吸收的异麦芽酮糖醇很少，不会引起血糖和胰岛素明显上升。图 2-37、图 2-38 为 1984 年 Thiebaud 等人在这方面的试验结果，均表明异麦芽酮糖醇的摄入对血糖和血清胰岛素水平的影响不大，故可供糖尿病患者食用。

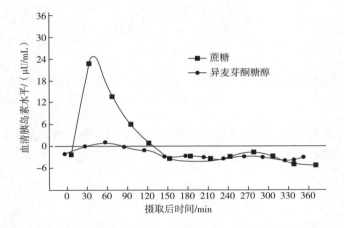

图 2-37　人体经口摄入 30g 蔗糖或 31.6g 异麦芽酮糖醇后
血清胰岛素水平的波动（$n=10$）

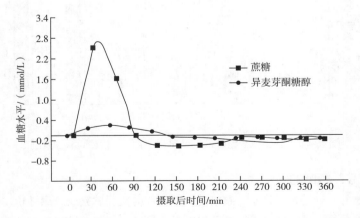

图 2-38　人体经口摄入 30g 蔗糖或 31.6g 异麦芽酮糖醇后
血糖水平的波动（$n=10$）

2. 非致龋性

可发酵糖之所以会导致龋齿是因为它们能被口腔微生物利用，生成腐蚀性酸，这些酸会使牙齿表面 pH 降低，当 pH 低于 5.7 时，就会发生脱钙质作用，最终造成龋齿。与蔗糖相比，由于异麦芽酮糖醇很难被口腔细菌分解，摄入等量的蔗糖和异麦芽酮糖，由蔗糖所导致的 pH 降低非常明显，而异麦芽酮糖醇所引起的 pH 变化几乎可以忽略，从而减少了龋齿现象的发生（图 2-39）。

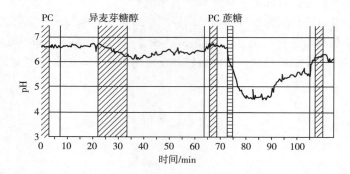

图 2-39　摄入等量（15mL，0.3mol/L）蔗糖和异麦芽酮糖醇所引起的口腔 pH 变化曲线

（PC 为咀嚼石蜡 3min）

Karle 等人通过正常小鼠和经外科去除唾液腺的小鼠的生物试验结果，也证实异麦芽酮糖醇具有较好的非致龋性（图 2-40）。

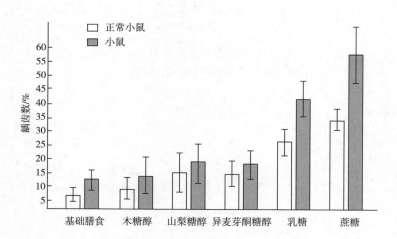

图 2-40　异麦芽酮糖醇及其他糖醇、蔗糖的致龋齿程度比较

（三）异麦芽酮糖醇的安全性

经急性毒理试验、慢性毒理试验、致畸性试验、致诱变性试验及致癌性试验等多方验证，现已证明异麦芽酮糖醇是一种安全可靠、无毒副作用的优良甜味剂。异麦芽酮糖醇经 FAO/WHO 食品添加剂联合专家委员会审查通过，对其最大日允许采食量不作特别规定，可根据需要决定具体的添加量。澳大利亚和欧洲大部分国家已批准它的使用。FAO/WHO 食品添加剂联合专家委员会

于1994年批准异麦芽酮糖醇的食用安全性，并规定最大日允许采食量为0~25mg/kg。

九、低聚异麦芽糖醇

低聚异麦芽糖醇（Oligoisomaltitol，或Isomaltitol-oligosaccharide）是低聚异麦芽糖的氢化产物，实质上是包括山梨醇、甘露醇、麦芽糖醇、异麦芽糖醇、潘糖醇（Panitol）和异麦芽三糖醇（Isomaltotriol）在内的多种低聚醛醇（Alditols）的混合物。近些年来在日本和欧美各国的食品工业中的应用发展较快，通常用在功能性食品中以迎合不同人群的需要。

（一）低聚异麦芽糖醇的物化性质

低聚异麦芽糖醇是一种功能性甜味剂，无色，透明，无异味，其甜度约为蔗糖的50%，黏性比蔗糖低。极易溶于水，几乎不溶于甲醇和乙醇。热稳定性较好，不发生美拉德反应。低聚异麦芽糖醇不易被微生物利用，也不与胰酶反应，且不被胃酸消化。它不增加血糖，不刺激胰腺分泌，能促进双歧杆菌增殖，促进钙吸收，预防龋齿。

低聚异麦芽糖醇在体内几乎不被消化吸收，它不仅能抵抗唾液和胰腺分泌的两种α-淀粉酶的水解，对人造胃液也有部分抵抗作用。但是，大鼠小肠肠膜处的酶能通过从糖苷链的非还原性末端断开葡萄糖苷键，从而将三、四乃至聚合度更高的糖醇水解为二糖醇，该酶对低聚异麦芽糖醇的水解率间于麦芽糖和麦芽糖醇之间。

（二）低聚异麦芽糖醇的生物功效

1. 减肥作用

1999年日本研究了低聚异麦芽糖醇对大鼠体重和各器官重的影响。在体内试验中，他们选取5周大的雄性SD大鼠，每组8只，试验为期5周，每2d或3d测一次体重和采食量。在测定大鼠胃、小肠、盲肠、结肠、肝、肾、脾及腹部脂肪组织的净重的前18h内，不给大鼠除了水以外的任何食物，宰杀通过麻醉放血完成。各组大鼠的体重增量及食物利用率见表2-30。

表2-30　　　　　　　　　经5周不同膳食喂养的大鼠的体重增量及食物利用率

项目	对照组	5%IMO-H	10%IMO-H	20%IMO-H	10%Mal-H	10%Pal-H
最初体重/g	153±6	153±5	153±5	153±4	153±4	153±4
最终体重/g	397±28	394±27	385±30	367±22	383±27	385±29
体重增量/g	242±23	238±26	230±26	212±19	227±25	228±25
食物总摄入量/g	694±35	691±43	678±48	652±30	680±67	683±43
食物利用率/%	0.349±0.021	0.344±0.025	0.337±0.0020	0.325±0.025	0.334±0.013	0.333±0.025

注：IMO-H为低聚异麦芽糖醇；Mal-H为麦芽糖醇；Pal-H为异麦芽糖醇。

由表2-30可见，食物利用率最高的是对照组，添加20%低聚异麦芽糖醇的膳食组的最低，两者对比，差异较显著（$P<0.05$）。表2-31为5周后所测定的不同膳食组大鼠的各器官质量。其中，胃、肾和脾的质量差异不明显；小肠质量以添加10%异麦芽糖醇的膳食组最高，其次是添加20%和10%低聚异麦芽糖醇的膳食组；盲肠的质量随着低聚异麦芽糖醇添加量的增加而增加，且增量较明显；结肠和肝的情况与盲肠类似，只是增幅较小；而腹部脂肪组织的质量则随低聚异麦芽糖醇添加量的增加而明显减少（$P<0.05$）。

表 2-31　　　　　　　　　用不同膳食喂养 5 周后的大鼠各器官质量　　　　　　　　单位：g

器官	对照组	5%IMO-H	10%IMO-H	20%IMO-H	10%Mal-H	10%Pal-H
胃	0.35±0.03	0.34±0.04	0.35±0.03	0.37±0.03	0.35±0.04	0.36±0.03
小肠	1.95±0.25	2.13±0.29	2.17±0.29	2.17±0.19	1.94±0.03	2.23±0.27
盲肠	0.20±0.03	0.32±0.04	0.38±0.03	0.57±0.09	0.04±0.07	0.56±0.23
结肠	0.27±0.03	0.31±0.02	0.38±0.03	0.47±0.05	0.36±0.05	0.46±0.17
肝	3.10±0.25	3.32±0.17	3.37±0.11	3.42±0.15	3.36±0.26	3.36±0.44
肾	0.71±0.04	0.72±0.05	0.73±0.04	0.73±0.04	0.72±0.04	0.72±0.05
脾	0.23±0.02	0.23±0.02	0.23±0.03	0.25±0.02	0.23±0.03	0.25±0.05
腹部脂肪组织	2.40±0.50	2.25±0.24	2.12±0.26	1.48±0.50	1.98±0.39	1.71±0.65

注：IMO-H 为低聚异麦芽糖醇；Mal-H 为麦芽糖醇；Pal-H 为异麦芽糖醇。

2. 防龋齿作用

1995 年，在人体试验中研究了低聚异麦芽糖和低聚异麦芽糖醇引起牙齿酸化的程度。该试验的试验人数为 6 人（23~28 岁，五男一女）。检测仪器是一种可置入口腔的高灵敏度氢离子感应器，将其放置在下颚的第一颗臼齿上。试验通过 3 种方式进行：

①直接滴入受试糖液（0.05mL，5%受试糖液）；

②用 10mL，10%的受试糖液漱口，维持 1min；

③吮吸由受试糖制成的糖果（3~4g）。

在每次检测之前，受试者都要先咀嚼一片口香糖以稳定口腔 pH，试验后，记录口腔 pH 变化，持续 30min。试验结果表明低聚异麦芽糖引起的牙齿酸化程度较高，而低聚异麦芽糖醇可看作与麦芽糖醇和山梨糖醇类似的低酸化性糖。图 2-41、2-42 和 2-43 为用三种方式分别进行试验所得到的结果，其中，MAL-H 为麦芽糖醇，GLC 为葡萄糖，SOR 为山梨糖醇，SUC 为蔗糖，IMO 为低聚异麦芽糖，IMO-H 为低聚异麦芽糖醇。

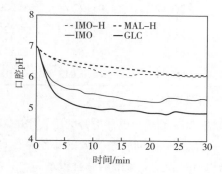

图 2-41　直接滴入 0.05mL 5%受试糖液后的口腔 pH 变化

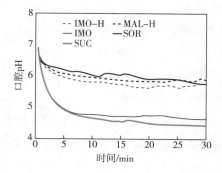

图 2-42　用 10mL 10%受试产品漱口并维持 1min 后的口腔 pH 变化

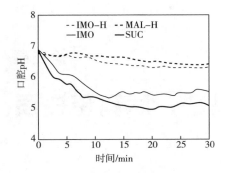

图 2-43　吮吸 3~4g 受试糖果后的口腔 pH 变化

（三）低聚异麦芽糖醇的安全性

研究者以 15.3g/kg、15.3g/kg、21.7g/kg、30.7g/kg 和 43.4g/kg 的剂量经口喂饲雄性 Wistar 大鼠，发现大鼠死亡率会随剂量的增加而升高，LD_{50} 为 32.4g/kg。

用添加 3% 和 10% 低聚异麦芽糖醇的膳食喂饲雄性 SD 大鼠，为期 16 周，在各项检测中没有观察到任何中毒迹象及与剂量相关的改变，包括体重、血液学、解剖学及组织病理学检查。研究者选用中国 hamster 大鼠的肺细胞进行检测，没有发现任何迹象显示低聚异麦芽糖醇具有致畸变作用。

🔍 **思考题**

（1）功能性碳水化合物包含哪些类别？

（2）列举 3 种常见的膳食纤维并简述其生物功效。

（3）什么是真菌多糖？真菌多糖主要功效是什么？

（4）简述透明质酸的生物功效并阐述其作用原理。

（5）功能性低聚糖的生物功效有哪些？产生功效的主要原理是什么？

（6）列举 4 种功能性单双糖，阐述其生物功效。

（7）多元糖醇对控制糖尿病病情有好处吗？

（8）阐述赤藓糖醇与其他糖醇的两个重要区别。

（9）请利用本章原料，开发一款具有减肥功效的产品。

（10）请利用本章原料，开发一款具有预防骨质疏松作用的产品。

（11）请利用本章原料，开发一款具有抗肿瘤作用的产品。

（12）简述膳食纤维、低聚糖和乳酸菌在生物功效方面的异同点。

第三章

CHAPTER

3

氨基酸、肽和蛋白质

[学习目标]

（1）掌握必需氨基酸的种类、营养价值及生物功效。

（2）掌握常见活性肽的种类、营养价值及生物功效。

（3）掌握活性蛋白质及酶蛋白的种类、营养价值及生物功效。

　　氨基酸通过肽键连接成为肽与蛋白质，氨基酸、肽与蛋白质均是有机生命体组织细胞的基本组成成分，对生命活动发挥着举足轻重的作用。我国对 14 岁以上人群的蛋白质推荐摄入量为 75~90g/d。

　　蛋白质是人体的主要构成物质，又是人体生命活动中的主要物质。人类赖以生存的酶类、作用于人体代谢活动的激素类、抵御疾病侵袭的免疫物质、以及各种微量营养素的载体等，都是由蛋白质构成。

　　本章介绍的氨基酸、肽和蛋白质，除了具备普通蛋白质的营养价值外，更重要的是具有清除自由基、降低血脂、提高机体免疫力等生物功效，是一类重要的生物活性物质。

第一节　氨　基　酸

　　氨基酸是蛋白质的组成单位，蛋白质性质取决于氨基酸的种类与结合顺序。氨基酸共有 22 种，其中属于必需氨基酸的有 8 种，分别是赖氨酸、甲硫氨酸、色氨酸、苯丙氨酸、缬氨酸、亮氨酸、异亮氨酸和苏氨酸，另外对婴儿来说组氨酸与精氨酸也是必需氨基酸。

　　对于成年人或儿童来说，有时虽然 8 种或 10 种必需氨基酸已供应充足，但人体还是会发生氨基酸缺乏现象。这是因为有些氨基酸虽然人体能够合成，但在严重的应激或疾病状态下容易发生缺乏现象，从而给人体健康带来不利影响。这些氨基酸称为条件必需氨基酸，是目前营养学研究的热点，目前主要包括牛磺酸、精氨酸与谷氨酰胺等。

一、氨基酸的营养强化

蛋白质在营养价值上的区别主要表现为氨基酸组成的不同。如果从膳食营养中不能得到某一必需氨基酸，则某种或某些蛋白质就不能合成，儿童或婴儿就会停止生长，成年人也会进入负氮平衡状态。表3-1为下列多种情况下必需氨基酸的估计需要量。

①身体细胞具有合成连接氨基酸所必需的碳架（α-酮酸）的能力。

②食物可为非必需氨基酸合成提供足够的氮，而无需必需氨基酸为非必需氨基酸提供氨基。

表3-1　　　　　　　　　　人体对必需氨基酸的估计需要量　　　　　单位：mg/（kg·d）

氨基酸	婴儿（4~6个月）	儿童（10~12岁）	成人
组氨酸	33	—*	—*
异亮氨酸	83	28	12
亮氨酸	135	42	16
赖氨酸	99	44	12
蛋氨酸+胱氨酸	49	22	10
苯丙氨酸+酪氨酸	141	22	16
苏氨酸	68	28	8
色氨酸	21	4	3
缬氨酸	92	25	14

注：具体需求量尚不清。

对于婴儿来说，所需必需氨基酸只是其蛋白质总需要量的35%左右，而成年人则更少，仅为蛋白质总需要量的20%，多数蛋白质一般都含有大量的非必需氨基酸。所以，尤其是对婴儿和儿童来说，通常关心的是如何满足必需氨基酸的需要。

由表3-1可以看出，在同一体重基础上，由于婴儿和儿童的蛋白质合成速度快，因此需要较大数量的必需氨基酸。目前，尚未制订出妊娠期与哺乳期母亲的必需氨基酸需求量。

各种具体蛋白质的氨基酸组成通常不同。植物性食物往往缺乏赖氨酸、蛋氨酸、胱氨酸、色氨酸和苏氨酸。当一种蛋白源的某一或某些必需氨基酸含量较低时，这些氨基酸就称作限制性氨基酸，含量最低的称为第一限制性氨基酸。赖氨酸是许多谷物的限制性氨基酸，而蛋氨酸则是豆科植物种子的限制性氨基酸。一般说来，蛋类、乳制品和肉类等动物性蛋白质所提供的氨基酸混合物很适合于人类的生存与生长需要。鸡蛋含有所有的必需氨基酸，这些氨基酸数量充足且比例适当，完全可以满足身体的需要，被称为完全蛋白质，氨基酸积分定为100。如果一种蛋白质的积分为100，则表明它具有与鸡蛋一样的氨基酸组成，而积分为60则表明其第一限制性氨基酸只是鸡蛋中该氨基酸含量的60%。在膳食中，缺乏某一氨基酸的蛋白质常常可以通过添加其他来源蛋白质的方法来补充，也就是说，把长处和短处相反的2种蛋白质混合起来。

虽然世界各国的文化生活背景不同，但几乎所有的国家和地区均有合用互补蛋白质的习惯。在中东，人们将面包与乳酪一起食用；在墨西哥，人们将豆类与玉米一道食用；印度人合吃小麦与豆类（豆科植物种子）；而美国人吃早餐麦片时加牛奶。这种补充只有在缺乏的与可互补的蛋白质一道食用，或进食时间彼此不超过几小时的情况下才有效。

虽然氨基酸的强化在营养上的功效很大，但也必须慎重，在以前的实践与研究中曾发生下面几个问题。

①如果只添加第一限制性氨基酸，就会发生第二限制性氨基酸的缺乏。一般在补充第一限制性氨基酸后，会在新陈代谢上增加蛋白质的消耗。

②如果添加第二限制性氨基酸，会加剧第一限制性氨基酸的不足或缺乏。

③过量添加任何一种氨基酸，都会导致其他氨基酸生理价值的下降，且有可能出现缺乏症状。

④过量添加某一种氨基酸，会引起其他营养成分需要量的增加（如维生素 B_6）。

因此，必须杜绝胡乱地补充氨基酸，仅在某些氨基酸有显著缺乏的时候，才予于合理强化。如果所有氨基酸的摄入量已足够时，单一氨基酸的增补不但没有生物功效，反而会导致氨基酸不平衡而产生不良影响。

在谷类蛋白质中增补苏氨酸和缬氨酸能增加蛋白质的生物学价值，但增加的效果比增补赖氨酸差。在蔬菜和根菜中增补甲硫氨酸、赖氨酸和色氨酸也能提高蛋白质的营养价值，但对人体的实际意义较差。

植物蛋白质缺乏甲硫氨酸，必须强化甲硫氨酸或用含甲硫氨酸较多的食物来平衡。胱氨酸只会减少甲硫氨酸的需要量，并不能替代甲硫氨酸。断乳大鼠的试验证明，含硫氨基酸的需要量不仅受甲硫氨酸、胱氨酸含量的影响，也受胆碱含量的影响。当膳食中总含硫量减少及含硫氨基酸量受限制时，特别是当胱氨酸多于甲硫氨酸时（如以谷物蛋白质为主），必须特别注意胆碱的供给与补充。在缺乏维生素 B_6 时补充甲硫氨酸会使情况更严重，同时甲硫氨酸代谢需要维生素 B_{12}。因此，在以植物蛋白质为主要蛋白质来源的膳食中若要强化甲硫氨酸，要注意补充维生素 B_6 和维生素 B_{12}。

二、必需氨基酸

（一）赖氨酸

赖氨酸为碱性必需氨基酸。由于谷物食品中的赖氨酸含量很低，且在加工过程中易被破坏而缺乏，故称为第一限制性氨基酸。

赖氨酸可以调节人体代谢平衡。赖氨酸为合成肉碱提供结构组分，而肉碱会促使细胞中脂肪酸合成。往食物中添加少量的赖氨酸，可以刺激胃蛋白酶与胃酸的分泌，提高胃液分泌功效，起到增进食欲、促进幼儿生长与发育的作用。赖氨酸还能提高钙的吸收及其在体内的积累，加速骨骼生长。如果缺乏赖氨酸，会造成胃液分泌不足而出现厌食、营养性贫血，致使中枢神经受阻、发育不良。

赖氨酸在医药上还可作为利尿剂的辅助药物，治疗因血中氯化物减少而引起的铅中毒现象，还可与酸性药物（如水杨酸等）生成盐来减轻不良反应，与甲硫氨酸合用则可抑制重症高血压病。

单纯性疱疹病毒是引起唇疱疹、热病性疱疹与生殖器疱疹的原因，而其近属带状疱疹病毒是水痘、带状疱疹和传染性单核细胞增生症的致病者。美国印第安纳波利斯 Lilly 研究室在 1979 年发表的研究表明，补充赖氨酸能加速疱疹感染的康复并抑制其复发。该研究室建议：

①当有明显的疱疹感染出现时，每天应摄取盐酸-赖氨酸片 2~4 次，每次 2 片，直到感染消失；

②疱疹发生是可预知的，由于疱疹常与一些现象有关，如月经来潮、想晒太阳、想吃坚果或其他应激状态，此时可以服用抑制剂量的赖氨酸，按各自具体情况日服 1~4 片；

③当疱疹的症状一旦出现，日服赖氨酸片 3 次，每次 2 片，3~5d 可以完全中止感染。

长期服用赖氨酸可拮抗另一个氨基酸——精氨酸，而精氨酸能促进疱疹病毒的生长。

（二）甲硫氨酸

甲硫氨酸是含硫必需氨基酸，与生物体内各种含硫化合物的代谢关系密切。

甲硫氨酸可转化为腺苷甲硫氨酸，后者是机体内合成反应的甲基供给者，胆酸、胆碱、肌酸、肾上腺素等化合物的甲基都是由此而来。当缺乏甲硫氨酸时，会引起食欲减退、生长减缓或不增加体重、肾脏肿大和肝脏铁堆积等现象，最终导致肝坏死或纤维化。

甲硫氨酸还可利用其所带的甲基，对有毒物质或药物进行甲基化而起到解毒的作用。因此，甲硫氨酸可用于防治慢性或急性肝炎、肝硬化等肝脏疾病，也可用于缓解砷、三氯甲烷、四氯化碳、苯、吡啶和喹啉等有害物质的毒性反应。

甲硫氨酸在体内经甲基化后形成甲基甲硫氨酸，后者因其甲基的结合键能极高，很适于作为体内合成反应的甲基供给体。组胺（Histamine）是导致胃溃疡的原因之一，而甲基甲硫氨酸可以将组胺进行甲基化而使其失去活性。因此，甲基甲硫氨酸具有抗溃疡的效果，常被用于治疗胃溃疡。

（三）色氨酸

色氨酸可转化生成人体大脑中的一种重要神经传递物质——5-羟色胺，而 5-羟色胺有中和肾上腺素与去甲肾上腺素的作用，并可改善睡眠的持续时间。当动物大脑中的 5-羟色胺含量降低时，表现出异常的行为、出现神经错乱的幻觉以及失眠等。此外，5-羟色胺有很强的血管收缩作用，可存在于许多组织，包括血小板和肠黏膜细胞中，受伤后的机体会通过释放 5-羟色胺来止血。人体可利用色氨酸制造部分烟酸，但不能满足其对烟酸的总需要量。医药上常将色氨酸用作抗闷剂、抗痉挛剂、胃分泌调节剂、胃黏膜保护剂和强抗昏迷剂等。

（四）苯丙氨酸

机体可将苯丙氨酸转化为酪氨酸，但不能发生逆反应。在正常人体中，几乎所有未用于合成蛋白质的苯丙氨酸均会转化为酪氨酸。酪氨酸是肾上腺髓质分泌去甲肾上腺素和肾上腺素以及甲状腺分泌激素甲状腺素和三碘甲状腺原氨酸的母体化合物。皮肤与眼睛视网膜上的黑色素，也是酪氨酸在酶的作用下转化而成的。因遗传缺乏苯丙氨酸脱羧酶的人，不能将苯丙氨酸转化为酪氨酸，即患有苯丙酮酸尿症，属先天性代谢缺陷病。

DL-苯丙氨酸阿司匹林具有很好的消炎镇痛作用，DL-对氟苯丙氨酸可抑制肿瘤蛋白质的合成，具有抗肿瘤的作用。

（五）缬氨酸、亮氨酸、异亮氨酸和苏氨酸

缬氨酸、亮氨酸与异亮氨酸均属支链氨基酸，同时都是必需氨基酸。当缬氨酸不足时，大鼠中枢神经系统功能会发生紊乱，共济失调而出现四肢震颤。通过解剖切片脑组织，发现有红核细胞变性现象。晚期肝硬化病人因肝功能损害，易形成高胰岛素血症，致使血中支链氨基酸减少，支链氨基酸和芳香族氨基酸的比值由正常人的 3.0~3.5 降至 1.0~1.5，故常用含缬氨酸等支链氨基酸的注射液治疗肝功能衰竭等疾病。此外，缬氨酸也可作为加快创伤愈合的治

疗剂。

亮氨酸可用于诊断和治疗小儿的突发性高血糖症，也可用作头晕治疗剂及营养滋补剂。异亮氨酸能治疗神经障碍、食欲减退和贫血，在肌肉蛋白质代谢中也极为重要。

苏氨酸也是必需氨基酸之一，参与脂肪代谢，缺乏苏氨酸时出现肝脂肪病变。

（六）组氨酸

组氨酸对成人为非必需氨基酸，但对幼儿却为必需氨基酸。在慢性尿毒症患者的膳食中添加少量的组氨酸，氨基酸结合进入血红蛋白的速度增加，肾原性贫血减轻，所以组氨酸也是尿毒症患者的必需氨基酸。

组氨酸的咪唑基能与Fe^{2+}或其他金属离子形成配位化合物，促进铁的吸收，因而可用于防治贫血。组氨酸能降低胃液酸度，缓和胃肠手术时的疼痛，减轻妊娠期呕吐及胃部灼热感，抑制由植物神经紧张而引起的消化道溃烂，对过敏性疾病（如哮喘等）也有功效。此外，组氨酸可扩张血管，降低血压，临床上用于心绞痛、心功能不全等疾病的治疗。类风湿性关节炎患者血中组氨酸含量显著减少，使用组氨酸治疗后发现其握力、走路与血沉等指标均有好转。

在组氨酸脱羧酶的作用下，组氨酸脱羧形成组胺。组胺具有很强的血管舒张作用，并与多种变态反应及发炎有关。此外，组胺会刺激胃产生胃蛋白酶与胃酸。

三、非必需氨基酸

（一）天冬氨酸和天冬酰胺

天冬氨酸通过脱氨生成草酰乙酸而促进三羧酸循环，是三羧酸循环中的重要成分。天冬氨酸也与鸟氨酸循环密切相关，担负着使血液中的氨转变为尿素排泄出体外的部分工作。同时，天冬氨酸还是合成乳清酸等核酸前体物质的原料。

通常将天冬氨酸制成钙、镁、钾或铁等的盐类后使用。因为这些金属在与天冬氨酸结合后，能通过主动运输途径透过细胞膜进入细胞内发挥作用。天冬氨酸钾盐与镁盐的混合物，主要用于消除疲劳，临床上用来治疗心脏病、肝病、糖尿病等疾病。天冬氨酸钾盐可用于治疗低钾血症，铁盐可治疗贫血。

不同癌细胞的增殖需要消耗大量某种特定的氨基酸。寻找这种氨基酸的类似物——代谢拮抗剂，是治疗癌症的一种有效手段。天冬酰胺酶能阻止需要天冬酰胺的癌细胞（白血病）的增殖，天冬酰胺的类似物 S-氨甲酰基-半胱氨酸经动物试验表明对抗白血病有明显的效果。目前已试制的氨基酸类抗癌物有 10 多种，如 N-乙酰-L-苯丙氨酸、N-乙酰-L-缬氨酸等，其中有的对癌细胞的抑制率可高达 95% 以上。

（二）胱氨酸、半胱氨酸

胱氨酸及半胱氨酸是含硫的非必需氨基酸，可降低人体对蛋氨酸的需要量。胱氨酸是形成皮肤不可缺少的物质，能加速烧伤伤口的康复及放射性损伤的化学保护，刺激红细胞、白细胞的增加。

半胱氨酸所带的巯基（—SH）具有许多生理作用，可缓解有毒物或有毒药物（酚、苯、萘、氰离子）的中毒程度，对放射线也有防治效果。半胱氨酸的衍生物 N-乙酰-L-半胱氨酸，由于巯基的作用，具有降低黏度的效果，可作为黏液溶解剂，用于防治支气管炎等咳痰的排出困难。此外，半胱氨酸能促进毛发的生长，可用于治疗秃发症。其他衍生物，如 L-半胱氨酸甲酯盐酸盐可用于治疗支气管炎、鼻黏膜渗出性发炎等。

（三）甘氨酸

甘氨酸是最简单的氨基酸，它可由丝氨酸失去一个碳而生成。甘氨酸参与嘌呤类、卟啉类、肌酸和乙醛酸的合成，乙醛酸因其氧化产生草酸而会促使遗传病草酸尿的发生。此外，甘氨酸可与种类繁多的物质结合，使之由胆汁或尿中排出。

此外，甘氨酸可提供非必需氨基酸的氮源，改进氨基酸注射液在体内的耐受性。将甘氨酸与谷氨酸、丙氨酸一起使用，对防治前列腺肥大并发症、排尿障碍、频尿、残尿等症状颇有效果。

（四）谷氨酸

谷氨酸、天冬氨酸具有兴奋性递质作用，它们是哺乳动物中枢神经系统中含量最高的氨基酸，其兴奋作用仅限于中枢。当谷氨酸含量达 9% 时，只要增加 10^{-15} mol 的谷氨酸就可对皮层神经元产生兴奋作用。因此，谷氨酸对改进和维持脑功能必不可少。

谷氨酸经谷氨酸脱羧酶的脱羧作用而形成 γ-氨基丁酸（Gamma-Aminobutyric Acid, GABA），后者是存在于脑组织中的一种具有抑制中枢神经兴奋作用的物质。当 γ-氨基丁酸含量降低时，会影响细胞代谢与细胞功能。

谷氨酸的多种衍生物，如二甲基氨基乙醇乙酰谷氨酸，临床上用于治疗因大脑血管障碍而引起的运动障碍、记忆障碍和脑炎等。γ-氨基丁酸对记忆障碍、言语障碍、麻痹和高血压等有效，γ-氨基-β-羟基丁酸对局部麻痹、记忆障碍、言语障碍、本能性肾性高血压、癫痫和精神发育迟缓等有效。

谷氨酸与天冬氨酸一样，也与三羧酸循环有密切的关系，可用于治疗肝昏迷等疾病。谷氨酸的酰胺衍生物——谷氨酰胺，对胃溃疡有明显的效果，其原因是谷氨酰胺的氨基转移到葡萄糖上，生成消化器黏膜上皮组织黏蛋白的组成成分氨基葡萄糖。

（五）丝氨酸、丙氨酸和脯氨酸

丝氨酸是合成嘌呤、胸腺嘧啶与胆碱的前体，丙氨酸对体内蛋白质合成过程起重要作用，它在体内代谢时通过脱氨生成酮酸，按照葡萄糖代谢途径生成糖。脯氨酸分子中吡咯环在结构上与血红蛋白有密切关联。羟脯氨酸是胶原的组成成分之一。体内脯氨酸、羟脯氨酸浓度不平衡会造成牙齿、骨骼中的软骨及韧带组织的韧性减弱。脯氨酸衍生物和利尿剂配合，具有抗高血压作用。

（六）γ-氨基丁酸

γ-氨基丁酸是一种天然存在的氨基酸，在哺乳动物的脑、骨髓中存在，是一种重要的抑制性神经传导物质，除脑和脊髓外，还在多种哺乳动物的近 30 种外周组织中发现 γ-氨基丁酸的存在，其中大多数组织 γ-氨基丁酸的浓度仅是脑的 1%。此外，蔬菜、水果中也都含有 γ-氨基丁酸，但含量稀少。

现代科学研究早已证明，γ-氨基丁酸有如下作用。

①降压作用，γ-氨基丁酸能作用于延髓的血管运动中枢，使血压下降，同时抑制抗利尿激素的分泌，扩张血管，降低血压。

②健脑作用，由于 γ-氨基丁酸为谷氨酸的三羧酸循环提供了另外一种途径（GABA SHUNT），所以能有效的改善脑血流通，增加氧的供给，促进脑的代谢功能，可用于治疗因脑中风、头部外伤后遗症、脑动脉硬化后遗症等产生的头痛、耳鸣、意识模糊等病症；并对改善肝脏、肾脏的功能也有作用。

③调节心律失常的作用。

④调节激素的分泌的作用。

⑤防止皮肤老化、消除体臭的作用。

⑥醒酒作用。

⑦改善脂质代谢、防止动脉硬化的作用，在临床上可以作为改善脑动脉硬化引起的各种症状的药物使用；改善高脂血症、防止肥胖。

（七）肌氨酸

肌氨酸（Creatine）是一种运动营养剂，可以非常有效地提高肌肉力量和肌体的耐久力及提高运动成绩，存在于鱼和肉食食品中。

肌氨酸能增长肌肉无氧力量和爆发力，人体中肌酸是在肝脏进行化学过程中由氨基酸形成的，然后由血液送到肌肉细胞，在肌肉细胞中转化成肌酸盐。当人体肌肉的运动进入"无氧代谢"的阶段时，肌酸介入能量代谢，与磷酸结合成磷酸肌酸（Creatine phosphate，CP），迅速补充 ATP 在血液中的含量，以保证运动的需要，使储存于肝脏和血液中的糖高强度、长时间地对肌肉组织供能，从而增加了肌肉的耐久力。并且，它可以自动调节进入肌肉的水分，使肌肉横断面肌扩张，从而增加肌肉的爆发力。

肌氨酸能让肌肉储存更多能量，增加蛋白质的合成、增长肌肉，防止由大脑伤害造成的损伤，还可有效的改善运动表现、力量和恢复时间。

（八）5-羟色氨酸

5-羟色氨酸是控制人体情绪、睡眠状况的神经传导物——血清素（Serotonin）的前体物质。

5-羟基色氨酸具有很多生物功效，主要包括以下几方面：

①抗抑郁症；

②抑制食欲，减肥；

③镇静、改善睡眠；

④收缩血管作用；

⑤缓和经前综合症；

⑥治疗偏头痛。

（九）*N*-乙酰基-L-半胱氨酸

N-乙酰基-L-半胱氨酸（*N*-Acetyl-L-cysteine）是体内重要的巯基供体，为小分子物质，易进入细胞，脱乙酰基后可作为谷胱甘肽（Glutathione，GSH）的前体促进谷胱甘肽的合成。

N-乙酰基-L-半胱氨酸具有很多重要的生物功效，主要包括以下几方面：

①解毒、护肝作用，*N*-乙酰基-L-半胱氨酸在保持适当的谷胱甘肽水平方面起着重要的作用，从而有助于保护细胞不因体内谷胱甘肽水平过低而导致细胞毒害损害；

②抗氧化作用，在细胞内，*N*-乙酰基-L-半胱氨酸脱去乙酰基，形成L-半胱氨酸，这是一种合成谷胱甘肽的必需氨基酸，而谷胱甘肽氧化-还原循环在机体内具有广泛的作用，是组织抗氧化损伤的重要内源性防御机制；

③降低痰黏度，*N*-乙酰基-L-半胱氨酸通过化学结构中的一个能与亲电子的氧化基团相互发生作用的自由巯基使黏蛋白的双硫键断裂而分解黏蛋白复合物、核酸、液化黏液分泌物，降低痰黏度。

（十） S-腺苷甲硫氨酸

S-腺苷甲硫氨酸（S-adenosylmethionine，SAM），又称 S-腺苷蛋氨酸，它是普遍存在于机体细胞中的一种生理活性物质，在机体内由 L-甲硫氨酸和 ATP 经 S-腺苷甲硫氨酸合成酶酶促合成。S-腺苷甲硫氨酸是人体和其他生物体内的主要甲基供体（它为体内蛋白质、脂肪、核糖核酸和维生素 B_{12} 提供甲基，为体内多胺合成提供氨丙基，为 tRNA 的生物合成提供前体），参与体内激素、神经递质、核酸、蛋白质和磷脂的生物合成和代谢，是维护细胞膜正常功能和人体正常代谢和健康不可缺少的重要生命物质。S-腺苷甲硫氨酸还参与谷胱甘肽的形成，而谷胱甘肽是细胞中的主要抗氧化剂，参与各种解毒过程（如药物和乙醇在肝中的解毒）。腺苷蛋氨酸作为甲基供体（转甲基作用）和生理性巯基化合物（如半胱氨酸、牛磺酸、谷胱甘肽和辅酶 A 等）的前体（转硫基作用），参与体内重要的生化反应。

现代研究发现，S-腺苷甲硫氨酸具有很多生物功效，包括以下几方面：

①抗抑郁，可能机制是 S-腺苷甲硫氨酸调节中枢神经系统功效，促进神经传递介质血胺和去甲肾上腺素的合成，使得神经传递介质受体的反应性增加；

②护肝和治疗各种肝炎，在肝内，通过使质膜磷脂甲基化而调节肝脏细胞膜的流动性，而且通过转硫基反应可以促进解毒过程中硫化产物的合成，只要肝内腺苷蛋氨酸的生物利用度在正常范围内，这些反应就有助于防止肝内胆汁郁积；

③抗氧化作用；

④对关节炎、偏头痛和纤维素增生有一定的治疗效果；

⑤对中枢神经系统疾病如癫痫、阿尔茨海默病等有疗效。

四、牛 磺 酸

由于人类只能有限地合成牛磺酸，因此膳食中的牛磺酸就显得非常重要。到目前为止，只能从文献资料中查到母乳与哺乳动物乳中的牛磺酸含量。

奶制品中牛磺酸的含量很低。禽类中，黑肉的牛磺酸含量要比白肉高。海产品与禽畜类比较，以海产品中的牛磺酸含量最高，如牡蛎、蛤蜊与淡菜中牛磺酸可高达 400mg/100g 以上，同时加热烹调对牛磺酸的含量没有什么影响。日常的各种食物，包括谷物、水果和蔬菜等，都不含牛磺酸。

（一）牛磺酸的物化性质

牛磺酸（Taurine，Tau）的化学名为 2-氨基乙磺酸，化学结构 $NH_2-CH_2-CH_2-SO_3H$，分子式 $C_2H_7NO_3S$，相对分子质量 125.4。白色棒状结晶或结晶性粉末，无臭，味微酸，熔点 300℃，溶于水，水溶液 pH=4.1～5.6，不溶于乙醇、乙醚、丙酮之类有机溶剂，微溶于 95%乙醇。

（二）牛磺酸的生物功效

牛磺酸普遍存在于动物乳汁、脑与心脏中，在肌肉中含量最高，以游离形式存在，不参与蛋白质代谢。植物仅藻类内存在，高等植物内尚未发现。体内牛磺酸是由半胱氨酸代谢而来的，很少能继续代谢成羟乙磺酸，多以牛磺酸原形排出体外，故在粪与尿中都能检测到牛磺酸。

动物试验表明，如果缺乏牛磺酸，小鼠会发生生长不良与存活率降低，猴会发生眼底视网膜功能紊乱与生长迟缓，猫会发生眼底视网膜病变、小脑发育不良与心脏病变等。用含硫的氨基酸如甲硫氨酸、胱氨酸或半胱氨酸补充，并不能防止这些病变，但补充大量的牛磺酸能防止。婴幼儿如果缺乏牛磺酸，也会发生视网膜功能紊乱与生长、智力发育迟缓。总之，牛磺酸的缺乏会影响到生长和视力、心脏与脑的正常发育。

长期全静脉营养输液的患者，若输液中没有牛磺酸会使患者的眼底视网膜电流图发生变化，只有补充大剂量的牛磺酸才能纠正这一变化。被细菌感染的患者，由于细菌的大量繁殖消耗了体内的牛磺酸，也会形成牛磺酸缺乏，发生眼底视网膜电流图的变化，而补充牛磺酸后会使眼底的病变好转。

牛磺酸与胆酸结合后形成胆盐，牛磺酸缺乏会减少胆盐的生成量，使脂肪的吸收发生紊乱。这种情况当对未足月的婴儿喂养缺乏牛磺酸的配方奶时容易发生，只有在配方奶中补充牛磺酸才能纠正。牛奶中的牛磺酸含量很少，仅有 $1\mu mol/100mL$，而人奶中却有 $25\mu mol/100mL$。人体肝中合成牛磺酸的胱氨酸-亚磺酸脱羧酶数量很低，这与容易缺乏牛磺酸的动物（猫或猴中也缺乏这种酶）的情况相似。婴儿若用缺乏牛磺酸的牛奶或配方奶喂养，其血浆与尿中的牛磺酸含量较母乳喂养儿的要低，这样有可能发生生长与智力发育迟缓现象，即使补充可在人体内合成牛磺酸的前体甲硫氨酸与胱氨酸也没有作用。因此，婴儿配方奶中要添加一定数量的牛磺酸。

五、精　氨　酸

精氨酸是鸟氨酸循环中的一个组成成分，具有极其重要的生物功效。多吃精氨酸，可以增加肝脏中精氨酸酶（Arginase）的活性，有助于将血液中的氨转变为尿素而排泄出去。所以，精氨酸对高氨血症、肝功能障碍等疾病颇有效果。有类似功效的氨基酸还有鸟氨酸、瓜氨酸、天冬氨酸和谷氨酸。

（一）机体对精氨酸的需要

精氨酸是一种双基氨基酸，对成人来说虽然不是必需氨基酸，但在有些情况，如机体发育不成熟或在严重应激条件下，如果缺乏精氨酸机体便不能维持正氮平衡与正常的生物功效。病人若缺乏精氨酸会导致血氨过高，甚至昏迷。婴儿若先天性缺乏尿素循环的某些酶，对精氨酸的需要也是必需的，否则不能维持正常的生长与发育。一般认为对婴儿来说组氨酸与精氨酸也属必需氨基酸，也就是说，婴儿有 10 种必需氨基酸。动物试验表明，大鼠受伤（包括轻伤）以后，若膳食中的精氨酸少于 0.05%，大鼠便不能维持氮平衡与正常生长。如果这时补充 1% 的精氨酸，对受伤大鼠的恢复较好。

患者在进行手术（如胆囊切除术）以前，如先补充 30g 的盐酸精氨酸，会使患者维持正氮平衡而易于恢复。对肿瘤患者在进行大手术前鼻饲匀浆膳时，补充 25g 的精氨酸比补充同样氮含量的甘氨酸有效得多，更易于保持正氮平衡。要使精氨酸发挥上述功能，其剂量较大甚至要达到 0.5g/kg。

精氨酸的重要代谢作用是促进伤口的愈合作用，它可促进胶原组织的合成，故能修复伤口。在伤口分泌液中可观察到精氨酸酶活性的升高，这也表明伤口附近的精氨酸需要量大增。精氨酸能通过一种酶反应形成一氧化氮来活化巨噬细胞与中性粒细胞，同时由于精氨酸还是形成一氧化氮的前体，而一氧化氮可在内皮细胞合成松弛因子，因此精氨酸能促进伤口周围的微循环而促使伤口早日痊愈。

（二）精氨酸的生物功效

精氨酸可防止胸腺的退化（尤其是受伤后的退化），补充精氨酸能增加胸腺的重量、促进胸腺中淋巴细胞的生长。当机体中胸腺萎缩时，精氨酸可促进骨骼与淋巴结中 CD 细胞的成熟与分化。在手术或对重病患者时，若每日给予 30g 盐酸精氨酸，可刺激 CD 细胞的产生，使迟发性过敏反应发生。对于实验性烧伤与致死性败血症的动物，给予大剂量的精氨酸能提高存活率。

补充精氨酸还能减少患肿瘤动物的肿瘤体积，降低肿瘤的转移率，提高动物的存活时间与存活率。对于败血症患者，其血浆中精氨酸含量大幅度降低，说明其精氨酸已被大量利用。根据这一现象，精氨酸可被利用来判断败血症病人患病的严重程度，作为败血症患者是否能痊愈或恶化的预后指标。

当人体血浆中的精氨酸维持在 $0.04 \sim 0.1$mmol/L 浓度时，可使机体维持足够的免疫力。在免疫系统中，除淋巴细胞外，吞噬细胞的活力也与精氨酸有关。加入精氨酸后，可活化其酶系统，使之更能杀死肿瘤细胞或细菌等靶细胞。

精氨酸安全无毒，临床上可以用到 0.5g/kg 的治疗剂量。日常食物中精氨酸含量在 2% 以上的有蚕豆、黄豆、豆制品、核桃、花生、牛肉、鸡、鸡肉、鸡蛋、干贝、墨鱼与虾等。

六、谷 氨 酰 胺

谷氨酰胺是人体中含量最多的一种氨基酸。在肌肉蛋白质（占机体蛋白质总量的 36%）中，游离的谷氨酰胺占细胞内氨基酸总量的 61%，比其他所有的氨基酸要高。在血中的含量也最高，达 $800 \sim 900\mu$mol，占血浆中游离氨基酸总量的 20%。在正常情况下，它是一种非必需氨基酸，但在剧烈运动、受伤、感染等应激条件下，谷氨酰胺的需要量大大超过了机体合成谷氨酰胺的能力。这时，体内谷氨酰胺含量降低，蛋白质合成量减少，出现小肠黏膜萎缩与免疫功能低下现象。

谷氨酰胺与肠道功能密切相关，近年来通过对谷氨酰胺的深入研究，发现了有关肠道的几个新观点：

①在多器官衰竭中，还存在原发性肠衰竭；

②肠道也是人体的一种免疫器官；

③人体中除血脑屏障与胎盘屏障外，还存在着肠道屏障。

（一）肠衰竭的发生

多器官衰竭（Multiple organ failure，MOF）或称多系统器官衰竭（Multiple system organ failure，MSOF），是指在严重传染病、创伤、大手术或烧伤等严重应激条件下出现的两个以上的系统器官衰竭，它是一个新的临床综合征。近年来单一系统器官衰竭病人的存活机会逐年增多，而多器官衰竭的发病率却在增加，多器官衰竭的死亡率高达 $32\% \sim 94\%$。

以前人们对多器官衰竭的注意多集中于心、肺、肾和肝功能衰竭等方面。虽然也提到肠衰，但对肠衰的注意力多集中于继发性问题，如心衰、肝衰和肾衰所引起的胃肠道黏膜溃疡与出血，并没有了解到原发性的问题，即肠道本身受了侵袭以后也会发生肠衰竭。过去一直认为肠道就是一个单纯消化吸收食物的器官，但现在却认为它也是一个具有免疫功能的器官。与网状内皮系统、肝、脾等免疫器官比较，肠道可能是最大的免疫器官。

当肠道黏膜与细菌、化学物质相接触或有害致病物质进入肠道时，必须保持肠道内环境的完好。肠黏膜必须完整，同时要有良好的免疫功能。肠道免疫系统是一复杂的组织，即肠道相关淋巴组织（Gut associated lymphoid tissue，GALT）。假如肠黏膜受到损伤及免疫系统功能不良时，肠道内的细菌及毒素便会移到肠外，并在各种系统与器官中传播，这一过程称细菌易位（Bacterial translocation）。如果这种易位过程持久且严重，就会发生各种器官结构与功能的改变，甚至衰竭。因此实际上人体共有 3 种生物屏障，除过去已非常清楚的血脑屏障与胎盘屏障以外，还有现在才比较清楚的肠道屏障。

这些发现使得人们对全静脉营养与要素膳的重要作用发生怀疑，过去一直认为上述营养补充的一个重要作用就是使胃肠道休息。胃肠道中因为没有食物、没有消化作用，也就处于休息状态故更易于康复。现在认为，这种观点是错误的。

（二）肠损伤后的谷氨酰胺循环

谷氨酰胺是含有酰胺基的 3 种氨基酸之一，它的生物功效主要体现在以下几方面：

①它在酰胺基上的氮是生物合成核酸的必需物质；

②是器官与组织之间氮与碳转移的载体；

③是氨基氮从外周组织转运至内脏的携带者；

④是蛋白质合成与分解的调节器；

⑤是肾排泄氨的重要基质；

⑥核酸生物合成的必要前体；

⑦小肠黏膜的内皮细胞、肾小管细胞、淋巴细胞、肿瘤细胞与成纤维细胞能量供应的主要物质；

⑧能形成其他氨基酸；

⑨维持体内的酸碱平衡。

在多发性创伤、大手术或严重感染情况下，患者的分解代谢超过合成代谢。此时人体内的谷氨酰胺内环境稳定性会发生改变，正常细胞内与各器官之间的谷氨酰胺代谢都发生异常。若让这一异常现象持续下去，便会出现肠衰竭。这时体内的谷氨酰胺的分解作用超过了合成作用，血液与组织中的谷氨酰胺含量降低。若病情进一步恶化，患者会发生复合症状，如休克、败血病与恶性营养不良或肠与结肠炎，使肠道受到攻击而破坏了肠屏障，使肠内的细菌与内毒素进入肠内，再由循环系统散布到全身，这就是细菌易位。此时体内的谷氨酰胺的贮存被继续动员，如果外界还没有谷氨酰胺的补充，会使情况更为恶化。

当肠受攻击发生细菌易位时，细菌与细菌毒素能刺激肝脏或肺内的巨噬细胞释放白介素-1 与肿瘤坏死因子，后 2 种物质会通过垂体分泌促肾上腺皮质激素，再刺激肾上腺分泌肾上腺皮质激素，以进一步刺激骨骼肌与肺释放谷氨酰胺，或由巨噬细胞释放递质直接刺激肌肉与肺释放谷氨酰胺。

谷氨酰胺进入循环的谷氨酰胺库，或进入肾脏对抗肾的酸中毒，或到肠道修复肠道的免疫系统，或导致全身的淋巴细胞的繁殖，以使有多余的淋巴细胞在细菌的侵袭下产生巨噬细胞杀死细菌并形成循环。

（三）谷氨酰胺在防止肠衰竭上的生物功效

防止肠衰竭的主要方法就是补充谷氨酰胺，此时人体内的谷氨酰胺有 2 种作用：

①它是防止肠衰竭的最重要的营养素；

②谷氨酰胺也是到目前为止人体是否发生肠衰竭的唯一可靠指标，如果机体发生肠衰竭，血中谷氨酰胺的水平便会下降。

在肠炎或结肠炎中，过去常用静脉滴注葡萄糖供给营养，而不给予食物，以使肠胃道休息。这种方法易使肠绒毛萎缩，绒毛刷缘酶的活力降低，胰液与胆汁的分泌减少及肠蠕动减少。此外，一般认为给予病人要素膳可使肠道不消化食物，这样可使容易吸收的营养素直接进入肠细胞，减少胆汁与胰液的分泌，减少这些液体对肠黏膜损害，同时减少肠的内容物减轻小肠的代谢。但实践证明，用这些无谷氨酰胺的要素膳能使肠绒毛的高度降低，肠隐窝的深度变浅同时减少肠黏膜蛋白质与 DNA 的含量。

一般从动植物蛋白质中能提供的谷氨酰胺，为氨基酸总量的 4% ~ 10%。若动物用无谷氨酰胺的全静脉输液或要素膳补充营养，则其小肠的绒毛会发生萎缩，肠壁变薄，肠免疫功能降低。在静脉输液中提供 2% 的谷氨酰胺（约为氨基酸总量的 25%），或在 100g 要素膳中添加 3.5g 谷氨酰胺（也是氨基酸总量的 25%），对恢复肠绒毛萎缩与免疫功能有显著作用。

在人体试验中，用谷氨酰胺 0.285g/kg（低剂量）、0.570g/kg（高剂量）加入到无谷氨酰胺的全静脉营养输液或鼻饲。从临床症状、受试物动力学与各种生化指标的观察结果，未发现任何毒性反应。即使是在较严重的患者，也能有效地利用输入的各种营养素。

（四）谷氨酰胺的具体产品

由于谷氨酰胺很容易水解为焦谷氨酰胺（Pyroglutamic acid，pGLN）与氨。因此在水溶液中它比其他任何氨基酸都不稳定。谷氨酰胺加热消毒后容易转化为有毒物质。此外，它的溶解度差，在 20℃ 水中的溶解度只有 3.5%，这就严重限制了它的应用。

目前的研究重点是谷氨酰胺的衍生物。由于谷氨酰胺易于乙酰化，因此有人将谷氨酰胺乙酰化成 N-乙酰-谷氨酰胺。动物试验证明，后者能增加动物体重、提高氮平衡，但添加此化合物只能增加部分氮的摄入，说明其生物利用率较低。

丙氨酸或甘氨酸与谷氨酰胺合成二肽，即丙氨酸-谷氨酰胺（Ala-Gln）或甘氨酸-谷氨酰胺（Gly-Gln），溶解度好、性质稳定。输入人体后易于水解故利用率高，尤其是丙氨酸-谷氨酰胺。毒理试验表明这些二肽化合物安全无毒，因此实用性大，在静脉营养及功能性食品中均显示出良好的应用前景。

七、褪 黑 素

褪黑素（Melatonin）的化学名为 N-乙酰-5-甲氧基色胺，属于色氨酸衍生物，是松果体分泌的一种激素。

褪黑素是调节生物钟的活性物质，人类松果体内褪黑素的含量呈昼夜周期性的变化，它主要由环境光线的明暗所调节。当黑暗刺激视网膜时，会发生一系列神经传递和生化反应，促使大脑松果体内褪黑素合成增加。反之，白天因光线刺激视觉，会抑制褪黑素的分泌。

动物试验证明，如切断视神经或持续光照，均会影响褪黑素分泌的周期变化，使体内生物钟失灵。褪黑素对人和动物有镇静作用，并且与分泌量成正比。正因为人体生物钟可以通过褪黑素发挥报时效应，所以助眠是褪黑素最基本的作用，作用立竿见影。

褪黑素是一种激素，但由于它的作用不是直接作用于人体，而是通过调节内分泌、自主神经系统起作用的，因此副作用小。小鼠口服的半数致死量是 1.25g/kg，大鼠口服的半数致死量为 3.2g/kg。

有 8 类人不能服用褪黑素：儿童、孕妇、哺乳期妇女、准备怀孕的妇女、精神病患者、正在服用类固醇药物的人、有严重过敏或自身免疫疾病的人、患有免疫系统肿瘤（如白血病和淋巴肿瘤）的人。

第二节　活　性　肽

　　活性肽是一类有重要生物功效的活性物质，在生物体内的各种组织如骨骼、肌肉、感觉器官、消化系统、内分泌系统、生殖器官、免疫系统、周围和中枢神经系统中都有存在。例如，从人体心房提取液中提取纯化的含有 28 个氨基酸残基及二硫键的心房肽（Atrialnatriuretic peptide），具有利尿和促尿钠排泄的功能。正常细胞的增殖是一个高度保守和严格受控的过程，一旦受到某些损伤，则可能导致细胞的无控生长，这些多肽生长因子在细胞生长调控过程中起重要作用。

　　本节讨论酪蛋白磷肽、高 F 值低聚肽、大豆肽、谷胱甘肽、谷氨酰胺肽、牡蛎肽、卵白蛋白肽、鱼蛋白肽、降压肽、易吸收肽、海洋抗肿瘤肽、糖巨肽之类的活性短肽，它们在功能性食品中的应用前景广阔，部分产品可作为医药品加以开发。

一、酪蛋白磷酸肽

　　机体对无机钙的吸收，必须以可溶性状态由小肠吸收，但小肠下部的 pH 为中性至弱碱性，易使无机钙产生沉淀而形成不溶物，这样势必影响钙的吸收。由酪蛋白制成的酪蛋白磷酸肽（Caseinphosphopeptides，CPP），可防止无机钙的沉淀，从而促进小肠对钙的吸收。让患有佝偻病的幼儿摄入酪蛋白磷酸肽，对促进其骨骼生长效果良好。

（一）酪蛋白磷酸肽的物化性质

　　对酪蛋白磷酸肽的研究可以追溯到 1957 年。酪蛋白通过胰蛋白酶分解，得到的部分水解物酪蛋白磷酸肽比较稳定，不易被进一步水解。酪蛋白磷酸肽与钙、铁等金属离子具有较强的亲和性，可形成可溶性复合体。

　　酪蛋白占牛乳蛋白总量的 80% 左右，它是一种含磷蛋白质，在乳中以粗糙的球形胶体粒子存在，相对分子质量大约为 10^8，成为乳的分散相。酪蛋白是一种非常不均一的混合体，主要由 αs-酪蛋白、β-酪蛋白、κ-酪蛋白组成，其比例大致为 34∶8∶33∶9。

　　粉末状的酪蛋白磷酸肽很稳定，当混用于糕点面包之类焙烤食品中，由于需在 180℃ 以上高温环境下加热 20min 左右，对酪蛋白磷酸肽的稳定性有些影响。

（二）酪蛋白磷酸肽的生物功效

　　酪蛋白磷酸肽对钙的吸收有促进作用，是促进小肠下部的可溶性钙的增加，从而促进小肠对钙的吸收。小肠管腔内钙的主要对象酸根离子是磷酸，酪蛋白磷酸肽可以阻止磷酸钙的生成，即酪蛋白磷酸肽的功能可以使磷酸钙成为过饱和状态，阻止初期结晶化的形成。

　　利用大鼠试验研究酪蛋白磷酸肽与大豆肽（SPP）对钙的吸收率以及钙在大腿骨的沉积情况，结果显示，酪蛋白磷酸肽组对钙的吸收率明显较高，大约要比大豆肽组高出 2 倍，另外钙在大腿骨的沉积量酪蛋白磷酸肽组也明显较高。

　　对雏鸡进行喂养试验，将酪蛋白磷酸肽添加在鸡饲料中，添加量 0.3%~3.0%，饲料中的钙含量约 1%。喂养 10d，检验大腿骨生长情况及钙含量。如表 3-2 所示，喂养添加酪蛋白磷酸肽的试验组，各方面指标明显优于对照组。

表 3-2　　　　　　　　用酪蛋白磷酸肽及酪蛋白喂养的雏鸡大腿骨发育情况

大腿骨发育指标	对照组	酪蛋白磷酸肽添加组			酪蛋白添加量组		
		0.3%	1.0%	3.0%	0.3%	1.0%	3.0%
大腿骨质量/g	0.576	0.636	0.597	0.583	0.537	0.604	0.560
大腿骨长/cm	3.32	3.43	3.34	3.33	3.26	3.39	3.31
大腿骨宽/cm	0.295	0.316	0.305	0.304	0.281	0.303	0.290
大腿骨钙/%	5.18	5.62	5.61	5.66	5.26	5.46	5.28

美国有研究人员选择闭经后女性 35 名，研究酪蛋白磷酸肽对钙吸收的促进作用。研究发现摄取酪蛋白磷酸肽对钙吸收率低的受试者特别有效果，对钙的吸收有明显的促进作用。

由于酪蛋白磷酸肽对钙等矿物质的吸收具有促进作用，故可在多种功能性食品中加以应用。但酪蛋白磷酸肽单独使用的意义不大，它只有与钙等配合使用才可以促进钙的吸收，起到促进骨骼生长、改善贫血等功能。例如对闭经后的老年女性，可以防止其骨质疏松，对骨折者可促进缩短恢复期，尤其对于女性居多的贫血症患者的改善效果较为明显。

二、高 F 值低聚肽

Fischer 值，简称 F 值，是支链氨基酸（Branched-chain amino acids，BC）与芳香族氨基酸（Aromatic amino acids，AC）的物质的量比值。高 F 值低聚肽是蛋白酶作用于蛋白质后形成的一种低分子量活性肽，近些年来受到关注。

（一）防治肝性脑病

动物试验与临床证明，注射或经口摄取高 F 值低聚肽可使患者血中支链氨基酸/芳香族氨基酸比值接近或大于 3，能有效地维持血中支链氨基酸的浓度，纠正血脑中氨基酸的病态模式，改善肝昏迷程度和精神状态。肝昏迷的发生不仅取决于血浆内 F 值，还与血氨浓度有关。支链氨基酸可通过增加氮储备来降低患者血氨浓度，甚至可使血氨浓度恢复正常水平，从而减轻或消除肝性脑病的症状。

（二）改善蛋白质营养状况

支链氨基酸不仅是肌肉能量代谢的底物，而且能促进氮储备与蛋白质的合成，抑制蛋白质的分解。在肌肉组织中支链氨基酸通过氧化脱氨生成相应的 α-酮酸，进入三羧酸循环氧化供能，脱下的氨基由丙酮酸接受，经过血液至肝脏形成尿素，由尿液排出体外，碳架经糖异生转化为糖进入糖代谢。因此，补充外源性支链氨基酸，可节省来自蛋白质分解的内源性支链氨基酸，起到节氮作用。

低聚肽在肠道内易于消化和吸收，故可作肠道营养剂。疾病患者直接从口、胃送入这种物质比从静脉输入的氨基酸更能迅速地恢复正常营养状态。因此，高 F 值低聚肽被广泛应用来改善烧伤、外科手术、脓毒血症等高付出病人以及因缺乏酶系统而不能分解和吸收蛋白质的患者的蛋白质营养。此外，对于特殊营养消费群，特别是婴幼儿，也十分适合。

（三）抗疲劳作用

BC 在肌肉组织中氧化脱氨，生成相应的 α-酮酸进入三羧酸循环而氧化供能，脱下来的氨基与丙酮酸或谷氨酸偶联促进丙氨酸和谷氨酰胺的形成，同样属于提供能量物质。在特殊的应激情况下，支链氨基酸可直接向肌肉提供能源。因此，高 F 值低聚肽可用作高强度工作者及运动员的营养补充剂，以及时补充能量、消除疲劳、增强体力。

三、大 豆 肽

大豆肽是大豆蛋白的酶水解产品，通常是由 3~6 个氨基酸组成的低肽混合物，相对分子质量分布以低于 1000 的为主，主要出峰位置在相对分子质量 300~700。其氨基酸组成与大豆蛋白十分相似，必需氨基酸平衡良好。

（一）大豆肽的物化性质

大豆蛋白的黏度随浓度的增加而显著增加，因此大豆蛋白的浓度不可能提得太高，通常超过 13% 就会形成凝胶状。若加工成酸性蛋白饮料，当 pH 接近 4.5 左右（大豆蛋白的等电点）时会因溶解度的迅速下降而产生沉淀。大豆肽没有上述缺点，即使在 50% 的高浓度下仍能保持良好的流动性，同时具有以下特征：

①即使在高浓度的情况下黏度仍较低；

②在较宽的 pH 范围内仍能保持溶解状态；

③吸湿性与保湿性良好。

大豆肽溶液渗透压的大小处于大豆蛋白与同样组成的氨基酸混合物之间。当一种液体的渗透压比体液高时，易使人体周边组织细胞中的水分向胃肠移动而出现腹泻。氨基酸经常会发生这类问题，大豆肽的渗透压比氨基酸低得多，因此作为口服或肠道营养液的蛋白源比氨基酸还容易见效果。

（二）大豆肽的生物功效

1. 易消化吸收

作为食品摄取的蛋白质通常被认为是在胃中被胃蛋白酶消化成肽后，再在小肠由胰蛋白酶、糜蛋白酶等胰液蛋白酶完全水解后，最终以氨基酸的形式被吸收。但现代试验用试管模拟体内条件进行酶分解时，却得不到完全分解的氨基酸，大部分停留在多肽状态。大豆蛋白质不能通过小肠黏膜，而大豆肽以及同样组成的氨基酸混合物能够通过小肠黏膜。另外，从吸收一侧的氨基酸组成与原试验溶液中的氨基酸组成进行比较时，氨基酸混合物试样的组成有所变化，但大豆肽试样和原试液的氨基酸组成仍相同。该试验表明，多肽可由肠道不经降解直接吸收。

氨基酸由于受高渗透压的影响，水分会从周边组织细胞中向胃移动，减慢了水分从胃向肠的移动速度。而蛋白质在小肠中需要进行消化，故吸收速度也减慢。这些情况不存在于大豆肽中，因为它比氨基酸的渗透压低，从胃到肠的移动率及在小肠的吸收率都比较快。

用 5 周龄的雄鼠进行 3 周无蛋白质饲料的喂养，当其蛋白质营养状态处于极度不良时，再分别喂养大豆肽、酪蛋白和氨基酸混合物进行恢复试验。在恢复期间内，大豆肽试验组的体重增加最多，蛋白质的利用效率最好。对于胃肠道功能尚未成熟的离乳幼鼠也得到同样的结果。

2. 促进脂肪代谢

大鼠摄取大豆肽后，促使交感神经的活化，诱发褐色脂肪组织功能的激活，因而促进了能量的代谢。以肥胖动物模型作试验，发现大豆肽既能有效地使体脂减少，同时又能保持骨骼肌重量的不变。

在儿童肥胖症患者进行减肥期间，采取低能量膳食的同时以大豆肽作为补充食品，发现比仅用低能量膳食更能加速皮下脂肪的减少。这是因为大豆肽的摄入能促进基础代谢的活性，摄入后发热量大为增加，促进能量代谢的进行。

3. 增强肌肉运动力、加速肌红细胞的恢复

要使运动员的肌肉有所增加，必须要有适当的运动刺激和充分的蛋白质补充。通常，刺激蛋白质合成的成长激素的分泌，在运动后 15~30min 之间以及睡眠后 30min 时达到顶峰。若能在这段时间内适时提供消化吸收性良好的多肽作肌肉蛋白质的原料将是非常有效的。日本研究人员曾对大学柔道运动员进行大豆肽饮用试验。每天除常规膳食外再增加 20g 大豆肽，连续 5 个月。结果表明，与没有食用大豆肽的对照组相比较，食用大豆肽者的体能明显增强。

当肌肉细胞破坏时血液中的肌红蛋白就会增加，反之当肌细胞复原时则肌红细胞减少。让中距离运动员竞走 20km 后食用含 20g 大豆肽的饮料，在运动前后分别测定血液中肌红蛋白值。大豆肽组的肌红蛋白值减少速度比未食用组的快。这表明，大豆肽有加速肌肉消除疲劳的效果。

4. 较低的过敏性

大豆肽的抗原性较大豆蛋白降低至 1/100~1/1000。这一点在临床上具有实用价值，可以给食品过敏者提供一种比较安全的蛋白物料。

5. 降低血清胆固醇

表 3-3 列出了分别给老鼠喂食大豆蛋白、微生物蛋白酶消化物和未消化物时，血清胆固醇和肝脏胆固醇的变化。喂食微生物蛋白酶消化物时的血清胆固醇值急剧降低。若此时同时测定粪便中胆固醇，则微生物蛋白酶消化物组的粪便中排出的胆固醇比大豆蛋白组的少，而未消化物组却大幅度增多。这说明未消化物降低胆固醇的作用机制在于它能阻碍肠道内胆固醇的再吸收，使之排出体外。

表 3-3　　　　　大豆蛋白及酶解物对大鼠血清与肝脏胆固醇浓度的影响

评价指标	大豆蛋白	微生物蛋白酶消化物	未消化物
血清胆固醇/（mg/100mL）	340±20	523±50	99.4±6.6
肝脏胆固醇/（mg/g）	69.5±27	71.1±4.1	7.70±0.97

大豆肽应用在功能性食品上，大致有以下几个方面：

①作为过敏体质者的蛋白质来源；

②可以用于减肥但同时具有增强肌力、消除疲劳功能；

③作为运动员的蛋白质来源；

④作为高胆固醇、高血压患者的蛋白质来源；

⑤经调整氨基酸组成后可用作特殊患者的特殊医学用途配方食品。

四、谷　胱　甘　肽

谷胱甘肽是由谷氨酸、半胱氨酸和甘氨酸通过肽键缩合而成的三肽化合物，化学名为 γ-L-谷氨酰-L-半胱氨酰-甘氨酸。从结构式可知，谷胱甘肽与其他肽及蛋白质有所不同，它的分子中有一特殊肽键，是由谷氨酸的 γ-羧基（—COOH）与半胱氨酸的 α-氨基（—NH$_2$）缩合而成的肽键。

谷胱甘肽的相对分子质量为 307.33，熔点 189~193℃（分散），晶体呈无色透明细长柱状，其等电点为 5.93。谷胱甘肽广泛存在于动植物中，在面包酵母、小麦胚芽和动物肝脏中的

含量极高，达 100~1000mg/100g；在人和动物的血液中含量也较丰富，如人血液中含 26~34mg/100g、鸡血中含 58~73mg/100g、猪血中含 10~15mg/100g、狗血中含 14~22mg/100g。

由于谷胱甘肽是一种非常特殊的氨基酸衍生物，又是含有巯基的三肽，所以在生物体内有着重要的作用：

①作为解毒剂，可用于丙烯腈、氟化物、CO、重金属及有机溶剂等的解毒上；

②作为自由基清除剂，可保护细胞膜，使之免遭氧化性破坏，防止红细胞溶血及促进高铁血红蛋白的还原；

③对放射线、放射性药物或者由于肿瘤药物所引起的白细胞减少等症状能起到保护作用；

④能够纠正乙酰胆碱、胆碱酯酶的不平衡，起到抗过敏作用；

⑤对缺氧血症、恶心以及肝脏疾病所引起的不适具有缓解作用；

⑥可防止皮肤老化及色素沉着，减少黑色素的形成，改善皮肤抗氧化能力并使皮肤产生光泽；

⑦治疗眼角膜病；

⑧保护肝功能。

谷胱甘肽分子中含有一个活泼的巯基—SH，易被氧化脱氢，两分子的谷胱甘肽失氢后转变为氧化型谷胱甘肽（Oxidizedformglutathione，GSSG）。在生物体中起重要生物功效的是还原型谷胱甘肽，氧化型谷胱甘肽需还原成谷胱甘肽才有生物功效。

（一）清除自由基

结合在谷胱甘肽肽键上的半胱氨酸其 R 侧链基团是活性巯基—SH，这一特异结构与谷胱甘肽在机体中的生物功效有着密切的关系，使之具有多方面的生物功效。氧化型谷胱甘肽由存在于肝脏和红细胞中的谷胱甘肽还原酶催化作用下，利用还原型辅酶Ⅱ（NADPH）又得以还原成谷胱甘肽，使体内自由基的清除反应能够持续进行。

（二）抗辐射、解毒

谷胱甘肽对于放射线、放射性药物或由于抗肿瘤药物所引起的白细胞减少等症状，能够起到强有力的保护作用。谷胱甘肽能与进入机体的有毒化合物、重金属离子或致癌物质等相结合，并促使其排出体外，起到了中和解毒的作用。临床上已应用谷胱甘肽来解除丙烯腈、氟化物、一氧化碳、重金属或有机溶剂的中毒现象。

谷胱甘肽是体内主要的自由基清除剂，能抵抗氧化剂对巯基的破坏作用，保护细胞膜中含巯基的蛋白质和酶不被氧化。当细胞内生成少量 H_2O_2 时，谷胱甘肽在谷胱甘肽过氧化物酶的作用下，把 H_2O_2 还原成 H_2O，其自身被氧化为氧化型谷胱甘肽。氧化型谷胱甘肽在谷胱甘肽还原酶的作用下，从还原型辅酶Ⅱ接受氢又重新被还原为谷胱甘肽。另外，谷胱甘肽还可以和有机过氧化物起作用，这些过氧化物是需氧代谢的有害副产物，谷胱甘肽在这种解毒中起着关键性作用。

谷胱甘肽可阻止 H_2O_2 氧化血红蛋白，保护巯基，防止溶血的出现，保证血红蛋白能持续发挥输氧功能。因此，血红蛋白中含有丰富的谷胱甘肽（70mg/100g）。谷胱甘肽还能保护含巯基酶分子中的—SH，有利于酶活性的发挥，并且能恢复已被破坏的酶分子中—SH 的活性功能，使酶重新恢复活性。此外，谷胱甘肽还可抑制乙醇侵害肝脏产生脂肪肝。

五、谷氨酰胺肽

谷氨酰胺肽是指一种含有谷氨酰胺残基的小分子肽，是由谷氨酸或谷氨酰胺的羧基基团与氨基酸或多肽的氨基基团发生脱水缩合形成的一类小分子肽。在自然界中广泛分布，在动物、植物、微生物中均有检出。

（一）谷氨酰胺肽的物化性质

谷氨酰胺肽保留了谷氨酰胺的各种生物功效，具有良好的水溶性、稳定性、吸收性和低致敏性，是谷氨酰胺的稳定替代品。甘氨酰谷氨酰胺（Gly-Gln）和丙氨酰谷氨酰胺（Ala-Gln）作为谷氨酰胺的供体，具有良好的稳定性、水溶性、耐热性等。这两种合成的谷氨酰胺肽在体内可迅速水解转化为谷氨酰胺而具有谷氨酰胺应有的全部物化特性。因此，谷氨酰胺肽可作为谷氨酰胺的稳定替代品，扩大谷氨酰胺的应用范围。

（二）谷氨酰胺肽的生物功效

在高强度运动、疲劳以及疾病等应激状态下，机体对谷氨酰胺含量需求增加，使得机体合成不能满足需要，需通过额外补充谷氨酰胺或在体内可快速分解为谷氨酰胺的谷氨酰胺肽，以发挥其重要的生物功效。

1. 保护机体肠道功能

谷氨酰胺是应激状态下小肠黏膜细胞唯一的能量来源，是肠道修复最重要的营养物质，其对于维持肠黏膜上皮的结构完整性具有重要意义。当人体处于应激状态时，由于机体合成的谷氨酰胺不能满足需要，从而导致肠黏膜上皮细胞中的谷氨酰胺迅速耗竭，使得肠黏膜绒毛变薄、变短甚至脱落，严重时会使隐窝变浅，肠道通透性增加，肠免疫功能受损甚至丧失。

使用经酶解制备的小麦蛋白谷氨酰胺肽，可缓解甲氨蝶呤诱导大鼠形成肠道炎症反应，对小肠有明显的修复作用。给予环磷酰胺诱导的肠炎大鼠一定剂量的谷氨酰胺，可增加其肠黏膜的蛋白质含量，调节肠道的免疫功能。

2. 强肌和改善肌肉耐力

谷氨酰胺可为人体提供必需的氮源，使人体的肌肉细胞处于蛋白质合成状态，从而促进人体肌肉的生长。谷氨酰胺肽通过以下两种方式促进肌肉的生长：

①通过增强巨噬细胞促进肌肉卫星细胞的活化；

②促进再生肌纤维的合成代谢。

当人体进行大量运动时，人体会产生酸性代谢产物，使体液酸化。由于谷氨酰胺具有生成碱的能力，因此谷氨酰胺肽可在机体内通过分解生成谷氨酰胺，在一定程度上减轻酸性物质引起的身体疲劳，从而提高肌肉耐力。

3. 促进氮平衡

谷氨酰胺可以促进人体的蛋白质合成，促进氮平衡。以^{60}Co-γ射线照射大鼠造成全身辐射损伤，饲喂添加丙氨酰谷氨酰胺和放射性氨基酸的营养液，48h后收集脏器和血液样本并进行测定，发现向辐射大鼠中添加丙氨酸谷氨酰胺可有效降低亮氨酸的氧化，影响重要支链氨基酸的代谢，从而对蛋白质代谢产生积极影响。对腹膜炎患者给予谷氨酰胺肽，可通过机体代谢形成谷胱甘肽而增强全胃肠外营养，可以改善氮平衡。

六、牡 蛎 肽

牡蛎肽是利用酶解方法制成的一种小分子生物功效肽，不仅保留了牡蛎原有的营养成分，还附加了其他生物功效。

（一）抗氧化作用

活性肽的抗氧化活性与其氨基酸组成存在相关性，牡蛎肽中富含具有抗氧化活性的氨基酸，如天冬氨酸、谷氨酸、半胱氨酸、亮氨酸、赖氨酸、精氨酸等，因此具有一定的抗氧化活性。

（二）抗高血压作用

血管紧张素转换酶（Angiotensin converting enzyme，ACE）作用于血管紧张素 I 羧基端的底物（组氨酸-亮氨酸）生成血管紧张素 II，血管紧张素 II 可使血压升高并使缓激肽失活。从牡蛎横纹肌中分离得到对血管紧张素转换酶具有显著抑制作用的五肽，其结构为 Asp-Leu-Thr-Asp-Tyr。在血管紧张素转换酶离体试验中，将血管紧张素转换酶与牡蛎的血管紧张素转换酶抑制肽分别提取并在一定反应体系下混合，通过高效液相色谱检测发现，牡蛎肽对血管紧张素转换酶活性的抑制率为 36.17%，其血管紧张素转换酶抑制活性的 IC_{50} 为 0.8mg/mL。

（三）降血糖

牡蛎肽对胰岛 β 细胞具有保护和修复作用，可促进胰岛组织的修复，并使其恢复分泌胰岛素的功能，从而显著降低糖尿病动物体内的血糖水平。四氧嘧啶诱导的昆明小鼠糖尿病模型的动物试验表明，牡蛎肽可有效降低模型动物的血糖和丙二醛水平，提高超氧化物歧化酶和胰岛素水平，显著改善肿瘤坏死因子的异常表达。

（四）免疫调节作用

利用小鼠体外脾脏混合淋巴细胞的增殖活性试验，对牡蛎肽的免疫活性进行研究。结果表明，随着浓度的升高，牡蛎肽对小鼠脾淋巴细胞生长的抑制率增强，且显著抑制小鼠脾淋巴细胞分泌细胞因子白介素-2 和 γ 干扰素。其机制可能是牡蛎肽通过抑制细胞因子分泌而发挥免疫抑制作用。

在细胞和分子水平上的研究发现，牡蛎肽可恢复小鼠 T 细胞的比例以及由环磷酰胺引起的细胞因子失调，可增加骨髓有核细胞的数量和骨髓 DNA 的含量，从而增强机体的免疫功能。

（五）抗肿瘤

在细胞和分子水平上的研究发现，从僧帽牡蛎中提取得到的牡蛎肽通过降低人胃腺癌 BGC-823 细胞的分裂指数而抑制细胞增殖，使其在细胞周期出现凋亡高峰，最终 BGC-823 细胞失去最初的恶性表型，结果如图 3-1、图 3-2 和表 3-4 所示。使用 MTT 法、吖啶橙和溴化乙锭染色法分别测定牡蛎肽对人结肠癌细胞 HT-29 的毒性和凋亡状态，结果表明牡蛎肽对 HT-29 具有一定的抑制作用。

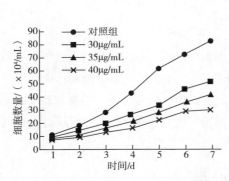

图 3-1 牡蛎肽对人胃腺癌 BGC-823 细胞生长的影响

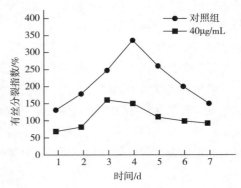

图 3-2 牡蛎肽对人胃腺癌 BGC-823 细胞分裂指数的影响

表 3-4　　　　　　　　　　牡蛎肽对人胃腺癌 BGC-823 细胞凋亡率的影响

组别/mL	20	30	40
凋亡率（亚 G_1 期）/%	15.4	17.6	25.1

七、卵白蛋白肽

卵白蛋白是蛋清中的一种优质蛋白，约占蛋清总质量的 54%，由 385 个氨基酸残基组成，其组成与人血清白蛋白氨基酸组成的比例相似。卵白蛋白具有多种生物功效，经胰蛋白酶、糜蛋白酶及其他酶水解所得到的卵白蛋白肽，也具有多种生物功效。

（一）抗氧化

体外抗氧化试验表明，卵白蛋白及其酶解物卵白蛋白肽对碱性邻苯三酚自氧化产生的超氧阴离子、芬顿（Fenton）反应产生的羟自由基和亚油酸氧化体系中亚油酸的氧化均有明显的抑制作用，且均呈现一定的量效关系。与卵白蛋白的抗氧化活性相比，相同浓度的卵白蛋白肽抗氧化活性显著高于卵白蛋白。

体内试验表明，卵白蛋白肽可有效调节 D-半乳糖诱导的小鼠衰老模型的相关生物指标，如可增加血液、肝脏中淬灭自由基和过氧化物的超氧化物歧化酶、谷胱甘肽过氧化物酶、过氧化氢酶的酶活性，显著提高细胞的总抗氧化活性，降低血液、肝脏中丙二醛的浓度水平，表明卵白蛋白肽具有显著的抗氧化作用和自由基清除作用。

（二）降压

卵白蛋白肽具有松弛血管的作用，口服卵白蛋白肽 10mg/kg 后，自发性高血压大鼠的收缩压明显降低，其降压活性可通过 C 端的苯丙氨酸残基被色氨酸取代而增强。

八、鱼 蛋 白 肽

鱼蛋白肽是使用蛋白酶对鱼及其加工副产物水解而成的多肽化合物，不但氨基酸比例均衡、易吸收，还具有抗氧化、抗菌、血管紧张素转化抑制活性等多种生物功效。

（一）抗氧化活性

从鱼蛋白获得的多种多肽具有明显的抗氧化活性。在搅碎的猪肉肌肉中加入 0.5%～3.0% 的鱼脯蛋白水解物，可以降低二次氧化物的形成，其中硫代巴比妥酸反应物质降低了 17.7%～60.4%。以鱼皮明胶为原料制备的鱼蛋白肽，具有清除自由基活性，在得到的多肽组分中，His-Gly-Pro-Gly-Leu（相对分子质量为 797）多肽的清除自由基能力最强。

（二）皮肤修复和再生活性

皮肤作为一种化学和物理屏障保护机体免受外部环境的侵害，如有害化学物质、紫外线、温度等。然而，在此过程中亦会对皮肤造成一定的损害。鱼蛋白肽具有良好的生物功效、生物相容性、渗透能力和皮肤修复能力，如鱼皮胶原蛋白肽表现出良好的生物相容性，可为紫外线辐射造成的皮肤损害提供保护，其中的作用机制主要包括增强免疫、减少水分和脂质损失、修复内源性胶原和弹性蛋白纤维等。

有人评估了从鳕鱼皮肤中分离的鱼蛋白肽，对紫外线诱导小鼠皮肤损伤的影响，其中采用胃蛋白酶和蛋白酶水解得到的鱼蛋白肽均具有良好的吸湿性和保水性，这 2 种多肽都对紫外线诱导的皮肤皱纹形成和皮肤结构破坏具有保护作用。

（三）降血压

在自发性高血压大鼠体内的研究表明，通过口服鱼蛋白肽 $10mg/$（kg BW）后，大鼠的收缩压与对照组相比，平均降低了 $25mmHg$（$1mmHg = 133.322Pa$），表明鱼蛋白肽具有显著的血管紧张素转换酶抑制活性。利用碱性蛋白酶水解鲣鱼鱼子得到鱼蛋白肽粗产物，并通过超滤、阳离子交换柱层析和反相高效液相色谱等方法进行纯化获得的六肽具有显著的血管紧张素转换酶抑制活性。

有人评估了多种蛋白酶的鲑鱼蛋白水解物的血管紧张素转换酶抑制能力，其中碱性蛋白酶的水解产物鲑鱼蛋白肽具有突出的血管紧张素转换酶抑制活性，结果表明其羧基端的 Phe 残基、Leu 残基和 Tyr 残基对血管紧张素转换酶抑制活性起着重要作用。

九、降 压 肽

降压肽是通过抑制血管紧张素转换酶的活性，来体现降压功效的。因为血管紧张素转换酶能促进血管紧张素Ⅰ转变为血管紧张素Ⅱ，后者会使末梢血管收缩而导致血压升高。目前主要有 3 种来源的降压肽。

（一）来自乳酸蛋白的降压肽

C_{12} 肽：Phe-Phe-Val-Ala-Pro-Phe-Pro-Glu-Val-Phe-Gly-Gys。

C_7 肽：Ale-Val-Pro-Tyr-Pro-Gln-Arg。

C_6 肽：Thr-Thr-Met-Pro-Leu-Trp。

（二）来自鱼贝类的降压肽

C_8 肽（沙丁鱼）：Leu-Lys-Val-Gly-Val-Lys-Gln-Tyr。

C_{11} 肽（沙丁鱼）：Tyr-Lys-Ser-Phe-Ile-Lys-Gly-Tyr-Pro-Val-Met。

C_8 肽（金枪鱼）：Pro-Thr-His-Ile-Lys-Trp-Gly-Asp。

C_3 肽（南极磷虾）：Leu-Lys-Tyr。

（三）来自植物的降压肽

大豆降压肽：大豆蛋白经酶水解，制得以相对分子质量低于 1000 为主的低聚肽。

玉米降压肽：玉米醇溶蛋白经酶水解，制得以 Pro-Pro-Val-His-Leu 连接片段组成的低聚肽。

无花果降压肽（3 种）：Ala-Val-Asp-Pro-Ile-Arg、Leu-Tyr-Pro-Val-Lys、Leu-Val-Arg。

这些肽通常由蛋白酶在温和条件下水解制得，食用安全性高。而且，它们有一个突出的优点，对血压正常的人无降血压作用。

十、易 吸 收 肽

牛乳、鸡蛋、大豆等蛋白质经蛋白酶水解而得的多肽混合物，其消化吸收率大大提高。历来认为，摄入的蛋白质在胃和小肠内由多种蛋白酶完全水解，然后再以氨基酸的小分子形式被吸收。但是，近些年的研究表明，多肽可由肠道直接吸收，肽和氨基酸是以不同的形式吸收的，肽的吸收途径比氨基酸的具有更大的输送量。

这类易吸收肽，可作为肠道营养剂或以流质食品形式，提供给处于特殊身体状况下的人。

例如：消化功能不健全的婴儿，消化功能衰退的老人，手术后（特别是消化道手术后）的康复者或有待于治疗康复的病人，因过度疲劳、腰肌劳损、盛夏而引起胃肠功能下降者，大运动负荷需摄入大量蛋白质而肠胃不堪重负者，以及对蛋白质抗原性过敏的过敏性体质者。

十一、海洋抗肿瘤肽

由于海洋生物的生息环境，是一个高压、富盐的海水封闭系统，海洋生物的进化过程与通常所见的陆地生物不同。因而，来源海洋的抗肿瘤活性物质，其活性更强而毒副作用更小。海洋抗肿瘤活性物质主要包括肽类、大环内酯类、萜类、多醚类、多糖类以及皂苷类等各种类型的化合物。

从印度洋海兔分离出的小分子环肽 1 ~ 15，抗肿瘤活性很高。其中，小分子环肽 3 是脯-亮-缬-谷酰胺-噻唑氨基酸序列的环肽，具有强烈的细胞毒性，能阻断 P_{388} 淋巴癌细胞，ED_{50} 为 0.1~100μg/L。小分子环肽 10 的抗肿瘤活性也很高，对各种人体癌细胞的 ED_{50} 为 1~49μg/L，它作用于微管蛋白，但因合成困难而制约了它的发展。小分子环肽 15 的合成较小分子环肽 10 简单，但活性较低。

由沙海葵中提取出的 4 种肽 A~肽 D，是由 17 种氨基酸组成。其中肽 A 和肽 B 是糖肽，肽 C 和肽 D 为相应的肽，对体外的 PS 瘤系细胞系的 ED_{50} 分别为 2.3ng/mL、20ng/mL、1.8ng/mL 和 22ng/mL。150μg/kg 肽 A 延长白血病动物的存活时间达 22%，300μg/kg 和 80μg/kg 肽 B 可延长白血病动物的存活时间 32%~22%。

鲨鱼软骨中含有一种多肽类物质，血管生成抑制因子。它可阻止恶性肿瘤细胞的生长和扩散，逐渐切断肿瘤细胞与周围组织的联系和血液的供应，使肿瘤细胞萎缩而脱落。

十二、糖　巨　肽

糖巨肽（Glycomacropeptide，GMP），是牛乳 κ-酪蛋白的凝乳酶水解产物，由 64 个氨基酸组成。此外，牛犊和羊羔摄入牛乳或初乳后，胃流出物中即出现糖巨肽，它减弱了食物对胃肠道分泌的刺激作用，从而有效保护初乳中免疫球蛋白和乳铁蛋白等功效成分免遭水解、破坏，在控制肠道菌群和幼仔免疫系统发育方面具有重要功能。与其他不少乳蛋白水解产物类似，糖巨肽及其进一步水解片段本身并不被吸收，而是通过肠黏膜细胞受体发挥作用，故其功能性必须有含唾液酸的碳水化合物链参与。糖巨肽诱导信号通过刺激或抑制生长激素释放抑制因子、胃泌素和胰泌素等消化调节肽分泌的方式转导至器官。

从性质上看，糖巨肽是一种对热稳定、滋味清淡柔和、水溶性极好的组分，非常适于用作减肥或防止霍乱弧菌等致病菌导致的机能失调症的活性物质。

并非所有糖巨肽均为活性形式。研究发现，糖巨肽分子上并非所有氨基酸残基为发挥生物功效所必需，而碳水化合物链是必要的。决定糖巨肽分子活性的因素包括结合碳水化合物链数目、类型及结合部位，糖巨肽混合物中仅一种含量较少的（少于20%）形式，即 Thr21 残基糖基化且糖链末端为唾液酸组分的活性形式。

十三、其他活性短肽

活性肽在生物体内含量极微，但能高效地调节各类生理活动。但存在于生物体内的多肽由于难以提取而没有实用价值。如果在阐明其分子结构后，借助生物工程或化学合成的途径提供产品，不仅有助于深入探讨各种生物机制，而且也可推动在工业产品及临床上的应用。活性肽在体内是多位分布的，具有多重生物功能，为不同靶细胞受体辨认后激发产生相应的特殊生物功效，被认为有希望用来治疗至今无法或很难处理的器质功能性疾病。其中的部分产品（如谷胱甘肽）也可在功能性食品中得到应用。

活性肽的多重生物功能及分子的多显性，有时会因不必要的生理作用而产生某些障碍。因此最理想的方法是，裁取其中的某一片段而保持各自单一的生物功能。其中最成功的例子是有关血管紧张素转化酶抑制的研究，将由蛇毒中获得天然九肽酶抑制剂的分子裁减到仅留脯氨酸末端，再以 α-甲基-β-巯基丙酸修饰 N 端后的甲巯丙脯酸（Cartopril），同样可插入转化酶分子的疏水空穴，并与酶键上的锌螯合，抑制酶活力的能力比天然抑制剂增加 20 倍以上。

后叶加压素（Vasopressin）在临床上用于治疗尿崩症，缺点是能够使病人血压升高。用化学合成途径制备的类似物去氨基精加压素（Desmopressin）的升压作用极小，而抗利尿作用极强。苯赖加压素（Felypressin）和鸟氨酸加压素（Orinpressin）是抗利尿作用极小的血管收缩剂，临床用于出血和休克的治疗。将加压素的九肽分子中的异亮氨酸及亮氨酸分别换以苯丙氨酸及精氨酸就成为早已在临床上应用的催产素（Oxytocin）。

短肽中除了比较熟悉的谷胱甘肽外，还有四肽胃泌素（Tetragastrin）与五肽胃泌素（Pentagastrin），它们能强烈促进胃酸分泌，对胃黏膜细胞有营养和增殖作用。因此，可用于治疗萎缩性胃炎、胃下垂及改善胃切除后的食欲不振与腹泻症状。胃蛋白酶抑制剂（Pepstatin）是一种五肽化合物，对胃蛋白酶有强烈的抑制作用，临床用于治疗胃溃疡，功效显著。

第三节　活性蛋白质

乳铁蛋白与金属硫蛋白虽称为蛋白，但从分子结构、相对分子质量上看更接近活性肽。免疫球蛋白，是一类具有抗体活性或化学结构与抗体相似的球蛋白，属于活性蛋白质。本节讨论的 9 种生物功效物质，大多受到人们的广泛关注，可望在功能性食品上发挥重要作用。

一、乳铁蛋白

乳铁蛋白（Lactoferrin）是一种天然的蛋白质降解物，存在于牛乳和母乳中。乳铁传递蛋白具有结合并转运铁的能力，到达人体肠道的特殊接受细胞后再释放出铁，这样乳铁蛋白就能增强铁的实际吸收性和生物利用率，可以降低有效铁的使用量，同时减少铁的负面影响。

（一）乳铁蛋白的物化性质

乳铁蛋白因其晶体呈红色又称"红蛋白"，是一种铁结合性糖蛋白，相对分子质量为 77100±1500，其主体呈无柄银杏叶并列状结构，铁离子结合在两叶的切入部分（铁离子间隔 2.8~4.3nm）。牛乳铁蛋白的等电点为 pH＝8，比母乳铁蛋白高 2 个 pH。在乳铁蛋白分子中，谷氨酸、天冬氨酸、亮氨酸和丙氨酸的含量较高，除含少量半胱氨酸外，几乎不含其他含硫氨基酸；其终端含有一个丙氨酸基团，由单一肽键构成。

乳铁蛋白溶液在中性或碱性条件下，当温度高于 80℃ 即开始胶凝。在酸性条件下则非常稳定，在 pH＝4、90℃加热 5min，其铁结合能力、抑菌性质几乎没有变化，在 pH＝2~3、100~

120℃加热 5min，虽有少量分解，但其抑菌作用却有明显增强，这是因为乳铁蛋白降解的小分子也有抑菌作用。差示扫描量热法分析表明缺铁乳蛋白晶体的变性温度是 65℃，饱和乳铁蛋白在 69℃和 83℃表明有两个变性峰。

（二）乳铁蛋白的生物功效

乳铁蛋白有多种生物功效，包括以下几个方面：

①刺激肠道中铁的吸收；

②抑菌作用，抗病毒效应；

③调节吞噬细胞功能，调节 NK 细胞的 ADCC 活性；

④调节发炎反应，抑制感染部位炎症；

⑤抑制由于 Fe^{2+} 引起的脂氧化，Fe^{2+} 或 Fe^{3+} 的生物还原剂，如抗坏血酸盐是脂氧化的诱导剂。

乳铁蛋白的生物功效受多种因素的制约，盐类、铁含量、pH、抗体或其他免疫物质、介质等均影响其生物功效。乳铁蛋白的铁含量对抑菌作用有决定性作用，如从乳房炎中分离的大肠杆菌、葡萄球菌和链球菌类在一定合成介质中均被缺铁乳蛋白抑制。这种抑制作用因加入 Fe^{3+} 使其饱和而消失，说明了乳铁蛋白抑菌作用的铁依赖性。

给小鼠喂饲缺铁性饲料，然后测其血红蛋白质值表明数值非常低，说明较低的铁摄入诱导产生贫血。这种情况可通过添加结合铁的乳铁蛋白而得以缓解。而要使血红蛋白值实现正常化，$FeSO_4$ 每日用量要求达到 200μg。这个研究清楚地说明了乳铁蛋白能增强铁的生物利用率。对人体的临床研究，基本上验证了小鼠试验结果。给低于最佳血红蛋白水平的受试者食用铁-乳铁蛋白片剂，该片剂含有 7mg 铁和 100mg 乳铁蛋白。每天 1 片持续 5 周，结果表明血红蛋白水平显著上升，没有发现任何副作用。

乳铁蛋白是一种新型的、有发展前景的铁强化配料，它综合了良好的铁生物利用率和降低了高铁用量时铁的负面影响的优点。因此，乳铁蛋白是开发功能性食品、运动型配方的首选补铁基料。

二、金属硫蛋白

金属硫蛋白（Metallothionein，MT）是在 1957 年从马的肾皮质中发现的，一种含有大量 Cd 和 Zn 的低分子量蛋白质，因为它是金属与硫蛋白结合的产物，故称为金属硫蛋白。金属硫蛋白可为 Cd、Zn、Cu、Hg、Ag、Au 所诱导而在体内大量产生，Ni、Co、Bi 对金属硫蛋白基因转录也有调控作用。

金属硫蛋白广泛存在于生物界里，动物体内主要在肝脏中合成，在血液、肾脏中存在。金属硫蛋白属于一种富含半胱氨酸的低相对分子质量蛋白质，相对分子质量 6000~10000，每摩尔的金属硫蛋白含有 60~61 个氨基酸分子，其中含—SH 的氨基酸有 18 个，占总数的 30%。每 3 个—SH 键可结合 1 个 2 价金属离子。用重金属喂养动物时，可在肝内诱导形成更多的金属硫蛋白并与金属结合，使金属暂时失去毒性作用，从而发挥暂时性或永久性的解毒作用。但当摄入的重金属量超过诱导合成的金属硫蛋白时，重金属仍可以自由离子的形式发挥其毒性作用。

金属硫蛋白有如下功能：

①参与微量元素的贮存、运输和代谢；

②清除自由基，拮抗电离辐射；

③重金属的解毒作用；

④参与激素和发育过程的调节，增强机体对各种应激的反应；

⑤参与细胞 DNA 的复制和转录，蛋白质的合成与分解，以及能量代谢的调节过程。

（一）清除自由基

金属硫蛋白具有清除自由基作用，可抑制脂质过氧化过程、保护细胞、增强吞噬细胞的功能、提高机体的免疫力。

金属硫蛋白具有强大的清除自由基能力，是有效的细胞保护剂。用金属硫蛋白与大鼠心肌细胞进行保温试验，发现金属硫蛋白能显著地减轻缺氧后复氧的损伤，增加细胞存活率，降低细胞内 Ca^{2+} 的积累，抑制膜脂质过氧化。用马来酰亚胺标记红细胞膜来研究金属硫蛋白的抗自由基作用，当引入自由基作用于红细胞膜时，结果表明含有金属硫蛋白的基质红细胞膜比对照组受损伤程度要小得多，过氧化程度明显低，红细胞膜构象没有受到破坏。

金属硫蛋白不仅能清除 $O_2^- \cdot$，且对 $\cdot OH$ 也有极强的清除功能，而超氧化物歧化酶只能清除 $O_2^- \cdot$，不能清除 $\cdot OH$，这说明金属硫蛋白在清除自由基方面比超氧化物歧化酶优越。

（二）抗辐射

金属硫蛋白具有很强的抗辐射作用、保护细胞免受损伤及修复损伤细胞的功能。用马来酰亚胺标记的红细胞膜来研究金属硫蛋白的抗辐射作用，当引入射线作用于红细胞膜时，含有金属硫蛋白的基质红细胞膜比对照组受损伤程度要小得多，过氧化程度明显较低，红细胞膜结构没有受到明显的破坏。用含有金属硫蛋白的培养基培养细胞和用不含金属硫蛋白的培养基培养细胞，然后置于紫外线下照射一段时间后，发现不含金属硫蛋白的培养基培养的细胞存活率不到 50%，而含金属硫蛋白的培养基培养的细胞存活率达 82.7% 以上。

因此，金属硫蛋白作为放射化学治疗的辅助成分是有效的，它具有防止放射治疗的副作用、保护正常人体细胞的功能。全世界接受治疗的癌患者中，50% ~ 70% 曾接受过放射化学治疗。放疗在伤害癌细胞的同时，对正常细胞有严重的损伤，导致出现白细胞减少症，使患者生存质量恶化。应用特异性生物功效物质，防止放疗的副作用，保护正常人体细胞，已成为提高癌症放疗治愈率、改善患者生存质量的重要方向。金属硫蛋白是其中一种有效的活性物质。

（三）解毒

金属硫蛋白参与机体的矿物离子代谢的调节，平衡机体矿物离子，防止机体中矿物离子的过多或过少而导致的机体病变。通过基因工程法将人的金属硫蛋白-Ⅱ基因导入油菜（*Brassica napus*）及烟草（*Nicotiana tabacum*）细胞中，将培养后所得种子放入具有毒性浓度的 Ld 溶液中生长，发现含有人 MT-Ⅱ基因的种子能在浓度为 $10\mu mol/L$ 的情况下继续生长，而对照组的生长受到抑制。

由于金属硫蛋白具有很强的金属结合能力，是一种有效的解毒物质。金属硫蛋白能防止 Cu、Zn 和 Hg 中毒，但金属硫蛋白并不对所有诱导它合成的金属有解毒作用，如 Ag、Co 和 Ni 能诱导金属硫蛋白合成，金属硫蛋白对这些金属无解毒作用。目前在临床上广泛应用的抗癌药物顺铂和含金制剂有较大的毒副作用。如果先给予金属硫蛋白，然后再给予 Pt 和 Au 制剂，可以大大减少药物对人体的危害。

（四）抗溃疡及其他功效

用金属硫蛋白注射给小鼠后，可抑制氯仿-乙醇诱导的胃溃疡的形成。金属硫蛋白具有非常卓越的抑制溃疡形成的作用，且毒性低，功效显著。临床上，金属硫蛋白可用于控制缺血后的重灌流损伤。因此有一篇专利是利用金属硫蛋白作为心肌梗塞治疗剂，它具有对心肌梗塞等缩小的作用，认为比过去采用血管扩张剂、抗不整脉剂、镇痛剂等药物要好。

三、免疫球蛋白

免疫球蛋白（Immunoglobulin，Ig）是一类具有抗体活性，能与相应抗原发生特异性结合的球蛋白。它不仅存在于血液中，还存在于体液、黏膜分泌液以及 B 淋巴细胞膜中。它是构成体液免疫作用的主要物质，与抗原结合导致如排除或中和毒性等变化或过程的发生，与补体结合后可杀死细菌和病毒，因此可以增强机体的防御能力。

免疫球蛋白呈 Y 字形结构，由 2 条重链和 2 条轻链构成，单体相对分子质量为 150000～170000。免疫球蛋白共有 5 种，即 IgG、IgA、IgD、IgE 和 IgM。其中在体内起主要作用的是 IgG，而在局部免疫中起主要作用的是分泌型 IgA（sIgA）。

从鸡蛋黄中提取免疫球蛋白，为 IgY，是鸡血清 IgG 在孵化过程中转移至鸡蛋黄里形成的，其生物功效与鸡血清 IgG 极为相似，相对分子质量 164000。其活性易受到温度、pH 的影响，当温度在 60℃以上、pH <4 时，活性损失较大。

四、大豆球蛋白

大豆球蛋白是存在于大豆籽粒中的储藏性蛋白的总称，约占大豆总量的 30%，主要包括 11S 球蛋白（可溶性蛋白）和 7S 球蛋白（β-浓缩球蛋白与 γ-浓缩球蛋白）。其中，可溶性蛋白与 β-浓缩球蛋白两者约占球蛋白总量的 70%。

以大豆为原料加工的豆腐、油豆腐等制品中，大豆球蛋白含 3%～15%，而酱油、豆酱等发酵食品中，主要是肽和氨基酸，大豆球蛋白几乎没有。

（一）大豆球蛋白的物化性质

大豆球蛋白具有乳化性、保水性、凝胶性、纤维形成性、胶化性、成膜性、黏结性、结着性和弹性等，这些特性会随着环境中的离子强度、pH 等变化而产生微妙的影响。

大豆球蛋白质在中性至弱碱性的范围中呈现良好的溶解性，在酸性状态下溶解性降低，在 pH=4.5（大豆球蛋白的等电点）附近最低，另外会与 Ca^{2+}、Mg^{2+} 等二价盐离子反应产生凝固沉淀现象。往大豆球蛋白的稀溶液中通入空气进行搅拌，能形成良好的气泡，可利用这种优良的起泡性制作冰淇淋等食品，尤其是在低黏度起泡稳定性更好。

（二）大豆球蛋白的生物功效

1. 蛋白质营养价值

根据 FAO/WHO 食品添加剂联合专家委员会的有关研究，大豆球蛋白的氨基酸模式与人体必需氨基酸的需求量比较，除了婴儿以外，自 2 周岁的幼儿至成年人，都能满足其需要。

大米和大豆球蛋白按 4:6 比例混合，蛋白质的利用率可得到提高，与完全蛋白的利用率相似。将大豆蛋白与鱼肉蛋白等量搭配后的利用效果与单独鱼肉相似。将大豆球蛋白与牛肉相混合进行研究，结果认为不论大豆球蛋白与牛肉按什么比例混合，其蛋白质利用率都没有什么差别。也就是说，在保持氮平衡的情况下，即使将大豆球蛋白置换牛肉，其整体营养价值与牛肉没多大差别。

日本有人将大米、鸡蛋等 4 种不同的蛋白质，按不同比例混合进行摄食试验，测定人体对氮的吸收率，结果如图 3-3 所示。A 组膳食蛋白中鸡蛋白占 1/3，其余的为大米蛋白；B 组的鸡蛋白占 1/3，其余为大米与脱脂乳的等量混合物；C 组的鸡蛋白占 1/3，其余为大米与大豆球蛋白的等量混合物；D 组的鸡蛋白占 1/3，其余为大米与大豆球蛋白的 1:3 混合物。各试验组对氮的吸收率（g/d），A 为 -1.23± 1.00，B 为 0.66±0.64，C 为 0.84 ± 0.47，D 为 0.70 ± 0.55。这个试验表明，大豆球蛋白对食物蛋白质的利用率有改善作用。

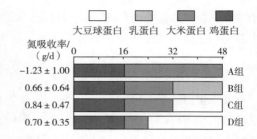

图 3-3　混合蛋白质的组成及对氮吸收率的影响

2. 降低血清胆固醇

大豆球蛋白对血浆胆固醇的影响，并经临床应用已确认的有下面 3 个特点：

①对血浆胆固醇含量高的人，大豆球蛋白有降低胆固醇的作用；

②当摄取高胆固醇食物时，大豆球蛋白可以防止血液中胆固醇的升高；

③对于血液中胆固醇含量正常的人来说，大豆球蛋白可以降低血液中低密度脂蛋白胆固醇/高密度脂蛋白胆固醇的比值。

自古以来大豆球蛋白就以各种形式为人们所食用。近年来通过对大鼠 2 年以上的长期喂养试验，发现摄入大豆球蛋白比摄入鸡蛋白的肾炎发病率低，且炎症的发病程度也减轻，大鼠的生存寿命延长。对大白兔进行 2 个月的大豆球蛋白喂养试验，发现大白兔血液中胆固醇含量较喂食其他蛋白质的低。

作为蛋白质源的大豆球蛋白，以 140g/d 的剂量连续摄入 1 个月，可以改善并保持健康状况。但过量的摄取，有可能出现与过量摄入其他蛋白质同样的问题。动物试验表明，过量摄入蛋白质会抑制 Fe 的吸收，大豆球蛋白也不例外。人体试验表明，大豆球蛋白的摄取量在 0.8g/kg 左右，对 Fe、Zn 等微量元素的生物利用率没有影响。

五、胶原蛋白

胶原蛋白是细胞外基质的一种纤维蛋白，也称为硬蛋白，主要存在于皮肤、骨、软骨及肌腱等结缔组织中，占人体或动物总蛋白含量的 25% ~ 33%。胶原蛋白呈白色且不透明，无支链，人体很难消化吸收。从低等脊椎动物线虫、蚯蚓等体表的角质层，到哺乳动物机体组织均含有胶原蛋白。

（一）胶原蛋白的物化性质

三螺旋结构是胶原蛋白最普遍的构型特征，胶原蛋白的三螺旋结构由三条 α 链多肽组成，每条多肽链都是左螺旋构型，多肽链相互间以氢键连接形成牢固的螺旋结构。单个的 α 链是胶原蛋白的基本单元，含有一个或多个甘氨酸-脯氨酸-羟脯氨酸多肽片段，并形成具有一个或多个非三螺旋组分的三螺旋结构。

构成胶原蛋白的氨基酸序列有 4 个主要特点：

①富含甘氨酸和脯氨酸残基，前者占总氨基酸残基的 1/3，后者占总氨基酸残基的 1/4；

②序列中的赖氨酸和脯氨酸经特定酶的催化生成衍生物羟赖氨酸和羟脯氨酸；

③序列中仅含少量的酪氨酸残基，且不含色氨酸和半胱氨酸残基；

④一级结构的氨基酸以 "-甘氨酸-脯氨酸-羟脯氨酸-" 三联交替出现的顺序进行排列。

胶原蛋白分子呈细长棒状，具有良好的延伸力，不溶于冷水、稀酸、稀碱溶液，具有良好的保水性和乳化性。胶原蛋白不易被一般的蛋白酶水解，但可被动物胶原酶水解断裂，断裂的碎片自动变性，可被普通蛋白酶水解。

（二）胶原蛋白的生物功效

1. 改善骨代谢

研究发现，0.3mg/mL 的牛骨胶原蛋白能显著促进人成骨细胞的增殖，是一种良好的防治骨质疏松的营养补充剂。有人制备一种牦牛骨胶原蛋白，发现在 0.5mg/mL 的浓度下处理 96h，成骨细胞增殖率高达 175.4%。通过质谱鉴定，发现有 28 条肽来自 I 型胶原蛋白 α_1 链，有 31 条肽来自 I 型胶原蛋白 α_2 链，推测这些肽可能与表皮生长因子受体（EGFR）之间形成了强氢键，有效刺激表皮生长因子的活性位点，从而促进成骨细胞的分化。

通过去卵巢骨质疏松大鼠模型，发现相对分子质量小于 3000 的牦牛骨胶原蛋白肽，在 100mg/kg、200mg/kg、500mg/kg 的剂量下，可使大鼠骨弹性载荷和断裂载荷明显上升，显著提高大鼠骨小梁数目、密度、厚度和骨体积分数，降低骨小梁间距，表明牦牛骨胶原蛋白肽能够明显改善骨质疏松症状。

2. 改善皮肤、促进伤口愈合

在一个临床试验中，受试者连续 8 周每天口服鱼源和猪源胶原蛋白肽 10g，受试者的真皮中胶原蛋白密度增加，而真皮胶原蛋白网络的断裂显著降低，皮肤水合作用显著增加。剖宫产后的大鼠创伤实验中，以每千克体重口服剂量为 1.125g 的胶原蛋白肽，可以加快胶原蛋白沉积和增加组织血管生成，促进伤口收缩，从而改善愈合情况。按照每天每千克体重口服剂量为 0.2g 的胶原蛋白肽（来自罗非鱼鳞片），可抑制由紫外线-B 辐射产生的皮肤水分减少和表皮增生，以及可溶性 I 型胶原蛋白降低等皮肤问题。

3. 抑菌

富含脯氨酸的抗菌肽可以选择性杀死革兰氏阴性菌，其对动物的毒性低。抗菌肽的作用方式不涉及细菌膜的裂解，而是需要渗透到易感细胞中，然后在细胞内起作用。这些特性使抗菌肽可作为抗感染的先导化合物，还能作为潜在的新型细胞穿透肽将不透膜的药物内化至细菌和真核细胞。

牛骨胶原蛋白含有较多的脯氨酸，已有研究表明其具有抑菌作用。胶原蛋白风味蛋白酶和中性蛋白酶的酶解液对金黄色葡萄球菌具有抑菌效果，抑菌圈直径分别为 6.03mm 和 7.97mm，而动物复合蛋白酶、风味蛋白酶和胰蛋白酶的酶解液对肠炎沙门氏菌具有抑菌效果，其抑菌圈直径分别为 8.67mm、9.10mm 和 9.03mm。通过在火鸡制品中添加 1.5% 的骨胶原蛋白，菌落数明显减少，说明骨胶原蛋白具有抑菌作用，可以延长产品货架期。

六、乳　清　蛋　白

乳清蛋白是指溶解分散在乳清中的蛋白，占乳蛋白质的 18%~20%，可分为热稳定和热不稳定乳清蛋白两部分。乳清液在 pH=4.6~4.7 时，煮沸 20min 发生沉淀的一类蛋白质为热不稳定乳清蛋白，主要包括乳白蛋白和乳球蛋白，其约占乳清蛋白的 81%。不沉淀的蛋白质为热稳定乳清蛋白，这类蛋白约占乳清蛋白的 19%。

乳清蛋白属于优质的完全蛋白质，含有人体必需的 8 种氨基酸，配比合理接近人体的需求比例，是可以获得的营养全面的天然蛋白质补充剂之一。

（一）抗氧化

乳清蛋白富含胱氨酸残基，在消化吸收过程中其可通过机体的血流和消化道进入体内的细胞膜中，并在机体代谢过程中形成用于合成谷胱甘肽的半胱氨酸，从而有效地维持和提高细胞的谷胱甘肽水平，最终达到提高抗氧化活性的目的。乳清蛋白中的 β-乳球蛋白可与机体内的部分糖类形成复合物，而表现出较强的自由基清除能力及抗氧化活性。

（二）抗菌

乳清蛋白的组成成分具有较强的抗菌和抗病毒活性，如乳铁蛋白和乳球蛋白。其中，乳铁蛋白的抗菌作用主要体现在乳铁蛋白在机体中可转换形成乳铁运转蛋白，其可有效破坏革兰氏阴性菌的外层细胞壁，破坏细胞的完整性并最终导致其凋亡。抗菌的主要机制是对细菌细胞膜结构造成一定的破坏，导致细胞膜产生不同程度的突起或破损、菌体细胞壁及细胞膜断裂、细胞内容物泄漏，细胞质电子密度明显降低。细菌细胞膜是抗菌肽作用的重要靶点。

（三）调节免疫

乳清蛋白可通过增加组织中谷胱甘肽水平来增强免疫应答。乳清蛋白富含谷氨酸等谷氨酰胺前体物质，可为糖原异生提供原料，进而维持谷氨酰胺的水平，保证免疫细胞的正常功能。乳清蛋白提高免疫功能的主要机制与半胱氨酸及谷氨酸密切相关，这两种氨基酸是谷胱甘肽的重要前体物质，摄入富含半胱氨酸和谷氨酸的乳清蛋白，可有效提高人体内部机体组织的谷胱甘肽的浓度，提高机体的抗氧化活性和免疫活性。

七、α-乳白蛋白

α-乳白蛋白（α-Lactalbumin，α-LA）是乳清蛋白中的一种，主要存在于哺乳动物的乳汁中，主要由乳腺上皮细胞粗面内质网合成。在母乳中，α-乳白蛋白占总蛋白质的 20%～25%，其是母乳中一种非常重要的营养物质，对婴儿的生长发育极为重要。牛乳中的 α-乳白蛋白占总蛋白质的 2%～3%，是牛乳清中第二丰富的蛋白质，在牛初乳中浓度较高，约为 3.0g/L，在正常乳中的浓度约为 1.2g/L。α-乳白蛋白不仅仅具有营养功能，而且还是乳糖合成酶的重要成分，乳糖合成酶催化乳中主要碳水化合物乳糖的合成。

α-乳白蛋白是一种结构紧密的钙结合球蛋白，其相对分子质量约为 142000，等电点为 4.0～5.0。人、牛、猪、羊等大多数哺乳动物乳中的 α-乳白蛋白多肽链均由 123 个氨基酸残基组成，其中含有通过 4 个二硫键共价连接的 8 个半胱氨酸。但是也有少数几种乳中的 α-乳白蛋白不是上述的多肽链结构，如兔乳中的 α-乳白蛋白只有 122 个氨基酸残基，而小鼠乳中的 α-乳白蛋白则有 144 个氨基酸残基。

（一）促进乳糖生成和乳汁分泌

α-乳白蛋白是一种调节乳糖合成的蛋白质。在哺乳动物的泌乳过程中，乳糖的合成与乳糖合成酶系的活性密切相关。虽然 β（1→4）半乳糖基转移酶可单独催化乳糖的合成，但是效率极低，这归因于其较弱的葡萄糖结合能力。然而，在 α-乳白蛋白与 β（1→4）半乳糖基转移酶结合形成酶复合体后，该酶复合体通过调节亚基异质二聚体和使 β（1→4）半乳糖基转移酶形成催化组分，从而有效增强 β（1→4）半乳糖基转移酶结合葡萄糖的特异性及亲和力。

在乳腺细胞内，酶复合体促使乳糖合成酶将半乳糖从尿嘧啶核苷二磷酸-半乳糖转移至葡萄糖而形成乳糖。同时，母体血液循环中的体液在乳糖形成后的渗透压作用下得以进入乳腺，从而形成乳汁中的含水组分。乳糖合成过程完成之后，α-乳白蛋白将从酶复合体中游离出来，进入乳汁，成为乳汁中的一种生物功效蛋白成分。

（二）抗菌

天然状态的 α-乳白蛋白在 $C_{18:1}$ 脂肪酸存在的条件下，具有杀菌活性。α-乳白蛋白经过胰蛋白酶和糜蛋白酶水解后，产生 3 种具有杀菌特性的多肽片段，且具有广谱杀菌功效，对绝大多数革兰氏阳性菌起作用。对一种折叠的人 α-乳白蛋白变体进行了鉴定，发现其对耐药和敏感的肺炎链球菌具有较强的杀菌活性。通过胰酶和胰凝乳蛋白酶作用 α-乳白蛋白得到的多肽，对革兰氏阳性菌具有较强的抑菌活性。

（三）抗肿瘤

α-乳白蛋白的一些立体异构体不仅具有杀菌活性，而且还具有诱导肿瘤细胞凋亡的作用。α-乳白蛋白在参与诱导细胞凋亡的过程中，可形成一种由 α-乳白蛋白和油酸组成的复合体结构，其对正常的健康细胞没有杀伤作用，复合体与肿瘤细胞表面结合后陷入细胞质中，并通过细胞质到达细胞核，引起染色体断裂及 DNA 片段化，并最终导致肿瘤细胞死亡，表明该复合体可通过类似的凋亡机制杀死肿瘤细胞。

环氧合酶-2 在结肠癌早期和在疾病过程中起着至关重要的作用。研究发现，口服 α-乳白蛋白 3d 即可降低粪便隐血指数，第 9 周可减少结肠癌的发生。α-乳白蛋白可降低血浆和结肠中的前列腺素 E_2 水平，这表明 α-乳白蛋白对于结肠癌具有有效抑制作用，其可能的机制是通过抑制环氧合酶-2 进而降低前列腺素 E_2 的水平，从而起到抑制结肠癌的作用。

（四）滋生双歧杆菌

以 6 周龄健康婴儿为对象，通过分别以添加 α-乳白蛋白的配方乳粉、标准配方乳粉及母乳进行喂养，研究 α-乳白蛋白对肠道菌群的影响。结果表明，添加了 α-乳白蛋白的婴儿配方乳粉与母乳喂养类似，均对婴儿的肠道双歧杆菌具有增殖作用，由此可知 α-乳白蛋白具有双歧杆菌益生元的作用。

八、藻蓝蛋白

藻蓝蛋白是一类普遍存在于蓝藻细胞中的具有光合作用的捕光色素蛋白，为蓝色颗粒或粉末。藻蓝蛋白是一种可进行光合作用的重要天然色素，由开链四吡咯化合物和脱辅蛋白通过硫键结合。藻蓝蛋白包含 162 个氨基酸残基的 α 亚基和 172 个氨基酸残基的 β 亚基两个亚基，其亚基在体内通常以三聚体或六聚体形式存在。615~620nm 波长处为的藻蓝蛋白特征吸收峰值，635~647nm 波长处为荧光发射峰。藻蓝蛋白在螺旋藻中的含量可高达 10%~20%。

（一）藻蓝蛋白的物化性质

藻蓝蛋白属蛋白质结合色素，具有与蛋白质相同的性质，其等电点为 3.4，不同品系得到的藻蓝蛋白的等电点存在一定差异。藻蓝蛋白溶于水，而不溶于醇和油脂。其稳定性常常受温度、pH、光照条件等因素的影响，在弱酸性和中性下较为稳定，在酸性条件下易发生沉淀，而在强碱条件下，可使其脱色。

（二）藻蓝蛋白的生物功效

1. 抗肿瘤

藻蓝蛋白可通过调节自由基的表达或抑制促炎症因子等治疗肺癌、骨髓癌等相关疾病。有人研究藻蓝蛋白亚基对肺腺癌细胞 SPC-A-1 的机制，结果表明藻蓝蛋白以及 α 和 β 两个亚均能抑制 SPS-A-1 细胞的生长，且 β 亚基对肿瘤细胞的抑制效果更明显。应用基因重组藻蓝蛋白研究其对小鼠肉瘤 S_{180} 的抑制作用，通过灌胃及腹腔注射的方式给皮下接种 S_{180} 肉瘤细胞小鼠每天给予 3.4mg/kg、6.7mg/kg 和 13.4mg/kg 藻蓝蛋白，共计 10d，之后处死小鼠称瘤重和胸腺，并计数白细胞。结果发现，藻蓝蛋白对小鼠 S_{180} 肉瘤具有明显的抑制作用，抑制率在 45%～64%。

2. 抗炎、抗氧化

藻蓝蛋白在炎症实验模型中表现出抗炎、抗氧化活性的剂量相关性，其有效减轻炎症组织的水肿，清除自由基，其抗炎作用可能与减少组胺释放、降低前列腺素 E_2 和磷脂酶 A_2 水平、清除氧自由基和抑制环氧化酶有关。通过研究藻蓝蛋白对 CCl_4 诱导的肝组织细胞保护作用，结果表明藻蓝蛋白可抑制 CCl_4 诱发的细胞内活性氧和丙二醛的过量表达，提高超氧化物歧化酶和谷胱甘肽酶活性。

对由 4% 醋酸诱导的鼠结肠炎，用不同剂量的藻蓝蛋白（150mg/kg、200mg/kg、300mg/kg）和已知的抗炎剂 5-对氨基水杨酸（200mg/kg）进行预处理，结果与空白对照组比较发现，藻蓝蛋白有显著的抗炎活性，处理后的小鼠其肠微绒毛几乎跟正常的一样，但是与 5-对氨基水杨酸相比活性要差一点。

3. 调节免疫活性

通过分离生紫菜中的藻蓝蛋白，并测定其在抗原致敏小鼠和肥大细胞中的抗过敏作用。通过用 6～8 周龄的雌性 BALB/c 小鼠腹腔注射原肌球蛋白（Tropomyosin，TM）建造的过敏小鼠模型，在第 28 天的时候对小鼠灌胃 5mg 藻蓝蛋白，动物实验结果表明，藻蓝蛋白能有效降低小鼠 IgE 和组胺水平，缓解过敏症状和空肠组织炎症，抑制腹腔灌洗液中白介素-4 和白介素-13 的表达和释放。

4. 降血糖

藻蓝蛋白可有效缓解四氧嘧啶诱导的糖尿病小鼠的各项生理生化指标，如可降低四氧嘧啶引起的糖化血清蛋白、糖化血红蛋白含量升高，提高糖尿病小鼠的胰岛素水平，小鼠血糖值明显降低。糖尿病大鼠灌胃藻蓝蛋白后血糖值明显下降，一氧化氮合酶的表达得到抑制。组织病理发现，灌胃藻蓝蛋白组大鼠的胰岛细胞病变减轻，细胞团排列规则，与模型组相比有明显改善。

5. 神经保护作用

饲喂红藻氨酸致神经损伤小鼠藻蓝蛋白后，小鼠神经功能异常得到改善，提示藻蓝蛋白可作为氧化应激致神经损伤的修复剂，应用于神经退行性疾病，如帕金森病。

九、鱼精蛋白

鱼精蛋白（Protamine）也称为精蛋白，为多聚阳离子球形碱性蛋白，其主要存在于各类动物的成熟精巢组织中。鱼精蛋白主要与 DNA 按照 1∶2 的比例以非共价键的形式结合而构成复合物核精蛋白。鱼精蛋白相对分子质量一般小于 1000，由 30 个左右的氨基酸残基组成，其中 2/3 为精氨酸。

（一）鱼精蛋白的物化性质

根据碱性氨基酸组成种类和数量的不同，可以将鱼精蛋白分为单鱼精蛋白、双鱼精蛋白和三鱼精蛋白，其中单鱼精蛋白仅含精氨酸一种组分，如鲑、鲱和虹鳟精蛋白等。双鱼精蛋白由精氨酸、组氨酸或赖氨酸残基构成，如鲤精蛋白。三鱼精蛋白由 3 种碱性氨基酸残基构成，如鲢、鲟精蛋白。

鱼精蛋白可溶于水和稀酸，但不易溶于乙醇、丙酮等有机溶剂。鱼精蛋白具有良好的热稳定性好，其等电点在 10~12，呈强碱性。鱼精蛋白提取物在 120℃ 耐受 30min 后，依然存具有抑菌活性。

（二）鱼精蛋白的生物功效

1. 抑菌活性

鱼精蛋白对革兰氏阳性菌、霉菌和酵母菌均有明显的抑制作用，显示出广谱的抑菌活性。此外，鱼精蛋白还能抑制枯草杆菌、巨大芽孢杆菌和地衣芽孢杆菌的生长。鱼精蛋白的多聚阳离子特性使其可与细菌细胞壁上带负电荷的胞壁酸以及细胞膜上带负电的磷脂产生静电作用，破坏细胞壁或细胞膜的通透性，从而抑制细菌的生长。

使用迷迭香-鱼精蛋白复合保鲜剂对白鲢鱼丸在 4℃ 冷藏条件下的保鲜效果进行了研究，结果表明迷迭香-鱼精蛋白复合保鲜剂在不影响白鲢鱼丸感官品质的情况下可以通过抑制微生物的生长繁殖而有效改善产品的贮藏品质，延长货架期。此外，鱼精蛋白还常与壳聚糖等多糖复合形成涂膜用于水产品的保鲜。

2. 其他功效

聚阳离子鱼精蛋白可与聚阴离子肝素静电结合，形成稳定的无抗凝血活性的复合物。因此，在心脏或血管手术后常规使用鱼精蛋白以逆转肝素的抗凝功能，从而防止术后出血。除了用作肝素拮抗剂外，鱼精蛋白还有其他用途，如鱼精蛋白可与胰岛素结合，形成鱼精蛋白锌胰岛素和中性鱼精蛋白海格多恩胰岛素，从而延长了胰岛素的吸附，使胰岛素依赖型糖尿病患者减少胰岛素的注射量。

第四节　酶　蛋　白

所有的酶都是蛋白质，本节讨论超氧化物歧化酶、谷胱甘肽过氧化物、溶菌酶等 3 种具有生物功效的酶蛋白。

一、超氧化物歧化酶

超氧化物歧化酶是生物体内防御氧化损伤的一种重要的酶，能催化底物超氧自由基发生歧化反应，维持细胞内超氧自由基处于无害的低水平状态。

超氧化物歧化酶是金属酶，根据其金属辅基成分的不同，可将超氧化物歧化酶分为 3 类：铜锌超氧化物歧化酶（Cu，Zn-SOD）、锰超氧化物歧化酶（Mn-SOD）和铁超氧化物歧化酶（Fe-SOD）。

超氧化物歧化酶都属于酸性蛋白，结构和功能比较稳定，能耐受各种物理或化学因素的作用，对热、pH 和蛋白水解酶的稳定性比较高。通常在 pH = 5.3~9.5，超氧化物歧化酶催化反应速度不受影响。

（一）超氧化物歧化酶的物化性质

所有的 Cu，Zn-SOD 对氰化物敏感，仅 1~2mmol/L 的氰化物浓度即使其活性完全丧失，而 Mn-SOD 和 Fe-SOD 却不被氰化物抑制。长时间用过氧化氢处理可使 Cu，Zn-SOD 和 Fe-SOD 失活，而 Mn-SOD 不受影响。Cu，Zn-SOD 具有独特的紫外吸收光谱，由于色氨酸和酪氨酸的含量较低，它在 280nm 波长处并没有最大吸收峰，可见光最大吸收波长都在 680nm 左右，这反映了酶分子中 Cu^{2+} 的光学特性。

超氧化物歧化酶在 pH = 5.3~9.6 催化性能良好，在 pH = 4.5~11 能稳定存在。pH = 3.6 时，Cu，Zn-SOD 中 95%的 Zn 要脱落，在 pH = 12.2 时，超氧化物歧化酶的构象会发生不可逆的转变而使酶失活。超氧化物歧化酶对热的稳定性与溶液中离子强度有关。当离子强度很低时，即使加热到 95℃，其活性损失也很少。在模拟胃酸和模拟胃肠道蛋白酶、胰蛋白酶环境中超氧化物歧化酶的稳定性试验中发现，超氧化物歧化酶在动物胃肠道中具一定的稳定性，在胃酸的环境中，37℃保温 150min，活性仍残存 81%，在胃蛋白酶和胰蛋白酶环境中，37℃保温 210min 活性残存率分别为 82%和 84%。

（二）超氧化物歧化酶的生物功效

作为一种功效成分，超氧化物歧化酶的生物功效可概括为以下几方面：

①清除机体代谢过程中产生过量的超氧阴离子自由基，延缓由于自由基侵害而出现的衰老现象，如延缓皮肤衰老和脂褐素沉淀的出现；

②提高人体对由于自由基侵害而诱发疾病的抵抗力，包括肿瘤、炎症、肺气肿、白内障和自身免疫疾病等；

③提高人体对自由基外界诱发因子的抵抗力，如烟雾、辐射、有毒化学品和有毒医药品等，增强机体对外界环境的适应力；

④减轻肿瘤患者在进行化疗、放疗时的疼痛及严重的副作用，如骨髓损伤或白细胞减少等；

⑤消除机体疲劳，增强对超负荷大运动量的适应力。

（三）超氧化物歧化酶的安全性

大量试验和临床应用表明，无论何种给药方式，除罕见的超敏反应外，超氧化物歧化酶对人体无毒性。

二、谷胱甘肽过氧化物酶

谷胱甘肽过氧化物酶（Glutathione peroxidase，GSH-Px）是生物体内的一种含硒酶，硒是谷胱甘肽过氧化物酶的必需组成成分。谷胱甘肽过氧化物酶可以清除组织中有机氢过氧化物和 H_2O_2，对由活性氧和·OH 诱发的脂氢过氧化物有很强的清除能力，延缓细胞衰老，也可以清除 DNA 氢过氧化物，降低细胞突变的发生率。

三、溶 菌 酶

溶菌酶（Lysozyme）是一种碱性球蛋白，广泛存在于鸟和家禽的蛋清里，性质稳定，对热稳定性很高。母乳中的溶菌酶活性，比鸡蛋清溶菌酶的高 3 倍，比牛乳溶菌酶的高 6 倍。

（一）溶菌酶的物化性质

溶菌酶分子中碱性氨基酸、酰胺残基和芳香族氨基酸的比例很高，酶的活性中心是天冬氨酸（第52位）和谷氨酸（第35位）。它的主要功能是水解黏多糖或甲壳素中 N-乙酰胞壁酸、N-乙酰氨基葡萄糖之间的 β（1→4）糖苷键，从而引起细菌细胞壁的溶解，还可发挥转葡萄糖基酶的作用。溶菌酶的最适 pH 为6.6，等电点4.6。其酶蛋白性质十分稳定，pH 在1.2~11.3 剧烈波动时酶蛋白结构几乎没有变化。对热稳定性也很高，在 pH=4~7、100℃持续1min 仍保持原酶活性，在 pH=5.5、50℃加热4h 后酶变得更活泼。但在高温条件下酶活性会降低，不过其热变性是可逆的，变性的临界点是77℃。随溶剂的不同其变性临界点也有变化，当溶剂 pH 在1以下时变性临界点会降低到43℃。鸡蛋清溶菌酶分子是由129个氨基酸组成的单一肽链，有4对二硫键，相对分子质量14388。立体结构呈一扁长椭球体，结晶形状随条件不同而异，有菱形八面体、正方形六面体及棒状结晶等。

（二）溶菌酶的生物功效

1. 杀菌作用

溶菌酶可以直接破坏革兰氏阳性菌的细胞壁而达到杀菌作用，某些革兰氏阴性菌如大肠杆菌、伤寒沙门氏菌也会受到溶菌酶的破坏。溶菌酶还具有间接的杀菌作用，因为它对抗体活性具有增强作用，所以溶菌酶是母乳中能保护婴儿免遭病毒感染的一种成分。溶菌酶能通过消化道而仍然保持其活性状态，这可从母乳喂养婴儿的粪便中存在溶菌酶，但人工喂养婴儿的粪便中不存在溶菌酶而得到证明。溶菌酶可使婴儿肠道中大肠杆菌减少，而双歧杆菌增加。

2. 临床作用

溶菌酶在临床上已得到广泛的应用，主要是水解细菌细胞壁，破坏被免疫细胞吞噬的病原菌，故具有抗炎作用，并能保护机体不受感染。溶菌酶不仅能分解稠厚的黏蛋白使脓性创口渗出物液化而易于排出，同时可清除坏死黏膜而加速黏膜组织的修复和再生。溶菌酶与抗菌素合用具有良好的协同增效作用，临床上已用于五官科的多种黏膜疾病，如副鼻窦炎、慢性鼻炎、扁平苔癣、口腔溃疡、渗出性中耳炎等。同时用于皮肤科带状疱疹、扁平疣等，对输血后肝炎及急性肝炎也有一定功效。

3. 其他功效

溶菌酶还可使婴儿肠道中大肠杆菌减少，促进双歧杆菌的增加，从而促进蛋白质的消化吸收。

🔍 思考题

（1）人体中含量最多的一种氨基酸是什么？请简述其生物功效。

（2）什么是限制性氨基酸？氨基酸应用于营养强化方面有哪些问题值得注意？

（3）请列出2~3个具体的活性肽，阐述其生物功效。

（4）乳铁蛋白的生物功效主要体现在哪些方面？金属硫蛋白呢？

（5）请简述胶原蛋白的物化性质和生物功效。

（6）α-乳白蛋白在人乳和牛乳中的占比是多少？具有什么样的生物功效？

（7）超氧化物歧化酶的种类有哪些？其生物功效是什么？

（8）利用本章原料，请开发一款具有提高免疫力的产品。

（9）利用本章原料，请开发一款具有保护肝功能的产品。

第四章

CHAPTER

功能性脂质

[学习目标]

（1）掌握必需脂肪酸的种类、生物功效和有效摄取量。

（2）掌握 ω-3 多不饱和脂肪酸的种类、生物功效和有效摄取量。

（3）掌握 ω-6 多不饱和脂肪酸的种类和生物功效。

（4）了解复合脂质的种类、物化性质和生物功效。

脂质在人体膳食中占有重要地位，与蛋白质、碳水化合物构成产能的三大营养素。除此之外，它还有如下的生物作用：

①脂质是人体细胞组织的组成成分，如细胞膜、神经髓鞘都必须有脂质参与；

②脂质衍生物如前列腺素能刺激平滑肌收缩并在细胞内起调节作用；

③脂质在血浆中的运输情况，与人体健康具有密切关系；

④体内储存过量脂质将导致肥胖症；

⑤脂质在人体内代谢异常是形成动脉粥样硬化的主要原因，糖尿病、胰腺炎和甲状腺机能低下等疾病与血浆脂质异常也有密切关系。

我国推荐脂肪供给能量占总能量的 20%～30% 为宜，其中饱和脂肪占 10%，多不饱和脂肪占 10%。胆固醇控制在 300mg/d 以内。

以往我国膳食中脂肪所占比例较低，由脂肪所提供的能量占总能量为 17%～20%。近年来，一些大城市和富裕省份居民，脂肪摄入量所占能量已接近甚至超过 30%。因此，与脂肪有关的疾病，如肥胖、动脉硬化、心血管疾病等，也逐年上升。

功能性脂质，在降血脂、增智、美容等方面功效明显，是一类重要的生物活性物质。

第一节　必需脂肪酸

最初的研究发现，亚油酸、亚麻酸和花生四烯酸这 3 种脂肪酸，不能由机体自行合成而必须从食物中摄取，因此被称为必需脂肪酸。近几十年来，针对亚麻酸和花生四烯酸是否应归入必需脂肪酸类，进行了反复的研究。结果显示，花生四烯酸可由亚油酸经机体转化合成而得到充分供应，因此不强求在膳食中供应。而亚麻酸虽然也可由亚油酸在体内部分转化而得，但仍有相当多人不能保持血液中亚麻酸的正常含量。现在的观点认为，亚油酸和亚麻酸是人体的必需脂肪酸。值得注意的是，必需脂肪酸是全顺式多烯酸，反式异构体起不到必需脂肪酸的生物功效。

在必需脂肪酸中，亚油酸和 γ-亚麻酸属于 ω-6 多不饱和脂肪酸，α-亚麻酸属于 ω-3 多不饱和脂肪酸。

一、必需脂肪酸的种类

（一）亚油酸

亚油酸（Linoleic acid）为全顺式-9,12-十八碳二烯酸，是分布最广、资源最为丰富的多不饱和脂肪酸。过去几十年中，进行了多项重要的研究计划，以期提高食用油的亚油酸含量，同时尽量减少不希望存在的脂肪酸含量，达到改善和控制油脂脂肪酸组成的目的。

亚油酸在植物油脂中的分布十分广泛。如表 4-1 所示，大多数常见食用植物油脂的亚油酸含量都在 9% 以上，其中红花油、大豆油、棉籽油、菜籽油、葵花籽油、花生油、芝麻油、米糠油、小麦胚芽油等主要食用油脂的亚油酸含量都十分丰富。因此，我国膳食结构中一般都能提供足够的亚油酸。

表 4-1　　　　　　　　　几种常见植物油脂的亚油酸含量

油脂品种	亚油酸含量/%	油脂品种	亚油酸含量/%
红花油	55~81	芝麻油	37.7~48.4
大豆油	50~60	菜籽油	12~24
葵花籽油	51.5~73.5	棉籽油	53.3
玉米胚芽油	32~62	茶油	4~14.3
小麦胚芽油	57.0	橄榄油	4~15
米糠油	29~42	椰子油	1.5~2.5
花生油	16.8~38.2	棕榈油	9.4

其他富含亚油酸的植物油脂还包括，核桃仁油（57%~76%）、辣椒籽油（72%）、橄榄核油（85%）、多香果油（66%~71%）、青蒿籽油（84.5%）、水冬瓜油（66%~80%）、苍耳籽油（65.3%~76.8%）、酸枣仁油（50.2%）、五味子籽油（75.2%）、哈密瓜籽油（68.2%）和番茄籽油（62%）等。这些高亚油酸植物油脂都具有潜在的重要开发价值，而且其精炼后的油脚、皂脚的亚油酸含量也十分丰富，是工业生产亚油酸的廉价资源。

（二）亚麻酸

包括 α-亚麻酸和 γ-亚麻酸两种，其中 γ-亚麻酸属于 ω-6 多不饱和脂肪酸，α-亚麻酸属于 ω-3 多不饱和脂肪酸，参见本章第二、第三节的讨论。

二、必需脂肪酸的生物功效

正常人体血浆中每升含类脂物 5~6g，其中亚油酸 1500mg、γ-亚麻酸 25mg、DH-γ-亚麻酸 100mg 和花生四烯酸 400mg。必需脂肪酸为维持机体正常生长和正常生物功效所必需，如缺乏必需脂肪酸，则机体的所有系统都会出现异常。

事实上，人们很早就认识到必需脂肪酸的重要作用。1929 年，明尼苏达大学用不含脂肪的膳食喂养大白鼠引起了必需脂肪酸缺乏症，明显的症状有皮肤起鳞、生长停滞、尾部坏死、肾功能衰退、生殖功能丧失以及典型的眼睛疾病等。后来查明，这些症状主要是由于亚油酸缺乏所致，此外亚麻酸缺乏也是一个原因。亚油酸和花生四烯酸是维持大白鼠正常生长和正常生理功能（如组织的功能和脂质的合成等）所必需的。动物缺乏必需脂肪酸会出现很多症状，尤其是中枢神经系统、视网膜和血小板功能异常。

人体细胞膜控制着电子传递，调节营养物质进入细胞内和细胞内废物的排出，生理功能极为重要。脂肪酸对细胞膜磷脂所发挥的作用具有决定性的影响。要保持膜的相对流动性，脂肪酸必须有适宜程度的不饱和性，以适应体内的黏度且具有必要的表面活性。只有顺式双键脂肪酸才具有上述生物功效，因为顺式双键两端的碳链不在一直线上而呈折叠形状，只有这样才能把外界的营养物质送进细胞内而同时又能将不需要的废料分子从膜内运送出去。如果膜上磷脂分子中缺少相当数量的不饱和脂肪酸，细胞的生理功能就会失常。因此，磷脂中所含的必需脂肪酸含量很高。缺乏必需脂肪酸的生物膜，呈现出一种膨胀变大的病态形状。

不饱和脂肪酸的一个作用是使胆固醇酯化，从而降低体内血清和肝脏的胆固醇水平。在没有亚油酸和亚麻酸等必需脂肪酸时，胆固醇就会被更多的饱和脂肪酸所酯化，容易在动脉血液中积聚使得胆固醇的代谢程度降低，导致动脉粥样硬化的出现。因此，除作为必需脂肪酸外，亚油酸等还具有降低血液胆固醇的作用。循环胰岛素数量异常与动脉粥样硬化有一定关系，一些微血管或大血管病变常会引起糖尿病发生；亚油酸等既然可以防止动脉硬化，因此对糖尿病也有一定的预防作用。棕榈酸和硬脂酸能增加血小板性血栓的形成，而亚油酸却有减少这种可能的倾向，故能抑制动脉血栓的形成，而动脉血栓常是造成急性心肌梗塞发作死亡的主要诱因。

亚油酸有助于降低血清胆固醇和抑制动脉血栓的形成，因此在预防动脉硬化和心肌梗塞等心血管疾病方面有良好作用。有研究认为，增加亚油酸摄入量可预防高血压，并对糖尿病有一定的预防作用。但也有试验发现，当膳食亚油酸超过食物总能量的 4% ~ 5% 时，多余的脂肪将增加癌症的发生概率；而且，富含亚油酸的高脂膳食诱发乳腺癌的概率，比富含饱和、单不饱和或 ω-3 多不饱和脂肪酸的概率大得多，其原因被认为与亚油酸诱导产生的循环雌激素水平增加有关。

必需脂肪酸的生物功效还包括，参与磷脂合成并以磷脂形式作为线粒体和细胞膜的重要成分、促进胆固醇和类脂质的代谢、合成某些生物调节物质（如前列腺素、凝血噁烷等）、有利于动物精子的形成、保护皮肤免受 X 射线引起的损害等。

前列腺素是一种重要的激素化合物，能刺激子宫平滑肌（尤其在产卵期）、抑制脂肪降解与血小板凝结等，其作用与肾上腺素正好相反。前列腺素是 C_{20} 的全顺式多烯酸经氢化、环化和还原而成，花生四烯酸和全顺式 8，11，14-二十碳三烯酸是它的前体。凝血噁烷也是一种激素，与前列腺素的区别在于双键与羟基的数量多少及羟基立体构型的不同。凝血噁烷出现在豚鼠的肺与脑、人血小板以及马血小板的微粒体中，生理作用很重要，花生四烯酸也是其前体。

用大白鼠研究表明，亚麻酸及其衍生物二十碳或二十二碳不饱和脂肪酸对大脑和视网膜有重要的生物功效。

花生四烯酸是在神经组织和脑组织中占绝对优势的多不饱和脂肪酸，对中枢神经系统有重要的影响。尤其在 3 个月的胎儿到约 2 岁婴儿的生长发育过程中，花生四烯酸在大脑内快速积累，在细胞分裂和信号传递方面起着重要的作用。同时，它还是前列腺素和凝血噁烷的前体，并和二十二碳六烯酸一起在维持视网膜的正常功能方面起决定性作用。此外，一些动物试验显示，花生四烯酸在体外能显著杀灭肿瘤细胞，因此被试验性地用于一些抗癌药物新剂型中。

三、米　糠　油

米糠油（Rice bran oil）是最早投入生产的谷物油脂，因具有良好的营养价值和生物功效，而受到广泛重视。米糠是稻谷加工的副产物，每加工 100kg 大米可得米糠 5~7kg，其中含油 18%~20%。我国是以大米为主食的国家，米糠作为副产物其资源相当丰富，是一种很好的谷物油脂资源。

米糠油中含有 88%~89% 的中性脂质，6%~7% 的糖脂和 4.5%~5% 的磷脂，但经过精炼脱酸后磷脂的含量会大大降低。在中性脂质中，甘油三酯占毛糠油的 80%~85%，甘油一酯占 6%~6.5%。糖脂中，酰化硬脂酰葡萄糖苷占 51%，双半乳糖二酰甘油占 43%，另有微量的单半乳糖单酰甘油。此外，米糠油磷脂中包括 35% 磷脂酰胆碱、27% 磷脂酰肌醇和 9.2% 磷脂酸。从米糠油脂肪酸组成来看，其中 75%~80% 为不饱和脂肪酸，包括油酸 40%~50%、亚油酸 29%~42% 和亚麻酸 1%。在常用的食用油脂中，米糠油的脂肪酸组成比较接近人类理想的脂肪酸摄取模式。

米糠油的稳定性较高，主要原因在于维生素 E 含量丰富，仅次于小麦胚芽油、玉米胚芽油和大豆油，为 90~163mg/100g。米糠油中植物甾醇的含量也较高，为 2.55%~3.06%，包括有 8 种以上的甾醇形式。其中大多为无甲基甾醇，如 β-谷甾醇 50%~60%，菜油甾醇 15%~25%，豆甾醇 10%~13%。此外，米糠油还含有一定数量的谷维素，这也是一种生物功效物质，对周期性精神病、妇女更年期综合症、月经前紧张症、植物神经功能失调和血管性头痛等有较好的防治作用。

由于其较合理的脂肪酸组成以及含量丰富的生物功效物质，米糠油具有良好的营养价值和生物功效。很多动物试验和临床试验都显示，米糠油具有明显的降血脂效果。其原因主要在于亚油酸的含量丰富，同时植物甾醇、维生素 E、谷维素等微量活性成分的存在也具有一定的作用。我国传统中医学也认为，米糠油具有补中益气、养心宁神的作用，久服对怔忡、失眠等有较好效果，可减轻高血压患者的眩晕症状，并增强食欲，同时对腹胀便溏也有一定效果。

四、胚　芽　油

自 1922 年 Evans 首次从小麦胚芽油（Wheat germ oil）中发现维生素 E 后，人们开始关注小麦胚芽油潜在的生物功效。美国在 20 世纪 30~40 年代便致力于小麦胚芽油及所含维生素 E 的开发研究，到了 20 世纪 70 年代，其研制出的小麦胚芽油开始流行世界。

（一）小麦胚芽油

小麦胚芽占小麦粒全重的 1.5%~3.0%，其中含油 6%~14%。小麦胚芽油中约 80% 以上为不饱和脂肪酸，其中亚油酸含量最高，其次是油酸，亚油酸与油酸之比为 1.5:1~4.0:1。小麦胚芽油所含的维生素数量远比其他植物油高，达到 27~30.5mg/100g，有的甚至高达 50mg/100g，堪为植物油之冠，且 α 体与 β 体所占比例大。其植物甾醇含量也较高，为 1.3%~1.7%，

主要为 β-谷甾醇和菜油甾醇。虽然玉米胚芽油和大豆油也含类似的甾醇，但小麦胚芽油中含量比其他植物毛油高很多。此外，麦胚油还含有廿三、廿五、廿六和廿八烷醇，这些高级醇特别是廿八烷醇对其生物功效的发挥有一定的作用。

由于富含亚油酸、维生素 E、廿八烷醇和谷甾醇之类功能活性成分，小麦胚芽油被公认为是一种颇有营养保健作用的功能性油脂，它一般用作医药用油或营养补充剂，通常以胶丸形式出售。临床试验显示，小麦胚芽油能改善人体的机能状态，促进人体微循环，降低血脂，对心血管疾病和糖尿病的预防和改善也具有一定效果。由于富含维生素 E 和植物甾醇，以及廿八烷醇的存在，小麦胚芽油在抗衰老、改善心肌功能、改善人体酶利用、减轻肌肉疲劳疼痛、增强爆发力和耐力等方面都有一定功效。

此外，由于富含强抗氧化性的维生素 E，小麦胚芽油还可作为提高其他功能性油脂稳定性、协同增强活性效果的配剂，将浓缩小麦胚芽油添加到月见草中就是代表性的一例。

（二）玉米胚芽油

玉米胚芽油自 1911 年美国市场开始供应以来，国际玉米胚芽油产量持续增长。在加拿大、阿根廷、印度等国，玉米胚芽油也都是主要食用油脂之一。

玉米胚芽占整粒玉米的 11.5%～24.7%，其中含有 34%～52% 油脂，占整粒玉米含油量（1.2%～5.7%，大多为 4%～5%，但高油玉米则高达 19.5%）的 80% 以上。玉米胚芽油中甘油三酯含量为 93%～98%，其脂肪酸主要为亚油酸、油酸和棕榈酸，而亚麻酸含量较低，大多不超过 1%。玉米胚芽油中还含有 1.38%～2% 的植物甾醇，0.09%～0.25% 的维生素 E，难皂化物如蜡、阿魏酸甾醇酯含量为 1%～1.5%。由于亚麻酸含量很低且缺乏月桂酸，并富含维生素 E、甾醇等抗氧化剂，因此玉米胚芽油不易被水解或氧化，稳定性非常好。

长期食用玉米胚芽油在降血脂、改善心血管疾病方面有明显功效，对防治角膜炎、夜盲症也有一定作用。除保健功用之外，玉米胚芽油作为日常食用油脂也有很好的应用。玉米胚芽油可作色拉油或烹调用油，也可用来生产人造奶油，但一般不加工成起酥油。

五、红 花 油

红花（*Carthamus tinctorius*）是一年生菊科草本植物，在古时就已为人们所了解，最初用作食用涂料和口红的原料。二次大战后，红花作为重要油料作物在全球得以迅速推广，目前在美国、印度、墨西哥、葡萄牙和澳大利亚等国都有较大规模的种植。红花在我国也已有 2000 多年的栽培历史，直至 20 世纪 70 年代后期才引进国外油用红花品种，现在我国已成为世界红花栽培中心之一，主要产区在河南、四川、浙江和新疆等地。

提取自红花种子的红花油（Safflower oil），因其高亚油酸含量、高碘值、清亮澄黄的色泽及特有的愉悦风味，而受到人们的广泛欢迎。世界上有很多国家和地区长期以来把红花油当作食用油或高级食用油，美国虽从 1950 年开始出现商品化食用红花油，但从那时起发展很快，现在已成为一种很受重视的高档食用油。同时引起了其他国家的重视，法国、土耳其、澳大利亚和日本等也广泛食用。

（一）红花油的物化性质

不同品种的红花，其种子的含油量也各不相同。最常见的红花是白-正常壳-高亚油酸型，印度、美国以及我国引种的大部分都属于此种类型，其含油量一般为 26%～40%。世界上推广栽培的红花品种，其含油量多在 40%～47%，甚至还有含油率高达 60% 以上的红花品种。我国引进的 29 种红花的含油量为 20.32%~47.54%，平均 26.43%；而国内原有的红花品种的含油量为 16.03%~33.93%，平均 23.89%。

红花油的亚油酸含量为植物油之冠，是很好的亚油酸来源。红花的品种、生态条件、栽培地点等各种因素，都影响着红花油的亚油酸含量。在我国以新疆产红花的亚油酸含量最高，为 77.42%~83.30%，其他大部分地区红花油的亚油酸含量也都在 74% 以上，亚油酸含量最少的红花油，也有约 59%。

也有为特殊场合需要而培育的油酸型红花品种，其油酸含量较高，而亚油酸含量稍低。许多研究显示，红花油的亚油酸含量与油酸含量成反比。亚油酸含量高的红花油品种，其油酸含量相对低；油酸含量高的红花油，其亚油酸含量却下降。

红花油中还含有 0.3% 磷脂，其中磷脂酰胆碱约占 36%，磷脂酰乙醇胺 15%，磷脂酰肌醇 23%，磷脂酰丝氨酸 20%。红花油中维生素 E 的含量较少，在粗油中有 26.7mg/100g，精炼后还有较大的降低。

（二）红花油的生物功效

在中国传统医学上红花籽被称为血平子，临床上将红花油用于治疗冠心病、心绞痛、破瘀血、产后恶露不下、闭经腹痛及跌打损伤等症。此外，红花油还被作为药用注射油，以及作为脂肪肝、肝硬化及肝功能障碍的辅助治疗。而且，红花油对防治原发性脂肪酸缺乏十分有效。

作为一种功能性油脂，红花油日益受到人们的广泛重视。它在降低血清胆固醇、防治动脉粥样硬化等方面都有明显效果。动物试验表明，红花油对高脂血症和健康家兔都有良好的降脂效果。人体试验显示，以米糠油 70%、红花油 30% 混合食用时血清胆固醇下降 26%，效果大于单独食用米糠油的 18% 和单独食用红花油的 14%，但米糠油与红花油各一半混合食用时胆固醇反而只降到 12%。其原因很可能是，一定比例的两种植物油中所含的亚油酸与其他活性物质（如维生素 E）的协同增效作用。据此，日本将红花油与米糠油按 3:7 的比例调和成健康食用油出售。

关于红花油对动脉硬化的防治功效，印度曾有人对 3 组动脉硬化的罗猴分别喂以红花油食物、基础食物和低脂肪食物持续 5 个月。结果表明 3 组动物在血清与主动脉处的类脂物浓度均明显减少，但以红花油组的效果最为显著。我国甘肃就红花油对家兔血清脂质和 β-脂蛋白含量的影响作了研究，使用体重 1.5~2.2kg 的健康家兔 40 只分笼饲养，空腹抽血测定血清脂质含量。根据血清脂质含量均分为 5 组，每组 8 只，发现红花油可使正常家兔的血清总脂、胆固醇和 β-脂蛋白水平显著降低，与对照组比较差异显著，但对血清中磷脂没有明显的影响。

六、葡萄籽油

葡萄籽占葡萄总重的 3%~7%，也是一种优质的食用油脂资源。第二次世界大战期间，法国就已将葡萄籽油用于食品领域。在我国，葡萄栽培非常广泛，从黑龙江到广西的广大地区都有种植。

葡萄籽含油率为 10%~20%，葡萄籽油的亚油酸含量足可与红花油媲美，绝大多数品种的亚油酸量占总脂肪酸的 70% 以上，极少有低于 60% 的，有的还甚至高达 81%。此外，其饱和脂肪酸含量大多不超过 15%，以棕榈酸和硬脂酸为主。葡萄籽油中总生育酚含量为 30~120mg/100g，其中 α-生育酚为 19~46mg/100g。其生育三烯酚含量较丰富，不亚于棕榈油和椰子油。其中，α-生育三烯酚含量为 37mg/100g，γ-生育三烯酚含量为 25mg/100g。葡萄籽油中的植物甾醇含量较高，达到 500mg/100g，主要为 β-谷甾醇（78%～83%）、菜油甾醇（8%～12%）、豆甾醇（6%～10%）。

葡萄籽油在降低血清胆固醇、调节植物神经、营养脑细胞等方面都有较好的作用。还没有任何报道发现葡萄籽油中存在有毒物质，各种毒理试验也都证实了它的食用安全性。它已被推荐作为抗高脂血症等的功能性油脂，用于婴儿、老年人、高空作业人员、飞行员以及高血压患者的特定营养保健油。此外，葡萄籽油还被用作化妆品和药品的基料。

七、葵花籽油

葵花是一年生短期作物，其种子中富含油脂和蛋白质，是重要的食用油脂资源。主要产自中国、俄罗斯、阿根廷、土耳其、法国、西班牙、美国以及东欧等国家和地区。

葵花籽一般含 33.2%～54.0% 油脂，主要由甘油三酯组成。传统葵花籽油中 50% 以上的脂肪酸是亚油酸，其他依次为油酸、棕榈酸和硬脂酸。一般，产自寒冷地区的葵花籽油的亚油酸含量较温暖地区的高，而且种子成熟期间温度越低越利于亚油酸的形成，反之则会形成较多的油酸。

磷脂和糖脂在葵花籽油中的含量不到 4%。其中磷脂占 0.02%～1.5%，以卵磷脂为主（50%），其他还有脑磷脂、磷脂酰肌醇和磷脂酸。葵花籽油中有约 0.32% 的甾醇，包括谷甾醇、豆甾醇、菜油甾醇等，其中 66%～76% 均为 β-谷甾醇。葵花籽粗油还含有 27～124mg/100g 的维生素 E，其中 90% 以上是 α-生育酚。

葵花籽油是一种优质的植物油脂，其营养特性良好，并具有较好的生物功效。其维生素 E 与多不饱和脂肪酸的比例比较均衡，有利于人体摄入多不饱和脂肪酸时的抗脂质过氧化保护。同时，它还能有效降低血清胆固醇水平，并具有降血压的作用。

第二节　ω-3 多不饱和脂肪酸

通过流行病学的调查发现，常食用鱼类、海兽或鱼油的人群，如居住在格陵兰岛的因纽特人，他们的心血管疾病的发病率明显较低。因纽特人平均寿命为 60 岁，冠心病的死亡率却只有 3.5%；与平均年龄相当的丹麦人或北美人相比，因纽特人冠心病死亡率大约只有它的 10%。日本资料也证明，沿海渔民的心脑血管意外与缺血性心脏病的死亡率明显低于农民。日本冲绳岛渔民的冠心病死亡率很低，其每人每日的食鱼量是内地居民的 2 倍。进一步研究发现，在鱼类（特别是海鱼、海兽或鱼油）中含有丰富的 ω-3 多不饱和脂肪酸——二十碳五烯酸（Eicosapentenoic acid，EPA）和二十二碳六烯酸（Docosahexenoic acid，DHA）等。它们已引起人们广泛的关注与兴趣，并期望有可能为防治动脉硬化提供一种有效的措施。

膳食脂质（包括母乳）中的 ω-3 多不饱和脂肪酸主要包括 α-亚麻酸、EPA 和 DHA，其中 α-亚麻酸还是 EPA 和 DHA 的前体。它们与包括人类在内的哺乳动物的正常生物功效息息相关。

一、ω 多不饱和脂肪酸的定义

在多不饱和脂肪酸的分子中，距羧基最远的双键是在倒数第 3 个碳原子的称为 ω-3 多不饱

和脂肪酸。如是出现在倒数第6个碳原子上的，则称为ω-6多不饱和脂肪酸。ω-3和ω-6两个系列的主要品种及其化学结构如图4-1所示。

有一种简单的表示法为：C20：5ω3（EPA），C22：6ω3（DHA），C18：3ω3（α-亚麻酸）和C18：2ω6（亚油酸），C18：3ω6（γ-亚麻酸），C20：4ω6（花生四烯酸）。有时也有用n来代替ω的，这样就记为：C20：5n3，C22：6n3，C20：4n6等。以C20：5ω3（EPA）为例，C表示碳原子，20表示碳数，5表示双键数，ω3表示从距羧基最远端C原子数起的第3个C原子开始有双键出现。

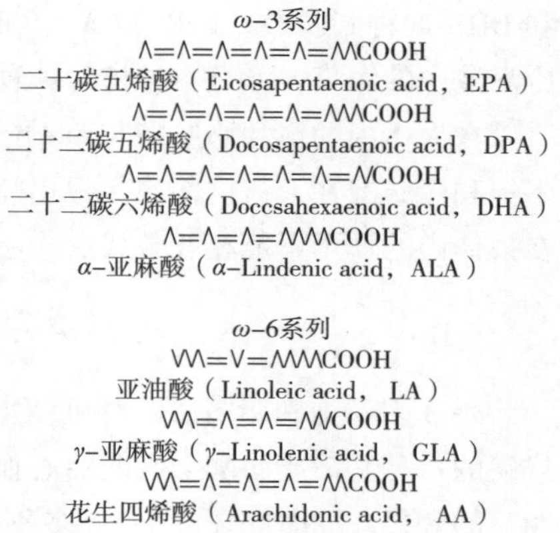
ω-3系列
二十碳五烯酸（Eicosapentaenoic acid，EPA）
二十二碳五烯酸（Docosapentaenoic acid，DPA）
二十二碳六烯酸（Doccsahexaenoic acid，DHA）
α-亚麻酸（α-Lindenic acid，ALA）
ω-6系列
亚油酸（Linoleic acid， LA）
γ-亚麻酸（γ-Linolenic acid， GLA）
花生四烯酸（Arachidonic acid， AA）

图4-1　ω-3与ω-6系列多不饱和脂肪酸的种类及其化学结构

通常称谓的亚麻酸是指α-亚麻酸，根据系统命名法，应为全顺式-9,12,15-十八碳三烯酸［$CH_3CH_2CH=CHCH_2CH=CHCH_2CH=CH(CH_2)_7COOH$］。EPA则为5,8,11,14,17-二十碳五烯酸。因在生物体内，多不饱和脂肪酸主要以顺式的形式存在（桐油及个别植物油中的脂肪酸例外），故一般省去顺式二字。

二、ω-3多不饱和脂肪酸的种类

（一）α-亚麻酸

如表4-2所示，α-亚麻酸存在于许多植物油中。动物贮存性脂肪中的亚麻酸含量很少（<1%），但马脂肪中的含量却高达15%，海洋动物脂肪中可能含有少量的亚麻酸。在一些藻类与微生物中也存在较多的α-亚麻酸，如弯曲栅藻、土曲霉和普通小球藻的油脂中α-亚麻酸分别占总脂肪酸含量的30%、21%和14%。

表4-2　一些高α-亚麻酸的植物油脂

植物油脂	α-亚麻酸含量/%	植物油脂	α-亚麻酸含量/%
紫苏油	44~70	亚麻荠油	33~37.5
罗勒籽油	44~65	大麻籽油	15~30
拉曼油	66	紫花苜蓿油	11~32
亚麻仁油	40~61	橡胶种子油	14~26
墨西哥油	59~63.4	胡芦巴籽油	14~22
梓油	47.2	芥籽油	6~18
甜紫花南芥油	46	胡桃油	10.7~16.2
乌桕油	41~54	菩提籽油	12

（二）EPA和DHA

陆地植物油中几乎不含EPA与DHA，在一般的陆地动物油中也测不出，但一些高等动物的某些器官与组织中，如眼、脑、睾丸及精液中，含有较多的DHA。但是，海藻类及海水鱼中都含有较高含量的EPA和DHA。在海产鱼油中，或多或少地含有花生四烯酸、EPA、DPA

和 DHA 四种脂肪酸，但以 EPA、DHA 的含量较高。海藻脂类中含有较多的 EPA，尤其是在较冷海域中的海藻，如日本种植的一种小球藻（*Chlorella mimutissima*）其油脂中含有 90%EPA。

在人体内的饱和脂肪酸与单不饱和脂肪酸分别作为能源和细胞膜的成分。$\omega-6$ 和 $\omega-3$ 多不饱和脂肪酸在人体内的作用根据需要各自产生相关的代谢产物，但相互之间不发生转换，其在人体内的作用不能相互替代。

三、 $\omega-3$ 多不饱和脂肪酸的生物功效

$\omega-3$ 多不饱和脂肪酸，对机体生物功效的正常发挥具有重要功能。$\alpha-$亚麻酸是人体不可或缺的一种必需脂肪酸，在防治心血管疾病、抗衰老、增强机体免疫力和抗肿瘤等方面都具有明显的效果。同时它还是 $\omega-3$ 多不饱和脂肪酸的母体，在体内可代谢生成 DHA 和 EPA。而且，$\omega-3$ 多不饱和脂肪酸在营养上的重要性更多地集中在生命成长的初期，特别是胎儿和婴幼儿，很多相关脂肪酸的缺乏症状和深远影响都发生在这一阶段。

$\alpha-$亚麻酸对增强视力有良好的作用。长期缺乏 $\alpha-$亚麻酸，会影响视力，还会对注意力和认知过程有不良影响。有关 EPA 与 DHA 的生物功效，世界各国目前报道的结果汇总于表 4-3 中。

表 4-3　　　　　　　　　　　　　　EPA 与 DHA 的生物功效

生物功效	摄取效果	EPA	DHA
血小板凝集能下降		+	+
血小板黏着能下降	降低血压	+	+
红血球变形能增加		+	+
总胆固醇下降		*	+
低密度脂蛋白胆固醇下降	预防与治疗动脉硬化	*	+
高密度脂蛋白胆固醇增加		*	+
中性脂肪酸下降	预防与治疗高脂血症	**	**
血黏度下降	降低血压	+	+
血糖值下降	预防与治疗糖尿病	+	+
肝中性脂肪降低	预防与治疗脂肪肝	+	+
乳癌发生率下降		+	+
大肠癌发生率下降	预防与治疗各种癌	+	+
肺癌发生率下降		+	+
抗特异性皮炎		+	+
抗支气管哮喘	预防与治疗	+	+
抑制花粉症		+	+
抑制炎症	预防与治疗	+	+
学习机能提高	提高与防止下降	+	+
记忆力提高		+	+
抑制阿尔茨海默病	预防与治疗	+	+
抑制动脉硬化型痴呆		+	+

续表

生物功效	摄取效果	EPA	DHA
提高视力	预防与治疗视力下降	+	+
有利于风湿病	预防与治疗	+	+
作为其他生理活性物质的前驱体		+	+

注：+ 表示通过动物试验证明有效；∗ 表示已用于治疗动脉硬化；∗∗ 表示已用于治疗高脂血症。

关于 DHA、EPA 的功效，日本的研究结果可归纳为 8 个方面：

①降低血脂、胆固醇和血压，预防心血管疾病；

②能抑制血小板凝集，防止血栓形成与中风，预防阿尔茨海默病；

③增强视网膜的反射能力，预防视力退化；

④增强记忆力，提高学习效果；

⑤抑制促癌物质前列腺素的形成，因而能防癌（特别是乳腺癌和直肠癌）；

⑥预防炎症和哮喘；

⑦降低血糖、抗糖尿病；

⑧抗过敏。

对于上述的①②⑥⑦⑧五项作用，DHA 和 EPA 都有效。DHA 对③④⑤三项以及第①项中的降低胆固醇均有效。另外，对于第⑤项，DHA 比 EPA 更有效。

（一）对心血管疾病的影响

虽经多年的研究，就 ω-3 多不饱和脂肪酸对试验动物或人体血清脂质的影响，各种试验结果仍不一致。在食品中补充 ω-3 多不饱和脂肪酸，对低密度脂蛋白胆固醇和高密度脂蛋白胆固醇水平的影响，会出现升高、降低或不变等多种结果。究其原因，也许与试验设计所用鱼油的剂量及所含成分、动物种属以及与患者相关的各种条件，如常规食物中脂肪数量和类型、原来血浆脂质水平以及所患高脂血症的类型有关。ω-3 多不饱和脂肪酸对降低甘油三酯水平具有较强的特效作用，存在明显的剂量效应关系。然而，ω-6 多不饱和脂肪酸对甘油三酯却无明显影响。

动物试验显示，ω-3 多不饱和脂肪酸对防治猪、猴的动脉硬化有良好的作用。但对较低种属动物如鹌鹑、大鼠和兔等，其抗动脉硬化作用结果却不一致。人体试验有关研究，主要集中于 ω-3 多不饱和脂肪酸对人血管成形术后再狭窄发生的影响，有报道表明再狭窄减少，也有报道认为没有影响。

有些研究表明，鱼油可改善心脏功能，具有抗心肌缺血，抗儿茶酚胺和氯化钡诱导的心律失常，减轻结扎冠脉所致心肌坏死面积，对抗结扎冠脉再灌所致室颤的发生等作用。

不论对血压正常的受试者或原发性高血压患者，9g/d 的 ω-3 多不饱和脂肪酸都会使血压中度下降，同时有剂量效应关系，但如用少剂量（3g/d）则无作用。对接受肾移植的患者，给予低剂量（1.5g/d）的鱼油可预防环孢素导致的血压升高现象，并伴有肾血管阻力的降低。这可能与鱼油降低环孢素对肾功能的损伤及抑制血栓素 A_2（Thromboxane A_2，TXA_2）的生成有关。

（二）改善智力

在神经系统方面，DHA 和 EPA 被证明具有维持和改善视力、提高学习记忆力和抑制早期阿尔茨海默病的作用。DHA 是脑和视网膜中的主要脂肪酸，为大脑和视网膜正常发育及功能维持所必需。有研究认为，在受精卵分裂细胞初时 DHA 就开始起作用，胎儿通过胎盘而婴儿通过乳汁从母体中获得 DHA。在妊娠期的第 10~18 周和第 23 周及出生后第 3 个月，母体若缺乏 DHA 会造成胎儿或婴儿脑细胞磷脂的不足，进而影响其脑细胞的生长与发育，产生智力残疾婴儿或造成流产、死胎。

婴儿出生后不久，脑细胞即达 140 亿个，之后无论是脑细胞的数量还是体积都不再增加。婴儿从出生时的脑重量 400g 到成人的 1400g 所增加的是联结神经细胞的网络，而这些网络主要由脂质构成，其中 DHA 可达 10%。这就是说，DHA 对脑神经传导和突触的生长发育发挥重要的作用。婴儿如不能从母乳中或食物中摄入充足的 DHA，则脑发育过程就有可能延缓或受阻，智力发育将停留在较低的水平。进入老年期，大脑脂质结构发生变化，DHA 含量明显下降。加上其他众多因素，老年人的记忆力下降，甚至出现阿尔茨海默病。

（三）抗肿瘤

有人报告 $\omega-3$ 多不饱和脂肪酸对动物具有抗试验性肿瘤的作用。在肿瘤发生中尿激酶是一种重要的蛋白水解酶，在肿瘤细胞或组织中尿激酶活性升高，同时伴有由 $\Delta6$ 脱饱和酶作用产生的必需脂肪酸代谢物的减少。因为 γ-亚麻酸和 EPA 都是尿激酶的竞争性抑制剂，故可能具有一定的抗肿瘤作用。有人因此认为，在肿瘤治疗措施中添加这类多不饱和脂肪酸或许有益。

（四）抗血小板聚集

当血小板黏附到损伤血管壁时，会合成并释放出数种生长因子，包括血小板源的生长因子、表皮生长因子、转化生长因子 β、血小板因子 4 及 β-血栓球蛋白。血小板因子 4 和 β-血栓球蛋白对平滑肌细胞和单核细胞有趋化性，当血管损伤刺激血小板与血管壁相互作用时，血小板因子 4 迅速浸入到内膜和中膜，在相继发生的增生反应中，起重要作用。

$\omega-3$ 多不饱和脂肪酸可抑制血小板释放生长因子，故有抗血小板聚集的作用。Hay 等人给 13 例缺血性心脏病患者摄取 3.5g/d 的 EPA，发现患者血中血小板因子 4 水平降低了 75%，β-血栓球蛋白含量也降低了 35%，而代表血小板激活与消耗的血小板存活时间增加了 10%。

（五）对红细胞变形性和血液黏滞性的影响

$\omega-3$ 多不饱和脂肪酸还具有抗血小板聚集作用，并会影响红细胞变形性和血液黏滞性。肾功能不全者，动脉硬化的发展极为迅速。因此，人们设想用 $\omega-3$ 多不饱和脂肪酸来控制危险因子。在 9 例接受连续腹膜透析和 14 例接受肾移植的患者，在给小剂量 $\omega-3$ 多不饱和脂肪酸后发现其红细胞的变形性增加。鱼油还会使接受环孢素与激素治疗的肾移植患者降低了的红细胞变形性恢复正常。此外，少量 EPA 还使患者的血液黏滞性明显下降。

四、$\omega-3$ 多不饱和脂肪酸的有效摄取量

早产儿在脑和肝磷脂中 DHA 的生物功能不足，其所需要的 DHA 剂量较大。在年龄较大的人中，α-亚麻酸需要量为 0.8~1g/d，EPA 和 DHA 合计量为 0.3~0.4g/d。

$\omega-6$ 和 $\omega-3$ 多不饱和脂肪酸在人体内的作用，根据需要各自产生相关的代谢，但相互之间不发生转换，其在人体内的作用不能相互替代。因此，两者的摄入应有一定的比例，以保证代谢的平衡。FAO/WHO 食品添加剂联合专家委员会为了保证婴幼儿的大脑及视网膜发育正常，把多不饱和脂肪酸 $\omega-6/\omega-3$ 的摄入比例定为 5；日本人根据母乳中的存在比例（6.2），将婴儿配方乳的添加比例定为 6；我国推荐的比例为 4~6，其中 0~1 岁婴儿和老年人定为 4。

五、鱼油、深海鱼油

从鱼的种类来看 EPA 与 DHA 的含量，前者在沙丁鱼等小型青背鱼油中含量居多，后者在金枪鱼和松鱼等大型青背鱼油中含量较多。特别是金枪鱼和松鱼的头部的 DHA 含量较高，而其眼窝脂肪中 DHA 含量最高。表 4-4 为部分海产鱼眼窝脂肪中的 EPA 与 DHA 含量，表 4-5 为我国几种水产原料脂质中的 EPA 与 DHA 含量。

表 4-4　　　　　　　　海产鱼眼窝脂肪中的 EPA 与 DHA 含量　　　　　　单位:%

来源	EPA	DHA	来源	EPA	DHA
肥状金枪鱼	7.8	30.6	黄条鰤	3.3	10.8
金枪鱼	6.1	28.5	紫鰤	6.5	20.5
黄金枪鱼	4.5	28.9	竹筴鱼	15.3	15.3
松鱼	9.5	42.5	远东拟沙丁鱼	22.6	12.1
红肉旗鱼	3.9	28.4	宽纹虎鲨	3	29
箭鱼	3.4	9.6	虎纹猫鲨	13.4	12.5

表 4-5　　　　　　　我国几种水产动植物油中的 EPA 与 DHA 含量　　　　　　单位:%

来源	EPA	DHA	来源	EPA	DHA
沙丁鱼	8.5	16.03	海条虾	11.8	15.6
鲐鱼	7.4	22.8	梭子蟹	15.6	12.2
鲹	13	25	鲥鱼	10.8	19.5
马鲛	8.4	31.1	草鱼	2.1	10.4
带鱼	5.8	14.4	鲤鱼	1.8	4.7
鲕	7.5	15.7	鲫鱼	3.9	7.1
鲳	4.3	13.6	鳐	8.9	18.4
鲷	5	19.4	马面鲀肝	8.7	20.4
海鳗	4.1	16.5	鲐内脏	6.6	21.3
鲨	5.1	22.5	鲫鱼卵	3.9	12.2
小黄鱼	5.3	16.3	褐指藻	14.8	2.2
白姑鱼	4.6	13.4	盐藻	—	4.2
银鱼	11.3	13	螺旋藻	32.8	5.4
鲭鲷	10.5	19.5	小球藻	35.2	8.7
鱿	11.7	33.7	角毛藻	6.4	0.5
乌贼	14	32.7	对虾（养殖）	14.6	11.2

（一）鱼油对血脂水平的影响

60 年前人们就了解到 ω-6 多不饱和脂肪酸的母体亚油酸有降低胆固醇的作用，后来又表明 γ-亚麻酸的作用更强，其降总胆固醇的作用是亚油酸的 160 倍。关于 ω-3 多不饱和脂肪酸对总胆固醇的作用，有的报道显著降低，当然也有的报道无明显改变甚至反而升高。

鱼或鱼油对血脂正常人的低密度脂蛋白胆固醇的作用，主要取决于食物中的饱和脂肪酸量。按常规吃饱和脂肪酸并加食鱼油的人，低密度脂蛋白胆固醇水平不但不降低，反而有增高的倾向。当鱼油完全取代食物中的饱和脂肪酸时，30%～40%的人低密度脂蛋白胆固醇水平降低，这与用多不饱和植物油代替饱和脂肪酸的结果相似。有一项在 18 名多种类型的高脂血症患者中进行的研究表明，食用鱼油后，16 人低密度脂蛋白胆固醇水平升高，1 人无改变，另 1 人虽有降低，但剂量却很大（86g/d）。

在食物中补充 ω-3 多不饱和脂肪酸，同样会出现高密度脂蛋白胆固醇水平升高、降低或不变等多种结果。多数用安慰剂作对照进行交叉试验的研究表明，食用低或中等剂量的鱼油，高密度脂蛋白胆固醇水平可升高 5%～10%，当用高剂量的 ω-3 多不饱和脂肪酸或高剂量多不饱和植物油时高密度脂蛋白胆固醇水平反而降低。也有人提出短期使用高剂量 ω-3 多不饱和脂肪酸可以升高高密度脂蛋白胆固醇水平，长期应用则作用相反。

ω-3 多不饱和脂肪酸对上述各类胆固醇影响结果差异很大的原因，也许与试验设计所用鱼油的剂量及所含成分、动物种属以及与患者相关的各种条件，如常规食物中脂肪数量和类型、原来血浆脂质水平以及所患高脂血症的类型有关。ω-3 多不饱和脂肪酸对降低甘油三酯水平具有较强的特效作用，存在明显的剂量效应关系。然而，ω-6 多不饱和脂肪酸对甘油三酯却无明显影响。

（二）鱼油对动脉硬化的作用

关于动脉硬化的发病机制有多种学说，概括起来主要是高血脂、氧化型低密度脂蛋白及多种危险因子对血管内皮细胞的炎性与免疫性损伤而引起。氧化型低密度脂蛋白有很强的细胞毒作用，使内皮细胞损伤甚至脱落，使单核细胞黏附，激活血小板，释放血小板源的生长因子，导致血栓素 A_2 与前列环素（Prostacyclin，PGI_2）的平衡失调，降低内皮细胞依赖性血管的舒张作用。此外，各种来源的促细胞分裂与趋化吸附因子的相互作用致使血管平滑肌细胞发生增殖，并合成结缔组织。循环的单核细胞也发生增殖，合成白介素-1、肿瘤坏死因子和血小板活化因子（Platelet activating factor，PAF），均有促进动脉硬化的作用。氧化型低密度脂蛋白还被平滑肌细胞、巨噬细胞吞噬，形成泡沫细胞堆积在病灶中。再加上黏附的血栓、结缔组织增生、坏死及钙的沉积，逐渐使血管内膜变厚、管腔狭窄和内皮细胞进一步受损，形成恶性循环，最终导致动脉硬化的形成。

从动脉硬化发病机制出发，可将 ω-3 多不饱和脂肪酸的作用机制归纳为下面几个方面：

①增加前列腺素合成，减少内皮细胞表面血栓形成；

②抑制血小板激活，减少血小板源的生长因子和血栓素 A_2 生成，降低血栓的形成；

③减少氧自由基的生成，降低低密度脂蛋白的氧化，减少内膜蓄积的巨噬细胞和平滑肌细胞摄入胆固醇，并增加 NO·的作用；

④减少单核细胞的趋化性，抑制白介素-1、肿瘤坏死因子和血小板活化因子的生成，减少内皮细胞损伤和白细胞黏附；

⑤减低白三烯 B_4 水平，减少血管壁损伤部位的炎症反应；

⑥增加纤维蛋白溶解活性，防止血栓形成和血管堵塞。

1. 动物试验

$\omega-3$ 多不饱和脂肪酸对猪、猴的效果最好，试验结果表明鱼油对防治猪、猴的动脉硬化有良好的作用。用高脂饲料喂猪，同时用气囊擦伤冠状动脉左旋支以加重血管损伤，造成试验性动脉硬化模型。试验组动物每天补充 30mL 鱼肝油（含大量鱼油成分），发现冠状动脉损伤面积显著减小，但对血清脂质没有影响。

以同样的猪模型研究 $\omega-3$ 多不饱和脂肪酸对动脉硬化病变消退的作用。将动物分为 4 组，4 个月后处死第 1 组对照动物，发现气囊损伤的动脉壁病变为 11%，而未擦伤的左旋支冠状动脉病变只有 1.3%。然后对其他 3 组动物分别继续喂饲含猪油、鱼油或猪油加鱼油的饲料共 3 个月。发现鱼油组气囊擦伤的动脉壁的病变为 3%，猪油加鱼油组为 6%，与对照组 11% 相比均明显减少；而猪油组有所增加，病变为 13%。在非擦伤的左旋支冠状动脉中猪油组病变也较鱼油组和猪油加鱼油组明显增多，3 组分别为 11%、1.1% 和 0.9%。

对罗猴进行的试验也表明，$\omega-3$ 多不饱和脂肪酸可以抑制动脉硬化病变的发展。给猴喂饲 2% 胆固醇和椰子油共 12 个月，胆固醇水平明显升高，主动脉粥样硬化病变 80% 以上。如同时加喂鱼油，内膜病变减少了 40%~55%，颈动脉和股动脉内膜病变也有所减轻。病变厚度及胆固醇水平减低，不过高密度脂蛋白胆固醇也降低。

$\omega-3$ 多不饱和脂肪酸对较低种属动物如鹌鹑、大鼠和兔等的抗动脉硬化作用结果不一致。以高脂血症兔为例，出现病变减轻、无变化或反而加重等结果。

2. 人体试验

有关研究集中观察 $\omega-3$ 多不饱和脂肪酸对人血管成形术后再狭窄发生率的影响，有报道表明再狭窄减少，也有报道认为没有影响。

将患有 103 处冠状动脉损伤的 82 个患者随机分成试验组（3.2g/d 的 $\omega-3$ 多不饱和脂肪酸）和安慰剂组，两组同时服用阿司匹林和潘生丁，在进行血管成形术之前 1 周开始接受试验，持续 6 个月。结果表明，无论是分析每一处损伤或分析每一例患者，再狭窄的出现率试验组均明显低于对照组；前者为 16%~36%，后者为 19%~46%。但 Grigg 等用常规血管造影术追踪观察患者，发现在血管成形术前一天或当天开始食用 $\omega-3$ 多不饱和脂肪酸（1.8g/d）的与不食用的相比再狭窄并没有区别。这可能与手术前使用 $\omega-3$ 多不饱和脂肪酸时间太短有关，因为 $\omega-3$ 多不饱和脂肪酸发生作用较为缓慢。

有些研究表明，鱼油可改善心脏功能，具有抗心肌缺血，抗儿茶酚胺和氯化钡诱导的心律失常，减轻结扎冠状动脉所致心肌坏死面积，对抗结扎冠状动脉再灌所致室颤的发生等作用。

（三）鱼油的安全性

鱼及鱼油作为人类的食品，经验证明大多数是安全无毒的。不过，下面这些问题仍应值得关注。

1. 重金属和毒素污染问题

从靠近海岸的水域和湖泊中捕获的鱼，有可能积聚汞和有毒的化学物质（如杀虫剂）。这些有毒物质主要是集中在鱼油中。不过在制备鱼油过程中这些毒物很容易被清除掉。最近有报道认为受污染的鱼可能是人受到二苯呋喃和二噁英毒害的主要来源。因此有必要对各种有毒物质在不同种类鱼中的含量加以分类，并分析可能会对人类产生的不良后果。

2. 致癌作用问题

有研究提出，食用鱼类可能增加自身氧化和过氧化过程，而过氧化产物可能具有致癌性。

不过，这种观点并没有得到试验和临床研究的证实。

3. 出血反应问题

由于 $\omega-3$ 多不饱和脂肪酸会延长出血时间，有人因此担心食用鱼油的人会发生自发性出血，在接受手术或遭到其他创伤时会出现出血过多现象。但日本在食用鱼油的临床试验中并没有发现出血现象，出血时间的延长同服用阿司匹林的作用相似甚至还短一些。摄取鱼或浓缩鱼油常引起血小板轻度减少，但极少出现临床上明显的症状。

4. 降低免疫反应问题

$\omega-3$ 多不饱和脂肪酸可通过改变二十碳脂肪酸衍生物和白介素-1 的生成而降低免疫反应，这对免疫系统过分活跃的自身免疫性疾病可能有利。但 $\omega-3$ 多不饱和脂肪酸能否抑制免疫系统使其低于正常水平，目前尚未阐明。假如能够抑制有可能提高对某些传染病的易感性，不过这种情况至今还没有证实。

六、南极磷虾油

南极磷虾（*Euphausia superba*）是一种生活在南极海域的浮游甲壳类动物，总量极广，生物量可达 6 亿~10 亿 t。对干燥后的南极磷虾进行有机溶剂浸提或酶解提取即可得到南极磷虾油，南极磷虾油含有丰富的多不饱和脂肪酸、虾青素、矿物质、类黄酮以及多种维生素等生物功效成分。研究发现，南极磷虾油具有降血脂、抗氧化、抗衰老、保护视力和改善大脑学习机能等对人体有利的生物功效。

（一）南极磷虾油的化学组成

南极磷虾油富含多种类型的脂类物质，如磷脂、甘油单酯、甘油二酯、甘油三酯、游离脂肪酸等。其中，多不饱和脂肪酸含量高，占脂肪酸含量的 60% 以上，磷脂中含量较高是 EPA 和 DHA，占多不饱和脂肪酸的 20% 以上。摄食 $\omega-3$ 多不饱和脂肪酸可以显著的降低血脂水平，南极磷虾油生物利用度高于鱼油，磷脂上连接的不饱和脂肪酸与人体细胞中的磷脂成分十分接近，易于人体吸收和利用。

南极磷虾油中的虾青素含量的范围在 $40 \sim 5000 mg/kg$，还含有丰富的矿物质，钙、镁、磷等物质含量丰富，对维持人体骨骼健康极为重要。此外，南极磷虾油中还含有类黄酮和多种维生素。

（二）南极磷虾油的生物功效

1. 改善机体脂质

南极磷虾油中含有的磷脂、虾青素、$\omega-3$ 多不饱和脂肪酸等，具有明显的改善机体的脂质代谢的作用。比较大鼠摄入南极磷虾油和鱼肝油后体内脂质变化，发现大鼠血清血脂明显得到改善，总胆固醇含量和甘油三酯含量下降呈剂量依赖型，南极磷虾油的效果明显优于鱼油。其降低血脂的机制可能是南极磷虾油能够激活 MAPK-7、PPAR-α、PPAR-γ 蛋白信号通路，增强脂质代谢。

2. 改善脑部功能

南极磷虾油中含有的 $\omega-3$ 多不饱和脂肪酸具有保护大脑健康的作用，提高记忆功能、学习认知功能、反应力、注意力以及精神情绪。对 D-半乳糖致衰老小鼠灌胃南极磷虾油 40d 后发现，小鼠体内与大脑认知相关的 Ppplrlb 基因和 Celsr3 基因表达上升。迷宫试验表明，摄入南极磷虾油的小鼠能够明显减少平台潜伏期和到达目的区域的时间。另外，有临床研究证实，健康老年男性摄入 12 周后，认知能力有明显提升。

3. 改善骨质疏松

摄入南极磷虾油能够显著的改善骨质疏松症，促进骨的形成，对女性健康尤为重要。对软骨退变的小鼠灌胃南极磷虾油 8 周后，发现软骨细胞的增生性分化和关节软骨细胞凋亡明显受到了抑制。通过去除双侧卵巢建立小鼠骨质疏松模型，连续对小鼠灌胃不同浓度南极磷虾油，结果表明试验组小鼠体内的表皮生长因子浓度和骨碱性磷酸酶活力显著升高，骨痂结构明显得到改善，促进骨痂重塑。

4. 抗肿瘤

在南极磷虾油抑制人体结肠癌细胞的研究中发现，南极磷虾油能够显著抑制结肠癌细胞的生长，且抑制程度呈剂量正相关。此外，南极磷虾油还具有增强免疫力、预防肥胖和糖尿病的作用。

（三）南极磷虾油的安全性

海产品中含有对人体健康有危害的砷元素，砷的毒性与化学形态有关，无机砷具有较强致毒致癌性，有机砷通常被认为是低毒或无毒的，南极磷虾油中的砷的主要形态为砷甜菜碱（90%左右）和二甲基砷酸（10%左右）。此外，南极磷虾中含有的氟元素为 1142~2400mg/kg，虾壳和虾头中含量尤高，中国营养学会推荐成人摄取氟的量为 1.5~3mg/d。因此，在南极磷虾油的提取过程中，如氟含量超标，必须对产品进行脱氟处理。

七、海 狗 油

海狗油（Seal oil）为海狗科动物海狗 [*Callorhinus ursinus*（*L.*）] 的脂肪油。海狗是生活在北极圈与北大西洋中的外形似狗的一种哺乳动物，没有污染，平均气温在零下 20~40℃。海狗是热血动物，与其他哺乳动物相比，它生活在水中又具有养阴的特性，所以海狗兼有补阳补阴特性。据《纲目拾遗》记载：性平，味咸，入肝肾经。

（一）海狗油的化学组成

海狗油含有丰富的脂肪酸，几乎不含胆固醇，在理想条件下提炼加工的海狗油，其 DPA、DHA、EPA 的含量高达 25%，加之北极洁净无污染的自然生态环境，海狗成为大自然中最好的 ω-3 多不饱和脂肪酸的来源。海狗油甲酯化后共检出脂肪酸 28 种，其中单不饱和脂肪酸 8 种，总相对含量达 61.99%；C16、C18、C20 其相对含量分别为 21.15%、26.04%、10.40%；多不饱和脂肪酸 11 种，总相对含量为 20.59%；饱和脂肪酸 9 种，总相对含量为 16.64%。

海狗油中含有多种金属元素，其中钠、钙、铜、钾、砷含量相对较高，而只有痕量的铅和镉存在。海狗油中维生素 A 含量为 186.5IU/g（5.59μg 视黄醇/g），维生素 E 含量为 0.143IU/g（0.13mg α-生育酚/g）。因为大量维生素 E 的存在，使得海狗油氧化稳定性较高，这也是海狗油比其他鱼油贮存时间长的原因。

（二）海狗油的生物功效

1. 降脂、保护肝功能

通过试验观察海狗油对化学毒物所致小鼠、大鼠急性肝损伤及对长期喂食高脂饲料大鼠的影响。结果如表 4-6 所示。

表 4-6　　海狗油对乙硫氨酸致小鼠和大鼠急性肝损伤后肝脏的甘油三酯的影响

组别	小鼠剂量/（g/kg）	小鼠肝甘油三酯/（mg/g）	大鼠剂量/（g/kg）	大鼠肝甘油三酯/（mg/g）
空白组	—	12.6±2.2	—	14.1±2.7
模型组	—	21.9±3.4[a]	—	31.0±4.1[a]
联苯双酯组	0.2	16.2±2.5[**]	0.16	25.0±2.9[**]
海狗油组	0.8	21.3±2.6	0.5	29.6±2.9
	2.4	18.4±2.7[*]	1.6	26.6±3.0
	7.2	16.8±2.7[**]	4.8	26.0±2.5[**]

注：与空白组比较，[a]$P<0.01$；与模型组比较，[*]$P<0.05$，[**]$P<0.01$。

从表 4-6 可以看出，乙硫氨酸所致急性肝损伤后，模型组小鼠和大鼠的甘油三酯比正常动力显著增加（$P<0.01$），而小鼠海狗油 7.2g/kg 组与模型组比较，甘油三酯降低 23%（$P<0.01$），大鼠海狗油 4.8g/kg 组与模型组比较，甘油三酯降低 16%（$P<0.01$），与联苯双酯具有相似的作用。

表 4-7　　海狗油对长期喂食高脂饲料大鼠的血脂血清总胆固醇、甘油三酯、游离脂肪酸和肝脂的影响（$\bar{x}±s$，$n=10$）

组别	剂量/（g/kg）	血清总胆固醇/（mmol/L）	血清甘油三酯/（mmol/L）	血清游离脂肪酸/（mmol/L）	肝脏总胆固醇/（mg/g）	肝脏甘油三酯/（mg/g）	肝脏游离脂肪酸/（nmol/g）
空白组	—	1.8±0.1	2.2±0.3	0.8±0.1	1.4±0.7	18.8±7.7	5.0±1.9
模型组	—	3.7±0.4[a]	0.7±0.3	1.5±0.2[a]	21.9±5.0[a]	235.2±83.2[a]	11.9±2.4[a]
海狗油组	0.5	1.8±0.5[b]	0.8±0.1	1.5±0.2	22.5±6.1	155.9±44.8[a]	10.8±1.8
海狗油组	1.6	2.1±0.2[b]	2.0±0.6	1.3±1.8[a]	14.1±5.9[a]	85.9±39.4[b]	8.8±0.3[b]
海狗油组	4.8	2.5±0.3[a]	1.2±1.0	1.1±0.2[b]	10.2±3.5[b]	92.2±33.2[b]	8.4±0.3[b]
辛伐他汀组	0.004	2.3±0.4[b]	2.2±0.7	0.9±0.1[b]	9.8±3.3[b]	80.8±35.2[b]	7.8±0.4[b]

注：与空白组比较，[a]$P<0.01$；与模型组比较，[e]$P<0.05$，[b]$P<0.01$。

如表 4-7 所示，模型组大鼠血清甘油三酯、游离脂肪酸均明显升高（$P<0.01$），而各试验组这种升高均受到不同程度的抑制；这些指标在肝脏的变化比血液的变化明显得多，与空白组比较，模型组大鼠肝脏总胆固醇、甘油三酯和游离脂肪酸含量显著增加（$P<0.01$），而海狗油各剂量组使肝脂降低，海狗油 4.8mg/kg 组总胆固醇下降 53%（$P<0.01$），甘油三酯下降 61%（$P<0.01$），游离脂肪酸下降 29%（$P<0.01$），表明海狗油减轻了肝脂变程度。目前认为游离脂肪酸增高，不仅有很强的细胞毒性损伤肝细胞质线粒体及溶酶体膜，引起生物膜损伤，而且使抗氧化能力减弱，导致肝细胞变性；海狗油可明显降低血和肝中的游离脂肪酸含量，保护肝脏。

2. 补肾壮阳作用

海狗油能显著缩短阴茎勃起的潜伏期，显著增加去势雄性小鼠包皮腺、精液囊和前列腺重量，提高脏器指数。说明海狗油具有雄性激素样作用。应用氢化可的松可造成小鼠阳虚模型，给药后，小鼠出现明显的阳虚症状，体重减轻、体温下降、活动减少、应激能力下降等。用海狗油防治后，小鼠阳虚症状得到明显的改善。表明海狗油具有补肾壮阳作用，能增强动物机体功能，提高应激能力的作用。

3. 其他功效

中医认为，海狗油还具有补血益气、养颜美肤之功效。海狗体内毛细血管较其他动物多好几倍，血红蛋白含量及血色素均很高，适用于一切血虚之症的患者。海狗体内的大量黏性蛋白，具有延缓人体衰老，保持肌肤的弹性和水分，增强和改善关节筋骨功能的作用。

八、海　藻　油

在微生物中，多不饱和脂肪酸的合成通常是以单不饱和脂肪酸、油酸为底物，合成中有 2 个主要的反应，即碳链的增长和去饱和作用。微生物脂肪酸构成的质量与数量，受培养基的组分、通气、光照强度、温度和培养时间等环境因素而影响。使用基因工程选育菌种，有可能大大增加藻类和真菌产生 EPA、DHA 和其他多不饱和脂肪酸的潜力。藻油中的 EPA 比鱼油有更大的氧化稳定性，没有鱼油的气味和滋味。

1964 年 Hulanicka 等报道了纤细裸藻（*Euglena gracilis*）含有 EPA，1979 年，Gellerman 等发现寄生水霉（*Saprolegnia Parasitica*）含有 EPA。1984 年 Seto 等发现极微小球藻（*Chlorella minutissa*）产生 EPA，1986 年 Iwamoto 报道了单胞藻（*Monodus Subterraneus*）能合成 EPA。

1987 年，Wirsen 等报道了利用海洋细菌产生 EPA。1988 年 Shimizu 等人利用真菌（*Mortiereua alpiua*）LS-4 在一定条件下生产 EPA，达到 27mg/g 干菌体。Cohen 等利用紫球藻（*Porphyridium cruentum* 和 *Navicula Saprophilla*）产生 EPA。Yazawa 等从 5000 株海洋微生物中筛选了一株海洋细菌 SCRC-8132，EPA 产率为 15mg/g 干菌体。1991 年，Yongmanitchai 等探讨了不同培养条件对三角褐指藻（*Phaeodactylum tricornutum*）生长及合成 EPA 的影响因素，发现在最佳培养条件，培养液中 EPA 产量达到 133mg/L。1992 年，Kendrick 等研究了 7 种真菌中多不饱和脂肪酸含量，发现金黄色破囊壶菌（*Thraustochy trium aureum*）、裂殖壶菌（*Schizochytrium aggregatum*）、水霉（*Saprolegnia parasitisa*）等 3 种菌株的 EPA 含量较高。1993 年，Jareonkitmongkol 等人利用高山被孢霉（*Mortierella alpina*）1S-4 的突变菌株，把 α-亚麻酸转化成 EPA，在液体培养条件下 EPA 产量达到 64mg/g 干菌体。

在较低级的真菌中，藻类菌类在产生 EPA 方面似乎是唯一的一个纲，高山被孢霉是进行 EPA 商业生产的一个潜在来源。这种真菌生长在 12℃ 的低温条件下，可积累占总脂肪酸 15% 以上 EPA。破囊壶菌是一种海生真菌，其 DHA 的含量特别高，显著高于其他真菌。

淡水藻中除了黄藻纲中的单胞藻含有一定量的 EPA 之外，在淡水中很少有可以产生有意义 EPA 含量的藻类。而在海生藻类中，金藻纲、黄藻纲、真眼点藻纲、硅藻纲、红藻纲、褐藻纲、绿藻纲、绿枝藻纲和隐藻纲中的藻都产生高含量的 EPA，而甲藻纲中的藻种有高含量的 DHA，甲藻纲中的卡特前沟藻（*Amphidinium carteri*）的 EPA 和 DHA 含量都很高。红藻纲中的 *Chylochydia kaliformis*、珊瑚藻（*Corallina officinalis*）、*Cryptoleura ramosum*、*Dumontia crispata*、钝形凹顶藻（*Laurencia obtusa*）和裂膜藻（*Schizymenia dubyi*）以及绿藻纲中的极微小球藻所含的 EPA 占总脂肪酸的 40% 以上。

九、紫　苏　油

目前形成商品规模的高 α-亚麻酸植物油脂主要有紫苏油、亚麻籽油、沙棘籽油、亚麻荞油和野鼠尾草籽油，其中前 3 种在我国的研究和应用较为普遍。

紫苏，唇形科一年生草本植物，是卫生部批准的药食两用物品之一。在我国，紫苏已有 2000 多年的栽培历史，在西北、东北地区的 10 多个省区均有广泛种植。此外，俄罗斯、不丹、印度、缅甸、印尼、日本等国家和朝鲜半岛地区也都有分布和种植。

在我国古代医学专著《神农本草》，紫苏油被誉为"延年益寿之上品"。其生物功效首先起因于它的高 α-亚麻酸组成，同时还与亚油酸、不皂化物中功能性脂质成分有关。紫苏油具有抗衰老、提高学习记忆力、降血脂及减肥等功能，并在抗结肠癌、乳腺癌上表现出活性，还可抑制过敏性反应及其引发的炎症。

从紫苏果实或种子中提取的油脂称为紫苏油或苏子油，紫苏油中 α-亚麻酸含量为 56.14% ~ 64.82%，其余依次为亚油酸、油酸、棕榈酸和硬脂酸。

十、亚 麻 籽 油

亚麻（*Linum usitatissimum* L.）是一种常见的油料作物和韧皮纤维作物，属亚麻科亚麻属。油用亚麻的成熟籽实为亚麻籽，其油脂含量高达 35% ~ 45%，可用于提取亚麻籽油，别称胡麻油。亚麻在我国种植范围较广，主要分布于我国内蒙古、华北、西北等地。亚麻籽油富含不饱和脂肪酸，特别是 α-亚麻酸。α-亚麻酸为人体必需脂肪酸，在人体内可转化为 EPA 和 DHA。

（一）亚麻籽油的化学组成

亚麻籽油的主要成分为不饱和脂肪酸，占比在 90% 左右。亚麻籽油的脂肪酸中，α-亚麻酸含量最高，为 45% ~ 65%，其次为油酸 14% ~ 25%，亚油酸 10% ~ 20%，此外，含有 4% ~ 10% 的棕榈酸，2% ~ 8% 的硬脂酸，以及软脂酸、二十碳烯酸、花生酸等。亚麻籽油中还含 39 ~ 60mg/100g 的维生素 E，以 γ-生育酚为主；酚类化合物总量为 32.6 ~ 41.9mg/100g；以及角烯鲨、甾醇、木脂素、黄酮类化合物等。

（二）亚麻籽油的生物功效

1. 降血脂

对高血脂大鼠灌胃不同梯度浓度的亚麻籽油，测定大鼠的血浆和肝组织脂质水平，发现大鼠的体内的血脂得到明显改善，脂质水平显著降低。研究表明，亚麻籽油中含有的 α-亚麻酸可有效降低血脂，降低胆固醇在体内的沉积，且降脂效果呈剂量正相关。但若摄入过多 α-亚麻酸会增加脂质过氧化产物的产生，可能会造成氧化损伤。

2. 增强免疫功能

表 4-8 显示，用低、中、高三种剂量的亚麻籽油对小鼠 30d 灌胃后，中、高剂量组刀豆球蛋白诱导的小鼠体内脾淋巴细胞增殖能力明显提升（对应 OD 值），二硝基氟苯诱导的小鼠迟发型变态反应明显增强（对应左右耳质量差），小鼠自然杀伤细胞活性有效提高，小鼠的免疫功能得到增强。

表 4-8　　　　亚麻籽油对小鼠细胞免疫功能及自然杀伤细胞活性的影响

组别	动物数量/只	OD 值	左右耳质量差/mg	自然杀伤细胞活性/%
对照组	10	0.130±0.025	20.5±1.4	14.78±1.42
低剂量组	10	0.124±0.030	21.1±1.7	14.38±1.55

续表

组别	动物数量/只	OD 值	左右耳质量差/mg	自然杀伤细胞活性/%
中剂量组	10	0.155±0.035*	22.1±1.8*	16.32±1.68*
高剂量组	10	0.159±0.034*	22.2±2.0*	16.44±1.87*

注：与对照组相比，* P<0.05。

3. 其他作用

给高脂膳食的肥胖小鼠喂养亚麻籽油，能够降低肥胖小鼠的视网膜炎症因子白介素-10 和视网膜血管内皮生长因子（Vascular endothelial growth factor，VEGF）水平，有效改善肥胖小鼠的视网膜损伤。此外，亚麻籽油可以缓解肥胖 2 型糖尿病小鼠的胰岛素抵抗水平，有效调节血糖浓度，减轻抑胃肽过度分泌，降低瘦素水平。

（三）亚麻籽油的安全性

分别使用高、中、低剂量的亚麻籽油对大鼠进行 30d 灌胃试验，结果显示，各种剂量的亚麻籽油对大鼠的食物利用率、脏体均没有任何影响，大鼠各脏器均未产生病理学改变，表明亚麻籽油具有较高的安全性。

十一、沙 棘 籽 油

沙棘，胡颓子科沙棘属多年生落叶灌木或乔木，是用于改良土壤、保持水土、防风固沙的生态树种。我国拥有世界最大面积的沙棘资源，主要分布于华北、西北及四川、云南、西藏等地。此外，俄罗斯、芬兰、匈牙利、罗马尼亚都栽培有沙棘。

沙棘是原卫生部批准的药食两用物品。沙棘籽含油率为 7.3%~18.0%，其脂质组成与通常食用油脂相比有较大区别。在目前已检测到的沙棘籽油的 22 种脂肪酸中，α-亚麻酸含量较高，为 16.2%~33.3%，其余主要为亚油酸、油酸、棕榈酸和硬脂酸。沙棘籽油中还含有其他 100 多种活性成分，包括天然维生素 E、维生素 K、植物甾醇、β-胡萝卜素等。其中，维生素 E 含量最高可达 323mg/100g，维生素 K 含量也都在 100mg/100g 以上，高者达 230mg/100g。植物甾醇含量大多为 1000~1300mg/100g，其中 β-谷甾醇占 70% 以上。

由于 α-亚麻酸等多种活性成分的存在，沙棘籽油具有良好的生物功效，包括降血脂、预防心血管疾病，提高机体免疫力、抗肿瘤，防治消化系统疾病，保肝护肝，抗脂质氧化、延缓衰老，抗辐射以及抗炎症等。

十二、其他高 α-亚麻酸植物油

其他富含 α-亚麻酸的植物油脂，还包括松籽油（华山松籽油中 α-亚麻酸含量为 37.93%）、接骨木籽油（吉林产接骨木籽油中 α-亚麻酸含量为 43.14%）、火麻仁油（含 α-亚麻酸 25.2%）、亚麻荠油、亚麻籽油、野鼠尾草油等。其中，前 3 种油脂是我国某些地区的特产，后 3 种油脂已形成商品规模。

亚麻荠油，又称为假亚麻籽油，在英国和丹麦均有生产。天然亚麻荠油中非甘油三酯杂质少，精炼工艺简单，可省去脱酸、脱胶和脱色工序，仅在脱臭前进行过滤预处理即可，极大地降低了生产成本且利于环保。在食品工业中，亚麻荠油可用于色拉油、人造奶油、冰淇淋及焙

烤食品。在化妆品工业中，亚麻荠油已作为一种润肤剂、垫底油，尤其适合作为营养性和增湿性护肤品配剂。

亚麻籽油在中国、加拿大、阿根廷、印度、俄罗斯等国均有生产，野鼠尾草籽油在阿根廷北部和哥伦比亚中部已有稳定的商业生产。

第三节　ω-6 多不饱和脂肪酸

美国农业部在威斯康星州的 Madison 实验室里，一直致力于研究富含燕麦与大麦的食品能明显降低胆固醇的原因。最终将这种作用归因于 2 种成分，一种是膳食纤维，另一种是含 2 分子亚油酸和 1 分子 γ-亚麻酸的特殊甘油三酯。亚油酸和 γ-亚麻酸都属于 ω-6 多不饱和脂肪酸，它们对机体健康的重要作用已被大量研究所证实，引起人们广泛的关注和重视。

ω-6 多不饱和脂肪酸主要包括亚油酸、γ-亚麻酸和花生四烯酸。其中，亚油酸是人体不可缺乏的必需脂肪酸，必须从食物中摄取。花生四烯酸可由亚油酸经机体转化合成而得到充分供应，因此不强求在膳食中供应。而 γ-亚麻酸只能由亚油酸部分转化得到，必须由外源补充来满足机体的需求。

一、ω-6 多不饱和脂肪酸的种类

（一）亚油酸

亚油酸为 9,12-十八碳二烯酸，参见本章第一节讨论，它是分布最广、资源最为丰富的多不饱和脂肪酸。红花油、大豆油、菜籽油、花生油、芝麻油、米糠油等食用油脂，其亚油酸的含量都十分丰富。因此，我国膳食结构中一般都能提供足够的亚油酸。

共轭亚油酸（Conjugated linoleic acid，CLA），是一系列含有共轭双键的亚油酸总称，包括几何异构体和位置异构体，主要存在于反刍动物牛、羊等的乳脂及其肉制品中，在一些植物中也发现了共轭亚油酸的存在，但含量非常少。

共轭亚油酸具有很多生物功效，如抗动脉粥样硬化，改善脂肪代谢和减肥，改善骨组织代谢，抗癌，调节免疫功能和抗氧化等。共轭亚油酸已被列入食品补充剂健康专业指南，膳食中共轭亚油酸推荐摄入量为 400~600mg/d。

（二）γ-亚麻酸

通常称谓的亚麻酸是指 α-亚麻酸，γ-亚麻酸是其同分异构体，为全顺式-6,9,12-十八碳三烯酸。自然界和人类食物中，富含 γ-亚麻酸的资源并不多，如燕麦和大麦脂质中 γ-亚麻酸含量仅有 0.25%~1.0%。

γ-亚麻酸在自然界中的存在比较稀少，其中最常见的是月见草油，其他如黑加仑籽油、玻璃苣油、黑穗醋栗油、微孔草油和狼紫草油等也都是较好的 γ-亚麻酸资源，参见表 4-9 和表 4-10。

表4-9 几种富含 γ-亚麻酸的植物

植物	种子含油率/%	γ-亚麻酸含量/%
月见草 (*Evening Primrose*)	15~30	7~15
玻璃苣 (*Borage*)	30	19~25
黑加仑 (*Black currant*)	13~30	15~20
黑穗醋栗 (*Ribenigrua*)	30	17
微孔草 (*Microula sikkimensis*)	40~50	8.33
狼紫草 (*Lycopsis orientalis* L.)	58.46	6.7

表4-10 几种富含 γ-亚麻酸的微生物

微生物	γ-亚麻酸含量/%	微生物	γ-亚麻酸含量/%
螺旋藻 (*Spirulina*)	20~25	不明毛霉 (*Mucor ambigulls*)	11~14
杜氏藻 (*Dunaliella tertiolecta*)	32	拉曼被孢霉 (*Mortierella rammaniana*)	26
蓝丝藻 (*Spirulina platensis*)	21	雅致小克银汉霉 (*Cunninghamella elegans*)	18
小球藻 (*Spirulina spp.*)	11	枝霉 (*Thamnidium elegans*)	20
爪哇毛霉 (*Mucor javanicus*)	15~18	拉草式毛霉 (*Mucor rammanianus*)	31
深黄被孢霉 (*Morierella isabellina*)	3~11		

　　首先发现的高 γ-亚麻酸资源是月见草，后来在一些野生植物中也发现含有较为丰富的 γ-亚麻酸，如表4-19所示。螺旋藻属 (*Spirulina*) 也是 γ-亚麻酸的一种较好来源，大约含有10%类脂物，其中 γ-亚麻酸占类脂物总量的 20%~25%。螺旋藻是中美、中非国家的传统食品，现广泛出现在欧洲和北美洲的特殊营养品商店里。以一般的推荐量每日 10g 螺旋藻计算，可提供 200~250mg 的 γ-亚麻酸。此外，一些微藻类和霉菌也能富集高含量的 γ-亚麻酸（表4-20），而以霉菌发酵生产 γ-亚麻酸更已成为国内外研究的热点。

　　γ-亚麻酸在母乳中的含量也较多，不过利用气相色谱法分析的大多数奶样品中，常常不准确地把 γ-亚麻酸的含量当作 α-亚麻酸而导致分析上的误差，这是因为气相色谱法常用的很多填充柱不能完全将 γ-亚麻酸与它的异构体 α-亚麻酸分离开。一份精确的研究表明，高加索妇女授乳期第一周期后收集的乳样中，γ-亚麻酸含量占类脂物的 0.35%~1.0%，与初乳（即授乳第1天产生的乳）含量一样。因母乳中类脂物浓度大约是 33g/L，体重为 5kg 的婴儿每天约吸入 800mL 的母乳可获得 115~325mg 的 γ-亚麻酸。

　　DH-γ-亚麻酸是亚油酸或亚麻酸在人体内代谢的一种中间产物，存在于大部分组织的磷脂中。占其所含脂肪酸的 1%~6%，至今尚未见到有关膳食中 DH-γ-亚麻酸供给量方面的数据，估计每天摄入 12.5~150mg 是合理的。母乳中的 DH-γ-亚麻酸含量较多，占全部类脂物的 0.3%~0.4%，所以母乳喂养婴儿每天每千克体重摄入 20~26mg。

　　（三）花生四烯酸

　　花生四烯酸是 5,8,11,14-二十碳四烯酸，为亚油酸的一种代谢产物，主要存在于花生油中。据分析，典型的美国膳食每天可提供 50~600mg 的花生四烯酸。

花生四烯酸广泛分布于动物的中性脂肪中，它是牛乳脂、猪脂肪、牛脂肪、血液磷脂、肝磷脂和脑磷脂中含量较少的一种成分（约为 1%），同时也是肾上腺磷脂混合脂肪酸的一种主要成分（15%）。其商品资源通常来自动物肝脏，但含量低，仅 0.2% 或更低。在日本沙丁鱼中，也分析出一定数量的花生四烯酸和一种 EPA。

花生四烯酸在植物油料种子中的分布，较在动物性产品中的更低。据报道，从几种苔藓和蕨类植物中检测出花生四烯酸的存在。相对而言，花生四烯酸的微生物资源更具吸引力（表 4-11）。而且，许多霉菌在富含花生四烯酸的同时，也含有较高比例的 EPA。

表 4-11　　　　　　　　　　　几种富含花生四烯酸的微生物

微生物	花生四烯酸/%	EPA/%
高山被孢霉（*Mortierella alpina*）	11~79	15
长形被孢霉（*Mortierella elongata*）	15	—
终极腐霉（*Pythium ultimum*）	16	19
紫球藻（*Porphyridiam cruentum*）	60	—

母乳含有一定数量的花生四烯酸，在授乳开始第一周后母乳中的数量约占类脂物总量的 0.4%，据此推算出母乳喂养婴儿每天每千克体重的花生四烯酸摄入量为 21mg。

二、ω-6 多不饱和脂肪酸的生物功效

ω-6 多不饱和脂肪酸对于维持机体正常的生长、发育及妊娠具有重要作用，特别是皮肤和肾的完整性及分娩只依赖于 ω-6 多不饱和脂肪酸。作为必需脂肪酸，亚油酸在机体内可代谢转化为 γ-亚麻酸、DH-γ-亚麻酸和花生四烯酸，具有重要的生物功效。同时，体内 γ-亚麻酸、DH-γ-亚麻酸和花生四烯酸的水平太低也会引起一系列健康问题，而这通过补充亚油酸往往是不能完全解决问题的。

（一）作为必需脂肪酸的生物功效

亚油酸和 γ-亚麻酸属于必需脂肪酸，其生物功效包括，参与磷脂合成并以磷脂形式作为线粒体和细胞膜的重要成分，促进胆固醇和类脂质的代谢，合成某些生物调节物质（如前列腺素等），有利于动物精子的形成等。

亚油酸有助于降低血清胆固醇和抑制动脉血栓的形成，因此在预防动脉硬化和心肌梗死等心血管疾病方面有良好作用。但也有试验发现，当亚油酸超过膳食总能量的 4%~5% 时，多余的脂肪将增加癌症的发生概率；而且富含亚油酸的高脂膳食诱发乳腺癌的概率，比富含饱和、单不饱和或 ω-3 多不饱和脂肪酸的概率大得多。究其原因，可能与亚油酸诱导产生的循环雌激素水平增加有关。

（二）作为一种活性成分的 γ-亚麻酸

γ-亚麻酸既是亚油酸在人体内的一种代谢中间产物，也是一种必需脂肪酸。如果将它作为一种活性成分，摄入量相当于正常人体内每天的生成量或存在于那些具有悠久食用安全史食物中的正常含量，则不可能出现有毒害的副影响。母乳是一种最典型的具有悠久食用安全史的食物，是所有食物中最易被普遍接受的一种。

1. 在母乳中存在的重要性

食物中的亚油酸在人体内只能部分地经代谢转化成 γ-亚麻酸、DH-γ-亚麻酸，该途径是一种转化率有限的代谢过程。因此，从食物中摄取额外的 γ-亚麻酸等三种脂肪酸对人体许多组织特别是脑组织的生长发育至关重要，因为脑重量的 20% 是由必需脂肪酸组成。如果食物中只提供亚油酸一种必需脂肪酸，则在婴儿体内要靠代谢亚油酸生成足够数量的其他必需脂肪酸是很困难的，因为婴儿体内各种酶系统尚未发育完全。这是母乳中天然存在 γ-亚麻酸、DH-γ-亚麻酸的原因所在，也是自然界生物进化的结果。许多试验也证实，γ-亚麻酸及其进一步代谢产物对婴儿生长发育具有重要作用。

2. 添加 γ-亚麻酸的生物功效

γ-亚麻酸和 α-亚麻酸都是亚油酸的第一代谢产物。γ-亚麻酸可进一步衍生成 DH-γ-亚麻酸，它是前列腺素 PG-I 的前体，也是花生四烯酸及前列腺素 PG-II 的来源。而 α-亚麻酸可进一步脱氢去饱和而转化为二十碳五烯酸，它是前列腺素 PG-III 的前体。但这些生物转化过程常受年龄（婴幼期、老年期）、肥胖、糖尿病、饮酒过量、维生素缺乏及矿物质不足等因素所阻碍，而导致亚麻酸的生物合成受阻，使担负着维持细胞与机体组织正常机能发挥的前列腺素合成受到抑制。前列腺素 PG-I 和前列腺素 PG-II 具有抑制血管紧张素合成及其他物质转化为血管紧张素的作用，可直接降低血管张力，对高血压患者的收缩压和舒张压有明显的降压作用。

γ-亚麻酸降血脂作用十分显著，并可防止血栓的形成，而起到防治心血管疾病的作用；可刺激棕色脂肪组织，促进其中线粒体活性而释放体内过多热量，起到防治肥胖症的作用；有利于减轻机体细胞膜脂质过氧化损害；保护胃黏膜，防止溃疡的发生。

虽然在正常的生理状态下，γ-亚麻酸可由亚油酸在体内经生物转化而得。但试验表明，这条转化途径通常很有限。例如，即使每天摄入大量的亚油酸（30～40g），也不能满足机体对 γ-亚麻酸的需求。相反，每天只要摄入 0.5g 的 γ-亚麻酸，就可以满足机体这方面的需求。

因此，正常健康的成年人仍有必要直接摄入 γ-亚麻酸等亚油酸代谢产物。而对于糖尿病患者、过敏性湿疹患者、过量饮酒者、月经前综合征患者、老年人等特殊人群，其血浆或脂肪组织中的 γ-亚麻酸、DH-γ-亚麻酸和花生四烯酸浓度明显低于正常水平，直接摄入 γ-亚麻酸等亚油酸代谢产物将对他们产生明显效果。

往膳食中添加 γ-亚麻酸或摄取富含 γ-亚麻酸的功能性食品，可明显改善过敏性湿疹患者的皮肤状况，起到解除瘙痒降低对胆固醇药物需要量的作用；可明显减轻有月经前综合征和月经前胸痛病人的不适症状。对于糖尿病患者来说，补充 γ-亚麻酸可恢复被损伤的神经细胞功能，降低血清胆固醇和甘油三酯水平并抑制体内血小板的凝集。对于嗜酒者，γ-亚麻酸可促进被酒精损伤肝功能的恢复，减轻停止服药后出现的强烈不适症状。还有事实证明 γ-亚麻酸能减轻心脏病和中风患者的高血脂和血小板异常凝聚等症状。

三、月见草油

月见草油（Evening primrose oil）提取自月见草的种子。月见草为柳叶菜科草本植物，又名山芝麻或夜来香，种子大小类似普通芝麻。世界上至少有 16 个国家种植这种植物，如澳大利亚、加拿大、法国、荷兰、匈牙利、新西兰、英国、美国和中国等。我国吉林、辽宁、内蒙古、江西、北京等地都有大面积种植。

不同品种月见草种子含油率也不同，我国东北产的月见草籽含油率为 23%～30%。月见草油的不饱和脂肪酸量高达 90% 以上，主要包括亚油酸、γ-亚麻酸，其他还有油酸、棕榈酸和硬脂酸。此外，月见草油中还含有 1.5%～2% 不皂化物，其中植物甾醇 0.7%～1%，生育酚 0.026%。

月见草油的生物功效主要体现在 γ-亚麻酸上，其在食品、医药、化妆品等领域的应用，也主要是基于此。在医学上，月见草油主要用于心脏病、血管障碍、糖尿病和肥胖症，并对小儿多动症、月经前期综合症、良性乳腺疾病及多发硬化症等也有较好效果。它还用作化妆品美容膏的基料。

在食品工业，自 20 世纪 70 年代初英国批准月见草油的功能性添加剂地位以来，有很多国家相继批准使用。澳大利亚、加拿大、塞浦路斯、丹麦、芬兰、法国、意大利、菲律宾、西班牙、瑞典、瑞士和阿联酋等 30 多个国家，均已批准将月见草油作为营养添加剂或功能性食品成分使用，其应用范围包括果冻、饮料、方便面汤料、婴幼儿奶粉、减肥食品及营养滋补食品等。例如，瑞典 Kabivitrum AB、瑞士 Nestle S. A. 和法国 Roussel Uclaf S. A. 等公司都推出过主要含月见草油的专供婴幼儿、老年人和恢复期病人使用的营养滋补品。还有日本 SnowBrand 乳品工业公司也生产含月见草油的功能性食品，所添加的 γ-亚麻酸数量一般低于母乳喂养婴儿的每日摄入量。

关于月见草油的安全毒理问题，美国 Efamol 公司在美国食品药品管理局一个实验室里进行了一年的详尽分析。受试油样是从专门杂交筛选出的月见草籽中提取，小鼠每天摄入量为 2.5mL/kg，狗的摄入量为 5mL/kg，结果未发现任何明显的毒性作用。另进行过长达两年的致癌与致突变试验，结果也未发现任何不安全因素。

作为一种营养添加剂的月见草油，很多国家推荐的最大摄取量为每天 4g，含 300～600mg 的 γ-亚麻酸。对于一个体重为 50kg 的成年妇女，该数值说明每天每千克体重摄入 6～7mg 的 γ-亚麻酸。与正常妇女体内每天由亚油酸代谢转化而成的含有 20g/kg γ-亚麻酸、与母乳喂养婴儿每天每千克消耗 23～65mg γ-亚麻酸相比，这数量显然一点也不过分。它表明，月见草油每日推荐量中所含的 γ-亚麻酸含量，绝不会超过日常消费食品中所含的 γ-亚麻酸及相关必需脂肪酸数量。这样，也就没有理由怀疑月见草油的食用安全性。美国批准月见草油所含的 γ-亚麻酸为"公认的安全物质"。

四、黑加仑籽油

黑加仑（*Black currant*）是虎耳草科茶蔗子属的一种浆果植物，在我国东北地区、意大利南部、法国、德国及英国等有广泛种植。由黑加仑种子中提取出的油脂，含有丰富的 γ-亚麻酸，从此引起了人们的广泛重视。我国东北地区有较大面积的黑加仑作为防沙林，对其浆果的综合利用（包括制造果汁、果酱和提取黑加仑籽油等），有助于显著提高产品附加值，具有广阔的开发前景。

黑加仑种子含油率通常在 13%～30%，脂肪酸组成主要包括亚油酸、γ-亚麻酸、油酸、α-亚麻酸和棕榈酸，其中 γ-亚麻酸含量在 10% 以上。

五、其他高 γ-亚麻酸植物油

其他富含 γ-亚麻酸的植物油脂，还包括玻璃苣油、黑穗醋栗油、微孔草油及狼紫草油等，其中紫草科植物玻璃苣是目前发现的 γ-亚麻酸含量最高的植物油脂资源，达到 20% 以上。狼

紫草是含油率最高的 γ-亚麻酸资源，它和微孔草都是我国较为丰富的植物资源。它们分别生长于海拔 2500~4800m、1850~2700m 的山坡草地，主要分布在青海西部、西藏、甘肃、宁夏、陕西以及四川、云南、贵州等地。

狼紫草和微孔草也都属于高 α-亚麻酸油脂，加仑籽中的红加仑（Red currant）和茶藨子（Gooseberry）也含有较多的 γ-亚麻酸。

第四节 复合脂质

目前有实际应用的复合脂质，主要有磷脂、糖脂、神经酰胺、神经节苷脂等。作为乳化剂，磷脂已在食品、医药和化妆品等领域得到了广泛的应用。更重要的是，磷脂在人体生命活动中还发挥着重要作用，是一类重要的生物功效物质。

磷脂是含有磷酸根的类脂化合物，普遍存在于动植物细胞的原生质和生物膜中，对生物膜的生物功效和机体的正常代谢有重要的调节功能。

一、磷脂的化学结构和物化性质

（一）磷脂的化学结构

磷脂为含磷的单脂衍生物，按其分子结构组成可分为两大类：

①甘油醇磷脂；

②神经氨基醇磷脂。

甘油醇磷脂，是磷脂酸（Phosphatidic acid，PA）的衍生物，常见的有：

①卵磷脂（磷脂酰胆碱，Phosphatidyl choline，PC）；

②脑磷脂（磷脂酰乙醇胺，Phosphatidyl ethanolamines，PE）；

③肌醇磷脂（磷脂酰肌醇，Phosphatidyl inositols，PI）；

④丝氨酸磷脂（磷脂酰丝氨酸，Phosphatidyl serines，PS）；

⑤磷脂酰甘油、二磷脂酰甘油（心肌磷脂）和缩醛磷脂等。

神经氨基醇磷脂的种类不如甘油醇磷脂多，除分布于细胞膜的神经鞘磷脂（Sphingomyelin）外，生物体可能还存在其他神经醇磷脂，如含不同脂肪酸的神经醇磷脂。

胆碱（Choline）是卵磷脂和鞘磷脂的关键组成部分，其分子结构比较简单，含有 3 个甲基。

1. 卵磷脂

卵磷脂广泛存在于动植物体内，在动物的脑、精液、肾上腺及细胞中含量尤多，以禽卵卵黄中的含量最为丰富，达干物质总重的 8%~10%。卵磷脂的分子结构与甘油三酯的不同之处在于一个酯酰基被磷酸胆碱基所取代，又因磷酸胆碱基所接的碳位不同故有 α、β 两种异构体，若磷酸胆碱基连接在甘油基的 C-3 上称 α-型，连接在 C-2 上则为 β-型。自然界存在的卵磷脂为 L-α-卵磷脂，即 R2-CO 基处在甘油碳链的左边，为 L-型。卵磷脂分子中不同碳位上所接的脂肪酸也不同，α 碳位上接的几乎都是饱和脂肪酸，而 β 碳位上接的通常为油酸、亚油酸、亚麻酸和花生四烯酸等不饱和脂肪酸。

2. 脑磷脂

脑磷脂是从动物脑组织和神经组织中提取的磷脂，心、肝及其他组织也有，常与卵磷脂共同存在于组织中，以动物脑组织中的含量最多，占脑干物质总重的 4%~6%。脑磷脂与血液凝固有关，可能是凝血酶致活酶的辅基。脑磷脂的分子结构与卵磷脂相似，只是以氨基乙醇代替了胆碱。它也有 α、β 两种异构体，与磷相连的羟基为甘油的伯醇基称为 α-型，为甘油的仲醇基则称为 β-型。

3. 其他磷脂及胆碱

丝氨酸磷脂是动物脑组织和红细胞中的重要类脂物之一，是磷脂酸与丝氨酸形成的磷脂。肌醇磷脂是磷脂酸与肌醇构成的磷脂，常与脑磷脂混合在一起。

鞘磷脂是神经醇磷脂的典型代表，在高等动物组织中含量最丰富，它由神经氨基醇、脂肪酸、磷酸及胆碱组成。它与甘油醇磷脂的组分差异不仅是醇的不同（前者为神经醇，后者为甘油醇），而且鞘磷脂中的脂肪酸与神经氨基醇的氨基相连接，分子中只含一个脂肪酸。

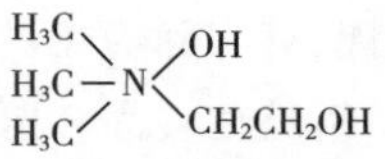

图4-2 胆碱的化学结构式

如图4-2所示，胆碱的分子结构比较简单，是卵磷脂和鞘磷脂的重要组成部分。

（二）磷脂的物化性质

卵磷脂和脑磷脂均为白色蜡状固体，在低温下也可结晶，易吸水变成棕黑色胶状物。由于它们的分子中有大量不饱和脂肪酸，常易被空气中的氧所氧化。所有的磷脂都不耐高温，还可被酸、碱或酶水解。

磷脂难溶于水，但极易吸水，吸水后膨胀成为胶体。磷脂是非极性化合物，能与油脂完全混溶。但吸水后形成磷脂水合物变成极性化合物，而不溶于油脂。磷脂可溶于某些有机溶剂，但不同的磷脂在不同的有机溶剂中其溶解度不尽相同，但都不溶于或难溶于丙酮。

磷脂是一种很好的两性表面活性剂，具有乳化特性。通常磷脂添加量达水油混合液的 0.05%~0.1%时，便能具有显著的乳化作用。磷脂的亲水-亲油平衡值（HLBV）通常在 6~10 之间，其中各组分含量的多少对其乳化性质有一定影响。

胆碱呈无色味苦的水溶性白色浆液，有很强的吸湿性，暴露于空气中能很快吸水。胆碱容易与酸反应生成更稳定的结晶盐（如氯化胆碱），在强碱条件下也不稳定，但对热和贮存相当稳定。由于胆碱耐热，因此在加工和烹调过程中的损失很少，干燥环境下即使贮存时间长食物中的胆碱含量也几乎没有变化。

二、磷脂的生物功效

（一）构成生物膜的重要成分

细胞内所有的膜统称生物膜，厚度一般只有8nm，主要由类脂和蛋白质组成。由磷脂排列成的双分子层，构成生物膜的基质。脂蛋白则是包埋于磷脂基质中，可以从两侧表面嵌入或穿透整个双分子层。生物膜的这种液态镶嵌结构（Fluid-mosaic structure），并不是固定不变的，而是处于动态的平衡之中。

生物膜具有极其重要的生物功效，能起保护层的作用，是细胞表面的屏障，也是细胞内外环境进行物质交换的通道。许多酶系统与生物膜相结合，一系列生物化学反应在膜上进行。当膜的完整性受到破坏时，细胞将出现功能上的紊乱。

（二）促进神经传导，提高大脑活力

人脑约有 200 亿个神经细胞，各种神经细胞之间依靠乙酰胆碱来传递信息，乙酰胆碱是由胆碱和醋酸反应生成的。食物中的磷脂被机体消化吸收后释放出胆碱，随血液循环系统送至大脑，与醋酸结合生成乙酰胆碱。当大脑中乙酰胆碱含量增加时，大脑神经细胞之间的信息传递速度加快，记忆力功能得以增强，大脑的活力也明显提高。

因此，磷脂可促进大脑组织和神经系统的健康完善，提高记忆力增强智力。此外，它们还能改善或配合治疗各种神经官能症和神经性疾病，有助于癫痫和痴呆等病症的康复。

（三）促进脂肪代谢，防止出现脂肪肝

胆碱对脂肪有亲和力，可促进脂肪以磷脂形式由肝脏通过血液输送出去，或改善脂肪酸本身在肝中的利用，并防止脂肪在肝脏里的异常积聚。如果没有胆碱，脂肪聚积在肝中出现脂肪肝，阻碍肝正常功能的发挥，同时发生急性出血性肾炎，使整个机体处于病态。

（四）降低血清胆固醇、预防心血管疾病

磷脂，特别是卵磷脂，具有良好的乳化特性；能阻止胆固醇在血管内壁的沉积，并清除部分沉积物，同时改善脂肪的吸收与利用。因此，它具有预防心血管疾病的作用。

因磷脂的乳化性，能降低血液黏度，促进血液循环，改善血液供氧循环，延长红细胞生存时间并增强造血功能。补充磷脂后，血色素含量增加，贫血症状有所减少。

三、磷脂的有效摄入量

正常人每天摄入 6~8g 的磷脂比较合适，可以一次或分次摄取。若为特殊保健需要，可适当增加至 15~25g。研究表明，每天摄入 22~50g 磷脂持续 2~4 个月，可明显降低血清胆固醇水平，而无任何副影响。因此，磷脂的食用安全性很高。隶属美国儿科科学院的一个专业委员会，推荐将卵磷脂加入婴儿食品中，添加量相当于母乳中的含量。

人体对胆碱的需要情况目前了解得还不彻底，尚未提出明确的日推荐量标准。分析表明，每升母乳约含胆碱 145mg。正常剂量的胆碱没有毒性，但在治疗脂肪肝、酒精中毒和营养不良症时，氯化胆碱的每天摄入量持续数周超过 20g 的话，有些人会出现头昏、恶心和腹泻症状。

四、脑 磷 脂

磷脂酰乙醇胺，俗称脑磷脂，最早是从动物脑组织中提取的含磷脂酸和乙醇胺的复合甘油磷脂而得名。

脑磷脂分子中，与磷酸基相连的取代基是亲水基团，而与饱和或不饱和脂肪酸相连的是疏水基团，这种独特的双极性分子结构，使它易溶于氯仿和乙醚，而不溶于水和丙酮。新制的脑磷脂暴露在空气中时，易被氧化成棕红色，利用这点特性，它可作为抗氧化剂。

脑磷脂有 α 和 β 两种异构体，自然界的脑磷脂主要为 α-型。脑磷脂广泛存在于动物的脑组织和神经组织中，也存在于大豆等植物中。它是神经细胞膜的重要组成成分之一，与细胞膜渗透作用、线粒体运作、凝血等功能息息相关。

（一）调节线粒体功能

线粒体内外膜均由磷脂双分子层组成，含有大量的磷脂，包括卵磷脂、脑磷脂和心磷脂。它们与酶的合成、载体蛋白的运输、细胞通透性等功能密切相关。对健康的 Wistar 大鼠使用

Pullsinelli 法进行脑缺血造模，大鼠脑缺血 20min 后，脑磷脂酶 A_2 即被激活，活性显著增强，它作用于磷脂的 Sn-2 位，从而降解磷脂，导致线粒体膜流动性降低，同时，磷脂被降解时会释放多不饱和脂肪酸，游离的多不饱和脂肪酸影响线粒体的呼吸功能，造成线粒体功能紊乱。而对脑缺血 20min 后的大鼠进行灌流 1h 的卵磷脂、脑磷脂和心磷脂，线粒体膜上的磷脂含量逐渐增加，膜流动性恢复，脑线粒体的呼吸功能也恢复正常。这表明线粒体的功能，与磷脂的含量和活性是密不可分的。

（二）助凝血作用

血浆凝血激酶的组成成分为脑磷脂和蛋白质，在机体创伤时可发挥局部止血的作用。此外，口服脑磷脂，可修复神经细胞的细胞膜，减轻神经衰弱症状，恢复神经元的正常代谢功能。具体到行业上，目前脑磷脂在功能性食品、生物医疗领域应用较多。

五、丝氨酸磷脂

磷脂酰丝氨酸，又称丝氨酸磷脂、二酰甘油酰磷酸丝氨酸，俗称复合神经酸。纯净的丝氨酸磷脂是白色或淡黄色的粉末，易溶于氯仿和乙醚，不溶于甲醇、乙醇和丙酮。丝氨酸磷脂暴露于空气中时会被氧化，颜色逐渐变深，最终成黑色。丝氨酸磷脂常被以钾盐的形式提取出来。大鼠一次经口的 LD_{50} 大于 5g/kg，大鼠静脉注射的 LD_{50} 为 236mg/kg，未发现遗传毒性。

丝氨酸磷脂普遍存在于动植物、微生物的细胞膜当中。尽管 PS 分布广泛，它在人体中的含量却很低，但它功能独特，在提高细胞活力、维持大脑记忆力、调节情绪等方面有非常重要的作用。

（一）改善大脑机能

丝氨酸磷脂是神经细胞膜的重要成分之一，对神经元功能的维持、修复等方面具有重要作用。随着人体年龄的增长，大脑内的丝氨酸磷脂容易大量流失，最终带来记忆能力衰退、认知功能障碍、注意力无法集中等不良影响。如阿尔茨海默病就是这样一种神经系统退行性的疾病，患病后会表现出记忆障碍、失语、失用、失认等症状。补充外源性丝氨酸磷脂可恢复神经元细胞膜的流动性，恢复神经传导物质的释放，对阿尔茨海默病症状具有很好的改善作用。丝氨酸磷脂还能增加脑突触数量，活化脑细胞酶的活性，促进脑细胞代谢，从而加强大脑活力。

（二）调节情绪和缓解精神压力

丝氨酸磷脂能减少压力激素和相关因子的分泌，抑制血清中促肾上腺皮质激素和可的松的分泌，可缓解脑部疲劳，减轻压力和稳定情绪。临床研究表明，摄入丝氨酸磷脂可显著改善抑郁症的相关症状，患者的抑郁度可降低 70%，思维迟缓、行为异常、心境低落等症状得到有效改善，与其相关的记忆功能也得到了相应的提高。

（三）提高竞技能力

长时间和高强度的有氧运动或抗阻运动，可引起皮质醇水平升高。体内皮质醇水平持续过高时，可能会加速蛋白质分解，甚至出现肌肉萎缩、骨质减少等负面作用。补充外源性的丝氨酸磷脂，能长时间保持运动员的运动能力，延缓运动性疲劳的出现。这是因为丝氨酸磷脂可抑制体内皮质醇、肌酸激酶的产生，提高睾酮的含量，保证机体健康，加强竞技表现。

因丝氨酸磷脂在提高大脑机能方面具有重要作用，它已被用于预防和治疗阿尔茨海默病，相关产品在欧美国家尤为流行。此外，作为新资源食品，也可将其应用于提高青少年学生记忆力的产品上，如添加丝氨酸磷脂的儿童奶、酸奶、非婴儿奶粉等产品。丝氨酸磷脂在临床上治疗抑郁症，疗效显著，几乎没有任何副作用，在医药领域同样具有极大的发展潜力。

六、神 经 酰 胺

神经酰胺（Ceramide），又称 N-脂酰基鞘氨醇，最早是从动物神经鞘中分离出来而得名。它由神经鞘氨醇以酰胺键的方式连接长链脂肪酸而成。其中，鞘氨醇和脂肪酸碳链长度、羟基和不饱和键的数量，都是不固定的。构成神经酰胺的脂肪酸，常根据碳链中是否还有羟基，分为羟基脂肪酸和非羟基脂肪酸。鞘氨醇则主要分为 3 类，分别是含有不饱和双键的神经鞘氨醇、含有饱和键的二氢神经鞘氨醇和含有 3 个羟基的植物鞘氨醇。因而神经酰胺是一组相同结构化合物的统称，而不是单一成分的化学物质。

自然界中，神经酰胺来源非常广泛，目前已报道可分离出神经酰胺的有动物和某些高等植物，如大豆、洋葱、魔芋等。从海星、珊瑚、海藻等海洋生物中提取神经酰胺也有较多报道。然而从动物脑部中提取神经酰胺，会因为分离不彻底，产物可能会携带动物的毒素，因而安全性备受质疑。采用化学合成法，可生产出与神经酰胺结构相似的拟神经酰胺，它与神经酰胺功能相似，可应用于护肤品当中。微生物发酵法是近年兴起的一种新方法，主要采用的菌种为雪氏毕赤酵母和酿酒酵母，这种方法生产量大，产物纯度高，具有广阔的开发前景。

（一）皮肤的屏障、保湿和美白因子

皮肤是人体的第一道防护线。屏障功能是指皮肤抵御外来物侵入皮肤组织的能力，这种能力与皮肤脂质的种类和含量息息相关。皮肤从外到内可分为三层，分别是表皮、真皮和皮下组织，而表皮的最外层就是角质层，是屏障功能的第一道防线。角质层中的脂质，有 40%～50% 为神经酰胺。有研究尝试将大鼠皮肤角质层的神经酰胺类物质去除，发现皮肤的屏障功能立即丧失。使用丙酮处理裸鼠的皮肤，造成表皮屏障功能损伤模型，结果发现，5～7h 后，表皮中丝氨酸-棕榈酰基转移酶的含量增加，神经鞘脂类物质合成量增多，一天后，皮肤屏障功能即恢复正常。这表明，神经酰胺在维持皮肤的屏障功能方面扮演着不可或缺的角色。

神经酰胺的保湿能力强，约为透明质酸的 16 倍。神经酰胺分子结构中的鞘氨醇和脂肪酸碳链的烃基，均具有疏水性，而两者的结合部位酰胺键则具有亲水性。这种特殊的结构，使其在角质层中具有很强的保水作用。除此之外，神经酰胺可促进丝聚合蛋白的分泌，后者进入角质层时，通过酶水解作用转化为游离的氨基酸，游离氨基酸又可分解出大量的氨基酸、尿素、乳酸等物质，这些正是皮肤的天然保湿因子。

神经酰胺对皮肤还具有一定的美白作用。这种美白作用，源于神经酰胺对黑色素产生的抑制作用。研究表明，神经酰胺对黑色素生成的抑制作用仅次于曲酸，但具有口服吸收效率高和副作用小等优点。

（二）调控细胞的分化、增殖、凋亡等过程

神经酰胺作为机体内重要的第二信使，具有调节细胞生长、分化、增殖、凋亡等的作用。细胞凋亡是由基因控制的细胞自主有序死亡的过程，可及时清除机体内多余细胞或受损伤的细胞。神经酰胺诱导细胞凋亡的机制非常复杂，作为信使分子，它可通过激活多种酶系统（如蛋白激酶、蛋白磷酸酶）造成细胞内蛋白质损伤，或抑制蛋白质的生成，从而促进细胞死亡。

（三）抗肿瘤

神经酰胺激活细胞凋亡，这有助于抑制肿瘤的发生和减缓其进程，因此，抗肿瘤药物可通过诱导神经酰胺的合成来发挥抗癌作用。目前，神经酰胺在抗大肠癌、肝癌、膀胱癌、鼻咽癌

等方面的研究均有报道。

神经酰胺对皮肤有着非常重要的作用，在皮肤表面涂抹适量的外源性神经酰胺，可使因有机溶剂或表面活性剂损伤的皮肤屏障得到修复。因此，可将神经酰胺作为护肤品的主要有效成分。鉴于神经酰胺拥有多种生物功效，目前市面上已开发出含神经酰胺的功能性食品，具有增强免疫力，预防肿瘤等多种功效。此外，神经酰胺在医学治疗方面的应用，也在被进一步的探索中。

七、神经节苷脂

神经节苷脂（Gangliosides，GA）是一类含有唾液酸的糖鞘脂物质。1935 年，它被 Erenst-Klenk 在患泰萨氏幼年型黑白痴病的小儿大脑灰质细胞中发现，并于 1939 年被命名为神经节苷脂。它在中枢神经系统中含量较高，约占脂质总含量的 6%，主要分布在细胞膜的外侧，高尔基体、内质网、溶酶体等部位也有少量存在。

神经节苷脂分子由疏水的神经酰胺和亲水的含唾液酸寡糖链两部分组成。其中，神经酰胺由神经鞘氨醇和长链脂肪酸以酰胺键的方式连接而成，寡糖链由 D-葡萄糖、D-半乳糖、N-乙酰半乳糖胺组成，寡糖链上连有唾液酸残基，使细胞表面带有负电荷。因神经酰胺种类、寡糖链数量、两者的连接方式具有多样化的特点，因此神经节苷脂是一类化合物的统称。根据唾液酸分子数量的不同，可将其分为单唾液酸神经节苷脂（GM1）和多唾液酸神经节苷脂（GLS）。目前在生物体内检测出的神经节苷脂超过 70 种，平均相对分子质量约为 1800。

神经节苷脂具有多种生物学功能，在细胞的分化、突触的形成、细胞内信号的调节等方面有着非常重要的作用。

（一）对神经元的保护作用

神经元受到急性损伤后，在早期受伤部位神经节苷脂的含量明显减少，但在一段时间后神经节苷脂的含量便不断增加，这表明机体可通过调节神经节苷脂的含量，来促进受损神经纤维近端轴突的生长，减少神经细胞的凋亡。因此，在神经受损时，可通过补充适量的外源性神经节苷脂，来促进神经细胞的修复和生长。

（二）参与突触的可塑性调节

突触是神经元之间在功能上发生相互联系的关键部位，这保证了大脑高级神经活动的进行。突触可塑性，指的是其根据接收信号的强弱刺激而产生不同的效应作用。这与机体学习、记忆等功能密切相关。研究表明，神经节苷脂可逆转铅诱导的突触损伤，增强其可塑性，恢复脑部功能，是一种潜在的预防和治疗铅中毒的药物。

（三）改善缺氧缺血性脑病症状

缺氧缺血性脑病是由于围生期窒息而导致的脑损伤性疾病，是一种较为常见的新生儿疾病。神经节苷脂具有亲脂性基团，可透过血脑屏障，参与神经细胞的生长、分化过程，保护并修复缺氧缺血导致的脑损伤，提高脑神经功能，改善机体血气指标和调节血清炎症因子水平。

神经节苷脂在医药领域上应用较多。其衍生物单唾液酸四己糖神经节苷脂钠，是治疗血管性或外伤性中枢神经系统损伤的常用药物，对帕金森病、脊髓损伤、脑萎缩脑梗死、脑出血和新生儿缺氧缺血性脑病等疾病具有一定的治疗作用。

思考题

（1）必需脂肪酸有哪些？请分别简述其生物功效。

（2）谈一谈你对米糠油营养价值和生物功效的理解。

（3）什么是 ω-3 多不饱和脂肪酸？包含哪些类别？请分别阐述其生物功效。

（4）鱼油有哪些生物功效？在使用时需要注意哪些安全性问题？

（5）什么是 ω-6 多不饱和脂肪酸？包含哪些类别？请分别阐述其生物功效。

（6）磷脂包含哪几种成分？目前使用的安全性如何？

（7）神经酰胺的生物功效有哪些？

（8）利用本章原料，请开发一款降血脂的产品。

（9）γ-亚麻酸是人体必需脂肪酸吗？请阐述其生物功效。

第五章

CHAPTER

5

维生素和矿物质

[学习目标]

（1）掌握水溶性维生素的种类、生物功效和安全性。

（2）掌握油溶性维生素的种类、生物功效和安全性。

（3）掌握维生素类似物的种类、生物功效和安全性。

（4）掌握常量矿物质的种类、生物功效和安全性。

（5）掌握微量元素的种类、生物功效和安全性。

维生素和矿物质，是人体必需的两类基本营养素，对维护机体的生命活动必不可少。同时也是非常重要的生物活性物质，有很多重要的生物功效。考虑到营养学已对他们做了详细的论述，限于本教材的篇幅，本章不详细讨论。

第一节　维生素和维生素类似物

维生素是对机体的健康、生长、繁殖和生活必需的有机物质。它们在食品中的含量虽然少，但必须有。因为在身体它们既不能内合成，又不能充分储存。我国居民维生素的参考摄入量如表5-1所示。

脂溶性维生素，包括维生素 A、维生素 D、维生素 E 和维生素 K，它们的共同特点：

①化学组成仅含碳、氢和氧，溶于油脂和脂溶剂，不溶于水；

②在食品中与脂质共同存在，随脂肪经淋巴系统吸收，从胆汁少量排出，摄入后大部分储存在脂肪组织中；

③缺乏症状出现缓慢，营养状况不能用尿值进行评价，大剂量摄入时易引起中毒。

表5-1　中国居民膳食维生素参考摄入量（DRIs）

年龄阶段	维生素A/（μg RAE/d）RNI 男	女	维生素D/（μg/d）RNI	维生素E/（mg α-TE/d）AI	维生素K/（μg/d）AI	维生素B₁/（mg/d）RNI 男	女	维生素B₂/（mg/d）RNI 男	女	维生素B₆/（mg/d）RNI	维生素B₁₂/（μg/d）RNI	维生素C/（mg/d）RNI	泛酸/（mg/d）AI	叶酸/（μg DFE/d）RNI	烟酸/（mgNE/d）RNI 男	女	胆碱/（mg/d）AI 男	女	生物素/（μg/d）AI
0岁~	300（AI）		10（AI）	3	2	0.1（AI）		0.4（AI）		0.1（AI）	0.3（AI）	40（AI）	1.7	65（AI）	1（AI）		120		5
0.5岁~	350（AI）		10（AI）	4	10	0.3（AI）		0.6（AI）		0.3（AI）	0.6（AI）	40（AI）	1.9	100（AI）	2（AI）		140		10
1岁~	340	330	10	6	30	0.6		0.7	0.6	0.6	1.0	40	2.1	160	6	5	170		17
4岁~	390	380	10	7	40	0.9		0.9	0.8	0.7	1.2	50	2.5	190	7	6	200		20
7岁~	430	390	10	9	50	1.0	0.9	1.0	0.9	0.8	1.4	60	3.1	240	9	8	250		25
9岁~	560	540	10	11	60	1.1	1.0	1.1	1.0	1.0	1.8	75	3.8	290	10	10	300		30
12岁~	780	730	10	13	70	1.4	1.2	1.4	1.2	1.3	2.0	95	4.9	370	13	12	380		35
15岁~	810	670	10	14	75	1.6	1.3	1.6	1.2	1.4	2.5	100	5.0	400	15	12	350	380	40
18岁~	770	660	10	14	80	1.4	1.2	1.4	1.2	1.4	2.4	100	5.0	400	15	12	450	380	40

续表

年龄/阶段	维生素A/(µg RAE/d) RNI 男	维生素A 女	维生素D/(µg/d) RNI	维生素E/(mg α-TE/d) AI	维生素K/(µg/d) AI	维生素B1/(mg/d) RNI 男	B1 女	维生素B2/(mg/d) RNI 男	B2 女	维生素B6/(mg/d) RNI	维生素B12/(µg/d) RNI	维生素C/(mg/d) RNI	泛酸/(mg/d) AI	叶酸/(µg DFE/d) RNI	烟酸/(mgNE/d) RNI 男	烟酸 女	胆碱/(mg/d) AI 男	胆碱 女	生物素/(µg/d) AI
30 岁~	770	660	10	14	80	1.4	1.2	1.4	1.2	1.4	2.4	100	5.0	400	15	12	450	380	40
50 岁~	750	660	10	14	80	1.4	1.2	1.4	1.2	1.6	2.4	100	5.0	400	15	12	450	380	40
65 岁~	730	640	15	14	80	1.4	1.2	1.4	1.2	1.6	2.4	100	5.0	400	15	12	450	380	40
75 岁~	710	600	15	14	80	1.4	1.2	1.4	1.2	1.6	2.4	100	5.0	400	15	12	450	380	40
孕早期	—[1]	+0[2]	+0	+0	+0	—	+0	—	+0	0.8	+0.5	+0	1.0	+200	—	+0	—	+80	+10
孕中期	—	+70	+0	+0	+0	—	+0.2	—	+0.1	+0.8	+0.5	+15	+1.0	+200	—	+0	—	+80	+10
孕晚期	—	+70	+0	+0	+0	—	+0.3	—	+0.2	+0.8	+0.5	+15	+1.0	+200	—	+0	—	+80	+10
乳母	—	+600	+0	+3	+5	—	+0.3	—	+0.5	+0.3	+0.8	+50	+2.0	+150	—	+4	—	+120	+10

注：① "—" 表示未涉及。
② "+" 表示在相应年龄阶段的成年女性需要量基础上增加的需要量。

水溶性维生素，包括维生素B族和维生素C，它们的共同特点是：

①化学组成除碳、氢、氧外，还有氮、硫、钴等元素，溶于水，不溶于油脂和脂溶剂；

②在满足机体需要后的多余部分由尿排出，在体内仅有少量储存；

③绝大多数是以辅酶或辅基形式参与各种酶系统，在中间代谢的很多重要环节（如呼吸、羧化、一碳单位转移等）发挥重要作用；

④缺乏症状出现较快，营养状况大多可通过血、尿值进行评价，毒性很小。

一、脂溶性维生素

（一）维生素A

维生素A包括所有具有视黄醇生物功效的化合物。在体内可以转化为视黄醇的类胡萝卜素（包括胡萝卜素），称为维生素A原。

维生素A的生物功效，体现在以下几个方面：

①保持暗淡光线中正常的视觉；

②维持上皮组织细胞的正常功能；

③促进骨骼、牙齿和机体的生长发育；

④改善性能力；

⑤是一种重要的自由基清除剂；

⑥提高机体免疫力，抗肿瘤。

当维生素A不足或缺乏时，将引起一系列疾病，包括夜盲症、干眼症、骨骼发育缓慢、心血管疾病和肿瘤等。

食品中的视黄醇活性当量（RAE，μg）：

RAE（μg）＝膳食或者补充剂来源全反式视黄醇（μg）＋0.5×补充剂纯品全反式β-胡萝卜素（μg）＋0.084×膳食全反式β-胡萝卜素（μg）＋0.042 其他膳食维生素A类胡萝卜素（μg）

过去对有维生素A生物功效物质的量，常用国际单位（IU）表示：

$$10IU \text{ 维生素} A = 3\mu g \text{ 的视黄醇}$$

通常建议，儿童及成人维生素A来源中应有1/3～1/2以上来自动物性食品，但孕妇维生素A来源应以植物性食品为主。

（二）维生素D

维生素D是类固醇衍生物，主要包括维生素D_2和维生素D_3两种。人体与许多动物皮肤内的7-脱氢胆固醇，经紫外线照射后可转变为维生素D_3。

维生素D的生物功效，体现在以下几方面：

①促进钙、磷的吸收，维持正常血钙水平和磷酸盐水平；

②促进骨骼与牙齿的生长发育；

③维持血液中正常的氨基酸浓度；

④调节柠檬酸代谢。

长期缺乏维生素D，体内钙、磷的代谢发生障碍，骨质也会发生改变。儿童缺乏患佝偻病，成人缺乏（尤其是孕妇和乳母）易发软骨病。中老年人经常发生的骨质疏松症，其原因之一就是缺乏维生素D，导致机体对钙的吸收率下降，从而引起机体缺钙，造成骨骼钙的大量损耗。

（三）维生素 E

维生素 E 是所有具有 α-生育酚活性的生育酚、三烯生育酚及其衍生物的总称，包括 4 种生育酚和 4 种三烯生育酚。α-生育酚是维生素 E 中生物功效最高、自然界分布最广的形式。

维生素 E 的生物功效，体现在以下几方面：

①一种重要的自由基清除剂；

②与硒协同清除自由基；

③提高机体免疫力；

④保持血红细胞完整性，调节体内化合物的合成；

⑤促进细胞呼吸，保护肺组织免受空气污染；

⑥降低血清胆固醇水平；

⑦降低低密度脂蛋白的氧化作用，具有抗动脉粥样硬化的功能。

由于维生素 E 几乎存在于所有的人体组织中，保留时间又长，因此正常儿童和成人很少会出现缺乏症。

美国维生素 E 的可耐受最高摄入量：1~4 岁 200mg/d；4~9 岁 300mg/d；9~14 岁 600mg/d；14~18 岁 800mg/d。

（四）维生素 K

维生素 K 与血液凝固有关，又称为凝血维生素，包括维生素 K_1、维生素 K_2、维生素 K_3 和维生素 K_4，是一大类甲萘醌衍生物的总称。它们的主体结构是甲萘醌，仅侧链各不相同。

维生素 K 的生物功效，主要是促进血液凝固。可能还参与了能量和合成代谢，并能影响肌肉组织功能，具有类激素作用。

缺乏维生素 K，会出现血凝迟缓和出血现象。不过，这种情况很少出现。因为维生素 K 广泛存在于动植物中，人体肠道中的微生物也可合成。但新生婴儿缺乏的可能性比较大，因为其肠道在出生时是无菌的，在出生后的 3~4d 前肠内正常菌群尚未完善，不能合成维生素 K。

对于健康人体，每日需要量约为 2μg/kg，其中 40%～50% 来自植物性食物（即维生素 K_1），其余则由肠道细菌合成。对于新生儿，必须注意维生素 K 的供应问题。

二、水溶性维生素

（一）维生素 C

维生素 C 的生物功效，体现在以下几方面：

①促进胶原的生物合成，有利于组织创伤口的愈合；

②促进骨骼和牙齿生长，增强毛细血管壁强度，避免骨骼和牙齿周围出现渗血现象；

③促进酪氨酸和色氨酸代谢，加速蛋白或肽类的脱氢基的代谢作用；

④影响脂肪和类脂的代谢；

⑤改善铁、钙和叶酸的利用；

⑥是一种重要的自由基清除剂；

⑦增强机体对外界环境的应激能力；

⑧提高机体免疫力，抗肿瘤。

维生素 C 的抗肿瘤机制，主要包括：

①维生素 C 能够提高机体免疫力，促进淋巴细胞的形成；

②维生素 C 能够清除自由基，保护生命大分子尤其是 DNA 免受自由基侵害，从而防止细胞癌变；

③维生素 C 能够抑制亚硝酸盐向强致癌物亚硝胺转变。在胃中亚硝酸盐可能通过亚硝基化转变为亚硝胺，维生素 C 的作用在于抑制亚硝基化反应；

④维生素 C 能够促进胶原物质的生成，增强机体组织的坚固性以及对肿瘤细胞的抵抗力；维生素 C 协助机体产生一种生理性透明质酸抑制剂，防止透明质酸酶的释放，增强机体抗肿瘤能力；

⑤维生素 C 非特异性使病毒失活，抑制病毒的致癌作用。维生素 C 可以提高细胞内环磷腺苷含量，防止细胞癌变，还能促进干扰素合成和内质网系统的吞噬活性，增强机体抗病毒能力，对病毒致癌起抵抗作用。

维生素 C 缺乏的早期症状多为非特异性的，表现为倦怠、疲劳、肌肉痉挛、骨关节和肌肉疼痛、牙龈疼痛出血、易骨折以及伤口难以愈合等。严重缺乏会引起坏血病。

（二）维生素 B_1

维生素 B_1（硫胺素，Thiamin）的生物功效，体现在以下几方面：

①参与糖的代谢；

②促进能量代谢；

③维护神经与消化系统的正常功能；

④促进生长发育。

脚气病（Beriberi）是长期缺乏维生素 B_1 所引起的一种最典型的疾病。目前，还没有发现维生素 B_1 有毒性效应。

维生素 B_1 与心脏功能的关系十分密切。如果缺乏维生素 B_1，会出现糖代谢异常，进而影响心脏功能。有人认为，这是由于丙酮酸和乳酸的堆积，使得全身血流加快，静脉压增加，右心的回血量增加而使之扩张并肥大。也有人认为，这是因为肝和心肌内糖原的利用率低，供给心肌的能量不足，心肌本身被损害，而引起的心脏功能不全。

（三）维生素 B_2

维生素 B_2（核黄素，Riboflavin）在机体的生物氧化过程中起递氢作用，为碳水化合物、氨基酸和脂肪酸的代谢所必不可少，还是许多氧化酶系统的辅酶。

（四）维生素 B_6

维生素 B_6 包括吡哆醇、吡哆醛和吡哆胺 3 种。它主要是作为辅酶参与许多代谢反应，包括蛋白质、脂肪以及碳水化合物的代谢，其中最重要的是蛋白质的代谢。维生素 B_6 为能量产生、氨基酸和脂肪代谢、中枢神经系统的活动以及血红蛋白生成等所必不可少的重要物质。

由于维生素 B_6 与蛋白质的代谢密切相关，所以随蛋白质摄入的增加，维生素 B_6 的需要量也逐渐增加。对于一个蛋白质摄入充裕的成年人，如每日摄入蛋白质在 100g 以上，其维生素 B_6 的供给量应为 2.0mg，但对于低蛋白质膳食则只需 $1.25 \sim 1.5$mg。

（五）叶酸

人体缺乏叶酸（Folic acid），会引发有核巨红细胞性贫血（婴儿）和巨红细胞性贫血（孕妇），补充叶酸后很快就能恢复。尽管作用十分明显，但不能取代维生素 B_{12} 对恶性贫血的治疗。因为它能改进血象减轻贫血，但也使患者的神经症状更加恶化，只有维生素 B_{12} 才能治愈其神经症状。

缺乏叶酸，会使血中高半胱氨酸水平升高，易引起动脉硬化，是冠心病发病的一个独立危险因素。结肠癌、前列腺癌和宫颈癌，与叶酸的摄入量不足有关。结肠癌患者的叶酸摄入量，明显低于正常人；叶酸摄入不足的女性，其宫颈癌的发病率是正常人的 5 倍。

全世界每年有 30 万~40 万例神经管畸形儿和无脑畸形儿出生，这主要归咎于孕妇在怀孕早期体内的叶酸缺乏。而我国畸形儿的出生率高达 13.07‰，其中由于叶酸缺乏导致的畸胎率也达到了 2.74‰。

叶酸可预防神经管发育畸形。由于叶酸与 DNA 的合成密切相关，孕妇若摄入叶酸严重不足，就会使胎儿的 DNA 合成发生障碍，细胞分裂减弱，其脊柱的关键部位的发育受损，导致脊柱裂。妇女在怀孕的前 6 周内若摄入叶酸不足，其生出无脑儿和脑脊柱裂的畸形儿的可能性增加 4 倍。

（六）烟酸

在体内，烟酸（Niacin）主要以烟酰胺腺嘌呤二核苷酸（Nicotinamide adenine dinucleotide，NAD）和烟酰胺腺嘌呤二核苷酸磷酸（Nicotinamide adenine dinucleotide phosphate，NADP）这两种形式出现，它们是两种重要的辅酶，分别称为辅酶Ⅰ和辅酶Ⅱ。烟酸的主要作用在于，作为这两种重要的辅酶的组成成分，参与碳水化合物、脂肪和蛋白质的代谢。辅酶Ⅰ和辅酶Ⅱ都是脱氢酶的辅酶，它们是生物氧化过程中不可缺少的递氢体，为电子传递系统的起始传递者。

人体缺乏烟酸易引起癞皮病。患癞皮病时，人体皮肤、胃肠道和中枢神经系统都会受到影响，其典型症状是皮炎（Dermatitis）、腹泻（Diarrhea）和痴呆（Dementia），又称"三 D"症状。

由于烟酸在能量形成上具有重要的作用，因此其供给量应按机体所需能量加以考虑。人体所需的烟酸可由食品中直接摄入，也可由色氨酸在体内转变一部分，60mg 色氨酸相当于 1mg 烟酸。

烟酸推荐摄入量采用烟酸当量作为单位，即食物中烟酸（mg）和色氨酸（mg）除以 60 之和。肝功能紊乱、糖尿病、心律不齐和胃溃疡等患者，对大剂量烟酸的毒性较为敏感。

（七）泛酸

泛酸（Pantothenic acid）作为辅酶 A 的重要组成成分，在碳水化合物、脂肪和蛋白质代谢的酰基转移过程中，起着重要的作用。其他生物功效包括，维持正常的血糖浓度、帮助排出磺胺类药物、影响某些矿物质的代谢以及用作某些药物（包括磺胺类药物在内）的解毒剂。

由于食物中广泛存在着泛酸，所以缺乏症很少发生。但若泛酸摄入量低，很可能使许多代谢的速度减慢，引起多种不明显的临床症状。

（八）生物素

生物素（Biotin）参与了许多生化反应。脂肪酸的氧化与合成、碳水化合物的氧化、核酸和蛋白质的合成等，都需要生物素。由于生物素广泛存在于动植物食物中，且肠道细菌也可合成生物素，所以一般很少发生缺乏症。

（九）维生素 B_{12}

维生素 B_{12}（钴胺素，Cobalamin）并不是单一的物质，而是由几种结构、功能相关的化合物组成。由于它们都含有钴，所以用"钴胺素"来统称。它对人体正常的造血功能有重要作用，可促进红细胞的形成和治疗恶性贫血病。此外，还参与碳水化合物、脂肪和蛋白质的代谢，对促进机体生长、保持神经系统的正常功能也是必要的。

人体维生素 B_{12} 缺乏比较少见，多数缺乏症是由于吸收不良所引起。

三、维生素类似物

维生素类似物，是指具有维生素的某些特性，但因不能观察到特别的缺乏症而不具备必需性，不符合维生素的定义。这些维生素类似物，大多能在体内合成，不过其合成数量是否满足需要，尚随机体的健康状况而定。通过体外补充这些物质，通常能观察到明显的生物功效。

（一）苦杏仁苷

关于苦杏仁苷（Laetvile）的生物功效，存在着很大的争议。一种观点将苦杏仁苷称为维生素 B_{17}，认为其具有预防和治疗肿瘤的作用。相反的观点认为，苦杏仁苷根本不属于维生素，甚至还有毒。

支持者认为，苦杏仁苷的活性成分是一种天然产生的氰化物。这是人体的一种正常代谢产物，只能在癌细胞中发挥它的毒性作用。苦杏仁苷与抗癌药物的最大区别在于，它在杀灭癌细胞的同时，并不损伤正常细胞。

美国食品药品管理局和美国肿瘤学会对此却持反对意见。美国食品药品管理局禁止使用苦杏仁苷来治疗癌症，认为它无效，而且是一种有毒的物质，可能有害于病人的健康。

有关苦杏仁苷的毒性，也无定论。有报道称，每日给白鼠注射剂量高达 2g/kg 的苦杏仁苷，时间长达 15d 也无毒性反应。

（二）肌醇

肌醇（Inositol），即环己六醇，它有 9 种不同的存在形式，其中仅有肌型肌醇具有生物功效。目前，对肌醇生物功效的了解，包括以下几个方面。

①肌醇对脂肪有亲和性，可促进机体产生卵磷脂，从而有助于将肝脏脂肪转运到细胞中，减少脂肪肝的发病率。肌醇还可促进脂肪代谢，降低胆固醇；

②通过与胆碱结合，肌醇能预防脂肪性动脉硬化，并保护心脏；

③肌醇是存在于机体各组织（特别是脑髓）中的磷酸肌醇的前体物质；

④肌醇为肝脏和骨髓细胞生长所必需。

（三）L-肉碱

L-肉碱（L-Carnitine）旧称维生素 B_T，它的化学结构类似于胆碱，与氨基酸相近。但它不是氨基酸，不能参与蛋白质的生物合成。关于 L-肉碱的生物功效，包括以下 3 个方面：

①促进脂肪酸的运输与氧化，转化脂肪成能量并释放出来；

②加速精子的成熟并提高活力；

③提高机体的耐受力，减轻疲劳感。

L-肉碱的食用安全性高，小鼠的 LD_{50} 大于 8g/kg，最大日允许采食量为 20mg/kg，美国食品药品管理局认为它属于公认的安全物质。但 D-肉碱和 DL-肉碱不仅没有生理活性，而且还会产生抑制 L-肉碱的副作用。

正常人体，尤其是成人，可以合成自身所需的 L-肉碱。但对于婴幼儿来说，由于自身合成 L-肉碱的能力相当有限，主要是依靠母乳供给。因此，对婴幼儿进行 L-肉碱的补充是必要的。

（四）潘氨酸

潘氨酸（Pangamic acid）旧称维生素 B_{15}，有关它的生物功效，还有待进一步明确，但它在下面几个方面的作用已经得到证实：

①激发甲基转移；

②促进氧吸收，消除疲劳，增强活力；

③抑制脂肪肝的形成；

④增强机体的适应性和耐力。

曾有人认为，高血压和青光眼患者不宜使用潘氨酸。但现在看来，它对这些疾病并无明显的毒性。美国食品药品管理局已将潘氨酸归入食品添加剂。

（五）硫辛酸

硫辛酸（Lipoic Acid）是一种脂溶性含硫物质，在体内能够合成。许多食品中都含有硫辛酸，酵母和肝脏中的硫辛酸含量丰富。

在将丙酮酸转变为乙酰辅酶 A 的碳水化合物代谢反应中，硫辛酸作为辅酶，与含硫胺素酶，即焦磷酸酶（TPPase），共同起重要作用。硫辛酸有两个高能位硫键，与焦磷酸酶结合将丙酮酸酯还原成活泼的乙酸酯，于是将其送至最后的能量循环。

硫辛酸把三羧酸循环中蛋白质和脂肪代谢时的中间产物，与这些营养素的产能反应结合起来。一种金属离子（Ca^{2+} 或 Mg^{2+}）、硫辛酸和 4 种维生素（维生素 B_1、核黄素、泛酸和烟酸）参与这个过程，由此显示出维生素之间的相互依赖关系。

（六）胆碱

胆碱是卵磷脂和鞘磷脂的关键组成部分，还是乙酰胆碱的前体化合物。在机体内，能从一种化合物转移到另一种化合物上的甲基，称为不稳定甲基。该过程称为酯转化过程，有重要的生理作用，诸如参与肌酸的合成（对肌肉代谢很重要），肾上腺素等激素的合成，以及甲酯化某些物质以便从尿中排出。胆碱是不稳定甲基的一个重要来源，对细胞的生命活动有重要的调节作用。

在机体内磷脂和胆碱的作用相互交叉相互渗透，磷脂的某些生物功效是通过胆碱实现的，而胆碱的部分生物功效又依赖于磷脂来完成。关于磷脂的生物功效，参见本章第三节。

（七）生物类黄酮

生物类黄酮（Bioflavonoids）又称黄酮类化合物（Flavonoids），主要是指基本母核为 2-苯基色原酮（2-phenylchromone）类化合物，包括：

①黄酮类（Flavones），如芹菜黄素（Apigenin）；

②黄酮醇类（Flavonols），如槲皮素（Quercetin）；

③二氢黄酮（Flavanones）及二氢黄酮醇类（Flavanonols）；

④异黄酮（Isoflavones），如黄豆苷原（Daidzein），葛根素（Puerarin）；

⑤二氢异黄酮（Isoflavanones）；

⑥双黄酮类（Biflavonoids），如银杏素（Ginkgetin）；

⑦查尔酮类（Chalcones）；

⑧橙酮类（Aurones）；

⑨黄烷醇类（Flavanols），如儿茶素（Catechin）；

⑩花青素（Anthcyanidins）；

⑪新黄酮类（Neoflavanoids）。

黄酮和黄酮醇，是植物界分布最广的黄酮类化合物。天然类黄酮多以苷的形式存在，由于糖的种类、数量、连接位置及连接方式等的不同，可以组成各种各样的黄酮苷类。

黄酮化合物具有维生素 C 样的活性，曾一度被视为是维生素 P。黄酮类化合物的生物功效，可概括为以下几方面：

①调节毛细血管的脆性与渗透性；

②是一种有效的自由基清除剂，其作用仅次于维生素 E；

③具有金属螯合的能力，可影响酶与膜的活性；

④对维生素 C 有增效作用，似乎有稳定人体组织内维生素 C 的作用；

⑤具有抑制细菌和抗生素的作用，这种作用使普通食物抵抗传染病的能力相当高；

⑥在两方面表现出抗癌作用，一是对恶性细胞的抑制（即停止或抑制细胞的增长），二是从生化方面保护细胞免受致癌物的损害。

目前尚未制定黄酮类化合物的日需求量。合成维生素 C 中不含有黄酮，黄酮只是在天然食物中才与维生素 C 并存。多数研究认为：

①若与维生素 C 同时食用，极为有益；

②有时单服维生素 C 无效，而与黄酮类同服则有效。

（八）辅酶 Q_{10}

辅酶 Q_{10}（Coenzyme Q_{10}）又称泛醌（Ubiquinone），存在于绝大多数的活细胞中，似乎集中在活细胞的线粒体内，在 ATP 等产能营养物质释放能量的呼吸链中发挥作用。

辅酶 Q_{10} 可由体内细胞合成。但当机体从事剧烈体力运动，或其他引发氧化应激的病理过程中，体内合成的数量不够，此时应由外源补充。

辅酶 Q_{10} 是一种有效的免疫激剂，可显著提高体内的噬菌率，增强体液、细胞介导的免疫力。

第二节　矿　物　质

已发现的必需矿物质有 20 多种，占机体总质量的 4%~5%。其中含量较多（大于 5g）的，有钙、磷、镁、钾、钠、氯、硫七种，每日膳食需要量都在 100mg 以上，称为常量元素。

常量元素（Macro minerals），占人体总灰分的 60%~80%。它们往往成对出现，对机体发挥着极为重要的生物功效：

①构成人体组织的重要成分，如骨骼和牙齿等硬组织，大部分由钙、磷和镁组成，而软组织含钾较多；

②在细胞内外液中与蛋白质一起调节细胞膜的通透性、控制水分、维持正常渗透压和酸碱平衡（磷、氯为酸性元素，钠、钾、镁为碱性元素），维持神经肌肉兴奋性；

③构成酶的成分或激活酶的活性，参加物质代谢。

由于各种常量元素在人体新陈代谢过程中，每日都有一定数量由各种途径排出体外，因此必须通过膳食补充。

还有一些矿物质，在人体内的存在数量极少。但它们都具有重要的生物功效，且必须从食品中摄取，称为必需微量元素。目前：

①确认是必需的微量元素，包括碘、锌、铁、铜、硒、钴、铬、钼八种。

②可能是必需的微量元素，包括锰、硅、镍、矾、硼五种。

③具有毒性、但剂量低时可能是必需的微量元素，包括氟、锡、砷等。

微量元素（Trace elements）的生物功效，主要包括：

①酶和维生素必需的活性因子。许多金属酶都含有微量元素，如碳酸酐酶含有锌、呼吸酶含有铁和铜、精氨酸酶含有锰、谷胱甘肽过氧化酶含有硒等；

②构成某些激素或参与激素的作用，如甲状腺素含碘、胰岛素含锌、铬是葡萄糖耐量因子的重要组成成分、铜参与肾上腺类固醇的生成等；

③参与核酸代谢，核酸是遗传信息的携带者，含有多种适量的微量元素，并需要铬、锰、钴、铜、锌等维持核酸的正常功效；

④协助常量元素和大宗营养素发挥作用，常量元素要借助微量元素起化学反应。如含铁血红蛋白可携带并输送氧到各种组织，不同微量元素参与蛋白质、脂肪、碳水化合物的代谢。

我国居民矿物质的参考摄入量，如表5-2所示。

一、常量元素

（一）钙

钙是常量元素中的重点，备受关注。我国缺钙现象相当普遍，结果导致佝偻病、骨软化、老年性骨质疏松等的发病率较高。调查表明，少年儿童中钙的实际摄入量，只有推荐量标准的40%～50%。

钙是最先确认的必需元素之一，对所有生物体都是必需的。对人体而言，体内99%钙的作用是用来构成骨骼和牙齿以及维持它们的正常功能，其余1%对体内一系列的生理生化反应起到重要的调节作用。

由钙参与的硬组织形成过程叫生物钙化，关系到骨骼、牙齿等机体硬组织的形成。血液凝固是一个复杂的生理过程，一些酶原必须被激活成为有活性的酶后，才能起到凝血作用。而在凝血过程中，血浆中的 Ca^{2+} 对酶的激活起到至关重要的作用。

钙参与了肌肉的收缩与舒张过程，对心脏的收缩与舒张过程具有重要意义。生物体内的钙，与环磷酸腺苷（Cyclic adenosine monophosphate，cAMP）、环磷酸鸟苷（Cyclic guanosine monophosphate，cGMP）一样，在信息传递上起偶联作用，影响着神经与肌肉组织之间的相互作用。

（二）磷

磷普遍地存在于各种食品中，且易于吸收，因此磷缺乏症极为罕见。但是，人体中的磷和钙紧密相连，任何一种元素的缺乏或过多，都会干扰另一个元素的正常利用。

磷是构成细胞膜和遗传物质RNA、DNA的必要成分，存在于全身的每个细胞中。凡涉及能量代谢的生化反应，都离不开磷的参与。另外，能量的调节、骨骼的钙化、体液酸碱平衡的调节、遗传信息的传递等，都离不开磷。

（三）镁

镁的生物功效，主要包括以下几点：

表 5-2　中国居民膳食矿物质参考摄入量（DRIs）

年龄阶段	钙 (mg/d) RNI	UL	磷 (mg/d) RNI	UL	镁 (mg/d) RNI	UL	钾 (mg/d) AI	PI	钠 (mg/d) AI	PI	铁 (mg/d) RNI 男/女	UL	碘 (μg/d) RNI	UL	锌 (mg/d) RNI 男/女	UL	硒 (μg/d) RNI	UL	铜 (mg/d) RNI	UL	氟 (mg/d) AI	UL	铬 (μg/d) AI	UL	锰 (mg/d) AI	UL	钼 (μg/d) RNI	UL
0 岁~	200 (AI)	1000	105 (AI)	—②	20 (AI)	—	400	—	80	—	0.3 (AI)	—	85 (AI)	—	1.5 (AI)	—	15 (AI)	55	0.3 (AI)	—	0.01	—	0.2	—	0.01	—	3 (AI)	—
0.5 岁~	350 (AI)	1500	180 (AI)	—	65 (AI)	—	600	—	180	—	10	—	115 (AI)	—	3.2 (AI)	—	20 (AI)	80	0.3 (AI)	—	0.23	—	5	—	0.7	—	6 (AI)	—
1 岁~	500	1500	300	—	140	—	900	—	500~700③	—	10	25	90	—	4.0	9	25	80	0.3	2.0	0.6	0.8	15	—	1.5	—	10	200
4 岁~	600	2000	350	—	160	—	1100	1800	800	≤1000	10	30	90	200	5.5	13	30	120	0.4	3.0	0.7	1.1	15	—	2.0	3.5	12	300
7 岁~	800	2000	440	—	200	—	1300	2200	900	≤1200	12	35	90	250	7.0	21	40	150	0.5	3.0	0.9	1.5	20	—	2.0	5.0	15	400
9 岁~	1000	2000	550	—	250	—	1600	2800	1100	≤1500	16	35	90	250	7.0	24	45	200	0.6	5.0	1.1	2.0	25	—	3.0	6.5	20	500
12 岁~	1000	2000	700	—	320	—	1800	3200	1400	≤1900	16/18	40	110	300	8.5/7.5	32	60	300	0.7	6.0	1.4	2.4	30	33	4.0	9.0	25	700
15 岁~	1000	2000	720	—	330	—	2000	3600	1600	≤2100	16/18	40	120	500	11.5/8.5	37	60	350	0.8	7.0	1.5	3.5	35	35	4.5	11	25	800
18 岁~	800	2000	720	3500	330	—	2000	3600	1500	≤2000	12/18	42	120	600	12.0/8.5	40	60	400	0.8	8.0	1.5	3.5	30	35	4.5	11	25	900
30 岁~	800	2000	710	3500	320	—	2000	3600	1500	≤2000	12/18	42	120	600	12.0/8.5	40	60	400	0.8	8.0	1.5	3.5	30	35	4.5	11	25	900

续表

年龄阶段	钙 (mg/d) RNI	UL	磷 (mg/d) RNI	UL	镁 (mg/d) RNI	钾 (mg/d) AI	PI	钠 (mg/d) AI	PI	铁 (mg/d) RNI 男	女	UL	碘 (μg/d) RNI	UL	锌 (mg/d) RNI 男	女	UL	硒 (μg/d) RNI	UL	铜 (mg/d) RNI	UL	氟 (mg/d) AI	UL	铬 (μg/d) AI 男	女	锰 (mg/d) AI 男	女	UL	钼 (μg/d) RNI	UL
50岁~	800	2000	710	3500	320	2000	3600	1500	≤2000	12	10④ / 18⑤	42	120	600	12.0	8.5	40	60	400	0.8	8.0	1.5	3.5	30	25	4.5	4.0	11	25	900
65岁~	800	2000	680	3000	310	2000	3600	1400	≤1900	12	10	42	120	600	12.0	8.5	40	60	400	0.8	8.0	1.5	3.5	30	25	4.5	4.0	11	25	900
75岁~	800	2000	680	3000	300	2000	3600	1400	≤1800	12	10	42	120	600	12.0	8.5	40	60	400	0.7	8.0	1.5	3.5	30	25	4.5	4.0	11	25	900
孕早期	+0①	2000	+0	3500	+40	+0	+0	+0	+0	—	+0	42	+110	500	—	+2.0	40	+5	400	+0.1	8.0	+0	3.5	—	+0	—	+0	11	+0	900
孕中期	+0	2000	+0	3500	+40	+0	+0	+0	+0	—	+7	42	+110	500	—	+2.0	40	+5	400	+0.1	8.0	+0	3.5	—	+3	—	+0	11	+0	900
孕晚期	+0	2000	+0	3500	+40	+0	+0	+0	+0	—	+11	42	+110	500	—	+2.0	40	+5	400	+0.1	8.0	+0	3.5	—	+5	—	+0	11	+0	900
乳母	+0	2000	+0	3500	+0	+400	+0	+0	+0	—	+6	42	+120	500	—	+4.5	40	+18	400	+0.7	8.0	+0	3.5	—	+5	—	+0.2	11	+5	900

注：①"+"表示在相应年龄阶段的成年女性需要量基础上增加的需要量。

②"—"表示未涉及或未制定。

③1岁~为500mg/d，2岁~为600mg/d，3岁~为700mg/d。

④无月经。

⑤有月经。

①镁和钙、磷共同构成骨骼和牙齿的主要成分；

②镁是体内许多酶系统的激活剂，是高能磷酸键转移酶的重要组成部分。

③是糖、蛋白质等物质代谢的必需元素；

④是钙离子兴奋作用的拮抗剂。

由于镁的重要生物功效，因此尽管不易造成缺乏，我国仍将它列为需要补充的矿物质。尤其是对酒精中毒患者、恶性营养不良患者以及镁吸收障碍者。

（四）钾

机体中大量的生物学过程，都不同程度地受到血浆钾浓度的影响。钾的生物功效主要有以下几方面：

①调节细胞的渗透压；

②维持正常的神经兴奋性和心肌运动；

③参与细胞内糖和蛋白质的代谢；

④调节体液的酸碱平衡。

值得注意的是，钾的大部分生物功效，都是在与钠离子的协同作用中表现出来的。因此，维持体内钾、钠离子浓度的平衡，对生命活动具有重要意义。

过量的食盐摄入，是发生高血压的重要原因之一。给高血压患者使用钠盐，会使患者的血压进一步升高，使用钾盐则可降低血压。从膳食中摄取充足的钾，有助于预防高血压。

尽管钾有预防高血压的作用，但它的降压作用仅在高钠时才表现出来。有时，高血压患者为了减少体内水量，而服用利尿剂（尤其是氯噻嗪类），会导致尿钾的大量丢失，此时需要同时服钾。但对任何非自然膳食方式的补钾，都必须慎重，因为高血钾会造成心力衰竭，甚至死亡。摄入量高于 8g/d，将发生高钾血症。

（五）钠

钠是细胞外液中带正电的主要离子，有助于维持水、酸与碱的平衡，调节细胞的渗透压平衡。在人体内，钠在水分代谢方面起重要作用，对碳水化合物的吸收代谢有特殊作用，与肌肉收缩及神经功能也有相互联系。

但是，钠的真正生物学意义，通常 1g/d 即已足够。钠摄入量过多，是高血压的主要起因。过量的钠还会造成浮肿，表现在腿肿和脸肿上。钠摄入量过多，会引起血小板功能亢进，产生凝聚现象，进而出现血栓堵塞血管。还会因血压升高，血管承受不了血液的冲击，脑部出现血管破裂，形成脑内血肿。

钠与胃癌的发病率，有密切的关系。食盐具有腐蚀性，会对胃黏膜产生严重的腐蚀，易发生萎缩性胃炎。萎缩性胃炎是胃癌的前期病变，食盐的摄取量与胃癌的死亡率呈正相关。降低食盐摄取量，不但能预防高血压，减少因高血压所致中风的死亡率，而且能降低因钠盐所致的萎缩性胃炎，而导致胃癌的死亡率。

二、微 量 元 素

在机体内，微量元素的含量甚微，但对生命过程中具有重要意义。它们参与了人体内 50%~70% 的酶成分，构成体内重要的载体和电子传递系统，参与某些激素和维生素的合成，与某些原因不明的疾病（如肿瘤和地方病）相关等。

（一）铁

铁是构成血红蛋白、肌红蛋白的必要成分，作为 O_2 和 CO_2 的载体，也是很多酶的活性部分。铁与细胞的呼吸、氧化磷酸化、卟啉代谢、胶原的合成、淋巴细胞与粒细胞功能、神经介质的合成与分解、躯体与神经组织的发育等都有关系。

人体缺铁，会发生缺铁性贫血。孕妇和儿童的铁需要量大，最有可能出现缺铁性贫血。另外，还有一些贫血与铁有关。例如，溶血性贫血是由于红细胞破坏过多造成，而红细胞的破坏可因铁催化产生自由基引起；由于铁供给不足使红细胞增殖能力下降，也可引起贫血。

铁缺乏还影响其他组织，是一种全身性疾病。当铁缺乏时，会引起血红蛋白浓度降低，使体力劳动明显下降，同时含铁酶的含量和功效也都会受到影响，从而影响机体的一些代谢功能。

铁过多，会造成机体氧自由基代谢失常，导致基因突变和肿瘤。目前，对于铁与肿瘤发生的关系虽不肯定，但有不少研究表明这种关系的存在。动物试验表明，铁化合物可能有致癌作用。虽然曾报告铁离子未能在实验动物上致癌，但对原核和真核细胞都有致突变作用，也对染色体有影响。有一种情况是，如摄入铁过多并引起肝脏蓄积时，不经治疗的话有可能产生肝癌。

食品中铁的生物利用率较低，平均按 8% 计。孕妇在妊娠中期（4~7 个月），铁的吸收率提高 1 倍，计为 15%；妊娠后期（7~10 个月）甚至提高 4 倍，计为 20%。

（二）锌

在生物体内，锌既是许多酶的组成成分，又可以影响某些非酶的有机分子配位体的结构。锌至少以这两种方式，参与体内各种物质与能量的代谢，从而显示出它所具有的各种极其复杂的生物功效：

①与体内多种金属酶的组成；

②保护和稳定生物膜；

③促进机体的生长发育和组织再生；

④调节免疫功能；

⑤影响内分泌系统；

⑥改善味觉并促进食欲；

⑦促进维生素 A 的正常代谢和视觉功能；

⑧保护皮肤和骨骼的正常功能；

⑨促进智力发育。

在正常条件下，供应生长所必需的、组织修复以及强制性排泄的补充等，成人锌的需要量每日约为 2.2mg。平均吸收率按 25% 计，则成人每日锌供给量为 14mg。

（三）铜

铜吸收后，经血液送至肝脏及全身，除一部分以铜蛋白形式储存于肝脏外，其余或在肝内合成血浆铜蓝蛋白，或在各组织内合成细胞色素氧化酶、过氧化物歧化酶、酪氨酸酶等。这些铜蛋白和铜酶，在人体内发挥重要的作用：

①维护正常造血机能和铁代谢；

②维护骨骼、血管、皮肤的正常；

③维护中枢神经系统的健康；

④保护毛发正常的色素和结构；

⑤保护机体细胞免受超氧离子的毒害。

铜缺乏症的特征是贫血、骨质疏松、皮肤和毛发脱色、肌张力减退及精神性运动障碍。铜缺乏导致运铁蛋白结合的铁的缺乏，其症状和铁缺乏非常相似。缺铜贫血为低血色素小红细胞性贫血，补充铁不能改善症状。

在铜与疾病的关系方面，值得注意的是铜/锌比。铜和锌有对抗作用，血清铜/锌比需保持恒定，正常的为 0.82 或 0.9~1.2。在很多病理情况下，血清铜/锌比会发生显著的变化。例如，在下列疾病中，血清铜/锌比较高：支气管癌、白血病、肉瘤、弥漫性淋巴瘤、各型肝炎（除慢性活动性肝炎）、糖尿病、缺铁性贫血等。因此，铜/锌比可作为衡量健康与否的参考指标。

（四）碘

碘对合成甲状腺激素是必不可少的，这是它最为重要的生物功效。尽管有人推测，碘本身也能影响中枢神经系统的发育，但尚缺乏有力的证据。

甲状腺激素对机体的作用，最主要的是对物质代谢的作用，以及对生长发育和组织系统发育的影响。它参与糖类、脂肪、维生素、水等营养物质的代谢，并刺激蛋白质、核糖核酸、脱氧核糖核酸等生命物质的合成。此外，对神经系统、骨骼系统、心血管系统、消化系统、生殖系统等也有显著影响，尤其在胚胎发育期表现得更为明显。

碘与甲状腺肿之间具有明显的双相性，存在着上、下限阈值。低于下限阈值容易引发低碘甲状腺肿，高于上限阈值易引发高碘甲状腺肿。

低碘甲状腺肿，是世界上流行最广的地方性疾病，多见于缺碘的山区、丘陵和沙漠等地区。不仅表现为脖根粗大，更由于甲状腺肿大而压迫气管、影响呼吸，以及增加心脏跳动频率，容易导致心脏病。高碘甲状腺肿，其病征在外观上与低碘甲状腺肿无异，只是尿碘高，甲状腺吸收低。

地方性克汀病（Endemic cretinism），是一种严重损害健康的先天性疾病，主要表现有智力低下、短小、聋哑瘫痪等。克汀病一旦形成，就会对人体造成严重的伤害，且很难治愈，故在实践中以防为主。根本方法就是给缺碘机体，特别是怀孕前的妇女，补充足量的碘，同时铲除近亲结婚的陋习。

（五）硒

谷胱甘肽过氧化物酶是生命有机体内最重要的含硒酶。含硒酶和非酶硒化物，都具有很好的清除自由基功效。通过抑制细胞膜脂质的过氧化，激活机体免疫功能，从而延缓组织细胞衰老进程，有效控制肿瘤的诱发与发展。

硒有利于维持心血管系统的正常功能，预防动脉硬化和冠心病的出现；维持机体正常血压水平，对高血压有调节作用。此外，硒能刺激损伤血管的修复速度，破坏沉积在动脉管壁损伤处的胆固醇。硒化物能够拮抗重金属，如 Hg、Cd、As 等的毒性，消除机体内重金属的积累，对重金属中毒具有解毒作用。

缺硒是导致克山病和大骨节病的重要原因。

（六）铬

铬参与机体糖类代谢和脂肪代谢，缺铬会引起糖尿病和动脉硬化等疾病，白内障、高血脂也可能与长期缺铬有关。

铬的生物功效，体现在以下几个方面：

①铬是葡萄糖耐量因子的组成成分，促进升高的血糖降回正常值；

②促进机体糖代谢的正常进行，加强胰岛素的作用；

③促进机体脂代谢的正常进行，维持正常血清胆固醇水平；

④铬是核酸类物质的稳定剂和某些酶的激活剂。

早期缺铬没有明显征兆，体内会分泌足够的额外胰岛素，以补偿因缺铬引起的胰岛素效能降低。因此胰岛素分泌增加，是临界缺铬的主要标志。胰岛素增加，会使铬过多释放到血液中，经尿排出。若不及时补充铬，当胰腺分泌胰岛素的代偿能力枯竭时，胰岛素依赖功能将严重受损，从而引起糖尿病，同时出现低血糖、异常肥胖以及动脉粥样硬化等症状。

（七）钴

钴主要是以维生素 B_{12} 和维生素 B_{12} 辅酶的形式，参与蛋白质生物合成、叶酸贮存等一系列生命活动。钴同时是许多酶的重要组成成分，对维持这些酶的活性是必需的。

维生素 B_{12} 中钴的生物功效，是无机钴活性的 1000 倍。从目前的情况看，许多归咎于缺钴的疾病，实际上是由于缺乏维生素 B_{12} 引起的。这些疾病，通常可以通过补充维生素 B_{12} 加以防治。

甲状腺肿与碘缺乏是紧密相关的，但地方性甲状腺肿与该地区钴含量偏低，也存在着对应关系。在不补充碘的情况下，用钴治疗甲状腺肿可取得较好的效果，与碘一样过量的钴摄取也会导致甲状腺肿。

有人认为，机体每天的钴摄入量达 300μg，就能维持正常的代谢平衡。由于对人体中非维生素 B_{12} 形式钴的研究十分有限，因此未能对钴的摄入量做出规定。只是对维生素 B_{12} 做出明确的规定，参见本章第四节的讨论。

（八）锰

锰是体内某些酶的活性基团或辅助因子，又是多种酶的激活剂。人体内锰的含量虽然很少，但作用重要：

①促进骨骼的生长发育，参与软骨和骨骼形成所需的糖蛋白的合成；

②保护线粒体的完整；

③保持正常的脑功能；

④维持正常的糖代谢；

⑤维持正常的脂质代谢；

⑥对遗传的影响，可能与 DNA、RNA 和蛋白质的生物合成有关；

⑦在免疫功能上也发挥作用，与嗜中性粒细胞和巨噬细胞之间存在一定的相互作用。

动脉硬化与缺锰有关。锰对加速细胞内脂肪的氧化具有促进作用，能改善动脉硬化病人脂质代谢，防止动脉粥样硬化的发生。调查发现，缺锰的地区肿瘤的发生率高。四川盐亭、山西太行山、河南林州、河北等食管癌高发区，饮水和食品中除含钼低以外，含锰量也低。

（九）氟

氟最重要的生物功效是预防龋齿的发生。缺氟时，牙釉质易受口腔细菌和酸性环境的破坏而导致龋齿，这在儿童时期尤为明显。氟的防龋功效与其浓度密切相关，当饮水中氟浓度为 1mg/L 时，其抗龋效果最好。

大量事实证明，成年人每天摄入 4mg/kg 的氟，可预防骨质疏松症。这是因为，氟可促进生物矿化并抑制脱矿。适量补充氟化物，已成为临床上防治骨质疏松的有效辅助手段。如果同时摄取氟化物、钙盐和维生素 D，可使患者产生正常的骨组织。但氟的这方面作用，与其摄入量密切相关，浓度过高反而会加重骨质疏松的症状。

氟是中等毒性元素，口服的 LD_{50} 为 141mg/kg。氟过量对人体造成的危害，要比氟缺乏更为严重。世界上有 50 多个国家和地区，报道过地方性氟中毒事件。我国也是地方性氟中毒分布面积较广、危害较严重的国家之一。

由于氟的有益和有害作用都很明显。因此，各国对其安全摄取范围都持谨慎态度。

🔍 思考题

(1) 请列举 4 种维生素，并简述其生物功效。

(2) 什么是维生素类似物？对人体健康有价值吗？

(3) 常量元素有哪些？生物功效如何？

(4) 微量元素有哪些？生物功效如何？

(5) 根据 DRIs，孕妇中期对维生素的每日推荐摄入量是多少？

(6) 根据 DRIs，孕妇中期对矿物质的每日推荐摄入量是多少？

(7) 铁摄入过多或者过少分别会导致什么后果？

(8) 硒是剧毒的微量元素，如何确保在食品中的安全使用？

(9) 维持儿童健康成长的矿物质有哪些？

(10) 如何保证人体对钙元素的足量摄入？

第六章

植物活性化合物

[学习目标]

(1) 掌握有机硫化合物的种类、物化性质、生物功效及安全性。

(2) 掌握有机酸化合物的种类、物化性质、生物功效及安全性。

(3) 掌握有机醇化合物的种类、物化性质、生物功效及安全性。

(4) 掌握多酚类化合物的种类、物化性质、生物功效及安全性。

(5) 掌握类胡萝卜素的种类、物化性质、生物功效及安全性。

(6) 掌握生物类黄酮的种类、物化性质、生物功效及安全性。

(7) 掌握原花青素和花色苷的种类、物化性质、生物功效及安全性。

(8) 掌握生物碱的种类、物化性质、生物功效及安全性。

(9) 掌握萜类化合物的种类、物化性质、生物功效及安全性。

(10) 掌握皂苷的种类、物化性质、生物功效及安全性。

在已进入了 21 世纪的今天，崇尚天然、回归自然的消费理念深刻影响着全人类的生活方式和生活习惯，人们对来自天然植物活性成分的需求越来越感兴趣。植物化合物的开发已逐渐形成一个相对独立的技术密集的健康产业，并在食品、功能性食品、特殊医学用途配方食品、医药品、化妆品等领域得到越来越广泛的应用，市场前景十分广阔。

我国是世界植物资源王国，在开发植物化合物资源方面具有独一无二的自然和人文优势，近十年来国内相关产业的发展已取得长足的进步，并逐渐在世界范围内建立起产业和资源优势，这将有力促进我国健康产业发生革命性的变化。

第一节　有机硫化合物

有机硫化物主要存在于百合目石蒜科植物和十字花科植物中。硫代葡萄糖苷（Glucosinolates）又称葡糖异硫氰酸盐或芥子油苷，广泛存在于十字花科植物中，如卷心菜、甘蓝、油菜、芥菜、花椰菜、芜菁、萝卜等。在葡萄糖硫苷酶的水解作用下，芥子油苷生物转化产生异硫氰酸盐、硫氰酸酯和吲哚。异硫氰酸盐能有效抑制细胞色素 P450 酶代谢致癌物质。其抗肿瘤活性还与其分子结构有关，具有高度选择性。

烯丙基硫化物存在于大蒜、洋葱、韭菜和细香葱中。大蒜中这类烯丙基硫化物多达 30 多种，主要的烯丙基硫化物有二烯丙基一硫化物、二烯丙基二硫化物和二烯丙基三硫化物，其中以二烯丙基二硫化物的生物功效最高。二烯丙基硫化物具有抗突变、抗癌、保护免疫系统和心血管系统的特性，且能激活肝脏解毒的酶系统和抑制细菌、病毒产生毒素的活性。

一、异硫氰酸盐

异硫氰酸盐是一大类物质，主要为异硫代氰酸酯，是硫代葡萄糖苷的共轭物。这是一类具有挥发性的油状液体，一般具有特殊气味。它具有很强的抗肿瘤活性，是一种有前途的生物功效物质。

（一）异硫氰酸盐的物化性质

异硫氰酸盐习惯上被称为芥子油苷，但实际上异硫氰酸盐只是芥子油苷的降解产物，芥子油苷在植物中分布很广泛，现在被鉴定的芥子油苷已有 100 多种，主要存在于十字花科类植物中。在一些重要的新鲜农作物如卷心菜、汤菜、花椰菜、芜菁、小萝卜、水田芥中，芥子油苷含量一般为 0.5~3mg/g，植物中同时还存在芥子酶。

（二）异硫氰酸盐的生物功效

虽然芥子油苷的具体生物学功能还不完全清楚，但可以确定它在植物的生长周期中起着非常重要的作用，特别是其降解产物（葡萄糖异硫氰酸酯和异硫氰酸盐）有很多生物功效。

1. 抗肿瘤活性

除了部分芥子油苷降解产物具有毒性外，其他降解产物，特别是含芳香烷和甲基亚磺酰烷侧链的异硫氰酸盐有很强的抗癌活性。这一类天然异硫氰酸盐，是迄今为止已知的癌症预防因子中最有效的一类。

迄今为止，已经研究了许多种异硫氰酸盐，既包括天然的也有合成的。具有化学抑制剂作用的天然异硫氰酸盐包括 R 基是苯甲基的（$R = PhCH_2$）、苯乙基的（$R = PhCH_2CH_2$）、苯丙基的（$R = PhCH_2CH_2CH_2$）的异硫氰酸盐和萝卜硫素 $[R = CH_3S（O）（CH_2）_4]$。其中，对苯甲基异硫氰酸盐和苯乙基异硫氰酸盐的研究最多。

苯甲基异硫氰酸盐是一种有效的抑制剂，能够抑制羟基多环芳烃（7,12-二甲基苯并蒽）和 BaP（苯并芘）所引起的小鼠乳腺癌和肺癌，但对亚硝基化合物诱导的肿瘤的抑制作用不太明显。苯乙基异硫氰酸盐对 NNK 诱导的大鼠及小鼠肺癌的抑制作用，而且这种抑制效果相当强，能够有效抑制所需的最低剂量为 5μmol，而相应的吲哚-3-甲醇和二烯丙基硫醚的量为100μmol 和 105μmol。

天然的异硫氰酸酯，特别是含甲基亚磺酰烷和芳香族烷的异硫氰酸酯作为阻遏因子，通过双重机制来特异性地调节致癌代谢，即选择性使阶段 I 酶失活和诱导阶段 II 酶的表达。萝卜硫素是青花菜等蔬菜中含量最丰富的一种天然异硫氰酸酯，它对 P450 同工酶（CYP2E1 和 CYP3A4）有明显的抑制作用；同时它又是迄今为止鉴定出的阶段 II 解毒酶的最有效的天然诱导物。关于细胞程序性死亡调节的研究表明，异硫氰酸酯还以抑制因子发挥化学保护作用，表明异硫氰酸酯有着作为一种癌症治疗药物的潜力。

2. 抗菌、杀虫作用

芥子油苷-葡萄糖硫苷酶系统是组织损伤所激活的化学防卫系统。芥子油苷的降解产物在植物抵御食草动物、害虫和病原微生物的防卫反应中发挥重要的作用。天然形成的异硫氰酸盐具有抗细菌、抗真菌活性，并且很可能在植物抵抗微生物、昆虫和软体动物中发挥重要作用。

（三）异硫氰酸盐的安全性

苯甲基异硫氰酸盐的LD_{50}为140mg/kg。1989年进行的一项13周的试验中，用苯乙基异硫氰酸盐含量$0.75\sim6\mu mol/g$的饲料喂大鼠，以评价其慢性毒性，结果未发现对大鼠的存活、体重及食物摄入方面的有害影响，血清及尿的化学分析均无异常发现。苯甲基异硫氰酸盐对所有的受试细胞系都有细胞毒性，鼠白血病细胞最敏感，而人肺肿瘤细胞的耐受性最强。

二、二烯丙基二硫化物

1892年，有一位德国化学家将大蒜瓣进行水蒸气蒸馏，在每千克大蒜中得到了$1\sim2g$气味强烈的油，从这种油中又得到了二烯丙基二硫化物，同时还有少量的二烯丙基三硫化物和二烯丙基四硫化物。大蒜能够具有消炎、抗癌、增强免疫功能、延缓衰老、治疗心血管等疾病的功效，这些含硫化合物起到了很重要的作用。

（一）二烯丙基二硫化物的物化性质

大蒜中这类含硫成分多达30多种，主要的含硫化合物有二烯丙基一硫化物、二烯丙基二硫化物和二烯丙基三硫化物，其中二烯丙基二硫化物的生物功效最高。二烯丙基二硫化物，又名双-2-丙烯基二硫化物，分子式为$C_6H_{10}S_2$，相对分子质量为146.28，化学结构见图6-1。二烯丙基二硫化物是一种天然活性物质，主要存在于大蒜和洋葱中，其中从

图6-1　二烯丙基二硫化物的化学结构式

大蒜提取出来的精油中二烯丙基二硫化物的含量可高达60%。二烯丙基二硫化物为无色至淡黄色，带有特殊的大蒜样气味的油状液体。

二烯丙基二硫化物的氧化物为大蒜辣素。1944年有人用乙醇处理4kg大蒜，得到6g分子式为$C_6H_{10}S_2O$的油，它是二烯丙基二硫化物的氧化物，化学名称是2-丙烯基硫代亚磺酸烯丙酯［Allyl，2-Porpenethiosulfinate］，分子式为$CH_2CHCH_2S（O）SCH_2CHCH_2$，称为大蒜素或大蒜辣素。

大蒜辣素为无色油状液体，有强烈的蒜臭，相对密度为1.112，易溶于乙醇、乙醚或苯，难溶于水。其水溶液显微酸性（pH=6.5）但化学性质极不稳定，在室温放置两天即成不流动黏稠物，遇碱或遇热极易分解，但不受稀酸影响。在空气中遇热，将分解产生硫化丙烯醛等多种化合物。

（二）二烯丙基二硫化物的生物功效

1. 抗肿瘤活性

山东苍山县以种植大蒜著称，当地居民从幼童起就常年以大蒜佐餐，胃癌死亡率为3.45/10万，是无食用大蒜习惯的山东栖霞县胃癌死亡率（40/10万）的1/10。1983年对山东12个地区，21个胃癌死亡率不同的县市进行回顾性调查，对2208人进行不同时期的生活、行为、饮食、习惯等多种因素进行定量和半定量调查，并进行多因数和逐步回归分析。结果显示大蒜

的食用量在各组的比较中，其相关系数、标准回归系数均居第一位，说明大蒜在 11 个因素中起首要的作用。一组学者在美国佐治亚州、夏威夷和希腊等地区的调查和研究得出的结果显示，年食用大蒜 2kg 以上，对胃癌有预防作用，这和我国有关的研究结果相似。对美国爱荷华州 41837 名妇女（55~59 岁）进行流行病学调查发现，经常食用大蒜可减少 50%患结肠癌的危险。

1989 年，采用雌性 A/J 小鼠，利用 N-亚硝基二乙胺（NDEA）诱导前胃肿瘤，发现动物在用 N-亚硝基二乙胺处理前 96h 和 48h 口服二烯丙基二硫化物，前胃肿瘤的发生率降低 90%。肺腺癌的形成受到抑制，但作用较小（约 30%）。在用 N-亚硝基二乙胺处理前 15min 或 1h 给动物二烯丙基二硫化物，可抑制 75%以上前胃腺瘤的发生；在此条件下，对肺腺癌形成的抑制只达到边缘性效果（<20%）。1993 年，利用雄性 F344 大鼠进行试验，发现二烯丙基二硫化物的最大耐受剂量介于 250 ~ 500mg/kg。当膳食中二烯丙基二硫化物在 100mg/kg 或 200mg/kg（最大耐受剂量的 80%）时，侵入性肠肿瘤的发生率和多发性减少，但对非侵入性肠肿瘤没有效果。1996 年，有人用 N-甲基-N-亚硝基脲（MNU）处理前饲喂动物二烯丙基二硫化物 57μmol/kg 两周，与饲料中未添加二烯丙基二硫化物的动物比较，处理组大鼠乳腺肿瘤的发生延迟。处理 23 周后，肿瘤的发生率减少 53%，总的肿瘤数减少 65%。

大蒜产生抑制肿瘤细胞作用的原因，有以下几方面：

①阻断或抑制化学致癌物诱发肿瘤；

②对细胞周期的阻滞作用；

③抑制动物移植性肿瘤细胞；

④诱导肿瘤细胞的凋亡。

2. 抗菌、抗病毒活性

大蒜对多种致病细菌（葡萄球菌、链球菌、脑膜炎球菌、大肠杆菌、伤寒和副伤寒杆菌、痢疾杆菌、结核杆菌、百日咳杆菌、霍乱弧菌等）有抑制和杀灭作用。因此，大蒜被誉为天然广谱植物抗菌药。

大蒜杀菌的有效成分并不是大蒜中某一种化合物，而是大蒜细胞中所含蒜氨酸与蒜酶作用后产生的大蒜辣素、阿霍烯等一系列含硫有机化合物。19 世纪巴斯德首先发现大蒜的抗菌活性，而起主要作用的就是大蒜辣素。因此大蒜辣素又被称为植物杀菌素，在 1：50000 ~ 1：250000 的浓度就能抑制革兰氏阳性菌。

大蒜制剂的抗病毒作用也十分重要。1：25 的大蒜稀释液能完全抑制巨细胞病毒（Ad-169 毒株）生长，并且对正常细胞的生长无明显影响；0.015mg/mL 大蒜烯可杀灭单纯疱疹病毒。实验显示，大蒜成分抗病毒作用的顺序：大蒜辣素>烯丙基甲基硫代亚磺酸酯。冻干蒜粉片在肠道内可完全释放出这些成分。

3. 调节心血管疾病

大蒜中对高胆固醇血症、高脂血症和主动脉脂质沉积起防治功效的成分是烷基二硫化物、蒜氨酸和大蒜辣素。以高脂膳食饲喂雄性大白鼠，并补充二烯丙基二硫化物，结果发现能够显著降低血胆固醇和甘油三酯水平，最适剂量为 0.66mg/100g。它还可抑制胶原激发的血小板聚集作用，其半数抑制浓度为 84±18μg/mL。

二烯丙基二硫化物，是目前唯一含前列腺素样物质及能激活血溶纤维蛋白的天然活性成分，具有较强的舒张血管和心脏冠状动脉的能力，又能促进钠盐的排泄，从而使血压下降，预防血栓的形成。

（三）二烯丙基二硫化物的安全性

二烯丙基二硫化物大鼠急性经口 LD_{50} 为 0.26g/kg，兔的急性经皮 LD_{50} 为 3.6g/kg。没有致突变性，没有致癌性，有抗癌活性。二烯丙基二硫化物有细胞毒性，随着浓度的增加（80μmol/L、100μmol/L 和 200μmol/L），可强烈地抑制感染人类免疫缺陷病毒-1 的细胞增殖，其 KC_{50} 为 34μmol/L。

第二节　有机酸及其衍生物

有机酸（Organic acid）及其衍生物是广泛存在于植物中的一种含有羧基的酸性有机化合物，多以盐、脂肪、酯、蜡等结合态形式存在。羟基柠檬酸、丙酮酸以其独特的减肥功效，已成为减肥领域中热门的 2 种天然活性成分。

一、羟基柠檬酸

羟基柠檬酸（Hydroxycitric acid，HCA），是存在于某些藤黄属（*Garcinia*）植物果实外壳的主要有机酸，它在抑制脂肪酸和脂肪合成、抑制食欲和降低体重方面具有良好功效。

（一）羟基柠檬酸的物化性质

羟基柠檬酸主要存在于盛产于南亚次大陆和斯里兰卡西部的藤黄属植物藤黄果（*Garcinia cambogia*）、印度藤黄（*Garcinia indica*）和酸黄果（*Garcinia atroviridis*）的果实外壳中，*G. cambogia* 的果实中含有 30%（干基）的有机酸（以柠檬酸计）。在多种 HCA 异构体中，仅有（-）-HCA 才具有生物功效。

羟基柠檬酸有 2 个不对称中心，因此就可能有 2 对非对映异构体，或者说有 4 个不同的异构体。（-）-HCA 的化学性质不稳定，在蒸发和浓缩时，易转化为更稳定但不具有生物功效的内酯。因此，综合考虑稳定性和生物功效两方面因素，市售藤黄果提取物商品，都是制成性质稳定且可被机体所利用并发挥其生物功效的（-）-HCA 的金属盐形式，如钠盐、钾盐和钙盐等。

（二）羟基柠檬酸的生物功效

羟基柠檬酸有助于人体减肥。将 90 个中等肥胖者随机分为 2 组，进行为期 8 周的随机双盲对照人体临床试验。试验组每日服用 2800mg 的（-）-HCA，对照组则服用安慰剂。每日 3 次，分别在每餐前 30~60min 服用，所有受试者每日膳食能量摄入为 2000kcal。试验证明，（-）-HCA 可显著降低受试者的体重和体重指数（Body mass index，BMI）。同时，试验组受试者的尿中脂肪代谢物（包括丙醛、甲醛、乙醛和丙酮等）的排泄也有明显增加，说明机体脂肪降解代谢增强。而且，在摄入（-）-HCA 后，受试者的血脂情况也有明显改善，血清总胆固醇、甘油三酯和低密度脂蛋白胆固醇水平降低，而高密度脂蛋白胆固醇水平升高。

同时，（-）-HCA 对食欲的控制也有很好的作用。（-）-HCA 可对受试者的血清 5-羟色胺水平产生影响。5-羟色胺是很多机体行为功能（如心情、睡眠和食欲控制等）所必需的神经递质，研究显示 5-羟色胺会影响到机体摄食行为及体重。若机体血清 5-羟色胺水平升高，则同时也会出现摄食量降低、体重降低和能量消耗增加的情况。（-）-HCA 可显著抑制 5-羟色胺的重新吸收，而提高机体血清 5-羟色胺水平。

羟基柠檬酸的减肥机制：

① （-）-HCA 抑制柠檬酸裂解酶；

② （-）-HCA 抑制脂肪酸和脂肪合成；

③ （-）-HCA 抑制食欲；

④ （-）-HCA 促进糖原生成、葡糖异生（Gluconeogenesis）和脂肪氧化。

（三）羟基柠檬酸的安全性

（-）-HCA 的毒性非常低，并不会比柠檬酸的大。5g/kg 剂量的（-）-HCA，并不会引起实验动物任何可见的毒性症状或死亡。这个剂量大约相当于人摄入 350g，即人均可能摄入量 1.5g/d 的 233 倍。

藤黄果作为调味剂、防腐剂、草药滋补剂使用已经有很长时间的历史，并且传统方法使用藤黄属植物提取物也未见任何中毒的报道，因此即使过量食用也不太可能产生副作用。至于它有可能产生肠道的不耐性，只要降低食用剂量，就可以很容易地消除了。

二、丙 酮 酸 盐

丙酮酸（Pyruvic acid）是生物体系中重要的有机小分子物质，是细胞进行有机物氧化供能过程中起关键作用的中间产物，在三大营养物质的代谢联系中起着重要的枢纽作用。它不仅存在于任何人体细胞内，还广泛存在于苹果、奶酪、黑啤、红酒等食品中。丙酮酸（盐）具有加速脂肪消耗、增加活动欲望、增强耐力和运动能力的功效，并且具有降糖、降血脂、消除或抑制自由基、抗疲劳等诸多生物功效。

（一）丙酮酸盐的物化性质

丙酮酸，又名 2-氧代丙酸（2-Oxopropanoic acid）、α-酮基丙酸（α-Ketopropionic acid）或乙酰基甲酸（Acetylformic acid），分子式 $C_3H_4O_3$，相对分子质量 88.6。丙酮酸为无色至浅黄色液体，具有刺激性臭味（类似醋酸气味）。165℃分解，折光率 1.4138，闪点 83℃。丙酮酸能与水、乙醇、乙醚等混溶，易吸湿，易聚合、分解。

丙酮酸是一种酸性很弱的有机酸，分子中同时具有羰基和羧基两个官能团，因反应中心多而显出比一般化合物更为重要和特殊的化学性质。丙酮酸本身极不稳定，在实际中经常使用的是它的钠盐或钙盐。丙酮酸钠水溶性大，但碱性也很强，对皮肤会产生一定的刺激，而丙酮酸钙则没有这样的缺点。丙酮酸钙为白色结晶粉末，无味，显极弱的碱性，微溶于水，性质稳定，与酸性物质作用后可以产生丙酮酸。

（二）丙酮酸盐的生物功效

1. 丙酮酸对运动能力的影响

有个研究长期（5 周）单独补充丙酮酸、肌酸或丙酮酸（60%）和肌酸（40%）联用，分析对足球运动员最大负荷重量（卧推）、最大负荷重量（深蹲上推举）、原地纵跳以及原地纵跳力量变化的峰值的影响，发现单独补充丙酮酸对最大力量和无氧功率的发展没有效果，但丙酮酸与肌酸联用，或单独补充肌酸可明显提高最大力量和无氧功率。

在一个持续 6 周每周运动 3 次的研究中发现，补充丙酮酸 6g/d，可使超重男性和女性受试者的运动情绪和疲劳感觉得到明显改善。在丙酮酸组中心理状态量表-疲劳分数的减少量在 4 周（4.2；$P=0.004$）、6 周（4.7；$P=0.003$）后均达显著水平，6 周后总减少量达 71.2%。在麦芽糊精组中心理状态量表疲劳分数的改变在 4 周（3.7；$P = 0.02$）、6 周（4.1；$P = 0.01$）亦达显著水平，总减少量达 48.2%。在丙酮酸组中心理状态量表–活力分数的改变在仅在 6 周（3.7；$P = 0.003$）后达显著水平，总增加量为 17.7%。而在麦芽糊精组或对照组中，心理状态量表–活力分数的改变在 6 周内未达显著水平，总增加量为 4.5% 和 1.8%（P 均小于 0.05）。

2. 丙酮酸对心血管功能的影响

在对高脂血症病人的研究中，给病人的高脂肪、高胆固醇饮食中补充丙酮酸，病人安静状态下心率下降 4%，舒张压下降 6%，压力改变速度下降 12%。Yanos 等人发现给麻醉的狗注射丙酮酸后，狗心输出量、左室收缩能力和混合静脉血氧饱和度均出现增加。同样地给麻醉的狗注射丙酮酸，Romand 等人没有观察到狗左室收缩能力的增加，却发现心率、左室每搏输出量增加，左室舒张末期容积和外周血管阻力降低，但动脉压没有变化。给麻醉的心脏处于应激状态下的狗注射丙酮酸，可增加血压变化的速率，并伴随有心肌耗氧量的少量增加。

丙酮酸盐的心功能代谢保护机制可能是：

①增加细胞液中 ATP 磷酸化的能力和 ATP 水解的自由能；

②增强肌质网摄取和释放 Ca^{2+} 的能力，降低细胞液中无机磷酸盐的浓度；

③通过超氧化物的中和作用，增强细胞内谷胱甘肽/还原型辅酶Ⅱ抗氧化系统清除氧自由基的能力。

3. 丙酮酸对机体代谢的影响

将丙酮酸、二羟丙酮和维生素 B_2 的混合物补充到鼠的饮食中，结果发现能抑制由于长期食用含酒精的膳食引起的鼠脂肪肝的发展。这可能是由于该混合物可氧化由酒精氧化增加的还原性辅酶Ⅰ，从而减少甘油三酯的合成。补充丙酮酸和二羟丙酮的鼠腹部脂肪较少，表明在含酒精的膳食中补充丙酮酸和二羟丙酮对抑制脂肪合成有广泛的意义。

给使用低能量膳食的肥胖女性添加丙酮酸和二羟丙酮 21d 后，发现受试者体重和体脂分别降低了 6.5kg 和 4.3kg，而对照组体重和体脂分别降低了 5.6kg 和 3.5kg，差异有显著性意义，添加丙酮酸对蛋白质代谢没有影响。在另一试验中，通过使用低能量膳食实现减体重的女性，在食用添加丙酮酸的高能量膳食时体重增加明显低于对照组（1.8kg/2.9kg），体脂增加也如此（0.8kg/1.8kg），添加丙酮酸对蛋白质代谢没有影响。因此可以认为，低能量膳食添加丙酮酸或丙酮酸和二羟丙酮混合物，可促进减体重；高能量膳食添加丙酮酸或丙酮酸和二羟丙酮的混合物，可防止体重和体脂的反弹。

4. 良好的钙营养源

丙酮酸钙是一种有机钙强化剂，虽然含钙量不足 20%，但比葡萄糖酸钙要高的多，更重要的是丙酮酸钙的阴离子为丙酮酸根离子，它的代谢是通过参与细胞能量代谢过程而完成。在代谢的过程中，丙酮酸根离子进入细胞，参与有机代谢，不会增加肝肾的负担，不影响机体对蛋白质的贮存。

（三）丙酮酸盐的安全性

丙酮酸作为机体代谢的正常组成部分，存在于任何人体细胞内，因此安全性相当高。其毒副作用很小，高剂量（100g）的丙酮酸盐使一些受试者出现轻微的肠胃不适症状（腹泻、腹鸣），但概率非常小。

丙酮酸盐在一般饮食中都可以发现，人体每天自然摄入 0.1~2g。它在大多数食物中含量较少（每份均少于 25mg），但在某些蔬菜和水果中含量很高（如红苹果含 450mg）。

三、阿　魏　酸

阿魏酸（Ferulic acid）是在植物界普遍存在的一种酚酸，与细胞壁中的多糖和木质素交联构成细胞壁的一部分，是当归、川芎、升麻等中药的有效成分之一，因其具有较强的抗氧化活性和防腐作用，而被广泛应用于医药、功能性食品、化妆品和食品添加剂方面。近几年，发现阿魏酸及其衍生物具有抗血栓、降血脂、消炎、防癌等生物功效，激起了人们的兴趣。

（一）阿魏酸的物化性质

阿魏酸分子式为 $CH_3OC_6H_3$（OH）$CH=CHCOOH$，化学名称 4-羟基-3-甲氧基苯丙烯酸，相对分子质量 194.19，熔点为 174℃。其结构如图 6-2 所示。

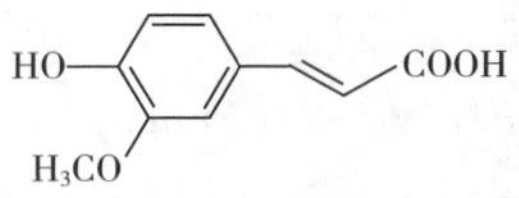

图 6-2　阿魏酸的化学结构式

阿魏酸有顺式和反式两种，顺式为黄色油状物，反式为白色至微黄色结晶物，一般是指反式体。阿魏酸微溶于冷水，可溶于热水，水溶液中稳定性差，见光极易分解，易溶于乙醇、甲醇、丙酮，难溶于苯、石油醚。

（二）阿魏酸的生物功效

1. 提高免疫力

当归（剂量分别为 15g/kg 和 30g/kg）与阿魏酸（剂量分别为 12.5mg/kg 和 25mg/kg）可明显地增加小鼠脾脏和胸腺重量，促进小鼠腹腔巨噬细胞吞噬功能，促进小鼠碳粒廓清速率、绵羊红细胞致敏的小鼠血清溶血素的形成和小鼠抗体生成细胞的形成等。当归（剂量为 3.25mg/mL）与阿魏酸（0.12mg/mL）可促进伴刀豆球蛋白诱导的小鼠淋巴细胞的增殖，其刺激指数分别为 1.47 和 1.98。这说明当归和阿魏酸对非特异性免疫、体液免疫和细胞免疫，均有较强的促进作用。

2. 抗肿瘤作用

报导称阿魏酸能抑制结肠癌、直肠癌和舌癌等。采用偶氮甲烷诱导 F334 鼠产生结肠癌，发现饲喂含有 500mg/kg 阿魏酸的异常病例数下降 27%。因此认为阿魏酸具有抗癌活性，且活性与其能激活解毒酶如谷胱甘肽转硫酶、醌还原酶的活性有关。

3. 抗氧化作用

阿魏酸结构中有酚羟基，具有很好的抗氧化活性，对过氧化氢、超氧自由基、羟自由基、过氧化亚硝基都有强烈的清除作用。有研究对黄芪多糖、黄芪总黄酮、阿魏酸及甘草次酸清除超氧自由基和羟基自由基能力进行了试验，以维生素 C 作为阳性对照，证明阿魏酸不仅能猝灭自由基，而且能调节人体生理机能，抑制产生自由基的酶，促进清除自由基的酶的产生。

4. 抗血栓作用

我国用中药治疗心脑血管疾病历史悠久，20 世纪 50 年代以后，采用活血化瘀法治疗心脑血管疾病等取得了引人注目的进展。阿魏酸是中药当归中活血化瘀抑制血小板凝集的典型成分，它能有效的抑制血小板凝集，并且能抑制 5-羟色胺、血栓素样物质的释放和选择性的抑制血栓素合成酶活性，使前列腺素和血栓素的比率升高，因而具有抗血栓作用。

5. 抗菌抗病毒作用

阿魏酸对细菌的抑制作用表现得非常广泛，能抑制宋内氏志贺氏菌、肺炎杆菌、肠杆菌、大肠杆菌、柠檬酸杆菌、绿脓杆菌等致病性细菌和 11 种造成食品腐败的微生物的繁殖。阿魏酸对细菌 N-乙酰转移酶有较强的抑制作用，这可能是其具有抗菌作用的主要原因。

阿魏酸对感冒病毒、呼吸道合胞体病毒和艾滋病病毒都有显著抑制作用。将老鼠巨噬细胞RAW264.7用流行性感冒病毒感染，发现采用阿魏酸和异阿魏酸处理时，β干扰素的产生量分别下降43%和56%，动物试验也发现同样的趋势。采用同一细胞系观察阿魏酸对呼吸道合胞体病毒诱导产生的炎症蛋白-2的影响，发现阿魏酸能大大降低该蛋白的产生。

阿魏酸及其衍生物对艾滋病病毒、流行性感冒病毒等病毒也有显著的抑制作用，这使它成为一种潜在的化学治疗剂。阿魏酸对病毒的抑制机制可能与它能抑制黄嘌呤氧化酶的活性有关，因为该酶与一些炎症性疾病关系密切。

6. 降血压作用

内皮素-1（Endothelin-1，ET-1）是迄今为止发现的缩血管活性最强的肽类物质，现已证明内皮素-1参与多种血管性的发生和发展，能引起动脉高压、冠心病、肾功能衰竭、心功能衰竭、偏头痛等疾病。对于阿魏酸的大量研究证实了阿魏酸对内皮素-1有明显的拮抗作用，并具有剂量依赖性，从而可以有效的降低血压。试验采用SD大鼠，体重230±10g，禁食（不禁水）18h后随机分组，一组通过静脉注射给予不同剂量阿魏酸，对照组给予等量生理盐水，15min后，静脉注射给予内皮素-1（6μg/kg），测定SD大鼠尾动脉血压变化。在阿魏酸组中，内皮素-1的升压效应明显减弱，这说明阿魏酸能有效地拮抗内皮素-1，达到降血压的效应。

（三）阿魏酸的安全性

阿魏酸急性毒性数据：雄鼠的LD_{50}为2445mg/kg，雌鼠的LD_{50}为2113mg/kg。试验结果表明，阿魏酸具有一定的慢性毒性。

四、鞣　花　酸

鞣花酸（Ellagic acid）又名胡颓子酸，是没食子酸的二聚衍生物，属于多酚二内酯。天然的鞣花酸广泛存在各种软果、坚果等植物组织中，尤其在双叶子植物中，至少有75个科含有鞣花酸，含量较高的有壳斗科（Fagaceae）、蔷薇科（Rosaceae）、无患子科（Sapindaceae）、牻牛儿苗科（Geraniaceae）等。在柯子、榄仁树心材、桉树心材及奇诺（kino）树脂中都有鞣花酸。自然界中以游离形式存在的鞣花酸数量较少，多数以6,6'-二羰基-2,2',3,3',4,4'-六羟基联苯（HHDP）衍生物的形式存在，如鞣花单宁老鹳草素（Geraniin）等。

（一）鞣花酸的物化性质

鞣花酸的化学名为2,3,7,8-四羟基苯并吡喃[5,4,3-ode]-5,10-二酮，分子式为$C_{14}H_6O_8$，相对分子质量为302，其化学结构如图6-3所示。鞣花酸的基本化学平面结构含有4个羟基，2个内酯环。但天然鞣花酸与顺式没食子酸及其单宁不同，其立体结构是反式没食子酸的天然合成单宁体，所以在平面结构中的研究还不足以证明其对映体的生物功效，只能以对映体鉴定方式才能确定其是否具有抗癌活性的天然鞣花酸的手性部位。

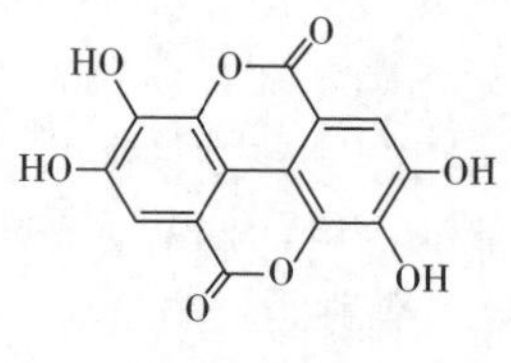

图6-3　鞣花酸的化学结构式

纯净的鞣花酸是一种黄色针状晶体，熔点大于360℃，微溶于水、醇，可溶于碱、吡啶、二甲基甲酰胺、二甲基亚砜，在加有NaOH的水中形成钠盐黄色溶液，不溶于醚。

（二）鞣花酸的生物功效

1. 清除自由基、抗氧化作用

在哺乳动物中，鞣花酸和它的衍生物表现出对线粒体、微粒体中的类脂化合物的过氧化作用有很好的抑制活性，如鞣花酸及其衍生物对鼠肝微粒体中 ADP-Fe^{2+}/还原型辅酶 Ⅱ 、ADP-Fe^{3+}/EDTA-Fe^{3+}/还原型辅酶 Ⅱ 及阿霉素（Adriamycin）引发的脂质过氧化有强烈的抑制作用。由表 6-1 可知，鞣花酸对由阿霉素引起的脂质过氧化反应具有很强的抑制作用，其抗氧化活性是维生素 E 的 50 倍。

鞣花酸作为一种抗氧化剂，可用于防止食用油、脂肪、油酸甲酯、大豆油的氧化，表现出与维生素 E 和丁基甲氧基苯同样或更好的性能。

表 6-1 鞣花酸及其两种衍生物对鼠肝微粒体脂质过氧化的抑制作用[1]（IC_{50}[2]）

化合物	ADP-Fe^{2+}/还原型辅酶 Ⅱ	ADP-Fe^{3+}/EDTA-Fe^{3+}/还原型辅酶 Ⅱ	阿霉素
维生素 E	>100	0.80±0.02	5.5±0.2
没食子酸丙酯	>100	20±3	0.30±0.02
鞣花酸	20±1	23±2	0.10±0.01
六羟基联苯二酸	>100	>100	7.0±0.5
鞣花酸四乙酸酯	>100	>100	31±3

注：①各值均为 $x±s$，$n=3$；
②IC_{50} 为对脂质过氧化反应抑制率为 50% 时抑制剂的浓度（μmol/L）。

2. 抗突变、抗肿瘤作用

近年来，人们就鞣花酸的抗突变/诱变性、抗癌变及其对化学物质诱导癌变、突变的抑制作用进行了相当多的研究。在对鼠和人体组织移植所做的体内和体外试验中，鞣花酸表现出对化学物质诱导癌变及其他多种癌变有明显的抑制作用，特别是对结肠癌、食管癌、肝癌、肺癌、舌及皮肤肿瘤等有很好的抑制作用，总括如表 6-2 所示。

表 6-2 鞣花酸的抗癌、抗突变活性

致癌剂	组织	试验对象	效果
苯并芘	皮肤	大鼠	AC
	肺外植体	小鼠	AC
	皮肤外植体	小鼠	AC
	皮肤	小鼠	AC
	肺、皮肤	小鼠	AC
	肺外植体	人	AC
	沙门氏菌实验	—	AM
黄曲霉毒素 B_1	沙门氏菌实验	—	AM
	支气管细胞外植体	大鼠，人	AC
7,12-二甲基苯并蒽	乳腺	大鼠	NE
亚硝基化合物	乳腺	大鼠	AM
	沙门氏菌实验	—	AM
3-甲基胆蒽	皮肤	小鼠	AT
N-芴基乙醚	肝脏	大鼠	AC

注：AC：抗癌变；AM：抗突变；AT：抗肿瘤；NE：未检测到 AC 或 AM。

通过对处于妊娠期的 C57BL/6J 试验小鼠，喂以四氯二苯并-p-二噁英（TCDD）并分别加喂鞣花酸或维生素 E 琥珀酸盐，对比观察这两种抗氧化物质对四氯二苯并-p-二噁英诱发的试验鼠胚胎或胎盘组织毒性和氧化性的抑制情况，试验结果如表 6-3 所示。鞣花酸和维生素 E 琥珀酸盐都可以显著降低四氯二苯并-p-二噁英诱发的胚胎生长迟缓、死亡和胎盘重量减轻的程度。其中，鞣花酸对四氯二苯并-p-二噁英诱发的胚胎死亡、胎儿和胎盘生长迟缓的降低率分别为 65%、86% 和 67%，而经维生素 E 琥珀酸盐处理的则分别降低 84%、54% 和 67%。对比可知，鞣花酸防止胎儿生长迟缓的作用比维生素 E 琥珀酸盐明显得多。而且经鞣花酸处理后，胚胎和胎盘组织中超氧化阴离子的生成量、脂质过氧化反应和单链 DNA 结合蛋白（Single-stranded DNA binding protein，SSB）的发生率可分别降低 47%~98%、79%~93% 和 37%~53%，而经维生素 E 琥珀酸盐处理的则只能分别降低 77%~88%、70%~87% 和 21%~47%。

表 6-3　四氯二苯并-p-二噁英、维生素 E 琥珀酸盐和鞣花酸对妊娠期的 C57BL/6J 小鼠的致畸形作用[*]

处理方法	雌鼠数量/只	胎儿或母体死亡率/%	母体重/g	胎儿重/（g/只）	胎盘重/（g/只）	胎儿或母体缺唇率/%	胎儿或母体肾盂积水率/%
对照组	5	5.4±2.9[a]	29.9±0.3[a]	0.98±0.01[a]	0.14±0.01[a]	0[a]	0[a]
四氯二苯并-p-二噁英	5	14.7±4.2[b]	29.1±0.2[b]	0.57±0.01[b]	0.11±0.01[b]	54.9±11.9[b]	87.7±4.7[b]
维生素 E 琥珀酸盐	5	7.9±4.6[c]	30.1±0.2[a]	0.98±0.01[a]	0.14±0.01[a]	0[a]	0[a]
维生素琥珀酸盐+四氯二苯并-p-二噁英	6	6.9±4.5[c]	30.4±0.4[a]	0.79±0.01[c]	0.13±0.01[a]	60.2±8.4[b]	88.7±3.4[b]
鞣花酸	5	6.7±3.7[c]	30.1±0.2[a]	0.97±0.01[a]	0.13±0.01[a]	0[a]	0[a]
鞣花酸+四氯二苯并-p-二噁英	6	8.9±2.7[d]	30.2±0.4[a]	0.90±0.01[a]	0.13±0.01[a]	47.3±8.9[b]	77.8±4.0[b]

注：所有的值均为 $x±s$；每列中带有不同上标（a、b、c）的数值均有显著性差异（$P ≤ 0.05$）。

大量的试验都表明，鞣花酸具有抗癌、抗突变和抗肿瘤活性。因此，近年来人们又对其防癌抗癌的作用机制进行了大量研究，目前比较清楚的机制有以下几个方面。

①鞣花酸能够抑制致癌剂的代谢活性。它能抑制多环芳香化合物（如苯并吡喃、7,12-二甲基苯并蒽、3-甲基胆蒽等）、亚硝基化合物（如 N-亚硝基苄基甲胺、N-甲基-N-亚硝基脲等）和黄曲霉毒素 B_1 转换成诱导基因损伤的物质。

②鞣花酸可以解除致癌物的毒性。在小鼠试验中，鞣花酸可通过刺激体内一些酶（如谷胱甘肽转移酶）的活性而解除某些致癌剂如苯并芘-4,5-氧化物和1-氯-2,4-二硝基苯等的致癌毒性。

③鞣花酸能和致癌物的活性代谢形式结合成无害的化合物，以使其不能和细胞 DNA 结合，

其作用相当于致癌物清除剂。研究表明，鞣花酸通过占据苯并吡喃二醇环氧化合物的空间有利位置形成一种共价化合物，此化合物由于苊喃的活性基团环氧环已被打开而无致癌活性。

④鞣花酸通过占据 DNA 上可能和致癌或其代谢物反应的位置，防止这个位置的甲基化，从而抑制 N-甲基-N-亚硝基脲和 DNA 键合。

3. 抗菌、抗病毒作用

鞣花酸对多种细菌、病菌都有很好的抑制作用，能保护创面免受细菌的侵入，防止感染，抑制溃疡。同时，鞣花酸和一些鞣花单宁出显示对人类免疫缺陷病毒、鸟的成髓细胞瘤病毒的逆转录酶和 α-细胞、β-细胞 DNA 聚合酶的抑制性。

鞣花酸的作用机制与抗菌素不同，抗菌素如黏菌素或持久杀菌素 A 可以非特异性的抑制 DNA 聚合酶，而鞣花酸和鞣花单宁的抗病毒活性可能是由于它们抑制了细胞对人类免疫缺陷病毒的吸附，对逆转录酶的抑制也可能如此。小鼠试验表明，口服鞣花单宁可有效抑制人类免疫缺陷病毒和疱疹病毒。

有关鞣花单宁的抗艾滋病研究也时有报道，低分子量的水解单宁，尤其是二聚鞣花单宁（如马桑因、仙鹤草素）都可作口服剂用来抑制人类免疫缺陷病毒。有研究表明，仙鹤草素在浓度 $1\sim10\mu g/mL$ 时能起到最强的抑制人类免疫缺陷病毒生长的效果。

4. 凝血及其他作用

鞣花酸具有凝血功能，能缩短血液凝固时间，是一种有效的凝血剂，现已用它来控制动物的出血，临床上则用它来分离血浆。另外，鞣花酸已被应用于血液凝血因子的研究，用以分析影响凝块或血栓的形成因素。此外，鞣花酸还有降压、镇静等作用。

（三）鞣花酸的安全性

每天给白鼠喂食剂量为 50mg/kg 的鞣花酸，45d 后仍没有对白鼠表现出显著的毒性。静脉注射剂量 0.2mg/kg 的鞣花酸对人体无毒害作用。在妊娠期内，每天用 6mg/kg 剂量的鞣花酸分别饲喂怀孕 10d、11d 和 12d 的小鼠，处死怀孕 18d 的试验组小鼠，观察鞣花酸对胚胎和胎盘的致毒性和致畸性，结果表明鞣花酸并不对胚胎和胎盘产生致毒性和致畸性。

五、茶　氨　酸

茶氨酸（L-Theanine），即谷氨酸-γ-乙基酰胺，是茶叶中特有的游离氨基酸，由谷氨酸和乙胺在茶氨酸合成酶（Theanine synthetase，TS）的催化作用下生成的一种茶树次级代谢产物。茶氨酸具有焦糖香和类似谷氨酸的鲜爽味，能缓解苦涩味，增加茶汤的鲜甜味，是茶叶中生津润甜的主要成分，其在新茶中的含量占 $1\%\sim2\%$。

（一）茶氨酸的物化性质

天然存在的茶氨酸均为 L 型，纯品为白色针状晶体，极易溶于水，在茶汤中泡出率可达 80%，水溶液呈弱酸性。茶氨酸不溶于乙醇、乙醚。茶氨酸在酸性条件下（如 25% 硫酸或 6mol/L 盐酸）可被水解为 L-谷氨酸和乙胺。

（二）茶氨酸的生物功效

1. 抗肿瘤作用

茶氨酸的抗肿瘤作用，主要通过以下 3 种方式起效。

①抑制肿瘤和肿瘤细胞侵袭。体外细胞实验结果发现，茶氨酸及其半合成衍生物 TBrC 对人类肝细胞癌的增殖和迁移具有抑制作用，茶氨酸及 TBrC 可通过抑制 EGFT/Met-Akt/NF-kB

信号通路，阻碍高转移性人宫颈癌细胞的生长和迁移。

②与抗肿瘤药物协同作用，增加肿瘤细胞中抗肿瘤药物的浓度。茶氨酸通过与谷氨酸竞争抑制，干扰肿瘤细胞中谷氨酰胺的代谢，增加抗肿瘤药物在细胞中的浓度。

③降低抗肿瘤药物的毒副作用。茶氨酸通过降低脂质过氧化物水平和谷胱甘肽过氧化物酶活性，减少抗肿瘤药物阿霉素对正常组织的毒副作用。

2. 脑神经保护作用

经大鼠灌胃给予茶氨酸15d后采用大脑中动脉栓塞法制备局灶性脑缺血再灌注模型后，在之后的3h、24h进行神经学评分，再灌注24h后处死动物，测定脑指数（表6-4）及脑组织中天冬氨酸、谷氨酸、甘氨酸，γ-氨基丁酸和茶氨酸含量（表6-5）。

结果发现，茶氨酸可通过降低神经递质天冬氨酸的浓度水平和增加γ-氨基丁酸与甘氨酸的浓度水平，减少大鼠脑缺血再灌注引起的神经细胞损伤，从而减缓脑缺血症状。使用家兔急性全脑缺血再灌注损伤模型评价茶氨酸活性的试验结果显示，茶氨酸预处理组和治疗组的微血管形态与脑缺血组比较有显著的改善，表明茶氨酸具有神经保护作用。

表6-4　　　　　　　　　　茶氨酸对大鼠神经行为学评分以及脑指数的影响

组别	茶氨酸用量/（mg/kg）	神经行为学评分		脑指数	n
		3h	24h		
低剂量组	10	4.00±0.71[ac]	4.89±0.78[ac]	2.67±0.87[abc]	9
中剂量组	30	3.44±0.73[ac]	3.67±0.71[ac]	0.59±0.026[ab]	9
高剂量组	90	2.22±0.83[a]	2.67±0.87[a]	0.59±0.026[ab]	9
模型对照组	0	5.89±0.93	2.67±0.87	0.67±0.021[c]	9
假手术组	0	—	—	0.67±0.021	8

注：a为与模型对照组比较 $P<0.05$；b为与假手术组比较 $P<0.05$；c为与高剂量组比较 $P<0.05$。

表6-5　　　　　　茶氨酸对大鼠脑组织中氨基酸类神经递质含量的影响　　　　　单位：μmol/g

组别	茶氨酸用量/（mg/kg）	n	天冬氨酸	谷氨酸	甘氨酸	γ-氨基丁酸	茶氨酸（×10[-1]）
低剂量组	10	9	6.41±0.65[abc]	9.54±0.35[b]	2.23±0.26[abc]	7.65±0.75[c]	2.06±0.54[bc]
中剂量组	30	9	5.26±0.72[a]	9.42±0.61[b]	2.56±0.36[abc]	9.07±1.34[abc]	3.75±0.83[abc]
高剂量组	90	9	5.26±0.72[a]	9.59±0.26[b]	3.49±0.26[bc]	10.18±0.91[bc]	10.70±1.26[bc]
模型对照组	0	9	7.70±0.49[bc]	9.59±0.26[b]	3.49±0.26	7.59±0.76	1.47±0.28
假手术组	0	8	7.70±0.49	6.75±0.23	3.49±0.26	7.26±0.97	1.30±0.34

注：a为与模型对照组比较 $P<0.05$；b为与假手术组比较 $P<0.05$；c为与高剂量组比较 $P<0.05$。

3. 抗抑郁

茶氨酸在化学构造上与脑内活性物质谷酰胺、谷氨酸相似，其可通过调节单胺类神经递质的代谢，起到抗抑郁的作用。使用慢性温和应激大鼠模型评价茶氨酸的抗抑郁功效，结果显示茶氨酸组大鼠与模型组相比，其行为学实验表现具有明显的改善。

4. 增强免疫作用

茶氨酸可诱导人体的免疫应答和免疫记忆，其主要途径是茶氨酸在体内代谢为乙胺后，激活外周血中的 γ-T 细胞和 δ-T 细胞，促进其增殖并分泌 γ 干扰素和肿瘤坏死因子-α，从而提高机体的非特异性免疫力。

5. 改善认知能力

茶氨酸可通过提高兴奋性神经递质谷氨酸和多巴胺的水平和降低抑制性神经递质 5-羟色胺和 γ-氨基丁酸，而改善认知功能。与此同时，茶氨酸还可在神经成熟期间，增强神经生长因子和神经递质的合成，促进中枢神经的成熟。

6. 抗焦虑、降血压作用

在应激条件下，茶氨酸不仅具有减少焦虑功能，还可抑制高应激反应人群的血压升高。饲喂茶氨酸的大鼠试验表明，茶氨酸可在脑中累积，而脑中的 5-羟色胺及其代谢产物 5-羟基吲哚酸酯的水平明显下降，表明茶氨酸是通过影响末梢神经或血管系统而起到降血压的作用。

7. 抗疲劳作用

茶氨酸抗疲劳的可能机制主要有以下几方面：

①茶氨酸通过血液循环进入脑组织，作用于中枢神经系统，进而发挥抗疲劳的生理活性功能；

②通过提高兴奋性神经递质谷氨酸和多巴胺的水平和降低抑制性神经递质 5-羟色胺和 γ-氨基丁酸等的水平，提高谷氨酸受体活性，从而缓解运动性疲劳；

③促进谷胱甘肽的合成，提高机体的免疫能力间接延缓运动性疲劳。

8. 其他生物功效

如表 6-6 所示，茶氨酸还具有抗焦虑、镇静、降脂减肥、抗糖尿病、降低酒精对肝脏的损伤、抑制尼古丁诱导的烟瘾、改善经期综合征等作用。

表6-6 茶氨酸的其他功效及机制

功能	实例	机制
抗焦虑、镇静	通过临床试验发现茶氨酸具有抗焦虑、抗压作用	未探明
降低酒精对肝脏的损伤	茶氨酸复合剂可显著降低 SD 大鼠血清中谷丙转氨酶、谷草转氨酶、甘油三酯含量，减轻肝内脂变，保护酒精性肝损伤	可能通过增强肝细胞中抗氧化物质抑制肝损伤，具体机制有待阐明
降脂减肥	茶氨酸能够降低血浆中甘油三酯和非酯化脂肪酸以及肝脏中甘油三酯的含量，减少小鼠体重和腹腔脂肪组织及体内胆固醇含量	未探明
改善经期综合征	通过考察茶氨酸对女性经期综合征的影响，结果表明头痛、腰痛、乏力、易疲劳、精神无法集中、烦躁等症状得到改善	作用机制需进一步研究，可能与茶氨酸的镇静作用有关

续表

功能	实例	机制
抑制尼古丁诱导的烟瘾	L-茶氨酸显著抑制尼古丁诱导的成瘾性小鼠脑中酪氨酸羟化酶表达、多巴胺生成和烟碱乙酰胆碱受体亚基的上调，下调 c-Fos 的表达	抑制烟碱乙酰胆碱-多巴胺成瘾性途径
茶氨酸-锌复合物抗糖尿病	茶氨酸-锌复合物可以明显降低 KK-Ay 小鼠血糖和糖化血红蛋白（HbA1c，与糖尿病视网膜病变有关）水平	锌在保护糖尿病心肌病人心脏免受各种氧化应激方面起着关键作用

六、绿 原 酸

绿原酸（Chlorogenic acid，CGA），广泛存在于咖啡、卷心菜等食物，金银花、山楂等药食同源物品，以及牛蒡、杜仲等中药材的天然次生代谢产物中。绿原酸在植物中是一种重要的生物合成中间体，如其是木质素生物合成的重要中间生成物。

（一）绿原酸的物化性质

如图 6-4 所示，绿原酸是咖啡酸与 L-奎尼酸的 3 号位羟基缩合形成的缩酚酸，是植物体在有氧呼吸过程中经莽草酸途径产生的一种苯丙素类化合物。绿原酸的异构体，包括奎尼酸其他位置羟基酯化的产物，可根据咖啡酰在奎尼酸上的结合部位和数目不同，在理论上可形成 10 种绿原酸异构体。

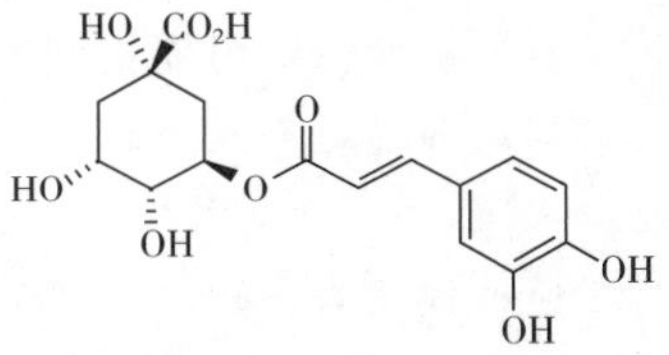

绿原酸为针状结晶并含一定量的结晶水，当加热至 110℃ 时可变为无水化合物。绿原酸的熔点为 208℃，在 25℃ 水中的溶解度为 4%。绿原酸易溶于乙醇及丙酮，极微溶于乙酸乙酯。绿原酸的紫外-可见光谱最大吸收峰位于 325nm。

图 6-4　绿原酸化学结构式

（二）绿原酸的生物功效

1. 抗肿瘤作用

早在 20 世纪 80 年代，绿原酸被发现具有抗肿瘤活性。绿原酸可以作为肝癌的化学预防剂，其可以通过多种途径阻止肝癌的发展，如抑制 HepG2 细胞的体外增殖和 HepG2 细胞在体内的异种移植，其机制为诱导细胞外调节蛋白激酶（ERK）失活从而抑制异种移植组织中 MMP-2 和 MMP-9 的表达。

绿原酸可能具有化学增敏剂的功效，其可通过抑制肿瘤生长的某些信号通路而抑制肿瘤细胞的生长。此外，绿原酸在细胞凋亡中起着关键作用，可诱导细胞内 DNA 损伤以及拓扑异构酶 I 和拓扑异构酶 II-DNA 复合物的形成。流行病学研究结果表明，每天饮用咖啡的病毒性肝炎患者，其肝细胞癌的发病率较低。

2. 降糖降脂作用

绿原酸具有调节血压、血糖、血脂异常，胰岛素抵抗等慢性代谢疾病的作用。绿原酸可改善肝损伤，通过脂肪肝大鼠模型，绿原酸可通过调节脂肪酸代谢酶、刺激 AMP 蛋白激酶活化和调节肝脏脂肪酸水平等途径，改善大鼠肝脏脂质失调。

杜仲叶茯砖茶中的绿原酸因可同时抑制 α-胰淀粉酶和 α-葡萄糖苷酶而具有较好的降血糖

活性，而利用特异性抑制剂调节 α-胰淀粉酶和 α-葡萄糖苷酶活性是控制 II 型糖尿病的主要方法。

杜仲叶乙醇提取物中的绿原酸，可在体外模型中提高血清高密度脂蛋白胆固醇含量和体内胆固醇、甘油三酯的转运速度，以促进代谢来降低血清总胆固醇、总甘油三酯及低密度脂蛋白胆固醇的含量，从而起到降血脂的活性作用。

3. 抗氧化作用

绿原酸化学结构中的酚酸结构存在与自由基相结合的位点，因此绿原酸不仅能够螯合金属离子，还能有效清除各种自由基。绿原酸还可有效提高低密度脂蛋白的氧化稳定性，且可通过螯合铜离子以降低铜离子诱导的脂质过氧化，从而进一步提高抗氧化的水平。

通过小鼠模型研究了绿原酸对铝诱导的神经毒性的影响，发现绿原酸可有效提高超氧化物歧化酶、过氧化氢酶、谷胱甘肽过氧化物酶和谷胱甘肽 S-转移酶等抗氧化酶的水平，从而降低铝诱导产生的氧化应激作用，达到保护神经元免受氧化损伤。

4. 抗菌、抗病毒作用

绿原酸具有广谱抗真菌和细菌作用，其对多种病原微生物均具有抗菌活性，如细菌、霉菌、酵母菌和阿米巴菌，其通过破坏病原微生物的细胞膜，增加外膜和质膜通透性，降低细菌的屏障能力而发挥抗菌活性。近年来，关于绿原酸新的抗菌机制被发现，如绿原酸通过降低细菌细胞壁硬度，减慢细菌迁移，并影响细菌细胞膜的稳定性和诱导胞内活性氧的产生而导致细菌凋亡。

绿原酸具有广谱抗病毒的潜力。绿原酸及其衍生物对人类免疫缺陷病毒、甲型流感病毒、单纯疱疹病毒和乙型肝炎病毒等多种病毒具有抑制活性。例如，金银花中的绿原酸在体外研究中表现出较强的抗人巨细胞病毒的能力。苎麻提取的绿原酸作用于 HepG2.2.15 细胞和鸭乙型肝炎病毒感染模型时，结果表现出绿原酸可以抑制乙型肝炎病毒的活性，其机制主要是通过抑制乙型肝炎病毒 DNA 复制以及乙型肝炎表面蛋白抗原的产生。

七、 10-羟基-α-癸烯酸

10-羟基-α-癸烯酸，又名王浆酸，1921 年最早在工蜂上颚腺中发现，是蜂王浆的标志物，占蜂王浆的 1.4%~2.0%，自然界中为蜂王浆中所特有，具有特殊的生物功效。

（一） 10-羟基-α-癸烯酸的化学结构

10-羟基-α-癸烯酸是一种单不饱和脂肪酸，常温下为白色晶体，性质稳定，难溶于水，分子式如图 6-5 所示。

图 6-5　10-羟基-α-癸烯酸的化学结构式

（二） 10-羟基-α-癸烯酸的生物功效

1. 抗肿瘤的作用

10-羟基-α-癸烯酸可以通过激活 MAPK、ATAT3 等细胞信号通路，触发细胞线粒体凋亡，同时抑制转化生长因子 $\beta1$ 通路，从而抑制癌细胞的迁移和侵袭。此外，10-羟基-α-癸烯酸还能够通过刺激环状-腺磷苷的合成，使蛋白质螺旋结构正常化，使受肿瘤破坏的结构正常化，因而对癌细胞有抑制作用。此外，10-羟基-α-癸烯酸对急性辐射损伤的防治作用明显，是一种安全有效的肿瘤放疗辅助成分。

2. 增强免疫力

10-羟基-α-癸烯酸能够促进小鼠的 T 细胞增殖，提高小鼠产生白介素-2 水平。适宜剂量的 10-羟基-α-癸烯酸能够增强体内巨噬细胞的吞噬活性，起到调节免疫功能的作用。

3. 降脂抗菌作用

10-羟基-α-癸烯酸能够降低血液中的脂肪含量，减少脂肪堆积沉淀，对高脂血症有很好的功效。10-羟基-α-癸烯酸具有良好的抑菌作用，对大肠杆菌和化脓性球菌有显著的抗菌效果。

第三节　有机醇化合物

植物中，如谷物、豆类、水果，都含有丰富的有机醇化合物，具有一定的生物功效，如抗氧化、降血脂、降胆固醇、抗癌细胞等。本节介绍的 6 种有机醇化合物，均大量存在于植物中，且已经应用于食品、药品中。

一、白藜芦醇

白藜芦醇（Resveratrol）主要存在于葡萄、虎杖、花生、桑葚、买麻藤和朝鲜槐等植物中，它具有顺式和反式两种异构体形式，自然界中多以反式形式存在。白藜芦醇是植物（主要为种子植物）受到外界伤害或真菌侵袭时合成的一种抗毒素。

流行病学研究发现，红酒的消费量与心血管疾病发病率呈负相关，这种现象引起了人们的普遍关注。1992 年关于酒中存在白藜芦醇的报道，使得人们开始认为白藜芦醇有可能就是红酒中的生物功效成分。

（一）白藜芦醇的物化性质

白藜芦醇的化学名称为 3,4',5-三羟基-1,2-二苯基乙烯（3,4',5-芪三酚），分子式为 $C_{14}H_{12}O_3$，相对分子质量 228.25，化学结构如图 6-6。白藜芦醇为无色针状结晶，熔点 256～257℃，261℃升华。易溶于乙醚、乙酸乙酯、氯仿、甲醇、乙醇和丙酮等有机溶剂。366nm 的紫外光照射下会产生荧光，并能和三氯化铁-铁氰化钾起显色反应。

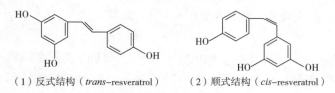

（1）反式结构（*trans*-resveratrol）　（2）顺式结构（*cis*-resveratrol）

图 6-6　白藜芦醇的化学结构式

白藜芦醇在 2800～3500cm⁻¹（OH 键）及 965cm⁻¹（双键的反式）有红外吸收峰。反式白藜芦醇现在已经有商业化生产，顺式异构体也可通过紫外线照射得到。只要完全隔绝光线，即使放置几个月，反式白藜芦醇也是稳定的，在高 pH 缓冲液中除外。

（二）白藜芦醇的生物功效

白藜芦醇是植物为抵御外界侵害而产生的一种抗毒素，其中以葡萄中的含量最高。白藜芦醇及其苷具有抗氧化、调节血脂、抗炎症、抗诱变和防癌抗癌等多种生物功效。

1. 抗氧化作用

白藜芦醇会抑制细胞膜脂质体的氧化。在老鼠肝脏的微粒体中，在非酶或以还原型辅酶Ⅱ为辅酶的过氧化反应中，要达到50%的抑制效果，白藜芦醇的浓度是槲皮苷的3倍。此外，从葡萄（*Vitis vinifera*）细胞培养物中抽提出的白藜芦醇及苷可以阻止由金属离子诱导的微粒体和低密度脂蛋白中脂肪的过氧化。研究人员将这些化合物的作用同其他多酚类物质（Astringin 和 Astringinin）进行了比较，并且发现环 B 中 4′-羟基的存在和环 A 的间位羟基结构对于芪类物质的抗氧化特性是必需的。

2. 降血脂作用

白藜芦醇可增加血液中高密度脂蛋白的浓度，调节低密度脂蛋白中胆固醇的比例，抑制低密度脂蛋白的氧化。小鼠静脉注射白藜芦醇后，肝脏中由 ^{14}C-软脂酸形成的脂肪含量大大降低。给患有脂肪肝及高脂血症的兔子服用白藜芦醇后发现，甘油三酯和总胆固醇在肝脏中的积累得到了抑制。

3. 抗肿瘤作用

在日本，一种从宽叶丝兰（*Yucca schidigera*）提取出的物质具有提高细菌细胞抗诱变能力的功效。其中的活性化合物已确定为白藜芦醇，而羟基为其活性的必需基团。此外，从五角决明（豆科）中得到的白藜芦醇，在癌形成的 3 个主要阶段都具有癌化学预防作用。同时，它还可作为抗氧化剂、抗诱变剂和促进致癌物质的解毒剂。通过诱导细胞分化，白藜芦醇可以抑制癌的发展。白藜芦醇可抑制经致癌物质处理的鼠乳腺癌前病变的发展，还可阻止鼠皮肤癌模型肿瘤的形成，证明白藜芦醇对癌具有化学预防活性。

白藜芦醇还可抑制人肝癌细胞 HepG2 和结肠癌细胞 SW480 细胞的增殖，同样，它的抑制效果也呈剂量和时间依赖性。经过白藜芦醇处理后，两种肿瘤细胞中活细胞的数量均会降低。试验数据显示，白藜芦醇对 SW480 细胞（10μmol/L）的抑制效果要比人肝癌细胞（30μmol/L）好。与此相反，Joe 等却发现白藜芦醇对 SW480 细胞的抑制作用需要更高的剂量（300μmol/L）。这些差异可能是因为白藜芦醇溶解状态的不稳定，特别是反式异构体易感光异构而生成顺式异构体。此外，白藜芦醇对于结肠癌细胞增殖的抑制可延续至细胞循环中的 S 期，这与 G_1 期细胞数量减少和 S 期细胞数量增多的现象一致。

4. 雌激素活性

反式白藜芦醇和人造雌激素己烯雌酚之间结构的相似性，使得人们提出了白藜芦醇是否具有雌激素功能的问题。体外研究发现，白藜芦醇具有雌激素活性，但其作用方式和作用强度与己烯雌酚（Diethylstilbestrol，DES）或雌二醇等传统雌激素不同。对于雌激素阴性或阳性的人乳腺癌细胞，当白藜芦醇达到一定浓度时（3～10μmol/L），白藜芦醇会同雌二醇竞争结合雌激素受体的机会。对于雌激素阳性的人乳腺癌细胞系（MCF-7），当白藜芦醇处于更高浓度时（20～160μmol/L），可抑制细胞的增殖。作为一种植物雌激素，白藜芦醇同红酒联系在一起的是它的心脏保护功效。

（三）白藜芦醇的安全性

关于白藜芦醇的毒理学研究报道很少，但作为天然植物及红酒等食物中的一种成分，已经人们长期食用证明其是安全无毒的。

二、二十八醇

二十八醇（Octacosanol）最初是在小麦胚芽油中发现的，它一般以蜡酯形式存在于自然界许多植物中，在苹果皮、葡萄皮、苜蓿、甘蔗等植物蜡中，以及蜂蜡、米糠蜡等都含有二十八醇。例如小麦胚芽，在其胚芽中二十八醇含量为10mg/kg，胚芽油中含量为100mg/kg。

（一）二十八醇的物化性质

二十八醇又称1-二十八醇，俗名蒙旦醇（Montanylalcohol），日本称为高粱醇（Koranylalcohol），分子式为$CH_3(CH_2)_{26}CH_2O_{14}$，相对分子质量为410.77。二十八醇是天然存在的一元高级饱和直链脂肪醇，有28个碳原子，由疏水烷基和亲水羟基组成，直链的末端连着羟基。

其外观为白色粉末或鳞片状晶体，可溶于热乙醇、乙醚、二氯甲烷、石油醚等有机溶剂，不溶于水，无味无臭，不吸潮，对光、热稳定，对酸、碱、还原剂稳定，有良好生物降解性。

（二）二十八醇的生物功效

1. 增强耐力、精力和体力

二十八醇是天然抗疲劳物质，体现在增进体能、提高人体耐力。二十八醇进入人体后，在肝脏、脂肪组织和肌肉中都有分布。用作了标记的二十八醇喂老鼠，二十八醇被肠道吸收后分布在肝、肾等器官和血液、脂肪组织（特别是褐色脂肪组织）。从肝中抽出脂质，用薄层层析法分离脂质成分，发现胆固醇、磷脂、甘油三酯、甘油二酯有放射活性，同时呼出的二氧化碳含有放射活性，可以认为二十八醇被氧化为脂肪酸后形成多种脂，最后被β-氧化形成二氧化碳排出。

2. 提高应激能力

采用乳化的二十八醇饲育Wistar大鼠，发现对力竭运动大鼠心肌线粒体脂质过氧化、抗氧化系统及Ca^{2+}浓度有影响。二十八醇能够降低力竭运动大鼠心肌线粒体中丙二醇的含量；提高力竭运动大鼠心肌线粒体超氧化物歧化酶和谷胱甘肽过氧化物酶的活性；保持力竭运动大鼠心肌线粒体Ca^{2+}的浓度。说明二十八醇可减少力竭运动后因脂质过氧化而产生的过多的自由基，降低自由基对心肌线粒体的损伤，维持细胞膜的功能，二十八醇具有保护心肌线粒体的功能和防止心肌损伤的作用，增进耐力，提高心肺持久力。

3. 其他功效

二十八醇还能促进性激素作用，减轻肌肉疼痛，改善心肌功能，降低收缩期血压，提高机体代谢率，提高反应灵敏性。二十八醇可以降低高血脂人群的总胆固醇和低密度脂蛋白，减少动脉粥样硬化，提高高密度脂蛋白，还可以降低由铜离子诱导的低密度脂蛋白脂质过氧化。

（三）二十八醇的安全性

二十八醇小鼠经口的LD_{50}在18g/kg以上，小鼠致畸变试验、小鼠骨髓微核试验和细菌回复突变试验等均呈阴性。

三、植 物 甾 醇

甾醇是以环戊烷全氢菲（甾核）为骨架，可分为动物甾醇、植物甾醇和菌性甾醇三大类。动物甾醇以胆固醇为主；植物甾醇主要为谷甾醇、豆甾醇和菜油甾醇等，存在于植物种子中；菌类甾醇有麦角甾醇，存在于蘑菇中。

（一）植物甾醇的物化性质

植物甾醇，属于植物性甾体化合物，它是植物细胞的重要组成成分，也是一种植物活性成分。植物甾醇的结构与动物性固醇（如胆固醇）的结构基本相似，均以环戊烷全氢菲为骨架，属于4-无甲基甾醇，具有相同的手性结构。它们在结构上唯一不同之处是侧链，即C-4位所连甲基数目不同及C-11位上侧链长短、双键数目的多少和位置等的差异，但正是这些侧链上的微小差异导致了它们生物功效的极大不同。

（二）植物甾醇的生物功效

1. 免疫调节作用

给马拉松长跑运动员服用β-谷甾醇及其糖苷混合物后，受试组（$n=9$）血清中白细胞总数明显低于空白对照组（$n=10$），淋巴细胞分类方面，受试者CD3和CD4细胞上升，血清白介素-6水平降低，说明这些受试者在经过马拉松长跑之后，免疫抑制较轻，感染的机会较小。谷甾醇及其糖苷（100∶1）具有刺激人体外周血液中淋巴细胞增殖的功能。人体摄食60mg/d谷甾醇及其糖苷4周后，T细胞水平比体外试验更高，因此认为植物甾醇可作为一种免疫调节因子。

2. 降低血液胆固醇

植物甾醇的结构与胆固醇相似，在生物体内以与胆固醇相同的方式被吸收。但是植物甾醇的吸收率比胆固醇低，一般只有5%~10%。植物甾醇能阻碍胆固醇的吸收，从而起到降低血液中胆固醇含量的作用。大量动物试验和人体试验研究证明，补充植物甾醇和甾烷醇能明显降低血液中总胆固醇和低密度脂蛋白胆固醇的含量。这种降低血液中胆固醇的效果可能不仅与肠道胆固醇的吸收被抑制有关，也可能源于植物甾醇影响了肝、肠胆固醇代谢的其他方面。其作用机制是：

①抑制肠道对胆固醇的吸收；

②促进胆固醇的异化；

③在肝脏内抑制胆固醇的生物合成，其中在肠道内阻止胆固醇的吸收是最主要的方式。

3. 抗肿瘤作用

植物甾醇对机体某些癌症的发生和发展有一定抑制作用，如乳腺癌、胃癌、肠癌等。用含2%植物甾醇或胆固醇的饲料饲养SCID小鼠15d后，在小鼠靠近右侧腹股沟的乳腺脂肪垫处接种肿瘤。8周后两组动物体重和耗料量无差别，但植物甾醇组小鼠的肿瘤直径仅为胆固醇组的67%（$P<0.01$），癌症的淋巴转移和肺转移也比胆固醇组少20%，因此推测植物甾醇可延缓乳腺肿瘤的生长和扩散。

4. 类激素作用

由于植物甾醇在化学结构上类似于胆固醇，在体内能表现出一定的激素活性，并且无激素的副作用。给大鼠皮下注射高剂量［0.5~5mg/（kg·d）］的β-谷甾醇，发现其在体内转化为类雌激素物质。比较β-谷甾醇、17-β-雌二醇和黄体酮对卵巢切除后成年大鼠子宫某些生化指标的影响，发现β-谷甾醇、雌激素或两者联用可引起子宫细胞内糖原浓度显著增加，葡萄糖-6-磷酸脱氢酶、磷酸己糖异构酶及总乳酸脱氢酶的活性也显著增加，但黄体酮与β-谷甾醇联用可部分消除β-谷甾醇诱导的子宫糖原浓度和葡萄糖-6-磷酸脱氢酶活性的增加，这些证明了β-谷甾醇对子宫内物质代谢有类似于雌激素的作用。

5. 抗氧化作用

在体外试验中发现，Δ5-燕麦甾醇、Δ7-燕麦甾醇、α-谷甾醇和斑鸠甾醇，具有阻止不饱和脂肪酸在高温加热条件下发生氧化降解的功能。用不同浓度的植物甾醇，添加到菜籽高级烹调油中进行试验表明，植物甾醇具有抗氧化作用，添加量不超过 0.10%时，抗氧化能力随浓度增加而上升，与维生素 E 联合使用可增强抗氧化效果。

植物甾醇具有较好的热稳定性，在煎炸过程的初始阶段具有抗氧化作用，并使高温下菜籽高级烹调油的抗氧化、抗聚合性能得以改善。

6. 抗炎作用

临床应用的抗炎药物多具有致溃疡性，如羟基保泰松，在腹腔注射 150mg/kg 剂量下，80%的动物显示出胃溃疡。而谷甾醇服用量高至 300mg/kg 也不会引起胃溃疡。

（三）植物甾醇的安全性

正常膳食中含有少量的植物甾醇，以谷甾醇和菜油甾醇为主。天然来源的植物甾醇安全性很高，很多研究显示一般剂量长期喂食老鼠和人，并无任何明显的毒害或副作用。在较高剂量下，有研究指出对一部分人可能会引起某些副作用，如腹泻、便秘等，但其发生率很低。

安全性评价结果表明，植物甾醇在动物经口 90d 亚急性毒性试验中，饲料中 8.1%的植物甾醇可作为无可见副作用水平；成人每天口服 8.6g 的植物甾醇不影响肠道菌群的稳态和代谢活性，对粪便中胆汁酸和固醇代谢物的合成也无影响。

四、谷 维 素

谷维素是阿魏酸与植物甾醇（β-谷甾醇）相结合的酯。为白色至类白色结晶粉末，有特异香味。它可从米糠油、胚芽油等谷物油脂中提取。在我国，谷维素一直作为医药品使用。而在日本，将谷维素应用于食品已有近 90 年的历史。

（一）谷维素的物化性质

谷维素是环木菠萝醇类阿魏酸酯（药品有效成分）作为药品的商用名称，它并不包括所有的谷类种子油中所获得的阿魏酸酯，而是指主要含以环木菠萝醇类为主体的阿魏酸酯和甾醇类的阿魏酸酯所组成的一种天然混合物，米糠油中谷维素的含量为 1%~2%。

谷维素中的 10 种成分是 Δ7-豆甾烯醇阿魏酸酯、豆甾醇阿魏酸酯、环木菠萝烯醇阿魏酸酯、24-亚甲基环木菠萝醇阿魏酸酯、Δ7-菜油烯甾醇阿魏酸酯、菜油甾醇阿魏酸酯、Δ7-谷甾烯醇阿魏酸酯、谷甾醇阿魏酸酯、环米糠醇阿魏酸酯、谷甾烷醇阿魏酸酯。其中的环木菠萝烯醇阿魏酸酯、24-亚甲基环木菠萝醇阿魏酸酯和菜油甾醇阿魏酸酯是谷维素的主要成分。

谷维素的外观为白色至淡黄色结晶粉末，无味，有特异香味，加热可溶于各种油脂，不溶于水，微溶于碱水，部分溶于冰醋酸。谷维素的水解产物阿魏酸和各种环醇均为白色结晶。谷维素为非纯化合物，其结晶形式因溶剂、溶析温度、析出时的酸碱度等的不同而异。在甲醇或甲醇丙酮混合溶剂中的结晶为针状结晶，在酸性甲醇中的结晶为粗粒结晶，在丙酮中的结晶为板状结晶。

（二）谷维素的生物功效

1. 降血脂

降低血清过氧化脂质，阻碍胆固醇在动脉壁沉积，抑制胆固醇在消化道的吸收。大鼠试验表明，用谷维素配合高胆固醇的食物来饲喂大鼠，排泄物中的胆固醇上升了 28%、胆汁酸上升了 29%，同时胆固醇的吸收下降了 20%。

分别用含 1%谷维素和不含谷维素的食物来饲喂新西兰白鼠 10 周。试验发现，与未添加组相比，饲喂含谷维素的试验小组能明显降低油酸盐，并通过巨噬细胞结合成胆固醇酯，同时这种降低作用是通过一种不依赖于抗氧化作用的机制。饲喂含10%米糠油的大鼠的肝脏脂质，要比饲喂含10%落花生油老鼠的肝脏脂质明显低的多。研究显示，谷维素抑制胆固醇吸收，并降低胆固醇合成，从而降低了机体胆固醇水平。

2. 抗氧化

有人研究含有高含量谷维素的米糠油对低温加热和高温加热奶粉的氧化稳定性的作用。分别用含0.1%和0.2%的米糠油加强的且含3.6%油脂的牛奶经浓缩和干燥后，用硫代巴比妥酸反应物在45℃储存40 d。结果显示，与未加米糠油的奶粉相比较，添加了0.1%的米糠油，并经低温加热的奶粉的氧化程度明显降低。

（三）谷维素的安全性

小鼠、大鼠经口的LD_{50}均大于25g/kg，亚急性、慢性毒性试验均无问题，其中大鼠经口的最高剂量2.89g/kg持续182d无异常，狗的最高剂量100mg/kg持续12个月也无异常，其他如抗原性、变异原性试验等均无异常。

五、六磷酸肌醇

六磷酸肌醇又名植酸，是一种由肌醇和6个磷酸离子构成的天然化合物。存在于天然的全谷物如米、燕麦、玉米、小麦以及青豆等中，在米糠中的含量为9.4%~15.4%。

（一）六磷酸肌醇的物化性质

植酸是一种淡黄色或浅褐色浆状酸性液体，含有六分子磷酸，是天然存在的多磷酸化碳水化合物，其水解终产物是肌醇和无机磷酸，若水解不彻底就会产生五磷酸肌醇、四磷酸肌醇、三磷酸肌醇、二磷酸肌醇和单磷酸肌醇的系列混合物。

植酸完全解离时负电性很强，可迅速与二价阳离子、三价阳离子如Ca^{2+}、Mg^{2+}、Fe^{3+}、Zn^{2+}等结合形成不溶性螯合物；碱性磷酸基团能与蛋白质中质子化的氨基酸结合，形成不溶性复合物，因此植酸具有很强的螯合能力。

（二）六磷酸肌醇的生物功效

1. 抑制癌细胞生长

将Wistar大鼠分为对照组和植酸组，对照组自由饮水，植酸给予2%植酸钠水溶液，两组同时皮下注射化学致癌剂二甲肼诱发大鼠结直肠癌，观察测量大肠肿瘤的数量、体积及形态，同时测量血中NK细胞的活性。实验结果显示，植酸组大鼠肿瘤的发生率和死亡率均低于未添加植酸的对照组。在发生肿瘤的大鼠中，添加植酸的大鼠结直肠肿瘤的平均体积及肿瘤的数量均小于对照组。表明膳食中添加植酸可减少结直肠肿瘤的发生，降低肿瘤的数量和体积。

以人胃癌SGC-7901细胞为离体试验模型，采用MTT法和Hoechst 33342荧光染色法观察不同剂量植酸对SGC-7901细胞增殖的影响，免疫组化法检测Bcl-2蛋白的表达，来研究植酸对人胃癌细胞的生长抑制作用及机制。结果显示植酸浓度2mmol/L时，作用1d和7d的增殖抑制率分别达到70%和90%以上；植酸作用SGC-7901细胞48h后，荧光染色可见细胞出现典型的细胞核浓缩、边集、裂解的凋亡特征，并随着植酸剂量的增加，凋亡发生率升高，说明植酸对SGC-7901细胞的增殖具有抑制作用，且存在剂量-效应关系，而这种抑制作用是通过诱导细胞凋亡而实现的。

2. 抗氧化及防止动脉硬化

植酸还具有防止脂质氧化损伤和预防 DNA 的氧化损伤的作用。一项研究表明植酸通过对铁、铜等的螯合作用阻碍活性氧的形成，从而抑制细胞的氧化损伤及肿瘤形成。因此植酸的抗氧化机制之一是基于对金属离子的螯合作用。

3. 其他功效

植酸还具有清除自由基保护细胞免受自由基的伤害，防止肾脏结石产生，降低血脂浓度，保护心肌细胞，避免发生心脏病等功能。

第四节 多酚类化合物

多酚类化合物是具有苯环并结合有多个羟基化学结构的化合物的总称，广泛存在于水果蔬菜之中，大体上可分为简单酚类、酚酸类、羟基肉桂酸类和黄酮类化合物等。简单酚类物质含量较少，主要包括对苯二酚、间苯二酚、儿茶酚等。酚酸类物质如对羟基苯甲酸等在各种水果中广泛存在。羟基肉桂酸类物质在各种水果中也广泛存在，主要包括芥子酸、阿魏酸、咖啡酸和对香豆酸等。

黄酮类化合物是水果中分布最为广泛的多酚类物质，主要包括黄酮类、花色苷类、查耳酮类及其衍生物等，参见本章第六节讨论。代表性的多酚化合物是茶多酚和苹果多酚，其突出功效就是具有较强的抗氧化活性。

一、茶 多 酚

茶多酚（Tea polyphenols，TP）又名茶丹宁、茶靴质，是从茶叶中提取出来的一种生物功效物质，它是以儿茶素类为主体，由 30 多种酚类物质组成的羟基酚类化合物。

（一）茶多酚的物化性质

茶多酚是茶叶中的一群多酚复合物的总称，主要成分有儿茶素类（黄烷醇类）、黄酮类、黄酮醇类、酚酸类、缩酚酸类及聚合酚类等。茶多酚在茶叶（特别是绿茶）中含量较高，占茶叶干物质重的 30% 左右。儿茶素类化合物是茶多酚的主要成分，占茶多酚含量的 65% ~ 80%，其中又以酯型儿茶素类含量最为丰富，占儿茶素类总含量的 70%。儿茶素类化合物分为酯型儿茶素和游离型儿茶素，具有代表性的四种单体成分是表没食子儿茶素没食子酸酯（Epigallocatechingallate，EGCG）、表儿茶素没食子酸酯（Epicatechin gallate，ECG）、表儿茶素（Epicatechin，EC）及表没食子儿茶素（Epigallocatechin，EGC）。多酚的四类组分具有共同的结构——多羟基取代，除了酚酸类，其他三种还有相同的母核——2-苯基苯并吡喃，基本核与多羟基结合产生的特殊性质是茶多酚抗氧化的基础。其中，表没食子儿茶素没食子酸酯含量最高，约占儿茶素的 50% 左右。

茶多酚以淡黄至褐色略带茶香的水溶液、灰白色粉状固体或结晶等形式存在，具涩味。易溶于温水、乙醇、乙酸乙酯，微溶于油脂，不溶于氯仿及苯等有机溶剂。对热、酸较稳定，160℃油脂中 30min 降解 20%。pH = 2 ~ 8 稳定，pH ≥ 8 和光照下易氧化聚合。遇铁变绿黑色络合物。略有吸潮性，水溶液的 pH 在 3 ~ 4，在碱性条件下易氧化褐变。

（二）茶多酚的生物功效

1. 清除自由基、抗氧化作用

茶多酚是一类含有多酚羟基的化学物质，能清除人体内过剩的活性自由基，具有极强的抗氧化作用。比较茶多酚和几种常用的抗氧化剂，如维生素 E、维生素 C、迷迭香、姜黄素在多形核白细胞系统中对活性氧自由基的清除情况，发现茶多酚对活性氧自由基的清除能力明显大于常用的抗氧化剂。茶多酚中儿茶素类化合物对 $O_2^- \cdot$、$\cdot OH$ 的清除率达到 98% 以上，清除速率常数在 $10^9 \sim 10^{14}$ 数量级，对活细胞产生的超氧自由基的综合清除效果优于维生素 E 和维生素 C，具有良好的抗氧化作用。在食用油脂的研究中也发现茶多酚对其抗氧化能力为维生素 E、叔丁基对甲酚、叔丁基羟基茴香醚的 3~9 倍。

2. 抗菌、抗病毒作用

茶多酚是一种广谱、低毒的抗菌物质，它对于自然界中的 19 类约 100 多种细菌均有良好的抗菌活性。茶多酚对金黄色葡萄球菌、大肠杆菌、沙门氏菌的生长繁殖都有强烈的抑制作用，对伤寒杆菌、副伤寒杆菌、黄色溶血葡萄球菌、金黄色葡萄球菌、痢疾杆菌、大肠杆菌、沙门氏菌等病原菌具有明显的抑制作用。在动物体内茶多酚在抑制有害菌增殖的同时，能够促进有益菌菌群的生长，从而保护肠道微生物环境，改善微生物结构，起到益生素的作用。

3. 增强机体免疫、抗肿瘤作用

茶多酚能够促进机体淋巴细胞的转化和增殖。茶多酚使荷瘤小鼠的免疫器官（胸腺和脾脏）的相对重量和细胞数增加，同时免疫淋巴细胞的粘瘤指数和钻瘤指数明显提高，表明茶多酚促进了免疫力低下的荷瘤小鼠的免疫功能。以碳粒廓清速率、血清溶血素测定和淋巴细胞转化试验为检测手段，证明茶多酚对正常小鼠非特异性免疫功能和大鼠细胞免疫功能有促进作用。

从 20 世纪 70 年代后期，世界各国的科学家围绕着茶叶的抗癌作用开展了大量的研究，证实茶多酚有抗癌活性，而且兼具抑制引发和促成 2 种作用。儿茶素对多种癌症（如食道癌、胃癌、肝癌、肠癌、肺癌、皮肤癌、乳腺癌、前列腺癌、克隆癌等）均有不同程度的预防和治疗作用。茶多酚抑制肿瘤发生可能与其较强的抗突变性有关。绿茶水提物和茶多酚明显抑制苯并芘、黄曲霉毒素 B_1 等诱导的鼠伤寒沙门氏菌 TA100 和 TA98 回复突变，还可以抑制黄曲霉毒素诱发 V79 细胞染色体畸变，明显抑制致癌物（包括香烟烟雾）诱导的突变和染色体损伤作用。

4. 降血脂、抗动脉硬化作用

茶多酚类物质降血脂的机制主要是通过抑制肠道内外源性胆固醇的吸收、提高卵磷脂-胆固醇酰基转移酶（LCAT）活性和高密度脂蛋白水平、调节载脂蛋白和脂蛋白水平、加速胆固醇的代谢及促进胆固醇的排泄来调节总胆固醇代谢，通过抑制胰脂肪酶的活性而降低了对外源性甘油三酯的吸收、降低脂肪酸合成酶（FAS）的活性而减少了脂肪的合成、增强肝脂肪酶（HL）活性加速了甘油三酯的代谢及促进脂肪酸的排泄来调节甘油三酯代谢。

在日本进行的一项调查显示，饮用绿茶对男性的冠状动脉粥样硬化有预防作用。对 512 例 30 岁以上的患者进行问卷调查，了解其饮茶习惯等生活方式后，通过动脉 X 射线造影了解冠状动脉样硬化的情况，结果 38.7% 的男性和 23.8% 的女性冠状动脉明显狭窄，饮用绿茶与男性的冠状动脉粥样硬化呈负相关。

5. 减肥作用

茶多酚减肥作用，主要通过抑制体内脂肪沉积和促进体内多余脂肪分解来实现。人体中性

脂肪多余就会储存于脂肪细胞中而造成肥胖，儿茶素有产热作用，能预防血液中胆固醇及其他烯醇类和中性脂肪积累。乌龙茶中含有多酚类化合物，对葡萄糖苷酶和蔗糖酶具有显著的抑制效果，饮用乌龙茶可以减少或延缓葡萄糖的肠吸收，发挥其减肥作用。

（三）茶多酚的安全性

慢性毒性试验表明，饲料中茶多酚含量为 0.1% 时，对果蝇寿命无不良影响。茶多酚致突变的细菌回复突变试验、骨髓微核试验、骨髓细胞染色体畸变试验及果蝇伴性隐性致死试验结果均为阴性。

二、苹 果 多 酚

苹果多酚是苹果中所含多元酚类物质的总称，在一些酿酒苹果品种中其含量可高达 7g/kg 鲜重，普通的鲜食品种中其含量范围在 0.5~2g/kg 鲜重。在欧洲一些酿酒苹果品种的果渣中其含量为 7.24g/kg 干重，其中槲皮苷配糖体就占了一半以上（4.46g/kg 干重）。

（一）苹果多酚的物化性质

苹果多酚包括多种酚类物质，可分为酚酸及其羟基酸酯类、糖类衍生物和黄酮类化合物（如儿茶素、表儿茶素、原花青素、二羟基查耳酮、黄酮醇配糖体等）。成熟苹果中的多酚主要为绿原酸、儿茶素以及原花青素等，而未成熟苹果中则含有较多的二羟基查耳酮、黄酮醇类化合物。未成熟的苹果与成熟苹果相比，成分组成相似，但成分含量上有很大的差异，特别是多酚类物质的含量高出成熟苹果含量的 10 倍以上。苹果的品种不同，各主要成分的含量也有差异。

苹果多酚为棕红色粉末状，20% 的水溶液呈红褐色，100% 粉末呈黄褐色；液状及粉状均略有苹果风味，有一点苦味，然而其苦味程度仅为茶多酚的 1/5~1/3，在用量范围内对制品无特别影响；易溶于水和乙醇，且加工适应性高；粉末状制剂于室温下可保存 1 年，其性质及生理功能几乎不变；稳定性好，其 0.1%~1% 水溶液在 pH=2~10 范围内加热 30min（100℃），保存率均在 80% 以上。

（二）苹果多酚的生物功效

1. 减肥降脂

采用预防小鼠肥胖模型法，以昆明种雄性小鼠为试验动物，苹果多酚连续灌胃 35d 后，观察小鼠体重、血脂变化。结果表明，苹果多酚能有效降低小鼠体重和脂肪重量，降低血清总胆固醇、血清甘油三酯、高密度脂蛋白胆固醇、低密度脂蛋白胆固醇含量，苹果多酚具有减肥降脂作用。

2. 抗突变、抗肿瘤

苹果缩合单宁是苹果多酚抗突变作用的主要成分，研究表明苹果多酚具有较强的抗突变作用，并且对苯并芘等致癌物的致癌性起抑制作用。日本弘前大学一个科研小组通过动物试验已证实，苹果多酚能够抑制癌细胞的增殖。

3. 预防高血压

苹果多酚可抑制血管紧张素转换酶，防止血管收缩、血压升高，是预防高血压的有效物质。苹果多酚中的儿茶素、缩合单宁均具有抑制血管紧张素转换酶的活性，而缩合单宁的活性最强。

4. 抑菌

苹果多酚对金黄色葡萄球菌和大肠杆菌均具有一定程度的抑制作用，且多酚浓度与细菌生长速率常数之间存在线性关系，其抑制金黄色葡萄球菌和大肠杆菌的临界生长用药浓度分别为 0.2186mg/mL 和 1.5580mg/mL。

5. 抗氧化

苹果提取物具有较好的抗油脂氧化作用，其抗氧化效果同浓度、溶解性及其酚类物质的组成有关，当苹果提取物中富含原花青素低聚体、酚酸时，油溶性较好，抗氧化效果最好。此外，苹果提取物与维生素 C 在猪油和菜油中均有很好的协同增效作用，而与柠檬酸的协同作用则在猪油中较显著。

6. 防龋齿

苹果多酚具有很强的抑制龋齿菌葡糖基转移酶的作用，从而防止牙垢的形成。因此，苹果多酚对预防龋齿非常有效。苹果多酚对葡糖基转移酶的抑制能力比绿茶中的儿茶素高 100 倍，其主要抗龋齿成分是苹果缩合单宁。因此可以将其作为添加剂用于牙膏中，既有防龋齿作用又有洁齿作用。

三、姜 黄 素

姜黄素（Curcumin）是一种植物多酚，是从姜科姜黄属植物姜黄、郁金、莪术等的根或茎中提取的一种有效成分，在姜黄中的含量为 3%~6%。姜黄素是国内外都允许使用的食用天然黄色素，可用于糕点、糖果、饮料和配制酒等的着色。姜黄素来源广泛、着色力强、安全无毒，近年来随着研究的逐渐深入，发现它具有广泛的生物功效，且价格低廉，无毒副作用，因此在功能性食品或药物领域逐渐显露头角。

（一）姜黄素的物化性质

姜黄素分子式为 $C_{21}H_{20}O_6$，从姜黄中提取的姜黄素还含有脱甲氧基姜黄素（$C_{20}H_{18}O_5$）和双脱甲氧基姜黄素（$C_{19}H_{16}O_4$），一般所说的姜黄色素通常是指这 3 种组分的混合物，它们的分子结构中都有酚及 β-二酮结构。

姜黄素是橙黄色结晶粉末，不溶于冷水，微溶于乙醚和苯，加热时溶于乙醇、乙二醇，易溶于冰醋酸和碱溶液，在酸性和中性溶液中显黄色，在 pH 约大于 9.0 的碱性溶液中显红色，酸化后恢复为黄色。姜黄素在温度>40℃时的热稳定性较差，具有光敏感性，阳光照射后颜色明显变浅，所以在运输、贮存、使用过程中要注意避光、保持低温。在中性 pH 溶液中不稳定，分解产生阿魏酰甲烷（4-羟基-3-甲氧基肉桂酰甲烷）和阿魏酸（4-羟基-3-甲氧基肉桂酸）。

由于姜黄素分子中含有多个双键、酚羟基及羰基等，故其化学反应较强。Al^{3+}、Fe^{3+} 等金属离子可影响姜黄素的稳定性，因此姜黄素应避免与铁器接触。Zn^{2+}、Cu^{2+} 等金属离子不改变姜黄素的稳定性，因而可在其中添加对人体健康有益的锌、铜等微量元素。姜黄色素有较好的耐氧化性，但耐还原性较差，如维生素 C 能使其吸收峰明显降低，故应避免与还原性物质共同存放。苯甲酸钠、碳酸钠使姜黄色素的吸收峰有一定程度的增加，对其稳定性具有保护作用。

（二）姜黄素的生物功效

1. 抗肿瘤

姜黄素及其衍生物可抑制由二甲肼诱发的小鼠结肠癌变前异常腺体的增生，腹腔注射二甲肼 20mg/kg，一周 2 次，3 周后，口服 0.5%四氢姜黄素 5~12 周，结果显示癌变前异常腺体增生质量/小鼠质量为（46.6±17.7）%，而对照组（不给四氢姜黄素）的此项比值为（63.3±19.4）%，这说明姜黄素及其衍生物四氢姜黄素可阻止小鼠结肠癌变前异常腺体的增生。还有研究就姜黄素对两阶段的老鼠皮肤致癌因素中肿瘤增加过程的影响进行了试验。患肿瘤的老鼠的比例在对照组为96%，而用姜黄素处理的那一组为7%。在对照组每只老鼠患肿瘤的平均数为11.2，而用姜黄素处理组的平均数为0.1（$P<0.001$），结果都证明了姜黄素有抗癌作用。

姜黄素能在不同阶段抑制、延缓和逆转癌变过程，显示复杂的抗癌和抗突变活性。据最新的研究结果显示，$8.5 \sim 136.0 \mu mol/L$ 的姜黄素在体外对人体胃癌细胞 MGC803、肝癌细胞 Be117402、白血病细胞 K562 等癌细胞有显著的杀伤作用，并对抗表皮生长因子有增殖作用，这说明姜黄素具有直接杀灭癌细胞的能力，具有广阔的研究和应用前景。

2. 抗炎症、抗病毒

姜黄素具有较强的抗炎作用，而且其作用非常类似于非甾体抗炎药的抗炎作用。1984年姜黄素作为有效的非甾体消炎药进入Ⅱ期临床试验阶段，对18个风湿性关节炎和骨关节炎病人做短期、双盲、交叉试验，显示了令人满意的结果。有研究通过灌胃的方式给予甲醛诱发关节炎的大鼠姜黄素3mg//kg和姜黄素钠0.1mg/g，结果表明其抑制率为45%~50%。给53例眼色素层炎患者，口服姜黄素12周，375mg（1天3次），研究结果表明炎症得到了有效的抑制且3年复发率为55%。国外已将姜黄素作为非甾醇类抗炎药应用于临床。

姜黄素具有抗病毒的生物功效。姜黄素对人类免疫缺陷病毒的抑制作用，主要通过抑制其长末端重复序列活性、抑制病毒复制的相关酶（逆转录酶、蛋白酶和 HIV1 整合酶）及对细胞因子的影响，进一步抑制 HIV1 整合酶的蛋白复制。有研究指出 Tat 是被 HIV1 感染的细胞所分泌的一种物质，而 Tat 反过来又可激活 HIV1 长末端重复序列，$10 \sim 100nmol$ 的姜黄素可抑制 Tat 与 HIV1 长末端重复序列之间的这种相互作用，抑制率达70%~80%，尤以姜黄素衍生物维生素 E-姜黄素的作用强度最大，在 1nmol 水平上的抑制率为70%。

3. 抗氧化、防治动脉硬化

姜黄素可作为一种细胞抗氧化剂，对脑、心、肝、肾等重要脏器起保护作用。试验显示，姜黄素抗 H_2O_2 的氧化效果与维生素 E 相当。以脂质氧化时产生的丙二醛为指标，用 NIH 小鼠做试验，发现姜黄素对脑、心、肝、肾、脾等组织都有显著的抗氧化作用，其作用强于胡萝卜素和生育酚。以脂质过氧化诱导的 DNA 损害为指标，发现 $400 \mu mol/L$ 的姜黄素就能抑制脂质过氧化作用。

早在1978年，就报道了姜黄素可显著降低高脂血症大鼠的血浆总胆固醇、β-脂蛋白、甘油三酯的含量；对血小板聚集功能也有明显的抑制作用，使纤溶性保持正常水平，从而降低了动脉粥样硬化的发生概率。姜黄素可能通过促进肝和肾上腺对低密度脂蛋白排泄，抑制脾对低密度脂蛋白的摄取，使血中低密度脂蛋白和脂蛋白的含量降低，从而起到降血脂和抗动脉粥样硬化的作用。用小鼠做试验，与对照组比较，姜黄素可使小鼠血小板聚集率降低37.62%，使血栓湿重降低86.31%，在防治血栓栓塞性疾病中有一定的应用价值。

在正常人体外的试验中，$1 \times 10^{-4}mol/L$ 的姜黄素对血小板聚集的抑制率为34.6%；同时在低切变率（37.5/s）条件下，姜黄素降低全血和血浆黏度的作用显著。通过对10名受试者口服姜黄素500mg/d，连续7d的试验表明，姜黄素使人体血清中过氧化脂质下降33%，胆固醇下降11.63%，使高密度脂蛋白胆固醇上升29%。由此可见，姜黄素可以作为一种化学性保护物质应用于抗动脉粥样硬化。

4. 保护肝功能

姜黄素对肝的保护作用不仅体现在它能抗脂类的过氧化，它在体内和体外还对各种毒物如四氯化碳、黄曲霉素 B_1、对乙酰氨基酚、铁和环磷酰胺诱导的肝损伤都有保护作用，可抑制黄曲霉素 B_1 诱导菌株鼠伤寒沙门菌 TA98 和 TA100 的突变，抑制率超过 80%。姜黄素口服吸收后主要在肝脏中代谢，试验证明姜黄苷可以促进大鼠胆汁流动，故不失为一种很好的肝脏毒性损害保护剂。Reddy 等报道了姜黄素 30g/（kg·d）用药 10d 有保肝作用，能有效逆转黄曲霉素诱导的肝损害。姜黄素作为一种有效的治疗肝病的药物，在印度医学中已被广泛应用。

（三）姜黄素的安全性

用 30 只 ICR 小鼠进行试验，每天灌胃 2 次，每次 10mg 姜黄素（相当于人体用量的 200 倍），连续观察 1 周，未出现异常反应，无小鼠死亡，测不出 LD_{50}。姜黄素对人体是安全的，其毒性非常低，几乎可以认为无毒性。

第五节 类胡萝卜素

1831 年，Wachenroder 从胡萝卜根中结晶分离出碳水化合物类的色素，并以"胡萝卜素"命名；之后 Berzelius 从秋天的叶片中分离提取出黄色的极性色素，命名为"叶黄素"；随后人们通过色谱分析方法分离出一系列的天然色素，称之为"类胡萝卜素（Carotenoids）"。目前已知的类胡萝卜素大概在 600 种以上，广泛存在于各种水果和蔬菜中。

类胡萝卜素有共同的化学结构特征，即由 8 个类异戊二烯构成，其两端各具一个 β-紫罗酮或其他构型。它们的种类繁多，按分子结构中是否含有氧原子可分为两大类：不含氧类胡萝卜素（如八氢番茄红素、番茄红素、α-胡萝卜素、β-胡萝卜素、γ-胡萝卜素等）和含氧类胡萝卜素（如玉米黄质、环氧玉米黄质、β-隐黄素、虾青素、角黄素、辣椒红素等）。按碳骨架末端的衍生结构可分为开环式类胡萝卜素（如八氢番茄红素、番茄红素）和环式类胡萝卜素（如 α-胡萝卜素、β-胡萝卜素、β-隐黄素、角黄素、虾青素、玉米黄质等）。

一、叶 黄 素

叶黄素（Lutein）是一种天然类胡萝卜素，属于含氧类胡萝卜素。在自然界，叶黄素普遍存在于蛋黄、果蔬、万寿菊、苜蓿等植物中。在人体中，叶黄素除存在于血液外，最引人注意的是，视网膜黄斑区色素主要由叶黄素和它的同分异构体玉米黄质构成，它们对眼睛具有重要的保护作用，能预防老年性黄斑区病变、白内障等眼科疾病。人体自身不能合成叶黄素，需要依靠膳食中的果蔬或叶黄素补充剂进行补充。

（一）叶黄素的物化性质

叶黄素学名为 3,3-二羟基-α-胡萝卜素，分子式 $C_{40}H_{56}O_2$，相对分子质量为 568.85。它是 α-胡萝卜素的衍生物，没有维生素 A 活性。叶黄素晶体呈黄色柱状，熔点 193℃，旋光性为 +175°，不溶于水，可溶于油脂。另有报道指出叶黄素晶体为棱格状，熔点 186~193℃。

叶黄素结构中含有 2 个不同的紫罗酮环：β-紫罗酮环和 ε-紫罗酮环，在两个紫罗酮环的第 3 个碳原子上都存在一个羟基。叶黄素分子的 C-3、C-3′ 和 C-6′ 位是三个不对称中心，因此有 8 种立体异构体。果蔬和人体血清/血浆中的叶黄素主要为 3R，3′R，6′R 构型，是含量最高的叶黄素立体异构体，称为叶黄素 A。人体血清/血浆中还有一种含量较低的立体异构体，为（3R，3′S，6′R）-叶黄素，称 3′-叶黄素（Eqilutein）或叶黄素 B。其他叶黄素立体异构体现只发现存在于海水鱼类的肠道中。

由于叶黄素分子为高度不饱和结构，因此对光和紫外线不稳定。叶黄素的羟基与脂肪酸酯化后，能提高它对热和紫外线的稳定性。

（二）叶黄素的生物功效

眼睛视网膜黄斑区中仅有叶黄素和玉米黄质 2 种类胡萝卜素，而它们没有维生素 A 活性，这说明它们对眼睛的健康起其他方面的作用，可能是抗氧化和光过滤作用。叶黄素除对视觉有保护作用外，还具有预防白内障、预防动脉硬化、增强免疫力等功效，特别是预防癌变、延缓癌症恶化等方面是目前科学工作者研究的焦点。

1. 预防老年性黄斑病变

在发达国家，老年性黄斑变性（Age-related macular degeneration，AMD）是导致老年人眼盲的主要原因，在发展中国家，则是导致视力下降的主要原因。调查显示，1999 年美国有超过 1000 万人口患早期老年性黄斑变性，45 万人口患晚期老年性黄斑变性。43~54 岁有 2%~10%、75 岁以上有 15%~30% 的人患老年性黄斑变性。1990~1991 年，英格兰和威尔士有一半新增的眼盲病例是由老年性黄斑变性引起的。

两项大型流行病学研究分析了叶黄素与玉米黄质同老年性黄斑变性发病率的关系。眼病病例-对照研究对 391 个患有湿性老年性黄斑变性的显著降低，叶黄素和玉米黄质摄入量最高（5757μg/d）的五分之一人群与摄入量最低（11μg/d）的五分之一人群相比，老年性黄斑变性发生率明显降低。膳食调查显示，经常食用菠菜或甘蓝叶（膳食中最丰富的叶黄素和玉米黄质来源）可降低老年性黄斑变性发病概率。对 12 位病人和 578 位健康者的调查结果表明老年性黄斑变性的发生率随血清叶黄素和玉米黄质的浓度升高而降低。

英国曼彻斯特大学眼科与神经科学研究中心，对 60~81 岁老年性黄斑变性患者进行补充叶黄素的临床研究，补充 15 周叶黄素后，患者视网膜黄斑区色素有明显增加，受损的视网膜组织得到了修补。研究显示，补充叶黄素对于老年性黄斑变性，至少是早期的病变，有明显的改善效果。

2. 预防白内障

白内障是晶状体中出现不透明或半透明区域，它由蛋白质分解产生，会导致视力模糊。在美国等一些发达国家，白内障是导致视力下降的主要原因。叶黄素和玉米黄质在晶状体中的含量虽然比黄斑区低很多，但它们是晶状体中仅有的两种类胡萝卜素，在白内障疾病中起重要作用。

三个流行病学试验，对膳食叶黄素、玉米黄质在降低白内障发病率或白内障手术中所起的作用做了研究。其中一个研究分析了来自护理保健研究所的预期随访资料，发现随着叶黄素和玉米黄质摄入量的提高，需进行白内障摘除手术的几率显著降低。但只有当叶黄素、玉米黄质摄入量为最高的四分之一时（叶黄素、玉米黄质平均摄入量为 6.0mg/d），才有显著降低。另一个流行病学研究也是对保健专家随访进行了类似的分析，也发现虽然单独的分类结果没有达到统计上的显著水平，但总体上叶黄素和玉米黄质的摄入量提高与白内障摘除风险降低的关系趋于达到显著性水平。针对行为对眼睛的损害的 5 年长期随访研究也发现，与叶黄素、玉米黄质摄入量最低的五分之一试验者相比，摄入量最高的五分之一试验者的白内障患病率明显较低。

3. 保护视网膜功能

叶黄素和玉米黄质能够淬灭单线态氧，从而抑制具有破坏性的自由基的形成。视网膜中存在两种产生自由基的情况：高代谢活性和能量交换。将光能转化成大脑信号的代谢过程在视网膜中很活跃，该代谢过程时，晶状体将光高度聚集在微小区域内。这个区域位于视网膜杆细胞的外面，易氧化的多不饱和脂肪酸的含量较高，对氧化破坏作用非常敏感。最近的研究显示叶黄素和玉米黄质在这些外周区域的含量很高。另外，体外试验结果显示玉米黄质额外的共轭双键使其抗氧化性比叶黄素高。

叶黄素和玉米黄质的抗氧化性和光过滤功能对人体的重要性因年龄而异。例如，年轻时，晶状体颜色浅，具有破坏性的光容易进入眼睛，此时叶黄素和玉米黄质对蓝光的过滤功能较重要；年老时，晶状体黄色加深，蓝光较难进入视网膜。而年老时活性氧数量显著增加，因此此时叶黄素和玉米黄质的抗氧化性能较重要。

4. 抗肿瘤作用

叶黄素与玉米黄质一样，具有抵御游离基在人体内造成细胞与器官损伤的功能，因此可以防止由机体衰老引发的心血管硬化、冠心病和肿瘤等疾病。

叶黄素对多种癌症有抑制作用，如乳腺癌、前列腺癌、直肠癌、结肠癌、皮肤癌等。纽约大学药物学院最近研究显示，乳腺癌发病率与叶黄素摄入量之间有密切关系，调查发现叶黄素低摄入量试验组的乳腺癌发病率是高摄入量组的 $2.08 \sim 2.21$ 倍。在动物试验中，给小鼠腹腔内注入乳腺癌细胞，饲喂含 $0\% \sim 0.4\%$ 叶黄素的食物。在接种后 50d 后，未喂饲组有 70% 患了乳腺癌，而饲喂 $0.02\% \sim 0.4\%$ 叶黄素组的肿瘤发生率只有 $20\% \sim 37\%$。另对肿瘤大小、肝脾重量等指标进行综合研究后发现叶黄素有抗肿瘤的作用。这种作用可能涉及与其他器官组织协同的间接免疫调节作用。另据对前列腺癌细胞增殖的一项研究表明叶黄素单独作用时，癌细胞增长速度可降低 25%，与番茄红素协同作用，可降低 32%。

（三）叶黄素的安全性

目前关于叶黄素的安全毒理试验报道不多，但可以确定的是，美国食品药品管理局已于 1995 年将叶黄素列入食物补充剂名单，2002 年美国食品药品管理局将叶黄素酯认定为 GRAS 物质。

叶黄素的建议摄入量常依据流行病学研究结果给出。不同的流行病学研究一致报道叶黄素和玉米黄质的摄入量在每天 6mg 左右与降低老年性黄斑变性和白内障风险有关，将食物调查报道中的典型摄入量与流行病学研究的结果比较，可以很明显地发现膳食缺口至少为 $2 \sim 4mg/d$。

二、番茄红素

对番茄红素（Lycopene）生物功效的研究始于 1959 年，首次报道从腹腔注射番茄红素能提高受辐射小鼠的存活率，并可间接抵抗细菌的感染。此后，发现了番茄红素对胰腺癌、膀胱癌、宫颈癌、前列腺癌等多种人类多发性癌症有抑制作用后，番茄红素在人们心目中的地位与日俱增，各项研究也越来越多。

（一）番茄红素的物化性质

番茄红素分子式为 $C_{40}H_{56}$，相对分子质量 536.88。与其他类胡萝卜素相比，番茄红素具有独特的长链分子结构，一条两端开环的非极性碳氢链。番茄红素在自然界中分布较少，主要来源于番茄及番茄制品，因此得名。番茄红素也存在于西瓜、番石榴、葡萄柚等水果中。

和其他类胡萝卜素一样，番茄红素在自然界中也是以不同异构体的形式出现，其中，全反式异构体最多，从普通番茄品种提取的番茄红素基本上是全反式结构。在顺式结构中，又以 5-顺式异构体、9-顺式异构体和 13-顺式异构体为主，其中 5-顺式异构体在合成的番茄红素和煮熟的番茄以及人体血浆中的含量较高，后两者则在煮熟的番茄和人体血浆中占有一定比例。在类胡萝卜素生物合成过程中，番茄红素居于中间位置，可以看作是类胡萝卜素生物合成的中间产物。

番茄红素为脂溶性色素，表观上呈针状深红色晶体，熔点 174℃，可燃。不溶于水，易溶于二硫化碳、正己烷、氯仿、苯，微溶于甲醇、乙醇。番茄红素对光十分敏感，在室温（25℃）下其降解率的对数值与照射时间呈线性相关，且随温度升高而分解加速。番茄红素对空气（氧气）同样敏感，最好在避光、低温、隔氧等条件下存放。

（二）番茄红素的生物功效

番茄红素是类胡萝卜素的一种，它虽然不是维生素 A 原，不能在体内发挥维生素 A 的作用，但仍具有多种生物学功能如抗氧化，抗癌，降低胆固醇以及对白内障、糖尿病的抑制作用等。

1. 抗肿瘤作用

人们在实践中发现，多食蔬菜水果可以降低某些癌症的发生率和死亡率，最初认为这是由于类胡萝卜素尤其是 β-胡萝卜素的功效。但研究者将 β-类胡萝卜素用于人群干预研究后发现，强化补充 β-类胡萝卜素长达 12 年之久，也未收到预期的效果。后来经更为细致的研究分析后得出是 β-类胡萝卜素以外的类胡萝卜素在起保护作用，番茄红素便是其中之一。

在动物活体内研究中同样发现，番茄红素的摄取量与癌细胞生长呈负相关。1989 年，在大鼠经口接种癌细胞模型中，用番茄红素处理后的大鼠比对照组的存活时间延长，癌细胞抑制率达 30%。给小鼠长期喂食含 0.00005% 番茄红素的饲料，发现与对照组相比受试小鼠的自发性乳腺癌的发生率显著降低。

1997 年，用二乙基亚硝胺、N-甲基-N-亚硝基脲和二甲肼作为致癌剂建立小鼠致癌模型。选用日本查尔斯河的小鼠（出生 11d，共 118 只），随机分为三组。第一和第二组小鼠，从出生后第 11 天开始到第 32 天，每天喂食二乙基亚硝胺（10mg/kg）两次，从第 4 周开始到第 9 周，在饮用水中加入 N-甲基-N 亚硝基脲 120mg/kg，并喂以二甲肼（20mg/kg）每周两次。第三组小鼠作为对照组。到第 9 周，停止任何试剂，给以正常饮食，两周后，在第一组和第三组小鼠饮用水中加入番茄红素 25mg/kg 或 50mg/kg，第二组小鼠只喂食正常饮食，持续 21 周，即在第 32 周测定各项指标。结果发现，番茄红素对雄鼠的肺泡及支气管上皮增生，腺瘤和恶性肿瘤均有明显的抑制作用，对雌鼠则没有显著作用。通过上述试验，Kim 发现番茄红素对小鼠肺癌有选择性抑制作用，即只对雄鼠有显著效果。但这并不表示番茄红素在对其他癌症的作用中也只对雄性有效。Levy 等报道，番茄红素能抑制人乳腺癌和肺癌细胞的增殖，半数最大抑制浓度为 $1\sim2\mu mol/L$，比 α-胡萝卜素和 β-胡萝卜素对癌细胞的抑制作用更强。

2. 防治白内障作用

番茄红素与老年性黄斑变性有关，参与试验的共有 334 位老年人（受试组和对照组各半），结果发现血清中番茄红素水平处于最低的老年人患老年性黄斑变性的危险性增加一倍。在对患白内障的大鼠进行番茄红素的影响作用试验中，他们给白内障患鼠喂食番茄红素（剂量为每天 0.2mg/kg 体重），经一段时间后发现，与空白组相比，番茄红素对白内障有一定抑制作用，能延缓白内障的最终发病时间。该试验同时发现番茄红素对大鼠体内抗氧化酶的活性有保护作用，由此认为，番茄红素对白内障的防治作用源于它的抗氧化作用。

3. 抗氧化作用

番茄红素是目前为止所发现的类胡萝卜素中最有效的单线态氧猝灭剂，其猝灭常数是 β-胡萝卜素的两倍，是 α-生育酚的 100 多倍。对于番茄红素的抗氧化能力，人们做了一系列试验加以证明。

番茄红素对吸烟产生的自由基 $NO_2 \cdot$ 和 $^1O_2$ 所导致的细胞损伤有一定保护作用。试验者每日摄取 500mL 番茄汁（番茄红素为脂溶性，因此添加 5mL 橄榄油提高其生物利用率），持续 2 周后，取出试验者血液中的淋巴细胞，测其细胞染色率（细胞被四溴荧光素染色表示其细胞膜已遭破坏而导致细胞死亡），通过与空白对比得到番茄红素对细胞膜的保护系数，并与体外试管试验组进行比较（表 6-7）。结果表明，番茄红素确实能减轻自由基 $NO_2 \cdot$ 和 $^1O_2$ 所造成的氧化损伤，而且经由体内肠道吸收的番茄红素比在体外用试管进行试验所得到的效果要好很多，这可能是因为在体外试验中番茄红素聚集在一起，没有充分发挥其功效所导致。

表 6-7 番茄红素对细胞膜的保护作用

自由基	细胞染色率/%	体内试验保护系数	体外试验保护系数
$NO_2 \cdot$	3.5±0.5	17.6	8.2
$^1O_2$	8.7±1.7	6.3	3.1

注：以上各数据至少是经过 24 次试验得出的平均值。

当紫外线照射皮肤时，最先遭到破坏的是皮肤中的番茄红素，这表明番茄红素具有较强的抗紫外线作用。

4. 其他生物功效

在对冠状血管疾病的研究中发现，番茄红素在脂肪组织中的含量越高，心肌梗塞死亡率的危险性越小。用次氮基三乙酸酯（Ferric nitrilotriacetate，Fe-NTA，用量为 10mg/kg 体重）作用于大鼠建立肝损伤模型，在连续给大鼠喂食番茄红素（10mg/kg 体重）5d 后，肝细胞损伤与对照组相比大大降低。此外，番茄红素还有活化免疫细胞，清除香烟和汽车废气中的有毒物等功能。

（三）番茄红素的安全性

番茄及其他果蔬中所含的天然番茄红素是实际无毒、可以放心安全食用的。每天以 1g/kg 体重的剂量喂给大鼠天然番茄红素，历时 100d 最终没有发现任何副作用及体内组织蓄积。

自番茄红素的人工合成技术出现以后，有关合成番茄红素的毒理学研究，就开始受到人们的关注。早在 1970 年就做了有关合成番茄红素的急性毒理试验，以 3g/kg 体重的剂量对小鼠实行皮下注射，仅发现小鼠体色有瞬间变深现象，无任何毒副作用。用同一剂量作口服及腹腔注射实验，也没有发现任何异常。合成番茄红素对大鼠的致畸性的研究发现，除了个别大鼠的肋骨有偶发性的极小增生外，总的来说，以每天 1g/kg 体重的剂量不会对大鼠产生任何明显致畸作用。

番茄红素无论是天然的还是合成的，均是无毒、无致畸性、安全可靠。

三、角 黄 素

角黄素（Canthaxanthin）又称斑蝥黄、斑蝥黄质，是一种天然类胡萝卜素，广泛存在于植物与动物中。它最早是作为一种主要的鸡油菌着色素发现的，鸡油菌是一种可食用蘑菇，其拉丁名称为红鸡油菌（*Cantharellus cinnabarinus*），因此被命名为鸡油菌黄质，但常称角黄素。角黄素在细菌、藻类、寄生虫、软体动物、甲壳类、昆虫、蜘蛛和高等植物（如洋芋块茎）中含量较为丰富，它从这些来源进入食物链。角黄素除了作为天然着色剂外，还是一种强抗氧化剂，具有其他一些生物功效，如在家禽中具有维生素 A 原活性。1950 年人工合成出角黄素，并应用在饲料中。1984 年 FDA/WHO 食品添加剂联合专家委员会批准角黄素用作食品添加剂。

（一）角黄素的物化性质

角黄素学名为 β,β-胡萝卜素-4,4′-二酮，分子式为 $C_{40}H_{52}O_2$，相对分子质量约为 564.9。角黄素是一种深紫色晶体或结晶性粉末，熔点约为 210℃（分解）。它溶于氯仿，微溶于植物油、丙酮，不溶于水、乙醇、丙二醇。

角黄素分子中存在共轭双键结构，而共轭双键对氧敏感不稳定。高温加热会引起角黄素降解；它对酸性、碱性条件的耐受程度不同，一般应避免酸性条件；其对光也不稳定，需贮存在充惰性气体的避光容器内。一般稳定的工业产品为溶于油脂或有机溶剂的溶液，或为水分散性的橙色至红色粉末或颗粒。调色后色调不受 pH 影响，对日光亦相当稳定，不易褪色。

（二）角黄素的生物功效

1. 清除自由基、抑制脂质过氧化

角黄素抑制脂质过氧化的能力高于 β-胡萝卜素和玉米黄质，稍低于虾青素。利用鼠类胸腺的正常和肿瘤细胞对 β-胡萝卜素和角黄素的抗氧化特性进行了评估，发现无论是正常细胞还是肿瘤细胞暴露于空气都会产生叔丁基过氧化氢，试验分别测出了在 β-胡萝卜素和角黄素存在和不存在两种情况下，脂质的过氧化反应。结果表明：

①适量添加的有效剂量（1~50μmol/L）的 β-胡萝卜素和角黄素，都能抑制叔丁基过氧化氢的生成，并且存在着剂量依赖关系；

②与 β-胡萝卜素相比，角黄素的抗氧化能力要高的多；

③在肿瘤胸腺细胞中，两种类胡萝卜素抑制脂质过氧化的能力更高；

④两种类胡萝卜素在氧化前的启动期所消耗的量不同，β-胡萝卜素比角黄素的消耗速度要快，并且在肿瘤细胞中比在正常细胞中消耗的量要大，角黄素的用量比 β-胡萝卜素低 5~10 倍；而在正常细胞中比在肿瘤细胞中低 2 倍。

2. 增强免疫力

细菌学和细胞学的有关研究表明，角黄素具有抗诱变复合物和防止恶性细胞转移的功能。角黄素能使血液中的 T 细胞和 B 细胞增殖，可增加瘤块中的巨噬细胞和 T 细胞的活性，维持抗原中的巨噬细胞受体。

对免疫系统的体内研究发现，角黄素可显著升高白介素-2 受体和外周血中具有自然杀伤细胞标志的单核细胞（PBMC）的百分率。对免疫系统的体外研究发现，大鼠饲料中补充角黄素可促进脾脏中 T 细胞和 B 细胞增殖。用化学致癌物诱发仓鼠肿瘤，同时用角黄素处理，发现 T 细胞和吞噬细胞数增加，肿瘤坏死因子的滴度（高滴度表示免疫力较强）比对照组高。给小鼠饲喂角黄素，然后注入肿瘤细胞，其肿瘤发生率和生长速度均低于未给角黄素的小鼠。给有颊囊肿瘤的地鼠颊囊内注射角黄素，其肿瘤显著缩小。另外饲喂角黄素可显著增加雄性 Wistar 大鼠的 T 细胞和 B 细胞应答。

3. 抗突变、抗肿瘤作用

组织培养研究证明，角黄素能防止细胞的恶性转化、染色单体和其他的染色体交换。例如，甲基胆蒽或 X 射线处理可以诱导 10T1/2 细胞恶性转化，用角黄素能明显减少转化数量。它的半数有效抑制剂量为 2×10^{-7} mol/L，抑制作用发生在细胞恶性转化的启动期，并未发现细胞中类胡萝卜素转变为类视色素（Retinoid X）。用细菌系统进行的一项体外实验中，发现角黄素可抑制由黄曲霉毒素 B_1 诱导鼠伤寒沙门氏菌的突变，突变率达 65%。用同一细胞系，在用致癌物启动后而在细胞转化之前用角黄素处理，有强的抑制效果，且呈剂量依赖关系。在用角黄素处理 4 周后去除角黄素，其保护作用在 4 周内消除。动物试验研究，在饲料中加入角黄素，其剂量为 2g/kg 饲料时，试验动物患癌数量明显减少，当然角黄素抗肿瘤效果与剂量有关。

角黄素能增强细胞间隙连接通讯。细胞间隙连接通讯的增强把致癌物诱发的细胞放在一个扩展的通讯网络中，其中正常细胞占有优势，从而可以增强生长控制，稳定致癌物诱发的细胞，防止其肿瘤转化。Bertram 用化学致癌物和 X 射线处理 C3H/10T$_{1/2}$ 细胞，除去致癌物后 7d 或在 X 射线照射后 8d，在培养基中加入角黄素与细胞一起培养 4 周，可抑制 C3H/10T$_{1/2}$ 细胞形成肿瘤，且有剂量依赖关系。在角黄素的浓度为 10^{-5} mol/L 时，可消除肿瘤转化，但需要长时间持续作用于细胞。角黄素通过增加细胞间隙连接的结构蛋白的表达，而上调细胞间隙连接通讯。

（三）角黄素的安全性

在小鼠经口用角黄素的 LD_{50} 大于 10g/kg。狗摄入角黄素一年，大鼠和小鼠摄入角黄素 2 年，采用剂量 125~250mg/（kg·d），未发现有明显毒性表现。角黄素对大鼠无作用剂量水平为 5mg/（kg·d）。

大鼠摄入角黄素 100mg/（kg·d）共 20 周，其体外免疫应答增强。用角黄素 1000mg/（kg·d）分别处理大鼠和小鼠 2 年和 98 周，未发现有致癌作用，而在几项研究中发现有抗癌作用。

四、隐　黄　素

隐黄素（Cryptoxanthin）化学名称为 3-羟基-β-胡萝卜素，是共轭多烯烃的含氧衍生物，主要存在于黄玉米、柑橘、南瓜、番木瓜、辣椒等植物中。近年来，大量流行病学的调查和研究表明，隐黄素在防治肿瘤、心血管疾病，增强免疫功能和保护视觉等方面具有一定的生物功效。

（一）隐黄素的物化性质

隐黄素的分子式为 $C_{40}H_{56}O$，属于类胡萝卜素。它既是一种生物功效物质，又是一种安全、无毒的天然植物色素，但作为着色剂使用时着色效果较差。隐黄素为亲脂化合物，可溶于油和有机溶剂中，如甲醇、乙醇和石油醚。隐黄素结构中具有 β-紫罗酮环结构，是维生素 A 的前体。隐黄素呈橙黄色，吸收波长为 430~480nm。

隐黄素热稳定性中等，光稳定性差。类胡萝卜素（包括隐黄素）的单双键相间的共轭双键结构导致其容易被氧化降解而褪色，氧化降解是其主要的降解机制。顺/反异构体会影响隐黄素的维生素 A 原活性，与全反式相比，顺式异构的维生素 A 原活性只有反式的 13%~50%。故隐黄素制备中应注意避免发生上述化学反应。

（二）隐黄素的生物功效

1. 抗氧化

隐黄素具有猝灭单线态氧和清除自由基的作用，可以保护人体免受单线态氧和自由基的作用而带来的损害，可以降低淋巴细胞 DNA 的损伤，预防和治疗由于皮肤表面 O_2 的增多带来的皮肤伤害和疾病。体内过多的自由基可引起细胞突变死亡，进而导致人体的衰老，隐黄素的体内抗氧化作用可及时有效的预防、减缓与衰老有关的疾病，具有一定延缓衰老能力。

2. 抗肿瘤

隐黄素具有较高的抗诱变能力，它的抗癌效果比 α-胡萝卜素、β-胡萝卜素、叶黄素等类胡萝卜素要好。最新的流行病学研究表明，隐黄素是高效的防癌物质（尤其是胰腺癌），它的防癌效果大概是 β-胡萝卜素的 5 倍，但隐黄素对前列腺癌的发病率没有影响。

在 1993 年到 1998 年间，新加坡一个关于日常饮食与癌症关系的预防研究中，对 63257 位 45~74 岁的中国人进行调查统计后发现：日常饮食中隐黄素的摄入量与患癌症几率的降低有显著关联。Yuan JM 等研究了隐黄素对肺癌发病率的影响，研究以上海军队中有吸烟史的男性为对象，结果表明日常饮食中摄入隐黄素能降低患肺癌的概率，最高可以使患肺癌的风险降低 15%~40%。

3. 预防心血管疾病

对血液中的隐黄素等对颈总动脉内膜血管中层增厚影响的研究，发现隐黄素能明显减少颈总动脉内膜血管中层增厚。这是因为隐黄素具有高效猝灭单线态氧能力，以及其共轭不饱和双键结构，使得它具有与氧化或由于氧化而产生的自由基快速反应的能力，能够抑制低密度脂蛋白的氧化、保护脂质不被氧化，阻止低密度脂蛋白胆固醇氧化产物的形成，减缓动脉的硬化过程，进而预防冠心病等心脑血管疾病的发生。

4. 保护视力

β-隐黄素是仅次于 β-胡萝卜素的第二大维生素 A 前体来源，隐黄素的结构中具有 β-紫罗酮环，一分子 β-隐黄素加水断裂能生成一分子维生素 A，因而也具有一定的维生素 A 活性、视觉保护功能。

20 世纪 80 年代，美国的一项涉及 50828 人的调查显示，一些营养素的摄入与白内障的形成存在负相关，其中类胡萝卜素与白内障发病率降低的相关性最强，包括隐黄素，它通过防止眼球晶状体中蛋白和脂质的氧化可以降低患老年白内障的风险。

（三）隐黄素的安全性

目前为止，隐黄素一直被认定为完全无毒。2000 年美国国家科学委员会重新审核隐黄素时，仍认为不需要对其设定允许摄入的剂量上限。隐黄素还被作为良好、安全的维生素 A 来源。大量摄入隐黄素会导致皮肤泛黄，特别是手和耳朵，这被称为表皮黄变症，但对健康无不良的影响，且当停止大量摄入隐黄素后大约一周左右，颜色会自动消退。

五、玉 米 黄 质

玉米黄质（Zeaxanthin）是自然界广泛存在的一种天然类胡萝卜素，主要存在于深绿色食叶蔬菜、花卉、水果和黄玉米中，如黄玉米、枸杞等中的主要类胡萝卜素是玉米黄质、叶黄素及其酯，是玉米黄质的良好来源。

大量流行病学的调查和研究表明，黄体素和玉米黄素在减少癌症的发生和发展、减少心血管疾病发病率、增强免疫功能和视觉保护等方面具有独特的生物功效。最引人注意的是，它对眼睛具有重要的保护作用，能预防老年性黄斑区变性、白内障等眼科疾病。

（一）玉米黄质的物化性质

玉米黄质又称为玉米黄素，最早于 1930 年从玉米中分离得到，化学名称是 3,3′-二羟基-β-胡萝卜素，分子式 $C_{40}H_{56}O_2$，相对分子质量为 568.85。它与叶黄素两者互为同分异构体。

玉米黄质为脂溶性化合物，不溶于水，可溶于油脂和有机溶剂中，如甲醇、乙醇和石油醚等。呈黄色，吸收波长约为 450nm。它是 β-胡萝卜素的衍生物，但在体内不能转化为维生素 A，没有维生素 A 活性。

玉米黄质对光、热有不良的稳定性，尤其光照对玉米黄质影响最大，应尽量避光或于自然光下保存。它对 Fe^{3+} 和 Al^{3+} 的稳定性较差，对其他离子则较稳定；对酸、碱、还原剂 Na_2SO_3 等较稳定。氧化剂对玉米黄质有轻微的破坏作用，但其仍有一定的耐氧化性，还原剂维生素 C 对玉米黄质有保护作用。

（二）玉米黄质的生物功效

1. 预防老年性黄斑变性

1992~1995 年一些流行病学的研究发现，血液中的抗氧化剂的浓度与老年性黄斑变性的发病率是呈反比的，血液类胡萝卜素和抗氧化维生素浓度低的人患老年性黄斑变性的危险较大。在众多的抗氧化剂中，类胡萝卜素的影响最大，特别是玉米黄质和叶黄素，二者共同预防老年性黄斑变性，摄入大量富含玉米黄质、叶黄素的水果和蔬菜，老年性黄斑变性的发病率下降了 43%。

2. 预防白内障

通过摄入类胡萝卜素含量高的饮食，可降低患白内障的危险性。20 世纪 80 年代，美国的一项涉及 50828 人的调查显示，一些营养素的摄入与白内障的形成存在负相关，其中类胡萝卜素与白内障危险性降低的相关性最强。在特定食品中，以菠菜与白内障危险性降低的相关性最好，而菠菜中富含玉米黄质和叶黄素。在眼睛的晶状体中叶黄素和玉米黄质的含量虽然比黄斑区低很多，但它们是晶状体中仅有的两种类胡萝卜素，在白内障疾病中起重要作用，能猝灭单线态氧，能间接地减少晶状体蛋白的分解，从而防止白内障的形成。

男性患白内障的风险由于摄入较多的叶黄素和玉米黄质而降低 19%，而摄入较多叶黄素和玉米黄质的女性患白内障的风险降低了 22%。最近，又有流行病学试验对膳食玉米黄质、叶黄素在降低白内障发病率或白内障手术中所起的作用作了研究。

3. 提高免疫力、抗肿瘤作用

玉米黄质、叶黄素等类胡萝卜素能增加免疫系统中 B 细胞的活力、提高 CD_4 细胞的能力、增加嗜中性粒细胞和自然杀伤细胞的数目，具有提高机体免疫力的能力。在人体试验中，尤其针对老年人，玉米黄质、叶黄素、β-胡萝卜素、番茄红素等类胡萝卜素可以减缓由于衰老引起的免疫能力下降。

玉米黄质和众多类胡萝卜素一样，能抵御游离基在人体内造成细胞与器官的损伤，具有抗癌作用。1981 年，Peto 等首次报道了类胡萝卜素可能在减少人类癌症的发生方面起作用。此后，大量流行病学的研究表明摄入富含类胡萝卜素的食物、保持较高的血液类胡萝卜素水平，可降低癌症发病率。Snodderly 和 Chew 分别在 1995 年和 1996 年提出，玉米黄质在减少癌症的发生、发展方面有独特的生物功能。他们的研究表明，喂养高玉米黄质和叶黄素含量的食物后，小鼠体内可移植性乳腺癌细胞的生长减慢，同时增强了淋巴细胞的增殖效应。动物试验发现，玉米黄质是乳腺癌抗癌剂。一些研究表明，每周至少吃两次菠菜、胡萝卜可降低乳腺癌发生的危险，玉米黄质和叶黄素的摄入量与前期乳腺癌的发病率成反比。

4. 预防心血管疾病

玉米黄质可显著地降低心肌梗塞的发病率。人们在研究体外条件下玉米黄质对低密度脂蛋白氧化的抑制作用后发现，食物中的这类类胡萝卜素有助于减缓动脉硬化的进程。血液中的玉米黄质能够有效的抑制低密度脂蛋白的氧化，具有预防心血管疾病的作用。对血液中的 α-胡萝卜素、β-胡萝卜素、玉米黄素、叶黄素、隐黄素和番茄红素等对颈总动脉内膜血管中层增厚影响的研究，发现在所研究的类胡萝卜素中，玉米黄素和叶黄素降低颈总动脉内膜血管中层增厚的能力最强。

（三）玉米黄质的安全性

目前关于玉米黄质的安全毒理试验报道不多，但在长期实际应用中，玉米黄质一直被认定为安全无毒。美国国家科学委员会认定不需要对其设定摄入上限。

六、虾　青　素

早在 20 世纪 30 年代，即有人从虾蟹中分离出虾青素，但直到 20 世纪 80 年代中期才对其生物功效进行研究。除抗肿瘤活性以外，虾青素还具有清除自由基、抗氧化作用和增强免疫功能，因此倍受人们关注。

（一）虾青素的物化性质

虾青素（Astaxanthin），即 3,3′-二羟基-4,4′-二酮基-β,β′-胡萝卜素，是一种非维生素 A 原的类胡萝卜素，虾青素具有艳丽红色，可溶于油脂，不溶于水。虾青素在动物体内不能转变为维生素 A，但它有很强的抗氧化作用。

（二）虾青素的生物功效

1. 抗肿瘤作用

1988 年，有人将有维生素 A 活性的 β-胡萝卜素和不具有此活性的角黄素，分别加至经甲基胆蒽或 X 射线辐照处理的 $10T_{1/2}$ 细胞中，发现两者均可抑制肿瘤恶变，但后者的作用较前者的更强。由此说明，类胡萝卜素的抗肿瘤活性并不是在转变为维生素 A 之后才产生的，而是它本身所具有的活性。研究者发现，虾青素对人大肠癌细胞 SW_{116} 的增殖具有剂量效应的抑制作用。

在雄性 ICR 小鼠饮水中加入 250mg/kg N-丁基-N-（4-羟丁基）亚硝胺持续 20 周，间隔 1 周后，在饮水中加入 50mg/kg 虾青素再持续 20 周，结果发现虾青素组膀胱癌的发生率显著降低。另外，在用 4-硝基喹啉-1-氧化物诱发 F_{344} 大鼠口腔癌的类似试验中，发现虾青素还可显著降低口腔肿瘤的发生。

虾青素抑制肿瘤发生的机制，在于对肿瘤细胞增殖的抑制作用，还与增强机体免疫反应和促进 T 细胞对肿瘤的杀伤力有关。

2. 清除自由基、抗氧化

除抗肿瘤活性以外，虾青素还具有清除自由基、抗氧化作用和增强免疫功能。在光合作用植物中类胡萝卜素起着清除活性氧、保护植物免受强光损伤的作用。1990 年，有人比较了包括虾青素在内的 5 种共轭双键数不同的类胡萝卜素在大豆油光氧化作用中猝灭活性氧的作用，发现其作用随着类胡萝卜素共轭双键数增加而增加，以虾青素的作用最强。1991年，Miki以含Fe^{2+}的血红蛋白作为自由基产生者，以亚油酸为接受者，以硫代巴比妥酸法检测各种不同的类胡萝卜素及α-生育酚清除自由基的ED_{50}（表6-8）。结果发现在7种受试物中，以虾青素清除自由基的作用最强。而且认为，类胡萝卜素中羟基和酮基的存在与否及数量对清除自由基的作用十分重要。以大鼠红细胞膜和肝线粒体进行的试验，发现虾青素的抗氧化作用比α-生育酚强100倍以上。

表6-8　　　　　　　　　　　类胡萝卜素和α-生育酚清除自由基的ED_{50}

清除剂	虾青素	玉米黄质	角黄素	叶黄素	金枪鱼黄素	β-胡萝卜素	α-生育酚（维生素E）
ED_{50}/（nmol/L）	200	400	450	700	780	960	2940

经口摄入的虾青素在消化道内被吸收，进入血液循环，由血浆脂蛋白运输。喂以80mg/kg剂量虾青素的虹鳟鱼血清中，虾青素的含量为9.04μg/mL，全部分布于血浆脂蛋白中。其中在极低密度脂蛋白中占0.7%，低密度脂蛋白中16.8%，高密度脂蛋白中66.3%及极高密度脂蛋白中16.1%。以提取的虾青素喂养家兔，采集喂前和喂后每15min间隔共2h的血清，观察其对H_2O_2氧化邻苯二胺的抑制作用，发现虾青素在整体吸收条件下仍然是一种高效的抗氧化剂。

3. 增强免疫力

虾青素、叶黄素和β-胡萝卜素均可显著促进胸腺依赖抗原刺激时的抗体产生，并使分泌IgM和IgG的细胞数量增加。老年小鼠的抗体产生均低于幼年小鼠，但若补充虾青素可部分恢复其对胸腺依赖抗原反应时的抗体产生。叶黄素和β-胡萝卜素也具有此效应，但其作用较虾青素更弱。虾青素可显著促进B_6小鼠脾细胞对胸腺依赖抗原反应过程中的抗体产生，但在缺乏辅助T细胞时，此效应被阻断。

第六节　生物类黄酮

生物类黄酮（Bioflavonoids）广泛存在于自然界中，多具有艳丽的色泽。在植物体内生物类黄酮大部分与糖结合成苷，少部分以游离形式存在。植物中的生物类黄酮分布广、含量丰富，具有多种生理功效。其中以黄酮醇类最为常见，约占总数的1/3，其次为黄酮类，占总数的1/4以上，其余则较少见。生物类黄酮以前主要指基本母核为2-苯基色原酮（2-Phenylchromone）类化合物，如图6-7所示。

①黄酮类（Flavones），如芹菜黄素（Apigenin）；

②黄酮醇类（Flavonols），如槲皮素（Quercetin）；

③二氢黄酮（Flavanones）及二氢黄酮醇类（Flavanonols）；

④异黄酮（Isoflavones），如黄豆苷原（Daidzein），葛根素（Puerarin）；

⑤二氢异黄酮（Isoflavanones）；

⑥双黄酮类（Biflavonoids），如银杏素（Ginkgetin）；

⑦查尔酮类（Chalcones）；

⑧橙酮类（Aurones）；

⑨黄烷醇类（Flavanols），如儿茶素（Catechin）；

⑩花青素（Anthocyanidins）；

⑪新黄酮类（Neoflavanoids）。

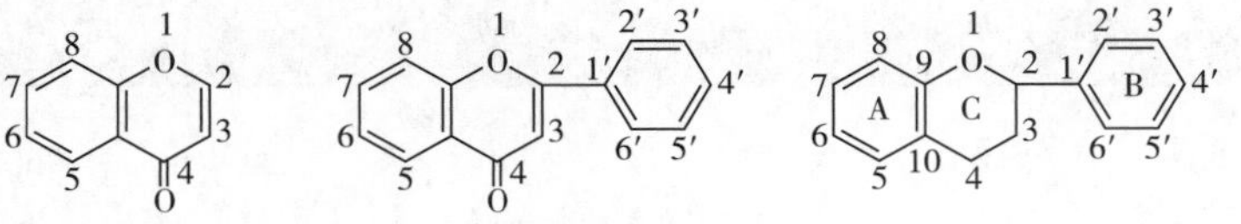

（1）色原酮　　　（2）2-苯基色原酮　　　（3）C_6–C_3–C_6

图6-7　生物类黄酮的基本化学结构式

根据中央三碳链的氧化程度、β-环连接位置（2-位或3-位）以及三碳链是否构成环状等特点，可将生物类黄酮分成黄酮、黄酮醇、二氢黄酮及二氢黄酮醇、异黄酮、二氢异黄酮、双黄酮、查尔酮、橙酮、黄烷醇、花色素、新黄酮等。生物类黄酮广泛存在于各种植物中，具有消炎、抑制异常的毛细血管通透性增加及阻力下降、扩张冠状动脉、增加冠脉流量、影响血压、改变体内酶活性、改善微循环、解痉、抑菌、抗肝炎病毒、抗肿瘤等重要生物活性。黄酮和黄酮醇是植物界分布最广的生物类黄酮，广泛存在于食用蔬菜及水果中，在沙棘、山楂、洋葱等中含量较高，茶叶、蜂蜜、果汁、葡萄酒中含量丰富。

一、竹叶提取物

竹子是禾本科竹亚科多年生常绿植物。全世界约有60属1200多种。竹叶在我国具有悠久的药用历史，是一味著名的清热解毒药。竹叶提取物是一种植物类黄酮混合物，其有效成分包括黄酮、活性多糖、特种氨基酸、芳香成分等，但黄酮类是其最主要的成分，故一般也将竹叶提取物称为竹叶黄酮。

（一）竹叶提取物的物化性质

竹叶提取物为棕黄色粉末，带有典型的竹叶清香，微苦、微甜。易溶于热水或醇-水体系，其溶液呈弱酸性，带有甜香风味，并具备良好的热稳定性。

竹叶提取物的有效成分主要是糖苷黄酮，并以C-糖苷为主。四种主要的竹叶碳糖苷黄酮，分别是荭草苷（Orientin）、异荭草苷（Homoorientin）、牡荆苷（Vitexin）和异牡荆苷（Isovitexin），如图6-8和表6-9所示。此外，还含有酸性杂多糖、特种氨基酸、挥发性芳香成分和矿物质等成分。

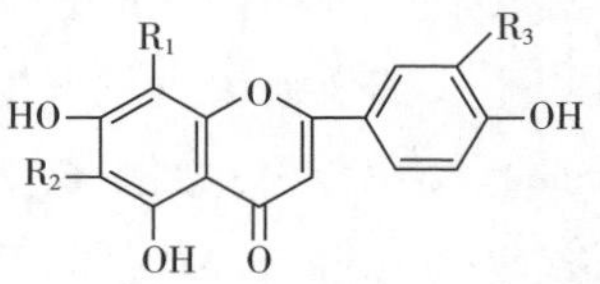

图6-8　竹叶糖苷黄酮化学结构通式

表 6-9 四种竹叶苷黄酮的结构

名称	R_1	R_2	R_3
荭草苷	Glu	H	OH
异荭草苷	H	Glu	OH
牡荆苷	Glu	H	H
异牡荆苷	H	Glu	H

（二）竹叶提取物的生物活性

1. 增强免疫力

竹叶提取物可以促进小鼠体内抗体的产生，提高体液免疫功能；二硝基氟苯诱导的小鼠迟发型变态反应表明，竹叶提取物可以促进小鼠细胞免疫功能；小鼠炭粒廓清试验结果表明，竹叶提取物具有增强小鼠腹腔巨噬细胞吞噬功能的作用。

2. 抗肿瘤

日本明治大学进行动物试验结果表明：竹叶提取物能刺激动物排泄和泌乳刺激素的分泌，促进免疫血清中超氧化物歧化酶的活性，对乳腺肿瘤、乳腺肥大增生有显著的抑制效果，对动物体的生长发育无副作用，是一种很有前景的预防和治疗乳腺肿瘤及其他肿瘤的天然抗肿瘤物质。

有学者对小鼠接种肺癌细胞 ASP-Ⅰ、肝癌细胞 H22，观察不同浓度竹叶提取物对肿瘤大小以及对小鼠胸腺指数、脾指数的影响，结果试验组肿瘤体积明显缩小、瘤重减轻、胸腺及脾指数显著提高，表明竹叶提取物对肺癌细胞 ASP-Ⅰ、肝癌细胞 H22 有明显的抑制作用。

3. 调节血脂

以成年 SD 雄性大鼠（体重 160~180g）为试验对象，用高脂饲料建立高脂血症模型，随机分成 5 个试验组，分别是空白对照组，银杏提取物阳性对照组和竹叶提取物低、中、高三个剂量组。每组 10 只大鼠，灌胃 28d，试验期间继续给予高脂饲料，并定期称量体重，于试验中期和结束时取尾根血，分别测定血清甘油三酯、总胆固醇、高密度脂蛋白和低密度脂蛋白的含量，试验数据见表 6-10。

表 6-10 竹叶提取物对成年 SD 雄性大鼠血脂代谢的调节作用

试验组别	剂量（以总黄酮计）/ [mg/(kg·d)]	体重/g	甘油三酯/(nmol/L)	总胆固醇/(mg/dL)	高密度脂蛋白胆固醇/(mg/dL)	低密度脂蛋白胆固醇/(mg/dL)
空白对照	—	312±20	1.84±0.11	141.86±15.43	38.87±4.64	70.86±18.02
阳性对照	银杏总黄酮，5	290±23*	1.60±0.06*	119.31±18.21*	38.81±7.85*	53.65±20.69*
低剂量	竹叶总黄酮，5	289±18*	1.58±0.06*	114.95±16.73*	39.79±5.84*	47.19±18.02*
中剂量	竹叶总黄酮，10	283±25*	1.56±0.07*	114.22±15.73*	47.09±8.82*	39.45±19.28*
高剂量	竹叶总黄酮，15	276±18**	1.57±0.07*	101.85±20.58**	51.01±7.12**	26.56±18.52**

注：$^*P<0.05$，$^{**}P<0.01$，与空白对照组相比。

结果表明，竹叶提取物能显著降低 SD 大鼠血清甘油三酯和血液总胆固醇的浓度；能显著提高高密度脂蛋白浓度、降低低密度脂蛋白浓度，降血脂的作用与银杏提取物相当。

4. 抗疲劳

用昆明种小鼠作为试验对象，高剂量组的竹叶提取物［相当于 1g 干叶／（kg·d）］能显著增强小鼠对非特异性刺激的抵抗能力（常压耐缺氧试验，$P<0.01$）和抗疲劳能力（游泳试验，$P<0.01$），对正常小鼠的学习能力有一定的促进作用（电迷路法，$P<0.01$）。

5. 抗菌和抑菌

竹叶提取物对食品致病菌具有抑制作用，对伤寒沙门氏菌、痢疾志贺氏菌、小肠结炎耶尔森氏菌、金黄色葡萄球菌、蜡样芽孢杆菌、魏氏梭菌、肉毒梭菌均有不同程度的抑制作用。而且在相同时间内，竹叶提取物浓度越高，抑制率就越高。同一浓度的提取液，作用时间越长，抑制率也就越高。据日本的报道，竹叶提取物对 O-157 溶血型大肠杆菌有较强的杀菌活性。竹叶提取物对粪肠球菌、化脓性链球菌、表皮葡萄球菌、普通变形杆菌、肺炎克雷伯菌、金黄色葡萄球菌和大肠杆菌均有一定的抑制作用。

6. 清除自由基

对竹叶和银杏叶黄酮含量和抗自由基活性的差异进行比较试验，结果表明竹叶对 $O_2^-·$ 和 ·OH 的 IC_{50} 分别为 11.0μg/mL 和 5.3mg/mL，银杏叶为 19.0μg/mL 和 3.6mg/mL，竹叶的总黄酮含量及其清除活性氧自由基的能力均与银杏叶具有可比性。不同秋叶的竹叶提取物对 $O_2^-·$ 的 IC_{50} 平均为（4.93±2.36）μg/mL，相当于 0.124U/mL 超氧化物歧化酶的活力；对 ·OH 的 IC_{50} 平均为（1.48±0.91）mg/mL，相当于 0.235mg/mL 阿魏酸纯品的作用。

（三）竹叶提取物的安全性

竹叶提取物小鼠经口 LD_{50} 大于 10g/kg 体重，为实际无毒。竹叶提取物无细胞毒性，对生殖细胞无致突变作用，对大鼠 30d 喂养试验未见明显毒性反应，最大无作用剂量为 5.0g/kg 体重。

二、槲 皮 素

槲皮素（Quercetin）是植物界分布广泛，具有多种生物活性的黄酮醇类化合物。由于广泛存在于各种水果和蔬菜中，它的作用受到人们的重视。

（一）槲皮素的物化性质

槲皮素，异名栎精、槲皮黄素，化学名 3,3′,4′,5,7-五羟黄酮，分子式 $C_{15}H_{10}O_7$，相对分子质量302.24。为黄色粉末，其二水合物为黄色针状结晶。在 95~97℃ 成为无水物，熔点 313~314℃（分解）。溶于热乙醇（1:23）、冷乙醇（1:300），可溶于甲醇、醋酸乙酯、冰醋酸、吡啶等，不溶于石油醚、苯、乙醚、氯仿中，几乎不溶于水。其碱水溶液呈黄色，乙醇溶液味很苦。

槲皮素属黄酮醇类化合物。黄酮类化合物多以苷类形式存在，由于所连接的糖的类型和位置不同形成多种黄酮苷。组成黄酮苷的糖类多为单糖如葡萄糖、鼠李糖等，少数为二糖，如二葡糖、芸香糖等。黄酮醇水溶性较差，而其苷类则较易溶于水。苷键不稳定，易水解而脱糖。

槲皮素广泛存在于许多植物之茎皮、花、叶、芽、种子、果实中，多以苷的形式存在，如芦丁、槲皮苷、金丝桃苷等，经酸水解可得到槲皮素。其中在荞麦的秆和叶、沙棘、山楂、洋葱中含量较高。槲皮素在许多食物中也均有发现，另约有 100 多种药用植物（如槐米、侧柏叶、高良姜、款冬花、桑寄生、三七、银杏、接骨木等）中均含此成分，其中在槐花米中含量高达 4% 左右。

（二）槲皮素的生物活性

槲皮素具有清除自由基，抑制肿瘤，扩张冠状血管，降血脂，降血压，抗血小板聚集，抗炎、抗过敏、抗糖尿病并发症，防止冠心病、心律失常等多种生理功效。此外，还具有较好的祛痰、止咳作用，并具有一定的平喘作用。

1. 清除自由基

槲皮素是自然界中最强的抗氧化剂之一，其抗氧化能力是维生素 E 的 50 倍，维生素 C 的 20 倍。有人对槲皮素在油脂中的抗氧化作用做了研究。槲皮素在油脂中浓度大于 0.005% 时，有较强的抗氧化作用；槲皮素与丁基羟基茴香醚、没食子酸丙酯在油脂中的浓度相同时，有相似的抗氧化作用；当浓度大于 0.2% 时可作脂溶性色素用。

黄酮类化合物对超氧自由基、羟自由基和单线态氧均有良好的清除作用，且量效关系明显，这种作用可能与 3-羟基、7-羟基有关。其作用机制可能是槲皮素与超氧阴离子络合而减少氧自由基的产生，与铁离子络合而阻止羟自由基的形成，与脂质过氧化基反应抑制脂质过氧化过程，抑制醛糖还原酶，减少还原型辅酶 II 消耗，从而提高机体抗氧化能力。

2. 抗肿瘤活性

自 1971 年首次发现槲皮素对 P_{388} 白血病有抑制作用。多年来，人们对槲皮素的抗肿瘤活性进行了广泛的探索，发现槲皮素不仅对多种致癌物、促癌物、突变剂有拮抗作用，而且对多种恶性肿瘤细胞有生长抑制作用。

1996 年以对化疗不应答的晚期肿瘤病人为对象，研究了槲皮素的临床 I 期试验。虽然经槲皮素作用后，没有一位病人达到 WHO 有关肿瘤应答的标准（部分应答：30d 以上，50% 的肿瘤缩小），但是 11 位受试者中有 2 位的确有了积极效果。一位肝癌病人每 3 周 4 次静脉注射低剂量的槲皮素（$60mg/m^2$）连续 150d，在此期间血浆中 α-胎甲球蛋白和碱性磷酸酶持续下降。另一患 IV 期卵巢癌的病人，在试验前对 5 个疗程的环磷酰胺/顺铂联合化疗都未应答，在试验中每 3 周 2 次静脉注射槲皮素（$420mg/m^2$），肿瘤标志物 CA125 从 290（U/mL）降至 55U/mL。她继续使用此疗法，降低剂量、增加频度并以卡铂辅助治疗 6 个月。肿瘤标志物继续下降，肿瘤块基本消失。

有 2 个动物试验考察了槲皮素的抗肿瘤活性。在一项研究中，小鼠被移植腹水瘤细胞，然后腹腔注射槲皮素或芦丁。每天补充 40mg/kg 的槲皮素使动物寿命延长 20%，每天补充 160mg/kg 的芦丁则能延长 50%。如果每天补充芦丁 2 次，每次 80mg/kg，动物寿命延长 94%。

3. 对心血管的作用

槲皮素具有抗氧化性、抗炎性和抑制血小板聚集活性，对心血管产生各种良好的影响。当类黄酮的摄入量增加时，心脏病发生率、死亡率显著下降。该研究中含类黄酮食品包括茶、洋葱、苹果等，里面含有较多的槲皮素，因此可以认为槲皮素的摄入有助于降低冠心病发生率。

槲皮素在高胆固醇模型大鼠体内能抑制脂质过氧化，降低血脂及胆固醇。人体内槲皮素抑制细胞膜脂质的过氧化过程，保护细胞不受过氧化作用破坏，这与抑制细胞膜脂质氧化酶有关。槲皮素能明显抑制血小板聚集，选择性地与血管壁上的血栓结合，通过抑制血小板脂肪氧合酶和环氧合酶使血管内膜释放血栓溶解素和血管膜保护介质，起到抗血栓作用。

4. 抗病毒活性

槲皮素对很多病毒如 1 型单纯疱疹病毒、呼吸道合胞病毒、狂犬病毒、副流感病毒 3 型和新必斯病毒等都有抗病毒活性。槲皮素还被发现可保护免受巨噬细胞依赖性鼠科门戈病毒的感染。槲皮素抗病毒的机制被认为是它能与病毒蛋白结合并干扰病毒核酸的合成。

5. 其他功效

槲皮素还有抗炎、抗过敏，止咳、祛痰、平喘，抗糖尿病并发症，镇痛等多种生物功效。

槲皮素抗炎抗过敏作用是通过抑制细胞脂氧酶和环氧酶，使致炎因子白三烯（Leukotriene，LT）、前列腺素合成受到抑制而产生作用。其抗炎止痛作用与糖皮质激素、阿司匹林相似，但无出血、胃损伤等副作用。

槲皮素有较好的祛痰、止咳作用，对支气管平滑肌具有缓慢而持久的舒张作用和促进气管纤毛运动等作用，还有一定的平喘作用，用于治疗慢性支气管炎、糖尿病并发症。槲皮素有镇痛作用，并具有量效关系，200mg/kg 槲皮素与 100mg/kg 阿司匹林或 2mg/kg 吗啡的镇痛作用相当。

（三）槲皮素的安全性

槲皮素对动物的急性毒性较小，大鼠 LD_{50} 为 $10\sim50g/kg$；小鼠口服 LD_{50} 为 160mg/kg，皮下注射 LD_{50} 为 100mg/kg。动物、人体毒理试验证实槲皮素的急性毒性很低，低剂量无毒性，生殖毒性低且无致癌性。但槲皮素具有一定的致突变性。另外，槲皮素可部分被机体吸收，经代谢无毒性。

槲皮素一直被认为是黄酮类化合物中突变性较强的一种，这种性质已在细菌回复突变试验、细胞培养基、人体 DNA 中得到证实。槲皮素有潜在的突变性，但这并不意味着它具有致癌性，许多研究认为槲皮素没有致癌性。但有一个研究显示槲皮素能增加肿瘤发生率。用含 0.1% 槲皮素的饲料喂白化变种挪威大鼠 406d，发现试验组大鼠 80% 有肠道肿瘤，20% 有膀胱肿瘤，而对照组两种肿瘤均未出现；但两者平均存活时间无明显差异。

美国国家毒理学机构通过在 F344/N 大鼠饲料中加入 4% 的槲皮素（1900mg/kg）连续喂养 728d，研究了槲皮素的致癌性。结果显示，在雄性大鼠中肾小管瘤发生率增加（试验组：对照组，8/50：1/50），但在雌性大鼠中肿瘤发生率没有增加，同时也发现试验组减少了（与剂量相关）乳房纤维性瘤发生率（高剂量组：对照组，9/50：29/50）。除了肾小管瘤外，未发现有其他的身体损害。目前，美国国家毒理学机构并未把槲皮素列入人体致癌物的名册。

三、大豆异黄酮

异黄酮是一种植物雌激素，在结构和功能上与人体雌激素十分相似。在所有植物雌激素中，大豆异黄酮（Soybean isoflavones）是研究最多的一种。在中国及其他亚洲国家，食用大豆食品的历史源远流长，一方面为大豆异黄酮的食用安全性提供了依据。另一方面，据调查亚洲各国人均大豆异黄酮摄入量为 $20\sim100mg/d$，相比之下，西方各国要少得多，而高大豆异黄酮摄入量之下的心血管疾病、2 型糖尿病、骨质疏松症及某些癌症的发病率和死亡率也相应低许多。一些流行病学及临床试验，也证实了大豆异黄酮的摄取与疾病防治之间确实有某些内在联系。

（一）大豆异黄酮的物化性质

大豆异黄酮属于黄酮类化合物中的异黄酮类成分，异黄酮母体结构与黄酮母体结构的不同之处在于，异黄酮的环 B 连接在环 C 的 C-3 上（图 6-9），而黄酮的环 B 连接在环 C 的 C-2 上。目前在大豆提取物中发现的异黄酮共有 12 种，其

图 6-9　异黄酮母体化学结构式

中 3 种以苷元（Aglycon）形式存在，另外 9 种为结合型糖苷（Glycosides）。

大豆异黄酮纯品是无色，略带苦涩味的晶体。大豆异黄酮呈微酸性，分子中酚羟基越多，其酸性越强，例如，染料木黄酮的酸性就比大豆苷元的酸性强。大豆异黄酮可溶于碱性溶液及吡啶中，对水的溶解性较差，以糖苷形式存在的大豆异黄酮可溶于热水。

（二）大豆异黄酮的生物功效

大豆异黄酮具有多种生物功效，其中包括对 FDA/WHO 食品添加剂联合专家委员会调查认为的人类三大疾病中的癌症和心血管疾病具有显著防治作用，另外，它能预防某些妇科病，尤其是绝经妇女出现的一些症状，提高机体免疫力，预防骨质疏松等。

在体内，大豆异黄酮苷元可以直接从小肠吸收，而糖苷形式的大豆异黄酮需经微生物和酶进一步分解成苷元后才能被机体吸收，由此可见，在机体内发挥功能作用的是大豆异黄酮苷元，因此，功能性研究主要是针对大豆异黄酮苷元，即染料木黄酮（Genistein）、大豆苷元（Daidzein）和黄豆苷元（Glycitein）。即使在研究中用到糖苷形式的大豆异黄酮，但得到的功效结果最终依然得归属于大豆异黄酮苷元。

1. 类似雌激素作用

大豆异黄酮苷元的母体结构与雌二醇的母体结构相似，尤其是苯酚环及两个羟基基团之间的距离（11.5Å）。一般认为，大豆异黄酮既有雌激素作用也有抗雌激素作用。大豆异黄酮可与雌激素受体结合，在体内雌激素缺乏时表现出微弱的雌激素活性，在体内雌激素充足时与雌激素竞争结合雌激素受体，由于大豆异黄酮的雌激素活性比内源性雌激素的活性低许多，从而表现出抗雌激素作用。

研究发现，大豆异黄酮能引起试验动物子宫肥大，表现出雌激素作用。青年妇女每天服用 45mg 大豆异黄酮，其月经期推迟 1.5d；给去卵巢小鼠皮下注射雌二醇的同时再加上 10mg 染料木黄酮，其生殖道的雌激素活性比单独使用雌二醇时低 54%，表现出抗雌激素活性。用卵巢切除的小鼠做试验时发现，只喂食含大豆异黄酮的饲料而不给予任何外源性雌激素的小鼠，其子宫重量会增加，在加入合成雌激素己烯雌酚后，其子宫重量比单独使用己烯雌酚的小鼠子宫重量低。

与内源性雌激素相比，大豆异黄酮对雌激素受体的亲和力及雌激素活性都要微弱许多。大豆异黄酮中对雌激素受体亲和力最高的染料木黄酮，其亲和力也只有雌二醇的约 0.0125。1993 年，有人定量测定了染料木黄酮和大豆苷元相对于内源性雌激素 17β-雌二醇的雌激素活性，若将后者的雌激素活性值设为 100，则前两者的雌激素活性分别只有 0.084 和 0.013。然而，尽管大豆异黄酮的雌激素活性和内源性雌激素相比是如此之低，但血液中的大豆异黄酮浓度可以比内源性雌激素高 1000 倍。

2. 缓解女性更年期症状

大豆异黄酮作为植物雌激素，对于女性尤其是绝经后妇女的身体健康有着重要的作用，它能帮助维持骨密度，降低心血管疾病的发生率，提高免疫力，及改善情绪状态等。

对绝经前妇女进行大豆异黄酮作用研究时发现，每天摄入大豆异黄酮 45mg 能延长女性月经周期，特别是延长卵泡期。目前的研究认为月经周期长短是乳腺癌发生的危险信号之一，原因不明。西方国家平均月经周期为 28~29d，日本妇女平均为 32d，而日本妇女的乳腺癌发生率比西方妇女低 4~5 倍。因此可以认为，大豆异黄酮能帮助女性减少乳腺癌发病的可能。

目前研究较多的还是大豆异黄酮对绝经后妇女的保健作用。女性到了一定年龄，其体内分泌的内源性雌激素水平会明显降低，随之而来的是一系列所谓的更年期综合症。热潮红是更年期中最为常见、发生频率最高的一种症状。尤其是在欧美国家，发生率达70%～80%，过去采用雌激素代替疗法，虽然可使症状得以改善，但副作用较大（人体对雌激素类药物的耐受力较低）。在目前所做的研究中，多数能证实大豆异黄酮能显著改善更年期热潮红症状，但也有部分实验认为大豆异黄酮对热潮红症状的缓解作用不比安慰剂强多少。

2002年，让受试者每天服用400mg大豆提取物（含大豆异黄酮50mg）或安慰剂，持续6周发现受试者热潮红症状的发生次数和程度均有显著减小，服用大豆异黄酮组的热潮红发生人数降低45%，而安慰剂组的热潮红发生人数降低24%。2003年也做了类似试验，采取双盲随机模式，让62名年龄在45～60岁的绝经妇女日服72mg大豆提取物或安慰剂，并对她们连续观察了6个月，最后得到的结论是，大豆异黄酮对热潮红症状的改善作用并不比安慰剂好多少。

骨质疏松是指单位体积骨质量下降，但其成分比例没有改变。骨质疏松受年龄、激素、遗传和营养等因素的影响，绝经女性骨质疏松最主要的原因是雌激素的缺乏，从而加速骨质的流失。流行病学研究发现，亚洲女性骨质疏松的发生率比西方女性要低许多，而亚洲女性普遍食用大豆食品。各国学者为研究这两者之间的关系付出了努力，最后，在一系列试验结果的证实之下，1999年，美国食品药品管理局批准大豆异黄酮具有改善骨密度作用的声明。1996年，在对绝经女性做的一项为期6个月的研究中发现，日服40g大豆蛋白（每克含2.25mg大豆异黄酮）能显著增加腰脊椎的骨密度。1998年重复了这项试验，试验对象为66位绝经妇女，每天给予大豆异黄酮90mg和56mg，结果发现只有高剂量组的大豆异黄酮膳食能防治骨质流失。

3. 肿瘤干预作用

亚洲国家如中国和日本的妇女乳腺癌发病率比西方妇女低许多，在很大程度上是由于她们常吃大豆食品的缘故。在对142857名日本妇女进行长达17年的研究后认为，大豆食品的摄入与乳腺癌呈明显负相关。

在对新加坡和日本进行的两项对照研究中发现，绝经前妇女有规律的摄入大豆食品能显著降低患乳腺癌的危险，而对绝经后妇女没有此发现。这似乎表明，大豆异黄酮对乳腺癌的抑制作用可能表现在它的抗雌激素作用上。但这一论断受到了质疑。1997年，Zava和Duwe在体外细胞研究中发现，染料木黄酮在低浓度时会刺激人体乳腺癌细胞MCF-7的生长，在高浓度时才表现为抑制作用。2000年，Ju等也发现染料木黄酮会促进植入小鼠体内的MCF-7细胞的生长。但是，对于由化学试剂诱发的癌症，染料木黄酮又能显著的减缓癌细胞的形成。由此看来，大豆异黄酮对乳腺癌的抑制作用机制是一个十分复杂的过程。但有一点可以确定，若能终身摄取大豆食品，患乳腺癌风险会大大减小。

亚洲各国的前列腺癌死亡率低于西方国家，流行病学研究显示，前列腺癌的死亡率与大豆食品的摄入呈负相关。在日本，一周食用豆腐5次的男子其前列腺癌发生率是一周食用豆腐少于一次者的50%。Severson调查了生活在美国的日裔男性的膳食与前列腺癌发生情况的相关性，结果显示膳食中大豆摄入量较高的日裔男性，其前列腺癌发生率显著低于美国本土男性。在美国加州的一项调查中发现，每天食用豆浆的人群与对照组相比，其前列腺癌发生率减少70%。

在动物试验中也得到类似结果。1996年报道，染料木黄酮能抑制大鼠前列腺癌细胞的生长。1997年发现，与低剂量相比，高剂量的大豆异黄酮能减少大鼠前列腺癌的发生率和延长前列腺癌的潜伏期，表现出剂量依赖关系。

　　另外，流行病学研究还发现大豆异黄酮的摄入与直肠癌、肺癌、胃癌等癌症的发生均有一定的关系。在对 65 名直肠癌患者及对照者调查时发现，每周至少摄入一次大豆食品者其直肠癌发生率明显较低。对 225 名对象进行调查时发现，大豆食品的摄入能明显降低肺腺癌和肺大细胞癌的发生率。在对近三万名男女进行长达 13 年的研究中发现，大豆食品的摄入与胃癌发生率呈显著负相关。

　　4. 调节心血管疾病

　　让 156 名患者每天摄取 25g 大豆蛋白饮料（含有大豆异黄酮），持续 9 周后，发现受试者的血清总胆固醇和低密度脂蛋白胆固醇水平均有明显下降。在改用去除大豆异黄酮的蛋白饮料后，没有得到什么效果。在其他一些人体或动物实验中也得到类似结果。因此，降低胆固醇水平的有效成分是大豆异黄酮而不是大豆蛋白。

　　1996 年，给 27 只青春期罗猴喂食致动脉粥样硬化的膳食，其中一份添加含大豆异黄酮的大豆提取物，持续喂养 6 个月后发现，含有大豆异黄酮的膳食能使雌性和雄性罗猴的低密度脂蛋白胆固醇和极低密度脂蛋白胆固醇降低 30% ~ 40%，使雌性罗猴的高密度脂蛋白胆固醇升高 15%。1997 年用与人类血缘较近的短尾猴进行试验，以验证大豆异黄酮对患有动脉粥样硬化的受试猴的冠状血管活性的影响。结果表明，在经过 6 个月含大豆异黄酮膳食的作用后发现，高含量的大豆异黄酮膳食能增强雌猴的冠状动脉对乙酰胆碱的舒张反应能力，对雄猴此效果不明显。在人体试验研究中也有类似发现。对胆固醇水平正常的女性（无论是绝经前还是绝经后），摄入大豆异黄酮一段时间后均能明显影响血清中的胆固醇水平，而对胆固醇水平正常的男性，摄入前后其脂质水平无明显变性。上述研究显示，大豆异黄酮对胆固醇的降低作用在某些情况下，对女性的效果优于男性。

　　5. 抗氧化作用

　　大豆异黄酮的抗氧化作用主要表现为对自由基的直接清除作用。大豆异黄酮苷元具有多个酚羟基结构，以 7 位上的羟基为例，在 A 环大 π 键的共振效应和 4 位上羰基的诱导效应的共同作用下，使该羟基上氧原子的电子云向大 π 键方向转移，从而减少对羟基上氢原子的束缚，使氢原子容易解离形成氢离子，与自由基结合，阻断自由基链反应，发挥抗氧化作用。

　　试验对象为 10 名 18 ~ 25 岁的健康女性，在每天的膳食中避免摄入含有异黄酮的食物，如豆类，全谷、亚麻子等以及维生素和酒精饮料。试验中的大豆异黄酮（染料木黄酮、大豆苷元和黄豆苷元及各自衍生物分别占 55%、37% 和 8%，其中，97% 的大豆苷元和染料木黄酮及 91% 的黄豆苷元以糖苷结合形式存在）摄入量有三个水平，分别是每天 0.15mg/kg（对照），1.01mg/kg（低摄入量），2.01mg/kg（高摄入量）。每个水平持续的时间为 13 周，两个水平试验之间的间隔期为 3 周。在每一个水平试验结束时收集 24h 内的尿液，用高效液相色谱法测定其中的脂质过氧化代谢产物的含量。结果发现，大豆异黄酮能显著降低尿中脂质过氧化代谢产物的总含量，表明大豆异黄酮对体内脂质过氧化反应具有抑制作用。

　　（三）大豆异黄酮的安全性

　　大豆异黄酮是从天然植物大豆中提取出来的。大豆异黄酮极易被人体吸收，当人体摄取足量后，多余的部分即被迅速排出体外，不会在体内蓄积。人体试验证明，长期服用大豆异黄酮并未发现有任何明显不良反应。急性毒理试验表明，口服大豆异黄酮 5g/kg 是安全的，这表明大豆异黄酮是实际无毒的。

　　1993 年，有人总结前人的研究并得出，每天摄取 60mg 大豆异黄酮苷元能改善妇女的更年期症状，60～100mg大豆异黄酮苷元能显著提高骨密度水平。从保护身体健康的角度，推荐每天摄入大豆异黄酮苷元60～100mg。根据体内血清原有低密度脂蛋白胆固醇水平的不同，每天摄取37～62mg大豆异黄酮苷元能起到降低作用。

四、染料木黄酮

据日本一项调查表明，日本人均摄食大豆量比欧美国家高出许多，体内血浆中异黄酮浓度是芬兰人的7～110倍，而日本国民的前列腺癌，胸腺癌，结肠癌等各种癌症的死亡率大大低于欧美各国。通过比较研究显示，摄入豆制品及异黄酮的水平与这些癌症的发生率呈明显负相关。而染料木黄酮是大豆异黄酮的主要成分，由此而引入对染料木黄酮的功能性研究。

（一）染料木黄酮的物化性质

染料木黄酮（又名金雀异黄素，染料木苷元）属于异黄酮类化合物，化学名为4',5,7-三羟基异黄酮，分子式$C_{15}H_{10}O_5$，结构上是与雌激素相似的杂环酚，通常被称作植物雌激素。染料木黄酮相对分子质量270.24，熔点297～298℃，呈灰白色结晶，紫外灯下无荧光。难溶或不溶于水，可溶于乙醇、乙醚等有机溶剂，由于分子中有酚羟基，故其显酸性，可溶于碱性水溶液中及吡啶中。

自然界中异黄酮资源十分有限，大豆是唯一含有异黄酮且含量在营养学上有意义的食物资源。尽管如此，其含量仍很低。大豆中的总异黄酮约占大豆总重的0.25%，其中的50%～60%为染料木黄酮。大豆胚轴中的染料木黄酮含量比子叶中的高出30%～60%，但由于子叶占大豆籽的95%以上，因此，大豆子叶中的染料木黄酮绝对量远远大于胚轴。另外，大豆中只有少量染料木黄酮以游离形式存在，其他大部分以糖苷结合形式存在。

（二）染料木黄酮的生物活性

对染料木黄酮生物活性的研究始于20世纪50年代，当时发现其结构与内源性雌激素——雌二醇的结构相似，便以之为新型雌激素加以研究。染料木黄酮的生物活性是多方面的，比较重要的有抗癌，抗心血管疾病以及预防骨质疏松等。

1. 雌激素效应

异黄酮类植物雌激素可与雌激素受体结合，并表现出微弱的雌激素活性，而且具有抗雌激素作用。实际上，染料木黄酮显示雌激素活性或抗雌激素活性，主要取决于对象本身的激素代谢状态。染料木黄酮对高激素水平者如年轻动物或雌激素化的动物及年轻妇女，显示抗雌激素活性。对低雌激素水平者，如幼小动物、去卵巢动物和自然绝经妇女则显示雌激素活性。

更年期综合症是由于妇女绝经后卵巢分泌雌激素减少而造成。染料木黄酮具有的雌激素活性尽管只有内源性雌激素的1/10000～1/1000，但血液中的染料木黄酮浓度可以比内源性雌激素高1000倍。

2. 预防骨质疏松

染料木黄酮预防骨质疏松的机制，可能是由于它能促进成骨细胞的增殖和分化。2002年，Y. Ishimi等为证实染料木黄酮对骨髓血细胞生成及骨代谢的作用，以做了睾丸切除术的7周大的老鼠进行对照试验（分别给以0mg/d、0.4mg/d、0.8mg/d染料木黄酮）。三周后结果表明，染料木黄酮能显著提高骨骼密度。临床试验结果证实，妇女只需日服1.39mg染料木黄酮连续6个月，即可显著提高骨骼的矿化度。

3. 抗肿瘤

1987 年发现，染料木黄酮能特异性抑制酪氨酸蛋白激酶（tyrosine protein kinase，TPK）的活性。由于酪氨酸蛋白激酶参与细胞生长的调节和控制，因此能抑制酪氨酸蛋白激酶活性的物质一直作为有效的抗癌物质。近年来，大量研究结果表明染料木黄酮对乳腺癌、前列腺癌、结肠癌、皮肤癌、肝癌等多种肿瘤细胞都具有较强的抑制作用。已提出了几种可能的机制，包括性激素作用调节，抑制酪氨酸蛋白激酶活性，抑制拓扑异构酶活性，抗肿瘤血管生成作用，抗氧化作用和诱发癌细胞凋亡及增加药效等。

用结肠致癌物建立大鼠结肠癌模型，给试验组喂以含大豆分离蛋白的饲料（其中含染料木黄酮 167μg/g 或 372μg/g），或者直接在饲料中加入染料木黄酮（372μg/g），持续 6 周后，发现受试组大鼠的结肠异常隐窝比未加染料木黄酮的对照组有显著减少。染料木黄酮能有效降低氧化偶氮甲烷致癌病变的发生率，还可抑制 2,2-二羟甲基丁酸、1-甲基-3-硝基-1-1 亚硝基胍、4-硝基喹啉-1-氧化物、苯并芘等其他多种致癌物的致癌作用。

4. 调节心血管疾病

目前已有众多有关染料木黄酮对血管细胞影响的研究实验，结果表明染料木黄酮能降低血浆胆固醇水平，降低低密度脂蛋白水平，提高高密度脂蛋白水平，防治心脏病、动脉粥样硬化等心血管疾病。

有调查显示，食用大豆食品的人群心脏病发病率较低。染料木黄酮能浓度依赖性的抑制心肌成纤维细胞增殖，而心肌成纤维细胞的异常增殖是心脏纤维化的主要原因之一，从而，染料木黄酮能预防心脏纤维化。

欧美国家曾进行多次对照临床试验，让健康男女志愿受试者每人每天口服 62mg 染料木黄酮，结果发现，与对照组相比，服用染料木黄酮的组血清高密度脂蛋白升高，低密度脂蛋白、胆固醇和甘油三酯大大降低。而血液中低密度脂蛋白和胆固醇是动脉硬化的主要病因。该研究表明，染料木黄酮可以通过抑制细胞中某些与形成动脉粥样硬化损伤有关的过程，从而防治动脉硬化。

5. 抗氧化作用

染料木黄酮含 3 个酚羟基，酚羟基作为供氢体能与自由基反应，使之形成相应的离子或分子，终止自由基链反应。在小鼠高过氧化病理模型中，口服大豆异黄酮提取物（主要成分为染料木黄酮）14d，剂量为 200mg/kg 组的小鼠，各器官的超氧化物歧化酶活性和谷胱甘肽过氧化物酶活性均有提高。

研究者在小鼠饲料中添加 50mg/kg 或 250mg/kg 染料木黄酮，喂养 30d 后发现，饲料中含 50mg/kg 染料木黄酮，对小鼠小肠的过氧化氢酶活性以及皮肤、小肠、肝、肾等器官的谷胱甘肽还原酶活性有增强作用，尤其对皮肤和小肠的抗氧化活性增强最大。饲料中含 250mg/kg 染料木黄酮除了可显著增强小肠的过氧化氢酶活性外，对其他器官如肝、肾等的过氧化氢酶活性也有增强作用，另外，还可以提高皮肤的超氧化物歧化酶和谷胱甘肽过氧化物酶活性，以及皮肤和小肠的谷胱甘肽过氧化物酶活性。

6. 其他功效

染料木黄酮能改善记忆力，机制尚不明，但试验可以证明，平均年龄为 25 岁的妇女日服含 100mg 大豆异黄酮的高蛋白饮食，短期与长期记忆力均有改善。多位绝经妇女日服大豆异黄酮 110mg，与对照组相比记忆力有明显提高。这一点预示染料木黄酮可能具有预防老年痴呆的功效。

研究者让 6 名绝经前妇女每天摄取 60g 大豆蛋白，持续 1 个月后，发现受试者的卵泡期显著延长，月经期推后。另外一项以 15 人为对象的试验也得到相似的结果。另有报道说，雌激素能刺激胶原蛋白和弹性蛋白的产生，抑制现有胶原蛋白的断裂，雌激素水平下降是导致皮肤松弛、色泽变差和产生皱纹的原因之一。

（三）染料木黄酮的安全性

染料木黄酮属于低毒物质，摄入量在 500mg/d 以下时是安全的，使用中一般不会超过这个量。染料木黄酮的毒副作用主要表现为生殖毒性作用，如可引起动物的性早熟、假孕、死胎、流产及不育等，以及体重、器官重量下降等现象，超大剂量时，甚至可引起动物死亡。

第七节　原花青素和花色苷

原花青素（Proanthocyanidins，PC）是自然界中广泛存在的聚多酚类混合物，由不同数目的黄烷-3-醇或黄烷-3,4-二醇聚合而成，具有多种生物功效。花青素（Anthocyanidins）又称"花色素"，均指不带有糖苷的母体，接上糖苷基后，称为花色苷（Anthocyanins）。

水皂角提取物的主要功效成分为原花青素、二聚黄烷醇等多酚类化合物，葡萄籽提取物含有 80%~85% 的原花青素、5% 的儿茶素和表儿茶素、2%~4% 的咖啡酸等有机酸，松树皮提取物主要成分是低聚原花青素（Procyanidolic oligomers，OPC）。

松树皮提取物与葡萄籽提取物的主要成分都是原花青素，虽然在使用上可以相互代替，但葡萄籽提取物中的低聚原花青素在清除自由基方面功效更突出。因为只有葡萄籽提取物含有原花青素的没食子酯，它们是活性最强的低聚原花青素自由基清除物质，而在松树皮提取物中则没有这些化合物。

欧洲越橘提取物的主要活性成分是花色苷，能明显改善视力，是保护视力功能最好的花色苷类。此外，还能保护毛细血管，促进视红细胞再生，增强暗适应能力。

一、水皂角提取物

水皂角 [*Cassia nomame*（Sieb.）Kitagawa]，别名有夜云实、田皂角、合明草、豆茶决明等，属一年生草本豆科植物，气微，味淡。野生的水皂角主要生长于中国、东南亚、印度和南美的部分地区。

（一）水皂角提取物的物化性质

水皂角提取物为黄绿色的细粉末，主要含有原花青素、二聚黄烷醇等多酚类化合物。水皂角中的多种成分可以破坏脂肪酶对脂肪的分解，是天然的抑脂酶，可用来生产减肥产品。

（二）水皂角提取物的生物功效

中医认为，水皂角具有清肝明目，和脾利水，治目花、夜盲、偏头痛、水肿、脚气、黄疸等功效，其叶也用作茶叶代用品，提取物用其全草。

1. 抑脂减肥作用

抑脂酶就是能够抑制脂肪酶活性的一类活性物质，可以预防和治疗肥胖以及其他各种由肥胖导致的成人疾病。现在市场上几种有名的处方药就是利用了抑脂酶的减肥作用，通过破坏脂肪酶从而减少对脂肪的吸收。临床数据表明，抑脂酶的减肥效果非常明显。在欧美已经进行了数千人参加的双盲、安慰剂试验，通过试验来评估抑脂酶的效果。现在的药物型抑脂酶可以抑制大约30%吸收的膳食脂肪。尽管如此，目前大多数药物型抑脂酶都有很强的副作用，如药物型抑脂酶虽然能够抑制脂肪酶的活性，但是同时也妨碍了人体对脂溶性维生素的吸收。因此人们希望寻找一种更好的抑脂酶，既能抑制脂肪酶的活性，又没有或者只有很小的毒副作用。

1992年日本新村发现，水皂角提取物对脂肪酶具有强烈的抑制活性。1994年从该植物叶片分离出脂酶抑制物毛地黄黄酮，还发现其数种具有相关化学结构的多酚物质也可以抑制脂肪吸收。1997年又发现，从水皂角果实中提取分离出的数种与缩合的单宁相关的黄烷二聚体，也具有抑制脂肪酶的活性。而美国国家渔业协会在寻找天然抑脂酶时，也发现了这种叫做水皂角的小树，其果实中含有一系列的天然抑脂酶。日本有一项研究表明，水皂角的抑脂能力可以达到28%，不亚于已知市场可以买到的合成抑脂酶的抑脂能力。

水皂角含有天然抑脂酶和多种酚类物质，如儿茶素等。当脂肪分子通过肠胃时，水皂角抑脂酶抑制了血液对脂肪的吸收，这意味着脂肪能量没有排放到血液中去，所以脂肪就不易积累下来。同时，水皂角也是天然利尿剂，产生放热活动，促使体内脂肪细胞的燃烧。由于这样的一些功效，水皂角可以起减肥的作用。并且研究表明，水皂角不像通常的化学合成的减肥药物那样，对人体没有任何损害。在欧美国家，水皂角作为一种理想的减肥产品，通过降低人的食欲达到减肥的目的。另外，水皂角还富含维生素和矿物质，可以制成一种营养型饮料。因此，水皂角与一般减肥产品的区别是，水皂角除了可以帮助减肥，还可以提供身体所需的营养素。

2. 抗肿瘤作用

水皂角提取物能够抑制中国仓鼠的卵巢癌细胞的增殖。试验中采用的卵巢细胞取自中国仓鼠，试验分成4组：两组为正常的（其中一组有水皂角提取物），另外两组（其中一组有水皂角提取物）为用2.5μmol/L的诱导剂丝裂霉素C（Mitomycin C，MMC）处理过的卵巢细胞。经过一段时间的培养，卵巢癌细胞开始增殖，记下每8h的癌细胞数量。结果表明水皂角提取物能够显著地抑制细胞变异，并且能修复部分由丝裂霉素C导致的受损细胞。但是对正常细胞的自然变异并没有任何作用。

（三）水皂角提取物的安全性

水皂角提取物的毒理学资料暂时还很少。不过水皂角提取物在日本和美国作为减肥产品，已有几十年，还没有发现有不良反应。

二、葡萄籽提取物

葡萄籽提取物（Grape seed extract）的主要功效成分是原花青素，具有多种生物功效。1967年，美国Joslyn等从葡萄皮和葡萄籽中提取分离出4种多酚化合物，将它们在酸性介质中加热，均可产生花青素，故而将这类多酚化合物命名为原花青素。

葡萄籽资源丰富，其提取物中原花青素含量可高达95%，因而是提取原花青素的最好来源之一。原花青素不只存在于葡萄籽中，自然界很多植物都含有原花青素。茶子（*Ribes nigrum*）、高粱、英国山楂、单子山楂（*Crataegus monogyna*）、花生、银杏、日本的罗汉柏（*Thujopsis dolabrata*）、北美的崖柏（*Thuja occidentalis*）、土耳其的侧柏（*T. orientalis*）、花旗松（*Pseudotsuga menziesii*）、白桦松、海岸松等都含有原花青素。

（一）葡萄籽提取物的物化性质

葡萄籽提取物主要是原花青素类化合物。原花青素分子由不同数量的儿茶素（3位上为反式结构，结构见图6-10）和表儿茶素（结构和儿茶素类似，只是3位上为顺式结构）结合而成，其结构见图6-11。有人将其归为生物类黄酮，也有人将其归为单宁。现在，它被独立为原花青素类，作为一类多酚化合物的总称。

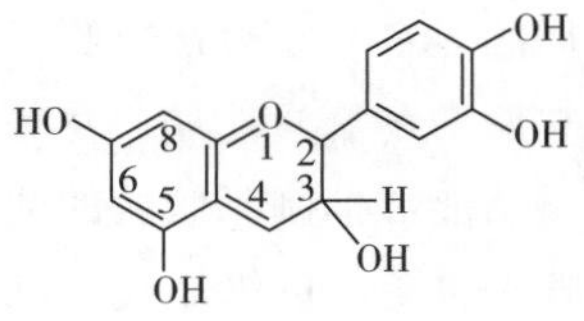

图6-10 儿茶素化学结构式

最简单的原花青素是儿茶素与表儿茶素形成的二聚体，此外还有三聚体、四聚体乃至十五聚体。各单体之间主要通过4,6键或4,8键相连，按聚合度的大小，通常将二聚体、三聚体、四聚体称为低聚原花青素，五聚体以上称为多聚原花青素（Procyanidolic polymers，PPC）。低聚原花青素为水溶性物质，极易吸收，多聚原花青素水溶性较差。由于二聚体的两个单体的构像和缩合键的位置不同，可以产生多种异构体，现已分离鉴定出8种结构，分别命名为B1~B8，其中，B1~B4以C4→C8键合，B5~B8以C4→C6键合。在各类原花青素中，二聚体分布最广，研究最多，是最重要的一类原花青素。

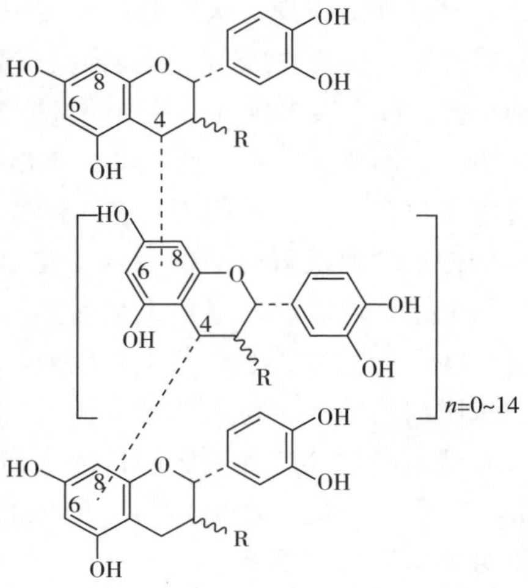

图6-11 原花青素化学结构式

目前从葡萄籽中鉴定出的原花青素包括3种单体、14种二聚体（其中6种为没食子酸酯形式）、11种三聚体（其中3种为没食子酸酯形式）及1种四聚体。

葡萄籽提取物原花青素为白色粉末，有涩味；能溶于水、乙醇、甲醇、丙酮、乙酸乙酯，不溶于乙醚、氯仿、苯等；在280nm处有强吸收。在酸性溶液中加热可降解生成花青素。

（二）葡萄籽提取物的生物功效

葡萄籽原花青素可以显著提高机体抗衰老能力，改善心血管功能，预防高血压，增强人体抗突变反应能力，甚至对动脉硬化、胃溃疡、肠癌、白内障、糖尿病、心脏病、关节炎等疾病都有治疗作用。

1. 抗突变作用

用酿酒酵母（*Saccharomyces cerevisiae*）的S228C（α-prototroph）细胞株，以呼吸缺陷型突变体作为线粒体突变型的表现，记录突变体的产生率，试验结果表明，葡萄籽原花青素在0mg/mL、0.25mg/mL、0.5mg/mL时，突变发生率分别为1.7×10^{-2}，0.9×10^{-2}，0.6×10^{-2}，对照组与试验组之比分别为1、0.5、0.35。可以看出，葡萄籽原花青素能有效降低线粒体突变发生率。

用S228C（α-prototroph）细胞株，记录L-刀豆氨酸敏感型突变为L-刀豆氨酸耐受型的数量，试验结果表明，葡萄籽原花青素在0mg/mL、0.25mg/mL、0.5mg/mL时，细胞核突变发生率分别为1.95×10^{-8}、0.25×10^{-8}、0.15×10^{-8}；对照组与试验组之比分别为1、0.12、0.08，试

验组细胞核突变率减少88%~92%。

2. 抗肿瘤作用

葡萄籽原花青素的抗癌功效在国外已有许多研究报道，其中 S. Sjoshi 等进行的体外研究证明，葡萄籽原花青素对某些肿瘤细胞具有细胞毒性。他们在实验中使用人体乳腺癌细胞 MCF-7、人类肺癌细胞 A-427、人体胃腺癌细胞 CRLCR1739 和慢性骨髓白血病细胞 K562，所用葡萄籽原花青素浓度为25mg/L、50mg/L，观察时间点为0~72h，并与正常人类胃黏膜细胞和正常尿道上皮细胞 J774A1 进行比较。结果发现，25mg/L 的葡萄籽原花青素对 MCF-7，A-427 和 CRL1739 具有细胞毒性。在 24h、48h、72h 抑制生长率分别为 7%、30%、43%，50mg/L 时在相同时间点对 MCF-7 的抑制率分别为 1%、30% 和 47%，对 A-427 和 CRL1739 也观察到类似结果。对 K562 则无此作用。同时，葡萄籽原花青素可提高正常人类胃黏膜细胞和 J774A1 的生长和存活能力。

3. 改善视力

给 75 例因长期在显示屏前工作的眼疲劳患者每天服用葡萄籽原花青素 300mg，2 个月后其相对敏感性和客观症状均有明显改善。对 200 名近视性视网膜非炎性改变的患者每日服用葡萄籽原花青素 150mg，2 个月后受试者视力有明显提高。

4. 皮肤美容作用

在欧美等国家，葡萄籽提取物享有"皮肤维生素""口服化妆品"的美誉。葡萄籽提取物具有清除自由基，阻断弹性蛋白酶的产生并抑制其活性的作用，从而改善皮肤健康状况。

原花青素能抗皱，这是基于它能维护胶原的合成，抑制弹性蛋白酶，协助机体保护胶原蛋白和改善皮肤的弹性，改善皮肤的健康循环，从而避免或减少皱纹的产生。

低聚原花青素为水溶性，在 280nm 处有较强的紫外吸收性，可抑制酪氨酸酶的活性，可将黑色素的邻苯二醌结构还原成酚型结构，使色素褪色，可抑制因蛋白质氨基和核酸氨基发生的美拉德反应，从而抑制脂褐素、老年斑的形成，可与维生素 C 或维生素 E 起协同效应。

原花青素的收敛作用，使得含原花青素的化妆品在防水条件下对皮肤也有很好的附着能力，并且可使粗大的毛孔收缩，使松弛的皮肤收敛、绷紧、减少皱纹，从而使皮肤变得细腻。原花青素在空气中易吸湿，其保湿作用基于原花青素具有多羟基结构，原花青素还能与透明质酸、蛋白质、磷脂、多肽等结合。

5. 降血脂、降血压作用

葡萄籽原花青素能提高血管抵抗力，降低毛细血管渗透性，它的抗氧化和抗酶作用已被多个改善毛细血管渗透性的体内试验模型所证实。动物试验和临床研究发现，葡萄籽原花青素可以有效降低胆固醇和低密度脂蛋白水平，预防血栓形成，有助于预防心脑血管疾病和高血压的发生。

原花青素可治疗大鼠的自发性高血压，并显示出量效关系。兔经静脉注射 5mg/kg 原花青素可减少血压对血管紧张素 I 和血管紧张素 II 的应答。葡萄籽原花青素与镉、锌共同作用可以降低正常大鼠因年龄所致的收缩压增加，对有中风倾向的自发高血压大鼠长期给予原花青素可延长它们的寿命。

6. 抗菌抗炎、抗过敏作用

将葡萄籽磨成粉末状，用索格利特萃取器以石油醚（60~80℃，6h）提取其中的油状物质。用丙酮：水：乙酸（90：9.5：0.5）萃取 8h，提取脱脂粉末，经真空浓缩得到粗提物。

将得到的提取物用平板倾注培养法测试其对蜡样芽孢杆菌（*Bacillus cereus*）、凝结芽孢杆菌（*Bacillus coagulans*）、枯草杆菌（*Bacillus subtilis*）、金黄色葡萄球菌、大肠杆菌和铜绿假单胞菌（*Pseudomonas aeruginosa*）的抗菌性，结果发现，在 855~1000mg/L 浓度下，革兰氏阳性菌被完全抑制，而革兰氏阴性菌则在浓度为 1250~1500mg/L 时被抑制。

葡萄籽原花青素的抗炎及抗过敏作用早在 20 世纪 50 年代就被人们注意到了，它的抗氧化活性使其可抑制诸如组织胺、5-羟色胺、前列腺素及白三烯等炎症因子的合成和释放，抑制嗜碱性粒细胞和肥大细胞释放过敏颗粒，从而有效地改善皮肤过敏症状及过敏性哮喘症状。此外，它还可抑制组胺脱羧酶的活性，限制透明质酸酶的作用，因而对各种关节炎及胃、十二指肠溃疡效果显著。

7. 清除自由基、抗氧化作用

原花青素是迄今为止所发现的最强有效的自由基清除剂之一，尤其是其体内活性，更是其他抗氧化剂所不可比拟的。从葡萄籽提取物中的单体、二聚体和三聚体等多酚类物质的结构可知，这些多酚类物质由于在苯环上含有若干个羟基，它们能与自由基反应生成较稳定的酚氧自由基，从而清除自由基。在生物体氧化反应中，自由基氧化占很大一部分，因此，原花青素能通过清除自由基达到抗氧化的作用。

8. 抗辐射作用

自由基学说是辐射损伤的基础理论，机体受辐射后可产生内源性自由基，引发脂质过氧化等损伤。而葡萄籽原花青素具有清除自由基，抑制氧化损伤的功效。据试验报道，将小鼠肉瘤 S_{180} 分别给予 ^{60}Co γ 射线局部照射、口服葡萄籽提取物和局部照射加口服葡萄籽提取物的不同方式处理，接种瘤细胞后第 12 天，检测受试动物的瘤重、白细胞计数、脾淋巴细胞转化率等指标。结果发现，对照组的平均瘤重显著高于其他各组；照射加高剂量葡萄籽提取物的肿瘤抑制率显著高于单纯照射组和单纯口服葡萄籽提取物组；单纯照射组的白细胞数低于其他各组。这可能是因为葡萄籽提取物可抑制辐射引发的脂质过氧化，从而具有抗辐射损伤的作用。

9. 其他功效

日本利用儿茶素对牙龈透明质酸酶的抑制作用，将其加入牙膏中抑制牙龈病。又因其能抑制胶原酶，对牙周炎有防治作用，制成预防牙周炎的漱口水。法国已开发出用原花青素低聚体制成的脂质体微胶囊的晚霜、发乳和漱口水。

原花青素在毛发方面的研究与开发较晚，其中日本研究较多。原花青素对毛囊细胞有增殖和再生功能，从而能促进毛发生长和再生。

此外，原花青素还具有抑制酶活性、保护肝脏、抗病毒、抗真菌、抗溃疡、抗腹泻、抗血小板凝聚、抗抑郁、防龋抗龋、祛臭等功效，对治疗外周静脉功能不全、急性肾功能衰竭以及淋巴水肿等疾病均有很好的功效。

（三）葡萄籽提取物的安全性

原花青素广泛存在于各类食物中，如水果、蔬菜、巧克力和茶等，人类摄取原花青素已有几百年的历史，没有出现任何中毒事件。美国环境保护署对葡萄籽原花青素进行急性口服毒性研究，发现其 LD_{50} 远远超过 5g/kg，属实际无毒级。

大鼠连续 6 个月每天口服 60mg/kg 原花青素，犬口服相同剂量 12 个月均无任何副作用，无致畸致突变作用。在生殖方面，服用原花青素的雌性动物在生育前后均十分安全。

三、松树皮提取物

松树皮提取物是从法国西南部朗德地区沿海松树（*Pinus pinaster*）树皮中提取的，商品名为 Pycnogenol（碧萝芷）。其历史可以追溯到 1534 年，一名法国探险家 Jacques Cartier 在一次探险经历后将其从北大西洋土著居民手中带回法国。400 多年后，随着对生物类黄酮的活性研究的开展，它开始引起人们的注意。

有人将其他种类的树皮提取物也称之为碧萝芷，它成为树皮提取物中具有抗氧化活性的多种成分的代名词。如黑荆树（*Acacia mearnsii* Willd.）、马尾松（*Pinus massoniana* Lamb.）、湿地松（*Pinus elliotii* Engelm.）、火炬松（*Pinus taeda* L.）及落叶松（*Larix gmelini* Rupr.）等，其树皮也能提取出具有抗氧化活性的多种成分。

（一）松树皮提取物的物化性质

松树皮提取物的主要成分是水溶性极高的原花青素低聚物（60% ~ 65%），同时还有其他 40 余种水溶性成分，其中多数为有机酸，包括咖啡酸、原儿茶酸、香草酸、阿魏酸、没食子酸等，以及葡萄糖脂和其他对人体有用的生物功效成分。

精制后的松树皮提取物是一种有流动性的精细粉末，微带红棕色，有芳香，入口略带涩味。在干燥环境中非常稳定，避光保存可长达 5 年之久，其中原花青素仅损失 1%。

（二）松树皮提取物的生物功效

1. 延缓（皮肤）衰老

松树皮提取物的生物功效是多方面的，其中最突出、最显著的功能是其能延缓（皮肤）衰老，使人保持青春。下面的 3 个经典试验，可以证实这一点。

（1）果蝇生存试验　收集 8h 内羽化而未交配的果蝇用乙醚麻醉后雌雄分组，每个浓度组雌或雄果蝇各 200 只，分装在 10 个培养试管内，每管 20 只，雌雄果蝇分别称重并计算平均体重。将果蝇放入受试物培养基后实验即正式开始。每 2d 记录果蝇的存活数、死亡数，每 4d 更换一次培养基，一直到果蝇全部死亡。果蝇生存实验已被作为延缓衰老功效的检测方法，其判定标准为一个指标的一个浓度组为阳性并结合其他生化指标即可判定该保健品即具有延缓衰老的作用。松树皮提取物的实验结果显示，在评价生存实验的指标中半数死亡时间和平均寿命指标中，4 个浓度组都显示了阳性，由此说明松树皮提取物具有延缓衰老的作用。

（2）"拉皮"试验　美国科学家在一项研究中，把皮肤胶原质纤维浸入水中 24h，同时将重物悬挂在胶原质纤维上，对其进行拉伸和削弱，这相当于人的皮肤在实际生活中几十年的磨损和拉扯。当在水中加入松树皮提取物时，皮肤纤维竟然绷紧而且恢复了强度。这表明松树皮提取物能消除皱纹、改善皮肤松弛和下垂状态，使皮肤年轻。

（3）抗紫外线试验　用强度相当于 $150mJ/cm^2$ 阳光的紫外线照射并补充 $0\mu g/mL$、$1\mu g/mL$、$5\mu g/mL$、$25\mu g/mL$ 松树皮提取物，持续 24h 后，测定细胞中荧光素酶的活性，以该酶的活性表征细胞受紫外线伤害的程度，酶活性越高，则损伤越大。相关试验结果表明，随松树皮提取物浓度的增加，荧光素酶的活性明显降低，当松树皮提取物浓度为 $25\mu g/mL$ 时，该酶的活性降为未使用松树皮提取物时的一半。

2. 其他生物功效

对女性而言，松树皮提取物除了美容作用外，其中所含的几种果酸成分具有减轻痉挛疼痛（抗痉挛）的作用，能够缓解子宫痉挛。松树皮提取物对毛细血管的保护作用也有助于进一步减轻经期不适。日本 Kanazawa 大学医学院的一项研究中，让一些妇女在月经来潮的前两周开始服用 30~60mg/d 的松树皮提取物，服用 4 周后，80%患子宫内膜异位、70%患严重痛经和 60%做过妇科手术的妇女，疼痛都减轻或者完全消失了。

对于男性，松树皮提取物能改善由精子畸形导致的男性不育症状。对于有勃起性功能障碍的患者也有一定功效。2003 年，对 21 名勃起性功能障碍患者用松树皮提取物和安慰剂进行了为期 3 个月的双盲试验。试验中，勃起性功能障碍由国际公认的 IIEF-5（国际勃起性功能障碍指数，最高为 25，21~25 为功能正常，16~20 为轻度障碍，11~15 为中度障碍，低于 10 为严重障碍）进行确认。受试者年龄为 22~69 岁，受试剂量为 120mg/d，分 3 次口服摄入。3 个月后，受试者的 IIEF-5 指数由原来的平均 12.6±1.1 增加到 16.8±0.8。而安慰剂对 IIEF-5 指数没有任何改善。

松树皮提取物还能提高老年人的记忆力和学习能力，增加运动员的运动耐受力。由于松树皮提取物的主要成分是原花青素，原花青素所具有的保护心血管、预防高血压、预防癌症、增强人体免疫力，改善视觉功能等，松树皮提取物也一应具有。此外，松树皮提取物在水中的溶解性非常好，口服后吸收好，进入人体内后起效快，而且作用维持的时间较久。

（三）松树皮提取物的安全性

松树皮提取物的 LD_{50} 大于 21500mg/kg，属实际无毒级。松树皮提取物投放市场至今已有 80 余年，它无毒、无致突变性、无致癌性、无致畸胎性，松树皮提取物是安全的。

四、欧洲越橘提取物

欧洲越橘（*Vaccinium Myrtillus*，又称 Bilberry、Huckleberry 或 Whortleberry）原产于欧洲和北美，生长在灌木丛、沼泽、树林中的酸性土壤上，是一种属于杜鹃科（Ericaceae）越橘属（*Bilberry*）的落叶浅根矮灌木。迄今为止，越橘属共发现 450 多个种，但只有欧洲越橘自中世纪以来由于它在传统医学中的多种治疗应用而被载入史册。

（一）欧洲越橘提取物的物化性质

欧洲越橘提取物主要成分为花色苷，花色苷从化学结构上来看是花色素与糖的结合。经高效液相色谱法分析，在欧洲越橘提取物中共发现 5 种花色素和 3 种糖，每种糖均与花色素母体第 3 位上的—OH 缩合，共形成 15 种花色苷结构。

欧洲越橘花色苷是一种水溶性色素，稳定性不太好，易受环境条件影响，其稳定性可以通过色泽的改变进行判断。如矢车菊葡萄糖花色苷随 pH 的改变，其颜色深浅有很大的波动，这一现象表明它的化学结构或构型受到 pH 的显著影响。

（二）欧洲越橘提取物的生物功效

1. 改善视力

欧洲越橘提取物最为突出的生物功效就是对视力有改善作用。第二次世界大战期间，英国皇家空军大多需要夜间飞行，以免被德军发现。他们埋怨夜晚视力不佳，不是投错了地点，就是错炸了自己的阵营。唯有一支大队几乎毫无差错地完成了投弹任务。经调查，原来该大队的菜单比其他队多了一种用欧洲越橘制成的果酱。于是其他大队纷纷效仿，结果，食用这种果酱的飞行员，向确定方向攻击时，即使在微明的环境下也可以清晰看到目标。后经多方考证，这种产自欧洲北部的野生越橘的主要有效成分——欧洲越橘花色苷，具有改善眼球血液循环、增强视力的作用。不过，该事件的真实性还有待考证。

研究人员所做的有关欧洲越橘提取物对视力的改善作用试验，一般能得到支持其能有效改善视力的试验结果，但后来一些研究人员在进行同类试验时，却得不到同样的结果，因此，他们对欧洲越橘花色苷的这一功能是否存在怀有疑问。其实，纵观这些试验，无论是支持者还是持怀疑态度者，在他们的试验中都存在一些漏洞。早期试验如 Jayle，他的试验设计首先就存在问题，Jadad 评分只有 1 分，因此对他得到的试验结果也需做进一步证实。而 Levy 等虽然用到了双盲随机试验，Jadad 评分较高，但在他们实验中的受试人数和使用剂量均太少，不能说明什么问题。而 Mayser 的试验中，虽然试验人数众多，但他的试验用量 160mg/d，指的是提取物的量，即使按其中欧洲越橘花色苷的标准含量 25% 来算，剂量仍然很小。

除了试验设计、试验人数和试验用量以外，试验原料的来源也是影响试验结果的重要因素，因为，欧洲越橘提取物具有改善夜间视力的功能，很可能与其中各种花色苷的含量及所占比例有关，而不同产地的欧洲越橘，不同来源的欧洲越橘提取物，其花色苷组成及各成分比例均会有不同，从而得到不尽相同的结果也不足为奇。

2. 其他功效

欧洲越橘提取物还能增强动脉舒张、促进视紫红质再生，对糖尿病和高血压带来的视网膜症也有一定疗效。在临床应用中，通常会将欧洲越橘提取物和其他功能性成分并用以产生协同效果。如将欧洲越橘提取物与维生素 A 或 β-胡萝卜素并用来改善视力，以及将欧洲越橘提取物与维生素 E 和维生素 C 一起使用来保护血管。

（三）欧洲越橘提取物的安全性

欧洲越橘在自然界中存在已久，经人们长期食用至今，还没有发现任何毒副作用报道。用狗作为试验对象，做了有关欧洲越橘提取物的急性毒理试验和慢性毒理试验，均未发现有任何中毒现象。急性毒理试验为一次性经口摄取 3000mg/kg 欧洲越橘提取物，没有发现任何明显毒副作用。慢性毒理试验历时 6 个月，每天喂食 80~120mg/kg 欧洲越橘提取物，也没有任何中毒迹象。

第八节 生 物 碱

生物碱（Alkaloids）多指一类从植物中获得的含氮碱性杂环有机化合物，通常具有明显的生物活性，是中草药的有效成分。生物碱广泛分布于植物界，但含量多寡不定，其中在豆科、茄科、防己科、罂粟科、毛茛科等各科中含量较高。这些生物碱在植物体内通常是与有机酸或无机酸结合成盐的形式存在，还有一些则是以苷类、酯类、N-氧化物类等形式存在，只有弱碱性的生物碱是以游离态形式存在。

生物碱具有多种生物功效。如吗啡碱可以镇痛，可卡因碱可以止咳，麻黄碱可以平喘，阿托品碱可以解痉挛，紫杉醇、喜树碱、长春碱等多种生物碱还具有很好的抗肿瘤活性。

紫杉醇是一种四环二萜类生物碱，主要存在于红豆杉科植物中。由于其抗癌机制独特且抗癌活性广谱、高效，紫杉醇已成为继阿霉素和顺铂后最热门的抗癌药物。喜树碱属喹啉类生物碱，广泛存在于喜树的果实、根、树皮中，是继紫杉醇之后第 2 个获准上市的具高效抗癌活性的天然药物。辣椒素是香草酰胺类生物碱，具有辛辣刺激性气味，具有良好的减肥、镇痛、止痒、抗炎等生物功效。

一、喜 树 碱

喜树（*Camptotheca acuminata* Decne.）属山茱萸目（Cornales）珙桐科（Nyssaceae）旱莲属植物，落叶乔木，分布于我国长江流域及西南各省区和印度部分地区，我国台湾、广西、河南等地也有栽培，最早的文字记载在 1848 年的《植物名实图考》中。1966 年美国人从喜树的皮中分离出喜树碱（Camptothecin，CPT），试验证明这种色氨酸-萜烯类生物碱具有抗肿瘤活性，从而引起了人们的广泛关注。

（一）喜树碱的物化性质

人们先后从喜树果实、根、树皮中发现 31 种化合物，其中喜树碱及其衍生物 10 余种。大量研究证实它们有良好的抗肿瘤活性。但由于喜树碱不溶于水，加之其钠盐毒副作用较大，因此人们对喜树碱的结构改造进行了广泛研究，旨在提高溶解度，降低毒性，延长内酯环在体内的保留时间及增加生物功效等。迄今所报道的喜树碱衍生物已经达数百种，其中，羟基喜树碱（Hydroxycamptothecin，HCPT），拓普替康（Topotecan，TPT，9-N,N'-二甲基亚氨基-10-羟基喜树碱），伊立替康（Camptothecin-11，CPT-11）以及氨基、硝基喜树碱等在临床显示了广泛的抗癌活性。目前喜树碱类药物已进入临床阶段，并获美国食品药品管理局的批准，成为继紫杉醇之后第二个获准上市的具抗癌活性的天然药物。总体来看，临床试验所开发的衍生物主要有两类：

①以伊立替康和拓普替康为代表的水溶性衍生物；

②以 9-硝基喜树碱和 9-氨基喜树碱为代表的喜树碱的水不溶性衍生物。

喜树碱化学名为 1H-吡喃酮（3',4',6,7）吲哚并（1,2-b）-喹啉-3,14-（4H,12H）-二酮，属喹啉类生物碱，分子式为 $C_{20}H_{16}N_2O_4$，相对分子质量 348.34。喜树碱及其衍生物的化学结构和简称如图 6-12 和表 6-11 所示。喜树碱分子为五环结构，含有一个吡咯［3,4-b］喹啉环（环 A、B、C），一个共轭的吡啶酮环（环 D）和一个六元 α-羟基内酯环（环 E）。喜树碱衍生物除了 C-7，C-9，C-10，C-11 上取代基不同外，化学结构基本相似，带内酯结构的平面芳香五

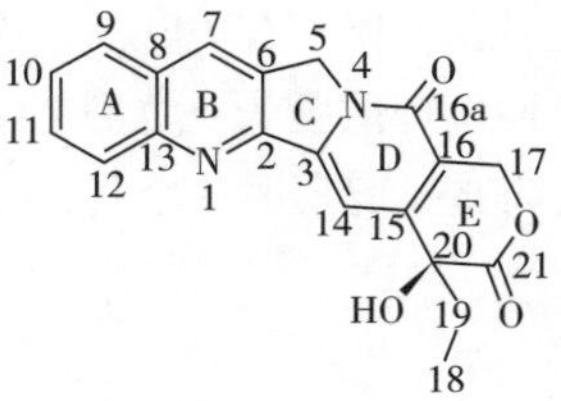

图 6-12　喜树碱的化学结构通式

环和手性 C-20（S）是它们的共同结构特性。结构-活性关系研究显示 C-7、C-9、C-10 位取代衍生物能增强抗癌活性，而 C-11、C-12 位取代衍生物对抗癌活性有抑制作用。将二甲胺基团引进 C-9 位而得的拓普替康和将二嘧啶羧基引进 C-10 位而得的伊立替康水溶性明显提高。

表 6-11　　　　　　　　喜树碱（衍生物）的简称和结构特点

喜树碱（衍生物）	简称	C-11	C-10	C-9	C-7
喜树碱（Camptothecin）	CPT	H	H	H	H
10-羟基喜树碱（10-hydroxycamptothecin）	HCPT	H	OH	H	H
拓普替康（Topotecan）	TPT	H	OH	$CH_2N(CH_3)_2$	H
伊立替康（Irenotecan）	CPT-11	H	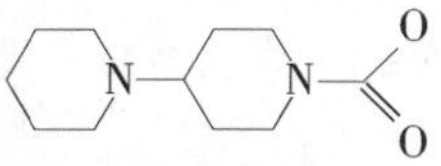	H	CH_2CH_3

续表

喜树碱（衍生物）	简称	C-11	C-10	C-9	C-7
9-氨基喜树碱（9-amin-ocamptothecin）	9-AC	H	H	NH$_2$	H
9-硝基喜树碱（9-nitro-camptothecin）	9-NC	H	H	NO$_2$	H
7-乙基-10-羟基喜树碱（7-ethyl-10-hydroxycamp-tothecin）	SN-38	H	OH	H	CH$_2$CH$_3$

纯喜树碱为淡黄色针状晶体，熔点高达 264~267℃。与一般生物碱不同，喜树碱没有明显的碱性，属于中性的生物碱，不溶于酸，与酸不易成盐，所以不能用生物碱常规提取方法分离。连续的共轭 π 键使喜树碱在紫外光下呈现强烈的蓝色荧光。喜树碱不溶于水，除氯仿、甲醇、二甲基亚砜等少数溶剂外，不溶于一般的有机溶剂。由于喜树碱是一种不溶于水的天然生物碱，所以早期的研究都采用喜树碱的水溶性钠盐制剂进行临床试验。

喜树是喜树碱的主要来源之一，另外，目前人们还从 3 个不同的科中找到含喜树碱和甲氧基喜树碱的 3 种植物，分别是夹竹桃科（Apocynaceae）狗牙花属的海木狗牙花（*Ervatamia heyneana* T. Cooke），茶茱萸科（Icacinaceae）假柴龙树属臭假柴龙树（臭马比木，*Nothapodytes foetida*），以及茜草科（Rubiaceae）蛇根草属的硬毛蛇根草（*Ophiorrhiza mungos* L.）。

（二）喜树碱的生物功效

20 世纪 70 年代初喜树碱进入临床研究阶段，用喜树碱进行人体胃肠癌的实验性治疗，对部分病人的症状有所缓解；用其钠盐的水溶液及腹腔注射方式还可治疗白血病和其他一些癌症。由于喜树碱的毒性和令人难以忍受的副作用如恶心、呕吐，以及制成水溶性的钠盐后抗癌活性降低等原因，使试验受阻，喜树碱的研究一度进入低潮阶段。

喜树碱能阻断拓扑异构酶Ⅰ的合成，拓扑异构酶Ⅰ是一种与细胞分裂密切相关的酶，阻断这种酶的产生即可阻止癌细胞的生长，说明喜树碱的作用靶蛋白是拓扑异构酶Ⅰ而不是拓扑异构酶Ⅱ，这是其抗癌机制的独特之处。这一发现掀起了喜树与喜树碱研究的新高潮。随后的十多年中，人们对喜树碱及其衍生物的药理作用进行了大量的研究，发现这类药物除广泛的抗肿瘤活性外，还具有抗病毒（可能的治疗艾滋病的作用）和治疗皮肤病等多方面的作用。

1. 喜树碱衍生物的抗肿瘤活性

喜树碱及其衍生物抗恶性肿瘤研究从 20 世纪 70 年代开始，虽然中间有所停顿，仍取得了巨大的成就。前期临床试验表明，喜树碱及其衍生物对膀胱癌、脑癌、乳癌、宫颈癌、结肠癌、神经腹质瘤、何杰金氏病（淋巴网状细胞瘤）、白血病、肺癌、淋巴瘤、黑色素瘤、卵巢癌、胰腺癌、儿科癌症、前列腺癌和肝癌等都有不同程度的疗效。

由于喜树碱水溶性差且毒副作用大，因此多年来国内外众多学者致力于开发多种高效低毒的喜树碱衍生物，对这些衍生物的抗肿瘤活性、作用机制、药代动力学、临床应用及与其他抗肿瘤药物的联合使用等方面进行了大量研究。

（1）10-羟基喜树碱 活性高毒性低，曾被认为是所有天然存在或合成的喜树碱衍生物中抗癌活性最高的化合物。该药在我国广泛应用，临床用于治疗原发性肝癌、胃癌、头颈部腺源性上皮癌、白血病、膀胱癌等恶性肿瘤。缺点是不溶于水，只能用其钠盐注射剂，先开环变成无活性的羟酸物形式，体内生理条件下只有少部分重新闭环显示活性，影响了其抗癌功效的发挥。

（2）拓普替康　由于 A 环 9 位碳原子上引入二甲胺甲基，变成水溶性化合物。主要用于治疗卵巢癌、胸癌及小细胞肺癌。拓普替康具有高抗瘤活性和宽抗瘤谱特性。拓普替康对大肠癌、血液系统恶性肿瘤疗效显著，对脊髓发育不良综合征、急性白血病、恶性淋巴瘤等单独使用均有效；对重复发病或耐药的神经细胞、非小细胞肺癌、小细胞肺癌、卵巢癌、乳腺癌、结肠癌、食道癌、胰腺癌、鳞状上皮细胞癌均有较好功效，特别对非小细胞肺癌的治疗有突破性进展。

（3）伊立替康　是水溶性衍生物，为一种前药，在体外抗癌活性很小，在体内代谢成 SN-38 发挥抗癌作用。该产品已传入法国、美国，用于晚期结肠、直肠癌的治疗。在美国已被批准用于其他抗癌药物无效的转移性结肠直肠癌的治疗，是自 5-氟尿嘧啶发现以来第一个用于治疗转移性结肠癌的新型抗癌药。临床已用于对多种肿瘤病人进行治疗，根据 II 期临床报道，对胃癌有效率 23%，结肠癌 46%，小细胞肺癌 33%，宫颈癌 24%，卵巢癌 21%，但缓解期较短，仅 50~68d。

2. 对人类免疫缺陷病毒/艾滋病可能的治疗作用

随着对喜树碱及其衍生物研究的不断深入和完善，科学家们已逐渐将目光转向这些物质的抗病毒性能，特别是与人类免疫缺陷病毒有关的艾滋病领域。以色列 Ben Gurion 大学发现 DNA 拓扑异构酶 I 在人类免疫缺陷病毒复制中非常活跃，低剂量的喜树碱能阻断被感染细胞（急性和慢性）人类免疫缺陷病毒 1 型的复制。1997 年报道喜树碱类药物不仅对人类免疫缺陷病毒 1 型有效，而且对其他与艾滋病有关的病毒也有效。有关研究表明，喜树碱对急性感染人类免疫缺陷病毒患者细胞中的人类免疫缺陷病毒复制的抑制率可达 89%~93%，是治疗艾滋病的一种新型天然药物。美国史克公司研究者认为拓普替康和其他用来抗人类免疫缺陷病毒的喜树碱衍生物的毒性太大，但试验显示抗人类免疫缺陷病毒所需的剂量要小于治疗癌症所需的剂量。

3. 治疗其他疾病

有关试验显示喜树碱可抑制人类角朊细胞的增殖，并能促进角朊细胞的分化，从而为临床应用于银屑病治疗打下理论基础。用 0.03% 喜树碱制剂外用治疗寻常性银屑病有显著功效。

（三）喜树碱的安全性

喜树碱对小鼠腹腔注射的 LD_{50} 为 68.4~83.6mg/kg，静脉注射的 LD_{50} 为 57.3mg/kg，灌胃的 LD_{50} 为 26.9mg/kg；对大鼠静脉注射的 LD_{50} 为 234.1mg/kg，灌胃的 LD_{50} 为 153.2mg/kg。可见喜树碱静脉注射的毒性比口服小。犬一次静脉注射的最小致死量为 80mg/kg，犬于给药后 10d 内死亡，喜树碱精氨酸盐将其对小鼠静脉注射的 LD_{50} 提高了一倍，降低了毒性。10-羟基喜树碱对小鼠腹腔注射的 LD_{50} 为 （104±11） mg/kg。

二、紫　杉　醇

1856 年，Lucas H 从浆果红豆杉 （*Taxus baccata*） 叶中提取到粉末状碱性物质，即紫杉碱 （Taxine）。但在随后的 100 年间没有多大进展。直到 1958 年，美国国家癌症研究所组织化学、生态、药理及临床方面的专家对 35000 多种植物提取物进行抗癌活性的筛选工作。1963 年，参加筛选工作的美国化学家 M. C. Wani 和 Monre E. Wall 首次从一种生长在美国西部大森林中的太平洋紫杉（*Pacific yew*）树皮中分离到了紫杉醇的粗提物。在筛选试验中，Wani 和 Wall 发现紫杉醇粗提物对离体培养的鼠肿瘤细胞有很高活性，并开始分离这种活性成分。由于该活性成分在植物中含量极低，直到 1971 年与 Duke 大学的化学教授 Andrew T. McPhail 合作，通过 X 射线分析确定了该活性成分的化学结构——四环二萜化合物，并把它命名为紫杉醇（Paclitaxel）。

（一）紫杉醇的物化性质

紫杉醇，商品名为 Taxol，分子式 $C_{47}H_{51}NO_{14}$，相对分子质量 853.89；为白色或类白色粉末，在甲醇水溶液中呈针状结晶，其浓缩注射液是一种无色透明或略带黄色的黏性溶液；熔点 213~216℃（分解）。紫杉醇具有高亲脂性，可溶解于乙醇、丙酮、乙酸乙酯、三氯甲烷等，难溶于水（0.006mg/mL），不溶于石油醚，在 pH=4~8 时比较稳定，碱性条件下很快分解。

紫杉醇的化学结构（图 6-13）分为两个部分，基本骨架部分是一个紫杉烷类的三环二萜（图 6-14），侧链包括三个芳香环（一个苯环，两个苯甲酰环）和一个环氧丙烷环（D 环），合起来有七个环，其核心为四环二萜。

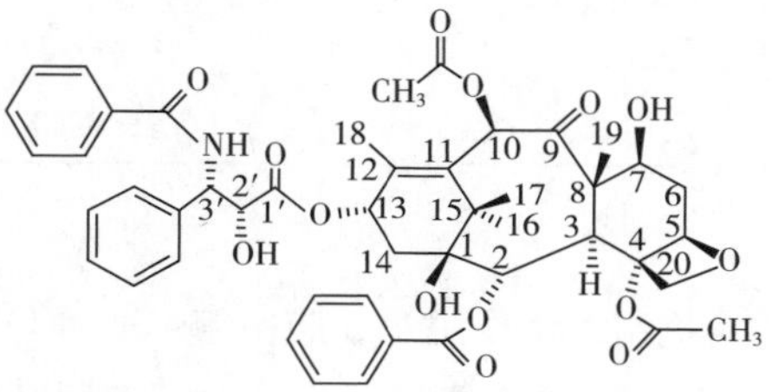

图 6-13 紫杉醇的化学结构式 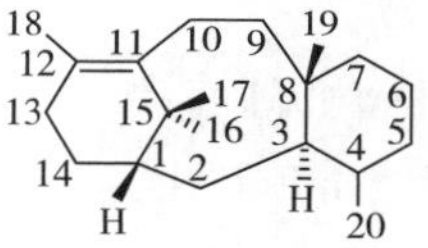　　　图 6-14 紫杉烷类结构的基本骨架

紫杉醇主要存在于红豆杉科植物中，在红豆杉近缘科属植物中亦有分布，但含量极少。在不同红豆杉植物中，紫杉醇含量不尽相同，其中以短叶红豆杉树皮中含量最高，但也仅为 0.003%~0.069%。在同种红豆杉植物体内，紫杉醇的分布也相差较大，树皮中紫杉醇含量最高，幼苗、根部次之，针叶、小枝、种子、心材含量较低。

由于紫杉醇在树皮中含量低，所以用自然来源方式来获取紫杉醇，将给红豆杉属植物带来极大的威胁。目前太平洋紫杉等几种红豆杉属植物已经被列为濒危树种。因此研究紫杉醇类化合物的其他来源倍受重视。

（二）紫杉醇的生物功效

1992 年 12 月 9 日美国食品药品管理局批准紫杉醇上市，用于治疗转移性卵巢癌，1994 年又批准该药用于治疗转移性乳腺癌。加拿大和瑞典也于 1993 年批准该药上市，1995 年我国批准紫杉醇为二类新药抗癌药物。现紫杉醇已在欧洲、美洲、南非等地的 40 多个国家上市。由于其独特的抗癌机制和广谱高效的抗癌活性，紫杉醇是继阿霉素和顺铂后最热点的抗癌药物。

1. 抗肿瘤活性

紫杉醇不仅对卵巢癌、子宫癌和乳腺癌有较好的功效，而且对鼻咽癌、膀胱癌、淋巴癌、胰腺癌、结肠癌、前列腺癌、转移性肾癌、急性胰腺炎、视网膜瘤、恶性黑色素瘤、头颈部肿瘤、小细胞性和非小细胞性肺癌等多种癌症的功效也十分明显，被誉为"晚期癌症的最后一道防线"。此外，紫杉醇对治疗其他疾病也有一定的潜力，如具有抗类风湿性关节炎作用、抗疟作用，对中风、老年痴呆和先天性多囊肾病也有一定的作用。

人癌细胞体外微量培养的四氮唑试验证明，口腔上皮癌细胞、结肠癌细胞、卵巢癌细胞对紫杉醇最敏感；乳腺癌细胞、胃癌细胞次之；肺腺癌细胞及肝癌细胞不够敏感；对长春新碱耐药的两种癌细胞 KB/VCR 及 HCT-8/VCR 对紫杉醇不够敏感，见表 6-12。

表 6-12　　　　　　　　　　　紫杉醇对人癌细胞的杀伤作用

细胞株	$IC_{50}/$（μg/mL）
口腔上皮癌细胞（KB）	0.0019
结肠癌细胞（HCT-8）	0.0019
卵巢癌细胞（A2780）	0.0036
胃癌细胞（MGC80-3）	0.005
乳腺癌细胞（MCF-7）	0.01
肺腺癌细胞（A549）	0.05
肝癌细胞（Be17402）	0.07
口腔上皮癌耐药细胞（KB/VCR）	0.2
结肠癌耐药细胞（HCT-8/VCR）	0.11

2. 抗肿瘤机制

1979 年 Schiff 等证实紫杉醇具有独特的抗癌机制，它作用于细胞微管，通过与微管蛋白 N端第 31 位氨基酸和第 217~231 位氨基酸结合，诱导和稳定微管蛋白聚合，抑制其解聚，增加聚合度，使维管束不能与微管组织中心相互连接，将细胞周期阻断于 G_2/M 期，导致有丝分裂异常或停止，阻止癌细胞增殖。

微管是真核细胞的一种组成成分，它是由两条类似的多肽（α 和 β）为单位构成的微管蛋白二聚体形成的。其功能为构成细胞的网状支架，维持细胞形态，参与细胞的收缩伪足运动，参加细胞器的位移及胞内物质运输等，其中尤为重要的是染色体的分裂和位移，需在微管的帮助下进行。正常情况下，微管蛋白和组成微管的微管蛋白二聚体存在动态平衡，微管在钙离子的作用下解聚，有丝分裂时形成纺锤体和纺锤丝，牵引染色体向两极移动。紫杉醇可使两者之间失去动态平衡，导致细胞在有丝分裂时不能形成纺锤体和纺锤丝，抑制了细胞分裂和增殖，使肿瘤细胞停止在 G_2 期和 M 期，直至死亡，进而起到抗肿瘤作用。紫杉醇被认为是唯一的，能促进微管形成而抑制微管蛋白解聚的植物次生代谢产物。

（三）紫杉醇的安全性

大鼠一次静注给药，紫杉醇剂量分别为 38.0mg/kg、50.0mg/kg 和 85.0mg/kg，给药后的第 4 天和第 5 天，所有给药组大鼠出现网织红细胞和白细胞计数下降，但 1 周后即可恢复。在 85.0mg/kg 组，10 只大鼠有 2 只最终死于造血再生障碍和淋巴组织衰竭等全身性中毒，病理组织学检查显示许多雄性大鼠胸腺髓质萎缩，骨髓再生不良，脾内的淋巴组织衰竭。给药各组均出现精子生成障碍和管状萎缩。

无论是急性中毒，还是多次给药条件下的慢性中毒，对紫杉醇最敏感的组织是血液及造血系统，这与该组织细胞代谢、分裂旺盛有关。有人认为，1 个月及 6 个月重复给药条件下的无毒作用剂量约为每次 1.0mg/kg。

三、辣　椒　素

辣椒又叫秦椒、番椒、辣子，属茄科，一年生草本，在热带为多年生灌木，原产于南美洲热带，我国普遍栽培。辣椒作为人们日常生活中普遍应用的辛香食料，已有几个世纪的历史。辣椒的辣味来源为辣椒素类物质，是具有辛辣刺激性的香草胺合成的衍生物，主要成分之一为辣椒素（Capsaicin）。对于辣椒素的研究起于 19 世纪早期，发现它具有镇痛止痒、抗炎消肿、调节胃肠道、防治风湿与抗肿瘤等生物功效。

（一）辣椒素的物化性质

辣椒素，又名辣椒碱、辣椒辣素，化学名是 8-甲基-6-癸烯香草基胺，分子式为 $C_{18}H_{27}NO_3$，属于一种香草酰胺类的生物碱。辣椒素纯品呈单斜长方形片状无色结晶，熔点 65℃，沸点 210～220℃，易溶于乙醇、乙醚、苯以及氯仿，微溶于二硫化碳。辣椒素水解生成香草基胺和癸烯酸，因其具有酚羟基而呈弱酸性，并可以与斐林试剂发生显色反应。

此后又有一些辣椒素的同系物从辣椒果实中被发现，统称为辣椒素类物质。迄今为止，已发现辣椒素同系物约 14 种以上，结构都类似于辣椒素，相互之间只是 R 基团有所不同。

其中辣椒素占 75%且辣味最强，与二氢辣椒素（Dihydrocapsaicin）共占辣椒所含辣味物质的 90%以上，其余同系物仅占少量。还在甜椒果实中发现两种无辣味的类辣椒素物质，辣椒素酯（Capsiate）和二氢辣椒素酯（Dihydrocapsiate），据推测是辣椒素类物质合成的前体物，但仍需进一步的研究证实。

（二）辣椒素的生物功效

1. 减肥作用

辣椒素能够通过刺激肾上腺素的分泌，加速体内脂肪的代谢，同时可以分解糖原，加速能量的代谢，从而达到减肥的效果。试验表明，小鼠饮食中每日给予辣椒素 1mg/kg 连续 28d 或 56d，在表皮吸收细胞中只有少量脂肪，这说明辣椒素具有减肥的作用。

将 144 只雄性小白鼠用添加 0.014%辣椒素的食物等量喂养 7d 后，任意将其中三分之二继续等量喂养（CA 组），其他的三分之一以不添加辣椒素相同的食物等量喂养（CO 组），在喂养期间对小鼠进行踏车运动训练，至速度均匀时将 CA 组的二分之一注射 3.0mg/kg 的肾上腺素抑制剂（CA-PR 组），二分之一注射无影响的安慰剂（CA-PL 组），然后照常喂食、训练并取样测量。血清自由脂肪酸浓度测量结果表明，辣椒素能显著刺激 β-肾上腺素分泌，同时皮下脂肪组织重量测量结果 CA 组明显低于 CO 组，说明辣椒素可以加速脂肪代谢，具有减肥作用。

2. 保护胃黏膜

流行病学和临床资料表明，辣椒素对于人体消化性溃疡具有防治作用。在诱导大鼠胃溃疡之前给予辣椒素和辣椒粉（用盐水或溶媒对照）可使黏膜和胃液均具有较高的黏液含量，黏液含量和胃黏膜血流量的增加可能是辣椒素对胃黏膜起保护作用的原因。大鼠预先给予辣椒素，对于乙醇、阿司匹林以及压力所致的实验性胃黏膜损伤有明显保护作用，通过对乙醇诱导大鼠胃黏膜损伤的研究证实，胃内给予辣椒素（160μg）可抑制 25%或无水乙醇诱导胃黏膜损伤的产生，增加胃黏膜血流量（89%）；皮下注射辣椒素（2mg）具有与胃内给药相同的胃保护作用。

还有研究表示辣椒素对于内毒素诱导的肠损害也有保护作用，接受了内毒素而未预先给予辣椒素的大鼠肠内有严重的形态学改变以及肠绒毛高度明显减少；相反，先给予辣椒素再给予内毒素的大鼠的肠绒毛高度正常，形成一保护黏膜。此外，辣椒素还可以促进胃肠的蠕动从而促进消化。

3. 镇痛和止痒作用

疼痛和瘙痒有密切的关系，它们有共同的神经解剖学途径，都是由神经递质 P 物质进行传递，P 物质是一种十一肽，广泛地分布在传入感觉神经纤维、背后神经节和脊髓后角中，是从外周到中枢神经系统传送疼痛冲动和某些痒感的主要化学介质。辣椒素可作用于 C 型感觉神经元上的 P 物质，抑制耗竭 P 物质合成，阻断感觉神经对疼痛和瘙痒的传导，从而起到镇痛和止痒的作用。

对于辣椒素的镇痛和止痒作用，进入 20 世纪 90 年代以来得到广泛关注。用 0.025% ~ 0.075% 辣椒素来治疗带状疱疹后遗神经痛、糖尿病性神经痛，以及各种原因所致的疼痛症状均获成功。治疗一些瘙痒性皮肤病，如神经性皮炎、结节性痒疹、银屑病、烫伤后瘙痒以及血液透析有关的瘙痒，也均有良好的效果，并有助于这些疾病的痊愈。例如，对 30 例带状疱疹后遗神经痛患者和 21 例结节性痒疹患者采用局部外涂 0.025% 辣椒素法进行治疗，结果显示止痛有效率达 70%，其中 56.7 的患者完全止痛，13.3% 的患者有显著效果；止痒有效率达 57%。对 197 例伴有瘙痒的银屑病患者，外用辣椒素和赋形剂进行双盲对照试验，6 周后辣椒素治疗组有 82% 的患者皮损消退或显著改善，而赋形剂组为 33%。目前辣椒素已被用于治疗各种神经源性疼痛、瘙痒及相关症状。

4. 抗炎作用

为研究辣椒素的抗炎作用，利用因二甲苯、巴豆油所致耳廓肿胀的小白鼠进行试验。结果表明，辣椒素霜对两种因素导致的小白鼠耳廓肿胀均有明显的作用（$P<0.01$），抑制率分别为 32.6%、57.1%。Roche 等对 4 例过敏性鼻炎和 4 例健康者随机进行辣椒素治疗，结果证实辣椒素治疗后鼻阻力明显降低（$P<0.02$），其中过敏性鼻炎病人治疗前、后鼻阻力值分别为 0.40±0.02kPa（h·s）和 0.20±0.03kPa（h·s）；健康者为 0.44±0.01kPa（h·s）和 0.35±0.02kPa（h·s）。过敏性鼻炎比健康者鼻阻力下降更明显（$P=0.0001$），上述试验结果都表明辣椒素具有显著的抗炎功效。

5. 其他功效

辣椒素还具有调节脂类过氧化、心肌保护、升高血压、抗癌、调节体温、提高免疫力等生物功效。

（三）辣椒素的安全性

辣椒素不同的给药途径 LD_{50} 差异显著。对小鼠的研究表明，辣椒素的静脉注射 LD_{50} 为 0.56mg/kg，腹腔内为 7.56mg/kg，皮下为 9.00mg/kg，皮肤表面为 512mg/kg，口服（胃内）为 190mg/kg。不同的动物对辣椒素的感受性不同，豚鼠比小鼠大鼠敏感，仓鼠和兔不太敏感，如大鼠皮下的注射 LD_{50} 为 10mg/kg。

辣椒素对大鼠的眼睛有一定负影响，导致对角膜疼痛感失敏从而失去了角膜保护反应，但影响非常轻微。用小鼠口服 0.5g/kg 辣椒粗提物或 50mg/kg 辣椒素，进食普通饲料或给水 60d。从第 10~30 天直肠温度下降 1℃，以后升高 1~2℃，体温调节机制和动物行为均正常，食量明显增加，60d 后平均体重比对照组略轻，但血液学各参数和肾功能正常。这说明，辣椒素基本无慢性毒性。

四、石杉碱甲

石杉碱甲（Huperzine-A）是由名贵珍稀野生植物蛇足石杉中分离出来的生物碱，蛇足石杉又名千层塔，属石杉科石杉属，中医认为具有消肿止痛、清热解毒、散瘀止血等功效。蛇足石杉全草有毒，民间常将全草用于治疗跌打损伤、瘀血肿痛、精神分裂、毒蛇咬伤等疾病。

石杉碱甲作为一种胆碱酯酶抑制剂，具有高效、可逆、高选择性的特点。石杉碱甲分子小，易透过血脑屏障，进入中枢后较多地分布于大脑的额叶、颞叶、海马等与学习和记忆有密切联系的脑区，较低剂量即可显著抑制乙酰胆碱酯酶（Acetylcholinesterase，AChE），升高神经突触间隙的乙酰胆碱（Acetylcholine，ACh）含量，从而增强神经元兴奋传导，起到提高认知功能、增强记忆保持和促进记忆再现的作用。可以治疗中、老年良性记忆障碍，各型痴呆，记忆认知功能及情绪行为障碍以及重症肌无力等疾病。

（一）石杉碱甲的物化性质

石杉碱甲化学名称为（5R,9R,11E）-5-氨基-11-亚乙基-5,8,9,10-4H-7-甲基-5,9-亚甲基环辛四烯并［b］吡啶-2-（1H）-酮，为白色至微黄色结晶性粉末，味苦，分子结构如图6-15所示。

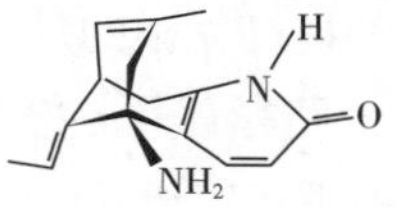

石杉碱甲在植物中的含量为0.006%~0.120%，蛇足石杉中的含量相对较多，主要分布在蛇足石杉的叶和茎中，根部相对较少。除蛇足石杉外，还有多种近缘植物，如亮叶石杉［*H. lucida*（Michx.）Trev］、皱边石杉［*H. crispata*（Ching ex H. S. Kung）Ching）］、柳杉叶马尾杉［*P. cryptomerianus*（Maxim.）Ching comb. Nov）］、华南马尾杉［*Phlegmariurus fordii*（Baker）Ching）］等也含有石杉碱甲，其中柳杉叶马尾杉中石杉碱甲含量较高，可达1981.27μg/g。

图6-15 石杉碱甲的化学结构式

（二）石杉碱甲的生物功效

1. 改善认知功能

石杉碱甲对早中期阿尔茨海默病患者有良好的功效。乙酰胆碱是脑内不可缺少的神经递质，在学习记忆中具有重要作用，石杉碱甲能够抑制乙酰胆碱酯酶，延缓乙酰胆碱的降解，从而提高神经突触间隙的乙酰胆碱浓度，起到提高认知功能的作用。有305例阿尔茨海默病患者，口服石杉碱甲（0.1~0.2mg，bid）治疗8~16周后，记忆认知能力及生活自理能力有显著改善，记忆商、简易精神状态检查量表、日常生活活动、改良长谷川痴呆量表、韦克斯勒记忆量表、GBS痴呆症状群量表、AD评估量表的认知分量表、临床失智评估量表评分也有明显提高。

石杉碱甲对于缓解其他病症伴随的认知障碍同样有效。有354例精神分裂症患者，在服用抗精神病药物的同时，给予石杉碱甲（0.1~0.2mg）持续4~12周，可以有效提高患者的认知功能，并改善其生活质量。对认知功能康复训练治疗帕金森病患者配合使用石杉碱甲（0.1mg）持续6周，能够改善患者认知功能，提高生活质量。

2. 抗凋亡作用

石杉碱甲能够对抗过氧化氢、蛋白激酶C抑制剂等多种介质诱导的神经凋亡作用，通过抑制线粒体释放细胞色素C进而抑制脱天蛋白酶3（Caspase-3）的活性和活性氧的形成，能够显著提高细胞存活率以及防止细胞核碎裂，从而起到抑制细胞凋亡的作用。

3. 神经保护作用

石杉碱甲针对不同的分子作用位点表现出多种神经保护作用，包括对抗有机磷的神经毒性、对抗谷氨酸盐的毒性、对抗氧化应激、抑制缺血缺氧性脑损伤、抑制 NO 的神经毒性等作用。

石杉碱甲通过阻断 N-甲基-D 天冬氨酸受体激活后的信号传导，从而降低谷氨酸盐对神经细胞的毒性并提高细胞存活率，尤其对 N-甲基-D 天冬氨酸受体数量较多的成熟神经元细胞保护作用最强。石杉碱甲保护有机磷化合物对神经的毒性伤害，通过提前给药与乙酰胆碱酯酶可逆结合，从而防止有机磷化合物与乙酰胆碱酯酶的不可逆结合，并且石杉碱甲能选择性的抑制血浆红细胞乙酰胆碱酯酶，而对潜在的内源性有机磷清除剂丁酰胆碱酯酶无抑制作用。石杉碱甲对新生大鼠脑缺氧操作以及糖缺乏导致的细胞损伤均具有明显的保护作用，能够改善成年沙鼠短暂性全脑缺血所致的空间记忆障碍和神经病理损伤，显著提高缺血后降低的胆碱乙酰转移酶的活性。另外，石杉碱甲还能够保护神经元细胞对抗 β-淀粉样蛋白产生的毒性，并提高超氧化物歧化酶的产生。

4. 镇痛作用

利用热板法（热刺激）和腹部收缩法（化学刺激）对大鼠进行疼痛刺激，石杉碱甲能够剂量依赖性的提高大鼠的疼痛阈值，起到镇痛效果。

（三）石杉碱甲的安全性

石杉碱甲相比于其他胆碱酯酶抑制剂，如加兰他敏、他克林，产生的严重胆碱副反应较少，产生流涎副作用较弱，阿托品对石杉碱甲产生的毒性有明显的拮抗作用。对狗（0.6mg/kg）和大鼠（1.5mg/kg）使用石杉碱甲 180d，病理学组织检查显示其肝脏、心脏、肾脏、肺未见变化，未发现其在鼠类中有致突变作用，在鼠和兔子中也未发现致畸性。

在关于石杉碱甲的临床研究中，中国健康受试者中单次剂量高达 0.99mg，以及在美国轻中度阿尔茨海默病患者中为期 24 周石杉碱甲剂量 0.4mg 的临床研究中，均获得良好的安全性数据。但临床治疗中也曾发现一些不良反应存在，儿童尤其是孤独症患儿使用石杉碱甲的安全性还需进一步研究，可能出现癫痫样发作的严重不良反应，另有报道口服石杉碱甲出现过敏反应的情况。

第九节　萜类化合物

萜类化合物（Terpenoids）是指基本骨架由两个或两个以上的异戊二烯单元组成的，具有 $(C_5H_8)_n$ 通式的一类烃类化合物，通常可分为单萜、倍半萜、二萜、三萜、四萜及多萜等六大类。萜类化合物广泛存在于动、植物体内，尤其在植物的精油成分中含有丰富的单萜和倍半萜类化合物。

单萜类化合物（Monoterpenoids）广泛存在于蔬菜、水果及其他植物挥发油中，不具有营养价值，许多单萜化合物具有良好的抗肿瘤活性。在单萜化合物中，D-柠檬烯的抗癌活性较好，特别对啮齿类动物的皮肤癌、肺癌表现出较强的抑制作用。D-柠檬烯是牻牛儿基牻牛儿磷酸酯经柠檬烯合成酶催化环化后形成的，是许多植物中单环单萜的前体化合物。柠檬烯在柑橘，尤其是柑橘果皮精油中含量丰富。

森林匙羹藤酸是从森林匙羹藤中提取的一类物质，主要含三萜类化合物。它是一种天然的甜味抑制剂，同时具有良好的减肥、调节血糖、抗龋齿功效。叶绿素属于双萜化合物，是一种常用作为绿色素，具有抗氧化、抗肿瘤和调节神经功能等多种功效。三萜类化合物如鲨鱼肝中的角鲨烯，具有弱的香气，在生物体内可转变为胆固醇。

一、柠 檬 烯

柠檬烯（Limonene）是广泛存在于天然植物中的单环单萜（Monocyclic monoterpene），是除蒎烯外，最重要和分布最广的萜类。它具有抗肿瘤、抗菌等多种生物功效。在工业上柠檬烯有广泛的用途。在香料工业中柠檬烯可直接用于调香，在很多日化香精配方中都有应用，其用量可达 30%，国际日用香精香料协会没有限制规定。1994 年柠檬烯还被美国食用香料与提取物制造商协会认定其属 GRAS 物质，并经美国食品药品管理局批准食用，FAO/WHO 食品添加剂联合专家委员会对 D-柠檬烯的最大日允许采食量不作特殊规定，因此它在食用香精中早就得到了广泛的应用。

（一）柠檬烯的物化性质

柠檬烯（Limonene）又称苧烯，学名为 1-甲基-4-异丙基环己烯，分子式 $C_{10}H_{16}$，相对分子质量 136.23。化学结构见图 6-16。

柠檬烯是一种无色至淡黄色液体，具有令人愉快的柠檬样香气，它不溶于水，溶于乙醇、丙酮等有机溶剂。柠檬烯有三种异构体，即右旋柠檬烯（D-Limonene）、消旋柠檬烯（DL-Limonene）和左旋柠檬烯（L-Limonene）。它们在外观上没什么区别，都是无色至淡黄色液体，都有新鲜柠檬样香

图 6-16 柠檬烯的化学结构式

气，从不同原料获取的柠檬烯的气味可能有差异，这是由其中的杂质引起的。D-柠檬烯不溶于水，可溶于乙醇，能与油混溶，微溶于丙二醇，不溶于甘油；L-柠檬烯不溶于水，可溶于乙醇，能与大部分油混溶；DL-柠檬烯不溶于水，可溶于乙醇，几乎不溶于丙二醇和甘油，能与大部分油混溶。

柠檬烯是一种化学性质非常活泼的化合物，在光照和空气接触的条件下，柠檬烯可自动氧化成一系列的氧化单环单萜，如 D-柠檬烯的氧化产物有柠檬烯-1,2-氧化物、香芹酮、香芹醇、柠檬烯-2-氢过氧化物等。一般地，它的主要氧化产物为柠檬烯氢过氧化物，但这类氧化物不稳定，继续暴露在光和空气下可进一步转化为香芹酮等，如果氧化过程继续进行则会产生一些聚合物从而使液体变稠。

（二）柠檬烯的生物功效

1. 抗肿瘤活性

D-柠檬烯具有预防自发性和化学诱导性啮齿类动物肿瘤的作用，在肿瘤的始发阶段和促癌阶段均有效。它对由化学致癌物诱发的啮齿动物乳腺癌、肺癌、胃癌、肝癌、胰腺癌、皮肤癌等有明显的预防与治疗作用，其作用机制可能是由于抑制了与细胞生长有关的小分子 G 蛋白（如 ras 蛋白）的异戊二烯化，增加了潜在生长抑制剂转化生长因子-β（transforming growth factor-β，TGF-β）的生成量和活性，从而使肿瘤细胞凋亡。

在给予雌性 SD 大鼠致癌剂 7,12-二甲基苯并蒽前 1 周至后 27 周，使大鼠摄入含 D-柠檬烯 100mg/kg 或 1000mg/kg 的饲料，可显著降低乳腺癌的发生率。1989 年在 A/J 小鼠身上对 D-柠檬烯对 N-亚硝基二乙胺诱导的前胃癌和肺癌的抗性进行了研究，结果 D-柠檬烯降低前胃肿瘤形成率达 60% 以上，降低肺癌形成率约 35%。

很多研究工作证实 D-柠檬烯能有效抑制小鼠中化学诱导的肺癌、肝癌，并认为 D-柠檬烯是通过抑制亚硝胺如 4-（甲基亚硝胺）-1-（3-吡啶基）-1-丁酮的代谢活化起作用的。

2. 抑菌活性

D-柠檬烯对很多微生物都具有较强的抗菌活性，对细菌和真菌的最小抑菌浓度在 1/3000～1/200 稀释度范围内，其中石膏状小芽孢菌（microsporum gypseum）对 D-柠檬烯是高度敏感的，其他菌体的生长也受到了 D-柠檬烯的抑制作用。

D-柠檬烯能有效抑制如黑曲霉（Aspergillus niger）、枯草芽孢杆菌、金黄色葡萄球菌等食品腐败菌的生长。一般认为 D-柠檬烯能有效抑菌并比 L-柠檬烯的抑菌效果更强，但也有研究认为 D-柠檬烯几乎没有抑菌活性。

3. 其他生物功效

有学者选用疼痛、镇静、血压和离体肠平滑肌收缩 4 项指标，进行了柠檬烯化学成分和药效的相关性研究。发现挥发油有镇静和镇痛中枢抑制作用，还对大鼠离体肠平滑肌呈先兴奋后抑制作用。再对挥发油作进一步分析，确定其主要有效成分为 D-柠檬烯。近年的研究还确认它具有减轻应激的效果，能使人消除疲劳。

D-柠檬烯能促使括约肌松弛而使胆内压降低，有利于结石的排出，从而起到缓解胆结石和胆囊炎症状的作用。D-柠檬烯对溶解残余结石效果较好而且比较安全，副作用主要表现为受试患者出现不同程度的恶心、呕吐等症状。另一研究是以三名术后仍然有结石遗留的患者为对象进行的，通过胆囊引流管给予 97% D-柠檬烯的混合物，发现可有效溶解胆固醇结石。治疗后长期随访，患者无任何术后主述症状。

D-柠檬烯可以促进呼吸道黏膜分泌增加，并能缓解支气管痉挛，有利于痰液的排出并能有效克制咳嗽、哮喘。

（三）柠檬烯的安全性

D-柠檬烯和 DL-柠檬烯的大鼠口服 LD_{50} 约为 5g/kg，DL-柠檬烯的家兔皮试 LD_{50} 大于 5g/kg，D-柠檬烯的小鼠口服 LD_{50} 也超过 5g/kg，L-柠檬烯的大鼠口服 LD_{50} 也大于 5g/kg。因此，柠檬烯的 3 种异构体的急性毒性都很低，属实际无毒（5001～15000mg/kg）。

在膳食中添加低浓度的 D-柠檬烯（约 100mg/kg），对人体不会产生任何毒副作用。动物试验显示，重复摄入大剂量的 D-柠檬烯可对肾脏产生损伤作用。美国国家毒物计划对大小鼠的亚慢性毒理试验也表明大剂量的 D-柠檬烯会导致大鼠体重下降，产生肾病，死亡率升高。

每隔一天将 20mL 97% 的 D-柠檬烯溶液通过胆囊引流管直接灌入患者胆囊中，连续进行 25 次试验。在起初的 1～3 次试验中，一些患者在腹部和胸部有疼痛感，而且感到头晕、恶心并伴有轻微腹泻。接下来对他们为期两年的跟踪研究显示血液、肝、肾、胰等均没有发生任何损伤。

早期进行的一些动物试验显示，D-柠檬烯可能是癌症的诱发因子或恶化因子。1990 年 Jameson 设计的一项为期两年的研究，结果发现 D-柠檬烯对雄性大鼠有致癌作用，它能引起肾小管细胞增生肥大，同时增加了肾腺瘤的发病率；而对雌性大鼠无任何致癌性。雄性和雌性 B6C3F1 小鼠分别摄入 D-柠檬烯 0mg/kg、500mg/kg、1000mg/kg，均未发现致癌性。

由于 D-柠檬烯增加大鼠肾脏癌变发生率的作用机制的种属特异性，因而由此来评价人体食用安全性意义不大。而有关柠檬烯人体致癌试验还未见报道，因此 1993 年国际癌症研究协会在有关化学品对人体致癌性的评估专题中宣称："基于 D-柠檬烯对试验动物致癌性的资料不足，D-柠檬烯不能被认为是一种人体致癌物"。美国国家毒物计划和美国工业卫生协会也没有把 D-柠檬烯列入致癌化学物名单。

二、森林匙羹藤酸

森林匙羹藤（也称为武靴藤）是印度的一种传统草药，已有 2000 多年的历史。古印度阿育吠陀医经（Ayurveda Medicine）记载了咀嚼此植物的叶子可以破坏糖的甜味，因此称此种植物为"糖的破坏者"。现代研究发现，森林匙羹藤中起抑制甜味作用的成分主要是森林匙羹藤酸（Gymnemic acid）。另外，它还可以治疗糖尿病、机能亢进症、低血糖症、贫血、胆固醇过高、胃功能紊乱、消化不良、肥胖症以及与体重有关的疾病等，现在已有很多产品面世如抗高血糖、抗龋齿饮料以及各种减肥食品。

（一）森林匙羹藤酸的物化性质

森林匙羹藤（*Gymnema sylvestre*），属于萝藦科，英文为 Ram's Horn，是一种大型的多年生热带藤蔓植物，生长在海拔 100～1000m 的原始森林里或未开垦的丛林地带，其原产地在印度中西部，另外发现在中国、印尼、日本、马来西亚、斯里兰卡、越南和南非也有零星分布。

森林匙羹藤是印度常用的一种草药，它的叶及根均可入药，主要因为它含有活性成分森林匙羹藤酸。匙羹藤在印度语中的名字是"Gurmar"，意思就是"糖的消灭或破坏者"，从这里也可以看出匙羹藤具有抗甜味的特性。西方最早是在 1847 年由 Edgeworth 发现了这种特殊性质，1947～1948 年 Falconer 对这种特性进行了深入的研究。1967 年 Stocklin 等发现这种植物的根也表现出同样的性质。

森林匙羹藤的主要成分属三萜类化合物，尚未明确其确切结构，可以是同类不同结构的混合体，称森林匙羹藤酸。其酒精萃取物是一种棕黑色的黏稠状物质，水提物为黄褐色粉末，有一定的特殊气味和苦味，与砂糖同食可感觉不到蔗糖甜味。中性时易溶于水（10g/mL），但在 pH=4 左右开始发生沉淀。

（二）森林匙羹藤酸的生物功效

1. 抑制甜味

从 19 世纪 80 年代开始，已经在人群中对匙羹藤抑制甜味的特性进行了广泛的试验。研究表明，这种植物成分不仅可以抑制蔗糖、葡萄糖、果糖等的甜味，还可以抑制糖精钠、甜蜜素、甘氨酸等的各种甜味，但是对三氯蔗糖没有效果。食用过匙羹藤的提取物后，味精特有的风味消失不见了，只剩下食盐的味道。据记载，其抑制甜味的持续时间长达 15min～24h。在动物试验中，这种植物的活性成分还可以抑制家蝇对糖的反应和神经生理的味感。相同的影响也可以在某些哺乳动物中观察到，包括狗、仓鼠和大鼠。然而，这种甜味抑制作用在兔子、猪和 22 个灵长类身上却没有表现出来，包括和人类很接近的猩猩、黑猩猩和大猩猩。

2. 调节血糖、平衡胰岛素水平

早在 1930 年，印度的研究人员即发现服用森林匙羹藤能调节动物的血糖。在印度民间，为调节尿糖，需将此植物的叶子晒干，一天服用 3~4g，3~4 个月即可见效。

近几十年来药草学者研究发现，森林匙羹藤酸能增加胰岛素的作用、减少身体对胰岛素的需要，并能控制空腹时的血糖浓度，所以对 1 型糖尿病有很好的治疗效果。对 2 型糖尿病患者，它更能减少降糖药物的使用，而纯粹以森林匙羹藤酸控制血糖。但对一般人而言，它并不会降低正常血糖而形成低血糖。

对小鼠的上段小肠用葡萄糖液进行循环灌流，同时测定循环液中葡萄糖的浓度。所用森林匙羹藤酸的浓度为 0.1mg/mL、0.25mg/mL 和 1.0mg/mL 三种。起始灌流液中的葡萄糖浓度为 90mg/100mL。试验结果说明：

①随着森林匙羹藤酸浓度的增加，葡萄糖的吸收量逐渐减少；

②凡同时加入森林匙羹藤酸时，其对葡萄糖的吸收量最少。

2001 年，在美国的一项临床研究，有 65 人接受了为期 90d 的治疗，试验过程中让他们每天服用 2 粒内含 400mg 的森林匙羹藤提取物的片剂，其中含有 25% 的森林匙羹藤酸。在禁食一段时间后服用森林匙羹藤提取物的片剂，其葡萄糖水平平均降低了 11%。用过饭后，再服用，其葡萄糖水平可以降低 13%，而糖基化的血红蛋白的水平降低了 6.8%。在一部分控制得更严格的受试者当中，效果更为明显。在饭前其葡萄糖水平降低了 18%，饭后葡萄糖水平降低了 28%，糖基化血红蛋白的水平降低了 10%。

（三）森林匙羹藤酸的安全性

森林匙羹藤作为印度一种传统的草药，在印度使用已有 2000 多年的历史。在日本作为保健食品使用、销售也已有 50 余年时间，均无异常报告。森林匙羹藤酸的 $LD_{50} \geq 3990mg/kg$。

三、叶 绿 素

叶绿素（Chlorophyll）具有与血红素等卟啉色素相似的结构。叶绿素为镁卟啉化合物，其在二氢卟吩环的中央螯合一个镁原子。镁原子居于卟啉环的中央，偏向于带正电荷，与其相连的氮原子则偏向于带负电荷，因而叶绿素的卟啉环具有极性，可与蛋白质相结合。叶绿素通常是作为绿色素用在食品工业上的，后来发现，叶绿素具有抗氧化、抗肿瘤和调节神经功能等多种功效。

（一）叶绿素的物化性质

从化学结构来看，叶绿素分子可分为 2 个主要部分，其中的核心部分是一个具有光吸收功能的卟啉环，并通过卟啉环中单键和双键的改变吸收可见光。另一个主要部分是与卟啉环相连接的长侧链脂肪烃叶绿醇，为四个异戊二烯单位组成的双萜，其决定了叶绿素的脂溶性。在结构上，自然界中主要存在 8 种具有相似结构的叶绿素，各种叶绿素之间具有细微的差别。叶绿素不参与氢的传递或氢的氧化还原，而仅以电子传递（即电子得失引起的氧化还原）及共轭传递（直接能量传递）的方式参与能量的传递。

叶绿素不溶于水，而易溶于有机溶剂，如乙醇、丙酮、乙醚、氯仿等。叶绿素稳定性较差，光、酸、碱、氧气、氧化剂等都会使其分解。酸性条件下，叶绿素分子很容易失去卟啉环中的镁成为去镁叶绿素。同时，在结构上叶绿素是叶绿酸的酯，在适合的反应条件下可发生皂化反应。

（二）叶绿素的生物功效

1. 抗氧化、抗炎作用

叶绿素的卟啉环、叶绿醇以及扩展的键合双键决定其具有抗氧化活性，其中卟啉环结构是叶绿素抗氧化活性的必要结构。通过比较不同种类叶绿素衍生物的抗氧化活性，发现叶绿素 B 衍生物较叶绿素 A 衍生物具有更强的抗氧化活性。

在应激作用下，生命机体的免疫系统会释放多种炎症因子，如一氧化氮、前列腺素 2、肿瘤坏死因子-α、白介素-6、白介素-1b 和活性氧等，而从浒苔中分离得到的脱镁叶绿酸 A 可有效抑制 12-O-十四烷酰佛波醇-13-醋酸酯介导产生的超氧自由基，而有效减缓小鼠巨噬细胞的炎症反应。

2. 抗肿瘤作用

从紫菜和浒苔中分离纯化的脱镁叶绿素 A，可用于抑制与鼠伤寒沙门氏菌相关的致癌作用，其机制是通过抑制鼠伤寒沙门氏菌的 UMUC 基因表达而实现抗癌功能。脱镁叶绿酸 A 作为光动力化疗药物及辅助药物可用于治疗人皮肤癌，Yoon 使用脱镁叶绿酸 A 作用于人皮肤癌细胞 A431 和 G361，其可分别激活 2 种细胞的细胞外调节蛋白激酶 1/2 通路和 p38 蛋白，从而发挥抑制癌细胞增殖的作用。同时，Tang 等使用脱镁叶绿酸 A 作为光动力化疗药物治疗耐药性肝癌，其可通过抑制 p 糖蛋白介导的耐药性 JNK 激酶活性而实现抗肿瘤作用。

3. 调节神经活性

褐藻的提取分离化合物脱镁叶绿酸 A，可促进 PC12 细胞分化，且该叶绿素衍生物和维生素 B$_{12}$ 的衍生物相似，可促进 PC12 细胞的神经突增生，有望用于治疗神经性疾病如阿尔茨海默病。脱镁叶绿酸 A 神经活性与其相对分子质量较低相关，因为低相对分子质量化合物更易进入细胞内，从而促进神经突增生。

四、角 鲨 烯

角鲨烯（Squalene）是一种在人体胆固醇合成等代谢过程中产生的多不饱和生物功效化合物，是由 6 个异戊二烯构成的无环三萜烯，分子中的六个双键均为反式结构，其分子式为 $C_{30}H_{50}$，系统命名为（6E,10E,14E,18E）-2,6,10,15,19,23-六甲基-2,6,10,14,18,22 二十四碳六烯。

角鲨烯存在于大多数动植物中。在所有动物性食品中，鲨鱼肝脏中的角鲨烯含量通常最高。在植物源性食品中，角鲨烯存在于不同部位，如分布在植物源性食品的根、茎或叶中，而且含量较低。此外，蕨类和苔藓亦含有角鲨烯。通过加工植物果实（如橄榄油，茶籽油，棕榈油等）制备的油脂中，角鲨烯的含量相对较高。

（一）角鲨烯的物化特性

在室温下，角鲨烯为一种油状液体，无色、透明或微黄色，有一种微弱的特征香气，其极易溶于大多数有机溶剂，如乙醚、四氯化碳等，仅微溶于乙醇和乙酸，不溶于水。角鲨烯因含六个双键，极不稳定，容易氧化，在空气中放置会产生特殊臭气，易在镍、铂等金属作用下加氢形成角鲨烷。而且，角鲨烯易环化成二环、四环、五环等三萜类化合物。

（二）角鲨烯的生物功效

角鲨烯是人体生物合成胆固醇、类固醇激素和维生素 D 的三萜烯前体。动物试验表明，角鲨烯具有极强的抗氧化能力，可有效清除自由基而保护细胞免受活性自由基造成的氧化损伤，达到有效减缓炎症反应和抑制肿瘤细胞的生物功效作用。

1. 抗肿瘤活性

角鲨烯可通过抑制癌细胞的生长并增强人体的自身免疫力等途径，在一定程度上有效预防肺癌、乳腺癌、胰腺癌和皮肤癌等疾病的发生。利用角鲨烯-顺铂复合剂用于结肠癌模型小鼠的治疗，结果表明该复合剂与单顺铂相比对癌细胞杀伤率提高至少 10 倍。此外，角鲨烯-顺铂复合剂还可以减少肿瘤细胞的自发形成，而不会对其他组织造成毒性损害。将吉西他滨和角鲨烯制成复合纳米颗粒，以特异性识别癌细胞表面的脂蛋白而间接实现靶向定位治疗。

人群流行病学数据表明，通过膳食摄入角鲨烯可降低癌症的风险，如地中海地区居民患癌症的风险通常较低，这与该地区居民通过橄榄油人均摄入 200~400mg/d 角鲨烯相关。与意大利北部食用红肉和黄油的居民相比，南部地区居民食用橄榄油而罹患肺癌的风险更低，这与饮食中角鲨烯的摄入存在一定的关系。

2. 干预心血管疾病

橄榄油中含有丰富的功能活性植物化学物，如酚类化合物、角鲨烯、维生素 E。其中，橄榄油的摄入与降低心血管疾病的发病率和死亡率有一定的关联性，这可能与橄榄油中的角鲨烯有一定关系。从细胞信号调控角度对角鲨烯降胆固醇的研究表明，角鲨烯可通过抑制信号调控通路中的关键蛋白分子之间的相互作用，调节低密度脂蛋白受体的表达，达到降低胆固醇水平的活性，从而在一定程度上预防心血管疾病的发生。

3. 减缓炎症反应

研究了角鲨烯对脂多糖介导的小鼠巨噬细胞、人类单核细胞和中性粒细胞炎症反应的影响，结果表明，角鲨烯可降低细胞内活性氧、亚硝酸盐、细胞因子和促炎酶的细胞内水平，并降低了 Toll 样受体 4（Toll-like receptor 4，TLR4）和关键炎症相关蛋白的表达。此外，角鲨烯还可提高抗炎酶（血红氧合酶 1）和转录因子（Nrf2 和 PPARγ）的表达水平。对于硫酸右旋糖酐钠诱发的急性结肠炎，角鲨烯还可以通过抑制 p38 丝裂原激活的蛋白激酶和核因子-κB 信号通路，将促炎蛋白表达恢复至基础水平。

4. 清除自由基

在大鼠试验中，角鲨烯的抗氧化特性和清除自由基的能力，可有效降低异戊二烯诱导的氧化应激作用，从而对氧化损伤造成的心肌损伤具有一定的保护作用。研究证明，角鲨烯可协同大脑纹状体中的活性氧清除酶，可降低 6-羟多巴胺引起的氧化应激和氧化损伤。

使用 6-羟多巴胺诱导的帕金森小鼠模型，验证角鲨烯和角鲨烷对 6-羟多巴胺诱导的小鼠纹状体中多巴胺耗竭的影响。试验结果表明，角鲨烯减弱了 6-羟多巴胺诱导小鼠纹状体中多巴胺的耗竭，当给予 1.0mg/kg 的角鲨烯时，多巴胺与对照组相比有所恢复，但未达到显著水平。

5. 抗菌作用

金黄色葡萄球菌是导致食源性疾病的主要致病菌之一，且其耐药性也已成为一个被关注的主要问题。有试验发现，使用角鲨烯预处理可使金黄色葡萄球菌对氧化剂的敏感性提高 48%，对中性粒细胞的抗性降低 82%，表明角鲨烯具有一定的抗菌作用，为抑制金黄色葡萄球菌的感染提供一种替代方法。

第十节　皂　苷

皂苷（Saponins），又名皂素或皂草素，是广泛存在于植物界和某些海洋生物中的一种特殊苷类，具有溶血作用。皂苷大多可溶于水，震摇后易起持久性的肥皂样泡沫，因而得名。从化学结构上看，皂苷是螺甾烷（Spirostane）及其生源相似的甾类化合物的寡糖苷以及三萜类化合物的寡糖苷。

皂苷由糖苷配基和低聚糖组成，主要分布于五加科、豆科、桔梗科、远志科和伞形科等植物中。根据皂苷水解后生成皂苷配基化学结构的不同，可将皂苷分为甾体皂苷和三萜皂苷。一般来说，甾体皂苷是作为合成甾体激素及其有关药物的原料，而三萜类皂苷常作为生物功效成分。

皂苷多具有苦而辛辣的味道，其粉末对人体黏膜有强烈的刺激性，能引起喷嚏。大多数皂苷水溶液因能破坏红血球而具有溶血作用，静脉注射时毒性极大，但口服时则无溶血作用，可能是剂量太小的缘故。皂苷可抑制胆固醇的吸收，具有降胆固醇功效。许多皂苷还具有抗菌、抗病毒、抗炎活性。

人参皂苷、大豆皂苷、绞股蓝皂苷等多种皂苷，可通过调节机体溶血系统、抑制血小板聚集、增加冠状动脉和脑的血流量、提高机体抗缺氧能力等多种途径，对心血管系统起到积极的保健作用。它们还可以调节机体免疫功能、抗疲劳、抑制或直接杀死肿瘤细胞。苜蓿皂苷从苜蓿中提取，具有多种生物功效，其中最突出的是它具有很好的降胆固醇活性。

一、人　参　皂　苷

人参（*Panax ginseng*）是五加科人参属植物，通常所说的商品人参是指该植物的干燥根。已发现的人参活性成分主要有人参皂苷、人参多糖、挥发油、氨基酸和多肽等几大类。

（一）人参皂苷的化学组成

人参皂苷（Ginsenoside）是人参所含的最为重要的一类生物功效物质，约占人参组成的4%。至今为止，已从生晒参、白参、红参中分离出的人参皂苷有 32 种。根据它们水解生成的配基不同，可将这些皂苷分成 3 类：

①以人参二醇（Panaxadiol）为配基的人参二醇型皂苷，包括 Ra1、Rb1、Rb2、Rb3、Rc、Rd、Rg3 和 Rh2；

②以人参三醇（Panaxatriol）为配基的人参三醇型皂苷，包括 Rg1、Rg2、Re、Rf、Rh1、20（R）-人参皂苷 Rg2 和 20-葡萄糖人参皂苷 Rf3；

③以齐墩果酸（Oleanolic acid）为配基的人参皂苷 Ro。

（二）人参皂苷的生物功效

各种人参皂苷的活性强弱不尽相同，其中人参二醇型皂苷和人参三醇型皂苷的生物功效较人参皂苷 Ro 强。各种皂苷的生物功效也不相同，已知 Rg 类人参皂苷对神经系统具有兴奋作用，而 Rb 类人参皂苷则具有镇静作用。

1. 提高学习记忆力

通过人参根各成分对学习记忆影响的试验证明，人参皂苷 Rg1 和人参皂苷 Rb1 是人参益智的主要有效成分，其中人参皂苷 Rg1 的效果更好。人参皂苷 Rg1 可改善记忆全过程，人参皂苷 Rb1 仅对记忆获得和记忆再现阶段有促进作用。人参皂苷等活性成分对学习记忆的促进作用是通过多种分子水平上的调节机制得以实现的，如促进 RNA 及蛋白质的生物合成、促进神经递质的传递、增强动物的抗缺氧能力。

2. 调节免疫功能

人参皂苷既是一种免疫增强剂，也是免疫调节剂，不仅能促进豚鼠钩端螺旋体抗体的产生，也能促进流感病毒特异性抗体的产生。人参皂苷对正常动物对网状内皮系统（Reticulo-endothelial system，RES）的吞噬功能具有促进作用，以人参皂苷 1.0mg/d 皮下注射 7d，能显著增强小鼠腹腔渗出细胞对鸡红细胞的吞噬活性，小鼠的血清溶菌酶水平也相应提高，说明人参皂苷或人参花皂苷都能增强巨噬细胞的吞噬能力。此外，人参皂苷还可直接促进离体小鼠或活体小鼠脾脏 NK 细胞的活性。

3. 抗衰老作用

人参皂苷 Rb1 不仅可以直接清除 $O_2^- \cdot$，也可以通过增强肝胞浆谷脱甘肽过氧化物酶及过氧化氢酶的活性间接地清除自由基。人参皂苷及其活性成分 PG-I 的临床试验证明，人参皂苷可明显改善衰老动物的症状和智力活动能力，增加瞬时记忆力和记忆广度，缩短复杂动作的反应时间，降低血液中胆固醇的含量。此外，人参皂苷还可提高大脑对血氧的利用率，为神经系统提供充足的能量。

4. 保护心血管系统

动物试验证明，人参皂苷能缩小由结扎冠状动脉前降支引起的心肌梗塞范围，还能通过提高前列环素/血栓素 A_2 的值促进心肌梗塞的恢复。人参皂苷对缺血心肌的再灌注损伤也有保护作用，这可能是人参皂苷具有抑制心肌缺血时的血管收缩和血小板聚集作用的结果。人参皂苷 Rb1 和人参皂苷 Ro 对血管的扩张作用是非选择性的，而人参皂苷 Rg1 则选择性地对抗钙离子引起的血管收缩。有关人参扩张血管的机制尚待进一步研究，目前认为这种机制可能与人参皂苷抑制肌细胞膜与钙离子的结合作用有着某种联系。

二、大豆皂苷

大豆皂苷（Soyasaponins）是一种常见的皂苷，存在于豆科植物中。但对它的认识和研究相对较晚，早期人们更多注意是它的溶血作用，后来逐渐认识到它的一些有益的生物功效，直到 20 世纪 90 年代中期对大豆皂苷的结构和功能研究有了快速的发展。现已研究发现，在 12 种豆类作物种子中都含有大豆皂苷，其中以大豆种子含量最高为 0.65%，中国大豆含大豆皂苷最高。同时，还发现多种豆制品中也含有大豆皂苷。

（一）大豆皂苷的物化性质

纯的大豆皂苷是一种白色粉末，具有辛辣和苦味，余味甜，大豆皂苷粉末对人体各部位的黏膜均有刺激性。大豆皂苷是大豆制品苦味的主要原因，大豆皂苷易溶于热水和 80% 乙醇中，不溶于有机溶剂乙烷。

大豆皂苷属三萜类齐墩果酸型皂苷，是三萜类同系物的羟基和糖分子环状半缩醛上的羟基失水缩合而成的。它可以水解生成多种糖类和配糖体，目前已确认的大豆皂苷约 18 种。

由于大豆皂苷的皂苷元是亲脂的，糖链是亲水的，所以大豆皂苷是两亲性化合物，兼具亲水和亲脂特性，具有极强的起泡性和乳化性，在食品工业上用作表面活性剂。食用大豆皂苷后，有口干之感，这对大豆食品的品质有影响。大豆皂苷的糖链越多，口干之感就越强。皂苷糖链与皂苷生物功效密切相关，如乙醇提取的人参皂苷中，含 5 个糖链的皂苷活性低，而含 1 个糖链的皂苷有非常强的抗癌活性，通常皂苷的糖链越少，其活性越强，大豆皂苷也是如此。当去除大豆皂苷中的一些糖链时，大豆皂苷可出现一些与抗氧化和抗血栓密切相关的特殊功效，并且口干之感也减弱了。

（二）大豆皂苷的生物功效

20 世纪 70 年代对大豆皂苷的研究，主要局限于对抗营养因子及不良风味因子进行研究，主张在大豆加工过程中将其去除。80 年代以后，许多学者发现大豆皂苷具有降低胆固醇、抗血栓等功效。90 年代中期对于大豆皂苷的各种组分、化学结构深入了解和研究，使得大豆皂苷的研究取得了较大的进展。近年来国内外的大量研究结果显示，大豆皂苷的毒副作用很小。这既为传统豆类食品提供了安全可靠的佐证，也为大豆皂苷的应用提供了安全保障。

1. 增强免疫力

大豆皂苷经口给予小鼠后，大豆皂苷可以提高 LAK 细胞（淋巴因子激活的杀伤性细胞）、NK 细胞的活性，增加白介素-2 的分泌及增强 T 细胞、B 细胞对伴刀豆蛋白 A、脂多糖的增殖能力，这些都说明大豆皂苷在体内对小鼠的免疫功能有广泛的调节效应。

大豆皂苷对 T 细胞功能有增强作用，特别是 T 细胞功能的增强使白介素-2 的分泌增强，而白介素-2 的功能是使 T 细胞存活并增殖，促进 T 细胞产生淋巴因子，增加诱导杀伤性 T 细胞、NK 细胞的分化及提高 LAK 细胞活性，从而表现出较强的免疫功能。

2. 抗肿瘤活性

大豆皂苷在 150~600mg/L 剂量下，可抑制人结肠癌细胞 HCT-15 的生长。还可以抑制小鼠（Swiss Webster）腹水型肉瘤 S_{180} 细胞的生长，对 YAC-1 细胞（鼠白血病细胞）和 K_{562} 细胞（慢性白血病细胞）亦有明显的细胞毒作用。这些都表明大豆皂苷对癌细胞有一定的抑制作用。大豆皂苷对 SGC-7901（人胃腺癌细胞）具有明显的抑制作用，其作用机制是通过抑制 SGC-7901 细胞 DNA 的合成来发挥对其细胞毒性作用。

3. 减肥作用

用高糖饲料导致小鼠肥胖的试验中，大豆皂苷能够抑制小鼠血液中胰岛素、脂质、肝的脂含量的增加，减少小鼠体内脂肪含量，从而抑制小鼠体重的增加。体外试验表明，大豆皂苷具有抑制胰岛素的作用。由此可见，大豆皂苷具有减肥的效果。

4. 抗病毒作用

大豆皂苷对 1 型单纯疱疹病毒、柯萨奇 B3 病毒的复制有明显抑制和直接杀灭作用，而对被病毒感染的细胞也有很强的保护作用。临床结果表明，大豆皂苷对疱疹性口唇炎和口腔溃疡病的疗效分别为 88.8% 和 76.9%。1997 年在体外对大豆皂苷 I、大豆皂苷 II 的抗滤过性病原体活性的研究表明，它们对 1 型单纯疱疹病毒有抵抗作用。在 8 种病毒分别感染人羊膜细胞试验中，大豆皂苷对某些病毒感染细胞具有明显的保护作用，能明显抑制 1 型单纯疱疹病毒、柯萨奇 B3 病毒的增殖；同时对腺病毒 II 型、脊髓灰质炎病毒也有一定的作用。这一结果表明，大豆皂苷呈现出广谱抗病毒能力。

大豆皂苷对人类艾滋病病毒具有一定的抑制作用，认为大豆皂苷在艾滋病的防治上可能具有积极作用。猴免疫缺陷病毒和人免疫缺陷病毒同属慢病毒亚科，亲缘关系较为密切。以猴免疫缺陷病毒及相关细胞（CEMx-174）为模型，以齐多夫定（AZT）为阳性对照药物，观察大豆提取的皂苷复合物对细胞病变的影响。结果表明，大豆皂苷复合物具有明显的抗猴免疫缺陷病毒的作用。

5. 抗血栓作用

研究在 Wistar 雄鼠体内注射大肠杆菌内毒素和凝血酶条件下大豆皂苷的作用时，发现大豆皂苷可以抑制血小板和血纤维蛋白原的减少，抑制该内毒素引起的纤维蛋白的聚集，也可抑制凝血酶引起的血栓纤维蛋白的形成，表明大豆皂苷具有抗血栓作用。在离体条件下不同种类大豆皂苷及总皂苷都可以抑制纤维蛋白原向纤维蛋白的转化，而且大豆皂苷还可以激活血液中纤维蛋白溶酶系统。

6. 抗脂质氧化、抗自由基

大豆皂苷可以抑制血清中脂类物质的氧化，抑制过氧化脂质的生成，并能降低血液中胆固醇和甘油三酯的含量。可能的原因是，脂肪细胞中由肾上腺素诱导的脂质化过程，可因大豆皂苷的存在而受到抑制。大豆皂苷可抑制促肾上腺皮质激素诱导的脂质化过程，并降低 X 射线诱发的遗传物质损伤。脂质过氧化物是自由基的代谢产物，大豆皂苷可降低老龄大鼠脂质过氧化物在肝脏及血浆中的含量，并可防护四氯化碳对肝脏的损伤作用。

7. 其他功效

对于大豆皂苷的生物功效的研究报道还有很多，如大豆皂苷可以加强中枢交感神经的活动，通过外周交感神经节后纤维释放去甲肾上腺素和肾上腺素，使之作用于血管平滑肌的 α 受体使血管收缩，或作用于心脏的 β 受体，加快心率和增强心肌的收缩力而引起血压升高。此外，大豆皂苷还具有抗衰老，防止动脉粥样硬化，抗石棉尘毒性等作用。

（三）大豆皂苷的安全性

大豆皂苷半数致死量 $LD_{50}>3.2g/kg$。大豆皂苷对鱼和冷血动物具有溶血作用；对哺乳动物的溶血指数小于 100，这表明基本上不溶血。大豆皂苷完全没有致畸性，反而有抗突变性。

三、绞股蓝皂苷

绞股蓝（*Gynostemma pentaphyllum* Makino）又名五叶参、七叶胆、甘茶蔓，属葫芦科多年生草质藤本攀缘植物，全世界约有 16 个种和 3 个变种，在印度、斯里兰卡、尼泊尔、缅甸、马来西亚、菲律宾、朝鲜和日本等国均有分布。我国绞股蓝资源丰富，广泛分布于秦岭以南与长江以南各省区及西南、华南等地区，其中以陕南、江浙、闽赣、两广等出产较多，以云南种类最多。

（一）绞股蓝皂苷的物化性质

绞股蓝植物是目前唯一从五加科以外发现含有人参皂苷类物质的植物，其皂苷含量是内在质量优劣的一个重要指标。绞股蓝植物含总皂苷一般为 2%～4%，但皂苷含量随遗传特性、产地生态环境不同而变化很大。绞股蓝皂苷（Gypenosides，GPs）被认为是绞股蓝中的主要功效成分，研究表明绞股蓝皂苷具有人参皂苷的适应原作用，是一种强化剂和免疫增强剂，同时具有多种生物功效。

绞股蓝皂苷是一种白色无定形粉末，味甘，有很强的起泡力，绞股蓝皂苷分子极性较大，能溶于水、甲醇及稀乙醇，特别易溶于热水和热醇，在含水丁醇水有较大的溶解度；也能溶于醋酸、吡啶及二氧六环；不溶于苯、氯仿、乙醚及丙酮。

绞股蓝皂苷基本化学结构是与人参皂苷相似的四环三萜达玛烷型，可视为原人参二醇的异构体，苷元有 18 种，主要是 20（S）-原人参醇和 2α-羟基-20（S）-原人参二醇。皂苷结构中 C_3 位和 C_{20} 位羟基上多半连接糖链，主要由 β-D-葡萄吡喃糖、β-D-木吡喃糖或 α-L-鼠李吡喃糖组成，亦有少数皂苷的糖链含有 α-L-阿吡喃糖。

（二）绞股蓝皂苷的生物功效

绞股蓝皂苷具有人参皂苷的适应原作用，除了对心血管系统、消化系统、神经系统等方面的疾病有防治作用之外，还具有抗衰老、抗疲劳、抗肿瘤等多种生物功效。但简单地把绞股蓝当作人参的等同品或代用品，则是不妥的。

1. 提高免疫力

绞股蓝皂苷能增强免疫力，是一种较好的免疫调节剂。用 500mg/kg、2000mg/kg、400mg/kg 绞股蓝皂苷及其复方制剂给 BALB/C 成年及老龄小鼠灌胃 14d。结果表明，绞股蓝皂苷能提高老龄小鼠外周血 T 细胞 α-醋酸萘酯酶阳性率、脾淋巴细胞增殖反应和血清溶血素水平，降低肝脏丙二醛的生成。绞股蓝皂苷及其复方制剂能增强老龄鼠肝脏超氧化物歧化酶活性，表明它们能不同程度提高和恢复老龄小鼠免疫功能与清除自由基作用。

另一试验通过检测脾细胞增殖反应以及白介素-1 和白介素-2 活性，研究了绞股蓝皂苷体外对免疫细胞功能的影响。结果表明，绞股蓝皂苷（2~50mg/L）可明显促进刀豆蛋白 A 诱导的小鼠 T 细胞增殖反应和脂多糖诱导的 B 细胞增殖反应；绞股蓝皂苷还可促进大鼠腹腔巨噬细胞以及脾细胞产生白介素-1。这些结果表明，绞股蓝皂苷具有免疫增强作用。

2. 抗肿瘤

绞股蓝皂苷的抗肿瘤机制同人参皂苷相似，是通过免疫调节系统而抗肿瘤。绞股蓝皂苷能防止正常细胞癌化，并促使细胞发挥自我治愈的能力，引导癌化细胞恢复正常。

灌服 50mg/（kg·d）剂量的绞股蓝皂苷 7d，对小鼠移植性肉瘤 S_{180} 生长具明显抑制作用；灌服 50mg/（kg·d）剂量的绞股蓝皂苷 s3d，可延长腹腔移植吉田肉瘤大鼠的平均生存天数（对照组 11d，给药组 27.5d）；20~50mg/kg 皮下注射或灌服，均能延长腹水瘤小鼠存活时间。已有试验证实，GPs-27 有抗腹水瘤活性，GPs-22 有抗肝癌活性。

绞股蓝皂苷能明显抑制小鼠 Lewis 肺癌肿瘤的生长、并能增加脾淋巴细胞数和提高 NK 细胞的活性。绞股蓝皂苷对直肠癌细胞系及体外培养的肝癌细胞均有抑制作用，可使细胞 DNA 合成降低，核分裂数减少，细胞变性坏死。在对腹水癌的生长抑制作用的试验中证明绞股蓝皂苷对荷瘤的淋巴细胞具有激活作用，并能够对抗环磷酰胺的骨髓抑制作用。

绞股蓝皂苷对人体各种肿瘤细胞均有较强的细胞毒性作用。有人就绞股蓝皂苷对肝肿瘤细胞（Huh-7、Hep3B、HA22T）生长的抑制作用进行了研究。结果发现，绞股蓝皂苷对上述肿瘤细胞生长的抑制作用与剂量、时间正相关。在含 300μg/mL 绞股蓝皂苷的培养基中培养 8h，细胞死亡率增加；连续培养 24h，Huh-7、Hep3B 和 HA22T 的死亡率分别达到 75%、65%、80%。

3. 降血脂、抗动脉硬化

给高脂大鼠每天灌服绞股蓝皂苷 200mg/kg，连续 7d 后发现绞股蓝皂苷能显著降低血清总胆固醇、低密度脂蛋白、极低密度脂蛋白含量，提高高密度脂蛋白含量。

小鼠喂养高糖、高脂饲料 7 周，引起肥胖、脂肪肝、体内脂肪沉积，而饲料中添加绞股蓝皂苷 1g/kg 时，小鼠体重明显降低和接近正常组水平。在兔食饵性动脉粥样硬化模型上，绞股蓝皂苷（120mg/d）治疗 4 周能减少主动脉壁斑块形成，主动脉壁脂质过氧化程度也明显减轻，丙二醛含量下降。

由于绞股蓝皂苷具有调节人体脂肪代谢，抑制由葡萄糖转为脂肪的作用，显著减轻体重及降低皮下脂肪厚度的功能，并能调节血液收缩和舒张性能，改善血液循环作用。

4. 降血糖、改善糖代谢

用绞股蓝提取物 200mg/kg、100mg/kg 灌胃四氧嘧啶糖尿病小白鼠，连续 3d，结果表明绞股蓝皂苷有明显降血糖作用（$P<0.01$）。老年大鼠血糖耐受量试验表明，绞股蓝皂苷能明显改善老年大鼠血糖耐受量低下，从而提示其可能具有改善老年人糖代谢作用，对预防或治疗老年糖尿病有积极意义。

5. 降血压

绞股蓝皂苷 50mg/kg 静脉滴注可使麻醉猫的血压下降，维持时间 30min 以上，降压过程中心率无改变，脉压差增大，表明绞股蓝皂苷降压不是抑制心脏的结果。绞股蓝皂苷 10mg/kg 能明显降低犬血压和总外周阻力、脑血管与冠状动脉血管阻力，增加冠状动脉流量，减慢心率，使心脏张力时间指数下降，对心肌收缩性能和心脏泵血功能无明显影响，作用略强于等剂量人参皂苷，因此认为绞股蓝皂苷降压作用可能通过扩张血管使外周血管阻力下降所致。

6. 保护肾功能

绞股蓝皂苷还有一定的护肾作用。在大鼠被动型 Heymann 肾炎模型中，绞股蓝皂苷能减轻蛋白尿，降低血脂黏度，提高氧化能力并改善肾功能。绞股蓝皂苷对灌服腺嘌呤所致的大鼠慢性肾功能衰竭、肾组织纤维化不仅具有抗纤维化作用，而且可使肾功能明显改善，血浆内皮素和肿瘤坏死因子含量明显降低，血红蛋白量明显升高。

7. 乌发美容作用

绞股蓝皂苷还对老年白发的脱除有明显效果。服用绞股蓝皂苷 0.3~1g/d，连续服数月至 1 年，发现服药后白发逐渐转黑。原先白发率为 25%~28%，经治疗后最佳者仅残留白发约 5%。绞股蓝皂苷还具有美容功效，它可使皮肤美润，有弹性，可能是由于绞股蓝皂苷参与细胞活化代谢，加强血循环，并能排出脂质。利用绞股蓝皂苷能改善头皮微循环，促进脂质排泄，提高和恢复细胞活力，具有生发乌发和增加头发拉力、美润皮肤作用。

（三）绞股蓝皂苷的安全性

绞股蓝皂苷对小鼠腹腔注射的 LD_{50} 为 755mg/kg，口服无毒性。大鼠腹腔注射的 LD_{50} 为 1.85g/kg，口服给药 10g/kg 无毒性，超过 3 倍 LD_{50} 测定的界限。给小白鼠服绞股蓝皂苷 LD_{50} 的 1/5、1/2 对胚胎无明显影响，第二代繁殖能力正常，无致癌性，无致突变作用。

口服 8g/kg 绞股蓝皂苷连续 1 个月，大白鼠一般症状、体重、饲料食量、饮水量、尿量、血液指标、组织重量、病理学等方面均无异常。绞股蓝皂苷以 4g/kg 剂量饲喂 SD 大鼠 90d，一般状态、血常规、病理检验指标均无异常改变。

四、苜蓿皂苷

苜蓿（*Medicago Sativa*）为多年生草本豆科苜蓿属植物，历来都被作为反刍动物和家畜的牧草在世界范围内广为栽培，还可作为乡味野菜供人食用，风味独特鲜美，营养丰富。紫花苜蓿（Alfalfa，阿拉伯语为所有食物之父之意）很早以来人们就有食用的习惯。

中医记载：苜蓿性味苦、平。能清脾胃，利大小便，下膀胱结石，舒筋活络。食后头目清醒，舒心宽胸，烦闷见轻。适合高血压肝阳偏亢，头昏目眩；胸痹，胸闷如窒者等。研究表明，苜蓿的药用功能主要源于其皂苷类物质，苜蓿皂苷（Alfalfa Saponin）具有促进胆固醇排泄，预防和减轻动脉硬化等生物功效。

（一）苜蓿皂苷的化学结构

苜蓿植株的不同部分显示出特征皂苷类型，同时具有糖苷配基和苷类的结构。苜蓿的糖苷配基由独有的三萜骨架组成，骨架上被不同的官能团取代。它们包括苜蓿基因酸、富里酸（Zanhic acid）、常春藤苷配基、大豆皂草精醇和巴柳皂苷元（Bayogenin）。

糖苷配基是皂苷的非糖组分。通常情况下，它们在苜蓿中不以游离态而是以不同的糖苷化合物形式存在。多种糖基化形式的存在导致皂苷由大量单独的苷类混合而成。糖分子大多结合在糖苷配基的3—OH位，产生单链，通常也会产生双链，它利用3—OH和22—OH进行大豆皂草精醇糖基化，或在3—OH和28—OH进行苜蓿基因酸、富里酸、常春藤苷配基和巴柳皂苷元糖基化。另外也有报道，三链产物在3—OH、23—OH和28—OH位进行糖基化。

（二）苜蓿皂苷的生物功效

1. 降低血清胆固醇

苜蓿皂苷还因为具有降低血清胆固醇的功能而受到关注。在试验中给高级灵长类动物喂食1%分离的苜蓿根或者0.6%苜蓿茎叶皂苷，没有发现毒性，但是大动脉和冠状动脉粥样硬化明显减退。一般认为是皂苷和膳食中的胆固醇结合，限制了其吸收。另外它们也可以改变胆固醇的代谢，这是通过干涉肠肝胆汁酸和盐循环，导致输出的排泄物增加，反馈后使胆固醇更多的转化为胆汁酸。这一原则近来在临床上被用于治疗低胆固醇血症病人。如果将皂苷和高质量的膳食纤维共用，就能得到更好的降低血清胆固醇的效果。

有人就苜蓿皂苷对血清胆固醇和低密度脂蛋白清除的非受体途径的影响进行了研究。与高胆固醇血症组比较，苜蓿皂苷组血清总胆固醇和低密度脂蛋白胆固醇显著降低；安妥明组血清总胆固醇也显著下降。与高胆固醇血症组比较，苜蓿皂苷可使校正吞噬指数显著增加，半量清除时间显著缩短。说明苜蓿皂苷增加了大鼠肝、脾等器官单核巨噬细胞系统的吞噬清除功能。研究表明，苜蓿皂苷显著降低血清胆固醇作用与其促进单核巨噬细胞系统功能有关。苜蓿皂苷应用于高胆固醇血症患者的治疗可能有效，它能促进低密度脂蛋白经非受体途径（单核巨噬细胞系统）降解，并促进胆固醇自体内排出。

2. 细胞膜活性

苜蓿皂苷可以通过和细胞黏膜作用，引起渗透性变化或使和膜结合的酶失活，从而影响其他营养物或药物成分的消化和吸收。有人采用苜蓿皂苷增加顺式铂氨在细胞壁的传输，提高了人体结肠癌的治疗功效。

（三）苜蓿皂苷的安全性

苜蓿皂苷三链的 LD_{50} 为 562mg/kg。根据毒性程度，该化合物被认定为中级毒性。

🔍 思考题

(1) 二烯丙基二硫化物的生物功效有哪些?

(2) 羟基柠檬酸和茶氨酸的生物功效有哪些? 其原理是什么?

(3) 请简述白藜芦醇的生物功效。

(4) 请列举3种多酚类活性成分,并简述其生物功效。

(5) 请列举4种类胡萝卜素,并简述其生物功效。

(6) 生物类黄酮有哪些种类? 其主要生物功效是什么?

(7) 槲皮素的生物功效有哪些?

(8) 葡萄籽提取物的主要成分是什么? 其拥有怎样的生物功效?

(9) 绞股蓝皂苷的生物功效有哪些? 其安全性怎么样?

(10) 叶绿素在食品工业上有什么用途? 目前研究显示其主要具备哪些方面的生物功效?

(11) 具有缓解视疲劳的植物化合物有哪些? 其安全性如何?

(12) 具有降血脂的植物化合物有哪些? 其安全性如何?

(13) 哪些天然色素具有明显的生物功效? 其安全性如何?

(14) 具有抗肿瘤的天然植物化合物有哪些? 其安全性如何?

(15) 具有改善免疫功能的天然植物化合物有哪些? 其安全性如何?

(16) 请阐述茶叶和大蒜有益于人体健康的物质基础。

第七章

微生态制剂

CHAPTER

7

[学习目标]

（1）掌握微生态制剂的定义和种类。
（2）掌握益生菌的定义、种类、特性及生物功效。
（3）掌握益生素具体产品的种类、生物功效和安全性。

微生态制剂（Microecologics），又称为"微生态调节剂"，具有维持宿主微生态平衡，调整其微生态失调，提高其健康水平等生物功效。根据其主要成分，微生态制剂可以分为益生菌（Probiotics）、益生素（Prebiotics）和合生素（Synbiotics）。

第一节 益 生 菌

益生菌是活的微生物补充品，能改善宿主肠道微生态的平衡，促进健康。益生菌主要是指乳酸菌的一部分，特别是双歧杆菌。因为有些乳酸菌属中甚至有致病菌，如可致咽喉炎的溶血链球菌。

工业上在筛选菌种时，除满足生产方面的要求外，还应使所筛出菌种具有黏附性高、竞争排斥力强、环境适应能力强和生长快等特点。因为机体内的任何一种菌群组成，无论是正常或非正常的，都会对外来细菌产生排斥作用。若用在功能性食品上的菌株，本身特性就较弱，就不能有效地在肠道内定植繁殖，而被迅速排出体外。

益生素是一类不被消化吸收的功效成分，能够选择性的刺激和促进一种或几种结肠内对宿主健康有益的微生物的生长和活力，改善宿主健康。目前比较实用的益生素，主要是各种功能性低聚糖。

合生素是指同时包括益生菌和益生素的微生态制剂。

一、乳酸菌的分类和特性

乳酸菌是一类能发酵利用碳水化合物产生大量乳酸的细菌。《伯杰细菌鉴定手册》将自然界中已发现的乳酸菌划分为 19 个属。而在这之前，是将乳酸菌分成 5 个属：乳杆菌属、链球菌属、明串珠菌属、双歧杆菌属和片球菌属。

可应用在功能性食品上的乳酸菌，主要是乳杆菌属、链球菌属和双歧杆菌属中的一些种。表 7-1 至表 7-3 列出常用于功能性食品和普通食品中的菌种名单。

表 7-1　　　　　　　　　　　　　　可用于食品的菌种名单

序号	名称	拉丁学名
第一类	双歧杆菌属	*Bifidobacterium*
1	青春双歧杆菌	*Bifidobacterium adolescentis*
2	动物双歧杆菌动物亚种	*Bifidobacterium animalis subsp. animalis*
3	动物双歧杆菌乳亚种	*Bifidobacterium animalis subsp. lactis*
4	两歧双歧杆菌	*Bifidobacterium bifidum*
5	短双歧杆菌	*Bifidobacterium breve*
6	长双歧杆菌长亚种	*Bifidobacterium longum subsp. longum*
7	长双歧杆菌婴儿亚种	*Bifidobacterium longum subsp. infantis*
第二类	乳杆菌属	*Lactobacillus*
1	嗜酸乳杆菌	*Lactobacillus acidophilus*
2	卷曲乳杆菌	*Lactobacillus crispatus*
3	德氏乳杆菌保加利亚亚种	*Lactobacillus delbrueckii subsp. bulgaricus*
4	德氏乳杆菌乳亚种	*Lactobacillus delbrueckii subsp. lactis*
5	格氏乳杆菌	*Lactobacillus gasseri*
6	瑞士乳杆菌	*Lactobacillus helveticus*
7	约氏乳杆菌	*Lactobacillus johnsonii*
8	马乳酒样乳杆菌马乳酒样亚种	*Lactobacillus kefiranofaciens subsp. kefiranofaciens*
第三类	乳酪杆菌属	*Lacticaseibacillus*
1	干酪乳酪杆菌	*Lacticaseibacillus casei*
2	副干酪乳酪杆菌	*Lacticaseibacillus paracasei*
3	鼠李糖乳酪杆菌	*Lacticaseibacillus rhamnosus*
第四类	粘液乳杆菌属	*Limosilactobacillus*
1	发酵粘液乳杆菌	*Limosilactobacillus fermentum*
2	罗伊氏粘液乳杆菌	*Limosilactobacillus reuteri*
第五类	乳植杆菌属	*Lactiplantibacillus*
1	植物乳植杆菌	*Lactiplantibacillus plantarum*

续表

序号	名称	拉丁学名
第六类	联合乳杆菌属	*Ligilactobacillus*
1	唾液联合乳杆菌	*Ligilactobacillus salivarius*
第七类	广布乳杆菌属	*Latilactobacillus*
1	弯曲广布乳杆菌	*Latilactobacillus curvatus*
2	清酒广布乳杆菌	*Latilactobacillus sakei*
第八类	链球菌属	*Streptococcus*
1	唾液链球菌嗜热亚种	*Streptococcus salivarius* subsp. *thermophilus*
第九类	乳球菌属	*Lactococcus*
1	乳酸乳球菌乳亚种	*Lactococcus lactis* subsp. *lactis*
2	乳酸乳球菌乳亚种（双乙酰型）	*Lactococcus lactis* subsp. *lactis biovar diacetylactis*
3	乳脂乳球菌	*Lactococcus cremoris*
第十类	丙酸杆菌属	*Propionibacterium*
1	费氏丙酸杆菌谢氏亚种	*Propionibacterium freudenreichii* subsp. *shermanii*
第十一类	丙酸菌属	*Acidipropionibacterium*
1	产丙酸丙酸菌	*Acidipropionibacterium acidipropionici*
第十二类	明串珠菌属	*Leuconostoc*
1	肠膜明串珠菌肠膜亚种	*Leuconostoc mesenteroides* subsp. *mesenteroides*
第十三类	片球菌属	*Pediococcus*
1	乳酸片球菌	*Pediococcus acidilactici*
2	戊糖片球菌	*Pediococcus pentosaceus*
第十四类	魏茨曼氏菌属	*Weizmannia*
1	凝结魏茨曼氏菌	*Weizmannia coagulans*
第十五类	动物球菌属	*Mammaliicoccus*
1	小牛动物球菌	*Mammaliicoccus vitulinus*
第十六类	葡萄球菌属	*Staphylococcus*
1	木糖葡萄球菌	*Staphylococcus xylosus*
2	肉葡萄球菌	*Staphylococcus carnosus*
第十七类	克鲁维酵母属	*Kluyveromyces*
1	马克斯克鲁维酵母	*Kluyveromyces marxianus*

注：①传统上用于食品生产加工的菌种允许继续使用，名单以外的、新菌种按照《新食品原料安全性审查管理办法》执行；
　　②用于婴幼儿食品的菌种按《可用于婴幼儿食品的菌种名单》执行；
　　③2010 年后公告、增补入《可用于食品的菌种名单》的菌种，使用范围应符合原公告内容。

表 7-2　　　　　　　　　　　　　可用于婴幼儿食品的菌种名单

菌属	名称	拉丁名
双歧杆菌属 *Bifidobacterium*	动物双歧杆菌 Bb-12	*Bifidobacterium animalisBb-12*
	乳双歧杆菌亚种 HN019 或 Bi-07	*Bifidobacterium lactis HN019 or Bi-07*
	短双歧杆菌 M-16V	*Bifidobacterium breveM-16V*
	长双歧杆菌婴儿亚种 R0033	*Bifidobacterium longum subsp. infantis R0033*
	两歧双歧杆菌 R0071	*Bifidobacterium bifidum R0071*
	长双歧杆菌长亚种 BB536	*Bifidobacterium longum subsp. longum BB536*
乳杆菌属 *Lactobacillus*	嗜酸乳杆菌 NCFM*	*Lactobacillus acidophilus NCFM*
	鼠李糖乳酪杆菌 GG 或 HN001	*Lactobacillus rhamnosus GG or HN001*
	发酵粘液乳杆菌 CECT 5716	*Limosilactobacillus fermentum CECT 5716*
	罗伊氏粘液乳杆菌 DSM 17938	*Limosilactobacillus reuteri DSM 17938*
	鼠李糖乳酪杆菌 MP108	*Lacticaseibacillus rhamnosus MP108*
	瑞士乳杆菌 R0052	*Lactobacillus helveticus R0052*

注：仅限用于 1 岁以上幼儿的食品。

表 7-3　　　　　　　　　　　　可用于保健食品的真菌菌种名单

序号	名称	拉丁名	序号	名称	拉丁名
1	酿酒酵母	*Saccharomyces cerevisiae*	7	灵芝	*Ganoderma lucidum*
2	产朊假丝酵母	*Cadida atilis*	8	紫芝	*Ganoderma sinensis*
3	乳酸克鲁维酵母	*Kluyveromyces lactis*	9	松杉灵芝	*Ganoderma tsugae*
4	卡氏酵母	*Saccharomyces carlsbergensis*	10	红曲霉	*Monacus anka*
5	蝙蝠蛾拟青霉	*Paecilomyces hepiali* Chen et Dai，sp. nov	11	紫红曲霉	*Monacus purpureus*
6	蝙蝠蛾被毛孢	*Hirsutella hepiali* Chen et Shen			

我国在 2001 年发布了《可用于保健食品的益生菌菌种名单》以及《可用于保健食品的真菌菌种名单》，名单包括两歧双歧杆菌、婴儿双歧杆菌等菌种。

我国还先后于 2010 年和 2011 年发布《可用于食品的菌种名单》和《可用于婴幼儿食品的菌种名单》，并在随后几年以公告形式对名单进行了增补。

（一）乳杆菌属

乳杆菌属的细胞形态多种多样，从长的、细长的、弯曲形的到短杆状，也常有棒形球杆状，一般形成链状，通常不运动，运动的具有周生鞭毛。无芽孢，革兰氏染色时呈阳性。有些菌株，当用革兰氏染色或甲烯蓝染色时，显示出两极体，内部有颗粒物或呈现出条纹。微好氧，在固体培养基上培养时，通常厌氧条件或减少氧压，并充有 5%~10%CO$_2$ 可增加其表面生长物，有些菌株在分离时就是厌氧的。

乳杆菌的营养要求比较复杂，需要氨基酸、肽、核酸衍生物、盐类、脂肪酸或脂肪酸脂质和可发酵的碳水化合物，且几乎每个种都有各自特殊的营养要求。其生长温度范围为 2~53℃，最适温度一般是 30~40℃。耐酸，最适 pH 为 5.5~6.2，一般在 pH 为 5 或更低的情况下可生长，在中性或初始碱性 pH 条件时通常会降低其生长速率。

乳杆菌是成人肠道内的优势菌之一，乳杆菌制品以生产工艺相对简单、菌种耐氧性好等特点，而在功能性食品生产中尤受欢迎。使用较多的有保加利亚乳杆菌（*L. bulgaricus*）、嗜酸乳杆菌（*L. acidophilus*）、干酪乳杆菌（*L. casei*）、短乳杆菌（*L. breve*）、植物乳杆菌（*L. plantarum*）、莱氏乳杆菌（*L. leichmanni*）和纤维二糖乳杆菌（*L. cellobiosus*）等。

（二）链球菌属

在《伯杰细菌鉴定手册》第 9 版中，对链球菌属的分类作了较大的修改，新建了肠球菌属和乳球菌属两个属。肠球菌的应用较少，主要仅粪肠球菌和屎肠球菌有应用。

修改后的链球菌属，限定是无芽孢的化能异养菌，形成类球或球杆形细胞，排列成对或成链状，发酵碳水化合物的主要产物是乳酸。虽然链球菌代谢不能利用氧，但可在氧中生长，被认为是耐氧的厌氧菌，另外还有些是嗜 CO_2 的菌株。常用在发酵乳制品上的链球菌种有乳酸链球菌、丁二酮乳酸链球菌（*S. diacetilactis*）、乳酪链球菌（*S. creamoris*）和嗜热乳链球菌（*S. thermophilus*）等。

（三）双歧杆菌属

双歧杆菌的细胞呈现出多种形态，有短杆较规则形，有带有尖细末端的纤细杆状，有球形，也有长而稍弯曲状的，或呈各种分枝或分叉形、棍棒状或匙形。单个或链状、V 形、栅栏状排列，或聚集成星状。革兰氏染色阳性，不抗酸，不形成芽孢，不运动。

双歧杆菌厌氧，在有氧条件下不能在平皿上生长，不过对氧的敏感性不同的菌种和菌株存有一定的差异。某些种在有 CO_2 存在时，能增加对氧的耐受性。大多数菌种，在 1 个标准大气压含多量空气和 CO_2（如 90% 空气和 10% CO_2）的气相斜面上，不能生长。

双歧杆菌属的最适生长温度 37~41℃，初始生长最适 pH=6.5~7.0。分解糖时，从葡萄糖产生乙酸和乳酸，两者理论上是以 3mol∶2mol 的比例形成。当葡萄糖以独特的 6-磷酸果糖途径降解时，能产生更多的乙酸，还有少量的甲酸与乙醇等，乳酸产量相对减少。不产 CO_2（葡萄糖酸盐降解除外），不产丁酸和丙酸。

目前应用最广泛的双歧杆菌，包括短双歧杆菌、长双歧杆菌、两歧双歧杆菌、婴儿双歧杆菌和青春双歧杆菌等。

二、乳酸菌的生物功效

乳酸菌在功能性食品上的功效主要集中于维持胃肠道（特别是肠道）菌群的平衡，并由此引发对机体的整体效果。除此之外，它在泌尿生殖系统中的应用也已引起人们的关注。临床上乳酸菌制品主要用于防治腹泻、痢疾、肠炎、肝硬化、阴道炎、便秘、消化功能紊乱、高血压、皮肤病和泌尿系统等疾病。其功效是肯定的，只有少数无效的报道。

目前应用最广泛的属双歧杆菌，具体包括短双歧杆菌、长双歧杆菌、两歧双歧杆菌、婴儿双歧杆菌和青春双歧杆菌等。乳杆菌是成人肠道内的优势菌之一，乳杆菌制品以生产工艺相对简单、菌种耐氧性好等特点而在功能性食品生产中尤受欢迎，使用较多的有保加利亚乳杆菌、嗜酸乳杆菌、干酪乳杆菌、短乳杆菌、植物乳杆菌、莱氏乳杆菌和纤维二糖乳杆菌等。肠球菌的应用较少，主要为粪肠球菌和屎肠球菌。我国最早的乳酸菌药品"乳酶生"就是粪肠球菌，主要用于治疗腹泻、便秘和消化不良等消化功能紊乱。

工业上在筛选菌种时，除满足生产方面的要求外，还应使所筛出菌种具有黏附性高、竞争排斥力强、环境适应能力强和生长快等特点。因为机体内的任何一种菌群组成（无论是正常或非正常的），都会对外来细菌产生排斥作用。若用在功能性食品上的菌株本身特性较弱，就不能有效地在肠道内定植繁殖而被迅速排出体外。基于这一点，对严重的菌群失调者，应考虑先用抗生素清除大部分病原菌，然后再用乳酸菌制品平衡菌群，帮助机体迅速恢复微生态平衡。

从微生态学理论来说，复合菌较单一菌种更具优势，因复合菌种本身即可保持相对的稳定，在人体微生态环境中具有更大的缓冲能力和环境适应能力，可以迅速在肠道中黏附、定植和繁殖而发挥生理作用。目前常见的乳酸菌制品有胶囊、片剂、冲剂、口服液及其发酵乳等。

（一）调节肠道菌群平衡、纠正肠道功能紊乱

乳酸菌通过其自身代谢产物和与其他细菌间的相互作用，调整菌群之间的关系，维持和保证菌群最佳优势组合及稳定性。乳酸菌必须具备黏附、竞争排斥、占位和产生抑制物等特性，才能在微环境中保持优势。除了黏附外，乳酸菌能产生如下一些抑制物。

1. 酸

乳酸菌如双歧杆菌或乳杆菌等，在体内发酵糖类产生大量的醋酸与乳酸，导致环境 pH 下降，使得肠道处于酸性环境中，这对于抑制病原性细菌如志贺氏菌、沙门菌、金黄色葡萄球菌、白色念珠菌（*Monilia albicans*）和空肠弯曲菌（*Campylobacter jejuni*）、致病性大肠杆菌和铜绿假单胞菌等意义重大。肠道内 pH 的下降还可促进肠蠕动，阻止病原菌的定植。

2. H_2O_2

嗜酸乳杆菌、乳酸乳杆菌和保加利亚乳杆菌等都可以产生 H_2O_2，抑制葡萄球菌等致病菌生长繁殖。

3. 糖苷酶

双歧杆菌和某些乳杆菌所产生的胞外糖苷酶，可降解肠黏膜上皮细胞的复杂多糖。而这些糖是致病菌和细菌毒素的潜在受体，通过酶的作用可阻止毒素对上皮细胞可能产生的黏附与侵入作用。

4. 细菌素

许多乳酸菌能产生细菌素（Bacteriocin），在体外可对多种病原菌产生拮抗作用。如乳链球菌产生乳链球菌肽（又称乳球菌素），对许多革兰氏阳性菌（包括葡萄球菌、链球菌、微球菌、分枝杆菌、棒状杆菌、利斯特氏菌和乳杆菌等）有抑制作用。

5. 分解胆盐

双歧杆菌等还可将结合的胆酸分解成游离的胆酸，后者对细菌的抑制作用较前者强。

肠道中各种细菌的种类、数量和定居部位是相对稳定的，它们相互协调、相互制约，共同形成一个微生态系统，乳酸菌通过以上机制，呈优势生长，抑制病原性细菌的过度繁殖，如果由于抗生素、放疗、化疗、应激、年老或膳食不当等引起的肠内菌群失调，可通过摄取乳酸菌活菌制剂或发酵产物而得以纠正。据报道，双歧杆菌制品对儿童难治性腹泻有较好的功效。接受抗生素的儿童其肠道菌群易发生紊乱导致霉菌和肠球菌占优势，厌氧菌尤其是双歧杆菌明显下降，但腹泻期间未检出艰难梭菌（*C. difficile*），也未查出与腹泻相关的毒素。通过摄取双歧杆菌制剂 3~7d，即可恢复肠内杆菌的优势地位，使肠道菌群正常化。

（二）抑制内毒素、抗衰老

双歧杆菌可抑制肠道中腐败菌的繁殖，从而减少肠道中内毒素及尿素酶的含量，使血液中内毒素和氨含量下降。把双歧杆菌用于肝病患者，发现血氨、游离血清酚及游离的氨基氮明显减少。双歧杆菌对门脉肝硬化性脑病有缓解作用，此类患者摄入短双歧杆菌和两歧双歧杆菌 10^9 个/d 持续 1 个月，就可出现血氨下降现象。

乳酸菌产生的乳酸能抑制肠腐败细菌的生长，减少这些细菌产生的毒胺、靛基质、吲哚、氨、硫化氢等致癌物及其他毒性物质对机体的损害，延缓机体衰老进程。

（三）免疫激活、抗肿瘤

乳酸菌及其产物能诱导干扰素、促进细胞分裂而产生体液及细胞免疫，这在许多乳杆菌及双歧杆菌中均有证实，如表 7-4 所示。

表 7-4 乳酸菌的免疫激活作用

乳酸菌	受试动物	免疫作用
植物乳杆菌	小鼠	产生抗体，促进细胞免疫性能
植物乳杆菌	小鼠	促进细胞分裂，活化自然杀伤细胞
植物乳杆菌、发酵乳杆菌	小鼠	促细胞分裂活性
干酪乳杆菌	小鼠	促细胞分裂，活化吞噬细胞，诱导干扰素产生
婴儿双歧杆菌	小鼠	促 B 细胞分裂，活化吞噬细胞
短双歧杆菌	人	促进 IgA 抗体的产生，活化吞噬细胞
长双歧杆菌	小鼠	促 B 细胞分裂，促进特异性及非特异性 IgA 抗体的产生
短双歧杆菌	小鼠	促进抗体产生

经口摄取乳杆菌和双歧杆菌的动物，经放射线照射后的存活时间比对照组的长，或免于死亡，其作用机制可能是乳酸菌及其发酵产物的抗突变作用及对造血系统的保护作用。

乳酸菌的抗肿瘤作用是由于肠道菌群的改善结果，抑制了致癌物的产生，同时乳酸菌及其代谢产物激活了免疫功能，也能抑制肿瘤细胞的增殖。

1. 对肠道菌致癌的影响

T. Mizutani 等用肝癌多发系 C_{3H}/He 小鼠进行试验，发现大多数悉生动物和普通动物的肝肿瘤发病率高于无菌动物。有大肠杆菌等腐败性细菌定居的悉生小鼠，肿瘤发病率为 100%，无菌小鼠为 30%，而普通小鼠为 75%。在对肿瘤发生有促进作用的菌群中加入长双歧杆菌能使肝癌发生率下降到 46%，几乎与无菌小鼠肝癌发病率相同，若加入嗜酸乳杆菌则肝癌发病率下降至 65%。

2. 对化学致癌物的影响

以肉饲料加嗜酸乳杆菌喂养 F-344 大鼠，用化学致癌物二甲肼诱发大肠癌的产生，结果表明，饲喂嗜酸乳杆菌组与不喂组的 20 周癌发生率明显不同，对照组的癌变率为 77%，而加嗜酸乳杆菌组的仅 40%。用含有瑞士乳杆菌的酸奶喂养 F-344 大鼠，用二甲肼诱发大肠癌，发现喂酸奶组大肠癌发生率大为减少。Good head 等报道，虽然将硝酸盐加入牛奶中发酵乳酪，但在成品中并未检测到硝酸铵的存在，说明经过 5 周的凝乳作用硝酸盐消失了，其中干酪乳杆菌的加入对硝酸盐代谢特别有效。添加嗜酸乳杆菌，可降低肉食大鼠粪便中的硝酸基含量与氮基还原酶活性。

3. 抑制癌细胞的作用

自从 Bogdonov 首次报道乳酸菌能抑制癌细胞生长以来，已有许多人做了类似的研究并得到比较一致的结论。有人证实含乳酸菌酸奶可降低小鼠腹腔 Ehrlich 腹水癌细胞的繁殖，另有报道保加利亚乳杆菌发酵奶有抗白血病活性，嗜酸乳杆菌能有效抑制腹水癌细胞的繁殖。

（四）降低血清胆固醇

东非马赛族居民长期摄取高胆固醇膳食，但因大量饮用酸奶故仍保持较低的胆固醇水平。给 53 名美国人喝酸奶，每餐 240mL，1 周后可见胆固醇降低。推测其抗胆固醇物质，可能与 HMG-CoA 还原酶有关，可能还与乳清酸、钙和乳糖有关。

乳杆菌能够使胆盐脱结合而使粪便中的胆固醇减少，粪肠球菌及其提取物具有降低血清胆固醇和甘油三酯的作用。另外，屎链球菌等在动物及人体内也有降低血清胆固醇的作用。给雄兔喂以含 0.25% 的胆固醇膳食，同时每天加入 10^{10} 个长双歧杆菌持续 13 周，发现在受试兔中有 70% 胆固醇升高现象受到明显的抑制。

（五）促进 Ca 的吸收、生成营养物质

发酵乳酸菌可提高 Ca、P 和 Fe 的利用率，促进 Fe 和维生素 D 的吸收。乳糖分解产生的半乳糖是构成脑神经系统中的脑苷脂成分，与婴儿出生后脑的迅速生长有密切关系。

一般说来，黄种人比白种人肠道中的乳糖酶少，乳酸菌发酵时消耗了原奶中 20%～40% 的乳糖，这样患有乳糖不耐适症的儿童吃发酵乳就不发生腹泻，还可用于防治由于缺乏 Fe、Ca 引起的贫血症和软骨病。

许多牛奶的维生素含量因微生物的代谢而增加，维生素的产生与微生物的种类、培养温度、培养时间和其他几种过程参数密切相关。除 B 族维生素外，维生素 C 在发酵奶中的稳定性也较鲜奶中的高。

（六）抗感染

乳酸菌，主要是乳杆菌，在防治泌尿生殖系统感染方面有较明显的功效。体内试验证明，阴道内源性菌群具有共凝聚作用，可在阴道上皮细胞表面定植。乳杆菌是健康女性阴道的正常菌群，能与其他细菌发生共凝聚从而抑制病原菌的生长。许多研究者用乳杆菌，已成功地治疗或预防细菌性和霉菌性阴道炎。

另外，保加利亚杆菌制成的膏剂"Biolactin"可用于防治烧伤。酸奶干制品有报道用来治疗癌性皮肤剥脱。用嗜酸乳杆菌和保加利亚乳杆菌的冻干制剂可治疗口腔感染。

三、双歧杆菌对肠道黏膜的黏附作用

双歧杆菌对肠上皮细胞的黏附作用，是结合于人体肠道极性细胞的刷状缘上，黏附机制涉及一种蛋白成分。这种蛋白成分的黏附因子既存在于培养物的上清液中，又存在于菌体细胞表面。假如弃去双歧杆菌的培养上清液，则黏附作用降低 50%。双歧杆菌黏附因子具有属特异性，不能被其他黏附性乳酸菌的培养物上清液所促进。他们还发现，双歧杆菌的黏附性菌株能够显著抑制肠道病原菌的黏附，这可能是由于在肠细胞表面的竞争性结合，也可能是由于双歧杆菌在肠细胞表面的黏附形成一层屏障，阻止了病原菌与肠细胞的接触。

有人研究双歧杆菌与黏膜糖蛋白的结合及其血细胞凝集作用，发现双歧杆菌能引起人类

A、B、O 血型的红细胞及兔红细胞凝集，没有血型抗原的特异性。血细胞凝集作用可以被猪胃黏蛋白及大鼠肠黏蛋白所抑制，但双歧杆菌表面的血细胞凝集作用受体与其和黏膜糖蛋白黏附的受体是不同的。

第二节　益生素及其他

益生素是能促进乳酸菌生长繁殖的物质，由于通常是对双歧杆菌起作用，故又称双歧因子，但有些对乳杆菌也有一定作用。

一、益　生　素

（一）双歧因子 I

早期的研究发现，母乳中存在能促进两歧双歧杆菌生长的 N-乙酰-D-葡糖胺的寡糖或多糖，并将此物质命名为双歧因子 I 。存在于母乳中的 N-乙酰-D-葡萄糖胺寡糖有以下几种：

①乳-N-四糖（Lacto-N-tetraose）；

②乳-N-新四糖（Lacto-N-reotetraose）；

③乳-N-岩藻五糖 I 和 II ；

④乳-N-双岩藻六糖 I 和 II ；

⑤乳-N-双岩藻十糖。

N-乙酰半乳糖胺和 N-乙酰甘露糖胺对两歧双歧杆菌也具有促进作用，但较乙酰葡糖胺弱一些。

（二）双歧因子 II

酪蛋白经酶水解生成的多肽及次黄嘌呤，可促进两歧双歧杆菌的生长，命名为双歧因子 II 。往牛乳中添加 20% 经胃蛋白酶消化过的乳，对体外双歧杆菌的生长及产酸影响很大。由母乳 κ-酪蛋白中分离出的糖肽，在 50mg/kg 浓度下就可促进两歧双歧杆菌的增殖。

双歧杆菌中有很多菌株在牛乳中不能产生，需要添加酪蛋白降解产生的肽或氨基酸。这是因为，这些菌株缺乏分解蛋白质的活性而需添加酪蛋白水解物，或与能分解蛋白的嗜酸乳杆菌共同培养。

乳清蛋白也是一种很好的双歧因子，还有酵母提取液、牛肉浸液、大豆胰蛋白酶水解产物等，其中酵母提取液效果较好。

无论是哪种生长促进因子，它们均具有一种共同的成分，就是含硫的肽，如果其二硫键被还原或烷基化则失去作用。从 κ-酪蛋白的胰蛋白酶水解产物中分离出的双歧因子，当其二硫键被烷基化还原后则失去作用。但仅含二硫键的物质如谷胱甘肽，也没有作用。

（三）植物提取物

民间常用胡萝卜汁治疗婴儿消化不良或痢疾，这主要是由于胡萝卜汁中含有双歧因子。研究表明，从胡萝卜块根中提取出的磷酸泛酰硫基乙胺，是双歧因子辅酶 A 的前体。

马铃薯提取物对培养于牛乳中的双歧杆菌有促进生长作用，玉米提取物也能促进双歧杆菌在牛乳中的生长。含 0.5%~1.0% 玉米提取物的灭菌牛乳，在 37℃ 培养时双歧杆菌的增殖率为对照组的 2~3 倍。

（四）溶菌酶

母乳中的溶菌酶含量为 40mg/100mL，牛乳中的平均含量为 13μg/100mL。鸡蛋中的溶菌酶（40~100mL）可促进婴儿体内双歧杆菌的增殖，并使粪便中溶菌酶活力提高。

（五）核苷酸

核苷酸是核酸的组成成分，机体能合成足够数量的核苷酸。目前还没有发现因膳食缺乏核苷酸而引起的公认疾病。成人正常膳食一天的供给量为 1~2g。

核酸传统认为是遗传物质，近年的研究表明也有一定的营养保健作用，诸如提高免疫力、抗疲劳等。核苷酸在肠道内可促进双歧杆菌的增殖。婴儿配方乳中添加核苷酸后，粪便中双歧杆菌和乳酸杆菌数量明显增多。

（六）功能性低聚糖

功能性低聚糖，包括低聚果糖、低聚乳果糖、大豆低聚糖、低聚异麦芽糖和低聚木糖等，是目前最实用的双歧因子。这方面内容，参见本教材第二章第三节的详细讨论。

（七）膳食纤维

壳聚糖、菊粉等膳食纤维，也是比较实用的双歧因子，尤其是菊粉的效果较好。这方面内容，参见本教材第二章第一节的详细讨论。

二、洛 伐 它 丁

洛伐它丁（Lovastatin）又称为洛伐他丁、洛伐它汀、洛伐他汀等，是红曲霉常见的代谢成分，具有很多生物功效，如防腐、抗菌、抑菌和杀菌等，但其最突出的是降血脂和降胆固醇。因本教材探讨的微生物制品（不含大型真菌和藻类）目前只有这一种，故放在本章顺便一起讨论。

（一）洛伐它丁的物化性质

洛伐它丁是由红曲霉菌或土曲霉菌酵解产生的一种不饱和内酯结构的代谢物，它是一种 HMG-CoA 还原酶抑制剂，分子式为 $C_{24}H_{36}O_5$，相对分子质量为 404.55。

纯洛伐它丁为白色针状晶体，熔点 157~159℃，紫外光谱最大吸收峰是 229nm、237nm、246nm（甲醇中）。它易溶于甲醇、乙醇、丙醇、乙酸乙酯、苯、碱性水溶液，不溶于正己烷、中性及酸性水溶液。其亲脂性较强，几乎是其相应的活性开环羟基酸形式的 3 个数量级，容易透过细胞膜和血脑屏障。

洛伐它丁本身并无降脂活性，它只是一种前体物质，需经人体产生的羧基酯酶水解后，变成活性物质（酸式洛伐它丁）后，才能发挥降脂和降胆固醇的功效。它可使低密度脂蛋白合成减少而分解代谢增加，并使高密度脂蛋白胆固醇增加。

洛伐它丁可分为碱式和酸式两种，碱式洛伐它丁为开环结构，水溶性好、稳定、耐热，可直接发挥降脂作用。与酸式洛伐它丁相比，其副作用更低，降脂效果却高出一倍以上。碱式洛伐它丁还具有预防胆结石、前列腺肥大和抗肿瘤等作用，可使胆固醇的形成指数明显下降，有效改善前列腺肥大症状，并能使肿瘤繁殖率降低，延长寿命。

（二）洛伐它丁的生物功效

作为它丁类药物的鼻祖，洛伐它丁以其显著的降低血脂功能而独领国际调脂药市场数十年，目前仍是降低冠心病患者死亡率和致残率的重要降脂药物，也是冠心病一、二级预防的有效措施。

1. 降血脂、降胆固醇

让患有慢性 I 型和 II 型的高胆固醇血症的男性与女性患者（52～76 岁）每天服用剂量为 20mg 的洛伐它丁，连续用药至少一个月。研究发现，洛伐它丁能显著降低总胆固醇（7.41±0.17mmol/L 降到 4.99±0.35mmol/L）、低密度脂蛋白胆固醇（5.44±0.21mmol/L 降到 3.22±0.4mmol/L）、脱辅基蛋白 B（1.97±0.19mmol/L 降到 1.35±0.20mmol/L）以及甘油三酯（2.21±0.21mmol/L 降到 1.64±0.24mmol/L），而高密度脂蛋白胆固醇、脱辅基蛋白 A 及 A-I 转移酶的水平没有明显的改变。

研究隔天服用 20mg 洛伐它丁对降低血清低密度脂蛋白胆固醇（>160mg/dL）的效果，试验表明剂量为 10mg/d 的洛伐它丁能显著降低低密度脂蛋白胆固醇水平，升高血清胆固醇水平。这证明服用 10mg 的药量是可行而有效的。

2. 抗动脉粥样硬化

它丁类物质是唯一可以稳定和阻止动脉粥样硬化的有效物质，能降低血脂，减少脂质浸润和泡沫细胞形成，对延迟动脉粥样硬化有利。可降低高脂血症患者血清内皮黏附分子水平，调节白细胞黏附分子的表达和细胞因子的生成，长期应用可延缓动脉粥样硬化，甚至可使粥样硬化病灶缩小或消退。它丁类物质还可不依赖其降脂特性而参与影响粥样硬化形成的重要环节，直接抑制平滑肌细胞增殖和促进细胞凋亡而稳定粥样斑块，延缓动脉粥样硬化的发生、发展。该作用可能是通过阻断羟甲基戊二酸通路，特别是抑制类异戊二烯代谢产物的形成而发挥作用的。试验证明，对于那些无论有无冠心病或有无高胆固醇血症的患者，它丁类物质都可使冠状动脉事件的相对危险性减少 30%。

3. 抑制肿瘤

洛伐它丁除用于治疗高胆固醇血症及动脉粥样硬化症，还具有抑制多种肿瘤细胞增殖的作用。最初研究较多的是一些白血病细胞系，其后发现洛伐它丁对实体瘤细胞也起作用，包括恶性神经胶质瘤、前列腺癌、乳腺癌、及胰腺癌细胞系。

有一个试验，研究洛伐它丁对肝癌细胞-4（HTC-4）和刘易斯肺癌细胞 L-1（LLC-L1）的抑制效果。发现洛伐它丁在抑制 HTC-4 细胞时，同时有 $3-H-$胸腺嘧啶脱氧核苷生成，并且呈剂量依赖关系，浓度为 $1\mu mol/L$ 就能抑制 HTC-4 细胞的生长。后来用洛伐它丁对 LLC-L1 细胞进行处理，发现相似结果，也呈剂量依赖关系，并同时生成 $3-H-$胸腺嘧啶脱氧核苷，洛伐它丁抑制 LLC-L1 细胞的最低浓度为 $0.25\mu mol/L$。

4. 减少肾脏损伤、改善肾脏微循环

HMG-CoA 还原酶抑制剂不仅可通过其降脂作用，而且还可通过拮抗肌成纤维细胞的功能来减少肾脏损伤。洛伐它丁可降低肌成纤维细胞的增殖和生长，当洛伐它丁浓度增加到 30mol/L 时 I 型胶原网格收缩和肌动蛋白丝重排部分受到抑制。另外，洛伐它丁还可减少胶原和胶原酶的合成。虽然肌成纤维细胞的活性降低对防止进行性瘢痕化是有益的，但仍需有进一步的研究来确定这些功能的相对重要性。

洛伐它丁具有保护肾功能，改善肾脏微循环的作用。试验中有 3 组鼠（对照组，残肾不服用洛伐它丁组，残肾服用洛伐它丁组）。对照组的体重和血液动力学参数较高，其他两组的没有显著差别，三个组的动脉血压没有什么改变。

5. 防治骨质疏松

该作用是它丁类物质与降脂作用无关的生物功效。将它丁类物质加入到器官培养的新生鼠头盖骨中观察它丁类对骨的生物学效应。取出出生 4d 的 Swiss 小鼠的颅骨，分离相连组织，置于含有 0.1%牛血清的培养基中，与它丁类物质共同孵育 3~7d。与用骨形态发生蛋白 2（bone morphogenetic protein-2，BMP-2）和成纤维细胞生长因子 1（fibroblast growth factor-1，FGF-1）治疗后的细胞相对照，洛伐它丁、辛伐它丁、氟伐它丁和美伐它丁均可增加 2~3 倍新骨。

颅骨细胞对两种骨重吸收因子与成骨细胞刺激因子均起反应。4~5 周龄雄性 SwissICR 小鼠，经颅骨上皮下组织注射被试它丁类物质或溶剂，1 天 3 次，连续给药 5d，第 21 天时处死小鼠，移取颅骨做组织形态学测定分析。结果表明，新骨生成增加约 50%，作用与成纤维细胞生长因子 1 和骨形态发生蛋白 2 治疗组相当。但是，成纤维细胞生长因子 1 还促进皮下细胞的增殖，这种作用是骨形态发生蛋白 2 和它丁类物质所没有的。为了确定它丁类物质在全身用药情况下是否可以刺激新骨形成，对切除卵巢的大鼠与正常大鼠服用它丁类物质，以重组成纤维细胞生长因子 1 和合成甲状旁腺激素作为阳性对照。经它丁类治疗后，骨小梁的体积增加 39%~94%。这主要依赖于骨形成作用，因为骨形成速率未发现变化。另外，破骨细胞数量的下降也是原因之一。

6. 抗炎症反应

高胆固醇血症患者的单核细胞与内皮细胞的黏附增加，此黏附增高状态可被洛伐它丁和辛伐它丁明显降低。给高胆固醇血症大鼠服用氟伐它丁，其白细胞对血小板激活因子和白三烯 B_4 刺激的黏附及迁移反应明显受抑。将分离的健康人单核细胞用洛伐它丁处理，单核细胞表面 CD11b 表达受抑制呈洛伐它丁剂量依赖性，同时未经刺激的和受单核细胞趋化蛋白-1 刺激的 CD11b 依赖性单核细胞-内皮细胞黏附也都被抑制。

7. 其他功效

随着研究的深入，逐步发现洛伐它丁的其他生物功效。如预防经皮腔内冠状动脉成形术成功后再狭窄，防止心肌梗塞的发生；改善内皮功能，预防早期动脉粥样硬化，免受缺血损害，从而减少缺血事件的发生率；抑制蛋白酶体的活性，利于细胞再生；延缓阿尔茨海默病的进展等。

（三）洛伐它丁的安全性

小鼠口服给药，LD_{50} 为 1g/kg。它丁类物质耐受性好，一般不良反应有口干、腹痛、便秘、流感症状、消化不良、氨酶升高等，停药后均可消失。已有的研究未发现洛伐它丁有致突变作用。给 3~4 倍人用剂量于小鼠可以致癌，但在人类大规模长期临床试验中，均未见肿瘤发生率有增加。它丁类物质没有致癌性，相反它还能降低抗癌药的毒性。

所有它丁类物质都产生肝毒性，其发生率约为 1%，且呈剂量依赖性。据报道洛伐它丁、阿托伐它丁、西立伐它丁都有引起谷丙转氨酶升高的作用。

🔍 思考题

（1）微生态制剂有哪些？
（2）请列举出 3 类可用于保健食品的益生菌菌种。
（3）乳酸菌的生物功效有哪些？
（4）什么是双歧因子？请列举 3 例双歧因子。

药食两用植物活性物质

关于《既是食品又是药品的物品名单》，我国原卫生部先后公布了几次。最早是 2000 年之前，原卫生部先后 3 次共批准了 77 种物品。

第一批药食两用名单为（61 种）：乌梢蛇、蝮蛇、酸枣仁、牡蛎、栀子、甘草、代代花、罗汉果、肉桂、决明子、莱菔子、陈皮、砂仁、乌梅、肉豆蔻、白芷、菊花、藿香、沙棘、郁李仁、青果、薤白、薄荷、丁香、高良姜、白果、香橼、红花、紫苏、火麻仁、橘红、茯苓、香薷、八角茴香、刀豆、姜（干姜、生姜）、枣（大枣、酸枣和黑枣）、山药、山楂、小茴香、木瓜、龙眼肉（桂圆）、白扁豆、百合、花椒、芡实、赤小豆、佛手、杏仁（甜、苦）、昆布、桃仁、莲子、桑葚、莴苣、淡豆豉、黑芝麻、黑胡椒、蜂蜜、榧子、薏苡仁、枸杞子。

第二批药食两用名单为（8 种）：麦芽、黄芥子、鲜白茅根、荷叶、桑叶、鸡内金、马齿苋、鲜芦根。

第三批药食两用名单为（8 种）：蒲公英、益智、淡竹叶、胖大海、金银花、余甘子、葛根、鱼腥草。

进入 21 世纪之后，原卫生部以《卫生部关于进一步规范保健食品原料管理的通知》（卫法监发〔2002〕51 号）正式发布 86 种药食两用物品名单。

这 86 种物品为：丁香、八角茴香、刀豆、小茴香、小蓟、山药、山楂、马齿苋、乌梢蛇、乌梅、木瓜、火麻仁、代代花、玉竹、甘草、白芷、白果、白扁豆、白扁豆花、龙眼肉（桂圆）、决明子、百合、肉豆蔻、肉桂、余甘子、佛手、杏仁、沙棘、芡实、花椒、赤小豆、阿胶、鸡内金、麦芽、昆布、枣（大枣、黑枣、酸枣）、罗汉果、郁李仁、金银花、青果、鱼腥草、姜（生姜、干姜）、枳椇子、枸杞子、栀子、砂仁、胖大海、茯苓、香橼、香薷、桃仁、桑叶、桑葚、桔红、桔梗、益智仁、荷叶、莱菔子、莲子、高良姜、淡竹叶、淡豆豉、菊花、菊苣、黄芥子、黄精、紫苏、紫苏籽、葛根、黑芝麻、黑胡椒、槐米（槐花）、蒲公英、蜂蜜、榧子、酸枣仁、鲜白茅根、鲜芦根、牡蛎、蝮蛇、橘皮、薄荷、薏苡仁、薤白、覆盆子、藿香。

本章将上述 86 种物品分成 7 类，其中动物类 6 种放在第十二章讨论。

根茎类植物（14 种）：甘草、葛根、白芷、肉桂、姜（生姜、干姜）、高良姜、薤白、山药、鲜白茅根、鲜芦根、菊苣、黄精、玉竹、桔梗。

叶类植物（4 种）：紫苏、桑叶、荷叶、百合。

花草类植物（14 种）：金银花、菊花、代代花、槐花（槐米）、白扁豆花、丁香、鱼腥草、蒲公英、薄荷、藿香、马齿苋、香薷、淡竹叶、小蓟。

果实类植物（20 种）：枣（大枣、黑枣、酸枣）、沙棘、枸杞子、栀子、覆盆子、山楂、桑葚、乌梅、佛手、木瓜、罗汉果、余甘子、青果、香橼、橘皮、桔红、花椒、黑胡椒、八角茴香、小茴香。

种子类植物（26 种）：白果、刀豆、白扁豆、赤小豆、淡豆豉、酸枣仁、杏仁（苦、甜）、桃仁、薏苡仁、火麻仁、郁李仁、砂仁、益智仁、决明子、黄芥子、莱菔子、枳椇子、榧子、莲子、紫苏籽、肉豆蔻、麦芽、芡实、龙眼肉、黑芝麻、胖大海。

菌藻类物质（2 种）：茯苓、昆布。

动物类（6 种）：蝮蛇、乌梢蛇、牡蛎、鸡内金、阿胶、蜂蜜。

2014 年国家卫计委发布《按照传统既是食品又是中药材物质目录管理办法（征）》（国卫办食品函［2014］975 号），除了再一次公布上述 86 种物品外，新增 15 种中药材作为药食两用物品：

人参、山银花、芫荽、玫瑰花、松花粉（马尾松）、松花粉（油松）、粉葛、布渣叶、夏枯草、当归、山奈、西红花、草果、姜黄、荜茇，在限定使用范围和剂量内作为药食两用物品。

2018 年国家卫计委《关于征求将党参等 9 种物质作为按照传统既是食品又是中药材物质管理意见的函》（国卫办食品函［2018］278 号）中，拟新增 9 种中药材物质作为药食两用物品（征求意见稿）：

党参、肉苁蓉（荒漠）、铁皮石斛、西洋参、黄芪、灵芝、天麻、山茱萸、杜仲叶，在限定使用范围和剂量内作为药食两用。

在 2014 年新增 15 种物品中，当归、山奈、西红花、草果、姜黄、荜茇等 6 种只能用在香辛料或调味品种，布渣叶、夏枯草这 2 种只用在凉茶中，真正能用在普通食品中的物品只有 7 种。而 2018 年拟新增的 9 种物品，直到 2023 年 11 月 9 日由国家卫生健康委员会和国家市场监督管理总局联合发布 2023 年第 9 号公告，同意纳入按照传统既是食品又是中药材的物质目录中。

为讨论方便，我们将这两个名单（共 24 种）中的人参、玫瑰花、当归、姜黄、荜茇、党参、铁皮石斛、西洋参、黄芪、天麻、山茱萸、杜仲叶等 12 种传统中草药放在第九章"保健食品允许使用的植物活性物质"中讨论。剩下的 12 种放在本章第七节加以阐述。

第一节　根茎类药食两用植物

甘草、葛根、白芷、姜、山药、肉桂和百合等在我国有悠久的应用历史，它们通常含有多糖类、黄酮类、异黄酮类、挥发油、微量元素等多种活性成分，具有提高机体免疫力、抗衰老、促进学习与记忆功能、解毒、抗菌等多种生物功效，对心血管疾病、肿瘤、炎症以及消化道溃疡等疾病具有良好功效。

一、甘　草

甘草（*Glycyrrhizae Radix* et *Rhizoma*）又名美草、蜜甘，是豆科植物甘草（*Glycyrrhiza uralensis* Fisch）的根及根状茎。广泛分布于我国的东北、西北、华北等地，现多为人工种植。

（一）甘草的化学组成

甘草的化学组成极为复杂，其中甘草甜素、黄酮类物质是 2 类最重要的生物功效物质，主要存在于甘草根表皮以内的部分。甘草还含有较为丰富的甘草多糖，是甘草中的一种抗病毒成分。

甘草甜素是甘草根茎中所含的一种五环三萜皂苷，中国甘草的根茎中含 3.11%~6.53%。甘草甜素的分子式为 $C_{42}H_{62}O_{16}$，熔点 220℃，难溶于冷水和稀乙醇液，易溶于热水，冷却后呈黏稠状胶冻。它是由 2 分子葡萄糖醛酸与甘草次酸结合而成的，其中甘草次酸（Glycyrrhetinic acid）是甘草甜素的皂苷配基，也是甘草甜素的有效活性成分之一。

黄酮类物质是甘草中另一类重要的生物功效物质，在甘草的抗溃疡、解痉等生物功效中起到了重要作用。甘草黄酮类物质包括了甘草素（Liquiritigenin）、异甘草素（Isoliquiritigenin）、甘草苷（Liquiritin）、异甘草苷（Isoliquiritin）、新甘草苷（Neoliquiritin）、新异甘草苷（Neoisoliquiritin）、异甘草素-4-β-葡萄糖-β-洋芫妥糖苷（Licurazid）等。

（二）甘草的生物功效

1. 解毒

早在晋代就已发现甘草的解毒功能，随后历代本草对甘草的记录大都是围绕着这一功能。大量的动物试验和临床报道证实，甘草具有解毒功能，并确定甘草解毒作用的生物功效物质是甘草甜素。甘草甜素能显著降低士的宁对实验动物的毒性及死亡率，解除急性氯化铵造成的中毒。甘草还能显著降低组胺、水合氯醛、乌拉坦、可卡因、苯砷、升汞等的毒性。对咖啡因、乙酰胆碱、毛果芸香碱、烟碱、可溶性巴比妥等神经毒素，白喉毒素、破伤风毒素等细菌毒素、蛇毒、河豚毒等生物毒素都有一定的解毒作用。

甘草与某些药物配伍还能减轻后者的毒副作用，如甘草与抗癌药物喜树碱合用，不仅明显抑制喜树碱降低白细胞的副作用，也使其抗癌效果得到增强。

甘草的解毒机制是通过以下 3 个方面实现的：

①甘草甜素被机体吸收后，在肝脏中分解为甘草次酸与葡萄糖醛酸，后者可以与含有羟基或羧基的有毒物质相结合生成无毒的化合物并排出体内，实现解毒的功能；

②甘草甜素对毒物有直接吸附作用，类似于活性炭的功能，30mg的甘草甜素对士的宁的吸附率为35.89%，对水合氯醛的吸附率为24.84%，吸附效果同甘草甜素的剂量呈正相关；

③甘草具有肾上腺皮质激素样作用，能提高人体对有害刺激（包括各种毒物）的抵抗能力，减轻细菌毒素对机体细胞的损害，减轻临床症状。

值得注意的是，甘草也不是对所有的有毒物质具有解毒功能，它对阿托品、毒扁豆碱、吗啡、锑剂的毒性就无效，甚至还会增加麻黄碱的毒性。

2. 抗炎症反应

甘草对大鼠的棉球肉芽肿、甲醛性浮肿、结核菌素反应、皮下肉芽囊性炎症、角叉菜胶浮肿等均有抑制作用。甘草抗炎作用的有效成分是甘草甜素和甘草次酸，其中甘草次酸的抗炎作用强度为可的松的 $1/10 \sim 1/8$（以相同功效所需的剂量为标准）。甘草还具有抗过敏作用，如甘草甜素可明显抑制鸡蛋清引起的豚鼠过敏反应，甘草次酸则可抑制组胺对血管通透性的影响。

3. 抗消化性溃疡

早在20世纪60年代，就有关于将甘草制剂用于治疗消化性溃疡的报道。动物试验表明，甘草浸膏、甘草甲醇提取物 FM_{100} 对大鼠结扎幽门、水浸应激、消炎痛等引起的消化道溃疡都有明显的抑制作用，其中甘草甜素以及甘草黄酮类成分中的甘草苷、甘草素、异甘草苷都是甘草抗消化性溃疡的有效活性成分。消化性溃疡的基本原因是胃液分泌过多，超过了胃黏液对胃的保护作用和十二指肠液对胃酸的中和能力，导致胃液对胃壁的自身消化。抑制胃液分泌以及降低胃蛋白酶的活性，可能是甘草抗溃疡的重要原因。

甘草对平滑肌有解痉作用，如甘草提取液、甘草素、异甘草素均能明显抑制动物离体肠管的运动，也能解除乙酰胆碱、氯化钡、组胺引起的肠痉挛。甘草黄酮类物质中查耳酮化合物的解痉效果要比甘草素更强，而甘草甜素及甘草次酸并无解痉作用。

4. 其他功效

甘草具有"润肺止咳"的功能，通常认为这是甘草浸膏覆盖在发炎的咽部黏膜，减少刺激的结果。但近年来发现，作为甘草甜素体内代谢物的 $18-\beta$ 甘草次酸衍生物对刺激神经引起的咳嗽有良好的镇咳效果，因此认为甘草可能还存在着中枢性镇咳作用。

（三）甘草的安全性

甘草毒性很低，其主要活性成分甘草甜素的 LD_{50} 为 805mg/kg（小鼠腹腔注射），但长期大剂量服用甘草也会引起机体不良反应，主要表现为水肿和血压升高等症状，这是甘草甜素和甘草次酸类皮质激素样作用导致体内潴钠排钾的结果。临床上将甘草用于治疗溃疡、炎症时，由于所需的剂量较大，水钠潴留就成为主要的副作用，这些副作用一般在限制食盐摄入或停药后即可消失。严重的低血钾、高血压、肾疾病患者应尽可能避免使用甘草。

二、葛　　根

葛根（*Puerariae Lobatae Radix*）是豆科葛属植物野葛［*Pueraria lobata*（Wild.）Ohwi］和粉葛（*Pueraria thomsonii* Benth）的肥大块根。多呈长圆柱形，黄白色或淡棕色，表面有时可见残存的棕色外皮，切片粗糙，富粉性并含大量纤维，横断面可见由纤维所形成的同心性环层。

（一）葛根的化学组成

新鲜葛根含有 19%~20% 的葛根淀粉，功效成分为异黄酮类化合物以及少量的黄酮类物质。以黄豆苷原为基本骨架的异黄酮，其中葛根素（Puerarin）、黄豆苷原（Daidzein）、黄豆苷（Daidzin）是葛根的主要活性成分，尤以葛根素含量最高。黄豆苷是葛根素的同分异构体。此外，葛根中还含有葛根素木糖苷、β-谷甾醇等活性物质。

黄豆苷原代表了葛根中异黄酮类物质的基本骨架，具有明显的抗缺氧作用和抗心律失常活性。葛根素是一种 C-糖苷型化合物，由于该化合物中亲水性羟基较多，因此其水溶性较黄豆苷原好。葛根素在胃肠道中性质相当稳定，但人体对它的吸收能力很差，摄入的葛根素在 72h 内将有 73.3% 自粪便排出，葛根素对人体无毒性。

（二）葛根的生物功效

1. 对循环系统的调节作用

葛根总黄酮能增加脑及冠状动脉的血流量。经麻醉狗动脉内注射葛根总黄酮 1~2mg/kg，3min 后冠状动脉左旋支的血流量增加（19±3）%（1mg/kg）和（34±7）%（2mg/kg），作用维持 3~5min。葛根对动物和人体的脑循环以及外周循环也有明显的促进作用，葛根总黄酮在改善高血压及冠心病患者的脑血管张力、弹性和搏动性供血等方面均有温和的促进作用。

葛根不仅能改善金黄地鼠的正常脑微循环，而且对微循环障碍也有明显的改善作用，主要表现为局部微血管血流和运动的幅度增加。葛根素还能对抗肾上腺素引起的微动脉口径缩小、流速减慢和流量减少等微循环障碍。葛根素对突发性耳聋患者的甲皱微循环也有改善作用，能加快微血管血流速度，清除血管祥淤血，提高患者的听力。

葛根素对缺氧心肌具有保护作用。这种作用主要表现在葛根素能明显降低缺血心肌的耗氧量，抑制乳酸的产生，同时能抑制心肌磷酸肌酸激酶的释放，保护心脏免受缺血再灌注所致的超微结构损伤。葛根素保护缺氧心肌的作用机制是其显著扩张缺血心脏的冠状动脉，提高缺血心肌超氧化物歧化酶的活性，减少缺血心肌再灌注时脂质过氧化产物（如丙二醛）的含量等综合作用的结果。

2. 解痉作用

葛根中的黄豆苷原对小鼠、豚鼠等实验动物的离体肠管具有类似罂粟碱样的解痉作用。黄豆苷原能阻断由节后胆碱能神经（主要是副交感神经的纤维）支配的效应器上的胆碱受体。此外，葛根中的葛根素还具有降低血浆儿茶酚胺的功能，从而对抗儿茶酚胺对平滑肌的兴奋作用。

3. 降血糖

葛根对动物体内的糖代谢有一定的影响。以葛根水提取物灌胃，开始 2h 家兔的血糖上升，随即下降，在第 3~4 小时下降到最低值。试验还表明，葛根对家兔肾上腺素性高血糖不仅无对抗作用，反而使之增高，但它能促进血糖提早恢复正常。

4. 治疗高血压

对 14 例有严重头痛项强的高血压患者使用葛根总黄酮，结果患者的颈项强痛症状明显减轻，头痛、头晕、耳鸣等症状也得到一定的改善。其中葛根素、黄豆苷或黄豆苷原单独作用都有效果（表 8-1）。

表 8-1   葛根总黄酮及其成分对高血压患者症状的改善

受试物	显效人数	好转人数	无效人数	共计/人
葛根总黄酮	14	—	—	14
黄豆苷原	13	—	1	14
黄豆苷	5	—	2	7
葛根素	11	—	2	13
维生素 C	2	1	7	10

5. 治疗偏头痛

偏头痛的产生是由于颅内血管收缩，继之颅外血管扩张，从而出现典型的偏头痛。临床上用葛根片（总黄酮）及黄豆苷原治疗偏头痛获得满意的效果。在一个临床试验中，患者每天摄取葛根片 3 次，每次 3~5 片，2 周后多数患者症状减轻。黄豆苷原具有与葛根片相似的作用。葛根对偏头痛的良好效果与其改善大脑甲皱微循环，抑制二磷酸腺苷与 5-羟色胺共同诱导的血小板聚集等作用有关。

6. 治疗冠心病心绞痛

葛根对冠心病心绞痛有一定的功效。191 例患者使用葛根片后，心绞痛症状改善有效率为 69%~91%，心电图改善有效率为 41.3%~51%，活动耐受量增加。另有 177 例患者以黄豆苷原为受试物，结果心绞痛症状改善有效率为 79.1%，心电图改善率为 46%。临床上对 30 例冠心病心绞痛患者用 500mg 葛根素进行静脉滴注，持续 1 周后发现患者的血压下降、心率减慢，心绞痛症状改善率为 86.6%，心电图改善率为 36.7%。

7. 改善突发性耳聋

通常认为，突发性耳聋与内耳血管痉挛有关。葛根具有解痉作用，能提高患者的听力，这与葛根改善甲皱微循环作用有关。观察不同受试物对 294 例早期突发性耳聋患者的效果，其中 100 例患者每天摄入葛根片 3 次，每次 1~3 片（每片含总黄酮 100mg），1 至 2 个月后听力普遍得到改善，或以总黄酮 100mg/次进行肌肉注射，一日 2 次，2~4 周后患者听力也有明显的改善（表 8-2）。此外，葛根还能改善视网膜动脉阻塞患者的眼底微循环，提高患者视力。总的说来，葛根对上述疾病的改善作用主要是通过促进缺血组织的血液循环和物质代谢来实现的。

表 8-2   不同受试物对 294 例早期突发性耳聋功效的比较

受试物	人数	痊愈人数	显效人数	好转人数	无效人数	有效率/%
烟酸、维生素 B_{12}、ATP	94	0	27	13	43	49
山莨菪碱、维生素 B	100	15	5	31	49	51
葛根片	100	25	16	35	24	76

三、白   芷

白芷（*Angelicae Dahuricae Radix*）是伞形科当归属植物白芷［*Angelica dahurica*（Fisch. ex Hoffm.）Benth. et Hook. f.］或杭白芷［*Angelica dahurica*（Fisch. ex Hoffm.）Benth. et Hook. f. var. *formosana*（Boiss.）Shan et Yuan］的干燥根，主产四川、浙江和云南。味辛，性温，入肺、脾和胃

经。白芷以根条粗大、皮细、粉性足、香气浓者为佳。

（一）白芷的化学组成

白芷主要有效成分为呋喃香豆素类，主要含有 0.06%～0.34%氧化前胡素（Oxypeuceda-nin），0.1%～0.83%欧前胡素（Imperatorin），0.05%～0.15%异欧前胡素（Isoimperatorin）。

白芷含挥发油 0.24%，已鉴定 29 种成分，含量较高的有甲基环癸烷（12.4%）、1-十四碳烯（10.9%）和月桂酸乙酯等。此外白芷含胡萝卜苷、生物碱、微量元素等。

（二）白芷的生物功效

1. 清热、镇痛与抗炎

对白芷的醚提液、醇提液和水抽提液研究发现，白芷有解热、抗炎和镇痛作用，其抗炎镇痛的有效成分是脂溶性成分。白芷 15g/kg 灌胃对皮下注射蛋白胨所致发热的家兔有明显解热作用，其功效比 0.1g/kg 阿司匹林更好。白芷对小鼠醋酸扭体反应有抑制作用，对夹尾和烫尾无明显效果。白芷抽提液、醚提取物和水提取物 8g/kg 灌胃，对小鼠醋酸扭体反应的抑制率分别为 69.6%、52.86%和 40.53%。白芷 4g/kg 灌胃对二甲苯所致小鼠耳部炎症也有显著抑制作用。

2. 对心血管与血液的作用

异欧前胡内酯有降低蛙心收缩力作用，50mg/kg 时可使猫动脉血压降低 50%，维持 1.5h。氧化前胡素 5mg/kg 可使兔动脉压下降 25%～50%，并维持 3～7h。比克白芷素对冠状血管有扩张作用。白芷和杭白芷的醚溶性成分对离体兔耳血管有显著扩张作用，而白芷的水溶性成分有血管收缩作用。毛细管法试验表明，白芷的水溶性成分有明显止血作用。

3. 对脂肪代谢的影响

白芷所含呋喃香豆素类成分（如花椒毒素、欧前胡素、水合氧化前胡素等）单独应用，对脂肪代谢无明显影响，但与肾上腺素和促肾上腺皮质激素共存则对这些激素有活化作用，增强它们所诱导的脂肪分解作用，抑制胰岛素诱导的由葡萄糖合成甘油三酯的作用，而间接发挥促进脂肪分解和抑制脂肪合成的作用。由此可见白芷香豆素能够活化交感系激素，拮抗副交感系激素。

4. 对平滑肌的作用

白芷和杭白芷的醚溶性及水溶性成分均能抑制家兔离体小肠自发性运动，醚溶性成分还能对抗毒扁豆碱、甲基新斯的明和氯化钡所致强直性收缩，水溶性成分也能对抗氯化钡所致强直性收缩。试验表明，异欧前胡素对兔回肠有解痉作用，对兔子宫收缩力和蚯蚓肌紧张性有增强作用。通过白芷的上述作用，说明它有解痉止痛的功效。

5. 抗病原体

白芷对大肠杆菌、宋氏痢疾杆菌、弗氏痢疾杆菌、变形杆菌、伤寒杆菌、副伤寒杆菌、绿脓杆菌、霍乱弧菌及人型结核杆菌等有不同程度抑制作用。白芷在试管内对絮状表皮癣菌、石膏样小芽孢癣菌、羊毛状小芽孢癣菌，1：3 水抽提液对奥杜盎氏小芽孢癣菌，1：10 水抽提液对同心性毛癣菌、堇色毛癣菌、絮状表皮癣菌等均有不同程度抑制作用。白芷对接种新城疫病毒的鸡胚延长寿命 6h，对甲型流感病毒 PR_8 株无抑制作用。

6. 对皮肤的作用

白芷中线型呋喃香豆素具有光敏作用，当其进入体内后，一旦受到日光或紫外线照射，则可使照射处皮肤发生日光性皮炎，使受照部位红肿、色素增加及表皮增厚等，可用于光化学治疗银屑病。白芷制剂加黑光照射治疗银屑病的功效与 8-甲氧基补骨脂素相当，其机制可能是抑制银屑病表皮细胞的 DNA 合成，使迅速增殖的银屑病表皮细胞恢复正常的增殖率，从而使皮损治愈。

7. 其他功效

白芷有中枢兴奋作用，白芷毒素在少量时能兴奋延脑呼吸中枢、血管运动中枢、迷走中枢和脊髓，使呼吸兴奋、血压升高、心率减慢并引起流涎，大量时可致间歇性惊厥继而导致麻痹。白芷对动物放射性皮肤损害有保护作用，白芷提取物对钙通道阻滞剂受体和 β-羟基-β-甲基戊二酸辅酶 A 及肝药物代谢酶有抑制作用。异欧前胡素和白当归素对 HeLa 人体癌细胞有细胞素活性。

（三）白芷的安全性

白芷小鼠灌胃的 LD_{50} 为 42~45g/kg，白芷水抽提液和醚提物小鼠灌胃 LD_{50} 分别为 43g/kg 和 54g/kg。白芷乙醇溶出物浸膏 800mg/kg 和 1200mg/kg（分别为临床剂量的 100 倍和 150 倍）给小鼠灌胃，每日 1 次，连续 5d，观察 72h，无死亡发生。50 倍和 25 倍临床剂量给小鼠灌胃，每日 1 次，连续 2 周和 4 周，发现受试动物的体重增加，活动和食欲无异常；只是血色素略下降，但与对照组无显著差异；白细胞与肝肾功能正常，肺、脾、肝、肾和十二指肠切片均未见异常变化。欧前胡内酯小鼠腹腔注射的 LD_{50} 为 373mg/kg，欧前胡内酯和花椒毒素大鼠肌肉注射的 LD_{50} 分别为 335mg/kg 和 160mg/kg。

四、肉　　桂

肉桂（*Cinnamomi Cortex*）为樟科樟属植物肉桂（*Cinnamomum cassia* Presl）的干皮及枝皮，主产于广西、广东、云南等地。味辛甘，性热，入肾、脾及膀胱经。常见肉桂有官桂、企边桂和板桂。肉桂外表面灰棕色，内表面红棕色，断面紫红色或棕红色，以皮细肉厚、断面紫红色、油性大、香气浓烈为佳。

（一）肉桂的化学组成

肉桂皮含挥发油（肉桂油）1%~2%，其中含肉桂醛（即桂皮醛，Cinnamaldehyde）75%~95%，以及肉桂酸、乙酸桂皮酯、乙酸苯丙酯和苯甲醛等。肉桂皮还含鞣质、黏液、碳水化合物，以及抗溃疡有效成分桂皮苷（Cinnainoside）与桂皮多糖（Cinnaman）。

（二）肉桂的生物功效

1. 保护心血管系统

麻醉犬静脉注射肉桂水抽提液 2g/kg，其冠状动脉和脑血流量增加，血管阻力下降。水抽提液及水溶甲醇部分均能使犬血压明显下降，并对外周血管有直接扩张作用。肉桂醛增强豚鼠离体心脏的收缩力，加快心率，但在重复服用后，作用减弱，继而导致心脏抑制。使麻醉犬股动脉血流量增加（外周血管扩张），麻醉豚鼠血压下降。无论是肉桂的水抽提液或是挥发油及油中主要成分肉桂醛，都有扩张血管降低血压的作用。

肉桂水抽提液灌胃 1.2g/kg 连续 6d，对垂体后叶素所致兔急性心肌缺血有一定的改善。水抽提液能增加豚鼠离体心脏的冠状动脉流量，对垂体后叶素所致豚鼠离体心脏的冠状动脉流量减少，有对抗作用。给大鼠灌胃肉桂水提物 10g/kg 或肉桂油 8mL/kg，每日 1 次连续 7d，均对异丙肾上腺素引起的心功能及血流动力学的改变具有对抗作用。

肉桂水抽提物强于肉桂油，肉桂制剂能使舒张压得到较充分提高，冠状动脉及脑动脉灌注压相应增高，促进心肌及胸部侧支循环开放，从而改变其血液供应，呈现对心肌的保护作用。

2. 抗溃疡、加强胃肠道运动

肉桂水提取物腹腔注射 50~100mg/kg，对寒冷或水浸应激性大鼠胃溃疡均有很强的抑制作用，其活性与甲氰咪胍相似。对 5-羟色胺所致大鼠溃疡，甲氰咪胍无效，而肉桂水提取物通过增加胃黏膜血流量，改善微循环，从而抑制 5-羟色胺引起的胃溃疡。灌服肉桂水提取物对小鼠水浸性应激性或消炎痛加乙醇型溃疡也有抑制作用，并使幽门结扎大鼠的胃液分泌和胃蛋白酶活性降低，促进胃黏膜血流。

从肉桂中分离出的抗溃疡活性成分桂皮苷，给大鼠口服 0.15μg/kg，能抑制 70% 乙醇、0.2mol/L NaOH 或 5-羟色胺等所致溃疡的发生，口服 135mg/kg 和 150μg/kg 则分别能抑制应激性溃疡和消炎痛型溃疡的发生。桂皮苷 0.025μg/kg 胃内给药能抑制乙醇所致胃黏膜电位的降低，这说明桂皮苷在极低剂量下就对多种溃疡模型呈强抑制作用。其作用机制可能是由于溃疡活性因素（胃液与胃蛋白酶）的抑制与防御因素（胃黏膜血流速率）的加强，以及抑制胃黏膜电位降低和对黏膜的保护作用所致。除此之外，肉桂能降低胰酶活性。

桂皮油是芳香性健胃驱风剂，对肠胃有缓和的刺激作用，可促进唾液及胃液分泌，增强消化功能，并能解除胃肠平滑肌痉挛，缓解肠道痉挛性疼痛。20g/kg 肉桂水抽提液灌胃，能显著抑制小鼠的胃肠推进率，但不能对抗酚妥拉明、吗啡或阿托品性小鼠胃肠推进率。20g/kg 的桂皮水抽提液给小鼠灌胃能显著对抗番泻叶引起的小鼠腹泻，而小剂量 5g/kg 对蓖麻油或番泻叶性小鼠腹泻无显著影响。

3. 调节中枢神经系统

肉桂油、桂皮醛等具有镇静、镇痛、解热、抗惊厥等作用。桂皮醛对小鼠有明显的镇静作用，表现为自发性活动减少，对抗甲基苯丙胺所致的活动过多、转棒试验产生的运动失调，并能延长环己巴比妥钠的麻醉时间等。肉桂醛还能使兔脑电图的低压快波有增加的倾向，对声音刺激的惊醒波稍有延长。

将肉桂水抽提液按 20g/kg 剂量给小鼠灌胃，能显著延迟痛觉反应时间，而对小鼠腹腔注射酒石酸锑钾所致扭体反应次数无影响。小鼠尾压法或腹腔内注射醋酸扭体法，均证明其镇痛作用。

4. 抗炎、增强免疫力

桂皮多糖能明显提高小鼠网状内皮系统对碳粒的吞噬功能。肉桂中所含双萜内酯有抗补体和抗过敏作用。肉桂水提取物可使肾毒血清肾炎模型大鼠的尿蛋白排出量明显降低，外周白细胞总数的异常升高回降，肾组织学指数明显改善。

肉桂对急、慢性炎症反应均有一定的抑制作用，它对角叉菜胶所致大鼠足肿、毛细血管通透性增加均有抑制作用，对佐剂性关节炎有预防作用，可防止其全身的继发症状（耳部充血、浮肿、胃肠胀气等）。

5. 抗菌

桂皮油杀菌力强，对革兰氏阳性菌的抑菌力大于阴性菌。桂皮水抽提液在体外对真菌有抑制作用，其乙醇或乙醚浸出液浓度 1%~10% 时对许兰氏癣菌等多种致病性皮肤真菌有抑制作用。体外试验还证明，桂皮醛具有较强的杀真菌作用，尤以对皮肤真菌作用最强，最小抑制浓度为 0.02~0.07μL/mL，对深部致病真菌，最小抑制浓度为 0.1~0.3μL/mL。

6. 其他功效

肉桂具有抗肿瘤作用。当它以饮水方式给予对小鼠感染埃利希肿瘤的生长有明显的抑制作用，且发现肉桂还能诱发肿瘤坏死因子的产生。桂皮醛给小鼠注射，能完全抑制 SV_{40} 病毒所致的肿瘤。肉桂甲醇提取物和桂皮醛对小鼠黑色素中提取出的酪氨酸酶有很强的抑制作用。

肉桂有很强的脂肪分解作用。肉桂浸膏具有抑制肾上腺素及促肾上腺皮质激素对脂肪酸游离、促进葡萄糖的脂肪合成作用，其活性成分为肉桂醛和肉桂酸，且肉桂醛作用远大于肉桂酸。

（三）肉桂的安全性

肉桂水提取物以 1g/mL 灌服小鼠（1mL/只），观察到小鼠活动减少，次日恢复；灌服 50g/kg 连续 7d，无死亡发生，提示肉桂毒性低。小鼠静脉注射和腹腔注射肉桂水抽提液的 LD_{50} 分别为 18.48±1.80g/kg 和 42±4.2g/kg，灌胃 8% 醚提物 LD_{50} 为 8.24±0.5mL/kg，灌胃水提物 LD_{50} 为 120g/kg 以上。桂皮醛对小鼠静脉注射、腹腔注射、灌胃的 LD_{50} 分别为 132mg/kg、610mg/kg、2225mg/kg。小剂量肉桂醛使其运动抑制，大剂量则引起强烈痉挛，运动失调，呼吸急迫，最终麻醉而死亡。桂皮油 6~18g 可致狗死亡，死后发现胃肠道黏膜发炎与腐蚀现象。

临床发现，口服肉桂粉末 60g 后发生毒性反应，表现为头晕、眼花、目胀、咳嗽、尿少、口渴、脉数大等，经换服寒凉药后 1~2 周才逐渐消除。推测其毒性反应与肉桂中所含的肉桂油有关。

五、姜（生姜、干姜）

生姜（*Zingiberis Rhizoma Recens*）为姜科植物姜 [*Zingiber officinale*（Willd）Rosc.] 的新鲜根茎。味辛，性温，入肺、胃和脾经。干姜（*Rhizoma Zingiberis*）为姜科植物姜的干燥根茎。味辛，性热，入脾、胃、肺经。

（一）生姜的化学组成

生姜含挥发油 0.25%~3.0%，主要成分为姜醇（Zingiberol）、姜烯（Zingiberene）、水芹烯（Phellandrene）、莰烯（Camphene）、柠檬醛（Citral）、芳樟醇（Linalool）、甲基庚烯酮、壬醛、d-龙脑（d-Borneol）等。另报道生姜中含挥发性成分 72 种，包括一萜类、倍半萜类、醇类、醛类、酮类和酯类，其中主要有姜烯 21.8%、牻牛儿醇（Geraniol）9.4%、牻牛儿醛（Geranial）9.9%、β-没药烯（β-Bisabolene）7.9%、桉叶素（1,8-Cinol）6.2%、萜品醇（α-Terpineol）5.6%、龙脑 5.4% 等。

辛辣成分有生姜酚（姜辣素，Gingerol）的同系物和甲基生姜酚（Methylgingerol）的同系物，其中最重要的是 6-生姜酚。

（二）干姜的化学组成

生姜经干燥制为干姜后，虽有部分挥发油损失，但因干燥质轻，其相对含量反而提高。干姜含挥发油 1.2%~2.8%，油中主要含姜醇即姜油酮（Zingberol）、姜烯、没药烯、α-姜黄烯（α-Curcumene）、α-金合欢烯（α-Farnesene）和 β-金合欢烯（β-Farnesene）、芳樟醇、桉油素（Cineole）、壬醛、α-龙脑以及 β-倍半水芹烯（β-Sesouiphellandrene）等。姜中辣味成分是姜辣素、以及分解产物姜烯酚（Shogaol）、姜酮（Zingerone）。

（三）生姜的生物功效

1. 对心血管系统的影响

生姜的乙醇提取物对麻醉猫的心脏有直接兴奋作用。6-生姜酚、8-生姜酚和 10-生姜酚均有增强心肌收缩力的作用。6-姜烯酮 0.1~0.5mg/kg 静脉注射，使大鼠心率显著减慢；

3.6μmol/L 在初用时使大鼠离体心房收缩力加强，频率加快，反复使用时则作用相反。

生姜有降血脂作用，给高胆固醇血症大鼠灌胃姜提取物能显著降低血清和肝脏的胆固醇含量，并增加胆固醇由粪便排除量。

2. 对消化系统的作用

生姜具有抗盐酸-乙醇性溃疡作用。分别给大鼠灌胃生姜的丙酮提取物 1000mg/kg、丙酮提取物组分Ⅲ 30mg/kg、姜烯 100mg/kg 或 6-生姜酚 100mg/kg，对盐酸-乙醇所致胃黏膜损伤均有显著抑制作用，其抑制率分别为 97.5%、98.4%、53.65% 和 54.4%。生姜抗盐酸-乙醇性溃疡的有效成分为姜烯，它能够保护胃黏膜。生姜辛味成分 6-生姜酚对盐酸-乙醇所致胃黏膜损伤也有预防效果。0.5g/kg 生姜水抽提液对无水乙醇和消炎痛所致大鼠胃黏膜损伤也有明显减轻作用，能促进胃液分泌，使与胃壁结合的黏液量增加。此外，生姜提取物呋喃牻牛儿酮 500mg/kg 灌胃，有预防小鼠应激性溃疡作用。

3. 保护肝功能

生姜的辛辣成分生姜酚和姜烯酮对 CCl_4 性及半乳糖胺性肝损伤均有抑制作用。生姜油 0.32mL/kg 和 0.4mL/kg 灌胃持续 2d，对大鼠 CCl_4 性肝损伤有治疗作用，能使血清谷丙转氨酶降低；0.25mL/kg 灌胃持续 5d，对小鼠 CCl_4 性肝损伤有预防作用，并能降低磺溴酞钠潴留量。另外，生姜蜂蜜封存液 5mL/kg 灌胃，每日 1 次，持续 7d，对大鼠 CCl_4 性肝损伤有效，其血清谷丙转氨酶和谷草转氨酶明显降低，肝小叶破坏、肝细胞脂肪变性和坏死也较轻。此外，它对 60% 乙醇所致大鼠肝损伤也同样有效。生姜的丙酮提取液 500mg/kg、6-生姜酚或 10-生姜酚 100mg/kg 十二指肠注射，对大鼠均有很强的利胆作用，而其水提取液无明显作用。6-生姜酚作用比 10-生姜酚强，其强度与脱氢胆酸钠相似。

4. 抗氧化

鲜姜提取物 5.56mg/mL 有清除超氧自由基的作用，2.08mg/mL 时能显著抑制鼠肝匀浆脂质过氧化反应，11.11mg/mL 对超氧自由基诱导的透明质酸解聚有保护作用。对羟自由基，生姜浓度为 5μg/kg 时即有显著清除作用，浓度为 20μg/kg 时清除率达 67.8%。新鲜生姜的抗氧化作用比储存的生姜强，这可能与芳香性和酚性化合物、生育酚类及磷脂类相关。姜提取物能抑制脂质过氧化所致的 DNA 损伤，这可能与其清除活性氧及抑制氢过氧化物和氧化产物的形成有关。

5. 抗炎症

鲜姜注射液 5g/kg 和 10g/kg 腹腔注射，对大鼠蛋清性和甲醛性足肿有显著抑制作用。生姜油 0.25~0.4mL/kg 灌胃，能明显抑制组胺和醋酸所致毛细血管通透性增加，对二甲苯所致小鼠耳廓炎症和蛋清所致大鼠足肿有明显抑制作用，且能明显抑制棉球所致大鼠肉芽组织增生，减轻幼年大鼠胸腺重量，并能增加肾上腺生理，表明其抗炎作用可能与增强肾上腺皮质功能相关。姜烯酮 280mg/kg 灌胃对角叉菜胶性足肿有明显抑制作用，但其强度较 5mg/kg 消炎痛弱。

6. 调节中枢神经系统

生姜对中枢神经系统有抑制作用。6-姜酚与 6-姜烯酮均可抑制小鼠自发活动，延长戊巴比妥钠或环己烯巴比妥诱导的睡眠时间，增强其催眠作用，又能对抗戊四氮引起的惊厥，降低酵母所致大鼠体温及镇痛，且姜酚的作用强于姜烯酮。生姜油有类似 6-生姜酚的生物学特点及同样的中枢抑制作用，而且少量（0.12mL/kg 腹腔注射）时即显功效。对中枢神经的作用部位是在脊髓以上水平，其机制可能与抑制兴奋突触的易化过程有某种联系。生姜乙醇提取液静脉注射，可使家兔皮层脑电图由低幅快波变为高幅慢波。小鼠腹腔注射生姜注射液 5g/kg 或 10g/kg，有明显的镇痛作用。

7. 抗病原体作用

生姜 60%醇提取物对金黄色葡萄球菌、白色葡萄球菌、伤寒杆菌、宋内氏痢疾杆菌和绿脓杆菌均有显著抑制作用，其作用与浓度呈依赖关系，尤以对金黄色葡萄球菌和白色葡萄球菌的抑制作用最强。生姜提取液还能拮抗乙肝病毒表面抗原。生姜水浸剂在体外对伤寒杆菌、霍乱弧菌、沙门氏菌、葡萄球菌、链球菌、肺炎球菌有显著抑制作用。姜油酮和姜烯酮对多种病原菌均有强大杀菌作用，姜油酮的作用更强。

姜醇和生姜酚具有杀灭软体动物和血吸虫的作用，可用于治疗血吸虫病。生姜酚对曼森氏血吸虫的毛蚴和尾蚴有显著的杀灭作用。生姜酚能以低的灭螺浓度（5.0mg/kg）通过消除尾蚴活力阻断血吸虫的生活周期。另外，2.5%、5%和25%的生姜水浸剂在试管内有杀灭阴道滴虫作用。

8. 抑制亚硝酸胺的合成及其他

生姜在模拟胃液条件下对亚硝化反应有明显阻断作用。在反应体系中生姜汁清液对亚硝基二乙胺合成的阻断率为75%，生姜汁全液为86%，生姜汁沉淀为8%；生姜汁清液对亚硝基脯氨酸合成的阻断率为83%；生姜能破坏 NO_2^-，使体系中 NO_2^- 的含量减少，生姜汁清液对 NO_2^- 的清除率为86%。生姜中抑制亚硝酸合成的有效成分对热稳定，在沸水中加热相当长时间后，仍保持相当强活性。

生姜汁中含有致突变及抗突变成分，生姜酚和姜烯酮有致突变作用，而姜油酮能抑制生姜酚和姜烯酮的致突变作用，并有剂量相关性。6-生姜酚有强致突变作用，在 0.7mmol/L 时的致突变性为 6-姜烯酮的 10^4 倍，而姜油酮为姜烯酮的4%。6-生姜酚的羟化脂族部分决定其致突变作用。生姜汁加入 2-（2-呋喃基）-3-（5-硝基-2-呋喃基）丙烯酰胺或 N-甲基-N'-硝基-N-亚硝基胍溶液中，可使这些物质的诱变性显著增强，6-生姜酚是一种强诱变剂，或许因 2-（2-呋喃基）-3-（5-硝基-2-呋喃基）丙烯酰胺和 N-甲基-N'-硝基-N-亚硝基胍的存在使其诱变作用被活化。

（四）干姜的生物功效

1. 对消化系统的保护作用

炮姜水抽提液以 4.5g/kg 剂量给动物灌胃持续 3d，对大鼠应激性胃溃疡、幽门结扎型胃溃疡、醋酸诱发胃溃疡均有明显抑制作用，而对消炎痛型胃溃疡无作用。干姜水浸出液 10g/kg 灌胃对小鼠应激性溃疡有抑制倾向，皮下注射对小鼠胃液分泌有显著的抑制作用，并有减少胃液酸度的倾向。

2. 对心血管系统的作用

给麻醉大鼠静脉注射干姜水浸出液 0.25g/kg，初期呈现暂时性升压作用，继则产生降压作用，并有剂量相关性，心率也呈一过性减慢。其浓度为 $1×10^{-4}$g/mL 时对豚鼠离体心房的自发性运动有增强作用。

10g/kg 和 20g/kg 干姜水提物，或 0.75mL/kg 和 1.5mL/kg 挥发油灌胃，均使大鼠实验性血栓形成延迟，与对照组相比有显著差异，表明其有预防血栓形成作用。当水提物浓度有 25～150μg/mL 时，对胶原及二磷酸腺苷诱导的血小板聚集有明显的抑制作用。其作用机制可能与抗血小板聚集有关，而干姜挥发油可能与凝血系统，尤其是增强内源性凝血功能有关。另外，干姜油能显著减少血小板标记花生四烯酸生成血栓素 B_2 及前列腺素的量，强烈抑制血小板聚集。另有报道，10mg/mL 干姜水抽提液具有延长凝血时间并使纤维蛋白部分溶解的作用。

3. 提高缺氧耐力

干姜石油醚提取物 3mL/kg 给小鼠灌胃，能减慢小鼠耗氧速度，延长常压缺氧和氰化钾中毒小鼠缺氧的存活时间，也能延长断头小鼠所致急性脑缺血缺氧后呼吸维持时间，但对亚硝酸钠中毒小鼠存活时间仅有延长倾向，对小鼠低温存活时间无影响。

4. 抗炎症

皮下注射 10g/kg 干姜甲醇提取物，对小鼠醋酸所致小鼠腹腔毛细血管通透性的升高有抑制倾向。干姜的醚提取物 3.0mg/kg、醚提取后残渣水提取物 10g/kg 或 20g/kg 灌胃，连续 3d，对二甲苯所致小鼠耳廓肿胀均有明显抑制作用。灌胃 1.5mg/kg 醚提取物或 5g/kg、10g/kg 水提取物持续 3d，对角叉菜胶引起大鼠足跖肿胀有显著抑制作用。其抗炎作用机制，可能与干姜所含酚性化合物对前列腺素合成的抑制作用及促进肾上腺皮质激素释放相关。

5. 调节中枢神经系统

干姜对中枢神经系统有轻度抑制作用。皮下注射 10g/kg 干姜甲醇提取物，能明显延长戊巴比妥钠睡眠时间，对小鼠自发活动有抑制倾向，并能明显抑制小鼠醋酸扭体反应，但对热板法无镇痛作用。干姜的醚提取物（取油状液体）1.5mg/kg 或 3.0mg/kg、醚提取后残渣水提取物 20g/kg 灌胃，均能显著抑制小鼠醋酸扭体反应，前者作用更强，并能明显延长热刺激痛反应的潜伏期。

6. 其他功效

干姜醇提取物及其所含姜辣素和姜烯酮有显著灭螺和抗血吸虫作用。不同浓度的姜辣素对曼氏血吸虫的毛蚴和尾蚴有显著杀灭作用，并能阻止毛蚴对钉螺和尾蚴对小鼠的感染。干姜甲醇提取物 1mg/mL 对去甲肾上腺素所致豚鼠输精管收缩，10mg/mL 对乙酰胆碱和组胺所致离体豚鼠气管收缩，均有明显拮抗作用。

（五）生姜的安全性

鲜姜注射液对小鼠静脉注射的安全系数，为临床成人用量（每次肌肉注射 2mL）的 625 倍以上，没有局部刺激性，溶血试验阴性。生姜油对小鼠的 LD_{50}，腹腔注射为 1.23mL/kg，灌胃为 3.45mL/kg。急性毒性致死动物死前先后出现活动减少，肌肉松弛，静卧、颈腹部接触笼底，最后因呼吸麻痹死亡。生姜酚对小鼠的 LD_{50}，静脉注射为 50.9mg/kg，腹腔注射为 109mg/kg，灌胃为 687mg/kg。给雄性小鼠每日摄入生姜 95% 乙醇提取物 100mg/kg 持续 3 个月，动物的外观形态、内脏、血象和体重等均未见明显毒性反应。

（六）干姜的安全性

干姜的毒性很低，甲醇提取物对小鼠灌胃的 LD_{50} 为 33.5g/kg，乙醇提取物对小鼠静脉注射的 LD_{50} 为 2.08g/kg。小鼠灌胃炮姜水抽提液的 LD_{50} 为 170.6 ± 1.1g/kg，灌胃干姜水抽提液的 LD_{50} 在 250g/kg 以上。小鼠灌胃干姜石油醚提物的 LD_{50} 为 16.3 ± 2.0mL/kg，小鼠灌胃干姜石油醚提取后残渣水抽提液 LD_{50} 在 120g/kg 以上。小鼠静脉注射、腹腔注射和灌胃姜烯酮的 LD_{50} 分别为 255mg/kg、59.1mg/kg 和 250mg/kg。姜酚静脉注射 LD_{50} 为 25.5mg/kg，腹腔注射为 581mg/kg。

六、高 良 姜

高良姜（*Alpiniae Officinarum Rhizoma*）为姜科植物高良姜（*Alpinia officinarum* Hance）的根

茎,味辛,性温,入脾、胃经。高良姜主要产于我国广东、广西、台湾等地。高良姜以粗壮坚实、红棕色及气味香辣者为最佳。

(一)高良姜的化学组成

根茎含挥发油 0.5%~1.5%,油中主要成分是 1,8-桉叶素和桂皮酸甲酯(Methyl cinnamate),还有丁香油酚(Eugenol)、蒎烯、毕澄加烯(Cadinene)等。根茎尚含高良姜素(Galangin)、山奈素(Kaempferide)、山奈酚、槲皮素、异鼠李素等黄酮类化合物及辛辣成分高良姜酚(Galangol)。

(二)高良姜的生物功效

1. 对心血管系统的作用

给大鼠灌胃 20g/kg 水提物或 0.2~0.4mL/kg 挥发油,均表现出抗血栓作用。给大鼠灌胃 10g/kg 水提物或 0.2~0.4mL/kg 挥发油,发现它们都参与内源性凝血系统,具有一定的抗凝作用。20μg/μL、25μg/μL、35μg/200μL 水提物对 ADP 或胶原诱导的兔血小板聚集有明显抑制作用。小鼠腹腔注射 10g/kg 注射液 10min 后,观察到耳廓微动脉管径明显收缩,但对肾上腺素引起的管径收缩及血流停止或减慢的时间均较对照组明显推迟。

2. 促进胃液分泌、加强肠道运动

采用具有三通巴甫洛夫小胃的狗进行慢性试验,给犬灌胃水抽提液 10g/只,3h 后胃液总酸排出量与对照比较有明显升高,但对胃蛋白活力无明显影响。给小鼠灌胃 20g/kg 水抽提液,对小鼠胃排空也无显著影响。

1mg/kg、2mg/kg、4mg/kg 及 12mg/kg 浓度的高良姜水抽提液能兴奋离体兔肠管运动,小剂量可对抗六烃季铵和阿托品,较大剂量能对抗肾上腺素和心得安抑制离体兔空肠活动,不能对抗苯海拉明,表明高良姜兴奋肠管活动作用可能与胆碱能神经和 M 受体无关,而可能与其具有组胺样和抗肾上腺素样作用有关。给小鼠灌胃高良姜水抽提液 20g/kg,能显著对抗阿托品抑制墨汁胃肠推进率,并能对抗番泻叶引起的泻下作用,但不能对抗蓖麻油的泻下作用,表明高良姜对刺激大肠性腹泻有止泻作用,而对刺激小肠性腹泻无作用。

3. 提高耐缺氧力

给小鼠灌胃 4% 高良姜醚提物 0.4mL/kg、0.8mL/kg 或水提物 10g/kg、20g/kg 都能显著延长断头小鼠张口动作持续时间和氰化钾中毒小鼠的存活时间,但不影响亚硝酸钠中毒小鼠存活时间。醚提物还能延长常压密闭缺氧小鼠的存活时间和减慢机体耗氧速度。水抽提物不能延长常压密闭缺氧小鼠的存活时间,但能提高小鼠在低氧条件下的氧利用能力。醚提物和水提物对受寒小鼠的存活时间都无影响。

4. 镇痛

给小鼠灌胃 20g/kg 高良姜水抽提液,能显著延迟痛觉反应时间。日本有人研究发现高良姜具有抑制前列腺素合成酶系和磷酸酯酶 A_2 的活性,这 2 种酶都参与前列腺素的合成,故认为其镇痛作用可能与抑制前列腺素合成酶系和磷酸酯酶系有关。

5. 抗菌

100% 高良姜水抽提液对炭疽杆菌、α-溶血性链球菌或 β-溶血性链球菌、白喉及类白喉杆菌、肺炎球菌、金黄色葡萄球菌、白色葡萄球菌、枯草杆菌等革兰氏阳性嗜氧菌皆有抗菌作用。在试管内对人型结核杆菌略有抑制作用,但功效较弱。

七、薤 白

薤白（*Allii Macrostemonis Bulbus*）为百合科植物小根蒜（*Allium macrostemon* Bge.）或薤（*Allium chinense* G. Don.）的干燥鳞茎，主产东北、河北、江苏、湖北等地。除小根蒜及薤的鳞茎作薤白使用外，尚有山东产的密花小根蒜［*Allium macrostemon var. uratense*（Franch.）Ariu-Shaw］、东北产的长梗薤白（*A. nerinifolium* Bak.）和新疆产的天蓝小根蒜（*A. Coeruleum* Pall.）的鳞茎在少数地区也是作薤白使用。薤白有蒜臭，味辛而苦，性温，入足厥阴肝经、手太阴肺经、手少阴心经及手阳明经。

（一）薤白的化学组成

薤白含薤白苷（Macrostemonoside）A、薤白苷 D、薤白苷 E 和薤白苷 F、蒜氨酸（Alliin）、甲基蒜氨酸、大蒜糖（Scorodose）、琥珀酸及挥发油等，油中含多种含硫化合物，如甲基丙烯基三硫化物、二烯丙基硫、二烯丙基二硫等。

（二）薤白的生物功效

1. 抑制血小板聚集、降低血脂水平

薤白注射液对二磷酸腺苷诱导的兔血小板聚集有明显抑制作用，其 IC_{50} 为 7.76mg/mL。薤白的 70%乙醇提取物及其组分 *N*-对-香豆酰酪胺和 *N*-反-阿魏酰酪胺对由二磷酸腺苷（2μmol/L）诱导的人血小板聚集的第一、二相聚集均显示强的抑制作用。长梗薤白用氯仿或二氯甲烷提取的精油对二磷酸腺苷诱导的兔血小板聚集也有很强的抑制作用，其 IC_{50} 为 157.0±16.5μg/mL。另外，薤白中所含的甲基烯丙基三硫、二甲基三硫及其薤白苷 E、薤白苷 F 等成分有强烈的抑制血小板聚集作用。

薤白胶丸（0.25g/丸）1～2 丸/次，每日口服 3 次持续 4 周。结果表明，55 例中降低血清总胆固醇有效率为 74%，降甘油三酯有效率为 78%，β-脂蛋白无改善，食用前后脂质过氧化物变化明显（$P<0.01$），血小板聚集平均抑制率为 53.87%。另观察 132 例原发性高脂血症，结果服用前后血浆总胆固醇、β-脂蛋白、血浆 6-酮-前列腺素 $F_{1\alpha}$ 的含量及血小板聚集的抑制率均有明显变化，表明此丸有降低血脂，提高 6-酮-前列腺素 $F_{1\alpha}$ 的水平及抑制血小板聚集的作用。

2. 抑菌、抗氧化及其他

薤白水抽提液对痢疾杆菌、金黄色葡萄球菌有抑制作用。300%水抽提液用试管稀释法稀释，1∶4 浓度时对金黄色球菌肺炎链球菌有抑制作用，1∶16 浓度时对八叠球菌有抑制作用。

薤白原汁 2.4g/kg 和 4.8g/kg 灌胃，能显著抑制白酒造成的氧应激态大鼠血清超氧化物歧化酶和过氧化氢酶及 T 细胞的降低，并明显降低应激态大鼠脂质过氧化物的形成。它可清除芬顿反应产生的·OH。但薤白的乙醚、乙酸乙酯、水提取物及挥发油作用不明显。

薤白可延长正常小鼠和异丙肾上腺素所致特异性心肌缺氧小鼠在缺氧环境下的存活时间，对去甲肾上腺素及氯化钾引起的大鼠离体主动脉收缩也有对抗作用。以血压、发病时间及寿命为指标，发现薤白对 1%盐水诱发的中风或有中风倾向的自发性高血压大鼠有预防作用。小鼠口服 50%乙醇温浸物 1～3g/kg 镇痛作用显著。

（三）薤白的安全性

薤白注射液小鼠腹腔注射的 LD_{50} 为 70.12±3.4g/kg，中毒症状为活动减少和躁动不安（如四肢乏力、软瘫和抽搐）等，给大鼠灌胃 3g/kg，可明显加速溃疡的形成。

八、山　药

山药（*Dioscoreae Rhizoma*）为薯蓣科薯蓣（*Dioscorea opposita* Thunb.）的块茎，味甘，性平，入肺、肾和脾经。山药有毛山药和光山药之分，毛山药经湿润搓揉、晒干打光即得光山药。

（一）山药的化学组成

山药块茎中含皂苷、黏液质、胆碱、淀粉（16%）、糖蛋白和氨基酸，其中以精氨酸、谷氨酸、天冬氨酸含量较高。另含具降血糖作用的多糖，及由 Man、Glc 和 Gal NAc 以物质的量比 6.45∶1∶1.26 构成的山药多糖。

（二）山药的生物功效

1. 增强免疫功能

山药经水抽提醇沉淀法制成 1∶1 提取液，以 25g/kg 每日灌胃 1 次，连续 14d，末次灌胃后 24h，无菌取脾或剪尾或眼眶取血进行山药对小鼠玫瑰花环形成细胞数、淋巴细胞转化、小鼠末梢血液 α-醋酸萘酯酶染色法阳性淋巴细胞计数及血清溶血素生成的影响测定。结果表明其对小鼠细胞免疫和体液免疫有较强的促进作用。给小鼠腹腔注射山药多糖溶液，能有效地对抗环磷酰胺降低白细胞作用。

2. 降血糖

给小鼠每日灌胃山药水抽提液 30g/kg 和 60g/kg 连续 10d，可降低正常小鼠血糖，对四氧嘧啶引起小鼠糖尿病有预防及治疗作用，并可对抗由肾上腺素或葡萄糖引起的小鼠血糖升高。有研究表明，山药对糖尿病患者餐后血糖具有控制作用。

3. 抗氧化

小鼠每日灌胃浓度为 20% 的山药水抽提液 0.3mL/只，持续 1.5 个月，显著增强小鼠血中谷胱甘肽过氧化物酶的活性，减少脂质物过氧化物的含量。说明山药能增强体内谷胱甘肽过氧化物酶活性和抑制过氧化作用。

4. 加速创伤愈合、抗应激

将山药加入全价营养颗粒饲料中，每只每天以 6g 淮山药剂量喂养骨折家兔 1 个月，并于术前及术后 1d、3d、7d、14d、28d 抽血检验血清碱性磷酸酶、血清酸性磷酸酶、血清蛋白电泳、血清钙、血清磷，并进行 X 射线摄片，发现 1 个月后各项指标均恢复正常。

给小鼠腹腔注射山药水抽提液能显著延长小鼠存活时间，具有显著的常压耐缺氧作用，能明显减轻小鼠脏器受缺氧环境的损害，提高其耐受性。山药水抽提液或研末灌胃或研末局部涂抹可使家畜溃疡性口腔炎愈合。

九、白　茅　根

白茅根（*Imperatae Rhizoma*）为禾本科植物白茅 [*Imperata cylindrica Beauv. var. major*（Nees）C. E. Hubb.]的根茎，全国大部分地区均有出产。味甘，性寒，入肺、胃及小肠经。

（一）白茅根的化学组成

白茅根中粗糖类混合物含量约为 18.8%，其中大部分为蔗糖，其他还有葡萄糖、果糖、木糖等。白茅根还含 0.73% 钾盐、柠檬酸、草酸、苹果酸及薏苡素（Coixol）。从白茅根茎中分离出三萜类化合物芦竹素（Arundoin）、白茅素（Cylindrin）、羊齿烯醇（Fernenol）、似砂醇

（Simiarenol）、白头翁素（Anemonin）等。

（二）白茅根的生物功效

1. 止血

白茅根粉撒于犬或兔的股动脉出血处，压迫1~2min有止血作用。其作用机制是因为白茅根可加速凝血过程的第二阶段，即促进凝血酶原的形成，白茅根止血作用在于能缩短出血及凝血时间。现代临床上，白茅根用于各种出血性疾病，如再生障碍性贫血常见的皮肤黏膜瘀点、鼻腔、牙龈出血、痰中带血等症状均有良效。

2. 利尿

白茅根水浸出液灌胃，对正常家兔有利尿作用，服用5~10d利尿作用最明显。此作用可能与神经系统有关，因切断肾周围神经可使其利尿作用丧失，也有人认为白茅根的利尿作用与其所含的丰富钾盐有关。临床发现，白茅根对急性肾炎有良好的利尿消肿的功效，推测其作用主要在于缓解肾小球血管痉挛，从而使肾血流量及肾滤过率增加而产生利尿作用，伴随肾缺血改善，肾素分泌减少，使血压恢复正常。

3. 其他

在试管内白茅根水抽提液对福氏痢疾杆菌、宋氏痢疾杆菌有明显抑制作用，但对志贺氏痢疾杆菌却无抑菌作用。白茅根水浸液有降低血管通透性的作用，这可能与止血及消炎作用有关。白茅根无解热作用。

（三）白茅根的安全性

白茅根无毒，临床偶见头晕、恶心、大便次数略增多。家兔灌服白茅根水抽提液25g/kg，36h后活动受抑制，出现动作迟缓、呼吸加快等现象，但很快恢复正常。静脉注射10~15g/kg，出现呼吸增快、运动受抑制等现象，1h后逐渐恢复。当剂量增加至25g/kg，6h后死亡。

十、芦　根

芦根（Phragmitis Rhizoma）为禾本科植物芦苇（Phragmites communis Trin.）的根茎。味甘，性寒，入肺、胃两经，具有清热、生津、除烦、止呕作用。

（一）芦根的化学组成

芦根含丰富的维生素B_1、维生素B_2和维生素C，以及5%蛋白质、1%脂肪、51%碳水化合物、0.1%天冬酰胺。芦根还含氨基酸、脂肪酸、甾醇、生育酚、多酚［如咖啡酸和龙胆酸（Gentisic acid）］、丁香醛、松柏醛、阿魏酸、对香豆酸及二氧杂环己烷木质素等。从芦根中提取到一种多糖，具有免疫促进作用，在小鼠脾细胞空斑形成和淋巴细胞转化中显示作用。

（二）芦根的生物功效

以100mL/L CCl_4、花生油皮下注射13周构建大鼠肝纤维化模型，第5周开始以芦根多糖大剂量（420mg/kg）、芦根多糖小剂量（210mg/kg）连续灌胃9周，检测肝功能（谷丙转氨酶、谷草转氨酶、血清总蛋白）、摘取肝脏称质量，计算肝脏系数，光镜下用苏木精2伊红染色及维多利亚蓝加丽春红染色，观察肝脏组织的病理形态学变化。结果（表8-3）表明，芦根多糖大、小剂量均可降低模型大鼠血清谷草转氨酶含量。光镜可发现芦根多糖大、小剂量组都对肝纤维化和脂肪肝有明显改善作用。

表 8-3　　　　　　　　芦根多糖对 CCl₄ 所致肝纤维化大鼠血清转氨酶活力的影响

组别	n	剂量/（mg/kg）	谷丙转氨酶/（IU/L）	谷草转氨酶/（IU/L）
空白组	8	—	58.5±14.3	158.1±0.39
模型组	9	—	231.1±145.4	339.3±1.79*
芦根多糖小剂量组	8	210	155.2±115.8	242.7±2.53##
芦根多糖大剂量组	9	420	174.1±45.4	258.8±3.14##
秋水仙碱组	8	0.1	178.7±98.2	250.2±2.9

注：与空白组相比，* $P<0.01$；与模型组相比，# $P<0.05$，## $P<0.01$。

十一、菊　苣

菊苣（*Cichorii Herba Cichorii Radix*）是菊科菊苣属植物菊苣（*Cichorium intybus* L.）和毛菊苣（*Cichorium glandulosum* Boiss. et Huet）的地上部分或根（菊苣根），为中国西北地区民族习用药材，一般在秋季采摘。

菊苣为多年生草本植物，多生长在山坡和田野，我国东北、华北、西北均有分布。毛菊苣为一年生草本植物，形态与菊苣相似，区别在于毛菊苣全株被毛。生长于草原湿地，主要分布于我国新疆。

（一）菊苣的化学组成

菊苣含有大量糖类化合物，如葡萄糖、果糖、菊粉等。菊苣总糖含量一般在 50% 以上，且多以多糖形式存在。同时含有带来苦味的倍半萜类成分，如山莴苣素（Lactucin）和山莴苣苦素（Lacturopicrin）。黄酮类和酚酸类化合物也在菊苣中被发现，其中，由于咖啡酸衍生物成分的存在，菊苣在国外被作为咖啡替代品。此外，新鲜的菊苣叶和花中还含有丰富的维生素和花色苷。

目前从菊苣全草提取的活性成分主要有马栗树皮素（Esculetin）、马栗树皮苷（Esculin）、野莴苣苷（Cichoriin）、山莴苣素和山莴苣苦素。从菊苣叶中提取得到单咖啡酰酒石酸（Mono-caffeoyltartaric acid）和二咖啡酰酒石酸（Dicaffeoyltartaric acid），又名菊苣酸。

（二）菊苣的生物功效

1. 降脂保肝

作为维吾尔族习用药材，民间常用菊苣治疗黄疸型肝炎，有清肝利胆功效。以不同剂量菊苣提取物喂食因高脂饮食造成肝损伤和肝病变的小鼠，可明显降低小鼠肝脏总胆固醇、甘油三酯和脂质过氧化物水平；同时，对正常试验动物的血脂总胆固醇和甘油三酯也有明显降低效果。将正常蛋鸡随机分组，每组 60 只，分别在日常饲料中添加 0.1%、2.0% 菊苣提取物，连续喂养 30d 后，翅静脉采血并收取各组试验结束前一天鸡蛋各 20 枚，与空白对照组对比发现，添加 0.1% 菊苣提取物的试验组血脂总胆固醇和甘油三酯较空白组分别降低 36.47% 和 40.71%，而添加 2.0% 菊苣提取物的试验组降总胆固醇和甘油三酯效果不及低剂量组明显；与之相反的是，添加 2.0% 菊苣提取物的试验组蛋黄总胆固醇和甘油三酯较空白组分别降低 7.89% 和 5.61%，而低剂量组效果不明显。因此，菊苣提取物有降脂功效，但其功效与用量并非呈简单的线性相关，最佳使用量还有待进一步探究。

2. 降低血糖及其他

菊苣乙醇提取物能通过降低葡萄糖-6-磷酸酶活性减少肝糖原向葡萄糖转化，从而达到降低血糖功效。民间药方用菊苣煎汤内服，有清热解毒、利尿消炎疗效，还能刺激食欲，改善消化功能。

（三）菊苣的安全性

菊苣无毒性，毒理学试验中以150g/kg剂量喂食小鼠，未发现明显急性毒性反应。但因其清热功效，性偏寒凉，脾胃虚弱人群和孕妇须慎用。

十二、黄　精

黄精（*Polygonati Rhizoma*）为百合科植物滇黄精（*Polygonatum kingianum* Coll. et Hemsl.）、黄精（*Polygonatum sibiricum* Red.）或多花黄精（*Polygonatum cyrtonema* Hua）的干燥根茎。

黄精，高可达1m左右，根茎肥厚，呈扁圆柱形，结节处膨大，叶片呈条状，浆果成熟时呈紫黑色。生长在半阴的荒山坡和灌木丛边缘，我国长江以北各省多有分布。因其根茎形似鸡头，又名鸡头黄精、鸡头参、黄鸡菜等。

多花黄精，又名囊丝黄精，姜形黄精、白及黄精等。与前述黄精的主要区别是多花黄精根茎呈圆柱形，稍带结节，似连珠状；叶片宽大，呈长椭圆形，浆果成熟后为蓝绿色。生长在阴湿、土壤肥沃的山林或灌木丛中。主要分布于我国中南部地区，如江浙一带、福建、四川、安徽、江西等地。

滇黄精，又名西南黄精、德保黄精、节节高等。与前述黄精的主要区别是植株粗壮，高可达2~3米，根茎肥厚，浆果成熟时呈红色。多生长在阴湿的山坡、林下和灌木丛中，主要分布于我国广西、云南、四川等地。

（一）黄精的化学组成

黄精作为传统滋补养生药用食材，其化学成分复杂，除包括多糖、低聚糖、淀粉在内的大量糖类物质外，还含有甾体皂苷、黄酮类化合物、挥发油、黏液质、氨基酸、矿物质等多种成分。研究普遍认为，黄精多糖和甾体皂苷是黄精的主要功效成分。其中，黄精多糖目前主要有3种，均由葡萄糖、甘露糖和半乳糖醛酸组成，相对分子质量均超过20万。黄精中多糖含量因品种和产地不同，低约5%，高可超过20%。《中国药典》（2020年版）对黄精（干燥品）的品质要求为，含黄精多糖不得少于7.0%。

（二）黄精的生物功效

1. 延缓衰老

黄精自古便是中医推崇的养生上品药材，古医书对其延年、驻颜功效多有记载。用黄精提取液浸泡过的桑叶喂养家蚕，能延长家蚕幼虫期。用黄精提取液喂食果蝇，能使果蝇平均生存期延长9%左右。

2. 降低血糖

用黄精提取物注射糖尿病小鼠，灌胃喂食家兔等动物试验证明，黄精提取物能较好抑制肾上腺素引起的血糖过高。以链脲佐菌素腹腔注射构建糖尿病小鼠模型，随机分成5组，分别以生理盐水、二甲双胍、2.0g/kg、3.0g/kg、4.0g/kg黄精煎剂灌胃，每天1次，连续30d，并与正常组小鼠进行对照。结果（表8-4）发现，不同剂量的黄精煎剂均有较明显的降糖作用。

表 8-4   黄精煎液对小鼠血糖的影响（$\bar{x} \pm s$）

组别	剂量/ [g/（kg·d）]	实验前空腹血糖/ （mmol/L）	实验后空腹血糖/ （mmol/L）	降低率
正常对照组	NS	7.85±1.20	7.50±1.92	4.46%
模型对照组	NS	21.51±4.51	23.25±4.23▲▲	—
二甲双胍组	0.2×30	22.28±5.56	15.63±4.49**	29.85%
黄精煎液（高剂量）	4.0×30	22.11±5.63	17.42±4.76*	21.28%
黄精煎液（中剂量）	3.0×30	22.23±6.19	17.57±5.37*	20.96%
黄精煎液（低剂量）	2.0×30	23.05±5.58	19.06±4.74*	17.31%

注：与正常对照组比较，▲▲$P<0.01$；与模型对照组比较，*$P<0.05$，**$P<0.01$；NS，生理盐水。

3. 抑菌

体外试验发现，黄精水煎液对伤寒杆菌、金黄色葡萄球菌、耐酸菌等均表现出较好的抑制作用；对表皮癣菌、毛癣菌等常见致病真菌也有不同程度的抑制作用。临床用黄精乙醇浸泡液治疗手足癣有较好功效。

（三）黄精的安全性

经炮制后的黄精无毒，生黄精有微毒，令口舌生麻，对咽喉有刺激作用。

十三、玉 竹

玉竹（*Polygonati Odorati Rhizoma*），又名荽蕤、尾参，是百合科黄精属植物玉竹［*Polygonatum ordoratum*（Mill.）Druce］的根茎。玉竹原植物又名铃铛菜、小笔管菜、靠山竹等，为多年生草本植物，浆果成熟时呈紫黑色，生长于山野、林下阴湿处，较耐寒，分布于我国除新疆、西藏、海南等省区以外的大部分地区。

（一）玉竹的化学组成

玉竹根茎包含多糖（6%～11%）、甾体皂苷、黄酮类化合物、挥发油、氨基酸和多种微量元素等。其中多糖主要是由果糖、甘露糖、葡萄糖及半乳糖醛酸组成的玉竹多糖，如玉竹黏多糖（Odoratan）、玉竹果聚糖（Polygonatum-fructan）。《中国药典》（2020 年版）对玉竹（干燥品）的品质要求为，玉竹多糖不得少于 6.0%。甾体皂苷主要是黄精螺甾醇（Polyspirostanol POa）、黄精螺甾醇苷（Poly-spirostanoside）和黄精呋甾醇苷（Polyfuroside）等螺甾烷醇类和呋甾烷醇类皂苷。普遍认为玉竹多糖和甾体皂苷是玉竹的主要功效成分。

（二）玉竹的生物功效

1. 降糖降脂

玉竹的降糖功效与黄精类似。玉竹提取物对肾上腺素引起的血糖值过高有明显降低作用，对四氧嘧啶高糖小鼠的血糖升高亦有抑制作用。玉竹水煎剂喂食或肌肉注射高脂血症试验动物，均可降低其体内甘油三酯水平。研究认为玉竹提取物对高甘油三酯血症有一定的治疗作用。以高糖高脂膳食喂养实验大鼠 4 周后，再以链脲佐菌素腹腔注射构建糖尿病大鼠模型，随机分为 5 组，分别以生理盐水，50mg/kg、100mg/kg、200mg/kg 玉竹多糖和 5mg/kg 格列本脲灌胃或注射，每天一次，连续 28d，并以正常大鼠作为对照。结果（表 8-5，表 8-6）发现，不同剂量的玉竹多糖能显著降低试验大鼠甘油三酯、总胆固醇、低密度脂蛋白胆固醇、丙二醇、空腹血糖、空腹胰岛素、C-肽、糖化血红蛋白水平。

表8-5　玉竹多糖对模型大鼠空腹血糖、空腹胰岛素、 C-肽及糖化血红蛋白的影响（$\bar{x}±s$, $n=10$）

组别	剂量/（mg/kg）	空腹血糖/（mmol/L）	空腹胰岛素/（μIU/mL）	C-肽/（μmol/mL）	糖化血红蛋白/（μmol/L）
正常对照组	—	4.56±0.48	11.43±1.24	0.38±0.05	1.22±0.12
模型组	—	12.67±1.23	5.01±0.69	0.12±0.03	2.51±0.24
玉竹多糖低剂量组	50	9.43±0.95**	6.13±0.78	0.18±0.03*	2.25±0.27
玉竹多糖低剂量组	100	8.24±0.86**	7.98±0.95*	0.23±0.04**	2.07±0.21*
玉竹多糖低剂量组	200	6.95±0.73**	9.42±0.99**	0.28±0.04**	1.62±0.18**
格列本脲对照组	5	6.32±0.71	9.14±0.91	0.29±0.04	1.53±0.15

注：与正常对照组比较，$^*P<0.05$，$^{**}P<0.01$。

表8-6　　　　　玉竹多糖对模型大鼠血脂的影响（$\bar{x}±s$, $n=10$）

组别	剂量/（mg/kg）	甘油三酯/（mmol/L）	总胆固醇/（mmol/L）	低密度脂蛋白胆固醇/（mmol/L）
正常对照组	—	0.58±0.18	2.14±0.59	1.37±0.38
模型组	—	2.02±0.48	3.84±0.82	2.54±0.36
玉竹多糖低剂量组	50	1.49±0.37*	3.18±0.74	2.18±0.47
玉竹多糖低剂量组	100	1.24±0.43**	2.76±0.69*	1.82±0.36*
玉竹多糖低剂量组	200	1.14±0.29**	2.36±0.53**	1.65±0.42**
格列本脲对照组	5	1.12±0.31**	2.28±0.62**	1.58±0.31**

注：与正常对照组比较，$^*P<0.05$，$^{**}P<0.01$。

2. 提高免疫力

对烧伤小鼠用玉竹醇提取物灌胃，可显著提升血清溶血素抗体水平，增强巨噬细胞吞噬功能和淋巴细胞增殖能力。

（三）玉竹的安全性

玉竹毒性未见报道，小鼠静脉注射100%玉竹注射液的LD_{50}为112.5g/kg。因其药性偏寒，体质寒凉人群须慎用。

十四、桔　　梗

桔梗（*Platycodonis Radix*），别名白药，梗草，是桔梗科植物桔梗 ［*Platycodon grandiflorum* (Jacq.) A.DC.］ 的根。桔梗原植物又名铃铛花、包袱花，为多年生草本植物。桔梗喜凉爽、湿润，生长在山地或草坡，我国南北大部分地区多有分布，其中东北、华北产量较大。

（一）桔梗的化学组成

桔梗富含多糖，约占20%。桔梗中的主要功效成分是皂苷类化合物，目前已从桔梗中分离出70多种皂苷，基本都是齐墩果酸型五环三萜皂。根据苷元类型又可分为桔梗皂苷、远志皂苷、桔梗二酸、桔梗皂苷内酯等。其中的桔梗皂苷，可分解出桔梗皂苷元、远志酸、桔梗酸和葡萄糖等物质，而桔梗皂苷元 D 被认为是桔梗的主要功效成分，《中国药典》（2020 年版）对桔梗（干燥品）品质要求为，含桔梗皂苷元 D 不得少于 0.10%。

（二）桔梗的生物功效

1. 祛痰作用

桔梗的祛痰机制是因其所含皂苷成分，口服后能刺激黏膜分泌，使痰液稀释而得以排出。动物试验以桔梗煎剂喂食猫、犬、豚鼠等，均发现能显著提升试验动物呼吸道黏液的分泌量。

2. 降低血糖

以桔梗水或乙醇提取物喂食家兔，均能使其血糖下降，对四氧嘧啶诱发的实验性糖尿病家兔，血糖降低作用更为明显。用高脂饲料喂养小鼠 3 周后，再以链脲佐菌素静脉注射构建糖尿病小鼠模型，随机分成 4 组，分别以无菌水，50mg/kg、100mg/kg 桔梗提取物和 5mg/kg 消渴丸灌胃，每天一次，连续 14d。结果（表 8-7）发现，不同剂量桔梗提取物均能显著降低试验小鼠血糖。

表 8-7　　　　　桔梗提取物对糖尿病模型鼠血糖的影响（$\bar{x} \pm s$）　　　　　单位：mmol/L

组别	n	造模后	干预 14d 后
正常对照组	4	4.60±1.43	4.96±1.21[a]
模型组	5	16.10±1.95[a]	17.10±2.80[b]
桔梗提取物低剂量组	5	16.60±2.31[a]	8.49±1.78[cd]
桔梗提取物中剂量组	5	16.72±1.57[a]	1.94±1.46[cd]
消渴丸组	5	16.27±1.36[a]	6.61±0.96[cd]

注：与模型组造模后比较，[a]$P<0.05$；组内与造模后比较，[b]$P>0.05$，[c]$P<0.05$；与模型组干预 14d 后比较，[d]$P<0.01$。

（三）桔梗的安全性

桔梗有较强溶血作用，不能用于注射，只能口服。一般认为其溶血作用来源于桔梗皂苷。

第二节　叶类活性物质

叶类食药两用植物包括柴苏、桑叶、荷叶 3 种，含有多种活性成分，具有多种生物功效。百合属于植物鳞茎的干燥肉质鳞叶，故放在本节一并讨论。

一、紫　　苏

紫苏（*Perillae Folium*）为唇形科植物紫苏 [*Perilla frutescens*（L.）Britt.] 的干燥叶（或带嫩茎），具有特异芳香。味辛，性温，入肺、脾二经。

（一）紫苏的化学组成

紫苏主要含挥发油，其中叶中含量为 0.2%～0.9%，全草含量为 0.2%～0.78%。挥发油中的成分因品种、产地等因素不同，差异较大。按挥发油中主成分的不同，可将紫苏分成如下

4 种：

①紫苏醛型：占 50%~60%，主要含 30%~60% 紫苏醛（Perillaldehyde）和 10%~30% 柠檬烯；

②呋喃酮型：占 20%~25%，其主成分有香薷酮（Elsholtziaketone）、紫苏酮（Perillaketone）、弯刀酮（Naginataketone）和异白苏酮（Isoegomaketone）等；

③苯基丙烷型：占 20%，其主成分有莳萝油脑（Dillapiol）、榄香素（Elemicin）和肉豆蔻醚等；

④柠檬醛型：不足 1%，主成分为柠檬醛（Citral）。

除此之外，挥发油中的重要成分尚有石竹烯（Caryophellene）、金合欢烯（Farnesene）、沉香醇（Linalool）、蒎烯（Pinene）、薄荷醇（Menthol）、薄荷酮（Menthone）、紫苏醇（Perilla alcohol）、二氢紫苏醇和紫苏烯（Perillene）等。

（二）紫苏的生物功效

1. 调节中枢神经系统

紫苏叶水提取物或紫苏醛，均能显著延长环己巴比妥诱导的睡眠时间，具有抑制猫的上喉神经反射、抑制蜗牛神经细胞和蛙坐骨神经纤维等的兴奋性膜的作用。给大鼠灌胃紫苏叶水提取物 4g/kg 持续 6d，能明显减少大鼠的运动量，但紫苏醛的抑制效果不明显。紫苏醛具有镇静活性，而且紫苏醛和豆甾醇具有协同作用。对紫苏延长睡眠作用的有效成分筛选发现，从紫苏中分离出的莳萝芹菜脑对环己巴比妥引起的小鼠睡眠也有延长作用，其 ED_{50} 为 1.57mg/kg。给家兔灌胃紫苏叶水抽提液或浸剂 2g/kg，对静脉注射伤寒混合菌苗引起的发热有微弱解热作用。朝鲜产紫苏叶的浸出液对温刺发热的家兔有较弱的解热作用。

2. 促进消化吸收

紫苏能促进消化液分泌，增强胃肠蠕动。紫苏叶促进小鼠小肠蠕动的有效成分是紫苏酮，其灌胃的 ED_{50} 为 11.0mg/kg，该值为 LD_{50} 的 1/7。15mg/kg 紫苏酮促进炭末排出的效力强于 60mg/kg 蓖麻油或 100mg/kg 硫酸镁。紫苏酮浓度为 10^{-3}mg/mL、10^{-2}mg/mL、10^{-1}mg/mL 时对小鼠空肠纵状肌有剂量依赖性松弛作用，而对环状肌则增强其自主性运动，在浓度为 10^{-2}mg/mL 时能对抗阿托品 10^{-3}mg/mL 引起的松弛作用，因此紫苏酮可能兴奋小肠环状肌而促进肠内容物通过小肠。

3. 增强免疫功能

紫苏叶的乙醚提取物能增强脾细胞的免疫功能，而乙醇提取物和紫苏醛有免疫抑制作用。紫苏叶的热水提取物 25mg/mL 对伴刀豆球蛋白诱导的大鼠肥大细胞组胺释放有中度抑制作用，其抑制率为 31%~60%。由紫苏叶中提取的白色无定形粉末、磷糖蛋白具有干扰素诱导活性。由紫苏叶和茎制取的干扰素诱导剂，在家兔及宛兔的脾、骨髓和淋巴结悬液的试验中均证实其干扰素诱导活性。鲜野紫苏叶给小鼠灌胃，能显著抑制胞壁酰二肽和细菌试剂 OK-432 诱导产生大量肿瘤坏死因子的作用。

4. 抗突变

紫苏叶甲醇提取物对黄曲霉毒素 B_1、3-氨基-1-甲基-5H-吡啶并（4,3-b）-吲哚（Trp-P-2）和苯并芘对伤寒沙门菌 TA98 和 TA100 的诱变性有明显对抗作用。其中的己烷和丁醇组分有抗黄曲霉毒素 B_1 和苯并芘的诱变作用，植物醇能对抗 Trp-P-2 的诱变性，11,14,17-二十碳三烯酸甲酯有抗黄曲霉毒素 B_1 及 Trp-P-2 两者的诱变性的作用。

5. 抗菌

紫苏叶蒸馏物有广谱抗菌作用，主要有效成分为紫苏醛和柠檬醛，后者的抗菌活性比前者强，两者并有相互协同作用，这是因为 2 种化合物均是单萜系醛物质，其作用部位也相似。紫苏在体外对金黄色葡萄球菌、乙型链球菌、白喉杆菌、炭疽杆菌、伤寒杆菌、绿脓杆菌、变形杆菌、肺炎杆菌、枯草杆菌及蜡样芽孢杆菌等有明显抑制作用。紫苏对皮肤癣菌也有明显抑制作用，可抑制深红色发癣菌、须发癣菌、硫磺样断发癣菌、石膏样小孢子菌、犬小孢子菌及絮状表皮癣菌。紫苏叶油对接种和自然污染的霉菌、酵母菌也有明显抑制作用。5%紫苏在体外对孤儿病毒也有抑制作用。

6. 止咳、平喘

紫苏能减少支气管分泌物，缓解支气管痉挛。紫苏成分石竹烯对离体豚鼠气管有松弛作用，对丙烯醛或枸橼酸引起的咳嗽有明显的镇咳作用，小鼠酚红法试验表明有祛痰作用。紫苏成分沉香醇也有平喘作用。临床上用紫苏复方治疗上呼吸道感染疾病有明显效果。

（三）紫苏的安全性

紫苏成分 3-取代呋喃类化合物紫苏酮、白苏酮、异白苏酮和紫苏烯，能致动物广泛肺水肿和大量腹腔渗出物，与霉烂甘薯的有毒成分甘薯苦醇中毒症状极为相似。前 3 种给小鼠腹腔注射的 LD_{50} 均小于 10mg/kg，约在 24h 内死亡。给雌山羊静脉注射紫苏酮 19mg/kg、给安格斯小母牛静脉注射 30mg/kg 均可致死，而口服 40mg/kg 动物仍可存活。紫苏酮对小鼠的 LD_{50}，腹腔注射为 13.6mg/kg，灌胃为 78.9mg/kg。

紫苏醇也有毒性、刺激性和致敏作用。丁香酚对大鼠灌胃的 LD_{50} 为 1.95mg/kg，可引起后肢及下颚瘫痪，并因循环衰退竭而死亡。紫苏的水提取物有致突变性，其活性成分在碱性条件下稳定，而在酸性条件下不稳定。

二、桑　　叶

桑叶（*Mori Folium*）为桑科落叶小乔木植物桑树（*Morus alba* L.）的叶，同属植物鸡桑（*Morus australis* Poir.）、蒙桑（*M. Mongolica* Schneid.）和华桑（*M. Cathayana* Hemsl.）的叶在少数地区也作同等使用。味苦、甘，性寒，入肺、肝经。

（一）桑叶的化学组成

桑叶中主要成分为芸香苷（Rutin），其含量随季节变化，8 月、10 月、12 月采集的叶中其含量分别为 1.88%、3.06%、1.38%。其他成分有槲皮素、异槲皮苷、槲皮素-3-三葡糖苷、β-谷甾醇、菜油甾醇（Campesterol）、麦角甾醇、β-谷甾醇-β-D 葡糖苷、蛇麻脂醇（Lupeol）、内消旋肌醇（Myoinositol）、昆虫变态激素牛膝甾酮（Inokosterone）、蜕皮甾酮（Ecdysterone）、溶血素（Hemolysin）、羟基香豆精（Hydroxycoumarin）等。

桑叶挥发油中含大量低碳原子的酸、醛、烯醛、酮类化合物，以及水杨酸甲酯、愈创木酚（Guaiacol）、邻苯甲酚、间苯甲酚、丁香油酚等。

（二）桑叶的生物功效

1. 降血糖

以四氧嘧啶性糖尿病大鼠的空腹血糖、肾上腺素高血糖的测定为指标，大鼠喂养桑叶干粉 10d 或皮下注射桑叶稀释醇提液每只 0.5mL 持续 10d，证明桑叶有抗糖尿病作用。蜕皮固醇对胰高血糖素和抗胰岛素血清引起的小鼠高血糖症也有降糖作用，但不改变正常动物的血糖水平，并能促进葡萄糖转化为糖原。桑叶中含有11%的蛋白质，其中某些氨基酸能刺激胰岛素分泌，可作为体内胰岛素分泌和释放的调节因素，并能降低胰岛素分解速度。

2. 抗菌

桑叶水抽提液高浓度（31mg/mL）在体外有抗钩端螺旋体作用。体外试验表明，鲜桑叶对金黄色葡萄球菌、乙型溶血性链球菌、白喉杆菌、炭疽杆菌均有较强抑制作用，对大肠杆菌、伤寒杆菌、痢疾杆菌、绿脓杆菌也有效。桑叶中的植物防御素有抗微生物的作用。

3. 降压

对麻醉狗股静脉注射桑叶稀释提出液，出现短暂血压下降，但不影响呼吸；也可降低雄性家兔的血压。降压成分与 Morusenin A、Morusenin B 以及 8-环己烯基黄酮类有关。

（三）桑叶的安全性

桑叶注射液对小鼠的急性毒性很小。在亚急性试验中，给小鼠腹腔注射10%桑叶注射液，相当于人用量（5mL/d）的60倍，连续21d，对内脏器官无损害；如超过人用量的250倍，则对肝、肾、肺有一定损害（如变性、出血）。将10%桑叶注射液注射于兔股四头肌或滴入兔眼结膜囊内，未发现有局部刺激作用；豚鼠过敏反应试验呈阴性，体外试验对羊红细胞未见溶血反应。

三、荷　　叶

荷叶（*Nelumbinis folium*）为睡莲科植物莲（*Nelumbo nucifera* Gaertn.）的叶。味苦、涩，性平，入心、肝、脾经。荷叶以叶大、色绿、无斑点者为佳，全国大部分地区均有出产。

（一）荷叶的化学组成

荷叶含莲碱（Roemerine）、荷叶碱（Nuciferine）、原荷叶碱（Nornuciferine）、亚美罂粟碱（Armepavine）、前荷叶碱（Pronuciferine）、*N*-去甲基荷叶碱（*N*-nornuciferine）、D-*N*-甲基乌药碱（D-*N*-Methylcoclaurine）、番荔枝碱（Anonaine）、鹅掌楸碱（Liriodenine）、槲皮素、异槲皮苷、莲苷（Nelumboside）、酒石酸、草酸、琥珀酸及鞣质等。

（二）荷叶的生物功效

荷叶所含的琥珀酸有镇咳祛痰作用，所含槲皮素具有延长肾上腺素对气管的扩张作用。试验证明，槲皮素有明显抑制豚鼠肺组织释放组胺及慢反应物质的作用。荷叶中还含有抗5-羟色胺的活性成分。其祛痰作用主要是通过促进痰液的分泌和气管纤毛运动而起作用的。

荷叶水抽提液有降血脂作用，食用20d降胆固醇总有效率达91.3%，其中显效37.8%。据分析，生物碱是降血脂的有效成分之一。

荷叶对痢疾杆菌和肠炎杆菌有抑制作用，荷叶所含的荷叶碱对平滑肌有解痉作用，荷叶干粉能显著缩短家兔血浆再钙化时间。表8-8为荷叶乙醇提取物的抑菌效果。

表8-8　　　　　　　　　　　　　荷叶乙醇提取物的抑菌效果

| 荷叶提取物浓度/ | 抑菌圈直径/mm | | | |
（mg/mL）	青霉菌	黑曲霉菌	酵母	红酵母
0.0	0.00	0.00	0.00	0.00
0.1	7.20	7.10	8.00	8.30

续表

荷叶提取物浓度/	抑菌圈直径/mm			
（mg/mL）	青霉菌	黑曲霉菌	酵母	红酵母
1.0	8.60	8.10	9.00	9.30
1.5	8.90	8.50	10.50	11.30
2.0	10.00	9.50	11.90	12.50

注：表中数据为抑菌圈直径平均值，其中 0 表示无抑菌圈。滤纸片直径为 5mm，抑菌圈直径>15mm 为高度敏感、10~15mm 为中度敏感，7~9mm 为低度敏感。

四、百　合

百合（*Lilii Bulbus*）为百合科植物百合（*Lilium brownii* F. E. Brown var. *colchesteri* Wils.）、麝香百合（*Lilium longiflorum* Thunb.）、细叶百合（*Lilium pumilum* DC.）及同属多种植物鳞茎的干燥肉质鳞叶，同属植物有卷丹、山丹、松叶百合、轮叶百合、野百合等。味甘、微苦，性微寒，入心、肺经。百合有家种和野生之分，前者鳞片阔而薄，味微苦；后者鳞片小而厚，味较苦。

（一）百合的化学组成

百合鳞茎含秋水仙碱等多种生物碱、淀粉、蛋白质、脂肪及多种糖。兰州地区栽培的食用藓百合（*Lilium jaonicum* Thunb）含水分 63.63%、淀粉 6.96%、蔗糖 9.76%、还原糖 0.65%、蛋白质 4.39%、脂肪 0.75%、纤维 4.10%、果胶物质 4.32%、灰分 4.16%。

（二）百合的生物功效

1. 增强免疫功能

小鼠灌胃川百合、百合及卷丹水提液 10g/kg，每日 2 次连续 10d，均显著抑制 2,4-二硝基氯苯所致迟发型超敏反应。百合多糖 250μg/mL 与小鼠淋巴细胞共同培养，可显著促进 DNA 和 RNA 的合成，同时淋巴细胞存活率也增多。

小鼠腹腔注射环磷酰胺 100mg/kg，造成实验性白细胞减少症，然后灌胃百合 0.4mL（相当于 80g/kg）连续 4d。结果发现，外周血液白细胞数比对照组高 625 个/mm³，表明可能有防止环磷酰胺所致白细胞减少症的作用。

2. 镇静催眠

分别给小鼠灌胃 1g/mL 的卷丹、百合与川百合水提液 20g/kg，30min 后腹腔注射戊巴比妥钠 40mg/kg，以翻正反射消失到恢复的时间作为睡眠时间指标。结果表明，3 种百合均可使戊巴比妥钠睡眠时间延长 12.8~35.9min，与对照组相比均有显著差异。

给小鼠分别灌胃 1g/mL 的卷丹、百合、川百合水提液 20g/kg，30min 后腹腔注射戊巴比妥钠 25mg/kg，观察注射后 15min 内小鼠的睡眠率，并与生理盐水及酸枣仁组（20g/kg）进行比较。结果表明，生理盐水组睡眠率为 40%，酸枣仁组为 80%，百合组为 90%，卷丹组为 100%，川百合为 80%。

3. 抗疲劳、抗应激

给小鼠分别灌服川百合、卷丹和百合水提液 10g/kg，并给生理盐水作对照，给黄芪 10g/kg 作阳性对照，每日摄取 2 次连续 5d。从第 3 天起每组均用锯末烟熏 20min 以建立"肺气虚"模型，第 6 天将所有小鼠放入 20℃ 冷水中，观察从放入至溺死为止的整个游泳耗竭时间。结果表明，生理盐水组游泳时间为（7.90±1.33）min，黄芪组为（23.00±4.03）min，3 种百合分别为（13.15±3.22）min、（16.85±2.87）min 及（11.75±2.11）min，可见 3 种百合均显著延长"肺气虚"型小鼠的游泳时间，具有抗疲劳效能。此外，上述 3 种百合尚能使肾上腺皮质所致"阴虚"模型小鼠的负荷游泳时间显著延长，卷丹及川百合使小白鼠负荷游泳时间显著延长。

小鼠分别灌胃百合、川百合及卷丹水提液 10g/kg，30min 后进行常压耐缺氧试验，只有卷丹能显著地延长小鼠耐常压缺氧时间，达（20.15±2.67）min。卷丹在小鼠缺氧试验中剂量为 30~35g/kg，食用 45min 后效果最好。百合还可对抗异丙肾上腺素所致缺氧作用。小鼠分别灌胃给予百合、川百合及卷丹水提液 10g/kg，第 2 天再次灌胃，15min 后分别腹腔注射异丙肾上腺素 15mg/kg，25min 后进行常压耐缺氧试验。结果表明，只有川百合在异丙肾上腺素所致心肌耗氧增加状态下，能显著延长缺氧时间，达 18.30±2.04min，与黄芪（10g/kg）组（18.65±2.73min）相似。

4. 保护胃黏膜

大鼠背部皮下注射 10% 消炎痛羧甲基纤维素溶液 25mg/kg，可诱发胃溃疡。注射消炎痛，同时加复方黄芪汤，以黄芪 100g 配以蒲公英、地丁、白芍各 30g，百合 20g，肉桂、乌药、甘草各 10g，水煎浓缩至 100mL，灌胃 0.4mL/100g，可见大鼠胃黏膜病变明显轻于消炎痛加生理盐水组，还能显著地抑制血栓素 A_2 的代谢物血栓素 B_2 的升高，与消炎痛加生理盐水组相比分别为（8.96±3.82）pg/mg 及（12.68±3.14）pg/mg（$P<0.05$），可使前列腺素 E_2 升高，分别为（39.42±21.13）pg/mg 及（58.30±23.42）pg/mg（$P<0.05$），对前列环素作用不明显，可见复方黄芪汤保护胃黏膜的作用可能与明显抑制血栓素 A_2 升高有关。

5. 止咳、祛痰与平喘

将小鼠分为 3 组，试验组分别口服 1g/mL 的卷丹、百合及川百合水提液 20g/kg，对照组给生理盐水，阳性对照组灌服 10g/kg 桔梗，各组在摄入受试物 30min 后用 SO_2 引咳，观察小鼠咳嗽的潜伏期和咳嗽开始 2min 内的咳嗽次数。结果表明，3 种百合均可使咳嗽的潜伏期延长，延长率达 57.69%~115.33%，咳嗽次数减少，镇咳率 18.75%~57.10%。百合水抽提液对氨水所致小鼠咳嗽也有止咳作用，并能对抗组胺所致蟾蜍哮喘。

用酚红比色法比较卷丹、百合和川百合的祛痰作用，分别给小白鼠灌胃 3 种百合水提液，30min 后腹腔注射 0.5% 酚红溶液 0.1mL/10g，30min 后处死小鼠，测定其呼吸道冲洗液于 546nm 处的吸收度，并从酚红标准曲线中求出酚红排出量。结果表明，3 种百合均使酚红排出量显著增加，卷丹止咳祛痰强于百合或相等，川百合稍差些。

第三节　花草类活性物质

花草类药食两用植物包括花类和全草类，它们在抗病菌、抗寄生虫、抗肿瘤、清热镇痛、抗心血管疾病、改善消化系统、利尿去湿等方面具有良好功效。例如，金银花具有降血脂、抗菌、消炎等作用，广东地区居民常用其作为抗炎清热的物品。

一、金 银 花

金银花（*Lonicerae Japonicae Flos*）为忍冬科植物忍冬（*Lonicera japoicani* Thunb.）、红腺忍冬（*L. hypoglauca* Miq.）、山银花（*L. Confusa* DC.）或毛花柱忍冬（*L. desystyla* Rehd.）的干燥花蕾或带初开的花。忍冬为多年生半常绿缠绕灌木，花成对腋生。味甘，性寒，入肺、胃经。

（一）金银花的化学组成

金银花含有多种绿原酸类化合物，如绿原酸、异绿原酸和新绿原酸等，还含有黄酮类化合物、挥发油等，花蕾中含有木犀草素、肌醇和皂苷。从黄褐毛忍冬花蕾中提取的黄褐毛忍冬总皂苷（Fulvotomentosasides，Ful），含量约为1%，包括常春藤皂苷（Hederin）、无患子皂苷（Sapindoside）和金银花皂苷甲。

（二）金银花的生物功效

1. 降血脂、增强免疫功能

大鼠灌胃金银花2.5g/kg，能减少肠内胆固醇吸收，降低血浆中胆固醇的含量。体外试验也发现金银花可与胆固醇相结合。黄褐毛忍冬总皂苷可非常显著地降低正常小鼠肝脏甘油三酯的含量，并使CCl_4、扑热息痛、半乳糖胺中毒小鼠肝脏甘油三酯含量也大为降低。

金银花水抽提液能促进外周血白细胞的吞噬功能。小鼠腹腔注射金银花注射液也有明显促进炎性细胞吞噬功能的作用。250mg/kg金银花水抽提液能降低T细胞α-醋酸萘酯酶染色阳性百分率，提示对细胞免疫可能有抑制作用。另外，绿原酸也作为苎麻的主要有效成分具有增高白细胞作用。

2. 抗病原菌

体外试验表明，金银花对多种致病性细菌有不同程度的抑制作用，如金黄色葡萄球菌、溶血性链球菌、大肠杆菌、痢疾杆菌、伤寒杆菌、副伤寒杆菌、霍乱弧菌、绿脓杆菌、百日咳杆菌、人型结核杆菌、肺炎双球菌、脑膜炎球菌等，其中叶水抽提液比花水抽提液作用强。金银花对致龋菌——变形链球菌有较好的抑菌和杀菌作用，其水抽提液、水浸液及提纯液对变形链球菌的杀菌浓度分别25.0%、12.5%和6.25%。金银花对某些皮肤真菌也有一定抑制作用，如铁锈色小芽孢癣菌、星形奴卡氏菌等。

金银花水抽提液（1:20）在人胚肾原代单层上皮细胞培养上，对流感病毒京科68-1、肠道埃可病毒11型及单纯疱疹病毒均有抑制作用，能抑制病毒的复制，延缓病毒所致细胞病变的发生。

3. 抗炎

腹腔注射金银花提取液时能明显抑制蛋清、角叉菜胶等所致大鼠足跖肿胀，并能明显抑制大鼠巴豆油性肉芽囊的炎性渗出和炎性增生。从黄褐毛忍冬中提取的总皂苷具有显著抗炎活性，皮下注射100mg/kg、200mg/kg能显著抑制5-羟色胺、前列腺素E_2所致大鼠皮肤毛细血管通透性亢进，并能显著抑制醋酸所致小鼠腹腔毛细血管通透性增高，对于巴豆油所致小鼠耳廓肿胀及角叉菜胶所致大鼠足跖肿胀也有抑制作用。

4. 保肝利胆

金银花所含的多量绿原酸有利胆作用，能增进大鼠胆汁分泌。黄褐毛忍冬总皂苷皮下注射200mg/kg能显著对抗CCl_4、扑热息痛及半乳糖胺所致肝中小鼠血清谷丙转氨酶的升高及肝脏甘油三酯含量，并明显减轻肝脏病理损伤的严重程度，使肝脏点状坏死数总和及坏死改变出现率明显降低。

5. 抗生育及其他功效

金银花经乙醇提取后，以水煎浸膏对孕期20天至3个月小鼠、犬、猴进行试验，证明其有明显的抗生育作用，腹腔注射时对小鼠早孕、中孕、晚孕都有效，静脉点滴或宫腔注射时对家犬早孕有效，三月孕猴于羊膜腔注射也有抗孕效果。腹腔注射金银花提取物（660mg/kg），有终止小鼠的早、中、晚期妊娠的作用。金银花可使早孕大鼠血浆孕酮水平明显降低，表明有抗黄体激素的作用。金银花抗生育作用的机制既与前列腺素有关，又与其对性激素的影响密切相关。

金银花的水及酒精浸液对 S_{180} 及艾氏腹水癌有细胞毒作用，金银花有一定的抗实验性胃溃疡作用。口服绿原酸可引起大鼠、小鼠等实验动物中枢神经系统兴奋，其强度为咖啡因的1/6。大剂量绿原酸还可促进胃肠蠕动，促进胃液及胆汁分泌。

在临床上，金银花以其清热解毒之功效广泛用于多种感染性疾病，如感冒、流感、急性上呼吸道感染、肺炎、急性菌痢、钩端螺旋体病、急性皮肤感染等。常用剂量12～18g，最多者可达30g以上。

（三）金银花的安全性

金银花毒性很小，水浸液灌服对家兔、犬等无明显毒性反应，对呼吸、血压、尿量等也均无影响，小鼠皮下注射金银花浸膏的 LD_{50} 为 53g/kg。绿原酸具有致敏原作用，可引起变态反应，但口服无此反应，因绿原酸可被小肠分泌物转化成无致敏活性的物质。绿原酸对幼大鼠灌服的 LD_{50} 大于 1g/kg，腹腔注射大于 0.25g/kg。黄褐毛忍冬总皂苷皮下注射对小鼠的 LD_{50} 为 1.08g/kg，中毒症状为自发活动减少，呼吸抑制死亡。

二、菊　花

菊花（*Chrysanthemi Flos*）为菊科植物菊（*Chrysanthemum morifolium* Ramat.）的头状花序。味甘、苦，性凉，入肺、肝经。菊花有黄白2种，白菊花味偏甘，故称甘菊花，简称甘菊，其中亳菊花（产于安徽亳县）、滁菊花（产于安徽滁县）和杭白菊花（产于浙江杭州）三者被视为白菊中的佳品。黄菊花以产于浙江杭州一带的口质最佳。与白菊花相比，味偏苦，疏散风热、泻火解毒之力较强。

另外，菊科植物野菊（*Chrysanthemum indicum* L.）、北野菊（*Chrysanthemum boreale* Mak.）及岩香菊［*Chrysanthemum lavandulaefolium*（Fisch.）Mak.］等的头状花序野菊花味苦、辛，性凉，入肺及肝经。与白菊花、黄菊花相比，其偏重于泻火解毒。

（一）菊花的化学组成

菊花含挥发油（0.2%～0.85%）、腺嘌呤、胆碱、水苏碱（Stachydrine）、菊苷（Chrysanthemin）、黄酮类化合物等。挥发油的含量因品种及加工方法不同而有较大变化，其主要有龙脑、樟脑、菊酮（Chrysanthenone）和醋酸龙脑酯（Bornyl acetate）等。黄酮类成分有木犀草素（Luteolin）、芹菜素（Apigenin）、刺槐素（Acacetin）、木犀草素-7-O-葡萄糖苷、芹菜素-7-O-葡萄糖苷、刺槐素-7-O-葡萄糖苷、刺槐素-7-鼠李糖葡萄糖苷和香叶木素-7-O-葡萄糖苷（Diosmetin-7-O-glucoside）等。此外，菊花中含丰富维生素、氨基酸和微量元素。

（二）菊花的生物功效

1. 对心血管系统的影响

菊花提取物有明显的扩张冠状动脉作用，能明显增加离体兔心或在位犬心的冠脉流量，对缺血性心电图有所改善，而对心率、心肌收缩力和心肌耗氧量的影响较小。其作用机制可能是直接松弛冠脉平滑肌所致，而与心肌收缩时代谢产物的增加和 β-受体无关。用心肌显像剂 ^{131}Xe 试验表明，白菊花对实验性心肌梗塞和供血不足的犬，使心脏中心区 ^{131}Xe 的摄取量分别增加 72.8% 和 92.3%，外周区分别增加 33.8% 和 86.6%，边缘区分别增加 4.5% 和 22.9%，说明其有改善冠脉循环和心肌状态的作用。

给小鼠腹腔注射菊花提取物，可抑制皮内注射组胺所致毛细血管通透性增加而有抗炎作用，其 10mg 的效力相当芦丁 2.5mg。菊花浸膏 2g/kg 给小鼠腹腔注射，可显著提高其对减压缺氧的耐受力。给兔腹腔注射菊花制剂，可使其出血时间和凝血时间显著缩短。菊苷尚有降压作用。

2. 抗病原菌

菊花水浸剂或水抽提液对金黄色葡萄球菌、乙型链球菌、大肠杆菌、痢疾杆菌、变形杆菌、伤寒杆菌、副伤寒杆菌、绿脓杆菌、霍乱弧菌及人型结核杆菌等有抑制作用。菊花中黄酮类成分木犀草素和木犀草素-7-葡萄糖苷，对病毒的逆转录酶有抑制作用，其 IC_{50} 在 1.0mmol/L 以下。另外，小鼠体内抑菌试验表明，新鲜全草挥发油对金黄色葡萄球菌、大肠杆菌、福氏痢疾杆菌等抑菌作用较强，对绿脓杆菌作用甚弱，对肺炎双球菌无效。

（三）菊花的安全性

菊花水抽提液 92g/kg 给小鼠灌胃（相当人体治疗剂量的 100 倍），24h 内 10 只中有 2 只死亡；菊花浸膏 50g/kg 和 100g/kg 灌胃（相当人体治疗剂量 100 倍），24h 内均无死亡，表明对小鼠无明显毒性。亚急性毒理试验中，菊花水抽提液或浸膏 20g/kg 给兔灌胃（相当人体治疗剂量 20 倍），每日 1 次，连续 14d，结果表明对兔心、肝、肾功能无明显毒性。有 2 只兔服用10d 左右出现食欲下降、体重减轻、腹泻而导致死亡，表明可能对胃肠道有一定毒性作用。临床应用菊花，除大量服用菊花制品可影响胃肠功能，个别患者有轻度腹痛及腹泻外，一般无其他副反应。

三、代 代 花

代代花（*Citrus aurantium* L.）又名枳壳花、玳玳花，为芸香科植物玳玳花（*Citrus aurantium* L. var. *amara* Engl.）的花蕾（和幼果）。本品味甘、微苦，具有疏肝理气、和胃止痛之功效。

（一）代代花的化学组成

代代花含挥发油、新橙皮苷和油皮苷等。挥发油的主要成分为柠檬烯、芳樟醇、牻牛儿醇、香茅醇和缬草酸等。

（二）代代花的生物功效

1. 对心血管系统的作用

代代花所含的生物碱辛弗林、N-甲基酪胺是间接 β-肾上腺素激动剂，能显著增强心肌收缩性和射血功能。辛弗林又为肾上腺素 α 受体兴奋剂，有收缩血管升高血压的作用。N-甲基酪胺还能增加冠脉血流量和肾血流量，降低心肌耗氧量，有明显的利尿作用。

2. 抗炎作用

代代花含有的黄酮类成分橙皮苷与柚皮苷具有抗炎的作用，与芍药中的芍药苷具有相乘的效果，可降低小鼠甲醛性足踝浮肿，但对 5-羟色胺引起的炎症无效。其中有效成分柚皮苷静脉注射可抑制大鼠因静脉注射微血管增渗素引起的毛细血管通透性增强。

3. 对子宫的作用

代代花水煎剂的药理试验证明，其对动物的子宫有兴奋作用，使子宫收缩增强，张力提高，甚至可引起强烈收缩。

四、槐花（槐米）

槐花（*Sophorae Flos*），别名槐蕊，是豆科槐属植物槐（*Sophora japonica* L.）的花及花蕾。一般前者称"槐花"，在花初开时采收，花未开时采收花蕾，称"槐米"。原植物槐，又名金药树、护房树、豆槐等，为落叶乔木，全国各地均有种植。

（一）槐花（槐米）的化学组成

槐花和槐米所含的化学成分基本相同，只是在含量有所区别，主要功效成分芦丁（芸香苷，Rutin）在槐米中高可达30%以上，伴随花开，芦丁含量递减。《中国药典》（2020年版）对槐花和槐米（干燥品）品质要求为，芦丁（$C_{27}H_{30}O_{16}$）含量槐花不得少于6.0%、槐米不得少于15.0%。芦丁水解可生成槲皮素、葡萄糖等。

（二）槐花（槐米）的生物功效

槐花（槐米）的主要功效是增强血管弹性，止血凝血。槐花（槐米）中的芦丁和槲皮素能通过恢复毛细血管的弹性，减少血管通透性，预防和缓解因血管脆性过大、渗透性过高造成的出血症状。将炮制后槐米经水煎煮并浓缩至1mL相当于生药1g的浓度，按0.25mL/10g剂量对试验小鼠灌胃，空白组以生理盐水灌胃，半小时后，断尾测量凝血时间。结果发现，试验组小鼠平均凝血时间较空白对照组缩短一半以上，凝血效果显著。

有研究报道称槐花（槐米）对毛癣菌、胞癣菌等皮肤真菌有抑制作用，对创伤性浮肿、皮肤、结膜、关节等过敏性炎症有不同程度的预防和缓解作用。我国传统中医有用槐花治疗疔疮肿毒、鹅掌风（手癣）的药方。

（三）槐花（槐米）的安全性

传统中医认为槐花（槐米）无毒，但因其性偏寒，脾胃虚弱、腹泻、消化不良人群须慎用。试验表明槐米提取物对人血淋巴细胞有一定的致突变作用。

五、白扁豆花

白扁豆花（*Semen Dolichoris Album*），别名南豆花，是豆科扁豆属植物扁豆（*Dolichos lablab* L.）之花，为白色的花，在夏季采摘未完全开放的花。原植物扁豆，是一年生草质藤本植物，喜温暖湿润气候，惧寒霜。全国各地均有栽培，主产区在浙江、安徽、河南等省。

（一）白扁豆花的化学组成

白扁豆花含有原花青素和花青素。此外，还含有木犀草素（Luteolin）、大波斯菊苷（Cosmosiin）、野漆树苷（Rhoifolin）等黄酮类化合物。

（二）白扁豆花的生物功效

白扁豆花的主要功效是治疗痢疾。以干白扁豆花煎剂口服临床治疗细菌性痢疾，疗效显著。以干白扁豆花煎剂，按每次0.5~1mL/kg口服，每6h一次，7d一个疗程。结果发现，痊愈率54%，明显改善23%，同时，未见任何副作用。体外试验证明，白扁豆花煎剂可抑制宋内氏痢疾杆菌、弗氏痢疾杆菌的生长。传统中医认为白扁豆花除能治泻痢外，还有解暑化湿，健脾和胃的功效。

（三）白扁豆花的安全性

目前未见有关白扁豆花有毒副作用的报道。

六、丁　香

丁香（*Caryophylli Flos*）为桃金娘科植物丁香（*Eugenia caryphyllata* Thunb.）的干燥花蕾，主产于坦桑尼亚、马来西亚、印尼等地，我国广东有少数出产。味辛，性温，入胃、脾及肾经。

（一）丁香的化学组成

花蕾含挥发油 16%～19%，油中主含丁香酚 80%～87%、β-丁香烯（β-Caryophllene）9%、乙酰丁香酚（Acetyleuenol）7%，并含少量 2-庚酮、水杨酸甲酯、α-丁香烯、衣兰烯（Ylangene）、胡椒酚（Chavicol）等。花蕾中还含谷甾醇、豆甾醇、菜油甾醇等的葡萄糖苷、2α-羟基果酸甲酯、丁香色酮苷Ⅰ和Ⅱ，此外还从花蕾中分离得到具有抗病毒活性的丁香鞣质（Eugeniin）。

（二）丁香的生物功效

1. 促进胃液分泌及对肠管运动的作用

丁香水浸液有刺激胃酸和胃蛋白酶分泌的作用，可显著增强胃内消化。5%丁香酚乳剂也可使胃黏液分泌显著增加，而酸度不增强。丁香油的作用稍差，连续应用可使黏液耗竭，而只分泌非黏液性的渗出物；36h 后方能部分恢复分泌黏液，完全恢复需数月以后。

0.04%～1.2%丁香水抽提液对离体豚鼠或兔小肠以抗胆碱和抗组胺作用抑制肠管活动。给小鼠灌胃 20g/kg 水抽提液，能显著抑制小鼠的胃排空及胃肠墨汁推进率。丁香醚提物 0.3mL/kg 灌胃能抑制蓖麻油引起的小鼠腹泻，其水提物 20g/kg 灌胃可明显抑制番泻叶引起的腹泻，但也有报道水抽提液 5g/kg、20g/kg 灌胃对两种腹泻模型仅有对抗倾向而无明显影响。

2. 抗溃疡及促进胆汁分泌

丁香水提物 10g/kg、20g/kg 灌胃可明显抑制小鼠水浸应激溃疡及盐酸所致大鼠胃溃疡，给动物灌胃丁香 1.5%醚提物 0.3mL/kg 可明显抑制消炎痛加乙醇诱发的小鼠胃溃疡及盐酸引起大鼠胃溃疡，丁香水提物及醚提物对幽门结扎性溃疡均无明显影响。研究认为，丁香对胃黏膜损伤的保护不仅可能有神经体液的因素，还可能通过影响胃黏膜前列腺素系统而发挥细胞保护作用。

给大鼠灌胃丁香醚提物 0.08mL/kg、0.15mL/kg 可明显促进麻醉大鼠胆汁分泌，作用可维持 2h；而水提物 10g/kg、20g/kg 对胆汁分泌无明显影响。

3. 镇痛、耐缺氧、抗血栓

热板法和醋酸扭体法试验结果表明，给小鼠灌胃丁香水提物 10g/kg、20g/kg 或丁香醚提物 0.15mL/kg、0.3mL/kg 均可显著延长小鼠痛觉反应潜伏期，或显著减少醋酸刺激引起的"扭体"反应次数。

给小鼠灌胃丁香水提物 10g/kg、20g/kg 能延长断头小鼠张口动作持续时间、氰化钾中毒小鼠存活时间和常压密闭缺氧存活时间，但不延长亚硝酸钠中毒小鼠的存活时间。丁香 1.5%醚提物 0.15mL/kg、0.3mL/kg 能延长亚硝酸钠中毒小鼠的存活时间，但会缩短受寒小鼠的存活时间，这可能与其减少小鼠自由活动等中枢抑制有关。有报道，丁香水提取物能抑制脑胆碱酯酶活性，可能是其耐缺氧机制。

给大鼠灌胃丁香水提物 10g/kg、20g/kg 或丁香油 0.075mL/kg、0.15mL/kg 对体内血栓形成均有预防作用，同时还能明显延长白陶土部分凝血活酶时间及血浆凝血酶原时间而具有抗凝作用。

4. 抗病原菌、驱虫

丁香水抽提液及粉末对溶血性链球菌有较强的抗菌作用，且其抗菌作用不受加热的影响。丁香 100% 醇浸液对鼠疫杆菌、霍乱弧菌、炭疽杆菌、伤寒杆菌、副伤寒杆菌、白喉杆菌、痢疾杆菌、变形杆菌、大肠杆菌、枯草杆菌及金黄色葡萄球菌等有抑制作用。一般认为，丁香油的抗菌能力强于丁香。

体外试验证明，丁香对流感病毒 PR_8 株病毒有抑制作用。50% 丁香水抽提液、醇浸剂及丁香油在试管内可将蛔虫杀死或麻痹。给患有蛔虫的犬灌服 0.1~0.5g/kg 丁香油，能使其排出蛔虫，且无副作用。但剂量加至 5g/kg 时，则引起呕吐，驱虫效力降低。

（三）丁香的安全性

丁香水抽提液给小鼠腹腔注射、灌胃的 LD_{50} 分别为 1.8g/kg、120g/kg，中毒症状为呼吸抑制及后肢无力。小鼠灌胃丁香油的 LD_{50} 为 1.6g/kg。狗口服丁香油 5g/kg，发生呕吐而死亡，尸检发现胃底及幽门部黏膜红肿并有溃疡及出血点，十二指肠部也有类似现象，肺、肝及肾均有瘀血，部分肝细胞坏死。当剂量减为 2g/kg 时，仅发生呕吐而不致死亡。大鼠口服丁香油酚的 LD_{50} 为 1.93g/kg，中毒症状为后肢麻痹、昏睡、尿失禁、常有血尿，病理解剖发现上消化道呈出血状态，少数有黏膜溃疡，各内脏及腹膜、肠系膜显著充血。小鼠灌胃 1.5g/kg 丁香醚提物 LD_{50} 为（1.74±0.24）mL/kg。

七、鱼 腥 草

鱼腥草（*Houttuyniae Herba*）为三白草科植物蕺菜（*Houttuynia cordate* Thunb.）的带根全草，主产浙江、江苏、湖北。味辛，性寒，入肝和肺二经。具有强烈的鱼腥气，茎下部伏地且节上无根。

（一）鱼腥草的化学组成

鱼腥草主要含挥发油及黄酮类成分。其挥发油含量新鲜品为 0.022%~0.025%，干制品为 0.03%。挥发油主要抗菌成分为癸酰乙醛（Decanoyl acetaldehyde，鱼腥草素），此外还含月桂醛（Lauric aldehyde）、甲基正壬酮、丁香烯等几十种成分。其主要成分癸酰乙醛不稳定，易聚合，已人工合成了其亚硫酸化合物，称合成鱼腥草素。合成鱼腥草素不仅性质稳定，并保留了鱼腥草素的抗菌活性，且具有类似的特殊气味。而合成的十二酰乙醛则称新鱼腥草素，此外还合成癸酰乙醛的系列化合物。

黄酮类化合物主要有槲皮素（含量 0.4%）、异槲皮苷、槲皮苷、瑞诺苷（槲皮素-3-木糖苷，Reynoutrin）、金丝桃苷（Hyperin）、芸香苷。

（二）鱼腥草的生物功效

1. 增强机体免疫功能

鱼腥草水抽提液在体外能显著促进人外周血白细胞吞噬金黄色葡萄球菌的能力。用合成鱼腥草素治疗慢性气管炎时观察到它能提高患者全血白细胞对白色葡萄球菌的吞噬能力，提高家兔及患者血清备解素水平。新鱼腥草素及类鱼腥草素（乙酰乙醛）肌肉注射，均能明显提高小鼠腹腔巨噬细胞对鸡红细胞的吞噬能力，并促进绵羊红细胞免疫所致溶血素抗体的生成，可对抗环磷酰胺所致白细胞减少，但对小鼠胸腺、脾脏重量及外周血 T 细胞数无显著影响。鱼腥草及鱼腥草素的上述免疫促进作用在其用于治疗多种感染性疾病中具有一定意义。

鱼腥草挥发油还具有显著的抗过敏作用，对于致敏豚鼠回肠标本，在卵白蛋白攻击前先用鱼腥草油 $100\mu g/mL$ 接触 5min，可大大降低攻击所致回肠收缩的幅度；鱼腥草油皮下注射 $200mg/kg$，4d，可明显拮抗喷雾卵白蛋白所致敏豚鼠过敏性哮喘的发生；对于慢反应物质所致豚鼠离体回肠收缩，鱼腥草油有显著拮抗作用，对慢反应物质所致豚鼠肺血管收缩和肺溢流增加也有显著拮抗作用。

2. 抗肿瘤

鱼腥草有一定的抗肿瘤作用，合成鱼腥草素对小鼠移植性肝癌也有一定抑制效果。研究合成鱼腥草素对小鼠艾氏腹水癌细胞在小鼠体内生长的作用和对癌细胞内环磷酸腺苷水平的影响，结果表明，在不同时间对小鼠腹腔注射不同剂量的合成鱼腥草素后，荷瘤动物的癌细胞总数、癌细胞分裂指数及腹水量均有明显降低，而癌细胞内环磷酸腺苷水平却有增高，尤以注射 $34mg/kg$ 组对上述指标有更明显的影响。这说明合成鱼腥草素对艾氏腹水癌的抑制效果可能与提高癌细胞中的环磷酸腺苷水平有关。

3. 抗病原菌

鱼腥草对多种致病性细菌、分枝杆菌有不同程度的抑制作用，如金黄色葡萄球菌、白色葡萄球菌、溶血性链球菌、肺炎双球菌、卡他球菌、白喉杆菌、变形杆菌、志贺氏痢疾杆菌、施氏痢疾杆菌、福氏痢疾杆菌、宋内氏痢疾杆菌、猪霍乱杆菌、结核杆菌等。还能延长感染人型结核杆菌 H37Rv 小鼠的生存时间，降低死亡率。鱼腥草抗菌有效成分为挥发油，故鱼腥草鲜汁抗菌作用较强，鱼腥草干品或久煎后抗菌后性降低。

癸酰乙醛是鱼腥草挥发油中的主要抗菌物质，其对多种细菌、抗酸杆菌、真菌等均具显著抑制作用，但该化合物不稳定。为此人们曾合成了癸酰乙醛的一系列衍生物并研究其抗菌特性。合成的鱼腥草素则性质稳定而又保留其抗菌活性，对多种革兰氏阳性及阴性细菌均有明显抑制作用，对金黄色葡萄球菌及其耐青霉素菌株、肺炎双球菌等则不敏感。对金黄色葡萄球菌其耐青霉素菌株的最低抑菌浓度为 $62.5\sim80\mu g/mL$，流感杆菌为 $1.25mg/mL$。

4. 抗炎症

鱼腥草水抽提液对大鼠甲醛性足肿有较显著的抑制作用，对于人 γ-球蛋白在 Cu^{2+} 存在下的热变性，鱼腥草也有显著抑制作用。鱼腥草素具有一定抗炎活性，能显著抑制巴豆油、二甲苯所致小鼠耳廓肿胀、皮肤毛细血管通透性亢进，对醋酸所致腹腔毛细血管染料渗出也有显著的抑制作用。鱼腥草所含槲皮素、槲皮苷及异槲皮苷等黄酮类化合物也具有显著抗炎作用，能显著抑制炎症早期的毛细血管通透性亢进。

5. 利尿作用及其他

鱼腥草因含大量钾盐及槲皮素等而具有利尿作用。蟾蜍肾或蛙蹼灌流试验表明，鱼腥草提取液的利尿作用可能与扩张肾血管，增加肾血流量等有关。鱼腥草腹腔注射对氨雾刺激所致小鼠咳嗽有一定抑制效果。皮下注射鱼腥草水溶液还具有轻度镇静、抗惊作用，能减少小鼠自发活动，延长环己巴比妥钠睡眠时间，对抗士的宁所致小鼠惊厥；$20\sim40mg/kg$ 静注于犬可使血压下降 $40\sim50mmHg$。鱼腥草水抽提液能抑制浆液分泌，促进组织再生，并有镇痛和止血作用。鱼腥草所含槲皮素还有较好的祛痰、止咳作用，并有一定平喘作用。另外，槲皮素还有一定的降血压、降血脂、扩张冠脉、增加冠脉血流量等作用。

（三）鱼腥草的安全性

鱼腥草毒性甚小，民间以鲜品作蔬菜鲜服，或炖服，猪作青饲料等均未见有中毒报告或毒副反应发生。合成鱼腥草素体外试验有一定溶血作用，加入血清则此作用减弱或消失，体内应用未见溶血，可能是血清产生保护作用。合成鱼腥草素小鼠灌服之，LD_{50} 为 $(1.6±0.081)$ g/kg。槲皮素小鼠灌胃的 LD_{50} 为 160mg/kg。

给体重为 17~20g 的小鼠尾静脉注射 1.5mg 的鱼腥草素（相当于人体注射剂量的 200 倍左右），观察 1 周无死亡现象，且有 90% 体重增加，经解剖也未发现病变发生。犬静脉滴注 38mg/kg 或 47mg/kg 无明显异常反应，解剖可见心、肺、肝、肾、脾、胃肠等无病变，但剂量达 61mg/kg~64mg/kg 时可引起肺脏严重出血。长期毒性试验表明，犬每日口服 80mg/kg 或 160mg/kg，连续 30d，对动物食欲、血象及肝肾功能等均无明显影响，但可引起不同程度的流涎及呕吐。

八、蒲 公 英

蒲公英（*Taraxaci Herba*）为菊科多年生植物蒲公英（*Taraxacum mongolicum* Hard. -Mazz）、碱地蒲公英（*T. sinicum* Kitag.）、异苞蒲公英（*T. heterolepis* Nakai et H. Koidz.）或其他数种同属植物的带根全草。味苦、甘，性寒，入肝、胃经。

（一）蒲公英的化学组成

蒲公英含蒲公英甾醇（Taraxasterol）、胆碱、菊粉、果胶、蒲公英醇、豆甾醇、β-谷甾醇、β-香树脂醇（β-Amyrin）、蒲公英赛醇（Taraxerol）、蒲公英素（Taraxacerin）、蒲公英苦素（Taraxicin）、树脂和维生素 A、维生素 B、维生素 C 等。

蒲公英花含山金车二醇（Arnidiol）、叶黄素和毛茛黄素（Flavoxanthin），花粉中含 β-谷甾醇、5α-豆甾-7-3β-醇、叶酸和维生素 C，绿色花萼中含叶绿醌。花茎中含 β-谷甾醇和 β-香树脂醇，以及考迈斯托醇（Coumestrol）、核黄素（1.43mg/g）和胡萝卜素（7.8~8.8mg/100g）。

（二）蒲公英的生物功效

1. 抗病原菌

体外试验表明，蒲公英注射液对金黄色葡萄球菌耐药菌株、溶血性链球菌有较强的杀菌作用，对变形链球菌、卡地球菌、肺炎双球菌、脑膜双球菌、白喉杆菌、绿脓杆菌、变形杆菌、痢疾杆菌、伤寒杆菌等也有一定的抑制作用。蒲公英提取液（1：400）在试管内能抑制结核杆菌，其醇提取物 31mg/kg 能杀死钩端螺旋体，对某些真菌也有抑制作用。水抽提液（1：80）还能延缓埃可病毒 11 型及疱疹病毒所致人胚肾或人胚肺原代单层细胞的病变。

2. 增强免疫功能

蒲公英水抽提液在体外能显著提高人外周血淋巴细胞母细胞转化率。蒲公英有一定的抗肿瘤活性，早期报道其对人体肺癌有抑制活性。蒲公英多糖能显著增强艾氏癌及 MM_{46} 肿瘤细胞抗原所致的小鼠脚垫迟发型超敏反应强度。蒲公英多糖的这一作用，呈现服用时间越往后越有效的特点，即于抗原刺激后的第 11~20 天摄入或第 2~20 天隔日摄入有明显作用，而于第 1~10 天的前期摄入则作用弱。蒲公英多糖腹腔注射还能显著增强小鼠抗体依赖性巨噬细胞的细胞毒作用。

3. 抗胃溃疡

灌胃蒲公英水抽提液 20g/kg，对大鼠应激性胃溃疡和无水乙醇所致胃黏膜损伤有显著的保护效果，并能明显对抗幽门结扎大鼠溃疡的形成。蒲公英与党参、川芎有协同抗胃溃疡效果，故三者构成的复方抗溃疡作用更强，对乙醇性胃黏膜损伤的抑制率可达 90.5%。此复方能明显升高正常及乙醇损伤胃黏膜大鼠胃组织中前列腺素 E_2 的含量，表明其抗溃疡和抗胃黏膜损伤作用的机制可能与影响胃组织内源性前列腺素 E_2 含量有关。

4. 保肝利胆及其他

用蒲公英水抽提液灌胃或用蒲公英注射液注射，对 CCl_4 引起的谷丙转氨酶升高有明显抑制作用，能显著缓解 CCl_4 性肝损伤引起的组织学改变。蒲公英还具有较强的利胆作用，临床上对慢性胆囊痉挛及结石有效。灌胃蒲公英液能使胆囊收缩，奥狄氏括约肌松弛，有利于胆汁排入肠中。其水或乙醇提取物经十二指肠注射，能使麻醉大鼠胆汁分泌显著增加，利胆主要有效成分为树脂成分。

有报告认为蒲公英有利尿作用，特别是对门脉性水肿，可能是由于植物中含大量钾盐的缘故。临床还认为蒲公英有轻泻及健胃功效，蒲公英水抽提液能提高离体兔十二指肠的紧张性，并增加其收缩力。口服叶的浸出液可治蛇咬伤，还可促进妇女乳汁分泌。

（三）蒲公英的安全性

蒲公英口服毒性小，小鼠灌服水抽提液的 LD_{50} 不能测出。家兔每日灌服水抽提液 30g/kg 持续 3d，可见肝肾细胞轻度损伤，但对白细胞无明显影响。小鼠静脉注射、腹腔注射蒲公英注射液的 LD_{50} 分别为 (58.9 ± 7.9) g/kg 和 (156 ± 9) g/kg，小鼠、兔亚急性毒性试验可见尿中出现少量管型和肾小管上皮细胞浊肿。临床应用蒲公英副作用轻微，煎服偶见恶心、呕吐、腹部不适及轻泻等胃肠道反应。

九、薄　荷

薄荷（*Menthae Haplocalycis Herba*）为唇形科植物薄荷（*Mentha haplocalyx* Briq.）或家薄荷 [*Mentha haplocalyx* Var. *Piperascens* (Malinraud) C. Y. Wu et H. W. Li] 的全草或茎叶。味辛，性凉，入肺、肝经。

（一）薄荷的化学组成

新鲜薄荷叶含挥发油 1%~1.46%，干茎叶含 1.3%~2%。油中的主要成分为薄荷醇，含量为 62.3%~87.2%；其次为薄荷酮，含量为 8%~12%；还含有异薄荷酮（Isomenthol）、胡薄荷酮（Pulegone）、乙酸薄荷酯、α-蒎烯、3-戊醇、柠檬烯、薄荷烯酮（Menthenone）、桉油精、新薄荷醇（Neomenthol）、伞花烃、薄荷烷、氧化薄荷酮、薄荷烯酮醚、α-柠檬醛、β-柠檬醛、芳樟醇、香茅醇。

薄荷中还含有异端叶灵（Isoraifolin）、木犀草素-7-葡萄糖苷（Luteolin-7-glucoside）、薄荷糖苷（Menthoside）等黄酮类化合物及香豆精、类胡萝卜素、生育酚、橙皮苷、糖类化合物、鞣质、迷迭香酸和咖啡酸。

（二）薄荷的生物功效

1. 解痉健胃

薄荷及其有效成分均有解痉作用。薄荷乙醇提取物对乙酰胆碱或组胺所致豚鼠离体回肠收缩有显著抑制作用。薄荷油对离体小鼠肠管有对抗乙酰胆碱（解痉）的作用，可使在体肠管蠕动亢进，但对促进肠推进性蠕动无作用，有时甚至表现抑制作用。薄荷醇和薄荷酮对离体兔肠有抑制作用，且后者比前者作用强一倍。薄荷油还具有健胃作用，可能是由于它刺激嗅觉及味觉引起的继发作用。对保泰松（Butadione）引起的大鼠实验性胃溃疡，薄荷油中的香兰油烃有防治作用。

2. 保肝利胆

对施行胆汁引流术 1.5h 后的大鼠，分别给予薄荷丙酮干浸膏和 50% 甲醇浸膏，胆汁分泌量明显增加，30min 达峰值，提高约 3.9 倍。薄荷醇和薄荷酮给大鼠口服，表现强大的利胆作用。大鼠分别灌胃薄荷醇、薄荷酮，前者 3~4h 后胆汁排出量增加 4 倍，随后作用减弱；后者具有相似作用且较持久，5h 后胆汁排出量增加 50%~100%。

薄荷注射液皮下注射，可使 CCl_4 所致大鼠肝损害血清谷丙转氨酶活性明显降低，但未恢复正常。肝细胞肿胀、变性均较对照组为轻，但坏死病变较对照组为重。

3. 抗病毒

100% 薄荷水抽提液 10mg/mL 在原代乳兔肾上皮细胞培养上，能抑制 10~100TCID$_{50}$（半数组织培养感染量）单纯疱疹病毒感染，增大感染量则无抑制作用。如增大水抽提液浓度至 100mg/mL，则呈现对细胞的毒性作用。5% 薄荷水抽提液对孤儿病毒也有抑制作用，如在感染同时服用，还可延缓病变出现时间。而同属植物欧薄荷水提取物，对单纯疱疹病毒、牛痘病毒、塞姆利基森林病毒和流行性腮腺炎病毒均有抑制作用。

4. 抗菌驱虫

薄荷水抽提液对金黄色葡萄球菌、白色葡萄球菌、甲型及乙型链球菌、卡地球菌、肠炎球菌、肺炎杆菌、福氏痢疾杆菌、炭疽杆菌、白喉杆菌、伤寒杆菌、绿脓杆菌、大肠杆菌、变形杆菌、人型结核杆菌等均有抑制作用。薄荷除对多种细菌有较强抗菌作用外，对白色念珠菌、小孢子菌、青霉菌属、曲霉菌属、喙孢属和壳球孢属等多种真菌也有较强的抑制作用。

薄荷油能驱除犬和猫体内的蛔虫。此外 D-8-乙酰氧基别二氢葛缕酮是野薄荷中驱避昆虫的有效成分，对叮咬昆虫（如蚊、虻等）有较好的驱避作用，并且毒性低，对人体皮肤刺激性小。

5. 抗早孕

薄荷水溶部分和薄荷油有直接兴奋子宫及抗生育作用。分别自大鼠右侧子宫角和子宫近阴道端各注射薄荷油 0.2g、1.0g 和 1.5g，3 个剂量组均能使滋养叶细胞明显变性坏死而产生抗着床作用，但对血浆孕酮及雌二醇水平则无明显影响，可能与其绒毛膜损坏及刺激子宫收缩有关。于怀孕第 6 天在小鼠右侧子宫角注入薄荷油 4μL，左侧橄榄油对照，于怀孕第 11 天剖检，薄荷油侧与对照侧的妊娠终止分别为 100% 和 41.4%，差异显著。于怀孕第 4~10 天各组分别肌肉注射薄荷油一次，于怀孕第 11 天剖检，结果各剂量组均有抗着床及抗早孕作用，其强度随剂量增加，每只剂量为 0.035mL 时抗着床率 100%。终止妊娠原因可能是子宫收缩加强或蜕膜组织直接损伤，进一步研究则认为可能与子宫收缩无关，对 α 和 β 受体也无影响，但能轻度加强缩宫素的作用，主要与滋养叶的损害有关。

6. 对呼吸系统的作用

乌拉坦麻醉兔吸入薄荷醇蒸汽 81mg/kg，能增加呼吸道黏液的分泌，降低分泌物比重；吸入 243mg/kg 则降低黏液排出量，这可能是对呼吸道黏液细胞的直接作用。薄荷醇能减少血液与皂苷等的泡沫，用于支气管炎时，能减少呼吸道的泡沫痰，使有效通气腔道增大。用于鼻炎、喉炎时可能由于薄荷醇能促进分泌，使黏稠液体稀释，而表现明显的缓解作用。也有报道，薄荷醇对豚鼠及人均有良好止咳作用。

7. 对中枢神经系统的作用

内服少量薄荷有发汗解热作用，此作用主要通过兴奋中枢神经系统，使皮肤毛细血管扩张，促进汗腺分泌以增加散热。同属植物圆叶薄荷精油和欧薄荷精油能延长戊巴比妥钠诱导的睡眠时间（50mg/kg）。两者对中枢系统都有抑制作用，且后者比前者更能延长小鼠中枢抑制时间。在自发活性测量中，欧薄荷精油对中枢系统的抑制比圆叶薄荷精油更有效，但两者对大鼠的条件反射均无影响。两者不同剂量还能降低小鼠和大鼠的体温。薄荷提取物 1g/kg 皮下注射，对小鼠醋酸扭体反应的抑制率为 30%~60%，其有效成分为薄荷醇。薄荷酮也有较强镇痛作用，100mg/kg 灌胃对小鼠醋酸扭体反应的抑制率为 41.3%。

8. 抗炎作用及其他功效

薄荷提取物 250mg/kg 腹腔注射，对大鼠角叉菜胶性足肿的抑制率为 60%~100%，主要有效成分为薄荷醇。由薄荷叶中提取的以二羟基-1,2-二氢萘二羧酸为母核的多种成分具有抗炎作用，其中 1-（3,4-二羟基苯基）-3 [2-（3,4-二羟基苯基）-1-羧基] 乙氧基羰基-6,7-二羟基-1,2-二氢奈-2-羧酸有明显抗炎作用，其抗 3α-羟甾类脱氢酶的 IC_{50} 为 28.0μg/mL，而阿司匹林抗此酶的 IC_{50} 为 1150.0μg/mL，另 8 种成分的 IC_{50} 为 6.1~63.7μg/mL。

薄荷油对离体蛙心也有麻痹作用，血管灌流有血管扩张作用。薄荷酮能使家兔及犬呼吸兴奋，血压下降，对离体蛙心有抑制作用。薄荷水提取物对伴刀豆球蛋白诱发的组织胺释放有抑制作用。薄荷提取物对钙通道阻滞剂受体和腺苷酸环化酶有抑制作用，并对放射线所致皮肤损害有明显保护作用。

（三）薄荷的安全性

天然薄荷醇的 LD_{50}：小鼠皮下注射为 5000~6000mg/kg，大鼠皮下注射为 100mg/kg，猫灌胃或腹腔注射混悬液均为 800~1000mg/kg。合成薄荷醇的 LD_{50}：小鼠皮下注射为 1400~1600mg/kg，猫灌胃或腹腔注射均为 1500~1600mg/kg。在饲料中加入消旋薄荷醇 7500mg/kg 或 4400mg/kg，喂饲大鼠和小鼠 103 周未发现致癌作用。圆叶薄荷精油和欧薄荷精油的 LD_{50} 分别为 641.6mg/kg 和 437.4mg/kg。

临床应用薄荷，毒副作用很少见。曾报道一例因腹胀误服 20mL 薄荷油 15min 后发生头昏、眼花、恶心、呕吐、手足麻木、逐渐昏迷、血压略降（9.31kPa/7.98kPa），经静脉输液并给予中枢兴奋剂，于次日恢复。

十、藿 香

藿香（*Pogostemonis Herba*）为唇形科植物广藿香 [*Pogostemon cablin*（Blanco）Benth.] 或藿香 [*Agastache rugosa*（Fisch. et C. A. Mey.）Kuntze] 的全草。味辛，性微温，入肺、脾、胃经。广藿香栽培于广东和云南，藿香主产四川、江浙、湖北、辽宁等地。

（一）藿香的化学组成

广藿香含挥发油约 1.5%。挥发油主要成分为广藿香醇（Patchoulialcohol），占 52%~57%；其他成分尚有桂皮醛、苯甲醛、丁香油酚、广藿香吡啶（Patchoulipyridine）、表愈创吡啶（Epiguaipyridine）及各种其他倍半萜如 β-榄香烯（β-Elemene）、石竹烯（Caryophyllene）、别香橙烯（Alloaromadendrene）、γ-广藿香烯（γ-Patchoulene）、α-愈创木烯、δ-愈创木烯、α-广藿香烯（α-Patchoulene）。从广藿香中还分离出芹黄素、鼠李黄素、商陆黄素（Ombuine）等黄酮类化合物。

藿香含挥发油 0.28%，其主要成分为甲基胡椒酚（Methylchavicol），占 80% 以上。其他成分为茴香醚、茴香醛、d-柠檬烯、α-蒎烯、β-蒎烯、对-甲氧基桂皮醛（p-Methoxycinnamaldehyde)、3-辛酮、3-辛醇，对-聚伞花素（p-Cymene）、芳樟醇、1-石竹烯、β-榄香烯、β-葎草烯（β-Humulene）、α-衣兰烯（α-Ylangene）、β-金合欢烯、二氢白菖考烯及γ-荜澄茄烯。还从藿香中分离得到刺槐素（Acacetin）、椴树素（Tilianine）、蒙花苷（Linarin）、藿香苷（Agastachoside）、异藿香苷、藿香素（Agastachin）。此外尚含少量鞣质、苦味质等成分。

（二）藿香的生物功效

1. 抗病原菌

藿香水抽提液（8%～15%）对许兰氏毛癣菌等多种致病性真菌有抑制作用，藿香乙醇浸出液（1%）及乙醚提取物（3%）也有抗真菌作用。广藿香酮在体外对白色念珠菌、新型隐球菌、黑根霉菌等真菌有明显的抑制作用，对金黄色葡萄球菌、甲型溶血性链球菌等细菌也有一定的抑制作用。藿香正气水浓度为 0.02mL/mL 时，对藤黄八叠球菌、金黄色葡萄球菌、大肠杆菌、沙门氏菌、枯草杆菌、短小芽孢杆菌、痢疾杆菌及绿脓杆菌均有杀菌作用。

藿香水抽提液（15mg/mL）对钩端螺旋体有抑制作用，当浓度增至 31mg/mL 时，能杀死钩端螺旋体。从藿香中分离得到的成分可抑制消化道及上呼吸道病原体——鼻病毒的生长繁殖，有效成分是黄酮。

2. 对消化道功能的影响

藿香中的挥发油有刺激胃黏膜，促进胃液分泌，帮助消化的作用。给每只小鼠灌服硫酸镁 100mg（体积 0.5mL），30min 后开始出现溏便，继而出现水样性大便，以此构建动物腹泻模型。1h 后给每只小鼠灌胃藿香正气丸溶液 0.25g（体积为 0.5mL），小鼠对 ^{3}H-葡萄糖和氚水吸收能力及 ^{3}H-TdR 掺入外周血淋巴细胞的量显著高于对照组，灌胃 3d 后 ^{3}H-TdR 掺入肠段组织量明显高于腹泻对照组，接近正常对照组。

（三）藿香的安全性

给小鼠灌胃 53.2%藿香正气胶囊溶液 25mL/kg（相当于人用量的 583 倍），每日 2 次，持续 7d，动物活动正常，没有死亡。

十一、马 齿 苋

马齿苋（*Portulacae Herba*）为马齿苋科植物马齿苋（*Portulaca oleracea* L.）的全草。味酸，性寒，入大肠、肝及脾经。马齿苋为 1 年生肉质草本，分布于全国大部分地区，生长于田野、荒芜地及路旁，全株光滑无毛。

（一）马齿苋的化学组成

全草含大量去甲肾上腺素（2.5mg/g 鲜草）和多量钾盐（硝酸钾、氯化钾、硫酸钾等，以 K_2O 计算，鲜草含钾盐 1%，干草含钾盐 17%），并含大量的 ω-3 多不饱和脂肪酸。另含多巴胺、多巴、甜菜素、异甜菜素、甜菜苷、异甜菜苷、生物碱、香豆精类、黄酮类、强心苷、蒽醌类化合物等。

（二）马齿苋的生物功效

1. 对心血管系统的影响

马齿苋注射液静脉注射可使兔血压一过性下降，对麻醉犬的心跳、血压及呼吸无明显影响。马齿苋鲜汁或沸水提取物对心脏和气管有异丙肾上腺素样作用，使心肌收缩力加强，心率加速，离体气管条松弛。马齿苋有中枢及末梢性血管收缩作用，水抽提液以离体蛙心有抑制作用。

2. 抗菌作用

马齿苋乙醇提取物对大肠杆菌、变形杆菌、痢疾杆菌、伤寒杆菌、副伤寒杆菌有高度的抑制作用，对金黄色葡萄球菌、真菌（如奥杜益氏小芽孢癣菌）、绿脓杆菌、结核杆菌也有不同程度的抑制作用。在试管内25%对痢疾杆菌有杀菌作用，但此杀菌作用不是由于其本身较强的酸性所致。马齿苋水抽提液在18.75～37.5mg/mL浓度时，对志贺氏痢疾杆菌、宋内氏痢疾杆菌、斯氏痢疾杆菌及费氏痢疾杆菌均有抑制作用，但与马齿苋多次接触培养后会产生显著的耐药性。

3. 对子宫的作用

临床和动物试验表明，鲜马齿苋汁或马齿苋提取物对离体及在体子宫有收缩作用。产妇口服鲜马齿苋汁6~8mL，可见子宫收缩增多，强度增加。马齿苋注射液对豚鼠、大鼠、家兔的离体子宫和家兔及犬的在体子宫均有明显的兴奋作用。2mL马齿苋注射液（相当于5～10g鲜马齿苋）收缩子宫的作用比0.2mg麦角新碱强，4～6mL马齿苋注射液与10U垂体后叶素作用强度相似。马齿苋的水提醇沉提取液收缩子宫的作用最强，酸性醇提取液无明显作用，而碱性水提醇沉提取液对小鼠子宫有抑制作用。

4. 对小肠的作用及其他

马齿苋鲜汁及沸水提取物对豚鼠离体回肠有剂量依赖性乙酰胆碱样作用，该作用与前列腺素E兴奋肠平滑肌的作用相类似，使收缩张力、振幅和频率均增加。另有报道，马齿苋水抽提液对豚鼠离体小肠有抑制作用。

马齿苋水溶和脂溶抽提物能延长某些四氧嘧啶性糖尿病大鼠和兔的生命，但不影响血糖水平，可能与改善动物的脂质代谢紊乱有关。马齿苋所含 $\omega-3$ 多不饱和脂肪酸有降胆固醇作用，并含丰富的维生素A样物质，能促进上皮细胞生长，有利于溃疡愈合。此外，马齿苋对家兔有利尿作用。

（三）马齿苋的安全性

马齿苋可作食用。临床应用马齿苋的水抽提液口服无明显毒性，但剂量较大时可引起恶心。

十二、香　薷

香薷（*Moslae Herba*）为唇形科植物海洲香薷（*Elsholtzia splendens* Nakai ex F. Maekawa）的带花全草，主产江西、河北、河南等地，以江西产量大品质佳，商品习称"江香薷"。各地民间所用的香薷尚有以下几种：香薷 [*Elsholtzia ciliata*（Thunb.）Hyland]、石香薷（*Mosla chinensis* Maxim.）、牛至（*Origanum vulgare* L.）、萼果香薷 [*Elsholtzia densa* var. *Calycocarpa*（Diels）C. Y. Wu] 及密花香薷（*Elsholtzia densa* Benth.）的全草。香薷味辛，性微温，入肺、胃经。

（一）香薷的化学组成

香薷的主要有效成分为挥发油。海州香薷含0.1%～0.9%挥发油，油中主要成分为33.4%香荆芥酚（Carvacrol）、30.05%百里香酚、10.4%对伞花烃、7.6% γ-松油烯、4.8%蛇麻烯（Humulene）及2.3% α-水芹烯等。石香薷含0.23%挥发油，油中主要成分为46.43%百里香酚、36.68%香荆芥酚、3.00%邻-伞花烃等。

野生的青香薷含0.28%挥发油，油中主要成分有28.24%香荆芥酚、24.35% β-紫罗兰酮

（β-Ionone）、10.14% α-萜品醇（α-Terpineol）、7.08%对伞花烃-A-醇、6.40%丁香酚、5.89%柏木脑（Cedrol）及 5.76%间伞花烃等。石香薷还含有槲皮素、木犀草素（Luteolin）、芹菜苷元、2-甲基黄芩黄素（2-Methylbaicalein）、熊果酸、丁香酸、对香豆酸（p-Coumaric acid）、咖啡酸、植物甾醇及其葡萄糖苷等。

（二）香薷的生物功效

1. 增强免疫功能

石香薷挥发油 190mg/kg 灌胃，每日 1 次，连续 7~8d，能显著增加小鼠血清溶菌酶含量，同时明显促进抗体形成细胞分泌溶血素，升高血清抗绵羊红细胞抗体效价及外周血 T 细胞百分率，并使脾脏重量增加。这些试验表明，对机体非特异性和特异性免疫功能均有显著增强作用。

2. 抗病原菌

香薷挥发油有广谱抗菌作用，并能直接抑制流感病毒，其抗菌有效成分为百里香酚、香荆芥酚和对伞花烃。海州香薷和石香薷的挥发油（1∶200~1∶1000）及水抽提液（1∶1.25~1∶0.16）对大肠杆菌和金黄色葡萄球菌有明显抑制作用。香薷在试管内对金黄色葡萄球菌、乙型链球菌、脑膜炎球菌、卡他球菌及伤寒、痢疾、白喉、肺炎、变形、绿脓和炭疽杆菌等均有显著抑制作用，有效浓度 1∶4000~1∶25600。

3. 清热镇痛及其他

灌胃 30g/kg 香薷水抽提液对注射啤酒酵母导致发热的大鼠，一次注射仅有短暂的退热作用，连续 3 次使用后有显著解热作用，对发热过程的体温反应指数也有明显影响。另外，灌胃 0.3mL/kg 和 0.15mL/kg 石香薷挥发油对小鼠醋酸扭体反应有明显抑制作用，并呈镇静作用。

海州香薷提取物在体外对血管紧张素受体和 β-羟基-β-甲基戊二酸辅酶 A 有显著抑制作用，说明可能具有降压和降低胆固醇作用。石香薷挥发油有利尿、镇咳和祛痰作用。

（三）香薷的安全性

石香薷和香薷挥发油小鼠灌胃的 LD_{50} 分别为 1.304~1.333mL/kg 和 1.145mL/kg。

十三、淡　竹　叶

淡竹叶（*Lophatheri Herba*）为禾本科植物淡竹（*Lophatherum gracile* Brongn.）的全草，产于浙江、江苏、湖南、湖北及广东等地。味甘淡，性寒，入心、肾两经。它具有清热除烦、生津利尿之功效，可用于热病烦渴，小便赤涩，淋浊，口糜舌疮，牙龈肿痛。

（一）淡竹叶的化学组成

淡竹叶茎叶主要含三萜化合物和甾类物质：芦竹素（Arundoin）、印白茅素（Cylindrin）、蒲公英赛醇（Taraxerol）、无羁萜（Friedelin）及 β-谷甾醇、豆甾醇、菜油甾醇、蒲公英甾醇等。其地上部分含酚类物质、氨基酸、有机酸和糖类。

（二）淡竹叶的生物功效

1. 清热

对酵母引起的发热大鼠，给予淡竹叶 1~20g/kg 有解热作用。淡竹叶对大肠杆菌引起的猫和家兔发热也有解热作用，每 2g/kg 淡竹叶的解热效价相当于 33mg/kg 非那西汀的 0.83 倍。其解热有效成分溶于水而难溶于醇。

2. 抗菌作用

淡竹叶水抽提液对金黄色葡萄球菌和溶血性链球菌均有抑制作用，临床常用于肺炎、心肌炎、败血症、口腔炎、口腔溃疡、肾盂肾炎及肾小球肾炎等疾病。

3. 利尿作用及其他

淡竹叶的利尿作用较猪苓等弱，但其增加尿中的氯化物的排出量则比猪苓等强。淡竹叶能抑制胆固醇酯的分解和肠内胆固醇的吸收，促进胆酸排泄，从而具有降低胆固醇的作用。

（三）淡竹叶的安全性

急性毒理试验表明，淡竹叶对小鼠的 LD_{50} 为 64.5g/kg。

十四、小　薊

小薊（*Cirsii Herba*），别名刺儿菜，猫薊，是菊科刺儿菜属植物刺儿菜 [*Cirsium setosum* (Willd.) MB.] 的地上部分（带花全草），原植物刺儿菜为多年生草本植物，生长在山坡、荒地或田间，适应性较强，耐寒耐旱，我国大部分地区均有分布。

（一）小薊的化学组成

小薊带花全草含芦丁、蒙花苷、紫云英苷等 30 多种黄酮类化合物，还含有原儿茶酸、绿原酸、咖啡酸等酚酸类化合物，蒲公英甾醇、β-谷甾醇、豆甾醇等植物甾醇，以及生物碱、三萜皂苷等成分。小薊中的蒙花苷含量较高，一般在 1% 左右，且因产地不同带来的含量差别不大，《中国药典》（2020 年版）对小薊（干燥品）的品质要求为蒙花苷不得少于 0.7%。

（二）小薊的生物功效

小薊是传统的中医止血药材，现代医学实验以小薊浸剂给小鼠灌胃，能明显缩短断尾小鼠流血时间。药理学研究认为小薊止血的有效成分是绿原酸、咖啡酸等酚酸类成分，通过促进局部血管收缩，抑制纤维蛋白溶解，从而达到缩短血凝及出血时间的功效。另外，小薊中的芦丁成分也有缓解出血症状的功效。

在对患有出血性肠炎病犬进行疗效对比试验中，将患有出血性肠炎的 80 只不同品种病犬随机分成两组，第 1 组用常规疗法，第 2 组在常规疗法基础上用小薊捣出的汁经肠道灌服病犬，1 天 1 次，连续 2~3d。结果发现，在常规疗法中辅以小薊治疗有更高的治愈率和康复率。

小薊水煎剂在体外试管试验中，对肺炎链球菌、溶血性链球菌、白喉杆菌、人型结核菌等均有抑制作用。

（三）小薊的安全性

目前未见有关小薊有毒副作用的报道。

第四节　果实类活性物质

卫生部批准的药食两用物品中属于果实类植物的有枣（大枣、黑枣、酸枣）、沙棘、枸杞子、栀子、覆盆子、山楂、桑椹、乌梅、佛手、木瓜、罗汉果、余甘子、青果、香橼、橘皮、桔红、花椒、黑胡椒、八角茴香、小茴香共 20 种。

一、枣（大枣、黑枣、酸枣）

大枣（*Jujubae Fructus*）为鼠李科植物枣（*Ziziphus jujuba* Mill.）的成熟果实，主产于河北、河南、山东、四川和贵州等地。无刺枣［*Ziziphus jujuba* var. *inermis*（Bge.）Rehd］呈枕头形态，与枣无明显区别。大枣因加工的不同，有红枣和黑枣之分。其味甘，性温，入脾、胃经。大枣以色红、肉厚、饱满、核小、味甜者为佳。

（一）大枣的化学组成

大枣含有桦木酸（Betulinic acid）、齐墩果酸、山楂酸（Maslinic acid）、儿茶酸、油酸等有机酸，三萜苷类有山楂酸和朦胧木酸（Alphitolic acid）的对香豆酰酯、枣皂苷（Zizyphus saponin）Ⅰ、枣皂苷Ⅱ、枣皂苷Ⅲ与酸枣仁皂苷（Jujuboside）B 等，以及斯特法灵（Stepharine）、*N*-降荷叶碱和阿西米诺宾（Asimilobine）3 种异喹啉生物碱。此外，大枣及其种仁中还含有 6,8-二葡萄糖基-2（S）-柑桔素［6,8-di-C-glucosyl-2（S）-naringenin］、6,8-二葡萄糖基-2（R）-柑桔素与当药黄素（Swertisin）等黄酮类化合物。

大枣含有谷甾醇、豆甾醇、链甾醇，环磷酸腺苷（100～500μg/g 鲜重）、环磷酸鸟苷（30～50μg/g 鲜重），维生素 C（2g/100g 干重）等多种维生素。另外，大枣中还含树脂、黏液质、香豆素类衍生物、儿茶酚、鞣质及包括 Se 在内的 36 种微量元素。

（二）大枣的生物功效

1. 抗突变、抗肿瘤

大枣有抑制癌细胞增殖的作用。其中桦木酸和山楂酸对 S_{180} 有抑制作用，大枣对 *N*-甲基-*N'*-硝基-*N*-亚硝基胍诱发的大鼠胃腺癌有一定抑制作用。用 100μg/mL *N*-甲基-*N'*-硝基-*N*-亚硝基胍处理大鼠 7 个月后，连续 8 个月喂服大枣干果（1g/d），其大鼠胃腺癌发生率与对照组（*N*-甲基-*N'*-硝基-*N*-亚硝基胍连续喂养 10 个月）相比有显著差别。应用姐妹染色单体交换技术，小鼠灌服 0.5g/mL 大枣水抽提液能明显降低环磷酰胺所致姐妹染色单体交换值的升高现象，表明有抗突变作用。大枣有效成分达玛烷型皂苷与人参皂苷是同系物，因人参有抗突变活性，故大枣也有此作用。

2. 镇静助眠

从大枣乙醇提取物中分离出的黄酮-双-葡萄糖苷 A 有镇静催眠和降压作用。柚配质-C-糖苷有中枢抑制作用，即减少自发运动及对刺激的反射作用和强直木僵作用，故认为其为大枣镇静作用的主要成分。有人认为从枣仁和枣树中分离出来的黄酮-C-葡萄糖苷（Spinosin）是产生镇静作用的有效成分。此外，每日给大鼠灌胃 10mg/kg、20mg/kg 酸枣皂苷 A 连续 5d，仅大剂量对小鼠自主活动强度有明显抑制作用，两种剂量的酸枣皂苷 A 均与苯丙胺的中枢兴奋作用有明显协同作用。

3. 抗变态反应

大枣乙醇提取物［10g/（kg·d）］对能抑制大鼠特异反应性疾病抗体的产生，对小鼠反应素性抗体的产生有特异性抑制作用，而对非反应素性抗体则不抑制。其活性成分为大枣在乙醇提取过程中产生的乙基-2-D-呋喃果糖苷。乙基-D-呋喃葡萄糖苷衍生物对 5-羟色胺和组胺有拮抗作用，也有抗变态反应作用。大枣水提取物能抑制 IgE 刺激所致人外周血嗜碱性白细胞释放白三烯，说明大枣所含的环磷酸腺苷易透过白细胞膜而作用于化学介质释放的第二期，因而抑制了化学介质的主要物质白三烯的释放，故可抑制变态反应。

4. 保护肝脏、增强肌力及其他

对 CCl_4 肝损伤家兔，每日灌服 30%大枣水抽提液 30mL/kg（约 9g/kg），连续 1 周。结果发现，血清总蛋白与白蛋白较对照组明显增加，这表明大枣对肝脏有保护作用。

小鼠每日灌服 30%大枣水抽提液 30mL/kg 持续 3 周，体重较对照组明显增加。在游泳试验中，其游泳时间较对照组明显延长。这表明，大枣有增强肌力的作用。

离体试验证明，大枣提取液浓度在 0.07~0.556mg/mL 范围内，有明显的清除 $O_2^-\cdot$ 的作用。枣提取液浓度为 2.08mg/mL 时，对鼠肝匀浆有明显抗脂质过氧化作用。

大枣乙醇提取物对角叉菜胶诱发的足趾肿胀和棉球肉芽肿有显著抑制作用，并有明显的止痛作用，能抑制枯草芽孢杆菌的生长。给小鼠灌胃 1g/kg 大枣树皮乙醇提取物有祛痰作用，腹腔注射 1~2g/kg 对浓氨水致咳的小鼠有镇咳作用。

二、沙 棘

沙棘（*Hippophae Fructus*）又名沙枣、醋柳果，系蒙古族和藏族的常用中药材，它是胡颓子科植物沙棘（*Hippophae rhamnoides* L.）的干燥成熟果实。生长于河边、沙土环境，分布于华北、西北及四川、云南、西藏等地。

（一）沙棘的化学组成

沙棘含糖分 2.85%~4.79%、果胶类物质 0.28%~0.55%、类胡萝卜素 2.5%~4.9%、油脂 2.5%~4.9%、维生素 C 0.04%~0.123%、含氮化合物 0.25%~0.38%，并富含常量与微量元素。

沙棘果实含黄酮类化合物槲皮素、异鼠李素、山奈酚及其苷，又含大量维生素 C、维生素 E 及胡萝卜素、维生素 B 族和叶酸。果肉、果汁、种子均含蛋白质，果肉和果汁含 18 种氨基酸，种子含 13 种。此外，沙棘还含多种有机酸、皂苷、甾醇、糖类及 15 种微量元素。

（二）沙棘的生物功效

1. 增强免疫功能

小鼠灌胃 408mg/kg 沙棘浓缩果汁，能极显著地增加小鼠血清溶菌酶的含量和提高抗绵羊红细胞的滴度，也能提高巨噬细胞的吞噬功能。50%沙棘籽油混悬液 0.4mL/只，每日灌胃 1 次，持续 7d，能显著提高小鼠巨噬细胞的吞噬百分率和吞噬指数（表 8-9）。沙棘总黄酮腹腔注射能明显提高小鼠胸腺指数和脾指数，增加小鼠血清溶菌酶含量和豚鼠血清总补体含量。

表 8-9　　　　　　　　　　沙棘籽油对小鼠腹腔巨噬细胞吞噬功能的影响

组别	n	吞噬指数	吞噬率
沙棘籽油高剂量组	12	4.97±0.26[*]	0.93±0.05[*]
沙棘籽油中剂量组	12	4.71±0.30[*]	0.79±0.05[*]
沙棘籽油低剂量组	12	3.90±0.34[*]	0.75±0.05[*]
对照组	12	3.07±0.36	0.61±0.06

注：与对照组比较，[*] $P<0.01$。

给大鼠灌胃 50%沙棘原汁 2mL/d 持续 2 周，可使大鼠血清中免疫球蛋白及补体水平明显升高。沙棘原汁和沙棘油均可使小鼠脾脏中抗体生成细胞数和血清中抗体效价明显升高，并可显著提高小鼠抗体生成细胞数和抗体效价。沙棘原汁还可以提高大鼠补体和抗体水平。沙棘油灌服大鼠 2 周，血清中 IgG、IgM、补体 C_3 水平均增高。沙棘油灌胃能显著提高小鼠血清溶血素水平。沙棘总黄酮可增加小鼠细胞分泌溶血素的能力，提高正常小鼠血清溶血素和血凝素抗体，并且能部分对抗免疫抑制剂环磷酰胺导致的免疫功能低下，对血清 IgG 具有直接增强作用。

沙棘汁能激活荷瘤小鼠脾脏自然杀伤细胞的活性，其激活作用随着剂量的增加而增大。沙棘汁 60mg/只腹腔注射能明显提高荷瘤小鼠自然杀伤细胞和淋巴因子激活的杀伤细胞活性，但对荷瘤小鼠脾淋巴细胞分泌白介素-2 水平无明显影响，说明沙棘汁不是通过增加内源性白介素-2 的水平来提高荷瘤鼠 NK 细胞活性的。

2. 改善心血管系统

沙棘浓缩果汁和沙棘籽油有抗心肌缺氧作用，可延长小鼠存活时间，对心肌缺血也有一定的保护作用。沙棘全成分 62.08mg/kg 和 103.47mg/kg 腹腔注射，均能显著提高小鼠耐缺氧能力，表现为小鼠存活时间显著延长，耗氧速度和残余氧量也较对照组有显著差异。而 31.04mg/kg 静脉注射对大鼠急性心肌缺血具有明显的保护作用，又可完全对抗因心肌缺血而发生的心律失常，使第二时期的心律失常发生率由对照组 100% 降为零。但对 1μg/kg 的垂体后叶素所致大鼠急性心肌缺血和心律失常无对抗作用。沙棘总黄酮对小鼠耐缺氧和大鼠急性心肌缺血均无显著作用。但有报道，沙棘总黄酮有增加小鼠心肌营养血流量，改善心肌微循环，降低心肌氧等作用。

5%中华沙棘油灌胃 1mL/d 对大剂量维生素 D_3 所致大鼠心肌损伤有明显保护作用。沙棘总黄酮对心绞痛的有效率达 94%，能较好地改善心肌供血状态，可增进心功能。沙棘总黄酮可明显对抗 KCl、$CaCl_2$ 和去甲肾上腺素对离体血管平滑肌的收缩反应，还可明显抑制家兔主动脉条 Ca^{2+} 内流依赖性收缩，表明沙棘总黄酮的血管扩张作用可能与阻滞钙通道有关。

3. 抗肿瘤

沙棘汁和沙棘油腹腔注射或灌胃对 3 种不同类型的移植性肿瘤（S_{180} 肉瘤、B_{16} 黑色素瘤和 P_{388} 淋巴细胞白血病）有明显的抗癌作用。在体外试验中，沙棘汁能杀伤 S_{180}、P_{388}、L_{1210} 和人胃癌 SGC-9901 等癌细胞。沙棘茎皮醇粗提物对小鼠移植性肿瘤 H_{22} 在体内外均有显著的抑制作用，对 S_{37} 也有一定抑制作用。

将 $NaNO_2$ 和氨基比林灌服大鼠可在其体内合成致癌物二甲基亚硝胺，引起大鼠急性肝中毒。若同时给予沙棘汁，则大鼠中毒表现明显减轻。38 周后诱发出大鼠肝、肺及肾脏肿瘤，其中肝瘤的发生率为 100%，大鼠平均寿命 195d。而同时给予沙棘汁的大鼠其肿瘤发生较晚，发癌率较低（88%），平均寿命 270d，明显长于对照组和单纯维生素 C 组，且肝脏癌变范围较小，病变较轻。沙棘汁能在体外模拟人胃液条件下阻断 N-亚硝基吗啉合成。

4. 清除自由基

1.7mg/L 沙棘总黄酮对 PMA 刺激多形核人白细胞生成的活性氧自由基有明显清除作用，浓度为 0.03~3mg/L 时对黄嘌呤/黄嘌呤氧化酶系统的 O_2^-·有显著剂量依赖性的清除作用，但对光照核黄素产生 O_2^-· 的清除作用较弱。沙棘总黄酮 3mg/L 对 Fenton 反应生成的·OH 有明显清除作用，1mg/L 还能显著抑制多核人白细胞产生的发光活性。

沙棘油 2.5mg/kg 腹腔注射，有抗氧化作用及防治脂肪肝作用，并能调节组织中脂质过氧化速度及维生素 E 水平。沙棘油与维生素 E 相似，对高脂血清损伤的血管平滑肌细胞有保护作用，能明显降低高脂血清损伤平滑肌细胞内升高的脂质过氧化物的含量，并能明显提高超氧化物歧化酶的活性，从而减轻高脂血清对细胞膜的损伤，保护并促进细胞的健康生长。

5. 保护消化系统

沙棘油腹腔注射有防治脂肪肝作用，并对 3，4-氯-1-丁烯慢性中毒大鼠的肝细胞膜具有稳定作用。临床上应用沙棘治疗慢性肝炎，显示出良好的功效。沙棘糖浆每次 30mL，每日服用 3 次，总有效率为 98.9%；沙棘冲剂每次 15g，每日用温开水冲服 3 次，总有效率为 97.3%。

沙棘果实提取物中的中性脂质成分有很强的抗溃疡作用，对利血平所致胃溃疡有显著对抗作用。沙棘油可加速胃溃疡和肠损伤的愈合，降低胃黏膜脂质过氧化物并提高中性氨基酸的浓度。另外，沙棘果实、汁液、浸膏酊剂可使动物唾液和胃肠腺体分泌增加，胃蛋白酶含量升高；同时对胃肠运动机能有刺激作用，节律性收缩周期延长，振幅增大。

6. 对血液系统的作用

沙棘籽油给大鼠口服后对胶原或二磷酸腺苷诱导的血小板聚集均有抑制作用，对胶原诱导的血小板聚集抑制作用较强。但沙棘总黄酮对二磷酸腺苷和胶原诱导的血小板聚集无对抗作用。沙棘油 5mL/kg 饲喂用高脂饲料喂养形成的高血脂大鼠，使血清总胆固醇比对照组下降 68.83%，增高血清高密度脂蛋白胆固醇含量。沙棘汁提取物 20mg/kg 静脉注射或 200mg/kg 灌胃均能显著抑制大鼠实验性血栓的形成。沙棘枝乙醇提取物静脉注射能降低大鼠血液黏度，口服无显著作用，静注与口服能显著延长小鼠凝血时间，体外给予受试物显著延长家兔血浆复钙和凝血时间。

7. 抗辐射、抗炎症与抗过敏

沙棘果汁和沙棘籽油均有明显的抗辐射作用。用 7.5Gy ^{60}Co 射线照射小鼠，于照射前 1h 和照射后 15min 灌胃沙棘籽油 4.75g/kg，小鼠存活率显著提高。口服沙棘籽油可提高脾造血灶数，使骨髓有核细胞数显著增高，并能显著降低骨髓嗜多染红细胞微核率。

沙棘油对动物实验性炎症有较好的抗炎作用，可对抗巴豆油引起的急性炎症。它能明显抑制毛细血管通透性，抑制渗出，减轻肿胀，并能增加网状内皮系统的吞噬功能。沙棘油还具有促进组织再生和上皮组织愈合的作用，用 20% 的碱液造成小鼠轻度烧伤，局部涂沙棘油后，可见愈合作用明显增加。

腹腔注射 2mg/kg 沙棘总黄酮持续 6d，能显著抑制小鼠被动皮肤过敏反应，说明沙棘总黄酮具有抗过敏作用。其作用机制可能不在于改善靶器官和细胞的反应性，也不像扑尔敏等竞争靶细胞受体，而可能是在于抑制抗原的结果或抑制介质释放等而产生效应。

8. 抗疲劳及其他功效

沙棘精富含维生素 C 及多种微量元素，对消除疲劳及增强运动能力有良好的影响，还可明显地改善心脏功能。马拉松运动员食用 20d 后，肺活量及血色素明显提高，表明对运动能力的提高有良好作用。小鼠腹腔注射沙棘总黄酮 2mg/kg 连续 6d，体重净增加明显高于对照组。

大剂量的沙棘浓缩果汁可明显延长戊巴比妥钠所致小鼠睡眠的时间。沙棘籽油能显著抑制小鼠脑内单胺氧化酶的活性。

（三）沙棘的安全性

灌胃沙棘原汁，对大鼠的 LD_{50} 大于 21.5mL/kg，属无毒级。沙棘总黄酮静注的 LD_{50} 为 125mg/kg，中毒致死的小鼠均表现为呼吸急促、惊厥、排便失禁而死亡；灌胃 2500mg/kg 动物无死亡。沙棘果汁膏给小鼠灌胃的 LD_{50} 为（20.4±2.6）g/kg，连续 5d 给 3 组小鼠灌胃不同的非致死量的沙棘果汁膏（4.08g/kg、2.04g/kg 或 1.06g/kg）时，小鼠在 5d 内有 90.9%～92.8%死亡，说明沙棘有较强的蓄积毒性，这可能主要是由于酸中毒所致。

细菌回复突变试验、微核试验、精子畸形试验、两代大鼠 90d 试验、大鼠繁殖试验、大鼠致畸试验等，均未见到沙棘原汁有毒性或致突变、致畸等不良作用。

三、枸 杞 子

枸杞子（Lycii Fructus）为茄科植物枸杞（Lycium chinense Mill.）或宁夏枸杞（Lycium barbarum L.）的干燥成熟果实，主产河北和宁夏。味甘，性平，入肝、肾经。

（一）枸杞子的化学组成

枸杞子主要含甜菜碱（Betaine）、胡萝卜素、硫胺素、核黄素、菸酸、抗坏血酸、β-谷甾醇、亚油酸、玉蜀黍黄素（Zeaxanthin）、酸浆果红素（Physalien）、隐黄素、阿托品、天仙子胺（Hyoscyamine）、莨菪亭（Scopoletin）。又含挥发性成分，主要是藏红花醛（Safranal）、β-紫罗兰酮（β-Ionone）、3-羟基-β-紫罗兰酮、左旋 1,2-去氢-α-香附子烯（1,2-Dehydroxy-α-cyperene）、马铃薯螺二烯酮（Solavetivone）。

枸杞多糖是其重要的功效成分，含量随产地不同而异，其范围可从 5.42%到 8.23%，单糖组成为阿拉伯糖、葡萄糖、半乳糖、甘露糖、木糖和鼠李糖。

（二）枸杞子的生物功效

1. 增强免疫功能

小鼠灌胃 100%宁夏枸杞水提物 0.4mL，每日 1 次，持续 3d，或一次肌注其 100%醇提物 0.1mL，均可显著增强网状内皮系统对印度墨汁的吞噬功能。枸杞子、果柄、叶和枸杞多糖均可显著提高吞噬细胞吞噬百分率和吞噬指数，枸杞子、果柄和枸杞多糖还能显著提高血清溶菌酶活力。

枸杞多糖能通过对小鼠脾白介素-2 的活性的影响使淋巴细胞增殖水平得到提高，且能显著提高正常健康人的淋巴细胞转化率。枸杞多糖 5mg/kg、10mg/kg 腹腔注射，可提高小鼠脾脏 T 细胞的增殖功能，增强细胞毒性 T 细胞的杀伤功能，特异杀伤率由 33%提高到 67%，并可对抗环磷酰胺对小鼠 T 细胞、细胞毒性 T 细胞和自然杀伤细胞的免疫抑制作用，T 细胞的相对增殖指数由 33%提高到 105%，环磷酰胺对细胞毒性 T 细胞的抑制率由 51%降至 19%和 36%，自然杀伤细胞的杀伤率由 9.5%提高到 15%～16%，说明枸杞多糖增强正常小鼠和环磷酰胺处理小鼠的 T 细胞免疫反应与自然杀伤细胞的活性。图 8-1 表明，枸杞多糖对 T 细胞具有增殖作用。

枸杞多糖用生理盐水配成 1mg/mL 的浓度，腹腔注射 0.2mL/只连续 7d，对环磷酰胺和 ^{60}Co 照射所致白细胞数降低有明显的升高白细胞数作用。给老年小鼠腹腔注射枸杞多糖 1～20mg/kg 连续 7d，

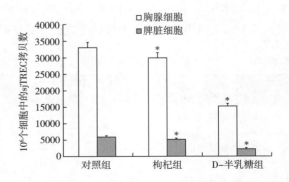

图 8-1　实时 PCR 检测胸腺初始 T 细胞标记物水平的结果

（与对照组比较，* $P<0.05$）

可使其脾血空斑形成细胞值恢复到正常成年小鼠水平。在给予 5mg/kg 枸杞多糖时可使 ^{3}H-TdR 掺入值提高约 10 倍。枸杞多糖对 T 细胞、B 细胞因子呈双向调节作用，剂量大至 1mg/kg 时呈抑制作用，小至 10^{-5}mg/mL 时呈增长作用。

2. 降血脂、抗脂肪肝

枸杞可降低大鼠血胆固醇，并明显抑制灌饲胆固醇和猪油的家兔的血清胆固醇增高，但仅有轻微抗家兔动脉粥样硬化形成作用。长期（75d）给大鼠饲喂含枸杞水提物（0.5% 和 1%）或甜菜碱的饲料对 CCl_4 引起的肝损害有保护作用，能抑制 CCl_4 引起的血清及肝中的脂质变化，减少酚溴磺钛钠潴留，降低谷草转氨酶，缩短硫喷妥钠睡眠时间。小鼠灌服枸杞水浸液对 CCl_4 引起的肝损害有轻度地抑制脂肪在肝细胞内沉积和促进肝细胞再生的作用，但不能使谷丙转氨酶降低。天冬氨酸甜菜碱也对 CCl_4 中毒性肝炎有保护作用，甜菜碱的保肝作用可能与其作为甲基供体有关。每日腹腔注射枸杞多糖 10mg/kg 与 50mg/kg 持续 1 周，对 CCl_4 引起的小鼠肝脏脂质过氧化损伤有明显的保护作用。以硫酸-醋酐法测血清总胆固醇，证实枸杞子与叶对 DL-乙硫氨基酸造成的肝损伤均有保护作用。另有报告指出，枸杞叶能显著降低正常小鼠脂肪肝。

3. 抗肿瘤

枸杞子丙酮提取液对致癌剂诱导的突变株 TA_{98} 和 TA_{100} 有抑制突变作用，抑制率分别为 91.8% 和 82.6%，说明枸杞子有防御和阻断致突变作用。枸杞冻干粉混悬液对大鼠肉瘤 W_{256}、枸杞多糖对小鼠肉瘤 S_{180}，均能提高机体免疫功能，并有一定的抑瘤作用。10mg/kg 枸杞多糖腹腔注射连续 7d，可使小鼠的 T 细胞增殖反应从正常值 0.3% 提高到 24.6%，10～20mg/kg 枸杞多糖抑瘤率为 31%～39%。12.5mg/kg 环磷酰胺皮下注射的抑瘤率为 14%，与 10mg/kg 枸杞多糖合用的抑瘤率为 54%，有明显协同作用。

用枸杞子冻干粉混悬液治疗大鼠肉瘤 W_{256}，1 周内白细胞即有明显回升，第 14 天白细胞回升到正常水平。枸杞子 20g/kg 灌胃连续 7d，能减轻环磷酰胺引起的小鼠外周白细胞减少，其升高率为 30.6%。5～10mg/kg 枸杞多糖对 C_{57}BL 小鼠，可明显促进小鼠脾细胞增殖，将这种脾细胞以 $2×10^6$/mL 经 125～1000U/mL IL-2 体外诱导 4d，用 ^{125}I-UdR 释放分析测淋巴因子激活的杀伤细胞活性，发现注射枸杞多糖组小鼠脾细胞淋巴因子激活的杀伤细胞活性比对照组提高 26%～80%，枸杞多糖注射老龄小鼠除可显著促进脾细胞增殖外，淋巴因子激活的杀伤细胞活性可提高 120%～200%。

如表 8-10 所示，枸杞多糖可明显抑制荷瘤小鼠肿瘤的生长，对小鼠的胸腺具有一定的保护作用，可下调血清中血管内皮生长因子、转化生长因子 $\beta1$ 水平。

表 8-10   枸杞多糖对 H22 荷瘤小鼠血清血管内皮生长因子、转化生长因子 $\beta1$ 水平的影响

组别	血管内皮生长因子/（ng/L）	转化生长因子 $\beta1$/（μg/L）
正常对照组	26.19±1.31 [**]	19.35±0.69
模型对照组	49.44±4.03	39.79±1.54
枸杞多糖组	39.10±2.37	32.65±0.86 [**]
	35.42±1.66 [**]	30.60±1.32 [**]

注：与模型对照组比较，[**] $P<0.01$。

4. 抗衰老

枸杞子提取液在试管内明显抑制小鼠肝匀浆脂质过氧化物的生成作用，并呈剂量反应关系。小鼠体内试验表明，枸杞提取液 0.5mg/kg 和 5mg/kg 灌胃，连续 20d，可明显抑制肝脂质过氧化物生成，并使血中谷胱甘肽过氧化物酶和红细胞超氧化物歧化酶活力增高。人体试验显示，它可明显抑制血清脂质过氧化物生成，使谷胱甘肽过氧化物酶活力增高，但红细胞超氧化物歧化酶活力未见升高。以上结果提示枸杞子提取液具有延缓衰老作用。

43 例 60~85 岁无明显疾病的老年受试者，每日嚼服枸杞子 50g 持续 10d。结果表明，溶菌酶活力、IgG、IgA 和淋巴细胞转化率显著提高；环磷酸腺苷显著增加，环磷酸鸟苷下降明显，使环磷酸腺苷/环磷酸鸟苷比值上升，睾酮水平也有显著升高，但仍在正常范围内。

5. 抗应激

枸杞总皂苷可显著增强小鼠耐受缺氧的能力以及延长小鼠游泳持续时间。经用电击加低剂量 γ 射线照射 5 月龄雄性大鼠 12 周后，大鼠的脾重指数明显降低，大脑皮层指数显著升高。应激刺激还使脾和大脑皮层总脂含量明显降低，脂质过氧化产物丙二醛明显增加。试验第 7 周时，服枸杞组腹腔注射 5mg/kg、10mg/kg 枸杞多糖，每 2 周 5 次共 15 次。结果可见，服枸杞组脾和脑匀浆总脂水平与对照组接近，脾匀浆丙二醛含量显著降低。结果表明枸杞多糖具有抗应激作用。6g/kg 枸杞子干粉还可使 20 月龄大鼠因增龄而降低的 Mn-SOD 活性明显升高。

6. 对造血系统的影响

给正常小鼠每日灌服 10% 枸杞水抽提液 0.5mL/kg 连续 10d，对其造血功能有促进作用，可使白细胞数增加。10mg/kg 枸杞多糖腹腔注射连续 3d，小鼠骨髓中爆式红细胞集落形成单位和红细胞集落形成单位分别上升到对照组值的 342% 和 192%，外周血网织红细胞比例于第 6 天上升到对照值的 218%，枸杞多糖注射后还可促进小鼠脾脏 T 细胞分泌集落刺激因子，提高小鼠血清集落刺激活性水平。在体外培养体系中，枸杞多糖对粒单系组细胞无直接刺激作用，但可加强集落刺激因子的集落刺激活性。50 例健康人口服枸杞子 50g/d 连续 10d，服用后白细胞计数 7143±2938，与服用前的 6446±2811 比较有非常显著差异，说明枸杞子对健康人也有显著升高白细胞的作用。

7. 雌性激素样作用

对双侧卵巢完全摘除的小鼠，用 50% 枸杞子水提液 0.5mL/只灌胃连续 14d，发现枸杞子有显著的子宫增重作用。枸杞子、果柄对成熟或未成熟正常小鼠均有显著的促进子宫增重的作用；而枸杞叶的作用恰恰相反，子宫减重明显。

8. 对血压的影响及其他

对家兔用 50% 枸杞子、果柄或叶的水提液 10mL/kg 十二指肠注射，或用 50% 枸杞子、果柄水提液 2mL/kg、25% 枸杞叶水提液 2mL/kg 静脉注射，结果表明枸杞子对正常家兔血压无显著影响，枸杞果柄和叶有显著降压作用，枸杞叶的作用又强于枸杞果柄。也有试验表明，枸杞提取液静脉注射于猫，枸杞子和叶的醇提取物使血压有短时间的降低，而水提取物则未见降压作用。

宁夏枸杞提取物可显著而持久地降低大鼠血糖，提高碳水化合物耐量，其降血糖作用可能与所含胍的衍生物有关。此外，枸杞提取物还能显著促进乳酸菌的生长及产酸。

（三）枸杞子的安全性

枸杞子毒性低。甜菜碱进入体内以原形排出，大鼠静脉注射甜菜碱 2.4g/kg，未见毒性反应；小鼠腹腔注射 25g/kg，10min 内出现全身痉挛且呼吸停止。枸杞水提取物小鼠皮下注射的 LD_{50} 为 8.32g/kg，而甜菜碱为 18.74g/kg，表明前者的毒性大于后者。临床上有应用枸杞子而引起超敏反应的报道。

四、栀　子

栀子（*Gardeniae Fructus*）为茜草科植物山栀（*Gardenia jasminoides* Ellis）的干燥成熟果实，主产浙江、江西、湖南和福建。味苦，性寒，入心、肝肺、胃经。

（一）栀子的化学组成

果实主要成分含黄酮类如栀子素（Gardenin），三萜类化合物如藏红花素、藏红花酸及 α-藏红花配基（α-Crocetin），其中藏红花素和藏红花酸为自然界罕见的水溶性类胡萝卜素类，还含环烯醚萜苷类化合物如栀子苷（Jasminoidin）、异栀子苷（Gardenoside）、去羟栀子苷（京尼平苷，Geniposide）、京尼平龙胆二糖苷（Genipingentiobioside）、山栀子苷（Shanzhiside）、栀子酮苷（Gardoside）、鸡屎藤次苷甲酯（Scandoside methyl ester）、京尼平苷酸（Geniposidic acid）等。山栀的新鲜果、栀子仁、栀子壳、炒栀子及焦栀子中京尼平苷含量以栀子仁中最高（平均5.59%），其次是新鲜果（3.93%）、炒栀子及焦栀子（略低于新鲜果），而栀子壳中含量最低（1.44%）。

栀子果实中含有 20 多种微量元素，其中 Fe 的含量最高（60mg/kg）。还从栀子花中分离出2 种抗早孕有效成分，栀子花甲酸（Gardenolic acid A）和栀子花乙酸（Gardenolic acid B）。

（二）栀子的生物功效

1. 对心血管系统的影响

栀子提取物能降低心肌收缩力。麻醉犬、鼠静脉注射栀子提取物，可因收缩容积及心输出量下降而导致血压下降。大鼠静注大剂量（1g/kg）栀子甲醇提取物时，心电图可呈现心肌损伤和房室传导阻滞。但给麻醉兔静脉注射京尼平 30mg/kg，对血压、心率及心电图均无明显影响。

栀子水抽提液和醇提取物对麻醉或未麻醉猫、兔、大鼠，不论口服、腹腔注射或静脉注射均有降压作用，静注降压迅速，维持时间也短暂。栀子的降血压作用对肾上腺素升压作用及阻断颈动脉血流的加压反向均无影响，也没有加强乙酰胆碱的降压作用。

肌肉注射藏红花酸 0.01mg/kg，能减少饲喂胆固醇兔动脉硬化发生率。栀子热水提取物能刺激体外培养的牛主动脉内皮细胞的增殖，并能有效地增进 ^{3}H-胸腺嘧啶脱氧核苷和 ^{14}C-亮氨酸的掺入，显著增加细胞中 DNA 和蛋白质的合成。栀子热水提取物对增殖的刺激作用可为1μmol/L 蛋白质合成抑制剂放线菌酮所抑制。栀子中仅低分子量成分能刺激内皮细胞的增殖，从而使血管内膜得以修复。

2. 对消化系统的作用

栀子提取物对肝细胞无毒性作用。栀子能降低血清胆红素含量，但与葡萄糖醛酸转移酶无关。栀子还能减轻四氯化碳引起的肝损害。给出生后 6~8 个月龄的 ICR 系白内障大鼠腹腔内注入 250mg/kg 的半乳糖胺，能引起与人的急性黄色肝萎缩类似的肝炎，雄性大鼠的死亡率为86.5%，雌性大鼠为 81.4%。以栀子水抽提液灌胃，雄性大鼠每只每次 0.9g，雌性大鼠 0.8g，分别于注射半乳糖胺之前 16~18h，以及 3h、5h 或 10h 食用 2 次，对大鼠有保肝作用。但是如果改变使用方法，于注入半乳糖胺之后摄入或分别于注入半乳糖胺前后各食用 1 次，均无保肝作用。山栀子正丁醇提取物对 α-萘异硫氰酸酯引起的肝组织灶性坏死、胆管周围炎和片状坏死等病理变化均有明显保护作用。栀子可用于胆道炎症引起的黄疸，但退黄机制比较复杂。

栀子及所含环烯醚萜苷等成分均有利胆作用。其醇提取物和藏红花苷、藏红花酸可使胆汁分泌量增加。将水提取物及醇提取物（0.5~1g/kg）给家兔口服，对胆汁分泌量及固形成分无影响，但用同样制剂注射于家兔，15~30min 胆汁分泌开始增加，持续 1h 以上。给兔静脉注射藏红花素和藏红花酸钠后，胆汁分泌量增加。

用胆胰插管研究栀子及其不同提取物对大鼠胆胰流量及胰酶活性的影响，栀子及其几种提取物有明显的利胰、利胆及降胰酶效应。京尼平苷可显著降低胰淀粉酶，而其酶解产物京尼平增加胰胆流量的作用最强，持续时间较短。用于胰腺炎时，栀子有提高机体抗病能力、减轻胰腺炎症程度和稳定腺泡细胞膜的作用。

给幽门结扎大鼠十二指肠内注射京尼平 25mg/kg，可抑制胃液分泌，使胃液总酸度降低。在应用胃内灌流法的胃酸分泌试验中，对碳酰胆碱、四肽胃泌素、组织胺引起的胃酸分泌亢进中，仅对碳酰胆碱的作用呈抑制效果。京尼平同样剂量静脉注射，对大鼠在体胃的运动能一过性抑制其自发运动及毛果芸香碱所致的亢进运动，并能使胃张力减小。对离体肠管，京尼平对乙酰胆碱及毛果芸香碱所致的收缩呈弱的竞争性拮抗作用。

口服或十二指肠注射栀子水提物及京尼平苷，对动物均有显著的泻下作用。小鼠口服京尼平苷导泻的 ED_{50} 为 1.2g/kg。栀子苷的导泻作用 ED_{50} 为 300mg/kg，栀子苷酸的导泻作用 $ED_{50}>$ 800mg/kg，去乙酰车草苷酸甲酯的 ED_{50} 为 0.53g/kg，前两者均在服用后 3h 起作用。

3. 调节中枢神经系统

栀子醇提取物 5.69g/kg 腹腔注射，或 36g/kg 灌胃，可使小鼠自主活动减少，具有镇静作用，作用在给受试物后 1.5~3h 达高峰，且对环己烯巴比妥钠催眠作用有明显协同作用，延长小鼠睡眠时间近 12 倍。但它不能拮抗苯丙胺诱发的小鼠活动增加和戊四唑、硝酸士的宁、电击等方法引起的惊厥，也无镇痛作用。给小鼠腹腔注射熊果酸 227mg/kg，能显著减少自发活动的次数，腹腔注射 80mg/kg 及 120mg/kg，可增强戊巴比妥钠的催眠作用，并能显著地提高戊四氮的半数致死量。熊果酸 100mg/kg 腹腔注射，还能对抗注射东莨菪碱引起的大鼠兴奋和躁动现象。

70mg/kg 栀子西红花总苷可明显减少小鼠自发活动，但对小鼠机能协调功能无显著影响，与阈下戊巴比妥钠也无明显协同作用。表 8-11 示出，140mg/kg 栀子西红花总苷不仅明显减少小鼠自发活动，而且显著影响小鼠协调功能，与阈下戊巴比妥钠有明显协同作用。

表 8-11　　　　　　　　　栀子西红花总苷对小鼠自发活动的影响

组别	剂量/（mg/kg）	自发运动/（次/5min）				
		用药前	0.5h	1h	2h	3h
5%葡萄糖	—	693±137	628±103	610±182	535±125	500±167
栀子西红花总苷	35	638±138	632±80	604±178	520±174	498±184
	70	640±124	274±109**	309±200**	397±119*	413±106
	140	683±151	105±74**	163±102**	251±104**	377±132
氯丙嗪	2.5	686±149	11±7**	4±4**	24±18**	33±16**

注：与5%葡萄糖组对照，$^*P<0.05$，$^{**}P<0.01$。

栀子水提取物、京尼平苷没有镇静、降温作用，但能抑制小鼠腹腔注射醋酸引起的扭体反应，显示镇痛作用。但是小鼠热板法和电尾法试验表明，熊果醇和栀子醇提取物均无明显镇痛作用。

4. 抗菌抗炎症

栀子水提取物及醇提取物对金黄色葡萄球菌、脑膜炎双球菌、卡他球菌等有抑制作用，水浸出液（1∶3）在体外对多种皮肤真菌（如毛癣菌、黄癣菌、小芽孢癣菌等）有抑制作用，水抽提液有杀死钩端螺旋体及血吸虫成虫的作用。另外，栀子乙醇提取物、水提取物、乙酸乙酯部分和京尼平苷外敷对二甲苯和巴豆油所致小鼠耳壳肿胀及对甲醛所致大鼠亚急性足肿均具有明显抑制作用，有一定的抗炎和治疗软组织损伤的作用。其提取物制成油膏，可加速软组织的愈合。

5. 止血作用及其他

栀子有一定的止血作用，生栀子的止血作用较焦栀子强。生栀子研成细末，以鸡蛋清、面粉、白酒适量调成糊状，外敷治疗关节扭伤，可明显消肿止痛。

栀子花是我国民间用于避孕的草药，已从栀子花中分离出 2 种抗早孕有效成分：栀子花甲酸和栀子花乙酸。栀子花的酸性部分给大鼠和犬皮下注射 3.9g/kg 及 5g/kg，连续 3d，可产生明显的抗早孕作用，如十二指肠注射也可产生同样作用，但灌胃则无效。

（三）栀子的安全性

栀子乙醇提取物小鼠腹腔注射和灌胃的 LD_{50} 分别是 17.1g/kg 和 107.4g/kg。小鼠腹腔注射熊果酸的 LD_{50} 为 680mg/kg。给予京尼平后 72h 观察对小鼠急性毒性，静注 LD_{50} 为 153mg/kg，腹腔注射 LD_{50} 为 190mg/kg，口服 LD_{50} 为 237mg/kg。京尼平以致死量呈镇静样作用，给受试物后 24h 未出现死亡，出现死亡数最多的在给受试物后 24~72h，其后未见太多的死亡数。

骨髓微核试验结果未引起小鼠骨髓微核发生率的增加。睾丸染色体畸变试验结果显示，小鼠睾丸初级母细胞无明显畸变效应。细菌回复突变试验结果表明，各菌株无诱变性。

五、覆 盆 子

覆盆子（*Rubi Fructus*），别名乌藨子。是蔷薇科悬钩子属植物华东覆盆子（*Rubus chingii* Hu）的果实，在果实已饱满但未成熟时采摘。原植物华东覆盆子，又名掌叶覆盆子，落叶灌木。生长在中低海拔地区的山坡、灌木丛中，主要分布于安徽、广西、福建、江苏、浙江等省。

（一）覆盆子的化学组成

覆盆子主要化学成分包括有机酸、黄酮、多糖、皂苷、生物碱和维生素等。其中，有机酸包括覆盆子酸（Fupenzic acid）、鞣花酸（Ellagic acid）和逆没食子酸（Ellagic acid）等。覆盆子中的黄酮成分以山奈酚含量最高，且活性最强。另外还检测到 β-谷甾醇、胡萝卜苷等甾醇体类化合物。《中国药典》（2020 年版）对覆盆子（干燥品）品质要求为含鞣花酸不得少于 0.20%，含山奈酚-3-*O*-芸香糖苷不得少于 0.03%。

（二）覆盆子的生物功效

传统中医用覆盆子治疗肾虚，遗精，认为覆盆子有补肾、固精的功效。著名补肾方剂——五子衍宗丸，覆盆子便是其中的重要组成之一。动物试验中，将用氢化可的松诱导的肾阳虚雄性小鼠随机分组，每组 9 只，以 121.5mg/mL 覆盆子提取物灌胃，每次 0.5mL，每天一次，持续两周，空白组注射生理盐水。结果发现，给药组小鼠肾精亏损症状和睾丸损伤程度较空白组明显减轻，覆盆子提取物能有效抑制血清睾酮浓度的降低，对肾阳虚症状有较好治疗作用。现代医学试验认明覆盆子提取液能明显促进淋巴细胞增殖，覆盆子煎剂对葡萄球菌、霍乱弧菌等有抑制作用。研究还发现覆盆子含有丰富的维生素 C、维生素 E 以及超氧化物歧化酶，能清除超氧自由基，抑制氧化酶活性，有延缓衰老功效。

（三）覆盆子的安全性

目前未见有关覆盆子有毒副作用的报道。

六、山　楂

山楂（*Crataegi Fructus*）为蔷薇科植物山楂（*Crataegus pinnatifide* var. *major* N. E. Br.）或野山楂（*Crataegus cuneata* Sieb. et Zucc.）的成熟果实。味酸、甘，性微温，入脾、胃、肝经。

（一）山楂的化学组成

山楂的主要成分为有机酸及黄酮类化合物。有机酸类主要有山楂酸（Crataegolic）、柠檬酸、绿原酸、熊果酸、苹果酸、草酸、齐墩果酸、棕榈酸、硬脂酸、油酸、亚油酸、亚麻酸和琥珀酸等。黄酮类主要有槲皮素、牡荆素、金丝桃苷、表儿茶精和芦丁等。此外，还含有豆甾醇、香草醛、胡萝卜素、维生素 B、维生素 C、苷类、糖类、脂肪、蒎酸、鞣质及 Ca、P、Fe等。北山楂果肉和果核中的脂肪酸均以亚油酸含量最高，前者含量达 29.01%~38.23%，后者含量为 60.48%~75.25%。

（二）山楂的生物功效

1. 保护心血管系统

山楂不同提取部分对不同动物建立的各种高脂模型有较肯定的降脂作用。山楂提取物和醇浸膏 0.5mg/kg 口服可使动脉硬化兔血中卵磷脂比例提高，胆固醇和脂质在器官上的沉积降低。山楂浸膏对幼鼠的高胆固醇也有降压作用，其浓度在 30% 时效果最为显著。山楂核乙醇提取物按 0.2~1.2g/kg 给雄性鹌鹑灌胃每日 1 次，连续 6 周或 8 周，可降低高胆固醇血症的血清总胆固醇、低密度和极低密度脂蛋白胆固醇，提高血清高密度脂蛋白胆固醇水平，并能明显提高高脂血症大鼠血清卵磷脂胆固醇酰基转移酶活性。熊果酸为山楂核调节血脂、预防实验性动脉硬化的有效成分。

将山楂、益母草组成的山楂混合物掺入饲料给高脂高糖饲料造成的动脉硬化的鸡服用 16周，可使超氧化物歧化酶活性显著提高，而血清单胺氧化酶活性明显降低，同时脂质过氧化物和脂褐素也显著降低，并可消除冠状动脉的脂质沉积、弹性纤维断裂、缺损、溃疡及血栓形成等病理变化。临床上用山楂提取物制成片剂，治疗高甘油三酯血症 75 例，有效率达 81%。

山楂有增加心肌收缩力、增加心输出量、减慢心率的作用。0.1% 山楂黄酮、水解物 0.1~1mL/次，10% 山楂浸膏对蟾蜍在体及离体心脏均有一定的强心作用，心脏收缩增强 20%~30%且持续时间较长。山楂内所含的三萜酸能改善冠脉循环而使冠状动脉性衰竭得以代偿，达到强心作用，它对自然疲劳或因 10% 水合氯醛致衰弱心脏的停跳有复跳及消除疲劳作用。山楂聚合黄酮 2.5mg/kg、羟乙基芦丁 12.5mg/kg、山楂叶粗提物 1g/kg、牡荆素 20mg/kg 静注对麻醉犬完全性心肌缺血均有保护作用，粗提物及牡荆素使用即刻产生作用，持续时间长于心得安，最长可达 120min。

临床报道，有高血压患者 50 例（其中以 Ⅱ 期患者居多）食用山楂糖浆（0.65g/mL），每日 3 次每次 20mL，持续 1 个月，显效 35 例，好转 12 例。同时还能增进食欲，改善睡眠。另报道 32 例高血压患者，服用山楂浸出液 5~8 周，26 例患者血压显著下降或恢复正常。长期饮用山楂花泡茶，也有降压作用。

2. 清除自由基、增强免疫力及抗肿瘤

山楂水提液 0.07~0.556mg/mL 均能清除自由基，且对自由基的清除能力有明显的剂量依赖关系。山楂 2.08mg/mL 能显著抑制小鼠肝匀浆（离体）脂质过氧化反应，并能抑制白酒慢性诱导小鼠（整体）肝脏脂质过氧化物的生成。山楂水提液浓度 11.11mg/mL，总体积 1.5mL 时对自由基诱导透明质酸解聚有保护作用，并能明显抑制慢性乙醇中毒模型小鼠肝腺苷脱氨酶活性的作用，表明了具有保护肝功能的作用。

给兔皮下注射 100% 山楂注射液 0.2mL/kg 持续注射 9d，在注射后第 2 天、第 5 天皮下注射抗原（20% 绵羊红细胞），第 10d 测定血清溶菌酶含量、血清血凝抗体滴度、心血 T 细胞 E 玫瑰花环形成率及心血 T 细胞转化率均有显著增高，说明山楂具有显著增强体液免疫及细胞免疫功能的作用。

在胃液条件下，山楂提取液能够消除合成亚硝胺的前体物质，即能阻断亚硝胺的合成。山楂提取液对大鼠和小鼠体内合成甲基苄基亚硝胺诱癌有显著的阻断作用。山楂丙酮提取液对致癌剂黄曲霉素 B_1 诱导 TA_{98} 移码型、TA_{100} 碱基置换突变株回复突变有抑制作用，表明山楂对黄曲霉素 B_1 的致突变作用有显著抑制效果。

3. 抗菌

100% 山楂水抽提液或 95% 乙醇提取物对福氏痢疾杆菌、宋氏痢疾杆菌、变形杆菌、大肠杆菌等均有较强的抑制作用，其抗菌作用乙醇提取物优于水抽提液，对志贺氏痢疾杆菌也有抑制作用。山楂果、茎、叶的水抽提液对金黄色葡萄球菌、炭疽杆菌有明显抑制作用。山楂核馏油对绿脓杆菌、大肠杆菌、金黄色葡萄球菌也有较强的抑制作用。山楂体内抑菌作用对革兰氏阳性细菌抑制作用强于对革兰氏阴性菌的抑制作用。

4. 助消化及其他功效

山楂历来用于健脾胃和消食积，尤长于治油腻肉积所致消化不良、腹泻、腹胀等。近代研究证明，山楂所含脂肪酶能促进脂肪食积的消化，并能增加胃消化酶的分泌，促进消化。它对胃肠功能具有一定调节作用，对活动亢进的兔十二指肠平滑肌呈抑制作用，而对松弛的大鼠胃平滑肌有轻度增强收缩作用。山楂醇提取液及水溶液对乙酰胆碱及钡离子引起的兔、鼠离体胃肠平滑肌收缩具有明显抑制作用，对大鼠弛张状态下的胃平滑肌具有促收缩作用。

山楂有驱绦虫及解痉、镇静作用。山楂还有收缩子宫的作用，促使宫腔内血块易于排出，有利于产后子宫复原。山楂能扩张血管、解除瘀血状态，以及山楂有一定的镇静作用，故对产后腹痛、月经痛有止痛作用。山楂叶浸膏有温和、缓慢而持久的利尿作用，利尿时对矿物质的影响较小。

（三）山楂的安全性

山楂毒性较低，但其酒精提取物和水浸液大量服用后，会引起中毒症状。10% 山楂醇浸膏给雄性大鼠及小鼠灌胃，先出现镇静作用，30min 后出现呼吸衰竭而死亡，小鼠的 LD_{50} 为 18.5mg/kg，大鼠的 LD_{50} 为 33.8mg/kg。山楂总黄酮小鼠腹腔注射的 LD_{50} 为 165mg/kg。小鼠每日给予总黄酮 100mg/kg，1 个月后产生正常后代，其血象及生理功能并不受影响。临床上，大量食用山楂粉或片剂，可出现反酸、胃痛或烧心等反应。

七、桑　　葚

桑葚（*Mori Fructus*）为桑科植物桑（*Morus alba* L.）的干燥果穗，全国大部分地区均产，主产江苏、浙江、湖南、四川和河北等地。味甘，性寒，入肝、肾经。

（一）桑葚的化学组成

果实中含有蛋白质，糖类（9%～12%），脂类（62.6%），游离酸（26.8%），醇类（1.6%），挥发油（1%），鞣质，芦丁，胡萝卜素，维生素 A、维生素 B_1、维生素 B_2、维生素 C，芸香苷及花青素苷，矢车菊素（Cyanid）等。挥发油的主要成分为桉叶素（69%）和香叶醇（17%）。磷脂总含量为 0.41%，其中磷脂酰胆碱 32.15%、溶血磷脂酰胆碱 19.30%、磷脂酰乙醇胺 15.91%、磷脂酸 12.40%、磷脂酰肌醇 10.53% 和双磷脂酰甘油 6.59%。

（二）桑葚的生物功效

1. 增强免疫功能

用 ^{3}H-TdR 渗入淋巴细胞转化试验证明，100% 桑葚抽提液具有中度促进淋巴细胞转化的作用。每日给每只小鼠灌胃 0.5mL（12.5g/kg），持续 10d，观察到桑葚对 3 月龄、18 月龄、24 月龄小鼠淋巴细胞酸性 α-醋酸萘酯酶的阳性淋巴细胞百分率均有促进作用。α-醋酸萘酯酶是成熟 T 细胞的标志，并参与 T 细胞对靶细胞的杀伤效应。这说明，桑葚可促进 T 细胞成熟，从而使衰老的 T 细胞功能得到恢复。同样剂量的桑葚还对 3 月龄青年小鼠体外抗体形成细胞有明显的促进作用，但老年小鼠（24 月龄）对照组脾细胞抗体形成细胞随年龄增长逐渐减少。因抗体形成细胞是反映小鼠体液免疫的可靠方法，桑葚的作用表明只对青年小鼠体液免疫功能有促进作用。

2. 促进造血细胞的生长

以体内扩散盒法测试桑葚对粒系祖细胞的作用，扩散盒内种入含正常骨髓细胞的培养体系，每只扩散盒内含骨髓有核细胞 104 个。受试小鼠皮下注射桑葚醇注射液 0.2mL（1g/mL），每日 2 次持续 3d，第 3 天腹腔注射环磷酰胺 0.3mg/g，次日手术腹腔埋入扩散盒，5d 后取出扩散盒计数体内扩散盒法集落。结果表明，桑葚能使体内扩散盒法产率明显增加，对粒系祖细胞的生长有促进作用。

3. 升高外周白细胞

桑葚有防止环磷酰胺所致白细胞减少症的作用。小鼠腹腔注射环磷酰胺 100mg/kg 造成试验性白细胞减少症，灌胃给予桑葚醇提液 0.4mL（相当于 40g/kg），连续 4d，可见外周血液白细胞数比单用环磷酰胺组高 848 个/mm^3。

4. 抗菌

桑葚红色素对大肠杆菌有较强的抑制作用，对金黄色葡萄球菌和枯草芽孢杆菌的抑制作用较弱，而对霉菌和酵母菌几乎没有抑制作用。

八、乌　　梅

乌梅（*Mume Fructus*）为蔷薇科植物梅［*Prunus mume*（Sieb.）Sieb et Zucc.］的干燥未成熟果实，主产于四川、浙江、福建、湖南、贵州。味酸且涩，性平，入肝、脾、肺、大肠经。

（一）乌梅的化学组成

果实含柠檬酸、苹果酸、枸橼酸、琥珀酸、酒石酸、齐墩果酸、碳水化合物、三萜类、谷甾醇等成分，成熟时期含氢氰酸。新鲜乌梅果实含 0.33% 果胶，其中 68%～75% 已经酯化，此果胶具有很好胶凝作用。经加工而成的乌梅干约含 50% 柠檬酸，20% 苹果酸，其所含柠檬酸是温州柑橘的 4 倍，是苹果的 11～21 倍，并含有强杀菌性及提高肝功能的成分苦味酸和具解热镇痛作用的苦扁桃苷（Amygdalin）等。乌梅果肉尚含有较高活性的超氧化物歧化酶，种子含有苦杏仁苷。

（二）乌梅的生物功效

1. 驱虫

在 5% 乌梅丸溶液中蛔虫活动明显受到抑制，在 30% 的乌梅溶液中蛔虫呈静止状态，若将其移至生理盐水即能逐渐恢复活动。乌梅丸是以乌梅为主剂的方剂，有麻醉蛔虫性能，能使蛔虫活动迟钝、静止，呈现濒死状态，当蛔虫离开乌梅丸液一定时间后，可逐渐恢复活性，表明它没有直接杀灭蛔虫的作用，但能使蛔虫失去附着肠壁的能力。

乌梅丸、乌梅汤等能使胆汁分泌增加且趋于酸性，奥狄氏括约肌松弛，因而能促使蛔虫退回十二指肠，故可用于胆道蛔虫病。试验证明，乌梅汤对胆囊有促进收缩和排胆作用，利于引流胆道的胆汁，减少和防止胆道感染，也有利于减少蛔虫卵留在胆道内而形成胆石核心，但乌梅单独作用不如复方强，表明乌梅汤有协同作用。

2. 抗病原菌

体外试验表明，乌梅水抽提液及醇浸出液对脑膜炎球菌、隐球菌、百日咳杆菌、伤寒杆菌、副伤寒杆菌、炭疽杆菌、大肠杆菌等抗菌作用较强，对甲型溶血性链球菌、乙型溶血性链球菌、肺炎双球菌有中等程度抗菌作用，对白色念珠菌、白喉杆菌、牛型布氏杆菌、副大肠杆菌、粪产碱杆菌等抗菌作用较弱，对结核杆菌有一定抗菌作用。乌梅水抽提液在试管内对须疮真菌、石膏样小芽孢菌、絮状表皮癣菌等致病性真菌有抑制作用，有效浓度分别为 1∶160、1∶320 和 1∶480。

3. 抗过敏作用

乌梅水抽提液（1∶1）能减少豚鼠的蛋白过敏性休克的动物死亡数，但对组织胺所致豚鼠休克和支气管哮喘无对抗作用。有人认为，乌梅有脱敏作用，可能由于非特异性刺激产生了更多游离抗体，中和了侵入体内的过敏原所致。

4. 抗辐射、抗衰老及其他功效

乌梅干可使放射性 ^{90}Sr 尽快排出体外，以达到抗辐射目的。乌梅干还能使唾液腺分泌更多的腮腺激素，腮腺激素具有使血管及全身组织年轻化作用，并能促进皮肤细胞新陈代谢，有美肌美发效果，尚可促进激素分泌物活性，从而达到抗衰老作用。

体外试验表明，乌梅对人子宫颈癌 JTC-26 细胞株抑制率在 90% 以上。乌梅有显著的整肠作用，能促进肠蠕动，同时又有收缩肠壁的作用，故可用于防治腹泻。乌梅有增进食欲，促进消化，刺激唾液腺、胃腺分泌消化液，促使碳水化合物代谢的作用。

（三）乌梅的安全性

胃酸过多者及妇女经期、产前产后不宜服用乌梅，乌梅用量较大时可产生上腹不适、恶心呕吐等反应，多食对牙齿、肾有一定损害。

九、佛　手

佛手（*Citri Sarcodactylis Fructus*）为芸香科植物佛手 [*Citrus medica* var. *sarcodactylis*（Noot.）

Swingle]的干燥果实，主产于四川与广东等地。味辛、苦、酸，性温，入肝、胃经。佛手为常绿小乔木或灌木，其果实呈卵形或矩形，气芳香，味酸苦。

（一）佛手的化学组成

果实含香豆精类化合物，主要为佛手内酯（Bergapten）与柠檬内酯；还含黄酮类化合物，主要为香叶木苷与橙皮苷；果皮含挥发油。近年报道，佛手还含有 3,5,6-三羟基-4′,7-二甲基氧基黄酮和 3,5,6-三羟基-3′,4′,7-三甲氧基黄酮以及 3,5,8-三羟基-7,4′-二甲氧基黄酮、6,7-二甲氧基香豆素、柠檬苦素、诺米林（Nomilin）、β-谷甾醇、胡萝卜苷、对羟基苯丙烯酸、棕榈酸和琥珀酸等。

（二）佛手的生物功效

1. 对心血管的作用

佛手醇提物能显著增加豚鼠离体心脏的冠脉流量和提高小鼠的耐缺氧能力，对垂体后叶素引起的大鼠心肌缺血有保护作用，并对结扎冠状动脉所致豚鼠心电图变化有所改善，对氯仿-肾上腺素引起的心律失常也有预防作用。给麻醉猫静脉注射醇提物，对心脏有一定的抑制作用。佛手有效成分佛手甾醇苷 $100\mu g/kg$ 能对抗异丙肾上腺素所诱发的豚鼠、兔、大鼠的离体或在体心脏的兴奋作用，但对大鼠因毒毛旋花子苷 K 所致的正性肌力作用无抑制作用，表明其对心脏的 B_1 受体有显著的间接抑制作用。

静脉注射佛手醇提物，对麻醉猫有一定的降压作用。其机制与兴奋 M 受体及阻断肾上腺素能 α-受体有关。佛手甾醇苷 $500\mu g/kg$ 静脉注射，能显著对抗异丙肾上腺素对麻醉猫、兔的舒张血管（β-受体效应）所致的降压作用，但对去甲肾上腺素紧缩血管（α-受体效应）所致的升压反应无明显影响，表明其为一种 β-受体阻滞剂。

2. 调节中枢神经系统

给小鼠腹腔注射佛手醇提物 $20g/kg$ 能明显减少自发活动，显著延长小鼠戊巴比妥钠睡眠时间和士的宁惊厥的致死时间，并能延长戊四氮或咖啡因引起的惊厥发生时间和致死时间，且能降低其死亡率。佛手还能明显抑制酒石酸锑钾和电刺激引起的痛觉反应，可见扭体反应次数减少和嘶叫的痛觉反应时间延长，表明有一定的镇痛作用。

3. 平喘祛痰

据临床观察，佛手有理气化痰功效，推测其祛痰成分可能为佛手挥发油。如表 8-12 所示，佛手乙酸乙酯提取液灌胃给药（$10g/kg$、$20g/kg$）7d 能显著延长小鼠的咳嗽潜伏期，减少咳嗽次数；同时增加小鼠呼吸道酚红排泌量，证明佛手乙酸乙酯提取液具有良好的止咳祛痰作用。

表 8-12　　　　　佛手乙酸乙酯提取液对小鼠氨水引咳潜伏期及咳嗽次数的影响

组别	n	剂量/（g/kg）	咳嗽潜伏期/s	咳嗽频率/（次/3min）
空白对照组	8	—	66.22 ± 14.33	63.44 ± 14.09
磷酸可待因组	8	0.03	96.10 ± 20.18**	37.40 ± 12.93**
佛手乙酸乙酯提取液低剂量组	8	10	82.38 ± 14.65*	42.25 ± 17.34*
佛手乙酸乙酯提取液高剂量组	8	20	100.63 ± 14.02**	33.25 ± 15.27**

注：与空白对照组比较，* $P<0.05$，** $P<0.01$。

4. 其他作用

静脉注射佛手甾醇苷 2.6mg/kg 对组织胺引起的豚鼠过敏性休克有对抗作用，给小鼠腹腔注射 250μg/kg 对酒精中毒具有显著的预防保护作用，还有局部麻醉作用。香叶木苷腹腔注射对角叉菜胶引起的大鼠足肿有消肿作用，其 ED_{50} 为 100mg/kg。临床应用上，以佛手治疗顽固性咳喘取得较好功效，用于慢性支气管炎、肺气肿及肝炎对改善症状有一定帮助。

（三）佛手的安全性

小鼠灌胃柠檬内酯的 LD_{50} 为 3.95g/kg。香叶木苷小鼠口服的 LD_{50} 为 10g/kg，腹腔注射的 LD_{50} 为 4g/kg。

十、木 瓜

木瓜（*Chaenomelis Fructus*）为蔷薇科植物贴梗海棠 [*Chaenomeles speciosa*（Sweet）Nakai.] 的果实，主产于安徽、浙江、湖北、四川。在少数地区将下列同属植物的果实作木瓜使用：木桃 [*C. lagenaria* var. *Cathayensis* Rehd.] 木瓜海棠 [*C. lagenaria* var. *wilsonii* Rehd.] 和西藏木瓜（*C. thibetica* Yu）。味酸，性温，入肝、脾经。

（一）木瓜的化学组成

木瓜的主要成分为齐墩果酸、木瓜酚、三萜皂苷、黄酮类、苹果酸、柠檬酸、酒石酸、维生素 C、果胶和氧化酶等，种子中含有氢氰酸。

（二）木瓜的生物功效

1. 抗菌

木瓜具有较强的抗菌作用。新鲜木瓜汁（1g/mL）和木瓜水抽提液（1g/mL）对多种肠道菌和葡萄球菌有显著抑制作用，抑制圈直径为 18～35mm，肺炎双球菌为 8～12mm，对结核杆菌也有明显的抑制作用。对木瓜较敏感的细菌有志贺氏痢疾杆菌、福氏痢疾杆菌、宋氏痢疾杆菌及其变种、致病性大肠杆菌、普通大肠杆菌、变形杆菌、肠炎杆菌、白色葡萄球菌、金黄色葡萄球菌、绿脓杆菌和甲型溶血性链球菌等。从木瓜水溶性部分中分离提取木瓜酚其抑菌作用也较为明显，对各种痢疾杆菌抑菌圈为 19～28.6mm。

2. 保肝

对 CCl_4 引起的大鼠急性肝损伤病理模型，每只给予 10% 木瓜提取液灌胃 5～6g（即 3mg/g 体重）持续 10d，可减轻肝细胞脂变及坏死，防止肝细胞肿胀、气球样变，有促进肝细胞修复的作用，并可显著降低谷丙转氨酶，急性肝损伤组谷丙转氨酶为 208.0±2.58U，而木瓜组则为 55.5±1.55U。临床上利用木瓜冲剂（每包含 5g 木瓜）治疗黄疸型肝炎，能迅速消退黄疸和降酶，使临床症状和肝功能迅速得以改善，有效率达 95.1%。

3. 抗肿瘤及其他

2.5% 浓度的木瓜结晶溶液、木瓜水抽提液和醇提取液，对小鼠艾氏腹水癌有较强抑制作用。木瓜可延缓体外培养人胚肺二倍体细胞的生长速度，降低巨噬细胞的吞噬作用，吞噬率和吞噬指数均明显低于对照组。木瓜水抽提液对小鼠蛋清性关节炎也有消肿作用。从香木瓜的果肉中提取的木瓜胶代血浆具有扩充血容量、改善微循环、抗失血性休克的功效，并且无毒性、无抗原性和无积蓄现象，大剂量输注对血液凝固机能也无影响。

十一、罗 汉 果

罗汉果（*Siraitiae Fructus*）为葫芦科植物罗汉果 [*Siraitia grosuenorii*（Swingle）C. Jeffrey ex

A. M. Lu et Z. Y. Zhang〕的果实，是我国广西的特产。味甘，性凉，无毒，入肺、脾两经。新鲜的罗汉果不能食用，需经干燥处理。

（一）罗汉果的化学组成

罗汉果的甜味成分主要来自三萜类糖苷罗汉果苷（Mogrosides）Ⅴ（甜度 256 倍），其次为罗汉果苷Ⅳ及罗汉果苷Ⅵ，并含大量葡萄糖等。罗汉果中还含多种三萜苷（2.2%）及黄酮苷，诸如罗汉果醇（Mogrol）、罗汉果苷Ⅱ$_E$、罗汉果苷Ⅲ和罗汉果苷Ⅲ$_E$、赛门苷（Siamenoside）Ⅰ、11-羰基罗汉果苷Ⅴ、罗汉果醇苯甲酸酯、罗汉果新苷（Neomogroside）、罗汉果黄素（Grosvenorine）及山柰酚-3,7-α-L-二鼠李糖苷。

（二）罗汉果的生物功效

以罗汉果加茶叶制成袋泡茶，其浸泡液在 1mg/mL、10mg/mL 浓度对小鼠自发活动无明显影响，但可加强兔和犬离体小肠的自发活动；15mg/mL 时对乙酰胆碱、氯化钡所致肠管强直收缩均有拮抗作用，对肾上腺素引起的肠管松弛也有拮抗作用，使肠管恢复自发性活动。灌胃罗汉果茶水浸液 3.25g/kg，对麻醉兔胃电无明显影响，对麻醉犬血压及心电也无明显影响。浓度达 15g/kg 则有轻度降压作用，心电图 T 波高耸。此外，罗汉果还有退热、止咳、祛痰和改善胃肠道功能的作用。

（三）罗汉果的安全性

初步的毒理试验和长期的食用历史，可以证明罗汉果及罗汉果苷的安全无毒性。用沙门氏菌进行的试验表明，它不具诱变活性。大鼠经口摄入 2g/kg 的罗汉果苷Ⅴ进行的急性毒理试验未出现死亡现象，罗汉果浸出液对大鼠的 LD$_{50}$ 大于 10g/kg。给小鼠灌胃罗汉果茶水浸液 15g/kg，给犬灌胃 2.5g/kg，观察 7 个月，未见异常变化及死亡。

十二、余　甘　子

余甘子（*Phyllanthi Fructus*）又名庵摩勒、油柑子，为大戟科植物油柑（*Phyllanthus emblica* L.）的果实，主产于四川、广东、广西、贵州、云南等地。味苦、甘，性寒，入脾、胃两经。

（一）余甘子的化学组成

余甘子含大量维生素 C（1.0%~1.8%），且含量稳定，还含有鞣质、超氧化物歧化酶、余甘子酚（Emblicol）及微量元素等，鞣质中有葡萄糖没食子鞣苷（Glucogallin）、没食子酸、并没食子酸、鞣料云实精（Corilagin）、原诃子酸（Terchebin）、诃黎勒酸（Chebulagic acid）、诃子酸（Chebulinic acid）、3,6-二没食子酸酰葡萄糖。干果含 4%~9% 黏酸（Mucic acid）。果皮含没食子酸和油柑酸（Phyliemblic acid）等酚类酸。

（二）余甘子的生物功效

许多人对余甘子的抗菌、抗炎和抗衰老作用进行过研究。干燥果实，先用 80% 醇提取，再用醚提取，以盐酸酸化可得良好的抗菌活性物质，对葡萄球菌、伤寒杆菌、副伤寒杆菌、大肠杆菌及痢疾杆菌均有抑制作用，对真菌则无作用。余甘子能显著抑制大鼠琼脂性足跖肿胀和二甲苯所致小鼠耳廓肿胀，显著抑制组胺所致的毛细血管通透性增高和白细胞游出，有显著的抗炎和抗渗出作用，而且其抗炎作用随剂量增大而增强。余甘子汁还可使大鼠血清总胆固醇值下降，高密度脂蛋白胆固醇与总胆固醇比值升高，并可显著降低大鼠血清脂质过氧化物水平，提高血清超氧化物歧化酶活性。余甘子醇提物还可对抗异丙肾上腺素所致大鼠心肌坏死，并能增加心肌糖原作用。

余甘子汁能阻断强致癌物 N-亚硝基化合物在动物及人体内外的合成，阻断率为90%以上。余甘子提取物可对抗由于环境化学因子而产生的对哺乳类细胞的诱变作用，如余甘子提取物1%~10%浓度对810rad X射线照射所致染色体畸变有保护作用，且照射前后食用均有效。余甘子还可降低小鼠骨髓细胞 Pb 和 Al 诱导的姐妹染色单体交换升高，对抗 CsCl 引起的染色体变异，减轻金属诱导小鼠骨髓红细胞的微核形成。

余甘子提取物给予兔口服可增加体重及血中总蛋白含量，但不改变各蛋白部分之间的比例。80%余甘子醇提物，在试管及活体组织中具有若干肾上腺素样作用，而且有解痉作用和对中枢神经系统的弱抑制作用。另有报道认为，余甘子具有保护肝脏的作用。

（三）余甘子的安全性

用余甘子粉进行急性毒性和致突变性研究，结果表明它属实际无毒类物质，且无致突变活性。

十三、青　果

青果（*Canarii Fructus*）又名橄榄，为橄榄科植物橄榄 [*Canarium album*（Lour.）Raeusch.] 的果实，产于广东、广西、福建和四川等地。

（一）青果的化学组成

果实含 1.2%蛋白质、1.09%脂肪、12%碳水化合物等，种子含 7%~8%挥发油及香树脂醇（Amyrin，$C_{30}H_{50}O$）等。

（二）青果的生物功效

1. 防醉、解酒及护肝

用青果制成的青果解酒饮对急性酒精性肝损伤大小鼠进行灌胃治疗，发现其可显著降低大小鼠醉酒率，提高醒/醉比，并显著降低血清谷丙转氨酶、谷草转氨酶及肝匀浆谷丙转氨酶水平，改善肝组织病理状态，促进肝细胞损伤恢复，表明青果解酒饮具有良好的防醉、解酒、护肝作用。

2. 抗菌消炎作用

青果对食品生产、加工和贮藏中常见的腐败菌（大肠杆菌、金黄色葡萄球菌、枯草杆菌、酿酒酵母、土星汉逊酵母、黑曲霉、娄地青霉、桔青霉、黑根霉、黄曲霉等）均有较为明显的抑制作用，可作为天然食品防腐剂，并初步鉴定黄酮类物质及没食子酸可能是其抑菌防腐的主要药效成分。

3. 增加唾液分泌，帮助消化

青果可兴奋唾液腺，使唾液分泌增加，故有助消化作用。Masaharu T 等发现，从其茎叶中提取的熊果-12-烯-3α,16β-二醇和齐墩果-12-烯-3α,16β-二醇对由半乳糖胺引起的鼠肝细胞中毒有保护作用。茎叶所含短叶老鹳草素（Brevifolin）、金丝桃苷和并没食子酸等成分也同样有效，其中短叶老鹳草素和并没食子酸还能缓解 CCl_4 对鼠肝脏的损害作用。

4. 其他功效

青果味甘、涩、酸，性平，入脾、胃经。它具有清肺、利咽、生津、解毒功效，可用于咽喉肿痛，烦渴，咳嗽吐血，菌痢，癫痫，并可解河豚毒及酒毒。

十四、香　橼

香橼（*Citri Fructus*）为芸香科植物枸橼（*Citrus medica* L.）或香圆（*Citrus wilsonii* Tanaka）

的成熟果实。

（一）香橼的化学组成

枸橼成熟果实含橙皮苷（Hesperidin）、柠檬酸、苹果酸、果胶、鞣质、维生素 C 及挥发油等。果实含 0.3%～0.7%挥发油，果皮含 6.5%～9%挥发油，其主要成分为 d-柠檬烯、柠檬醛、芹烯和柠檬油素等。果实中还含 β-谷甾醇、胡萝卜苷和枸橼苦素。种子含黄柏酮（Obacunone）和黄柏内酯（Obaculactone）。另外，香橼果皮中含多种胡萝卜素类成分，幼果含生物碱辛弗林（Synephine）和 N-甲基酪胺。

（二）香橼的生物功效

香橼性温、味辛、微苦、酸、温，归肝、脾、肺经，主要功效为疏肝理气，和中化痰，临床上经常应用于肝失疏泄，脾胃气滞所导致的胸闷、胸胁胀满、脘腹胀痛、嗳气、食少以及呕吐等症。

香橼皮气味芳香，味辛而能行散，苦能降逆，有疏肝理气，和中止痛的功效，其止痛的作用与佛手相似。用于治疗胸闷、胸胁胀满，可配伍瓜蒌皮、郁金、香附。治疗脘腹胀满可配伍木香、川楝子、吴茱萸。

香橼具有止呕、和中化痰、疏肝理气的功效，适合治疗一些脾胃方面的疾病。比如说出现腹部胀满、脾胃功能紊乱、消化不良、呕吐、反酸、嗳气、痰多、咳嗽等，都适合应用香橼来防治的。香橼含有丰富的维生素 C，可以提高免疫力，同时还可以改变和增加心肌的供血量，对于心脏供血功能有良好的调理功效。另外经常食用香橼可以有效预防感冒，降低血液胆固醇，防止血管壁中出现斑块引起血栓病变。

十五、橘 皮

橘皮（*Citri Reticulatae Pericarpium*）为芸香科植物福橘（*Citrus reticulata* 'Tangerine'）或朱橘（*C. erythrosa* Tanaka）等多种橘类的果皮，主产于广东、四川、浙江和福建。味辛且苦，性温，入脾、肺经。

（一）橘皮的化学组成

橘及其栽培变种的干燥成熟果皮约含挥发油 1.9%～3.5%，其主要成分为柠檬烯，还含 β-月桂烯、α-蒎烯、β-蒎烯、α-松油烯、α-侧松烯、香桧烯、辛醛、α-水芹烯、对聚伞花素、α-罗勒烯、γ-松油烯、芳樟醇等。又含黄酮类成分（如橙皮苷等）、β-谷甾醇、柠檬苦素、阿魏酸等。

福橘果皮含挥发油、橙皮苷、川橘皮素（Nobiletin）和肌醇。挥发油中主要成分柠檬烯含量在 80%以上，并含 α-蒎烯、β-蒎烯、β-水芹烯、对伞花烯、α-松油烯、芳樟醇及乙酸芳樟酯，果肉含枸橼酸及还原糖。

（二）橘皮的生物功效

1. 对心血管系统的作用

橘皮水抽提液、醇提取液、橙皮苷对离体及在位蛙心均有兴奋作用。离体兔心灌注试验表明，橘皮水抽提液能扩张冠脉。橙皮苷静脉注射，能使在位兔心收缩力增强，心输出量增加，但对心率无明显影响。含有氧化产物的橙皮苷能提高兔心收缩力及心率，而纯净成分则无效。40mg/kg 甲基橙皮苷给犬静脉滴注，有降低冠脉阻力、增加冠脉流量、降低血压、减慢心率作用，但对心肌耗氧量、心肌氧利用率或心肌收缩力无明显影响。

磷酰橙皮苷对实验性高血脂兔，有降低血清胆固醇的作用，并能明显地减轻和改善其主动脉粥样硬化病变。对于血栓及动脉硬化大鼠模型，橙皮苷可延长其存活时间。橘皮果胶 3.6g/kg 饲喂家兔，可显著减少高脂动物模型的主动脉硬化斑块面积，并能显著减轻肝细胞脂变程度，表明橘皮果胶对高脂膳食引起的动脉硬化有一定的预防作用。

2. 对消化系统的作用

橘皮所含挥发油对胃肠道有温和的刺激作用，可促进消化液的分泌。橘皮水抽提液对小鼠和兔离体小肠运动有抑制作用，静脉注射还可以抑制麻醉犬胃肠、麻醉兔小肠及不麻醉兔的胃运动，该作用虽比肾上腺素弱但较持久，可能是因为其有效成分较为稳定。

对大鼠幽门结扎形成的实验性胃溃疡，皮下注射甲基橙皮苷 100mg/kg 或 500mg/kg 持续6d，不仅能明显抑制实验性大鼠胃溃疡的发生，而且能抑制胃液的分泌。若合用维生素 C 及维生素 K，能使其抗胃溃疡作用显著增强。但给实验性胃溃疡大鼠口服 500mg/kg 或 1000mg/kg 连续 3d，结果无效，若同时给予维生素 C 及维生素 K 可显示一定效果。

橘皮的甲醇提取物对 α-萘基异硫氰酸酯引起的大鼠肝损害有保护作用。橘皮不仅能够抑制 α-萘基异硫氰酸酯引起的血清中胆红素浓度的升高，还能抑制作为肝实质损害参数的肝内酶的释放。

给麻醉大鼠皮下注射甲基橙皮苷 100mg/kg 或 500mg/kg，可增加胆汁和胆汁内固体物质的排泄量。合用维生素 C 和维生素 K 能增强其利胆效果。柠檬烯对胆固醇结石有理想的溶石作用，以橘皮挥发油（桔油）5mL 浸泡人胆固醇结石，观察到 10 例胆固醇结石在 13min 至 2.5h 内出现外壳溶解，在 22h 内先后被完全溶解或碎成细屑，其中全溶时间最短者仅为 1.83h，且溶石作用与其浓度呈正相关，当其含量低于 70% 时溶石作用即明显减弱。这表明桔油具有极强的溶解胆固醇结石的能力，但其刺激性也较大。

3. 祛痰平喘

橘皮所含挥发油有刺激性祛痰作用，主要有效成分为柠檬烯和蒎烯。新鲜产品水抽提液给家兔气管灌流，流速稍为加快，显示对支气管有微弱的扩张作用。10mg/mL 橘皮水提液对电刺激引起的离体豚鼠气管平滑肌收缩有明显抑制作用，20mg/mL 橘皮醇提取物可完全对抗组织胺所引起的豚鼠离体支气管痉挛性收缩。临床观察初步证明，橘皮对支气管哮喘有一定功效。动物试验表明，川橘皮素静脉注射，有支气管扩张作用。但以十几倍或数十倍静注、肌注、灌肠、灌胃，则均不能对抗组织胺引起的支气管痉挛。

4. 抗病原菌、抗炎症与抗过敏

橘皮在试管内可抑制葡萄球菌、卡他莫拉菌、溶血性嗜血菌的生长，橘皮与小叶榕合剂在体外对绿脓杆菌、金黄色葡萄球菌、福氏痢疾杆菌、变形杆菌也有抗菌作用。橙皮苷 200μg/mL 与小鼠纤维细胞预先孵化，再加小泡性口炎病毒，则能保护细胞不受病毒侵害约 24h。橙皮苷的抗病毒活性可被透明质酸酶所消除。

皮下注射橙皮苷能减轻大鼠巴豆油引起肉芽囊肿的炎症反应。兔经口每日摄取 20~25mg/kg 橙皮苷，对氯乙烷造成的耳部冻伤有减轻症状的效果。

此外，给兔皮下注射或给小鼠腹腔注射，能抑制氯仿及蝮蛇毒素引起的血管通透性增加，与维生素 C 及维生素 K 合用抑制效果更为显著。川橘皮素能显著对抗蛋清致敏的豚鼠离体回肠与支气管的过敏性收缩，有效浓度分别为 5×10^{-5}mol/L 和 1×10^{-4}mol/L。

5. 清除自由基、增强免疫功能及其他

5.56mg/kg 橘皮水提液有清除 O_2^-· 的作用，浓度增至 2.08mg/mL 时，对离体大鼠肝脏脂质过氧化反应具有较强的抑制作用，而 11.11mg/mL 的橘皮提取液可缓解由 O_2^-· 诱发的透明质酸的解聚反应。

橘皮水煎醇沉 100% 注射液皮下注射，对豚鼠血清溶菌酶含量、血清血凝抗体滴度、心脏血 T 细胞 E 玫瑰花环形成率均有显著增强作用，但对 T 细胞转化率却有明显的抑制作用。

10% 橘皮水抽提液 0.1mL，对离体人唾液淀粉酶活性有明显的促进作用。水抽提液对小鼠离体子宫有抑制作用，高浓度则使之呈完全松弛状态。甲基橙皮苷在 $5×10^{-4}$mol/L 浓度下可抑制大鼠离体子宫的收缩，并能对抗乙酰胆碱所致子宫痉挛性收缩。静脉注射水抽提液，能使麻醉犬的肾容积减小，肾血管收缩而尿量减少。

（三）橘皮的安全性

川橘皮素小鼠口服的 LD_{50} 为 0.78±0.09g/kg，甲基橙皮苷纯净成分对小鼠静注的 LD_{50} 为 850mg/kg。橙皮苷甲基查尔酮的毒性较大，如静注 3,6′−二甲基橙皮苷查尔酮对小鼠的 LD_{50} 为 60mg/kg。自橘皮提取橙皮苷，用乙醇提取者甲基化后毒性较低，小鼠 LD_{50} 为 1200mg/kg；丁醇提取的橙皮苷甲基化为甲基橙皮苷，其 LD_{50} 为 150mg/kg，可见乙醇提取者对毒性较大的查耳酮除去较多。小鼠腹腔注射桔油的 LD_{50} 为 1mL/kg。

十六、橘　　红

橘红 (*Citri Exocarpium Rubrum*) 为芸香科植物橘 (*Citrus reticulata* Blanco) 及其栽培变种的干燥外层果皮。味苦、辛，性温。桔红下气消痰功效较橘皮为强，可用于风寒咳嗽，喉痒痰多、积食伤酒或呕恶痞闷等症。根据炮制方法可分为橘红、盐橘红和蜜橘红，盐橘红味咸性降，治痰功效很好，多用于顽痰难消之症；蜜橘红可防其苦燥消伐太过，具有一定的健脾调胃之功，适用于脾胃虚弱者。

（一）桔红的化学组成

化橘红外果皮主要含挥发油、黄酮类及多糖等成分。挥发油以单萜类及其衍生物为主，化橘红的果皮挥发油含量为 0.72%~0.95%，且油中绝大多数成分种类相同，主要成分柠檬烯的含量均高于 37%；化橘红含有多种黄酮类物质，其成分主要为柚皮苷，其中化橘红的柚皮苷含量为 1.6%~6.7%，而正毛橘红幼果的柚皮苷含量高达 30%。此外，还有少量的野漆树苷 (Rhoifolin)、新橙皮苷 (Neohesperidin)、枳属苷 (Poncirin) 等；还有香豆素类化合物异欧前胡素和佛手内酯。

（二）橘红的生物功效

化橘红的主要生理功能是平喘止咳，以离体豚鼠螺旋条作为实验对象，建立不同浓度化橘红提取物孵育时各致痉剂的量效曲线，观察化橘红提取物对各致痉剂引起收缩的影响。结果表明，化橘红提取物对豚鼠离体气管平滑肌的静息张力和乙酰胆碱、组胺、氯化钙、氯化钾、氯化钡所致的收缩都有抑制作用。其作用机制可能与钙通道的阻滞作用有关。

十七、花　　椒

花椒 (*Zanthoxyli Pericarpium*) 为芸香科植物花椒 (*Zanthoxylum bungeanum* Maxim.) 或川

椒（*Zanthoxylum schinifolium* Sieb. et Zucc.）的干燥果皮，前者主产于河北、山西、陕西、甘肃、河南等地，后者主产于辽宁、江苏、河北等地。味辛，性温，有毒，入脾、肺及肾经。

（一）花椒的化学组成

果皮含挥发油，花椒果皮挥发油与川椒果皮挥发油在化学组成及含量上有显著差异。花椒主要含 25.1% 柠檬烯、21.79% 1,8-桉叶素和 11.99% 月桂烯。川椒主要含 75.73% 爱草脑（Estragole）。这 2 种花椒挥发油中还含有诸如 α-蒎烯、β-蒎烯、香桧萜、β-水芹烯、α-萜品烯、樟醇、4-萜品烯醇、α-萜品醇、反式石竹烯、乙酸萜品酯、β-荜澄茄油烯和橙花椒醇异构体等。

此外，花椒挥发油中还含有对聚伞花素、紫苏烯、乙酸橙花酯、牻牛儿醇乙酸酯；而川椒挥发油中还含有 α-水芹烯、邻甲基苯乙酯、壬酮、β-榄香烯、2-十一烷酮、δ-荜澄茄油烯。另有报道，同属植物花椒挥发油中含花椒油素、花椒烯、牻牛儿醇等。从果皮中还分得如下成分的结晶产品：香草木宁（Kokusaginine）、茵芋碱（Skimmianine）、合帕洛平（Haplopine）、2′-羟基-*N*-异丁基（反式 2,6,8,10）-十二烷四烯酰胺、脱肠草素（Herniarin）。

（二）花椒的生物功效

1. 对消化系统的影响

花椒水提物 5g/kg 与 10g/kg 给小鼠灌胃，对应激或吲哚美辛加乙醇所致溃疡均有明显抑制作用。给大鼠灌胃水提物 5g/kg 能明显抑制结扎幽门性胃溃疡的形成。石油醚提取物 3mL/kg 对大鼠盐酸性胃溃疡有抑制作用。

给小鼠灌胃 2g/kg 花椒水抽提液可抑制蓖麻油引起的刺激小肠性腹腔和番泻叶引起的刺激大肠性腹泻。花椒水提物 5g/kg、10g/kg 能对抗番泻叶所致腹泻，作用时间 8h 以上，但抗蓖麻油所致腹泻作用产生缓慢而短暂。石油醚提取物 3mL/kg、6mL/kg 给小鼠灌胃对蓖麻油引起的腹泻有对抗作用，作用强且持久，但对番泻叶引起的腹泻无作用，这是由于水提取物能抑制胃肠推进活动，醚提取物则无此作用。

2. 镇痛抗炎

给小鼠灌胃水提物 5g/kg、10g/kg、20g/kg 或醚提物 3mL/kg 或 6mL/kg，可抑制醋酸或酒石酸锑钾引起的小鼠扭体反应。仅醚提取物或 20g/kg 水提取物有镇痛作用，水提物小剂量则无作用。花椒所含的茵芋碱，可能是其镇痛的活性成分之一。给小鼠灌服 3.0mL/kg、6.0mL/kg 醚提取物或 5g/kg、10g/kg 水提取物，均能抑制二甲苯引起的小鼠耳廓肿胀和降低乙酸所致小鼠腹腔毛细血管通透性增高。

给大鼠灌服 3.0mL/kg 醚提取物或 2.5g/kg、5g/kg 水提取物也能抑制角叉菜胶引起的足肿，作用较皮下注射氢化可的松 25mg/kg 持久，显示出较强的抗炎活性。花椒中所含的 1,8-桉叶素可能是醚提取物镇痛抗炎的活性成分之一。

3. 抗血栓

给大鼠灌胃花椒水提取物 10g/kg、20g/kg 或醚提取物 3.0mL/kg，均能使电刺激颈动脉所致的血栓形成延迟。花椒水提取物能延长血浆凝血酶原时间、凝血酶原消耗时间、白陶土部分凝血活酶时间和凝血酶时间，而其醚提取物仅能延长血浆凝血酶原消耗时间和白陶土部分凝血活酶时间，可见花椒水提物强于醚提物。花椒水提物对二磷酸腺苷和胶原诱导血小板聚集均有明显的浓度依赖性抑制作用，0.15g/mL 水提取物液的抑制率分别为 50.4% 和 88.3%。

4. 抗应激性心肌损伤

给大鼠灌胃水提物 10g/kg、20g/kg 连续 5d，冰冻组应激时间 2min×4min 出现明显疲劳，5′-核苷酸酶与单胺氧化酶活力明显增高，甘油三酯含量升高。醚提物使 5′-核苷酸酶活性降低，水提物作用不明显；水提物、醚提物均使单胺氧化酶活性及甘油三酯含量降低。水提物在 10mg/200μL 或 5mg/200μL 浓度，分别对二磷酸腺苷或胶原诱导的血小板聚集有明显的抑制作用。结果表明，花椒对冰水应激状态下儿茶酚胺分泌增加所引起的血小板聚集及心肌损伤具有保护作用，减少心肌内酶及能量的消耗，同时提高机体活动水平，使心肌细胞膜结合酶的异常变化得到一定恢复。

5. 抗菌

花椒水抽提液（1∶1）对甲型和乙型链球菌、葡萄球菌、肺炎球菌、炭疽杆菌、枯草杆菌、变形杆菌、伤寒杆菌、副伤寒杆菌、白喉杆菌、霍乱弧菌、宋氏痢疾杆菌、绿脓杆菌均有抑制作用。花椒挥发油对 11 种皮肤癣菌和 4 种深部真菌都有一定的抑制和杀灭作用，其中羊毛小孢子菌和红色毛癣菌最敏感。40% 水浸出液在体外试验对星形奴卡氏菌有抑制作用。花椒油乳剂 1∶3000 以上浓度或霉菌培养皿中滴加 10μL、30μL、100μL 花椒挥发油均可抑制念珠球菌属霉菌生长。

6. 局部麻醉

花椒水浸液、挥发油或水溶物都具有局部麻醉作用，能可逆地阻断蟾蜍从骨神经冲动的传导和降低其兴奋性。随着浓度的提高，神经动作电位消失速度加速，持续时间延长。花椒烯醇液也有局部麻醉作用，在家兔角膜的表面麻醉中效力稍弱于地卡因，在豚鼠的浸润麻醉中效力较普鲁卡因强。

（三）花椒的安全性

给大鼠灌胃牻牛儿醇的 LD_{50} 为 4.8g/kg，给兔静脉注射的 LD_{50} 为 50mg/kg，过量可引起呼吸极度困难而致动物死亡。小鼠腹腔注射或静脉注射野花椒水溶性生物碱的 LD_{50} 分别为 19.85mg/kg 或 3.61mg/kg。

十八、黑 胡 椒

胡椒（*Piperis Fructus*）为胡椒科植物胡椒（*Piper nigrum* L.）的干燥近成熟或成熟果实，产于广东、广西及云南等地。秋末至次春果实呈暗绿色时采收，晒干者为黑胡椒。果实变红时采收，用水浸渍数日，擦去果肉，晒干者为白胡椒。胡椒味辛，性热，入胃、大肠经。

（一）黑胡椒的化学组成

胡椒果实含有多种酰胺类化合物：胡椒碱（Piperine）、胡椒林碱（Piperyline）、胡椒新碱（Piperanine）、胡椒油碱（Piperoleine）A、胡椒油碱 B、胡椒油碱 C 等。它还含挥发油，黑胡椒含 1.2%~2.6%，白胡椒约含 0.8%。挥发油的主要成分为胡椒醛（Piperonal）、二氢香芹醇（Dihydrocarveol）、氧化石竹烯（Caryo-phyllene oxide）、隐品酮（Cryptone）、顺-对-盖烯醇（Cis-p-2-menthenl-ol）、顺-对-盖二烯醇（Cis-p-2,8-menthadien-1-ol）及反-松香芹醇（Trans-pinocarveol）。

（二）黑胡椒的生物功效

1. 调节中枢神经系统

如表 8-13 所示，20mg/kg 和 40mg/kg 的胡椒碱可明显减少小鼠的自主活动，表明胡椒碱具有一定的镇静作用，且与剂量相关。给小鼠腹腔注射 25mg/kg 胡椒碱，5min 后即出现闭目、低头、伏卧和活动很少等现象，30min 后小鼠自由活动次数非常明显地减少。胡椒碱能延长戊巴比妥大鼠的睡眠时间，食用胡椒碱的大鼠其血液及脑内的戊巴比妥浓度较高，故其作用机制可能与胡椒碱抑制肝微粒体酶有关。

表 8-13　　　　　　　　　　胡椒碱对小鼠自主活动的影响

组别	剂量/（mg/kg）	自主活动数/次
2%聚山梨酯-80 组	—	141±24
胡椒碱组	10	123±49
	20	78±42 **
	40	54±31 **

注：与 2%聚山梨酯-80 组比较，** $P<0.05$。

给大鼠腹腔注射 120mg/kg 胡椒碱，能对抗最大电休克发作，作用高峰时间在注射后 2h。胡椒碱在小于 TD_{50} 的剂量下，对大鼠或小鼠的最大电休克发作均有不同程度的对抗作用。它对戊四氮惊厥也有明显对抗作用，并能延长阵挛出现时间，保护动物免于死亡。小鼠腹腔注射 48mg/kg 对印防己毒素或士的宁引起的惊厥均有对抗作用，腹腔注射 100mg/kg 对于脑室内注射筒箭毒碱、谷氨酸钠引起的惊厥发作也有对抗作用，并对戊四氮诱发兔脑电图癫痫样放电也有对抗作用。

2. 影响胆汁分泌

大鼠灌胃胡椒 250mg/kg、500mg/kg 或胡椒碱 12.5mg/kg、25mg/kg，也可将 0.2%、0.4% 胡椒或 0.01%、0.02%胡椒碱加入饲料中每日喂食持续 4 周。试验表明，灌胃 250mg/kg 胡椒的大鼠胆汁浓度增高，而喂食胡椒的大鼠胆汁流量增多但胆汁浓度下降。在上述 2 种方式和 2 种剂量下，大鼠胆汁中胆固醇和胆酸的排出不受影响，而胆汁中尿酸的排出增加，说明胡椒和胡椒碱的某些成分以葡萄糖醛酸化物排出。

3. 抗炎杀虫

胡椒碱对大鼠角叉菜胶所致大鼠足肿，棉球肉芽肿及巴豆油肉芽肿有抑制作用，对急性早期炎症过程及慢性肉芽肿形成有明显作用，其机制部分是由于刺激垂体-肾上腺皮质轴。

胡椒酰胺类对狗蛔虫幼虫有杀虫作用。胡椒的水、醚或醇提取物试管内试验或对感染大鼠的试验中均证明有杀绦虫作用，其中醇提取物作用最强，醚提取物其次，水提取物最弱。正常人将 0.1g 胡椒含于口内不咽下，测定服用前后的血压及脉搏发现，对受试 24 人均能引起血压升高，收缩压平均升高 1.742kPa，舒张压升高 2.407kPa，10～12min 复原，对脉搏无显著影响。

（三）黑胡椒的安全性

小鼠腹腔注射胡椒碱的 TD_{50} 为（132.6±12.1）mg/kg，ED_{50} 为（88.5±12.3）mg/kg，预防指数为 1.5。大鼠腹腔注射的 TD_{50} 为（177±19）mg/kg，ED_{50} 为（98.6±14.3）mg/kg，PI 为 1.8。大鼠腹腔注射的 LD_{50} 为 348.6mg/kg。

埃及蟾蜍雌雄各 50 只喂予胡椒提取物，每次 2mg 每周 3 次持续 5 个月，喂养 2 个月后开始出现第 1 个肿瘤，5 个月后共有 30 只（雄 12 雌 18）发生肝脏肿瘤（肝细胞癌、淋巴肉瘤和纤维肉瘤），并发现在脾、肾、脂肪体及卵巢有肝细胞癌的转移。小鼠涂搽或喂以胡椒提取物3个月，每次2mg，每周3次，可见荷瘤鼠明显增加，若同时涂搽或喂以维生素A 5mg/次或10mg/次，每周2次，肿瘤发生率则减少。小鼠每日喂食含1.7%胡椒粉饲料未见致癌作用。另有报道，胡椒籽在仓库存放时自然产生的黄曲霉素含量较高（1.16μg/kg）。

十九、八角茴香

八角茴香（*Anisi Stellati Fructus*）为木兰科植物八角茴香（*Illicium verum* Hook. f.）的干燥成熟果实，主产于广西、广东、云南等地，以个大、色红、油多、香浓者为佳。味辛、甘，性温，归肝、肾、脾及胃经。

（一）八角茴香的化学组成

果实含5%八角茴香油，22%脂肪油，以及蛋白质、果胶等。八角茴香油中有28种组分，其中主要成分是反式茴香醚（Trans-anethole），含量为80%~90%，还有4.5%茴香醛（Anisaldehyde）、3%桉树脑（Cineole）、1.3%爱草脑（Eslragole）、1%茴香酮（Anisketone）等。

果实中还含黄酮类化合物和有机酸类化合物，前者有槲皮素-3-O-鼠李糖苷、槲皮素-3-O-葡萄糖苷、槲皮素-3-O-木糖苷、槲皮素、山奈酚、山奈酚-3-O-葡萄糖苷及山奈酚-3-O-半乳糖苷，后者包括3-咖啡酰奎宁酸、4-咖啡酰奎宁酸、5-咖啡酰奎宁酸和阿魏酰奎宁酸、羟基桂皮酸及羟基苯甲酸等。

（二）八角茴香的生物功效

1. 抗菌

八角茴香水抽提液对人型结核杆菌及枯草杆菌有抑制作用。醇提取物在体外对革兰氏阳性细菌（金黄色葡萄球菌、肺炎球菌、白喉杆菌等）的抑菌作用与青霉素钾盐20U/mL相似，对革兰氏阴性细菌（枯草杆菌、大肠杆菌、霍乱弧菌、伤寒杆菌、副伤寒杆菌、痢疾杆菌等）的抑菌作用与硫酸链霉素50U/mL相似，对常见真菌的抑菌作用大于1%的苯甲酸及水杨酸。其所含成分之一甲基胡椒酚也有抗菌作用。八角茴香精油具有较好的抑菌、杀虫活性和抗自由基氧化作用，可作为食品天然防腐剂和保鲜剂。

2. 升高血液中白细胞含量

茴香醚和甲基胡椒酚均有升高白细胞的作用。正常狗灌胃茴香醚200mg/只或肌注300mg/只，正常家兔和猴肌注100mg/只，注射后24h即出现升白细胞现象，连续使用白细胞可继续增加，停止注射后2h白细胞仍为原先的157%，骨髓细胞数为用前的188%，骨髓有核细胞呈活跃状态。灌胃或肌注均能防治环磷酰胺所致白细胞减少症，对化疗病人的白细胞减少症也有较好功效。

3. 刺激作用及其他功效

挥发油中的茴香醚具有刺激作用，能促进肠胃蠕动，缓解腹部疼痛。它对呼吸道分泌细胞也有刺激作用而促进分泌，可用于祛痰。

95%乙醇提取物2%浓度对豚鼠离体气管抗组织胺作用快、强而持久。所含的茴香醚有雌性激素样作用，甲基胡椒酚还有解痉和镇静作用。

（三）八角茴香的安全性

八角茴香水抽提液25g/kg给小鼠灌胃，观察7d，无死亡。茴香醚给小鼠灌胃的LD_{50}为

4g/kg，腹腔注射的 LD_{50} 为 1.5mg/kg。反式茴香醚大鼠腹腔注射的 LD_{50} 为 2.67g/kg，小鼠腹腔注射的 LD_{50} 为 1.41g/kg，顺式茴香脑大鼠腹腔注射的 LD_{50} 为 0.07g/kg，小鼠腹腔注射的 LD_{50} 为 0.095g/kg，说明顺式茴香脑的毒性大。八角茴香含少量黄樟素，黄樟素对大鼠和狗可诱发肝癌。对八角茴香提取出的挥发油进行鼠伤寒沙门氏菌营养缺陷型回复突变试验，选用菌株为 TA_{98}、TA_{100}，结果表明挥发油中黄樟醚未显示出致突变作用。

二十、小 茴 香

小茴香（*Foeniculi Fructus*）为伞形科植物茴香（*Foeniculum vulgare* Mill.）的干燥成熟果实，主产于山西、甘肃、辽宁、内蒙古。味辛，性温，入肾、膀胱及胃经。

（一）小茴香的化学组成

果实中含挥发油为 3%~6%，主要成分为 61%~78% 茴香醚（Anethole）、18%~20% 小茴香酮（Fenchone）、13.1% 柠檬烯，尚含爱草脑、γ-松油烯、α-蒎烯、月桂烯、β-蒎烯、樟脑、莰烯、甲氧基丙酮、香桧烯（Sabinene）、α-水芹烯、对聚伞花素、1,8-桉叶素、4-萜品醇（4-Terpineol）、茴香醛（Anisaldehyde）、茴香酸（Anisic acid）和顺式茴香醚。

（二）小茴香的生物功效

1. 对消化系统的作用

茴香油可作驱风剂，在腹气胀时排除气体，减轻疼痛。它能降低胃的张力，随后又产生刺激，而使胃蠕动正常化，缩短排空时间。它还能增进肠的张力及蠕动，从而促进气体的排出。有时在兴奋后蠕动又降低，因而有助于缓解痉挛，减轻疼痛。0.4% 与 1.2% 水抽提液能显著兴奋离体兔肠收缩活动，且作用随浓度增大而增强。给小鼠灌胃水抽提液 20g/kg 具有显著抑制小鼠胃排空的作用，而对小鼠胃肠推进率无显著影响，对蓖麻油或番泻叶性腹泻均无显著影响。

给动物灌胃或十二指肠注射小茴香 600mg/kg，对胃液分泌抑制率为 38.9%，对幽门结扎性胃溃疡或应激溃疡抑制率分别为 34.9% 或 33.8%。

小茴香有利胆作用，随着胆汁固体成分增加促进胆汁分泌。对部分肝摘出的大鼠经茴香油治疗 10d，组织的再生度增加，肝重量与对照组比较也明显增加，并且小茴香对肝微粒体氧化酶有影响。

2. 调节中枢神经系统

茴香油、茴香醚对青蛙均有中枢麻痹作用，蛙心肌开始稍有兴奋，后引起麻痹，神经肌肉呈箭毒样麻痹且肌肉自身的兴奋性减弱。小茴香还有镇痛作用，给小鼠灌胃水抽提液 10g/kg、20g/kg 对酒石酸锑钾所致小鼠扭体反应有明显抑制作用，并能显著延迟热板法测定的痛觉。

3. 性激素样作用

小茴香丙酮浸出物给大鼠灌胃 15d，测定器官总蛋白质含量，结果睾丸和输精管总蛋白含量减少，精囊和前列腺的总蛋白含量显著增加，并且这些器官的碱性、酸性磷酸酶活性均降低，雌性大鼠摄取 10d，阴道内出现角化细胞促进性周期作用。此外，乳腺、输卵管、子宫内膜、子宫肌层重量均增加，提示小茴香具有己烯雌酚样作用。

4. 祛痰平喘、抗菌与抗肿瘤

小茴香挥发油对豚鼠气管平滑肌有松弛作用。将其溶于 12% 的乙醇灌胃给予麻醉豚鼠，可使气管内分泌液体增多，切断胃神经不产生影响，认为此作用不是通过胃反应引起的。

茴香油对真菌、孢子、金黄色葡萄球菌等有抗菌作用，茴香醚可能是抗菌的有效成分。由小茴香分离的植物多糖，有抗肿瘤作用。

第五节　种子类活性物质

本节讨论的种子类植物活性物质共 26 种：白果、刀豆、白扁豆、赤小豆、淡豆豉、酸枣仁、杏仁（苦、甜）、桃仁、薏苡仁、火麻仁、郁李仁、砂仁、益智仁、决明子、黄芥子、莱菔子、枳椇子、榧子、莲子、紫苏籽、肉豆蔻、麦芽、芡实、龙眼肉、黑芝麻、胖大海。

种子类功能性食品配料包括种子和种仁两大类。种子（仁）一般都含有较丰富的脂肪和蛋白质，同时含有醇类、酚类及酸类等活性成分。例如，刀豆中所含的洋刀豆凝集素和苦杏仁所含的苦杏仁苷都具有较强的抗肿瘤活性。

一、白　果

白果（*Ginkgo Semen*）是银杏科银杏属植物银杏（*Ginkgo biloba* L.）的成熟种子，在秋季种子成熟时采收。银杏，又称白果树、公孙树，珍稀树种之一，有活化石之称。银杏是一种高大落叶乔木，喜温暖湿润气候，耐寒、耐旱，在我国广为栽培，东起江浙，西至陕甘、云贵，南自广东，北达辽宁。

（一）白果的化学组成

白果含有丰富的营养物质，其干燥果仁中除含量高达 60% 的淀粉，约 10% 的蛋白质，8% 左右的脂肪，以及 10%~14% 单、双糖外，还含有钙、钾、锌等多种微量元素；此外还含有银杏双黄酮（Ginkgetin）、白果素（Bilobetin）等黄酮类化合物。现阶段从白果中分离得到的黄酮类成分已超过 70 种。白果总黄酮含量因产地等因素影响差异一般在 2%~6% 之间。白果的毒性成分主要来源于两类物质，一类是白果酸（Ginkgolic acid）和其他多种银杏酚酸类物质，总称为银杏酸；另一种是 4-*O*-甲基吡哆醇（4-*O*-methylpyridoxine），称之为银杏毒素（Ginkgo-toxin）。

（二）白果的生物功效

传统中医认为白果生吃和熟食有不同的功效，生白果有消毒、降痰功效，熟白果则能温肺、定喘，白果外敷还能除疥癣。现代医学研究发现白果具有较为广泛的抑菌活性。体外抑菌试验发现，白果提取物对葡萄球菌、链球菌、大肠杆菌、伤寒杆菌、白喉杆菌、枯草杆菌等多种细菌均有抑制作用，对结核杆菌的抑制作用尤为明显，且不受温度升高的影响，而对大肠杆菌等则会因加热而失去抑制作用。白果提取物对毛癣菌、胞癣菌属中的数种皮肤致病真菌也表现出较好的抑制作用。药理学研究认为白果的抑菌活性成分不止一种，其中，白果中的毒性成分银杏酸对热敏感，随温度的升高而降解，而白果的抑菌活性有一部分来自银杏酸。试验发现，白果醇提取物除对金黄色葡萄球菌和绿脓杆菌的抑制效果强于水提取物外，对其他菌类抑制效果与水提取物无明显差异。

此外，有报道称在小鼠酚红法祛痰实验中用白果提取物进行腹腔注射，能增加实验动物呼吸道酚红排泌量，验证白果具有一定的祛痰作用。

（三）白果的安全性

过量食用白果可致中毒，中毒症状表现为恶心、呕吐、食欲不振、腹痛、腹泻，严重可致发烧惊厥、肢体强直、抽搐，甚至昏迷，若未及时救治，可导致死亡。成人食用熟白果以 10 颗以内为宜，幼儿不应超过 5 颗，通常认为生白果毒性更大。

二、刀　豆

刀豆（Canavaliae Semen）为豆科植物刀豆 [Canavalia gladiaa（Jacq.）DC.] 的干燥成熟种子，主产于江苏、湖北、安徽。原产于西印度的同属植物洋刀豆（C. ensiformis L.）的种子也作刀豆用。味甘，性温，入胃、肾经。

（一）刀豆的化学组成

刀豆内含尿素酶（Urease）、血凝素（Hemagglutinin，HA）、刀豆氨酸（Canavanine）。嫩豆中还可分离出刀豆赤霉素（Canavalia gibberellin）Ⅰ和刀豆赤霉素Ⅱ。叶中也有刀豆氨酸。刀豆中其他成分为淀粉、蛋白质、脂肪、纤维等。洋刀豆含伴刀豆球蛋白等多种球蛋白。其他成分还有尿毒酶、糖苷酶、精氯酸琥珀酸酶、精氨酸酶、刀豆酸、刀豆氨酸、α-氨基-δ-羟基戊酸及刀豆毒素（Canatoxin）等。近年来，因伴刀豆球蛋白对肿瘤细胞的特殊作用而受到重视。

（二）刀豆的生物功效

1. 抗肿瘤

伴刀豆球蛋白是植物凝集素（Phytohemagglutinin，PHA）的一种，具有抗肿瘤作用。伴刀豆球蛋白可凝集由各种致癌剂所引起的变形细胞，而对正常细胞，只有在用胰蛋白酶处理后才能凝集。由于此种凝集作用，可由 α-甲基-D-甘露糖苷而加以竞争性拮抗，因此推测其血凝素是与变形细胞表面膜上的葡萄糖或甘露糖样的部位结合而起作用的，在正常细胞此部位是被掩盖着的。伴刀豆球蛋白可引起人淋巴细胞的变形，即淋巴细胞受刺激而转变成为淋巴母细胞，但不产生相应的细胞毒性，还可抑制其他植物凝集素引起的细胞毒性。试验表明，伴刀豆球蛋白对用病毒或化学致癌剂处理后而得的变形细胞的毒性，大于对正常细胞的毒性。伴刀豆球蛋白经胰蛋白酶处理，还能使变形后的小鼠纤维细胞重新恢复到正常细胞的生长状态，对各种致癌剂引起的变形细胞有凝集作用。此外，伴刀豆球蛋白及麦芽、大豆中的糖蛋白对 YAC 细胞（一种由 Monloney 病毒引起的腹水型淋巴瘤细胞）都可凝集之，但只有伴刀豆球蛋白对 YAC 细胞有显著的毒性。在体外试验中，以 $125\mu g/mL$ 的伴刀豆球蛋白与这种细胞保温培养 24h，可使 95%细胞溶解；在体内试验中，给成年小鼠腹腔注射 YAC 细胞后 1h、2d、5d 再腹腔注射伴刀豆球蛋白 1mg，可分别抑制肿瘤 70%、50%及 20%。

2. 抗病原体

刀豆所含左旋刀豆氨酸结构与精氨酸相似。在鸡胚中它可抑制禽流感病毒的繁殖，在组织培养中抑制作用更强，但它对病毒没有直接灭活作用，也不干扰病毒对宿主细胞的吸附和影响宿主细胞的呼吸作用。在组织培养中对病毒的抑制作用可被 L-精氨酸完全逆转。

3. 其他功效

已发现刀豆具有脂氧酶激活作用，其有效成分是刀豆毒素。刀豆毒素每日腹腔注射 $50\mu g/kg$、$100\mu g/kg$ 或 $200\mu g/kg$，可引起雌性大鼠血浆内黄体生成素（Luteinizing hormone，LH）和卵泡刺激素（Follicle stimulating hormone，FSH）水平突然升高，黄体酮水平无变化，而催乳素（Prolactin，PRL）则降低。200μg/kg组发情前期频率和体重增重明显增加，但子宫和卵巢的重量并无变化。上述卵泡刺激素和黄体生成素的增加同脂氧酶激活作用是吻合的，但催乳素水平降低的原因尚未明了。

三、白　扁　豆

白扁豆（*Lablab Semen Album*）为豆科植物扁豆（*Dolichos Lablab* L.）的成熟白色种子，主产于湖南、安徽、河南等地。味甘，性平，入脾、胃经。

（一）白扁豆的化学组成

种子含22.7%蛋白质、1.8%脂肪、57%碳水化合物、0.046% Ca、0.052% P、0.001% Fe、0.247%植酸钙镁、12.32μg/g泛酸、24.4μg/g Zn。种子还含胰蛋白酶抑制物、淀粉酶抑制物、血凝素A、血凝素B，并含有对小鼠Columbia SK病毒有抑制作用的成分，这种活性成分在水溶的高分子部分和低分子部分中都有。另含淀粉、豆甾醇、磷脂、棉籽糖、水苏糖、氰苷、酪氨酸酶等。

（二）白扁豆的生物功效

1. 增强免疫功能

20%白扁豆冷盐浸液0.3mL对活性E玫瑰花环的形成有促进作用，即增加T细胞的活性，提高细胞免疫功能。从扁豆中分离提纯了外源凝集素，其浓度在0.5~20μg/mL范围内时，小鼠产生白介素-2的浓度随外源凝集素浓度增加而升高，说明外源凝集素能刺激淋巴细胞分裂。但当浓度超过20μg/mL时，产生白介素-2浓度反而降低。

2. 抑菌解毒

白扁豆水抽提液对痢疾杆菌有抑制作用，对食物中毒引起的呕吐、急性胃肠炎等有解毒作用。

3. 抑制血凝

扁豆中含有对人红细胞的非特异性凝集素，它具有某些球蛋白的特性，促进E玫瑰花环的形成。其凝集素乙溶于水，能抑制凝血酶，10mg/mL浓度可使枸橼酸血浆凝固时间由20s延长至60s。外源凝集素具有类似于刀豆素A的作用，对红细胞有很强抑制凝集作用，而没有血型特异性。

（三）白扁豆的安全性

所含植物凝集素不溶于水，有抗胰蛋白酶活性，混于饲料中喂饲大鼠，可抑制其生长，甚至引起肝区域坏死，加热使其毒性大减。凝集素乙非部分性抑制胰蛋白酶的活性，加热也可降低其活性。

四、赤　小　豆

赤小豆（*Vignae Semen*）为豆科植物赤豆（*Phaselus angularis* Wight）或赤小豆（*Phaseolus calcaratus* Roxb.）的种子。味甘、酸，性平，入心和小肠经，可利水除湿，和血排脓，消肿解毒。主治水肿胀满，脚气浮肿，黄疸尿赤，风湿热痹，痈肿疮毒，泻痢，肠痈等。

（一）赤小豆的化学组成

赤小豆含 20% 的蛋白质，α-球蛋白、β-球蛋白、0.5%~0.75% 脂肪、58% 碳水化合物、4.9% 粗纤维、0.71% 脂肪酸、0.27% 皂苷，以及微量的维生素 A、维生素 B_1、维生素 B_2 及尼克酸，和少量的 Ca（0.67mg/g）、Fe（0.52mg/g）和 P（3.05mg/g）等。从赤豆分离得到 3-呋喃甲醇-β-D-吡喃葡萄糖苷，右旋儿茶素-O-β-D-吡喃葡萄糖苷，1D-5-O-（α-D-吡喃半乳糖基）-4-O-甲基肌醇和赤豆皂苷（Azukisaponin）Ⅰ、赤豆皂苷Ⅱ、赤豆皂苷Ⅲ、赤豆皂苷Ⅳ、赤豆皂苷Ⅴ及赤豆皂苷Ⅵ，其中赤豆皂苷是齐墩果烯低聚糖苷。从赤豆的热水提取物中还得到 3 种黄烷醇鞣质：D-儿茶素、D-表儿茶素和表没食子儿茶素。赤豆新鲜种子中还含原矢车菊素 B_1 和原矢车菊素 B_3。

（二）赤小豆的生物功效

从赤小豆中分离得到一种胰蛋白酶抑制剂，其相对分子质量为 7000 左右，为一以酪氨酸为 N-末端、由 54 个氨基酸残基组成的单一多肽。它对酸、碱、热均较稳定，对胰蛋白酶有较强的不可逆竞争性抑制作用，K_m 和 K_i 值分别为 $1.43×10^{-6}$mol/L 和 $2.4×10^{-9}$mol/L。在体外对人体精子有显著抑制作用，并能显著抑制人精子的顶体酶，摩尔抑制比为 1∶1.39，抑制常数为 $1.1×10^{-3}$。

研究表明，20% 赤小豆水抽提液对金黄色葡萄球菌、福氏痢疾杆菌和伤寒杆菌等有抑制作用。赤小豆煮汤饮服，可用于治疗肾脏性、心脏性、肝脏性、营养不良性、炎症性、特发性及经前期等各种原因引起的水肿。

五、淡 豆 豉

淡豆豉（*Sojae Semen Praeparatum*）又名香豉，为豆科植物大豆［*Glycine max*（L.）Merr.］的种子经蒸煮加工而成。也可以加入其他中草药如辣蓼、佩兰、苏叶、藿香、麻黄、青蒿、羌活、柴胡、白芷、川芎、葛根、赤芍、桔梗、甘草等，可取其汤汁用以煮豆，或将其研成粉末同煮熟的大豆拌和，然后闷置发酵等不同的加工方法。

（一）淡豆豉的化学组成

淡豆豉主要含蛋白质、脂肪、碳水化合物、维生素 B_1、维生素 B_2、Ca、P、Fe 以及酶类和卵磷脂等成分。因其富含蛋白质、维生素及微量元素等成分，因此具有很好的营养价值。

（二）淡豆豉的生物功效

1. 抗骨质疏松

淡豆豉对去卵巢骨质疏松大鼠骨生物力学性能有一定的影响。6 月龄 SD 雌性大鼠切除卵巢建立骨质疏松模型。术后大鼠分为假手术组，去卵巢模型组，淡豆豉低、中和高剂量组，以及仙灵骨葆组，连续灌胃给药 12 周后，各组大鼠取右侧股骨及腰椎（L3）进行生物力学性能检测。表 8-14 显示，去卵巢模型组大鼠极限强度、弹性模量、最大应变较假手术组大鼠明显降低。此外，去卵巢模型组大鼠腰椎破断载荷、最大载荷较假手术组大鼠明显降低；破断应变数值减小，但无明显差异；股骨最大载荷、弹性模量、最大挠度明显减小；淡豆豉还可提高股骨最大挠度，提高腰椎极限强度、最大应变及股骨最大挠度，明显提高腰椎破断载荷、最大载荷、极限强度、弹性模量、最大应变及股骨最大挠度。因此，淡豆豉可改善去卵巢骨质疏松大鼠的骨生物力学性能，提高骨质量。

表8-14　　　　　　　　　淡豆豉对去卵巢大鼠腰椎（L3）材料力学参数的影响

组别	剂量/（g/kg）	动物数	极限强度/MPa	弹性模量/MPa	破断应变/%	最大应变/%
假手术组	—	9	5.45±0.85**	538.4±127.5**	1.50±0.49	3.17±1.24**
模型组	—	11	2.95±0.65	251.2±118.0	1.28±0.53	1.52±0.41
淡豆豉组	5	9	3.61±1.42	279.7±109.6	1.30±0.41	1.58±0.46
	10	8	4.51±0.90**	379.0±169.5	1.34±0.27	2.72±0.60**
	20	8	4.71±1.45**	436.3±167.3*	1.43±0.34	2.90±1.16**
仙灵骨葆组	5	9	4.40±1.03*	308.1±165.5	1.46±0.45	2.39±0.92*

注：与模型组比较，* $P<0.05$，** $P<0.01$。

2. 降血糖

采用链脲佐菌素腹腔注射构建自发性高血压大鼠及正常大鼠血糖升高模型，观察血糖、血压及糖耐量的变化。结果（表8-15）淡豆豉正丁醇提取物对链脲佐菌素所致自发性高血压大鼠的血糖升高有明显的降低作用，并降低血压；对葡萄糖引起的链脲佐菌素糖尿病大鼠的血糖升高有明显的降低作用，并明显降低血糖曲线下面积，改善糖耐量。证明淡豆豉正丁醇提取物有明显的降糖作用，改善糖尿病大鼠糖耐量，并有一定的降压作用。

表8-15　　　　　　　对链脲佐菌素致自发性高血压大鼠血糖和血压的影响

组别	剂量/（g/kg）	血压/mmHg	血糖/（mmol/L）
正常对照	—	101.52±12.33**	5.49±1.34**
模型对照	—	177.13±15.27	17.11±3.76
淡豆豉提取物	20	143.11±17.65**	12.59±3.12*
	40	135.19±12.18**	11.66±3.44**

注：与模型对照组比较，* $P<0.05$，** $P<0.01$。

3. 清除自由基

淡豆豉多糖对·OH和O_2^-·等活性氧具有直接清除作用，可以保护细胞免受自由基的破坏，避免自由基过多对人体造成危害，在抗氧化及防衰老方面具有一定的作用。

4. 抗动脉粥样硬化

采用高脂饲料喂养法建立大鼠早期动脉粥样硬化模型，同时灌胃给予淡豆豉提取物，连续10周。结果如表8-16所示，淡豆豉组大鼠血清总胆固醇、甘油三酯、低密度脂蛋白水平均较模型对照组大鼠降低，血管内皮细胞的形态明显较模型组对照改善，内皮细胞的凋亡率显著降低，而增殖指数显著增高。表明淡豆豉对早期动脉粥样硬化大鼠血管内皮损伤有明显的保护作用，其机制可能与调节血管内皮细胞凋亡与增殖的平衡有关。

表8-16　　　　　　　　淡豆豉提取物对早期动脉粥样硬化大鼠血脂及脂蛋白的影响

组别	剂量/（g/kg）	总胆固醇含量/（mmol/L）	甘油三酯含量/（mmol/L）	高密度脂蛋白含量/（mmol/L）	低密度脂蛋白含量/（mmol/L）
正常对照组	—	1.72±0.23**	1.41±0.32**	1.50±0.23*	0.32±0.12**
模型对照组	—	2.54±0.25	2.47±0.61	1.98±0.14	1.20±0.41

续表

组别	剂量/ （g/kg）	总胆固醇 含量/（mmol/L）	甘油三酯 含量/（mmol/L）	高密度脂蛋白 含量/（mmol/L）	低密度脂蛋白 含量/（mmol/L）
淡豆豉提取物组	20	2.13±0.32 **	1.12±0.43 **	2.06±0.21	0.59±0.40 **
	40	1.90±0.36 **	1.03±0.51 **	2.11±0.07	0.55±0.43 **
吉非罗齐组	0.16	1.86±0.47 **	0.64±0.19 **	2.26±0.34 *	0.64±0.35 **

注：与模型对照组比较，* $P<0.05$，** $P<0.01$。

5. 其他功效

淡豆豉味苦，性寒，入肺、胃经，可促进细胞的新陈代谢，并有血管扩张等作用。临床主要用于防治糙皮病类似的维生素缺乏症、舌炎、口炎、脑动脉血栓形成、脑栓塞等。

六、酸 枣 仁

酸枣仁（*Ziziphi Spinosae Semen*）为鼠李科植物酸枣（*Ziziphus jujuba* var. *Spinosa*）的种子，主产于河北、陕西、辽宁和河南。味酸、甘，性平，入心、脾、肝和胆经。

（一）酸枣仁的化学组成

酸枣仁主要含三萜类化合物白桦脂酸（Betulic acid）、白桦脂醇（Betulin）与酸枣仁皂苷（Jujuboside）。酸枣仁皂苷的配基均为酸枣仁苷原（Jujubogenin），部分水解后得到香果灵内酯（EbelinLactone），此为皂苷的第二步产物。从酸枣仁中还得到其他三萜类化合物如胡萝卜苷、美洲茶酸（Ceanothic acid）、麦珠子酸（Alphitolic acid），黄酮类化合物如当药黄素（Swertisin）、酸枣黄素（Zivulgarin）、斯皮诺素（Spinosin）；生物碱如欧鼠季叶碱（Frangufoline）、荷叶碱（Nuciferine）、原荷叶碱、衡州乌药碱（Coclaurine）、酸枣碱（Zizyphusine）及去甲异紫堇定（Norisocorydine）等。

酸枣仁中还含大量油脂（32%）、蛋白质、氨基酸、矿物质和大量环磷酸腺苷样活性物质，并提取出环磷酸腺苷，含量范围 30~60nmol/g 干重，也含阿魏酸、植物甾醇和大量维生素 C。

（二）酸枣仁的生物功效

1. 镇静助眠

小鼠、大鼠、家兔、猫、犬分别灌服酸枣仁水抽提液，经光电管记录法、抖笼描记法及观察动物外观状态等多种试验方法证明，均有明显的镇静作用。生酸枣仁与炒酸枣仁作用无明显区别，但酸枣仁久炒油枯后，其镇静作用即消失。试验表明，酸枣仁水抽提液给大鼠灌服或腹腔注射，无论在白天或夜间，无论是正常状态或是咖啡因引起的兴奋状态，均表现出镇静催眠作用。酸枣仁对动物自发活动或被动运动均有明显抑制作用，其作用随剂量加大而增强。给猫腹腔注射酸枣仁水抽提液 3g/kg，对吗啡引起的狂躁症状有对抗作用。酸枣仁尚可显著减少小鼠防御性条件反射的反应次数。

酸枣仁和多种镇静催眠剂使用表现协同作用。灌服酸枣仁水抽提液可明显延长戊巴比妥钠所致小鼠的睡眠时间，增加阈下剂量戊巴比妥钠所致小鼠翻正反射消失动物数。家兔皮下注射酸枣仁水抽提液 5g/kg，可增加硫喷妥钠及戊巴比妥钠入睡动物数，延长睡眠时间，并且作用强度与剂量成正比。

酸枣仁皂苷为其镇静有效成分。另外，小鼠腹腔注射酸枣仁黄酮 100mg/kg 能明显抑制小鼠自主活动，并能加强戊巴比妥钠、硫喷妥钠及水合氯醛对中枢神经系统的抑制作用，拮抗咖啡因诱导的小白鼠精神运动性兴奋，表明该总黄酮为酸枣仁镇静催眠的有效成分之一。

2. 保护心血管系统

酸枣仁水提取物能抑制离体蛙心心率和收缩力，对在体兔心心率也有抑制作用。切断家兔迷走神经，不能消除酸枣仁水提取物减慢心率的作用。对异丙肾上腺素兴奋豚鼠心功能的影响试验中，未发现酸枣仁水提取物对 β_1 受体有阻断作用，说明酸枣仁水提取物不通过兴奋迷走神经或阻断 β_1 受体而起作用。酸枣仁水提取物对乌头碱、氯仿、氯化钡诱发的实验动物心律失常有对抗作用，尤其对乌头碱所致心律失常既有预防也有治疗作用。

0.2mL/100g 酸枣仁醇提取物给大鼠静脉注射，对氯化钡引起的心律失常有对抗作用，能使多数大鼠的异常心律转为窦性心律；对乌头碱引起的心律失常也有部分对抗作用，可使57%的大鼠心电图波形好转。酸枣仁水煎醇沉液 1.5g/kg 静脉注射或 4g/kg 腹腔注射，能明显改善脑垂体后叶素引起的心肌缺血的心电图变化；12.5g/kg 腹腔注射或 3.6~8.0g/kg 静脉注射，具有防治乌头碱、氯仿及氯化钡诱发的心律失常现象的作用。其抗心律失常的有效成分是黄酮苷，酸枣仁对多种实验性心律失常的对抗作用可能与其镇静、安定、降温、降低机体耗氧、提高心肌对缺氧的耐受力等有关。

33μg/mL 酸枣仁皂苷对缺氧、缺糖及氯丙嗪和丝裂霉素所致心肌细胞乳酸脱氢酶的释放增加均有明显的抑制作用，表明酸枣仁总皂苷有抗心肌缺血作用。

3. 降血压

酸枣仁醇提取物给麻醉大鼠和麻醉猫静脉注射有明显的降压作用。给麻醉犬静脉注射 1mL/kg，血压先轻度下降后出现短暂的轻微升高，接着迅速下降，5min 达最低点，降低率为 76.3%±19.7%。对大鼠以两肾包膜法形成的高血压，在手术前或手术次日给酸枣仁 20~30g/kg 口服，均有显著的降压作用。试验表明，酸枣仁对颈上交感神经节无阻断作用，对中枢降压反射及 α 受体也无影响。因为对心肌收缩力、心率和冠脉流量均无明显影响，说明酸枣仁的降压作用不是通过改变心脏功能所致。

4. 降血脂

大鼠每日腹腔注射酸枣仁总皂苷 64mg/kg 连续 20d，能显著降低正常饲养大鼠的总胆固醇和低密度脂蛋白胆固醇，显著升高高密度脂蛋白胆固醇与低密度脂蛋白胆固醇的比值，说明酸枣仁总皂苷能抑制胆固醇在血管壁的堆积。另给大鼠腹腔注射 64mg/kg 酸枣仁总皂苷、鹌鹑灌服 2.5mL/kg 酸枣油和 20g/kg 酸枣仁浸膏，也可明显降低高脂饲养大鼠和鹌鹑高脂模型的总胆固醇、低密度脂蛋白胆固醇和甘油三酯，升高高密度脂蛋白胆固醇与低密度脂蛋白胆固醇的比值，表明酸枣仁总皂苷和酸枣仁油可通过降低血脂和调理血脂蛋白抑制动脉粥样硬化的形成和发展。酸枣果肉也能明显降低高脂饲料引起的血脂升高，如家兔加喂酸枣果肉 10g/kg 连续 3个月，其冠状动脉粥样硬化发生率明显低于对照组。

此外，酸枣仁还能抑制血小板聚集。大鼠灌服 2.5mL/kg 酸枣油或 2.0mL/kg 酸枣仁浸膏连续灌胃 5d，结果酸枣油可明显抑制二磷酸腺苷诱导的大鼠血小板聚集反应，而酸枣仁浸膏对二磷酸腺苷诱导的血小板聚集反应无明显影响。

5. 增强免疫功能

经口摄取 5g/kg 酸枣仁浸膏连续 20d，可明显提高小鼠淋巴细胞转化值与抗体溶血素生成量，明显增强单核巨噬细胞的吞噬功能，并拮抗环磷酰胺引起的小鼠迟发型超敏反应。灌胃

0.1g/kg 酸枣仁多糖连续 16d，能增强小鼠的体液免疫和细胞免疫功能，对放射性损伤小鼠有明显的保护作用。

6. 提高缺氧耐力

每只小鼠灌服酸枣仁水抽提液 0.1g，对照组存活率为 45%，而酸枣仁组为 80%。同时断头进行脑组织耗氧量测定，发现酸枣仁组耗氧量比对照组显著减少。小鼠抗缺氧试验表明，酸枣仁水浸膏、水浸膏的醇溶物及醇不溶物均有良好的抗缺氧作用。通过对进藏新兵进行双盲法检测的结果表明，酸枣仁组 38 人经口摄取 11d 与摄取安慰剂的对照组 38 人比较，前者高山重反应率显著减少，而对照组基本反应率显著提高，说明酸枣仁能减轻高原反应。

腹腔注射 100mg/kg 酸枣仁总皂苷对小肠常压缺氧或异丙肾上腺素加重的缺氧及硝酸钠所致的携氧障碍，均能显著延长存活时间。通过研究酸枣仁总皂苷对家兔凝血酶诱导的血小板聚集和产生血栓素 B_2 的影响，发现酸枣仁总皂苷对缺氧的保护作用与抗血小板聚集和减少血栓素 B_2 生成有关。

7. 防治烧伤及其他功效

从酸枣仁水提浸膏中分离出的溶于醇和不溶于醇的组分、95% 醇提取物及酸枣仁水提取物的醇浸膏等均能提高烫伤小鼠不同存活时间的存活率，其抗烧伤作用与其提高机体对缺氧的耐受能力、抗心律失常作用、缓解烧伤休克所致心功能障碍的作用有一定关系。酸枣仁防治烫伤作用的有效成分，主要是其水溶性成分和既溶于水也溶于低浓度乙醇的组分。

酸枣仁对子宫有兴奋作用。酸枣果肉还可增加小鼠饮食量，增强体力，提高学习和记忆能力。

（三）酸枣仁的安全性

口服酸枣仁及其提取物的毒性很小。小鼠灌胃 50g/kg 酸枣仁水抽提液未出现毒性症状，大鼠灌服 20g/kg 酸枣仁水抽提液连续 30d，未见毒性反应。但胃肠道外使用时毒性显著增加，小鼠腹腔注射酸枣仁水抽提液的 LD_{50} 为 （14.3±2.0） g/kg，所有动物均表现安静、死前小鼠翻正反射尚存，未出现麻醉现象。小鼠皮下注射 50% 醇浸出物 20g/kg，可于 30~60min 死亡。

七、杏仁（苦、甜）

杏仁 （*Armeniacae Semen Amarum*） 为蔷薇科李属植物杏 （*Prunus armeniaca* L.）、山杏 （*Prunus armeniaca* var. *ansu* Maxim.）、辽杏 ［*Prunus mandshurica* （Maxim.） Koehne］ 及西伯利亚杏 （*Prunus sibirica* L.） 或巴旦杏 （*Prunus amygdalus* Batsch.） 的成熟种子。杏仁有甜苦之分，栽培杏所产杏仁甜的较多，野生的一般为苦的。从原植物来看，苦杏仁 （Bitter Almond） 由西伯利亚杏、辽杏及野生山杏加工而得，主产于我国东北，常称北杏仁，简称北杏；甜杏仁系巴旦杏经加工而得，其味多甘甜，为便于与苦杏仁区别，又称之为南杏。苦杏仁性属苦泄，善降气，其平喘止咳功效可靠。甜杏仁偏于滋润及养肺气，作用较和缓，其润肠通便之功较苦杏仁为著，适用于肺虚久咳或津伤便秘等症。

苦杏仁味苦，性温，有小毒，入肺和大肠经，具有止咳、平喘、润肠、通便功能。甜杏仁味甘，性平，无毒，能润肺宽胃、祛痰止咳。

（一）杏仁的化学组成

苦杏仁含有 2%~4% 苦杏仁苷 （Amygdalin）、35.5%~62.5% 杏仁油、蛋白质以及各种游离氨基酸。杏仁油中以油酸、亚油酸含量最高。此外，还含苦杏仁酶 （Emulsin） 与羟基腈分解酶（Hydroxynitrilelyase）。其中苦杏仁酶包括苦杏仁苷酶（Amygdalase）与樱苷酶（Punnase），两者均为β-葡萄糖苷酶，可使苦杏仁苷分别分解生成野樱皮苷和扁桃腈，前者受羟基腈分解酶的作用产生剧毒性物质氢氰酸和苯甲醛，该分解过程在室温甚至在没有酶的存在下也能迅速发生，在榨油后渣饼中的氢氰酸含量比苦杏仁高达1~1.5倍。苦杏仁尚含有挥发性香味成分，主要有β-紫罗兰酮（β-Ionone）、芳樟醇、γ-癸酸内酯（γ-Decanolactone）、己醛等。从杏仁中还得到KR-A与KR-B 2种蛋白成分，其含量分别为4.44%和0.41%。

甜杏仁与苦杏仁的区别主要在于所含苦杏仁苷及含油量的不同。甜杏仁不含或仅含0.1%苦杏仁苷，而含油达45%~67%，平均59%。甜杏仁中氢氰酸的含量较低，约为苦杏仁的35%。据报道，未成熟的西伯利亚杏仁（*P. prunus sibirica* L.）及其他杏仁均含有天冬酰胺。

（二）苦杏仁的生物功效

1. 抗肿瘤

自20世纪50年代开始苦杏仁苷在美国、墨西哥等国家广泛流传用来治疗癌症，声称有奇效，商品名为维生素B_{17}和Laetrie。但至今美国等仍未批准使用，反而指出应停止生产和应用。美国、加拿大的一些官方组织对苦杏仁苷的抗肿瘤作用进行了严格的重复试验，认为没有抗癌作用。然而至今，美国等一些国家仍在使用，并提出一些理论与试验依据。如认为癌细胞无氧酵解占优势，最终产物为乳酸，偏酸性环境有利于提高β-葡萄糖苷酶的活性，促使苦杏仁苷在癌细胞中分解出较多的氢氰酸和苯甲醛，而产生对癌细胞的选择性杀伤作用。

有关苦杏仁的抗肿瘤作用，已进行了较多的研究，但结果不尽一致，对苦杏仁苷的抗肿瘤作用存在两种不同看法。体外试验表明，杏仁热水提取物粗制剂对人子宫颈癌JTC-26的抑制率为50%~70%。氢氰酸、苯四醛、苦杏仁苷体外试验证明均有微弱的抗癌作用。若氢氰酸加苯甲醛、苦杏仁苷加β-葡萄糖苷酶均能明显提高抗癌活力。给小鼠自由摄食苦杏仁，可抑制艾氏腹水癌的生长，并使生存期延长。苦杏仁苷也可防治二甲基硝胺诱导的肝癌，使肿瘤病灶缩小。我国对苦杏仁苷进行了临床试验，结果表明它具有较好的功效。当然也有无效的报道。

建立表达癌胚抗原的人结直肠癌荷瘤裸鼠模型，将抗癌胚抗原单抗-β-葡萄糖苷酶偶联物于成瘤后以1000U/kg自尾静脉注射，72h后按50mg/kg给予苦杏仁苷前药，每周1次，共3次，6周后计算肿瘤体积、瘤质量抑制率，并观察肿瘤组织的凋亡变化及该系统对裸鼠主要脏器的毒性。结果（表8-17）表明，抗癌胚抗原单抗-β-葡萄糖苷酶偶联物/苦杏仁苷前药系统，能有效抑制裸鼠移植瘤的生长，在试验用的治疗剂量下未发现对主要脏器有明显的毒性作用。

表8-17　　　　　　　　　　　　　　　肿瘤的体积及瘤重变化

组别	n	瘤质量/mg	瘤体积/mm³
抗癌胚抗原单抗-β-葡萄糖苷酶偶联物+苦杏仁苷组	5	897.2±64.7	3667.2±231.4
苦杏仁苷组	5	2011.4±87.2	8760.2±748.2
磷酸盐缓冲溶液组	5	2047.2±44.5	8729.2±781.7

对抗肿瘤机制的研究中，有一种观点认为癌细胞中含有大量β-葡萄糖苷酶，这种酶能水

解苦杏仁苷产生 HCN、苯甲醛和葡萄糖。由于癌细胞缺少硫腈生成酶，该酶具有对 HCN 的解毒作用，使 HCN 变成无毒的硫腈化物，而正常细胞缺少 β-葡萄糖苷酶而含有大量的硫腈生成酶。依据该理论，苦杏仁苷应该能够选择性杀死癌细胞，而对正常细胞几乎无害。苦杏仁苷能够使肿瘤组织的 pH 降低，而对正常组织无影响。也有人发现苦杏仁苷有类似 NaSCN 和 NaOCN 能够影响胸腺嘧啶核苷进入肝瘤细胞 DNA 和肿瘤细胞对磷酸盐及氨基酸的吸收。

2. 降血糖

苦杏仁苷具有防治因抗肿瘤药阿脲引起的糖尿病的作用。采用阿脲诱发小鼠高血糖法证明，预先腹腔注射 3g/kg 苦杏仁苷 48h 后测血糖，结果有明显特异性的降血糖作用，并与苦杏仁苷血浓度呈依赖关系。

3. 抗炎镇痛

杏仁的胃蛋白酶水解产物对醋酸引起的小鼠扭体和棉球引起的大鼠肉芽肿炎症有抑制作用。蛋白质成分 KR-A 和 KR-B 有明显的抗炎与镇痛作用，它们对大鼠角叉菜胶性足肿，经口摄取的 ED_{50} 为 13.9mg/kg 和 6.4mg/kg。小鼠扭体试验表明，上述 2 种成分在 5mg/kg 静脉注射时都表现镇痛作用。苦杏仁苷分解产生的苯甲醛可抑制胃蛋白酶的活性，而且苯甲醛经安息香缩合酶作用生成安息香，安息香具有镇痛作用，因此用苦杏仁治疗晚期肝癌可解除病人的痛苦，有的甚至不用服用止痛药。

4. 对消化系统的作用

杏仁的脂肪有润肠通便作用。苦杏仁苷在经酶作用分解形成氢氰酸的同时，也产生苯甲醛，后者在体外以及在健康者或溃疡者体内，均能抑制胃蛋白酶的消化功能。杏仁水溶性部分的胃蛋白酶水解产物以 500mg/kg 的剂量给予 CCl_4 处理的大鼠，发现它能抑制谷草转氨酶、谷丙转氨酶水平和羟脯氨酸含量的升高，并抑制优球蛋白溶解时间的延长。杏仁水溶性部分的胃蛋白酶水解产物能抑制鼠肝结缔组织的增生，但不能抑制半乳糖胺引起的鼠谷草转氨酶、谷丙转氨酶水平升高。

5. 镇咳平喘

苦杏仁所含苦杏仁苷在下消化道被肠道微生物酶分解或被杏仁本身所含苦杏仁酶分解，产生微量氢氰酸，可对呼吸中枢呈抑制作用，而达到镇咳平喘效应。采用 SO_2 致咳法证明，给小鼠灌胃苦杏仁苷 1mg/kg、10mg/kg、100mg/kg 保持 30min 后，其对咳嗽频数的抑制率分别为 26%、22.8% 和 25.3%。灌胃苦杏仁提取物 48.3mg/kg 的作用比等量苦杏仁苷强 39.7%。苦杏仁因能促进肺表面活性物质的合成而有利于肺呼吸功能，苦杏仁苷不仅能促进表面活性物质的合成，而且可以改善各种生理与生化指标（如肺匀浆、支气管灌洗中总磷脂、肺水量及病理切片等）的异常现象。由表 8-18 可知，不同炮制方法的苦杏仁对平喘止咳均具有一定的作用。

表 8-18　　　　　　不同炮制方法苦杏仁对枸橼酸引咳豚鼠止咳作用的影响

组别	剂量/（g/kg）	n	咳嗽次数	咳嗽潜伏期/s
对照组	0.72	10	14.18±3.06	132.55±39.61
生苦杏仁组	0.72	10	10.9±2.77[*]	156.8±56.43
苦杏仁组	0.72	10	7.22±1.72[**]	174.44±38.14[*]
炒苦杏仁组	0.72	10	4.70±1.57[**]	202.10±50.88[**]
生后下苦杏仁组	0.72	10	6.902±2.33[**]	195.70±26.14[**]

注：与对照组比较，[*] $P<0.05$，[**] $P<0.01$。

6. 其他功效

苦杏仁苷有抗突变作用，能减少由安乃近、灭滴灵、丝裂霉素 C 等引起的微核多染性红细胞的数量。苦杏仁苷 1.5mg/只和 3.5mg/只给小鼠肌注，能明显促进有丝分裂原对小鼠脾脏 T 细胞的增殖。另外，从中药刺五加提得的苦杏仁苷给小鼠灌胃 10mg/只，能提高小鼠腹腔巨噬细胞对鸡红细胞吞噬的百分率及吞噬指数，具有增强机体免疫的功能。

苦杏仁油还有驱虫、杀菌作用，体外试验对人蛔虫、蚯蚓有杀死作用，并能对伤寒杆菌、副伤寒杆菌有抗菌作用。

（三）苦杏仁的安全性

过量服用苦杏仁均易产生严重中毒，表现为呼吸困难、抽搐、昏迷、瞳孔散大、心跳加速而弱、四肢冰冷。如抢救不及时或方法不当，可导致死亡。中毒机制主要是肠道菌丛中含有 β-葡萄糖苷酶，使杏仁中所含的苦杏仁苷在体内分解产生氢氰酸，后者与细胞线粒体内的细胞色素氧化酶三价铁起反应，抑制酶的活性，而引起组织细胞呼吸抑制，导致死亡。

苦杏仁苷小鼠静脉注射的 LD_{50} 为 25g/kg，而灌胃的 LD_{50} 则为 88.7mg/kg。大鼠静脉注射的 LD_{50} 为 25g/kg，腹腔注射为 8g/kg，而灌胃的 LD_{50} 则为 0.6g/kg。小鼠、兔、犬静脉注射或肌肉注射的 MTD 均为 3g/kg，而经口摄取则均为 0.075g/kg。一般成人口服苦杏仁 55 枚（约 60g），含苦杏仁苷约 1.8g（0.024g/kg）可致死，成人静脉注射剂量可达 5g（0.07g/kg），儿童的口服致死量为 7~10 个。人口服苦杏仁苷 4g/d 持续半个月或静脉注射持续 1 个月，可见毒性反应，以消化系统较为多见，此外还会表现在心电图 T 波改变和房性早搏，停用后以上毒性反应消失。如剂量减为每日口服 0.6~1.2g，则可避免毒性反应。

八、桃　仁

桃仁（*Persicae Semen*）为蔷薇科桃属植物桃 [*Prunus persica*（L.）Batsch] 或山桃 [*P. davidiana*（Carr.）Franch.] 的干燥成熟种子，主产于四川、云南、陕西、山东、河北、山西、河南等地。同属植物藏桃（*P. mira* kochne）在西藏地区也以其种子作桃仁使用。桃仁味苦、甘，性平，入心、肝及大肠经。

（一）桃仁的化学组成

桃仁内约含有 45%油脂、15%苦杏仁苷、3%苦杏仁酶（Emulsin）、尿囊素酶（Allantoinase）、乳糖酶和维生素 B_1 等。其中桃仁油主要为油酸和亚油酸，苦杏仁酶包括苦杏仁苷酶（Amygdalase）及樱苷酶（Prunase）。此外，还含绿原酸、3-咖啡酰奎宁酸、3-对香豆酰奎宁酸和甘油三油酸酯。和杏仁中的苦杏仁苷一样，桃仁的苦杏仁苷经酶或酸水解后产生氢氰酸、苯甲酸和葡萄糖。从桃仁中还分离到 2 种蛋白质成分 PR-A 和 PR-B。另外，桃的未成熟种子尚含赤霉素（Gibberellin）A_5 及赤霉素 A_{32}。

（二）桃仁的生物功效

1. 加快血液循环

桃仁具有活血化瘀作用。5g/mL 桃仁提取液 2mL 给麻醉家兔静脉注射，能立即增加脑血管及外周血管流量 112.8%，降低脑血管阻力 57.2%。桃仁能明显增加狗股动脉的血流量及降低血管阻力，对离体兔耳血管也能明显增加灌流液的流量，并能消除去甲肾上腺素的缩血管作用。桃仁提取物 50mg/mL 脾动脉注射，可使麻醉大鼠肝脏微循环内血流加速，并与剂量相关，表明对肝脏表面微循环有一定的改善作用。

桃仁有一定的抗凝血作用，能提高血小板中环磷酸腺苷水平，抑制红细胞凝固及抑制血栓形成。山桃仁 1g/mL 水抽提液 2.5mL/kg 给家兔灌胃，每日 1 次，连续 7~8d，其出血时间和凝血时间均显著延长，还可完全抑制其血块收缩。桃仁还有抑制二磷酸腺苷诱导血小板聚集作用，并可抑制实验动物模型的血栓形成。临床上用于瘀血、蓄血所致的疾病，对血流阻滞、血行障碍等有改善作用，能使各脏器各组织机能恢复，尤其扩张脑血管作用显著。

2. 润肠缓泻

桃仁内含 45% 的脂肪油，能提高肠黏膜的润滑性而使大便易于排出，其缓泻作用不是通过促进肠管蠕动，而是润肠通便，故临床将桃仁作为一种润下剂，适用于老年人或虚弱者的虚性便秘。

3. 抗炎症

桃仁有促进炎症吸收作用，在炎症初期有较强的抗渗出作用，但抗肉芽形成作用较弱。对桃仁的多种提取物进行抗炎筛选试验中，发现其水提取物具有较强的抗大鼠角叉菜胶性足肿作用。初步认为是苦杏仁苷，近来试验表明水溶部分所含两种蛋白质成分（PR-A 和 PR-B）具有抗渗出性炎症作用。桃仁中的苦杏仁苷对肉芽肿法、热水性足跖及角叉菜胶足跖水肿有抑制作用，对实验性炎症的镇痛作用为氨基比林的 1/2。研究认为，苦杏仁苷口服效果最强，腹腔注射次之，静脉注射几乎无活性。

4. 抗过敏

桃仁有抗过敏作用，其水提物能抑制小鼠血清中的皮肤过敏抗体及豚鼠脾溶血性细胞的产生。其乙醇提取物口服，能抑制小鼠含有过敏性抗体的抗血清引起的被动皮肤过敏反应的色素渗出量。临床观察发现，对疹块为红中带紫色，即说明有全身性皮肤瘀血倾向症候的接触性皮炎，用桃仁效果明显，可使症状很快得以改善。

5. 镇咳

桃仁的苦杏仁苷，经水解后能产生氢氰酸和苯甲醛，对呼吸中枢有镇静作用，氢氰酸经吸收后，能抑制细胞色素氧化酶，低浓度能减少组织耗氧量，并且还能通过抑制颈动脉体和主动脉体的氧化代谢而反射性地使呼吸加深，使痰易于咳出。

6. 抗肿瘤及其他

与苦杏仁一样，桃仁中的苦杏仁苷也有一定程度抗肿瘤作用。桃仁能促进初产妇的子宫收缩及子宫止血，其作用较麦角生物碱更强，特别是对子宫的止血作用，比麦角生物碱更强。桃仁还有溶血作用。PR-B 有相当强的超氧化物歧化酶样活性，$1\times10^{-6}\sim5\times10^{-6}$mol/L 对豚鼠腹腔巨噬细胞中超氧自由基的产生有抑制作用，并随剂量的加大而增强。

（三）桃仁的安全性

桃仁提取物 0.5g（相当于桃仁 4.0g）溶于 1mL 水中，每日饲喂大鼠，为期 1 周，对血糖、血清蛋白、肝功能检查及肺、心、肝、脾、肾及肾上腺的组织学检查，均无异常。桃仁水抽提液，小鼠腹腔注射 3.5g/kg，可见肌肉松弛，运动失调，竖毛等现象，其 LD_{50} 为（222.5±7.5）g/kg，出现短暂地血压下降。有人认为其常规用量所含的苦杏仁苷没有毒性作用。但桃仁服用过量，会出现中枢神经受损伤、眩晕、头痛、呕吐、心悸、瞳孔扩大、惊厥，以致呼吸衰竭而死亡。临床曾有数例成人吃桃仁数十粒而中毒致死的报告。

九、薏 苡 仁

薏苡仁（*Coicis Semen*）为禾本科植物薏苡（*Coix lacryma-jobi* Linn.）的种仁，主产于福

建、河北、辽宁。味甘、淡，性凉，入脾、肺和肾经。

（一）薏苡仁的化学组成

薏苡仁含有氨基酸、薏苡素（Coixol）、薏苡酯（Coixenolide）、三萜化合物。干燥种仁含16.1%~16.4%蛋白质、9.6%~11.2%脂肪、0.6%~1.5%纤维、1.9%~2.9%灰分。从薏苡仁的水抽提取物中还得到具有抗补体作用的聚葡萄糖和酸性多糖CA-1、酸性多糖CA-2以及具有降血糖作用的薏苡多糖A、薏苡多糖B、薏苡多糖C（Coixan A、Coixan B、Coixan C）。

（二）薏苡仁的生物功效

1. 对心血管的影响

薏苡仁油低浓度时能兴奋离体蛙与豚鼠心脏，高浓度则有抑制作用。对兔耳廓血管灌流，低浓度时使其收缩，高浓度则使其扩张。0.2mmol/L与0.4mmol/L薏苡素能抑制离体蟾蜍心脏，使其收缩振幅减低、频率变慢，而0.01%及0.1%的薏苡素对离体兔耳血管的收缩均无影响。薏苡素3mg/kg、6mg/kg及薏苡仁油静脉注射于麻醉兔则出现短暂的降压反应，且伴有呼吸兴奋。大剂量薏苡仁油能抑制呼吸中枢，使末梢血管特别是肺血管扩张。

2. 抗肿瘤

薏苡仁对癌细胞有阻止成长及伤害作用。用薏苡仁丙酮提取液以每只10.3mg剂量进行腹腔注射连续7d，对艾氏癌有抑制作用，能延长小鼠的存活期；醋酸乙酯或氯仿提取液的抑制作用较弱；石油醚、乙醚及甲醛提取液则无抑制作用。乙醇提取液同样具有抑制作用，也能延长小鼠的生存时间，进一步分离该醇提取液可得到对艾氏癌细胞有抑制作用的2种成分，其一可引起原浆变性，另一成分的主要作用是使胞核分裂停止于中期。另外，薏苡仁的丙酮提取液还对小鼠宫颈癌U_{14}及艾氏癌实体瘤呈明显抑制作用。50%薏苡仁乙醇提取物，对体外培养的扁平上皮癌细胞有促进角化作用。若在动物饲料中加入15%薏苡仁，则能抑制癌细胞生长。

早期认为丙酮提取物中抗肿瘤成分为薏苡仁酯，后经多次检测薏苡仁脂溶性成分，在除去脂类水解产物的有机酸部分后，均未检出薏苡仁酯。经分析证实，丙酮提取物的活性成分是棕榈酸、硬脂酸、油酸、亚油酸（16.4%：2.2%：54.7%：26.7%）等游离脂肪酸的混合物，不饱和脂肪酸为主要的有效成分。薏苡仁还含有效的抗肿瘤促进剂。薏苡仁甲醇提取物对疱疹病毒早期抗原激活作用有强烈的抑制活性，并有拮抗肿瘤促进剂的作用。据分析，α-单油酸甘油脂是其活性成分之一。

3. 增强免疫力和抗炎作用

从薏苡仁得到的中性多糖类聚葡萄糖1-7及酸性多糖CA-1、酸性多糖CA-2均显示抗补体活性。薏苡仁脂溶性部分精炼后从不饱和脂肪酸提取含甘油三酯部分给土拨鼠灌胃，结果试验组动物腹腔渗出液中细胞产生的白介素-1比对照组增加1.5倍，结果如表8-19所示，表明具有加强体液免疫，使巨噬细胞产生并分泌白介素-1的作用。上述浸出物也能显著加强健康人末梢血单核细胞产生抗体的能力。

薏苡仁浸出物能抑制人中性粒细胞产生活性氧自由基，并显著抑制中性粒细胞、淋巴细胞的甲基转换酶、磷脂酶A_2和前列腺素E_2的分泌，说明它有一定的抗炎作用，其机制之一是稳定炎症细胞的细胞膜。

表 8-19　　　　　　　　薏苡仁水提液对免疫抑制小鼠 T 细胞百分率的影响

组别	剂量/（g/kg）	HC$_{50}$	T 细胞阳性率/%
正常组	NS	66.59±13.22 [**]	45.60±6.81 [**]
模型组	NS	26.61±7.63	14.92±3.23
薏苡仁水提液低剂量组	2.5	34.414±10.56 [*]	19.45±5.15 [**]
薏苡仁水提液中剂量组	5.0	45.95±20.27 [*]	30.88±3.95 [**]
薏苡仁水提液高剂量组	10.0	61.42±17.22 [**]	36.36±4.72 [**]

注：与模型组比较，[*] $P<0.05$，[**] $P<0.01$。

4. 降血糖

薏苡仁油（乙醚提取液）0.5g/kg 皮下注射，可使兔血糖降低。同样皮下注射碳原子在 12 以上的脂肪酸（肉豆蔻酸、软脂酸、油酸等）也能降低兔血糖值，碳原子数较低的脂肪酸则无此作用。薏苡油此作用可被焦性葡萄糖酸、丙酮酸所拮抗。从薏苡仁水提取物中分离出的薏苡多糖 A、薏苡多糖 B 和薏苡多糖 C，腹腔注射，7h 及 12h 后可观察到小鼠血糖值明显下降，7h 后的降糖率分别为 56%、45% 和 40%。薏苡多糖 A 对四氧嘧啶诱发的高血糖小鼠也有明显降低血糖作用，是降血糖的主要成分。5mg/kg 薏苡素皮下注射没有引起兔血糖变化；但 200mg/kg 腹腔注射后约 3h 兔血糖值下降，5h 后恢复。因此，大剂量薏苡素对兔也有降血糖作用，但功效较弱。此外，薏苡仁多糖也具有一定的降血糖作用。

5. 镇静、镇痛及解热作用

薏苡素有较弱的中枢抑制作用。给小鼠静脉注射 100mg/kg 薏苡素能减少其自发活动，并能与咖啡因相拮抗。给兔静脉注射 20mg/kg 薏苡素后脑电图出现高幅慢波的皮层抑制反应。100mg/kg 薏苡素腹腔注射对小鼠（尾部电刺激法）和大鼠（辐射热法）均有镇痛作用，薏苡仁的水提取物对小鼠（热板法）也有镇痛作用。还有解热作用，对沙门氏菌细菌性发热的解热作用较好，而对二硝基酚引起的发热无作用。此外，静脉注射 5mg/kg 薏苡素对猫腓神经-腓肠肌标本的多突触反射有短暂的抑制作用。

6. 其他功效

对黄金仓鼠研究发现，薏苡仁有诱发排卵活性，其活性物质为阿魏酰豆甾醇和阿魏酰菜子甾醇。薏苡仁油（主要为棕榈酸及其酯）对呼吸产生影响，少量兴奋，大量麻痹（中枢性），同时能使血管显著扩张；对家兔及豚鼠的子宫一般呈兴奋作用，肾上腺素可使其兴奋性逆转。新鲜薏苡全草榨汁对金黄色葡萄球菌、乙型溶血性链球菌、炭疽杆菌、白喉杆菌有一定的抗菌作用。

（三）薏苡仁的安全性

薏苡素给小鼠腹腔注射 500mg/kg 1 次，仅出现短暂的镇静作用，无 1 只死亡；静脉注射其溶液 100mg/kg 不致死，也无明显异常表现；口服每日 20mg/kg、100mg/kg 与 500mg/kg 连续 30d，均未见毒性反应。薏苡仁油给小鼠 90mg/只腹腔注射，24h 无死亡。小鼠皮下注射薏苡仁油致死量为 5~10mg/g，兔静脉注射为 1~1.5g/kg。薏苡仁丙酮提取物（油状）对小鼠口服最大耐受量为 10mL/kg。

十、火　麻　仁

火麻仁（*Cannabis Fructus*）为桑科植物大麻（*Cannabis sativa* L.）的种仁，产于黑龙江、辽宁、吉林、四川、甘肃、云南、江苏、浙江等地。味甘，性平，入脾、胃、大肠经。

（一）火麻仁的化学组成

火麻仁含约 30% 脂肪油、28.2% 蛋白质及 18 种氨基酸。其脂肪油属于干性油，碘价 140~170，含饱和脂肪酸 10%，油酸 12%，亚油酸 53%，亚麻酸 2.5% 及一些大麻酚。另含微量生物碱，有葫芦巴碱（Trigonelline）、异亮氨酸甜菜碱（Isoleucine betaine）、胆碱、毒蕈碱（Muscaine）等，并含甾醇、卵磷脂、葡萄糖醛酸，麻仁球朊酶（Edestinase），植酸钙镁 1% 及维生素 E、维生素 B_1、维生素 B_2 等。从火麻仁中又分离出 N-反-咖啡酰酪胺、N-阿魏酰酪胺、N-对-香豆酰酪胺和克罗酰胺（Grossamide）4 种酰胺类化合物，还分离出命名为大麻素 A（Cannabish A）的新木脂素酰胺化合物。

（二）火麻仁的生物功效

1. 降压与降脂作用

麻醉猫十二指肠内给予火麻仁乳剂 2g/kg，30min 后血压开始缓慢下降，2h 后约降至原来水平的一半左右，而心率和呼吸未见显著变化。给正常大鼠灌胃 2~10g/kg，也可使血压明显下降。高血压患者服用火麻仁乳剂 4 周，血压由 18.62/13.3kPa 降至 15.96/10.64kPa，继续给予维持量 5~6 周血压稳定于 15.295/10.64kPa，且无不良反应。

火麻仁还有降脂作用，给大鼠高胆固醇饲料，加 10% 火麻仁的试验组，能明显地阻止血清胆固醇上升。所含卵磷脂能阻止胆固醇在肝内的沉积，阻止类脂在血清内滞留或渗透到血管内膜；所含亚油酸能与胆固醇结合成酯，并能促进其降解为胆酸而排泄，从而降低血浆胆固醇，维持血脂代谢平衡，防止胆固醇在血管壁上沉积。

2. 缓泻

火麻仁所含脂肪油内服后在肠道内分解产生脂肪酸，刺激肠黏膜，促进分泌，加快蠕动，减少大肠的水分吸收而致泻。火麻仁可用于治疗习惯性便秘，不论是气虚便秘还是津亏便秘均有效，老人、体虚、产后尤宜。

3. 保护肝脏

火麻仁所含成分能与肝脏内毒物结合成无毒物质由尿排出，并能降低肝淀粉酶活性，阻止糖原分解，使糖原增加，脂肪贮量减少。临床上用于急、慢性肝炎，肝硬化，中毒性肝损伤及食物、药物中毒等。

火麻仁油中含植酸钙镁，含有为人体易吸收的有机磷和钙，可作滋补营养剂。油中还含一些大麻酚，灌胃大麻酚能抑制小鼠 Lewis 肺癌的生长。

4. 增强免疫能力

通过游泳时间、血乳酸和血清尿素氮测定观察小鼠的抗疲劳能力，应用免疫器官相对质量称量、细胞和体液免疫功能测定以及脾脏 T 细胞亚群分类试验研究小鼠的免疫力。表 8-20 表明火麻仁蛋白明显增强小鼠伴刀豆球蛋白诱导的淋巴细胞增殖能和足跖肿胀度。此外，火麻仁蛋白能明显延长小鼠游泳时间、降低血乳酸值、增加肝糖原含量；并且火麻仁蛋白明显增强小鼠伴刀豆球蛋白诱导的脾淋巴细胞转化和迟发型变态反应，提高小鼠抗体生成数和半数溶血值，增强小鼠巨噬细胞吞噬能力，增加小鼠外周血液中 T 细胞百分比。

表8-20　　　　　　　　　　　　火麻仁蛋白对小鼠细胞免疫功能的影响

组别/（g/kg）	0	1.32	2.64	7.92
伴刀豆球蛋白诱导的淋巴细胞增殖能力（A）	0.26±0.04	0.24±0.04	0.29±0.01 *	0.36±0.06 **
足跖肿胀度/mm	0.27±0.03	0.28±0.03	0.32±0.05 *	0.31±0.04 *

注：与0g/kg组比较，* $P<0.05$，** $P<0.01$。

（三）火麻仁的安全性

火麻仁含有毒蕈碱及胆碱等，若大量食入（60~120g）会发生中毒。据报道，大多在食后1~2h内发病，最长12h，中毒程度之轻重与进食量的多少成正比。临床症状表现为恶心、呕吐、腹泻、四肢麻木、烦躁不安、精神错乱、手舞足蹈、脉搏增速、瞳孔散大、昏睡以致昏迷。但其病理变化是可逆的，预后良好。果皮中可能含有麻醉性树脂成分，故用时宜除净果皮，以防中毒。

十一、郁　李　仁

郁李仁（*Pruni Semen*）为蔷薇科植物郁李（*Prunus japonica* Thunb.）、欧李（*Prunus humilis* Bunge）或长梗郁李［*Prunus japonica* var. *nakaii*（Levl.）Rehd.］的种子，主产辽宁、河北、内蒙古等地，商品习惯称"小李仁"。在甘肃、内蒙古、河北、山东、辽宁等少数地区，还产一种"大李仁"，也作郁李仁使用。大李仁为蔷科植物山樱桃（*P. tomentosa* Thunb.）或截形榆叶梅（*P. triloba* var. *truncate* Kom.）的干燥成熟种子。郁李仁味辛、苦、甘，性平，入脾、大小肠经，能润燥滑肠、下气利水。

（一）郁李仁的化学组成

郁李仁含苦杏仁苷、58.3%~74.2%脂肪油、挥发性有机酸、粗蛋白质、纤维素、淀粉、油酸，并含0.96%皂苷、植物甾醇及维生素 B_1。种子还含苦杏仁苷，并检测出郁李仁苷（Prunuside）和山奈苷等黄酮类化合物，还分离到2种蛋白质成分IR-A和IR-B，提取率分别为3%和0.4%。

（二）郁李仁的生物功效

1. 泻下

郁李仁所含郁李仁苷对实验动物有强烈泻下作用，其泻下作用机制类似番泻苷，均属大肠性泻剂。50%郁李水抽提液能明显缩短燥结型便秘模型小鼠排便时间，排便次数明显增加。研究还表明，郁李仁有显著的促进小肠蠕动的作用，欧李郁李仁作用最直接，以直接水提物作用最显著，脂肪油次之，而醇提物及醚提液都无明显作用。

2. 抗炎镇痛

静脉注射郁李仁蛋白成分IR-1和IR-2有抗炎和镇痛作用。对角叉菜胶所致足肿，IR-A的抑制作用 ED_{50} 为14.8mg/kg，IR-B为0.7mg/kg。小鼠扭体法试验表明，IR-A和IR-B在5mg/kg静注时都有明显镇痛作用。

3. 保护呼吸道系统

郁李仁所含皂苷可引起支气管黏膜分泌，内服则有祛痰效果。所含苦杏仁苷在体内可产生微量的氢氰酸，对呼吸中枢呈镇静作用，达到镇咳平喘作用。另外，所含有机酸也有镇咳祛痰作用。临床上用于支气管炎和肺炎咳喘等。

4. 其他作用

郁李仁还有抗惊厥、促进细胞新陈代谢、扩张血管、降压等作用，临床用于防治脑血栓、脑栓塞、肾炎、腹水、糙皮病及类似的维生素缺乏症等。

十二、砂　仁

砂仁（*Amomi Fructus*）为姜科植物阳春砂（*Amomum villosum* Lour.）或缩砂（*Amomum xanthiides* Wall.）的成熟果实或种子，阳春砂仁主产于广东、广西等地，缩砂仁主产于越南、泰国、缅甸、印度尼西亚等地。味辛，性温，入脾、胃经。砂仁椭圆或卵圆形，略三棱状，长 1.5~2cm，直径 1.8~1.5cm，表面黄棕色或灰棕色，密生刺片状突起。果皮薄而脆，内含许多种子，种子团呈球形或长圆球形，表面棕色，以个大、坚实、仁饱满、气味浓厚者为佳。

（一）砂仁的化学组成

缩砂种子含挥发油 1.7%~3%，主要成分为 d-樟脑、d-龙脑、乙酸龙脑酯、芳樟醇、橙花叔醇及一种萜烯（像柠檬烯、但非柠檬烯）。阳春砂叶的挥发油与种子的挥发油相似，含龙脑、乙酸龙脑酯、樟脑、柠檬烯等成分，并含皂苷 0.69%。

（二）砂仁的生物功效

1. 抗血小板聚集

给家兔灌胃砂仁 0.6g/kg、1.2g/kg，对二磷酸腺苷诱发的血小板聚集有明显抑制作用，剂量增加作用时间相应延长。砂仁对花生四烯酸或胶原和肾上腺素合剂所诱发的小鼠急性死亡有明显保护作用，这除了由于抑制血小板的聚集作用外，也与扩张血管或抑制血栓素合成有关。

2. 抗溃疡

砂仁 0.3g/kg、0.6g/kg、1.2g/kg 灌胃对束缚水浸法小鼠应激性溃疡有明显抑制作用，0.6g/kg 灌胃可显著减少大鼠的胃酸分泌。砂仁可明显抑制胃酶消化蛋白作用及胃酸分泌，这可能是由于促进胃黏膜细胞释放前列腺素，致使胃酸分泌受到抑制的结果。

含有砂仁的中成药仲景胃灵胶囊（砂仁、肉桂、良姜、茴香和甘草）具有显著的抗胃溃疡作用。通过采用大鼠幽门结扎法、腹腔注射利血平法、胃部前壁注射乙酸法，制备大鼠胃溃疡模型，测量溃疡面积并进行胃酸分析。结果表明，仲景胃灵胶囊能使大鼠幽门结扎型（表 8-21）、药物型（利血平）、醋酸型胃溃疡面积显著减少，抑制胃液、胃酸的分泌和胃蛋白酶的活性。

表 8-21　　　　　　仲景胃灵胶囊对幽门结扎法引起小鼠溃疡的影响

组别	剂量/（g/kg）	动物数/只	溃疡指数/mm²
蒸馏水组	20mL	10	23.30±10.13
仲景胃灵胶囊组	1.98	10	13.00±6.20*
	0.99	10	14.70±4.99*
	0.50	10	18.20±7.58
三九胃泰组	11.40	10	11.85±3.95**
甲氰咪胍组	0.29	10	14.20±5.22*

注：与蒸馏水组比较，* $P<0.05$，** $P<0.01$。

3. 对肠道平滑肌的作用

0.5g/L、1.2g/L、4g/L 砂仁种子提取液能明显加强豚鼠离体回肠的节律运动,并使收缩幅度增大。大剂量则使张力减弱,振幅降低,并能拮抗乙酰胆碱及氯化钡对肠管的兴奋作用。砂仁还能促进小鼠肠道运动,增进胃肠运输机能。

4. 镇痛

醋酸扭体法试验表明,0.3g/kg、0.6g/kg 和 1.2g/kg 砂仁给小鼠灌胃,有明显镇痛作用,并能显著减少抗体细胞数。所含樟脑对中枢神经有兴奋作用以及解热镇痉、抗菌消炎、防腐作用等。

十三、益 智 仁

益智仁（*Alpiniae Oxyphllae Fructus*）为姜科益智（*Alpinia oxyphylla* Miq.）的干燥成熟果实,主要分布于广东、广西和海南,福建和云南也有少量种植。益智仁味辛,性温,入脾、肾经。

（一）益智仁的化学组成

益智的主要有效成分为益智酮甲（Yakuchinone A）、益智酮乙及益智醇（Nootkatol）。益智油含有蒎烯、1,8-桉叶素、樟脑、姜烯、姜醇、α-松油醇、绿叶烯、香橙烯、愈创木醇等多种化合物。另外,还含有多种微量元素、丰富的 B 族维生素和 17 种氨基酸。

（二）益智仁的生物功效

1. 抗胃损伤

经口摄取益智仁丙酮提取物 50mg/kg,对盐酸-乙醇引起的大鼠胃损伤有明显抑制作用,抑制率为 57%,其有效成分是益智醇。口服益智醇 20mg/kg,能显著抑制胃损伤。

2. 强心

益智仁甲醇提取物有增强豚鼠左心房收缩力的活性,其最低有效剂量为 10^{-6} g/mL。益智酮甲在 3×10^{-6} g/mL 及 3×10^{-5} g/mL 时,能够降低 Na^+、K^+-ATP 酶的活性,可达到 5% 和 35%,因此益智酮甲的强心作用,部分是因为它对心肌内钠钾泵的抑制作用所致。

3. 对血管的作用

益智仁甲醇提取物对兔主动脉有拮抗钙活性的作用,其有效成分为益智醇。在 0.03mmol/L 的剂量时,益智醇明显地抑制由氯化钾引起的大动脉收缩,但对去甲肾上腺素引起的收缩无影响。

4. 改善学习记忆能力

益智仁的复方产品"益智糖浆",可提高小鼠脑去甲肾上腺素、多巴胺、环磷酸腺苷及血浆环磷酸腺苷的含量,并有增加记忆及增强免疫的功能。如表 8-22 所示,由何首乌、石菖蒲、葛根、银杏叶、川芎、赤芍等组成的益智 I 号产品对以下 5 种化学品造成的小鼠学习记忆障碍有改善作用:东莨菪碱和戊巴比妥钠对记忆获得的破坏作用、氯霉素和亚硝酸钠造成的记忆巩固不良以及乙醇引起的记忆再缺失。

表 8-22　益智仁水提物对脑老化小鼠海马超氧化物歧化酶、丙二醛和谷胱甘肽过氧化物酶含量的影响

组别	超氧化物歧化酶/ （U/mg）	丙二醛含量/ （nmol/mg）	谷胱甘肽过氧化物酶活力/ （U/mg）
对照组	76.79±6,24	1.63±0.09	29.74±2.53
模型组	60.71±11.92[#]	3.43±0.19[##]	27.62±2.87

续表

组别	超氧化物歧化酶/（U/mg）	丙二醛含量/（nmol/mg）	谷胱甘肽过氧化物酶活力/（U/mg）
脑复康组	73.75±4.83	2.76±0.16*	29.56±2.12
益智仁水提物低剂量组	75.74±9.56*	3.01±0.15*	28.61±2.38
益智仁水提物高剂量组	79.45±10.12*	2.52±0.16**	30.34±2.56

注：与对照组比，#$P<0.05$，##$P<0.01$；与模型组比，*$P<0.05$，**$P<0.01$。

5. 固精缩尿

古医书记载，益智仁"能涩精固气""治遗精虚漏、小便余沥"，近年来的药理学研究在益智仁缩尿功效上取得了一定进展，但对于是何成分起到缩尿功效尚需要进一步研究论证。在缩尿动物实验中，有用益智仁乙醇提取物经乙酸乙酯再度萃取后得的萃取物按每天 1g/kg 的剂量对正常小鼠给药，持续两周，检测最后一次给药后 2h 和 6h 的小鼠膀胱内尿液量，结果发现，与空白对照组相比，给药组小鼠能明显减少尿液量（$P<0.01$）。

6. 其他作用

益智果的甲醇提取物可抑制前列腺素合成酶活性，益智酮甲对前列腺合成酶抑制 50% 时的浓度为 0.51μmol/L。益智果的水提物和乙醇提取物对组胺和氯化钡引起的豚鼠回肠收缩有抑制作用。益智的水提取物在抑制肉瘤细胞增长方面也有中等活性，且未见毒性。

（三）益智仁的安全性

以益智作急性毒性试验、蓄积毒性试验、骨髓微核试验、细菌回复突变试验、精子畸变试验。结果表明，益智仁为无毒、弱蓄积性物质，未发现有致突变作用，为一种安全性较高的食用植物资源。

十四、决　明　子

决明子（*Cassiae Semen*）为豆科植物决明（*Cassia tora* L.）的成熟种子，主产于安徽、广西、四川、浙江、广东等地。味苦而甘，性凉，入肝、肾经。

（一）决明子的化学组成

新鲜种子含大黄酚（Chrysophanol）、大黄素（Emodin）、芦荟大黄素（Aloe-emodin）、大黄酸（Rhein）、大黄素葡萄糖苷、大黄素蒽酮（Emodinan）、大黄素甲醚（Physcion）、决明素（Obtusin，即 1,6,7-三甲氧基-2,8-二羟基-3-甲基蒽酮）、美决明子素（Obtusifolin）、橙黄决明素（Aurantio-obtusin，即 1,7-二甲氧基-2,6,8-三羟基-3-甲基蒽醌）、决明松（Torachryson）、决明种内酯（Toralactone）以及新月孢子菌玫瑰色素（Rubrofusarin）、去甲红镰霉素（Nor-rubrofusarin）等。

（二）决明子的生物功效

1. 降低血压

决明子的水浸出液、乙醇-水浸出液和乙醇浸出液对麻醉狗、猫、兔及大鼠均有降压作用。决明子可使自发性遗传性高血压大鼠收缩压明显降低，同时使舒张压明显降低，但对心率和呼吸无明显影响。给 8 只遗传性高血压大鼠静脉注射决明子水煎乙醇注射液 0.05g/100g，血压下降非常显著，收缩压由原先的（27.6±1.72）kPa 降至（20.4±1.5）kPa，舒张压由原先的

（20.9±1.21）kPa降至（15.8±1.8）kPa。

2. 降低血脂

决明子有降低血清总胆固醇和甘油三酯的作用，使之分别比实验性大鼠高脂血症组降低29%和73%；还能降低大鼠肝中甘油三酯和抑制血小板凝集的作用，其值分别比实验性高脂血症组降低49%和59%。也有报告指出，决明子对高胆固醇血症的小鼠血清总胆固醇水平无影响，但能增加血清高密度脂蛋白胆固醇含量及提高高密度脂蛋白胆固醇/总胆固醇的比值，即明显改善体内胆固醇的分布状态，对于胆固醇最终转运到肝脏作最后处理十分有利。经实验性高胆固醇血症的家兔也证明，决明子粉能抑制血清胆固醇的升高和主动脉粥样硬化斑块的形成。有研究报道，决明子中的蒽醌类化合物具有降血脂作用。

100例血清胆固醇增高病例证明决明子有降低血清胆固醇的作用，大多数病例于服用决明子水抽提液、糖浆或片剂后，均有不同程度的下降，2周内有82%降至正常水平，4周有96%，总有效率达98%，血清胆固醇平均下降93.1mg。临床观察表明，决明子降胆固醇的作用与用量密切相关，用量不足不能达到功效；决明子降胆固醇的作用是暂时的，服用后血清胆固醇含量下降，但停用后易回升。

3. 对免疫功能的影响

小鼠皮下注射决明子水煎醇沉剂15g/kg，每日1次，连续7d，可使小鼠胸腺萎缩，使外周血淋巴细胞α-醋酸萘酯酶染色阳性率下降，并能对抗2,4-二硝基氯苯所致的小鼠皮肤迟发型超敏反应，这表明决明子对细胞免疫反应有一定的抑制作用。但决明子对巨噬细胞功能却有增强作用，可使小鼠腹腔巨噬细胞吞噬百分率和吞噬指数上升，可使血清溶菌酶含量上升。由于决明子对脾及其结构无明显影响，故对体液免疫功能无明显影响。

将小鼠淋巴细胞或巨噬细胞与不同浓度的决明子蒽醌苷共培养，用二甲氧唑黄法测定T细胞及B细胞的增殖能力、对混合淋巴细胞反应的影响、对丝裂霉素C所致淋巴细胞增殖抑制的拮抗作用，用中性红染色法观察决明子蒽醌苷对巨噬细胞吞噬功能、自然杀伤细胞活性、小鼠脾细胞分泌肿瘤坏死因子活性的影响。结果（表8-23）表明，决明子蒽醌苷体外给药可明显促进小鼠T细胞及B细胞的增殖，增强巨噬细胞吞噬中性红的能力，提高自然杀伤细胞活性及分泌肿瘤坏死因子活性，并可促进混合淋巴细胞反应，拮抗丝裂霉素C对淋巴细胞增殖的抑制作用。

表8-23　　　　　　　　　　　　决明子蒽醌苷对细胞增殖反应的影响

组别	剂量/ (μg/mL)	细胞增殖试验			自然杀伤细胞杀伤率/%	肿瘤坏死因子活性/%
		直接作用	伴刀豆球蛋白诱导	脂多糖诱导		
空白对照组	—	0.948±0.067	0.716±0.034	0.718±0.031	18.15±7.57	19.11±4.76
模型组	—/0.01	—	0.818±0.078**	0.998±0.079**	—	—
决明子蒽醌苷组	100	1.095±0.140**	0.882±0.056#	1.102±0.056##	41.50±6.58**	26.62±10.72*
	50	1.032±0.106*	0.870±0.069#	1.047±0.055#	41.14±6.18**	26.63±9.64*
	25	1.035±0.092*	0.830±0.056	1.017±0.058	37.59±6.95**	23.81±7.23*

注：与空白对照组相比，*P<0.05，**P<0.01；与模型组相比，#P<0.05，##P<0.01。

4. 保肝

决明子热水提取物口服 670mg/kg 对 CCl_4 中毒小鼠肝脏有弱的解毒作用，但决明子经石油醚脱脂、氯仿与甲醇提取后所得的提取物具有显著的保肝作用。进一步从中分得大黄酚-1-O-三葡萄糖苷、大黄酚-1-O-四葡萄糖苷，在其 1mg/kg 时，对 CCl_4 损伤的肝细胞有弱的保护作用，还发现芦荟大黄素也有类似的抗肝毒作用。研究表明，决明子苷、红镰霉素-6-O-龙胆二糖苷和红镰霉素-6-O-芹葡萄糖苷是决明子保肝的主要活性成分。

5. 抗菌

决明子醇浸出物对试管中葡萄球菌、白喉杆菌、伤寒及副伤寒杆菌、乙型副伤寒杆菌、大肠杆菌、巨大芽孢杆菌等均有抑制作用，但其水浸剂则无作用。决明子的根和种子均呈现抗菌活性，其中有效成分以苯醌（2,5-二甲氧基苯醌）、大黄素型蒽醌类（大黄素、大黄素-8-甲醚）、四氢蒽（决明蒽酮）及奈-α-吡喃酮类（决明种内酯、异决明种内酯）抗菌活性强。

决明子水浸剂（1:4）在试管内对石膏样毛癣菌、许兰氏黄癣菌、奥杜盎氏小芽孢癣菌等皮肤真菌均有不同程度的抑制作用。体外试验表明，从决明子中分离出来的大黄根酸-9-蒽酮对红色毛癣菌、径癣毛菌、大小孢子菌、石膏样小孢子菌、地丝菌、子真菌等均有较强的抑制作用。

6. 泻下及其他功效

决明子有泻下作用，其浸膏泻下作用在摄入 3~5h 达到高峰，此作用是通过泻下成分在肠内细菌作用下生成对肠管作用的物质而发挥作用。决明子还含有可溶于水而不溶于醇的多糖类物质，具有收缩子宫而催产的作用。对胃瘘狗，空腹时给决明子流浸膏有促进胃液分泌的作用。决明子对离体蟾蜍心脏有抑制作用，对外周血管有收缩作用。另外，决明子水提取液能抑制 15-羟基前列腺素脱氢酶活性，从而使利尿作用延长，因为具有利尿作用的前列腺素 E_2 是经此酶作用转变为 15-酮代前列腺素 E 而被排出体外的。

（三）决明子的安全性

植物中的蒽醌化合物具有致癌性。大部分羟基蒽醌配基对鼠伤寒沙门菌 TA_{1537} 有致突变作用。对哺乳动物细胞的研究表明，羟基蒽酯类化合物致生殖毒性有明显的构效关系，当 1,3 位羟基（如大黄素）和侧链有羟甲基（如 2-羟基蒽酮、芦荟大黄素）时，这些蒽醌化合物就有致生殖毒性。但决明子本身的毒性尚待研究。在营养素齐全的食物中加入 1%、2%、4%、8%、16% 和 32% 的决明子给大鼠摄取 8~9d，随决明子所占比例的增加，动物体重及食物和水的消耗呈相关性的降低，骨髓中的中性细胞数增加。

临床口服决明子用于降低血清胆固醇，约有 9% 的病例在服用初期出现腹胀、腹泻与恶心，但可自行消失，均不影响继续服用。

十五、黄 介 子

黄芥子（*Sinapis Semen*），又名芥菜子，是十字花科芸苔属植物芥菜 [*Brassica juncea* (L.) Czern. et Coss.] 的种子，在果实大部分出现黄色时采收。原植物芥菜，别名黄芥，雪里蕻，一年生草本植物。芥菜适应性强，对土壤、气候无特殊要求，全国各地均有栽培。

（一）黄芥子的化学组成

黄芥子中脂肪油占三分之一左右，主要是芥酸和花生酸的甘油酯，以及少量的亚麻酸甘油酯。黄芥子还含有芥子油苷类成分、少量芥子酶（Myrosin）、芥子酸（Sinapic acid）以及芥子碱（Sinapine）等。其中，芥子油苷类成分中 90%是黑芥子苷（Sinigrin），其余还有葡萄糖芜菁芥素（Gluconapin）、葡萄糖芸苔素（Glucobrassicin）、新葡萄糖芸苔素（Neoglucobrassicin）等。黑芥子苷在芥子酶的作用下，遇水分解后会生成带有刺激性辣味的芥子油，即异硫氰酸烯丙酯（Allyl isothiocyanate），是黄芥子具有药用价值的功效成分之一。《中国药典》（2020 年版）对黄芥子（干燥品）的品质要求为，含芥子碱以芥子碱硫氰酸盐计，不得少于 0.50%。

（二）黄芥子的生物功效

传统中医认为黄芥子味辛、性热，有散的作用，可用来散寒、通络、消肿等。中医常用来治疗关节炎、胃寒呕吐、肺寒咳嗽，以及淤血肿痛等症状。现代医学利用其刺激性，扩张毛细血管，外用作为皮肤黏膜刺激药，治疗神经痛、风湿痛、扭伤等。近代医学研究报道，临床上用针灸配合黄芥子外敷治疗面瘫 15 例，治愈率达 80%，总有效率达 93.3%。此外还发现，小剂量内服黄芥子可刺激胃液和胰液的分泌，缓解顽固性呃逆。

（三）黄芥子的安全性

黄芥子因其刺激性入药，但也因其刺激性较强，外敷一般不得超过 15min，皮肤敏感者不得超过 10min，否则会因刺激过度导致起泡化脓；内服过量会带来强烈的胃肠道刺激，引起呕吐。有阴虚火旺或肺虚咳嗽症状的患者禁服。

十六、莱　菔　子

莱菔子（*Raphani Semen*）为十字花科植物萝卜（*Raphanus sativus* L.）的干燥成熟种子，主产于河南、河北、浙江、黑龙江等地。味辛、甘，性平，入肺、胃经。

（一）莱菔子的化学组成

莱菔子含少量挥发油及 45%的脂肪油，其中挥发油中含有甲硫醇（Methyl-mercaptan）、α-己烯醛、β-己烯醛和 β-己烯醇，γ-己烯醇等，脂肪油中含大量芥酸、亚油酸、亚麻酸及芥子酸甘油酯（Glycerol sinapate）等。莱菔子还含芥子碱以及植物抗菌素莱菔子素（Raphanin）。从成熟种子的乙醇提取物分得的一种无色透明的板状结晶为芥子碱硫酸氢盐，试验表明其具有较强的降压作用。莱菔子中还含有氨基酸、蛋白质、糖、多糖、酚类、生物碱、黄酮苷、植物甾醇、维生素类（维生素 C、维生素 B_1、维生素 B_2、维生素 E）及辅酶 Q。

（二）莱菔子的生物功效

1. 降低血压

给动物灌胃莱菔子浸膏或静脉注射莱菔子水-醇提取液及水提取液均有非常明显的降压作用，其中莱菔子醇提取物降压效果最好，从乙醇提取物中分得的芥子碱硫酸氢盐具有显著的降压作用。给肾型高血压大鼠灌胃莱菔子浸膏 7.5g/kg，每日 1 次，持续 20d，也有明显的降压作用。

给急性缺氧性肺动脉高血压家兔一次静注 0.3mL/kg 及 1.2mL/kg 莱菔子注射液（1g/mL），均能明显降低实验性肺动脉高血压和体动脉压，其降压强度与酚妥拉明基本相等。莱菔子随着剂量加大降压时间延长，效果优于酚妥拉明。莱菔子（3mL/kg）采用持续微量静脉注射方法注射，也能抑制急性缺氧导致的肺动脉高压，同时减少降低动脉压的副作用。莱菔子水-醇法提取液对家兔、猫及狗 3 种麻醉动物注射均有降压作用，其作用缓和而较持久，降压效果稳定，重复性强，无明显毒副作用。静脉注射莱菔子提取液后，可使犬体动脉和肺动脉平均压、体血管和肺血管阻力明显下降，左心室和右心室的搏动指数明显降低。

2. 对胃肠运动的影响

生、炒、炙莱菔子的实际浓度为 1%、2%、4% 时，均能使离体兔肠的收缩幅度增高，但对离体兔肠的紧张性均无明显影响，而且 3 种浓度均能对抗肾上腺素对肠管的抑制作用。当实际浓度为 2.6% 时，生品使豚鼠胃肌条紧张性降低，而炒、炙品则使之先升高后降低，均能增高其收缩幅度；浓度为 4% 时，3 种制剂均能使胃幽门部环行肌紧张性和收缩幅度增高。小鼠灌胃试验表明，3.125g/kg 及 6.25g/kg 炒品制剂对小鼠小肠有明显的推进作用。但莱菔子的上述各种制剂，对小鼠胃排空均显示抑制作用。

3. 抵抗病原菌

莱菔子含抗菌物质莱菔子素，在 1mg/mL 浓度对葡萄球菌和大肠杆菌即有显著抑制作用，高于 250mg/mL 浓度时则能抑制某些真菌的生长。莱菔子素对病毒也有抑制作用，以 DNA 病毒较 RNA 病毒为敏感。有人指出莱菔子能影响干扰素的合成，在 10mg/mL 浓度时能明显降低，而于 35mg/mL 则可完全抑制。曾从莱菔子中分离得到一种芥子油（莱菔子硫素），在 1% 浓度下可抑制链球菌、脓球菌、肺炎球菌及大肠杆菌等的生长，稀释至 0.1% 时作用不显著。后有人分析认为，莱菔子素与莱菔子硫素可能是同一物质。莱菔子水抽提液（1:3）在试管内对同心性毛癣菌、许兰氏黄癣菌、羊毛状小芽孢癣菌及星形奴卡氏菌等 6 种皮肤真菌有不同程度的抑制作用，对葡萄球菌和大肠杆菌等也有显著的抑制作用。

4. 解毒及其他功效

莱菔子与细菌外毒素混合后有明显的解毒作用，稀释为 1:200 时能中和 5 个致死量的破伤风毒素，1:500 可中和 4 个致死量的白喉毒素，稀释至 1:1600 时尚能降低白喉毒素的皮肤坏死作用。

对大鼠巴豆油性肉芽囊，250% 的莱菔子水提物腹腔注射能明显抑制其炎性增生，但抗渗出作用弱。莱菔子素在 0.01%～0.1% 浓度时可抑制种子发芽和体外兔睾丸组织细胞的生长。此外，0.013% 莱菔子素可使离体蛙心的心搏减慢，张力下降。另外，莱菔子提取物 β-谷甾醇有一定镇咳祛痰作用，还可防止人体血清胆固醇升高，抑制冠状动脉硬化，在防治冠心病方面可能有一定作用。

（三）莱菔子的安全性

莱菔子水提物给小鼠腹腔注射的 LD_{50} 为 (127.4±3.7) g/kg。莱菔子浸膏灌胃及水、醇提取物静脉注射，小鼠耐受量分别为 161g/kg 和 50g/kg。大鼠口服莱菔子水浸膏 100g/kg、200g/kg、400g/kg 连续 3 周，对胃肠黏膜无损害，血常规、肝功能、肾功能检查均未见明显影响，对主要脏器（心、肝、脾、肾、肾上腺、甲状腺等）也无明显影响。莱菔子片 1.6g/kg、16g/kg、32g/kg 给犬灌胃连续 30d，对家犬体重、血象、肝功能、肾功能及主要脏器病理检查，均未见异常。莱菔子素对小鼠和离体蛙心有轻微毒性。

十七、枳 椇 子

枳椇子（*Hoveniae Dulcis Semen*），别名木蜜、拐枣、鸡爪子等，为鼠李科枳椇属植物北枳椇（*Hovenia dulcis* Thunnb.）、枳椇（*Hovenia acerba* Lindl.）和毛果枳椇（*Hovenia trichocarpa* Chun et Tsiang）的成熟种子，也有用带果柄的果实入药。

原植物北枳椇，又名北拐李，落叶乔木或灌木，分布于我国华北、华东、中南、西南和西北等地。原植物枳椇，又名鸡爪树，落叶乔木，与北枳椇的最大区别在于，枳椇的叶，边缘是整齐的浅钝细锯齿，果实与北枳椇相比偏小。原植物毛果枳椇，又名毛枳椇，落叶乔木，与前两种枳椇最大的区别在于，毛果枳椇的果实，被锈色或棕色绒毛，生长在海拔 600～1300m 的山林中，分布于我国湖北、湖南、广东、贵州、江西等地。

（一）枳椇子的化学组成

枳椇子种子含有活性成分主要有：生物碱（如黑麦草碱，Perlolyrine）、枳椇苷 C（Hovenoside C）、枳椇苷 D（Hovenoside D）、枳椇苷 G（Hovenoside G）等皂苷，杨梅素（Myricetin）、槲皮素等黄酮类化合物。枳椇子果实及果序轴含有大量糖类物质，如葡萄糖、果糖和蔗糖等，以及多种维生素和微量元素。

（二）枳椇子的生物功效

枳椇子的主要活性作用是解酒保肝。传统中医认为枳椇子有治醉酒功效。现代动物实验研究发现枳椇子水提取液能降低乙醇喂食大鼠的血中乙醇浓度，缩短白酒灌胃小鼠的醒酒时间，抑制乙醇引起的丙二醛、甘油三酯和总胆固醇的升高。在小鼠急性酒精中毒试验中，以固含量 15% 的枳椇子提取液对小鼠灌胃，每天一次，连续 8d，最后一次灌胃 30min 后，以 15mL/kg 的剂量对小鼠灌服 52 度白酒，结果发现，与空白组 67% 的醉酒率相比，给药组小鼠醉酒率为 33%，减少一半。

此外，在大鼠肝纤维化模型试验中发现，枳椇子能明显降低血清透明质酸、前胶原 I 型和 III 型以及细胞生长转化因子的含量，从而减轻肝脏胶原纤维增生的程度。枳椇子提取物还能提高超氧化物歧化酶含量和活性，具有抗脂质过氧化功效，对脂肪肝的形成有一定延缓作用。

（三）枳椇子的安全性

目前未见有关枳椇子有毒副作用的报道。

十八、榧　　子

榧子（*Torreyae Semen*）又名榧实、香榧，为红豆杉科植物榧子（*Torreya grandis* Fort.）的干燥成熟种子，主产于浙江、湖北、江苏。味甘，性平，入肺、胃和大肠经。

（一）榧子的化学组成

榧子含大量脂肪油及挥发油。种子含脂肪油约 42%，其中亚油酸占 70%、油酸 20%、硬脂酸 10%。有报道，榧子的醚溶性浸出物中，碱化物内所含脂肪酸主要为棕榈酸、亚麻酸、油酸及少量硬脂酸，不碱化物内有少量甾醇。醇溶性浸出物中含有草酸和葡萄糖，而水溶性浸出物中含有一种多糖体。另外榧子枝含抗肿瘤黄酮类化合物香榧黄酮（Torreyaflavone）和香榧黄酮苷（Torreyaflavonoside）。

（二）榧子的生物功效

榧子中含有驱除猫绦虫的有效成分，其不溶于水、醇及醚，可溶于苯。榧子对钩虫有抑制、杀灭作用，其效果比四氯乙烯好。榧子对蛔虫、蛲虫、姜片虫等寄生虫既安全，又有广泛功效，但榧子浸膏在试管内对猪蛔虫、蚯蚓无作用。另外，榧子对杀灭微丝蚴亦有一定作用。日本榧（*Torreya nucifera*）含生物碱，对子宫有收缩作用，民间用以堕胎。

十九、莲　　子

莲子（*Nelumbinis Semen*）为睡莲科植物（*Nelumbn nucifera* Gaertn.）的果实或种子，主产于湖南、湖北、福建、江苏、浙江、江西。味甘、涩，性平（鲜者甘平，干者甘温），入心、脾和肾经，可养心安神，益肾固精，补脾止泻。

（一）莲子的化学组成

莲子含蛋白质 16.6%、脂肪 2.0%，碳水化合物 62%、钙 0.089%、磷 0.285%、铁 0.0064%，棉籽糖含量也较多，还含丰富的维生素 C 和谷胱甘肽等。子荚含荷叶碱、N-去甲基荷叶碱、氧化黄心树宁碱（Oxoushinsunine）和 N-去甲亚美罂粟碱（N-Norarmepavine），其中氧化黄心树宁碱有抑制鼻咽癌的作用。

（二）莲子的生物功效

莲子中的莲子心味苦，性寒，具有清心安神、交通心肾、涩精止血功效。莲子心主治热入心包，神昏谵语，心肾不济，失眠遗精，血热吐血。其有效成分是生物碱，国产莲子心的总生物碱量达 1.1%。从总碱中分得 3 种生物碱单体，即莲心碱（Liensinine）、异莲心碱及甲基莲心碱（Neferine），其含量分别占总碱的 37.6%、11.5% 及 28.9%。现代研究表明，莲子心具有降压及抗心律失常功能。

二十、紫 苏 籽

紫苏籽（Perillae Fructus），别名苏子、黑苏子，为唇形科紫苏属植物紫苏 [Perilla frutescens (L.) Britt.] 的成熟果实。原植物紫苏，又名桂荏、赤苏，一年生草本植物，果实为近球形的小坚果，棕褐色，果皮薄而脆，压碎有香气。紫苏对土壤、气候无特殊要求，全国各地广泛种植。

（一）紫苏籽的化学组成

紫苏籽属于油质种子，含有 50% 左右的油脂，其中，亚麻酸、亚油酸、油酸等不饱和脂肪酸占比高达 90% 以上；紫苏籽富含蛋白质，约占 20%，还含有 β-谷甾醇、豆甾醇等甾醇类成分，以及脂溶性维生素和微量元素。《中国药典》（2020 年版）对紫苏籽（干燥品）的品质要求为，含迷迭香酸（$C_{18}H_{16}O_8$）不得少于 0.25%。

（二）紫苏籽的生物功效

中医认为紫苏籽味辛，有理气、化痰、平喘的功效，多用来治疗咳嗽、痰多等症状。现代药理学研究发现，以紫苏籽提取物灌服实验小鼠，无论是水提取物、醇提取物还是醚提取物，均能明显延长咳嗽潜伏期，减少咳嗽次数，尤其是炒紫苏籽醚提取物的镇咳平喘效果最为突出。在临床药理对照实验中，在常规药物治疗患者基础上增加低剂量紫苏籽水提取液，一天 3 次，每次 10mL。两个月后发现，添加紫苏籽水提取液组的患者治疗总有效率超过 90%，而对照组患者治疗总有效率不到 80%。紫苏籽富含不饱和脂肪酸，特别是亚麻酸，是目前已知植物中此类脂肪酸含量最高的。紫苏油是药食两用植物油，目前普遍认为其有降血脂、抗衰老、提高记忆力等作用。

（三）紫苏籽的安全性

有报道称，紫苏籽过量食用会损伤肺部。紫苏籽以 2.3~15.5g/kg 的剂量喂牛，可产生非典型间质性肺炎。

二十一、肉 豆 蔻

肉豆蔻（Myristicae Semen）为肉豆蔻科植物肉豆蔻（Myristica fragrans Houtt.）的成熟干燥种子的种仁，主产于马来西亚和印度尼西亚。味苦辛而涩，性温，入脾、大肠经。

（一）肉豆蔻的化学组成

肉豆蔻中含 5%～15% 挥发油，25%～40% 油脂，23%～32% 淀粉及蛋白等。挥发油存在于外胚乳中，其中 60%～80% 为蒎烯、桧烯和莰烯。其脂肪中，肉豆蔻酸含量达 70%～80%，并含有约 4% 的有毒物质肉豆蔻醚（Myristicin）。脂肪油主要成分为固体的肉豆蔻酸甘油酯（Myristin，占 40%～73%）及液体的油酸甘油酯（Olein，约含 3%）。另含丁香酚、异丁香酚、甲基丁香酚、甲氧基丁香酚、甲氧基异丁香酚、黄樟醚（Safrol）、榄香脂素（Elemicin）、齐墩果酸、脱氢双异丁香酚（Dehydrodiisoeugenol）、沉香油醇、龙脑及松油脑、三肉豆蔻精、异三甲氧基苯丙烯、α-侧柏烯（α-Thujene）、Δ^3-蒈烯（Carene）、二戊烯（Dipentene）和香叶醇等。

从肉豆蔻挥发油鉴别出 32 种化合物，其中含量较高者有 α-蒎烯（10.4%）、β-蒎烯（9.5%）、桧烯（28.1%）、萜品烯-4-醇（Terpinene-4-ol，9.9%）、榄香脂素 5.5% 等。种子还含双芳丙烷类（Dlarylpropanoids）化合物Ⅰ、Ⅳ、Ⅴ、Ⅷ和Ⅹ。脱脂种仁含肉豆蔻酸及三萜皂苷，配基为齐墩果酸。

（二）肉豆蔻的生物功效

肉豆蔻的生物作用和毒性主要表现在挥发油部分，关键取决于量，其中以肉豆蔻醚的生物功效最强。

1. 调节中枢神经系统

肉豆蔻挥发油对中枢神经系统有明显的抑制作用，对低等动物可引起步态不稳、呼吸变慢、瞳孔散大，随之导致睡眠，剂量再大则会引起反射消失，产生麻醉作用，其挥发油可延长酒精引起雏鸡的睡眠（特别是深睡眠）时间。肉豆蔻油在体内外均对单胺氧化酶有中度的抑制作用，其镇静作用可能与之有关。丁香油酚、甲基丁香油酚等的混合液腹腔注射可使小鼠翻正反射消失，其中甲基丁香油酚的作用较强而毒性较小。甲基丁香油酚大鼠腹腔注射可产生麻醉作用，与戊巴比妥相比其作用更快，反复注射作用更敏感。脑电图显示产生大量慢波，但并不改变脑内多巴胺、去甲肾上腺素和 5-羟色胺的水平。另外，肉豆蔻醚和榄香脂素对正常人有致幻作用，肉豆蔻醚对人的大脑有轻度兴奋作用。

2. 抗肿瘤

3-甲基胆蒽烯置于 Swiss 小鼠宫颈管内可引起子宫上皮出现癌前或癌性损伤表现，如在建立模型前 7d 直至建立模型后 90d 内每只连续给予肉豆蔻 10mg/d，宫颈癌的发生率为 21.4%，较对照组 73.9% 明显降低，说明肉豆蔻对 3-甲基胆蒽烯诱发的小鼠子宫癌有一定抑制作用。另外，它对二甲基苯并蒽诱发的小鼠皮肤乳头状瘤也有明显抑制作用。

3. 对胃肠功能的影响

肉豆蔻所含挥发油有芳香健胃和驱风作用，肉豆蔻油 0.03～0.2mL 可用作芳香剂或驱风剂、肠胃道的局部刺激剂。少量食用可增加胃液分泌，刺激胃肠蠕动，增进食欲，促进消化，并有轻度制酵作用；但大量食用则对胃肠道有抑制作用。

4. 抗菌及其他功效

用柱色谱方法分离肉豆蔻的乙醇浸膏，以乙酸乙酯-二氯甲烷洗脱，得到 2 种主要组分，马拉巴酮 B（Malabaricone B）和马拉巴酮 C，均有较强的抗菌作用。另外，萜类成分也有抗菌作用。

肉豆蔻甲醇提取物对角叉菜胶所致大鼠足肿和醋酸诱发小鼠血管渗出性炎症均显示出持久的抗炎作用，其抗炎有效成分是肉豆蔻醚。肉豆蔻及肉豆蔻醚有增强色胺的作用。

（三）肉豆蔻的安全性

肉豆蔻油的毒性成分为肉豆蔻醚，肉豆蔻醚口服对猫的致死量为 0.5~1.0mL/kg（在胃肠道的吸收不完全），如皮下注射 0.12mL/kg 即可引起广泛的肝脏变性。猫内服肉豆蔻粉 1.8g/kg，可引起半昏睡状态，并于 24h 内死亡，其肝脏有脂肪变性。

肉豆蔻对于人，可引起血管状态不稳定、心率加快、体温降低、无唾液、瞳孔缩小、情感易冲动、孤独感、不能进行智力活动等。人食用 7.5g 肉豆蔻粉可引起眩晕乃至谵妄与昏睡，曾有服大量而致死的报道。此外，还有试验结果表明，肉豆蔻醚有致畸作用，黄樟醚有麻痹和致癌作用。

二十二、麦　芽

麦芽（*Hordei Fructus Germinatus*）为禾本科植物大麦（*Hordeum vulgare* L.）的成熟果实经发芽干燥而得。味甘，性平，入脾、胃经。

（一）麦芽的化学组成

麦芽含淀粉（75%）、蛋白质（8%~9%）、脂肪油（2%）、B 族维生素与矿物质等。麦芽主要含 α 和 β 2 种淀粉酶、转化糖酶，其次为麦芽糖（45%~55%），并有糊精、蛋白质、脂肪油、B 族维生素、磷脂、葡萄糖等。此外还含微量大麦芽碱（Hordenine）、大麦碱 A 及大麦碱 B、腺嘌呤和胆碱等，麦芽须根中有微量麦芽毒素（ρ-羟-β-苯乙基三甲铵盐，Maltoxin）。

（二）麦芽的生物功效

1. 助消化

麦芽因含 α-淀粉酶、β-淀粉酶及 B 族维生素，有助消化作用。淀粉酶不耐高温，将麦芽炒黄、炒焦或制成水抽提液效力都明显降低。人体试验表明，麦芽水抽提液对胃酸（总酸与游离酸）与胃蛋白酶的分泌似有轻度促进作用。

2. 降血糖

麦芽浸剂口服可使家兔与正常人血糖降低。将麦芽渣水提、醇沉精制品制成 5% 注射液，给家兔注射 200mg，可使血糖降低 40% 或更多，作用比较持久，血糖 7h 后才恢复。

3. 乳汁分泌的影响

从产仔鼠日开始，给母鼠灌胃 25~33.5g/kg 炮制及未炮制麦芽连续 10d。结果表明，生麦芽组的仔鼠体重比炒麦芽组及对照组的增长快，有显著性差异，而且该组母鼠血清催乳素水平高。从组织形态观察，生麦芽组母鼠的乳腺泡扩张及乳汁充盈程度也强于其他组，表明生麦芽有催乳作用，炮制后的麦芽则作用减弱。另有报道，麦芽的回乳和催乳的双向作用关键不在于生炒与否，而是用量的差异，即小剂量（10~15g）催乳，大剂量（60g 左右）抑乳，临床上用于抑制乳汁分泌的剂量应在 30g 以上。

4. 降血脂及其他功效

给高脂血症小鼠喂以小麦胚芽，能显著降低其血清胆固醇及甘油三酯含量，同时也抑制高脂膳食诱导的小鼠肝组织胆固醇、甘油三酯及过氧化脂质含量增加，表明麦芽可能有降血脂及保肝作用。大麦芽碱属于拟交感胺类，其作用特点与肾上腺素相似，可兴奋心脏、收缩血管、扩张支气管、抑制肠运动。但由于它在麦芽中含量很少，且水中不易溶解，故无意义。大麦碱 A 和大麦碱 B 有抗真菌作用。

（三）麦芽的安全性

麦芽根中含有毒成分麦芽毒素，蛙背淋巴囊注射后 1~2min 即出现四肢肌肉松弛。蛙坐骨神经-缝匠肌标本试验表明，麦芽毒素使肌肉先短暂兴奋，迅速引起神经肌肉接点阻断。其作用原理与十烃季铵（C_{10}）相似，属一种快速的去极化型肌肉松弛剂，既有去极化作用，又能降低肌肉对乙酰胆碱的敏感性，能降低肌膜及整个肌纤维的正常静止电位，在某些组织上还可表现烟碱样作用。但麦芽毒素在麦芽中含量仅为 0.02%~0.35%，且属于季铵类，口服不易吸收，故无临床毒理意义。但作为家畜饲料时因摄入量大，可能会引起中毒。另外有些中毒是由于麦芽变质，有剧毒霉菌寄生所致。

二十三、芡　　实

芡实（*Euryales Semen*）为睡莲科植物芡（*Euryale ferox* Salisb.）的成熟种仁，主产于江苏、湖南、湖北和山东。味甘、涩，性平，入脾、肾二经，具有固肾涩精、补脾止泻的功效。

（一）芡实的化学组成

芡实含大量淀粉，每 100g 中含蛋白质 4.4g、脂肪 0.2g、碳水化合物 32g、纤维 0.4g、灰分 0.5g、钙 9mg、磷 110mg、铁 0.4mg、维生素 B_1 0.40mg、维生素 B_2 0.08mg、尼克酸 2.5mg、抗坏血酸 6mg 及胡萝卜素微量。

（二）芡实的生物功效

芡实 50g、白果 10 枚及糯米 30g 三者煮粥，具有健脾补肾、固涩敛精和能利小便之功效。对慢性肾小球肾炎具有较好功效，总有效率达 89.1%，也可将此粥作为原发性肾小球肾炎蛋白尿的辅助食品，长期间歇食用。

二十四、龙　眼　肉

龙眼肉（*Longan Arillus*）为无患子科植物龙眼 [*Dimocarpus longan*（Lour.）Steud.] 的假种皮，主产于广西、福建、广东、四川、台湾等地。味甘，性温，入心、脾经。

（一）龙眼肉的化学组成

干果肉含水分 0.85%，可溶性部分 79.77%，不溶性物质 19.39% 和灰分 3.36%，其可溶性部分含葡萄糖 24.91%、蔗糖 0.22%、酸类（以酒石酸计）1.26%、含氮物（其中含腺嘌呤和胆碱）6.309% 等，此外还含蛋白质 5.6%、脂肪 0.5% 和维生素 A、维生素 B_1、维生素 B_2、维生素 P、维生素 C。

（二）龙眼肉的生物功效

1. 抗应激

龙眼肉和蛤蚧提取液（每 1mL 蛤蚧提取液含龙眼肉 1g、蛤蚧 0.5g），小鼠灌胃 20mL/kg，每日 1 次连续 10d，末次食用后 1h 分别进行常压耐缺氧试验、−20~−18℃ 下耐低温试验及 48℃ 下耐高温试验。结果表明，蛤蚧提取液组显著延长了小鼠的耐缺氧时间；蛤蚧提取液组耐受低温数明显增多，90min 后死亡率由 75% 降至 25%；耐高温时间为（43.7±6.7）min，比对照组（28.7±3.4）min 显著延长。

DBA$_2$ 小鼠灌胃蛤蚧提取液 20mL/kg，连续 7d，末次灌胃后 24h 眼眶放血，剖取脾脏、胸腺称重，发现蛤蚧提取液能显著增加脾重。CFW 小鼠灌胃蛤蚧提取液 7mL/kg 连续 10d，末次灌胃 1h 后，静脉注射印度墨汁 10mL/kg，于注射后 1min 及 7min 取血测定，发现蛤蚧提取液能显著提高小鼠对碳粒的廓清指数（$P<0.001$）。

2. 抗衰老及其他

龙眼肉能抑制脑 B 型单胺氧化酶的活性。以小鼠离体脑及肝的 B 型单胺氧化酶为对象，发现龙眼肉提取液能选择性地对脑 B 型单胺氧化酶活性有较强的抑制作用。

龙眼肉水浸剂 1：2 在试管内对奥杜益氏小芽孢癣菌有抑制作用，水抽提剂对痢疾杆菌有抑制作用。龙眼肉水浸剂对人的宫颈癌细胞 JTC-26 有 90% 以上的抑制率。

（三）龙眼肉的安全性

急性毒性试验表明，小鼠灌胃蛤蚧提取液 25mL/kg，6h 后再给一次，观察 7d，未见有不良反应及死亡。

二十五、黑　芝　麻

黑芝麻（*Sesami Semen Nigrum*）为胡麻科植物脂麻（*Sesamum indicum* DC.）的黑色种子，主产于四川、山东、山西、河南等地。味甘，性平，入肝、肾经。

（一）黑芝麻的化学组成

黑芝麻含脂肪油 45%~55%，油的主要成分为油酸（约 48%）、亚油酸（约 37%）、棕榈酸、硬脂酸、花生油酸、二十四烷酸甘油三酯，并含木脂素类成分如芝麻素（Sesamin）、芝麻林素（Sesamolin）。此外油中尚含芝麻酚（Sesamol）、维生素 E、植物甾醇、卵磷脂（0.56%）等成分。种子还含胡麻苷（Pedaliin）、蛋白质（约 22%）、寡糖类（如车前糖、芝麻糖）、叶酸（18.45mg/100g）、烟酸（0.48mg/100mg）、多量的钙及细胞色素 C。

（二）黑芝麻的生物功效

1. 延缓衰老

给衰老小鼠模型喂以 25% 酪蛋白与 10% 玉米油，试验组给予 20% 黑芝麻粉（含油 10%）与 21% 酪蛋白。结果表明，黑芝麻能推迟衰老现象，其肝脏和睾丸中脂褐质水平略低，而血浆中生育酚含量略高。

黑芝麻中含有具有抗氧化活性的黑色素，其对多种自由基有显著的清除效果。

2. 降血糖

给大鼠灌胃黑芝麻提取物，可降低血糖，增加肝脏及肌肉中糖原的含量，但大量食用则降低糖原含量。黑芝麻所含亚油酸可降低血中胆固醇含量，有防治动脉硬化作用。

3. 增加抗坏血酸及胆甾醇

黑芝麻油 0.2mg/100g 喂饲大鼠 10d，可增加肾上腺中抗坏血酸及胆甾醇含量，肾上腺皮质功能受到某种程度的抑制，特别是妊娠后期，抗坏血酸含量的增加更明显。黑芝麻油给正常或去势大鼠注射，有增加其血球容积的倾向。

4. 其他功效

黑芝麻所含脂肪油还能润燥滑肠而缓下。新鲜灭菌的黑芝麻油涂布皮肤黏膜，有减轻刺激，促进炎症恢复等作用。

黑芝麻有致泻作用。榨油后的饼对家畜有毒，可引起绞痛、震颤、呼吸困难、胀气、咳嗽等，小牛喂食过多的黑芝麻则发生湿疹、脱毛及瘙痒。

二十六、胖　大　海

胖大海（*Sterculiae Lychnophorae Semen*）系梧桐科植物胖大海（*Sterculia scaphigera* Wall.）

的种子，主产于越南、泰国、印度尼西亚、马来西亚。其味甘且淡，性凉，能清热润肺、化痰利咽、润肠通便及解毒。

（一）胖大海的化学组成

胖大海外层含西黄芪胶黏素（Bassorin）。果皮含 15.06% 半乳糖、24.7% 戊糖（主要是阿拉伯糖），种皮含胖大海素（苹婆素，Sterculin）。

（二）胖大海的生物功效

1. 泻下

胖大海有缓和的泻下作用，其机制是增加肠内容积（增加容积是琼脂的 8 倍），产生机械刺激并引起反射性肠蠕动增加，从而引起泻下的发生。胖大海外层皮、软壳和仁水浸提取液对于麻醉犬，无论何种使用方法，皆可明显增加肠蠕动，仁的作用最强，软壳次之，外层皮最弱。1∶400000 的仁浸出液也可使离体兔肠蠕动增加。

2. 降压作用

25% 去脂胖大海溶液，无论静脉注射、肌肉注射或经口摄取，都可使犬、猫血压明显下降，其降压原理可能与中枢有关。也有研究发现，胖大海仁水浸剂对麻醉犬有降压作用，而对兔却为升压作用，且兔有效量较犬大 10 倍。

3. 镇痛

胖大海素对血管平滑肌有收缩作用，能改变黏膜炎症，减轻痉挛性疼痛，可用于治疗前列腺炎、尿道炎、子宫及附件炎症和月经不调。胖大海外层皮、软壳、仁的水浸提取物皆有一定利尿和镇痛作用，仁的作用最强。应用胖大海治疗 100 例急性扁桃体炎，治愈 68 例，显著好转 21 例。胖大海对流感病毒 PR_8 有抑制作用。

（三）胖大海的安全性

去脂胖大海干粉小鼠口服的 LD_{50} 为 12.96g/kg。用于急性中毒试验，可见兔呼吸困难、运动失调，犬连续 10~15d 大量食用致死后，可见肺充血水肿、肝发生脂变，兔静脉注射大量（1%，2mL）胖大海仁水浸剂可见呼吸先停、心脏还跳、胃肠表面很红。

第六节　菌藻类活性物质

海藻是一类低等隐花植物，种类繁多，分布广泛，其中约有 65% 见于海洋，35% 生活于淡水中。作为一种丰富的海洋资源，海藻的工业化利用已有 300 多年历史，世界上可利用的海藻主要为褐藻、红藻和绿藻三大类。

微型藻类属于单细胞藻，主要包括蓝藻门的螺旋藻、绿藻门的小球藻和杜氏藻等，也是海藻的一部分。20 世纪 90 年代以来，对微型藻的开发和利用方兴未艾，它们以丰富全面的营养、多样显著的生物功效引起人们的极大兴趣，并已成为一种深受欢迎的生物功效物质。

一、茯　苓

茯苓（Poria）为多孔菌科植物茯苓［Poria cocos（Schw.）Wolf］的干燥菌核，主产于安徽、湖北、河南和云南。味甘、淡，性平，入心、脾和肺经。

（一）茯苓的化学组成

菌核主要含 β-茯苓聚糖（β-Pachyman，约占干物质重的93%），以及三萜类化合物茯苓酸（Pachymic acid）、土牧酸（Tumulosic acid）、松苓酸（Pinicolic acid）、齿孔酸（Eburioic acid）、三萜羟酸（Triterpene carboxylic acid）、松苓新酸 ［3β-Hydroxylanosta-7,9(11),24-trien-21-oil acid］ 等。其中 β-茯苓聚糖为 β（1→6）吡喃葡萄糖为支链的 β（1→3）葡萄糖聚糖。也含有脂肪酸，如辛酸、十一酸、月桂酸、十二酸和棕榈酸。

此外，茯苓还含茯苓多糖（即茯苓次聚糖，Pachymaran）、麦角甾醇（Ergosterol）、树胶、甲壳质、蛋白质、脂肪、甾醇、卵磷脂、右旋葡萄糖、腺嘌呤、组氨酸、胆碱、β-茯苓聚糖分解酶、脂肪酶、蛋白酶及矿物质等。

（二）茯苓的生物功效

1. 利尿

茯苓水浸浓缩液及醇浸出液给家兔、大鼠、小鼠等灌胃后，几乎不显示利尿作用；在输尿管瘘犬慢性试验静脉注射水抽提液时，也无利尿作用。但用茯苓醇提取液注射于家兔腹腔，或用水提取物于清醒家兔慢性试验，证明茯苓确有利尿作用。以灰分对照证明，其利尿不是由于钾盐，而是钾盐以外的其他成分的作用。正常成人摄取茯苓水抽提物15g，5人中4人尿量有一定的增加。临床用茯苓饼干（茯苓含量为30%）治疗30例水肿患者，结果全部有效，其中显效25例，表明其利水消肿作用较显著。

茯苓的热水提取物及水溶性多糖组分对正常家兔利尿作用不显著，若茯苓配伍以生姜、甘草则食用后1h尿量平稳增加，其后作用持续。临床上已将茯苓与白术、生姜等配伍用于慢性肾炎等症状者，服用1h后尿量有相当程度的增加，说明在利尿作用方面，复合使用比单独使用能产生持续作用。

2. 抗肿瘤

茯苓聚糖本身无抗肿瘤作用，而其化学结构改造型茯苓多糖及其衍生物羧甲基茯苓多糖有抗癌活性。茯苓多糖、羧甲基茯苓多糖对小鼠肉瘤 S_{180} 实体型及腹水转实体型、子宫颈癌 U_{14} 实体型及腹水转实体型等均有不同程度的抑瘤作用。茯苓多糖和羧甲基茯苓多糖对小鼠腹腔注射5mg/kg，每日1次，持续10d，对 S_{180} 实体瘤的抑制率分别为95%和73%，但与抗菌素肿瘤药5-氟脲嘧啶、环磷酰胺等联合应用未见明显协同作用，对体外 S_{180} 细胞无直接杀伤作用。羧甲基茯苓多糖对小鼠移植肿瘤 U_{14} 有较强的抑制作用（抑制率为92.7%）；对艾氏腹水癌亦有一定抑制作用，可使患艾氏腹水癌动物生命延长 23.49%。试验表明，羧甲基茯苓多糖对艾氏腹水癌细胞的 DNA 合成有抑制作用。

小分子茯苓多糖对小鼠白细胞 L_{1210} 细胞的 DNA 合成有明显和不可逆的抑制作用，且抑制作用随剂量的增加而加强。它可显著抑制细胞的核转运，对 DNA 聚合酶没有抑制作用，对胸苷激酶有一定的抑制作用。小分子茯苓多糖 IC_{50} 为 58μg/mL，可抑制人早幼粒白细胞 HL-60 细胞增殖，并且诱导 HL-60 细胞分化成为单核巨噬细胞。另外，它对抗癌药有增效作用，与丝裂霉素合用的抑瘤（小鼠肉瘤 S_{180}）率为48%（丝裂霉素单用为35%）；与更生霉素合用的抑瘤率为38.9%（更生霉素单用为19.6%）；与环磷酰胺合用抑瘤率为69.0%（环磷酰胺单用为32.3%）；与5-氟脲嘧啶合用的抑瘤率为59.1%（5-氟脲嘧啶单用为38.6%）。对小鼠白血病 L_{1210}，单独使用环磷酰胺的生命延长率为70%，而小分子茯苓多糖与环磷酰胺合用为 168.1%。

茯苓抗肿瘤的作用机制是多方面的。用去胸腺小鼠证明了羧甲基茯苓多糖抗肿瘤作用与胸腺有关。有人认为茯苓多糖激活局部补体，使肿瘤邻近区域被激活的补体通过影响巨噬细胞、淋巴细胞或其他细胞及体液因子，从而协同杀伤肿瘤细胞。羧甲基茯苓多糖对艾氏腹水癌细胞的抑制作用是通过抑制 DNA 合成而实现的。真菌多糖能非特异地刺激网状内皮系统和血液系统功能，促进免疫系统功能，从而提高宿主对癌细胞特异抗原的免疫能力，发挥机体的抗癌能力，达到对癌的抵抗作用。

3. 增强免疫功能

食用茯苓水抽提液，可使 E 玫瑰花环形成率及植物凝集素诱发淋巴细胞转化率显著上升。茯苓多糖具有抗胸腺萎缩及抗脾脏增大和抑瘤生长的功能。茯苓多糖灌胃 250mg/kg、500mg/kg 及 1000mg/kg，每日 1 次，持续 7d，可促进正常及荷瘤小鼠巨噬细胞吞噬功能，增加 α-醋酸萘酯酶染色法阳性细胞及脾脏抗体分泌细胞的数量。茯苓多糖还能使环磷酰胺所致大鼠白细胞减少加速回升。临床试验表明，食用茯苓多糖也可改善老年人的细胞免疫功能。给小鼠腹腔注射不同剂量的小分子茯苓多糖后，小鼠腹腔巨噬细胞百分数增加、形态以及细胞膜 Na^+，K^+-ATP 酶的活性发生明显改变，吞饮、吞噬功能和溶酶体酶含量及释放显著提高，并伴随 RNA 和蛋白质合成加快，同时增强巨噬细胞抑制 1 型单纯疱疹病毒对 Vero 细胞的致病作用。

羧甲基茯苓多糖具有免疫调节、保肝降酶、间接抗病毒、诱生和促诱生干扰素、减轻放射副反应、诱生和促诱生白细胞调节素等多种生物功效，无不良毒副作用。皮下注射羧甲基茯苓多糖，可明显提高正常小鼠腹腔巨噬细胞数，并能对抗醋酸可的松所致巨噬细胞功能的降低。还可拮抗荷瘤小鼠腹腔巨噬细胞的吞噬功能，使其吞噬百分数增加 142.47%，吞噬指数增加 136.36%，同时使正常小鼠脾生理显著增加。用不同浓度（1.25~100μg/mL）的羧甲基茯苓多糖对类淋巴细胞的干扰素促诱生，其功效比常规诱生组高 10~20 倍。

4. 镇静

茯苓水抽提液腹腔注射，能明显降低小鼠自发活动，并能对抗咖啡因所致过度兴奋，对戊巴比妥钠的麻醉作用也有明显的协同作用。茯苓可增强硫喷妥钠对小鼠中枢抑制作用，麻醉时间显著延长。

5. 对消化系统的作用

大鼠皮下注射茯苓注射液 1.4g/kg，每日 1 次，连续 8d，可对抗四氯化碳所致肝损伤的谷丙转氨酶升高，防止肝细胞坏死，试验表明茯苓对四氯化碳所引起的小鼠肝损伤有明显的保护作用。另外，茯苓浸出液对家兔离体肠管有直接松弛作用，使平滑肌收缩幅度降低，张力下降；对大鼠幽门结扎所致溃疡有预防作用，并能降低胃液分泌及游离酸含量。

6. 对心血管系统的作用

在土拨鼠、蟾蜍和食用蛙离体心脏的灌流试验中，茯苓的水提取物、乙醇提取物、乙醚提取物均能使心肌收缩力加强，心率加快。小分子茯苓多糖还可抑制毛细血管的通透性，增加小鼠心肌[86]Rb 的摄取。临床上以茯苓四逆汤加味治疗脑血栓形成、脑出血、栓塞等共 55 例，有效率为 85%。另有报道茯苓水制浸膏及乙醇浸膏对家兔有降血糖作用。

7. 其他功效

茯苓注射液小鼠皮下注射 10g/kg，每日 1 次，连续 3d，可促进红细胞系统的造血功能。茯苓水提取物体外试验浓度为 50mg/mL 时可使健康人红细胞的 2,3-二磷酸甘油酸水平上升约 25%，并能有效地延缓温育过程中 2,3-二磷酸甘油酸的耗竭，静脉注射也同样有效。有效成分为水溶性小分子多糖。小分子茯苓多糖能与血清蛋白及细胞膜蛋白呈不可逆结合。当它与细胞膜蛋白结合，可改变膜酶活性，影响膜蛋白功能，如核苷转运；茯苓多糖浓度高时可使细胞破坏。血清蛋白可竞争性与小分子茯苓多糖结合，从而削弱其与细胞膜蛋白的结合作用，表明血清对细胞具保护作用。体外抗菌试验表明，茯苓水抽提液对金黄色葡萄球菌、大肠杆菌及变形杆菌等均有抑制作用。乙醇提取物能杀死钩端螺旋体，而水抽提液则无效。茯苓还对羧基蛋白酶活性有抑制作用。

（三）茯苓的安全性

茯苓毒性极低，茯苓的温水浸提液给小鼠灌服及腹腔注射的 LD_{50} 分别大于 $10g/kg$ 和 $2g/kg$。

二、昆　　布

昆布（*Kelp*）海带科植物海带（*Laminaria japonica* Aresch.）或翅藻科植物昆布的干燥叶状体，又名海带，江白菜。我国辽宁、山东、江苏、浙江、福建及广东北部沿海均有养殖，野生海带在低潮线下 2~3 米深度岩石上均有。

（一）昆布的化学组成

昆布是一种营养价值很高的蔬菜，每 100g 干海带中含：粗蛋白 8.2g，脂肪 0.1g，糖 57g，粗纤维 9.8g，无机盐 12.9g，钙 2.25g，铁 0.15g，以及胡萝卜素 0.57mg，硫胺素 0.69mg，核黄素 0.36mg，尼克酸 16mg。与菠菜、油菜相比，除维生素 C 外，其粗蛋白、糖、钙、铁的含量均高出几倍、几十倍。海带是一种含碘量很高的海藻。养殖海带一般含碘 3‰~5‰，多可达 7‰~10‰。

此外，昆布还含有丰富的多糖类物质，其中以昆布多糖含量最为丰富，昆布多糖包括海带中 3 种主要的多糖，即褐藻胶、褐藻糖胶和海带淀粉。褐藻胶一般指褐藻酸盐类，是由 $\alpha-1,4-L-$古罗糖醛酸和 $\beta-1,4-D-$甘露糖醛酸为单体构成的嵌段共聚物，不含蛋白质。褐藻糖胶是狭义的海带多糖，主要成分为岩藻多糖，即 $\alpha-L-$岩藻糖$-4-$硫酸酯的多聚物，还伴有少量半乳糖、葡萄糖醛酸、阿拉伯糖和蛋白质，是一种高度不均一的多糖。海带淀粉又名海带多糖，主要是由 $\beta-D-$吡喃葡萄糖的多聚物组成。

（二）昆布的生物功效

1. 减肥及降血脂

制作肥胖大鼠模型，随机分成六组，分别以蒸馏水、昆布多糖、奥利司他和洛伐他汀灌胃，为期 40d，在试验过程中，按时检测相关指标。结果表明，昆布多糖能明显降低肥胖大鼠的体重，减少大鼠腹腔、肾、生殖器周围脂肪，降低 Lee's 指数和肝、肾重量；能明显降低肥胖大鼠血清甘油三酯、胆固醇，提高高密度脂蛋白胆固醇水平，而在试验期内低密度脂蛋白胆固醇变化不明显，而且其作用与降脂药洛伐他汀比较无显著性差异；能明显改善肥胖大鼠血清卵磷脂胆固醇脂酰基转移酶、脂蛋白脂酶和胰脂肪酶活性，而对肝脂肪酶活性在试验期间影响不明显。

2. 治疗糖尿病

观察昆布提取物对由链脲佐菌素诱导的糖尿病大鼠肝组织内谷胱甘肽过氧化物酶活性及丙二醛含量的影响。采用链脲佐菌素诱导制作糖尿病大鼠模型，分别测定各组大鼠肝组织中谷胱甘肽过氧化物酶活性及丙二醛含量。结果如表 8-24 所示，昆布提取物提高糖尿病大鼠肝组织中的谷胱甘肽过氧化物酶活性，降低丙二醛含量。表明昆布提取物具有清除自由基及抗脂质过氧化作用。

表 8-24　昆布提取物对糖尿病大鼠肝组织内谷胱甘肽过氧化物酶活性及丙二醛含量的影响

组别	n	谷胱甘肽过氧化物酶活性	丙二醛含量
正常对照组	10	31.65±4.20	2.85±0.21
100mg/kg 剂量给药对照组	10	32.60±3.81	3.01±0.18
模型对照组	10	23.74±2.58*	4.75±0.36*
100mg/kg 剂量给药组	10	29.14±2.70#	3.62±0.34#

注：与正常对照组比较，$^*P<0.01$；与模型对照组比较，$^#P<0.05$。

3. 抗肿瘤作用

某些藻类的多糖成分具有明显的抗肿瘤作用。海带多糖能激活巨噬细胞，而巨噬细胞是体内非常重要的免疫细胞，经多糖激活之后具有细胞毒作用，可抑制肿瘤细胞增殖而杀死肿瘤，因而激活巨噬细胞在抗感染免疫和抗肿瘤免疫等方面都有重要作用，是海带多糖抗肿瘤作用的机制之一。海带多糖也能直接抑制肿瘤细胞生长，将从海带中提取的高纯度 U-岩藻多糖类物质注入人工培养的骨髓性白血病细胞和骨癌细胞后，其细胞内的染色体就会被自有酶所分解，而正常细胞不受伤害。用酶解海带提取液给小鼠灌胃，海带多糖能明显提高正常小鼠碳粒廓清试验吞噬指数，促进正常和荷 S_{180} 肿瘤小鼠的吞噬中性红能力和过氧化物酶活性；显著抑制 S_{180} 肿瘤生长，抑制率分别为 44.1% 和 37.3%。

4. 具有抗人类免疫缺陷病毒的作用

从海带中水提得到的多糖以 50mg/L、0℃、2h 作用于人类免疫缺陷病毒，并与淋巴细胞温育 3d，则不存在抗原阳性的细胞，病毒的逆转录酶活性被 50~1000mg/L 的多糖强烈抑制。而褐藻糖胶则具有抗 RNA 和 DNA 病毒的作用，试验表明，它对脊髓灰质炎病毒Ⅲ型，柯萨奇病毒 B3 和 A16 型，腺病毒Ⅲ型，埃可病毒Ⅳ型有明显的抑制作用。

5. 抗疲劳、耐缺氧作用

按 10mg/kg、20mg/kg、50mg/kg、100mg/kg 剂量的海带多糖灌胃受试小鼠连续 10d，进行抗疲劳及密闭缺氧试验。结果海带多糖能显著的提高受试小鼠负重游泳时间和常压缺氧下存活时间，受试小鼠的血红蛋白明显升高。结论表明，海带多糖具有抗疲劳和耐缺氧的作用。

（三）昆布的安全性

从海带中提取的褐藻胶以 3g/kg 给小鼠灌胃，1g/kg 给大鼠灌胃，在急性、亚急性实验中均无明显毒性。小鼠腹腔注射从海带中提取出的多糖，LD_{50} 为（158.5±67.0）mg/kg；以 1g/kg 剂量灌服也未见毒副反应。此外，给小鼠和家兔灌服甘露醇蒜酸酯，其 LD_{50} 均在 8g/kg 以上，亚急性毒理试验（30d）也未观察到毒性反应。

第七节　新增的药食两用植物活性物质

2014 年国家卫计委发布《按照传统既是食品又是中药材物质目录管理办法（征）》（国

卫办食品函［2014］975 号），除了肯定 2002 年公布的 86 种外，新增 15 种植物作为药食两用物品：

人参、山银花、芫荽、玫瑰花、松花粉（马尾松、油松）、粉葛、布渣叶、夏枯草、当归、山奈、西红花、草果、姜黄、荜茇，在限定使用范围和剂量内作为药食两用。

2018 年国家卫计委《关于征求将党参等 9 种物质作为按照传统既是食品又是中药材物质管理意见的函》（国卫办食品函［2018］278 号）中，拟新增 9 种中药材物质作为药食两用物质（征求意见稿）：

党参、肉苁蓉（荒漠）、铁皮石斛、西洋参、黄芪、灵芝、天麻、山茱萸、杜仲叶，在限定使用范围和剂量内作为药食两用。

2023 年 11 月 9 日，国家卫生健康委员会和国家市场监督管理总局联合发布［2023］年第［9］号公告，正式批准将这 9 种物品纳入按照传统既是食品又是中药材的物质目录中。

为讨论方便，我们将这两个名单（共 24 种）中的人参、玫瑰花、当归、姜黄、荜茇、党参、铁皮石斛、西洋参、黄芪、天麻、山茱萸、杜仲叶等 12 种传统中草药放在第九章"保健食品允许使用的植物活性物质"中讨论。剩余的物品，包括山银花、芫荽、松花粉（马尾松）、松花粉（油松）、粉葛、布渣叶、夏枯草、山奈、西红花、草果、肉苁蓉和灵芝等共 12 种，放在本节论述。

一、山 银 花

山银花（*Lonicerae Flos*），别名南银花、土忍冬等，为忍冬科忍冬属植物灰毡毛忍冬（*Lonicera macranthoides* Hand. -Mazz.）、华南忍冬（*Lonicera confusa* DC.）、菰腺忍冬（*Lonicera hypoglauca* Miq.）的花蕾，一般在夏初花开before采收。

原植物灰毡毛忍冬，是山银花主要来源，别名大金银花，木质藤本植物，生长在海拔 600~1800 米的山坡、灌木丛中，我国西南部地区，如浙江、广东、广西、湖北、湖南、四川、贵州等地多有分布。华南忍冬，又名土银花、左缠藤，主要分布于广东、广西和海南。菰腺忍冬，又名红腺忍冬，主要特点是其叶上面有桔黄或桔红色蘑菇形腺体。主要产地在我国云南、四川和广西等地。

（一）山银花的化学组成

山银花所含化学成分与金银花相近，差异主要是山银花中三萜皂苷类化合物较多，绿原酸含量明显高于金银花，而金银花中黄酮类化合物更为丰富。

山银花的功效成分主要有绿原酸、咖啡酸、奎宁酸等有机酸类化合物，木犀草苷、槲皮素、忍冬苷等黄酮类化合物，灰毡毛忍冬皂苷等三萜皂苷，和由芳樟醇、棕榈酸等多种醇、酮、酯、酸类化合物组成的挥发油，以及铁、锰、锌等微量元素。

（二）山银花的生物功效

山银花的化学成分类似于金银花，现代研究也未发现两者的功效有显著差异，认为两者都具有清热解毒、疏风散热功能。至于山银花与金银花能否处方互换，还需要更多的应用研究来证明。

1. 抗菌作用

从山银花提取的有机酸、黄酮、三萜皂苷以及挥发油类物质表现出不同程度的抗菌作用，其中以有机酸类的抗菌效果最为突出。体外试验发现，灰毡毛忍冬水提取物对金黄色葡萄球菌、乙型溶血性链球菌、伤寒杆菌、大肠杆菌、痢疾杆菌、白喉杆菌、肺炎球菌和绿脓杆菌等多种致病菌均有较好的抑制作用。山银花对各致病菌的最小抑菌浓度为 $6.53×10^{-7}～7.85×10^{-5}g/mL$。

2. 清热消炎作用

动物试验发现，灰毡毛忍冬提取物对皮下注射啤酒酵母菌引起的大鼠发热症状有缓解作用。用酵母液对大鼠进行皮下注射，选取 6h 肛温升高超过 0.8℃ 的大鼠，随机分组，每组 8 只。按 3.75g/kg、7.5g/kg、15g/kg 剂量给大鼠灌胃，每次 2mL，每日 1 次，持续 14d，末次给药 30min 后用 7% 酵母液对大鼠进行皮下注射，构建诱导发热模型。结果发现，给药组大鼠在致热反应 4h 内降温效果明显，与空白对照组相比，最高可降低 0.82℃。

在角叉菜胶致大鼠足肿模型中，给药剂量与前述解热试验相同，结果发现，山银花提取物能明显抑制试验大鼠足肿程度，与空白对照组相比，高剂量给药组大鼠足肿程度可减轻一半，给药半小时后起效，可持续 6h。临床研究也发现，山银花对普通感冒引起的发热、咽喉肿痛等症状有一定功效。

（三）山银花的安全性

绿原酸对人体有致敏作用，山银花中的绿原酸含量较高，高剂量注射山银花制剂存在安全风险。但经口服，其致敏性成分可被小肠分泌物化解。此外，中医认为山银花性寒，脾胃虚寒者慎用。

二、芫荽

芫荽（*Herba Coriandri Sativi*），又名胡荽、香菜等，为伞形科芫荽属植物芫荽（*Coriandrum sativum* L.）的带根全草。芫荽全草可入药，春夏可采收。原植物芫荽，一年生或二年生草本植物，有强烈气味。芫荽喜低温，怕热，原产于欧洲地中海地区，据传为西汉时张骞出使西域时带回，目前我国各地多有栽培。

（一）芫荽的化学组成

芫荽的特殊气味缘自其丰富的醇、醛、内酯等多类化合物的混合作用，如芳樟醇、正葵醛、壬醛、香柑内酯、欧前胡内酯（Imperatorin）、伞形花内酯（Umbelliferone）、花椒毒酚（Xantho-texol）、芫荽异香豆素（Coriandrin）、二氢芫荽异香豆素（Dihydrocoriandrin）、芫荽异香豆酮（Coriandrone）A 和芫荽异香豆酮 B 等，还含有芦丁、异槲皮素等黄酮类化合物，以及维生素 C、维生素 B_1、维生素 B_2、胡萝卜素等多种维生素以及钙、铁、磷等微量元素。

（二）芫荽的生物功效

芫荽作为佐餐调料，能增添食物风味，刺激食欲。传统中医认为芫荽有健胃消食作用，可治疗消化不良、积食等症状；又以其辛香味，认为有"发"和"通"的作用，用其治疗风寒感冒、鼻塞、小儿痘疹等。

芫荽乙醇提取物能通过促进胰岛素释放，抑制 α-葡萄糖苷酶活性，降低血清葡萄糖含量，有降血糖作用；芫荽有较强的抗氧化作用，能保护过氧化氢诱导的细胞氧化损伤，在 D-半乳糖致动物衰老模型中，芫荽籽精油能增强超氧化物歧化酶活性，降低心脏丙二醛含量。将幼鼠随机分组，每组 15 只，按 0.04mL/kg、0.06mL/kg、0.08mL/kg 剂量喂食芫荽籽精油，同时皮下注射 0.3mL/kg 剂量 D-半乳糖，每天一次持续 30d。结果发现，高剂量给药组小鼠心脏中丙二醛含量为对照组的 61.68%，过氧化程度明显降低；同时，给药组小鼠超氧化物歧化酶活性与对照组相比，最高可达到 1.44 倍。此外，芫荽还有利尿、降血脂、辅助治疗高血压、抑菌等功效。

（三）芫荽的安全性

目前未见有关芫荽有毒副作用的报道。但因其具有强烈气味，中医认为本身患有狐臭、口臭等病症人群食之会加剧原症状。

三、松花粉（马尾松、油松）

松花粉（Pini Pollen），又名松花、松黄，为松科松属植物马尾松（Pinus massoniana Lamb.）、油松（Pinus tabulieformis Carr.）或同属植物的干燥花粉。开花时采摘雄花，晒干后搓粉并过筛留细粉。松花粉呈淡黄色，微香。

原植物马尾松，别名青松，常绿大乔木，高可达45m，生长在海拔1500m以下山坡，我国长江中下游地区、两广、陕西、福建、台湾等地均有种植。原植物油松，别名短叶松、短叶马尾松，高一般不超过30米。油松喜阳光、干冷气候，分布于我国东北、华北、西北等地。

同属植物还有赤松（Pinus densiflora Sieb. et Zucc.）、黑松（Pinus thunbergii Parl.）、高山松（Pinus densata Mast.）、华山松（Pinus armandi Franch）等。

（一）松花粉的化学组成

松花粉是松树雄花蕊的精细胞，有"天然微型营养库"之称。松花粉主要成分有丰富的蛋白质（10%~25%），且多以游离氨基酸形态存在；维生素C、维生素 B_1、维生素 B_2、维生素E、叶酸、β-胡萝卜素等10余种维生素；钾、铁、钙、镁、锌等30多种微量元素；酸性磷酸酶、苹果酸合成酶（Malate synthase）等近百种酶和辅酶；棕榈酸、油酸、亚油酸、亚麻酸等不饱和脂肪酸（10%~20%）；以及核酸、磷脂、多糖等。

（二）松花粉的生物功效

唐宋时期就有用松花粉调汤、制馅、蒸饼、酿酒的记载。目前在临床药用上主要以外敷治疗小儿红臀、湿疹、疥疮、外伤出血等皮肤类病症。我国药典收录其功效有"收敛止血，燥湿敛疮"。松花粉富含蛋白质、维生素、矿物质、核酸、磷脂、多糖等多种营养成分，在一种或数种成分的共同作用下，松花粉能降低血清中血脂含量，促进脂肪利用和代谢，有降血脂作用；能抑制脂质过氧化自由基生成、增强超氧化物歧化酶活性，有抗氧化、延缓衰老作用。

在免疫抑制动物模型研究中，发现松花粉多糖对多项免疫指标有改善作用，有免疫调节功能。动物试验发现，连续10d对小鼠喂食松花粉后，在完全禁食禁水的条件下，喂食松花粉小鼠能存活80h，而对照组小鼠存活时间为60h，松花粉有增加机体耐受力功效。

（三）松花粉的安全性

目前未见有关松花粉有毒副作用的报道。

四、粉　葛

粉葛（Puerariae Thomsonii Radix），别名甘葛，是豆科葛属植物甘葛藤（Pueraria thomsonii Benth.）的干燥根。一般在秋冬季采挖。原植物甘葛藤，又名葛麻藤，多年生落叶藤本，顶生小叶片呈宽卵形（与野葛区分），花冠呈紫色（与野葛区分）。粉葛适应性强，耐寒、耐旱，生长在山野灌木丛或疏林中。我国大部分地区均有分布，主要产区在广东、广西、云南、四川等地。

（一）粉葛的化学组成

粉葛的化学成分类别与葛根（野葛）基本相同，但其功效成分在含量上与葛根差别很大。葛属植物的主要成分为异黄酮类化合物，是目前已知植物中异黄酮种类最多的植物。粉葛中葛根素、大豆苷、大豆苷元等异黄酮类化合物含量明显低于葛根，总黄酮含量一般不超过 1%，而葛根总黄酮含量为 3%~9%。《中国药典》（2020 年版）对粉葛（干燥品）的品质要求是其葛根素含量不得低于 0.3%，而对葛根的要求则是不低于 2.4%。粉葛富含淀粉（约 40%），还含有氨基酸，钙、铁、硒等微量元素。

（二）粉葛的生物功效

粉葛因淀粉含量高而得名，又因口味甘甜，别名甘葛，与葛根（野葛）相比，中医多以其"生津"功效治疗消渴症，也就是现在常说的糖尿病。也因其较高的淀粉含量，能缓解胃肠道黏膜受到的刺激，有止泻功效，用来治疗脾虚久泻和外感泄泻。而其他由葛根素等异黄酮类化合物带来的诸如改善心脑血管系统，雌激素样作用、降血脂，抗氧化，解酒等作用要弱于葛根。

（三）粉葛的安全性

目前未见有关粉葛有毒副作用的报道。

五、布　渣　叶

布渣叶（*Microctis Folium*），别名破布叶，为椴树科破布叶属植物破布叶（*Microcos paniculata* L.）的干燥叶。原植物破布叶，常绿灌木或小乔木。破布叶喜温暖湿润气候，生长在灌木丛中，多为野生，少有栽培。我国主要分布在广东、广西、海南、云南等地，广东省是主要产区。

（一）布渣叶的化学组成

布渣叶功效成分是黄酮类化合物，如异鼠李素、山奈酚、槲皮素等。因产地不同，各地布渣叶的总黄酮含量差异较大，最高的达 55mg/g，最低的约 11mg/g。此外，还含有布渣叶碱，以及烃和脂肪组成的挥发油等化学成分。《中国药典》（2020 年版）对布渣叶（干燥品）的品质要求是含牡荆苷（$C_{21}H_{20}O_{10}$）不得少于 0.040%。

（二）布渣叶的生物功效

布渣叶是广东传统凉茶的主要药用成分之一，中医认为布渣叶有清热利湿，健胃消食作用，常用来治疗感冒发热、食欲不振、消化不良等症状。布渣叶提取物可以抑制血清总胆固醇、甘油三酯升高，有降血脂作用，对肝脏脂肪变性也有一定功效。试验中将小鼠随机分组，每组 10 只，按 7.8g/kg 剂量灌胃布渣叶提取物，每天 1 次持续 7d，结果发现，与模型对照组相比，给药组小鼠血清总胆固醇、甘油三酯降低约 25%，降脂效果明显。

在急性肝损伤试验中，按 100mg/kg、200mg/kg 和 400mg/kg 剂量灌胃小鼠布渣叶提取物，模型对照组给予生物盐水，每天 1 次，持续 7d，并在最后一次给药 2h 后腹腔注射 0.3% 四氯化碳。结果发现，模型对照组小鼠肝细胞出现大片不同程度坏死，细胞空泡样变明显，而给药组与之对比有明显改善，且与给药浓度正相关。

在干酵母致大鼠发热模型中，将大鼠随机分组，每组 10 只，按 4.2g/kg、8.4g/kg、16.8g/kg 剂量灌胃布渣叶水提取物，每天 1 次，持续 3d，并在给药第 3d 注射 20% 酵母液，同时在不同时段记录大鼠肛温。结果（表 8-25）发现，与空白组相比，高剂量给药组大鼠降温最为明显，整体而言，布渣叶提取物能显著降低大鼠体温，具有解热作用。布渣叶水提取物能增加心冠脉血流量，提高小鼠耐缺氧能力，有保护心血管作用。此外，布渣叶提取物还具有一定的镇痛、抗炎效果。

表8-25 布渣叶水提物对发热模型大鼠的解热作用（$\bar{x} \pm s$）

组别	剂量/（g/kg）	n	基础体温/℃	注射酵母后不同时间大鼠体温变化/℃					
				4h	5h	6h	7h	8h	9h
空白组	—	10	37.2± 0.35	−0.34± 0.42	−0.28± 0.33	0.32± 0.62	1.14± 0.48	0.68± 0.65	0.41± 0.91
吲哚美辛组	0.00225	10	36.9± 0.40	0.24± 0.54*	0.33± 0.71*	0.2± 0.85	0.40± 0.52*	0.01± 0.49*	−0.32± 0.91*
布渣叶水提物高剂量组	16.8	10	37.3± 0.66	−0.63± 0.70	−0.35± 0.66	0.53± 0.55	0.51± 0.66*	0.43± 0.83	−0.03± 0.69
布渣叶水提物中剂量组	8.4	10	37.3± 0.44	−0.38± 0.83	0.44± 0.39	0.55± 0.34	0.44± 0.30	0.43± 0.48	−0.01± 0.79
布渣叶水提物低剂量组	4.2	11	37.0± 0.54	0.02± 0.53	0.43± 0.75*	0.66± 0.72	0.84± 0.68	0.90± 0.71	1.28± 0.52*

注：与空白组比较，* $P<0.05$。

（三）布渣叶的安全性

目前未见有关布渣叶有毒副作用的报道，布渣叶提取液和布渣叶浸膏的小鼠急性毒性 LD_{50} 为 21.5g/kg，作为传统凉茶配方之一，布渣叶药性偏凉，脾胃虚弱人群和孕妇须慎用。

六、夏 枯 草

夏枯草（Pruellae Spica），别名棒槌草、铁色草等，为唇形科夏枯草属植物夏枯草（Prunella vulgaris L.）的果穗，一般在夏季果穗呈棕红色时采收。原植物夏枯草，又名麦穗夏枯草，多年生草本植物。夏枯草适应性强，耐寒，生长在林边、草丛中，我国大部分地区均有分布，主产区在江浙、安徽等地。

（一）夏枯草的化学组成

目前从夏枯草分离得到的化学成分主要有萜类、黄酮类、糖类、有机酸类等化合物。其中，萜类和黄酮类化合物为主要功效成分。萜类以三萜化合物为主，如齐墩果酸、熊果酸、夏枯草苷A 和夏枯草苷B（Pruvuloside A、pruvuloside B）等；黄酮类化合物有山奈酚、槲皮素、木犀草素等；糖类化合物主要有蔗糖、甘露糖、葡萄糖、果糖等；有机酸类化合物有二十四烷酸、油酸、亚油酸等。此外还有芳樟醇等挥发油类化合物，以及甾体、香豆素、生物碱类等成分。《中国药典》（2020 年版）对夏枯草（干燥品）的品质要求是含迷迭香酸（$C_{18}H_{16}O_8$）不得少于 0.20%。

（二）夏枯草的生物功效

1. 降血压作用

对试验动物注射或服用夏枯草煎剂，有明显降压作用。将自发性高血压大鼠随机分组，每组6 只，如表 8-26 所示，按 0.5g/kg、1.0g/kg、2.0g/kg 剂量喂食夏枯草提取物，模型组喂以 10mg/kg 剂量卡托普利，空白对照组喂食蒸馏水，每天一次持续 6 周。结果发现，夏枯草提取物不同剂量给药组大鼠收缩压与舒张压均明显低于空白对照组。另有研究发现，以从夏枯草中提取得到的夏枯草总皂苷注射试验动物，与对照组相比，可明显降低被注射动物的舒张压和收缩压。

表 8-26 　　　　　　　　　夏枯草提取物对 SHR 大鼠血压的影响（$x \pm s$, $n=6$）　　　　　单位：mmHg

组别	血压	给药前	1周	2周	3周	4周	5周	6周
空白对照组	收缩压	174.2±5.0	178.1±8.5	177.9±9.6	179.7±7.4	172.1±6.0	176.6±5.9	177.2±6.1
	舒张压	128.9±7.9	127.2±6.1	128.0±7.6	127.5±6.8	128.3±7.2	129.2±4.7	129.2±6.7
卡托普利组	收缩压	169.8±5.4	147.7±5.3**	142.3±5.8**	139.1±4.4**	138.8±5.7**	142.0±5.5**	140.3±3.9**
	舒张压	129.8±7.1	112.8±6.2**	117.6±5.6**	116.3±4.1**	117.9±5.1**	117.4±6.3*	118.2±6.9**
夏枯草提取物低剂量组	收缩压	177.6±8.2	176.4±6.7	169.6±8.9*	160.9±8.3*	159.5±7.3*	156.9±5.5*	157.4±4.7*
	舒张压	127.2±6.2	127.4±6.2	125.7±3.8*	126.4±4.9*	127.8±7.9	123.8±6.3*	123.2±3.7*
夏枯草提取物中剂量组	收缩压	174.9±8.6	173.6±8.1	163.2±6.6*	153.6±7.6*	150.4±4.6**	148±8.0**	148.5±5.1**
	舒张压	129.1±5.3	127.7±6.7	126.5±6.1*	126.1±5.3*	124.8±5.4*	119.8±5.5**	120.0±5.3**
夏枯草提取物高剂量组	收缩压	173.8±6.6	167.3±5.6*	149.3±4.6**	147.5±5.9**	148.3±6.0**	146.6±6.2**	146.4±5.7**
	舒张压	128.2±6.2	125.5±4.8*	123.3±5.2*	120.1±5.2**	118.4±7.2**	118.6±6.8**	119.7±5.4**

注：与空白对照组比较，* $P<0.05$，** $P<0.01$。

2. 降血糖作用

夏枯草提取物能显著抑制四氧嘧啶诱导的糖尿病小鼠餐后血糖升高，对正常小鼠的餐后血糖也有降低作用。其机制通常认为与抑制淀粉酶活性有关。以四氧嘧啶构建糖尿病小鼠模型，将小鼠随机分组，每组 10 只，按 150mg/kg、300mg/kg 剂量灌胃夏枯草提取物，每天 1 次，持续 7d。结果发现，与对照组小鼠相比，给药组小鼠血糖分别降低 34.8% 和 45.2%，降糖效果明显。

3. 抗菌消炎作用

体外试验发现，夏枯草煎剂对金黄色葡萄球菌、大肠杆菌、痢疾杆菌、伤寒杆菌、结核杆菌等致病菌有不同程度抑制作用，具有广谱抗菌活性。夏枯草提取物在动物试验中，对单纯疱疹病毒引起的角膜炎、细菌性阴道炎以及肠道炎症等均有良好治疗作用。中医认为夏枯草有清肝明目功效，用其治疗目赤肿痛等症状。

（三）夏枯草的安全性

目前未见有关夏枯草有毒副作用的报道。但夏枯草味苦、性寒，脾胃虚弱人群和孕妇须慎用。

七、山　奈

山奈别名沙姜、三大，为姜科植物山奈（*Kaempferiae galanga*）的干燥根茎。山奈是一种易种易管、产量较高的植物，现多为栽培，分布在广东、广西、云南、台湾及贵州等地。

（一）山奈的化学组成

山奈的干燥根茎主要含挥发油（龙脑、桉油精、莰烯、对甲氧基桂皮酸乙酯、桂皮酸乙酯、3-蒈烯、对甲氧基苏合香烯等）、山奈酚、山奈素及蛋白质、淀粉、黏液质等成分。

（二）山奈的生物功效

1. 抗肿瘤活性

山奈挥发油对人胃癌细胞裸鼠原位移植瘤增殖和转移的影响，试验结果发现山奈挥发油有抑制胃癌细胞增殖的作用：各用药组与对照组相比较，裸鼠原位肿瘤明显缩小（$P<0.05$），其中联用组抑瘤作用最显著（$P<0.05$）。以来自鼻咽癌患者的人疱疹病毒早期抗原阳性血清为研究对象，发现山奈挥发油中的对甲氧基肉桂酸乙酯成分具有较强抗促癌药理活性；其中顺式-对甲氧基肉桂酸乙酯的 IC_{50} 为 $5.5\mu mol/L$，反式-对甲氧基肉桂酸乙酯的 IC_{50} 为 $9.5\mu mol/L$；顺式体的抗促癌活性与姜黄素（IC_{50} 为 $5.4\mu mol/L$）相当，而反式体的抗促癌活性也比已经报道过的熊果酸（IC_{50} 为 $20\mu mol/L$）、牻牛儿醇（IC_{50} 为 $16\mu mol/L$）等作用略强。

2. 杀线虫活性及抗氧化活性

对取自 27 个科的姜黄、八角茴香等 40 种药用植物的甲醇提取物进行杀线虫活性试验，结果显示山奈提取物的杀线虫能力最强，且其杀线虫活性与肉桂酸乙酯成分有关，研究表明 $60\mu g/mL$ 的反式肉桂酸乙酯及对甲氧基肉桂酸乙酯杀线虫活性达 100%。通过对姜科的高良姜等 6 种植物进行研究，发现山奈具有抗氧化活性，但其抗氧化活性稍逊于高良姜。

3. 镇痛及抗炎作用

通过对动物模型的研究，发现山奈的水提取物具有明显的镇痛及抗炎作用，而且山奈叶子水提取物的镇痛作用及抗炎效果比根茎的水提物更显著。

山奈素对金黄色葡萄球菌及伤寒杆菌、绿脓杆菌、痢疾杆菌等均有抑制作用。有抑制大鼠植入羊毛球的发炎作用。山奈素含有多个酚羟基，且具有较强的抗氧化作用。山奈提取物对许多人体酶有抑制作用，如可抑制酪氨酸酶的活性。

山奈根提取物有很好的防晒效果，酒精浓度越高，提取物的防晒效果越好。山奈根提取物中的对甲氧基肉桂酸乙酯等成分在 $280\sim320nm$ 区域有宽而强的吸收，对皮肤无刺激，安全性好，是一种理想的防晒剂。

（三）山奈的安全性

急性毒性试验用 $5g/kg$ 的山奈乙醇提取物经口服，对照组及试验组均无死亡率也无明显的体质、器官畸变，亚急性毒性试验显示每天以 $25mg/kg$、$50mg/kg$ 或 $100mg/kg$ 的剂量经口服用，连续饲喂 28d，对照组及试验组均无明显的体质、器官畸变。

八、西　红　花

西红花（*Croci Stigma*）别名为藏红花、番红花。为鸢尾科植物番红花（*Crocus sativus* L.）的干燥柱头。主产于欧洲、地中海和中亚等地，明朝时传入中国。其味甘、性平，归心、肝经。

西红花气特异，微有刺激性，味微苦，有活血化瘀、凉血解毒、解郁安神之功效，用于经闭癥瘕、产后瘀阻、温毒发斑、忧郁痞闷、惊悸发狂等症，孕妇慎用。

（一）西红花的化学组成

西红花含藏红花素约2%，藏红花素为藏红花酸与二分子龙胆二糖结合而成的酯，又含藏红花酸二甲酯、藏红花苦素约2%、挥发油0.4%～1.3%（主要为藏红花醛）。藏红花醛为藏红花苦素水解生成的，藏红花素和藏红花苦素可能结合为原藏红花素而存于生药中。

（二）西红花的生物功效

1. 对子宫的作用

西红花煎剂对小鼠、豚鼠、兔、犬及猫的离体子宫及在位子宫均有兴奋作用，小剂量可使子宫发生紧张性或节律性收缩，大剂量能增高子宫紧张性与兴奋性，自动收缩率增强，甚至达到痉挛程度，已孕子宫更为敏感；在家兔子宫瘘试验中，也呈现兴奋作用，1次用药后，药效可持续4h之久。其各种提取液的作用强度顺序：煎剂>乙醇提取液>挥发成分>乙醚提取液。

小剂量对子宫亦可出现抑制，或先抑制后兴奋等作用，尤其是乙醇提取液应用于未孕家兔子宫时，多见抑制现象。西红花兴奋子宫的作用，可被乙磺酸麦角毒碱（肾上腺素能阻滞剂）所部分阻断，而阿托品则不能。故认为对子宫的作用，一部分为对子宫肌细胞的直接作用，一部分则与肾上腺素能受体有关。

2. 对循环系统的影响

西红花煎剂可使麻醉狗、猫血压降低，并能维持较长时间，对呼吸还有兴奋作用。降压时肾容积缩小，显示肾血管收缩，对蟾蜍血管亦呈收缩作用，在离体蟾蜍心脏上有较显著的抑制作用。有人对它作为手术过程中使心跳暂停的药物进行了试验，发现水浸剂在离体蟾蜍、大鼠心脏，均能导致心脏迅速完全停跳于舒张期，历时达十数分钟以上，且极易恢复。如与乙酰胆碱同用，则停跳更迅速而完全。复跳时无纤颤发生，复跳后心脏活动均形加强。但经化学分析，抑制心脏的成分与钾盐有关，番红花中含多量钾盐，而钾盐不仅可抑制心脏、引起降压，对平滑肌如小肠、子宫、支气管、血管等的紧张度及收缩亦均具兴奋作用，因此研究番红花应首先除去钾盐。

3. 其他功效

西红花能延长小鼠的动情周期，以含番红花0.23%～2%的食物饲喂正常小鼠3周，阴道涂片检查全角化的持续时间从正常的1～2d延长至3～4d；停药后作用迅速消失。煎剂注射于青蛙淋巴囊内，皮肤腺体有大量分泌。

（三）西红花的安全性

对小鼠急性毒性试验中，测得灌胃的半数致死量为20.7g/kg。孕妇禁用西红花。西红花能兴奋子宫、肠管、血管及支气管平滑肌，对已孕的子宫尤甚。中毒表现为血性呕吐、剧烈胃痛、胃肠出血、肠绞痛、腹泻带血、血尿、尿闭、意识不清、惊厥、谵妄、昏迷、脉搏细弱而速。

九、草　　果

草果（*Tsaoko Fructus*）别名豆蔻，为姜科植物草果（*Amomum tsaoko* Crevost et Lemaire）的干燥成熟果实，茎丛生，全株有辛香气。分布于中国云南、广西、贵州等省区，栽培或野生于疏林下，海拔1100～1800米。

（一）草果的化学组成

草果的化学组成以 1,8-桉油素和香叶醇为主，含挥发油 3%~4%，挥发油中含 1,8-桉油素、α-蛇麻烯、反-麝子油醇、反-2-烯醛、樟脑、山姜素、松油烯-4-醇、肉桂酸甲酯、橙花叔醇、芳樟醇、香叶醇、草果酮、莳萝艾菊酮、乙酸龙脑脂、豆蔻素等，其中反-2-烯醛为草果的主要辛香成分。

（二）草果的生物功效

草果性温，味辛，具有燥湿除寒、祛痰截疟、消食化积的功能，用于寒湿内阻、脘腹胀痛、痞满呕吐、疟疾寒热等症，也是烹调常用调味香料。

1. 消食化积

草果具有独特的香气，它含有大量的挥发油和多种矿物质，人们食用以后能促进消化液分泌，也能加快肠胃中食物的消化与吸收，能消食化积促进消化，平时人们出现腹胀积食、食欲不振与消化不良时，都能适量服用一些草果，它能让这些症状尽快减轻。

2. 抗菌消炎

草果不但能提味增鲜，促进消化，它还能抗菌消炎，它含有的蒎烯类物质有很强的抗炎作用，而且它能抑制人体内多种真菌的活性，能防止真菌再生与繁殖，从而也就起到了抗菌消炎的重要作用，它对人类的多种细菌性疾病和病毒性疾病都有良好预防作用。

（三）草果的安全性

草果能直接食用，但传统中医认为气虚或血亏者忌服草果。

十、肉　苁　蓉

肉苁蓉（*Cistanches Herba*）别名寸芸、苁蓉，为列当科植物肉苁蓉（*Cistanche deserticola* Y. C. Ma）或管花肉苁蓉［*C. tubulosa*（Schrenk）Wight］的干燥带鳞叶的肉质茎。多年生寄生草本，适宜生长于沙漠环境，土壤为中细砂，呈中性或偏碱性，含盐分较高，寄主是藜科植物梭梭、白梭梭等植物的根。肉苁蓉为高大草本，大部分地下生。气微，味甜，略苦。主要分布在内蒙古（阿左旗）、甘肃（昌马）及新疆。

（一）肉苁蓉的化学组成

肉苁蓉含肉苁蓉苷（Cistanoside）A、肉苁蓉苷 B、肉苁蓉苷 C、肉苁蓉苷 H、洋丁香酚苷（Acteoside）、2-乙酰基洋丁香酚苷（2-Acetylacteoside）、海胆苷（Echinacoside）7 种苯乙醇苷成分，还含鹅掌楸苷（Lirio-dendrin），8-表马钱子苷酸（8-Epiloganic acid），胡萝卜苷，甜菜碱，β-谷甾醇，甘露醇，和苯丙氨酸、缬氨酸、亮氨酸、异亮氨酸、赖氨酸、苏氨酸等 15 种氨基酸及琥珀酸，三十烷醇，多糖类。

（二）肉苁蓉的生物功效

1. 提高免疫力

肉苁蓉属于一种能兴奋垂体、肾上腺皮质或有类似肾上腺皮质激素样作用，调节机体免疫功能的名贵药材，多糖在其提取物中含量较高，多糖成分的免疫增强作用在肉苁蓉的强壮和补益效用中可能发挥着主要的影响。

2. 抗疲劳

肾藏精，主骨生髓，为先天之本，是体力产生的原动力和源泉。长时间运动，多度劳累会造成血睾酮下降，是机体运动能力下降和恢复过程延长的主要因素。肉苁蓉可防治运动导致的血睾酮降低，促进垂体性腺激素的分泌，加快疲劳恢复，提高运动能力。还可使定量负荷运动后，血乳酸堆积减少，清除加快，机体耐酸能力提高。

3. 改善阳痿早泄

唐代《本草拾遗》中曾记载："肉苁蓉三钱，三煎一制，热饮服之，阳物终身不衰"。现代医学也印证了这一点，肉苁蓉中含有大量氨基酸、胱氨酸、维生素和矿物质珍稀营养滋补成分，对男性肾、睾丸、阴茎、海绵体等性器官都有极大的补益效果，也可有效提高精子活力和质量。

4. 保护心脑血管

很多人容易手脚发冷，四肢畏寒，一过深秋，尤其明显。肉苁蓉中有效成分苯乙醇总苷可以改善微循环，软化血管，增加心、脑及外四肢末梢血管循环，达到保护脑血管和神经系统的作用。

5. 润肠排毒

中医认为肉苁蓉入肾和大肠经，补肾助阳以润燥通便。肉苁蓉类药物的水煎剂具有明显的通便作用，可改善肠蠕动，抑制大肠的水分吸收，缩短排便时间。对老年人习惯性便秘，体虚便秘和产妇产后便秘功效显著。

6. 其他

肉苁蓉具有保护缺血心肌、降血脂、抗动脉粥样硬化和抗血栓形成、降低外周血管阻力、降压、抗脂肪肝和抗肿瘤等多种生物功效。

（三）肉苁蓉的安全性

肉苁蓉现代毒理学研究未显示有急性毒性、遗传毒性及亚急性毒性作用。

十一、灵　芝

灵芝（Ganoderma）别名赤芝、红芝、木灵芝、菌灵芝、万年蕈或灵芝草，是多孔菌科真菌赤芝［Ganoderma lucidum（Leyss. ex Fr.）Karst.］的干燥子实体。属于真菌门（Eumycota），担子菌纲（Basidiomycetes），多孔菌目（Polyparales），多孔菌科（Polyparaceae），灵芝属（Ganoderma）。世界上已知约有120种，世界各地均有分布，以热带及亚热带地区较多。中国有63种，其中野生灵芝分布于山西、吉林、江苏、江西、湖北、广西、四川、云南、西藏和台湾等地，紫芝主要分布于浙江、福建、湖南、广东、广西和江西等地，薄盖灵芝分布于广东、海南及云南等地。

自然界生长的灵芝，由菌丝体和子实体两部分组成，菌丝体生长在营养物中有类似绿色植物"根"的作用，它由众多的无色透明、有分隔分支、直径为 $1 \sim 3 \mu m$ 的菌丝组成。子实体是菌丝体生长发育到一定阶段形成的产物，即人们通常看到的灵芝，代表种赤芝是由菌盖和菌柄组成，菌盖形如天上的云朵。

（一）灵芝的化学组成

灵芝中的化学组成比较复杂，约有150余种，其中子实体主要含有三萜类、甾类、氨基酸、多肽、糖类、香豆精苷、挥发油、油脂、生物碱及矿物质。干的灵芝子实体含12%～13%水分、54%～56%纤维素、13%～14%木质素、1.9%～2%脂肪、1.6%～2.1%总氮、4%～5%还原物质、0.14%～0.16%甾类、0.08%～0.12%总酚和0.022%灰分。灵芝的菌丝体中含有糖类、氨基酸、多肽、挥发油、类脂质和生物碱等。

三萜类化合物是灵芝的主要成分之一，从赤芝子实体和孢子粉中分离出 106 种三萜类化学组成，其中很多具有生物功效。例如，灵芝酸 A～灵芝酸 D 可以抑制小鼠肌肉细胞组胺的释放，灵芝酸 F 有很强的抑制血管紧张素酶的活性，赤芝孢子酸 A 对 CCl_4 和半乳糖胺及丙酸杆菌造成的小鼠转氨酶升高均有降低作用。

从赤芝孢子粉酸性脂溶部分中分离到 8 个三萜化合物，其中 5 个四环三萜酸，1 个四环三萜醇，2 个五环三萜内酯化合物，分别是赤芝酸（Ganoderic acid）A、赤芝酸 B、赤芝酸 C、赤芝酸 E、赤芝酸 M，灵芝酮三醇，赤芝孢子内酯 A、赤芝孢子内酯 B。

薄盖灵芝菌丝体中含有 5 种核苷类化合物，分别是尿嘧啶、尿嘧啶核苷、腺嘌呤、腺嘌呤核苷、灵芝嘌呤。腺苷是以核苷和嘌呤为基本构造的活性物质。灵芝含有多种腺苷衍生物，均具有较强的生物功效，能降低血液黏度，抑制体内血小板聚集，提高血红蛋白 2,3-二磷酸甘油酸的含量，提高血液供氧能力，加速血液微循环与提高血液对心、脑的供氧能力。

灵芝中甾醇有近 20 种，含量较高，其骨架分为麦角甾醇类和甾醇 2 种类型，从赤芝孢子粉和薄盖灵芝发酵菌丝体中分离得到 10 种甾醇类化合物。

灵芝多糖主要存在于灵芝细胞壁内壁，大部分为 β-葡聚糖，少数为 α-葡聚糖，其多糖链由 3 股单糖链构成，呈现螺旋状立体构型，其立体构型与 DNA、RNA 相似，螺旋层之间主要以氢键固定。一般认为单糖间以 β（1→3,6）连接或 β（1→4,6）连接的糖苷键的具有活性，全部以（1→4）糖苷键连接的则没有活性。此外，多糖的生物功效还与其立体结构（三级结构）有关，若螺旋形的主体构型被破坏则活性大大降低。

（二）灵芝的生物功效

1. 保护心脑血管系统

赤孢液和薄菌液均能提高小鼠缺氧状态下的存活时间，且有剂量效应关系，还有增加脑和心脏营养性血流量的作用，对脑缺血有一定保护作用。

红芝子实体的水溶性部分可以抑制血小板凝固，具有疏通血管、防止脂质沉积的作用。其抗凝的有效成分为腺嘌呤核苷，每 1000g 干子实体含有 40mg 腺嘌呤核苷。灵芝多糖能增加心肌收缩力，增加每搏血液输出量，加速血液循环。红芝总生物碱与灵芝多糖具有明显的强心作用。红芝的 70% 乙醇抽提物可抑制肾的血管紧张素反转酶（ACE），从中分离出 5 种新的羊毛甾烷三萜及已知的 5 种三萜，这些化合物中有 8 种确定具有抑制血管紧张素反转酶的活性，其中灵芝酸 F 的效果最好。

用培养的红芝子实体制备的粉剂喂养自发性高血压鼠，其血压明显比对照组低，这说明粉剂中含有抑制血压升高的物质。灵芝三萜可以阻断胃肠消化道对胆固醇的吸收，并可抑制胆固醇合成酶的活性，因此灵芝也有降血清胆固醇的作用。

灵芝多糖还可调节血糖水平。从红芝干子实体提取出的两种多聚糖含有少量的多肽，经试验证明均能降低血糖。研究发现，灵芝多糖可以增加细胞多种糖水解酶的活性，而降低糖合成酶的活性，其中有 3 种可以增加细胞的胰岛素水平，促使糖的分解。

2. 提高免疫力、抗肿瘤

灵芝多糖是一类非特异性免疫增强剂，不仅能增强细胞免疫作用，而且能够增强体液免疫作用，间接地产生抗肿瘤作用。腹腔注射或经口摄取从红芝子实体抽提的多糖组分，能增强对蛋白质抗原延迟超过敏化。灵芝多糖能增强伴刀豆球蛋白诱导的鼠 T 细胞扩增。灵芝所含 RNA 可诱导小鼠脾产生干扰素类似物。

灵芝多糖可抑制动物模型的癌生长及转移。研究发现，灵芝多糖可以诱导小鼠白介素-2的分泌，激活了非特异性巨噬细胞的活性。灵芝中的三萜类化合物也具有抗肿瘤活性，可抑制人肝肿瘤细胞的生长。灵芝提取物、灵芝孢子油均具有体内抗肿瘤作用，两者的抗癌机制与抑制拓扑异构酶 I、拓扑异构酶 II 的活性有关。

给昆明种小鼠每日皮下注射 2g/kg 赤孢液抽提物，对照组给生物盐水，连续 6d，第 7 天处死小鼠，立即用 RPMI 1640 培养液 4mL 洗涤腹腔，收集腹腔细胞，调整细胞数至 $2 \times 10^6/mL$，各取 2.5mL 分装于不同试管，37℃培养 3h，贴壁巨噬细胞用培养液洗 3 次，用 1mL 0.05% Triton X-100 溶解细胞后，测定酸性磷酸酶和 β-葡萄糖醛酸酶活性，另用佛波醇刺激巨噬细胞，用荧光法测定莨菪亭荧光强度的变化以反映巨噬细胞过氧化氢生成量，以作为巨噬细胞功能活化的指标。结果表明，赤孢液能使小鼠巨噬细胞的酸性磷酸酶和 β-葡萄糖醛酸酶活性明显升高，说明赤孢液可使腹腔巨噬细胞进入激活状态，是吞噬功能增强的表现。

3. 调节中枢神经系统

灵芝还有安神、镇静作用，对中枢神经系统有良好的调节作用。患头昏、失眠、心悸或记忆力减退等症状者，摄取灵芝后有明显好转。

给昆明种小鼠腹腔注射赤孢液或生物盐水，注射 1h 后用光电管记录小鼠自主活动次数，每次记录 4 只小鼠的活动。结果表明，赤孢液能明显减少小鼠自主活动次数。薄菌液也有此作用，薄盖灵芝菌发酵液抽提物可显著减少小鼠自主活动，对苯丙胺的兴奋作用及利血平和氯丙嗪的镇静作用均有拮抗作用。

提前 20min 给小鼠皮下注射 20~30g/kg 赤孢液抽提物后，腹腔注射 50mg/kg 戊巴比妥或 200mg/kg 巴比妥钠，以小鼠翻正反射的消失和恢复作为小鼠睡眠时间，赤孢液能显著延长小鼠睡眠时间，对巴比妥钠的作用尤为明显。

由尾静脉给小鼠注射菸碱 1mg/kg 以引起惊厥死亡，预先腹腔注射赤孢液或薄菌液均可显著降低小鼠惊厥死亡率。小鼠静脉注射 2.5mg/kg 毛果芸香碱引起流涎，预先 20min 皮下注射赤孢液、薄菌液可显著减少流涎量。以上试验结果指出赤芝孢子粉和薄盖灵芝菌丝体水抽提液对小鼠中枢神经系统有一定镇静作用。

4. 保护肝功能

深层发酵的树舌芝菌丝体的乙醇-乙醚抽提物对肝具有保护功能，可增强其解毒功能，这种组分能降低 CCl_4 诱导的血清转氨酶水平升高，促进小鼠肝部分切除后的再生，提高小鼠的抗毒性，降低甘油三酯的积累。

给昆明种雄性小鼠腹腔注射 0.1% CCl_4（10mL/kg）一次，16h 后处死小鼠，测定血清转氨酶水平作为肝损伤的指标，提前 24h 灌胃紫芝和赤芝酒提物 50mg/kg 能抑制 CCl_4 引起的血清谷丙转氨酶升高。消炎痛进入体内后由肝脏代谢而失活，过量消炎痛会造成胃肠道穿孔导致死亡。给小鼠皮下注射消炎痛 10mg/kg，其胃肠穿孔死亡率达 80%~100%，预先灌胃紫芝或赤芝酒提物（相当原灵芝 50g/kg）可降低消炎痛中毒死亡率，间接表明灵芝可能通过对肝脏解毒功能的影响而降低消炎痛中毒死亡率。

洋地黄也由肝脏代谢而失活，过量洋地黄因心脏中毒而死亡。给小鼠灌胃洋地黄 20mg/kg 后死亡率达 80% 以上，预先灌胃紫芝和赤芝酒提物可显著降低洋地黄中毒死亡率，其作用机制也可能是通过对肝脏的作用而实现。

将小鼠肝脏切除约 70% 后，分别灌胃紫芝和赤芝酒提物 50g/kg，每天 1 次，连续 3d，结果肝脏重量明显增加，说明紫芝和赤芝酒提物可促进部分肝切除小鼠肝脏再生。

5. 抗炎症

通过研究发现赤孢液对变态反应性肌炎、化学性肌炎和迟发型超敏反应性炎症均有明显抑制作用。而且研究中所用的大鼠变态反应性肌炎动物模型与人类多发性肌炎类似，赤孢液对血清肌酸磷酸激酶升高和肌肉中肌酸磷酸激酶降低以及肌肉炎症浸润等病变均有一定逆转作用。此外，赤孢液的抑制炎症反应可能与其抗自由基损伤作用有关，因此有利于肌肉细胞膜的稳定性。

（三）灵芝的安全性

灵芝经口急性毒性试验结果，其 LD_{50} 均大于 $10g/kg$，未见有发生明显的毒性反应症状。以最高为人体推荐服用量的 150 倍的剂量给大鼠喂饲灵芝样品，连续 30d 和 90d，摄入样品的各剂量组大鼠与无摄入样品的空白对照组比较，其活动、进食量及体重增长情况均未见有明显差异，同时血细胞计数、各项生化指标、组织病理组织学及脏器指数等也无明显差异。结果表明，在临床服用量下，较长期食用灵芝对人是较为安全的。

🔍 **思考题**

（1）请判断以下植物哪些属于药食同源物品：甘草、苦艾、白芷、菊花、火龙果、山楂、小茴香、圣女果、菊苣、黄精、玉竹、桔梗、陈皮。

（2）请列举 3 例根茎类药食两用植物，分析其化学组成和生物功效。

（3）简述荷叶和紫苏的生物功效。

（4）金银花中有哪些活性成分？具备什么样的生物功效？请列举一些使用金银花作为原料的产品。

（5）请列举 3 例种子类药食两用植物，分析其化学组成和生物功效。

（6）请列举 4~6 例果实类药食两用植物，分析其生物功效。

（7）茯苓中有哪些化学成分，这些成分有什么生物功效？

（8）从化学成分和生物功效的角度来说，野葛和粉葛有何区别？

（9）简述灵芝的化学组成及其生物功效。

（10）如果设计一个具有减肥功效的产品，你会使用哪些药食两用植物活性物质？

（11）利用本章原料，请开发一款减肥产品。

（12）利用本章原料，请开发一款具有保护肝功能作用的产品。

（13）利用本章原料，请开发一款具有改善骨质疏松作用的产品。

保健食品允许使用的
植物活性物质

2002 年，《卫生部关于进一步规范保健食品原料管理的通知》（卫法监发［2002］51 号）公布了可用于保健食品的物品名单：人参、人参叶、人参果、三七、土茯苓、大蓟、女贞子、山茱萸、川牛膝、川贝母、川芎、马鹿胎、马鹿茸、马鹿骨、丹参、五加皮、五味子、升麻、天门冬、天麻、太子参、巴戟天、木香、木贼、牛蒡子、牛蒡根、车前子、车前草、北沙参、平贝母、玄参、生地黄、生何首乌、白及、白术、白芍、白豆蔻、石决明、石斛（需提供可使用证明）、地骨皮、当归、竹茹、红花、红景天、西洋参、吴茱萸、怀牛膝、杜仲、杜仲叶、沙苑子、牡丹皮、芦荟、苍术、补骨脂、诃子、赤芍、远志、麦冬、龟甲、佩兰、侧柏叶、制大黄、制何首乌、刺五加、刺玫果、泽兰、泽泻、玫瑰花、玫瑰茄、知母、罗布麻、苦丁茶、金荞麦、金樱子、青皮、厚朴、厚朴花、姜黄、枳壳、枳实、柏子仁、珍珠、绞股蓝、葫芦巴、茜草、荜茇、韭菜子、首乌藤、香附、骨碎补、党参、桑白皮、桑枝、浙贝母、益母草、积雪草、淫羊藿、菟丝子、野菊花、银杏叶、黄芪、湖北贝母、番泻叶、蛤蚧、越橘、槐实、蒲黄、蒺藜、蜂胶、酸角、墨旱莲、熟大黄、熟地黄、鳖甲。

本章将上述 114 种物品分成 7 类，其中动物类物品放在第十二章讨论。

根茎类植物（50 种）：人参、西洋参、党参、当归、姜黄、石斛、黄芪、天麻、丹参、太子参、北沙参、玄参、刺五加、巴戟天、红景天、三七、生地黄、熟地黄、土茯苓、天门冬、麦冬、白术、川芎、川牛膝、川贝母、平贝母、浙贝母、湖北贝母、知母、首乌藤、生何首乌、制何首乌、桑枝、玫瑰茄、苍术、制大黄、熟大黄、升麻、木香、牛蒡根、白及、白芍、赤芍、远志、泽泻、香附、骨碎补、金荞麦、竹茹、怀牛膝。

叶类植物（9种）：杜仲叶、人参叶、银杏叶、侧柏叶、番泻叶、苦丁茶、绞股蓝、罗布麻、芦荟。

花草类植物（16种）：玫瑰花、野菊花、红花、厚朴花、益母草、积雪草、车前草、茜草、淫羊藿、泽兰、佩兰、蒲黄、大蓟、蒺藜、墨旱莲、木贼。

果实类植物（16种）：荜茇、山茱萸、人参果、刺玫果、吴茱萸、女贞子、五味子、牛蒡子、金樱子、诃子、白豆蔻、补骨脂、枳壳、枳实、越橘、酸角。

种子类植物（7种）：车前子、沙苑子、柏子仁、葫芦巴、韭菜子、菟丝子、槐实。

皮类植物（7种）：杜仲、厚朴、牡丹皮、青皮、桑白皮、地骨皮、五加皮。

动物类（9种）：马鹿胎、马鹿茸、马鹿骨、龟甲、鳖甲、蛤蚧、珍珠、蜂胶、石决明。

这些都是目前我国开发功能性食品的常用原料，在具体操作上应注意以下几点：

①有明显毒副作用的中药材，不宜作为开发功能性食品的原料；

②如功能性食品的原料是中草药，其用量应控制在临床用量的50%以下；

③已获国家药政管理部门批准的中成药，不能作为功能性食品加以开发；

④已受国家中药保护的中药成方，不能作为功能性食品加以开发；

⑤传统中医药中典型的强壮阳药材，不宜作为开发改善性功能的功能性食品原料。

另外，以下为保健食品禁用物品名单（毒性或者副作用大的中药）：

八角莲、八里麻、千金子、土青木香、山莨菪、川乌、广防己、马桑叶、马钱子、六角莲、天仙子、巴豆、水银、长春花、甘遂、生天南星、生半夏、生白附子、生狼毒、白降丹、石蒜、关木通、农吉痢、夹竹桃、朱砂、米壳（罂粟壳）、红升丹、红豆杉、红茴香、红粉、羊角拗、羊踯躅、丽江山慈姑、京大戟、昆明山海棠、河豚、闹羊花、青娘虫、鱼藤、洋地黄、洋金花、牵牛子、砒石（白砒、红砒、砒霜）、草乌、香加皮（杠柳皮）、骆驼蓬、鬼臼、莽草、铁棒槌、铃兰、雪上一枝蒿、黄花夹竹桃、斑蝥、硫黄、雄黄、雷公藤、颠茄、藜芦、蟾酥。

第一节　根茎类活性物质

本节讨论49种可作为保健食品原料的根茎类植物，如人参、茜草、贝母、三七、川芎、黄芪、土茯苓、西洋参、党参、白芍、丹参、当归、天麻、太子参、牛蒡、北沙参等，都是日常生活中较为常用的中药材。它们含有皂苷、黄酮、生物碱、挥发油等功效成分，能促进机体的生理功能。例如，人参具有提高免疫活性、抗疲劳、抗衰老等生物功效，贝母具有平喘止咳等功效，当归具有改善贫血等功效。

一、人　　参

人参（*Ginseng Radix et Rhizoma*）有亚洲种和西洋种2类，前者统称人参，后者称西洋参。亚洲种原产于中国东北部，而西洋参的主要产区为北美的东部地区。亚洲种人参为茄科植物人参（*Panax ginseng*）的干燥根。根据不同的种植方法可分为4类：野山参、山参、移山参及园参。

（一）人参的化学组成

人参的主要功能物质是人参皂苷，含量约为 4%，目前分离得到的人参皂苷共约 40 余种，可大致分为 3 种类型：①原人参二醇型皂苷，共有 21 种，主要有人参皂苷 Ra_1、Ra_2、Ra_3、Rb_1、Rb_2、Rb_3、Rc、Rd、Rg_3、Rh_2、Rs_1、Rs_2；丙二酰人参皂苷 Rb_1、Rb_2、Rc、Rd；②原人参三醇型皂苷，共 11 种，主要有人参皂苷 Re、Rf、Rg_1、Rg_2 和 Rh_1；③齐墩果酸型皂苷，包括人参皂苷 Ro 和 Rh_3。此外，人参中还含人参多糖、低聚肽类、氨基酸、矿物质、维生素、精油等功能成分。

（二）人参的生物功效

1. 抗疲劳

人参对中枢神经有一定的兴奋作用和抗疲劳作用，特别是活性成分人参皂苷 Rg_1。人参皂苷 Rg_1 对大鼠游泳过程中肌糖原、肝糖原含量的影响，安静状态下，给药组和对照组的肌糖原、肝糖原含量基本相等。在游泳过程中，如表 9-1、表 9-2 所示，给药组与对照组肌糖原、肝糖原含量均随着游泳时间延长而下降，但给药组下降较慢。给药组在游泳 3h 后约下降 30%，对照组在相同的游泳时间后下降 70%。如表 9-3 所示，大鼠游泳过程中，人参皂苷 Rg_1 给药组的血乳酸浓度上升不明显；而对照组的血乳酸浓度则有较大幅度上升，在运动 1h 后达到峰值，约为安静状态下的 4 倍。给药组游泳 0.5h 和 1h 的血乳酸浓度低于各相应对照组。如表 9-4 所示大鼠游泳过程中，给药组血糖浓度仅略有下降，而对照组下降较为明显。对照组在运动 1h、2h、3h 后，下降幅度依次为 24%、30%、35%，下降幅度明显大于安静时或相应给药组。

表 9-1　　　　　人参皂苷 Rg_1 对大鼠游泳过程中肌糖原含量的影响

组别	肌糖原含量/（mg/g）					
	0h	0.5h	1.0h	1.5h	2.0h	3.0h
对照组	4.16±0.45	3.57±0.36	2.99±0.45[c]	2.60±0.39[c]	2.24±0.21[c]	1.25±0.26[c]
给药组	4.28±0.52	4.10±0.36	3.77±0.43	3.29±0.32[ac]	3.10±0.26[bc]	2.98±0.18[bc]

注：与对照组比较，[a] $P<0.05$，[b] $P<0.01$；与 0h 比较[c] $P<0.05$。

表 9-2　　　　　人参皂苷 Rg_1 对大鼠游泳过程中肝糖原含量的影响

组别	肝糖原含量/（mg/g）					
	0h	0.5h	1.0h	1.5h	2.0h	3.0h
对照组	40.12±3.35	38.45±4.06	35.45±3.56[c]	32.02±2.98[d]	28.35±3.01[d]	22.09±2.87[d]
给药组	41.08±4.56	38.28±3.12	36.01±3.56[c]	34.85±3.25[d]	32.03±3.28[ad]	31.34±2.79[bd]

注：与对照组比较，[a] $P<0.05$，[b] $P<0.01$；与 0h 比较[c] $P<0.05$，[d] $P<0.01$。

表 9-3　　　　　人参皂苷 Rg_1 对大鼠游泳过程中血乳酸的影响

组别	血乳酸含量/（mmol/L）					
	0h	0.5h	1.0h	1.5h	2.0h	3.0h
对照组	1.75±0.46	3.86±0.86[c]	6.02±1.38[d]	4.07±1.12[c]	3.08±1.07	2.99±0.64
给药组	1.74±0.38	1.82±0.54[a]	1.89±0.48[b]	1.97±0.35[a]	1.84±0.33	1.82±0.37

注：与对照组比较，[a] $P<0.05$，[b] $P<0.01$；与 0h 比较[c] $P<0.05$，[d] $P<0.01$。

表 9-4　　　　　　　　　　　人参皂苷 Rg_1 对大鼠游泳过程中血糖浓度的影响

组别	血糖浓度/（mmol/L）					
	0h	0.5h	1.0h	1.5h	2.0h	3.0h
对照组	5.78±0.22	5.56±0.15	5.14±0.17	4.40±0.16[c]	4.08±0.16[d]	3.76±0.18[d]
给药组	5.76±0.20	5.76±0.12	5.76±0.14	5.69±0.11[a]	5.65±0.18[b]	5.54±0.19[b]

注：与对照组比较，[a]$P<0.05$，[b]$P<0.01$；与 0h 比较[c]$P<0.05$，[d]$P<0.01$。

2. 提高记忆力

人参皂苷 Rg_1 和人参皂苷 Rb_1 主要通过中枢 M 受体的向上调节和脑内乙酰胆碱、5-羟色胺等神经递质水平及其比例的变动，脑内新蛋白质的合成，脑皮质厚度和突触数的增加，向肾上腺皮质激素的分泌释放增加以及分子自由基形成的减少和清除等多种机制提高学习记忆能力。人参皂苷 Rg_1 和人参皂苷 Rb_1 均可促进幼鼠身体发育，并易化小鼠成年后跳台法和避暗法记忆获得过程，小鼠海马体 CA_3 区细胞突触数目有明显增加，表明人参皂苷的益智作用和它的提高神经系统功能有关。

3、提高免疫力

人参中的活性成分通过增强巨噬细胞的吞噬功能、促进机体特异抗体的形成、增加 T 细胞和 B 细胞的分裂、显著增强肿瘤浸润淋巴细胞的体外杀伤活性、刺激白介素-2 的分泌、增强自然杀伤细胞的活性、提高环磷酸腺苷的水平等 7 种途径提高机体的免疫功能。微量人参皂苷直接导入大鼠双侧海马部位后能使胸腺 T 细胞伴刀豆球蛋白增殖及增强自然杀伤细胞活性。人参皂苷通过增强海马体所释放的促淋巴细胞增殖样物质的活性，通过海马体抑制垂体肾上腺，通过海马体使脾脏免疫功能增强等 3 种作用机制提高机体的免疫能力。原人参三醇型皂苷不仅对辐射所致免疫器官损伤有保护作用，并可增强机体的防御能力，表现为原人参三醇型皂苷可显著增加受照大鼠外周血白细胞数，减轻受照大鼠胸腺和脾脏重量的降低，明显增加其胸腺细胞和脾脏细胞数。

4、对心血管系统的作用

人参都具有对心血管的保护作用，人参皂苷有似强心苷的作用，能够增加心肌收缩力，升高血压增加心肌供氧和提高心肌工作效率。人参皂苷 Re 对心肌缺血再灌注时在大循环血中和心肌内前列腺素 E_2 大量蓄积和造成的心脏损害，有显著的保护作用。人参皂苷 Re 及人参皂苷 Rg_1 对狗血管呈扩张作用，而人参皂苷 Rb_2、人参皂苷 Rc 仅有微弱血管扩张作用。

如表 9-5 所示，不同剂量组人参皂苷 Rb_1 可以提高 H_2O_2 诱导损伤的人脐静脉内皮细胞活性（$P<0.01$），随着浓度的增高，细胞活力也增高，呈一定的剂量相关性。如表 9-6 所示，与损伤组比较，不同剂量组人参皂苷 Rb_1 可以降低 H_2O_2 诱导损伤的人脐静脉内皮细胞丙二醛含量、增加超氧化物歧化酶活性，随着人参皂苷 Rb_1 浓度的增高，丙二醛含量降低，超氧化物歧化酶活性升高，呈一定的剂量相关性。如表 9-7 所示，与损伤组比较，不同剂量组人参皂苷 Rb_1 可以促进 H_2O_2 诱导损伤的人脐静脉内皮细胞血管内皮生长因子蛋白的分泌，且随着人参皂苷 Rb_1 浓度的增高，血管内皮生长因子蛋白表达也增高，呈一定的剂量相关性。

表9-5　　　不同浓度人参皂苷 Rb$_1$ 对氧化损伤人脐静脉内皮细胞活力的影响

组别	细胞活力	抑制率/%
正常组	0.38±0.03	0
损伤组	0.13±0.02[b]	65.8
50μmol/L 组	0.23±0.04[bc]	39.5
100μmol/L 组	0.27±0.05[bc]	28.9
200μmol/L 组	0.30±0.03[ac]	21.1

注：与正常组对比，[a]$P<0.05$，[b]$P<0.01$；与损伤组对比，[c]$P<0.01$。

表9-6　　　不同浓度人参皂苷 Rb$_1$ 对氧化损伤人脐静脉内皮细胞丙二醛含量和
超氧化物歧化酶活性的影响

组别	丙二醛/（μmol/g）	超氧化物歧化酶/（μkat/g）
正常组	0.54±0.14[b]	581.116±37.174[b]
损伤组	3.61±0.21[a]	233.547±53.344[a]
50μmol/L 组	2.65±0.12[b]	272.554±21.338
100μmol/L 组	1.48±0.17[b]	352.570±23.671[b]
200μmol/L 组	0.88±0.12[b]	432.920±42.008[b]

注：与正常组对比，[a]$P<0.01$；与损伤组对比，[b]$P<0.01$。

表9-7　不同浓度人参皂苷 Rb$_1$ 对氧化损伤人脐静脉内皮细胞血管内皮生长因子含量的影响

组别	血管内皮生长因子/（ng/L）	组别	血管内皮生长因子/（ng/L）
正常组	758.20±34.19[b]	100μmol/L 组	462.02±36.57[b]
损伤组	133.95±30.78[a]	200μmol/L 组	624.09±33.68[b]
50μmol/L 组	326.17±39.61[b]		

注：与正常组对比，[a]$P<0.01$；与损伤组对比，[b]$P<0.01$。

5. 其他功效

人参皂苷 Rg$_2$ 和人参皂苷 Re 能克服心律失常。人参皂苷 Rg$_3$ 有防治肿瘤作用，能提高放化疗效果，减轻放化疗的毒副作用。人参皂苷 Rh$_2$ 具有高抑癌作用，虽含量低，但活性强。

（三）人参的安全性

人参水提物灌服小鼠，其 LD$_{50}$ 为 1.65g/kg。一般情况，人参每天的服用量不超过 3g，过多会引起不适反应，症状为胸闷、头胀、纳减、血压升高。

二、西　洋　参

西洋参（*Panacis Quinquefolii Radix*）又名美国参（*American ginseng*）、花旗参、洋参、广东参，系五加科人参属多年生草本植物，原产北美的原始森林，主产加拿大的蒙特利尔山区和美国北部、东北部、东南部 22 个州。

（一）西洋参的化学组成

西洋参皂苷类成分已分离鉴定出 49 种，其中达玛烷型皂苷 32 种，齐墩果酸型皂苷 3 种，奥克梯隆醇型皂苷 2 种，其他类皂苷成分 12 种。西洋参不同组织所含人参总皂苷及单体皂苷也不同，其根中的总皂苷为 5%~10%、茎中的总皂苷为 2.18%、叶中的总皂苷为 10%~16%、干花蕾中的总皂苷为 12%~16%。

西洋参中分离出 5 种具有降血糖活性的多糖——多糖 A、多糖 B、多糖 C、多糖 D 和多糖 E；从西洋参茎叶中分离出 1 种酸性杂多糖和 1 种中性多糖，分别为酸性多糖 L-1 和中性多糖 N。

（二）西洋参的生物功效

1. 抗疲劳

按低剂量、中剂量、高剂量分别对小鼠进行灌胃，灌胃容积为 0.1mL/10g 体重，每天 1 次连续 30d。结果显示，西洋参能明显延长小鼠负重游泳时间、延长小鼠爬杆时间（表 9-8），能明显降低小鼠运动时的血清尿素氮和血乳酸的含量（表 9-9），说明西洋参制剂具有抗疲劳作用。

表 9-8　　　　　　　　　　　西洋参对小鼠负重游泳时间的影响

组别	n	负重游泳时间/s	累计三次爬杆时间/s
阴性对照组	10	309.0±206.5	376.4±254.6
低剂量组	10	476.3±140.1*	571.5±262.4*
中剂量组	10	607.1±138.5*	667.9±258.2*
高剂量组	10	557.3±255.0*	614.1±241.1*

注：与阴性对照组比较，* $P<0.05$。

表 9-9　　　　　　　　西洋参对小鼠运动时血清尿素氮及运动后血乳酸的影响

组别	n	血清尿素氮/（mg/100mL）	血乳酸/（mg/100mL）
阴性对照组	10	18.08±2.17	42.35±8.81
低剂量组	10	16.24±0.89*	29.31±6.43*
中剂量组	10	15.66±1.77*	29.61±6.88*
高剂量组	10	15.24±2.42*	31.54±3.85*

注：与阴性对照组比较，* $P<0.05$

2. 治疗糖尿病

将 Wistar 大鼠腹腔注射链脲佐菌素建立大鼠糖尿病肾病模型，按空腹血糖值及体重将大鼠随机分为模型组、西洋参二醇皂苷小剂量（100mg/kg）组、西洋参二醇皂苷大剂量（200mg/kg）组、阳性药组（卡托普利 10mg/kg），连续灌胃给药，每 10d 测定一次血糖，35d 后酶免法测定尿 β_2-微球蛋白、免疫组化法检测肾脏葡萄糖转运体 1。结果表明，西洋参二醇皂苷小、大剂量组大鼠 β_2-微球蛋白、肾脏葡萄糖转运体 1 明显低于模型组，西洋参二醇皂苷大剂量组血糖值明显低于模型组（表 9-10）。表明西洋参二醇皂苷对糖尿病肾病大鼠有治疗作用，其机制可能与其降低血糖及肾脏葡萄糖转运体 1 功能有关。

表 9-10　　　　　　　　　西洋参二醇皂苷对糖尿病肾病大鼠血糖的影响

组别	剂量	n	血糖浓度/（mmol/L）			
			0d	10d	20d	30d
正常组	—	11	6.08±1.49	5.63±1.72	6.74±2.05	6.20±2.07
模型组	—	10	18.10±4.61**	26.05±10.66**	20.36±9.26**	16.25±4.16**
西洋参二醇	100mg/kg	8	17.30±3.98	22.16±11.25	18.32±10.30	17.12±7.17
皂苷组	200mg/kg	11	17.41±4.72	15.99±10.74*	13.92±5.08*	12.02±3.43*
卡托普利组	10mg/kg	8	17.50±3.53	20.50±13.88	20.40±7.19	18.93±6.58

注：与模型组比较，* P<0.05；与正常组比较，** P<0.01。

三、党　参

党参（*Codonopsis Radix*）来源于多年生草质藤本植物党参（*Codonopsis pilosula*）及其变种素花党参和川党参（*C. tangshen*）的干燥根。

（一）党参的化学组成

党参中含有多种化学成分，其中包括萜类化合物、糖和糖苷类化合物、甾体类化合物、挥发油和有机酸等。从党参中分离到 3 个中性五环三萜化合物：木栓酮、蒲公英萜醇和蒲公英萜醇乙酸乙酯。此外，党参中还含有齐墩果酸和刺囊酸两个萜类物质。

党参中的甾体类物质有甾醇、甾苷和甾酮，如：Δ-菠甾醇、α-菠甾醇、$\Delta7$-豆甾烯醇、$\Delta5,22$-豆甾烯醇、α-菠甾醇-β-D-葡萄糖苷、豆甾醇-β-D-葡萄糖苷、α-菠甾醇-7,22-双烯-3-酮、豆甾醇-5,22-双烯-3-酮、$\Delta7$-豆甾烯-3-酮和 α-菠甾酮等。

（二）党参的生物功效

1. 对心血管系统的作用

党参水浸液、醇水浸液对离体蟾蜍心脏都有抑制作用，高浓度可使其停搏，临床用大剂量超过 60g 时，可致心前区不适。党参浸膏、醇提物、水提物均能使麻醉犬与家兔血压显著下降，降压作用主要是由于党参扩张周围血管所致。党参注射液静脉注射于麻醉犬及兔，可引起短暂的血压降低，但重复给药不产生快速耐受性，切断迷走神经，静脉注射阿托品、苯海拉明或普鲁卡因均不影响其降压作用，由此进一步说明其降压作用不是通过副交感神经及内脏感受器或释放组胺所引起，而可能是直接扩张周围血管所致。党参生物碱对麻醉猫静注 20mg/kg 以上，可使其血压明显降低。党参的提取物给麻醉猫静脉注射能明显增加心输出量而不影响心率，并且能增加脑、下肢及内脏血流量。试验还显示将此提取物滴加在小鼠肠系膜上，能扩张微血管和增加血流量，并能拮抗肾上腺素的作用。

2. 对中枢神经系统的影响

将潞党参总提取物按成分的极性不同分成几部分提取物，以家兔为实验动物，经脑室给药，结果表明脂溶性和水溶性皂苷部分均能引起清醒家兔的脑电图出现高幅慢波的变化，而静脉给药只有脂溶性部分有此作用，提示党参此部分可能有作用更强的有效成分。另外党参皂苷部分可明显延长环己巴比妥引起的睡眠时间，说明有中枢抑制作用。用水提醇沉的方法制得注射液，小鼠腹腔注射表明党参具有明显的抑制中枢作用，可对抗电、戊四氮、硝酸士的宁引起的惊厥，增强异戊巴比妥钠的催眠作用，亦可协同乙醚的麻醉作用。党参水提物或醇提物与小剂量的中枢抑制剂（戊巴比妥、氯丙嗪）均有一定的协同抑制作用。党参复方对小鼠学习记忆有改善作用，党参对多种化学药物如樟柳碱、环乙酰亚胺、乙醇、戊巴比妥钠、利血平等所致的小鼠记忆障碍模型有不同程度的保护作用。

3. 对血液及造血功能的影响

党参水醇浸膏与煎剂均可使红细胞增加、白细胞减少，其中可见中性白细胞增多，淋巴细胞减少。切除脾脏后，红细胞仍增加，而白细胞不减少，据称党参有影响脾脏促进红细胞生成的作用。亦有研究报告认为党参煎剂可使红细胞、白细胞、血红蛋白显著增加，且证明无溶血作用，党参能使血红蛋白量增加，血液浓度增高。党参具有改善微循环的作用，还可明显改善机体血液流变学，降低红细胞硬化指数，并具有明显的抑制体外实验性血栓形成作用。党参有抑制血小板聚集作用，其抑制血小板聚集的机制可能与以下几条途径有关：抑制血小板合成酶，减少血栓素 A_2 生成量、抑制磷酸二脂酶活性，增加血小板内环磷酸腺苷含量。其具体机制可能和党参抑制血小板钙调蛋白的活性有关。

4. 对机体免疫功能的影响

党参可明显增强小鼠腹腔巨噬细胞的吞噬活力。小鼠腹腔、肌肉、静脉给予党参制剂，分别按 $0.2mL/d$、$0.1mL/d$、$0.2mL/d$ 给药，连续 7d。如表 9-11 所示，小鼠巨噬细胞的数量明显增加。此外还有结果显示小鼠巨噬细胞体积增大，伪足增多，吞噬能力增强，细胞内的 DNA、RNA、糖类、ACP 酶、ATP 酶、酸性脂醋及琥珀酸脱氢酶活性均显著增强。30g（生药）/kg 给小鼠腹腔注射党参醇沉物，能明显增强氢化可的松抑制的巨噬细胞吞噬活力。通过体外淋巴细胞培养的方法，观察了党参对人淋巴细胞有丝分裂的影响，发现高浓度党参能促进细胞有丝分裂，而低浓度党参有抑制淋巴细胞有丝分裂的作用。党参花粉多糖对小鼠腹腔巨噬细胞有促进增殖的作用，而且能拮抗大量氢化可的松对小鼠腹腔巨噬细胞的抑制作用。

表 9-11　　　　不同浓度复方党参口服液对正常小鼠腹腔巨噬细胞吞噬能力的影响

组别	n	浓度/（g/mL）	吞噬百分率/%	吞噬指数
对照组	10	—	34.25±5.31	0.47±0.07
低剂量组	10	0.5	35.90±7.95	0.50±0.06
中剂量组	10	1.0	37.25±6.24	0.48±0.09
高剂量组	10	1.5	34.50±8.00	0.53±0.09

（三）党参的安全性

水煎剂小鼠灌胃，LD_{50} 为 24.03g/kg；或党参总苷小鼠灌胃，LD_{50} 为 2.7g/kg；小鼠腹腔注射党参碱，LD_{50} 为 666~778g/kg。小鼠一次经口授予党参多糖 10g/kg，72h 无死亡，外观无明显变化。

四、当　归

当归（*Angelicae Sinensis Radix*）来源于伞形科多年生草本植物当归（*Angelica Sinensis*）的干燥根。

（一）当归的化学组成

当归的化学成分主要为挥发油和水溶性成分，其中水溶性成分主要包括多糖、有机酸等。

挥发油主要由中性油、酚性油与酸性油组成，含量在 0.4% 以上，主要成分为藁本内酯（Ligustilide），约占 50.2%。从当归中分离得到的有机酸包括阿魏酸、烟酸、丁二酸、香草酸、棕榈酸等。其中，阿魏酸是较早被分离和鉴定的有效成分，也是有机酸部分的主要组成成分。当归中的糖类占固形物含量的一半以上。当归多糖 As-Ⅲa 和 As-Ⅲb 为均一性多糖，相对分子质量分别为 8.5×10^4 和 4.9×10^4。

（二）当归的生物功效

1. 改善免疫力

如表 9-12 所示小鼠灌胃当归多糖 1120mg/kg 能提高免疫受抑小鼠的迟发型超敏反应，并对抗环磷酰胺所致脾脏和胸腺萎缩，但由于环磷酰胺对免疫器官的抑制作用很强，当归多糖并未能使器官指数恢复正常水平。如表 9-13 所示，当归多糖各剂量组均能显著提高免疫受抑小鼠血清溶血素抗体生成水平。

表 9-12　　当归多糖对环磷酸胺所致免疫功能低下小鼠迟发型超敏反应的影响

组别	剂量/（mg/kg）	耳增重/mg	胸腺指数/（mg/10g）	脾指数/（mg/10g）
正常组	—	2.37±0.45[*]	48.12±5.28[*]	30.21±6.50[*]
模型组	—	1.44±0.47	26.09±3.85	15.12±5.45
当归多糖组	280	1.71±0.74	26.76±3.81	18.16±3.67
	560	1.82±0.42	28.53±4.04	20.08±3.78
	1120	2.27±0.95[*]	32.34±5.29[*]	22.34±5.94[*]

注：与模型组相比，[*] $P<0.05$，[**] $P<0.01$。

表 9-13　　当归多糖对环磷酸胺所致免疫功能低下小鼠血清溶血素抗体生成的影响

组别	剂量/（mg/kg）	n	OD 值
正常组	—	10	1.750±0.152[*]
模型组	—	10	1.360±0.274
当归多糖组	280	10	1.654±0.199[*]
	560	10	1.708±0.238[*]
	1120	10	1.651±0.226[*]

注：与模型相比，[*] $P<0.05$。

2. 改善贫血

选用溶血性血虚小鼠作为模型研究发现，当归多糖有升高外周血血红蛋白、缓解贫血症状的作用（当归多糖给药剂量按多糖得率及临床给原材料量折算，分别为临床的 2 倍、4 倍、8 倍）。选用辐射损伤小鼠为模型，以内源性脾结节法研究多能造血干细胞的功能和相对数量，以 ^{3}H-TdR 掺入法对骨髓有核细胞 DNA 合成代谢进行测定。结果如表 9-14、表 9-15 所示，2 倍量和 4 倍量能显著提高溶血性血虚小鼠的外周血血红蛋白含量，当归多糖 2 倍量作用最显著，而当归多糖 8 倍量组与模型组无显著差别；当归多糖 4 倍量能显著提高小鼠骨髓有核细胞 ^{3}H-TdR 掺入量，即能促进骨髓细胞 DNA 合成。

表 9-14　　　　　　　　　　　　　　当归多糖对小鼠外周血血红蛋白的影响

组别	剂量/（mg/kg）	n	血红蛋白/（g/dL）
正常组	—	10	16.98±1.24[*]
模型组	—	10	14.22±1.59
当归多糖组	280	10	16.76±1.56[*]
	560	10	15.64±0.79[*]
	1120	10	15.24±2.00

注：与模型组比较，[*] $P<0.05$。

表 9-15　　　　　　　　　　　　　当归多糖对骨髓有核细胞 DNA 合成的影响

组别	剂量/（mg/kg）	n	每分钟脉冲数/次
正常组	—	10	399±157[*]
模型组	—	10	174±25
当归多糖组	560	10	280±70[*]

注：与模型组比较，[*] $P<0.05$。

3. 保护肝脏

慢性肝损伤时，肝脏通过贮脂细胞肌、成纤维细胞的增生产生大量胶原纤维以及假小叶内的肝细胞结节状再生来修复。这种修复代偿方式常导致肝脏结构和血液循环的进一步紊乱。当归能明显促进肝脏的再生和修复，表现为成纤维细胞的增殖受抑和明显的肝细胞再生，使肝脏的细胞和结构趋于正常。

采用大鼠慢性 CCl_4 肝损伤模型观察当归对其肝脏超微结构的影响。结果表明，CCl_4 组大鼠肝脏有大量肝细胞变性坏死，坏死灶中可见大量胶原纤维，残存肝细胞体积缩小、细胞器变化轻微；CCl_4 加当归组肝细胞坏死偶见，肝细胞内线粒体、内质网明显增生。CCl_4 组肝细胞间隙极度增宽，其内为肿胀的微绒毛、坏死物质和胶原纤维，肝窦腔明显狭窄或角塞；CCl_4 加当归组也有肝细胞间隙增宽，其内主要为增多、延长的微绒毛，坏死物少见，没有胶原沉积，肝窦通畅，证明当归对慢性肝损伤有明显保护作用。

4. 抗血栓

血小板的聚集功能受血浆前列环素/血栓素 A_2 比值的调节。由血小板合成的血栓素 A_2 是强烈的血小板聚集激活剂和血管收缩剂，可导致血小板聚集、血栓形成和血管痉挛，此过程在冠心病心绞痛、心肌梗塞发病中具有重要致病作用。而由内皮细胞合成的前列环素的作用则与血栓素 A_2 相反，是强烈的血小板聚集抑制剂和血管扩张剂。因此，血栓的发生、发展与前列环素-血栓素 A_2 平衡有关。冠心病患者静脉滴注治疗显示当归注射液能显著升高 6-酮-前列腺素 $F_{1\alpha}$ 和 6-酮-前列腺素 $F_{1\alpha}$ 血栓素 B_2 比值，降低血栓素 B_2 和血小板最大聚集率，有调节前列环素-血栓素 A_2 平衡和抑制血小板聚集的作用。

（三）当归的安全性

小鼠静脉注射当归多糖，其 LD_{50} 为 $80 \sim 100g/kg$。当归根油静脉、灌胃、腹腔给药的 LD_{50} 分别为 0.175g/kg，1.25g/kg、0.1g/kg；当归叶油静脉、灌胃、腹腔给药的 LD_{50} 分别为 0.3g/kg，3.0g/kg、1.0g/kg；根油中性静脉、灌胃、腹腔给药的 LD_{50} 分别为 0.15g/kg、1.0g/kg、

0.4g/kg；表明当归叶油的毒性相对较低。

五、姜　　黄

姜黄（*Curcumae Longae Rhizoma*）来源于姜科植物姜黄（*Curcuma Longa* L.）的干燥根茎。表面棕黄色至淡棕色，香气特异，味辛，微苦。

（一）姜黄的化学组成

姜黄的活性成分主要为姜黄素类及挥发油两大类。姜黄素类主要含有姜黄素、去甲氧基姜黄素及双去甲氧基姜黄素，此外还有二氢姜黄素等。姜黄根茎挥发油中含有 α-姜黄酮、β-姜黄酮（α-Tumerone、β-Tumerone）、姜烯（Zingiberene）、芳姜黄烯（Artumerene）、芳姜酮及 1 种没药烷骨架的倍半萜（Curtone）。

（二）姜黄的生物功效

1. 降血脂作用

姜黄素能降低高脂模型大鼠血中总胆固醇、甘油三酯水平，提高载脂蛋白 A 水平，并降低血及肝中脂质过氧化物含量，同时提高肝匀浆总抗氧化能力和超氧化物歧化酶、谷胱甘肽过氧化物酶活性，促进肝和肾上腺对低密度脂蛋白和脂蛋白的代谢，增加胆囊对低密度脂蛋白排泄，抑制脾对低密度脂蛋白的摄取，使血中低密度脂蛋白和脂蛋白的含量降低，从而起到降血脂和抗动脉粥样硬化的作用，姜黄素在体内的降脂作用也可能是改变了脂肪酸的代谢。此外，姜黄醇提取物还可对抗低密度脂蛋白的氧化修饰作用。

2. 抑制肿瘤作用

姜黄素明显抑制组织型纤溶酶原激活剂诱导的 CD-1 小鼠皮肤 c-jun、c-fos 和 c-myc 原癌基因 mRNA 的表达。姜黄素可以下调 B 细胞淋巴瘤 BKS-2 细胞 c-myc 基因的表达及下调 P53 抑癌基因的表达，抑制细胞的生长。姜黄素明显增强由少量维生素 D_3 诱导的分化标志物的表达，当与具有维生素 D_3 相同受体结合特性的维生素 D 同类物合用时，可增强其对 HL-60 细胞的诱导分化作用。

姜黄素能诱导 ErbB2 癌基因转导的永生的小鼠胚胎成纤维细胞 NIH3T3、小鼠肉瘤 S_{180}、人大肠癌细胞 HT229、人肾癌细胞 293、人肝癌细胞 HepG2、黑色素瘤的凋亡，表现出细胞收缩、染色体凝聚、DNA 断裂等凋亡特征，并呈剂量和时间依赖性。

3. 对肝脏的保护作用

姜黄和姜黄素在体内和体外对各种毒物如四氯化碳、黄曲霉素 B_1、对乙酰氨基酚、铁和环磷酰胺诱导的肝损伤都有保护作用，可抑制黄曲霉素 B_1 诱导菌株鼠伤寒沙门氏菌 TA_{98} 和 TA_{100} 的突变，抑制率超过 80%。此外，姜黄素可显著降低酒精加多不饱和脂肪酸饲喂动物的血中碱性磷酸酶、γ-谷氨酰转移酶及组织中胆固醇、甘油三酯和游离脂肪酸的含量，使肝和肾组织中的磷脂显著降低，与组织病理学结果一致。因此姜黄素具有防治实验性脂肪肝的作用。

（三）姜黄的安全性

小鼠灌服姜黄素 6g/kg，未能测出 LD_{50}。姜黄或其醇提物，对小鼠、豚鼠、猴子的急性毒性试验表明，即使在很高浓度也不显示出毒性。

六、石　　斛

石斛（*Dendrobii Caulis*），兰科石斛属多种植物的茎。《中国药典》（2020 年版）主要以金权石斛（*Dendrobium nobile*）、铁皮石斛（*D. candidum*，又称"耳环石斛"）和马鞭石斛（*D. fimbriatum*）3 种为主，此外约 21 种近似种可供使用。石斛味甘、平，嚼之有黏性。

（一）石斛的化学组成

石斛的主要成分有生物碱、多糖类、倍半萜类、菲醌类、联苄类、芴酮类、香豆素类、甾体类、三萜苷类以及挥发油等。其中倍半萜类生物碱是石斛特征性成分，包括石斛碱（Dendrobine）、6-羟基石斛碱（Dendramine）、石斛醚碱（Dendroxine）、6-羟基石斛醚碱（6-Hydroxydendroxine）、石斛酯碱（Dendrine）、石斛酮碱（Nobilonine）等。此外，还含有生物碱石斛宁碱（Shihunine）、石斛宁定碱（Shihunidine）。

多酚类物质有石斛菲醌（Denbinobin）、摩丝卡丁（Moscatin）、石斛酚（Dendrophenol）等。挥发油共有紫罗兰酮等 53 个组分，其中柏泪醇为主要成分，约占总量的 50.56%。此外，石斛还含有石斛多糖、石斛掌托烯（Chrysotoxene）、依拉宁（Erianin）等。

（二）石斛的生物功效

1. 增强免疫力

石斛煎剂具有增强小鼠巨噬细胞的吞噬功能和恢复免疫低下的功能。金钗石斛水煎液对孤儿病毒所致的细胞病变有延缓作用，对小鼠腹腔巨噬细胞的吞噬功能有明显的促进作用。金钗石斛多糖具有直接促进淋巴细胞有丝分裂的作用，铁皮石斛多糖能够显著提升小鼠外周白细胞数和促进淋巴细胞产生移动抑制因子，消除免疫抑制剂环磷酰胺所引起的外周白细胞数的剧烈下降，消除其破坏性的副作用，是一种有价值的免疫增强剂。

2. 抑制肿瘤

联苄类和菲醌类化合物具有抗肿瘤活性作用。这类化合物对体外培养的鼠类 L_{1210} 白血病细胞微管蛋白的聚集及有丝分裂、P_{388} 淋巴瘤细胞株、多种人体肿瘤细胞株均有抑制作用，其机制可能是影响蛋白质的合成。石斛多糖与重组人白介素 2 联合应用对脐带血淋巴因子激活的杀伤细胞和肿瘤患者外周血淋巴因子激活的杀伤细胞其具有体外杀伤肿瘤细胞的作用。石斛多糖能明显提高重组人白介素 2 对体外肿瘤细胞的杀伤作用。

3. 缓解白内障

石斛对大鼠半乳糖性白内障有延缓作用，灌服水煎剂可使晶状体内胆固醇恢复正常，降低脂质过氧化物量。金钗石斛不仅对半乳糖性白内障有延缓作用，其保持透明晶状体的百分率为 36.8%，而且对其有一定的治疗作用。醛糖还原酶是一种能催化多种醛糖生成相应糖醇的酶，是半乳糖性白内障的一种关键酶，其活性升高是半乳糖性白内障形成的重要原因。在白内障晶状体中，醛糖还原酶的活性明显升高，多元醇脱氢酶、己糖激酶、6-磷酸葡萄糖脱氢酶及过氧化氢酶的活性明显降低。在注射半乳糖的同时，用金钗石斛煎剂灌胃，醛糖还原酶没有明显升高，其余 4 种酶的活性均基本恢复正常，表明金钗石斛对半乳糖所致的酶活性变化有抑制或纠正作用。

金钗石斛总生物碱和粗多糖均能减轻晶状体混浊度，并能显著升高晶状体水溶性蛋白、谷胱甘肽含量及总超氧化物歧化酶活性，降低丙二醛的活性，其中石斛总生物碱高剂量组效果最佳。金钗石斛总生物碱和粗多糖在体外均有一定的抗白内障作用，其机制与拮抗晶状体的氧化损伤有关，而总生物碱的效果优于粗多糖。

4. 对胃肠道的作用

金钗石斛能兴奋豚鼠离体肠管，可使收缩幅度增加。铁皮石斛能对抗阿托品对唾液分泌的抑制作用，与西洋参有协同作用，合用后还能促进正常家兔的唾液分泌。金钗石斛对人的胃酸分泌有明显的促进作用，使血中胃泌素浓度升高，由于金钗石斛可以直接刺激 G 细胞，引起胃泌素的释放增加，使血清中的胃泌素浓度升高，胃泌素刺激壁细胞，使胃酸分泌增加。

七、黄　芪

黄芪（*Astragali Radix*），又称北芪、元芪，豆科植物膜荚黄芪［*Astragalus membranaceus* （Fisch.） Bge.］和蒙古黄芪［*Astragalus membranaceus* （Fisch.） Bge. var. *mongholicus* （Bge.） Hsiao］为主的植物 4~10 年的根。浅黄色至灰黄色，无气味，味甘淡，嚼之有豆腥味。

（一）黄芪的化学组成

黄芪的化学成分主要有黄酮类、皂苷类和多糖等，据对 9 个品种 22 种不同产地样品的分析，皂苷总量为 1.00%~4.98%，黄芪多糖为 1.85%~11.77%。三萜皂苷类包括黄芪苷（Astragaloside）Ⅰ~黄芪苷 X，乙酰黄芪苷（Acetylastragaloside），异黄芪苷（Isoastragaloside）Ⅰ~异黄芪苷Ⅳ，绵毛黄芪苷（Astrasieversianin）Ⅰ~绵毛黄芪苷 XⅥ等。其中以黄芪苷（亦称黄芪甲苷）为主要成分，常作为质量控制指标。

黄芪中的多糖类化合物，包括黄芪多糖Ⅰ~黄芪多糖Ⅲ。黄酮类主要包括芒柄花素（Formononetin）、毛蕊异黄酮（Calycosin）、槲皮素、异鼠李素、鼠李柠檬素、熊竹素（Kumatakenin）、异微凸剑叶莎醇（Isomucronulatol）等 20 余种，统称黄芪总黄酮。

（二）黄芪的生物功效

1. 增强免疫力

黄芪可使伴刀豆球蛋白激发的 T 细胞增殖反应明显，同时黄芪对 T 细胞功能具有增强作用，对 B 淋巴细胞免疫功能也具有明显的增强作用。黄芪水煎剂具有提高小鼠 NK 细胞的杀伤活性，增强低剂量白介素-2 诱导的淋巴因子激活的杀伤细胞的细胞毒效应等间接杀伤肿瘤细胞的作用。体外用小鼠肺巨噬细胞加黄芪提取液后，其吞噬白色葡萄球菌的能力显著增强。黄芪对 T 细胞受胰酶损伤的 E 受体有明显的修复作用，能使损伤、脱落的 E 受体重新恢复。

2. 抗肿瘤

黄芪有对抗黄曲霉毒素 B_1 诱发癌变的作用，可增强环磷酰胺的抗癌活性，并促进因环磷酰胺所致机体造血功能损伤的恢复。目前认为黄芪的抗癌作用并非药物直接杀灭癌细胞，而是通过对机体的免疫调节，诱导淋巴细胞产生白介素-2 和干扰素，直接或间接参与细胞因子网络和免疫系统的调控，从而杀灭癌细胞或诱导某些肿瘤细胞凋亡。黄芪富含多种微量元素，其中硒能抑制癌细胞的氧化磷酸化作用，刺激免疫球蛋白及抗体的产生，增强和激活超氧化物歧化酶的活性。黄芪总黄酮可降解细胞脂质过氧化物生成，阻断自由基的链式反应，防止细胞损伤和致突变作用，从而在生化反应环节发挥防癌、抗癌的作用。

3. 对心血管的作用

低剂量的黄芪总皂苷（2mg）可加重心衰，中剂量（4mg）和高剂量（8mg）有抗心力衰竭的作用。黄芪苷Ⅳ是黄芪正性肌力作用的主要活性成分，在 50~200μg/mL 时对离体豚鼠乳头肌标本产生正性肌力作用，其作用机制是由于黄芪抑制了心肌细胞内磷酸二酯酶的活化剂钙调蛋白，从而抑制了磷酸二酯酶的活性所致。

黄芪对血压具有双向调节作用，试验研究发现它可能是通过 NO-sGC-cGMP 介导的信号转换通道，调节血管平滑肌细胞的功能，从而调整血压、血流及控制动脉硬化。黄芪具有明显扩张外周血管、冠状血管、脑血管和肠血管的作用，对肾血管亦有扩张作用。此外还可以改善微循环，增加毛细血管的抵抗力，防止理化因素所致的毛细血管脆性和通透性的增加。

4. 保肝护肾作用

黄芪对中毒性肝损伤有保护作用，黄芪治疗慢性肝炎可使多数患者植物血凝素皮试反应增强，说明黄芪可增强机体的细胞免疫功能，从而有助于肝炎的恢复。黄芪可使免疫损伤性肝纤维化大鼠的纤维程度明显减轻，减少总胶原及Ⅰ、Ⅲ、Ⅴ型胶原在肝脏的病理性沉积。

黄芪有明显的利尿作用，黄芪通过调节肾小球疾病蛋白质代谢紊乱，提高血浆白蛋白水平，降低尿蛋白量；调节肾小球疾病脂质代谢紊乱、糖代谢紊乱在肾小球疾病的治疗中发挥积极作用。

（三）黄芪的安全性

小鼠经口饲喂黄芪 75~100g/kg，48h 以内无不良反应（比人的利尿有效量 0.2g/kg 大数百倍）。LD_{50} 为 40g/kg（黄芪煎剂，小鼠腹腔注射），大鼠每天腹腔注射黄芪 0.5g/kg 共 30d，其活动状态、进食、排便无异常。

八、天　麻

天麻（*Gastrodiae Rhizoma*）又名赤箭，兰科多年生寄生植物，寄主为蜜环菌（*Armillaria mellea*）的菌丝或菌丝分泌物，以其作为营养源。以天麻的地下肉质块茎，经清洗、去皮、蒸煮等步骤后干燥制成。味辛、温、无毒。

（一）天麻的化学组成

天麻的主要成分以天麻素（Gastrodin）含量最高，含量可达 0.3%~0.7%，另含对羟基苯甲醛、对羟基苯甲醇、对羟基苄基甲醚、对羟基苄基乙基醚、对羟基二苯甲烷、对羟基二苄醚等。此外，天麻还含有多糖、β-谷甾醇、胡萝卜苷、柠檬酸、棕榈酸、琥珀酸、维生素 A、黏液质、腺嘌呤、腺嘌呤核苷及微量元素。

（二）天麻的生物功效

1. 提高记忆力

天麻素可显著提高血管性痴呆大鼠的学习记忆能力，降低脑内乙酰胆碱酯酶的活性，提高脑内胆碱乙酰转移酶的活力，显著降低谷氨酸含量；天麻素对 PC12 细胞 H_2O_2 损伤有显著的保护作用，提高细胞内超氧化物歧化酶和总 ATP 酶活力，降低细胞内丙二醛和乳酸含量。因此，天麻素提高血管性痴呆大鼠的学习记忆能力，其作用机制可能与提高脑内胆碱能系统、改善细胞能量代谢、清除脑内自由基相关。

2. 提高免疫力

5g/kg 天麻注射剂对小鼠非特异性免疫功能和特异性免疫功能均有增强作用，多次给予后能显著增加大鼠脾脏重量。天麻注射液可提高小鼠的迟发型超敏反应，表明它可增强 T 细胞的免疫应答功能，可促进特异性体液抗体生成，对小鼠机体的非特异性免疫有增强作用，能促进特异性抗原结合细胞的能力。从天麻中提取的天麻多糖同样具有免疫活性。

3. 延缓衰老

灌服 4.8g/kg 天麻提取物能减少 D-半乳糖衰老小鼠及年老大鼠的跳台错误次数，改善生化指标，延长生命活力。能提高衰老小鼠超氧化物歧化酶活力。天麻可以提高超氧化物歧化酶、谷胱甘肽过氧化物酶活性且有耐疲劳作用，能缩短果蝇幼虫的发育时间，延长成虫的寿命。天麻还可以提高老年心脑血管患者血中的超氧化物歧化酶活性，降低血中脂质过氧化物含量。小鼠球后注射 D-半乳糖 80mg/kg，50d 后构建成亚急性衰老模型，同时口服天麻 4.8g/kg 能显著恢复 D-半乳糖衰老模型小鼠被动回避反应能力的下降，明显提高红细胞中超氧化物歧化酶活力和皮肤羟脯氨酸含量，减少心肌脂褐质，而对脑、肝脂褐质减少不明显。

天麻根茎的水溶性物质成分——天麻多糖，能明显提高小鼠血清中超氧化物歧化酶活性，降低血清中过氧化脂质降解产物丙二醛含量；其中组分天麻多糖 Con.1 可延长果蝇的平均寿命和最高寿命，因此天麻多糖 Con.1 具有明显的抗衰老作用，但组分天麻多糖 Con.2 影响结果不明显。

4. 改善睡眠作用

天麻素可以抑制自发活动，具有一定的镇静和延长睡眠作用。水剂 10~20g/kg 腹腔注射小鼠能延长戊巴比妥钠睡眠时间；而 5~10g/kg 时则能使小鼠自主活动明显下降。正常成人服用天麻素后出现嗜睡感。

5、降血压作用

天麻素具有降低血压和外周血管阻力，增加动脉血管中血流惯性以及中央和外周动脉血管的顺应性等作用。水提取液和天麻苷能减慢心率，降低冠脉和脑血管阻力，轻度而持久地降低血压。天麻注射液可使血压下降、心率减慢、心输出量增加、心肌耗氧量下降，使小鼠心肌营养血流量增加 73.3%，并且能提高小鼠抗缺氧能力。

（三）天麻的安全性

小鼠口服或尾静脉注射天麻素 500mg/kg，观察 3d 未见中毒或死亡。同样小鼠口服天麻苷元剂量 500mg/kg，也未见中毒及死亡。天麻苷或对羟基苯甲醛对小鼠灌胃 14~60d，对造血系统、心、肝、肾等机体重要脏器无不良影响。腹腔注射小鼠，天麻水剂 LD_{50} 为 36g/kg，天麻浸膏 LD_{50} 为 51.4g/kg。

九、丹　参

丹参（*Salviae Miltiorrhizae Radix et Rhizoma*），唇形科多年生草本植物丹参（*Salvia miltiorrhiza* Beg.）的肥大根，红色，故也称"红根"。

（一）丹参的化学组成

丹参的功能成分主要包括脂溶性丹参酮类和水溶性酚酸类。脂溶性丹参酮类包括丹参酮（Tanshinone）Ⅰ、丹参酮ⅡA、丹参酮ⅡB、丹参酮Ⅴ、丹参酮Ⅵ、隐丹参酮（Cryptotanshinone）、异丹参酮Ⅰ、异丹参酮Ⅱ、异丹参酮ⅡB、异隐丹参酮、羟基丹参酮ⅡA、丹参酸甲酯（Methyltanshinonate）、丹参新酮（Miltirone）等 50 余种。水溶性酚酸类有丹酚酸（Salvianolic acid）A~丹酚酸 G、丹参素（Danshensu）、迷迭香酸（Rosmarinic acid）、紫草酸（Lithospermic acid）以及它们的酯类等 20 余种。

（二）丹参的生物功效

1. 抗肿瘤作用

在人宫颈癌细胞株 ME180、人白血病细胞株 HL60、人肝癌细胞株 SMMC7721、小鼠肝癌细胞株 H22、小鼠类淋巴细胞白血病细胞株 P_{388} 上均证明丹参酮ⅡA 有良好的诱导分化作用。无毒剂量的丹参酮ⅡA（0.5μg/mL）作用于 HL60 细胞，能诱导癌细胞分化成熟至凋亡。丹参酮对肿瘤细胞有杀伤作用，可体现在两个方面：

①丹参酮类化合物有着广泛的菲醌结构，其中菲环结构与 DNA 分子相结合，而呋喃环、醌类结构可产生自由基，从而引起 DNA 损伤，抑制肿瘤细胞 DNA 合成；

②丹参酮通过抑制抗增殖细胞核抗原和细胞增殖相关的基因表达，影响 DNA 多聚酶 δ 活性，以抑制 DNA 合成，从而抑制肿瘤。

丹参酮 II_A 对多种白血病细胞有诱导分化作用，通过抑制细胞原癌基因、诱导抑癌基因的表达，从而诱导肿瘤细胞分化至肿瘤细胞的凋亡。丹参酮 II_A 另一方面通过对细胞周期的影响而抑制其增殖。

人肺腺癌细胞经丹参酮 II_A 处理后，细胞生长明显减慢，集落形成率显著降低。流式细胞术（FCM）细胞周期分析表明 S 期细胞显著减少，G_0/G_1 期细胞则明显增加，细胞凋亡数量显著增加。细胞 p53、p21、Fas、Bax 表达水平明显升高，而 Bcl-2、CDKN2 明显降低，即丹参酮 II_A 对人肺腺癌细胞的增殖具有显著抑制作用，其机制是通过上调 p53、p21、Fas、Bax 和下调 Bcl-2、CKDN2 等基因的表达而抑制 DNA 的合成，同时启动细胞凋亡程序，促进细胞凋亡。

2. 抗动脉粥样硬化和抗血栓形成

丹参酮 II_A 磺酸钠对血管平滑肌细胞增殖相关基因 c-myc 表达具有一定的影响，巨噬细胞源性生长因子可明显促进平滑肌细胞 c-myc 高表达，导致平滑肌细胞增殖，而丹参酮 II_A 磺酸钠能阻止这种作用，使 c-myc 表达水平下降，抑制平滑肌细胞增殖。丹参酮 II_A 磺酸钠通过阻止血管平滑肌细胞增殖，而起到抗动脉粥样硬化作用。丹参具有提高机体抗凝和纤溶活性，提高血小板内环磷酸腺苷水平，抑制血栓素 A_2、前列腺素等缩血管类物质合成的作用。

丹参有效成分衍生物乙酰丹酚酸 A 可以通过作用于花生四烯酸代谢途径，特异性阻断诱聚性血栓素 A_2 生成。同时，对血管壁前列环素生成有促进作用，从而发挥抗血小板聚集的作用。丹酚酸对多种因素引起的血小板聚集均有显著的抑制作用，而且在抑制血小板聚集的同时，对胶原诱导的血小板释放 5-羟色胺也有显著抑制作用。丹参多酚酸盐通过抑制血小板 P-选择素表达，阻断血小板与单核细胞、中性粒细胞等的黏附及其血液凝固瀑布反应，并通过降低血栓素 B_2 和 P-选择素水平，发挥显著的抗血小板聚集作用，从而有助于维持血运和预防血栓形成。

丹参酮 II_A 静脉乳剂各剂量组可以不同程度地降低血栓模型小鼠的全血黏度、血浆黏度、红细胞压积、红细胞聚集指数及红细胞刚性指数。如表 9-16 所示，丹参酮 II_A 可以减轻血栓湿质量。证明丹参酮 II_A 静脉乳剂可以降低血液黏滞度，减少红细胞的聚集，改善红细胞的变形能力，抑制血栓形成，有活血化瘀的功效。

表 9-16　　　　　　　丹参酮 II_A 静脉乳剂对小鼠动脉血管血栓的影响

组别	剂量/（mg/kg）	血栓湿质量/mg	血栓抑制率/%
模型组	—	14.3±5.74	—
丹参酮 II_A 静脉乳剂组	1.40	10.2±5.55*	28.67
	2.80	9.3±3.23*	34.97
	5.60	9.9±2.23*	30.77
丹参酮 II_A 磺酸钠注射液组	3.60	10±3.78*	30.07

注：与模型组比较，*$P<0.05$。

3. 抗肝肾损伤

丹参具有良好的保护肝细胞损伤、促进肝细胞再生作用，其主要机制包括改善肝脏局部血液循环、抗脂质过氧化、阻滞钙离子内流和提高网状内皮系统吞噬作用等。丹参对急性和慢性 CCl_4 中毒的大小鼠，可恢复血流量，降解肝脏已形成的胶原纤维和肝硬化。丹酚酸在急性和长期肝损伤过程中能够对抗 D-半乳糖胶引起的大鼠肝损伤，显著降低血清丙氨酸转氨酶、天冬氨酸转氨酶活性及肝组织丙二醛和羟脯氨酸水平，并抑制胶原在肝组织中沉积。

4. 改善外周内脏微循环

丹参素可明显改善微循环障碍，其作用机制可能为通过开放更多的毛细血管，扩张微动脉，增加微循环内血流量，加快血流速度，消除微循环障碍时的血液瘀滞，丹参素及复方丹参注射液在给药 30min 后可使小鼠乳酸升高的例数明显降低，提示丹参素具有改善微循环障碍的作用，并能改善细胞缺血缺氧所致的代谢障碍。

5. 改善睡眠

丹参对小鼠有镇静、安定和改善失眠作用。

（三）丹参的安全性

小鼠腹腔注射丹参注射液，LD_{50} 为（36.7 ± 3.8）g/kg。

十、太 子 参

太子参（*Pseudostellariae Radix*）又名孩儿参，石竹科多年生草本植物太子参（*Pseudostellaria heterophylla*）的肉质块根，味甘、性平、微苦。太子参与人参非同科植物，不但外观有差异，成分和功效也各不相同。

（一）太子参的化学组成

太子参主要含有的功能成分是 2-吡咯甲酸-3-呋喃甲酯和氨基酸，以及多糖、糖苷、酚酸、黄酮、香豆精、甾醇、挥发油等。

（二）太子参的生物功效

1. 增强免疫力

水提醇沉剂对淋巴细胞的增殖有明显刺激作用。太子参 75% 醇提物能明显对抗环磷酰胺所致的胸腺、脾脏的重量减轻，能降低小鼠脾虚阳性发生率，升高脾虚小鼠体重、肛温、胸腺指数及脾脏指数，增加胸腺 DNA、RNA 和脾脏 DNA 的含量。太子参提取物对环磷酰胺所致 T 细胞、B 细胞转化功能低下、白细胞吞噬功能降低及迟发型超敏反应减弱有明显对抗作用，并能增加外周血白细胞数。太子参多糖及总皂苷能增加小鼠免疫器官的重量，并提高小鼠免疫后血清中溶积血素的含量。

部分极性太子参提取物能明显增加正常小鼠的半数溶血值、白细胞计数、吞噬指数和吞噬系数。太子参中的苷类和多糖等大分子极性成分，是太子参提高机体免疫功能的有效成分。

2. 抗疲劳、抗应激

太子参能增强小鼠耐饥渴能力、增强机体对有害刺激的防御能力，延长小鼠的存活时间，减轻不良环境对机体的影响，促进动物恢复健康。这有助于太子参对身体虚弱、食欲不振等症的治疗。太子参水提物、75% 醇提物、太子参多糖及太子参皂苷均可明显延长小鼠负重游泳时间，还能明显延长小鼠常压缺氧情况下的存活时间；水提物对皮下注射利血平所致小鼠体重下降有一定的保护作用，能明显抑制小鼠肠推进距离；太子参多糖及总皂苷还能提高小鼠的耐低温能力。

太子参多糖对小鼠耐缺氧、耐低温有明显的作用；太子参多糖能增加小鼠免疫器官的重量，对小鼠网状内皮系统吞噬功能有一定的激活作用，并能提高小鼠免疫后血清中溶血素的含量。太子参多糖具有抗疲劳、抗应激和增强机体免疫功能的作用，可视为太子参补益作用的物质基础之一。

十一、北　沙　参

北沙参（*Glehniae Radix*）是伞形科多年生草本植物北沙参（*Glehnia littoralis*）的根。味甘微苦、性微寒、归肺、胃经。

（一）北沙参的化学组成

北沙参的主要成分是香豆素类化合物，主要有香豆素苷、补骨脂素和佛手柑内酯。北沙参中多炔类（Polyacetylenes）化合物为一类脂溶性化合物，主要有法卡林二醇（Falcarindiol）、人参醇（Panaxynol）。黄酮类化合物包括槲皮素、异槲皮素、芦丁等，酚酸类化合物包括香草酸、水杨酸、阿魏酸、咖啡酸、绿原酸、丁香苷。此外，北沙参还含有北沙参多糖、木脂素类等。

（二）北沙参的生物功效

1. 增强免疫力

北沙参多糖对正常小鼠有增强巨噬细胞吞噬功能的作用。100%北沙参水煎剂对正常小鼠巨噬细胞吞噬功能、血清溶菌酶水平和迟发型超敏反应有非常显著的提高作用，对血清抗体有增强作用但不显著，对脂多糖诱导的 B 细胞增殖有显著促进作用。

北沙参多糖可使阴虚小鼠体重明显增加，也能显著增加阴虚小鼠脾脏抗体生成细胞的数量，增强迟发型超敏反应，而对腹腔单核巨噬细胞的吞噬百分率和吞噬指数无明显影响。北沙参多糖可增强体液免疫和细胞免疫功能。

2. 抗突变作用

水浸剂能明显抑制致突变物 2-氨基芴所诱导的 TA_{98} 回复突变。北沙参的水或乙醇浸出液对 3 种致突变剂（2-氨基芴、2,7-二氨基芴、叠氮钠）诱导的突变株回复突变有良好的抑制效果，表明北沙参中含有抗突变成分。

3. 镇静镇痛作用

北沙参具有镇痛和镇静作用，其成分香豆素（80～100mg/kg）或多炔类（10～50mg/kg）对小鼠有很好的镇静作用。北沙参的甲醇提取物经口服给药，能够延长戊巴比妥的睡眠时间，醇提取物的乙酸乙酯萃取部分剂量 1g/kg 体重对小鼠有镇静作用，其中的聚炔类成分具有显著镇痛作用。

4. 镇咳祛痰作用

北沙参对氨水致咳小鼠有明显的镇咳作用，对潜伏期有明显延长作用；小鼠呼吸道酚红法祛痰试验表明北沙参也有较好的祛痰作用。

5. 抗辐射作用

小鼠用 0.5～1.0g/kg 北沙参多糖灌服 7d 后明显抗中剂量以上 $^{60}Co-\gamma$ 射线所致外周血白细胞总数下降、胸腺及脾脏质量减轻，使淋巴细胞比率上升，腹腔巨噬细胞吞噬功能明显增强，减轻胸腺、脾脏的病理损伤，从而使 6.0Gy 照射小鼠 30d 存活率提高 15%。

十二、玄　参

玄参（*Scrophulariae Radix*），亦为元参，玄参科多年生草本植物玄参（*Scrophularia ning-poensis*）的干燥根。性味甘、苦、咸、微寒。因根黑色，亦名"黑参"。

（一）玄参的化学组成

玄参的功能成分主要有环烯醚萜类化合物和苯丙素苷类化合物，环烯醚萜类化合物主要包括哈巴俄苷（Harpagide）、玄参苷（Harpagoside）、梓醇（Catapol）、浙元参苷元（Ningpogenin）A 和浙元参苷元 B，以及肉桂酸（Ningpogoside）及其衍生物安哥拉苷（Agroside）C、肉苁蓉苷（Cistanoside）D 等。苯丙素苷类化合物主要包括斩龙剑苷 A、塞斯坦苷 F、安格洛苷 C 和塞斯坦苷 D 等。

玄参还含有甾醇及其苷类如 β-谷甾醇、胡萝卜苷；有机酸类如肉桂酸、4-羟基-3-甲氧基苯甲酸、阿魏酸、对甲氧基肉桂酸、琥珀酸；以及三萜皂苷，挥发油，糖类，生物碱及微量的单萜和二萜成分等。

（二）玄参的生物功效

1. 免疫增强活性

哈帕酯苷皮下注射能使阴虚小鼠抑制的免疫功能恢复；哈帕苷和哈帕酯苷均能促进阴虚小鼠体外脾淋巴细胞增殖。在生理条件及环磷酰胺所致免疫功能抑制条件下玄参、黄芪均能升高白细胞数和胸腺指数。

2. 降血压作用

水浸液、醇浸液对肾型高血压犬及正常的猫、犬、兔均有降压作用。口服玄参煎剂 2g/kg，每日 2 次，对肾性高血压犬的降压作用较健康犬更为明显。玄参水浸液、醇提液和煎剂均有降血压作用，醇提取液静脉注射可使麻醉猫的血压下降，平均下降 40.5%，煎剂对肾性高血压犬的降压作用更为显著。

3. 助眠作用

小鼠皮下或腹腔注射玄参浸液 2.5~6g/kg，能抑制小鼠自发活动，延长环己巴妥钠睡眠时间。

4. 耐缺氧作用

醇浸膏能抗缺氧、抗心肌缺血及增加心肌血容量。家兔腹腔注射，对垂体后叶素所致实验性心肌缺血有保护作用；能增加离体兔耳血管灌流量，对氯化钾和肾上腺素所致兔主动脉血管痉挛有一定缓解作用。

5. 抗血小板聚集作用

玄参中苯丙素苷对二磷酸腺苷诱导的大鼠血小板有聚集作用，发现在 0.5~10mg/mL 时，苯丙素苷有较好的抗凝作用，活性与苯环芳氢数目有关。玄参中的苯丙素苷和环烯醚萜苷在 0.5mmol/L 时，对体外诱导的血小板聚集都有不同程度的作用，苯丙素苷的作用强于环烯醚萜苷。如表 9-17 所示，玄参的亲脂性成分亦有抑制血小板聚集的作用，相同剂量条件下玄参醚提取物、醇提取物、水提物具有明显的降低血小板聚集率的作用，抑制率分别为 55.5%、40.5%、51.9%。

表 9-17　　　　　　　　　　　玄参提取物对大鼠血小板聚集率的影响

组别	剂量/（g/kg）	n	1min 聚集率/%	5min 聚集率/%	最大聚集率/%	抑制率/%
正常对照组	等体积	10	17.1±7.2	24.8±9.5	27.4±9.1	—
阿司匹林组	0.06	11	10.8±4.5**	8.4±6.8**	16.8±5.6*	38.7
玄参醚提取物组	6	12	6.2±5.7**	10.4±9.2**	12.2±8.7**	55.5
玄参醇提取物组	6	12	12.0±9.7	13.2±11.0*	16.3±9.1*	40.5
玄参水提物组	6	12	7.1±5.2**	11.1±10.9**	13.2±10.9**	51.9

注：与正常对照组比较，* $P<0.05$，** $P<0.01$；与阿司匹林组比较，# $P<0.05$。

（三）玄参的安全性

玄参所含皂苷具有溶血与局部刺激作用，小鼠腹腔注射玄参煎剂其 LD_{50} 为 15.99~19.91g/kg。

十三、刺　五　加

刺五加（*Acanthopanacis senticosi* radix et rhizoma seu caulis）别名刺拐棒、老虎镣子、刺木棒、坎拐棒子，为五加科植物刺五加［*Acanthopanax senticosus*（Rupr. et Maxim.）Harms］的干燥根和根茎或茎。有特异香气，味微辛、稍苦、涩。

（一）刺五加的化学组成

刺五加根及根茎含多种苷类化合物，分别为刺五加苷 A、刺五加苷 B、刺五加苷 B_1、刺五加苷 D、刺五加苷 E、刺五加苷 F、刺五加苷 G 等，总苷含量达 0.6%~0.8%。刺五加根皮中含有脂肪酸类及其酯类化合物、水溶性多糖、胡萝卜素、芝麻素、总黄酮等。

（二）刺五加的生物功效

刺五加根及地上茎叶具有与人参相似的生物功效，可增加机体的防御机能，增强机体对外界有害刺激因素的抵抗能力，使机体反应向有利方向发生变化，即扶正固体作用。临床上，五加参、刺五加片及刺五加注射液等广泛用于帕金森病、神经衰弱、糖尿病、动脉硬化、风湿症、心血管病等病症的治疗，可促进侧支循环，改善缺血的心、脑、肾组织的微循环，补肝肾、强筋骨，增强免疫力，扩张血管，增强心脑血管血流量；调节植物神经。同时也被作为强身健体、营养及预防方面的药物。

传统中医认为，刺五加主治益气健脾，补肾安神，用于脾肾阳虚、体虚乏力、食欲不振、腰膝酸痛、失眠多梦。民间传统用刺五加根皮泡酒，制成五加皮酒（或制成五加皮散），可祛风湿、强筋骨，种子榨油制皂用。

（三）刺五加的安全性

现代毒理学研究未见明显的毒性表现，传统中医认为阴虚火旺者慎服。

十四、巴　戟　天

巴戟天（*Morindae Officinalis Radix*），又名巴戟、鸡眼藤、黑藤钻、糠藤、三角藤，属亚热带雨林植物，茜草植物巴戟天（*Morinda officinalis* How）的根。

（一）巴戟天的化学组成

巴戟天的总蒽醌含量为 3% 左右，从巴戟天中可分离出多种蒽醌类化合物，主要含有甲基异茜草素（Methylisoalizarin）、1,6-二羟基-2,4-二甲氧基蒽醌、1,6-二羟基-2-甲氧基蒽醌、1-羟基蒽醌、1-羟基-2-甲基蒽醌、1-羟基-2-甲氧基蒽醌。

5年生巴戟天总糖含量大约为60%，糖是巴戟天的主要成分之一，从巴戟天中分得了葡萄糖、甘露糖、巴戟素、耐斯糖（Nystose），1F-果呋喃糖基耐斯糖、（2→1）果呋喃糖基蔗糖型六聚糖（Hexasaccharide）和七聚糖（Heptasaccharide）等。

巴戟天中的水解氨基酸总量为1.2%~3.4%。巴戟天中的挥发性成分达50多种，从中鉴定出龙脑、十六酸、十六酸乙酯、顺-9-十八烯酸等15个组分，其相对含量已达87.95%。从巴戟天中提取出了四乙酰车叶草苷（Asperuloside tetraacetate）、水晶兰苷（Monotropein）。其中，水晶兰苷为巴戟天区别于本属其他植物的特征成分，其含量仅为0.3%左右。从巴戟天中分离得到了 β-谷甾醇及2,4-乙基胆甾醇。

（二）巴戟天的生理功效

1. 改善性功能

巴戟天水煎剂对正常雌性大鼠黄体生成素水平没有明显影响，但却使垂体前叶、卵巢和子宫的重量明显增加，特别是它能提高卵巢hCG/LH受体功能。巴戟天能使去卵巢大鼠垂体对注射黄体生成素释放激素后黄体生成素分泌反应明显增加。推测巴戟天可能通过提高垂体对黄体生成素释放激素的反应性及卵巢对黄体生成素的反应性来增高下丘脑-垂体-卵巢的促黄体功能。

巴戟天醇提取物能增加衰老雄性大鼠附睾精子总数、活精子率，降低畸形精子率，并显著对抗普萘洛尔导致的活精子率低及畸形精子率的升高。这些作用可能与巴戟天醇提取物能明显提高衰老大鼠睾丸组织中过氧化物歧化酶活性有密切关系。巴戟多糖可以提高果蝇性活力，并显著提高果蝇新生幼虫的羽化率。巴戟多糖具有明显的补肾壮阳作用，是巴戟天补肾壮阳作用的有效成分之一。

2. 增强免疫功能

巴戟天可以提高NIH小鼠体外培养的脾细胞对伴刀豆球蛋白的反应性，对T细胞和B细胞的转化增殖有促进作用，并能提高小鼠伴刀豆球蛋白诱导的脾细胞分泌白介素-2和 γ 干扰素的活性。口服给予巴戟天寡糖对正常小鼠脾细胞增殖反应有明显促进作用，并能明显增强脾细胞抗体形成数目，表明巴戟天寡糖对正常小鼠的免疫功能具有明显的促进作用。体外应用巴戟天寡糖对脾细胞增殖反应无明显影响。

3. 抗衰老、抗疲劳作用

巴戟素是巴戟天的一种糖苷类单体，巴戟素能增加衰老大鼠脑组织中NO的含量，升高脑组织的葡萄糖水平，提高超氧化物歧化酶、谷胱甘肽过氧化物酶活性，减少脂质过氧化物和脂褐素的生成和积聚，提示其可能是通过抑制衰老大鼠脑组织中NO的下降，提高脑组织的葡萄糖代谢水平及抗氧化酶的活力。巴戟天提取液能明显延长小鼠在水中持续游泳时间及提高小鼠在吊网上的运动能力。不仅如此，还能降低在缺氧状态下的氧耗量，增加耐缺氧持续时间。

4. 促进骨骼生长

巴戟天中含有直接刺激体外培养成骨细胞增殖的成分，巴戟天治疗骨质疏松症的机制之一是某些成分直接作用于成骨细胞促进其增殖，巴戟天刺激成骨细胞增殖与药物浓度有关。低浓度巴戟天能显著刺激成骨细胞增殖，浓度为100μg/mL时具有非常显著的促增殖作用，而高浓度巴戟天则表现为抑制成骨细胞增殖。因此，在体内低浓度巴戟天可以通过刺激成骨细胞的不断增殖，从而促进骨形成。

5. 增强学习记忆

巴戟天提取物巴戟素能使大鼠离体海马脑片 CAI 区锥体细胞由强直刺激诱发的群体峰电位幅值增大，增强大鼠离体海马脑片的突触传递长时程增强效应，且与巴戟素的剂量呈现一定的量效关系，提示巴戟素可以增强脑的学习记忆功能。此外，巴戟素可明显改善 D-半乳糖所致的衰老大鼠空间学习记忆力下降，尤以空间探索过程为突出，认为巴戟素的长时程增强效应可能是促进学习记忆作用的突出机制之一。巴戟素还能显著增加老龄小鼠脑组织葡萄糖含量，使衰老大鼠模型脑组织超氧化物歧化酶和谷胱甘肽过氧化酶含量升高、活性增强，减少脂质过氧化物含量，延缓脑组织衰老；还可降低脑组织中的脂褐素水平，其机制可能与巴戟素抑制 NO 含量有关。

6. 抗抑郁作用

巴戟天抗抑郁因子有琥珀酸、耐斯糖、1F-果呋喃糖基耐斯糖、葡淀粉型六聚糖和七聚糖。通过小鼠强迫性游泳和大鼠获得性无助抑郁模型，证明巴戟天低聚糖具有抗抑郁作用，可能主要通过作用于 5-羟色胺神经系统来发挥其抗抑郁作用，部分对多巴胺神经系统也有作用。

7. 对造血系统的影响

巴戟天水提液对小鼠造血功能有一定作用，巴戟天组和党参复方组的红细胞、白细胞数均极显著地高于正常组和模型组 （$P<0.01$），说明中药能有效地抵抗环磷酰胺引起的造血抑制作用，缓冲了环磷酰胺的毒副作用，促进造血干细胞的增殖和分化。此外，巴戟天组升高红细胞、白细胞数的能力也明显优于常规使用的党参复方组，说明巴戟天促进小鼠造血作用明显优于常规使用的党参复方组。可能的机制是，巴戟天中某些化学成分直接地促进造血干细胞的增殖和分化，或者可能是通过促进各种造血因子和细胞因子的产生，而间接地促进造血干细胞的增殖分化。

8. 抗炎镇痛

水晶兰苷为巴戟天的抗炎镇痛因子。巴戟天甲醇提取物中分离得到的水晶兰苷，能显著缩短小鼠疼痛反应的时间，具有较好的镇痛作用；角叉菜胶所致大鼠足跖肿胀试验表明，水晶兰苷能显著地消除由角叉菜胶诱导的大鼠足跖肿胀。

（三）巴戟天的安全性

小鼠灌服 50g/kg 巴戟天水煎剂，每日 4 次，累计剂量 250g/kg，未见死亡。无诱变或致诱变的遗传毒性。

十五、红 景 天

红景天 （*Rhodiolae Crenulatae Radix et Rhizoma*），为景天科植物大花红景天 ［*Rhodiola crenulata* （Hook. f. et Thoms.） H. Ohba］ 的干燥根和根茎。全世界共有 96 个种，中国有 73 个种。藏语称"索罗玛布"，有"高山人参"之称。

（一）红景天的化学组成

红景天含有苷类、黄酮类、香豆素类、氨基酸类、鞣质、挥发油等多种化学成分。其中红景天苷为有效成分，维生素 C 含量较高，是柑橘的 3.7 倍。长白山高山红景天茎叶含有蒲公英赛醇乙酸酯 （Taraxerol-3β-acetate）、异莫替醇 （Isomotiol）、β-谷甾醇、胡萝卜苷、红景天苷 （rhodioloside） 等成分。

（二）红景天的生物功效

1. 提高免疫力

红景天提取物能增加试验动物 T 细胞的免疫活性，这与抗肿瘤作用密切相关。从西藏红景天中提取的红景天多糖（80mg/kg），可使环磷酰胺所致的免疫功能低下的小鼠的脾脏淋巴细胞转化反应和自然杀伤细胞的杀伤活性两项指标恢复正常。40mg/kg 高山红景天素肌内注射连续 30d，小鼠巨噬细胞的吞噬指数明显提高，且作用强于等剂量的人参。红景天具有明显的增强小鼠细胞免疫和体液免疫的功能。

2. 抗突变、抗肿瘤作用

红景天提取物在体内能明显地抑制环磷酰胺诱发的小鼠骨髓细胞的染色体畸变率及微核发生率，并在剂量为 2.5g/kg（块根的干重）时能极显著地抑制环磷酰胺（40mg/kg）导致的小鼠精子畸形发生率，抑制率为 21.63%；在体外能抑制亚硝基甲脲所致的程序外 DNA 合成。研究指出红景天是通过增强细胞内 DNA 的修复机能而发挥其抗突变作用的。

连续服用提取物，可降低变红菌素对小鼠小肠壁的致癌损害程度，并提高机体的抗癌能力。红景天提取物对肝癌、喉癌、胃癌、肺癌细胞的生长、增殖有明显的抑制和直接杀伤作用，对 S_{180} 细胞具有一定的抑制作用，这种抑制作用在无毒剂量范围内随浓度增加而作用增强。

3. 抗疲劳作用

红景天具有提高肌肉运动能力，降低运动后血中乳酸堆积的作用。处于高度紧张状态下的小鼠，注射红景天素 0.1mg/20g 后，观察到对小鼠具有明显的兴奋作用，并能延长其抓杆试验及负重抓杆试验的时间。

4. 耐缺氧作用

注射红景天素 0.005mL/g，5min 后将小鼠放入密闭容器中，生存时间延长 1 倍。红景天苷 10~30μg/mL 可使缺氧后再给氧心肌细胞搏动频率维持正常，减少释放，心肌率维持正常，减少乳酸脱氢酶释放，心肌细胞膜、肌原纤维、线粒体等超微结构正常，表明红景天苷对缺氧后再给氧损伤心肌细胞具有保护作用。

5. 抗辐射作用

高山红景天素 150mg/kg 腹腔注射，连续 14d，对于以深部 X 射线一次全身照射的昆明种小鼠，可明显降低照射引起的脾细胞的破坏，明显降低外周血畸形红细胞的产生，非常显著地抑制辐射引起的骨髓嗜多染红细胞的微核发生率以及心脏、肝脏过氧化脂质的形成。

大花红景天多糖 4mg/0.2mL 对以 ^{60}Co γ 射线照射的小鼠分照射前 1h 及照射后 4 h 两次腹腔给药。可使受 8.5Gy 照射的小鼠，在 30d 存活率上有 23.3%~30% 的提高；而受 3.5Gy 照射的小鼠，在第 7 天处死后观察的造血指标可见有明显的保护作用。

（三）红景天的安全性

小鼠灌胃给药的最大耐受量为 38g/kg，小鼠腹腔注射给药的 LD_{50} 为 8.6g/kg。Wistar 大鼠 6 周口服给药长期毒性试验结果显示，除使大鼠体重增长有较明显的减缓外，其余指标未见明显毒性反应。

十六、三　七

三七（*Notoginseng Radix*）又称参三七、金不换、田七，为我国特有的一种宝贵中药材，是五加科多年生草本植物三七（*Panax notoginseng*）的干燥根，与人参同属。性甘、微苦、温。

（一）三七的化学组成

三七含有多种人参皂苷成分，包括人参皂苷 Rb_1、人参皂苷 Rd、人参皂苷 Re、人参皂苷 Rg_1、人参皂苷 Rg_2 和人参皂苷 Rh_1，三七皂苷（Notoginsenoside）R_1、三七皂苷 R_2、三七皂苷 R_3、三七皂苷 R_4、三七皂苷 R_5 及三七皂苷 A～三七皂苷 N。另含水溶性成分三七素（Denciemne）和止血的有效成分田七氨酸（Dencichine），田七氨酸是云南白药的主要成分之一。此外还含有三七多糖、槲皮素及其衍生物黄酮等。

（二）三七的生物功效

1. 止血、消炎作用

三七能促进凝血过程和凝血酶的生成，缩短出血和凝血时间，增加血小板数。三七主要通过机体代谢，诱导血小板释放凝血物质而产生止血作用。1mg 田七氨酸腹腔注射小鼠，出血时间由 8min 降至 3min。10%三七注射液能使血小板产生伪足聚集、变形等黏性变形运动，并使血小板膜破损，部分溶解及脱颗粒反应，血小板超微结构的改变与凝血酶对血小板作用的超微结构改变相似，证明三七能诱导血小板释放花生四烯酸、血小板因子Ⅲ和 Ca^{2+} 等止血活性物质，最终表现为促凝血作用，其影响强度与血中三七浓度成正比。

2. 活血作用

三七既有促进血凝的作用，又有使血块溶解的作用，即有止血和活血化瘀双向调节功能。三七皂苷对大鼠动静脉血栓形成、血小板聚集率有影响作用，认为参三七皂苷 Rg_1，可以抑制实验性血栓的形成和凝血酶诱导的血小板聚集，其作用机制可能与降低血小板 Ca^{2+} 有关。三七皂苷具有明显抗凝、抑制血小板聚集、促进纤维蛋白溶解作用。

3. 镇静助眠作用

三七具有降低自主活动、催眠、抗惊厥、镇静和镇痛等作用。三七总皂苷能减少动物的自主活动，表现出明显的镇静作用，这种中枢抑制作用部分是通过减少突触体谷氨酸含量来实现的。三七总皂苷对化学性和热刺激引起的疼痛均有明显的对抗作用，且三七总皂苷是一种阿片肽样受体刺激剂，不具有成瘾的副作用。

4. 抗疲劳作用

三七所含的人参皂苷与人参有相同作用，因此与人参一样具有滋补强壮的作用。三七总皂苷能增强小鼠耐缺氧、抗疲劳、耐寒热的能力；可以加强小鼠腹腔巨噬细胞的吞噬功能。

5. 对脑组织的保护作用

三七总皂苷能使全脑或局灶性脑缺血后再灌注水肿明显减轻，血脑屏障通透性改善，局部血流量显著增加。三七总皂苷对大鼠局灶性脑缺血具有明显的保护作用，其作用机制是上调 HSP70 和下调转铁蛋白，并保护血脑屏障。三七总皂苷还能通过延缓缺血组织三磷酸腺苷的分解，改善能量代谢，增加组织血流供应，从而起到保护脑组织的作用，效果明显。

6. 抗冠心病作用

增加冠脉血流量，改善心肌微循环，从而调整心肌缺血缺氧状态，是三七抗冠心病的药理学基础。而三七总皂苷对左室舒张功能有改善作用，机制是提高肌浆内膜上的钙泵活性，纠正心肌细胞内的 Ca^{2+} 超负荷及提高左室心肌能量。

7. 抗炎作用

三七总皂苷除能明显抑制角叉菜胶诱导的炎细胞增多和蛋白渗出外，还具有显著的抗炎作用。其作用机制是三七总皂苷能阻止炎细胞内游离钙水平的升高，抑制灌流液中磷脂酶的活性，减少地诺前列酮的释放。

（三）三七的安全性

小鼠静脉注射三七总皂苷，其LD_{50}为477mg/kg。小鼠经口采食粉末15g/kg，心、肝、肾、脾、胃等检查均无异常。

十七、生 地 黄

生地黄（*Rehmanniae Radix*），别名地黄、生地等，为双子叶植物纲管状花目玄参科地黄属植物生地黄（*Rehmannia glutinosa* Libosch）的块根，气微，味微甜、微苦。

（一）生地黄的化学组成

地黄根茎中含有β-谷甾醇、甘露醇及少量豆甾醇、微量的菜油甾醇，含有水苏糖、葡萄糖等，含多种氨基酸，以精氨酸、氨酸含量较高，还含有铁、锌、锰、铬等20多种微量元素。

（二）生地黄的生物功效

1. 降血糖

地黄有效部分腹腔注射，对四氧嘧啶所致小鼠实验性糖尿病有降低血糖作用。

2. 止血

生地、熟地煎剂灌胃，对小鼠均可缩短血液凝固时间（毛细管法）。

3. 抗凝血

地黄70%甲醇提取物抑制二磷酸腺苷引起的大鼠血小板聚集，并有抗凝血酶作用，对内毒素引起的大鼠弥漫性血管内凝血有对抗作用。

4. 治疗肝炎

临床报道地黄和甘草合用，无论是肌注或口服对传染性肝炎都有一定作用，促进肝功能恢复，尤以谷丙转氨酶下降显著且无局部及全身不良反应。

5. 治疗白喉

以生地黄为主，配合连翘、黄芩、麦冬、玄参的抗白喉合剂，服用后多在4d内退热，假膜消失，咽痛好转。

（三）生地黄的安全性

生地黄不宜长期服用，虽有清热凉血、养阴生津的功效，但长期服用会上火，从而导致败血。

十八、熟 地 黄

熟地黄（*Rehmanniae Radix Praeparata*），来源于玄参科植物地黄或怀庆地黄的根茎，具有抗衰老、益智和提高免疫力的作用，传统中医把熟地黄用于治疗阴虚血少、腰膝痿弱、劳嗽骨蒸、遗精、崩漏、月经不调、消渴、溲数、耳聋、目昏。

（一）熟地黄的化学组成

地黄的主要成分为苷类、糖类及氨基酸，并以苷类为主，在苷类中又以环烯醚萜苷为主。从地黄中分离出32种环烯醚萜苷类化合物，其中以梓醇含量最高。梓醇为环烯醚萜单糖苷，在生地黄中的含量平均为6.74mg/g，在熟地黄中含量只有0.87mg/g。地黄苷 A 是环烯醚萜苷类化合物中的环烯醚萜双糖苷，干地黄中的含量一般不低于 1.0mg/g。

地黄含有丰富的糖类物质，如水苏糖、棉籽糖、甘露三糖、毛蕊花糖、半乳糖及地黄多糖 A、地黄多糖 B 等。鲜地黄中水苏糖含量最高，达总糖的 64.9%，占地黄干物质重 30%左右。

（二）熟地黄的生物功效

1. 增强免疫功能

地黄可显著提高机体的免疫功能，地黄苷 A 可明显升高模型小鼠的白细胞数、红细胞数、血小板数、网织红细胞数、骨髓有核细胞数和 DNA 含量及体重，说明地黄苷 A 具有明显升白作用。同时地黄苷 A 可能通过增强 B 细胞抗体产生，促进溶血，从而使血清中溶血素含量增加，促进免疫低下小鼠的体液免疫功能，并且还可能刺激 T 细胞转化成致敏淋巴细胞，增强迟发型变态反应，促进免疫低下小鼠的细胞免疫功能。怀地黄多糖（400mg/kg 和 200mg/kg）均可使环磷酰胺免疫抑制小鼠模型腹腔巨噬细胞吞噬百分率、吞噬指数显著升高，可显著促进溶血素和溶血空斑形成，促进淋巴细胞的转化。

2. 降血糖作用

地黄在中医药中一直用来治疗糖尿病。对肾上腺素小鼠糖尿病模型，地黄水提取物、地黄醇提取物、地黄水提物经 60%醇沉后的提取物均显示出降糖作用，接近于优降糖 25mg/kg 剂量的降糖水平。地黄寡糖灌胃给药 14d 后可使四氧嘧啶糖尿病大鼠血糖降低、血清胰岛素浓度及肝糖原含量增加，肠道菌群中双歧杆菌类杆菌、乳杆菌等优势菌群的数量明显增加。说明调节机体微生态平衡可能是地黄寡糖降血糖机制之一。

3. 保护胃黏膜作用

地黄还有抗胃溃疡的药理活性，给大鼠灌胃干地黄煎剂 6g/kg，能显著抑制大鼠胃黏膜损伤，抑制率最高达到 95.19%，这种快速保护作用可能与胃黏膜内辣椒辣素敏感神经元的传入冲动增多有关。

4. 提高学习记忆力

地黄具有一定的益智作用，熟地黄能延长谷氨酸单钠毁损下丘脑弓状核大鼠模型大鼠跳台试验潜伏期、减少错误次数；缩短水迷宫试验寻台时间，提高垮台百分，并提高 c-Fos、神经生长因子在海马体的表达。进一步研究表明，熟地黄有改善氯化铝拟痴呆小鼠模型和 MSG 大鼠学习记忆的作用，作用机制可能与调节脑谷氨酸和 γ-氨基丁酸含量，提高 MSG 大鼠 N-甲基-D-天冬氨酸受体、γ-氨基丁酸受体在海马体的表达有关。

5. 保护肾脏功能

地黄对肾脏的保护作用早就得到证明，近年来相关研究进一步深入。采用 SD 系雄性小鼠静脉注射嘌呤霉素氨基核苷制成肾病模型，用地黄水提取液灌胃治疗 14d 后进行分析。结果发现地黄水提取液能明显降低小鼠尿蛋白排泄，改善肾小球上皮细胞足突融合等病理变化。地黄浸膏预防给药 2h 能有效保护肾线粒体的呼吸产能功能，且呈剂量依赖关系，说明地黄有明显的肾缺血保护作用。

6. 促进血细胞增殖

地黄具有止血和促进血细胞增殖的活性，同时可以通过影响白血球和血小板来抗炎。用鲜地黄汁、鲜地黄煎液和干地黄煎液给小鼠灌胃，均在一定程度上拮抗阿司匹林诱导的小鼠凝血时间延长。同时发现鲜地黄汁的作用最强。地黄寡糖可能通过多种途径激活机体组织，特别是造血微环境中的某些细胞，促进其分泌多种造血生长因子而增强造血祖细胞的增殖。

十九、土 茯 苓

土茯苓（*Smilacis Glabrae Rhizoma*）为百合科攀援灌木植物土茯苓（*Smilax glabra*）的根茎。味甘、淡、性平。

（一）土茯苓的化学组成

土茯苓的主要成分为落新妇苷（Astilbin）、异落新妇苷（Isoastilbin）、土茯苓苷（Tufulingoside）、黄杞苷（Engeletin）和异黄杞苷等。另含鞣质、β-谷甾醇、豆甾醇、挥发油、琥珀酸、2-甲基丁二酸、紫丁香酸、阿魏酸、莽草酸等。

（二）土茯苓的生物功效

1. 抗胃溃疡作用

土茯苓苷对水浸应激、利血平、幽门结扎所致的实验性胃溃疡有明显效果，其通过减少小鼠的胃黏膜脂质过氧化反应、抗自由基损伤、促进胃液分泌、提高胃液 pH 等不同途径保护胃黏膜，减少溃疡的发生。

以昆明种小鼠为试验材料，通过 3 种胃溃疡动物模型判断药效，发现土茯苓苷对小鼠利血平型、应激型及大鼠幽门结扎型胃溃疡均有保护作用。土茯苓苷各组的溃疡指数、出血点数均明显小于生理盐水组；能提高应激型小鼠胃黏膜 Se-GSH-Px 活力（$P<0.05$），降低丙二醛含量（表 9-18）；提高幽门结扎型大鼠胃液量、胃液 pH。各组均对胃蛋白酶无显著影响，对小鼠胃肠推进蠕动无影响。

表 9-18   土茯苓对水浸应激所致小鼠胃黏膜 Se-GSH-Px 活力和丙二醛含量的影响

组别	剂量/（mg/kg）	n	Se-GSH-Px/ [U/（min · mg 蛋白质）]	丙二醛/ （nmol/g 蛋白质）
正常组	—	10	2.05±0.47	17.75±2.11
安胃疡组	200	10	2.61±0.51[*]	14.68±1.63[**]
土茯苓苷组	300	10	2.83±0.72[*#]	14.09±2.37[**#]
	200	10	2.53±0.54[*#]	15.52±1.68[*#]
	100	10	2.80±0.74[*#]	15.48±2.57[*#]

注：与正常组比较：[*] $P<0.05$，[**] $P<0.01$；与安胃疡组比较：[#] $P>0.05$。

2. 保护心脑血管系统

土茯苓对心脑血管系统的保护作用，主要是通过保护体内过氧化物酶的活性，和利用土茯苓苷的抗氧化作用减低体内氧化活性物质而形成的。以土茯苓 125mg/kg 灌胃及 10mg/kg 腹腔注射，均对小鼠缺血心肌的超微结构损伤起明显减轻作用，证明土茯苓苷具有抗异丙肾上腺素介导的脂质过氧化作用及缺血心肌的保护作用。土茯苓苷可明显延长不完全脑缺血小鼠的平均存活时间，提高脑组织中超氧化物歧化酶、谷胱甘肽过氧化物酶活力，降低脑组织中脂质过氧化产物丙二醛含量，缩小脑梗塞面积。

3. 抗炎镇痛作用

土茯苓注射液有明显的抗炎及良好的镇痛作用。土茯苓注射液可明显抑制右旋糖酐所致的大鼠足跖肿胀，明显减少灌胃冰醋酸所引起的小鼠扭体反应的扭体次数。

4. 抗肿瘤

对移植性肿瘤艾氏腹水癌和对由黄曲霉毒素 B_1 所致大鼠肝癌病变有一定抑制作用。

二十、天　门　冬

天门冬（*Asparagi Radix*），百合科多年生攀援草本植物天门冬（*Asparagus cochinchinensis* 或 *A. lucidus*）的干燥块根。

（一）天门冬的化学组成

天门冬主要含甾味皂苷，包括天门冬苷Ⅳ～Ⅶ，以及某些原薯蓣皂苷（Protodioscin）的衍生物，另含低聚糖、谷甾醇、豆甾醇、糖醛、内酯、黄酮、蒽醌、强心苷、维生素、矿物质等。

（二）天门冬的生物功效

1. 抗肿瘤作用

天门冬的针剂或醇剂能抑制乳腺小叶增生；水煎剂 5g/kg 连续 10d 灌服，对小鼠肉瘤 S_{180} 有明显的抑制作用，抑瘤率 35%～45%。对肿瘤细胞的影响表现在对急性淋巴细胞、白血病、慢性粒细胞及单核细胞细胞性白血病患者的白细胞脱氢酶有一定的抑制作用，并能抑制细胞性白血病患者的白细胞呼吸。

以 Hep 荷瘤小鼠为试验对象，每天给予 Hep 荷瘤小鼠天门冬提取物 10.0g/kg、20.0g/kg，连续给药 10d，与对照组比较，天门冬提取物对 Hep 瘤体生长抑制率为 31.2%、67.1%，小鼠碳粒廓清数分别提高了 11.2%、37.2%，血清溶血素值分别提高了 19.6%、36.5%，动物胸腺和脾脏的重量明显增加；组织病理学观察，给药组 Hep 瘤体均见坏死灶，坏死面积与给药剂量呈正相关（表 9-19）。天门冬提取物对 Hep 细胞增殖的抑制作用的机制为一方面直接抑制肿瘤细胞增殖或破坏肿瘤细胞膜结构，致使瘤体坏死；另一方面，可能与保护免疫器官、增强免疫系统功能有关。

表 9-19　　　　天门冬提取物对 Hep 细胞的毒性及荷瘤小鼠免疫功能的影响

组别	瘤质量/g	廓清指数（×10^{-3}）	半数溶血值 CH_{50}	胸腺指数	脾指数
对照组	3.46±0.3	22.3±0.2	29.6±0.3	11.2±0.2	86.4±0.6
5-氟尿嘧啶组	2.11±0.2*	26.6±0.4*	37.2±0.2*	13.3±0.3*	91.3±0.4
天门冬 10g/kg 组	2.38±0.4*	24.8±0.2*	35.4±0.2*	16.6±0.3*	102.2±0.3*
天门冬 20g/kg 组	1.14±0.3*	30.6±0.2*	40.4±0.4*	18.6±0.2*	113.3±0.3*

注：与对照组相比，* $P<0.01$。

2. 降血糖作用

天门冬提取物具有降低四氧嘧啶糖尿病模型动物血糖，减少饮水量和增加体重的作用。分别给予模型动物天门冬提取物 5g/kg、10g/kg、20g/kg，连续 20d。如图 9-1 所示，血糖水平比模型对照组分别降低了 69.3%、78.8%、92.4%（$P<0.01$），天门冬提取物降血糖作用与给药浓度呈正相关。天门冬提取物还具有促进胰岛细胞恢复、升高胰岛素水平的作用，天门冬提取物组胰岛细胞形态恢复接近于正常组。

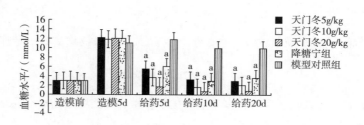

图9-1　天门冬提取物对模型动物血糖水平的影响

（与模型对照组比较，$^a P<0.001$）

3. 抗炎作用

天门冬提取液对大鼠的急、慢性炎症有抑制作用。2500mg/kg 天门冬提取液灌胃大鼠，可以发挥最佳的抑炎作用，使急性炎症的持续作用时间明显缩短，使蛋清所致大鼠足跖的肿胀症状显著减轻；天门冬提取液对棉球所致大鼠肉芽肿也有一定的抑制作用，抑制率在20%以上。

二十一、麦　　冬

麦冬（Ophiopogonis Radix）来源于百合科植物沿阶草（Ophiopogon japonicus Ker-Gawl.）或大叶麦冬（Liriope spicata Lour.）、阔叶麦冬（Liriope platyphylla Wang et Tang）及小麦冬［Liriope minor（Maxim）］的块根，通常小叶者入药。半透明，气微香，肉质具油性糖质黏性。

（一）麦冬的化学组成

麦冬块根中含多种甾体皂苷，其中包括麦冬皂苷（Ophiopogonin）A、麦冬皂苷 B、麦冬皂苷 B′、麦冬皂苷 C、麦冬皂苷 C′、麦冬皂苷 D、麦冬皂苷 D′，其中以麦冬皂苷 A 的含量最高，约占生药的0.05%。麦冬皂苷 A、麦冬皂苷 B、麦冬皂苷 C、麦冬皂苷 D 的苷元均为鲁斯考皂苷元（Ruscogenin），麦冬皂苷 B′、麦冬皂苷 C′、麦冬皂苷 D′的苷元均为薯蓣皂苷元。现已从麦冬中分离出23种皂苷、含量为0.3%~0.5%。

从麦冬及其变种中分得的19个黄酮类化合物，均为高异黄酮（Homoisoflavonoids）。麦冬不同部位（果实、叶子、须根、块根）中所含多糖及总黄酮，有较大的差异，且有一定的规律性。所含的黄酮顺序：叶子>须根>果实>块根，叶子所含的黄酮远高于块根。麦冬多糖为果聚糖，完全水解后得果糖与葡萄糖的物质的量比为35∶1。

（二）麦冬的生物功效

1. 增强免疫功能

麦冬通过提高核酸的合成率，以促进抗体、补体、干扰素、溶菌酶等免疫物质的产生。对幼鼠注射麦冬多糖 200mg/kg，对小鼠胸腺和脾脏重量有明显增加作用。取小鼠随机分组注射麦冬多糖提取液，给药 5d 后测定各组动物的溶血素水平，发现对小鼠血清中溶血素抗体形成有明显的促进作用，表明麦冬多糖能明显调节机体的体液免疫功能。在环磷酰胺致免疫抑制小鼠模型中，如表9-20所示，膨化麦冬能显著提高小鼠吞噬细胞的功能。此外，麦冬多糖可显著增强小鼠机体网状内皮系统的吞噬功能作用。

表9-20　膨化麦冬对环磷酰胺致免疫抑制小鼠腹腔巨噬细胞吞噬功能的影响

组别	n	吞噬百分数/%	吞噬指数
空白对照组	10	44.5±3.0*	0.60±0.07*

续表

组别	n	吞噬百分数/%	吞噬指数
模型组	10	26.2±2.3	0.23±0.03
常规煎剂组	10	35.1±3.7	0.50±0.06
膨化浸剂组	10	35.8±3.9[#]	0.51±0.04[#]

注：与模型组相比，[*] $P<0.01$；与常规煎剂组相比，[#] $P<0.01$。

2. 降血糖

麦冬多糖可能具有抑制葡萄糖在小鼠肠道吸收的作用，能拮抗非胰岛素依赖-肾上腺素升高血糖的作用，推断可能与抑制体内糖原分解有关。试验证实，麦冬多糖对胰岛素依赖-四氧嘧啶所致的小鼠血糖升高有明显的抑制作用，具有减轻四氧嘧啶对胰岛 β 细胞的损伤程度或对这种损伤具有一定程度的保护和修复作用。

3. 改善心血管系统

麦冬能改善心肌收缩性，增强心脏排血量，降低心脏负荷和心肌耗氧量，并具有明显改善左心室功能和抗休克作用，临床用于慢性心功能不全与冠心病具有明显效果。观察麦冬总皂苷对培养心肌细胞缺氧再给氧损伤的效应，结果显示麦冬总皂苷能够使损伤的心肌细胞活力、细胞搏动频率提高，心肌细胞培养液上清液中乳酸脱氢酶含量降低。此结果表明麦冬总皂苷对培养心肌细胞缺氧再给氧损伤具有保护作用。

4. 活血化瘀作用

麦冬有明显的活血化瘀作用，有明显的降低 D-半乳糖衰老模型大鼠的全血高切黏度、全血低切黏度、血浆黏度等作用。

（三）麦冬的安全性

小鼠腹腔注射麦冬注射液，LD_{50} 为 （20.61±7.08） g/kg。

二十二、白　术

白术（*Atractylodis Macrocephalae Rhizoma*），菊科多年生草本植物白术的根茎干燥制品。气清香，味苦、甘，性温。

（一）白术的化学组成

白术的主要成分有苍术酮（Atratylone）、白术内酯（Atractylenolide）A 和白术内酯 B、芹烷二烯酮（Selinadienone）、脱水苍术内酯等。白术内酯Ⅳ为新化合物，甾醇和三萜酯为首次分得。苍术酮是挥发油中的主要成分，含量可达 1.85%。

（二）白术的生物功效

1. 免疫调节作用

白术多糖能单独激活或协同伴刀豆球蛋白/植物凝集素促进正常小鼠淋巴细胞转化，并能明显提高白介素-2 分泌的水平，它对淋巴细胞的调节与 β-肾上腺素受体激动剂异丙肾上腺素相关。白术多糖能增加胸腺和脾脏质量，对抗环磷酰胺所致白细胞减少作用，增强腹腔巨噬细胞吞噬功能，促进淋巴细胞转化和溶血素的生成，具有全面免疫增强作用。

2. 抑肿瘤作用

白术有降低瘤细胞的增殖率、降低瘤组织的侵袭性、提高机体抗肿瘤反应能力及对瘤细胞的细胞毒作用。此外，白术挥发油通过提高巨噬细胞的活性，增强机体非特异性免疫功能，而抑制癌细胞的生长。白术挥发油进行腹腔注射，对小鼠艾氏腹水癌、淋巴肉癌腹水型及人食管癌均有显著抑制作用。白术挥发油、苍术酮、白术内酯 B 与人食管癌细胞 ECA109 接触 24~48h，可使细胞脱落，核固缩，染色体浓缩，抑制细胞分裂。白术挥发油以 100mg/kg 及 50mg/kg 剂量腹腔给药时，对 ECA 等细胞均有较强的抑制作用；且大剂量给药（150mg/kg），可延长患瘤小鼠的寿命 197%。说明白术挥发油具有抑制肿瘤的作用。

3. 保护胃黏膜

白术挥发油、丙酮提取物及苍术酮单体均能保护胃黏膜，抑制大鼠应激性胃溃疡、盐酸-乙醇溃疡及幽门结扎溃疡。白术煎剂有明显促进小鼠胃排空及小肠推进功能的作用，这种效应主要通过胆碱能受体介导，并与 α-受体有关。白术挥发油抑制肠管的自发运动和拮抗 $BaCl_2$ 的作用较强。

4. 保护肝脏

煎剂或苍术酮给小鼠灌胃，对 CCl_4 引起的肝损伤有保护作用，可防止肝糖原减少，病理切片可见肝组织脂肪浸润减轻，肿大和坏死减少。

（三）白术的安全性

小鼠腹腔注射白术煎剂，其 LD_{50} 为（13.3±0.7）g/kg。

二十三、川　芎

川芎（*Chuanxiong Rhizoma*），伞形科多年生草本植物川芎（*Ligusticum chuanxiong* Hort.）的干燥根茎供用。气香浓、味苦辛、性辛温，归于肝、胆、心包经，具有行气活血，祛风止痛功效。

（一）川芎的化学组成

川芎的主要成分为洋川芎内酯（Senkyunolide）A~洋川芎内酯 M、川芎萘呋内酯（Wallichilide）、川芎酚（Chunxiongol）和不同结构的二聚藁本内酯（Diligustilide）等，另含阿魏酸、生物碱、川芎嗪（即四甲基吡嗪）、胆碱和香草酸、瑟丹酸、大黄酚等。

（二）川芎的生物功效

1. 抗肿瘤作用

川芎嗪可使血小板免疫相关抗原 CD_9、CD_{42a} 及 TSP 细胞数减少，使人巨细胞肺癌（$PGCL_3$）细胞表面 CD_9 的表达明显减少。川芎嗪作用于人肝癌细胞 Bel-7402，可抑制细胞增殖，显著降低甲胎蛋白分泌量和 γ-谷氨酰转肽酶和醛缩酶活性，升高酪氨酸-α-酮戊二酸转氨酶、鸟氨酸氨基甲酰转移酶和碱性磷酸酶活性，具有诱导 Bel-7402 细胞分化的作用。除了自身抗癌作用，川芎的多种成分还具有增敏作用。低浓度的川芎素与阿霉素等化疗药物合用可提高肝癌多药耐药株 HepG2/ADM 细胞内化疗药物的浓度，从而增加化疗药物对肿瘤的毒性作用。

2. 改善血液流量

20~30mg/kg 川芎煎剂灌胃可使蛙心收缩振幅增大，心率减慢。川芎嗪能扩张微血管，增加血流量，有利于血管内皮细胞释放血管活性物质。80mg/kg 川芎嗪可使大鼠心输出量明显增加，给麻醉犬滴注川芎嗪，引起心率增快，心肌收缩力增强，血管扩张。此作用随剂量增加而增大。此外，左心室舒张末期压、心肌氧耗和脑血流增加，冠状动脉和脑血管阻力及总外周阻力下降。

3. 保护心脑血管系统

川芎嗪能减轻脑缺氧大小鼠的脑损伤和过氧化值增加，对大鼠的心肌缺血损伤具有保护作用；还可以促进缺血心肌组织中抗凋亡基因表达蛋白，从而保护线粒体的结构和功能并进而保护细胞。缺血性脑血管病中，神经元逐渐发生凋亡。川芎嗪能显著减轻兔脑组织缺血性损伤和神经系统功能障碍，其机制是通过对血管内皮细胞和神经细胞保护机制及血液状态的调节，改善微循环，增加脑皮质血流量，促进神经功能恢复。川芎嗪还可以通过调节凋亡基因和促凋亡基因的表达，从而达到保护缺血缺氧性脑损伤的目的。

川芎苯酞及川芎素也具有改善局部缺血性脑损伤的作用。川芎素可使缺血大脑皮质细胞外信号调节激酶活化增强，明显改善神经功能缺陷和减少脑梗死容积，从而改善缺血性损伤。

4. 抗血栓作用

川芎中的阿魏酸可明显抑制血小板聚集，抑制 5-羟色胺、血栓素 A_2 样物质的释放，选择性抑制血栓素 A_2 合成酶活性，使前列环素/血栓素 A_2 比率升高。阿魏酸能抑制人、兔和大鼠的血小板聚集和血栓素的释放。阿魏酸主要通过以下几种机制抑制血栓素的释放：一是选择性抑制血栓素合成酶，二是与血栓素发生拮抗作用，三是通过抑制磷脂酶 A_2 阻止花生四烯酸游离，从而阻断血栓素 A_2 的合成。

5. 对消化系统的作用

川芎嗪（10~40mg/kg）可明显抑制浸水应激性胃溃疡的发生。20mg/kg 可促进胃液分泌量的增加，但对胃酸分泌无影响，却可抑制胃的运动。川芎嗪可提高烫伤大鼠胃、小肠和肝组织中 ATP 酶和谷胱甘肽过氧化物酶的活性，降低组织中丙二醛的含量，证明川芎嗪对烫伤后大鼠的胃、小肠、肝组织起到一定的保护作用。

6. 抗辐射

20g/kg 川芎煎剂可提高大鼠在 ^{60}Co 加 NO 环境下的生存率。

（三）川芎的安全性

小鼠腹腔注射水提取物，其 LD_{50} 为 65.86g/kg；静脉注射小鼠，川芎嗪 LD_{50} 为 239mg/kg。

二十四、川　牛　膝

川牛膝（*Cyathulae Radix*）因味甜，又称甜牛膝，是牛膝中的一种，多年生草本苋科植物川牛膝（*Cyathula officinalis* Kuan）的干燥根。

（一）川牛膝的化学组成

川牛膝的主要功能成分为甾醇类物质，包括杯苋甾酮（Cyasterone）和苋莱甾酮（Amarasterone）及其多种衍生物。还从川牛膝中分离出阿魏酸、川牛膝多糖等活性物质。川牛膝多糖本无抗病毒活性，但经硫酸酯化得川牛膝硫酸酯，具有明显的抗病毒功能。

（二）川牛膝的生物功效

1. 抗肿瘤作用

川牛膝多糖水煎液能降低急性瘀血模型大鼠的全血黏度、血浆黏度，表明川牛膝多糖的抗肿瘤作用与改善血液流变性有关，这与中药川牛膝的活血化瘀功效是相吻合的。川牛膝多糖对环磷酰胺所致外周白细胞减少有对抗作用，对正常或荷瘤小鼠白细胞的减少均有显著的回升作用，荷瘤小鼠的效果更为明显。

2. 抗病毒作用

川牛膝硫酸酯化多糖能抗人类免疫缺陷病毒，其主要机制就在于它能干扰人类免疫缺陷病毒对宿主靶细胞的黏附、抑制人类免疫缺陷病毒抗原表达、抑制合胞体的形成、抑制逆转录酶活性、增强免疫功能等。而其抗 2 型单纯疱疹病毒主要机制在于它干扰病毒与细胞的吸附阶段，有可能是作为 2 型单纯疱疹病毒在细胞上的受体——硫酸乙酰肝素的结构类似物竞争与单纯疱疹病毒的细胞吸附相关蛋白结合，从而阻止病毒进入细胞，由此产生抗病毒活性。

3. 抗生育作用

川牛膝浸膏和煎剂对离体或在体家兔子宫有兴奋作用，对受孕或未孕豚鼠子宫呈弛缓效应。川牛膝浸膏使猫的未孕子宫呈弛缓现象，受孕子宫则发生强有力的收缩。川牛膝的苯提取物对小鼠有抗生育、抗早孕和抗着床作用。

中医认为川牛膝有祛风湿、活血通经等功能，对疏通脉络、流利骨节、其效颇著，对血清、肝、肾组织中蛋白质和 RNA 的合成有促进作用。

（三）川牛膝的安全性

川牛膝水煎液无明显致染色体畸变及诱发胚胎微核的作用。

二十五、川 贝 母

贝母（Fritillarae Chrrhosae Bulbus）为多年生百合科植物，一般用其干燥鳞茎。按贝母产地不同，可大致分为 4 类：第一类以产于中国西南部四川、云南、西藏等地区为主，代表品种有川贝母（F. cirrhosa），川贝母又可细分为松贝、青贝、炉贝三种。第二类以产于浙江等东部地区为主，以浙贝母（F. thunbergii）为代表。第三类主产于湖北西部，以湖北贝母（F. hupehensis）为代表。第四类主产于黑龙江和吉林两省，以平贝母（F. ussuriensis）为代表。因产地不同，此 4 类贝母在植物形态和主要化学成分等方面均各有差异，但功效均以止咳平喘为主，以川贝母的作用最明显。

（一）川贝母的化学组成

贝母的主要成分是异甾体类生物碱和生物碱，已从贝母属植物中先后分离出 97 种生物碱，73 种生物碱的化学结构已明确。川贝母主要含西贝素（Sipeimine）、川贝碱（Fritimine）、松贝辛（Songbeisine）、山民贝碱、青贝碱等，其总生物碱含量为 0.08%。

（二）川贝母的生物功效

1. 镇咳作用

贝母总生物碱以 400mg/kg 剂量一次性灌胃给药，具有明显的抗炎、镇咳、祛痰作用；小鼠灌喂川贝母皂苷组分Ⅱ200mg/kg，能增强小鼠耐缺氧能力，明显升高小鼠肺脏环磷酸腺苷水平，有非常显著的镇咳作用；生药川贝母的醇提取液 4g/kg，对电刺激喉上神经引起的咳嗽有非常显著的镇咳作用；静注川贝总碱 5mg/kg，有显著镇咳作用。

2. 降血压作用

西贝素对狗可致外围血管扩张，并导致降血压作用。主要是由于外周血管扩张，对心电图无明显影响。对离体豚鼠回肠、兔十二指肠、大鼠子宫及整体狗小肠有明显松弛作用，且随浓度增加而增加，并能对抗乙酰胆碱、组胺和氯化钡的平滑肌痉挛作用。静脉注射川贝母碱产生持久性血压下降，伴以短时的呼吸机制。贝母碱及贝母辛极少量时可使血压上升，大量可使血压下降。

二十六、平　贝　母

平贝母（*Fritillariae Ussurensis Bulbus*），又名平贝，来源于百合科植物平贝母（*Fritillaria ussuriensis* Maxim）的鳞茎。

（一）平贝母的化学组成

平贝母具有丰富的生物碱，主要含平贝碱（Pingbeimine）甲、平贝碱乙、平贝碱丙、贝母辛（Peimisine）、平贝酮碱（Pingbeinone）等，平贝母的总生物碱含量约为 0.236%。

（二）平贝母的生物功效

1. 镇咳、祛痰作用

传统中医认为，贝母具有清热、润肺、化痰、止咳作用。用平贝母、浙贝母等 11 种商品贝母的乙醇提取物部分、总生物碱部分和总皂苷部分，分别进行了镇咳作用和祛痰作用的试验。将小鼠分别灌胃给药，再利用氨水引咳法，结果表明 11 种贝母的总生物碱部分对小鼠氨水引咳均有显著的镇咳作用，其中平贝母的乙醇提取物亦有显著镇咳作用，但总皂苷部分均没有明显的镇咳作用。另外，利用酚红排出试验，结果表明各种贝母的总皂苷部分均能使小鼠呼吸道的酚红排泌量显著增加，即有明显的祛痰作用，但总生物碱的祛痰能力则较弱。贝母抑制咳嗽中枢，而不抑制呼吸中枢，这对治疗慢性支气管炎并发肺炎等有利。

2. 平喘作用

平贝母的平喘机制，一般认为与其松弛支气管平滑肌、支气管痉挛，改善通气状况有关。平贝母醇提物能明显提高小鼠常压耐缺氧能力，即能提供呼吸作用氧需要量，这对哮喘病人也是有利的。

3. 镇静、镇痛作用

平贝母浸膏对实验动物具有中枢神经系统抑制作用，而且贝母碱与镇静药和解热镇痛药具有协同作用。

4. 抗溃疡作用

大鼠断食 48h 后麻醉、开腹，结扎胃幽门，缝合腹壁后，注射平贝母总生物碱 1.5mg/100g、3mg/100g，对照组用等体积生理盐水。给药后 9h 断头处死，收集胃液，同时测定胃液量、游离酸、总酸及胃蛋白酶活性，并用肉眼观察溃疡形成情况。结果两种剂量对胃蛋白酶均有显著抑制作用。1.5mg/100g 组的溃疡指数亦显著低于对照组。

5. 抗血小板聚集作用

从平贝母的水溶性活性部分中分离得到的胸苷和腺苷等成分是抑制血小板聚集的主要成分。而腺苷能兴奋腺苷环化酶，刺激环磷酸腺苷的形成，从而降低血小板内苷的含量，形成抑制血小板聚集作用。

（三）平贝母的安全性

小鼠灌胃平贝母总碱，其 LD_{50} 为 84.2mg/kg。

二十七、浙　贝　母

浙贝母（*Fritillariae Thunbergii Bulbus*），来源于百合科植物浙贝母（*Fritillaria thunbergii* Miq.），属多年生草本植物的地下鳞茎，传统中医用来主治外感咳嗽、吐血、咽喉肿痛、支气管炎、胃及十二指肠溃疡等。

（一）浙贝母的化学组成

浙贝母主要含贝母甲素（Peimine）、贝母乙素（Peiminine）、浙贝母碱苷（Peiminoside）、浙贝丙素（Zhebeirine）、贝母素辛、贝母芬、贝母定、贝母替定、原贝母碱、异浙贝甲素等。

（二）浙贝母的生物功效

1. 镇咳、祛痰作用

灌胃或皮下注射4mg/kg浙贝甲素或浙贝乙素都有镇咳作用。腹腔注射浙贝母醇提物4g生药/kg能明显降低咳嗽强度，减少咳嗽次数。给大鼠以灌胃形式给予浙贝母醇提物15g生药/kg，使其气管内分泌液明显增加，但作用不如川贝母和皖贝母；而小鼠酚红法实验表明浙贝母祛痰作用略强于川贝母。

2. 镇痛、抗炎作用

以灌胃形式给予小鼠浙贝母75%乙醇提取物2.4g生药/kg，显示较强镇痛作用，能使乙酸引起的扭体反应次数减少67.3%，使热痛刺激甩尾反应的3h痛阈平均提高28.5%。浙贝甲素和浙贝乙素是浙贝母的镇痛有效成分。连续3d以灌胃形式给予浙贝母75%乙醇提取物0.8g生药/kg和2.4g生药/kg，都有显著的抗炎作用。

3. 降压作用

狗（5～10mg/kg）、猫（1～3mg/kg）、兔（10mg/kg）静脉注射较大剂量的浙贝甲素都可以起到降压作用。浙贝甲素、浙贝乙素和贝母新碱（Peimisine）具有血管紧张素转换酶抑制活性，IC_{50}分别为312.8μmol/L、165.0μmol/L和526.5μmol/L，但活性远远低于临床用降压药卡托普利（IC_{50}为20nmol/L）。大鼠以灌胃形式给予浙贝母水煎剂2g生药/kg，并不影响心率、平均动脉压、左室内压和左室压最大上升及下降速率，即不影响心肌收缩力。

4. 溶石、抗溃疡、抗腹泻作用

10g生药/100mL的浙贝母水煎剂，对以胆固醇为主的人胆结石有溶石作用。给小鼠以灌胃形式给予浙贝母75%乙醇提取物0.8g生药/kg和2.4g生药/kg，具有显著抗胃溃疡形成作用。对水浸应激性溃疡形成的抑制率分别为47.4%和70.2%，对盐酸性溃疡形成的抑制率分别为34.0%和50.9%，对吲哚美辛-乙醇性溃疡形成的抑制率分别为27.2%和39.3%。

浙贝母具有抗腹泻作用。浙贝母75%乙醇提取物对蓖麻油所致的小肠性腹泻和番泻叶所致的大肠性腹泻，都有明显减少腹泻次数的作用，其中对蓖麻油所致的小肠性腹泻作用更强。0.8g生药/kg组和2.4g生药/kg组的4h腹泻次数减少率均约为63%，抗腹泻作用持续8h以上；但抗番泻叶致大肠性腹泻的作用较弱。

5. 抗肿瘤

浙贝乙素抑制3种人骨髓性白血病细胞系（HL60，NB4，U937）增殖，但不引起细胞死亡，而异浙贝甲素（Isoverticine）无此活性。浙贝乙素浓度依赖性和时间依赖性地增加3种白血病细胞系的氮蓝四唑阳性细胞数，并诱导HL60细胞骨髓单核细胞分化抗原表达，但不影响单核细胞/巨噬细胞抗原表达。对白血病细胞表现出抑制增殖和诱导分化成成熟细胞作用，与全反式维A酸合用，对促进HL-60细胞分化显示出协同作用。当浙贝母水提物剂量增至1.60g/kg（灌胃形式）时明显抑制小鼠移植Lewis肺癌增重，抑瘤率为22.4%，明显降低荷瘤小鼠的胸腺脏/体比。

二十八、湖北贝母

湖北贝母（*Fritillariae Hupehensis Bulbus*），又称鄂贝、板贝、窑贝、奉贝，来源于百合科植物湖北贝母的干燥鳞茎。

（一）湖北贝母的化学组成

湖北贝母主要含甾体生物碱，总生物碱含量为 0.3922% ~ 0.4289%，主要含湖贝甲素（Hupehenine）、湖贝甲素苷、新贝甲素（Hupehenirine）等。《中国药典》（2020 年版）中规定湖贝甲素（$C_{27}H_{45}NO_2$）的含量不得少于 0.020%。

湖北贝母中非碱性成分主要有 β-谷甾醇，两种贝壳杉烷型二萜：对映-贝壳杉烷-16α，17-二醇及对映-贝壳杉烷-16β，17-二醇。

（二）湖北贝母的生物功效

1. 镇咳祛痰作用

如表 9-21 至 9-23 所示，湖北贝母各生物碱单体均有一定的镇咳、祛痰活性，其中鄂贝甲素、湖贝甲素苷的镇咳作用很强，在可待因 1/10 的剂量条件下，与阴性组比较显示显著的镇咳作用，表明此两种生物碱单体具有镇咳活性。鄂贝甲素、鄂贝新显示显著的祛痰活性，均强于总碱。鄂贝新显示显著的平喘活性，明显强于总碱，其平喘活性值得关注。

表 9-21 湖北贝母各生物碱单体对小鼠镇咳作用

组别	剂量/（mg/kg）	咳嗽潜伏期/s	咳嗽次数/（次/3min）
阴性组	—	58.9±14.1	13.1±4.2
阳性组	30	91.1±25.2**	7.4±2.4**
鄂贝甲素组	3	87.0±30.7*	3.9±1.9**
鄂贝乙素组	3	71.1±18.6	15.2±6.1
湖贝甲素苷组	3	83.6±24.4*	10.8±5.1
湖贝甲素组	3	50.3±13.9	15.3±7.8
鄂贝新组	3	62.1±28.1	15.1±5.8
总碱组	3	98.7±15.6**	6.8±1.7**

注：阴性组为 CMC-Na 给药；阳性组为 30mg/kg 可代因给药。与阴性组比较，* $P<0.05$，** $P<0.01$。

表 9-22 湖北贝母各生物碱单体对小鼠祛痰作用

组别	剂量/（mg/kg）	酚红排泌量/（μg/mL）
阴性组	—	0.0760±0.03
阳性组	25	0.1020±0.03*
鄂贝甲素组	3	0.0994±0.02**
鄂贝乙素组	3	0.0582±0.03
湖贝甲素苷组	3	0.0780±0.03
湖贝甲素组	3	0.0800±0.03
鄂贝新组	3	0.0910±0.03
总碱组	3	0.0730±0.03

注：阴性组为 CMC-Na 给药；阳性组为 25mg/kg 可代因给药。与阴性组比较，* $P<0.05$；** $P<0.01$。

表 9-23　　　　　　　　　　　湖北贝母各生物碱单体对小鼠镇咳作用

组别	剂量/（mg/kg）	用药前引喘潜伏期/s	抽搐动物数/动物总数/（只/只）	用药后引喘潜伏期/s	引咳潜伏期** 差值/s
阴性组	—	34.2±9.9	8/8	49.2±16.8	15.0±12.1
阳性组	4	35.0±9.5	8/8	76.7±15.1	41.8±17.0**
鄂贝甲素组	3.3	33.2±9.1	8/8	47.5±9.7	14.3±7.9
鄂贝乙素组	3.3	31.0±9.4	8/8	78.7±57.6	47.7±49.9
湖贝甲素苷组	3.3	33.7±12.7	8/8	48.5±21.5	14.8±16.4
湖贝甲素组	3.3	33.7±5.4	8/8	50.2±15.7	16.5±15.2
鄂贝新组	3.3	33.0±3.1	8/8	82.0±42.4	49.0±48.3*
总碱组	3.3	30.5±3.6	8/8	52.7±16.2	22.2±13.8

注：阴性组为 CMC-Na 给药；阳性组为 4mg/kg 可代因给药。与阴性组比较，* $P<0.05$；** $P<0.01$。

2. 平喘作用

湖北贝母醇提取物 $4×10^{-2}$g/mL 和总生物碱 $5×10^{-4}$g/mL 对由组胺所引起的豚鼠离体平滑肌痉挛呈现明显的松弛作用；总碱 25mg/kg 腹腔注射，对由乙酰胆碱和组胺引喘的豚鼠也呈现显著的平喘效果。

3. 降压作用

对猫静注湖北贝母总碱 30mg/只，呈现短时中等强度的降压作用，并伴有心率减慢。

4. 耐缺氧

用湖北贝母醇提取物 5g/kg 灌喂小鼠，能明显提高小鼠耐受常压缺氧的能力，降低组织对氧的需要，明显延长存活时间。

（三）湖北贝母的安全性

小鼠腹腔注射湖北贝母醇提取物的 LD_{50} 为（13.71±1.24）g/kg；小鼠口服湖北贝母总碱其 LD_{50} 为 1025mg/kg，均表明湖北贝母毒性很低。

二十九、知　　母

知母（Anemarrhenae Rhizoma）属百合科多年生草本植物。知母味苦，性寒，归肺、胃、肾经。

（一）知母的化学组成

知母主要含皂苷类成分，其根茎含皂苷约 6%，例如菝葜皂苷元（Sarsasapogenin）、马尔可皂苷元（Markosapogenin）、新吉托皂苷元（Negitogenin）、薯蓣皂苷元（Diosgenin）等。从知母根茎乙醇提取物中分离出两个黄酮类化合物，确定为宝藿苷-Ⅰ和淫羊藿苷-Ⅰ。知母所含的双苯吡酮类化合物，主要有芒果苷、异芒果苷和新芒果苷。

知母多糖Ⅰ（PS-Ⅰ）和知母多糖Ⅱ（PS-Ⅱ）是从知母热水提取物中分离出的 2 种糖蛋白，其蛋白质含量分别为 8.9% 和 4.3%，总糖含量分别为 64.3% 和 72.7%，是知母黏液质多糖的主要组成。

（二）知母的生物功效

1. 降血糖作用

知母降血糖作用与其增加肝糖原合成、减少肝糖原分解、增加骨骼肌对 ^{3}H-2-脱氧葡萄糖

（^{3}H-2-DG）摄取、并能使尚未遭到严重损害的胰岛 β 细胞恢复正常等因素有关。

小鼠知母聚糖低、中、高剂量组分别灌胃知母聚糖溶液 50mg/kg、100mg/kg、200mg/kg，每天 1 次，连续用药 3 周，结果见表 9-24。知母聚糖低、中、高剂量组均能使血糖显著降低，肝糖原含量也随着剂量的增高而显著上升，知母聚糖能降低正常小鼠的血糖和增加肝糖原含量。

表 9-24　　　　知母聚糖对正常小鼠血糖、胰岛素水平和肝糖原含量的影响

组别	剂量/（mg/kg）	血糖/（mmol/L）	血浆胰岛素/μIU	肝糖原含量/（mg/g 组织）
对照组	—	6.41±0.31	4.34±1.06	23.1±1.12
知母聚糖组	50	5.34±0.26*	4.8±0.79	24.7±1.10*
	100	4.56±0.17**	4.21±0.67	26.3±1.40**
	200	4.25±0.13**	4.76±0.77	28.20±1.80**

注：与对照组相比，* $P<0.05$，** $P<0.01$。

选取血糖值大于 11.1mmol/L 的高血糖大鼠，按血糖高低随机分为知母聚糖高剂量组（140mg/kg）、中剂量组（70mg/kg）、低剂量组（35mg/kg），另两组分别为糖尿病模型对照组和降糖灵组（15mg/kg）。灌胃给药，每天 1 次，给药 3 周。给药组血糖与模型对照组相比明显降低，且血糖下降与知母聚糖呈剂量依赖关系，表明知母聚糖能降低四氧嘧啶诱导的糖尿病大鼠的血糖。知母聚糖对胰岛内被四氧嘧啶破坏的内分泌细胞有一定的修复作用，并能增加胰岛 β 细胞的分泌颗粒。

2. 改善记忆力作用

在离体试验中观察到知母的有效组分 SAR 纯品对脑 M 受体与 ^{3}H-QNB 的结合无竞争作用，所以知母不同于西药中受体拮抗剂的上调作用，不是通过与受体的配基结合位点相互作用而起疗效的，这与临床上应用知母时不出现阿托品样作用也相吻合。用不可逆阻断剂双环霉素作工具，整体测定脑受体分子生成速率和降解速率常数，发现知母对衰老小鼠降低的脑 M 受体合成速率和降解速率常数均有提高作用，但对合成速率的提高作用比对降解速率常数的提高作用更强。所以知母能调整衰老时脑受体生成和降解的失平衡，它提高脑 M 受体密度主要是通过促进受体分子的合成这一环节实现的。

3. 抑菌作用

体外试验中知母对伤寒杆菌、痢疾杆菌、结核杆菌、白喉杆菌、肺炎杆菌、葡萄球菌等有一定的抑制作用。异芒果苷具有显著的抗单纯疱疹病毒作用。

（三）知母的安全性

0.01%～0.1%知母浸膏可使蟾蜍心脏收缩减弱，1%可使心跳停止，大剂量对兔静注可使呼吸停止、血压下降而死亡。

三十、首　乌　藤

首乌藤（*Polygoni Multiflori Caulis*）由蓼科多年生草本植物何首乌（*Polygonum multiflorum* Thunb.）干燥藤茎供用。

（一）首乌藤的化学组成

首乌藤含有蒽醌类、二苯乙烯类和磷脂类化合物等活性成分。首乌藤的质量，以前是以蒽醌衍生物含量来评价，现主要以二苯乙烯苷作为定量指标。

蒽醌类化合物以大黄素、大黄酚为主，其次为大黄酸、大黄素-6-甲醚（Physcion）、大黄素-8-O-β-D-单葡萄糖苷（Emodin-8-O-β-D-monoglucoside）等。首乌藤中的最重要的二苯乙烯类化合物，是2,3,5,4′-四羟基二苯乙烯-2-O-β-D-葡萄糖苷，简称二苯乙烯苷。

（二）首乌藤的生物功效

1. 增强智力作用

复方首乌藤合剂能增强自然衰老小鼠的学习和记忆能力，对由东莨菪碱、亚硝酸钠和40%乙醇引起的小鼠记忆获得、记忆巩固和记忆再现病理模型有较明显的改善作用。

2. 抑制食欲作用

中药首乌藤的提取物对脂肪酸合酶具有很强的抑制作用，半抑制质量浓度为（0.61±0.024）μg/mL。同时测定，该提取物对 FAS 中的酮酰还原反应有强抑制作用，半抑制质量浓度为（2.14±0.12）μg/mL，说明脂肪酸合酶中的酮酰还原酶是该提取物的作用部位之一。抑制动力学分析表明，首乌藤提取物对脂肪酸合酶的抑制和底物乙酰辅酶 A、丙二酸单酰辅酶 A 之间皆呈非竞争性关系；和还原型辅酶 II 之间在低抑制剂质量浓度下的表现近似反竞争性，在高抑制剂质量浓度下接近竞争性的关系。推测首乌藤中可能有多种脂肪酸合酶抑制剂。用首乌藤提取物口服饲喂大鼠和小鼠，可明显减少实验动物的摄食量和体重；测定试验组大鼠肝脏的脂肪酸合酶活性，明显低于对照组。

（三）首乌藤的安全性

首乌藤的毒性成分主要为蒽醌类，如大黄素、大黄酚、大黄酸、大黄素甲醚等，如服用过量对胃肠产生刺激作用，出现腹泻、腹痛、肠鸣、恶心、呕吐等症，重者可出现阵发性强直性痉挛、抽搐、躁动不安，甚至发生呼吸麻痹。大鼠口服或注射大量生何首乌提取物——蒽醌类衍生物 3~9 个月，发现甲状腺瘤性病变，前胃上皮肥大增生，肝细胞退行性变。

三十一、生 何 首 乌

生何首乌（*Polygoni Multiflori Radix*）别名首乌、何首乌、干首乌，为蓼科植物何首乌的块根。气无，味苦涩。

根和根茎含蒽醌类，主要为大黄酚和大黄素，其次为大黄酸、痕量的大黄素甲醚和大黄酚蒽酮等（炙过后无大黄酸）。此外，含淀粉45.2%、脂肪3.1%、卵磷脂3.7%等。

何首乌具抗衰老、增强免疫、促进肾上腺皮质的功能。能促进血细胞新生和发育、调节血脂和抗动脉粥样硬化，并具保肝作用。中医认为，生何首乌具有解毒、消痈、润肠通便等功效。生何首乌内含有蒽醌衍生物类成分，很多具有泻下作用的中药就多含此类成分，如大黄、番泻叶等，但生何首乌在润肠方面润大于泻，比大黄、番泻叶要缓和得多，而且也不易损伤正气。制何首乌则具有补肝肾、益精血、乌须发之功，能治血虚萎黄、腰膝酸软、肢体麻木、崩漏带下、高脂血症等。

没有炮制的何首乌有毒，慎用，不宜长期食用。传统中医认为大便溏泄及有湿痰者慎服，孕妇、哺乳期妇女、14 岁以下人群禁止服用。

三十二、制 何 首 乌

制何首乌（*Polygoni Multiflori Radix Praeparata*）又名蒸首乌、熟首乌，为蓼科植物何首乌的干燥块根的炮制加工品。

何首乌的炮制对其化学成分和药理作用均有一定的影响，随着蒸制时间的延长，何首乌中结合蒽醌类成分减少，游离蒽醌类成分增多。结合蒽醌具有泻下作用，经炮制后转化为游离蒽醌，是制何首乌失去润肠通便作用而具补益保健功效的主要原理。

何首乌在炮制过程中，化学成分和药理作用都发生了明显的改变，药效也随之改变，临床生用与制用功效各异。传统中医认为，制何首乌味甘主补，长于补肝血、益肾精、强筋骨、善乌须发；味涩兼能收敛精气、苦泄微温；不寒不燥还可用于肝肾不足、精血亏虚、眩晕耳鸣、须发早白、腰膝酸软、肢体麻木、崩漏带下、久疟体虚等病症，另有化浊降脂、治疗高脂血症的效用。

制首乌不宜长期食用，对制首乌过敏者忌用。

三十三、桑　　枝

桑枝（*Mori Ramulus*）是桑科落叶乔木桑（*Morus alba* L.）的干燥嫩枝，气微，性味苦、平，归肝经。

（一）桑枝的化学组成

桑枝主要有黄酮类化合物、生物碱、多糖和香豆精类化合物。黄酮类成分有异槲皮苷、桑酮（Maclurin）、桑素（Mulberrin）、桑色素（Morin）、二氢桑色素（Dihydromorin）、环桑素（Cyclomulberrin）、环桑色烯素（Cyclomulberrochromene）、桑色烯、杨树宁、桑辛素等，还含有桦皮酸、藜芦酚、二氢山柰酚、氧化芪三酚及二氢氧化芪三酚等。桑枝含有的1-脱氧尻霉素，是一种葡萄糖的结构类似物，它属于哌啶生物碱，化学名为3,4,5-三羟基-2-羟甲基四氢吡啶。

（二）桑枝的生物功效

1. 降血糖作用

以春天采集的桑叶、桑白皮、桑枝嫩枝和桑皮种为材料，研究了桑树不同药用部位的乙醇提取物对链脲佐菌素诱导的糖尿病小鼠的降血糖效果。结果显示，它们都具有明显的降血糖作用，而其中桑枝的功效最为显著。桑枝总黄酮能降低高血糖模型小鼠的血糖值，是桑枝降血糖作用的有效成分。给四氧嘧啶高血糖大鼠连续口服桑枝提取物，高血糖大鼠空腹和非禁食血糖等指标均明显降低、血脂得到调节，糖尿病肾病得到改善。

中医常选用桑枝来治疗糖尿病关节病变和周围神经病变，可显著降低血糖而缓解症状，其功效确切。采用桑枝颗粒（纯中药制剂）对2型糖尿病患者进行了系统的临床观察，同时设立西药（拜糖平）对照组，治疗时间为2个月，发现桑枝颗粒组和西药对照组的降血糖总有效率分别为95%和80%，桑枝颗粒在改善糖尿病症状、降低血脂等方面的疗效也优于西药对照组。此外，桑植提取物与儿茶提取物在改善小鼠餐后血糖方面也具有显著的功效。

2. 降血脂作用

桑枝总黄酮的降血脂作用，分别用水、甲醇、乙醇、丙酮、乙酸乙酯、正丁醇六种溶剂对桑枝进行提取，测得提取物中的总黄酮含量分别为 0.622mg/g、0.593mg/g、0.693mg/g、

0.492mg/g、0.464mg/g、0.407mg/g。用水和95%乙醇为溶剂的桑枝提取物给高血脂模型小鼠灌胃治疗，小鼠体重的降低率分别为8.9%和15%，血清中的总胆固醇和甘油三酯水平均有差异，其中以95%乙醇作溶剂的桑枝提取物使小鼠血清总胆固醇水平和甘油三酯水平与阳性组比较差异极显著。

3. 抗炎作用

用浓度为100~400mg/kg的桑枝95%乙醇提取物乳剂，给小鼠灌胃给药，研究提取物的抗炎作用。结果表明，在二甲苯致小鼠耳廓肿胀、醋酸致小鼠腹腔毛细血管通透性增高、鸡蛋清性小鼠足跖肿胀及滤纸片诱导的肉芽增生等模型上具有抗炎作用。桑枝提取物对巴豆油致小鼠耳廓肿胀、角叉菜胶致足跖肿胀均有较强的抑制作用，并可抑制醋酸引起的小鼠腹腔液渗出，表现出较强的抗炎活性。

4. 提高免疫力

采用碳粒廓清法和二硝基氟苯诱导小鼠迟发型变态反应试验法，观察桑枝多糖对地塞米松所致免疫低下模型小鼠免疫功能的影响，发现桑枝多糖可显著提高免疫低下小鼠的吞噬指数，增强网状内皮细胞的吞噬功能、小鼠迟发型变态反应能力及增强 T 细胞活性。

三十四、玫 瑰 茄

玫瑰茄（*Calyx Hibisci Sabdariffae*）为锦葵科一年生草本植物玫瑰茄（*Hibiscus sabdariffa*）的花萼，2004 年 8 月 17 日我国卫生部规定将玫瑰茄列为普通食品管理。

（一）玫瑰茄的化学组成

玫瑰茄花萼主要含有机酸、碳水化合物。玫瑰茄花萼有机酸含量高达 15%～30%，主要有草酸、酒石酸、苹果酸、琥珀酸、原儿茶酸、柠檬酸、丙二酸、木槿酸，其中草酸和琥珀酸占总酸含量的 75%以上。玫瑰茄花萼含有 3.3%的碳水化合物，其中葡萄糖含量最高，其次是果糖和蔗糖，含有的糖类还有乳糖、戊糖、黏液质、不同种类的酸性和中性多糖。玫瑰茄花萼中还含有丰富的多酚，花青素含量可以高达 2%，主要是飞燕草素（Delphinidin）和矢车菊素（Cyanidin）的糖苷。

（二）玫瑰茄的生物功效

1. 抗肿瘤

玫瑰茄中含有一种酚酸-原儿茶酸，具有非常好的抗肿瘤效果，玫瑰茄的原儿茶酸对小鼠皮肤肿瘤具有很好的抑制效果。研究发现，玫瑰茄原儿茶酸对 12-*O*-十四烷酰佛波醇-13-乙酸酯诱导的皮肤癌具有抑制作用，经过原儿茶酸处理的小鼠与仅仅用苯并芘处理的 CD-1 雌小鼠相比，皮肤肿瘤的发生率显著降低，小鼠皮肤肿瘤的数量也较少，而且玫瑰茄原儿茶酸具有促进血癌细胞死亡的作用。研究发现，原儿茶酸促进早幼粒白血病 HL60 细胞凋亡，且呈量效和时间依赖关系，原儿茶酸处理导致了 HL60 细胞发生核小体间 DNA 破裂和形态发生变化的凋谢死亡特征。

2. 护肝

玫瑰茄花萼具有显著的抑制不同化学物质的致肝损伤作用。玫瑰茄干花萼 80%乙醇提取物对亚砷酸钠导致小鼠肝损伤具有显著的抑制作用。玫瑰茄花萼水提物抑制硫唑嘌呤导致小鼠肝损伤的作用，服用玫瑰茄花萼水提物不仅可以防止硫唑嘌呤导致肝坏死，而且还极大程度上保持了肝功能的正常。玫瑰茄花萼提取物具有抑制 CCl_4 导致的小鼠、Wistar 大鼠和 Wister 白化病大鼠肝损伤的作用。此外，玫瑰茄花萼还能抑制叔丁基过氧化氢导致的肝损伤作用，通过乳酸脱氢酶和丙二醛水平的检测评价，发现玫瑰茄花萼的乙酸乙酯萃取部和氯仿萃取部具有保护小鼠肝脏作用。

3. 降血压

玫瑰茄花萼提取物具有降血压的效果。连续服用玫瑰茄花萼提取物 21d 后，先天性高血压试验鼠和正常血压试验鼠血压都有下降，其中先天性高血压试验鼠血压降低了 11.7%。正常血压试验鼠血压也降低了 5%~8%。玫瑰茄花萼的提取物对自发性高血压小鼠和 Wistar-Kyoto 大鼠抗高血压有一定的效果，给予剂量为 0.5g/kg 和 1g/kg 的玫瑰茄花萼浸提物，能够显著的降低自发性高血压小鼠和正常血压的 Wistar-Kyoto 大鼠的动脉收缩压和舒张压。研究玫瑰茄水提物对 I2K-1C 肾血管性高血压小鼠降血压作用，服用 8 周的 I2K-1C 肾血管性高血压小鼠与没有服用玫瑰茄水提物的相比，血压降低了 20%。人体试验同样表明，玫瑰茄花萼具有降血压的作用，对 54 名中度先天性高血压患者进行了调查研究，统计发现 12d 后服用了玫瑰茄花茶的患者，与第一天相比，高血压降低了 11.2%，停止服用 3d 后高血压又上升了 5.6%。

4. 降血脂

对玫瑰茄花萼提取物抑制大白兔动脉粥样硬化作用进行了研究，经过连续 10 周，服用高胆固醇加玫瑰茄提取物膳食组的大白兔的血清中甘油三酯、胆固醇、低密度脂蛋白胆固醇水平都比服用高胆固醇膳食组低，服用玫瑰茄花萼提取物的大白兔显著的减轻了动脉重度粥样硬化，玫瑰茄花萼提取物减少了泡沫细胞生成和抑制平滑肌细胞移动和钙化，这表明玫瑰茄花萼提取物具有降血脂和抑制动脉粥样硬化的活性。剂量 500mg/kg 和 1000mg/kg 的玫瑰茄花萼提取物和胆固醇一起服用，连续 6 周，高胆固醇血症鼠血清中的胆固醇降低了 22% 和 26%，血清的甘油三酯水平降低了 33% 和 28%，血清的低密度脂蛋白水平降低了 22% 和 32%。服用 250mg/kg、500mg/kg 和 1000mg/kg 玫瑰茄花萼提取物，连续 6 周，显著降低了硫代巴比妥酸反应产物水平。

5. 通便和利尿

在非洲许多地区，玫瑰茄花萼用来辅助治疗便秘。对玫瑰茄新鲜花萼的水提物的通便功能进行研究，喂食剂量 800mg/kg 的玫瑰茄花萼水提物能导致小鼠湿粪便的显著增加，玫瑰茄花萼水提物的通便功能可能与其含有的类皂角苷化合物有关。此外，玫瑰茄花萼还具有利尿功效。

（三）玫瑰茄的安全性

玫瑰茄花萼提取物具有低毒性，在小鼠试验中表明，LD_{50} 大于 5g/kg。对 Wistar 白化病大鼠喂食玫瑰茄水甲醇提取物发现，每天剂量 150~180mg/kg 是安全的，而剂量更高可能会对肝造成伤害。服用玫瑰茄花萼的提取物 1.15g/kg、2.3g/kg、4.6g/kg 的小鼠与没有服用的小鼠相比，体重和肾重明显下降，这表明服用较高剂量玫瑰茄花萼提取物会对肾脏造成毒性伤害。

三十五、苍　术

苍术（*Atractylodis Rhizoma*）来自菊科植物苍术属的根茎，包括南苍术（又称茅苍术，*A. lancea*）、北苍术（*A. chinensis*）。性辛、苦、温。归脾、胃、肝经，具有燥湿健脾，祛风，散寒，明目等功效。

（一）苍术的化学组成

苍术由挥发油和一系列的倍半萜、聚乙烯炔类及少量的酚类、有机酸类成分组成。另外还含有倍半萜内酯、倍半萜糖苷、多聚糖以及少量的黄酮类成分，苍术的主要活性成分为倍半萜类和聚乙烯炔类成分。

苍术中的倍半萜类成分，主要有茅术醇（Hinesol）、β-桉油醇（β-Eudesmol）、苍术酮（Atractylon）、苍术内酯（Atractylenolide）Ⅰ、苍术内酯Ⅱ、苍术内酯Ⅲ、白术内酯A（Botenolide A）、芹烷二烯酮［Selina-4 (14),7 (11) -diene-8-one］、α-芹油烯（α-Selinene）、β-芹油烯（β-Selinene）、榄香油醇（Elemol）、β-榄香烯（β-Elemene）、γ-榄香烯（γ-Elemene）、愈创醇、β-石竹烯（β-Caryophyllene）、马兜铃酮（Aristolone）。

从苍术植物中还分离得到了汉黄芩素（Wogonin）、汉黄芩苷（Wogonoside）、奥斯索（Osthol）、香草酸（Vanillic acid）、β-谷甾醇、胡萝卜苷。

（二）苍术的生物功效

1. 降血糖作用

苍术苷对小鼠、大鼠、兔和犬有降血糖作用，同时降低肌糖原和肝糖原，抑制糖原生成，使氧耗量降低，血乳酸含量增加，其降糖作用可能与其对体内巴斯德效应的抑制有关。从关苍术根茎的水提物中分离出的苍术多糖，能明显降低正常大鼠以及四氧嘧啶诱导的高血糖大鼠的血糖水平。

2. 保肝作用

苍术水煎剂 10g/kg 灌胃连续 7d，能明显促进正常小鼠肝脏蛋白的合成。苍术有效成分苍术醇、苍术酮、β-桉叶醇对四氯化碳诱发的一级培养鼠肝细胞损害均有明显的预防作用。另外，苍术酮对叔丁基过氧化物诱导的 DNA 损伤及大鼠肝细胞毒性有抑制作用。

3. 抗缺氧作用

苍术丙酮提取物 750mg/kg 对 KCN 造模的小鼠有明显的延长存活时间效果，降低相对死亡率，说明苍术有抗缺氧作用，进一步的研究表明苍术的抗缺氧主要活性成分为 β-桉叶醇。

4. 健胃作用

苍术丙酮提取物、β-桉叶醇及茅苍术醇对豚鼠摘出回肠的 K^+、Ca^{2+} 及氨甲酰胆碱收缩呈现明显的抑制作用，认为这是苍术作为健胃药作用的一部分。经口给予苍术提取物乙炔化合物 TDEYA（250mg/kg）可显著促进碳粒在小鼠小肠内的转运，TDEYA 口服（50mg/kg，100mg/kg 和 200mg/kg）能防止盐酸-乙醇诱导小鼠胃损害形成，TDEYA 口服（100mg/kg 和 300mg/kg）也能显著抑制乙醇诱导大鼠胃损害形成，但无剂量依赖性。

5. 抗炎作用

关苍术乙酸乙酯提取物对二甲苯、巴豆油所致的小鼠耳廓肿胀，角叉菜胶所致大鼠足跖肿胀，小鼠棉球肉芽肿及大鼠佐剂关节炎等急性、慢性及免疫性炎症模型都有明显的抑制作用。关苍术乙酸乙酯提取物能抑制小鼠毛细血管通透性，增强小鼠单核巨噬细胞系统吞噬功能，减少炎症部位的前列腺素 E_2 含量，提示关苍术乙酸乙酯提取物的抗炎机制与影响炎症过程的许多环节有关，如渗出、毛细血管通透性、炎症介质的释放、结缔组织的增生等。

（三）苍术的安全性

苍术挥发油对小鼠灌服试验得 LD_{50} 为 2245.87mg/kg，95%可信限为 1958.3~2575.7mg/kg，属低毒级。试验过程中小鼠出现少动、运动失调，呼吸减慢等表现，也说明苍术挥发油具有一定的毒性。

三十六、制大黄、熟大黄

大黄（*Rhei Radix et Rhizoma*）别名川军，为蓼科植物掌叶大黄、唐古特大黄或药用大黄的根及根茎。大黄炮制时用黄酒喷淋生大黄，拌匀，稍闷，用微火炒至色泽加深时，取出放凉即为制大黄。也可以用黄酒将大黄拌匀，置适宜容器内密闭，隔水炖至大黄内外均呈黑褐色，取出干燥即为熟大黄。制大黄味苦而微涩，略有清香气。

（一）制大黄的化学组成

大黄中的化学物质大体上可分为蒽醌类、多糖类与鞣质类。游离型蒽醌有大黄酸、大黄素、土大黄素、芦荟大黄素、大黄素甲醚等；结合型蒽醌含量较多，主要是番泻苷等，新鲜大黄在贮存过程中蒽酚或蒽酮可逐渐氧化成蒽醌。

《中国药典》（2020 年版）采用高效液相色谱法测定大黄中芦荟大黄素、大黄酸、大黄素、大黄酚和大黄素甲醚等总蒽醌的含量，要求总量不得少于干燥药材的 1.5%。

大黄制过后所含大黄蒽醌类衍生物有所减少，其泻下成分番泻苷及大黄酸明显减少，加热对鞣质影响较小。

（二）制大黄的生物功效

生大黄泻下作用强，制大黄泻下作用减弱而收敛作用相对增强。传统中医认为，制大黄借酒提升之性引百药上行，可清上焦实热。其泻下作用趋弱，能缓和寒下，同时使药力上行而起泻心火、肝火作用。其苦寒温降，使上炎之火得以下泻，用于血热妄行的吐衄及火邪上炎所致的头痛、目赤、咽痛、口舌生疮、牙龈肿痛等。

大黄所含的鞣质是降低肌酐、尿素氮的有效成分，因此在临床使用时，大便不通畅者用生大黄，大便通畅者用制大黄。

（三）制大黄的安全性

在临床应用中，生大黄的主要副作用是引起腹痛、恶心、呕吐等胃肠道反应，而炮制后的制大黄毒副作用降低，无上述消化道不适反应。急性与亚急性毒性试验表明，制大黄毒性比生大黄显著减弱，但仍有毒性，适于年老体弱、婴幼儿、孕妇及长期服药者，既可排除其肠内积滞，又可降低其"伤阴血"的副作用。制大黄用量一般为 3~30g，用于泻下的药不宜久煎，还可外用适量，研末调敷患处，孕妇慎用。

制大黄比生大黄毒副作用降低，但仍苦寒，易伤胃气，脾胃虚弱者慎用，妇女怀孕、月经期、哺乳期也忌用。

三十七、升　麻

升麻（*Cimicifugae Rhizoma*），又名总状升麻、黑升麻，毛茛科升麻属（*cimicifuga spp.*）植物的根茎。包括产于中国的升麻（又名川升麻）、兴安升麻、大三叶升麻等三种升麻和产于北美的总状升麻。升麻也通称川升麻（*cimicifuga foetida*）主要分布于河南、山西、四川、青海等地。兴安升麻也通称北升麻（*C. dahurica*），主要分布于黑龙江、吉林、辽宁等地。大三叶升麻也通称关升麻（*C. heracleifolia*），主要产于黑龙江、吉林、辽宁等地。产于北美的总状升麻（*C. racemose*）也称美国升麻，分布于美国缅因州和加拿大渥太华等地。上述四类升麻的植物形状及功能成分均有所不同。

（一）升麻的化学组成

升麻根茎中含有各种三萜类化合物、升麻素类和酚酸类物质。川升麻含有的三萜类物质，主要是阿克特素（Actein）、27-脱氧阿替因、升麻苷 E（Cimiside E）、升麻诺醇（Cimicinol）、升麻福醇（Cimicifol）等。兴安升麻中主要含有升麻醇（Cimigenol）、升麻醇吡喃木糖苷（cimigenol-3-O-β-D-xylopyranoside）以及升麻苷 A（Cimiside A）和升麻苷 B 等，而阿魏酸含量高达 2.41mg/g，咖啡酸含量达 0.63mg/g，咖啡酸和阿魏酸等咖啡酸衍生物被认为是抗炎的主要成分。

大三叶升麻中主要含 7,8-二氢升麻醇（7,8-di-hydrocimigenol）、乙酰化二氢升麻醇和乙酰化升麻醇等。大三叶升麻的升麻素含量为三种国产升麻之最，达 3.72mg/g。美国产升麻则含有以蜂斗菜酸（Fukinolic acid）、阿魏酸、异阿魏酸和升麻酸（Cimicifugic acid）A、升麻酸 B、升麻酸 E、升麻酸 F 为主的酚酸类物质，也含三萜类物质阿克特醇（Acteol）、阿克特素、升麻醇和升麻素苷（Cimicifugoside）。

（二）升麻的生物功效

1. 抗肿瘤作用

升麻热水提取物 500μg/mL 在体外对人子宫颈癌细胞株 JTC-26 的抑制率在 90% 以上，总状升麻提取物以及单体化合物对一些肿瘤细胞的增殖有一定的抑制作用。总状升麻提取物对乳腺癌的生长抑制作用，通过细胞生长抑制试验发现，总状升麻醋酸乙酯部分活性最高，其对人乳腺癌细胞 MCF-7 和 ER-MDA-MB-453 的 IC_{50} 分别为 20mg/mL、10mg/mL。升麻醇对小鼠皮肤癌有一定的功效。阿魏酸一个很重要的生物功效就是抗肿瘤，如口腔癌，作用机制与它能够抗氧化和清除自由基有关。

2. 抗病毒作用

兴安升麻总皂苷能抑制体外植物血凝素刺激的淋巴细胞对胸腺嘧啶脱氧核苷的转运，在体外对猴免疫缺陷病毒具有抑制作用。

3、保护肝功能

升麻根茎的提取物能有效的预防小鼠 CCl_4 诱导引起的肝损伤，提取物剂量 1g/kg 能明显抑制血清中谷草转氨酶和谷丙转氨酶的升高。有效成分集中在己烷不溶物中的乙醚萃取物中，升麻醇木糖苷在较大剂量时，也能有效的抑制小鼠 CCl_4 诱导引起的肝损伤。

4. 抗骨质疏松

大三叶升麻和升麻中的三萜类化合物和根茎的甲醇提取物，对甲状旁腺激素诱导的卵巢切除大鼠的骨质疏松具抑制作用，对培养骨组织由甲状旁腺激素引起的骨质疏松也具有一定的抑制作用。

5. 降血脂、降血压作用

用 4 种升麻的全三萜类制剂 10mg/kg 灌胃，对实验性高脂血症大鼠有明显降血脂作用。中国产三种升麻的水提取物对实验动物有减慢心率、降低血压作用。升麻中的有机酸可以持续而缓慢地松弛去甲肾上腺素引起的鼠主动脉收缩，其机制是抑制了 Ca^{2+} 内流。

（三）升麻的安全性

升麻提取分离物异阿魏酸大小鼠灌胃，LD_{50} 为 8.0g/kg。

三十八、木 香

木香（*Aucklandiae Radix*），菊科多年生高大草本植物木香（*Aucklandia lappa*）的干燥根。

（一）木香的化学组成

木香的主要成分有木香烃内酯（Costunolide）、木香内酯（Costuslactone）及其各种衍生物，均为木香根挥发油中的活性成分，挥发油的含量为 0.3%~7%。另含木香醇（Costol）、木香酸（Costic acid）、木香碱（Saussurine）、脱氢木香内酯（Dehydrocostuslaclone）等。木香烃内酯可作为木香质量控制的有效成分。

（二）木香的生物功效

1. 护胃利胆

木香丙酮提取物能显著减少盐酸-乙醇诱发的大鼠胃溃疡指数，能降低肠道紧张性和节律性收缩。灌胃木香水提物和木香烃内酯，对小鼠的肠蠕动具有抑制作用。木香水提物组、木香醇提物组、木香烃内酯组、脱氢木香内酯组与对照组相比，各组均有明显的利胆作用，且醇提物要比水提物作用强。木香烃内酯和去氢木香内酯利胆作用很强，可视为木香中的主要成分。

建立大鼠水浸应激性胃溃疡模型，如表 9-25、表 9-26 所示，以木香内酯灌胃，木香内酯 50mg/kg、100mg/kg、200mg/kg 能明显降低胃溃疡模型大鼠胃黏膜的溃疡指数，并能缩小溃疡面积，抑制胃酸分泌，升高胃液 pH，减少胃液分泌和降低胃蛋白酶活性。证明木香内酯对大鼠胃溃疡有明显改善作用。

表 9-25　　　　　　　　　木香内酯对应激性大鼠胃溃疡的作用

组别	n	溃疡发生率/%	溃疡指数	溃疡抑制率/%
正常组	10	0	0	—
模型组	10	100	36.0±11.3	0
木香内酯 200mg/kg 组	10	80*	21.2±8.7*	41.3*
木香内酯 100mg/kg 组	10	90*	22.2±9.2*	39.5*
木香内酯 50mg/kg 组	10	90*	23.3±9.5*	36.2*

注：与模型组比较，*$P<0.05$。

表 9-26　　　　　　　　　木香内酯对大鼠胃分泌量的影响

组别	胃液体积/mL	胃液 pH	胃液总酸度/（mmol/L）	胃蛋白酶活性/U/mL
正常组	16.7±4.0	1.42±0.41	19.0±4.3	198.8±43.8
木香内酯 200mg/kg 组	11.4±4.1*	1.83±0.32*	14.3±3.4*	138.8±35.2*
木香内酯 100mg/kg 组	11.9±3.5*	1.91±0.33*	14.1±3.2*	142.7±31.4*
木香内酯 50mg/kg 组	12.3±4.3*	1.70±0.34*	15.3±5.4*	149.6±27.6*

注：与模型组比较，*$P<0.05$。

2. 保护呼吸系统

腹腔注射木香内酯或脱氢木香内酯挥发油，对吸收致死量组胺或乙酰胆碱气雾剂大鼠有保护作用，可延长致喘潜伏期、降低死亡率，表明其能直接扩张支气管平滑肌，与罂粟碱作用相似。

（三）木香的安全性

大鼠腹腔注射，总内酯 LD_{50} 为 300mg/kg 二氢木香内酯 LD_{50} 为 200mg/kg。对雄性大鼠灌服挥发油 1.77mg/kg、雌性大鼠 2.17mg/kg，连续 90d，生长、血常规及病理检查均未见异常。对其总生物碱静脉注射的最大耐受量，小鼠为 100mg/kg，大鼠为 90mg/kg。

三十九、牛 蒡 根

牛蒡（*Arctii Fructus*），又名鼠黏草、蒡翁菜、牛鞭菜，菊科两年生草本植根类植物牛蒡（*Arctium lappa*）的成熟干燥根。

（一）牛蒡的化学组成

牛蒡主要含有木脂素类，其分为 3 种类型：木脂内酯、倍半木脂素和双木脂素。含有的有机酸主要有咖啡酸、绿原酸和异绿原酸等，还含有脂肪油、多糖、蛋白质、挥发油等。牛蒡还含有人体必需的各种氨基酸，且含量较高，氨基酸含量达 28.71%。此外还有酚羟基物质、脂肪酸及少量的生物碱、甾醇、类胡萝卜素、维生素 B 及醛类、多炔类物质。牛蒡含有的人体必需宏量元素、微量元素为 Ca、Mg、Fe、Mn、Zn 等。

（二）牛蒡的生物功效

1. 降血脂

牛蒡能显著降低高血脂大鼠的血清总胆固醇、甘油三酯和低密度脂蛋白水平，减小动脉硬化指数，对大鼠高脂血症和动脉硬化具有较好的预防作用。牛蒡能显著降低高脂血症大鼠的肝系数、肝脏总胆固醇和甘油三酯水平，缓解肝脏的脂肪病变，还能提高大鼠红细胞内超氧化物歧化酶活力、降低红细胞中丙二醛含量、提高血液中谷胱甘肽过氧化物酶活力，从而清除机体内的超氧阴离子，减少机体受自由基的攻击。

2. 抗肿瘤

牛蒡苷元在癌细胞中对热休克蛋白（Heat shock protein，HSP）表达有抑制作用，牛蒡苷元能显著抑制热休克诱导的热休克蛋白表达，且仅牛蒡苷元能抑制热休克转录因子的激活、mRNA 的翻译及热休克蛋白的生成和积累，而牛蒡苷则无此作用。牛蒡苷元还同时降低癌细胞的热耐受性。说明牛蒡苷元有效抑制癌细胞中热休克蛋白的表达，从而有助于在癌症的高温疗法中杀死癌细胞。通过对小鼠前肢接种肉瘤 S_{180} 细胞混悬液建立荷瘤小鼠模型，然后灌胃牛蒡煎剂，剂量分别为 110mg/kg、210mg/kg、510mg/kg，共 10d，通过抑瘤率判断牛蒡对移植瘤的抑制作用。结果表明，低、中和高 3 个剂量组的抑瘤率分别为 16.4%、34.8%、40.8%，存在明显的量效关系，试验期间牛蒡子给药组小鼠食欲和体重增加，活动能力增强。

3. 抗疲劳作用

牛蒡提取物具有明显抗疲劳作用。将试验小鼠分为空白对照组和 2.0g/kg、4.0g/kg、6.0g/kg 牛蒡提取物组。在给予受试物 20d 后测定各组小鼠负重游泳的持续时间，10min 无负重游泳的血乳酸水平及肝糖原含量的变化。如表 9-27、表 9-28 结果显示，2.0g/kg、4.0g/kg、6.0g/kg 的牛蒡提取物能提高肝糖原的储备，4.0g/kg、6.0g/kg 组游泳时间长于空白对照组，4.0g/kg、6.0g/kg 组血乳酸降低比值高于对照组。

表 9-27　　　　　　　　　　　牛蒡提取物对小鼠游泳时间和肝糖原含量的影响

剂量/（g/kg）	n	游泳时间/s	肝糖原含量/（mg/100g）
0	10	434±246	2345±274
2.0	10	571±261	2726±428
4.0	10	689±302*	3162±487**
6.0	10	802±375*	3467±682**

注：* $P<0.05$，** $P<0.01$。

表 9-28　　　　　　　　　　牛蒡提取物对小鼠游泳前后小鼠血乳酸值的影响

剂量/（g/kg）	n	游泳前	游泳后立即	游泳后 20min
0	10	3.10±0.40	6.12±0.84	3.87±0.81
2.0	10	3.05±0.42	5.61±1.02	3.29±0.62
4.0	10	3.07±0.32	5.48±0.75	3.12±0.49*
6.0	10	2.92±0.29	5.23±0.82	2.54±0.31**

注：* $P<0.05$，** $P<0.01$。

4. 护肝作用

牛蒡根水提液对四氯化碳或乙酰氨基酚诱导的小鼠肝损伤有保护作用，它可以剂量依赖性地降低谷草转氨酶和谷丙转氨酶的水平，从组织病理学上减轻肝损伤的程度。牛蒡根水提液还对慢性酒精中毒导致的并被四氯化碳加重的肝损伤小鼠模型有保护作用。肝保护作用的机制很可能是牛蒡根具有抗氧化作用，可以排除肝细胞中四氯化碳等的代谢产物。

（三）牛蒡的安全性

牛蒡提取物毒性小。牛蒡苷过量可致兔等动物惊厥、呼吸减弱、运动消失等。

四十、白　　及

白及（*Bletillae Rhizoma*），兰科多年生草本植物白及（*Bletilla striata*）的干燥块茎。味苦、甘、涩、性微寒。

（一）白及的化学组成

白及含淀粉 30%~60%，黏液质 25%~55%，黏液质主要是甘露糖与葡萄糖以 4：1 的比例组成的葡糖基甘露聚糖，还含山药素（Batatasin）、白及联菲（Blestriarene）A~白及联菲 C、白及联菲醇（Blestrianol）A~白及联菲醇 B、白及菲醚（Blestrin）A~白及菲醚 C、白及苄醚（Bletilol）A~白及苄醚 C、白及菲螺内酯（Blespirol）等。

（二）白及的生物功效

1. 保护胃黏膜

1.5mL 1%白及煎剂大鼠灌胃，对盐酸灌胃引起的大鼠胃黏膜损伤有保护作用。白及丹参溶胶局部涂抹联合大承气汤灌胃对大鼠损伤性腹腔粘连有一定的预防作用。与其他处理组相比，直接涂抹加大承气汤组粘连程度及粘连率显著降低，血清内毒素、超氧化物歧化酶显著降低，损伤肠段 NF-κB 表达明显降低，肠组织病理损伤明显减轻。说明白及丹参溶胶局部涂抹结合大承气汤灌胃，可在局部形成物理屏障、减轻损伤肠段局部的炎症反应，促进术后肠管运动，降低血清内毒素水平，减少腹腔粘连的形成。

2. 增强免疫力

用 100%白及浸出液对小鼠连续灌胃 10d，每天一次，MTT 法检测灌胃前后小鼠骨髓细胞以及白介素-2 水平的不同。表 9-29 结果显示，与生理盐水组相比，白及组以上两项免疫学指标均明显增强，白及可促进小鼠骨髓细胞增殖以及白介素-2 的分泌。

表 9-29　　　　　　　白及对小鼠骨髓细胞增殖和白介素-2 生成的影响

组别	n	骨髓细胞增殖（OD 值）	白介素-2（OD 值）
生理盐水组	12	0.167±0.072	0.174±0.041
白及处理组	12	0.732±0.052*	0.419±0.062*

注：与生理盐水组比较，* $P<0.05$。

3. 抗肿瘤

白及黏液质部分主要为多糖成分，对大、小鼠进行腹腔注射，连续 15~27d，对大鼠瓦克癌、小鼠艾氏腹水癌实体型均有抑制作用。10mg/kg、20mg/kg 腹腔注射，连续 10~25d，对小鼠肝癌、肉瘤 S_{180} 也有抑制作用，电镜观察显微结构，白及对肝细胞有较好的抗损伤作用。

四十一、白　芍

白芍（*Paeoniae Radix Alba*），毛茛科多年生草本植物芍药（*Paeonia lactiflora*）的根。性微寒，味苦酸。

（一）白芍的化学组成

白芍主要成分有芍药苷（Paeoniflorin）、羟基芍药苷（Oxypaeoniflorin）、芍药内酯苷（又称白芍苷，Albiflorin）、芍药苷元酮（Paeonifloringenone）、芍药内酯（Paeonilactone）A ~ 芍药内酯 C 等。还含有苯甲酸、β-谷甾醇、1,2,3,4,6-黄倍酰单宁、倍单宁以及没食子鞣质、没食子酸、没食子酸乙酯、*d*-儿茶素等成分。此外，白芍还含有 32 种挥发油、脂肪油、树脂、糖、淀粉、黏液质、蛋白质和三萜类成分，含矿物质（Mn、Fe、Cu、Cd）及 17 种氨基酸。

（二）白芍的生物功效

1. 增强免疫力

白芍水煎剂对巨噬细胞功能有明显的促进作用。50%白芍水煎剂给小鼠灌胃 0.8mL，连续 5d，小鼠腹腔巨噬细胞的吞噬百分率和吞噬指数均较对照组有明显提高。白芍水煎剂对细胞免疫功能也有一定的调节作用。白芍水煎液可拮抗环磷酰胺对外周血 T 细胞的抑制作用，使之恢复正常水平，表明白芍可使处于低下状态的细胞免疫功能恢复正常。白芍总苷对免疫性模型大鼠的佐剂性关节炎有显著作用，可使大鼠腹腔巨噬细胞产生过多的过氧化氢和白介素-1 的水平下降，并可使低下的胸腺分裂素反应及脾淋巴细胞产生白介素-2 的能力恢复正常。

2. 耐缺氧

20~60mg/kg 静注白芍总苷，能明显延长小鼠常压缺氧存活时间，静注能改善家兔心肌缺血和夹闭小鼠气管所致心电消失时间。用白芍总苷进行腹腔注射呈剂量依赖性延长小鼠常压缺氧存活时间。白芍提取物能提高动物对高温刺激的耐受力，白芍的耐缺氧作用和耐高温作用有着必然的联系，白芍总苷可能是通过降温作用和直接改善细胞呼吸而提高小鼠耐缺氧能力的，其主要作用部位在中枢神经系统，可能与 H1 受体有关。另外，白芍水溶物腹腔注射可明显延长小鼠的常压耐缺氧存活时间。

3. 镇痛镇静作用

白芍有明显的镇静作用，它的镇静作用被认为是抑制大脑皮层的作用。芍药苷 1mg 静脉注射给予大鼠，可见轻度的镇静作用。增加药量，作用逐渐加深，出现呼吸减慢、肌松作用。白芍对戊四氮、士的宁诱发的惊厥均有对抗作用。白芍总苷对大鼠睡眠节律有明显的影响。白芍总苷还分别加强吗啡、可乐定抑制小鼠扭体反应，提示白芍总苷有镇痛作用。芍药苷对小鼠正常体温有降温作用，对人工发热的小鼠有解热作用。白芍总苷 15～30mg/kg 即有较强的降温作用，并受环境温度的影响。

4. 改善消化道功能

以白芍为主的方剂可治疗包括便秘、腹泻、腹胀、阴寒、脾虚等肠道应激性综合症，总有效率 90.5%。白芍还可在动物模型中对胃肠道电运动有明显的抑制作用。甘草、白芍水提合剂对兔肠管平滑肌运动有明显的抑制作用，两者合用较其单用效果好，并且降频率作用较降幅作用强。给药 20～25min 降低兔肠管收缩频率分别为正常对照组的 64.71% 和 70.59%，并强于阳性对照组阿托品。主成分芍药苷对豚鼠、大鼠的离体肠管以及大鼠子宫平滑肌均有抑制作用，并能拮抗催产素引起的收缩。与甘草的甲醇提取物 FM_{100} 具有协同作用。芍药苷对由于紧张刺激而诱发的大鼠消化道溃疡也有明显抑制作用。

5. 保护肾脏功能

采用胃肠道综合免疫方法建立大鼠肾小球肾炎模型，以不同剂量的白芍总苷干预，以雷公藤多苷为对照，观察对大鼠蛋白尿、血生化指标以及肾组织形态学改变的影响。模型组大鼠尿蛋白增加，血肌酐和尿素氮升高，血浆总蛋白和白蛋白下降，肾小球膜细胞中至重度增生，膜基质聚积。如表 9-30 所示，白芍总苷组大鼠与对照组相比体重下降、相对肾质量增加，与模型组相比相对肾重有所下降，但无显著差异。灌胃白芍总苷干预 4 周后，给药组肾小球膜细胞增生、膜基质聚积减少，大鼠的蛋白尿减轻，血肌酐和尿素氮下降。表明白芍总苷可保护肾小球肾炎大鼠的肾功能，部分逆转受损的肾小球病理改变。

表 9-30   白芍总苷对小鼠肾生理指数的影响

组别	剂量/（mg/kg）	血糖浓度/（mmol/L）	体重/g	相对肾质量/（g/100g）
对照组	—	6.94±1.64	458.00±27.47	0.30±0.04
模型组	—	31.97±4.19	271.75±16.86	0.56±0.05
白芍总苷组	50	30.62±4.35	281.75±25.01	0.52±0.02
	100	32.05±4.24	266.4±27.87	0.50±0.06
	200	27.20±4.25	318.0±17.8	0.50±0.04

6. 防治关节炎

白芍总苷对类风湿性关节炎的大鼠模型佐剂性关节炎具有治疗作用。白芍总苷 50mg/kg 静脉给药 11d，对大鼠多发性关节炎有明显的防治作用。

7. 广谱抗菌作用

白芍具有抗菌作用强、抗菌谱广的特点。白芍煎剂在试管内对志贺氏痢疾杆菌有抑菌作用，还能抑制葡萄球菌，酊醇剂能抑制绿脓杆菌。白芍浸剂对某些致病性真菌亦有抑制作用，对化脓性球菌、消化道致病菌和条件致病菌，如大肠杆菌、绿脓杆菌、草绿色链球菌等，均有不同程度的抗菌作用。白芍总苷具有直接抗病毒作用，白芍总苷 250mg/L 能使水泡性口炎病毒效价下降。

（三）白芍的安全性

采用大鼠静脉点滴给药 0.5g/kg、1g/kg 和 2g/kg 连续 30d 与 90d，以及狗静脉点滴给药 280mg/kg 与 560mg/kg 连续 90d。除血小板数目增高外，这 2 种动物采食量、体重、血尿常规、肝肾功能均无明显改变，对其心、脑、肝、肾等 18 个重要脏器与组织进行病理组织学观察，也无明显毒性作用。

四十二、赤 芍 药

赤芍药（*Paeoniae Radix Bubra*）为毛茛科植物野芍药（*Paeonia lactiflora* Pall.）、川赤芍（*Paeonia veitchii* Lynch）的干燥根，气微香，味微苦涩。

（一）赤芍药的化学组成

赤芍药的活性成分为赤芍总苷，包括芍药苷（Paeoniflorin，1.47%～7.78%）、羟基芍药苷（Oxypaeoniflorin，0.10%～1.22%）、苯甲酰芍药苷（Benzoylpaeoniflorin，0.03%～0.45%）、芍药内酯苷（Albiflorin，0.25%～2.24%），以及芍药苷元酮（Paeoniflorigenone）、芍药新苷（Lactiflorin）、芍药内酯（Paeonilactone）A～芍药内酯 C 等。

赤芍的不同部位其芍药苷含量高低次序为：赤芍主根>叶>茎>花。以不同溶剂提取赤芍中赤芍苷的含量，测定结果以 70% 乙醇为最高，50% 乙醇及水煮醇次之，无水乙醇最低。

（二）赤芍药的生物功效

1. 抑制血小板聚集

赤芍抑制血小板聚集是通过增加环磷酸腺苷水平、抑制血栓素 B_2 合成、影响血小板能量代谢等来实现的。赤芍总苷可以显著改善机体微循环状态，降低血浆黏度，抑制二磷酸腺苷诱导的血小板聚集，延长凝血酶原时间和活化部分凝血活酶时间。赤芍在 0.5g 生药/mL 时，有非常明显的抗凝血及抗血小板聚集作用。

2. 抗血栓作用

赤芍对凝血-纤溶系统酶活性有一定的影响。赤芍水提液能使纤维蛋白原凝固时间比对照组明显延长，赤芍不能直接溶解纤维蛋白，但可通过激活纤溶酶原变成纤溶酶而使已凝固的纤维蛋白发生溶解作用，当有尿激酶存在时赤芍激活纤溶酶原的能力会降低。赤芍总苷按 50mg/kg、100mg/kg、200mg/kg 灌胃给药，发现赤芍总苷能显著延长小鼠、大鼠的凝血时间，明显缩短尾静脉注射 ADP-Na 所致的小鼠肺栓塞呼吸喘促时间，表明赤芍总苷通过对凝血系统和血小板功能的影响而产生抗血栓作用。

3. 保护缺血性损伤

用组织培养法观察赤芍总苷对 6 种大鼠神经细胞缺血损伤模型的影响，6 种损伤模型分别是糖损伤、缺氧损伤、自由基损伤、咖啡因损伤、一氧化氮损伤及 *N*-甲基天冬氨酸损伤，形态学检查发现赤芍总苷对大鼠神经细胞具有明显保护作用，结晶紫染色也表明赤芍总苷可显著提高损伤模型中神经细胞的存活数，说明赤芍总苷对 6 种大鼠神经细胞缺血损伤均有保护作用。赤芍总苷还可降低大鼠缺血再灌注损伤脑组织中丙二醛含量，提高超氧化物歧化酶水平，改善小鼠的主动学习记忆能力及空间分辨能力，显著增加衰老小鼠的主动回避次数，在12.5～200mg/L浓度范围内对氧自由基、葡萄糖、KCl和N-甲基天冬氨酸所诱导的PC12细胞凋亡有明显抑制作用。赤芍总苷减弱及停止神经细胞凋亡这一过程，可有效阻止脑缺血时梗死面积的扩大，此外赤芍总苷对微量神经生长因子诱导PC12细胞神经元突触生长具有协同作用，这对脑缺血后损伤细胞的恢复至关重要。

（三）赤芍药的安全性

静脉注射芍药苷，其LD_{50}为3530mg/kg，腹腔注射芍药苷，其LD_{50}为9530mg/kg。用简化机率法求得小鼠静脉和腹腔给药LD_{50}分别为150mg/kg和230mg/kg。灌胃2500mg/kg观察1周，未见明显中毒症状，也无死亡。

四十三、远　志

远志（*Polygalae Radix*）为多年生草本植物，分为细叶远志和卵叶远志。远志商品有远志筒、远志肉、远志棍之分。粗大的根抽去木质心留下的根皮晒干，即为远志筒；较小的根去掉木心，因皮部不成筒状，故名远志肉；细小的根不能去木心者称为远志棍。

（一）远志的化学组成

远志三萜皂苷类为五环三萜型，基本母核为齐墩果烷型，分别为远志皂苷A、远志皂苷B、远志皂苷E、远志皂苷F、远志皂苷G、远志皂苷H等。远志皂苷为双糖链皂苷，完全水解后可得到前远志皂苷元（Presenegenin）、远志皂苷元、羟基远志皂苷元、远志皂苷酸和去羟基远志皂苷元。

呫吨酮化合物（Xanthone），又称二苯并-γ-吡喃酮，其母体本身并不存在于植物体中，但其衍生物广泛分布在自然界中。远志属植物中报道的呫吨酮类化合物约有80余种，主要以简单的氧代呫吨酮和呫吨酮糖苷两种形式存在，极个别以双呫吨酮的形式存在。

（二）远志的生物功效

1. 降脂降压作用

通过尾袖法测定清醒大鼠和肾性高血压大鼠收缩压，并记录大鼠麻醉后左颈总动脉平均动脉压，结果表明远志可以明显降低清醒大鼠和肾性高血压大鼠的血压，还可以降低正常小鼠的甘油三酯和高胆固醇小鼠的血清总胆固醇。

2. 抑菌作用

远志可用于治疗急性乳腺炎，效果较好。远志可以显著地增加小鼠的非特异性免疫功能和体内抗菌能力，远志提取液对痢疾杆菌、伤寒杆菌、金黄色葡萄球菌有较强的抑制作用。此外，远志根对2,4,6-三硝基苯磺酸诱导的小鼠结肠炎有防治作用。

3. 镇静、抗惊厥作用

远志根皮、未去木心的远志全根和根部木心对巴比妥类药物均有协同作用。大鼠口服远志提取物后，在血和胆汁中发现了能延长小鼠戊巴比妥钠睡眠时间的活性物质3,4,5-三甲氧基肉桂酸、甲基3,4,5-三甲氧基肉桂酸和对甲氧基肉桂酸，表明远志水提物中含有3,4,5-三甲氧基肉桂酸的天然前体药物。

（三）远志的安全性

远志煎液对小鼠灌胃的LD_{50}为（10.03±1.98）g/kg，常规用量偶可引起轻度恶心，若大剂量服用可引起恶心、呕吐、腹泻、溶血，其机制可能是远志刺激胃黏膜引起恶心。

远志总皂苷 LD_{50} 为（1.36±0.27）g/kg，折合原生药量的 LD_{50} 为（5.88±1.27）g/kg，而生物碱、咕吨酮、脂肪油在大于人体用药量 500 倍时未出现死亡情况。在胃排空试验中，远志总皂苷表现出较强的胃肠抑制作用。小肠推进试验中，远志总皂苷呈现明显的肠黏膜刺激作用，表现为小鼠肠腔积液明显增多甚至出现溶血作用，有时会有肠黏膜出血。

四十四、泽　　泻

泽泻（*Alismatis Rhizoma*）为多年生沼泽生草本植物。我国泽泻有两大品系，主产于福建、江西者称"建泽泻"，四川、云南、贵州产者称"川泽泻"。性寒、味甘，归肾、膀胱经。

（一）泽泻的化学组成

从泽泻中获得的三萜类化合物已有 30 多个，多为原萜烷型四环三萜，包括泽泻醇 A（Alisol A）及其乙酸酯、泽泻醇 B（Alisol B）及其乙酸酯、泽泻醇 C 单乙酸酯等。从生物途径来归纳，它们均由新鲜植物中含量很高的 23-乙酰泽泻醇 B 衍生而来。泽泻萜醇 B 乙酸酯具有抗肿瘤、逆转多药耐药性、抗过敏和抑制乙肝病毒等多种生物功效，是泽泻中的重要活性物质，其含量一般在 0.03%~0.16%。

泽泻中的倍半萜类化合物，多数为愈创木烷型倍半萜。最早分离到的是泽泻醇和泽泻二醇（Alismoxide）。此后，分离得到两个吉玛烷型（Germacrane）倍半萜吉玛烯 C、吉玛烯 D 以及泽泻醇的系列衍生物泽泻萜醇（Orientalol）A~泽泻萜醇 C。

（二）泽泻的生物功效

1. 利尿作用

泽泻有明显的利尿作用，这与其含有大量的钾盐有关。健康人口服泽泻煎剂可以见到尿量增加、钠及尿素的排出增加。经家兔口服煎剂利尿效果极弱，但泽泻流浸膏腹腔注射则有较好的利尿作用。泽泻给药大鼠 24h 后，尿量显著增加，尿液中的尿蛋白有一定上升。

2. 降血脂作用

泽泻醇 A、泽泻醇 B 及其单醋酸酯和泽泻醇 C 单醋酸酯等 5 种三萜类成分，具有降低血浆和肝脏中胆固醇的作用。从肥胖小鼠血清总胆固醇浓度降低程度与模型对照组比较，泽泻多糖组、泽泻水提物和泽泻醇提物组均明显降低，分别下降了 14.14%、16.37%、15.77%；从肥胖小鼠血清 TG 浓度降低程度与模型组比较，泽泻多糖组、泽泻水提物组和泽泻醇提物组均明显降低，分别降低了 47.86%、57.69%、67.95%。

3. 降压作用

泽泻及其提取物有一定程度的降压作用。给犬或家兔静脉注射泽泻浸膏有轻度的降压作用，并持续 30min 左右。泽泻经甲醇、苯和丙酮提取的组分 T 10mg/kg 给药，可使猫和兔的血压下降。

4. 增强免疫功能

泽泻多糖明显提高小鼠脾脏指数和胸腺指数，而泽泻水提物和泽泻醇提物对小鼠免疫器官指数也有所提高。

5. 抗炎作用

泽泻煎剂以 10g/kg、20g/kg 给小鼠腹腔注射，连续 5d，发现可抑制小鼠炭粒廓清速率及 2,4-二硝基氯苯所致的接触性皮炎，而对血清抗体含量及大鼠肾上腺内抗坏血酸的含量无显著影响；而泽泻煎剂以 20g/kg 腹腔给药则能明显减轻二甲苯引起的小鼠耳廓肿胀，抑制大鼠棉球肉芽组织增生，表明泽泻具有抗炎作用。

6. 抑制肾结石形成

泽泻能明显抑制乙醇和活性维生素 D_3 诱导的鼠草酸钙结石形成。泽泻水提取液在人工尿液中能有效抑制草酸钙结晶体的生长和自发结晶，并随着人工尿液的离子强度降低和 pH 升高，抑制活性逐渐增强。泽泻水提液具有排石和减少肾小管内草酸钙结晶形成的作用，明显降低肾钙含量和抑制大白鼠的实验性肾结石的形成，并随浓度增高，效果增加。泽泻乙酸乙酯浸膏，是泽泻抑制尿草酸钙结石形成的有效活性物质。

（三）泽泻的安全性

泽泻煎剂小鼠腹腔注射，其 LD_{50} 为 36.36g/kg，甲醇提取物小鼠静脉注射、腹腔注射的 LD_{50} 分别为 0.98g/kg 和 1.72g/kg。经口给予至 4.0g/kg，无死亡例。

用水煎剂 8.3~33g/kg 经口灌胃大鼠 60d，相当于人临床用量或《中国药典》（2020 年版）推荐量 10g/d 的 50~200 倍，结果除高剂量组大鼠肾功能部分指标（γ-谷氨酰转肽酶）有异常改变外，一般血尿常规、体重增长、病理组织学检查均无异常改变。

四十五、香　附

香附（*Cyperi Rhizoma*）又名香头草、回头青、雀头香，莎草科多年生草本植物香附（*Cyperus rotundus* L.）的根茎。

（一）香附的化学组成

香附含芳香性挥发油 1%~1.33%。主要有香附（子）烯（Cyperene）、香附酮（Cyperone）、广藿香酮（Patchoulenone）、香附烯酮（Cyperotundone）、莎草醇（Rotunol）、莎草奠酮（Rotundone）、香附醇（Cyperol）、香附醇酮（Cyperolone）等。

（二）香附的生物功效

1. 清热、镇痛、安神作用

香附醇提物对注射酵母菌引起的大鼠发热有解热作用，香附挥发油可使小鼠正常体温下降，在 30min 时，降温作用最强。其所含三萜类化合物 5mg/kg 给小鼠灌服，镇痛效果与 30mg/kg 的乙酰水杨酸相当，注射给药，效果更强。α-香附酮为较强的前列腺素生物合成抑制剂，故也是镇痛作用的有效成分之一。香附醇提物有安定作用，使小鼠自发活动减少，迟缓，并可消除大鼠的条件性回避反射，对去水吗啡引起的呕吐有保护作用，腹腔注射香附挥发油 0.1mL/kg 对戊四唑引起的小鼠惊厥无保护作用。

2. 护肝利胆作用

香附水煎剂 30g（生药）/kg 十二指肠给药对正常大鼠有较强利胆作用，可促进胆汁分泌，提高胆汁流量，同时对由四氯化碳引起的肝损伤大鼠的肝细胞功能有保护作用。

3. 雌激素样作用

香附挥发油有轻度雌激素样活性，皮下注射或阴道内给药，可出现阴道上皮细胞完全角质化。在挥发油成分中，以香附子烯的作用最强，香附的这一作用可能是它治疗月经不调的主要依据之一。5%香附流浸膏对豚鼠、兔、猫、犬等动物的离体子宫，无论已孕或未孕，均有抑制作用，使子宫平滑肌松弛，收缩力减弱，肌张力降低。

4. 消炎抗菌作用

香附醇提取物 100mg/kg，腹腔注射，对角叉菜胶和甲醛引起的大鼠足肿有明显的抑制作用，抗炎作用的有效成分为三萜类化合物。香附挥发油体外对金黄色葡萄球菌有抑制作用，对宋内痢疾杆菌亦有效，抗菌有效成分为香附子烯I和香附子烯II。香附提取物对恶性疟原虫的 IC_{50} 为 5~10μg/mL。该抗疟有效物是 β-芹子烯的自动氧化产物，其抑制疟原虫的 IC_{50} 为 5.6μg/mL。

（三）香附的安全性

香附挥发油小鼠腹腔注射 LD_{50} 为（0.297±0.019）mL/kg，香附醇提取物小鼠腹腔注射的 LD_{50} 为 1500mg/kg，三萜类化合物小鼠腹腔注射的 LD_{50} 为 50mg/kg。

四十六、骨　碎　补

骨碎补（*Drynariae Rhizoma*）由水龙骨科多年生附生草本植物槲蕨［*Dynaria fortunei* (Kunze) J. Sm.］及其同属种的根茎制得。本属多种植物的根茎可供药用，有强筋壮骨、益肾固精、散瘀止痛的功能。

（一）骨碎补的化学组成

柚皮苷在骨碎补中的含量为 0.73%~1.00%，为主要的生物功效成分。柚皮苷，又称柚苷、柑橘苷、异橙皮苷、柚皮素-7-O-新橙皮糖苷，是一种二氢黄酮类化合物，主要存在于芸香科植物及枳实、枳壳、骨碎补、化橘红等植物中。

从本属植物分离出的黄酮类化合物，均为黄烷-3-醇及其衍生物，以（+）-儿茶素和（−）-表儿茶素为基本单元，也是骨碎补属植物的主要成分。三萜类化合物共分离出 25 种，包括何柏烷、异何柏烷、新何柏烷、羊齿烷和环阿屯烷等类型。

（二）骨碎补的生物功效

1. 促进骨骼生长

骨碎补对新生小鸡骨的生长发育有促进作用，给药组股骨的湿重和体积大于对照组，单位长度皮质骨内钙、磷、羟脯氨酸和氨基己糖都明显高于对照组。对长管骨径度方向上的促进作用大于对长度方向的促进作用，对蛋白多糖的合成促进作用在时间上先于其他成分，在程度上高于其他成分。在对大鼠骨折愈合试验中发现，骨碎补能增加骨痂厚度，提高骨折愈合质量。推测骨碎补促进骨折愈合的机制，可能是提高血钙、磷的浓度乘积，促进钙、磷沉积，增强机体内成骨细胞增殖活动，提高血清碱性磷酸酶的活性以及增加转化生长因子在骨痂组织中的表达，促进骨折愈合。

骨碎补能激活成骨细胞，提高股骨头的骨密度，能预防激素性骨质疏松。骨碎补有部分抑制糖皮质激素引起的骨丢失的作用，在试验剂量下对醋酸可的松引起的骨质疏松虽有抑制作用，但不能完全阻止其发展。骨碎补总黄酮能明显提高大鼠的骨密度，与对照组比较有显著性差异。

2. 降血脂作用

骨碎补具有预防家兔血脂升高、降低高脂血症的作用，具有明显的防止动脉粥样硬化斑块的形成。其降脂作用需用药时间稍长，在连续用药 5~10 周才能出现明显的效果。骨碎补对实验性高脂血症有抗血管内皮损伤作用，促进肝肾上腺内胆固醇代谢过程，使无粥样硬化区主动脉壁、肝脏、肾上腺中胆固醇含量明显下降。骨碎补抗动脉硬化的活性成分之一是骨碎补多糖酸盐，能保护肝及肾上腺的细胞器，抗细胞内高胆固醇的损伤从而增强细胞功能，改变细胞内胆固醇代谢过程。

（三）骨碎补的安全性

骨碎补总黄酮小鼠灌胃给药的最大耐受量为 24.30g/kg，相当于人每天临床用量的 2700 倍；骨碎补总黄酮大鼠灌胃给药的最大耐受量为 12.96g/kg 体重，相当于人每天临床用量的 1440 倍。骨碎补总黄酮小鼠腹腔注射给药 LD_{50} 为 5199g/kg 体重，相当于人每天临床用量的 666 倍，说明骨碎补总黄酮用于临床是安全的。

四十七、金　荞　麦

金荞麦（*Fagopyri Dibotryis Rhizoma*）来源于蓼科植物金荞麦［*Fagopyrum dibotrys*（D. Don）Hara］的干燥根及根茎，野生为主。

（一）金荞麦的化学组成

金荞麦根茎中主要含双聚原矢车菊苷元，结构为 5,7,3′,4′-四羟基黄烷-3-醇的双聚体，以及海柯皂苷元及 β-谷甾醇。金荞麦的有效成分是一类原花色素的缩合性单宁混合物，包括表儿茶素、表儿茶素-3-没食子酸酯、原矢车菊素 B-2、原矢车菊素 B-2 的二没食子酸酯。原花色素苷在根茎中的含量可高达 8%，原矢车菊素 B-2 的含量可达 0.8%。

（二）金荞麦的生物功效

1. 抗肿瘤作用

金荞麦能显著抑制肝、白细胞、肺、结肠及骨骼来源的癌细胞的生长，其中对肝癌细胞最为敏感，其 IC_{50} 在 25~40μg/mL，而对子宫颈及卵巢细胞的生长有轻微抑制作用（$IC_{50}>120μg/mL$）。只有浓度超过 60μg/mL 的金荞麦才能抑制前列腺癌细胞与脑癌细胞的生长。

利用 C57/BL6 小鼠 Lewis 肺癌模型，观察金荞麦 Fr_4 对小鼠 Lewis 肺癌生长的影响，利用免疫组织化学 SP 法研究金荞麦 Fr_4 对 Lewis 肺癌中基质金属蛋白酶-9、组织金属蛋白酶抑制剂-1 表达的影响。表 9-31 结果表明，金荞麦 Fr_4 在 400mg/kg 时可明显抑制 C57/BL6 小鼠 Lewis 肺癌生长。金荞麦 Fr_4 可下调基质金属蛋白酶-9 的表达，但不影响组织金属蛋白酶抑制剂-1 的活性。从而得知金荞麦 Fr_4 具有明显的抗肿瘤作用，其分子机制可能与下调基质金属蛋白酶-9 的表达有关。

表 9-31　　　　　　　金荞麦 Fr_4 对荷 Lewis 肺癌小鼠瘤体生长的影响

组别	剂量/（mg/kg）	n（始/末）	瘤质量/g	抑制率/%
阴性对照组	—	18/18	1.21±0.41	—
Fr_4 组	200	10/10	1.08±0.72	10.7
	400	10/10	0.87±0.62*	28.1
	800	10/10	0.79±0.48*	34.7
环磷酰胺组	25	10/10	0.56±0.34*	53.7

注：与阴性对照组比较，* $P<0.05$。

2. 抗血小板聚集

血小板聚集能大大促进血栓的形成，其释放的物质能诱导内皮细胞收缩而暴露出内皮下基底膜，便于细胞吸附于基底膜及细胞从血液中侵入组织；血小板可能通过释放血小板来源的生长因子促进肿瘤细胞在转移灶的克隆和生长。而具有活血化瘀功能的金荞麦能改善肿瘤患者血液高黏态，影响肿瘤细胞的血行扩散和转移。

3. 保护化学肝损伤

用四氯化碳致小白鼠急性肝损伤，通过测其生化指标谷丙转氨酶和谷草转氨酶，观察小白鼠肝脏病变。结果发现，金荞麦籽粒水提物 20g/kg、40g/kg、60g/kg 对四氯化碳导致急性肝损伤的小白鼠有非常显著的降酶作用，且具有明显的剂量依赖关系，对四氯化碳引起的肝细胞变性、坏死和炎症有明显的减轻作用，表明对实验性肝损伤具有较好的保护作用。

4. 降血脂、降血糖作用

高血糖模型大鼠喂食金荞麦 6 周后，血糖明显下降，高血脂大鼠服用金荞麦后，血胆固醇和甘油三酯水平也明显降低，并有降低血清游离脂肪酸的趋势。

5. 祛痰镇咳

金荞麦能促进排痰，可用于治疗肺脓肿。小鼠酚红法的祛痰试验，在所用剂量下，其作用强度与口服杜鹃素相似，有稳定的祛痰作用。在镇咳试验中，用恒压氨雾刺激法，给小鼠灌金荞麦浸膏 2.6g/kg，产生镇咳效果。

6. 抗菌作用

采用甲苯胺蓝法观察金荞麦提取液对金黄色葡萄球菌胞外耐热核酸酶的酶环直径大小的影响。当金荞麦提取液浓度为 7.8mg/mL 时，即可明显影响该酶环的大小；62.5mg/mL 时已无酶环出现，表明金荞麦提取液能明显抑制金黄色葡萄球菌胞外耐热核酸酶的活性。金荞麦乙醇提取物对乙型溶血性链球菌和肺炎球菌有明显抑制作用；对已感染肺炎球菌的小鼠有保护作用。

四十八、竹　茹

竹茹（*Bambusae Caulis In Taenias*）来源于禾本科常绿植物青秆竹（*Bambusa tuldoides* Munro）及其近缘种大头典竹、淡竹的茎秆干燥中间层。此外，慈竹、刚竹、毛竹、苦竹等的茎秆干燥中间层也有应用。由新鲜茎除去外皮后，将稍带绿色的中间层刮成丝条或薄片后阴干而成。

（一）竹茹的化学组成

在青秆竹和大头典竹中含多糖、氨基酸、酚性物质、树脂类及黄酮类成分。淡竹中含环磷酸腺苷的抑制成分：2,5-二甲氧基对苯醌（2,5-Dimethoxy-p-benzoquinone）、对羟基苯甲酸（p-Hydroxybenzaldehyde）、丁香醛、松柏醇酯醛（Coniferylaldehyde）、香荚兰酸（Vanillicacid）、阿魏酸和对香豆酸。

（二）竹茹的生物功效

1. 延缓皮肤细胞衰老

竹茹黄酮在 0.005~0.05g/L 剂量下有促进皮肤角质形成细胞增殖的作用，0.005g/L 时成纤维细胞的增殖活力与对照组相比也有显著性升高，表明竹茹黄酮可促进皮肤细胞增殖。但在高剂量 0.5g/L 时，两种细胞的增殖能力均有所下降。竹茹内酯对皮肤角质形成细胞和成纤维细胞的增殖无明显作用。

竹茹内酯在 0.0005g/L、0.005g/L 剂量可使角质形成细胞内生成的丙二醛显著地低于对照组，从 1.66μmol/L 降低到 0.66μmol/L；同时超氧化物歧化酶活性也明显高于对照组达到 3.36U/mL，表明在此剂量范围内竹茹内酯对于皮肤细胞具有抗氧化的作用。但是当质量浓度达到 0.05g/L、0.5g/L 时，丙二醛含量显著上升、超氧化物歧化酶活性明显下降。

竹茹黄酮在 0.0005%~0.005% 剂量内具有降低丙二醛生成、提高超氧化物歧化酶活性的作用，其中 0.005g/L 剂量组与对照组相比差异显著，这表明竹茹黄酮具有抗皮肤细胞氧化的功能。但在 0.5g/L 剂量时出现丙二醛含量上升和超氧化物歧化酶活性下降，且 0.5g/L 剂量组与对照相比有明显改变。

2. 免疫活性

竹茹多糖对正常小鼠和免疫低下小鼠均具有明显的免疫促进作用，可显著提高免疫低下小鼠的脾脏指数，促进胸腺发育，明显增强单核巨噬细胞的吞噬功能以及 NK 细胞的杀伤活性，促进脾淋巴细胞增殖和体液免疫应答反应。竹茹多糖在一定程度上能够改善免疫低下小鼠的骨髓损伤和外周血血象异常情况，促进小鼠脾淋巴细胞 Th1/Th2 细胞因子（白介素-2、白介素-4、白介素-12、肿瘤坏死因子-α 及 γ 干扰素）分泌及其转录因子 T-bet/GATA-3mRNA 的表达。100~200mg/kg 竹茹多糖的免疫促进作用，与 50mg/kg 的阳性对照（香菇多糖）效果相当。

3. 肠道保护作用

竹茹多糖可提高高脂喂养小鼠与正常小鼠运算分类单元组成的相似性，改善高脂喂养小鼠肠道微生物的丰富度和均匀度，促进嗜黏蛋白阿克曼菌（Akkermansia muciniphila）、乳杆菌等有益菌生长并抑制促肥胖细菌大肠杆菌及脱硫弧菌（Desulfovibrio）的滋生，但对双歧杆菌生长的促进作用不明显。

竹茹多糖还能够有效改善高脂喂养小鼠结肠上皮细胞的组织学形态，抑制高脂膳食导致的小鼠结肠上皮细胞微绒毛、细胞间紧密连接以及线粒体等结构的损伤。

（三）竹茹的安全性

竹茹大鼠经口 LD_{50} 大于 10g/kg，属于无毒类。细菌回复突变试验结果阴性，小鼠骨髓细胞微核试验以及小鼠精子畸形试验中各剂量组与阴性对照组均无显著差异（$P>0.05$），未见致畸作用。大鼠 30d 喂养试验期间未见异常体征及死亡，大鼠体重、采食量、食物利用率与对照组无显著性差异（$P>0.05$）；病理组织学检查、大体解剖均未发现脏器明显异常。

四十九、怀 牛 膝

怀牛膝（Achyranthes bidentata）为苋科多年生草本植物，是一种著名的道地中药材，属闻名遐迩的"四大怀药"之一，又称为山苋菜、对节菜、积名牛茎。早在汉代，怀牛膝就被载入《神农本草经》并列为上品。作为传统中药材，怀牛膝在河南有着悠久的种植历史，尤其在武陟和温县一带得到广泛种植。牛膝根干燥之后可以入药，其味苦、酸，性平，生用可以活血祛瘀，主要治疗痛经、血滞经闭、难产和胞衣不下等病症，熟用有利于强筋骨和补肝肾，主要治疗寒湿、腰膝酸痛、足膝萎软无力，可逐血气和降血压，是常用中药之一。

（一）怀牛膝的化学组成

目前已从怀牛膝中分离出大量的化学成分，主要为齐墩果酸为苷元的三萜皂苷类、甾体类、多糖类，也含有生物碱、香豆素类、氨基酸、多种微量元素等成分。其中，皂苷类、甾酮类、多糖类为主要的三类活性成分。

（二）怀牛膝的生物功效

1. 抗炎镇痛作用

建立小鼠二甲苯耳廓肿胀、大鼠蛋清足跖肿胀、大鼠琼脂肉芽肿等炎症模型和毛细血管通透性增强模型，采用热板法及醋酸诱导小鼠扭体试验观察怀牛膝抗炎镇痛作用。结果显示怀牛膝总皂苷能对小鼠和大鼠急性炎症反应起降低作用，增长小鼠在热板上舔足时间，同时大鼠能改善血液流变性，证明怀牛膝总皂苷具有抗炎镇痛效果及活血作用，与临床功效一致，镇痛作用与剂量呈现一定的量效关系。

2. 抗肿瘤作用

怀牛膝提取物中的多糖、皂苷和甾酮等成分在体外对人的胃癌细胞株 BGC823 及人淋巴细胞样白血病细胞株 K562 的增殖具有明显的抑制作用。牛膝多糖能改变细胞膜生化特性，这些改变都与肿瘤的发生发展过程中细胞膜生化特性的改变相反，说明了牛膝多糖具有抗肿瘤作用。

3. 对 2 型糖尿病及糖尿病肾病的作用

糖尿病肾病是最常见、最严重的糖尿病微血管并发症之一，也是导致终末期肾功能衰竭的主要原因之一。将 Wistar 大鼠分为不同组，灌胃不同剂量怀牛膝提取物 12 周，结果发现怀牛膝有显著降低肾组织细胞凋亡，以及下调 p53 基因表达、上调 MDM2 基因表达的作用，并推断怀牛膝可能通过抑制细胞凋亡，从而保护糖尿病大鼠肾脏。

4. 抗衰老作用

《神农本草》记载怀牛膝具有抗衰老的作用。现代研究发现怀牛膝水煎液可明显改善小鼠戊巴比妥所致的记忆障碍，并且增加小鼠负荷游泳时间，充分证明其有抗衰老和提高耐力作用。

5. 神经保护作用

牛膝多肽通过 NADPH 氧化酶 4 和双氧化酶 2 激活的活性氧促进了施万细胞的迁移，增强周围神经的再生，证明牛膝多肽在多巴胺能神经元中具有很强的神经保护作用。牛膝多肽组分 k 可通过降低星形胶质细胞和小胶质细胞的活性，同时下调低水平的神经炎症和凋亡信号通路，保护多巴胺能神经元不受凋亡的影响。

第二节　叶类活性物质

与根茎类植物相比较，可作为功能性食品原料的叶类植物较少，只有 9 种，包括杜仲叶、人参叶、银杏叶、侧柏叶、番泻叶、苦丁茶、绞股蓝、罗布麻、芦荟等。这类植物的生物功效，包括提高免疫力、抗肿瘤、抗炎、抗疲劳、消除自由基、调理心血管疾病等。

一、杜　仲　叶

杜仲叶（*Eucommia folium*）为杜仲科植物杜仲的叶，呈椭圆形或卵形，表面黄绿色或黄褐色，微有光泽。

（一）杜仲叶的化学组成

杜仲叶活性成分与杜仲皮相似，传统用杜仲树皮入药。杜仲叶的活性成分包括黄酮类、环烯醚萜类、苯丙素类、木脂素类、多糖类以及杜仲胶等。杜仲叶中含有丰富的维生素 B_1、维生素 E、β-胡萝卜素，17 种游离氨基酸，锗、硒等 15 种微量元素。杜仲叶的蛋白质含量高于玉米、谷、高粱和薯类，与大麦、小麦等相当，还含 45.85%（相对含量）的亚麻酸。

（二）杜仲叶的生物功效

传统中医认为，杜仲叶味微辛、性温，归肝、肾经，具有补肝肾、强筋骨、降血压的功效，主治肝肾不足，腰膝酸软，筋骨痿弱等症。现阶段研究表明，杜仲叶还有镇静、镇痛、降压、抗炎等作用，能增强机体免疫功能，促进骨折的愈合。

（三）杜仲叶的安全性

毒理学研究表明，杜仲属无毒物。

二、人　参　叶

人参（*Folium Ginseng*）多年生草本，气清香，味苦而甘。

（一）人参叶的化学组成

野山参叶挥发油含 α-金合欢烯、α-丁香酸、α-愈创木烯等成分。人参叶含人参皂苷，从野山参叶中分离出 5 种皂苷，分别是 Rh_2、Rh_1、Rg_2、Rg_1 和 Re，其中具有抗癌活性的 Rh_2 收率是红参的 4.4 倍。研究表明，人参叶中的有效成分和人参类似，有些成分含量甚至高于根，如人参皂苷含量高达 12%，比人参根高 1 倍左右。

（二）人参叶的生物功效

1. 抑制肿瘤作用

用人参叶皂苷 50mg/kg 或 120mg/kg 对移植肉瘤 S_{180} 的小鼠连续腹注 10d，抑制率分别达到 48% 和 60%。体外试验发现，人参茎叶皂苷浓度为 $500\sim625\mu g/mL$ 时可直接杀死肉瘤 S_{180} 和 U_{140} 肿瘤细胞，作用效果随皂苷浓度增加而增加。此外，$100\mu mol/L$ 浓度能诱导小鼠黑色素瘤细胞的死亡。

2. 促进学习和增强记忆

用人参茎叶皂苷 50mg/kg 腹腔注射，发现小鼠脑内的记忆促进性递质多巴胺和去甲肾上腺素含量显著增加，而记忆抑制性递质 5-羟色胺的含量不增加。

3. 提高免疫力

将试验鸡分为 3 组，第 1 组为对照组，第 2 组自 1 日龄起饲喂含 5% 人参叶粉的饲料至 35 日龄，第 3 组于 14~20 日龄每日皮下注射 5% 人参皂甙生理盐水一次，剂量为 20mg/kg。人参叶皂苷能促进鸡抗新城疫病毒抗体的产生，且高效价抗体维持时间长，各组间增重比较差异不显著。人参叶皂苷对胸腺发育有一定促进作用，对脾脏发育有抑制作用，对法氏囊的影响依给药方式不同而异。血液中细菌总数测定结果表明，人参叶皂苷能使鸡单核巨噬细胞系统吞噬能力增强。因而，人参叶皂苷能促进鸡体内特异性抗体的产生及激活单核-巨噬细胞系统的吞噬能力。

中医认为人参叶味苦、性寒。入肺、胃二经，具有清肺、生津、止渴、祛除暑气、降虚火、利肺肝、培元气之功效，此外还具有显著抗疲劳、抗辐射作用。对高血压，心肌营养不良、冠状动脉硬化、神经衰弱等均有一定的防治作用。

（三）人参叶的安全性

小鼠灌服人参叶水提取物，其 LD_{50} 为 1650mg/kg。有报道人参皂苷 R_1 对大鼠胚胎有致畸作用。在服用人参叶的过程中如出现血压持续性升高、胸闷不畅、烦躁失眠、眩晕头痛、出血等症状，应马上停服，并以莱菔子煎汤服解之。

三、银　杏　叶

银杏（*Ginkgo Biloba* L.）又名白果。在 3 亿多年以前，银杏类植物几乎分布于全世界，经过第四纪冰川运动，气候剧变而趋于灭绝，银杏是世界银杏类植物中唯有我国独存的植物，被称为植物界的"活化石"，属国家二级保护的稀有植物。

（一）银杏叶的化学组成

银杏叶中含有黄酮类、萜类、酚类、多烯醇类、微量元素及氨基酸等成分。到目前为止已从银杏叶中分离出 20 多种黄酮类化合物，包括：

①单黄酮苷，如芹黄素葡萄糖苷、黄色黄素葡萄糖苷、杨梅黄素芸香苷，以及新近报道的山奈酚葡萄糖鼠李糖苷和槲皮素葡萄糖鼠李糖苷；

②银杏黄酮苷又称黄酮醇香豆酸酯苷，是血管动力学因子，可有效防治心脑血管症；

③双黄酮类，是银杏叶中早有所知的黄酮类化合物，以游离苷元存在。

单黄酮苷类的苷元，主要有山奈黄素、槲皮素、异鼠李黄素、黄色黄素等。

银杏萜内酯类（Ginkgolides）属二萜内酯类，包括银杏萜内酯 A、银杏萜内酯 B、银杏萜内酯 C 和银杏萜内酯 M，是银杏叶中极为重要的有效成分。另还有一种重要的活性成分就是白果内酯（Bilobalide），它可用于治疗神经病、脑病和脊髓病。

（二）银杏叶的生物功效

1. 影响心血管系统

将银杏叶中黄酮类化合物的提取物灌流于豚鼠和家兔离体心脏可引起冠状血管扩张，注射于豚鼠后肢动脉可扩张后肢血管，对大鼠和家兔后肢血管也有扩张作用。给离体家兔耳血管和主动脉注入银杏叶粗提取物，可拮抗肾上腺素所致的收缩作用，且随剂量的增加血管扩张作用增强。

银杏叶提取物静脉注射或口服，对大鼠体内、体外血小板聚集均有明显的抑制作用。灌胃给予，对正常大鼠凝血酶原时间有一定的延长作用。对高胆固醇血症患者可降低血清胆固醇，对高血压患者有降压作用。

2. 保护脑神经系统

银杏叶能增加帕金森病患者的脑血流，改善脑血栓患者的脑循环、葡萄糖代谢与呼吸等，对功能性中枢神经损伤有明显功效。银杏萜内酯对神经病、脑病及脊髓病有效。银杏叶中的黄酮类成分为强力自由基清除剂，它同时又是血管调节剂、抗血管栓塞剂和代谢增强剂，还能防止自由基及血小板活化因子引起的膜紊乱，对抗衰老有一定的作用。

3. 防治动脉硬化

血小板活化因子是目前已知作用最强的低分子量血小板激活剂，它与增加血管通透性相关，与血栓形成及动脉粥样硬化形成有关。血小板活化因子作为动脉粥样硬化的介质，首先在病灶局部或全身产生，然后导致血管内皮对血浆成分通透性增高，而内皮通透性增加是动脉粥样硬化的起因。其次，由血小板活化因子引起的血小板可聚集并释放血小板生长因子，后者是一种强效促平滑肌细胞分裂剂，它能进入通透性增加的血管壁，使血管内壁的平滑肌细胞游走和增生，在内皮细胞功能失调的部位诱发动脉硬化。若血小板活化因子继续释放即可加重导致动脉粥样硬化的症状，如脉管栓塞、冠心病、脑出血及脑缺血等。血小板活化因子还可引起冠脉流量下降、哮喘、过敏性疾病、皮炎和风湿等。

银杏叶中的萜内酯类成分对血小板活化因子有显著的拮抗作用，是特异性血小板活化因子拮抗剂。对家兔血小板细胞膜上分离的血小板活化因子受体进行试验，其中银杏萜内酯 B 活性最强，其 IC_{50} 仅为 $1.9×10^{-7}mol/L$，而该类化合物对花生四烯酸的代谢没有明显影响，也不与神经介质结合。静脉注射 1mg/mL 的银杏萜内酯 B，对由血小板活化因子引起的豚鼠支气管收缩、细胞比体积增加及血小板和淋巴细胞减少都有抑制作用。因此，银杏叶具有较显著的防治动脉硬化的功效。

4. 抗炎症

银杏叶提取物在体外易与羟自由基反应，能将大鼠微粒体中因自由基诱发脂质过氧化而使还原型辅酶Ⅱ产生的还原型辅酶Ⅱ·Fe^{3+}离子减少；经口给予 100~400mg/kg，对阿霉素所致的大鼠后爪炎症具有减轻作用；口服给予 100mg/kg，对注射四氧嘧啶所致高血糖动物的视网膜病变具有拮抗作用；口服或静脉输注 50mg/kg，能有效地防止动物模型的心肌和脑局部缺血。

复方银杏提取物喷雾剂对 SO_2 引起的大鼠实验性气管炎，具有改善气管黏膜分泌机能、减少黏膜分泌和减轻炎症病变的作用。

5. 对平滑肌的作用和抗过敏

将银杏的乙醇提取物腹腔注射，对小鼠呼吸道酚红分泌具有增加作用，对离体豚鼠气管平滑肌有一定的松弛作用。银杏叶中的黄酮类（特别是双黄酮类），对豚鼠离体肠管有解痉作用，并能对抗组胺及氯化钡引起的痉挛，其作用强度与罂粟碱相似，但较持久。对豚鼠离体气管和回肠，银杏叶的乙醇提取物能拮抗组胺和乙酰胆碱的致痉作用，在肠管试验中还能对抗氯化钡的致痉作用，腹腔注射可制止组胺所引起的豚鼠哮喘。银杏叶所含的双黄酮类成分，对缓激肽所致豚鼠肠肌痉挛也是同样有解痉作用。

（三）银杏叶的安全性

银杏叶提取物的 LD_{50}，静脉注射为（1202.5±141.3）mg/kg，相当于银杏叶（7.8±0.9）g/kg；灌胃为（17.9±1.0）g/kg，相当于银杏叶（116.4±6.5）g/kg。银杏叶制品副作用较少，少数人服用后有食欲减退、恶心、腹胀、口干及头晕等反应，但对血象、肝和肾功能没有影响。

四、侧　柏　叶

侧柏叶（*Platycladi Cacumen*）来源于柏科植物侧柏（*Platycladus orientalis* L. Franco）的干燥枝梢及叶。带有微弱的清香气，味微苦涩，性寒，微辛。

（一）侧柏叶的化学组成

侧柏叶有效成分为黄酮类成分、鞣质和挥发油，还含有树脂、维生素 C 等。黄酮类物质主要有香橙素、槲皮素、杨树梅皮素（Myricetin）、柏木双黄酮（Cupress）、惠花杉双黄酮（Amentoflavone）、扁柏双黄酮（Hinokiflavone）等，新鲜的侧柏叶总黄酮含量为 1.72%。挥发油主要含侧柏烯（Thujene）、蒎烯、石竹烯等。

（二）侧柏叶的生物功效

1. 抗肿瘤活性

侧柏叶、种皮和种子挥发油对人肺癌细胞 NCI-H460 有较高的抑制率，分别为 86.24%、47.80%与 97.73%。对侧柏叶挥发油 4℃重结晶获得的雪松醇进行的试验结果发现，雪松醇对人肺癌细胞 NCI-H460 的半致死浓度为 44.98g/mL。

2. 镇静助眠作用

侧柏叶煎剂能明显减少小鼠自由活动，使戊巴比妥钠的睡眠时间延长了，故有中枢镇静作用。

3. 乌发护发作用

侧柏叶可治疗血热引起的头发早白、脱发、头皮瘙痒或脱屑。侧柏叶 30~50g 煎汤洗头能起到疏风清热、凉血止痒、乌发的作用。

4. 止血作用

侧柏叶水煎剂常用剂量 10~15g，可治疗各种出血病症，且无明显毒副作用。煎剂 7.5g/kg 灌服，使小鼠出血时间明显缩短，用热水提取获得的黄酮醇苷也有止血效果。

（三）侧柏叶的安全性

将侧柏叶煎剂从小鼠腹中注入，其 LD_{50} 为 15.2g/kg。

五、番 泻 叶

番泻叶（*Sennae Folium*）为豆科草本状小灌木植物狭叶番泻（*Cassia angustifolia* Vahl）或尖叶番泻（*Cassia acutifolia* Delile）的干燥小叶。

（一）番泻叶的化学组成

番泻叶主要含有双蒽类化合物，其中有番泻苷（Sennoside）A~番泻苷 F。对狭叶番泻的研究发现，其小叶中含有 0.53%~0.75% 的番泻苷 A、0.55%~0.72% 的番泻苷 B。番泻苷 A 和番泻苷 B 互为同分异构体。对于狭叶类，叶含番泻苷 C，即大黄酸-芦荟大黄素-二蒽酮-8,8′-二葡萄糖苷。对于尖叶类，叶和豆荚分别含蒽类成分 0.85%~2.86% 和 2.34%~3.16%，并从中分出大黄酸、芦荟大黄素、少量大黄酚及番泻苷 A、番泻苷 B、番泻苷 C，且这些蒽类成分都以糖苷形式存在，另外还含有 3,5-二甲基-4-甲氧基苯甲酸。

（二）番泻叶的生物功效

1. 泻下作用

番泻叶含蒽醌类化合物，其泻下作用及刺激性比其他含蒽醌类的泻药更强，因此泻下时可能会伴有腹痛。它的有效成分主要是番泻苷 A、番泻苷 B，经胃、小肠吸收后在肝中分解，分解产物经血循环而兴奋骨盆神经节，使大肠收缩引起腹泻。早期人们发现番泻苷促进大肠液分泌的效应常伴随前列腺素，尤其是前列腺素 E 的释放。在翻转的豚鼠回肠段，大黄酸蒽酮的效应可被花生四烯酸环氧酶抑制剂 BW 755C 和吲哚美辛及前列腺素拮抗剂 SC19220 部分对抗，表明了前列腺素是其泻下作用的重要中介物。泻下作用的发挥有利于体内毒物排出，且由于其作用广而强烈，认为急性便秘比慢性者更适合。

2. 抑菌、消炎作用

番泻叶对大肠杆菌、变形杆菌、疾痢杆菌、甲型链球菌等均有抑制作用。番泻叶的水浸剂（1∶4）在试管内对奥杜盎氏小芽孢癣菌和星形奴卡氏菌等皮肤真菌有抑制作用。番泻叶有利胆、松弛奥狄氏括约肌的作用，因而有较强的抑菌、消炎作用，临床上可用于治疗急性胰腺炎。

3. 止血作用

有效成分番泻苷具有抗纤溶和促内凝血作用，生药粉末镜检有晶纤维和草酸钙簇晶，都有局部止血作用。

（三）番泻叶的安全性

口服有效剂量番泻叶，少数患者伴有轻微腹痛，但可耐受。大剂量应用，除易呕吐、轻度恶心外，也出现低血钾、肠黏膜损伤，并可能引起肠道神经组织的损伤等副作用。国外番泻叶制剂的使用方法：①用于清洁肠道，英国规定成人单次剂量口服总番泻苷按番泻苷 B 计算为 1mg/kg，约 72mg，美国规定按总番泻苷计算，口服约大于 158mg；②用于治疗便秘，英国规定口服总番泻苷按番泻苷 B 计算，成人口服单次剂量为 15~30mg；6 岁以上儿童，剂量减半；2~6 岁，剂量减 1.5 倍。

番泻叶在长期、小剂量给予时并不产生药物依赖性。长期、大剂量服用，泻下效果随时间的延长反而降低。动物长期给以番泻叶及其有效成分番泻苷并未显示致癌性及致突变性，表明番泻叶及其番泻苷无致癌性及致突变性。其 LD_{50} 为 1.414g/kg。动物体内、外研究，并未揭示孕期动物应用番泻叶及其有效成分存在着某种妊娠危险性。临床研究表明，哺乳期便秘妇女短期内给予小剂量番泻苷制剂，通常不会引起婴儿腹泻。

六、苦 丁 茶

苦丁茶（*Folium Ilicis Cornutae*）又名菠萝树、大叶茶、苦灯茶，来源于冬青科植物枸骨（*Ilex cornuta*）和大叶冬青的干燥叶，味微苦。我国共计有 5 科 16 种 1 变种植物作为苦丁茶使用或称苦丁茶，科名有冬青科、木樨科、金丝桃科、紫草科和马鞭草科。

（一）苦丁茶的化学组成

苦丁茶含有苦丁茶苷（Cornutaside）A~苦丁茶苷 D、冬青苷（Ilexside，枸骨叶皂苷）A~冬青苷 B 和地榆苷（Zigulucoside）Ⅰ~地榆苷Ⅱ等，皂苷又可分为 α-香树脂醇型、β-香树脂醇型、羽扇豆醇型三类。广东苦丁多酚类物质含量为 9.31%，蛋白质含量为 9.89%。苦丁茶嫩叶中的有机成分比老叶丰富，而老叶矿物质中 Fe、Mn、Zn 比嫩叶丰富。另还含有氨基酸、维生素、芳香油等，不含咖啡因或只检出痕量。

（二）苦丁茶的生物功效

1. 防治心血管疾病

苦丁茶可明显降低实验性高血脂小鼠的血清总胆固醇、甘油三酯、低密度脂蛋白胆固醇和极低密度脂蛋白胆固醇含量，显著增加高密度脂蛋白胆固醇含量。由此说明，其具有降血脂、防治动脉粥样硬化的作用。它的降脂机制，与其能够升高卵磷脂胆-固醇酰基转移酶相对活性有关。

2. 抗炎作用

苦丁茶对金黄色葡萄球菌、脆弱类杆菌、伤寒杆菌、乙型溶血性链球菌的抑菌作用较强，其最低抑菌浓度为 2.5mg/mL，对其他细菌均有一定的抑菌作用，最低抑菌浓度在 5~10mg/mL。

3. 抗氧化作用

苦丁茶多糖对羟自由基、超氧自由基、DPPH·具有一定的清除作用，对双氧水诱导红细胞氧化溶血反应、对红细胞自氧化溶血反应都有显著的抑制作用。

4. 其他功效

苦丁茶还具有清咽利喉、清热解毒、护肝解酒、消炎利便等功效；对糖尿病、肥胖症、结肠炎、便秘、痔疮和各类口腔炎症等有明显的防治作用；用其煮水外洗可杀菌、消炎，防治红眼病、粉刺、暗疮、痱子等多种疾病。

（三）苦丁茶的安全性

小鼠经口服，LD_{50} 大于 21.50g/kg，属无毒级物质。骨髓微核试验未发现苦丁茶浸提液有致突变作用。

七、绞 股 蓝

绞股蓝 [*Gynostemma pentaphyllum (Thunb.) Makino*]，又名七叶胆、五叶参、七叶参、小苦药等，为葫芦科植物绞股蓝的全草。

绞股蓝主要有效成分是绞股蓝皂苷、绞股蓝糖苷、水溶性氨基酸、黄酮类、维生素、微量元素等。含绞股蓝皂苷（Aypenoside）1～绞股蓝皂苷 52，其中绞股蓝皂苷 3、绞股蓝皂苷 4、绞股蓝皂苷 8、绞股蓝皂苷 12 分别与人参皂苷 Rb_1、Rb_3、Rb、Rf_2 结构相同。绞股蓝所含甾醇类成分，包括 5，24-葫芦二烯醇（Cucurbita-5，24-dienol）、β-谷甾醇等。所含黄酮类，包括芸香苷、商陆苷、商陆黄素等。

现代研究表明，绞股蓝能降血脂，调血压、防治血栓，防治心血管疾病，调节血糖，促睡眠，缓衰老，防癌抗癌，提高免疫力，调节人体生理机能。绞股蓝能保护肾上腺和胸腺及内分泌器官随年龄的增长而不致萎缩，维持内分泌系统的机能，并具有降血糖和改善糖代谢作用。传统中医认为绞股蓝味苦、微甘、性凉，归肺、脾、肾经，具有益气健脾，化痰止咳，清热解毒的功效。

绞股蓝口服无毒性。少数患者服药后，出现恶心呕吐、腹胀腹泻（或便秘）、头晕、眼花、耳鸣等症状，如有不适即停用。

八、罗 布 麻

罗布麻（*Apocyni Veneti Folium*）又称红麻、野麻、茶叶花，多年生草本，全株含有乳汁。

（一）罗布麻的化学组成

罗布麻含黄酮及黄烷类成分，它们多存在于罗布麻叶的醋酸乙酯萃取部分。黄酮类化合物的苷元主要为槲皮素、山柰素和异鼠李素，金丝桃苷、异槲皮苷和槲皮素-3-*O*-槐二糖苷。黄烷类化合物是组成缩合鞣质的单体，其中儿茶素含量为 0.13%。

（二）罗布麻的生物功效

1. 抗抑郁作用

采用强迫游泳试验发现，罗布麻叶的大孔吸附树脂的醇洗脱部分，有确切的抗抑郁作用。进一步研究发现，大鼠在服用罗布麻叶提取物 2 周后对中枢递质未产生显著影响，8 周后脑内去甲肾上腺素、多巴胺的浓度均下降，而 5-羟色胺的浓度未受影响。在小鼠急性试验中，却发现罗布麻叶浸膏可使脑内 5-羟色胺及多巴胺水平升高，而去甲肾上腺素水平降低，醇溶性部分比水溶性部分作用更明显，且被发现有增强神经细胞膜脂质流动性的作用。

2. 降血压作用

罗布麻叶提取物对自发性高血压大鼠有明显降压作用，但不影响尿量和尿中 Na^+、K^+ 及蛋白的排出量。而对肾性高血压大鼠，在降压的同时还伴随着显著的尿量增加，和尿中 Na^+、K^+ 排出增多的症状，并可明显降低血尿素氮。在 NaCl 导致的盐性高血压大鼠中，则在降血压过程中只有血尿素氮的降低，表明罗布麻叶降血压与改善肾功能有关。

罗布麻叶煎剂 0.25g/kg 或罗布麻叶黄酮苷 5~15mg/kg 给犬、猫静注，分别可使血压降低 69.4% 和 36.7%。用罗布麻叶临床治疗 800 例患者，有效率为 88.6%，适用于轻、中度高血压患者，并能改善眩晕、心悸、失眠且对血压正常者无影响，在血压偏低时有升压作用。

研究罗布麻叶提取物对自发性高血压大鼠和 Wistar 系正常大鼠血压、体重及摄食量的影响发现，单次给予罗布麻叶提取物 100mg/kg 降压作用呈剂量依赖性，当剂量增至 300mg/kg 以上时，最大降压值亦维持在同等水平，表明罗布麻叶提取物在肠道被吸收后的血药浓度有限。300mg/kg 时降压作用的持续时间约为 10min，1000mg/kg 时约为 30min，高剂量时降压作用持续时间有延长的倾向。因此认为，给予罗布麻叶提取物时呈缓慢吸收，缓慢降压的作用。

3. 降血脂作用

罗布麻叶提取液可显著降低其血清总胆固醇和低密度脂蛋白含量，升高高密度脂蛋白含量。用罗布麻叶治疗后，动脉硬化的各项检测指标都明显降低，肝脏总胆固醇水平也比对照组明显降低，表明其对防治高胆固醇血症和动脉粥样硬化是有效的。另将浸膏 17g/kg 灌服高脂血症大鼠，能显著降低血清胆固醇、甘油三酯含量。

4. 抗衰老作用

罗布麻叶浸膏既可提高天然杀伤细胞活性及红细胞超氧化物歧化酶含量，亦可改善甲皱微循环的血流状态，从形态学角度观察细胞核形态学变化，发现了细胞老化的迟滞效应，细胞传代数从 77 代增加到 80 代。

5. 抗突变作用

罗布麻浸膏对大鼠肝脏的细胞色素 P450 及还原型辅酶 Ⅱ 细胞色素还原酶有抑制作用。环磷酰胺这种间接致突变物质，必须经肝脏的细胞色素 P450 代谢后才发挥其致突变作用，说明其抑制突变作用与环磷酰胺在体内的代谢受抑制有关。在 0.25~1.00g/kg 剂量范围内，它对抗环磷酰胺致微核作用的强度与干浸膏的剂量有量效关系。

（三）罗布麻的安全性

罗布麻茶对雌雄大、小白鼠的急性经口 LD_{50} 均大于 10.0g/kg，微核试验、精子畸形试验和致畸试验结果表明罗布麻茶无致突变、致畸作用，30d 短期喂养试验结果表明受试物对试验动物大鼠的生长情况、血液学和生化指标、主要脏体比及组织器官均无潜在毒性影响。

九、芦　荟

芦荟（Aloe）又名奴会、讷会、象胆，为百合科多年生草本植物库拉索芦荟（Aloe barbadensis Miller，惯称老芦荟）、好望角芦荟（Aloe ferox Miller，惯称新芦荟）或斑纹芦荟叶中的液汁经浓缩的干燥品。芦荟品种繁多，可分为药用芦荟、食用芦荟和观赏芦荟。药用芦荟有 10 多种，食用芦荟有 5~6 种，观赏芦荟则有几十种。

（一）芦荟的化学组成

芦荟含蒽醌及其苷类、黄酮类、多糖、氨基酸、脂肪酸、活性酶、维生素和微量元素等。蒽醌类物质是最主要的功效成分，在芦荟渗出液的干物质中占 9%~30%，包括芦荟素、芦荟泻素、芦荟苦素、芦荟乌鲁辛、芦荟酊、芦荟熊果苷、芦荟咪酊、芦荟苷、异芦荟苷、β-芦荟苷、芦荟大黄苷、芦荟大黄素等 20 多种物质。多糖占芦荟原汁干燥物含量的 18%~30%，不同的芦荟所含的单糖比例各不相同。

（二）芦荟的生物功效

1. 保湿美容作用

芦荟多糖和维生素对人体皮肤有良好的营养滋润增白、促进新陈代谢、消炎杀菌、防晒抗炎、解除硬化、角化防粉刺、祛斑、除青春痘等作用。芦荟大黄素等属蒽醌苷类物质，能使头发柔软而有光泽、轻松舒爽、去头屑。

2. 泻下作用

芦荟含有芦荟大黄素苷、芦荟大黄素等有效成分，起着增进食欲和大肠缓泻作用。给犬（2~5g）、猫（0.2~1.0g）口服可致泻，对离体小肠无促进蠕动作用，其泻下的主要作用部位是大肠。芦荟的泻下作用是古今中外通用的治疗便秘的一种方法。

3. 杀菌作用

芦荟酊是抗菌性很强的物质，具有直接杀菌作用，对真菌、霉菌、细菌均有作用。芦荟酊的作用原理是，抑制病原体的发育繁殖并消灭它。

4. 强心活血作用

芦荟中的异柠檬酸钙等具有强心、促进血液循环、软化硬化动脉、降低胆固醇水平、扩张毛细血管的作用，使芦荟具有强化心脏的功能，软化变硬的血管，使血液畅通地循环到每个毛细管的末梢，从而减少胆固醇含量，减轻心脏负担，镇定心脏，促使血压正常化。

5. 保护肝脏

从芦荟总苷中得到的结晶对与 CCl_4 或硫代乙酰胺所致小鼠肝损伤，以及由氨基半乳糖所致大鼠肝损伤后谷丙转氨酶升高，都有明显保护作用。

6. 减重作用

将芦荟提取物和芦荟灰汁混进饮水中，让大鼠自由饮用，来比较它们对体重和主要内脏质量的影响，结果减重效果明显，而内脏质量无明显变化。

7. 促进皮肤再生作用

因为芦荟含有芦荟素 A、创伤激素等具有抗病菌感染、促进伤口愈合复原的作用，所以芦荟具有消炎杀菌、吸热消肿、软化皮肤、增加细胞活力的功能。由于凝胶多糖与愈伤酸联合具有创伤愈合活性。因此，芦荟是一种治疗各种皮肤外伤（出血性外伤、非出血性外伤）的理想药品，效果显著，伤口完全治愈，还可不留疤痕。

8. 抗肿瘤作用

芦荟中的多糖类物质，具有提高免疫力和很强的抑制或破坏异常细胞生长的作用，从而形成抗肿瘤作用。芦荟多糖特别是甘露聚糖能显著减轻癌症、艾滋病症状和减少病症的感染，因此对癌症和艾滋病的防治有一定的作用。β-D-甘露聚糖对小鼠 S_{180} 有抑制作用。

9. 解毒作用

芦荟本身无毒无害无副作用，不会产生抗体。芦荟中的芦荟酊、芦荟苦素等成分具有分解生物体内有害物质的作用，还能解除生物体中外部侵入的毒素。用放射线或核放射能治疗癌症的过程中引起的烧伤性皮肤溃疡，用芦荟不仅能解毒，而且还能消炎及再生新细胞，同时还能使受到放射治疗而减少的白细胞增加。

（三）芦荟的安全性

可食用芦荟（华芦荟）的试验结果如下：LD_{50} 大于 46.4g/kg，细菌回复突变试验、蓄积试验、微核试验、精子畸变试验都为阴性，大鼠致畸试验（内脏、骨髓、孕鼠繁殖）都无影响，90d 亚慢性试验（120 只大鼠）正常。

第三节　花草类活性物质

本节讨论 16 种花草类植物，包括花类和全草类，具体品种有玫瑰花、野菊花、红花、厚朴花、益母草、积雪草、车前草、茜草、淫羊藿、泽兰、佩兰、蒲黄、大蓟、蒺藜、墨旱莲、木贼。具有提高免疫力、抗炎、抗菌、抗肿瘤、治疗心血管疾病、保肝利胆、利尿等作用。

一、玫　瑰　花

玫瑰花（*Rosae rugosa Flos*），又称徘徊花、刺玫花，是蔷薇科落叶灌木玫瑰的花蕾，或初开放的花。

（一）玫瑰花的化学组成

玫瑰花含挥发油约 0.03%，主要为香茅醇、芳樟醇、牻牛儿醇、橙花醇、丁香油酚、金合欢醇及其脂类、玫瑰醚、甲基丁香油酚、β-突厥酮等，还含有槲皮素、苦味素、鞣质、脂肪油、有机酸、红色素、黄色素、β-胡萝卜素、长梗马兜铃素、新喷呐素，其中长梗马兜铃素和新喷呐素具有抗病毒作用。

（二）玫瑰花的生物功效

1. 对心血管系统的作用

用以玫瑰花为主的玫瑰舒心口服液治疗气滞血瘀型冠心病，能减轻由冠状动脉结扎所致的心肌缺血程度、缩小心肌梗死范围，作用强度与硝苯吡啶相似，对心肌梗死有保护作用，表明其有扩张血管作用。

2. 抗菌抗病毒作用

玫瑰花水煎剂对金黄色葡萄球菌、伤寒杆菌及结核杆菌都有抑制作用；其提取物对人类免疫缺陷病病毒、白血病病毒和 T 细胞白血病病毒均有抗病毒作用。其所含长梗马兜铃素和新喷呐素 I 对感染小鼠白血病病毒细胞的逆转录酶有抑制作用。

3. 利胆作用

玫瑰油对大鼠有促进胆汁分泌的作用，能明显改善肝炎恢复期及胆囊炎、胆石症发作期的症状。

4. 抗抑郁作用

玫瑰花能缓解妇女痛经及经期内情绪不好，脸色黯淡，有稳定情绪、镇静等作用。

（三）玫瑰花的安全性

小鼠经口服的 LD_{50} 大于 10g/kg，7d 观察期间小鼠生长良好，未出现死亡。玫瑰水提物 30d 喂养 SD 大鼠，对照组与各剂量组的大鼠生长情况良好，体重增长趋势一致，其器官系数、血液学指标和血液生化指标差异不显著。经病理切片观察，各组织器官无损伤现象，细胞排列整齐，证明玫瑰水提物不具有慢性毒性。

二、野　菊　花

野菊花（*Chrysanthemi Indici Flos*），菊科（*Asteraceae*）野菊花的干燥头状花序。

（一）野菊花的化学组成

野菊花的主要成分有刺槐苷、野菊花内酯（Handelin chrysanthelide）、野菊花醇（Chrysanthenone）、野菊花酮（Indicumenone）、野菊花三醇（Chrysanthetriol）、菊油环酮（Chrysanthenone）、顺螺烯醇醚（cis-spiroenol ether）、反螺烯醇醚（trans-spiroenol ether）、当归酰亚菊素（Angeloylajadin）、绿原酸、木犀草素、矢车菊苷、菊黄质（Chrysanthemaxanthin）、胡萝卜苷、豚草素 A（Cumambrin A），还含有棕榈酸、亚油酸、熊果酸、β-谷甾醇、羽扇豆醇（Lupeol）、维生素 B_1、二十八烷醇、挥发油等。

（二）野菊花的生物功效

1. 抗肿瘤

将不同剂量的野菊花注射液注入人肿瘤细胞 HL60、PC3 和 SMMC7721 的培养基中，另设对照组，测定细胞增殖的 OD 值。由表 9-32 可知，32μg/mL 的野菊花注射液可显著抑制 HL60 和 PC3 的增殖，但对 SMMC7721 的增殖无明显影响。

表 9-32　　野菊花注射液对人肿瘤细胞 HL60、 PC3 和 SMMC7721 增殖的影响

野菊花注射液/（μg/mL）	HL60	PC3	SMMC7721
对照组	2.319±0.228	0.845±0.083	0.796±0.164
4	2.226±0.346	2.972±0.091	2.945±0.224
8	1.974±0.364	2.979±0.238	2.933±0.084
16	1.440±0.758*	2.833±0.172	2.851±0.182
32	1.216±0.245**	2.587±0.098*	2.991±0.287
64	1.261±0.137**	2.564±0.181*	2.923±0.164

注：与对照组比较，* $P<0.05$，** $P<0.01$。

2. 抗衰老

取雌雄果蝇 600 只，每组 200（雌雄各 100 只）进行寿命试验测定，结果发现野菊花水提取物可以显著延长果蝇寿命，具有抗衰老作用。

3. 抑菌作用

野菊花乙醇提取物用正丁醇萃取所得的正丁醇可溶部分 150mg/kg 可以显著抑制小鼠耳廓肿胀度，150mg/kg 和 300mg/kg 均可明显提高小鼠脾细胞生成抗体的水平，显著增强小鼠单核-巨噬细胞的吞噬指数和碳粒清除速度。金银花 1.0g/mL、野菊花 2.0g/mL、芦荟 2.0g/mL 所配制的复合液对细菌用药，发现大肠杆菌、痢疾杆菌、金黄色葡萄球菌、伤寒杆菌、白色念珠菌和变形杆菌的最小抑菌直径分别为 20.2mm、23.0mm、23.2mm、19.0mm、21.8mm 和 15.0mm，通过因素分析发现野菊花的抑菌效果最强，其次为金银花。8mg/mL 的野菊花乙醇提取物对苹果腐烂病菌、瓜果腐霉病菌、葡萄白腐病菌和葡萄黑痘病菌的抑菌率分别达到了 94.9%、80.0%、72.9% 和 68.0%。

4. 抗病毒作用

120μg/mL 和 30μg/mL 野菊花提取物对呼吸道合胞体病毒有直接灭活作用。120μg/mL 野菊花提取物对病毒吸附到细胞上的过程和穿入细胞膜的过程有明显的抑制作用，细胞感染病毒后 2h、4h、6h、8h 后给药对呼吸道合胞体病毒都有显著的抑制作用。对单纯疱疹病毒所致角

膜炎的家兔给药野菊花滴眼液，用药 3d、7d 和 12d 后家兔的角膜炎症状均有明显的减轻。

5. 护肝作用

用野菊花总黄酮 125mg/kg、250mg/kg 和 500mg/kg 给 CCl_4 所致的急性肝损伤小鼠灌胃，持续 4d，发现菊花总黄酮能降低小鼠血清的谷丙转氨酶和谷草转氨酶水平的升高，降低肝匀浆中丙二醛含量，增强超氧化物歧化酶活性，减轻 CCl_4 对肝组织的病理损伤。

（三）野菊花的安全性

小鼠静注野菊花注射液的 LD_{50} 为 10.47g/kg，给小鼠腹腔注射野菊花注射液 0.2g/kg 持续 30d，处死解剖，肉眼观察未见异常。临床试验表明，口服野菊花煎剂除部分人产生胃部不适、食欲减退等症状外，不良反应较少，对黏膜无刺激，对人体的心肺、肝肾功能无明显影响，且慢性服用无累积中毒现象。

三、红　　花

红花（*Carthami Flos*）为菊科红花（*Carthamus tinctorius* L.）的花，味辛，性温，入心、肝经。

（一）红花的化学组成

红花含红花醌苷（Carthamone）、新红花苷（Neocarthamin）和红花苷（Carthamin）等苷类，红花苷经酸水解得红花素（Carthmidin）和葡萄糖。近代研究认为，红花的红色素为红花碳苷（Carthamin），红花的黄色素为多种水溶性成分的混合物，主要有红花黄色素 A、红花黄色素 B 和红花黄色素 C 等查尔酮苷。

（二）红花的生物功效

1. 增强免疫力

红花黄色素降低血清溶血酶含量、腹腔巨噬细胞和全血细胞吞噬功能，使空斑形成细胞、脾特异性 E-玫瑰花环形成细胞和抗体减少，抑制迟发型超敏反应和超适量免疫法诱导的 Ts 细胞活化。体外试验表明，0.03~3mg/mL、0.1~0.2mg/mL 或 0.1~2.5mg/mL 红花黄色素，可抑制 ^{3}H-TdR 标记的 T 细胞和 B 细胞转化、混合淋巴细胞反应、白介素-2 的产生及其活性。红花注射液皮下注射能提高外周血淋巴细胞 α-醋酸萘酯酶染色法检测的阳性百分率，表明红花对细胞介导免疫功能具有促进作用。从红花提取得到的水溶性成分红花多糖在致敏后，能促进淋巴细胞转化，增加脾细胞对羊红细胞的空斑形成细胞数，对抗强的松龙的免疫抑制。

2. 调节心血管系统

红花有轻度兴奋心脏、降低冠脉阻力、增加冠脉流量和心肌营养性流量的作用。对蟾蜍离体心脏和兔在位心脏，小剂量水抽提液可增强心肌收缩力，大剂量则有抑制作用。红花注射液 10mg/kg 静脉注射能使在位犬心冠脉流量增加 60.4%，水提液 10g/kg 静脉注射也可增加冠脉流量，而醇提液 10~30mg/kg，静脉注射则无明显作用。

红花油有降低血脂作用。给高脂血症家兔灌胃红花油，可降低家兔血清总胆固醇、总脂、硝化甘油及非酯化脂肪酸水平。用含 4% 红花油的普通饲料喂高胆固醇血症的小鼠 30d，发现血清胆固醇降低 36%，肝胆固醇下降 30%。

3. 耐缺氧

红花注射液、醇提物及红花苷能显著提高小鼠的耐缺氧能力。给予结扎颈总动脉所致急性缺血乏氧性脑病大鼠红花醇提物，可明显延长动物存活率（与对照组比较有显著差异）；缺血性脑损害的病理体征与形态变化较对照组轻，且恢复快；脑组织化学（核糖核酸、琥珀酸脱氢酶、三磷酸腺苷酶）均接近正常，并且可迅速恢复异常脑电图和肌电图。

4. 镇痛与镇静

红花黄色素对小鼠热板法及醋酸扭体的试验发现其具有镇痛作用，并能增强巴比妥类及水合氯醛的中枢抑制作用，减少尼可刹米性惊厥的反应率和死亡率，说明红花黄色素具有镇痛、镇静和抗惊厥作用。红花还能减轻脑组织中单胺类神经介质的代谢紊乱，使下降的神经介质恢复正常或接近正常。以红花为主要材料制作的膏药也具有明显的镇痛效果。

5. 对平滑肌的作用

红花水抽提液对肠管平滑肌主要呈兴奋作用，并对乙酰胆碱所致离体肠管痉挛有解痉作用。红花水抽提液对小鼠、豚鼠、兔、犬及猫的已孕或未孕离体子宫和在体子宫均显兴奋作用。小剂量可使子宫产生紧张性或节律性收缩；大剂量则使子宫紧张性和兴奋性增高，自动收缩率明显增强，甚至达到痉挛，尤其对已孕子宫的作用更加明显。在摘除卵巢小鼠的阴道周围注射红花水抽提液，可使其子宫重量明显增加，有雌激素样作用。

（三）红花的安全性

红花毒性低，不良反应轻微。红花水抽提液 lg/kg 小鼠腹腔注射无毒性反应，腹腔注射最小中毒量为 1.2g/kg，腹腔注射最小致死量为 2g/kg。小鼠腹腔注射 LD_{50} 为 （2.4±0.35）g/kg，灌胃为 20.7g/kg。红花醇提取物小鼠静脉注射的 LD_{50} 为 5.3g/kg。红花黄色素给小鼠静脉注射、腹腔注射、灌胃的 LD_{50} 分别为 2.35g/kg、5.49g/kg 和 5.35g/kg，当剂量增加至 7g/kg 腹腔注射或 9g/kg 灌胃时，小鼠则 100% 死亡。

临床应用红花制品一般无不良反应，少数病人偶然出现头晕、面部潮红、发热、皮疹和一过性荨麻疹等反应。

四、厚 朴 花

厚朴花（*Magnoliae Officinalis Flos*），为木兰科落叶乔木厚朴 [*Houpoea officinalis*（Rehder et E. H. Wilson）N. H. Xia et C. Y. Wu] 及其变种凹叶厚朴（*Houpoea officinalis* 'biloba'）的干燥花蕾供用。

（一）厚朴花的化学组成

厚朴花含厚朴酚（Magnolol）、和厚朴酚（Honokiol）及挥发油类成分。各地区样品中厚朴酚及和厚朴酚含量之和大都在 0.192%~0.650%（花蕾）。

（二）厚朴花的生物功效

1. 抗肿瘤作用

厚朴酚与和厚朴酚可以抑制新生血管及肿瘤生长，并且在有效剂量范围内能够被宿主很好地耐受，其作用机制是在人内皮细胞通过干扰血管内皮生长因子受体的磷酸化，来抑制血管生成。厚朴酚（10~40μmol/L）可抑制人肺鳞状癌 CH27 细胞的增殖，80~100μmol/L 时可诱导其死亡。厚朴酚（3~10μmol/L）能抑制人癌细胞（COLO-205 和 HepG2）的增殖，100μmol/L 时可使 COLO-205 和 HepG2 细胞出现凋亡。和厚朴酚在骨髓的微环境内能够抑制血管形成，并且能够杀死耐药的多发性骨髓瘤细胞。

2. 抑菌作用

厚朴酚与和厚朴酚具有明显抗真菌作用，对须癣毛癣菌、石膏状小孢霉、絮状表皮癣菌、黑曲霉、新生隐球菌、白色念珠菌的最低抑菌浓度均为 5~100μg/mL。厚朴酚对牙齿周围的 5

种口腔致龋菌具有很强的抑制作用，最低抑菌浓度低至 3.9μg/mL。

3. 抗炎作用

厚朴酚对小鼠体内 A23187 引起的胸膜炎具有很好的抗炎疗效，在 10mg/kg 剂量时可减轻 A23187 引起的蛋白质泄漏，A23187 引起的分叶核白细胞的渗透被厚朴酚抑制。同时，它减少了胸膜液体中的前列腺素和白三烯水平，在浓度为 3.7μmol/L 时还抑制由 A23187 引起的血栓素 B_2 和白三烯 B_4 的形成。

4. 抗溃疡作用

使用 5 种幽门螺杆菌属致病菌作为测试菌，30 种中国传统治疗胃溃疡植物的乙醇提取物进行活性测试，其中厚朴表现出明显的抗菌活性，其最低抑菌浓度接近 60.0mg/mL，显示厚朴具有抗胃溃疡作用。

五、益　母　草

益母草（*Herba Leonuri*）又称为苦低草、郁臭草、益母艾、旋风草，唇形科一年生或两年生草本植物益母草（*Leonurus japonicus* Houtt.）的地上部分。

（一）益母草的化学组成

生物碱是益母草属植物的有效成分，其中水苏碱含量较高，益母草碱含量较低。各器官中以叶中最高，茎次之，根中甚少。益母草含 10 余种二萜类化合物，除一种为赖桐烷型（Clerodanediter Penoids）外，其他均是半日花烷型双环二萜（Labdanediterpenoids），如前益母草素（Prehispanolone）、益母草素（Hispanolone）、前益母草乙素（Preleoheterin）、益母草乙素（Leoheterin）等。益母草的挥发油含量较低，为 0.05%~0.1%，如 1-辛烯-3-醇、反式石竹烯、泽草烯等成分。

（二）益母草的生物功效

1. 提高免疫力

益母草对伴刀豆球蛋白活化的 T 细胞有显著的促进增殖作用，对 B 细胞的分化无增强作用，提示益母草可能通过增强妇女机体的细胞免疫功能起到调补功效。给 14 名肺心病患者服用益母草与黄芪的水煎剂，每天一剂，连用 6 周，患者一般状态和心肺功能明显改善，外周血 T 细胞值明显上升，Tu 细胞百分率有所下降，Tr 细胞百分率提高，Tu/Tr 比下降达到正常范围，血清补体 C_3 水平上升明显。另外益母草水煎剂可明显提高小鼠淋巴因子活化杀伤细胞和自然杀伤细胞的活性，增强机体免疫功能。

2. 利尿作用

分别用生理盐水、益母草碱溶液、水苏碱溶液 2.5mL/100g 灌胃，测定尿液中 K^+、Na^+、Cl^- 含量。如表 9-33 所示，水苏碱能显著增加大鼠尿量，益母草碱也有一定效果，其作用均在 2h 内达到高峰。比较而言，水苏碱作用更加迅速，而益母草碱作用较为和缓。两种生物碱成分增加 Na^+ 的排出量，Cl^- 也有所增加而使 K^+ 的排出量减少。

表 9-33　　　　　　　水苏碱和益母草碱对大鼠尿量和尿液中离子浓度的影响

组别	各时段尿量/mL			总尿量/mL	Na^+/ppm	K^+/ppm	Cl^-/ppm
	2h	4h	6h				
生理盐水组	2.315± 1.437	1.450± 0.907	0.980± 0.901	4.745± 0.983	2895.0± 618.7	1593± 279	65.99± 8.28

续表

组别	各时段尿量/mL			总尿量/mL	Na$^+$/ppm	K$^+$/ppm	Cl$^-$/ppm
	2h	4h	6h				
水苏碱组	3.565± 1.230	1.015± 1.002	1.185± 0.789	5.765± 0.751 *	3097.2± 276.6	1452± 233	69.99± 10.22
益母草碱组	2.825± 0.957	1.235± 0.776	1.430± 0.743	5.490± 1.052	3120.0± 759.3	1310± 192 *	69.87± 11.32

注：与生理盐水组比较，* $P<0.05$。

3. 抑菌作用

益母草水溶液（1∶4）在试管内对许兰氏黄癣菌、羊毛状小芽孢癣菌、红色表皮癣菌、星形努卡氏菌等皮肤真菌均有不同程度的抑制作用。益母草对呼吸中枢有直接兴奋作用。对横纹肌有松弛作用，它配伍蝉蜕、紫苏叶，有恢复肾功能和消除蛋白尿的作用。

4. 抗炎镇痛作用

益母草能减轻二甲苯所致小鼠耳廓肿胀程度，明显减轻实验性大鼠子宫炎症，明显降低子宫炎症时其平滑肌上前列腺素 E_2 的含量，明显降低大鼠子宫平滑肌前列腺素 $F_{2\alpha}$ 的含量。益母草能升高大鼠体内孕激素水平，与对照组比有显著性差异，但对大鼠体内雌激素无明显的影响。另有试验表明，益母草胶囊各剂量组及强的松组均能显著抑制棉球肉芽肿，与阴性对照组比较，肉芽肿的重量明显减轻，有显著性差异，表明益母草胶囊具有抑制炎症增殖期反应的作用。

5. 抗血栓形成

益母草碱具有显著的直接扩张外周血管、增加血流量、抗血小板聚集活性等作用，可有效降低血液黏稠度和提高红细胞变形能力。益母草水提液对血管平滑肌的收缩反应与浓度有关，高浓度时可能主要阻滞电压依赖性钙通道，而低浓度时可能主要激动受体调控性钙通道。益母草通过减少血液有形成分的聚集和降低血黏度，可预防和抑制微小血管血栓形成。

6. 抗诱变作用

采用小鼠骨髓微核试验和精子畸形试验，结果表明益母草本身不能诱发小鼠骨髓微核和小鼠精子畸形，但在与醋酸铅一同给药时可使醋酸铅所诱导的畸形明显降低，说明益母草对小鼠遗传物质具有保护作用，即抗诱变作用。

（三）益母草的安全性

益母草注射液小鼠腹腔注射的 LD_{50} 为 610.97g/kg。兔皮下注射益母草总碱 30mg/kg 连续 2 周，对进食、排便、体重都没有影响。益母草碱蛙皮下注射的 MLD 为 0.4~0.6g/kg。

六、积 雪 草

积雪草（*Centellae Herba*），伞形科（*Umbelliferae*）积雪草属植物积雪草的干燥全草。

（一）积雪草的化学组成

积雪草主要含有三萜类、多烯炔类以及挥发油等成分。三萜类主要含有积雪草苷（Asiaticoside）、羟基积雪草苷（Madecassoside）、波热模苷（Asiaticoside）、波热米苷（Brahminoside）、参枯尼苷（Thankuniside）、异参枯尼苷（Isothankuniside）等三萜苷，以及积雪草酸

（Asiatic acid）、羟基积雪草酸（Madecassic acid）、波热米酸（Brahmin acid）等三萜酸类。积雪草挥发油成分，主要有石竹烯、长叶烯（Longifolene）、法呢烯（Farnesol）、榄香烯（Elemene）等。积雪草还含有积雪草糖（Centellose）、香草酸、丁二酸、二十六醇辛酸酯、胡萝卜烃类、内消旋肌醇（Meso-inositol）、山奈酚、叶绿素、异参枯酸甲酯（Methyc isothankunate）、β-谷甾醇等。

（二）积雪草的生物功效

1. 抗炎作用

取 180~250g SD 大鼠 50 只，雌雄各半，随机分为 5 组，全部植入棉球。给其中 4 组大鼠按 1mL/100g 剂量分别灌服 1.5mg/kg、3mg/kg 和 6mg/kg 积雪草总苷以及地塞米松 0.1mL/100g，对照组灌服 1mL/100g 的生理盐水，连续 7d，测定大鼠肉芽肿重量，结果如表 9-34 所示。

另取 50 只 18~22g 雄性小鼠 50 只，分为 5 组，给试验组小鼠分别按 0.1mL/10g 剂量灌服 3mg/kg、6mg/kg 和 12mg/kg 积雪草总苷以及地塞米松（0.1mL/10g），对照组灌服 0.1mL/10g 生理盐水，连续 5d，第 5 天用药后 1h，用二甲苯 0.3mg 涂抹于小鼠耳廓前后两面，2h 后切取小鼠耳片称量，计算肿胀度和肿胀抑制率，结果如表 9-35。

由表 9-34 可知，积雪草总苷可以明显抑制大鼠肉芽肿胀，且呈剂量依赖性。由表 9-35 可得，积雪草总苷可显著抑制二甲苯所致的小鼠耳廓肿胀，大剂量效果最好，中小剂量次之。

表 9-34　　　　　　　　　　积雪草总苷对大鼠棉球肉芽肿的影响

组别	n	剂量	肉芽肿重量/（mg/100g 体重）	
			左	右
对照组	10	—	0.35±0.13	0.35±0.13
小剂量组	10	1.5mg/kg	0.26±0.05	0.26±0.04
中剂量组	10	3mg/kg	0.25±0.05*	0.24±0.06*
大剂量组	10	6mg/kg	0.24±0.04*	0.22±0.05*
地塞米松组	10	0.1mL/100g	0.19±0.07**	0.22±0.05**

注：与正常组比较，* $P<0.05$，** $P<0.01$。

表 9-35　　　　　　　　　　积雪草总苷对二甲苯致小鼠耳廓肿胀的影响

组别	n	剂量	肿胀度/mg	肿胀抑制率/%
对照组	10	—	8.7±1.36	—
小剂量组	10	3mg/kg	3.05±1.59***	64.94
中剂量组	10	6mg/kg	2.50±1.15***	71.26
大剂量组	10	12mg/kg	2.10±1.22***	75.86
地塞米松组	10	0.1mL/10g	1.30±0.82***	85.06

注：与正常组比较，*** $P<0.001$。

2. 保护胃黏膜

给胃溃疡大鼠给药复方积雪草浸膏 16.4g/kg，大鼠胃溃疡愈合率达到了 99%，对组胺和毛果芸香碱引起的胃液分泌和胃蛋白酶都有一定的抑制作用。积雪草提取物可显著降低乙醇所致的胃黏膜损伤、髓过氧化物酶活性和丙二醛含量。对乙酸所致胃溃疡，50mg/kg 和 100mg/kg 积雪草提取物连续给药 14d，髓过氧化物酶和丙二醛含量也显著降低。而在培养液中加入 100μg/mL 的积雪草提取物，5%乙醇所致的小鼠胃黏膜损伤状况减轻。

3. 其他作用

羟基积雪草苷（纯度大于 95%）给缺血再灌注损伤兔用药，发现兔心肌梗死面积显著减小，心肌细胞凋亡数目明显减少，且呈剂量依赖性。

（三）积雪草的安全性

积雪草醇提取物腹腔注射大鼠的 LD_{50} 为 1.93g/kg。给大鼠腹腔注射 2g/kg 苷提取物不会引起大鼠的死亡，给小鼠、兔皮下注射 0.04~0.05g/kg 可产生中毒症状，但口服 1g/kg 兔和小鼠均能耐受。

七、车　前　草

车前草（*Herba plantaginis*），又名车前、牛舌草、猪耳菜等，多年生宿根草本，为车前科植物车前（*Plantago asiatica* Ledeb.）、大车前（*Plantago major* Linn.）、平车前（*Plantago depressa* willd）的干燥全草。

（一）车前草的化学组成

车前草含大量黏液质多糖——车前子胶，含 L-阿拉伯糖 20%，半乳糖 28%，葡萄糖 6%，甘露糖 2%，L-鼠李糖 4%，葡萄糖酸 31%及少量木糖和岩藻糖，主要以 β（1→4）糖苷键连接为主链，2、3 位含侧链。黄酮及其苷类，如木犀草素、高车前苷（Homoplantagin）、车前子苷（Plantagoside）、车前苷（Plantagin）等。环烯醚萜类成分，有桃叶珊瑚苷（Aucubin）、京尼平苷酸（Geniposidic acid）等。另有 2 个新的环烯醚萜类化合物，3,4-二羟基桃叶珊瑚苷和 6′-O-β-葡萄糖桃叶珊瑚苷等。三萜类化合物有熊果酸，乌苏酸等，其他还有生物碱、β-谷甾醇苷等成分。

（二）车前草的生物功效

1. 抗肿瘤作用

熊果酸具有较强的抗肿瘤活性，在癌发生的各个阶段均起作用，同时还具有抗突变、抗氧化和诱导癌细胞分化、增强细胞免疫力等作用。熊果酸可以抑制致癌剂如苯并芘、黄曲霉素 B_1 诱发的基因突变；可明显抑制组织型纤溶酶原激活剂对二甲基苯蒽的促癌作用，其机制是能阻断鸟氨酸脱羧酶引起的多胺枯竭，导致生长抑制，使细胞累积在 G_1 期并且出现分化。

2. 利尿作用

车前草乙醇提取物可抑制马肾脏 Na^+-K^+-ATP 酶活性，50%提取物抑制 Na^+-K^+-ATP 酶活性的量为 16.0μg/mL，可促进水、氯化钠、尿素与尿酸的排泄。用鼻饲导管给予小鼠 1g/kg 提取液，6h 后尿的输出量增加了（108±44）%，并且尿草酸浓度降低，肾钙含量显著下降，说明其有较强的抑制肾脏草酸钙结晶沉积的作用。车前草注射液还可引起家犬输尿管上端腔内压力增高，输尿管蠕动频率增加，尿量增加，表明有利尿作用。

3. 止咳平喘作用

车前苷作用于呼吸中枢，具有明显的镇咳作用，通过兴奋分泌神经可促进气管、支气管液及消化液的分泌，且无溶血作用。苯乙酰咖啡酰糖酯类化合物能够抑制腺苷酸磷酸二酯酶与

5-脂氧合酶，说明它们可能是车前镇咳抗炎活性的主要物质基础。

4. 心血管病防治作用

小剂量车前苷能使家兔心跳速度变慢，振幅加大，血压升高；大剂量可引起心脏麻痹，血压降低。10mg/L车前草可以抑制血栓素 B_2 和12-羟基二十碳四烯酸生成，从而抑制血栓生成以及预防动脉硬化、过敏性疾病。

八、茜　　草

茜草来源于茜草科多年生攀援草本植物茜草（*Rubia cordifolia* Linn.）及其同属种染色茜草（*Rubia tinctorum* Linn.）、滇茜草（*Rubia yunnanensis* Diels）、狭叶茜草（*Rubia truppeliana* Loes.）、披针叶茜草（*Rubia alata* Roxb.）、红花茜草（*Rubia haematantha* Airy Shaw）、大叶茜草（*Rubia schumanniana* Pritzel）、中华茜草（*Rubia chinensis* Regel et Maack）等草本植物的根部。性寒、味苦，归心、肝经。

（一）茜草的化学组成

茜草的功效成分主要有脂溶性的蒽醌及其苷类、萘醌及其苷类、水溶性环己肽类化合物。蒽醌及其苷类主要包括有茜草素（Alizarin）、茜草素苷（Ruberythric acid）、羟基茜草素（Purpurin）、异羟基茜草素（Xanthopurpurin）、茜黄素（Rubiadin）、亮黄素乙醚（Lucidin ether）、茜草酸（Munjistin）等。萘醌及其苷类主要含有大叶茜草素（Mollugin）、呋喃大叶茜草素（Furomollugin）、茜草内酯（Rubilactone）、茜草萘酸（Rubinanlic acid）和茜草萘酸苷等。

（二）茜草的生物功效

1. 抗氧化作用

茜草内酯具有维持心肌超氧化物歧化酶、谷胱甘肽过氧化物酶活性，降低脂质过氧化物丙二醛二醛产生的功能。通过建立大强度耐力训练大鼠模型，通过测定心肌线粒体 ATP 酶、超氧化物歧化酶、过氧化氢酶、谷胱甘肽过氧化物酶活性以及过氧化氢、脂质过氧化产物丙二醛的含量，研究茜草提取物对大强度耐力训练大鼠心肌线粒体的保护作用。茜草提取物可明显提高大鼠心肌线粒体在大强度耐力运动中的能量供给、抗氧化能力，防止心肌线粒体的氧化损伤，保证了运动中心脏的正常生理功能。

2. 抑制肿瘤作用

茜草科植物粗提取物对小鼠 Lewis 肺癌、肝癌的抑瘤作用明显，对肝癌的抑瘤作用优于阿霉素、塞替哌、5-氟尿嘧啶以及依托泊苷。茜草中的六肽化合物，即环己肽化合物是抗肿瘤的活性成分，可有效抑制小鼠白血病、腹水癌、肠癌、肺癌。采用体外细胞培养方法，观察茜草提取物对 HeLa 细胞的杀伤作用，如图9-2所示，茜草提取物对 HeLa 细胞生长有明显的抑制作用，IC_{50} 为 23.5μg/mL，其作用表现出时间依赖性，说明茜草提取物有直接细胞毒作用。

3. 扩张血管和解痉

茜草素苷 200mg/kg 可使试验性心肌梗死犬的冠状血流量增加，缩小心肌梗死范围，效果优于丹参注射液。

4. 护肝作用

茜草水-甲醇提取物对肝脏具有保护作用，小鼠口服提取物或生理盐水的对照试验表明，小鼠口服提取物能显著降低对乙酰氨基酚所引起的致死率并缓解其肝毒性，提取物也能明显降低四氯化碳所致的肝毒性。

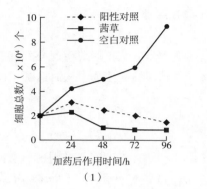 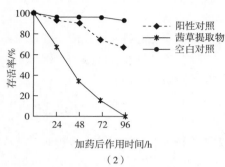

图 9-2 茜草提取物对 HeLa 细胞抑制率和存活率的影响

（三）茜草的安全性

小鼠灌服茜草煎剂 150mg/kg 无死亡现象，剂量增加至 175mg/kg，5 只动物中有 1 只死亡。茜草浸液腹腔注射小鼠 LD_{50} 为 （49±3.3） mg/kg。

九、淫 羊 藿

淫羊藿 （*Epimedii Folium*），又名大叶淫羊藿，为小檗科多年生草本植物淫羊藿 （*Epimedeum* L.） 及其他同属种的地上部分。

（一）淫羊藿的化学组成

淫羊藿的主要成分为黄酮、木酯素、生物碱和多糖，此外有棕榈酸、硬脂酸、油酸、亚麻酸等。总黄酮含量在 2%～4.16%，分别是宝藿苷-I、鼠李糖基淫羊藿次苷-II、箭藿苷 B、宝藿苷-II、大花淫羊藿苷 F 和大花淫羊藿苷 C。凡黄酮醇 8 位有异戊烯基是淫羊藿特征性成分。

（二）淫羊藿的生物功效

1. 增强免疫力

小鼠皮下注射淫羊藿多糖 （20～100mg/kg） 连续 7d，显著提高了腹腔巨噬细胞的吞噬能力，使原来免疫力低下的巨噬细胞吞噬能力恢复正常。小鼠皮下注射淫羊藿多糖 50mg/kg、总黄酮 25～50mg/kg，能显著提高血清溶血素抗体水平、脾脏抗体生成细胞数，并拮抗环磷酰胺所致的免疫力低下。淫羊藿苷 5～40μg/mL 能协同植物凝集素诱生白介素-2、白介素-3、白介素-6 的分泌，促进造血功能，提高自然杀伤细胞和淋巴因子活化细胞的杀伤能力。淫羊藿提取物对正常的、免疫低下的、肾功能不全的大鼠和小鼠的作用是通过影响巨噬细胞因子的分泌而调节免疫功能，对巨噬细胞分泌白介素-1 和肿瘤坏死因子具有双向调节作用。

给雄性小鼠隔日皮下注射半乳糖 40mg/kg 连续 68d，以构建亚急性衰老模型，同时给模型组小鼠灌胃藿黄酮 0.7g/kg，能显著恢复衰老小鼠 T 细胞和 B 细胞的增殖反应能力。

2. 促进性腺功能

对小鼠腹腔注射水浸剂 20～40mg/只，能增加前列腺、精囊的重量。给予小鼠煎剂 0.31mL/只，连续 10d，能显著增加血浆中睾酮含量，对促进性功能有明显作用。有研究发现经淫羊藿苷治疗后的勃起功能障碍大鼠的勃起功能显著改善，这与一氧化氮合酶的表达增加有相同的趋势，表明它可能通过恢复一氧化氮合酶的表达来改善勃起功能。还有发现它能提高阴茎海绵体内环磷酸鸟苷浓度，并表明对阴茎勃起的作用机制与其能提高海绵体平滑肌环磷酸鸟苷浓度而增强阴茎海绵体平滑肌松弛作用有关。

3. 抗骨质疏松

可以抑制破骨细胞的活性，促进成骨细胞的功能，使钙化骨形成增加，从而对抑制动物的骨质疏松具有积极的效用。发现淫羊藿总黄酮 75mg/kg、150mg/kg、300mg/kg，连续给药 30d，可降低模型大鼠的血清碱性磷酸酶（s-ALP）与 HIS-s-ALP，提高股骨 Ca、P 含量。300mg/kg 剂量组可增加血清钙含量。另有研究表明淫羊藿抑制骨转换较弱，并不抑制因骨吸收增加所致偶联骨形成增加。如果联用雌激素，发挥较强的抑制骨转换作用，对增加骨量可能有协同作用；同时它具有雄激素样作用，可对抗雌激素的毒副作用。

4. 对心血管系统的保护作用

淫羊藿提取物能降低麻醉犬总外周血管阻力和左室舒张末期压，增加冠状动脉血流量、心输出量、每搏输出量、心肌收缩参数、心肌舒张参数、心指数和心搏指数，即能改善麻醉犬血流动力学。另有从分子水平研究证实了淫羊藿苷促进骨髓粒细胞及巨噬细胞集落形成，提高小鼠的造血功能。淫羊藿苷可诱导机体产白介素-22、白介素-23、白介素-26 等，作用于骨髓多能干细胞，促使血细胞增殖、分化、成熟，对机体造血功能有重要作用。

（三）淫羊藿的安全性

浸膏腹腔注射小鼠测得 LD_{50} 为 36g/kg。

十、泽　　兰

泽兰（*Lycopi Herba*）又名地瓜苗、地笋、地石蚕、蛇王草等。为唇形科（*Labiatae*）多年生草本植物毛叶地瓜儿苗。

（一）泽兰的化学组成

泽兰主要含有挥发油（约 0.8%）、葡萄糖苷、鞣质、黄酮苷、酚类、皂苷、氨基酸、有机酸、水苏糖、半乳糖、果糖、泽兰糖（Lycopose）、棉籽糖等。泽兰含三萜类及酚酸类，主要有 β-谷甾醇、桦木酸、熊果酸、乙酰熊果酸、胆甾酸、齐墩果酸、2α-熊果酸、胡萝卜苷、原儿茶醛、原儿茶酸、咖啡酸、迷迭香酸、木犀草素-7-O-葡萄糖醛苷、香茶菜素（Rabdosi-in）等。泽兰具有较丰富的脂肪酸，其中亚麻酸含量 24%。

（二）泽兰的生物功效

1. 促进消化系统功能

兔腹腔注射发现其有促进肠胃蠕动的作用。此外，泽兰对大鼠有显著的利胆作用，并使给药后胆汁中的胆固醇、胆红素的排出总量有所增加，有利于防治胆结石。

2. 防止肝硬化

对 CCl_4 所致小鼠的肝硬化，泽兰灌胃给药能显著地对抗其肝硬化的形成，对生化指标则显著降低血清谷草转氨酶，显著升高血清甘油白蛋白，并显著降低血清甘油三酯，结果表明，泽兰具有抑制肝脏胶原纤维增生、降低 CCl_4 中毒大鼠血清谷草转氨酶和有效地对抗肝损伤、肝纤维化及肝硬化的作用，并可纠正肝损伤过程中肝脏出现的多种异常病变和肝功能异常。

3. 降低血脂

灌服泽兰 1g/kg，连续 4d，能明显降低正常家兔血清总胆固醇和甘油三酯水平；对实验性高血脂大鼠升高的血清甘油三酯，也有降低作用。

4. 改善血液微循环

腹腔注射泽兰，可使血瘀症家兔耳廓微循环明显改善，能扩张血管管径，使血流速度明显加快，从粒摆、粒缓流变为粒线流、粒流，血中红细胞团块变小、变少；对于正常家兔球结膜微循环，泽兰腹腔给药可增加功能毛细血管的开放数目，说明其具有扩张小血管的作用。

5. 镇痛、镇静作用

对醋酸引起的小鼠扭体反应有显著的抑制作用；对热板引起的后足痛有明显抑制作用；对小鼠的自发活动有显著的抑制作用，以 5.0~10.0g/kg 尤为显著。

十一、佩　兰

佩兰（*Eupatorii Herba*）来源于菊科多年生草本植物兰草的茎叶。

（一）佩兰的化学组成

佩兰主要含有三萜类物质和挥发油，全草含挥发油 0.5%~2%，主要包括对-聚伞花素、乙酸橙花酯、5-甲基麝香草醚、菖蒲烯酮、长叶烯、胡萝卜烯、百里香酚甲醚、荜澄茄油烯醇、α-琼脂呋喃、匙叶桉油烯醇、冰片烯、延胡索酸、琥珀酸等。佩兰叶含香豆精、邻-香豆酸、麝香草氢醌，佩兰叶及花中尚含蒲公英甾醇棕榈酸酯、蒲公英甾醇乙酸酯、蒲公英甾醇等，佩兰根中含兰草素，佩兰全草含有双稠吡咯啶生物碱。佩兰还含三萜类物质，主要成分为 β-香树脂醇（β-Amyrin）的棕榈酸酯、乙酸酯等酯类，蒲公英甾醇（Taraxasterol）及其脂肪酸酯类，以及豆甾醇等。另有研究测得佩兰的主要成分是冰片烯，鲜佩兰的冰片烯含量为 63.65%，干品只含 0.13%。

（二）佩兰的生物功效

1. 增强免疫力

给患者挂佩兰香囊 14d 后，（sIgA）浓度提高了 4 倍，停用 7d 后其浓度比对照的高 1 倍左右，而 sIgA 是呼吸道黏膜表面分泌的一种免疫球蛋白，它能抗菌、抗病毒和抗毒素，保护呼吸道黏膜，防止有害物质侵入机体，因而说明佩兰的挥发性物质有增强机体免疫力的作用。

2. 抗肿瘤作用

倍半萜内酯及黄酮类在体外试验均具有抗癌活性，佩兰挥发油中的倍半萜烯类组分及萜醇类组分相对含量较高，因此佩兰被广泛认为是一种有发展前景的抗肿瘤植物。另在中药治疗肿瘤方案中，对肝癌及胃肠道、泌尿生殖系统的肿瘤也使用佩兰来化湿解毒。

3. 抗菌抗病毒

挥发油所含的伞花烃、醋酸橙花醇脂、5-甲基麝香草醚 B$_1$ 等直接抑制流感病毒。佩兰水煎剂对白喉杆菌、金黄色葡萄球菌、八叠球菌、变形杆菌、伤寒杆菌等有抑制作用。有人发现用佩兰水蒸馏液治夏季感冒疗效较好，而且可以预防感冒，提高呼吸道的免疫力。

4. 治疗肠炎和腹泻

佩兰可治疗婴幼儿轮状病毒性肠炎和婴儿腹泻。用中药汤剂佩兰饮治疗轮状病毒性肠炎74 例，与常规西药对照组进行比较，治疗组在止泻时间、粪便轮状病毒抗原转阴率等方面的作用明显优于对照组。

5. 祛痰作用

佩兰挥发油中所含的对-聚伞花烃对小鼠进行酚红法试验，表明其祛痰作用明显。

6. 抗炎作用

佩兰挥发油给小鼠灌胃或腹腔注射，其对巴豆油引起的小鼠耳廓炎症有明显的抑制作用，其作用强度随剂量增加而增强。在等毒性剂量下，鲜品挥发油的抗炎作用比干品挥发油强。佩兰也经常出现在治疗肝炎、咽炎等其他炎症的复方中。

（三）佩兰的安全性

佩兰能引起牛羊慢性中毒，侵害肾、肝而生糖尿病。鲜叶或干叶的醇浸出物含有一种有毒成分，具有急性毒性，家兔给药后，能使其麻醉，甚至抑制呼吸，使心率减慢，体温下降，血糖过多而引起糖尿等症。口服佩兰能引起小鼠动情周期暂停，排卵受到抑制。小鼠灌服鲜、干品挥发油的 LD_{50} 分别为 $3.018\pm0.047mL/kg$、$2.703\pm0.039mL/kg$。

十二、蒲　黄

蒲黄，又名蒲棒花粉、蒲草黄，香蒲科（*Typhaceae*）香蒲属植物蒲黄的干燥花粉，全世界上共有 18 种，我国有 10 种。目前对蒲黄的研究，主要集中在宽叶香蒲（*Typha latifolia*）、狭叶香蒲（*T. angustifolia* L.）、长苞香蒲（*T. angustata* Bory et Chaub.）、东方香蒲（*T. orientalis* Presl）和蒙古香蒲（*T. davidiana* Hand. -Mazz.）等几个种上。

（一）蒲黄的化学组成

不同种类的蒲黄具有不同的活性成分。狭叶香蒲主要含黄酮类物质，如香蒲新苷（Typhaneoside）、槲皮素、山奈酚、异鼠李素、柚皮素等。甾醇类物质主要含 β-谷甾醇、β-谷甾醇葡萄糖苷、β-谷甾醇棕榈酸酯。宽叶香蒲含有的黄酮类化合物，除槲皮素、柚皮素、异鼠李素、香蒲新苷外，还含有水仙苷、山奈酚-3-O-新橙皮糖苷等。

（二）蒲黄的生物功效

1. 对心血管系统的作用

取杂种犬 24 只，随机分为 4 组，制备成心肌梗死模型。对这 4 组分别用药地奥心血康胶囊 50.0mg/kg、蒲黄总黄酮 5.0mg/kg 和 10.0mg/kg，另设对照组。由表 9-36 可知，两种剂量的蒲黄总黄酮都能明显降低 Cu 水平，显著增加 Zn 和 Ca 的水平，对急性心肌缺血具有显著的保护作用。高剂量组的蒲黄总黄酮可使心肌细胞超微结构明显好转，肌膜变得完整，肌丝排列整齐，肌节各带清晰可见，线粒体机构也基本正常。从长苞香蒲花粉中提取的水仙苷能增加小鼠心肌 Rb 摄取率，明显保护垂体后叶素诱发的大鼠心肌缺血。

表 9-36　　　　　蒲黄总黄酮对心肌梗死犬血清中 Cu、Zn、Ca 的影响

组别	剂量/（mg/kg）	质量浓度/（mg/L）		
		Cu	Zn	Ca
对照组	—	132.45±22.49	101.35±9.87	6754.1±634.34
地奥心血康胶囊组	50.0	105.17±16.15*	121.45±8.32*	7541.5±569.87*
蒲黄总黄酮组	5.0	109.33±18.87*	128.54±10.51*	7720.6±648.37*
	10.0	94.44±15.07*	136.98±7.55*	9047.3±740.41**

注：与对照组比较 * $P<0.05$，** $P<0.01$。

给动脉血栓模型大鼠灌胃给药 1g/kg、2g/kg 和 4g/kg 的蒲黄水煎剂，每天 1 次，连续 7d，发现三种剂量都可显著抑制血栓的形成、改善全血黏度，且呈剂量依赖性。

2. 抗动脉粥样硬化

给兔灌胃含 0.1g/mL 和 0.2g/mL 生药的蒲黄悬液 10mL，并饲喂高脂饲料，对照组饲喂高脂饲料，正常组饲喂普通饲料，持续 12 周，测定总胆固醇、甘油三酯、低密度脂蛋白胆固醇和总胆固醇/高密度脂蛋白胆固醇含量。由表 9-37 发现，两种剂量的蒲黄悬液都能显著的降低总胆固醇、甘油三酯、低密度脂蛋白胆固醇和总胆固醇/高密度脂蛋白胆固醇含量，对高密度脂蛋白胆固醇无明显影响，且高剂量组效果更优。给动脉粥样硬化模型兔饲喂蒲黄花粉，兔的肺泡巨噬细胞的吞噬百分比和吞噬指数显著提高，主动脉病变面积小，程度轻，主动脉壁中胆固醇的含量少，对主动脉壁脂质的清除及病灶的修复有很好的作用。

表 9-37 蒲黄对血清总胆固醇、甘油三酯、高密度脂蛋白胆固醇、低密度脂蛋白胆固醇的影响

组别	数量/只	总胆固醇	甘油三酯	高密度脂蛋白胆固醇	低密度脂蛋白胆固醇
高剂量组	10	3.39±0.89**	0.33±0.21*	2.46±0.55	0.70±0.21**
低剂量组	9	3.27±0.58**	0.29±0.06*	1.96±0.30*	0.56±0.24
对照组	9	3.18±0.59**	0.28±0.07**	1.67±0.31*	0.49±0.24
正常组	10	1.84±0.34**	0.34±0.20	1.19±0.33*	0.56±0.18*
模型组	8	5.66±1.05	0.51±0.30	2.78±0.54	1.37±0.98

注：与模型组比较，* $P<0.05$，** $P<0.01$。

3. 对子宫和胃平滑肌作用

随机选取大鼠 15 只，腹腔注射 1.6g/kg、3.2g/kg、4.8g/kg、5.6g/kg 和 8.0g/kg 的蒲黄水煎剂（1g/mL），每次试验一种浓度，间隔 72h，每次用药前记录 10min 等量生理盐水腹腔注射后的子宫肌电爆发波（频率、持续时间及峰面积），用药后再记录 50min。由表 9-38 可知，几种剂量的蒲黄水煎剂均可使大鼠子宫肌电不同程度的增强，爆发波频率加快，持续时间也延长，峰面积增大。

表 9-38 腹腔注射蒲黄水煎剂后大鼠子宫肌电爆发波变化

指标	对照	1.6g/kg	3.2g/kg	4.8g/kg	5.6g/kg	8.0g/kg
持续时间/s	3.56±1.46	6.26±3.61**	7.98±2.97***	7.60±3.96**	8.82±3.53***	8.68±2.69**
峰面积	0.38±0.19	0.51±0.24**	0.64±0.35**	0.74±0.49**	0.73±0.28**	0.79±0.38**
频率/（N/min）	0.50±0.24	0.68±0.19**	0.84±0.44**	0.95±0.38***	0.78±0.24**	0.81±0.32**

注：与对照组比较，* $P<0.05$，** $P<0.01$，*** $P<0.001$。

4. 抗肿瘤作用

给 Lewis 肺癌荷瘤模型小鼠灌服给药蒲黄水提物 50mg/kg、100mg/kg 和 200mg/kg，每天一次，持续 14d，割取胸腺、脾脏、肿瘤称重，发现 3 个剂量组对 Lewis 肺癌植瘤的生长均具有明显的抑制作用，细胞周期出现不同程度的周期阻滞，肿瘤细胞凋亡率分别为 5.73%、20.76% 和 4.55%。

（三）蒲黄的安全性

给小鼠静脉注射蒲黄煎剂、总黄酮提取物、有机酸提取物和多糖提取物，LD_{50} 分别为（10.15±1.06）g/kg、（2.23±0.13）g/kg、（4.06±0.42）g/kg 和（244.3±46.1）mg/kg。给小鼠腹腔注射的 LD_{50} 为 35.57g/kg。给小鼠静注蒲黄醇提取物 500mg/kg，未见小鼠死亡。

十三、大　蓟

大蓟（*Cirsii japonici Herba Carbonisata*）别名将军草、牛口刺、马刺草等，为菊科植物大蓟的全草或根。气微，味甘、微苦。

大蓟鲜叶含柳穿鱼苷（Pectolinarin），地上部分含有 φ-蒲公英甾醇乙酸酯（φ-Taraxasteryl acetate）、β-香树脂醇乙酸酯（β-Amyrin acetate）、三十二烷醇、豆甾醇、β-谷甾醇和柳穿鱼素（Pectolinari-genin）等。大蓟根含挥发油，包括单紫杉烯（Aplotaxene）、二氢单紫杉烯、四氢单紫杉烯、六氢单紫杉烯、1-十五碳烯（1-Pentadecene）、香附子烯、丁香烯、罗汉柏烯和 α-雪松烯等。大蓟根中还含蒲公英甾醇乙酸酯、φ-蒲公英甾醇乙酸酯和菊粉等。

传统中医认为大蓟归心经、肝经，有凉血止血、祛瘀消肿的功效。现代研究表明，大蓟有降血压、抑制人结核杆菌、脑膜炎球菌、白喉杆菌的作用。

大蓟不宜用于泄泻、血虚、脾胃弱的人群，也有少数患者服用后出现胃内不适或恶心等胃肠道反应，如有不适即停用。

十四、蒺　藜

蒺藜（*Tribulus terrestris* L.），又名白蒺藜、刺蒺藜，为蒺藜科（*Zygophyllaceae*）蒺藜属植物，具有明目、利尿、止痒之功效。

（一）蒺藜的化学组成

蒺藜含有生物碱、黄酮、皂苷等活性成分，其中生物碱有哈尔醇（Harmol）、哈尔明（Harmine），而种子中含有哈尔满（Harman）。黄酮类物质主要有槲皮素、山柰酚，异鼠李素及山柰酚-3-芸香糖苷等。蒺藜果实中含有丰富的皂苷，如刺蒺藜苷（Tribuloside）、薯蓣皂苷元（Diosgenin）、延龄草苷（Trillium glycoside）、薯蓣素、原薯蓣苷、绿莲皂苷元、3-脱氧薯蓣皂苷元、海柯皂苷元等。

（二）蒺藜的生物功效

1. 降血糖、血脂

取正常雄性小鼠 20 只，给药组按 6.5g/kg 每天灌胃蒺藜水煎剂，对照组给予等体积的生理盐水，持续 7d，观察血清葡萄糖和血脂变化，得表 9-40 所示结果。

再取 20 只小鼠，给药组按 8g/kg 每天灌胃蒺藜水煎剂，对照组灌服等体积生理盐水，持续 21d，禁食 12h 后，尾静脉取血测血清葡萄糖值，作为 0min 时血糖值，再给小鼠按 2g/kg 腹腔注射 L-α-丙氨酸，测定 60min 时血清葡萄糖、肝糖原含量及糖异生后 60min 时的甘油三酯和胆固醇含量，得表 9-39 所示结果。

表 9-39　　　　　　不同给药次数对正常禁食小鼠血糖、血脂的影响

组别	小鼠数/只	剂量/（g/kg）	血清葡萄糖/（mmol/L）		胆固醇/（mmol/L）	血清甘油三酯/（mmol/L）
			2h	7d	7d	7d
对照组	10	—	7.478±0.532	7.241±1.661	1.718±0.44	0.940±0.182
给药组	10	6.5	6.809±0.988	4.386±1.084 **	1.374±0.273	0.628±0.170 **

续表

组别	小鼠数/只	剂量/（g/kg）	血清葡萄糖/（mmol/L）		胆固醇/（mmol/L）	血清甘油三酯/（mmol/L）
			2h	7d	7d	7d
降糖率/%			12.21	39.43	20.02	33.19

注：与对照组相比，* P<0.05，** P<0.01，下表同。

表 9-40　　　　　　　　　蒺藜水煎剂对糖异生小鼠血糖和脂代谢的影响

组别	小鼠数/只	剂量/（g/kg）	血清葡萄糖水平/（mmol/L）		糖异生率/%	肝糖原含量/（mg/100g鲜肝重）	血清甘油三酯/（mmol/L）	胆固醇/（mmol/L）
			0min	60min				
对照组	10	—	8.666± 1.199	9.921± 2.230	14.48	117± 54.80	1.434± 0.427	1.730± 0.231
给药组	10	8.0	6.921± 0.958**	7.032± 1.368**	1.6	338± 73.47	1.035± 0.219**	1.261± 0.167**

由表 9-39 可知，蒺藜水煎剂一次给药和连续 7d 给药，都能显著降低正常禁食小鼠的血清葡萄糖和甘油三酯含量，但一次给药没有显著性差异。由表 9-40 可知，蒺藜水煎剂能明显降低血清甘油三酯含量，对胆固醇含量也有显著降低作用。

2. 抗肿瘤作用

用 25mg/L、50mg/L 和 100mg/L 蒺藜果总皂苷对人肝癌细胞 BEL7402 作用，48h 后，该细胞蛋白含量明显降低，抑制率分别达到了 11.4%、40.7% 和 81.0%，凋亡细胞分别占细胞总数的 5.78%、16.15% 和 48.54%。蒺藜果总皂苷对人乳腺髓样细胞株 Bcap-37 作用 1d，40μg/mL、60μg/mL 和 80μg/mL 使 Bcap-37 细胞蛋白质含量分别减少了 28.1%、51.0% 和 62.7%，且细胞数量也明显减少，分布稀疏，细胞变圆，细胞核固缩、浓聚。蒺藜果总皂苷对 Bcap-37 细胞增殖具有剂量依赖性，随浓度的上升而增强，IC_{50} 为 48.8μg/mL。25～500mg/L 的蒺藜果总皂苷对人肾透明细胞癌 786-O 具有显著抑制作用，随浓度升高抑制作用增强。

3. 改善性功能

给雄性大鼠灌服蒺藜，可促进精子形成，增强性反射和性欲；给雌性大鼠灌服，其生殖能力得到提高，0.24g/kg 连续 14d，蒺藜果总皂苷可以增加小鼠子宫和卵巢的重量。临床上，对于女性可改善卵巢功能，有效改善不孕症；对男性，则可增加精子的数目和运动。

4. 对心血管系统作用

蒺藜果总皂苷 31.2mg/kg、20.8mg/kg 和 10.4mg/kg 都可显著抵抗垂体后叶素所致急性心肌损伤大鼠的心率减慢。对电阻法阻断大脑一侧中动脉造成的局灶性脑缺血大鼠用药蒺藜果总皂苷，31.2mg/kg、20.8mg/kg 和 10.4mg/kg 均可显著减少脑梗死面积，抑制血瘀大鼠血小板的凝集率，延长血瘀大鼠的凝血时间。6.26mg/kg、12.52mg/kg 和 25.0mg/kg 的蒺藜果总皂苷，均可显著降低结扎冠脉所致急性心肌梗塞麻醉犬的血清酶含量，缩小心肌梗塞面积和缩小缺血范围。临床治疗冠心病 150 例，对胸闷、胸痛和心悸治疗的有效率达到了 88.67%。给兔饲喂高脂饲料制备动脉粥样硬化模型，而后对其给药蒺藜果总皂苷 6.3mg/kg、12.6mg/kg 和 25.6mg/kg，发现主动脉内皮细胞脱落有部分修复，脂质沉积和弹力板断裂有所减少，大剂量组效果更明显。

5. 抗血栓作用

取 120 只大鼠，随机分为 15 组，雌雄各半，对大鼠按 1mL/100g 分别灌胃给药 50mg/kg、100mg/kg 和 200mg/kg 的蒺藜果总皂苷以及 40mg/kg 的阿司匹林，另设对照组，每天 1 次，连续 7d，对大鼠动脉血栓、静脉血栓和脑血栓形成进行试验，测定相应指标。由表 9-41 可知，200mg/kg 能延长大鼠动脉血栓的形成时间，降低静脉血栓干重，减少脑血栓形成后伊文思蓝渗出量。

表 9-41　　　　不同剂量蒺藜果总皂苷对大鼠动脉血栓、静脉血栓和脑血栓的影响

组别	剂量/（mg/kg）	动脉血栓形成时间/s	静脉血栓干重/mg	脑血栓透光率/脑重/g^{-1}
对照组	—	382.1±56.3	3.62±1.10	58.3±12.1
蒺藜果总皂苷低剂量组	50	424.6±61.3	3.02±0.84	38.2±10.3
蒺藜果总皂苷中剂量组	100	491.7±73.5[**]	2.94±0.73	40.4±9.8
蒺藜果总皂苷高剂量组	200	490.8±41.3[**]	2.45±0.82[*]	39.2±7.3[*]
阿司匹林组	40	483.2±56.7[**]	3.05±0.69	42.1±8.5[*]

注：与对照组比较，[*] $P<0.05$，[**] $P<0.01$，[***] $P<0.001$。

（三）蒺藜的安全性

给小鼠口服蒺藜皂苷的 LD_{50} 为（4.49±0.027）g/kg，腹腔注射蒺藜石油醚-乙醇提取物的 LD_{50} 为 56.4mg/kg。50mg/kg 的蒺藜石油醚-乙醇提取物可使大鼠产生持续性惊厥。给大鼠服用 2g/kg 蒺藜皂苷连续 30d，小鼠的肝功能、血象、心、肝、脾、肺、肾等未见明显改变，且无蓄积作用。

十五、墨 旱 莲

墨旱莲（Ecliptae Herba），菊科（Asteraceae）醴肠（Ecliptaprostrata L.）的干燥地上部分。

（一）墨旱莲的化学组成

墨旱莲中主要含皂苷，如刺囊苷（Eclalbasaponins）Ⅰ~刺囊苷Ⅻ。墨旱莲噻吩类分别为单噻吩、二联噻吩和三联噻吩，黄酮类物质含芹菜素、木樨草素、槲皮素等。挥发油含有 δ-愈创木酚、新二氢香芹醇、6,10,14-三甲基-2-十五酮、二表香松烯-1-氧化物、十六烷酸、环氧石竹烯等。

（二）墨旱莲的生物功效

1. 免疫抗炎作用

取 30 只小鼠随机分为 3 组，按 4mg/kg 和 8mg/kg 给小鼠灌胃墨旱莲乙酸乙酯提取物 0.2mL/10g，每天 1 次，持续 6d，测定小鼠外周血 CD4[+] 和 CD8[+] 细胞亚群比例，迟发型超敏反应和伴刀豆球蛋白刺激的淋巴细胞增殖反应情况，由表 9-42 可知，两个剂量都可显著降低 CD4[+] 细胞亚群的数量和抑制伴刀豆球蛋白刺激的淋巴细胞增殖，大剂量能显著提高 CD8[+] 细胞亚群的数量，显著抑制小鼠的迟发型超敏反应值。

表 9-42　墨旱莲乙酸乙酯对 CD4+ T 细胞、 CD8+T 细胞、迟发型超敏反应和伴刀豆球蛋白的影响

组别	剂量/（mg/kg）	CD4+ T 细胞/%	CD8+T 细胞/%	CD4+/ CD8+	足跖厚度/mm（对迟发型超敏反应影响）	吸光度/570nm（对伴刀豆球蛋白影响）
对照组	—	0.40±0.02	0.16±0.02	2.56±0.28	0.37±0.07	0.38±0.03
低剂量组	8	0.35±0.03**	0.14±0.02*	2.63±0.41	0.35±0.04	0.36±0.02*
高剂量组	16	0.31±0.02**	0.18±0.02*	1.73±0.20**	0.19±0.07**	0.32±0.02**

注：与对照组比较，* $P<0.05$，** $P<0.01$。

　　8mg/kg、16mg/kg 和 20mg/kg 的墨旱莲乙酸乙酯均可显著降低正常小鼠的脾指数和炭粒廓清指数 K 及校正廓清指数，从而抑制单核巨噬细胞系统的功能；20mg/kg 的墨旱莲乙酸乙酯还可以明显抑制小鼠溶血素的形成和降低胸腺指数。墨旱莲水煎剂可增强小鼠的细胞免疫和非特异性免疫功能，对体液免疫无明显作用。墨旱莲还有双向调节作用，对环磷酰胺组脾细胞产生的白介素-2 有提高作用，对硫唑嘌呤有抑制作用。墨旱莲水煎剂还可以通过抑制白细胞游走、抑制前列腺素 E 合成和释放等途径抑制多种致炎剂引起的急、慢性炎症和炎症后期的肉芽组织增生。

　　2. 抗蛇毒作用

　　取 3 组大鼠，每组 10 只，给各组大鼠的左足跖皮下注射 0.15mg/mL 的短尾蝮蛇毒液 1mL，分别给药墨旱莲（15g/kg）和地塞米松（1mg/kg），对照组给予相同体积的生理盐水，测量各组大鼠足跖容积（表 9-43）。另取 3 组小鼠，试验组分别为短尾蝮蛇毒（1mg/kg）与墨旱莲（10g/kg）混合液皮下注射和短尾蝮蛇毒（1mg/kg）与依地酸二钠 1.1mg/kg 混合液皮下注射，对照组为短尾蝮蛇毒（1mg/kg）皮下注射，注射量均为 0.4mL/只，2h 后测定大鼠皮下出血面积，得表 9-44 所示结果。

表 9-43　墨旱莲提取液灌胃对短尾蝮蛇毒引起大鼠左后足跖肿胀的影响

组别	剂量	致炎后的足跖容积/mL					
		1h	2h	3h	4h	5h	24h
对照组	—	0.83±0.11	1.15±0.01	0.89±0.12	0.79±0.11	0.51±0.02	0
墨旱莲组	15g/kg	0.69±0.09	0.48±0.12**	0.50±0.09*	0.48±0.12*	0.33±0.03	0
地塞米松组	1mg/kg	0.70±0.05	0.75±0.08**	0.62±0.10*	0.51±0.11*	0.37±0.10	0

注：与对照组比较，* $P<0.05$，** $P<0.01$。

表 9-44　墨旱莲与短尾蝮蛇毒体外混合后注射对蛇毒引起小鼠皮下出血的影响

组别	出血面积/cm²	抑制率/%
短尾蝮蛇毒组	6.45±1.02	—
墨旱莲+短尾蝮蛇毒组	1.82±0.32**	71.8
EDTA-Na₂+短尾蝮蛇毒组	0.12±0.06**	98.1

注：与短尾蝮蛇毒组比较，** $P<0.01$。

由表 9-43 可知，墨旱莲可显著降低短尾蝮蛇毒引起的大鼠左后足跖肿胀程度，最大抑制率达到了 58.2%，作用与药物地塞米松相似。由表 9-44 可知，墨旱莲可显著地抑制短尾蝮蛇引起的小鼠皮下出血症状，抑制率达到了 71.8%。将短尾毒蛇液换做蛇岛蝮蛇毒、白眉蝮蛇毒和尖吻蝮蛇毒，墨旱莲对小鼠足跖肿胀的最大抑制率分别为 56.8%、48.6% 和 61.9%，对皮下出血的抑制率分别为 60.0%、63.0% 和 67.8%。

3. 保肝作用

给醋氨酚诱发的肝脏损伤小鼠，按 10mL/kg 灌服墨旱莲水煎剂提取物、50% 乙醇提取物和乙酸乙酯提取物，每天 1 次，持续 7d，发现醋氨酚诱发的小鼠血清谷丙转氨酶和血清谷草转氨酶升高均有所降低，呈现不同的保肝作用，且 50% 乙醇提取物效果最强。

4. 止血作用

按 5mg/g、10mg/g 和 20mg/g 给小鼠灌胃墨旱莲水煎剂，发现几种剂量都能显著缩短凝血酶原时间、部分凝血活酶时间，升高纤维蛋血原含量和血小板数量，减少胃黏膜出血点数。

（三）墨旱莲的安全性

小鼠灌胃给药墨旱莲的 LD_{50} 为（163.4±21.4）g/kg。5g/kg 的墨旱莲水提取液给小鼠灌胃给药，连续 7d，小鼠骨髓多染红细胞和有核细胞的微核率均未增加，表明墨旱莲对染色体无诱变作用。

十六、木　　贼

木贼（Horse tail, *Equisetum hyemale* L.）又名木贼草、锉草、节骨草、无心草，是多年生常绿草本植物。

（一）木贼的化学组成

木贼挥发油中含量较高的依次为 2-甲氧基-3-（1-甲基乙基）-吡嗪、十五烷、9-辛基-十七烷，相对含量分别为 11.82%、7.99%、5.61%。咖啡酸、阿魏酸、延胡索酸、戊二酸甲酯、对羟基苯甲酸、香草酸、对甲氧基肉桂酸、间甲氧基肉桂酸都是木贼中酚酸类的主要成分，木贼中也能分离得到异槲皮苷酸等物质。黄酮类成分含山柰素、槲皮素、芹菜素、木犀草素、山柰酚-7-*O*-β-D 葡萄糖苷，山柰酚-3-芸香糖-7-葡萄糖苷、山柰酚-3,7-双葡萄糖苷等。木贼还含有一些生物碱成分，如犬问荆碱、烟碱。

（二）木贼的生物功效

1. 降压作用

木贼醇提物对小鼠有明显持久的降压作用，降压机制与 M 胆碱反应有关。其 5~15g/kg 腹注麻醉猫，血压平均下降 30%~40%，持续 2~4h，作用效果与剂量相关。

2. 镇痛镇静作用

木贼的有效成分为脂肪酸及其酯，试验显示乙醚提取物的镇痛作用比水提物和乙醇提取物强。醇提取物分别灌胃 20g/kg，40g/kg，能明显拮抗戊巴比妥钠对中枢神经系统的抑制作用并延长小鼠的睡眠时间，有镇静作用。

3. 对心血管系统的作用

注射液 1~2mL/kg 对家兔离体血管有明显扩张作用，还有预防实验性家兔动脉粥样硬化斑块形成的作用。醇提取物能增加离体豚鼠心脏冠脉流量。木贼 100% 提取物 0.2mL/kg 静脉注射对垂体后叶素引起的 T 波升高和心率减慢有一定的对抗和缓冲作用。

4. 抗血栓作用

木贼能抑制血小板聚集和 5-羟色胺从血小板中释放。阿魏酸在 0.4~0.6mg/mL 能抑制 ADP 和胶原诱导的大鼠小板聚集，静注阿魏酸钠盐 0.2g/kg 和 0.1g/kg，分别抑制二磷酸腺苷和胶原诱导的大鼠血小板聚集。用 ^{3}H-5-羟色胺标记血小板，观察血小板聚集和释放反应的关系，发现阿魏酸钠 1~2mg/mL，对凝血酶诱导的血小板聚集有明显抑制，同时也抑制 ^{3}H-5-羟色胺从血小板中释放。有研究发现，按 1.0g/kg、3.0g/kg、10g/kg 的木贼提取物给大鼠灌胃，均能抑制二磷酸腺苷诱导的大鼠血小板聚集，并能减轻血栓的重量。其作用机制可能是通过抑制血小板活化和抑制凝血酶活性等环节而起到抗血小板聚集和抗血栓形成的作用。

5. 抗菌、抗病毒

咖啡酸在体外有广泛的抑菌作用，但在体内能被蛋白质灭活。在体外有抗病毒活性，对牛痘和腺病毒抑制作用较强，其次为Ⅰ型脊髓灰质炎病毒和副流感病毒Ⅲ型。

（三）木贼的安全性

木贼水提物小鼠腹腔注射的 LD$_{50}$ 为 （38.9±2.66）g/kg；豚鼠按 0.3mL/min 恒速静脉注入的最小中毒量为 （26.4±1.95）g/kg，最小致死量为 （31.3±1.70）g/kg。该药静脉滴注抗实验性心肌缺血的有效剂量是 1.5~3.0g/kg，为最小致死量的 1/20~1/10，显示该药的安全范围较宽。抗突变试验显示阴性。

第四节 果类活性物质

本节讨论的果类植物包括人参果、女贞子、山茱萸、五味子、牛蒡子、白豆蔻、吴茱萸、补骨脂、诃子、金樱子、枳壳、枳实、荜茇、越橘、酸角、刺玫果 16 种。其中，人参果和牛蒡子分别是人参和牛蒡的干燥成熟果实，它们与其根茎植物的生物功效相似。

一、荜 茇

荜茇（*Piperis Longi Fructus*）别名荜拨、荜拨梨、阿梨诃他、椹圣、蛤蒌、鼠尾，为胡椒科植物荜茇（*Piper longum* L.）的干燥近成熟或未成熟果穗，有特异香气，味辛辣。

（一）荜茇的化学组成

荜茇果实含有胡椒碱 4%~6%、荜茇明碱（Piplartine）、芝麻素（Sesamin）、*N*-异丁基葵二烯酰胺、派啶和少量荜茇酰胺、棕榈酸、四氢胡椒碱、挥发油。挥发油中含有很多的活性成分，如苯乙酮、芳樟醇、δ-榄香烯、α-荜澄茄油烯、顺-丁香烯、β-芹子烯、β-金合欢烯、β-荜澄茄油烯、α-姜烯、金合欢烯、α-律草烯。此外，荜茇具有舒张冠状动脉活性的酰胺成分荜茇壬三烯哌啶（Dehydropiperononalline）。荜茇中还含有丰富的氨基酸及矿物质。

（二）荜茇的生物功效

1. 保护胃黏膜

荜茇可抗胃溃疡，荜茇醇提物能显著抑制吲哚美辛、无水乙醇、阿斯匹林、醋酸所致大鼠胃溃疡的形成。口服剂量 0.25g/kg 的荜茇醇提物，对由上述 4 种物质造成胃溃疡的抑制率，分别为 62.9%、36.9%、38.2%、52.8%。对幽门结扎型胃溃疡的胃液量和胃液总酸度，也有显著抑制作用。

2. 抗惊厥、镇静

大鼠口服 150mg/kg 可显著对抗由戊四唑引起的惊厥作用，使惊厥率显著降低，对电惊厥和"听源性发作"也有明显的对抗作用。小鼠注射 25mg/kg，活跃次数从 244 次降到 95 次。

3. 消炎杀菌

荜茇挥发油对金黄色葡萄球菌、枯草杆菌、蜡样芽孢杆菌、结核杆菌、痢疾杆菌、伤寒沙门氏菌 T 和伤寒沙门氏菌 B、卵黄色八叠菌及流感病毒均有抑制作用。服用荜茇萃取物 0.2mL/10g 的小鼠，左右耳廓肿胀程度与地塞米松对照组接近，说明荜茇提取物具有明显的抗炎作用。

4. 降血脂

荜茇挥发油的不皂化物 40mg/kg 给高血脂血症小鼠灌胃，能显著降低血清总胆固醇、低密度脂蛋白胆固醇、极低密度脂蛋白胆固醇及肝总胆固醇，能显著抑制由 Triton-WR-1339 所诱发的小鼠血清总胆固醇的升高。

（三）荜茇的安全性

荜茇精油小鼠腹腔注射 LD_{50} 为（9.5±0.74）mL/kg，而醇提取物小鼠灌胃 LD_{50} 为（4.97±0.88）g/kg。

二、山茱萸

山茱萸（*Corni Fructus*）又名山萸肉、药枣、枣皮，为山茱萸科植物山茱萸（*Cornus Officinalis* Sieb. et Zucc.）的干燥成熟果肉。味酸、涩、微苦。

（一）山茱萸的化学组成

山茱萸的有效成分为马鞭草苷（Verbenalin）、熊果酸（含量 0.24%～0.32%）。从果肉中分离得到的主要成分有：

①糖苷类及苷元：包括山茱萸苷、莫诺苷、马钱子苷、獐芽菜苷、7-氧-甲基莫诺苷、7-脱氧马钱子苷、脱水莫诺苷元、山茱萸新苷等；

②有机酸及其酯类：包括熊果酸、2α-羟基-熊果酸、齐墩果酸、没食子酸、苹果酸、酒石酸、原儿茶酸和 3,5-二羟基苯甲酸等；

③鞣质类：包括 4 个没食子酸鞣质和 7 个鞣花鞣质；

④氨基酸和微量元素；

⑤其他成分：如 β-谷甾醇、5,5'-二甲基糠醛醚、5-羟甲基糠醛。

（二）山茱萸的生物功效

1. 对心血管系统的作用

山茱萸有强心作用，山茱萸注射液 2～8mg/kg 可改善心功能，增加心肌收缩性和心输出量，提高心脏工作效率。犬注射后，动脉收缩压、舒张压及平均血压、左心室内压均升高。山茱萸注射液能对抗家兔、大鼠晚期失血性休克，使休克动物血压升高，肾血流量增加，延长动物存活时间。

2. 对免疫系统的影响

山茱萸不同成分对免疫系统影响不同。山茱萸总苷和熊果酸能明显抑制 T 细胞增殖、转化，抑制淋巴因子激活的杀伤细胞生成和白介素-2 的产生，对器官移植产生的排斥反应有明显的对抗作用，每日腹腔注射山茱萸总苷 500mg/kg 连续 6d，可明显延长小鼠移植心脏后的存活时间。而水煎液对体液免疫有促进作用，可加速血清抗体 IgG、IgM 形成。

3. 抗炎、抗菌

山茱萸水煎剂对二甲苯、蛋清、醋酸等致炎物引起的炎性渗出和组织水肿及肉芽组织增生均有明显抑制作用，对肿胀组织中前列腺素 E 含量无明显影响，能降低大鼠肾上腺内维生素 C 的含量，减轻肾上腺细胞损害。表明其抗炎机制与增强垂体-肾上腺皮质功能有关，对前列腺素 E 合成释放无明显抑制作用。山茱萸对表皮葡萄球菌有较强的抑制作用；对肠球菌、金黄色葡萄球菌、痢疾杆菌等也有抑制作用。

4. 降血糖及其他功效

山茱萸还有降血糖的作用，对 1 型糖尿病有治疗作用。其醇提物可降血脂，能降低血清甘油三酯、胆固醇的含量，抗动脉硬化。山茱萸还能增强机体的抗应激能力，提高小鼠耐缺氧、抗疲劳能力，增强记忆力。

（三）山茱萸的安全性

山茱萸果肉 LD_{50} 为 53.55g/kg，果核 LD_{50} 为 53.55g/kg。

三、人 参 果

人参果（Ginseng Fruit）又名人头七、开口箭，为五加科植物人参（*Panax ginseng* C. A. Meyer）的成熟果实。

（一）人参果的化学组成

人参果的主要有效成分为人参皂苷，包括 20（R）-人参皂苷 Rg_2、20（S）-人参皂苷 Rg_2、20（S）-人参皂苷 Rb_1、20（S）-人参皂苷 Rb_2、20（S）-人参皂苷 Rc、20（S）-人参皂苷 Rd 和 20（S）-人参皂苷 Re 等十余种三萜类化合物，含量约为根部的 4 倍。人参果中还含有多糖类物质、生物碱、挥发油等。

（二）人参果的生物功效

1. 增强免疫力

给小鼠连续应用 2 种不同浓度人参果汁（人参果原汁；50%人参果汁）及生理盐水灌胃10d 后，测定小鼠各项免疫指标。结果表明 2 种不同浓度人参果汁均能明显增强小鼠外周血中性粒细胞吞噬指数、腹腔巨噬细胞吞噬指数及提高植物凝集素所致淋巴细胞转化率及外周血中性粒细胞数量，与生理盐水组比较差异极显著。人参果原汁还可增加脾指数及外周血单核细胞数量，与生理盐水组比较差异极显著，对小鼠胸腺指数无影响，与生理盐水组比较差异显著。试验表明，人参果汁具有增强小鼠免疫功能的作用。

2. 对心血管系统的作用

人参果皂苷有抗休克、保护心肌作用。人参果皂苷有明显的抗心律失常作用，有效率为70%。30 只犬制备急性心肌梗塞模型，人参果皂苷按 2.5mg/kg、5.0mg/kg 和 10.0mg/kg 分为3 个剂量组，静脉滴注给药；阳性对照组静脉滴注生脉液 410mL/kg；梗塞模型组静脉滴注生理盐水。与模型组比较，人参果皂苷 5.0mg/kg 和 10.0mg/kg 组犬的心率减慢，收缩压、舒张压、左心室收缩压、左室压上升最大速率、左室压下降最大速率及心输出量增加，左室舒张期末压降低。结果表明，人参果皂苷能改善心肌的收缩和舒张功能，缓解心肌梗塞后的泵衰竭，同时降低心肌耗氧量，有利于增加心肌供血。

3. 降血糖作用

给小鼠腹腔注射剂量为 150mg/kg 的人参果提取物有降血糖和减肥作用。口服剂量为 300mg/kg 的人参果提取物有降血糖作用，但减肥作用不明显。

4. 抑菌作用及其他功效

人参果皂苷对金黄色葡萄球菌、大肠杆菌及甲型副伤寒沙门菌有明显的抑制作用。另外，人参果皂苷可提高小鼠学习和记忆能力，且与高代龄细胞的体外增殖活性有关。

四、刺 玫 果

刺玫果（*Rosa davurica* Pall.）学名野蔷薇，又名山刺玫、野玫瑰，属蔷薇科蔷薇属小灌木。

（一）刺玫果的化学组成

野生刺玫果含有氨基酸、微量元素、维生素等，其中维生素 C 含量高达 4.3 ~ 7.2g/100g。还含酚类化合物、银椴苷、本麻黄鞣亭、O-没食子酰-β-葡萄糖、仙鹤草素、金樱子鞣质、刺玫果素及齐墩果酸等成分。

（二）刺玫果的生物功效

刺玫果有显著的抗衰老、抗疲劳、抗血栓、耐缺氧及类似性激素等作用。刺玫果的水醇提取物有明显的降压作用，可扩张冠状动脉、增加冠状动脉血流量，降低其阻力，改善心肌营养血流，降低心肌耗氧量及对抗氧化钾、去甲肾上腺素引起的血管和脑垂体后叶素引起的心肌缺血，使脑动脉压力下降，还可显著抑制血小板聚集，可用于防治冠心病、高血压、脑血管功能不全、脑血栓和治疗老年人失眠、健忘、易疲劳及性功能减退等。传统中医认为，刺玫果性味甘甜，具有健脾理气、活血保精功效，适用于消化不良、食积、胃病、妇女经血不调、经络不畅等症状。

（三）刺玫果的安全性

刺玫果是野生食用果，对人体无毒。亚急性毒性试验表明，刺玫果对心、肝、肾重要脏器无毒性反应。

五、吴 茱 萸

吴茱萸（*Euodiae Fructus*）别名为曲药子、伏辣子、茶辣、臭泡子，芸香科植物吴茱萸、石虎、疏毛吴茱萸干燥的近成熟果实，气芳香浓郁，味辛辣而苦。

（一）吴茱萸的化学组成

吴茱萸含有生物碱类、苦味素类、挥发油类等化学成分。生物碱类又分为喹啉酮类生物碱和吲哚类生物碱，其中喹啉酮类生物碱有 17 种，包括吴茱萸卡品碱（Evocarpine）、二氢吴茱萸卡品碱（Dihydroevocarpine）等；吲哚类生物碱 17 种，如吴茱萸碱（Evodiamine）（0.02% ~ 1.13%）、吴茱萸次碱（Rutaecarpine）（0.05% ~ 1.34%）、脱氢吴茱萸次碱（Dehydroevodiamine）、辛弗林（Synephrine）（0.19%）等。除生物碱类，苦味素类也是吴茱萸的一种重要活性成分，如柠檬苦素、吴茱萸苦素（Rutaevin）、吴茱萸苦素乙酸（Rutaevineacetate）、吴茱萸内酯醇（Evodol）等。

（二）吴茱萸的生物功效

1. 调节胃肠道功能

吴茱萸对胃肠功能紊乱和消化不良性腹泻有抑制作用，可对抗结扎性溃疡、应激性溃疡和盐酸性溃疡。吴茱萸碱有抑制大鼠胃排空和肠推进的作用，吴茱萸次碱有保护胃黏膜、抗胃黏膜损伤的作用，能对抗由乙酰水杨酸和应激引起的大鼠胃黏膜损伤。

2. 抗肿瘤作用

小鼠左腋部皮下接种 S_{180}，灌胃给药，每日 1 次，连续 10d。试验表明，20mg/kg、10mg/kg 和 5mg/kg 吴茱萸碱对 S_{180} 生长均具有明显的抑制作用，可使抑瘤率达到 30%~60%，如表 9-45 所示。

表 9-45 吴茱萸碱对 S_{180} 荷瘤小鼠肿瘤重量的影响

组别	剂量/（mg/kg）	动物体重/g		瘤质量/g	抑瘤率/%
		给药前	给药后		
对照组	—	20.2±0.44	29.6±3.25	1.415±0.30	—
环磷酰胺组	25	20.3±0.47	26.6±2.42	0.441±0.24***	68.8
吴茱萸碱组	20	19.6±0.73	26.9±3.69	0.435±0.16***	69.3
	10	19.3±0.46	27.9±3.60	0.798±0.32***	43.6
	5	19.7±0.67	27.3±4.06	0.914±0.35**	35.4

注：与对照组比较，* $P<0.05$，** $P<0.01$，*** $P<0.001$。

3. 降压作用

吴茱萸次碱有降血压和松弛血管的作用。给正常犬、兔和肾性高血压犬注射或灌服吴茱萸煎剂 1.25g/kg，可使血压显著下降，并持续 3h 以上，吴茱萸次碱和脱氢吴茱萸碱是其降压有效成分。

4. 镇痛抗炎作用

吴茱萸甲醇提取物灌胃对醋酸扭体反应有保护作用。吴茱萸水提取液 10~20mg/g 能延长小鼠对刺激反应的潜伏期，还对大鼠佐剂关节炎有明显治疗作用，能降低大鼠非造模侧后肢肿胀度，对胸腺、脾脏指数有明显改善。主要的镇痛功效成分为吴茱萸碱、吴茱萸次碱。

（三）吴茱萸的安全性

吴茱萸煎剂 168mg/g 灌服小鼠，并未见死亡。

六、女 贞 子

女贞子（*Ligustri Lucidi Fructus*）又名女贞实、冬青子、蜡树、虫树，木樨科常绿乔木女贞（*Ligustrum Lucidum* Ait）的成熟果实。

（一）女贞子的化学组成

女贞子主要含有齐墩果酸等三萜类脂溶性成分、裂环环烯醚萜苷类和对羟基苯乙醇苷类等水溶性成分，以及磷脂、多糖、挥发油、微量元素等。三萜类化合物，包括齐墩果酸及其衍生物、熊果酸，主要有齐墩果酸和熊果酸，以齐墩果酸含量最高。齐墩果酸含量 1.10%~14.84%，熊果酸含量 0.10%~6.99%。醚萜类化合物主要是环烯醚萜和裂环环烯醚萜类，包括女贞酸（Nuezhenidic acid）、女贞苷（Nuezhenide）、红景天苷（Salidroside）、特女贞苷（Spec-nuezhenide）、女贞苦苷（Nuezhengalaside）等，其中特女贞、对羟基苯乙醇-β-D-葡萄糖苷的含量较高。黄酮类物质有芹菜素、大波斯菊苷（Cosmosiin）、木樨草素和槲皮素等。

（二）女贞子的生物功效

1. 保肝作用

齐墩果酸的抗肝损伤机制，可能与提高肝谷胱甘肽含量从而抑制肝细胞脂质过氧化反应有关。红景天苷对 CCl₄ 急性肝损伤模型、D-GalN 肝损伤模型、免疫性肝损伤模型 3 种动物模型的肝损伤均具有明显的保护作用，可显著降低肝损伤所致血清谷丙转氨酶、NO 的升高，降低损伤肝组织丙二醛、甘油三酯的含量。

2. 免疫调节作用

用陶瓷微滤膜分离女贞子水煎液药效部位，取膜分离所得过滤液作受试液，上清液作阳性对照；将小鼠分为 5 组，分别为 2.5mg/g、5mg/g、10mg/g 剂量组和空白对照组、上清液对照组，小鼠连续灌胃 30d，各剂量组与空白组比较，中、高剂量组能明显增强二硝基氟苯诱导的小鼠迟发型变态反应，明显增强伴刀豆球蛋白诱导的小鼠脾淋巴细胞增殖能力，明显升高小鼠血清溶血素含量，明显增强抗体生成细胞能力；高剂量组能明显增强小鼠腹腔巨噬细胞吞噬鸡红细胞功能；各剂量组对自然杀伤细胞活性无显著性增强。结果表明，女贞子膜分离所得过滤液有提高试验动物免疫功能的作用，其提高免疫功能作用优于阳性对照上清液组。

3. 抗炎作用

对巴豆油引起的小鼠耳廓肿胀均有抑制作用，其酒蒸品抑制作用最强。女贞子水煎剂对二甲苯、乙酸、角叉菜胶等致炎物引起的毛细血管通透性增高、炎症渗出增加和组织水肿以及甲醛所致慢性炎症损伤等均有抑制作用，并且明显抑制炎症后期肉芽组织的增生，增加大鼠的肾上腺重量，降低大鼠炎性组织前列腺素 E 的含量。

4. 降血糖和血脂

女贞子可稳定降低高血糖和肾上腺素、外源性葡萄糖所引起的血糖升高，还可明显降低血脂，提高高密度脂蛋白胆固醇，降低动脉粥样硬化斑块发生率，防治老年血栓发生和动脉粥样硬化。

（三）女贞子的安全性

女贞子对动物毒性极小，给小鼠灌服 LD₅₀ 为（1967±653）mg/kg，兔 1 次服新鲜成熟果实 75g 无中毒现象。

七、五 味 子

五味子（*Schisandrae Chinensis Fructus*）俗称山花椒、秤砣子、软枣子、药五味子、面藤、乌梅子等，为木兰科多年生落叶藤本植物五味子 [*schisandra chinensis*（Turcz.）Baill.] 的果实。具有敛肺生津、益胃养心、收敛固涩、滋补强壮等功效。

（一）五味子的化学组成

五味子有效成分有木脂素类化合物（约 28 种），还有萜类、粗多糖、有机酸等成分。木脂素类化合物，包括五味子甲素（Schisandrin A）、五味子乙素（γ-Schisandrin）0.286% ~ 0.317%、五味子丙素（Schisandrin C）、五味子醇甲（Schisandrol A）、五味子酚（Schisanhenol）、五味子醇乙（Schisandrol B）等。萜类化合物中单萜类、含氧单萜类、倍半萜类和含氧倍半萜类物质最多。

（二）五味子的生物功效

1. 保护心血管系统

五味子有加强和调节心肌细胞和心脏小动脉的能量代谢、改善心肌营养和功能的作用以及扩张血管作用。五味子素、木质素等成分对血压有双向调节作用，五味子提取液具有抑制心肌收缩性能，减慢心率的作用。

2. 保护肝脏作用

五味子醇对丙酸杆菌和脂多糖内毒素、半乳糖胺或醇引起的小鼠肝损伤，免疫诱导豚鼠急性肝损伤和脂多糖引发的大鼠急性肝损伤均有抑制作用，还能显著拮抗扑热息痛肝脏毒性。

3. 镇静助眠作用

五味子醇甲腹腔注射明显延长小鼠戊巴比妥钠及巴比妥钠的睡眠时间，减少小鼠自主活动，并加强利血平及戊巴比妥钠对自主活动的抑制作用。对抗咖啡因、苯丙胺对自主活动的兴奋作用。五味子醇甲可以对抗最大电休克、戊巴唑、瘀碱及北美黄连碱的强直性惊厥，抑制小鼠由电刺激或长期单居引起的激怒行为。

4. 其他功效

五味子果实浸出液能延缓大脑皮质毛细血管基膜增厚，降低毛细血管的月增长率，改善大脑皮质的血液供应。

（三）五味子的安全性

五味子的毒性很小，用五味子浸膏 5mg/g、乙醇提取物 3.5mg/g、五味子乙素 2mg/g 小鼠灌胃，均未见死亡。用五味醇给小鼠灌胃，LD_{50} 为（4.0±0.19）mg/g。

八、牛 蒡 子

牛蒡子（*Arcth Fructus*），别名大力子、牛子、恶实、鼠黏子，为菊科两年生草本植物牛蒡（*Arctium lappa* L.）的果实。

（一）牛蒡子的化学组成

牛蒡子的化学成分含有牛蒡子酚（Lappaol）A~牛蒡子酚 H、牛蒡苷（Arctiin）、牛蒡苷元（Arctigenin）、罗汉松酯素以及新牛蒡素乙（Neoarctin B），其中以牛蒡子苷的含量最高，平均为 6.21%。

（二）牛蒡子的生物功效

1. 降血糖作用

牛蒡子提取物对大鼠能显著长时间的降低血糖，并提高对碳水化合物的耐受量。有研究发现，正常小鼠以含牛蒡子 0.25% 的饮食或其煎剂代替饮水 28d，结果不影响小鼠体内葡萄糖平衡参数。牛蒡子及提取物可有效降低糖尿病大鼠尿微量白蛋白和 24h 尿蛋白，降低糖尿病肾病大鼠的血糖水平，说明能通过减轻糖尿病肾病大鼠肾病的高过滤及高灌注，从而起到保护肾功能的作用。

2. 降血压作用

牛蒡子苷对蛙后肢和兔耳血管有扩张作用，所含的络石苷元有很强的钙拮抗剂活性，对自发性高血压大鼠有持久降压作用。牛蒡子 2.5g/kg 给家兔灌服 3~6d，有降眼压作用。

3. 对肾病的作用

大鼠腹腔注射氨基核苷引起肾病，腹腔注射牛蒡子苷元可抑制尿蛋白排泄的增加，并能改善血清生化指标，表明有抗肾病作用。牛蒡子苷腹腔注射对蛋白排泄的增加几乎没有作用，但经口给药则有效，推测可能是在消化道内水解成牛蒡子苷元而产生抗肾病作用。

4. 抗肿瘤作用

牛蒡子苷、牛蒡子苷元和牛蒡子粗提物等，在体外对人子宫颈癌细胞 JTC-26 和人正常胎儿成纤维细胞 HE-1 的增殖有一定的抑制作用。牛蒡子中分离出一种抗诱变因子，相对分子质量超过 30 万。耐热、耐蛋白酶，对氯化锰处理敏感。

（三）牛蒡子的安全性

牛蒡子提取物毒性小。牛蒡子苷过量，可致兔等惊厥、呼吸减弱、运动消失等。

九、金 樱 子

金樱子（*Rosae Laevigatae Fructus*）别名刺榆子、金罂子、山石榴、金壶瓶、灯笼果等，为蔷薇科植物金樱子（*Rosa laevigata* Michx）的干燥成熟果实，均为野生。

（一）金樱子的化学组成

金樱子含没食子酸鞣质类和三萜类。没食子酸鞣质类包括金樱子素（Laevigatin）A～金樱子素 G、仙鹤草素（Agrimonin）、仙鹤草酸 A 和仙鹤草酸 B、原花色素 B_3、赤芍素等，三萜类有齐墩果酸、优斯卡非克酸等，金樱子还含有金樱子多糖、金樱子皂苷等物质。

（二）金樱子的生物功效

1. 降血脂

金樱子对试验性动脉粥样硬化的作用显著，家兔经喂食胆固醇并适量加甲基硫氧嘧啶以产生试验性动脉粥样硬化，用金樱子果实煎剂治疗两周和三周，血清胆固醇分别下降 12.5% 和 18.67%，给药两周后 β-脂蛋白有明显下降，肝脏、心脏的脂肪沉着及主动脉粥样硬化程度减轻。这表明金樱子可降低血脂，改善血液流变性从而减轻和防止动脉粥样硬化。金樱子鲜汁连续灌胃能明显降低大鼠血清总胆固醇、甘油三酯和升高高密度脂蛋白胆固醇含量。

2. 抑菌

采用平板法对金樱子作抑菌试验，试验表明对金黄色葡萄球菌、大肠杆菌、绿脓杆菌、痢疾杆菌、破伤风杆菌、钩端螺旋体和流感病毒都有较强的抑制作用。鸡胚试验表明，煎剂对流感病毒 PR8 抑制作用很强。

3. 益肾平痉

通过切断大鼠腹下神经构造尿频模型，让其服用金樱子果实水提液，则尿次减少，每次尿量增多，间隔延长；水提液还可拮抗乙酰胆碱、$BaCl_2$ 引起家兔空肠平滑肌和大鼠离体膀胱平滑肌的痉挛性收缩。

十、诃 子

诃子（*Chebulae Fructus*）又名诃黎勒，为使君子科植物诃子（*Terminalia Chebula* Retz）或绒毛诃子（*Terminalia Chebula* Retz. Var. Tomentella Kurt）的干燥成熟果实。

（一）诃子的化学组成

诃子含三萜酸类化合物，如 2α-羟基马可莫酸（2α-Hydroxymicromeric acid）、马斯里酸（Maslinic acid）、2α-羟基乌苏酸、粉蕊黄杨醇酸（Terminoic acid）、阿江榄仁素（Arjugenin）、阿江榄仁酸（Arjunolic acid）、诃子醇（Chebupentol）等。诃子含鞣质达 23.6%～37.36%，其成分为诃子酸（Chebulinic acid）、诃黎勒酸（Chebulagic acid）、诃子次酸（Chebulic acid）、鞣云实精（Corilagin）、原诃子酸（Terchebin）、诃子素（Chebulin）、诃子鞣质（Terchebulin）等。诃子含酚酸类化合物，如并没食子酸、没食子酸、莽草酸（Shikimic acid）、奎宁酸、β-谷甾醇、胡萝卜苷等。诃子还含番泻苷 A（Sennoside A）、鞣酸酶（Tannase）、多酚氧化酶、过氧化物酶、抗坏血酸氧化酶等。

（二）诃子的生物功效

1. 抗氧化作用

诃子鞣质含有大量邻羟基的没食子酰胺结构，对活性氧有清除作用。醇提取物比水提取物作用强。诃子的醇提取物 $10\sim20\mu g/mL$、水提取物 $200\sim400\mu g/mL$ 能显著抑制维生素 C 合并硫酸亚铁诱发的小鼠肝及肺匀浆及线粒体膜脂质过氧化。

2. 抑菌作用

诃子水煎剂对痢疾杆菌、绿脓杆菌、白喉杆菌有很强的抑制作用，对大肠杆菌、肺炎杆菌、变形杆菌均有抑菌作用，对流感病毒有灭活作用。诃子提取物能明显抑制口腔链球菌等微生物的生长和微生物引起的黏附现象以及糖酵解作用。诃子醇提取物对金黄色葡萄球菌和克氏杆菌也有抑制作用。诃子在体外有良好的抗伤寒杆菌的作用。

3. 强心作用

大剂量诃子的苯及氯仿提取物具有中等强心作用，乙酸乙酯、丁酮、正丁醇和水的提取物具有很强的强心作用。乙酸乙酯提取物 $100\mu g$、$300\mu g$、$500\mu g$ 使心脏收缩力增加 $3\%\sim20\%$。心输出量增加 $2\%\sim10\%$，而心率不变。$0.3\sim3mg$ 剂量使收缩力过低的小鼠心脏收缩增加 $4\%\sim36\%$。丁酮和正丁醇提取物也有相似作用，而这些作用不被心得安阻断，表明提取物的作用不是通过心脏的 β 受体所致而是直接作用于心脏所致。

中医认为诃子有涩肠敛肺功能，用于久泻、脱肛、肺炎久咳、喉炎等。含诃子的中药复方有抗癌效果，从中提取的几种鞣质具有明显的抗肿瘤活性及抗艾滋病病毒活性。

（三）诃子的安全性

诃子提取物的毒性很小，诃子素的 LD_{50} 为 $550mg/kg$。

十一、白 豆 蔻

白豆蔻（*Amomi Fructus Rotundus*）又名多骨、壳蔻、白蔻、蔻米，为姜科多年生草本植物白豆蔻（*Amomum verum* Blackw.）或爪哇白豆蔻（*Amomum Compactum* Soland ex Maton）的成熟果实。

白豆蔻含有大量挥发油（$3.8\%\sim6.8\%$），其中主要成分 1,8-桉叶素含量达 $66.87\sim68.56\%$，其次为右旋龙脑及右旋樟脑，还包括 β-龙脑、β-樟脑、葎草烯及其环氧化物、α-柏烯及 δ-柏烯、α-蒎烯及 β-蒎烯、石竹烯、月桂烯、桃金娘醛、葛缕酮、松油烯-4-醇、香桧烯等。

白豆蔻对痢疾杆菌有抑制作用，其成分 4-松油醇对苏云金芽孢杆菌（*Bacillus thuringiensis*）体外有抑菌作用。白豆蔻所含的 α-萜品醇平喘作用较强，$0.05mL/kg$ 作用于豚鼠气管平滑肌时，作用强于艾叶油，4-松油醇亦有显著的平喘作用。白豆蔻能促进胃液分泌，增强胃肠蠕动，制止肠内异常发酵，去除胃肠积气，有良好的芳香健胃作用，并能止呕。

十二、补 骨 脂

补骨脂（*Psoraleae Fructus*）别名破故纸、故子、黑胡纸，豆科亚灌木植物补骨脂 [*Cullen corylifolia*（Linnaeus）Medikus] 的果实。

（一）补骨脂的化学组成

补骨脂的主要成分为补骨脂素（Psoralen）（$0.23\%\sim0.98\%$）、异补骨脂素（Isopsoralen）

（0.21%～0.975%），还包括白芷素（Angelicin）及其苷类，花椒毒素（Xanthotoxin）即8-甲氧基补骨脂素（8-Methoxypsoralen）。黄酮类化合物主要有：

①查耳酮类化合物：如异补骨脂查耳酮（Isobavachalcone）、补骨脂查耳酮（Bavachalcone）、补骨脂色烯查耳酮（Bavachromene）、新补骨脂查耳酮（Neobavachalcone）、异新补骨脂查耳酮（Isoneobavachalcone）等；

②异黄酮类：如补骨脂异黄酮（Corylin）、新补骨脂异黄酮（Neobavaisoflavone）、补骨脂异黄酮醛（Corylinal）、补骨脂异黄酮醇（Psoralenol）等；

③双氢黄酮类：如补骨脂双氢黄酮（Bavachin）、补骨脂双氢黄酮甲醚（Bavachinin）、异补骨脂双氢异黄酮（Isobavachin）等。

此外，补骨脂还含有单薄酚类和苯并呋喃类衍生物等活性成分。

（二）补骨脂的生物功效

1. 抑菌抗病毒

补骨脂挥发油对革兰氏阳性菌有抑制作用，补骨脂酚在体外能抑制金黄色葡萄球菌生长，补骨脂素与补骨脂酚能直接抑制猴免疫缺陷病毒40DNA聚合酶的复制。

2. 抗肿瘤

补骨脂乙素在体外有抑制HeLa细胞作用。补骨脂素对多种小鼠肉瘤、长氏腹水瘤、肝癌等有抑制作用。此外，对人白血病细胞株K562、人淋巴白血病细胞株Raji和人早幼粒细胞白血病细胞株HL60均有一定程度的杀伤作用。应用MTT法检测不同浓度的补骨脂素对人乳腺癌细胞株MCF-7的体外生长抑制作用，并运用流式细胞仪观察细胞的周期变化，Annexin V和PI双染法检测早期细胞凋亡情况。结果表明，补骨脂素对人乳腺癌MCF-7细胞株有明显的抑制作用，IC_{50}为15.16μg/mL。

3. 抗生育和雌激素样作用

给雌性小鼠宫内注射10mg异补骨脂素或0.00125～0.005mL补骨脂酚，均有较明显的抗早孕作用，但补骨脂酚的毒性反应较强。补骨脂粉有雌激素样作用，能增强阴道角化，增加子宫重量。

4. 其他功效

40%的补骨脂水煎液对阴道毛滴虫亦有较强的杀灭作用，体外作用30min即可使虫体消失，效果强于大黄。此外，补骨脂素对多种出血症（如子宫、牙龈、鼻出血）均有止血作用。

十三、枳　　壳

枳壳（Sour-orange Immature Fruit），为芸香科常绿小乔木酸橙（*Citrus aurantium* L.）、香圆（*C. wilsonii Tanaka*）或代代花（*C. aurantium* L. var. *amara* Engl.）等将近成熟的果实。

（一）枳壳的化学组成

酸橙果实含橘皮苷、新橙皮苷、柚皮苷、N-甲基酪胺（N-methyltyramine）等。果实未成熟时含柚皮苷、野漆树苷、忍冬苷和新橙皮苷等，在果实成熟时新橙皮苷消失。种子含柠檬苦素类、宜昌橙苦素（Ichangin）、柠檬苦素、黄柏酮等。

（二）枳壳的生物功效

1. 对胃肠运动的调节作用

枳壳对胃肠平滑肌呈双向调节作用，既可兴奋胃肠使其蠕动增强，又可降低胃肠平滑肌张力和解痉作用。临床中对胃肠痉挛所致的腹痛、泄泻等，中药汤剂中加入枳壳，可加强胃肠功能的调整与恢复。

2. 对子宫的作用

枳壳能兴奋子宫使子宫平滑肌收缩，临床治疗子宫脱垂及因气虚导致的崩漏、带下时，加入适量枳壳能起到很好的效果。用于产后腹胀、膀胱尿潴留效果良好。

3. 对心血管的作用

枳壳中含有对羟福林和 N-甲基酪胺，具有强心、增加心输出量、改善心泵血功能及提高外周阻力、升高血压的作用，临床上可用枳壳或枳实注射液抢救休克患者。

十四、枳　实

枳实（*Aurantii Fructus Immaturus*）别名枸头橙、臭橙、香橙，为芸香科柑橘属常绿小乔木酸橙（*Citrus aurantium* L.）及其栽培变种或甜橙的干燥幼果。气清香，味苦微酸。

（一）枳实的化学组成

枳实主要含：

①生物碱类：有机碱辛费林（Synephrine）（0.24%～1.45%）和 N-甲基酪胺（0.19%～0.83%）；

②黄酮苷类：包括橙皮苷、新橙皮苷和柚皮苷桔蜜黄素；

③挥发油：以单萜为主，分别是柠檬烯、芳樟醇、异松香烯等，其中柠檬烯含量高达59.1%。

此外，枳实中还含有内酯类成分，为柠檬苦素及其柠檬苦素酸单内酯。

（二）枳实的生物功效

1. 对心血管系统的作用

有显著升压效应，与去甲肾上腺素类似，且持续时间长，加强心肌收缩力，减慢心率和增加心输出量，增加冠脉流量，增加肾血流量，改善末梢微循环等。

2. 对胃肠平滑肌的作用

枳实能明显提高食积小鼠的酚红排空率，改善食积小鼠胃肠运动功能减弱的状态。枳实能使大鼠消化间期移行性复合运动活动时间延长，加强平滑肌的收缩强度和收缩持续时间，从而加强小肠运动。

3. 对子宫的作用

枳实能使家兔子宫收缩有力，张力增加，收缩节律加强，但对小鼠的离体子宫则主要表现为抑制作用。枳实水提醇沉物能兴奋离体家兔环行阴道平滑肌，并能诱发肌条的节律性收缩活动，或加强原有自发性收缩肌条的收缩力及收缩频率。

4. 对血液流变学的影响

枳实对健康大鼠及血癌模型大鼠，均具有明显的抗血小板聚集及抑制红细胞聚集的作用，其作用优于阿司匹林，并呈明显的量效关系。枳实具有活血化瘀作用，可能是通过对血小板聚集、红细胞聚集的抑制作用达到的。

5. 镇痛作用

枳实的挥发油不但对胃肠平滑肌产生效应，还对大鼠离体肠平滑肌的收缩呈先兴奋后抑制作用，而且可显著减少醋酸引起的小鼠扭体反应次数及自发活动次数，表现了一定程度的镇痛和中枢抑制作用。

（三）枳实的安全性

枳实注射剂小鼠腹注的 LD_{50} 为（267±37）g/kg。

十五、越　橘

越橘（Cowberry fruit），杜鹃花科（Ericaceae）、越橘属（Vaccinium）多年生小灌木果树越橘（Vaccinium vitis-idaea L.）的果实，原产北美。全世界约有 400 多种，我国约有 90 多种。其中蓝果越橘在世界范围内栽培面积最大，俗称蓝莓。

（一）越橘的化学组成

越橘最重要的活性成分是花青苷色素，含量很高而且种类丰富。野生种花青苷色素含量高达 0.33~3.38mg/100g，栽培种含量为 0.07~0.15mg/100g。越橘果实中的花青苷色素有 5 种：花翠素、花青素、樱草素、矮牵牛配基和甲基花青素。

（二）越橘的生物功效

1. 改善视力作用

越橘花青苷色素对眼睛有良好的保护作用，能够减轻眼疲劳及提高夜间视力。对患有糖尿病及糖尿病引起的视网膜症具有较好的功效，还可预防白内障。越橘可改进人的弱视，加速视紫质重生，改善夜盲症或黑暗适应症，改善眼睛疲劳的恢复能力，对视疲劳及弱视等有辅助治疗作用。

2. 对毛细血管的保护作用

增加毛细血管的柔韧性，可以纯净促进血管膨胀和伸缩性，防止血管破裂。既能强化眼睛里的毛细血管，也能强化身体其他器官组织里的毛细血管，达到预防各部器官血管病变，增强毛细血管的柔韧性，促进血管膨胀和伸缩性，防止血管破裂，还可以增强关节及软组织的功能。

3. 预防血栓的形成及动脉硬化

越橘含有丰富的类黄酮物质，具有抑制血小板凝集的作用，可以预防血栓的形成，减少动脉硬化发生的频率。

4. 抵抗泌尿系统感染

越橘对抗尿路感染有功效，美国妇女常用越橘汁来调制鸡尾酒，经常饮用以抵抗泌尿系统感染，预防心脏疾病发作。

（三）越橘的安全性

一次性经口摄取 3g/kg 体重欧洲越橘提取物，没有发现任何明显的毒副作用。

十六、酸　角

酸角（Tamarind fruit）又名罗望子，罗晃子、九层皮果等，为豆科植物酸豆（Tamarindus indica L.）的果实，有两个类型：甜型和酸型。

酸角的鲜果或干果果肉中还原糖含量 33.3%~47.05%，其中 70% 为葡萄糖，30% 为果糖，这在水果中很少见，高于还原糖含量较高的柑桔（4.09%~7.83%）等水果。有机酸含量 13.86%~24.28%，主要为酒石酸，还包括柠檬酸、甲酸、2-苹果酸等有机酸，远高于柠檬（5.84%~6.98%）和梅（1.32%~2.08%）的含量。蛋白质含量 3.19%~6.79%，氨基酸含量高达5.79%。果肉中的芳香成分种类较多，包括糠醛、5-甲基-2（3H）呋喃糖、苯乙醛和5-甲基糠醛等。

酸角具有清热解毒、消炎止痛、收敛止血等功效，对肾结石和泌尿系统结石有显著的抑制作用，对人体内氟化物的排泄也有一定的作用。酸角果肉乙醇或乙醚的提取物中含有抗菌成分，可治感冒、消炎等作用。此外，还可治疗胆汁混乱，黄疸病及黏膜炎患者的特殊利尿剂。

第五节 种子类活性物质

本节讨论的种子类植物有车前子、沙苑子、柏子仁、葫芦巴、韭菜子、菟丝子、槐实7种，包括种子和种仁两大类。种子一般都含有较丰富的脂肪、脂肪酸和多糖类化合物，还含有黄酮类、双萜类、酚酸类、醇类等活性成分。例如，车前子多糖具有滑肠通便的作用，柏子仁脂肪油、柏子仁挥发油以及柏子仁苷具有改善睡眠的功效。

一、车 前 子

车前子（*Semen plantaginis*）是车前科多年生草本植物车前的干燥种子。美国是车前子最大的消费市场，美国食品药品管理局允许使用"具有减少心脏病危险的作用"的健康声明。

（一）车前子的化学组成

车前子功效成分有黄酮类化合物、三萜类化合物等。黄酮类化合物含有木犀草素、高车前苷、车前苷等，三萜类化合物包括有熊果酸、齐墩果酸等，挥发油主要由2,6-二叔丁基对甲酚和3-叔丁基-4-羟基茴香醚等组成。车前子含大量多糖，车前子胶由L-阿拉伯糖20%、半乳糖28%、葡萄糖6%、甘露糖2%、L-鼠李糖4%、葡萄糖酸31%及少量木糖和炭藻糖组成，主要以β-（1,4）键连接为主链，2位、3位含侧链。此外，车前子还含有生物碱、蛋白质、氨基酸、脂肪酸类、固醇类、酚酸类、微量元素等。

（二）车前子的生物功效

1. 降血脂

采用大鼠血清及多脏器组织，观察车前子对高脂血症大鼠脂质代谢的影响。表9-46显示，车前子组血清和肝脏的过氧化氢酶、谷胱甘肽过氧化物酶水平明显高于高脂血症组，分别增高48%和37%。表9-47显示，车前子组血清总胆固醇、甘油三酯明显低于高脂血症组，分别降低22%和36%，而高密度脂蛋白含量显著升高40%。

表9-46 车前子对血清及肝脏过氧化氢酶和谷胱甘肽过氧化物酶水平的影响

组别	n	过氧化氢酶活性		谷胱甘肽过氧化物酶活性
		血清/（U/mL）	肝脏/（U/mg 蛋白质）	
空白组	8	193.19±13.78	54.07±8.9	1.21±0.24
高脂血症组	8	174.24±10.33[a]	41.68±5.12[a]	1.99±0.28[a]
车前子组	8	211.66±10.37[b]	49.17±4.41[b]	1.35±0.18[b]

注：与空白组比较，[a]$P<0.05$；与高脂血症组比较，[b]$P<0.05$。

表9-47　　　　　车前子对血清总胆固醇、甘油三酯及高密度脂蛋白含量的影响

组别	总胆固醇/（mmol/L）	甘油三酯/（mmol/L）	高密度脂蛋白/（mmol/L）	高密度脂蛋白/总胆固醇
空白组	1.45±0.08	0.65±0.11	2.84±0.30	1.76±0.24
高脂血症组	1.83±0.13[a]	1.09±0.09[a]	2.06±0.59[a]	1.14±0.36[a]
车前子组	1.42±0.13[b]	0.70±0.10[b]	2.89±0.45[b]	2.06±0.40[b]

注：与空白组比较，[a]$P<0.05$；与高脂血症组比较，[b]$P<0.05$。

2. 通便

车前子多糖是一种亲水性黏胶，在胃肠道内可以吸附液体，便秘时使粪便变软，促进肠蠕动和粪便排出，腹泻时则使水样便减少，因此对排便有双向调节作用。在国外临床上已用于便秘和非特异性腹泻的治疗，特别适用于痔、肛裂及直肠手术后患者的使用。1.0%车前子多糖可以提高小鼠的小肠推进率，改善小鼠的这种小肠运动障碍，促进胃肠动力，达到缓泻的目的。

3. 抗炎

车前子提取液能明显降低小鼠皮肤及腹腔毛细血管的通透性，降低红细胞膜的通透性，有一定的抗炎作用。将5%车前子液注射到家兔关节腔内，在适量、间隔时间稍短和多次注射的情况下，车前子液均有促使家兔关节囊滑膜结缔组织增生作用。车前子组治疗关节滑膜炎症的机制之一，可能是通过抑制细胞因子对肿瘤坏死因子-α和白介素-12的分泌来实现的。

4. 保护胃黏膜及其他

车前子多糖对小鼠制动型胃溃疡和阿司匹林所致胃溃疡有良好的防治作用。此外，车前子还具有利尿、祛痰、平喘、抗衰老、降压的功效。

（三）车前子的安全性

车前子多糖在正常剂量范围内，对动物神经系统、呼吸系统、心血管系统均无明显影响，安全性较高。

二、沙 苑 子

沙苑子（*astragali complanati Semen*）为豆科多年生草本植物扁茎黄芪荚果的成熟种子，曾以白蒺藜、沙苑蒺藜、沙苑白蒺藜、潼蒺藜等名称收入历代诸家本草。性温、味甘，归肝、肾经。

（一）沙苑子的化学组成

沙苑子含有丰富的油脂，约占种子重量的5%，不饱和脂肪酸约占总脂肪酸量的40%。

从沙苑子分离出的三种新的黄酮苷，沙苑子苷（Complanatuside）（鼠李柠檬素-3,41-*O*-β-双葡萄糖苷）、沙苑子新苷（Neocomplanoside）和沙苑子杨梅苷（Myricomplanoside）。其他黄酮苷包括β-谷甾醇、鼠李柠檬素-3-*O*-β-D-葡萄糖苷、紫云英苷、山奈素-3-*O*-α-L-阿拉伯吡喃糖苷、杨梅皮素等。

沙苑子含有其他成分如鼠李柠檬素、芒柄花素（Formononetin）、豆甾醇、磷脂酰乙醇胺等，还有胡萝卜素苷、土麻苷、杨梅素-3-*O*-β-D-葡萄糖苷、异槲皮素苷等。

（二）沙苑子的生物功效

1. 降血压

静脉注射沙苑子水煎剂及其总黄酮可引起血压明显下降。口服沙苑子总黄酮对肾血管性高血压大鼠（RHR）有降压作用，并使血浆血管紧张素Ⅱ水平明显降低，说明其降压机制可能与抑制肾素-血管紧张素系统有关。单次给药沙苑子总黄酮100mg/kg和200mg/kg，1h后RHR血压显著降低，75min时分别下降了8.5%和10.5%，单次给药30min后血管紧张素Ⅱ含量分别下降了22%和31%。

2. 降脂护肝

灌胃沙苑子提取物对实验性高脂血症大鼠有明显的调节改善作用，大剂量沙苑子提取物可显著降低大鼠血清中总胆固醇、甘油三酯和低密度脂蛋白胆固醇含量，提高血清中高密度脂蛋白胆固醇浓度水平，其作用机制可能是通过提高血清中高密度脂蛋白胆固醇的浓度，增加胆固醇的排泄而实现的。

如表9-48所示，沙苑子提取液对血清总胆固醇、甘油三酯的降低作用以水提取液、油提取液、50%乙醇提取液、95%乙醇提取液高剂量组的效果最好，与高脂模型组比较具有非常显著性差异。对高密度脂蛋白胆固醇水平的提高以水提液低剂量组和油提液中剂量组的效果最好，其作用优于绞股蓝总苷对照组，与高脂模型组比较具有极显著性差异。

表9-48　　　　　　　　　　　沙苑子提取液各组血生化指标的影响

组别	剂量/ （g/kg）	总胆固醇/ （mmol/L）	甘油三酯/ （mmol/L）	高密度脂蛋白 胆固醇/（mmol/L）	低密度脂蛋白 胆固醇/ （mmol/L）
正常组	—	2.75±0.65	0.79±0.53	0.59±0.24	1.62±0.53
高脂模型组	—	11.84±4.79$^{\triangle\triangle\triangle}$	2.83±1.26$^{\triangle\triangle}$	0.19±0.02$^{\triangle\triangle}$	0.76±0.54$^{\triangle\triangle\triangle}$
绞股蓝总苷对照组	1.5	5.88±1.31***	0.65±0.43***	0.39±0.21**	10.69±0.54*
水提液高剂量组	90	4.57±1.30***	0.33±0.06***	0.23±0.03	2.87±0.33***
水提液中剂量组	45	7.40±2.25**	0.93±0.27**	0.28±0.14*	10.70±0.43
水提液低剂量组	20	9.80±2.57**	1.38±0.25*	0.60±0.30***	8.63±2.26**
油提液高剂量组	90	4.41±1.04***	0.42±0.17***	0.22±0.02	3.68±0.99***
油提液中剂量组	45	11.19±2.35*	0.64±0.39**	0.48±0.34***	10.41±1.11*
油提液低剂量组	20	11.40±2.19*	0.88±0.19**	0.22±0.10	10.82±0.30
50%乙醇高剂量组	90	4.98±1.26***	0.35±0.06***	0.25±0.07*	2.78±0.52***
50%乙醇中剂量组	45	11.40±2.19**	0.51±0.30***	0.18±0.08	10.88±0.73
50%乙醇低剂量组	20	11.88±2.63	0.34±0.17***	0.15±0.06	11.58±0.18**
95%乙醇高剂量组	90	3.12±0.45***	0.26±0.04***	0.20±0.02	2.89±0.82***
95%乙醇中剂量组	45	11.39±2.34*	0.71±0.48***	0.30±0.21	10.80±0.60***

注：与高脂模型组比较，$^{*}P<0.05$，$^{**}P<0.01$，$^{***}P<0.001$；与正常组比较，$^{\triangle\triangle}P<0.01$，$^{\triangle\triangle\triangle}P<0.001$。

如表9-49所示，对于降低肝脏脂肪含量的影响以各高剂量组作用显著，其作用与对照药物绞股蓝总苷组相似，与高脂模型组比较具有非常显著性差异。说明沙苑子提取液对于肝脏脂肪的储存有抑制作用，可不同程度地改善肝脏的功能，尤其是水提取液作用显著，剂量高低均有非常显著性差异。

表9-49 沙苑子不同提取液对肝脂肪含量的影响

组别	剂量/（g/kg）	肝脂肪/（g/kg）
正常组	—	29.7±6.6
高脂模型组	—	147.4±20.9△△△
绞股蓝总苷对照组	1.5	100.1±17.1***
水提液高剂量组	90	98.9±19.1***
水提液中剂量组	45	124.6±23.1**
水提液低剂量组	20	125.6±14.1**
油提液高剂量组	90	101.6±13.8***
油提液中剂量组	45	124.5±8.2**
油提液低剂量组	20	148.3±11.2
50%乙醇高剂量组	90	93.2±13.7***
50%乙醇中剂量组	45	111.9±27.4*
50%乙醇低剂量组	20	138.1±14.2
95%乙醇高剂量组	90	91.8±13.9***
95%乙醇中剂量组	45	123.7±17.3*
95%乙醇低剂量组	20	142.9±13.3

注：与高脂模型组比较，$*P<0.05$，$**P<0.01$，$***P<0.001$；与正常组比较，$△△△P<0.001$。

3. 提高免疫力

沙苑子可显著提高小鼠脾细胞或血清溶菌酶的活力，明显促进正常及植物血凝素刺激下小鼠脾脏对3H-TDR的掺入，但不影响胸腺对3H-TDR的摄取，也不增加脾脏重量。沙苑子能增强非特异吞噬性及特异性体液免疫和细胞免疫功能。对于荷瘤小鼠，沙苑子黄酮大剂量组和中剂量组对小鼠肝癌H_{22}移植瘤的生长有显著的抑制作用，抑瘤率为64.22%和45.75%；沙苑子黄酮大剂量组小鼠脾指数显著高于模型组，但对胸腺指数无明显影响，沙苑子黄酮对荷瘤小鼠免疫细胞无抑制作用，而且有升高小鼠白细胞总数、淋巴细胞、单核细胞和中性粒细胞数的趋势，并能增强伴刀豆球蛋白刺激下小鼠脾淋巴细胞转化作用。

4. 增加脑血流量及其他

给犬静注沙苑子提取物0.125g/kg，可使脑血流量明显增加，脑血管阻力明显下降。另外，沙苑子具有温补肝肾、固精的功能，为传统滋补强壮药。

（三）沙苑子的安全性

沙苑子毒性很小，其煎剂灌服100g/kg以上，LD_{50}测不出。沙苑子提取物腹腔注射，对小鼠的LD_{50}为（37.8±1.1）g/kg。

三、柏 子 仁

柏子仁（*Platycladi Seman*）又名柏子、柏仁、柏实、侧柏子。新鲜品呈淡黄色或黄白色，久置则颜色变深而呈黄棕色，并有油渗出。气微香，味淡而有油腻感。

（一）柏子仁的化学组成

柏子仁富含油类、双萜类、酚酸类化合物。柏子仁油的主要成分是庚酸甘油酯、4-辛酸甘油酯、辛酸甘油酯、壬酸甘油酯、8-氧辛酸甘油酯、10-十一烯酸甘油酯等。双萜类化合物包括红松内脂（Pinusolide）、二羟基半日花三烯酸，另含有 α-雪松醇（α-Cedrol）、柏子仁双醇（Platydiol）、5-羟基松柏酸（5-Hydroxypinusolidic acid）等。酚酸类化合物包括儿茶精、表儿茶精和木质素等。

（二）柏子仁的生物功效

1. 改善睡眠

柏子仁具有改善睡眠功效，柏子仁油、柏子仁挥发油和柏子仁苷 3 种成分，均有改善动物睡眠的功效。

2. 提高记忆力

柏子仁可改善小鼠由扁桃体损伤引起的记忆获得障碍。通过射频电流的传递造成 9 周龄雄性小鼠双侧扁桃体损伤，从损伤即日起以 250mg/kg 和 500mg/kg 的剂量给小鼠口服柏子仁。结果表明，柏子仁能改善记忆获得障碍，在小鼠记忆获得和首次试验的跳台试验中，出差错的小鼠数目明显减少。但是柏子仁未能改善记忆保持，对皮质、海马和下丘脑中的乙酸胆碱转移酶的活性未见作用，对扁桃体损伤引起的显微病理改变未见影响。这说明，柏子仁的记忆获得增强作用，不是由于直接活化胆碱能的传递，也不是损伤部位病理学损伤的减轻，其机制尚未搞清。

柏子仁对前脑基底核破坏的小鼠的被动回避学习有改善作用。用电极热损伤破坏小鼠两侧前脑基底核，每日灌胃给予柏子仁乙醇提取物 500mg/kg，连续 15d，在避暗法和跳台法试验中均证明其对损伤造成的记忆再现障碍及记忆消失促进有明显的改善；对损伤所致的记忆获得障碍亦有改善倾向。

四、葫　芦　巴

葫芦巴（*Trigonella foenum graecum* L.）又名芸香草、香苜蓿、香豆子、香首楷、芦巴子等，系豆科蝶形花亚科一年生草本植物。入肝、肾二经，味苦，性温，无毒，补肾阳，祛寒湿，常将其作为补肾药、祛风药和健胃药使用。

（一）葫芦巴的化学组成

葫芦巴含有半乳甘露聚糖为代表的多糖类化合物 45%～60%，蛋白质 20%～30%，类芹菜香气的油脂 5%～10%。另含生物碱葫芦巴碱 0.2%～0.36%，游离氨基酸 4-羟基异亮氨酸约 0.05%。尚含甾醇皂苷 0.6%～1.7%，已知有 19 种，包括葫芦巴新皂苷等。另含黄酮类物质，如牡荆素、异牡荆素、葫芦巴苷Ⅰ和葫芦巴苷Ⅱ等。

（二）葫芦巴的生物功效

1. 降血糖作用

葫芦巴降血糖作用，可能源于胶黏性纤维对葡萄糖吸收的抑制作用。另外，葫芦巴所含的葫芦巴苷具有良好的降血糖作用。葫芦巴具有降血糖作用，是由于其能升高血清胰岛素水平及提高糖耐量功能。

给大鼠注射四氯嘧啶破坏大鼠 β 细胞构造糖尿病模型。将大鼠随机分为模型对照组、葫芦巴高剂量组、葫芦巴中剂量组、葫芦巴低剂量组、格列齐特组，另取 10 只未造模的同批大鼠作正常对照组。连续灌胃给药 30d，正常对照组、模型对照组动物给予等体积 20mL/kg 生理盐水。表 9-50 和表 9-51 试验结果表明，葫芦巴有良好的降血糖作用，而升高血清胰岛素可能是其作用机制之一。

表 9-50　　　　　　　　葫芦巴对糖尿病模型大鼠血糖的作用

组别	剂量/（g/kg）	n	血糖水平/（mmol/L）			
			给药前	给药后 10d	给药后 20d	给药后 30d
正常对照组	—	10	6.24±2.18	5.78±2.02	6.2±2.05	7.13±2.08
模型对照组	—	10	24.69±4.75*	24.67±4.32	22.77±3.88	21.9±3.76
葫芦巴低剂量组	2	10	24.16±4.56*	23.45±4.39	21.22±3.62	17.21±2.53##
葫芦巴中剂量组	4	10	3.6±4.13*	22.32±3.72	18.53±3.30#	16.61±3.92#
葫芦巴高剂量组	8	10	25.49±4.09*	23.53±2.46	16.99±2.86##	15.87±2.64##
格列齐特组	0.03	10	24.07±4.54*	17.53±4.22##	13.53±3.19##	11.71±2.50##

注：与正常对照组比较，* 为 $P<0.01$；与模型对照组比较，# $P<0.05$，## $P<0.01$。

表 9-51　　　　　　　　葫芦巴对糖尿病模型大鼠胰岛素的作用

组别	剂量/（g/kg）	n	胰岛素水平/（mmol/L）	
			给药后 20d	给药后 30d
正常对照组	—	10	351.3±57.31	343.4±45.84
模型对照组	—	10	247.0±45.14*	259.0±35.35*
葫芦巴低剂量组	2	10	256.4±43.85*	269.6±30.97*
葫芦巴中剂量组	4	10	289.5±41.45*##	299.6±47.54##
葫芦巴高剂量组	8	10	239.9±46.72*##	316.5±33.05#
格列齐特组	0.03	10	314.8±55.89*#	330.2±60.69#

注：与正常对照组比较，* 为 $P<0.01$；与模型对照组比较，# $P<0.05$，## $P<0.01$。

2. 降脂护肝

葫芦巴总皂苷能抑制肝细胞脂肪酸合成的两个关键酶，乙酰辅酶 A 羧化酶、脂肪酸合成酶的活性，减少脂质生成，同时激活线粒体肉碱脂酰转移酶，增强脂肪氧化作用，从而减少肝脏脂肪沉积。葫芦巴总皂苷有良好的降血脂、保护肝功能的作用。

3. 减肥

用葫芦巴提取物饲喂小鼠（用含牛脂 40% 的高脂肪饲料），中性脂肪量有明显下降。

4. 抗肿瘤作用

葫芦巴碱 12.5mg/kg 能使白血病 P338 小鼠生命时间延长 31%。

5. 催乳作用

印度妇女多用葫芦巴来催乳已有很长历史，而穆斯林妇女常服用焙炒的葫芦巴，以使乳房丰满。有报道葫芦巴油中含催乳成分，但无任何性激素样作用。

五、韭菜子

韭菜子（Semen Allii Tuberosi）为百合科多年生草本植物韭菜的干燥成熟种子。

（一）韭菜子的化学组成

韭菜子含有丰富的含硫化合物，包括二烯丙基二硫醚、甲基烯丙基二硫醚、甲基烯丙基三硫醚等。含黄酮类物质包括山柰酚-3,4′-O-β-双阿魏酰基葡糖苷、山柰酚-3,4′-O-β-双葡糖苷、槲皮素-3,4′-O-β-双葡糖苷等。含其他化合物包括韭菜苷、韭子碱甲，以及以亚油酸为主的脂肪油。韭菜子还含有丰富的氨基酸、微量元素，其中 Fe、Zn 含量高于蛇床子、菟丝子、锁阳、淫羊藿等补阳类中药。

（二）韭菜子的生物功效

1. 补肾助阳

建立氢化可的松致肾阳虚雄性小鼠模型，韭菜子显著增加胸腺、脾腺的重量，增加幼年雄性小鼠睾丸（附睾）、精囊腺、包皮腺的重量，增加去势小鼠包皮和精液囊的重量。因此，韭菜子有一定的补肾壮阳作用。

2. 增强机体非特异性抵抗力

给予韭菜子的试验组果蝇，在高、低温刺激下，死亡率均低于空白对照组，而且这种作用在性别上差异不大。表 9-52 至表 9-53 的试验结果说明，韭菜子具有增强机体的非特异性抵抗力的作用。

表 9-52　　　　　　　　　　韭菜子油对果蝇抗高温作用的影响

性别	组别	n	死亡数/只	死亡率/%
雄性	给药组	24	7	29.17
	对照组	25	19	76.00[*]
雌性	给药组	25	7	28.00
	对照组	25	20	92.00[*]

注：与对照组比较，[*] $P < 0.001$。

表 9-53　　　　　　　　　　韭菜子油对果蝇抗低温作用的影响

性别	组别	n	死亡数/只	死亡率/%
雄性	给药组	19	7	36.84
	对照组	20	14	70.00[*]
雌性	给药组	18	5	27.78
	对照组	19	11	57.89[*]

注：与对照组比较，[*] $P < 0.001$。

六、菟　丝　子

菟丝子（Semen Cusutae），旋花科一年生缠绕性寄生草本植物菟丝子的成熟干燥种子，具有补肝肾、益精明目、安胎等功效，是中医补肾壮阳固精的要药。全国形成商品的主要来源有 4 个：菟丝子、南方菟丝子、欧洲菟丝子、金灯藤。

（一）菟丝子的化学组成

菟丝子主要含黄酮类化合物，以槲皮素和山柰酚为代表。从菟丝子中分离出的黄酮类化合物，为槲皮素、紫云英苷、金丝桃苷和槲皮素–3–O–β–半乳糖–7–O–β–葡萄糖苷、山奈酚吡喃–3–O–β–D–葡萄糖苷，总黄酮含量为 2.97%～4.69%。菟丝子还含糖苷类化合物、氨基酸、矿物质，还有胆甾醇、芸苔甾醇、谷甾醇、豆甾醇及三萜酸类、生物碱、香豆素、鞣酸等成分。

（二）菟丝子的生物功效

1. 增强免疫作用

菟丝子可增加小鼠胸腺和脾脏的质量，增强小鼠的巨噬细胞吞噬功能。

2. 壮阳作用

菟丝子可以改善肾阳虚小鼠整体活力。给果蝇分别喂饲 0.5%、1.0%、2.0% 的菟丝子水提液 10d，之后观察其 11min 内的交配情况，结果交配率明显增加，分别为 47.49%、65.52% 和 78.86%。

3. 改善生殖系统功能

如表 9–54 所示，采用声–光–电复合应激刺激制造大鼠卵巢内分泌功能降低模型，菟丝子黄酮明显提高模型大鼠血清雌激素、孕激素水平，增加垂体、卵巢、子宫的质量，表明菟丝子黄酮能明显改善卵巢内分泌功能。

表 9–54　　　菟丝子对垂体、卵巢与子宫质量、血清雌激素、孕激素水平的影响

组别	剂量/（g/kg）	n	垂体/（mg/kg）	卵巢/（mg/kg）	子宫/（mg/kg）	雌激素/（mg/mL）	孕激素/（pg/mL）
正常组	—	9	3.12±0.63	36.56±8.32	266.03±52.65	48.60±4.95	13.47±1.06
模型组	—	9	1.35±0.35**	26.29±2.37*	191.02±30.63**	25.89±3.09**	7.39±0.43**
菟丝子高剂量组	0.1	8	3.00±0.70△△	32.95±4.19△	274.45±35.46△△	43.57±3.28△△	11.83±0.70△△
菟丝子低剂量组	0.05	9	2.94±0.73△△	29.72±5.24	218.61±55.45▲	36.64±2.64△△▲▲	10.98±0.58△△

注：与正常组比较，$^*P<0.05$，$^{**}P<0.01$；与模型组比较，$^△P<0.05$，$^{△△}P<0.01$；与菟丝子高剂量组比较，$^▲P<0.05$，$^{▲▲}P<0.01$。

以菟丝子为主要原料的"助孕丸"（由菟丝子、川续断、桑寄生、党参、黄芪等组成）能促使孕激素分泌，对以米非司酮 RU486 建立的模拟肾虚与黄体抑制所致自然流产的模型有整体调节作用，并对胚胎有保护作用，使子宫蜕膜孕激素受体的阳性率增加。表明该产品在激素及激素受体水平促进黄体功能、防治流产过程中起主导作用。

4. 保护视力

菟丝子可延缓大鼠白内障形成，给服用半乳糖致白内障的大鼠灌胃菟丝子水提液，每日 4g/kg 连续 30d。结果显示可以延缓大鼠白内障形成，有效率为 33.3%。

（三）菟丝子的安全性

菟丝子醇提水溶液皮下注射小白鼠 LD_{50} 为 2.465g/kg，按 30～40g/kg 剂量灌胃并不出现中毒症状。

七、槐　　实

槐实（Pagodatree pod）又名槐角、槐子等，是豆科落叶乔木槐树的果实。槐实含黄酮类和异黄酮类化合物，包括染料木素、槐角苷、槐角黄酮苷、槐属苷（含量 1.5%～2.0%）、槐属双苷、山奈酚、山奈酚糖苷、槐属黄酮苷（含量 0.8%）和芸香苷。芸香苷的含量很高，幼果中达 46%。槐实还含有生物碱类化合物，如金雀花碱、槐根碱、黎豆胺和羽扇豆碱。

槐实水提液灌胃小鼠，有降低血清中胆固醇的作用，这可能与其所含的芦丁等黄酮类化合物有关。槐实水提液能提高小鼠运动耐力，提高小鼠耐缺氧能力，并增加小鼠体重。中医认为槐实有清热凉血和止血功能，用于治疗便血、血痢、崩漏、高血压等。槐实浸膏 12g/次，每天 2～3 次，可治急性泌尿系统感染。孕妇忌服。

第六节　皮类活性物质

皮类中药材是指植物的干燥根皮或树皮。本节共讨论 7 种皮类药材，包括杜仲、厚朴、牡丹皮、青皮、桑白皮、地骨皮、五加皮。这类药材主要包括糖苷类、黄酮类、生物碱类、挥发油类等活性成分。其中，杜仲是中国较为珍贵的植物，历史久远，具有降血压、抗疲劳等作用。

一、杜　　仲

杜仲（*Eucommiae Cortex*）为我国特有的一科一属二级保护木本植物，已有 2000 余年历史，惯常所指杜仲为杜仲的干燥树皮。近年来的研究表明，杜仲叶与杜仲皮有着相似的成分和生物功效，这就大大节约了杜仲资源匮乏的问题。

（一）杜仲的化学组成

杜仲含 27 种木质素类化合物，其中多数为苷类，主要有①双环氧木脂素类：如松脂素二糖苷约 0.55%、丁香脂素二糖苷、杜仲素 A、丁香素单糖苷、右旋松脂酚、丁香树脂酚等；②单环氧木脂素：如左旋橄榄树脂-4′,4″-双葡萄糖苷、橄榄素等；③倍半木脂素类：包括耳草脂醇 C-4″,4‴-双葡萄糖苷等；④新木脂素类：如柑桔素 B 等。

从皮和叶内共分离出 15 种环烯醚萜类化合物，主要有京尼平、京尼平苷、杜仲苷、杜仲醇和杜仲醇苷等。苯丙素类物质在杜仲中广泛存在，是木脂素的前体，包括绿原酸（含量 1.43%～15.23%）、绿原酸甲酯、咖啡酸、松柏酸、香草酸等 11 种。此外，杜仲还含有杜仲多糖 A、杜仲多糖 B、抗真菌蛋白、杜仲胶（含量 22.5%），还含有甾类、杜仲丙烯醇、黄酮类、有机酸等。

（二）杜仲的生物功效

1. 降压作用

杜仲煎剂、醇提取液和浸膏都可以使血压降低，但在降压效果上煎剂要优于醇提取物、炒杜仲要优于生杜仲，注射要优于灌胃。用杜仲浸膏 5mL 给麻醉犬静脉注射，可观察到犬的血压快速下降并能持续 2～3h，呈"快速而持久"现象。对 3 只肾型高血压狗，每天以 5～8g/kg

杜仲煎剂灌胃，持续 4 周，结果发现收缩压降低 4%~10%。经研究初步确认降压成分为松脂醇二葡萄糖苷，给大鼠注射该纯物质 30mg/kg 时可降低血压 3.3~4.7kPa，40mg/kg 时可降低 10.7kPa，100mg/kg 时可降低 12~16kPa。

2. 免疫与抗炎

杜仲中绿原酸具有很强的抗菌作用，桃叶珊瑚苷元具有明显的抑菌作用并能促进伤口愈合，杜仲叶碱性提取物具有抗人类免疫缺陷病毒作用。给大鼠灌服水煎剂 6g/kg 或醇提取物 10g/kg 持续 3d，可抑制大鼠蛋清性足跖肿胀。

3. 促进睡眠

给犬灌服 20~25g/kg 煎剂连续 5d，狗不易受外界刺激，并出现安静、嗜睡的状况。给小鼠腹腔注射 20g/kg 或者灌服 60g/kg 杜仲水煎醇提取物，小鼠的自发活动减少。

取体重 14~18g 的雄性小鼠 40 只，随机分为 4 组。用适量蒸馏水作溶剂溶解杜仲乙酸乙酯部分（试验组Ⅰ），水饱和正丁醇部分（试验组Ⅱ）和水层溶出部分（试验组Ⅲ）3 个部分的浸膏，配制成 1g 生药/mL 水溶液，对其中 3 组小鼠每天早晨灌胃给药 1 次，另外一组设置为对照，灌胃蒸馏水，其他饲喂条件与前三组相同。23d 后，得到表 9-55 所示结果。可知，试验组Ⅰ、试验组Ⅱ、试验组Ⅲ小鼠睡眠时间都要长于对照组，且试验组Ⅲ>试验组Ⅱ>试验组Ⅰ，这就表明杜仲提取物可促进小鼠睡眠。

表 9-55 对延长戊巴比妥钠睡眠时间的影响

组别	睡眠数/只	睡眠时间/min
对照组	8	22.93±11.92
试验组Ⅰ	9	33.60±16.63
试验组Ⅱ	7	48.71±27.09[*]
试验组Ⅲ	8	65.80±23.65[**△△]

注：与对照组比较，[**] $P<0.01$；与试验组Ⅰ比较，[△△] $P<0.01$。

4. 抗疲劳

杜仲叶和皮煎剂灌胃可延长小鼠游泳时间，亦可延长 3℃ 条件下小鼠的存活时间。取 12 只大鼠分为 2 组，对其中一组每天灌服杜仲叶 2.5g/kg，持续 30d，另外一组设置为对照，测定小鼠抗疲劳活性物质 3-羟乙酰基-辅酶 A 脱氢酶的活性，发现试验组小鼠 3-羟乙酰基-辅酶 A 脱氢酶活性显著高于对照组。

5. 利尿及其他

杜仲的煎剂以及醇提取液对麻醉犬均有利尿作用，且可持续 20min，不呈"快速耐受"现象。杜仲含钾 0.4%，推测利尿作用可能与钾有关。除此之外，杜仲还具有利胆、预防农药急性中毒、保胎、降血脂、延缓衰老等作用。

（三）杜仲的安全性

小鼠腹注杜仲煎剂 LD_{50} 为（17.30±0.52）g/kg。给兔灌胃 15~25g/kg 杜仲煎剂，仅有轻度抑制，并无中毒症状。小鼠灌服杜仲煎剂 120g/kg，观察 7d 无死亡。

二、厚 朴

厚朴为木兰科植物厚朴（*Magnolia Officinalis*）或凹叶厚朴（*Magnolia officinalis* Rehd et

Wils var. *biloba* Rehd et Wils）的干燥树皮或根皮，是我国传统的中药材。

（一）厚朴的化学组成

厚朴中酚类物质包括厚朴酚（Magnolol）2.622%～6.145%、厚朴新酚（Obovatol）、厚朴醛、厚朴木脂素（Magnolignan）和厚朴三酚等。生物碱包括木兰箭毒碱（Magnocurarine）0.023%～0.225%、柳叶木兰碱（Salicifoline）0.014%～0.162%、武当木兰碱（Magnosprengerine）0.011%～0.618%和木兰花碱等。

厚朴挥发油有 30 多种成分，主要有 β-桉叶醇约 17.4%、荜澄茄醇（Cadinol）约 14.6%、愈创奥醇 8.7%、对-聚伞花素 7.8%、丁香烯 5.0%、芳樟醇 4.6%、α-柠檬烯 3.0%等。

（二）厚朴的生物功效

1. 抗菌作用

厚朴煎剂有广谱抗菌作用，在厚朴酚含量为 64μg/mL 的溶液中接种引起口腔龋病的变性链球菌，3min 以后细菌不再生长，最低抑菌浓度为 6.3μg/mL。用从厚朴皮中提取的浓度分别为 0.6mg/mL、0.3mg/mL、0.2mg/mL、0.1mg/mL 的厚朴酚液培养马铃薯枯病菌，抑菌圈大小分别为 23.1mm、22.9mm、18.1mm 和 13.7mm，最低抑菌浓度为 0.1mg/mL。

用含和厚朴酚 2mg/L、4mg/L、6mg/L、8mg/L、10mg/L 和 12mg/L 的牛肉膏蛋白胨培养基分别培养金黄色葡萄球菌、大肠杆菌和链球菌，并设对照组。由试验可知，厚朴酚对三种致病菌都有较强的抑制作用，且随着和厚朴酚浓度的增大，抑菌效果也逐渐增强。

2. 抗氧化、延缓衰老

美国野生型黑腹果蝇，每组 400 只，雌雄各半，分为 10 管，每管 20 只，按厚朴酚的用量分为 0.02%、0.03%、0.05%药物组和空白对照组进行果蝇寿命测定试验。得到表 9-56 结果，厚朴酚可延长果蝇的寿命，特别是雌果蝇的寿命延长更显著，究其原因，是厚朴酚有较强的过氧化物和羟基自由基清除能力。

表 9-56　　　　　　　　　　　厚朴酚对果蝇寿命影响

组别	果蝇	n	半数死亡时间/d	最高寿命/d	平均寿命/d	平均延寿率/%
对照组	雌	199	22.80 ±9.60	63.50 ±5.21	28.78 ±5.73	—
	雄	200	26.00 ±8.08	50.20 ±5.31	31.22 ±7.55	—
0.02% 厚朴酚组	雌	198	31.70 ±6.79	46.30 ±2.83	33.26 ±7.78	15.6
	雄	199	31.88 ±8.01	61.50 ±2.84	34.03 ±8.76	9.0
0.03% 厚朴酚组	雌	198	26.00 ±8.00	51.00±37.67	31.28 ±6.07	8.7
	雄	203	36.15 ±7.29	51.50 ±3.17	34.73 ±10.18	11.2
0.05% 厚朴酚组	雌	195	29.50 ±5.69	72.20 ±3.26	34.11 ±4.35	18.5
	雄	196	28.00 ±7.15	62.50±32.86	34.25 ±5.21	9.7

3. 抗溃疡作用

5%厚朴醇提取物、厚朴酚、和厚朴酚对幽门结扎、应激性、组胺、盐酸-乙醇等试验性大鼠溃疡模型都有抑制效果。生厚朴只对幽门结扎和应激性胃溃疡大鼠有抑制作用，姜（炙）制品也有抗溃疡作用。

4. 抗肿瘤及其他

厚朴酚通过抑制基质金属蛋白酶-9 的活性，可以抑制人成纤维肉瘤细胞 HT1080 向基底膜浸润。添加 $100\mu mol/L$ 厚朴酚时可抑制肿瘤细胞增殖、诱导细胞凋亡。厚朴还有止泻作用、防龋作用、抗痉挛、抗过敏、降血压、抗血小板凝集和调节肠胃运动等作用。

（三）厚朴的安全性

厚朴煎剂小鼠腹注的 LD_{50} 为（6.12 ± 0.038）g/kg。给小鼠一次灌胃 $60g/kg$ 厚朴煎剂，观察 3d 小鼠均未死亡。木兰箭毒箭碱小鼠皮下注射的 LD_{50} 为 $45.55mg/kg$，给猫静注厚朴煎剂，MLD 为（4.25 ± 1.25）g/kg。

三、牡　丹　皮

牡丹皮（*Moutan Cortex*），又名为丹皮，毛茛科芍药属植物牡丹（*Paenoina Suff Ruticosa Andr*）的干燥根皮。

（一）牡丹皮的化学组成

牡丹皮含有酚类化合物和单苷类物质。酚类化合物有牡丹酚（含量 $0.88\%\sim2.13\%$）、丹皮酚苷（$0.04\%\sim0.2\%$），丹皮酚原苷（$0.04\%\sim0.94\%$），丹皮酚新苷（0.81%）。单苷类物质包括芍药苷，（$0.6\%\sim2.5\%$）、苯甲酰芍药苷（$0.2\%\sim0.58\%$）、氧化芍药苷（Oxypaeoniflorin）等。

（二）牡丹皮的生物功效

1. 对中枢作用

小鼠压尾试验表明，牡丹皮水提取物有明显镇痛作用。$0.25\sim0.5g/kg$ 腹腔注射可显著对抗药物（烟碱、戊四氮等）和电休克所致小鼠惊厥；$3g/kg$ 丹皮酚磺酸钠腹腔注射也可明显降低小鼠疼痛；给小鼠腹腔注射或灌胃丹皮酚，可明显降低正常小鼠体温和伤寒杆菌、副伤寒杆菌引起的发热；牡丹酚还可以延长环己巴比妥的睡眠时间、抑制小鼠自发活动。丹皮酚能降低脑水肿强度，改善脑出血后肢体的偏瘫和继发缺血性脑损害。

2. 降血压作用

给麻醉犬静注 $40mg/kg$ 丹皮酚丙二醇溶液，发现犬血压下降，但持续时间较短。给肾型高血压犬灌胃丹皮酚花生油溶液 $0.7g/kg$，可使血压降低 $2\sim2.7kPa$。给犬服用牡丹皮水煎液 $0.75g/kg$ 后血压开始下降，剂量增加到 $1.0\sim1.3g/kg$ 时，血压下降 $27\%\sim50\%$。牡丹皮水煎剂、牡丹酚对麻醉犬和大鼠均有显著降压作用，对原发性和肾型高血压大鼠也有降压作用。

3. 对血管、血液作用

在健康人 5% 的红细胞悬液 $1mL$ 中加入 $50mmol/L$ H_2O_2，而后再加入不同浓度的丹皮酚溶液，发现丹皮酚可抑制过氧化氢引起的溶血反应，且呈剂量依赖性；$50\mu g/mL$ 丹皮酚可以显著增加兔血小板内环磷酸腺苷含量；兔颈总动脉中加入丹皮酚 $25\mu g/mL$、$50\mu g/mL$、$100\mu g/mL$ 和 $200\mu g/mL$，血小板凝结抑制率分别为 21%、22%、51% 和 62%；给冠脉结扎所致心肌缺血犬静注牡丹皮水提取物，发现心肌耗氧量降低，冠脉流量增大，显著增强小鼠网状内皮系统的吞噬功能，且腹腔渗出液中细胞数明显增加。

4. 抗炎、抑菌作用

牡丹皮提取物在试管内对白色葡萄球菌、金黄色葡萄球菌、枯草杆菌、大肠杆菌、伤寒杆菌和痢疾杆菌有明显的抑制作用；牡丹皮对痢疾杆菌、伤寒杆菌等有较强的抑制作用；牡丹酚在试管内对大肠杆菌、枯草杆菌、金黄色葡萄球菌有抑制作用；牡丹皮浸液在试管内对铁锈色小芽孢杆菌等 10 种皮肤真菌也有抑制作用。

5. 其他作用

给大鼠腹腔注射 0.5g/kg 牡丹皮提取物或 0.25g/kg 丹皮酚，可抑制大鼠应激性胃溃疡；对小鼠给药丹皮总苷 20mg/kg，连续 7d，能显著抑制 CCl_4 引起的血清中谷丙转氨酶升高和肝脏脂质过氧化物升高。经证实，丹皮酚还有抗氧化、抗心律失常、抗肿瘤、保肝利尿、治疗皮肤、抗早孕、抑制子宫自发运动病作用。

（三）牡丹皮的安全性

牡丹皮和牡丹酚的毒性作用较小。给小鼠静注、腹腔注射和灌胃的 LD_{50} 分别为 196mg/kg、178mg/kg 和 3430mg/kg，牡丹酚磺酸钠腹腔注射的 LD_{50} 为 6.9mg/kg，牡丹酚花生油溶液灌胃的 LD_{50} 为 4.9mg/kg。

四、青 皮

青皮（Green citrus peel），芸香科植物橘的干燥幼果或未成熟果实的外层果皮，青皮药材包括个青皮和四花青皮。

（一）青皮的化学组成

青皮内的总黄酮（含量 24.60%）主要包括橙皮苷、新陈皮苷、柚皮苷、柚皮芸香苷等。挥发油物质则主要包括右旋柠檬烯、对伞花烃（16.9%）、芳樟醇（6.4%）、柠檬醛（0.2%）等。

（二）青皮的生物功效

1. 祛痰、平喘

青皮挥发油可通过刺激呼吸道分泌细胞增加黏液的分泌，使痰液容易咳出，有效成分为柠檬烯和蒎烯。青皮注射液能拮抗组胺引起的离体支气管痉挛性收缩，具有平喘作用。10mg/mL 陈皮水提取液对电刺激引起的离体豚鼠器官平滑肌收缩有明显的抑制作用，20mg/mL 陈皮醇提取液可完全抑制组胺引起的豚鼠离体支气管痉挛性收缩，青皮中所含有效成分与陈皮相近，故也有一定平喘功效。给麻醉猫静注青皮醇提取物，可抑制组胺引起的支气管收缩，还可舒张豚鼠的离体支气管。

2. 利胆作用

取健康大白鼠 16 只，分为 2 组，收集给药 30min 前的胆汁，后由十二指肠给药，试验组按 1mL/100g 给药青皮水煎剂（3g 生药/mL），对照组给予同体积的生理盐水。观察给药 30min、60min、90min、120min 后胆汁流量。对大鼠进行戊巴比妥钠麻醉，而后给药。表 9-57 结果表明，青皮水煎剂可使正常大鼠的胆汁流量明显增加，对戊巴比妥钠损伤大鼠青皮水煎剂仍能促进胆汁分泌。

表 9-57　　　　　　　　青皮水煎剂对戊巴比妥钠损伤大鼠胆汁流量影响

组别	n	剂量/ (g/kg)	胆汁流量/mL					P
			30min	60min	90min	120min	平均	
试验组	6	30	0.36±0.2	0.39±0.03	0.42±0.05	0.43±0.02	0.40±0.24	0.05
对照组	6	—	0.21±0.7	0.47±0.3	0.20±0.04	0.44±0.02	0.18±0.04	0.05

3. 其他功效

青皮还具有理气、治疗乳腺增生、抗休克、抗心律失常、抗肿瘤、抗脑缺血再灌注损伤等作用。

五、桑 白 皮

桑白皮（Mori Cortex）又名桑皮、桑根皮，桑科植物（Morus alba）的干燥根皮。

（一）桑白皮的化学组成

桑白皮中黄酮类化合物包括桑根皮素（Morusin）、环桑根皮素、桑素（Mulberrin）、桑色烯（Mulberrochromene）、环桑素、环桑色烯素（Cyclomulbenochromene）、桑酮（Kuwanon）、桑根皮醇（Morusinol）、环桑色醇（Mulberranol）、桑苷（Moracenin）、桑呋喃（Mulberrofuran）、桑黄素（Morin）、桑黄酮（Kuwanon）、桑白皮素（Moracenin）、桑根酮（Sanggenone）、等。香豆素类化合物包括伞形花内酯、东莨菪素、东莨菪内酯等。此外，桑白皮中还含有桑多糖、甲壳素、丁醇、β-谷甾醇、鞣质和挥发油等。

（二）桑白皮的生物功效

1. 降血糖

给大鼠灌服桑白皮醇提取液 2mL/d，连续 30d，大鼠血糖水平从（20.4±0.6）mmol/L 降低到（12.0±0.7）mmol/L。给四氧嘧啶诱发的糖尿病大鼠灌胃桑白皮提取物 1.875g/kg 和 0.625g/kg，每天一次持续 8 周，发现不同剂量均可增加大鼠坐骨神经髓鞘的面积、坐骨神经髓外纤维的数量和面积，对糖尿病大鼠坐骨神经早期病变也有一定的防治作用。给小鼠腹腔注射桑白皮水提取物的醇沉淀部分 200mg/kg，6h 后非禁食和禁食链脲佐菌素性糖尿病小鼠的血糖水平分别下降了 60.5%±9.1% 和 77.3%±5.8%。

2. 利尿

给大鼠灌胃或腹腔注射桑白皮水提物 300~500mg/kg，大鼠尿量、K^+、Na^+ 和氯化物的排出量均有增加。葶苈、桑白皮和大枣熬成水煎剂，给兔灌胃，30min 后收集尿液，发现正常兔尿量由给药前的（0.90±0.20）mL 增加到给药后的（4.42±2.11）mL，心衰兔的尿量也由给药前的（0.81±0.30）mL 增加到了给药后的（10.22±1.91）mL，经过因素间关联度分析，发现桑白皮对尿量的影响最大。

3. 镇痛、抗炎

给小鼠灌胃桑白皮乙醇提取物 15g/kg，可明显延长小鼠热痛刺激甩尾反应潜伏期。将桑白皮 75% 乙醇提取物，以 15g（生药）/kg 给二甲苯所致耳廓肿胀小鼠和角叉菜胶所致足趾肿胀小鼠灌胃，4h 的平均抑制率分别为 32.4% 和 16.6%。对离体豚鼠进行气管平滑肌试验，发现桑白皮提取物可使正常豚鼠气管平滑肌张力显著下降，对乙酰胆碱所致气管痉挛豚鼠的气管也有显著的松弛作用。桑白皮水提取物 2g/kg 给小鼠灌胃，作用与阿司匹林 0.5g/kg 相似。正丁醇提取物对电休克发作小鼠有轻度抑制作用，但肌紧张改善不明显。

4. 降血压

桑白皮中桑酮、桑根酮、桑呋喃等成分具有较为显著的降血压作用。给家兔静注桑白皮乙醇提取物 0.1~1.0mg/kg，血压降低，切断两侧迷走神经后此作用仍存在，在给予阿托品后降压作用受到抑制甚至消失。给兔皮下静注 1g（生药）/kg 的桑白皮乙醚、热水或温甲醇的提取液时，血压下降 15~20mmHg。3mg/kg 桑白皮甲醇提取液浸膏，能降低戊巴比妥钠麻醉家兔和狗的大腿动脉血压。

5. 镇咳、平喘作用

桑白皮葨茗内酯 26.5μg/mL、53μg/mL 和 106μg/mL 给药豚鼠，离体气管平滑肌有松弛作用，且呈剂量依赖性，对乙酰胆碱和过敏原引起的气管痉挛也有一定的抑制作用。用桑白皮氯仿提取物 2.86g/kg、石油醚提取物 2.45g/kg 和水提取物 4.56g/kg 给小鼠灌胃给药，并设对照组（生理盐水 20mL/kg），30min 后放入玻璃瓶内并喷浓氨水 5s，发现氯仿提取物组小鼠咳嗽的潜伏期（75.60±39.77）s 与对照组（36.13±20.07）s 相比明显延长，2min 内咳嗽的次数（1.10±1.20 次）也明显降低（对照组为 14.50±5.10 次）。碱提取物（33.3g/kg）还可明显增加小鼠酚红的排出量，达到显著的祛痰效果。

6. 抗病毒

桑白皮提取物与滴有腺病毒Ⅲ型病毒液的 HeLa 细胞共同培养，可明显抑制该病毒的致病作用。桑白皮提取物制备的乙酰化合物和葡萄糖苷具有一定的抗人类免疫缺陷病毒活性作用。

（三）桑白皮的安全性

桑白皮乙醇提取物小鼠静注的 LD_{50} 为 3.27g/kg。给小鼠腹腔注射或灌胃 10g/kg 桑白皮醇或水提取物，未见动物死亡。

六、地 骨 皮

地骨皮（*Lycii Cortex*）为茄科植物枸杞（*Lycium chinense* Mill）或宁夏枸杞（*Lycium barbarum* L.）的干燥根皮，在民间常被用于治疗咳血、肺炎等病。

（一）地骨皮的化学组成

地骨皮主要成分是生物碱。其中含甜菜碱（含量 0.88%）、苦可碱 A（Kukoamine A）、生物碱 A 和生物碱 B、胆碱，以及具有免疫调节、抗病毒和抗肿瘤功能的 1,2,3,4,7-五羟基-6-氮杂双环辛烷（1,2,3,4,7-pentahydroxy-6-nitrobicyclo-octane）等。糖苷类物质则以枸杞苷（Lyeiumoside）Ⅰ～枸杞苷Ⅲ为代表物质，其具有降血糖作用。地骨皮含有的枸杞环八肽（Lyciumin）A～枸杞环八肽 D，其中枸杞环八肽 A、枸杞环八肽 B 有抗肾素和抗血管紧张素Ⅰ转换酶活性作用。此外，地骨皮中还有亚油酸、亚麻酸、桂皮酸、正二十三烷、β-谷甾醇、葡萄糖苷、棕榈酸、谷甾醇等。

（二）地骨皮的生物功效

1. 降血糖

用地骨皮煎剂对经四氧嘧啶处理过的糖尿病小鼠灌胃，结果如表 9-58 所示，有显著的降血糖作用。给兔灌服或注射地骨皮煎剂 6g/kg，可使血糖 1h 内下降 14%，灌服的作用可持续 4～8h。给糖尿病小鼠腹腔注射地骨皮水煎剂 5.0g/kg 和 7.5g/kg，连续给药 28d，血糖含量分别降低了 41.89% 和 36.72%。另外，0.2g/mL 地骨皮水煎剂可以使小鼠离体胰腺释放量明显增多。

表 9-58　　　　　　　地骨皮煎剂对四氧嘧啶糖尿病小鼠的影响

组别	给药前/（mmol/L）	给药后/（mmol/L）	降低率/%
地骨皮煎剂（5.0g/kg）	19.50±2.26	6.25±2.211	67.95
地骨皮煎剂（2.5g/kg）	18.38±2.39	9.53±2.441	48.15

2. 降血压

地骨皮的各种制剂（煎剂、浸剂、酊剂、注射剂）对麻醉的猫、犬、兔静注、肌注或灌胃，都有显著的降压作用。给大鼠按 5mg/kg 剂量静注提取的苦柯胺 A，降压效果显著。0.375g/kg 地骨皮注射剂可使麻醉犬血压降为零而死亡，0.5g 生药/kg 静注可明显降低大鼠血压。临床地骨皮煎剂 60g 治疗原发性高血压 50 例，5 剂一个疗程，总有效率达到了 94%，且血压下降大多能维持 2~3 周，少数加服 2~3 个疗程的能维持数月。

3. 抑菌作用

75% 乙醇地骨皮提取液做体外抑菌实验，检测最低抑菌浓度，对 12 种供试菌表现出抗菌活性，金黄色葡萄球菌为 0.25mg/mL、表皮葡萄球菌为 0.25mg/mL、白色念珠菌为 0.25mg/mL、大肠杆菌为 0.5mg/mL、甲型溶血性链球菌为 0.125mg/mL，肺炎双球菌为 0.25mg/mL，肺炎克雷伯菌为 0.25mg/mL、甲型副伤寒杆菌为 0.25mg/mL、伤寒沙门菌为 0.25mg/mL、福氏志贺杆菌为 0.25mg/mL、痢疾志贺杆菌为 0.25mg/mL、铜绿假单胞菌为 0.125mg/mL。对甲型溶血性链球菌、肺炎双球菌、铜绿假单胞菌抑菌效果显著，其平均最低抑菌浓度为 0.125mg/mL，对其他 9 种细菌的最低抑菌浓度为 0.25mg/mL。

4. 镇痛作用

50 只小鼠平均分为 5 组，各组小鼠腹腔注射生理盐水、颅通定和不同剂量的地骨皮乙醇提取液（0.4g 生药/mL），给药 30min 后给每只小鼠灌胃 0.6% 醋酸溶液 0.2mL，观察注射醋酸 5~15min 内小鼠扭体反应次数。表 9-59 表明不同剂量地骨皮乙醇提取液都可明显减少小鼠醋酸扭体次数，且剂量越大越明显。

表 9-59   地骨皮对醋酸所致小鼠扭体反映的影响

组别	剂量/（g/kg）	动物数/只	出现扭体频次/（次/15min）	抑制率/%
生理盐水组	—	10	61.12 ± 9.13	—
颅通定组	0.06	10	$11.52 \pm 8.44^{***}$	81.15
地骨皮组	8.0	10	$33.16 \pm 10.03^{**}$	45.75
	4.0	10	$38.62 \pm 9.41^{*}$	37.40
	2.0	10	45.81 ± 9.36	25.05

注：与生理盐水组比较：$^{*}P<0.05$，$^{**}P<0.01$，$^{***}P<0.001$。

（三）地骨皮的安全性

地骨皮毒性较小，地骨皮煎剂与注射剂对小鼠腹腔注射的 LD_{50} 分别为 12.83g/kg 和 10.73g/kg，酊剂对小鼠急性和亚急性试验的 LD_{50} 分别为 4.7g/kg 和 4.1g/kg。

七、五 加 皮

五加皮（*Acanthopanacis Cortex*），是五加科灌木细柱五加（*Acanthopanax gracilistylus* W. W. smith）干燥根皮。

（一）五加皮的化学组成

五加皮的主要成分有刺五加苷（Eleulhersoside）B［也称紫丁香苷（Syringin）］、刺五加苷 D（也称紫丁香树脂酚葡萄糖苷）、刺五加苷 E 以及 d-芝麻素。此外，五加皮含有葡萄糖苷、鞣质、棕榈酸、丙三醇和 D-甘露醇等。

（二）五加皮的生物功效

1. 增强免疫力

五加多糖具有增强免疫功能的作用。多糖提取物 15g/kg 连续 7d 灌胃，可提高小鼠巨噬细胞指数。提取物 1.0g/kg 连续 8d 灌胃，同时腹腔注射环磷酰胺 20mg/kg，可显著拮抗环磷酰胺所致白细胞减少。多糖提取物还参与了机体的体液免疫，激发 T 细胞、B 细胞的生物学功能，对小鼠 T 细胞、B 细胞增殖反应有增强效应。多糖提取物连续腹腔注射 3d，可显著促进脾 IgM 分泌细胞产生，明显提高自然杀伤细胞活性以及增强伴刀豆球蛋白刺激脾细胞产生白介素-2。

2. 抗肿瘤作用

五加皮提取物抑制肿瘤细胞增殖，并不导致细胞死亡。在五加皮提取物的作用下肿瘤细胞增殖停止在细胞周期的 G_0/G_1 期，而未见直接的细胞毒效应。五加皮提取物可诱导 Rb、CDK_2 和 CDK_4 表达降低，使细胞停止增殖。其作用机制是通过调节控制细胞周期的酶类而发挥作用的。

3. 保护胃黏膜

用萜酸 50~100mg/kg 灌胃，对大鼠由吲哚美辛、幽门结扎和无水乙醇所致实验性胃溃疡有预防作用，对胃黏膜有保护作用。

4. 保护肝脏

五加皮醇沉上清液 2.06g/kg 和水提多糖 0.86g/kg 给小鼠灌服 7d，能显著减缓 CCl_4 对肝脏中毒症状。

5. 性激素样作用

五加皮糖苷提取物给雄性幼年大鼠灌胃 15g/kg 连续 7d，能明显增加睾丸、前列腺和精囊湿重，有促性腺作用。

（三）五加皮的安全性

急性毒性试验显示五加皮水煎浓缩液 180g/kg 或醇浸膏 80g/kg，给小鼠灌胃，观察 3d 未见死亡。小鼠腹注注射液，LD_{50} 为（81.85±10.4）g/kg。

🔍 思考题

（1）国务院卫生行政主管部门公布的可用于保健食品的物品名单共有多少种？请举例说明其生物功效。

（2）请列举 3~6 个保健食品允许使用的根茎类植物的化学组成及生物功效。

（3）人参的主要生物功效有哪些？

（4）银杏叶的化学组成如何？具有什么样的生物功效？

（5）请列举 3~6 个保健食品允许使用的花草类植物的化学组成及生物功效。

（6）请简述枳壳、车前子、杜仲、牡丹皮的生物功效。

（7）利用本章讨论的植物原料，请设计一款具有改善睡眠的保健食品。

（8）利用本章讨论的植物原料，请设计一款具有降血糖的保健食品。

（9）利用本章讨论的植物原料，请设计一款具有提高免疫力的保健食品。

第十章

CHAPTER

10

属于普通食品的植物活性物质

[学习目标]

（1）了解食用菌的生物功效。

（2）了解藻类普通食品原料的生物功效。

（3）了解果实类普通食品原料的生物功效。

（4）了解根茎类普通食品原料的生物功效。

（5）了解种子类普通食品原料的生物功效。

（6）了解茎叶类普通食品原料的生物功效。

（7）了解全草类普通食品原料的生物功效。

《中华人民共和国食品安全法》第一百五十条对"食品"的定义：食品，指各种供人食用或者饮用的成品和原料以及按照传统既是食品又是药品的物品，但是不包括以治疗为目的的物品。该定义包括了食品和食物的所有内容，第一部分是指加工后的食物，即供人食用或饮用的成品；第二部分是指通过种植、饲养、捕捞、狩猎获得的食物，即食品原料；第三部分是指食药两用物品，即既是食品又是药品的动植物原料，但不包括药品。由此，食品科学家把食品的定义简述为"食品是有益于人体健康并能满足食欲的物品"。

食品有益于人体健康，具有营养价值。本章讨论 90 种属于普通食品的植物原料，因具有比较明显的生物功效，故也属于植物活性物质。这 90 种物品分成以下 7 类。

食用菌类（29 种）：香菇、双孢蘑菇、巴氏蘑菇（巴西蘑菇）、棕色蘑菇、猴头菇、金针菇、柱状田头菇（茶树菇）、杏鲍菇、平菇、草菇、松乳菇、稀褶乳菇、多汁乳菇（红奶浆菌）、变绿红菇（青头菌）、血红铆钉菇（红磨）、木耳、银耳、金耳、亚侧耳（元蘑）、鸡油菌、鸡枞菌、干巴菌、牛肝菌、羊肚菌、马勃菌、松口蘑、毛头鬼伞（鸡腿菇）、多脂鳞伞（黄伞菇）、竹荪。

藻类（10 种）：螺旋藻、小球藻、杜氏藻（盐藻）、紫菜、石花菜（海冻菜）、龙须菜、海带、裙带菜、羊栖菜、网肺衣。

果实类植物（15 种）：黄皮果、青刺果、仙人掌果、醋栗、蓝靛果、无花果、山莓、蓝莓、刺梨、猕猴桃、黄秋葵、香瓜茄、南瓜、苦瓜、甜角。

根茎类植物（10 种）：大蒜、洋葱、慈姑、蒲菜、胡萝卜、玛咖、参薯、地笋（地参）、芋头（毛芋）、木薯。

种子类植物（11 种）：白芸豆、瓜拉那豆、核桃仁、黑米、黑豆、荞麦（苦荞麦）、燕麦、松子、葵花籽、亚麻籽（胡麻子）、南瓜子。

茎叶类植物（7 种）：茶叶、香椿叶、抱子甘蓝、蕨菜、枸杞叶、红薯叶、莙荙菜。

全草类植物（8 种）：马兰头、苦苣菜、冬葵、豆瓣菜（西洋菜）、苜蓿、鼠尾草、缬草、百里香（地椒）。

第一节　食用菌类活性物质

食用菌，俗称菇、蕈，是一类以肥大子实体供人类食用的大型真菌的总称。我国是认识、食用和栽培食用菌最早的国家之一，全世界已知的食用菌多达 2000 余种，其中能大面积人工栽培的只有 40~50 种。食用菌不仅风味独特鲜美，还具有多方面的生物功效，如调节免疫功能、降血脂、降血糖、抗肿瘤、抗氧化、保肝健胃等。

1. 香菇

香菇［*Lentinus edodes*（Berk.）Sing.］，别名香蕈、冬菇、花菇等，属担子菌纲、伞菌科香菇属。其具有增强机体免疫力、抗肿瘤、降低胆固醇、降血糖、抑菌、抗病毒、抗氧化、预防血栓形成、保肝等活性。

2. 双孢蘑菇

双孢蘑菇［*Agaricus bisporus*（Lange）Sing.］，又称白蘑菇、洋蘑菇等，是伞菌科、蘑菇属的一种，其具有抗肿瘤、保肝、缓解失血性贫血等活性。

3. 巴氏蘑菇（巴西蘑菇）

巴氏蘑菇（*Agaricus blazei* Murill），又称姬松茸、巴西蘑菇，属伞菌目、蘑菇科、蘑菇属，是双孢蘑菇的近缘种。其具有抗癌、增强机体免疫力活性。

4. 棕色蘑菇

棕色蘑菇（*Agaricus brunnescens* Peck），俗称棕蘑、褐菇，属蘑菇科、蘑菇属，其具有增强机体调节免疫功能、抗肿瘤、降血糖、降血脂等活性。

5. 猴头菇

猴头菇［*Hericium erinaceus*（Bull. ex Fr.）Pers.］，别名猴头菌、猴头、刺猬菇、猴菇等，属多孔菌目、齿菌科、猴头菇属。其具有增强机体免疫力、抗肿瘤、降血糖、缓解神经功能障碍疾病等活性。

6. 金针菇

金针菇［*Flammulina velutipes*（Curt.）Sing.］属口蘑科、金钱菌属，又名毛柄金钱菌、冬菇、金菇、朴菌、构菌、智力菇等。其具有增强机体免疫力、抗肿瘤、缓解运动性疲劳、抑菌、改善记忆障碍、抗黑色素沉着、延缓褐变、促进儿童智力发育等活性。

7. 柱状田头菇（茶树菇）

柱状田头菇（*Agrocybe aegerita*）属粪锈伞科、田头菇属。其具有提高机体免疫功能、抗肿瘤等活性。

8. 杏鲍菇

杏鲍菇［*Pleurotus eryngii*（DC. ex. Fr.）Quel.］，别名雪茸、刺芹侧耳、干贝菇等，属侧耳科、侧耳属。其具有抗肿瘤、增强运动能力、降血压、降血脂、缓解骨质疏松症等活性。

9. 平菇

平菇［*Pleurotus ostreatus*（Jaca. ex Fr.）Qeul.］属侧耳科、侧耳属，别名侧耳、北风菌等。其具有增强机体免疫力、抗肿瘤、改善人体新陈代谢、预防高血糖和高血脂等疾病、抑制胃溃疡及各种炎症等活性。

10. 草菇

草菇［*Volvariella volvacea*（Bull. ex Fr.）Sing.］属光柄菇科、包脚菇属，其具有抗肿瘤、对血液中氨浓度升高引起肝昏迷有明显的解除作用等活性。

11. 松乳菇

松乳菇（*Lactarius deliciosus*）属红菇科、乳菇属，又名奶浆菌、松树蘑、松菌等。其具有抗肿瘤等活性。

12. 稀褶乳菇

稀褶乳菇（*Lactarius hygroporoides*）属伞菌目、红菇科、乳菇属，其具有增强人体免疫力、抗肿瘤、促消化、预防肠道疾病等活性。

13. 多汁乳菇（红奶浆菌）

多汁乳菇（*Lactarius volemus* Fr.）属红菇科、乳菇属，别名红奶浆菌、米汤菌。其具有改善机体免疫力、抗肿瘤、降低辐射损伤程度等活性。

14. 变绿红菇（青头菌）

变绿红菇［*Russula virescens*（Schaeff.）Fr.］属红菇科、红菇属，又称青头菌、绿菇等。其具有抗肿瘤、降血脂等活性。

15. 血红铆钉菇（红磨）

血红铆钉菇（*Gomphidius viscidus*）为铆钉菇科真菌，又名铆钉菇，俗称红磨、肉蘑、松蘑、松树伞等。其具有抗肿瘤、增强机体免疫力、缓解疲劳、修复和保护神经元、保肝健脾、治疗糖尿病与神经性皮炎等活性。

16. 木耳

木耳［*Auricularia auricula*（L. ex Hook.）Underw.］属木耳科、木耳属，又称云耳、黑木耳等，寄生于腐木上。其具有抗凝血、抗肿瘤、降血糖等活性。

17. 银耳

银耳（*Tremella fuciformis* Berk.）属银耳科、银耳属，又名白木耳、雪耳。其具有增强机体细胞免疫和体液免疫功能、抗肿瘤、降血糖、降血脂、抗疲劳、保护辐射损伤、抗炎症、抗溃疡、缓解 CCl_4 引起的肝损伤等活性。

18. 金耳

金耳（*Tremella aurantialba*）属银耳科、银耳属，又称黄木耳、金木耳、脑耳，呈金黄色，主要分布于云贵高原。其具有增强机体免疫力、抗肿瘤、降血糖、降血脂等活性。

19. 亚侧耳（元蘑）

亚侧耳［*Hohenbuehelia serotina*（Schard. ex Fr.）Sing.］属侧耳科、亚侧耳属，别名冬蘑、

元蘑、黄蘑、晚生北风菌等。其具有增强机体免疫力、保护辐射引起的免疫功能损伤、抗肿瘤等活性。

20. 鸡油菌

鸡油菌（*Cantharellus cibarius* Fr.）属多孔菌目、喇叭菌科、鸡油菌属，又名杏菌、黄丝菌、鸡蛋黄菌。其具有降血糖、调节机体的体液免疫和细胞免疫功能、抗肿瘤、减毒等活性。

21. 鸡枞菌

鸡枞菌［*Termitornyces albuminosus*（Berk）Heim］属白蘑科、鸡枞菌属，又名鸡肉丝菇、伞把菇。其具有增强机体免疫力、抗肿瘤等活性。

22. 干巴菌

干巴菌（*Thelephora ganbajun* Zang.）属非褶菌目、革菌科、革菌属，又名干巴革菌。其具有降血脂、抗癌等活性。

23. 牛肝菌

牛肝菌（*Boletus*），是伞菌目、牛肝菌科的一大类大型真菌，大多与植物的根形成共生关系。其具有增强机体免疫力、抗癌、抗疲劳等活性。

24. 羊肚菌

羊肚菌［*Morchella esculenta*（L.）Pers.］属马鞍菌科、羊肚菌属，俗称羊肚菜。其具有增强机体免疫力、抗肿瘤、抗疲劳、抗凝血、护肝、抗菌等活性。

25. 马勃菌

马勃菌（*Lycoperdales seu* Calvatia）是马勃科真菌大马勃［*Calvatia gigantea*（Batsch ex Pers.）Lloyd］、紫色马勃［*Calvatia lilacina*（Mont. et Berk.）Lloyd］和脱皮马勃（*Lasiosphaera fenzlii* Reich）的干燥子实体，别称灰包菌、牛屎菇、马屁勃等。其具有抗肿瘤、止血、抗菌、抗流感病毒等活性。

26. 松口蘑

松口蘑［*Tricholoma matsutake*（S. Ito et Imai）Sing.］属口蘑科、口蘑属，又称松茸、松蘑、松蕈、鸡丝菌等。其具有抗癌、改善学习和记忆能力、增强机体免疫力、抗氧化、抗疲劳、抗菌等活性。

27. 毛头鬼伞（鸡腿菇）

毛头鬼伞［*Coprinus comatus*（Muell. ex Fr.）Gray］属鬼伞科、鬼伞属，形如鸡腿、肉质似鸡丝，又名鸡腿菇。其具有增强机体免疫力、抗肿瘤、降血糖等活性。

28. 多脂鳞伞（黄伞菇）

多脂鳞伞［*Pholiota adiposa*（Batsch）P.］属球盖菇科、鳞伞属，又名黄伞、黄蘑、黄柳菇等，子实体色泽金黄。其具有增强机体免疫力、抗肿瘤、抗菌等活性。

29. 竹荪

竹荪［*Dictyophora indusiata*（Vent. ex Pers）Fisch］属鬼笔科、竹荪属，为寄生在枯竹根部的一种隐花真菌，又称竹参、竹笙。其具有增强机体免疫力、抗肿瘤、拮抗砷中毒导致的肝损伤、抗疲劳、降血脂、红细胞凝集作用等活性。

第二节　藻类活性物质

根据藻类的生活史、所含色素、形态结构等特征可分 11 大类，即绿藻门、褐藻门、红藻门、甲藻门、眼虫藻门、硅藻门、金黄藻门、黄绿藻门、蓝藻门、隐藻门和轮藻门。其中可利用的主要为褐藻门、红藻门、绿藻门、蓝藻门四大类。我国藻类资源极为丰富，其中经济海藻有 510 多种，包括 66 种蓝藻、226 种红藻、115 种褐藻和 103 种绿藻。被广泛食用的藻类有蓝藻门的螺旋藻、绿藻门的小球藻和杜氏藻、红藻门的紫菜和石花菜、褐藻门的海带和裙带菜等。

1. 螺旋藻

螺旋藻（*Spirulina*）属蓝藻门、颤藻科，一般指形体较大的钝顶螺旋藻（*Spirulina platensis*）和巨大螺旋藻（*Spirulina maxima*）。其具有增强机体免疫力、抗肿瘤、抗辐射、抗贫血、抗氧化、抗疲劳、解毒等活性。

2. 小球藻

小球藻（*Chlorella sp.*）为绿藻门、小球藻属的单细胞藻类，是一种海洋原绿球藻（*Prochlorococcus marinus*）。我国常见种类有普通小球藻（*Chlorella vulgaris*）、蛋白核小球藻（*Chlorella pyrenoidesa*）和椭圆小球藻（*Chlorella ellipsoidea*）等。其具有增强机体免疫力、抗肿瘤、降血脂、降血压、促进毒物排泄、抗辐射等活性。

3. 杜氏藻（盐藻）

盐生杜氏藻（*Dunaliellasalina Teodoresce*）属绿藻门、真绿藻纲、团藻目、杜氏藻科、杜氏藻属，又名盐藻。形态上类似于衣藻，为单细胞绿藻。其具有抗辐射等活性、对视觉系统具有保健作用。

4. 紫菜

紫菜（*Porphyra*）属红藻门、红毛菜科，藻体多为紫红或紫褐色。其具有调节机体免疫力、抗肿瘤、防治心血管疾病、改善肠道功能、抑制重金属蓄积、降低高血压发病率、防止皮肤光老化等活性。

5. 石花菜（海冻菜）

石花菜（*Gelidium amansii* L.）为红藻门、石花菜科多年生藻类，别名海冻菜、牛毛菜、鸡毛菜、海草、红丝等。其具有降血糖、抗菌、缓解高尿酸血症、抗肿瘤等活性。

6. 龙须菜

龙须菜（*Asparagus schoberioides* Kunth）为杉藻目、江蓠科、江蓠属的一种红藻，又名海菜、发菜、线菜等。其具有抗肿瘤、降血脂、降血糖等活性。

7. 海带

海带（*Laminaria japonica*）为海带科、海带属的多年生大型褐藻。成熟时呈褐绿色，长条扁平带状，具波状褶皱。其具有免疫调节、抗肿瘤、降血脂、降血糖、抗凝血等活性。

8. 裙带菜

裙带菜（*Undaria pinnatifida*）为海带目、翅藻科、裙带菜属的多年生大型褐藻，又名海芥菜、裙带，是我国养殖的 3 大经济海藻之一。其具有抗肿瘤、抗炎、免疫调节、抗病毒、降血压等活性。

9. 羊栖菜

羊栖菜（*Sargassum fusiforme*）为褐藻门、墨角藻目、马尾藻科、马尾藻属的一种多年生藻类植物，别名鹿角尖、海芽菜等。其具有预防甲状腺肿大、预防儿童智力低下及痴呆等症、抗菌、降低肝损伤等活性。

10. 网肺衣

网肺衣［*Lobaria retigera*（Aeh.）Trevis］属喜绿衣目、牛皮叶科、肺衣属，别名石花、树蝴蝶、石龙衣、老龙皮等。其具有预防小儿佝偻症、预防龋齿、预防成年人骨质软化及骨质疏松症、促排泄、降血脂等活性。

第三节　果实类活性物质

本节果实类植物讨论黄皮果、青刺果、仙人掌果、醋栗、蓝靛果、无花果、山莓、蓝莓、刺梨、猕猴桃、黄秋葵、香瓜茄、南瓜、苦瓜、甜角 15 种物品。它们大多含有多糖、花青素、维生素、矿物质、生物碱、黄酮类化合物等活性成分，在调节血糖与血脂、抗氧化、抗肿瘤、增强机体免疫力等方面具有功效。

1. 黄皮果

黄皮果为芸香科植物黄皮［*Clausenalansium*（Lour.）Skeels］的成熟果实，又名黄皮子、黄弹子等。其具有醒酒护肝、抗癌、预防骨质疏松、保护血管、治疗冠心病、抗菌、抗病毒等活性。

2. 青刺果

青刺果为蔷薇科、扁核木属常绿或落叶灌木扁核木（*Prinsepia Utilis* Royle）的果实，别名青刺尖、梅花刺果、打油果等。其具有降血糖、预防糖尿病并发症、降血脂、抑制血小板凝集、抗菌等活性。

3. 仙人掌果

仙人掌果（*Opuntia ficus-indica*）是石竹目、仙人掌科、仙人掌属植物的果实，又称仙掌子。其具有免疫调节、抗肿瘤、降血糖、降血脂、降血压等活性。

4. 醋栗

醋栗（Gooseberry）为虎耳草目、茶藨子科（醋栗科）、茶藨子属（醋栗属）多年生落叶小灌木植物的果实。按果实颜色可分为黑穗醋栗（*Ribes nigrum* L.）和红醋栗（*Ribes rubrum* L.）。其具有预防痛风、贫血、水肿、咳嗽、口腔及咽喉疾病，调节免疫系统、抗肿瘤，软化血管、降血脂、降血压、补充钙素、抗癌、增强机体免疫力，抗氧化、预防动脉粥样硬化、降低心血管疾病风险，延缓衰老、保护视力、抗炎等活性。

5. 蓝靛果

蓝靛果（*Lonicera caerulea* var. *edulis* Turcz. ex Herd.）是忍冬科、忍冬属多年生落叶小灌木蓝果忍冬（*Lonicera caerulea* L.）的变种，又称羊奶子、黑瞎子果等。浆果椭圆形，蓝黑色，酸甜可口。其具有降血糖、抗肝硬化、抗甲状腺疾病等活性。

6. 无花果

无花果为桑科、榕属多年生落叶灌木或小乔木无花果（*Ficus carica* L.）花托形成的果实，近球形或梨形，成熟时呈紫红色或黄绿色，肉质柔软，味甜略酸。其具有增强免疫力、抗肿瘤、降血压、清热生津、健脾开胃、解毒消肿等活性。

7. 山莓

山莓为蔷薇科、悬钩子属植物山莓（*Rubus corchorifolius* L. f.）的果实，又名树莓、三月泡、悬钩子等。其具有清除自由基、抗氧化、降血糖、降血脂、抗血栓、抗菌等活性，还具有防治癌症、糖尿病、肥胖症、炎症、心脑血管疾病等活性。

8. 蓝莓

蓝莓（Blueberry）为杜鹃花科、越橘属蓝莓（*Vaccinium* spp.）的浆果，近圆形，呈深蓝色或紫罗兰色。其具有抗肿瘤、清除体自由基能力、保护血管、降低心血管疾病患病率、保护视力、调节人体新陈代谢、增强免疫力、降血压、降血脂、延缓衰老、改善记忆力、抗炎抑菌等活性。

9. 刺梨

刺梨为蔷薇科多年生落叶小灌木刺梨（*Rosa roxbunghii* Tratt.）的果实，又名茨梨、文先果。其具有抗癌、降血脂、抗动脉粥样硬化、排铅等活性。

10. 猕猴桃

猕猴桃（Kiwi fruit）为猕猴桃科、猕猴桃属藤本植物猕猴桃（*Actinidia chinensis* Planch.）的浆果。呈球形或长椭圆状，黄褐色，覆盖浓密绒毛，果肉绿色，酸甜多汁。其具有抗肿瘤、降血脂、抗突变、排铅、降血糖、降低亚硝酸盐及亚硝胺对机体的毒性等活性。

11. 黄秋葵

锦葵科、秋葵属一或二年生草本植物黄秋葵（*Abelmoschus esculentus* L. Medic.），又名咖啡黄葵、秋葵、补肾菜、羊角豆（广东）等，其嫩果可供食用。其具有降血脂、抗疲劳、调节血糖、抗癌、保护肠胃及皮肤黏膜等活性。

12. 香瓜茄

香瓜茄（Pepino）为茄科类多年生双子叶草本植物的浆果，又名人参果、香瓜梨、香艳茄等。其具有抗癌、防止缺钙引起的骨质疏松、骨质增生、治疗坏血病、预防 2 型糖尿病等活性。

13. 南瓜

南瓜（Pumpkin）是葫芦科、南瓜属一年生草本植物南瓜（*Cucurbita moschata* Duch.）的果实，别名番瓜、北瓜等。其具有降血糖、降血脂等活性。

14. 苦瓜

苦瓜为葫芦科、苦瓜属一年生草本植物苦瓜（*Momordica charantia* Linn.）的果实，又称凉瓜，呈纺锤形或圆柱形，多瘤皱。其具有增强机体免疫力、抗癌、降血糖、降血脂、抗肿瘤、抑菌等活性。

15. 甜角

甜角为酸角的变异品种。酸角为豆科常绿乔木酸豆（*Tamarindus indica* L.）的果实，又名罗望子。其具有清热解暑、提神醒脑、消食化积等活性。

第四节　根茎类活性物质

根茎类植物包括常见的大蒜、洋葱、慈姑、胡萝卜、木薯等，它们在保护心血管系统、抑菌、抗肿瘤、抗氧化、抗辐射、抗疲劳等方面具有良好功效，且安全无毒。

1. 大蒜

大蒜（Garlic）为百合科、葱属植物蒜（*Allium Sativum* L.）的地下鳞茎。品种众多，按外皮色泽可分为紫皮蒜和白皮蒜。其具有提高免疫力、抗肿瘤、保护肝脏、保护心血管系统、调节血糖水平、抗菌、保护胃黏膜、增加机体对维生素 B_1 的吸收、促进激素分泌及抗诱变等活性。

2. 洋葱

洋葱（Onion）为百合科、葱属二年生或多年生草本植物洋葱（*Allium cepa* L.）的鳞茎，俗称洋葱头。按颜色可分为红皮洋葱、黄皮洋葱和白皮洋葱。其具有降血脂、降血压、抗癌、调节血糖、抗菌等活性。

3. 慈姑

慈姑为泽泻科多年生直立水生草本植物慈姑 [*Sagittaria trifolia* var. *sinensis*（Sims.）*Makino*] 的球茎，呈卵圆形或球形，食之略有苦味。其具有抗肿瘤、保护肝脏、降血糖、降血脂等活性。

4. 蒲菜

蒲菜（Common cattail）为香蒲科、香蒲属多年生水生宿根草本植物香蒲（*Typha latifolia* L.）的嫩茎，又名蒲笋、蒲儿菜、草芽等。其具有益脾胃、助消化、清热凉血、利水消肿、降血压、降血糖等活性。

5. 胡萝卜

胡萝卜为伞形科、胡萝卜属草本植物胡萝卜（*Daucus carota* var. *sativa* Hoffm.）的肉质直根，又称红萝卜，是世界性的重要蔬菜作物之一。其具有抗癌、补充维生素 A、抗辐射等活性。

6. 玛咖

玛咖（Maca，*Lepidium meyenii* Walp.）为十字花科、独行菜属草本植物。其具有增强免疫力、抗疲劳、抑制前列腺增生、提高生育力、缓解更年期综合征、增强记忆力、抗衰老、抗癌等活性。

7. 参薯

参薯为薯蓣科、薯蓣属多年生缠绕草质藤本植物参薯（*Dioscorea alata* L.）的干燥根茎，又名大薯、毛薯等，是一种重要的粮食作物。其具有提高机体免疫力、推进肠胃运动、降血糖等活性。

8. 地笋（地参）

地笋为唇形科多年生草本植物地笋（*Lycopus lucidus* Turcz.）的地下膨大根茎，又名地参、地瓜儿苗等。其具有提高免疫力、抗肿瘤、降血糖、调血脂、抗炎、抗疲劳、抗应激等活性。

9. 芋头（毛芋）

芋头为天南星科草本植物芋 [*Colocasia esculenta*（L.）Schott] 的地下块茎，又称毛芋、芋芍等。其具有增强免疫调节能力、抗肿瘤、降血糖等活性。

10. 木薯

木薯（*Manihot esculenta* Crantz）为大戟科木薯属多年生亚灌木植物，别名木番薯、树薯等。其具有抗菌、抗癌等活性。

第五节　种子类活性物质

种子类植物包括白芸豆、瓜拉那豆、核桃、黑米、黑豆、苦荞麦、燕麦、松子、葵花籽、亚麻籽（胡麻子）、南瓜子 11 种，它们含有多不饱和脂肪酸、膳食纤维、花青素、多酚类、黄酮类化合物等活性成分，具有降血糖、降血脂、降血压、助减肥、健脑益智、抗氧化、抗肿瘤、抗疲劳等多种生物功效。

1. 白芸豆

白芸豆（White kidney bean）为豆科菜豆属的常见食用豆，学名菜豆（*Phaseolus vulgaris* Linn.），俗称芸豆、四季豆、扁豆等。其具有减肥、降血糖、降血脂、促进肠道蠕动等活性，还具有预防便秘、龋齿、肠道癌等活性。

2. 瓜拉那豆

瓜拉那豆为无患子科、泡林藤属植物瓜拉那（*Paullina Cupana*）的种子。果实梨形，簇生如葡萄串，成熟时红色有光泽。其具有抗疲劳、减肥、提高记忆力、改善血液循环等活性。

3. 核桃仁

核桃仁（Walnut kernel）为胡桃科、胡桃属落叶乔木胡桃（*Juglans regia* L.）的成熟果仁（种子），又名胡桃仁。其具有预防心血管疾病、改善记忆等活性。

4. 黑米

黑米（Black rice）为禾本科、稻属的一类特色稻种，糙米呈黑色或黑褐色。我国黑米种植历史悠久，自古就有"贡米、长寿米"之称。其具有抗氧化、抗衰老、降血脂、抗肿瘤等活性。

5. 黑豆

黑豆（Black soybean）为豆科植物大豆［*Glycine max*（L.）Merr.］的黑色成熟种子，又名乌豆、黑大豆等。其具有降血糖、抗疲劳、改善记忆、抗肿瘤、抑菌等活性。

6. 荞麦（苦荞麦）

荞麦（Buck wheat）为蓼科、荞麦属一年生草本植物。主要有两个栽培种，一是苦荞麦［*Fagopyrum tataricum*（L.）Gaertn］，又称鞑靼荞麦、苦荞等；二是甜荞麦（*Fagopyrom esculentum* Moench），又名普通荞麦、甜荞、三角麦等。其具有降血糖、降血脂等活性。

7. 燕麦

燕麦（Oats）为禾本科、燕麦属一年生草本植物燕麦（*Avena sativa* L.）的种子，按外释性状可分为带稃型（皮燕麦）和裸粒型（裸燕麦）两大类。其具有降血糖、降血脂、助减肥等活性。

8. 松子

松子（Pine nut）为松科植物红松（*Pinus koraiensis* Sieb. et Zucc.）的种子，又名海松子、松子仁等。其具有降血脂、抗氧化等活性。

9. 葵花籽

葵花籽为菊科一年生草本植物向日葵（*Helianthus annuus*）的种子，又名葵花子。分成两种：专供榨油的油用葵花籽、供食用及榨油的普通葵花籽，目前大多为后者。其具有抗氧化、降血压等活性。

10. 亚麻籽（胡麻子）

亚麻籽为亚麻科草本植物亚麻（*Linum usitatissimum* L.）的成熟种子，也称胡麻子。其具有预防心血管疾病、抗肿瘤、调节血糖等活性。

11. 南瓜子

南瓜子为葫芦科植物南瓜（*Cucurbita moschata* Duch.）的成熟种子，又称金瓜子、白瓜子等。其具有降胆固醇、降血糖等活性。

第六节　茎叶类活性物质

本节讨论茶叶、香椿叶、抱子甘蓝、蕨菜、枸杞叶、红薯叶、荸荠菜 7 种叶类植物，大多具有提高免疫力、抗肿瘤、降血脂、降血糖等功效。

我国是茶的故乡，是世界最早采制和饮用茶叶的国家，相传从公元 4 世纪时饮茶习惯就已开始逐渐普及了。几千年的中国茶业发展史，经过历代茶人的努力创造和改进已产生了数以千计不同名称的茶叶，千姿百态，各放异彩，这是中国茶文化的重要组成部分。

1. 茶叶

茶叶为山茶科植物茶（*Camellia sinensis*）的芽叶。近代茶叶分为基本茶类和再加工茶类两大部分。基本茶类有绿茶、红茶、乌龙茶（即青茶）、白茶、黄茶和黑茶 6 类，再加工茶类是由上述 6 类茶叶再加工而成，包括花茶、紧压茶、萃取茶、香味果味茶、保健茶和含茶饮料 6 类。其具有增强免疫力、抗肿瘤、抗疲劳、抗氧化、保护心血管系统、降血糖等活性。

2. 香椿叶

香椿叶为楝科多年生落叶乔木香椿［*Toonasinensis*（A. Juss.）Roem.］的嫩茎叶，具有特殊香味。其具有调节脂质代谢、抗肿瘤、抗糖尿病、抑菌、抗炎等活性。

3. 抱子甘蓝

抱子甘蓝（*Brassica oleracea* var. *gemmifera* Zenker）是十字花科、芸薹属草本植物甘蓝的变种，又名芽甘蓝、子持甘蓝。其具有防止皮肤色素沉积、延缓老年斑、抗肿瘤、保护胃黏膜等活性。

4. 蕨菜

蕨菜为凤尾蕨科多年生草本植物蕨菜（*Pteridium aquilinum* var. *latiusculum*）的嫩芽叶，又名拳头菜、龙头菜、如意菜等。其具有增强免疫力、抗肿瘤、降血脂、抗氧化、抑菌等活性。

5. 枸杞叶

枸杞叶为茄科植物枸杞（*Lycium chinese* Miller）或宁夏枸杞（*Lycium barbarum* Linn.）的嫩

茎叶，别名地仙苗、甜菜、枸杞尖等。其具有抗衰老、抗肿瘤、降血糖、抗疲劳、抗炎等活性。

6. 红薯叶

红薯叶为旋花科、番薯属一年生草本植物番薯［*Ipomoea batatas*（Linn.）Lamarck］的嫩茎叶，又称地瓜叶、番薯叶等。其具有降血脂、降血糖、抗辐射等活性。

7. 莙荙菜

莙荙菜为藜科、甜菜属二年生草本植物莙荙菜（*Beta vulgaris* var. *cicla*）的嫩茎叶，又名牛皮菜、厚皮菜、观达菜、叶用甜菜、茶菜等，常作蔬菜食用。其具有促消化、预防脂肪肝等活性。

第七节　全草类活性物质

本节讨论马兰头、苦苣菜、冬葵、豆瓣菜（西洋菜）、苜蓿、鼠尾草、缬草、百里香（地椒）8 种全草类植物，大多具有提高免疫力、抗肿瘤、调理心血管疾病、抗菌消炎、保肝利胆等功效。

1. 马兰头

马兰为菊科、马兰属多年生草本植物马兰［*Kalimeris indica*（L.）Sch. -Bip.］的带根全草，俗称马兰头、鱼鳅串、蓑衣莲、田边菊等。其具有抗肿瘤、抗炎、抑菌、镇静助眠等活性。

2. 苦苣菜

苦苣菜为菊科草本植物苦苣菜（*Sonchus oleraceus* L.）的全草，又名苦菜、苦苦菜、苦荬菜等。其具有抑菌、抗炎、抗肿瘤、护肝等活性。

3. 冬葵

冬葵（*Malva crispa* Linn.）为锦葵科草本植物，又名冬寒菜、冬苋菜、葵菜等。其具有消炎、抑菌作用等活性。

4. 豆瓣菜（西洋菜）

豆瓣菜为十字花科、豆瓣菜属植物豆瓣菜（*Nasturtium officinale* R. Br.）的全草，别称西洋菜、水芥菜等。其具有抑菌、抗癌等活性。

5. 苜蓿

苜蓿为豆科草本植物紫苜蓿（*Medicago sativa* L.）或南苜蓿（*Medicago hispida* Gaertn.）的全草。其具有提高免疫力、抗肿瘤、抗病毒、降血糖、降血脂、止咳平喘、抗炎等活性。

6. 鼠尾草

鼠尾草为唇形科植物鼠尾草（*Salvia japonica* Thunb.）的全草，别名紫花丹、坑苏、乌草等，一年生草本。其具有抗癌等活性。

7. 缬草

缬草为败酱科、缬草属多年草本植物缬草（*Valeriana officinalis* L.）的根及根茎。其具有镇静助眠、抗忧郁、抗焦虑、抗肿瘤、抑菌、保肝护肾、降血压等活性。

8. 百里香（地椒）

百里香为唇形科多年生草本植物百里香（*Thymus mongolicus* Ronn.）的全草，俗称地椒、地姜、千里香等。其具有免疫调节、抑菌、抗肿瘤、抗炎等活性。

🔍 思考题

(1) 请总结食用菌的生物功效有哪些?

(2) 紫菜和海带主要有哪些生物功效?

(3) 请列举 3~6 个果实类普通食品原料的生物功效。

(4) 大蒜和胡萝卜的生物功效有哪些?

(5) 请列举 3~6 个种子类普通食品原料的生物功效。

(6) 简述枸杞叶和苜蓿的生物功效。

(7) 如果设计一个增强免疫力的产品,你会使用哪些普通食品原料?

(8) 请利用本章讨论的普通食品原料,开发一款具有减肥、降血脂作用的主食方便食品。

(9) 请利用本章讨论的普通食品原料,开发一款供糖尿病患者专用的主食方便食品。

属于常规中草药的植物活性物质

（1）了解 32 种根茎类药用植物的生物功效。

（2）了解 12 种种子类药用植物的生物功效。

（3）了解 9 种果实类药用植物的生物功效。

（4）了解 12 种花和花粉类药用植物的生物功效。

（5）了解 40 种全草类药用植物的生物功效。

（6）了解 11 种叶类药用植物的生物功效。

（7）了解 7 种药用菌的生物功效。

在世界范围内，植物产业多年来一直保持着较快的增长速度，全球市场正处于快速增长期。国际植物药市场份额已达 300 多亿美元，且以每年 10%~20% 的速度递增；全球对天然营养药品的需求正以 70% 的年增长率递增。据世界卫生组织统计，目前全世界有 40 亿人使用植物药治病，占世界人口的 80%。

第九章讨论的是卫生部 2002 年批准可以作为保健食品的 113 种中药材，本章继续讨论可以用来开发保健食品的其他 123 种常规中草药。本章讨论的所有物品，至少一次出现在国家业已批准的保健食品具体产品的配料表中。本章将这 123 种物品，分成 7 类。

根茎类植物（32 种）：巴戟天、锁阳、虎杖、防风、防己、柴胡、前胡、苦参、高丽参、鸡蛋参、菝葜、百部、黄芩、续断、板蓝根、黄柏、沉香、石菖蒲、独活、桂枝、黄连、桑寄生、刺龙芽、麻黄、毛叶黄杞、桃儿七、云木香、豆腐柴、旱禾树、接骨木、仙茅、乌药。

种子类植物（12 种）：娑罗子（七叶树子）、王不留行、木蝴蝶、大皂角、白芥子、冬葵子、梧桐子、苦豆子、甜瓜子、大巢菜、荔枝核、神曲。

果实类植物（9 种）：锯棕榈、桃儿七果、龙葵果、乌饭果、刺天茄、地肤子、榆钱、连翘、橡实。

花和花粉类植物（12 种）：蜂花粉、雪莲、杜鹃花、郁金香、木棉花、月季花、合欢花、桂花、金雀花、小旋花、火烧花、赪桐。

全草类植物（40 种）：红车轴草、紫锥菊（松果菊）、草珊瑚、欧芹、白花蛇舌草、紫草、穿心莲、仙鹤草（龙牙草）、冬凌草、金钱草、水飞蓟、朝鲜蓟、圣约翰草、鼠尾草、败酱草、猪牙草、麦瓶草、酢浆草、紫花地丁、羊红膻、茵陈、白头翁、独行菜、蒌蒿、碱蓬、菊状千里光、野葱、白酒草、半边莲、匾蓄（竹节草）、灯芯草、鬼针草（婆婆针）、烟管头草、鸡眼草、石头菜、歪头菜（野豌豆）、清明菜、中华山苦荬菜、大车前草、咸虾花。

叶类植物（11 种）：酸模（野菠菜）、番石榴叶、枇杷叶、黄麻叶、亚贡叶、沙参叶、蓼大青叶、柳叶蜡梅叶、牛蒡茎叶、野韭菜、皱果苋。

药用菌类（7 种）：冬虫夏草、猪苓、蜜环菌、牛樟芝、云芝、裂褶菌、灰树花。

第一节　根茎类活性物质

本节讨论根茎类药用植物活性物质，共 32 种，包括巴戟天、锁阳、虎杖、防风、防己、柴胡、前胡、苦参、高丽参、鸡蛋参、菝葜、百部、黄芩、续断、板蓝根、黄柏、沉香、石菖蒲、独活、桂枝、黄连、桑寄生、刺龙芽、麻黄、毛叶黄杞、桃儿七、云木香、豆腐柴、早禾树、接骨木、仙茅、乌药。

1. 巴戟天

巴戟天（*Morinda officinalis* How），龙胆目、茜草科植物，其具有补肾助阳、抗肿瘤和细胞毒、抗衰老、抗抑郁、增强记忆力、明目、促智、补血、抗骨质疏松、免疫调节等活性。

2. 锁阳

锁阳（*Cynomorium songaricum* Rupr.）为锁阳科肉质草本植物，其具有补肾益精，治疗阳痿遗精、腰膝酸软、肠燥便秘、瘫痪和改善性机能衰弱、增强机体的免疫力、保肝护肝、抗疲劳、抗骨质疏松、抑制艾滋病毒、保护肾脏和神经系统、改善记忆、提高组织耐低氧能力等活性。

3. 虎杖

虎杖（*Polygonum cuspidatum* Houtt）为蓼科灌木状草本植物，其具有利胆退黄、散瘀止痛、清热解毒、止咳化痰等功效，可预防艾滋病和改善阿尔茨海默病，具有扩张血管和降血压，抗痛风等活性。

4. 防风

防风［*Saposhnikovia divaricata*（Turcz）Schischk］为伞形科多年生草本植物，其具有治疗风寒感冒、解热、风寒湿痹、镇痛、抑菌、抗炎、抗肿瘤等活性。

5. 防己

防己（*Stephaniae Tetrandrae Radix*）为防己科粉防己的干燥根，其具有祛风止痛、消肿利水的功效，治疗风湿、水肿，具有抗过敏、降血压和保护心肌、抗肿瘤、抗自由基损伤等活性。

6. 柴胡

柴胡（*Bupleuri Radix*）来源于伞形科柴胡属植物，分为南柴胡和北柴胡，其具有解表药、疏肝升阳的功效，主治感冒发热、胸胁胀痛、月经不调，治疗肝脏性疾病，具有解热、抗炎、镇痛、抗菌、抗癫痫、抗肝损伤、抗抑郁等活性。

7. 前胡

前胡（*Peucedani Radix*）为伞形科植物白花前胡的干燥根，其具有降气化痰、散风清热的功效，主治痰热喘满、咯痰黄稠、风热咳嗽痰多，具有保护心肌缺血、抑制心肌肥大和心衰、改善心脏的收缩和舒张、抗菌、抗肿瘤、抗凝血、降压、抗炎镇痛、解热、祛痰、抑制肝药酶活性、促进视网膜神经细胞存活和抑制黑色素等活性。

8. 苦参

苦参（*Sophorae Flavescentis Radix*）为豆科植物苦参的干燥根，其具有清热燥湿、利尿杀虫的功效，主治热痢、便血、黄疸尿闭、赤白带下、阴肿湿痒、皮肤瘙痒、疥癣麻风、阴道炎，具有抗炎止痛、抗肿瘤、调节机体免疫功能、抑菌、抗病毒、抑制肝纤维化、血管舒张、抗心律失常、抗肝纤维化、保护心肌、降血糖和预防糖尿病引发的并发症等活性。

9. 高丽参

高丽参（*Panax Ginseng*）多指朝鲜半岛产的红参，又称高丽红参，为伞形目、五加科植物人参带根茎的根，经加工蒸制而成，主要分布在朝鲜半岛的朝鲜和韩国。其具有补气、生津和安神的功效，治疗惊悸失眠、体虚、心力衰竭、心源性休克等疾病，具有益智健脑、增强免疫力、保护神经系统、滋阴补肾、抗肿瘤、改善血液循环、镇痛、抗疲劳、改善更年期症状等活性。

10. 鸡蛋参

鸡蛋参为桔梗科植物鸡蛋参（*Codonopsis Convolvulacea* Kurz）和松叶鸡蛋参的根，其具有补气养血、润肺生津的功效，治疗贫血、乳汁稀少、肺虚咳嗽和神经衰弱，具有降血糖和减肥等活性。

11. 菝葜

菝葜（*Smilacis Chinae Khizoma*）为百合科植物菝葜的干燥根，其具有利湿去浊、祛风除痹和解毒散瘀的功效，主治小便淋浊、带下量多、风湿痹痛、疔疮痈肿，具有抗肿瘤、抗炎、降脂、抑菌、抗痛风等活性。

12. 百部

百部（*Stemonae Radix*）为百部科直立百部、蔓生百部和对叶百部的干燥块根，其具有杀虫止痒、止咳化痰等功效，治疗咳嗽、肺痨咳嗽、顿咳、蛲虫瘙痒、阴虚劳嗽，具有杀虫、抑菌、止咳等活性。

13. 黄芩

黄芩（*Scutellariae Radix*）为唇形科多年生草本植物黄芩的干燥根，其具有清热燥湿、止血安胎的功效，治疗湿温、暑湿、胸闷呕恶、泻痢、肺热咳嗽、高热烦渴、痈肿疮毒、胎动不安，具有抗菌、抗病毒等活性。

14. 续断

续断（*Dipsaci Radix*）为续断科植物川续断的干燥根，其具有补肝肾、强筋骨、续折伤、止崩漏的功效，治疗肝肾不足、腰膝酸软、风湿痹痛、筋伤骨折、崩漏、胎漏、跌打损伤等病症，具有抑菌、抗炎、调节免疫系统、促进骨折愈合、抗肿瘤、安胎、提高记忆能力、提升机体免疫力、预防骨质疏松症和治疗妇科疾病等活性。

15. 板蓝根

板蓝根（*Isatidis Radix*）为十字花科植物菘蓝的干燥根，其具有清热解毒、凉血利咽的功效，治疗瘟疫时毒、发热咽痛、温毒发斑、痄腮、烂喉丹痧、大头瘟疫、丹毒、痈肿等，具有抗菌、抗病毒、治疗铅中毒、增强免疫系统功能、抗癌、活血、抗内毒素等活性。

16. 黄柏

黄柏（*Phellodendri Chinensis Cortex*）为芸香科植物黄皮树的干燥树皮，其具有清热燥湿、解毒疗疮和泻火除蒸的功效，治疗湿热泻痢、黄疸尿赤、带下阴痒、热淋涩痛、脚气痿躄、骨蒸劳热、盗汗、遗精、疮疡肿毒、湿疹湿疮、滋阴降火、阴虚火旺、盗汗骨蒸等病症，具有抗菌、降血糖、抗癌等活性。

17. 沉香

沉香（*Aquilariae Lignum Resinatum*）为瑞香科植物白木香含有树脂的木材，其具有行气止痛、纳气平喘和温中止呕的功效，治疗胸腹胀闷疼痛、肾虚气逆喘急、胃寒呕吐呃逆等病症，具有抗肿瘤、镇静助眠等活性。

18. 石菖蒲

石菖蒲（*Acori Tatarinowii Rhizoma*）为天南星科植物石菖蒲的干燥根茎，其具有开窍豁痰、醒神益智和化湿开胃的功效，治疗神昏癫痫、脘痞不饥、耳鸣耳聋、噤口下痢和健忘失眠等，具有抗肿瘤、抗血栓等活性。

19. 独活

独活（*Angelicae Pubescentis Radix*）为伞形科植物重齿毛当归的干燥根，其具有痛痹止痛和祛风除湿的功效，治疗风寒湿痹、少阴伏风头痛、腰膝疼痛、风寒挟湿头痛等，具有抗炎止痛、抑制血小板聚集、组织形成血栓、提高学习和记忆能力、抗衰老、抗阿尔茨海默病等活性。

20. 桂枝

桂枝（*Cinnamomi Ramulus*）为樟科植物肉桂的干燥嫩枝，其具有温通经脉、平冲降气、发汗解肌和助阳化气的功效，治疗风寒感冒、血寒经闭、关节痹痛、脘腹冷痛、水肿、痰饮、心悸和奔豚等，具有抑菌、抗病毒、利尿、扩张血管、降压、通血脉等活性。

21. 黄连

黄连（*Coptidis Rhizoma*）为毛茛科植物黄连、云连和三角叶黄连的干燥根茎，其具有泻火解毒和清热燥湿的功效，治疗痰湿热痞满、泻痢、呕吐吞酸、黄疸、心火亢盛、高热神昏、心悸不宁、心烦不寐、血热吐衄、牙痛、目赤、消渴、湿疮湿疹、痈肿疔疮、耳道流脓等病症，具有降血糖、抗癌、改善学习记忆障碍、抑制消化性溃疡、抑制胃肠蠕动和止泻的功效等活性。

22. 桑寄生

桑寄生（*Taxilli Herba*）为桑寄生科植物桑寄生的带叶茎枝，其具有祛风湿、补肝肾、强筋骨、安胎元的功效，治疗风湿痹痛、腰膝酸软、筋骨无力、崩漏经多、妊娠漏血、胎动不安、头晕目眩等，具有抗肿瘤、降血糖、降血压、降血脂、利尿、抗炎、镇痛等活性。

23. 刺龙芽

刺龙芽（*Aralia Elata Seem*）为五加科多年生落叶楤木，又名刺嫩芽，其根茎叶为民间用药。其具有祛风除湿、强筋壮骨、活血止痛和补气安神的功效，治疗神经衰弱、风湿性关节炎、糖尿病、肝炎等疾病，具有清除自由基、抑菌、增强体质、消除疲劳、抗炎保肝、降血糖血脂、抗癌、抗衰老、抗病毒等活性。

24. 麻黄

麻黄（*Ephedrae Herba*）为麻黄科植物中麻黄、草麻黄和木贼麻黄的干燥草质茎。其具有利水消肿、宣肺平喘和发汗散寒的功效，治疗风寒感冒、润肺止咳、胸闷喘咳、气喘咳嗽和风水浮肿等，具有抗菌、抗炎、抗癌、抗病毒、免疫抑制、降血脂、降血压、降血糖、抗凝血、抗过敏等活性。

25. 毛叶黄杞

毛叶黄杞（*Engelhardtia Colebrookiana*）为胡桃科黄杞属植物毛叶黄杞的根或茎皮，其具有止血、止泻和收敛固涩的功效，治疗外伤出血、脱肛和久泻久痢等病症，具有抗癌、降血糖等活性。

26. 桃儿七

桃儿七（*Sinopodophyllum Hexandrum*）为小檗科植物桃儿七的根和根茎，其具有祛痰止咳、活血止痛和祛风除湿的功效，治疗跌打损伤、风湿痹痛、月经不调、脘腹疼痛、痛经、咳嗽等病症，具有抗癌、抗病毒、抑菌等活性。

27. 云木香

云木香（*Dolomiaea Costus*）为菊科云木香属植物云木香的干燥根，其具有温中和胃、行气止痛的功效，治疗安胎、止痛、呕吐、胸腹胀痛、痢疾和泄泻等，具有抗炎、抗菌、抗肿瘤等活性。

28. 豆腐柴

豆腐柴（*Premna microphylla* Turcz）为马鞭草科豆腐柴属植物，是药食两用的植物，叶可制作豆腐，根、茎、叶可入药，其具有消肿止血、清热解毒的功效，主治毒蛇咬伤、创伤出血和无名肿毒等，具有抗疲劳、降低胆固醇、抗炎镇痛、增强机体免疫力等活性。

29. 旱禾树

旱禾树（*Viburnum Odoratissimum*）为忍冬科植物珊瑚树的根、树皮和叶，其具有拔毒生肌、通经活络和清热祛湿的功效，治疗骨折、跌打损伤、风湿、感冒等，具有抗氧化、抗肿瘤、抗菌、抗寄生虫、降血糖、细胞毒、抗胆碱酯酶、鱼毒、抑制植物生长等活性。

30. 接骨木

接骨木（*Sambucus williamsii* Hance）为忍冬科接骨木属植物，根、茎、叶、花和果实全株都可以入药，其具有活血祛瘀、接骨续筋和祛风利湿的功效，治疗骨折、跌打肿痛、腰痛、风湿筋骨痛、发汗利尿、瘾疹、风疹、产后血晕、水肿、创伤出血等，具有抗氧化、护肝、抗炎、抗病毒、抗肿瘤、抗骨质疏松、清除自由基、防治心血管疾病、降血压等活性。

31. 仙茅

仙茅（*Curculiginis Rhizoma*）为石蒜科植物仙茅的干燥根茎，其具有补肾强骨、强筋祛湿的功效，治疗筋骨痿软、阳痿精冷、阳虚冷泻和腰膝冷痛等病症，具有抗疲劳、增强免疫力、抗氧化、抗肿瘤、抗高血糖、抗骨质疏松、抗组胺、改善记忆、改善老年痴呆症和心血管疾病的症状等活性。

32. 乌药

乌药（*Linderae Radix*）为樟科植物乌药的干燥块根，其具有温肾散寒和行气止痛的功效，治疗胸腹胀痛、寒凝气滞、膀胱虚冷、气逆喘急、遗尿尿频、经寒腹痛和疝气疼痛等症状，具有抗肿瘤、抗菌、调节肠胃、抗氧化、抗炎、抗癌等活性。

第二节　种子类活性物质

本节讨论种子类药用植物活性物质，共 12 种，包括娑罗子（七叶树子）、王不留行、木蝴蝶、大皂角、白芥子、冬葵子、梧桐子、苦豆子、甜瓜子、大巢菜、荔枝核、神曲。

1. 娑罗子（七叶树子）

娑罗子（*Aesculi Semen*）为七叶树科植物七叶树、浙江七叶树和天师栗的干燥成熟种子，具有和胃止痛和疏肝理气的功效，治疗肝胃气滞、胃脘疼痛和胸腹胀闷等病症，具有抗炎、抗渗出、抗脑水肿、增加静脉张力等活性。

2. 王不留行

王不留行（*Vaccariae Semen*）为石竹科植物麦蓝菜的干燥成熟种子，其具有下乳消肿、利尿通淋和活血通经的功效，治疗痛经、经闭、乳痈肿痛、乳汁不下和淋证涩痛等病症，具有抗癌、抗凝血、提高免疫力、防治骨质疏松、抗炎镇痛、收缩血管平滑肌和抑制血管生成等活性。

3. 木蝴蝶

木蝴蝶（*Oroxyli Semen*）为紫葳科植物木蝴蝶的干燥成熟种子，其具有疏肝和胃、清肺利咽的功效，治疗音哑、肺热咳嗽、肝胃气痛和喉痹等病症，具有抗菌、抗炎、抗诱变、护肝、止咳、促进伤口愈合等活性。

4. 大皂角

大皂角（*Gleditsiae sinensis fructus*）为豆科植物皂荚的干燥成熟果实，其具有散结消肿、祛痰开窍的功效，对中风口噤、癫痫痰盛、昏迷不醒、关窍不通、咳痰不爽、顽痰喘咳、喉痹痰阻、大便燥结和外治痈肿等病症有治疗作用，具有抗肝癌、抗病毒、调节免疫功能、防治心血管疾病等活性。

5. 白芥子

白芥子（*Sinapis Semen*）为十字花科芥属植物白芥的干燥成熟种子，其具有通络止痛、温肺祛痰和利气散结的功效，治疗疼痛、寒痰喘咳、痰湿流注、痰滞经络关节麻木、胸胁胀满和阴疽肿毒等病症，具有抗炎、抗癌、防辐射、抑菌等活性。

6. 冬葵子

冬葵子（*Malvae Semen*）为锦葵科草本植物冬葵和野葵的干燥成熟种子，其具有滑肠通便、利水通淋的功效，治疗淋病、大便不通、水肿和乳汁不行等病症，具有抑制胃溃疡、保护胃黏膜、抗炎、抗氧化、抗菌、抗癌等活性。

7. 梧桐子

梧桐子（Phoenix tree seed）为梧桐科植物梧桐的种子，能健脾消食、顺气和胃、止血，治疗胃脘疼痛、疝气、伤食腹泻、小儿口疮、口腔溃疡和须发早白等病症，具有降血压、止血、提高免疫力、解毒等活性。

8. 苦豆子

苦豆子（*Sophorae alopecuroidi Semen*）为豆科植物苦豆子豆科植物苦豆子的种子，具有清热燥湿、止痛杀虫的功效，治疗胃痛、痢疾、白带过多、疮疖、湿疹、顽癣等病症，具有抗病毒、抗菌、增强机体免疫调节、抗辐射、降血压等活性。

9. 甜瓜子

甜瓜子（*Melo Semen*）为葫芦科植物甜瓜的种子，其具有和中止渴、清肺润肠的功效，治疗阑尾炎、肠痈、慢性支气管炎、腹内结聚和咳嗽口渴等病症，具有抗肿瘤、降低血栓形成等活性。

10. 大巢菜

大巢菜（*Vicia sativa*）为豆科植物，又称箭筈豌豆，其全草或种子具有益肾、止血、利水、止咳的功效，治疗遗精、肾虚腰痛、水肿、黄疸、疟疾、心悸、鼻衄、咳嗽痰多、疮疡肿毒和月经不调等病症，具有降压、抗癌、增强免疫力、抗氧化、抗衰老等活性。

11. 荔枝核

荔枝核（*Litchi Semen*）为无患子科植物荔枝的干燥成熟种子，其具有祛寒止痛、行气散结的功效，治疗睾丸肿痛、心痛、胃脘痛、小肠气痛和寒疝腹痛等病症，具有抗癌、抗炎、护肝、抗病毒等活性。

12. 神曲

神曲（*Massa Medicata Fermentata*），又称六神曲，是由苦杏仁、赤小豆、青蒿、苍耳草、辣蓼和面粉（或麦麸）按照一定比例混合后发酵制成的曲剂，其具有消食化积和健脾和胃的功效，治疗食欲不振、消化不良、饮食停滞、脘腹胀满、呕吐泻痢等病症，具有抗菌、促进肠道蠕动等活性。

第三节　果实类活性物质

本节阐述 9 种果实类药用植物活性物质，包括锯棕榈、桃儿七果、龙葵果、乌饭果、刺天茄、地肤子、榆钱、连翘、橡实。

1. 锯棕榈

锯棕榈（Saw Palmetto），又称锯叶棕，是主要分布在美洲的棕榈科植物锯叶棕成熟干燥的果实。味甘、微温；归肾、膀胱经；其具有温肾助阳，利水消肿的功效。治疗肾阳虚衰、夜尿频多、小便余沥等病症，治疗男性良性前列腺增生（BPH）的效果很好，具有抗雄激素、抗菌消炎、抗癌等活性。

2. 桃儿七果

桃儿七果（*Radix Stephaniae Tetrandrae*）为小檗科植物桃儿七［*Sinopodophyllum hexandrum (Royle) Ying*］的果实，又名小叶莲，性平、味甘，其具有健脾利湿、活血调经和止咳平喘的功效，对血瘀经闭、月经不调、产后瘀滞腹痛、胎盘不下、难产、死胎、泄泻痢疾、咳嗽气喘有一定的治疗作用，具有抗肿瘤等活性。

3. 龙葵果

龙葵果（Solanum nigrum fruit）为茄科植物龙葵的果实，又名苦葵、天茄子、野葡萄等，味苦、微甘，无毒可食用，其具有清热止渴、解毒消肿、通利小便的功效，可治疗跌打损伤、热性气管炎、肝炎、胃炎、咽炎、胃胀胃痛、头疼、耳鼻眼疾、牙龈肿痛等病症，具有止痒、抗肿瘤、抗氧化、抑菌、护肝等活性。

4. 乌饭果

乌饭果（Vaccinium bracteatum fruit）为杜鹃花科植物乌饭树的果实，又名南烛子，乌饭树的果实、根、茎、叶均可作药用，乌饭果味甘、性温，其具有益肾固精、止咳、安神和强筋明目的功效，治疗心悸怔忡、身体虚弱、久咳、梦遗滑精、脾虚久泻、赤白带下和夜不安眠等病症，具有抗氧化、抑菌、抗癌、抗病毒等活性。

5. 刺天茄

刺天茄（Solanum indicum fruit）为茄科植物刺茄子的干燥果实，性寒、味微苦，其具有镇静止痛、消炎解毒的功效，治疗风湿跌打疼痛、牙痛、神经性头痛、胃痛、腮腺炎、乳腺炎等病症，具有抗癌、抑菌、抗病毒、抗炎等活性。

6. 地肤子

地肤子（Kochiae Fructus）为藜科植物地肤（Kochiae scopariae）的干燥成熟果实，性寒、味苦，其具有祛风止痒、消清热利湿的功效，治疗小便涩痛、湿疹、阴痒带下、皮肤瘙痒和风疹等病症，具有提高免疫功能、抑菌抗炎、降血糖、护肝等活性。

7. 榆钱

榆钱（Ulmns pumil Fructus）为榆科植物的翅果，性平、味甘，其具有清热利水、健脾安神和消肿杀虫的功效，对食欲不振、失眠、小便不利、带下、疮癣、水肿、烫火伤和小儿疳热赢瘦等有一定的治疗作用，具有保护神经等活性。

8. 连翘

连翘（Forsythiae Fructus）为木犀科植物连翘的干燥果实，性寒、味苦，其具有消肿散结、清热解毒和疏散风热的功效，治疗痈疽、乳痈、瘰疬、丹毒、风热感冒、温热入营、温病初起、高热烦渴、热淋涩痛、神昏发斑等病症，具有抑菌、抗炎、抗病毒等活性。

9. 橡实

橡实（Querci Acutissimae Fructus）为壳斗科植物麻栎或辽东栎的果实。味苦涩、性微温，归脾、大肠、肾经，其具有解毒、止血和收敛固涩的功效，治疗泻痢疾、痔疮、便血、脱肛、疮痈久溃不敛、小儿疝气、乳腺炎、面黚和睾丸炎等病症，具有抗菌、抗病毒、抗动脉硬化等活性。

第四节　花和花粉类活性物质

本节探讨 12 种花和花粉类药用植物活性物质，包括蜂花粉、雪莲、杜鹃花、郁金香、木棉花、月季花、合欢花、桂花、金雀花、小旋花、火烧花、赪桐。

1. 蜂花粉

蜂花粉（Bee pollen）是指蜜蜂将采集的花粉、花蜜、唾液和自身分泌物混合形成的不规则扁圆状花粉团，是蜂群生长和繁衍的主要营养物质之一。其可用于治疗心腹胀热，具有消瘀血、消邪气、久服轻身、利小便、延年和益气等的功效，具有抗前列腺增生、抗肿瘤活性、降血脂、护肝等活性。

2. 雪莲

雪莲为菊科多年生草本植物雪莲（*Saussurea involucrata*）的地上部分，叶子长椭圆形，花瓣薄而狭长，性味甘温，其具有补肾强筋、通经活血的功效，主要用于风寒湿痹痛、关节疼痛、小腹冷痛、肺寒咳嗽、月经不调和白带过多等病症，具有抗风湿镇痛、抗肿瘤、抗辐射、终止妊娠、抗菌等活性。

3. 杜鹃花

杜鹃花（*Rhododendron*）为杜鹃花科植物的干燥植株，其具有祛风止痛、清热解毒的功效，对风湿、月经不调、吐血、外伤出血、跌打损伤和崩漏等有一定的疗效，具有止咳、祛痰、消炎镇痛、降压、保护心肌缺血等活性。

4. 郁金香

郁金香，为百合科植物郁金香（*Tulipa gesneriana* L.）的花，性平，味辛、苦，能化湿辟秽，其对脾胃湿浊、呕逆腹痛、胸脘满闷和口臭苔腻有一定的治疗作用，具有保护微血管、抑菌等活性。

5. 木棉花

木棉花（*Gossampini Flos*）为木棉科植物木棉的干燥花，其具有清热、解毒、利湿和止血的功效，治疗痢疾、血崩、泄泻、疮毒、痔疮出血等病症，具有抗炎镇痛、抗菌、降血脂、护肝、抗肿瘤等活性。

6. 月季花

月季花（*Rosae Chinensis Flos*）为蔷薇科植物月季的干燥花，气清香，性味甘温，其具有疏肝解郁、活血调经的功效，治疗月经不调、闭经、痛经、气滞血瘀和胸胁胀痛等病症，具有增强免疫力、抗肿瘤、抗菌、抗病毒等活性。

7. 合欢花

合欢花（*Albiziae Flos*）为豆科植物合欢的干燥花或花蕾，性平、味苦，其具有舒郁、安神、理气、活络的功效，治疗忧郁失眠、健忘、心神不安视物不清、风火眼疾、跌打损伤、痈肿和咽痛等病症，具有抗菌、抗抑郁、镇静等活性。

8. 桂花

桂花为木犀科植物木犀（*Osmanthus fragrans* Lour）的花，性温、味辛，其具有散寒止痛、温肺化饮的功效，治疗痰饮咳喘、口臭、肠风血痢、经闭痛经、脘腹冷痛、寒疝腹痛和牙痛等，具有抗衰老、抑菌、抑制黑色素、抗炎、降血糖等活性。

9. 金雀花

金雀花为豆科植物锦鸡儿的花，性温、味甜，其具有滋阴、健脾、活血的功效，治疗头晕腰酸、耳鸣眼花、肺虚久咳、劳热咳嗽、妇女气虚白带、乳痈、小儿疳积、跌扑损伤等病症，具有抑菌、降血压等活性。

10. 小旋花

小旋花（*Calystegin hederacea* Wall.），别名打碗花，为旋花科植物银灰旋花（*Convolvulus ammannii* Desr.）的全草。其嫩茎叶可作蔬菜，花及根可入药，小旋花性凉、味甘，其具有清热解毒之效，治疗感冒、咳嗽，主治淋病、白带、月经不调、小儿疳积，具有降血糖等活性。

11. 火烧花

火烧花（*Mayodendron igneum* Kurz）为紫葳科火烧花属小乔木植物。其具有治疗痢疾、腹泻等的作用。

12. 赪桐

赪桐 [*Clerodendron japonicum* (Thunb.) Sweet]，马鞭草科大青属植物，又名朱桐、红顶风、珍珠梧桐等。在广西壮族语言中，被称之为"个朋被"，其具有清热肺、利小便、凉血止血的功效。赪桐喜高温高湿气候，具有抑菌、抗炎等活性。

第五节　全草类活性物质

本节论述 40 种全草类药用植物活性物质，包括红车轴草、紫锥菊（松果菊）、草珊瑚、欧芹、白花蛇舌草、紫草、穿心莲、仙鹤草（龙牙草）、冬凌草、金钱草、水飞蓟、朝鲜蓟、圣约翰草、鼠尾草、败酱草、猪牙草、麦瓶草、酢浆草、紫花地丁、羊红膻、茵陈、白头翁、独行菜、蒌蒿、碱蓬、菊状千里光、野葱、白酒草、半边莲、匾蓄（竹节草）、灯芯草、鬼针草（婆婆针）、烟管头草、鸡眼草、石头菜、歪头菜（野豌豆）、清明菜、中华苦荬菜、大车前草、咸虾花。

1. 红车轴草

红车轴草（*Trifolium pratense* L.）又名红三叶草，是豆科（Leguminosae）蝶形花亚科、车轴草族、车轴草属（*Trifolium*）植物，其具有植物雌激素样、抗肿瘤、抗骨质疏松等活性。

2. 紫锥菊（松果菊）

紫锥菊属（*E. chinacea* Moench）是原产于美洲的一类菊科野生花卉，又名"松果菊"。目前开发的主要为紫松果菊（*E. chinacea purpurea*，即通常所说的紫锥菊）、狭叶紫锥菊（*E. chinacea angustifolia*）和白色紫锥菊（*E. chinacea pallida*）。其具有增强免疫功能、抗炎、抗病毒等活性。

3. 草珊瑚

草珊瑚 [*Sarcandra glabra* (Thunb.) Nakai]，曾用名金粟兰接骨木 [*Chloranthus glaber* (Thunb.) Makino]，属于金粟兰科（Chloranthaceae）草珊瑚属（*Sarcandra*）。其具有抗肿瘤、抗菌消炎等活性。

4. 欧芹

欧芹（*Petroselinum crispum*）即洋香菜（Parsley），别名法香、香芹、法国香菜、洋芫荽、荷兰芹、旱芹菜、番荽、伞形目、伞形科、欧芹属草本植物。嫩叶作香辛蔬菜，鲜根、茎汁可供药用，其具有抗氧化、抗菌等活性。

5. 白花蛇舌草

白花蛇舌草（*Hedyotis diffusa* Willd.）别名白花十字草、蛇舌癀、鹤舌草，为茜草科草本植物。其具有清热解毒、消炎止痛、利尿消肿、抗肿瘤、免疫调节、抗氧化、抗菌抗炎等活性。

6. 紫草

紫草（*Lithospermum erythrorhizon* Sieb. et Zucc.）为紫草科紫草属多年生草本植物，别名硬紫草、大紫草、紫丹、地血、鸦衔草等。其具有清热凉血、活血解毒、透疹消斑、抗肿瘤、抗炎、抗病毒、抗生育、抗菌等活性。

7. 穿心莲

穿心莲 [*Andrographis paniculata*（Burm. f.）Nees] 为爵床科穿心莲属植物，别名一见喜、斩蛇草、苦草、橄榄莲，其具有清热解毒、消炎、消肿止痛、解热、抗菌、抗病毒、抗肿瘤、抗心血管疾病、保肝、利胆等活性。

8. 仙鹤草（龙牙草）

仙鹤草（*Agrimoniae Herba*）为蔷薇科（Rosaceae）多年生草本植物龙牙草（Agrimonia pilosa Ledeb）的全草，又名脱力草、龙牙草、石打穿等。其具有收敛止血、消炎、止痢、解毒杀虫、益气强心、降血糖、抗肿瘤、抗炎镇痛、止血、降血压等活性。

9. 冬凌草

冬凌草 [*Rabdosia rubeseens*（Hemsl.）Hara] 为唇形科（Labiatae）香茶菜属多年生草本植物，又名碎米桠、冰凌草、六月凌、山荏、破血丹、凌霄草等。其具有清热解毒、消炎止痛、活血散肿、抗肿瘤、抗炎、抗菌等活性。

10. 金钱草

金钱草（*Lysimachiae Herba*）为报春花科（Primulaceae）珍珠菜属（*Lysimachia*）植物过路黄（*Lysimachia christinae* Hance）的新鲜或干燥全草。金钱草因其叶近圆形似钱而得名，又名对座草、神仙对坐草、铜钱草、遍地黄、大金钱草等。其具有清利湿热、通淋、消肿、利胆排石、抗炎、抗菌、抗病毒等活性。

11. 水飞蓟

水飞蓟 [*Silybum Marianum*（L.）Gaertn]，为菊科水飞蓟属一年生草本植物，别名水飞雉、奶蓟、老鼠筋、乳蓟子。其具有抗氧化、降血脂、清热解毒、抗癌、抗炎、降血脂等活性。

12. 朝鲜蓟

朝鲜蓟（*Cynara scolymus* L.）是菊科（Comopsite）菜蓟属多年生大型草本植物，又称球蓟、菜蓟、法国百合等。其具有抗氧化、保护肝脏、降低胆固醇、改善胃肠功能、增强肝脏排毒、促进消化、改善血液循环、降血脂、抗动脉粥样硬化、促进氨基酸代谢等活性。

13. 圣约翰草

圣约翰草（*Hypericum perforatum* L.）是藤黄科金丝桃属多年生草本植物，别名贯叶金丝桃、贯叶连翘，全草可入药。其具有抗抑郁等活性。

14. 鼠尾草

鼠尾草（*Salvia japonica* Thunb.）是唇形科鼠尾草属一年生草本植物。常作厨房用香草或医疗用药草，也可用于萃取精油等。其具有抑制和解除血小板聚集，提高机体耐缺氧能力，具有扩张冠脉、增加冠脉流量、改善微循环、保护心脏、抗肝炎、抗寄生虫、抗病毒和抗肿瘤等活性。

15. 败酱草

败酱草为败酱科草本植物黄花败酱（*Patrinia scabiosaefolia* Fisch. ex Trev）或白花败酱（*Patrinia villosa* Juss）的带根全草，又称鹿肠、泽败、苦菜等。其具有清热解毒、活血止痛、抗菌、抗炎、镇静、保肝利胆、抗肿瘤等活性。

16. 猪牙草

猪牙草（*Ecliptae Herba* L.），又名墨旱莲、墨草、旱莲子、旱莲草、鳢肠等，属菊科植物鳢肠（*Eclipta Prostrata* L.）的全草。其具有滋补肝肾、凉血、止血、抗肿瘤、保肝、免疫调节等活性。

17. 麦瓶草

麦瓶草（*Silene conoidea* L.），又称净瓶、香炉草、米瓦罐、梅花瓶、面条菜等，是石竹科蝇子草属（或麦瓶草属，*Silene* L.）植物。其具有止血、调经活血功效，治疗鼻衄、吐血、月经不调等。

18. 酢浆草

酢浆草有酢浆草（*Oxalis corniculata* L.）、红花酢浆草（*Oxalis corymbosa* DC.）、紫叶酢浆草（*Oxalis violacea* L.）等多个变种，多为酢浆草科多年生宿根草本植物。其具有清热解毒、平肝定惊、消炎止痛、利湿消肿、凉血散瘀、抑菌、抗炎等活性。

19. 紫花地丁

紫花地丁（*Viola phillipina*）属堇菜科（Violaceae）堇菜属的多年生宿根草本植物，又名地丁草、野堇菜、光瓣堇菜。其具有清热解毒、凉血消肿、抗菌、抗炎、抗病毒、调节免疫系统、抗氧化等活性。

20. 羊红膻

羊红膻是双子叶植物药伞形科、茴芹属植物缺刻叶茴芹（*Pimpinella thellungiana* wolff）的根或全草，为多年生草本植物。其具有较好的抗疲劳和耐心肌缺氧等活性。

21. 茵陈

茵陈（*Artemisiae Scopariae Herba*）为菊科多年生草本植物滨蒿（*Artemisia scoparia* Waldst. et Kit.）或茵陈蒿（*A. capillaris* thunb.）的干燥地上部分。其具有清热利湿、利胆退黄、保肝、扩张心血管、防止氧自由基生成、解热镇痛等活性。

22. 白头翁

白头翁 [*Pulsatilla chinensis*（Bunge）Regel]，毛茛科（Ranunculaceae）银莲花属多年生草本植物，又名老翁花、白头草、粉草、老冠花，其具有清热解毒、凉血止痢、抗菌、抗病毒、抗病原虫、抗癌、抗炎、杀精、镇痛、镇静、提高免疫力等活性。

23. 独行菜

独行菜（*Lepidium apetalum* Willd.）是十字花科独行菜属草本植物，又名辣辣菜、腺茎独行菜、葶苈子、北葶苈、苦葶苈。独行菜嫩叶可作野菜食用；全草及种子供药用，其具有利尿、止咳、化痰等活性。

24. 蒌蒿

蒌蒿（*Artemisia selengensis* Turcz. ex Bess.）为菊科蒿属植物，又名芦蒿、藜蒿、白蒿、水蒿、狭叶艾等。其具有止血消炎、镇咳化痰、开胃健脾、散寒除湿、治疗胃气虚弱、纳呆、浮肿等活性。

25. 碱蓬

碱蓬（*Suaeda glauca* Bunge）为藜科（Chenopodiaceae）碱蓬属一年生草本真盐生植物，又名盐蒿、海鲜菜。其具有抗氧化、抗炎、降糖、降血脂、扩张血管、防治心脏病和增强人体免疫力等活性。

26. 菊状千里光

菊状千里光 [*Jacobaea analoga*（DC）Veldkamp] 为菊科（Compositae）千里光属（*Senecio*）多年生草本植物。其具有活血消肿、清热解毒等功效，治疗跌打损伤、瘀积肿痛、疮痈肿疡、乳腺炎等病症。

27. 野葱

野葱（*Allium chrysanthum* Regel）为葱科葱属（以前分类为百合科，新分类为葱科）多年生草本植物，又名沙葱、麦葱、山葱。其具有开胃消食、健肾壮阳、降血压、降血脂、抗菌消炎、提高机体免疫力、治便秘等活性。

28. 白酒草

白酒草〔*Conyza japonica*（*Thunb.*）J. Kost.〕是菊科白酒草属植物。其具有治疗感冒、头痛、小儿肺炎、疮毒、咽炎、胸膜炎的作用。

29. 半边莲

半边莲（*Lobelia chinensis* Lour.），桔梗科半边莲属多年生草本植物，又名急解索、细米草、蛇舌草等。其具有清热解毒、利尿消肿、抗肿瘤、镇痛消炎、抗氧化、抗菌、调节内皮细胞等活性。

30. 萹蓄（竹节草）

萹蓄（*Polygonum aviculare* L.）为蓼科（Polygonaceae）蓼属一年生草本植物，又名扁竹、竹节草、乌蓼、地蓼等。其具有止血活性，可以治疗泌尿系统感染、细菌性痢疾、非胰岛素依赖性糖尿病、肾炎、结石、牙痛等病症。

31. 灯芯草

灯芯草（*Juncus effusus* L.）是灯芯草科（Juncaceae）灯芯草属（*Juncus* L.）的多年生草本植物。其具有较好的镇静抗焦虑、体外抗癌和抗炎等活性。

32. 鬼针草（婆婆针）

鬼针草（*Bidens pilosa* L.）为菊科（Composite）鬼针草属（*Bidens* L.）一年生草本植物，也称婆婆针、鬼钗草、盲肠草、引线包、针包草等。其具有清热解毒、活血化瘀功效，治疗咽痛、伤风感冒、疟疾、腹痛腹泻、糖尿病等，具有降血压、调节血脂、调节血糖、拟胆碱、保肝、抗肿瘤以及抗炎活性。

33. 烟管头草

烟管头草（*Carpesium cernuum* L.）为菊科（Asteraceae）天名精属（*Carpesium*）的多年生草本植物，又名杓儿菜、烟袋草等，其具有清热解毒的功效，治疟疾、喉炎鲜叶外用治疮痛，根治痢疾、牙痛、子宫脱垂、脱肛等。

34. 鸡眼草

鸡眼草，为豆科鸡眼草属植物鸡眼草和竖毛鸡眼草的全草，又名掐不齐、人字草等。其具有清热利湿、解毒消肿的功效，主治感冒、暑湿吐泻、黄疸、痢疾、疳积、痈疖疔疮、血淋、咯血、衄血、跌打损伤、赤白带下，具有抗炎镇痛、抗氧化、抗菌、免疫调节等作用。

35. 石头菜

石头菜（*Hylotelephium spectabile* Bor.）为景天科长药八宝种多年生草本植物。其性凉、味微苦，其具有清热解毒、消肿止痛之功效。

36. 歪头菜（野豌豆）

歪头菜（*Vicia unijuga* A. Br.）为豆科蝶形花亚科野豌豆属多年生草本植物，有白花歪头菜和三叶歪头菜两个变种。其具有补虚调肝、理气止痛、清热利尿的功效，治疗头晕目眩、体虚浮肿、气滞胃痛等病症。

37. 清明菜

清明菜（*Anaphalis flavescens* Hand. -Mazz.），为菊科（Compositae）草本植物，又名佛耳草、鼠曲草、燕子花。治疗慢性气管炎、高血压、消化道溃疡、风湿性疼痛等病症，具有抗菌消炎、降压止痛、扩张毛细血管的作用。

38. 中华苦荬菜

中华苦荬菜［*Ixeris chinensis*（Thunb.）Nakai］属菊科（Compositae）苦苣菜属（*Soncbus*）多年生草本植物，又名小苦麦菜、黄鼠草、活血草、小苦莫、隐血丹、七托莲、苦菜、小苦苣等。其具有抗炎、抗病毒、抗白血病、抗糖尿病等作用。

39. 大车前草

大车前草（*Plantago major* Linn.）为车前科多年生草本植物，含黄酮类、苯乙醇苷类、环烯醚萜、三萜及甾醇类等。其具有抗氧化、抗炎、解痉、清热消毒、保肝利尿、明目降压、滋阴补肾、补中益气等功效。

40. 咸虾花

咸虾花［*Vernonia patula*（Dryand.）Merr.］为菊科斑鸠菊属一年生粗壮草本植物，别称大叶咸虾花、狗仔菜、狗仔花、展叶斑鸠菊等，其具有发表散寒、清热止泻的功效，治疗急性胃肠炎、风热感冒、头痛、疟疾等病症。

第六节　叶类活性物质

本节简论 11 种叶类药用植物活性物质，包括酸模（野菠菜）、番石榴叶、枇杷叶、黄麻叶、亚贡叶、沙参叶、蓼大青叶、柳叶蜡梅叶、牛蒡茎叶、野韭菜、皱果苋。

1. 酸模（野菠菜）

酸模（*Rumex acetosa* L.），又名野菠菜、山大黄，为蓼科酸模属多年生草本植物，其具有抑菌、抗肿瘤、止血的作用。

2. 番石榴叶

番石榴叶为桃金娘科（Myrtaceae）植物番石榴（*Psidium guajava* L.）的干燥叶及带叶嫩茎，又名芭乐、番桃等。其具有降血糖、降血脂、抗病毒、抑菌的作用。

3. 枇杷叶

枇杷叶为蔷薇科常绿小乔木植物枇杷［*Eriobotrya japonica*（Thunb.）Lindl.］的干燥叶，有广枇叶和苏杷叶之分。枇杷叶是清肺止咳的常用中药，其具有抗炎、祛痰、止咳、抗氧化、降血糖、抗肿瘤、止呕、护肝、抗病毒等活性。

4. 黄麻叶

黄麻（*Corchorus capsularis* L.）为椴树科（Tiliaceae）黄麻属（*Corchorus*）是一年生草本植物，又名苦麻、络麻、绿麻。其具有健脾胃、降血压、润肠通便、消脂减肥、增强人体免疫力等活性。

5. 亚贡叶

亚贡（*Smallanthus sonchifolius* H. Robinson），又称雪莲果、雪莲薯、菊薯，是一种菊科包

果菊属（*Smallanthus*）双子叶多年生草本植物。其具有降血糖、抑菌等活性。

6. 沙参叶

沙参（*Adenophora stricta* Miq.）是桔梗科沙参属多年生草本植物，也称泡参、白参等，有白色乳汁。其具有调节免疫平衡、祛痰、抗真菌以及强心等功效。

7. 蓼大青叶

蓼大青叶又名蓼蓝，为蓼科植物蓼蓝（*Polygonum tinctorium* Ait.）的茎叶或干燥叶。质脆，气微，味微涩而稍苦。其具有抗病毒、抑菌、解热、抗炎等作用。

8. 柳叶蜡梅叶

柳叶蜡梅叶为柳叶蜡梅（*Chimonanthus salicifolius* H. H. Hu）半常绿灌木的茎叶或干燥叶，是中国特有植物，叶揉碎极为芳香，是优良的香料材料，也是优良的药用植物。其具有抗肿瘤、抗病毒、抗氧化、修复酒精性肝损伤及增强机体免疫等功效。

9. 牛蒡茎叶

牛蒡茎叶为菊科植物牛蒡（*Arctium lappa* L.）的茎叶，牛蒡又名鼠钻草，为菊科牛蒡属两年生草本植物。牛蒡叶含有绿原酸等活性成分，其具有利胆、抗菌、抗病毒、抗肿瘤、抗氧化、止血、降血糖、降血脂等多种功效，可以预防糖尿病、心血管疾病等。

10. 野韭菜

野韭菜（*Allium japonicurn* Regel）属百合科，葱属多年生草本植物，别名山韭菜、宽叶韭、观音菜等。其具有维持人体生长发育、机体免疫、心脑血管保健、增强人体性功能和生育能力、减少和预防缺铁性贫血、减少肺炎和腹泻的发生、减少记忆和智力障碍、防治癌症等功效。

11. 皱果苋

皱果苋（*Amaranthus Viridis* L.），又称绿苋、细苋、白苋，为苋科苋属一年生草本植物，富含亚油酸、亚麻酸、多种必需氨基酸等。其具有调节血脂、降低心血管病发病风险、抗肿瘤等作用。

第七节　药用菌类活性物质

本节讨论7种药用菌类活性物质，包括冬虫夏草、猪苓、蜜环菌、牛樟芝、云芝、裂褶菌和灰树花等，基本功效就是提高机体免疫力、抗突变、抗肿瘤。

1. 冬虫夏草

冬虫夏草（*Cordyceps sinensis*）简称虫草，其性温，味甘。它是一种昆虫的幼虫和真菌的结合体，冬虫是虫草蝙蝠蛾的幼虫，夏草是一种虫草真菌，主要生长在海拔3000~4000m的高寒地带。其具有保护心血管系统、增强免疫、抗肿瘤、平喘祛痰、抗炎症、镇静等活性。

2. 猪苓

猪苓［*Polyporus umbellatus*（*Pers.*）*Fries*］在分类学上属于担子菌纲、无褶菌目、多孔菌科、多孔菌属（*Polyporus*）。猪苓为多孔菌科真菌猪苓的干燥菌核，别名稀苓、地乌桃、野猪食、猪屎苓等。其具有利尿、抗肿瘤、抗菌、抗炎、免疫调节、保肝等作用。

3. 蜜环菌

蜜环菌 (*Armillaria mellea*) 别名密环蕈、榛蘑，属于担子菌亚门、层菌纲、无隔担子菌亚纲、伞菌目、口蘑科、蜜环菌属。蜜环菌的子实体在夏秋季多丛生于老树或死树的基部，也能寄生于活树上。其具有镇静、保护心血管系统等活性。

4. 牛樟芝

牛樟芝 (*Antrodia cinnamomea*) 是中国台湾道地药材，又名樟芝、樟菇、牛樟菇、红樟芝、血灵芝，属担子菌门、担子菌亚门、同担子菌纲、无褶菌目、多孔菌科台芝属的珍稀药用真菌。其具有抗肿瘤、保肝、抗炎、免疫调节的作用。

5. 云芝

云芝 (*Coriolus versicolor*) 学名彩绒革盖菌，别名杂色云芝、千层蘑、云蘑等，是属于担子菌亚门 (Basidiomycotina)、层菌纲 (Hymynomecetes)、非褶菌目 (Aphyllophorales)、多孔菌科 (Polyporales)、云芝属 (*Polystictus*) 或革盖菌属 (*Coriolus*) 的一种杂色真菌。其具有抗肿瘤、镇痛消炎、治疗肝病等作用。

6. 裂褶菌

裂褶菌 (*Schizophyllum Commune* Fr.) 又称白参、树花、八担柴，隶属于担子菌门 (Basidiomycota)、伞菌纲 (*Agaricomycetes*)、伞菌目 (Agaricales)、裂褶菌科 (Schizophyllaceae)、裂褶菌属 (*Schizophyllum*)。其具有滋补强壮、扶正固本和镇静的作用，治疗神经衰弱、精神不振、头昏耳鸣和出虚汗等症，具有提高免疫力、抗肿瘤、抗疲劳、抑菌等作用。

7. 灰树花

灰树花 (*Grifola frondosa*) 又名贝叶多孔菌，属于担子菌亚门 (Basidiomycotina)、层菌纲 (Hymenomycetes)、多孔菌科 (Polyporaceae)、树花菌属 (*Grifola*) 真菌，又名贝叶多孔菌、千佛菌、栗子蘑、云罩、莲花菌等，日本称之舞茸 (Maitake)。其具有抗肿瘤、免疫调节、抗 HIV 病毒、调节血脂血糖水平、治疗肝炎等作用。

思考题

(1) 柴胡和黄芩的主要生物功效有哪些？
(2) 列举 4 个属于常规中草药种子类和果实类植物的生物功效。
(3) 属于常规中草药的植物活性物质花和花粉类植物有哪些？简述其生物活性。
(4) 简述穿心莲、枇杷叶和冬虫夏草的生物功效。
(5) 如果设计一个护肝的产品，你会使用本章讨论的哪些植物原料呢？
(6) 利用本章讨论的植物原料，请设计一款具有提高免疫功能的产品。
(7) 利用本章讨论的植物原料，请设计一款具有美容祛斑的产品。

第十二章

CHAPTER

动物活性物质

12

[学习目标]

（1）掌握 6 种药食两用动物物品的化学组成、生物功效及其安全性。

（2）掌握 9 种保健食品允许使用动物物品的化学组成、生物功效及其安全性。

（3）了解 15 种海洋动物物品的生物功效。

（4）了解 14 种水产动物物品的生物功效。

（5）了解 28 种畜类动物物品的生物功效。

（6）了解 10 种禽类动物物品的生物功效。

（7）了解 12 种昆虫类和爬行类动物物品的生物功效。

动物类活性物质，包括海洋动物、水产动物、畜禽动物、昆虫和爬行动物等，另外蜂蜜也归入此类。动物物品通常包含丰富的蛋白质、活性肽、氨基酸、多不饱和脂肪酸、维生素和矿物质，而且含有很多特殊的活性成分，对提高免疫力、改善心血管疾病、抗肿瘤、抗疲劳等具有独特功效。

本章讨论 94 种动物类物品，分成 7 类。

药食两用动物物品（6 种）：蝮蛇、乌梢蛇、牡蛎、鸡内金、阿胶、蜂蜜。

保健食品允许使用的动物物品（9 种）：马鹿茸、马鹿胎、马鹿骨、龟甲、鳖甲、蛤蚧、珍珠、蜂胶、石决明。

海洋动物物品（15 种）：鲨鱼、鱼翅、鱼鳔（鱼鳔胶）、鲍鱼、墨鱼（乌贼）、海螵蛸（乌贼骨）、章鱼、鱿鱼、甲鱼（鳖）、海参、海龙、海月、海马、海蚌、中国鲎。

水产动物物品（14 种）：蛏子、河蚬、蛤蜊、田螺、贻贝、扇贝、水蛭、泥鳅、银鱼、鲫鱼、鱼唇、黄鳝、虾、蟹（海蟹、河蟹）。

畜类动物物品（28 种）：鹿肉（马鹿、梅花鹿）、鹿筋、鹿尾、鹿鞭、鹿茸、驴肉、驴鞭、骆驼蹄（骆驼掌）、刺猬皮、马肉、兔肉、狗肉、牛初乳、牛黄、牛肉、牛肝、牛蹄筋、牛鞭、羊肉、羊肝、羊蹄筋、羊血、猪肝、猪蹄、猪蹄筋、猪皮、猪脾、猪血。

禽类动物物品（10 种）：乌鸡、鸡肝、鸡血、乳鸽、鹅、鹌鹑、鸭血、鸭胰、鸭肝、燕窝。

昆虫类和爬行类动物物品（12 种）：蚂蚁、蚕蛹、蚕砂、蚯蚓（地龙）、蝉蜕、蝎子、团螵蛸、蜂王浆、蜂蜡、牛蛙、蛇、蛤蟆油（林蛙卵油）。

第一节　药食两用动物活性物质

卫生部 2002 年批准的 86 种药食两用物品名单中，动物物品只有 6 种，包括蝮蛇、乌梢蛇、牡蛎、鸡内金、阿胶和蜂蜜。

一、蝮　　蛇

蝮蛇（*Agkistrodon halys*），《本草纲目》记载有"祛风、攻毒"功效，常用于治疗风湿痹痛、麻风、癫疾、皮肤顽痹、痔疮、疥疮、肿瘤等症。自古以来，民间把蝮蛇用作滋补强壮、消除疲劳、解毒用药，近代主要用于强壮和改善病后体质虚弱，治疗麻风温痹症、肢体麻木和半身不遂等症。现代医学常将它用于抗炎、抗血栓、抗癌等。

（一）蝮蛇的化学组成

蝮蛇全体含胆固醇、牛磺酸、脂肪酸、脂质、挥发油等。蝮蛇的化学组成以蝮蛇毒研究为多，蝮蛇毒的主要成分是蛋白质。从蛇岛蝮蛇中分离到 16 种蛋白组分，含有蛋白水解酶、磷酸单酯酶、磷酸二酯酶、L-氨基酸氧化酶、核糖核酸酶、5'-核苷酸酶等多种酶类。蝮蛇毒中还含有血液循环毒和神经毒两类成分，后者对神经肌肉接头具有明显的阻断作用。除蛋白质外，蝮蛇毒中尚含有缓激肽增强肽（Bradykinin potentiating peptide，BPP）、肌内毒素等肽类物质。

（二）蝮蛇的生物功效

1. 扩血管、降血压作用

蝮蛇粗毒 15μg/kg、20μg/kg 及 25μg/kg 静脉注射，可使家兔血压明显下降，随剂量增加，降压作用增强，对心率无明显影响；蝮蛇粗毒终浓度在 1~10μg/mL 可拮抗去甲肾上腺素收缩兔主动脉条的作用；20μg/kg 静脉注射使麻醉兔肠系膜微血管口径明显增加。这些结果说明蝮蛇毒具有扩张血管、降低血压的作用。蝮蛇抗栓酶 1.0U/kg 静脉注射明显减少麻醉家兔的颈动脉血流量，增加股动脉血流量。给猫静脉注射抗栓酶 – Ⅲ 0.05U/kg，冠状窦血流量增加 15.32%。

2. 降血脂作用

蝮蛇水提物 5mg/kg 或 10mg/kg，连用 10d、15d 或 20d，能明显降低正常小鼠的血清总脂及老龄鼠的血清胆固醇，显著抑制腹腔注射蛋黄引起的血清胆固醇升高及酒精灌胃造成的血清总脂的升高，表明蝮蛇水提物有较强的降血脂作用。对犬应用 0.02U 及 0.2U 蝮蛇抗栓酶，血中胆固醇和甘油三酯显著降低。给实验性动脉硬化鹌鹑静脉注射从蝮蛇毒中分离出的一组分 15.5mg/kg，隔日 1 次共 7 周，鹌鹑血清胆固醇含量明显下降，肝脂肪化程度降低，但对已形成的动脉硬化斑块无明显影响。

3. 抗血栓作用

给大鼠静脉注射去纤酶注射液 5U/kg 或 10U/kg，对实验性动脉血栓及静脉血栓形成具有显著的抑制效应。用家兔复制实验性肺栓塞模型，静脉缓慢输入去纤酶注射液 10U/kg，血液检查、血栓扫描电镜观察、肺动脉造影及动物尸检结果均证明，去纤酶对实验性肺栓塞具有明显的溶栓效应。腹蛇抗栓酶 0.01U/kg 或 0.04U/kg 静脉注射，对家兔实验性血栓形成的抑制率分别为 35.2% 和 52.3%，效果持续 90min 以上。腹蛇抗栓酶 0.02U/kg 静脉注射，对家兔实验性肺动脉血栓的溶栓率为 43.8%。

蝮蛇毒制剂抑制血栓形成及溶栓的原理可能包括如下几点：

①类凝血酶的去纤维蛋白原作用，使血栓难以形成；

②类纤溶酶对纤维蛋白及纤维蛋白原的溶解作用，既能防止血栓形成，又能促进血栓的溶解；

③蝮蛇毒减少血小板数量及抑制血小板功能的作用干扰了血栓的形成；

④蝮蛇抗栓酶增加前列腺素、减少血栓素的作用可能与其抗血小板凝集及抗血栓作用有关。

4. 抗凝血作用

多种蝮蛇毒制剂对实验动物和人具有明显的抗凝作用。给健康受试者静脉滴注去纤酶注射液，0.5U/kg 或 1.0U/kg，血浆纤维蛋白原（Fg）显著减少，凝血酶原时间及复钙时间明显延长，血浆黏度明显降低而出血时间无变化，说明去纤酶具有显著的抗凝作用。给犬和家兔应用蝮蛇抗栓酶，也呈现明显的抗凝作用。

蝮蛇毒的主要抗凝组分是类凝血酶，在体外可直接使纤维蛋白原凝聚而起凝血作用。但在体内作用于纤维蛋白原时使其释出血纤肽 A，血纤肽的纤维蛋白单位只能首尾聚合而不侧向聚合，生成的纤维蛋白多聚体之间也不产生交联，因而形成一种较脆弱的微凝块，易被体内纤溶系统溶解从而使体内纤维蛋白原不断降解消耗，产生去纤维蛋白综合症，使血液成为低凝状态。这是腹蛇毒抗凝作用的主要原理。

根据以上作用，利用蝮蛇毒制剂可防治冠心病，脑血栓、脑梗塞等缺血性脑血管病，血栓闭塞性脉管炎、静脉血栓形成及阻塞、动脉硬化闭塞症等闭塞性周围血管病。

5. 抗肿瘤作用

蝮蛇分离出的 5 个组分对动物均具有明显的抑癌作用，其有效成分可能是精氨酸酯酶类，抑癌作用的较好剂量为 0.075mg/kg。蝮蛇毒注射液对小鼠 S_{37} 和 S_{180} 的抑制率分别为 40% ~ 80% 和 30% ~ 60%。蝮蛇毒对小鼠骨髓细胞株（SP20）、小鼠肥大细胞株（P_{815}）、胃癌细胞株（MGC80-3）、鼻咽癌细胞株（CNE）、肝癌细胞株（SMMC）及子宫颈癌细胞株（HeLa）都具有一定的抑制作用，使贴壁细胞脱落，凝聚成细胞团块，抑制生长，小部分细胞死亡，随作用时间增加，死亡细胞增多。

6. 抗炎症、抗溃疡及其他作用

给大鼠腹腔注射蝮蛇蒸馏液 40mL/kg，具有明显的抗蛋白性足跖肿胀和棉球性肉芽肿作用。给大鼠腹腔注射蝮蛇挥发油 80mg/kg 及其有效成分棕榈酸 50mg/kg 和月桂酸 100mg/kg，对角叉莱胶引起的足跖肿胀有抑制作用。蝮蛇制剂对去肾上腺大鼠无抗炎作用，表明其抗炎作用与肾上腺功能有关。抗炎剂量的蝮蛇制剂使血中促肾上腺皮质激素浓度显著升高，该作用可被戊巴比妥钠并用氯丙嗪完全阻滞，说明蝮蛇制剂对神经-垂体-肾上腺皮质系统有一定刺激作用。这可能是蝮蛇抗炎作用的原因之一。

蝮蛇水提物 500mg/kg 能明显增强肠道炭末输送能力，抑制小鼠胃液分泌及胃蛋白酶活性。

它对大鼠水浸拘束应激性溃疡呈剂量依赖性抑制。蝮蛇乙醇提取物对醋酸性胃溃疡的治愈呈促进效果，可增加胃黏膜组织血流量，增强黏膜修复能力。

在家兔 Masuji 肾炎模型上，蝮蛇抗栓酶 0.5U/kg 静脉注射，有防止并溶解在肾小球内沉积的纤维素、消除新月体及防止肾小球硬化的作用。蝮蛇制剂明显增加寒冷刺激小鼠的运动量并抑制其谷草转氨酶活性的升高，对振荡刺激负荷小鼠有明显抗疲劳作用。另外，临床报道，蝮蛇抗栓酶治疗 2 型糖尿病患者，可使血糖降至正常或明显下降，临床症状及并发症消失或改善。蝮蛇酒对类风湿关节炎和各型麻风均有一定的效果。

（三）蝮蛇的安全性

蝮蛇毒成分复杂，作用也很复杂，一般认为是以血循环毒为主的血循环、神经混合毒。由于神经肌肉接头阻断造成的呼吸麻痹是早期死亡的原因，而心脏毒性则是循环衰竭引起死亡的主要原因。给小鼠腹腔注射蝮蛇挥发油观察 72h，测定 LD_{50} 为（1426±20）mg/kg。给小鼠静脉注射尖吻蝮蛇毒类凝血酶，LD_{50} 的 95% 可信限为 11.1~18.1mg/kg。

常用蝮蛇毒制剂（蝮蛇抗栓酶及去纤酶等）在一般用量下不良反应较轻。经大量临床试用未发现严重副作用，少数受试者在早期出现头痛、头昏、乏力、月经量增多及经期延长等反应，多可自行恢复。

二、乌梢蛇

乌梢蛇（*Zaocys dhumnades*），为乌梢蛇除去内脏的全体，味甘、咸，性平，入肺及脾经。干燥品以身干、皮黑褐色、肉黄白色、脊背有棱、质坚实者为佳。

（一）乌梢蛇的化学组成

乌梢蛇全体含 17 种氨基酸成分，其肌肉中含 1，6-二磷酸果糖酶及原肌球蛋白，蛇胆中含胆酸和胰岛素。

（二）乌梢蛇的生物功效

1. 抗炎作用

乌梢蛇水抽提液 10~20g/kg 或醇提取液 5~10g/kg，对大鼠琼脂性足跖肿胀和二甲苯所致鼠耳廓肿胀均有显著抑制作用，其抗炎作用强度相当于 15mg/kg 氢化可的松。此外，乌梢蛇水解液对胶原诱导的关节炎大鼠的炎性细胞因子有明显的抑制作用。

2. 镇痛作用

小鼠热板法和扭体法试验表明，上述剂量的乌梢蛇水抽提液或醇提取液，均有显著镇痛作用。大剂量乌梢蛇水抽提液和醇提取液对以酒石酸锑等化学刺激致痛也有一定的镇痛作用。

3. 抗惊厥作用

乌梢蛇水抽提液 20g/kg 或醇提取液 5~10g/kg 能明显抑制小鼠电惊厥的发生，醇提取液 10g/kg 尚能对抗小鼠戊四氮惊厥的发生，其抗惊厥作用强度相当于 25mg/kg 苯巴比妥钠。

4. 抗凝血作用

乌梢蛇血清 0.05mL/10g 腹腔或静脉注射，不论直接注入体内或在体外先与蛇毒混合再注入体内，对小鼠被次致死量的五步蛇蛇毒均有显著保护作用，保护率约为 90%。此外，给予蛇血清小鼠的凝血时间正常（<3min），而对照组时间显著延长（大于 1h），表明蛇血清可阻止五步蛇毒所致的凝血时间延长。

（三）乌梢蛇的安全性

急性毒理试验显示，小鼠腹腔注射乌梢蛇水抽提液的 LD_{50} 为 166.2g/kg，醇提取液为 20.41g/kg。中毒症状表现为姿势固定和发绀等，因呼吸抑制而死亡。

三、牡 蛎

牡蛎（*Ostreidae*），全世界有 100 多种，我国沿海有 20 多种。隶属于软体动物门、瓣鳃纲、牡蛎科动物，为药食两用动物。现入药的牡蛎主要有近江牡蛎（*Ostrea rivularis* Gould）、长牡蛎（*Ostrea gigas* Thunb.）或大连湾牡蛎（*Ostrea talienwhanensis* Crosse）等，主产于江苏、福建、广东、浙江、辽宁及山东等沿海一带。其味咸且涩，性凉，入肝、肾经。牡蛎肉味道鲜美，营养价值高，素有"海底牛奶"之美称，是沿海一种重要的海洋经济贝类。

（一）牡蛎的化学组成

近江牡蛎肉和大连湾牡蛎肉含糖原 63.5%，牛磺酸 1.3%，必需氨基酸 1.3%，矿物质 17.6%，谷胱甘肽，维生素 A、维生素 B_1、维生素 B_2、维生素 D 及亚麻酸和亚油酸。脂类中含一种糖脂和一种鞘类磷脂。

（二）牡蛎的生物功效

1. 抑制神经系统作用

牡蛎粉混悬液 0.5g/kg 给小鼠灌胃 7d，对环己巴比妥钠引起的睡眠有协同作用。4% 牡蛎水提取的悬浮液对青蛙坐皮神经有强的局部麻醉作用。

2. 放射增敏作用

鲜牡蛎液及干牡蛎粉提取物 1∶100~1∶800 培养人鼻咽癌细胞株，两者显示明显的强化 γ 射线杀灭癌细胞的作用，放射增敏率分别为 34.5% 和 52.6%，但放射前摄取则无效，说明其作用机制可能与阻断癌细胞 DNA 损伤修复有关。

3. 防治心血管疾病作用

牡蛎多糖有防治心血管疾病的作用。给家兔灌胃 40mg/kg 牡蛎多糖，可延长其特异性血栓和纤维蛋白血栓形成时间，并能缩短血栓长度，减轻血栓重量。体内外试验均表明，牡蛎多糖可明显延长凝血时间和部分凝血活酶时间，特别是体外凝血时间的延长可达 267%。150mg/kg 牡蛎多糖可明显降低小鼠血清总胆固醇含量，与对照组相比降低了 28.6%。家兔口服 40mg/kg 牡蛎多糖，3.5h 后取血检测发现，它可明显降低全血黏度、血浆黏度、全血还原黏度、血沉和红细胞压积。此外，牡蛎多糖既能减少血小板数，又能使血小板黏附率下降，牡蛎多糖还能明显提高纤维蛋白溶酶的活力。此外，从牡蛎中还分离得到一种具有抑制血小板聚集功能的含锌肽和一种对人体 A 型和抗 A 型血有抗凝作用的硫酸杂多糖肽。

4. 对消化系统的作用

牡蛎所含碳酸钙具有收敛、制酸及止痛等作用，有利于胃及十二指肠溃疡的愈合，动物试验证明，牡蛎制品能治疗豚鼠实验性胃溃疡和防止大鼠实验性胃溃疡的发生，并能抑制大鼠游离酸和总酸的分泌。比较生牡蛎（试验组 I）、煅牡蛎（900℃，1h，试验组 II）和煅牡蛎（350℃，8h，试验组 III）3 种牡蛎水抽提液灌胃对大鼠实验性胃溃疡的作用，试验组 II 对盐酸所致胃溃疡的预防作用最好，对溃疡形成的抑制率达 94.8%，试验组 I 仅抑制 23%，试验组 III 无抑制作用；对无水乙醇诱发的胃溃疡，3 种制剂均有抑制作用，但试验组 II 的作用最强；对幽门结扎诱发的胃溃疡，试验组 II 有抗溃疡形成的作用，并使胃液分泌减少，pH 和胃蛋白酶活性均降低，而试验组 Ⅰ 和试验组 Ⅲ 作用不明显。

5. 抗菌、抗病毒作用

牡蛎提取物有抗菌作用，对脊髓灰质炎病毒和流感病毒有抑制作用。牡蛎醋酸提取液经酒精分级沉淀后得到白色粉末，将其以 2.5mg/kg 剂量对患脑炎的小鼠作腹腔注射，试验组较对照组的死亡率降低一半。从牡蛎中提取的蛋白质"鲍灵 Ⅱ"可提高机体防御致病微生物（包括病毒）侵袭的机能。

牡蛎糖胺聚糖 10~40mg/kg 能显著降低 1 型单纯疱疹病毒感染小鼠的死亡率，延长其存活时间，并明显提高病毒感染小鼠的胸腺指数和脾指数；增强巨噬细胞吞噬能力，表明牡蛎糖胺聚糖对 1 型单纯疱疹病毒感染小鼠有一定的治疗作用并能提高小鼠的免疫功能。

6. 增强免疫功能作用

牡蛎热水浸提液能使动物脾脏抗体产生细胞数明显增多，牡蛎壳也有相似作用。牡蛎还能显著提高急性放射病小鼠实验模型的成活率。研究表明，牡蛎多糖对正常小鼠白细胞无影响，但对环磷酰胺引起的白细胞减少有明显对抗作用。牡蛎多糖可明显增强脾脏生理作用，但对胸腺则无显著作用。牡蛎多糖具有增强机体免疫能力的作用。此外，牡蛎糖胺聚糖能增强小鼠腹腔巨噬细胞的吞噬能力。

7. 其他功效

牡蛎含钙量达 38.89%，其钙盐可致密毛细血管，降低血管的通透性，入胃后与胃酸作用，形成可溶性钙盐，可吸收，能调节电解质平衡，抑制神经肌肉的兴奋。所含甾醇化合物如 2,4-亚甲基胆固醇，有降血压、减慢心率、抗心律失常的作用，对血管和离体回肠平滑肌有解痉作用，对实验动物有耐缺氧等一系列生理活性。牡蛎中还有一种类似胰岛素活性的蛋白质，可使血糖下降。此外，体外试验证明，牡蛎对肿瘤细胞有明显的细胞毒作用，对细胞突变也有一定对抗作用。

（三）牡蛎的安全性

以 ICR 小鼠为试验动物，对牡蛎多糖急性经口毒性进行评价。结果显示，受试物对 ICR 种雌、雄小鼠的急性经口毒性耐受剂量大于 20g/kg 体重，其经口 LD_{50} 大于 20g/kg 体重。另外，细菌回复突变试验结果显示牡蛎多糖无致突变效应。

四、鸡 内 金

鸡内金（*Galli Gigeriae Endothelium Corneum*）为雉科动物家鸡的干燥砂囊内膜。鸡内金味甘，性平，入脾、胃、小肠、膀胱经，具有消积滞、健脾胃的作用。鸡内金质地薄脆，断面呈有光泽胶质状，气微腥味微苦。

（一）鸡内金的化学组成

鸡内金含胃激素、角蛋白、微量的胃蛋白酶、淀粉酶和多种维生素（如维生素 B 和维生素 C），还含有氯化铵等。砂囊的角蛋白样膜含一种糖蛋白，其半胱氨酸的含量低于一般上皮角蛋白。

（二）鸡内金的生物功效

1. 对人体胃功能的作用

健康人口服炙鸡内金粉末 5g，45~60min 后胃液分泌量、酸度及消化力均见增高。其胃液分泌量比对照值增高 30%~70%，2h 内恢复正常；消化力的增强虽较迟缓，但维持时间较久；胃运动机能明显增强，表现在胃运动期延长及蠕动波增强，因此胃排空速率加快。鸡内金本身只含微量的胃蛋白酶和淀粉酶，服用后能使胃液的分泌量增加及胃运动增强，认为是由于鸡内金消化吸收后通过体液因素兴奋胃壁的神经肌肉装置的原因，也有认为是胃激素促进了胃分泌机能。

2. 加速放射性元素锶的排泄作用

试验证明，鸡内金水抽提液对加速排除放射性锶有一定作用。其酸提取物效果较水抽提液好，尿中排出的锶比对照组高2~3倍。从鸡内金中提得的氯化铵为促进锶排除的有效成分之一。

3. 其他作用

有现代研究表明鸡内金具有抗氧化、改善血糖、血脂水平和血液流变学参数等生物功效，其中鸡内金多糖能有效降低糖尿病高脂血症大鼠的血糖和血脂水平，并可改善其细胞免疫功能。

（三）鸡内金的安全性

鸡内金性平，味甘，无毒，但是脾虚无积者慎服。

五、阿 胶

阿胶（*Asini Corii Colla*）是马科动物驴（*Equus asinus* L.）的干燥皮或鲜皮经煎煮、浓缩等工艺制成的固体胶，与人参、鹿茸并称为"滋补三宝"。作为中药始载于《神农本草经》，阿胶气微、味微甘、性平，归肺、肝、肾经，其中含有很多对人体有益的成分。阿胶属于传统名贵中药，被历代中医誉为"补血圣药"。

（一）阿胶的化学组成

阿胶的化学成分包括氨基酸、多肽、蛋白质、多糖、挥发性物质及微量元素等。氨基酸主要是在制胶过程中胶原蛋白的肽键部分断裂形成的一系列降解产物。尤其以甘氨酸（13.36%）和脯氨酸（6.52%）的含量较高；氨基酸总含量介于56.73%~82.03%，必需氨基酸含量占总氨基酸含量的15.98%~20.22%。阿胶中的蛋白质含量在60%~85%，主要蛋白质有3种，驴血清白蛋白、驴胶原蛋白 $a1$ 型和驴胶原蛋白 $a2$ 型，其中驴血清白蛋白的含量最高。

从阿胶中分离出的多糖只有硫酸皮肤素，它是一种天然糖胺聚糖，区别于硫酸软骨素的表现形式艾杜糖酸（一种 C-5 异构的 D-葡萄糖醛酸）。糖胺聚糖广泛存在于动物结缔组织中，相对分子质量为30000左右，是一类有氨基己糖和糖醛酸及它们异构化或硫酸化残基以双糖单位重复构成的直链多糖。

（二）阿胶的生物功效

1. 止血和补血作用

阿胶在治疗贫血、咯血、恢复血色素、妇女崩漏带下、再生障碍性贫血、白细胞减少症、产前产后血虚、血小板减少症及功能性子宫出血等方面均有较好疗效，总有效率为79.7%。

2. 对心血管系统的作用

阿胶对心血管系统的作用主要包括以下几个部分：一是可以抗休克，研究表明，阿胶可明显降低体内毒素性休克引起的血黏稠度的增加，减轻内毒素性休克犬的球结膜微循环障碍，阿胶还有一定的防止血管渗漏的作用；二是血管的通透性，阿胶可以扩张血管，缩短部分凝血酶原的活化时间，提高血小板数，降低病变血管的通透性。

3. 对免疫系统的作用

阿胶能增强小鼠迟发型变态反应、促进小鼠脾淋巴细胞转化增殖、增加小鼠血清溶血素滴度水平、促进小鼠脾细胞抗体生成。

4. 对钙代谢的作用

阿胶钙可提高骨质疏松症大鼠体内血清中钙和磷的含量，升高降低的聚乳酸水平，增加股骨中钙、磷含量和骨质密度。同样也可以增加缺乏维生素 D 而致佝偻病大鼠血清钙、磷含量，降低碱性磷酸酶活性，升高股骨中钙和磷含量。

5. 对生殖系统的作用

阿胶能增加不孕症患者的子宫内膜厚度，使其生长速度加快，升高患者体内整合素 $\beta3$ 的表达水平（$P<0.01$），改善子宫内动脉血液供应和容受性，促进胚胎着床，提高生化和临床妊娠率。

6. 抗疲劳和耐缺氧作用

阿胶含胶原蛋白、药效氨基酸和必需氨基酸等活性成分，能显著延长小鼠负重游泳时间，提高红细胞和血红蛋白含量，提高"脾虚"模型小鼠的游泳时间和耐高温时间。

7. 抗肿瘤作用

复方阿胶浆对 5-氟尿嘧啶抗小鼠 H22 肝癌具有明显的化疗增效减毒作用。阿胶在防治化疗中的骨髓抑制方面，主要表现为如下几点。

①升高白细胞作用　用阿胶、女贞子、党参、当归、补骨脂等滋阴助阳、益气养血药组成的复方，可以预防化疗后白细胞减少。

②对红细胞系列的保护作用　用阿胶、制首乌、菟丝子、枸杞子等药物配合，能提高化疗后红细胞、血红蛋白或网织红细胞数量。

③对多系血细胞的保护作用　用阿胶、党参、黄芪等药物配合应用，可保护红细胞和白细胞免受丝裂霉素的损伤。

8. 抗炎作用

阿胶可以降低大鼠血清中的白介素-4 水平，提高 γ 干扰素水平，明显减轻大鼠肺组织嗜酸性细胞的浸润程度。说明阿胶可能抑制哮喘大鼠存在的 Th2 细胞优势反应，从而调节 Th1/Th2 细胞因子平衡，同时减轻哮喘大鼠肺组织嗜酸性细胞炎症反应。

9. 抗衰老作用

阿胶能提高衰老模型小鼠的食欲、精神状况、体质量和脏器状况，提高超氧化物歧化酶、过氧化氢酶、谷胱甘肽过氧化物酶活性，降低丙二醛水平，调整老年基因表达。阿胶可能通过提高机体抗氧化活性、清除自由基、调整衰老相关基因表达来抑制衰老过程。

（三）阿胶的安全性

在急性毒理试验中，选择雌雄小鼠各 10 只，体重为 18.4~20.8g，按照 MTD 法试验进行。试验前空腹 16h 备用（不限制饮水）。以 333mg/mL 浓度分 3 次灌胃试验动物，间隔 4h，每次灌胃量为 0.2mL/10g，累计染毒剂量为 20.0g/kg，记录动物的中毒表现及死亡情况，连续观察 14d，结果显示，14d 无动物死亡，两种性别小鼠的 MTD 均大于 20.0g/kg，属于无毒级物质。

六、蜂　蜜

蜂蜜（Honey）是蜜蜂科昆虫中华蜜蜂（*Apis cerana* Fabricius）等所酿的蜜糖，目前全国部分地区养殖的品种主要是意大利蜜蜂（*Apis mellifera* L.）。其味甘，性平，入肺、脾及大肠经。

（一）蜂蜜的化学组成

蜂蜜因蜂种、蜜源与环境等的不同，其化学组成差异甚大。其主要成分是果糖和葡萄糖，两者含量合计约 70%。其他成分有少量蔗糖（有时含量颇高）、麦芽糖、含氮化合物、有机酸、挥发油、色素、蜡、植物残片（如花粉粒）、酵母、酶类及矿物质。

（二）蜂蜜的生物功效

1. 增强免疫功能作用

分别给小鼠灌胃 1% 和 5% 的椴树蜜或杂花蜜，每日 1 次连续 7d，经溶血空斑试验表明，1% 和 5% 的椴树蜜均能使抗体分泌细胞的数量增加，其中 5% 剂量组与对照组比较差异显著，表明有增强体液免疫功能的作用。而 1% 的杂花蜜使抗体分泌细胞数明显减少，有抑制抗体产生的作用。

2. 保护心血管系统作用

蜂蜜经处理后给犬静脉注射，可使血压下降、冠脉扩张。蜂蜜使大鼠、豚鼠和猫心脏制备的乳头肌收缩幅度加大，冠脉流量增加。蜂蜜中含有一种能增加心肌细胞通透性的不耐热成分和对心脏有抑制作用的耐热成分。临床研究证明蜂蜜有营养心肌、改善心肌代谢过程、调节心脏功能并使其正常化的作用，其有效成分可能是其所含大量糖和许多其他营养物质，如氨基酸、酶和维生素等。

3. 对糖代谢的影响

蜂蜜能使正常人和糖尿病患者的血糖降低，但也有使血糖暂时升高的报道。给麻醉兔连续滴注低浓度的蜂蜜［4mg/（kg·min）］时血糖降低，而高浓度［10mg/（kg·min）］时则血糖升高。在蜂蜜中使血糖降低的成分为乙酰胆碱，使血糖升高的成分为葡萄糖。给予低剂量蜂蜜时，乙酰胆碱降血糖的作用超过葡萄糖的作用使血糖降低，高剂量时则使血糖升高。蜂蜜 5mL/kg 灌胃，对正常和四氧嘧啶糖尿病兔的血糖无明显影响，而高剂量（10mL/kg、15mL/kg）时使血糖升高。给大鼠、兔和犬分别肌注或静注蜂蜜和葡萄糖，蜂蜜引起较强而持久的肝细胞糖原合成增加，其肝糖原含量显著高于注射同剂量葡萄糖的动物。

4. 抗菌作用

成熟的蜂蜜不经任何处理，在室温下放置数年也不会腐败，表明其有防腐作用。蜂蜜在体外对链球菌、葡萄球菌、白喉杆菌和炭疽杆菌等革兰氏阳性细菌有较强的抑制作用，在浓度为 25% 时可完成抑制链球菌和金黄色葡萄球菌的生长，对痢疾杆菌、伤寒杆菌、副伤寒杆菌、布氏杆菌、肺炎杆菌和绿脓杆菌等革兰氏阴性菌也有不同程度的抑制作用，但对变形杆菌和大肠杆菌无效。天然蜂蜜在体外可抑制牛型和人型结核杆菌的生长，但也有报道认为对结核杆菌无作用。此外，椴树蜜和荞麦蜜对霉菌也有显著抑制作用。

5. 对消化系统的影响

蜂蜜有缓泻作用。100% 和 50% 蜂蜜每只小鼠灌胃 0.5mL，对小肠推进运动有明显促进作用，并能显著缩短小鼠的通便时间。蜂蜜可作用于胃和十二指肠的化学感受器，反射性抑制胃的分泌和运动功能，并使胃充血。临床研究证明蜂蜜对胃肠功能有调节作用，对胃酸分泌过多或过少，有使其分泌正常化的作用。蜂蜜对胃酸分泌的作用受口服时间和蜂蜜水溶液温度的影响。饭前 1.5h 服用可减少胃酸分泌，服蜂蜜后立即进食则增加胃酸分泌；温热的蜂蜜水溶液使胃液酸度降低，冷蜂蜜水溶液使胃液酸度升高，并刺激肠道的运动与分泌功能。此外，蜂蜜对结肠炎、习惯性便秘、老人和孕妇便秘、儿童性痢疾等均有良好功效。

6. 抗肿瘤作用

20%蜂蜜水溶液，小鼠 2g/kg，大鼠 1g/kg，肿瘤接种前 10d 开始灌胃连续 10d，使肿瘤生长明显减慢并抑制转移过程，大鼠、小鼠生存期延长，表明有一定预防肿瘤作用。蜂蜜与环磷酰胺或 5-氟尿嘧啶联合治疗大鼠或小鼠肿瘤，有显著的协同作用，可使功效增强毒性降低。单用蜂蜜治疗动物肿瘤也有一定疗效，能抑制病灶生长减少转移，有 25%的小鼠无转移灶，且转移淋巴结重量减少。

7. 促进组织再生作用

蜂蜜含丰富的糖、维生素、氨基酸和酶等营养物质，不但是成年人的营养补充剂，而且能促进儿童生长发育，提高机体的抗病能力。在饲料中加入蜂蜜，可使大鼠体重增加得更快。对肝部分切除大鼠，蜂蜜使其肝脏再生过程加速，并增强甲硫氨酸促进肝组织再生的作用。在用蜂蜜治疗溃疡病时，发现患者的红细胞数和血红蛋白含量增加。蜂蜜对各种延迟愈合的溃疡也有加速肉芽组织生长的作用。此外，蜂蜜具有调节神经系统功能，能改善病人睡眠，调节神经系统功能紊乱，提高脑力和体力活动能力。

8. 其他功效

试验表明，蜂蜜对川乌有明显的解毒作用。蜂蜜对 CCl_4 中毒大鼠的肝脏有保护作用，使肝糖原含量增加、肝的组织结构与正常接近。蜂蜜对维生素 K 耗竭的小鸡有一定止血作用。人口服 100g 蜂蜜后，能显著降低嗜中性白细胞对细菌的吞噬能力。此外蜂蜜有类似丙烯苯酚样雌激素作用，能增强大鼠子宫平滑肌收缩的作用和润滑性祛痰作用。

（三）蜂蜜的安全性

在急性毒理试验中，以 0.4mg/10g、0.2mg/10g 和 0.1mg/10g 蜂蜜给小鼠灌胃 1 次，观察 7d，高剂量组摄入后数分钟活动减少，2h 后恢复，无死亡和其他异常发生。

第二节　保健食品允许使用的动物活性物质

中国卫生部 2002 年颁发的保健食品允许使用的 113 种中药材名单中，动物物品只有 9 种，分别是马鹿胎、马鹿茸、马鹿骨、龟甲、鳖甲、蛤蚧、珍珠、蜂胶、石决明。

一、马　鹿　茸

马鹿（Red deer）生活于高山森林或草原地区，喜群居，在我国广为养殖。夏季多在夜间和清晨活动，冬季多在白天活动。马鹿善于奔跑和游泳，以各种草、树叶、嫩枝、树皮和果实为食。其鹿茸产量很高，是名贵的中药材。此外，鹿胎、鹿鞭、鹿尾和鹿筋也是名贵的滋补品。

马鹿茸（*Cornu Cervi Pantotrichum*）是马鹿（*Cervus canadensis*）雄性密生茸毛未骨化的幼角。雄鹿的嫩角没有长成硬骨时，带茸毛，含血液，叫做鹿茸，是哺乳动物中唯一可以重复再生的器官，也是一种贵重的中药。

《神农本草经》和《本草纲目》记载，"鹿茸性温，味甘、咸，无毒，归肝、肾经，主漏下恶血，寒热惊痫，益气强志，生齿不老"。现代研究表明，鹿茸具有防治骨质疏松、促进细胞增殖、修复肝损伤、抗疲劳、抗氧化、抗衰老、增强机体免疫活性、抗炎等作用。

（一）马鹿茸的化学组成

鹿茸的成分复杂，含有蛋白质、氨基酸、多肽类、多糖、脂肪酸、磷脂、前列腺素、甾体激素、生物胺、核苷类、维生素等成分。

蛋白质、多肽、氨基酸是鹿茸发挥药效的重要活性成分。鹿茸中的蛋白质包括胶原蛋白、角蛋白等，胶原蛋白是鹿茸中含量最高的蛋白质。胶原是鹿茸的主要组成部分，其软骨能迅速转变为骨组织。多肽是鹿茸主要的生物功效物质，如神经生长因子、表皮生长因子、胰岛素样生长因子、转化生长因子。鹿茸中含有约 19 种以上的氨基酸，必需氨基酸占干物质重的 50.13%，甘氨酸的含量最高，谷氨酸和脯氨酸的含量也较高。鹿茸中的多糖主要以糖胺多糖为主，硫酸软骨素是一种主要的糖胺多糖。

（二）马鹿茸的生物功效

1. 性激素样作用

鹿茸是传统的壮阳物品，可以增强性功能及促进性器官发育，促进发育生长。雄鹿茸粉能增加未成年小鼠体重和睾丸重量，表明其具有调节生理功能和促雄激素样作用。用鹿茸乙醇提取液饲喂大鼠，1 个月后发现可增强其生精过程。鹿茸还有雌激素作用，用糜鹿茸的粗提液灌胃雌性去势大鼠和小鼠，发现小鼠的子宫和卵巢重量增加，大鼠阴道、子宫有代偿性增生和变化。

2. 抗氧化、抗衰老作用

鹿茸中含有的次黄嘌呤能够在一定程度上抑制单胺氧化酶 B 的活性，具有抗衰老的功效。给小鼠灌服鹿茸磷脂，试验发现鹿茸磷脂可降低小鼠血、脑、肝组织单胺氧化酶 B 活性和丙二醛含量；增强脑和肝组织中超氧化物歧化酶活性，消除体内过多的超氧自由基。从磷脂中分离出 5 种磷脂，其抑制单胺氧化酶 B 的活性大小为：磷脂酰乙醇胺>神经鞘磷脂>磷脂酰胆碱>溶血性磷脂酰胆碱>磷脂酰肌醇。

3. 抗疲劳、耐缺氧作用

中等剂量的鹿茸能引起心跳、心率加快，每分输出量增加，对已疲劳心脏的作用更明显。鹿茸脂溶性成分也能提高小鼠的抗疲劳作用，且呈剂量相关性，随着剂量增加，小鼠在疲劳转棒上坚持的时间明显增长，具有显著性差异（$P<0.01$）。原因可能在于鹿茸脂溶性成分能加快小鼠血乳酸的分解、减缓血清尿素氮的生成和增加其肝糖原的含量。此外，还有报道，给小鼠腹腔注射 4mL/kg 鹿茸精，可增加小鼠游泳时间；鹿茸的水提取液和醇提取液均可延长小鼠游泳时间；鹿茸煎剂可显著提高小鼠的耐缺氧能力；鹿茸组合物（马鹿茸、淫羊藿、黄精、枸杞）可以增加肝糖原储备、降低运动所引起的血乳酸堆积，而起到抗疲劳的作用等。

4. 增强免疫活性作用

鹿茸提取物具有增强细胞免疫、促进体液免疫的功能，它可增强迟发性免疫反应，增加脾细胞中玫瑰花环细胞的数量，对细胞凝集素和红细胞溶血素的影响显著，此外，还能增加脾脏和胸腺等免疫器官的重量；同时，鹿茸多糖也有同样的作用。用鹿茸精 1mL/kg 连续腹腔注射小鼠 7d 以上，能显著增强单核巨噬细胞的吞噬能力，还能提高血清凝集效应，增加抗体形成细胞，对环磷酰胺所引起的免疫抑制有抑制作用。

5. 抗骨质疏松作用

通常将骨密度、与骨形成相关的生化指标（如骨钙素、骨碱性磷酸酶等）作为判断骨质疏松的指标。鹿茸对骨质疏松有防治作用，且功效稳定，安全性好，适合患者长期服用，鹿茸中防治骨质疏松的有效成分为鹿茸多肽、鹿茸胶原、鹿茸雌激素、鹿茸氯仿提取物等。马鹿茸多肽能通过抑制白介素-1和白介素-6的活性来降低破骨细胞的有丝分裂、骨骼的分解，增加骨细胞数量、增强骨强度、保护骨小梁结构，从而达到抑制骨质疏松的功效。

6. 其他功效

鹿茸中的次黄嘌呤还可以促进离体脂肪的分解，鹿茸中的多肽能促进神经的再生和愈合。鹿茸能促进神经-肌肉系统的功能改善和副交感神经末梢的紧张，对神经紧张、神经衰弱的人有镇静和强壮神经的作用。鹿茸中还有许多保湿剂，如透明质酸，具有优越的保湿能力并有一定的生物调节能力，可以使皮肤组织水分始终保持在最佳的水平。鹿茸角脂类提取液和水提取液能保护动物对抗结肠癌，鹿茸提取物有抗肉瘤 S_{180} 的作用，鹿茸神经节甙酯能增强学习记忆能力，鹿茸多糖有预防胃溃疡的作用，鹿茸多肽可以抑制各种慢性炎症，鹿茸可以促进骨髓造血，加速红细胞和血红蛋白的生成等。鹿茸对心脏、血管和心肌还有特异性作用，原因在于其可使心功能恢复常态，能增加大鼠离体心脏冠脉流量，增大心收缩幅度和减慢心率，具有强心作用；可增强大鼠的耐缺氧能力，服用大剂量的鹿茸提取液，可降低血压、减慢心率。鹿茸提取液还可以缓解心动过缓、心律不齐等，对于抗再灌注损伤有显著疗效。

（三）马鹿茸的安全性

亚急性毒性试验中，取 80 只检疫后的大鼠（体重 74~85g），按体重随机分为 4 组，每组20 只。设 3 个剂量组（0.825g/kg 体重、1.65g/kg 体重、3.3g/kg 体重）及溶剂对照组，拌入饲料中喂养。连续喂养 30d 后结果显示，各剂量组大鼠的体重及其增重、采食量、食物利用率、脏体比与对照组比较差异均无统计学意义（$P>0.05$）。个别剂量组血生化、血常规指标与对照组比较，差异有统计学意义（$P<0.05$），但均在正常值范围内，故认为无生物学意义。其他各剂量组动物血常规、各项生化指标测定值均在正常值范围内。对受检脏器作组织病理学检查，未见特异性病变。因此，马鹿茸对大鼠机体无不良影响。

二、马 鹿 胎

马鹿胎（Red deer embryo），是雌性马鹿腹中取出的完整子宫、胎儿、胎盘和羊水的统称，包括出生后未食乳仔鹿的干燥品。主要来源有妊娠母鹿剖腹产而得，机械原因流产的胎儿，母鹿少乳、缺乳、拒哺、弃仔等原因而死亡的仔鹿。鹿胎的性状往往因怀孕天数不同而异，其中无毛成形，胎胞完好，无臭味者为上品。

鹿胎与鹿胎盘有区别，鹿胎盘是鹿胎的一部分，包裹和孕育胎儿。从功效上说，鹿胎的营养价值比鹿胎盘高。胎盘（placenta）又名"紫河车（Placenta hominis）"，为常见中药，民间常将其煮烂食之。《本草纲目》中记载：胎盘性甘温、味咸，归肺、肝、肾经，功能为补气、养血、益精，可用作滋补、养颜、强壮之药；对"疲劳、消瘦、衰弱者"有奇效，"久服者，耳聪目明，须发黑，延年益寿，有夺造化之功"。

（一）马鹿胎的化学组成

鹿胎成分复杂，富含蛋白质、氨基酸、核酸、催乳素、促性腺激素、多糖、溶菌酶、尿激酶及多种矿物质和维生素等，具有促生长、提高免疫、调经、催乳、补虚、美容养颜等多种功能。

（二）马鹿胎的生物功效

1. 临床治疗妇科疾病的作用

鹿胎中含有大量天然的雌性激素，如雌二醇等，鹿胎能显著缩短小鼠发情周期，提高受孕率，提高胎仔数，促进胚胎发育，提高母鼠的生育能力。通过检测小鼠血清中雌激素含量发现，母鼠体内雌激素含量明显增高。用鹿胎制剂治疗女性不孕症，治愈率达78%。服用鹿胎能够显著提高机体雌激素水平，直接或间接协助激发卵泡发育，提高受孕几率，为应用鹿胎治疗女性不孕症提供了理论依据。

用鹿胎八珍冲剂治疗产后、术后及化疗后身体虚弱、早衰、性功能减退等患者260例，服药2周后，畏寒、肢冷、腰膝酸软等症状消失或明显减轻，精神及体力较服药前明显改善，食欲增加，体力恢复较快；60例性功能减退及早衰患者服药两周半后，患者心悸失眠、神经症状均得到明显改善，全部患者性欲增强。用鹿胎胶囊治疗虚寒型痛经患者76例，治疗后经行腹痛、神疲乏力及带下色白等痛经症状明显改善，治疗总有效率达94.7%，效果显著。

2. 抗氧化、抗衰老作用

鹿胎盘脂质可明显抑制青年小鼠和老年小鼠脑和肝脏中单胺氧化酶 B 的活性，提高脑和肝脏中超氧化物歧化酶的活性；降低小鼠心肌组织淋巴因子的含量。鹿胎冲剂可延长雌、雄果蝇的最高寿命和平均寿命，且使雌、雄果蝇的半数死亡时间延长；并有降低雌性老年大鼠血清中过氧化脂质丙二醛、升高肝组织中超氧化物歧化酶和血清中谷胱甘肽过氧化物酶活性的作用。鹿胎盘多肽具有清除·OH、O_2^-·、H_2O_2 的能力，且随着多肽浓度的增加抗氧化作用显著增强；同时，鹿胎盘多肽对油脂具有一定的抗氧化作用，随着多肽添加量的增加，其对猪油的抗氧化作用增强，且保藏时间越长效果越显著。

3. 增强免疫活性作用

鹿胎制剂可促使老年雄性大鼠免疫器官发育，并显著提高血清球蛋白含量。观察大鼠腹腔巨噬细胞吞噬鸡红细胞的现象，发现鹿胎制剂可显著提高大鼠巨噬细胞的吞噬率和吞噬指数。鹿胎及胎盘制剂对细胞免疫有较强的免疫调节作用，尤其对非特异性免疫功能具有调节作用。

4. 抗炎、镇静作用

建立乙酸诱导的炎性疼痛小鼠模型和催产素诱导的痛经小鼠模型，分别对雌性小鼠口服高、低剂量的鹿胎和鹿胎胶囊制剂，30d 后，观察2种制剂对乙酸诱导的腹痛及催产素诱导的痛经性疼痛的子宫组织病理学变化和差异的影响。结果表明，与疼痛模型组相比，2种鹿胎制剂高剂量组和低剂量组均显著降低了乙酸诱导的炎性疼痛小鼠模型和催产素诱导的痛经小鼠模型的平均扭体次数。同一药物的高剂量组和低剂量组之间的镇痛作用也存在统计学显著性差异（$P<0.05$）。

用低温酶解法制备的鹿胎多肽，对小鼠进行灌肠试验，结果显示，灌肠小鼠比对照组小鼠更安静，并且已经通过试验证明起镇静作用的物质不是氨基酸，而是由氨基酸组成的肽类物质，因此，鹿胎盘多肽具有镇静作用。

（三）马鹿胎的安全性

采用急性毒性试验、遗传毒性试验及30d 喂养试验对鹿胎进行毒理学评价。结果显示，鹿胎急性毒性分级属于无毒级；3项遗传毒性试验结果为阴性，说明该样品对哺乳类动物体细胞染色体及生殖细胞无损伤作用；30d 喂养试验未观察到有害作用（剂量为6.679/kg，相当于人体推荐摄入量的100倍）。

三、马 鹿 骨

马鹿骨（Red deer bone），是马鹿的骨。鹿骨味甘，微热，归心、肝、肾、大肠经，没有毒性。主要具有强筋骨、补虚赢、镇惊安神、敛汗固精、止血涩肠、生肌敛疮的功效，对风湿性腰腿疼、骨质疏松、跌打损伤等有显著功效，还能用于治疗月经不调。

（一）马鹿骨的化学组成

鹿骨中含有蛋白质、骨胶原、磷脂质、软骨素、维生素、矿物质等，鹿骨的软骨中富含大量的酸性黏多糖及其衍生物。

（二）马鹿骨的生物功效

1. 治疗骨质疏松作用

鹿骨中含有丰富的活性钙离子和大量的胶原蛋白。和鹿茸胶原蛋白类似，鹿骨的胶原蛋白可以促进骨细胞的增殖。建立去卵巢大鼠骨质疏松模型，研究鹿骨胶原对骨质疏松症的影响，结果显示鹿骨胶原蛋白能显著提高骨质疏松大鼠骨密度，降低血清中碱性磷酸酶含量和增加羟脯氨酸含量，显著改善骨组织形态学参数和骨力学指标。

另外，鹿骨多肽能够抑制地塞米松诱导的糖皮质激素性骨质疏松模型大鼠钙磷代谢失衡，降低碱性磷酸酶，升高骨钙素，抑制骨吸收和促进骨形成，并且改善糖皮质激素性骨质疏松大鼠病理学改变和显微结构，对骨质疏松大鼠具有保护作用。

2. 促进创面愈合作用

鹿骨中含有硫酸软骨素，硫酸软骨素有非固醇类的止痛消炎药的作用，在减轻疼痛、抑制炎症方面有较强的作用。

将肛肠科患者 70 例，随机分组，每组 35 例，分为鹿骨粉（梅花鹿骨）组和玉红纱条组，分取术后第 3d、7d、10d、14d 四个时间点，观察比较患者术后创面疼痛的程度、创面分泌物的多少、创口愈合率等指标。玉红纱条组的患者采用玉红纱条常规换药治疗，而鹿骨粉组患者采用鹿骨粉外敷换药治疗。

试验结果证明，在治疗肛瘘术后创面愈合的综合疗效上，鹿骨粉组与玉红膏纱条组没有显著的差异性并且 14d 内对所有的患者都有效。鹿骨粉具有减轻疼痛，促使创面炎性渗出从而达到"煨脓生肌"之功效，进而加速创面的愈合，但在促使肉芽组织生长方面则不及玉红纱条。本次临床试验证实，在治疗肛瘘术后创面愈合方面鹿骨粉是安全有效的。

3. 其他功效

骨胶原对皮肤特别的好，起美容养颜、延缓衰老的作用。现代研究表明，鹿骨胶具有祛风除湿、益气补血、补肾壮阳的功能，对四肢疼痛、风湿、贫血、精髓不足、久病体弱等症临床功效较好。

（三）马鹿骨的安全性

鹿骨味甘，微热，没有毒性。

四、龟 甲

龟甲（*Testudinis Carapax et Plastrum*），为脊索动物门、爬行纲、龟鳖目、龟科动物乌龟［*Chinemys reevesii*（Gray）］的干燥背甲（又称龟上甲）及腹甲（又称龟下甲，龟板），药用历史悠久，常以龟甲饮片、醋制龟甲、龟甲胶等形式入药。始载于《神农本草经》，列为上品，其性微寒，味咸、甘，归肝、肾、心经，具有滋阴降火，益肾健骨，养血补心，固经止崩的功能。

（一）龟甲的化学组成

龟甲由上甲和下甲组成，上甲为拱形且厚，下甲扁平且薄。长期以来，大量龟上甲（背甲）被废弃。研究表明，上甲的出胶率比下甲大一倍多，二者在化学成分、药理作用及毒性上均无显著差异。龟甲的主要化学成分包括氨基酸、蛋白质、矿物质、脂肪酸、甾体等。

（二）龟甲的生物功效

1. 抑制细胞凋亡作用

龟板提取物对紫外线直接照射细胞造成的损伤模型，具有较好的抗表皮干细胞凋亡作用。同时，龟甲提取物具有抑制血清饥饿诱导 PC12 细胞凋亡的作用，其作用机制可能与激活 BMP4 信号通路表达有关。

2. 增强免疫力作用

用 20 克含有 3mg 甲状腺片和 0.02mg 血平的溶液给小鼠造模 9d，使其成为阴虚模型，同时每天喂食 0.32g/20g 龟甲水提液，观察其体重、自主活动和耐缺氧能力指标的变化，试验结束后分别计算其脏器指数。结果表明：龟甲水提液对阴虚小鼠体重减轻、自主活动减少、耐缺氧能力减弱和甲状腺、胸腺、脾脏、肾上腺的萎缩等都具有一定的抑制作用，说明龟甲具有增强免疫力的作用。

3. 促进发育作用

骨髓间充质干细胞（Mesenchymal stem cells，MSCs），是组织工程及细胞和基因治疗的重要靶细胞，可以分化为神经细胞。采用密度梯度法分离大鼠的间充质干细胞，用龟甲醇提取物分别培养试验组和损伤组，发现两组存在显著差异，且细胞修复能力与浓度成正比，说明龟甲醇提取物具有修复间充质干细胞氧化损伤的作用。另外，以脊髓损伤纯种 SD 大鼠为模型，给服龟板口服液（生药 1kg/L）4mL/d 一周时间，试验结果显示龟板口服液能促进间充质干细胞在损伤脊髓内的存活和增殖，并能增强间充质干细胞移植后分化为神经元。

进一步研究发现，龟甲可以促进间充质干细胞的增殖，从而达到促进生长发育的作用。在长时间诱导后，还可以激活间充质干细胞向神经方向或者成骨方向分化，其机制是通过上调增殖细胞核抗原（Proliferating cell nuclear antigen，PCNA）来实现的。

（三）龟甲的安全性

龟甲性微寒，味咸、甘，无毒。

五、鳖　甲

鳖甲（*Trionycis Carapax*）为脊索动物门、爬行纲、龟鳖目、鳖科动物鳖（*Trionyx sinesis* Wiegmann）的背甲，又名上甲、鳖壳、团鱼甲、甲鱼壳、鳖盖等。始载于《神农本草经》，列为上品。鳖甲味咸，性微寒，无毒，归肝、肾经，具有滋阴潜阳、软坚散结、退热除蒸之功效。

（一）鳖甲的化学组成

鳖甲是一种不完全钙化的骨质结构，主要由水（约 10%）、有机物（约 65%）和无机盐（约 24%）组成。有机物中约 90% 是胶原蛋白，还有少量非胶原蛋白、多糖、碘质和维生素 D 等，无机盐中磷酸钙类矿物占 60%~70%，最主要的是羟基磷灰石。

鳖甲含有 17 种人体所需的氨基酸。对氨基酸成分进行分析和鉴定，发现在这些氨基酸中，脯氨酸的含量最高，占氨基酸总量的 27% 左右，其次是甘氨酸，占氨基酸总量的 17% 左右，它们是鳖甲中氨基酸的特征性成分。

（二）鳖甲的生物功效

1. 对肝、肺、肾纤维化的影响

鳖甲煎剂对实验性肝纤维化有一定的治疗作用，对大鼠实验性肝纤维化具有明显的保护作用，早期应用可以预防或延缓肝纤维化的形成和发展。以鳖甲为主的中药复方制剂与秋水仙碱对大鼠肝纤维化的治疗效果进行比较，治疗组在生化、肝脏形态方面优于对照组秋水仙碱，临床观察患者的腹胀、恶心、肝区疼痛等症状得到改善，检测发现血中透明质酸、层黏蛋白含量有所下降，尿中羟脯氨酸值有一定提高，结果优于秋水仙碱对照组。

复方鳖甲软肝方可降低肺纤维化大鼠 I 型、III 型胶原，层黏连蛋白及透明质酸的含量，减轻肺组织纤维性增生，这可能是通过降低肺纤维化大鼠细胞外基质含量而发挥治疗肺纤维化作用。鳖甲煎丸能够明显上调肾间质纤维化大鼠肾脏肾上腺髓质素蛋白及 mRNA 的表达，对肾脏起到保护作用。

2. 增强免疫力作用

鳖甲多糖能显著提高小鼠空斑形成细胞的溶血能力，促进溶血素抗体生成，并增强小鼠迟发型超敏反应。鳖甲提取物能显著提高小鼠细胞免疫功能，其原因可能与鳖甲中含量丰富的锌、铁等微量元素有关。鳖甲超微细粉能提高小鼠溶血素抗体积数水平及提高小鼠巨噬细胞、吞噬细胞数量，可以确定鳖甲超微细粉具有免疫调节作用。

3. 抗肿瘤作用

鳖甲提取物对体外生长的小鼠腹水肉瘤细胞 S_{180}、小鼠肝癌细胞 H22 和小鼠肺癌细胞 Lewis 有抑制作用。另外，鳖甲中的多糖能明显抑制 S_{180} 荷瘤小鼠肿瘤的生长，100mg/kg、200mg/kg 和 400mg/kg 鳖甲多糖对 S_{180} 荷瘤小鼠都能明显抑制肿瘤生长，其作用机制可能是增强了荷瘤小鼠的非特异性免疫功能和细胞免疫功能。

人参鳖甲丸具有保护肝细胞、抗肝纤维化、抑制肝细胞异常增生的作用，并能使癌组织周围表达低下的转化生长因子-$\beta1$、转化生长因子-β II 型受体含量显著增加。鳖甲浸出液对肠癌细胞能起到抑制生长的作用，降低了肠癌细胞的代谢活性，损伤或破坏了肠细胞线粒体结构，干扰了细胞功能，影响了细胞内 ATP 的合成，当增高鳖甲浓度时，进一步破坏了细胞核，影响 DNA 的合成，从而抑制了细胞增殖。且鳖甲加 5-氟尿嘧啶联合作用后的细胞形态改变更显著，证实了鳖甲浸出液有抗肠癌作用，与 5-氟尿嘧啶联用效果更佳。

4. 预防辐射损伤的作用

鳖甲粗多糖具有良好的减轻放射损伤的作用，可增加受照小鼠的存活时间和 30d 存活率，提高不同剂量（2Gy、4Gy、6Gy）X 射线照射 24h 后小鼠的体质量、脾质量和胸腺质量，显著升高受 X 射线照射小鼠的白细胞数、脾细胞数及胸腺细胞数。试验证明预防性口服鳖甲提取物能显著提高受照小鼠免疫功能，具有抗辐射防护作用。

5. 抗疲劳的作用

鳖甲提取物不仅能够提高小鼠机体对负荷的适应性，还能显著增加小鼠乳酸脱氢酶活力，有效清除剧烈运动时机体产生的代谢产物，从而能延缓疲劳的发生，也能加速疲劳的消除。此外，高、中剂量的鳖甲提取物还能增加小鼠的耐缺氧能力。鳖甲多糖能明显提高小鼠耐缺氧能

力和耐寒能力，可延长小鼠游泳时间，有抗疲劳作用。

（三）鳖甲的安全性

鳖甲味咸，性微寒，无毒。

六、蛤　蚧

蛤蚧（Gecko），又名蛤蟹、大壁虎，为脊索动物门、爬行纲、有鳞目、壁科动物蛤蚧除去内脏的全体，是一味传统的滋补中药，主治虚痨、肺痿、喘咳、咯血、消渴、阳痿。性平、味咸、归肺、肾经；能补肺益肾、纳气定喘、助阳益精等；蛤蚧有免疫增强、雄激素样和雌激素样、解痉平喘、抗肿瘤、抗炎及抗衰老、提高机体抗应激作用等生物功效。

（一）蛤蚧的化学组成

蛤蚧含有多种游离氨基酸，其中头、体、尾所含氨基酸种类一致，含量有所差异，其中包括 7 种人体所必需的氨基酸。蛤蚧含多种磷脂成分，总磷脂含量达 1.1% 以上，且养殖蛤蚧的总磷脂含量高于野生。蛤蚧体内还含有丰富的亚油酸、亚麻酸、油酸和棕榈酸等脂肪酸成分，其中不饱和脂肪酸占 75%。

（二）蛤蚧的生物功效

1. 性激素样作用

卵巢在女性一生中扮演着非常重要的角色，卵巢衰老可引起雌激素缺乏，从而导致绝经综合征、心血管疾病、骨质疏松及糖尿病等，而卵巢衰老机制尚未阐明，其中卵子消耗学说比较得到公认，该学说认为卵泡消耗殆尽是卵巢衰老的原因。卵泡颗粒细胞凋亡是卵泡闭锁的原因，如能减少颗粒细胞的凋亡，抑制卵泡闭锁，从而有可能延缓卵巢的衰老。

研究显示，蛤蚧乙醇提取液能有效抑制大鼠卵巢颗粒细胞的凋亡，进而改善大鼠卵巢功能，并可能由此延缓大鼠卵巢的衰老。作用机制：蛤蚧乙醇提取液能显著提高胰岛素样生长因子-1 在不同月龄大鼠卵巢中的表达，从而促进卵泡发育，并且有可能通过胰岛素样生长因子-1 抑制颗粒细胞凋亡而减少卵泡的闭锁，由此延缓大鼠卵巢的衰老；同时，蛤蚧乙醇提取液能显著提高抑制素 A 在不同月龄大鼠卵巢中的表达，改善大鼠卵巢的功能，促进优势卵泡和黄体的发育。

如表 12-1 所示，其中 B~F 组的大鼠在戊巴比妥钠麻醉下进行双侧睾丸切除术，术后 72h 后分组给药，每日 1 次，连续 20d。A 和 B 均给以等量体积，C 组为皮下注射给药，其余各组均灌胃给药，最后一次给药 24h 后在大鼠阴茎部位用 SD-4 型药理生理多用仪给予 4mA 的局部电刺激，记录动物勃起潜伏期。由此表可以得出，蛤蚧不同部位的提取物都能够提高去势大鼠阴茎对电刺激的兴奋性，缩短阴茎勃起潜伏期，特别是尾部组与模型组比较有显著性差异。民间常用蛤蚧用于阳痿的治疗，试验结果与本草所述"大助命门相火"不谋而合。

表 12-1　　蛤蚧醇提物对去势大鼠阴茎勃起潜伏期的影响（$x \pm s$, $n=8$）

组别	剂量/（g/kg）	阴茎勃起潜伏期/s
正常对照组 A	—	18.7±9.2
模型组 B	—	32.5±17.4
丙酸睾丸素组 C	0.002	19.0±6.4**

续表

组别	剂量/（g/kg）	阴茎勃起潜伏期/s
头部组 D	3	29.5±13.8
体部组 E	3	25.3±5.9*
尾部组 F	3	21.3±11.5**

注：与模型组比较，*P<0.05，**P<0.01。

2. 治疗哮喘作用

建立以卵清蛋白致敏方法的 BALB/c 小鼠过敏性哮喘模型，给予蛤蚧粉干预治疗。观察肺组织病理变化，肺组织炎症改变不明显；嗜酸性粒细胞占白细胞总数百分比以及 IgE 水平显著低于试验对照组，这说明蛤蚧可能通过改善气道炎性反应，对哮喘具有较好的治疗作用。另有研究，蛤蚧通过双向调节 Th1/Th2 失衡，从而抑制哮喘气道炎症，蛤蚧在下调白介素-4、白介素-5 水平与上调 γ 干扰素水平方面分别为地塞米松的 0.30、0.34 及 0.07 倍。

3. 抗肿瘤作用

肿瘤免疫逃逸是决定肿瘤生长、进展和转移的主要生物机制。蛤蚧能升高脾脏指数、胸腺指数，并促进荷瘤鼠脾淋巴细胞增殖，具有提高机体免疫应答的能力，进而调控肿瘤免疫逃逸，抑制肿瘤生长。此外，蛤蚧对 S_{180} 荷瘤小鼠 Th1/Th2 细胞因子免疫失衡亦有影响，它能增加荷瘤动物 Th1 类细胞因子 γ 干扰素、白介素-2 的含量，减少 Th2 类细胞因子白介素-4、白介素-10 的含量。γ 干扰素/白介素-4、白介素-2/白介素-4 比值升高，说明蛤蚧可在一定程度上纠正荷瘤机体的 Th1/Th2 失衡，维持 Th1 的优势状态，促进 Th2/Th1 型偏移，具有免疫增强作用。

蛤蚧肽可显著提升 S_{180} 荷瘤小鼠的腹腔巨噬细胞杀瘤活性及 Hepa1-6 荷瘤小鼠腹腔巨噬细胞吞噬功能，可提升两种小鼠脾淋巴细胞增殖功能、自然杀伤细胞活性。对环磷酰胺所致小鼠免疫功能低下具有明显的改善作用，并能提高抑瘤率，说明蛤蚧肽对肿瘤及化疗药物造成的免疫功能抑制有调节作用，通过此途径达到协同化疗药物抗肿瘤效果。另有研究显示，蛤蚧蛋白对 HepG2 细胞具有抑制作用，它是通过调高细胞凋亡促进基因 mRNA 的表达发挥促细胞凋亡作用，从而达到治疗肝癌的目的。

4. 其他功效

蛤蚧对骨质疏松症也有一定的治疗作用。蛤蚧乙醇提取液可以促进转化生长因子-β1 的产生，阻止骨髓基质中破骨细胞的生成，减少骨质丢失，为蛤蚧防治绝经后骨质疏松的研究提供理论依据。蛤蚧能有效改善非酒精性脂肪肝小鼠的肝功能，减轻炎性反应，保肝效果良好。

（三）蛤蚧的安全性

急性毒性试验证明，蛤蚧无毒，包括头部在内的各部分均未见明显毒副反应。

七、珍　珠

珍珠（*Margarita*）为珍珠贝壳动物合浦珠母贝、珠母贝或蚌科动物如三角帆蚌、褶纹冠蚌及背角元齿蚌等贝壳中外套膜受刺激后，珍珠囊细胞分泌出物质经积累和包裹形成的产物。珍珠味甘、咸，性寒，归心、肝经，具有安神定惊、清热堕痰、明目消翳和解毒生肌等功效，还有增白祛斑、提高免疫能力、补钙等功效。

（一）珍珠的化学组成

珍珠由约 95% 的碳酸钙和约 5% 的壳角蛋白组成，此外，还含有多种矿物质。角壳蛋白作为"黏结剂"主要分布在碳酸钙间隙处，碳酸钙主要以文石型形式存在。壳角蛋白含有多种氨基酸，以丙氨酸和甘氨酸的含量较高，其次为天冬氨酸、亮氨酸和精氨酸等。珍珠中除了含卟啉以外，还有金属离子与卟啉结合生成的络合物金属卟啉。

（二）珍珠的生物功效

1. 增强免疫力作用

当水溶性珍珠粉剂量为 75mg/kg、150mg/kg 和 450mg/kg 时，均可增强 2,4-二硝基氟苯引起的小鼠迟发型变态反应、增强小鼠产生血清溶血素的能力以及增强小鼠自然杀伤细胞活性的作用；在 150mg/kg 和 450mg/kg 剂量时，具有增强小鼠淋巴细胞增殖能力、增强小鼠产生抗体生成细胞的能力、增强小鼠碳粒廓清能力以及增强小鼠腹腔巨噬细胞吞噬能力的作用。另外，珍珠粉还能明显地提高大鼠外周血 T 细胞的比值、增强外周血中性粒细胞的吞噬功能及提高脾脏抗体形成细胞的比值，从而具有一定的免疫增强作用。

2. 抗氧化作用

三角帆蚌珍珠中提取的总卟啉成分及其分离后的产物可以抑制自由基反应，具有清除体内的过氧根离子的作用。另外，珍珠水解液具有显著的抗炎、抗晶体氧化作用。它能显著抑制试验引起的小鼠耳廓肿胀和大鼠足跖肿胀、增高毛细血管通透性，明显提高小鼠晶体超氧化物歧化酶活性和降低过氧化产物（丙二醛）水平；具有保护大鼠晶体内水溶性蛋白、超氧化物歧化酶和还原型谷胱甘肽的能力，能抑制脂质过氧化和清除活性氧自由基。

3. 明目作用

珍珠因产地不同，珠贝不同，其水解液中氨基酸含量、含氮量，以及金属微量元素等会有一定的差别，因此，以其为原料制得的相关临床药剂会有不同的功效。据文献记载，海水珍珠长于明目，淡水珍珠优于抗胃部及皮肤的溃疡。水解珍珠滴眼液含氨基酸、牛磺酸、微量元素，以及对眼睛生理起到重要作用的锌、硒、铜、铬等，对调节人体眼球微量元素、改善视力疲劳、治疗慢性结膜炎和早期白内障等均有一定的功效。

珍珠水解液能疏通微循环，增加兔眼球结膜的毛细血管交点数，增加血流速度，改善试验所致的兔眼球结膜微循环障碍和阻止微循环障碍的形成。珍珠水解液滴眼能较弱的扩张兔眼瞳孔，直接松弛大鼠离体胃肌条，并能够拮抗乙酰胆碱兴奋胃肌条，为临床治疗视力疲劳症提供了一定的试验依据。

4. 美容作用

《本草纲目》记载："珍珠涂面，令人润泽好颜色，涂手足，去皮肤逆胪。"珍珠的主要成分是碳酸钙及壳角蛋白，含有近 20 种氨基酸和 20 余种微量元素。这些成分大多对皮肤具有保健功能。

5. 补钙作用

珍珠中纯钙含量在 38%~40%，是葡萄糖酸钙的 4 倍。

（三）珍珠的安全性

慢性毒性研究显示，合浦珍珠水解液具有良好的细胞相容性，其对试验动物无明显毒性。

八、蜂　　胶

蜂胶（*Propolis*）是蜜蜂从植物嫩芽和树枝干上采集的树胶和树脂，混入其上颚腺的分泌物而形成的具有芳香气味的一种天然黏性物质，常温下为不透明、不规则的胶状固体，性寒，味苦、辛。

（一）蜂胶的化学组成

蜂胶是一种天然活性物质，成分复杂。从总体上看，蜂胶含有约 50% 的树脂和植物香脂、30% 的蜂蜡、10% 的挥发油和香精油、5% 的花粉、5% 的其他物质（包括有机酸、脂肪酸、氨基酸、矿物质、维生素、植物杀菌素和酶等）。

（二）蜂胶的生物功效

1. 增强免疫力作用

蜂胶乙醇提取液能够改善氢化考地松所致免疫功能低下小鼠模型小鼠的体液免疫功能，增强抗体细胞的功能活性，提高溶血素的含量，并使之恢复正常。另外，给大鼠灌服蜂胶可以增强大鼠的机体免疫力，预防铁-氨基三醋酸酯诱发的小鼠支气管和细支气管腺瘤的恶性转化。此外，利用单克隆抗体技术对免疫功能低下小鼠细胞进行免疫功能检测，证明蜂胶具有免疫刺激和免疫调节作用。

2. 抗肿瘤作用

用不同浓度的蜂胶丙二醇溶液对 S_{180}、艾氏腹水癌细胞进行体外培养，结果显示 S_{180} 和艾氏腹水癌细胞的生长均受到明显的抑制。此外，蜂胶对结肠腺瘤 HT29 细胞、人黑色素瘤 HO1 细胞、恶性胶质瘤 GBM18 细胞等的生长和增殖都有抑制作用。

3. 抗菌作用

蜂胶中含有的大量黄酮类、萜烯类、芳香酸及脂肪酸化合物，具有广谱抗菌的作用，其中高良姜素、松针素和乔松素被确认是对细菌作用最强的黄酮类物质，阿魏酸和咖啡酸也是蜂胶中具有抗菌作用的成分。

将 10% 蜂胶乙醇溶液按 1:6 加水稀释后，对布片上的大肠杆菌和金黄色葡萄球菌作用 15min，其杀灭率均为 100%；按 1:2 加水的稀释液对布片的上白色念珠菌作用 20min，杀灭率为 99.96%~99.98%。用蜂胶抽提物对各种食品污染菌最低抑菌浓度进行测定。结果表明，蜂胶对各种供试常规污染菌均有较强抑制作用，除对大肠杆菌的最低抑菌浓度大于 1000mg/kg、小于 2000mg/kg 外，对其余污染菌的最低抑菌浓度均小于 1000mg/kg，尤其是对金黄色葡萄球菌、枯草杆菌和柠檬色葡萄球菌，最低抑菌浓度均小于 250mg/kg，另外对霉菌中的黑根霉和状毛霉均有较强的抑制作用。

4. 抗病毒作用

蜂胶提取物具有很强的抗病毒活性，体外试验研究蜂胶对 1 型单纯疱疹病毒、2 型单纯疱疹病毒、腺病毒 2 型、泡状口炎病毒、脊髓灰质炎病毒 II 型 5 种病毒 DNA 和 RNA 的作用，发现蜂胶能抑制溶酶体 H^+-ATP 酶和磷酸酯酶 A_2 的脱壳作用，影响病毒转移基因的磷酸化，从而能抑制病毒 DNA 和 RNA 的合成。

5. 降血糖和降血脂作用

蜂胶中的黄酮类化合物（如杨梅素、槲皮素、茴香苷等）可以明显抑制小鼠小肠内 α-葡萄糖苷酶的活性，从而能延缓碳水化合物的消化，延缓双糖、低聚糖、多糖的吸收，延迟并减少餐后血糖的升高。另外，蜂胶黄酮类化合物还能促进外源性葡萄糖合成肝糖原，并且具有双向调节血糖的作用。同时，通过抑制醛糖还原酶的活性，抑制葡萄糖转化为山梨醇这一过程，而这一过程的增加是产生各种糖尿病慢性并发症的主要机制之一。

蜂胶中的黄酮类化合物（如芦丁、槲皮素、异鼠李素、花青素、大豆异黄酮等）对降血脂具有很好的作用。它能与胆固醇或其转化物胆酸结合，抑制这些物质在肠内的吸收，促进其降解和排泄；还能增强毛细血管壁的弹性和抵抗力、保护毛细血管的坚韧性和预防脑溢血等。

6. 促进组织修复和再生作用

用4%的蜂胶乙醇提取液和其他常规治疗药物每日涂两组家犬2cm的创面各一次，蜂胶乙醇提取液组4~5d创面明显缩小，6~9d痊愈，而常规药物组却要慢3~5d。另外，蜂胶制剂用于治疗各种创伤和深度烧伤时效果显著，对骨、软骨和牙齿损伤等也有极好的促进作用。

7. 其他功效

蜂胶醇提取物可以降低对咽部癌症辐射引起的副作用，用于接受放疗的患者，以减少肿瘤转移和复发的可能性；蜂胶水提取物对 γ-射线诱导的癌变反应具有保护作用；蜂胶通过增强肝组织清除氧自由基的能力、降低肝组织脂质过氧化反应，从而可以预防慢性酒精性肝损伤；蜂胶对氧化铝诱导的肝毒性具有对抗作用；蜂胶还具有抗炎镇痛、抗疲劳、解痉挛、抗溃疡、局部麻醉和美容等作用。

（三）蜂胶的安全性

蜂胶性寒，味苦、辛。脾胃虚寒、体质寒凉的人应忌用。

九、石 决 明

石决明（*Haliotis discus hannai*）为鲍科（Haliotidae）动物杂色鲍（光底石决明）、皱纹盘鲍（毛底石决明）、羊鲍、澳洲鲍、耳鲍或白鲍的贝壳。石决明性寒、味咸，归肝经。具有平肝潜阳、清肝明目、制酸止痛的功效。此外，还有解痉、抗缺氧等作用。

（一）石决明的化学组成

石决明含碳酸钙90%以上，有机质约3.67%。在目前的动物药材和矿物药材中，石决明含有大量的且极易被人体吸收的二氧化硅。研究表明石决明中还含有多种氨基酸，石决明中的角质蛋白，经盐水水解得到16种氨基酸。

（二）石决明的生物功效

1. 明目作用

建立亚硒酸钠性白内障大鼠模型，观察决明退障丸（由石决明、决明子、枸杞、当归、菟丝子、沙苑子、海藻等十余味中药组成）治疗和预防亚硒酸钠对晶状体的氧化损伤作用，结果表明决明退障丸治疗组用药后晶状体混浊程度较模型对照组均降低，并且在预实验中观察到低、中、高剂量决明退障丸均可使白内障大鼠模型眼球晶状体混浊程度降低，高剂量组作用最强。因此，决明退障丸可以有效地阻止和延缓硒性白内障晶状体组织混浊变性的发生和发展，预防和治疗白内障。

2. 抗菌作用

石决明提取物对金黄色葡萄球菌、枯草芽孢杆菌、大肠杆菌、四联小球菌、卡氏酵母和酿酒酵母有显著抑菌作用。运用平皿挖洞灌药法和对绿脓杆菌最低抑菌浓度的测定法两种方法，研究石决明提取物的抗菌作用。前者结果表明，石决明对绿脓杆菌抑菌作用较强，对金黄色葡萄球菌、大肠杆菌等其他细菌的抑菌作用不明显。后者结果表明，对绿脓杆菌具有抑菌作用，并得到最低抑菌浓度为1.25mg/mL。

3. 治疗皮肤溃疡作用

采用传统维氏油湿和石决明粉覆皮肤创面，两者均接受常规换药。传统治疗组患者的平均愈合时间为（35.33±8.23）d，而石决明治疗组为（21.52±7.55）d。临床应用表明，采用石决明治疗局部皮肤破损，其可以有效地促进止血，改善创面血运，消除局部炎症，显著促进肉芽组织生长，是民间常用的止血良药，无任何副作用。

4. 降血压作用

石决明具有降血压作用，通过石决明给药，观察其对正常麻醉大鼠血压和清醒自发性高血压大鼠血压的影响和降压效果，结果显示两种动物给药后血压均迅速下降，具有明显的降压效果，停药后血压恢复正常。由此可见，杂色鲍的贝壳在中医临床上应用几千年治疗高血压引起的头昏眩晕等症是比较科学的。石决明对长期紧张引发的高血压效果更佳。

5. 中和胃酸

石决明中含有大量的碳酸钙，其是中和胃酸的有效成分，可以减少胃酸的含量。试验证明，1g 石决明粉能够中和浓度为 0.1mmol/L 的人工胃酸 166～168mL，因此，石决明提取物对于治疗胃溃疡、胃炎等胃酸过多的患者，具有显著的效果。

6. 其他功效

石决明具有明显的耐缺氧作用，它可增加离体小鼠肺的灌流量，扩张气管和支气管平滑肌。石决明中钙含量较高，也能够影响血清 Ca^{2+} 浓度及钙通道。用天麻钩藤饮、天麻钩藤饮去石决明以及石决明水煎液灌胃治疗自发性高血压雄性大鼠，治疗前后测血清钙的浓度。结果显示，石决明组血清有阻滞血管平滑肌细胞 L 型电压依赖性钙通道内流的趋势。

（三）石决明的安全性

石决明性寒、味咸，归肝经。脾胃虚寒、体质寒凉的人应忌用。

第三节　海洋动物活性物质

海洋动物具有许多活性成分和生物功效，是陆生动物难以比拟的。如何充分利用这些活性物质，制成风味独特、功效显著的功能性食品，是一个值得研究的课题。海洋动物一般都含有丰富的蛋白质、活性肽氨基酸、多不饱和脂肪酸、磷脂、活性多糖、维生素、矿物质等多种活性成分，多数具有提高免疫力、抗肿瘤、抗疲劳等生物功效。

1. 鲨鱼

鲨鱼（Shark），又名鲛鱼、鲛鲨、沙鱼、鳍鱼等。鲨鱼具有天然的抗肿瘤免疫力，鲨鱼肝中还含有角鲨烯（六甲基二十四碳六烯），它是一种毒性非常低的阻止癌细胞转移剂，抗癌效果显著，并无副作用。它可有效地防治高脂血症和心血管疾病。

鲨鱼软骨能增强免疫力。鲨鱼软骨中含有多种抗肿瘤活性成分，在抑制内皮细胞生长与新生血管生成方面发挥着重要作用。具有明显的降血脂作用。鲨鱼软骨水溶性成分还具有抗炎作用，另外，鲨鱼软骨粉有明显的减虫、减卵作用。

2. 鱼翅

鱼翅可以增强细胞免疫功能，也具有抗肿瘤的功效。鱼翅中含有硫酸软骨素，它是一种天然酸性黏多糖，具有促进血液循环、抗凝血、降血脂、防止血管硬化、抗肿瘤、抗氧化、抗炎以及保持皮肤水分和促进皮肤营养吸收等多种功效。酸性黏多糖在一定程度上还可以抑制水肿、抗肉芽肿、解热和镇痛。

3. 鱼鳔（鱼鳔胶）

鱼鳔（Swim bladder），又名鱼白、鱼肚、鱼胶、花胶、白鳔、鱼泡等。鱼鳔可以免疫增强作用。对癌细胞生长有抑制作用，对体外胃癌细胞有一定抗抑活性。目前还发现鱼鳔有促进精囊分泌果糖、为精子提供能量的作用。此外，鱼鳔多糖能有效地预防体内结肠癌的发生，大黄鱼鳔多糖还具有缓解系统性红斑狼疮症状的功效。

4. 鲍鱼

鲍鱼（Abalone）中含有抗肿瘤活性成分鲍灵（Paolins），对金黄色葡萄球菌、伤寒沙门氏菌等有显著的抑制作用，而且可杀灭结膜炎病毒，抑制脊髓灰质炎病毒和甲型流感病毒，经口摄取有效。鲍鱼多糖也具有一定的抗肿瘤活性。

5. 墨鱼（乌贼）

墨鱼（Cuttlefish）中含有乌贼墨多糖，通过硫酸酯化修饰后，乌贼墨多糖不仅可以通过诱导细胞凋亡抑制肿瘤的生长，还能够调节细胞黏附因子的表达、抑制乙酰肝素酶的活性从而抑制肿瘤细胞的黏附和迁移，还可以抑制肿瘤新生血管的生成，从多个途径达到了抑制肿瘤的效果。乌贼还可以用于止血、活血化瘀、调经带、治疗耳聋等。

6. 海螵蛸（乌贼骨）

海螵蛸（Sepiae Endoconcha）具有抗溃疡作用。海螵蛸还具有各种收敛作用，可治多种内外出血，对胃溃疡、十二指肠溃疡及部分慢性胃炎等有效，临床可用于皮肤溃疡、褥疮等的治疗。乌贼骨有一定抗辐射作用。海螵蛸还能抑制肿瘤细胞的生长，促进实验性动物骨缺损修复。

7. 章鱼

章鱼（Octopus），章鱼多糖和糖蛋白能够促进小鼠脾细胞增殖，增强免疫抑制小鼠的非特异性免疫功能，具有免疫调节的作用。从湛江产短蛸的肌肉、消化腺和生殖腺中提取到氨基多糖，该氨基多糖具有促进小鼠巨噬细胞吞噬作用、提高脾脏指数和自由基清除活性的作用。

8. 鱿鱼

鱿鱼（Teuthida），鱿鱼精巢组织的粗提物冷冻干燥品，具有抗疲劳、抗氧化以及免疫调节的作用。鱿鱼中还含有活性多糖，具有抗肿瘤、增强免疫力、抗溃疡等功效。鱿鱼墨囊能够抗肿瘤、止血、抗溃疡。鱿鱼骨可以提取得到鱿鱼软骨聚糖 β-甲壳素，能很好地抑制大肠杆菌、金黄色葡萄球菌、啤酒酵母、黑曲霉的生长。

9. 甲鱼（鳖）

鳖（Pelodiscus sinensis），鳖素有滋阴潜阳、补肝凉血、补肾健胃、清虚劳之热的功能，对体质虚弱、肝炎、肺结核、贫血、慢性痢疾、痔疮、脱肛、子宫出血等疾病有一定的功效。鳖还具有消除肝内炎症，平抑肝功能异常亢进，滋养肝胃，解除体内异常邪热的作用；对体内结节、包块及痼疾有软化发散作用；对失眠、焦虑有镇静作用；可促进细胞的形成，改善血液循环；对脓肿及溃疡有促进愈合的作用。

10. 海参

海参（Sea cucumber），海参毒素具有抗微生物功效，在 $6.25\sim25\mu g/100mL$ 浓度时就能抑制多种霉菌生长。海参中还可提取结构类似皂角苷的毒素，对于中风的痉挛性麻痹有效。海参所含的酸性黏多糖具有广谱的抗肿瘤作用。动黏多糖还具有防治急性放射性损伤和促进实验动物造血功能的恢复作用。因此，海参具有抗肿瘤、抗辐射、提高白细胞的吞噬活性等主要功能。

11. 海龙

海龙（*Syngnathus*），具有增强免疫功能、抗肿瘤、性激素样、抗疲劳作用。复方中药制剂"深海龙"对人体有氧功能和无氧功能具有明显的促进作用，可以加快大强度运动后疲劳的恢复，有很强的抗疲劳作用。海龙有很强的兴奋作用，可用于老年人及虚劳者的精神倦怠、疲惫的治疗，对于男子气虚阳痿、妇女血亏经痛及各种腰背酸痛、头脑贫血等均有显效，对乳腺癌、肾肿瘤、神经性失眠、哮喘、外伤出血、疗疮肿毒、各种炎症疼痛、跌倒昏迷等也有一定功效。此外，还具有活血祛瘀、消炎止痛等作用。

12. 海月

海月（*Placuna Placenta*），归脾、胃经，具有消食化痰、调中利隔的作用，用于治疗痰结食积、黄疸等。海月的肉健胃助消化，对小便淋沥、皮肤瘙痒和糖尿病等有效，而其壳对膀胱癌、小儿疳积、消化不良、小儿麻疹和湿疹等有功效。

13. 海马

海马（*Hippocampus*），具有增强免疫功能、抗肿瘤、性激素样作用。海马还具有抗血栓、镇静、延长耐缺氧和耐氧时间等作用。

14. 海蚌

海蚌（*Mactra antiquata*），学名"西施舌"（*Coelomactra antiquata*），具有降血糖和降血脂作用、抗肿瘤作用。

15. 中国鲎

鲎（*Limulus*），从中国鲎（*Tachypleus tridentatus*）血细胞碎屑里分离出的鲎素（Tachyplesin）有很强的抗菌活性。鲎素还具有抗凝血作用，对真菌、甲型流感病毒、口腔疱疹病毒、人类免疫缺陷病毒均有抗性。鲎素能有效抑制人胃腺癌 BGC823 细胞碱性磷酸酶和乳酸脱氢酶的活性，改变胃腺癌细胞代谢标志酶特征，从而对胃腺癌细胞的增殖活动具有显著的抑制作用。鲎素还能诱导 HL60 细胞凋亡时线粒体膜电位的变化，诱导 HL60 细胞凋亡；抑制人肝癌 SMMC7721 细胞增殖，改变人肝癌细胞代谢相关酶活性和肿瘤相关抗原表达，逆转人肝癌细胞的恶性形态与超微结构特征，改变人肝癌细胞骨架与核骨架的构型特征，并将肝癌细胞停滞于 G_0/G_1 期，从而对人肝癌细胞具有显著的诱导分化作用；影响多种肿瘤细胞的生长。

第四节　水产动物活性物质

本节讨论的水产动物物品包括蛏子、河蚬、蛤蜊、田螺、贻贝、扇贝、水蛭、泥鳅、银鱼、鲫鱼、鱼唇、黄鳝、虾、蟹（海蟹、河蟹）14 种，大多是人们经常食用的动物原料，具有提高免疫力、抗肿瘤、抗疲劳、降脂降压等生物功效。

1. 蛏子

蛏子（*Sinonovacula constricta*）具有杀菌抑菌、抗疲劳、抗肿瘤、抗辐射损伤修复作用。

2. 河蚬

河蚬（*Corbicula fluminea*）具有解酒护肝、增强免疫、抗肿瘤、降血压、改善脂代谢作用。

3. 蛤蜊

蛤蜊（*Mactra quadrangularis* Deshayes）具有抗氧化和抗肿瘤、抗凝血和抗血栓、抗菌作用。

4. 田螺

田螺（*Cipangopaludina Chinensis* Gray），中医认为，田螺肉味甘、性寒、无毒，可入药，具有清热、明目、利尿、通淋等功效，主治尿赤热痛、尿闭、痔疮、黄疸等。田螺壳入药，有散结、敛疮、止痛等功效，主治湿疹、胃痛及小儿惊风等。

5. 贻贝

贻贝（*Mytilns edulis*）具有提高免疫力和抗肿瘤、降血脂、降血压及抗凝血和抗血栓作用，能抑制哮喘发生途径起到治疗哮喘的作用。贻贝多肽还具有明显的抗关节炎作用。贻贝提取物可改善自发的或催产素诱导的子宫收缩并且减轻痛经，说明其具有子宫松弛剂活性。

6. 扇贝

扇贝（*Pectinidae*）具有提高免疫力和抗肿瘤、抗菌抗病毒、降脂降压作用。

7. 水蛭

水蛭（*Hirudo*）具有抗凝血、抗血栓、抗肿瘤、抗纤维化、抗细胞凋亡、抗炎作用。水蛭还具有抗神经损伤、预防急性心肌损伤、有效治疗不稳定性心绞痛、治疗脑出血脑水肿的作用，还能促进骨愈合、治疗子宫内膜异位症、治疗精子不液化症、抗早孕等。

8. 泥鳅

泥鳅（*Misgurnus anguillicaudatus*）具有提高免疫力和抗疲劳、抗菌、降糖降脂、降血压、保护肝损伤作用。

9. 银鱼

银鱼（*Hemisalanx prognathus* Regan），《食物本草》记载，银鱼具有利尿、润肺、止咳等功能，可治脾胃虚弱、肺虚咳嗽、体虚水肿、消化不良及小儿疳积，尤其是患肺结核病患者的食物佳品。在我国古代，银鱼被定为贡品，享有"水中人参"的美誉。银鱼营养完全，有利于增进人体免疫功能。

10. 鲫鱼

鲫鱼（*Carassius auratus*）具有抗菌、减肥、改善骨细胞作用。

11. 鱼唇

鱼唇（Shark lip），《本草拾遗》记载其有"补虚下气"的功用。具有补虚损、益精气、润肺补肾的功效。鱼皮含丰富的胶原蛋白，能增强细胞生理代谢、防治皮肤干瘪起皱、增强皮肤弹性和韧性，对延缓皮肤衰老和促进儿童生长发育也有一定的作用。

12. 黄鳝

黄鳝（*Monopterus albus*），具有抗菌、降血糖作用。从黄鳝中分离出的"黄鳝鱼素"，有清热解毒、凉血止痛、祛风消肿、润肠止血等功效，能显著降低血糖和恢复正常调节血糖生理机能的作用，有类似胰岛素的功效，对痔疮、糖尿病有较好的治疗作用。

13. 虾

虾壳中含有的色素主要为虾青素（Astaxanthin），能刺激体内免疫球蛋白的产生，改善机体免疫器官功能，调节机体免疫系统，提升机体免疫能力。天然虾青素具有抑癌、抗癌作用。虾青素还能预防心血管疾病。以虾壳和虾头蛋白为原料水解制得的虾壳肽，具有显著的血管紧张素转化酶抑制效果。对金黄色葡萄球菌有很好的抑菌效果，对大肠杆菌也有抑制效果。

14. 蟹（海蟹、河蟹）

蟹（Crab），蟹壳中含有丰富的虾青素，具有抗疲劳、抗衰老、抗肿瘤、预防心血管疾病、提高免疫力等诸多生物功效。蟹壳中含有甲壳素，经浓碱处理可以制成壳聚糖，壳聚糖具有调节机体免疫力、强化肝脏功能、排出体内有毒物质、延缓衰老等多种功能。蟹性寒，脾胃虚寒者慎食。

第五节　畜类动物活性物质

本节讨论畜类动物物品共 28 种，涉及鹿、驴、马、兔、狗、牛、羊、猪、骆驼、刺猬 10 种动物。他们大多是人们经常食用的动物原料，具有高蛋白营养价值，还具有提高免疫力、抗肿瘤、抗疲劳、降脂降压等生物功效。

1. 鹿肉（马鹿、梅花鹿）

鹿肉（Venison）的主要功能为补脾胃、益气血，助肾阳、填精髓、暖腰脊、补五脏、调血脉。不同部位鹿肉也分别有着不同的功能效用：鹿头肉的主要功能为补益精气，用于治疗消渴、虚劳、夜梦等症；鹿蹄肉具有治脚膝骨疼痛、不能践地的功效。现代一些中药也有与鹿肉配伍，如全鹿大补丸、龟鹿补丸、鹿丽素、鹿胎丸等。

2. 鹿筋

鹿筋有壮筋骨、补肾阳、续绝伤、养血通络、生精益髓、祛湿止痛的功效，可以治疗劳损过度、风湿关节痛、腰脊疼痛、子宫寒冷、阳痿、遗精等。具有抗炎、镇痛作用、免疫调节作用。

3. 鹿尾

鹿尾（Deer tail）具有性激素样作用、壮肾阳和益精血作用、护肝作用以及抗衰老和疲劳作用；鹿尾可以益肾填精，改善睡眠；能够增强人体免疫调节功能，具有抗衰老、抗疲劳等功效；能有效治疗神经衰弱，多种妇科疾病等疑难杂症，对增强人体健康具有非常重要的意义。

4. 鹿鞭

鹿鞭（*Penis et Testis Cervi*）具有"补肾精，壮肾阳，益精血，强腰膝"的功效，主治肾虚劳损、腰膝酸痛、耳聋耳鸣、阳痿、遗精、早泄、宫冷不孕、乳汁不足、带下清稀等症。具有增强免疫力、促创伤愈合作用。

5. 鹿茸

鹿茸（Cartialgenous）具有保护心血管系统、增强免疫功能、保护神经系统、改善性功能的作用。鹿茸具有抗炎症的作用。鹿茸还具有显著降血糖和降血脂的作用、促进胶原蛋白分泌来修复皮肤等效用。此外，鹿茸具有较强的抗疲劳作用，能增强耐寒能力，加速创伤愈合和刺激肾上腺皮质功能。

6. 驴肉

中医认为，驴肉味甘，性凉，无毒，有补气养血、益精壮阳、滋阴补肾、利肺的作用，尤其对止心烦、安神清脑有独到的效果。驴肉具有高蛋白、高必需氨基酸、低脂肪、低胆固醇、高多不饱和脂肪酸、铁和维生素 A、维生素 E 含量较高等特点，因此其营养价值较其他家畜肉更具优势。

7. 驴鞭

驴鞭可用于治疗阳痿不举，筋骨酸软，肾囊现冷。驴鞭富含雄激素，具有补肾壮阳的作用，具有促进性功能、生精助育、强精益气、增强精子活力等作用。肾阳虚症状者用驴鞭进补，可以温补肾阳，减轻症状。驴鞭还可用于治疗妇女乳汁不足。

8. 骆驼蹄（骆驼掌）

骆驼掌和骆驼蹄有"补肾阳，强筋骨，美容"的功效。《随息居饮食谱》所载，能"填肾精而健腰脚，滋胃液以滑皮肤，长肌肉可愈漏疡，助血脉能充乳汁，较肉尤补。"一般多用来催乳，治疗产后气血不足，乳汁缺乏。还能用于防治皮肤干瘪起皱、增强皮肤弹性和韧性、延缓衰老、促进儿童生长发育。

9. 刺猬皮

刺猬皮（Hedgehog skin）具有活血散瘀、治胃痛、涩精缩尿、治疗遗精、治疗前列腺肥大、治疗慢性肛窦炎、治疗痔疮、治疗小面积烫伤作用。

10. 马肉

马肉有滋补肝肾、补血、补中益气、强筋健骨等功效，可用于除热、长筋骨、强腰脊、治寒热痿痹。马肉具有恢复肝脏机能作用，并有防止贫血、促进血液循环、补血及增强人体免疫力的效果。马肉有扩张血管、降低血压的作用。能促进人体的骨骼营养的吸收，强壮筋骨。

用马肉汤洗头可以治疗斑秃、预防白发，常食用马心可以防止记忆力减退和预防神经衰弱，马一般不会患结核和包虫，对结核病人有医用及补充营养的作用。

11. 兔肉

兔肉有健脑益智的功效，还可以防止老年痴呆症。常吃兔肉可强身健体，但不会增肥，是肥胖患者理想的肉食。常吃兔肉可以防止皮肤粗糙，使肌肤白嫩细腻，有美容的效果。兔肉很容易被人体消化吸收，具有养胃作用。

12. 狗肉

从新石器时代人类就开始食用狗肉，狗肉有补中益气，温肾助阳、补脾和胃的功效。狗肉对增强机体抗病力和细胞活力及器官功能有明显作用。食用狗肉可增强人的体魄，提高消化能力，促进血液循环，改善性功能。狗肉还可用于老年人的虚弱症。狗肉具有补火养血、强筋壮骨的功效。

13. 牛初乳

牛初乳（Colostrum）是母牛分娩后 7d 内特别是 3d 内所分泌的乳汁。具有增强抵抗力和免疫力、调节胃肠道、促进生长发育、调节血糖、抗炎、抗菌作用。

14. 牛黄

牛黄（*Calculus bovis*），又名犀黄、丑宝。为洞角科动物黄牛（*Bos taurus domesticus* Gmelin）胆囊中的结石。

（1）中枢神经抑制作用　培植牛黄延长了由印防己毒素或咖啡因所致的小鼠惊厥潜伏时间，加强了水合氯酸或戊巴比妥钠对于中枢神经系统的抑制作用；通过建立大鼠弥漫性脑损伤模型，发现安宫牛黄丸能够减轻大鼠脑外伤后水肿，提高记忆提取的能力、保护血脑屏障。

（2）心血管及血液系统作用　安宫牛黄丸能明显改善大鼠缺血再灌注血小板的聚集率和血液的黏稠度，并明显升高了红细胞的变形性，降低红细胞聚集。培植牛黄中含有多种活性成分，如胆酸和钙盐能兴奋心脏收缩活动，去氧胆酸、胆红素等能抑制心脏活动，胆汁磷酸钙可以扩张血管。

（3）呼吸系统的作用　体外培育牛黄可以明显改善咳嗽咳痰、咽痛、乏力等体征，配合利巴韦林治疗，能显著缩短病程。胆酸钠可以抑制喉上神经引起的反射性咳嗽，扩张支气管，拮抗支气管收缩。临床试验表明，小儿牛黄清心散能安全有效治疗小儿急性上呼吸道感染。

（4）消化系统作用　天然牛黄中胆红素、培植牛黄及低胆红素培植牛黄，均可以促进大鼠胆汁分泌，此作用与含去氧胆酸相关。用体外培育牛黄治疗慢性乙型肝炎湿热蕴结证，具有护肝、降酶、退黄等功效。牛黄水溶液还可以松弛大鼠胆道括约肌，促进胆汁的正常排泄等。

（5）增强机体免疫力、抗肿瘤作用。

（6）其他功效　如解热、镇痛、镇静、抗惊厥等。

15. 牛肉

牛肉是指脊索动物门、哺乳纲、偶蹄目、牛科、牛亚科、牛属动物牛身上的肉，牛肉富含蛋白质等营养成分，可以补气养血、滋养益胃、利水消肿、强健肌肉和筋骨。牛肉中的蛋白质含量丰富且种类较多，与人体所需的蛋白质构成相近，可为人体提供充足的能量。牛肉对增长肌肉、增强力量特别有效。

16. 牛肝

牛肝（Cow liver），牛科动物黄牛或水牛的肝。具有增强免疫力、降血脂、降低胆固醇作用。牛肝中含有丰富的维生素 A，含量远高于肉、奶、蛋、鱼等制品，常吃牛肝，对视力、皮肤均有较好的保健作用。牛肝含铁丰富，铁是产生红细胞必需的元素，可以促进产生新的红细胞，升高血色素，对恶性贫血有良好的治疗效果。

17. 牛蹄筋

牛蹄筋是牛的脚掌部位的块状的筋腱或韧带。《本草从新》记载：牛筋补肝强筋，益气力，健腰膝，长足力，续绝伤。牛蹄筋主治贫血、神经衰弱、白细胞减少、虚劳羸瘦、腰膝酸软、产后虚冷、腹痛寒疝、中虚反胃等症状。经常食用牛蹄筋能增强细胞的生物代谢，使皮肤更富有弹性和韧性，延缓皮肤的衰老。牛蹄筋味甘，性温，入脾、肾经，有益气补虚，温中暖中的作用。

18. 牛鞭

牛鞭（Bull penis），又名牛冲，是牛科动物黄牛（*Bostaurus domesticus* Gmelin）或水牛（*Bubalus bubalis* L.）的干燥阴茎和睾丸。牛鞭具有促进性功能、生精助育、强精益气、增强精子活力等作用，对于因阳虚导致的阳痿、腰痛、小便数频等具有重要的作用。牛鞭具有强筋通络的作用，可以消除疲劳和调理腰膝酸软。还具有补益气血的作用，对于女性气色、脸色、手脚冰冷具有一定的缓解作用。

19. 羊肉

羊肉（Mutton）是哺乳纲、偶蹄目、牛科、羊亚科、山羊属或盘羊属动物山羊或绵羊身上的肉，性温热、味甘、无毒。

《本草纲目》中记载，羊肉有安中益气、补肾填精、温养脾胃的作用。在民间把羊肉和煮汤作为治疗肾虚劳损、腰膝酸软、耳聋、消渴、阳痿，常视作秘精补血的滋补食品。

羊肉可保护胃壁，增加消化酶的分泌，帮助消化。羊肉有益血、补肝、明目的功效，治疗产后贫血、肺结核、夜盲、白内障、青光眼等症有很好的效果。羊肉汤中铁、磷等物质含量非常高，适于各类贫血者服用。妇女、老人气血不足、身体瘦弱、病后体虚等，可以多吃羊肉汤，滋养气血、补元阳、益气、疗虚安神、健脾胃、健体魄，羊肉还可用于治疗脾胃虚寒所致的反胃、身体瘦弱、畏寒等症。

20. 羊肝

羊肝为牛科动物羊的肝脏。羊肝的生物功效主要有以下几个方面。

（1）增强免疫力作用　羊肝中富含的维生素 E 和硒元素可以增强人体免疫力、抑制肿瘤细胞的产生，也可防治急性传染性肝炎。用碱性蛋白酶酶解羊肝，并用超滤膜组件对羊肝蛋白多肽进行超滤分离，根据相对分子质量分为 SLP-Ⅰ（<3000）、SLP-Ⅱ（3000～10000）、SLP-Ⅲ（>10000）三种组分，均含有 17 种氨基酸，各组分多肽都具有一定的抗氧化能力和对 DNA 损伤保护作用的能力。

（2）补血、抗贫血作用　羊肝含铁丰富（7.5mg/100g），铁是产生红细胞必需的元素，可以促进产生新的红细胞，升高血色素，对恶性贫血有良好的治疗效果。铁也是构成血红蛋白的主要成分，可以为骨髓和肝脏提供足够的造血原材料。

（3）保护视力作用　羊肝中维生素 A 含量达到 20.972mg/100g，含量远高于肉、奶、蛋、鱼等制品，维生素 A 是人体视觉、生长、细胞分化与增殖及免疫系统完整性所需的化合物，可以保护一切黏膜及上皮组织，又是合成视网膜紫质的重要成分。

21. 羊蹄筋

羊蹄筋，是羊小腿部的韧带，性平、味甘、无毒。羊蹄筋是胶质组织，口感淡嫩不腻，质地犹如海参，与海参、鱼翅相比价廉味美，是烹制筵席佳肴的重要原料。羊蹄筋的生物功效主要有以下几个方面。

（1）强筋壮骨、生血补血作用　中医认为蹄筋有益气补虚的作用，能补血活血，活络筋骨。蹄筋能增强细胞生理代谢功能，对股骨头坏死者有良好的强筋壮骨作用，利于患者的康复。还含生物钙，与人体肠胃生理特点接近，更易被消化吸收，吸收率在 70% 以上，具有强筋壮骨的功效，对腰膝酸软、身体瘦弱者有很好的食疗作用，有助于青少年生长发育和减缓中老年人骨质疏松的速度。

（2）美容养颜、延缓衰老作用　羊蹄筋中含丰富的胶原蛋白，脂肪和胆固醇含量较低。经常食之能增强细胞的生理代谢，使皮肤更富有弹性和韧性。

（3）补肾作用　羊蹄筋味甘，性平，入脾、肾经，有益气补虚、温中暖中的作用。

22. 羊血

羊血（Goat/Sheep blood）为牛科动物山羊或绵羊的血。羊血的生物功效主要有以下几个方面。

（1）补血、抗贫血作用　羊血含铁量较高，而且以血红素铁的形式存在。血红素属铁卟啉类化合物，主要存在于动物血液和肌肉组织中。它是一种优良的抗贫血成分，可直接被吸收进入肠黏膜细胞，在肠黏膜细胞内卟啉与铁离子分开，铁离子直接吸收进入体内。与非血红素补铁剂相比，血红素补铁剂可直接被人体吸收，吸收效率高。此外，血红素还可作为制备抗癌药物的卟啉前体。

（2）止血作用　凝血酶属丝氨酸蛋白水解酶类，可水解精氨酸–甘氨酸键，催化纤维蛋白原转变为纤维蛋白，使血液快速凝固、填塞出血点而达到止血的目的，是国际公认的速效局部止血物质。羊血含有凝血因子和凝血酶，因此，具有凝血和止血的功效。

23. 猪肝

猪肝（Pig liver）指猪的肝脏，猪肝的生物功效主要有以下几个方面。

（1）降血脂、降低胆固醇作用　猪肝中不饱和脂肪酸占比 57.34%，且不饱和脂肪酸/饱和脂肪酸比值为 1.34。单不饱和脂肪酸有调节血脂、降胆固醇等作用，猪肝富含的磷脂具有降血脂、防止动脉硬化、促进大脑活动、预防心脑血管疾病等多种生物功效。

（2）补血、抗贫血作用　猪肝中含铁丰富（30.5mg/100g），具有调节和改善贫血病患者造血系统的生物功效，对恶性贫血有良好的治疗功效。

（3）保护视力作用　猪肝中维生素 A 含量丰富，达 77.4mg/100g，超过奶、蛋、肉、鱼等食品。维生素 A 是人体视觉、生长、细胞分化与增殖及免疫系统完整性所必需的化合物，可以保护一切黏膜及上皮组织，又是合成视网膜紫质的重要成分。

24. 猪蹄

猪蹄，又称猪脚、猪手、蹄花，有前后两种，前蹄肉多骨少呈直形，后蹄肉少骨稍多呈弯形。猪蹄味甘、咸，小寒无毒。猪蹄的生物功效主要有以下几个方面。

（1）美容养颜、延缓衰老作用　猪蹄胶原蛋白能防治皮肤干瘪起皱，增强皮肤弹性和韧性，还可促进毛发、指甲生长，保持皮肤柔软、细腻，指甲有光泽。猪蹄汤还具有催乳作用，对于哺乳期妇女能起到催乳和美容的双重作用。

（2）镇静安神作用　食用猪蹄对中枢神经具有镇静的作用，有利于减轻中枢神经过于兴奋，对焦虑状态及神经衰弱、失眠等有改善作用。这是因为猪蹄含有丰富的胶原蛋白，而胶原蛋白经过消化道消化分解后会生成大量甘氨酸。甘氨酸能抑制脊髓运动神经元和中间神经元的兴奋性，对中枢神经有镇静作用。

（3）其他功效　胶原蛋白在哺乳动物体内分布最广泛、含量最高。胶原蛋白能在机体内形成高分子聚合体，构成主要的细胞外基质成分，参与细胞迁移、分化及增殖，对创伤愈合有良好作用。经常食用猪蹄，还可以有效防止进行性肌营养障碍和缺铁性贫血的发生，对消化道出血、失血性休克、失水性休克均能产生一定的功效。还可以改善全身的微循环，从而能预防或减轻冠心病和缺血性脑病，这是因为胶原蛋白具有加速红细胞和血红蛋白生成的作用。

25. 猪蹄筋

猪蹄筋是连接猪关节的腱子，是我国传统的滋补佳品，口感柔韧。有前蹄筋和后蹄筋两种，后蹄筋质量好些。蹄筋蛋白质主要是由胶原蛋白和弹性蛋白构成的，其中，胶原蛋白是人体中最丰富的细胞外基质蛋白质，具有支撑器官、保护机体的功能。

猪蹄筋含有丰富的胶原蛋白，能增强细胞生理代谢，增强皮肤弹性和韧性。还具有强筋壮骨的功效，对腰膝酸软、身体瘦弱者有很好的作用。蹄筋中胶原蛋白具有的独特空间结构赋予其多种特性，特别是吸水和贮水特性通过水分代谢影响机体或者细胞的代谢和某些生理功能，从而使细胞具有充足的水分，增强抵抗力，起到延缓衰老的作用。

猪蹄筋无毒，但湿热和痰湿体质不宜多吃。

26. 猪皮

猪皮为猪科动物猪的皮，性凉、味甘。张仲景《伤寒论》记载猪皮有和血脉、润肌肤的作用。猪皮的生物功效主要有以下几个方面。

（1）美容养颜作用　猪皮中含有大量的胶原蛋白和弹性蛋白。胶原蛋白对皮肤有特殊的营养作用，能增强贮水功能低下的皮肤细胞活力。弹性蛋白能使皮肤的弹性增加，韧性增强，血液循环旺盛，皱纹舒展、变浅或消失，皮肤显得娇嫩、细腻有光滑。

（2）缓解体力疲劳作用　猪皮胶原蛋白水解产物，能显著延长小鼠负重游泳时间，同时小鼠肌乳酸含量下降了 18.52%，肝糖原含量提高了 32.19%，差异极显著（$P<0.05$），说明猪皮水解产物具有缓解体力疲劳的功能。

27. 猪脾

猪脾，又称联贴、猪横痢，为猪科猪属动物猪的脾脏器官。猪脾的生物功效主要有以下几个方面。

（1）免疫调节作用　猪脾含有的小分子转移因子，是一种低分子多肽和寡核苷酸组成的小分子混合物，分子量低，无抗原性，无种属特异性，无免疫原性，无过敏反应，能显著提高巨噬细胞的吞噬指数与吞噬率，杀灭细胞内感染的病原微生物（各种病毒、细菌、霉菌及寄生虫等），增强机体的免疫功能。

（2）免疫抑制作用　猪脾可以用来制取淋巴细胞抑制因子，对人外周血淋巴细胞转化有显著抑制作用，对小鼠胸腺细胞和脾细胞的自发增殖有明显的抑制作用，对植物血凝素和细菌脂多糖诱导的小鼠脾淋巴细胞转化均有较强的抑制作用。

（3）抗肿瘤作用　猪脾经蛋白酶水解制取的猪脾水解物，配合肿瘤化疗进行协同治疗，结果显示与单纯化疗组相比，猪脾水解物协同治疗组可大大减轻因化疗造成的免疫器官损伤、淋巴细胞数降低、抵抗力低下等各种不良症状。

28. 猪血

猪血（Pig blood），又称猪红，为猪科动物猪的血。猪血的生物功效主要有以下几个方面。

（1）补血抗贫血作用　猪血中含铁量较高，而且以血红素铁的形式存在，容易被人体吸收利用，可以防治缺铁性贫血。

（2）止血作用　猪血中含有凝血因子、凝血酶以及维生素 K，能促使血液凝固，具有止血的功效。

（3）其他作用　猪血能较好地清除人体内的粉尘和有害金属微粒对人体的损害。人食用猪血汤后，猪血血清蛋白经人的胃酸和消化液中的酶分解后，能产生一种可以解毒、滑肠的分解物，该物质能与侵入人体的粉尘和有害金属微粒起生化反应，使之变为不能被人体吸收的废物，最后成柏油状的稀便排出体外，堪称人体污物的清道夫。因此，猪血有助于防止职业病的发生。

第六节　禽类动物活性物质

有关禽类动物物品，本节讨论乌鸡、鸡肝、鸡血、乳鸽、鹅、鹌鹑、鸭血、鸭胰、鸭肝、燕窝共 10 种，涉及鸡、鸭、鹅、鸽、鹌鹑、燕鸟 6 种禽类动物。

1. 乌鸡

乌鸡（*Gallus domesticus* Brisson），又名乌骨鸡、丝毛乌骨鸡、白羽乌骨鸡，其具有增强机体免疫力、清除自由基、抗氧化、防癌、抗衰老、提高免疫力的作用。

2. 鸡肝

鸡肝（Chicken liver）为脊索动物门、鸟纲、鸡形目、雉科动物家鸡的肝脏，其具有抗氧化、增强免疫力、保护视力、补血、抗贫血的生物活性。

3. 鸡血

鸡血（Chicken blood），俗称鸡红，为脊索动物门、鸟纲、鸡形目、雉科动物家鸡的血。其具有补血、抗贫血、凝血、止血、抗氧化、增强免疫力等活性。

4. 乳鸽

乳鸽（Squab），隶属于脊索动物门、鸟纲、今鸟亚纲、鸽形目、鸠鸽科、鸽属，是指出壳到离巢出售或留种前一月龄内的雏鸽。乳鸽具有滋补肝肾之作用，可以补气血，托毒排脓；可用以治疗恶疮、久病虚羸、消渴等病症，对于肾虚体弱、心神不宁、儿童成长、体力透支者均有功效。

5. 鹅

鹅（Goose），隶属于脊索动物门、鸟纲、雁形目、鸭科，是陆生食草型禽类。鹅肉可以用来治疗和预防咳嗽、慢性病，尤其是治疗感冒、急性及慢性气管炎、肾炎、老年浮肿、肺气肿、哮喘等有良效。鹅肝是一种营养丰富、附加值较高的肉制品加工副产物。鹅肝酶解物处理能够明显降低酒精性脂肪肝大鼠的肝脏指数，可改善大鼠肠道微生物紊乱的现象。

6. 鹌鹑

鹌鹑（*Coturnix japonica*），又称鹑鸟、宛鹑、奔鹑，隶属于脊索动物门、鸟纲、鸡形目、雉科、鹌鹑属。鹌鹑肉适用于治疗消化不良、身虚体弱、咳嗽哮喘、血管硬化、高血压、神经衰弱、结核病及肝炎等病症。

7. 鸭血

鸭血（Duck blood），属脊索动物门、鸟纲、雁形目、鸭科动物家鸭的血液，其具有补血、抗贫血、凝血、止血、抗菌、抗癌等活性。

8. 鸭胰

鸭胰是鸭科动物鸭的胰脏，属于鸭的消化器官。鸭胰可以用来治疗高血压、肝炎、阴虚火热。鸭胰还能扩张毛细血管、降低血黏度、改善微循环，起到去脂降压的功效；还能促进肝气循环、舒缓肝郁，达到养肝的功效。

9. 鸭肝

鸭肝（Duck liver）属鸭科动物家鸭的肝脏。其具有保护视力、补血、抗贫血等活性。

10. 燕窝

燕窝（Edible bird's nest）为鸟类吞食海中小鱼、小虾及其他蚕螺海藻等小生物消化后，分泌出的胃液与其绒羽混合凝结于悬崖峭壁上，而筑成的巢窝。其具有增强免疫、抗病毒、改善绝经妇女生活质量、保护软骨等作用。

肽和糖脂的基本组成成分。N-乙酰神经氨酸在人体中大脑中的含量最高，在脑灰质中的含量是肝、肺等内脏器官的 15 倍。N-乙酰神经氨酸具有调节血蛋白半衰期、对抗各种毒素、抗氧化性和促进大脑发育的作用。

3. 茶叶茶氨酸

茶氨酸最早发现是从天然植物茶叶中提取的，是特有的游离氨基酸，是谷氨酸 γ-乙基酰胺，有甜味。茶氨酸的活性形式为 L-茶氨酸，是自然存在于绿茶中的氨基酸。茶叶茶氨酸与一般镇静剂不一样，它是一种松弛剂，在促进心情放松的同时却不会导致困倦或其他副作用。

4. 小麦低聚肽

小麦低聚肽有抑制胆固醇上升的作用，能促进胰岛素分泌作用，其功效成分是低聚蛋氨酸，可用于调节人体血糖，改善糖尿病症状。小麦低聚肽能阻碍血管紧张素酶的作用，因而有降血压作用。小麦低聚肽还具有免疫调节、抗氧化等多种生物活性。

5. 玉米低聚肽粉

玉米低聚肽粉作为玉米蛋白经过酶降解而获得的多种肽的混合物，具有消化吸收率高、稳定性强、安全性高等特点。玉米肽具有多种生物活性，如抗氧化、抗高血压、增强免疫力、抗疲劳、保护肝脏等。

6. 珠肽粉

珠肽粉（珠蛋白肽）是以猪血红细胞为原料，经蛋白酶水解得到的寡肽混合物。珠蛋白肽能抑制胰脂酶的活性，减少小肠对于脂肪的吸收，从而降低血脂、血糖含量。

7. 水解蛋黄粉

水解蛋黄粉是以鸡蛋蛋黄为原料，经蛋白酶水解后喷雾干燥而得，具有预防和改善骨质疏松症的良好功效。水解蛋黄粉可以增加成骨细胞数量，促进骨骼和牙齿的生成，激活骨骼自身的原动力，促进骨骼的伸长，促进骨骼的钙质沉结，强化骨骼的韧性，抑制破骨细胞的生长，维持骨骼成分的平衡。

8. 初乳碱性蛋白

初乳碱性蛋白是一种活性蛋白，相对分子质量更小，仅有 30000。可直接作用于骨骼细胞促进骨骼新陈代谢，能协调成骨细胞和破骨细胞的活动，保持两者的动态平衡，促进骨骼生长，修复骨质。而且，热处理和消化酶的作用都不会影响其吸收。

9. 牛奶碱性蛋白

牛奶碱性蛋白是牛奶中天然蛋白质的一种组分，具有碱性等电点，为乳清中的痕量成分。它既能刺激成骨细胞的增殖，同时也能抑制破骨细胞的活性，从而促进骨骼生长，预防骨质疏松。

10. 地龙蛋白

地龙蛋白以地龙（蚯蚓）为原料，地龙是我国重要的中药材之一。地龙蛋白可应用于心、脑血管，内分泌，呼吸系统等疾病的预防和治疗上。地龙蛋白能对体内的凝血系统和纤溶系统产生影响，既可降低大鼠血小板黏附率、延长体内血栓形成和溶解体内血栓，又能增加脑血流量、减少脑血管阻力。

11. 酵母蛋白

酵母蛋白主要成分为菌体蛋白和酵母代谢产物，是一种优质的天然完全蛋白，其含量占菌体干重的 40%~60%。酵母蛋白的营养价值介于乳清蛋白和大豆蛋白之间，其支链氨基酸的含量高于乳清蛋白，是一种慢消化蛋白。酵母蛋白现已广泛应用于食品加工、动植物和微生物营养保健品和化妆品生产等领域，其功能和营养特性已得到各界认可，并与传统动植物蛋白形成天然互补。

第三节　功能性脂质

本节讨论属于功能性脂质的新食品原料，包括顺-15-二十四碳烯酸、丝氨酸磷脂、共轭亚油酸、共轭亚油酸甘油酯、γ-亚麻酸油脂（来源于刺孢小克银汉霉）、DHA 藻油、花生四烯酸油脂、中长链脂肪酸食用油、甘油二酯油、茶叶籽油、长柄扁桃油、翅果油、番茄籽油、光皮梾木果油、美藤果油、乳木果油、水飞蓟籽油、盐地碱蓬籽油、盐肤木果油、御米油、元宝枫籽油、牡丹籽油、杜仲籽油、磷虾油、鱼油及提取物和蔗糖聚酯，共 26 种，其中有些具体内容可参考本书第四章。

1. 顺-15-二十四碳烯酸

顺-15-二十四碳烯酸又称神经酸，是一种 ω-9 长链单烯脂肪酸，天然存在于菜籽油和花生油中。神经酸是人体大脑发育的必需营养物质，有利于提高神经细胞的活跃性并延缓衰老。

2. 丝氨酸磷脂

丝氨酸磷脂天然存在于细菌、酵母、植物、哺乳动物细胞中，可改善神经细胞功能，调节神经脉冲的传导，增进大脑记忆功能，增加脑部供血。

3. 共轭亚油酸

共轭亚油酸是一种主要从反刍动物脂肪和牛奶产品中发现的天然活性物质，共轭亚油酸具有抗肿瘤、抗氧化、抗动脉粥样硬化、提高免疫力、提高骨骼密度、防治糖尿病等多种生物功效，而且还能降低动物和人体胆固醇、甘油三酯和低密度脂蛋白胆固醇水平。

4. 共轭亚油酸甘油酯

共轭亚油酸甘油酯天然存在于许多反刍动物体内，如牛、羊肉中，虽然含量很少，但对促进人体健康与减少疾病的发生发挥着重要作用。

5. γ-亚麻酸油脂（来源于刺孢小克银汉霉）

采用微生物发酵法获得 γ-亚麻酸油脂，其中含 8% 以上的 γ-亚麻酸。γ-亚麻酸是从月见草油中发现的一种新型脂肪酸，是一种人体必需脂肪酸，是组成人体各组织生物膜的结构材料。γ-亚麻酸在降低血脂、防止动脉粥样硬化、防止血小板聚集等方面有一定的功效，参见本书第四章第三节的讨论。

6. DHA 藻油

DHA 藻油提取自海洋微藻，未经食物链传递，相对鱼油更安全可靠。二十二碳六烯酸不仅是神经系统细胞生长及维持的一种主要元素，还是构成大脑和视网膜的重要脂肪酸。对婴儿智力和视力发育至关重要，参见本书第四章第二节的讨论。

7. 花生四烯酸油脂

花生四烯酸是一种 ω-6 多不饱和脂肪酸，其对预防心血管疾病、糖尿病和肿瘤等具有重要功效。高纯度的花生四烯酸是合成前列腺素、血栓素和白三烯等二十碳衍生物的直接前体，这些生物活性物质对人体心血管系统及免疫系统具有十分重要的作用。

8. 中长链脂肪酸食用油

中长链脂肪酸食用油兼具长链脂肪酸和中链脂肪酸的代谢特点，比起普通食用油，不仅能提供良好的食品风味，还能减少脂肪在体内的积累，从而达到良好的预防肥胖效果。在合理膳食条件下食用中长链脂肪酸食用油，可降低超重高脂患者空腹甘油三酯和低密度脂蛋白胆固醇水平。

9. 甘油二酯油

甘油二酯油是甘油三酯中一个脂肪酸被羟基取代的一类结构脂质，是天然植物油脂的微量成分及体内脂肪代谢的内源中间产物，具有减少内脏脂肪、抑制体重增加、降低血脂等作用。

10. 茶叶籽油

茶叶籽是山茶科植物茶的果实，即茶叶树的果实。茶叶籽油是唯一天然富含茶多酚的可食用油，茶多酚抗氧化能力是维生素 E 的 18 倍，不仅抗衰老、抗辐射、美容护肤，更是对抗动脉硬化、预防三高等心脑血管疾病的天然食用油。

11. 长柄扁桃油

长柄扁桃油不饱和脂肪酸总量高达 94.6%~98.1%，居所有植物油榜首。长柄扁桃油抗氧化能力强，对心脑血管病症有很好的改善作用，是增强人体细胞活力、提高人体免疫能力的高级食用油，在冷食的时候对人体最为有益，被称为"冷餐第一用油"。

12. 翅果油

翅果油是以翅果油树种仁为原料，经粉碎、萃取、过滤等工艺而制成。翅果油对提高人体免疫力，增强生命活力，延缓衰老等方面有一定功效。

13. 番茄籽油

番茄籽油是以番茄籽为原料，经萃取、精炼等工艺而制成的，一般为淡黄色到橙色油状液体。番茄籽油对前列腺癌、消化道癌、宫颈癌、皮肤癌等疾病有一定的预防作用，可防止细胞老化，增强皮肤弹性，起到润肤美容作用。

14. 光皮梾木果油

光皮梾木果油食用历史悠久，食用价值高于大豆油和花生油，保健品质也比山茶籽油和橄榄油更好。还具有产量高、食用安全、适种区域广、可在荒坡丘陵地种植的优点，是值得大力发展的木本食用油。

15. 美藤果油

美藤果油来源于大戟科南美油藤种子，其是为数不多的高亚麻酸型植物油。α-亚麻酸是人体必脂肪酸，具有重要的生物学功能，对于稳定细胞膜功能、维持细胞因子和脂蛋白平衡，以及抗血栓和降血脂、抑制缺血性心血管疾病等方面起着重要的作用。

16. 乳木果油

乳木果油（Shea butter）提取自"乳油木"，乳木果油与人体皮脂分泌油脂的各项指标较为接近，蕴含丰富的非皂化成分，易于人体吸收，能防止干燥开裂，有助于恢复并保持肌肤的自然弹性，同时还能起到消炎作用。

17. 水飞蓟籽油

水飞蓟油是水飞蓟籽经冷榨、精炼后得到的产品，可食用。在国外亦供食用，称为袋鼠油，与葵花籽油、红花子油相似。原生态的水飞蓟籽油是世界公认最好的种子油之一，含有亚油酸、油酸、亚麻酸等多种不饱和脂肪酸，富含维生素和矿物质，特别是维生素 E、锌和硒。

18. 盐地碱蓬籽油

盐地碱蓬又名翅碱蓬，俗称黄须菜，属藜科碱蓬属一年生草本植物。碱蓬籽中脂肪含量达20%~30%，蛋白含量接近30%，工业出油率约为18%~25%。脂肪酸组成中，含90%以上的不饱和脂肪酸，亚油酸和亚麻酸含量较高。

19. 盐肤木果油

以盐肤木果为原料提取的油称为盐肤木果油，不饱和脂肪酸含量70%~85%，其中亚油酸含量约占50%以上，有的高达69%。亚油酸是人体重要的必需脂肪酸，具有良好的生物活性。盐肤木果油维生素 E 含量为 682.8~837.9mg/kg，总黄酮含量为 102.28~165.92mg/100mL，甾醇含量为 37.28~108.07mg/100g。

20. 御米油

御米油是以罂粟籽为原料，经物理压榨得到的稀有植物油。御米油具有降血脂的作用，研究中发现御米油组大鼠血清甘油三酯的水平比玉米组的下降了接近60%。罂粟籽油具有大幅度降低血尿酸水平的作用，对抗痛风病具有重要价值。国家体育总局兴奋剂检测中心检测表明，罂粟籽油为安全无毒物质，不含任何兴奋剂。北京疾病预防控制中心检测表明，罂粟籽油不含致瘾成分。

21. 元宝枫籽油

元宝枫籽油的脂肪酸组成介于花生油和菜籽油之间，其具有预防脑中风后遗症、老年痴呆、脑瘫、脑萎缩、记忆力减退、失眠健忘等脑疾病以及抑制肿瘤与食品腐败菌的作用。

22. 牡丹籽油

牡丹属毛茛科芍药属落叶灌木，在我国产量丰富，尤以洛阳、菏泽产量最高。牡丹籽油中不饱和脂肪酸占比高达90%，其中α-亚麻酸达到42%。牡丹籽油具有良好的降血脂功效，急性毒性分级标准判定牡丹籽油属无毒级。

23. 杜仲籽油

杜仲籽油是从我国名贵滋补中药材杜仲的籽中提取得到的，其含大量多不饱和脂肪酸，主要为α-亚麻酸、油酸、亚油酸等。亚麻酸含量最高，约有60%。α-亚麻酸不仅是人体必需脂肪酸，同时作为各组织生物膜的结构材料以及前列腺素的合成前体，具有降血脂、抗肿瘤、预防心脑血管疾病、提高智力等多种生物功效。杜仲籽油中还含有植物甾醇，主要包括β-谷甾醇和菜油甾醇，具有良好的抗氧化作用。

24. 磷虾油

磷虾油像鱼油一样，含有丰富的 EPA 和 DHA。南极磷虾油富含天然抗氧化剂虾青素，能有效清除细胞内的氧自由基，增强细胞再生能力，维持机体平衡和减少衰老细胞的堆积，促进毛发生长，抗衰老，缓解运动疲劳，增强活力。

25. 鱼油及提取物

鱼油及其提取物主要来源于海洋鱼，其富含 ω-3 多不饱和脂肪酸（DHA 和 EPA）。EPA 有助于保持血管畅通，预防血栓产生，阻止中风或心肌梗死的发生，清除血液中堆积的脂肪，预防动脉硬化及阻止末梢血管阻塞的发生。DHA 是大脑细胞形成、发育及运作不可缺少的物质基础，可以促进、协调神经回路的传导作用，以维持脑部细胞的正常运作。

26. 蔗糖聚酯

蔗糖聚酯是脂肪酸蔗糖聚酯的简称，是一种油脂替代品。由于蔗糖聚酯既不能被消化又不能被吸收,可直接从消化系统排出,所以可以降低人体的能量摄入,防止肥胖疾病。

第四节 矿 物 质

本节简述属于矿物质的新食品原料,包括乳矿物盐、β-羟基-β-甲基丁酸钙、吡咯并喹啉醌二钠盐,共3种,其中有些内容可参考本书第五章。

1. 乳矿物盐

乳矿物盐具有较好生物利用率的钙,是理想的膳食钙源。乳矿物盐与其他钙源(如醋酸钙等)相比,不仅可以使骨密度增加,而且在补充乳钙几年后骨密度仍然持续增长。但补充无机钙的骨密度,在停止补钙后骨密度增加会发生逆转。

2. β-羟基-β-甲基丁酸钙

β-羟基-β-甲基丁酸作为一种新型的合成代谢营养剂,能使人体脂肪减少,降低肌肉蛋白质消耗。β-羟基-β-甲基丁酸也是一种良好的免疫增强剂,能增强机体免疫功能,降低血液胆固醇含量。由于β-羟基-β-甲基丁酸性质活泼,故将其转化成钙盐——β-羟基-β-甲基丁酸钙。β-羟基-β-甲基丁酸钙可用于促进肌肉生长,增强免疫力,降低体内胆固醇和低密度脂蛋白水平以减少冠心病和心血管疾病的发生,还能增强人体固氮能力,维持体内蛋白质水平。

3. 吡咯并喹啉醌二钠盐

吡咯并喹啉醌二钠盐天然存在于多种食物如牛奶、鸡蛋、菠菜等中。其具有促生长因子作用,神经保护作用,抗氧化作用,肝脏保护作用,改善繁殖性能作用,抗炎、增强机体免疫力作用等。

第五节 植物活性化合物

本节简述属于植物化合物的新食品原料,包括竹叶黄酮、二氢槲皮素、叶黄素酯、(3R,3′R)-二羟基-β-胡萝卜素、表没食子儿茶素没食子酸酯、米糠脂肪烷醇、植物甾醇、植物甾醇酯、植物甾烷醇酯、甘蔗多酚和儿茶素,共11种,部分内容可参考本书第六章。

1. 竹叶黄酮

竹叶黄酮是具有中国本土资源特色的植物产品,其成分除了黄酮类化合物以外,还有酚酸、蒽醌类化合物、芳香成分和锰、锌、锡等微量元素,它们共同构成了竹叶黄酮广泛的生物活性。

2. 二氢槲皮素

二氢槲皮素又称紫杉叶素,为落叶松、花旗松等松科植物中提取出来的一种化合物,其具有显著的抗氧化活性,对神经细胞有保护作用,可以有效防治阿尔茨海默病或帕金森病,以及抗心肌坏死的能力,还可以降低血压、保护心肌缺血再灌注损伤和抑制心肌肥厚等。同时它还有护肝、抗肿瘤、抗辐射、抗衰老、抗病毒、消炎、预防心血管系统疾病、改善毛细血管微循环、改善脑部血液循环、抗血小板凝聚、保护肠道等多种功效。

3. 叶黄素酯

叶黄素酯是一种重要的类胡萝卜素脂肪酸酯。全反式叶黄素酯又可分为叶黄素单酯和叶黄素二酯。它广泛存在于万寿菊花、南瓜、甘蓝等植物体内。

4. （3R,3′R）-二羟基-β-胡萝卜素

（3R,3′R）-二羟基-β-胡萝卜素，又称（3R，3′R）-玉米黄质，是玉米黄质在自然界中广泛存在的一种形式。在人体内，玉米黄质可通过猝灭单线态氧、清除自由基等抗氧化行为来保护机体组织细胞。玉米黄质可显著地降低心肌梗塞的发病率，有助于减缓动脉硬化进程，还具有减少癌症的发生和增强免疫功能的作用。玉米黄质食用后可在人体肝脏内转化成维生素A，对促进人体的生长发育、保护视力与上皮细胞、提高抗病能力、延长寿命等具有功效。

5. 表没食子儿茶素没食子酸酯

表没食子儿茶素没食子酸酯，是茶多酚中最有效的活性成分，属于儿茶素。表没食子儿茶素没食子酸酯具有非常强的抗氧化活性，能够保护细胞和 DNA 受损害，这种损害可能会导致肿瘤、心脏疾病和其他重大疾病，在防治皮肤老化和起皱。在抗肿瘤和心血管疾病方面作用显著，还可用作肿瘤多药耐药性的逆转剂，改善癌细胞对化疗的敏感性并减轻对心脏的毒性。

6. 米糠脂肪烷醇

米糠脂肪烷醇以米糠为原料，经皂化、提取、过滤等工艺制成，富含生物活性物质二十八烷醇、三十烷醇。二十八烷醇具有多种生理功效：

①增强人体的精力、体力、反射能力，促进性激素的分泌，改善肌肉及心脏机能；

②是降血钙素形成促进剂，可用于治疗血钙过多的骨质疏松，治疗高胆固醇和高脂蛋白血症；

③具有消炎、防治皮肤病作用，对胃及十二指肠溃疡以及脱发等疾病具有显著功效。

7. 植物甾醇

植物油是植物甾醇含量较为丰富的食品之一。植物甾醇可通过降低胆固醇减少心血管病的风险，应用在食品、医药、化妆品和动物生长剂上。

8. 植物甾醇酯

植物甾醇酯一般由植物甾醇与脂肪酸通过酯化反应或转酯化反应制得。植物甾醇酯对实验性小鼠高脂血症和动脉硬化具有较好的预防和治疗作用，能显著降低高血脂小鼠的血清总胆固醇和低密度脂蛋白水平。

9. 植物甾烷醇酯

植物甾烷醇是饱和的甾醇，植物甾烷醇酯是由植物甾烷醇与脂肪酸甲酯进行酯化反应的产物。从植物油中提取的植物甾烷醇酯，可有效阻遏人体对胆固醇的再吸收，降低约10%的血清总胆固醇和15%的血清低密度脂蛋白胆固醇。

10. 甘蔗多酚

甘蔗多酚作为一种来源丰富，极具营养和药用功效的天然成分，具有抗氧化、降血糖、抗炎、抗癌等多种生物学活性，通常采用溶剂提取法、超声波辅助提取法、微波辅助提取法、生物酶解提取法及闪氏提取法等。

11. 儿茶素

儿茶素属于黄烷醇类化合物，种类较多，主要来源是茶叶（主要是绿茶），其次是巧克

力、可可粉、苹果和梨等。儿茶素类物质主要包括单体形式，如（+）-儿茶素、表儿茶素、表儿茶素没食子酸、表没食子儿茶素、表没食子儿茶素-3-没食子酸等，寡聚体或多聚体形式，如原花色素等。

第六节　植物及其提取物

本节讨论属于植物及其提取物的新食品原料，具体包括雪莲培养物、西兰花种子水提物、诺丽果浆、宝乐果粉、玛咖粉、金花茶、茶树花、丹凤牡丹花、杜仲雄花、显脉旋覆花（小黑药）、线叶金雀花、枇杷花、关山樱花、湖北海棠（茶海棠）叶、青线柳叶、乌药叶、辣木叶、显齿蛇葡萄叶、枇杷叶、明日叶、赶黄草、食叶草、木姜叶柯、阿萨伊果、黑果腺肋花楸果、柳叶蜡梅、奇亚籽、白子菜、狭基线纹香茶菜、圆苞车前子壳、短梗五加、人参（人工种植）、蓝莓花色苷、黑麦花粉、文冠果种仁、文冠果叶、油莎豆、桃胶和巴拉圭冬青叶（马黛茶叶），共39种。

1. 雪莲培养物

雪莲培养物和天然雪莲具有相似的生物活性，其抗炎、镇痛作用明显。雪莲培养物能抑制血小板聚集、降血脂、改善血液循环，对免疫系统具有调节作用，同时还有抗氧化、抗辐射和抗疲劳等多方面的功效。

2. 西兰花种子提取物

西兰花种子为十字花科植物西兰花的干燥成熟果实，主要含异硫氰酸盐等抗肿瘤活性成分。其提取物具有抗肿瘤、抑菌、防止血小板凝集等生物活性。

3. 诺丽果浆

诺丽果（Noli）是原产于南太平洋岛屿的热带多年生阔叶灌木植物海巴戟天的果实，诺丽果具有抗炎、抗氧化和调节免疫等功效，可能对糖尿病、高血压、消化道溃疡、血管硬化和癌症等具有干预作用。

4. 宝乐果粉

宝乐果（*Borojoa sorbilis* Cuter.）盛产于南美洲热带雨林，当地民间认为具有消除疲劳、稳定血糖水平、维持正常血压、增强免疫、抗炎及抗氧化等功效。宝乐果是防治皮肤光老化的有效植物，其制成的防晒产品具备增强 DNA 修复能力、提高机体抗氧化活性，减轻组织氧化损伤，减轻紫外线照射引起的炎症反应、维持自由基清除和产生的动态平衡，保护皮下组织免受自由基的损害，有效控制皮肤组织功能的不可逆改变等多种功效。宝乐果粉也具有明显的美白祛斑的作用。

5. 玛咖粉

玛咖是原产于南美洲安第斯山脉的一种十字花科植物，叶子椭圆，根茎形似小圆萝卜，有"南美人参"之美誉。玛咖具有抗疲劳，增强肌肉耐力，抵抗运动性疲劳、调节性功能、提高机体免疫力的作用。

6. 金花茶

金花茶属于山茶科山茶属，金花茶具有明显的降血糖和降尿糖作用，能有效改善糖尿病"三多"症状。金花茶在降血糖的同时，也能有效降血脂、降血压，改善因高血压而引起的各种不适症状。金花茶能促进胰岛素分泌，增强免疫力，防止动脉粥样硬化，抗菌消炎，清热解毒，通便利尿去湿，增进肝脏代谢，抑制肿瘤生长等。

7. 茶树花

茶树花所含的有效成分与茶叶基本相同，茶树花具有解毒、抑菌、降糖、延缓衰老、防癌抗癌和增强免疫力等功效。茶树花还可作为茶叶的替代原料，提取多酚类抗氧化物质，有利于降低生产成本。

8. 丹凤牡丹花

牡丹花在我国河南、山东等地具有广泛的食用范围和较长的食用历史。牡丹花中均含有丰富的多酚类物质、蛋白质、维生素和矿物质等，氨基酸种类齐全，且抗氧化活性能力强。

9. 杜仲雄花

杜仲雄花含 60 多种有效成分，杜仲雄花具有安神、镇静及镇痛作用，长期服用可明显改善睡眠。杜仲雄花所含的活性成分木脂素类，抗疲劳作用比较明显，对于长期从事室内工作而缺乏运动量的人群有效。

10. 显脉旋覆花（小黑药）

显脉旋覆花为菊科多年生草本植物。云南传统药学认为，显脉旋覆花祛风湿、通经络、消积止痛、治风湿性关节炎、腰腿痛、胃痛、消化不良、骨鲠喉，还能利水除湿、止咳化痰、治感冒、咳嗽和高热。

11. 线叶金雀花

线叶金雀花，又名南非茶或南非博士茶，是南非西开普敦西达伯格等地区生长的一种草本针状灌木。线叶金雀花含丰富的类黄酮，对清除人体自由基、调节人体机能、预防和控制多种疾病有显著功效。此外，线叶金雀花还能促进牙齿和骨骼生长，能够缓解湿疹、尿布疹、挫疮等皮肤过敏症状。

12. 枇杷花

枇杷花，又名土冬花，为枇杷的干燥花蕾及花序。枇杷花具有很好的止咳、祛痰和抗炎效果，醇提取物能够延长咳嗽潜伏周期，干预炎症，减少咳嗽次数。其具有护肝、抑制肿瘤细胞的增殖、抑菌、通便、降脂等功效。

13. 关山樱花

关山樱花是蔷薇科、李亚科、樱属关山樱（*Cerasus serrulate*‘Sekiyama’）的花，关山樱花干品和鲜品均可食用，按照我国现行食品安全国家标准中其他蔬菜制品的规定执行。

14. 湖北海棠（茶海棠）叶

湖北海棠为乔木，叶片卵形至卵状椭圆形，长 5～10cm，宽 2.5～4cm，边缘有细锐锯齿，嫩时具稀疏短柔毛，不久脱落，常呈紫红色。茶海棠叶所含的活性多糖，具有较强的免疫活性。

15. 青钱柳叶

青钱柳是胡桃科、青钱柳属植物，在预防高血糖方面具有重要的作用。此外，青钱柳叶具有很强的降血脂作用。其中含有的硒元素能够有效改善脂质代谢，对人体内血清总胆固醇的升高具有明显的抑制作用。

16. 乌药叶

乌药，别名独脚樟，为常绿灌木，乌药叶具有温中理气、消肿止痛之功效，主治脘腹冷痛、小便频数、风湿痹痛、跌打伤痛、烫伤。

17. 辣木叶

辣木叶指原产于印度的多年生热带落叶乔木辣木树（又称为鼓槌树）的树叶，可食用。辣木叶粉选用幼嫩辣木叶经超微粉碎而成，具有提高免疫力、排毒养颜、通肠利便、减肥等功效。

18. 显齿蛇葡萄叶

显齿蛇葡萄叶来源于葡萄科、蛇葡萄属显齿蛇葡萄，显齿蛇葡萄叶润肺、解肝毒、清心、补脾、固肾，具有提高免疫力、预防心脑血管病、排毒、抗菌、抗炎镇痛、抗肿瘤等作用。显齿蛇葡萄叶还能祛痰止咳，具有明显的发汗作用。

19. 枇杷叶

枇杷叶为蔷薇科植物枇杷的叶子，又名巴叶、芦橘叶，有清肺止咳、和胃利尿、生津止渴等功效，可以治疗肺热痰嗽、咳血、衄血、胃热呕哕等病症。

20. 明日叶

明日叶是一种伞状科的草本植物，其具有降血糖、抑菌、增强免疫力、抗氧化、改善肠道功能等作用。

21. 赶黄草

赶黄草又名扯根菜，有解酒、保肝、利胆退黄、降酶、抗氧化、抗突变、抑菌、舒张肠平滑肌等作用。

22. 食叶草

食叶草是一种高蛋白质、高营养、高产量的植物，又称为"蛋白草""氨基酸草"。此外，还含有维生素 E、抗坏血酸等维生素，硒、钾、钙、铁、锌、磷、镁等矿物质，以及 β-胡萝卜素、大黄素、异黄酮、超氧化物歧化酶等活性成分。

23. 木姜叶柯

木姜叶柯是壳斗科、柯属乔木，高可达 20m，枝叶无毛，木姜叶柯为姜叶柯的干燥嫩叶，具有清热解毒、化痰、祛风、降压的作用，主治湿热泻痢、肺热咳嗽、痈疽疮疡、皮肤痒、高血压。木姜叶柯总黄酮主要成分是根皮苷，含少量三叶苷，具有降血糖、降血压、降脂及抗过敏、抗炎等作用。

24. 阿萨伊果

阿萨伊果（Acai berry）又称巴西莓，是棕榈科植物阿萨伊棕榈树的新鲜果实，阿萨伊果具有很好的抗氧化作用，抗氧化成分含量高，能预防糖尿病和提高记忆力，具有抗衰老、治疗疾病、减肥、中和体内尼古丁、降低胆固醇、防止大肠癌、有助于心脏病和高血压、增强抵抗力等功效。

25. 黑果腺肋花楸果

黑果腺肋花楸果营养丰富，含有膳食纤维、蛋白质、黄酮类、糖类和多酚等活性物质。能够有效的清除自由基，促进细胞新陈代谢。食用黑果腺肋花楸果后，人体内的 α-肿瘤坏死因子明显减少、含铁量与抗氧化能力显著增强，具有一定的抗肿瘤抗癌作用。

26. 柳叶蜡梅

柳叶蜡梅是蜡梅科、蜡梅属灌木，柳叶蜡梅叶味辛、性凉、微苦、回味甘醇，具有解表祛风、理气化痰的功效，中医用于感冒、气管炎及降血压等症的治疗。有抑菌、抗炎和解热作用，对由感冒引起的发热畏寒、眼结膜充血功效显著。

27. 奇亚籽

奇亚籽是薄荷类植物芡欧鼠尾草的种子，奇亚籽富含人体必需脂肪酸 α-亚麻酸、多种抗氧化活性成分（绿原酸，咖啡酸，杨梅酮，槲皮素，山奈酚等），是天然 $\omega-3$ 多不饱和脂肪酸的来源，并含有丰富的膳食纤维、蛋白质、维生素、矿物质等。

28. 白子菜

白子菜是菊科、土三七属植物。白子菜能缓解肠燥，能加快人体肠道中大便的生成与排出。经常食用，可以预防缓解人类的肠燥与便秘，起到清肠排毒、润肠通便的作用。白子菜还具有抗癌，预防高血压、血栓和白内障，增强人体的抗病毒能力等活性。

29. 狭基线纹香茶菜

狭基线纹香茶菜是多年生柔弱草本，狭基线纹香茶菜有清利湿热、退黄利胆、凉血散瘀的功效，并可驱蛔虫。常用于治疗急性黄疸型肝炎、急性胆囊炎、咽喉炎、跌打瘀肿等疾病。其水提液具有良好的抗炎、抗肿瘤、保肝活性。

30. 圆苞车前子壳

圆苞车前子壳是人工种植的车前科、车前属圆苞车前种子的外壳，含高达 80% 以上的膳食纤维，圆苞车前子可用于治疗便秘、腹泻、痔疮、溃疡、膀胱疾病和高血压，也常用于抗皮肤刺激，包括常春藤毒性反应及昆虫叮咬。

31. 短梗五加

短梗五加又名五加参，落叶灌木或小乔木植物，其嫩叶中含有强心苷，可降血脂。短梗五加具有祛风化湿、活血化瘀、健胃利尿等生物功效。

32. 人参（人工种植）

人参为多年生草本植物，喜阴凉。人参对中枢神经系统具有兴奋作用，大量服用时反而会抑制神经系统。人参能够增强机体对一切非特异性刺激的适应能力，减少疲劳感。人参对大脑的功能有促进作用，可以帮助人们提高学习记忆能力。

33. 蓝莓花色苷

蓝莓花色苷主要是从"蓝美1号"中萃取而成，纯度高于 40%，花青素含量小于 1%，其抗氧化作用主要是通过清除自由基、提高抗氧化酶活性、抑制体内产生自由基的氧化酶（NADPH 氧化酶、脂氧合酶等）及抑制脂质过氧化等方式实现。

34. 黑麦花粉

黑麦花粉含有丰富的蛋白质、脂肪、碳水化合物以及多种维生素和矿物质，具有很高的营养价值。其中蛋白质含量较高，包含了人体所需的 8 种氨基酸，有助于提高身体免疫力。此外，黑麦花粉还含有丰富的黄酮类化合物和植物雌激素，具有抗氧化、抗炎、抗疲劳等作用，对健康有多种益处。

35. 文冠果种仁

文冠果属无患子科文冠果属，为灌木或小乔木，耐寒、耐旱、耐瘠，是我国特有的、十大木本油料作物之一，含油量 55%~70%，不饱和脂肪酸含量大于 90%，神经酸含量 2.5% 左右，具有特殊的营养保健功能，可有效降脂降糖、降低血清总胆固醇及预防高血压等心脑血管病。

36. 文冠果叶

文冠果叶富含三萜类、黄酮类、类黄酮类、皂苷类等活性成分，醇提物总含量为 31.84% ~ 39.86%，超声辅助提取物对各自由基的清除率（IC_{50}）从大到小依次为 0.029mg/mL（DPPH·）、0.070mg/mL（ABTS 自由基）、0.423mg/mL（超氧自由基）、1.556mg/mL（羟自由基）。

37. 油莎豆

油莎豆又名油莎草、虎果，其块茎呈圆形、新月形、椭圆形等，原产于非洲地中海沿岸，因其具有抗逆性强、产量高、含油量高等特点，是一种新型的优质油料作物。油莎豆含有丰富的油脂（20% ~ 36%），油莎豆油的脂肪酸组成与橄榄油相似，富含油酸，高达 75% 左右，是一种不干性油，对防治高血压和心脏病等心血管疾病有一定作用。

38. 桃胶

桃胶是蔷薇科植物桃或山桃等树皮中分泌出来的树脂，是桃树受伤、受到虫害或者被真菌感染后分泌胶状物质，风干后产生的无色、淡黄色或棕红色固体颗粒。据史料记载桃胶食用和药用开始于南北朝，具有调中和血、益气止痛的功效，可用于治疗乳糜尿、糖尿病、尿路感染、痢疾、石淋、血淋等。

39. 巴拉圭冬青叶（马黛茶叶）

巴拉圭冬青叶（马黛茶叶）为冬青科冬青属多年生常绿灌木，原产于南美洲亚热带地区，富含多种活性物质，包括多酚、黄嘌呤、咖啡酰衍生物、皂苷以及各种矿物质，具有抗氧化、抗菌、降脂、降胆固醇、利尿、兴奋等作用。

第七节　藻　菌　类

本节简述属于藻菌类的新食品原料，包括裸藻、蛋白核小球藻、盐藻及提取物、雨生红球藻、拟微球藻、球状念珠藻（葛仙米）、茶藨子叶状层菌发酵菌丝体、蛹虫草、广东虫草子实体、蝉花子实体（人工种植）和莱茵衣藻，共 11 种。

1. 裸藻

裸藻是古代原生动物眼虫的植物学名称，具有强效抗氧化、抗病毒、清除自由基的作用，其抗癌、抗细菌活性，抗病毒（如人类免疫缺陷病毒）活性的能力也较强，在保护肝脏、缓和过敏性皮炎、抑制嘌呤吸收和预防改善痛风方面也有作用。

2. 蛋白核小球藻

蛋白核小球藻（*Chlorella*）为绿藻门、小球藻属普生性单细胞绿藻，是一种球形单细胞淡水藻类，是地球上最早的生命之一。小球藻中独有的生物活性生长因子——浓缩生长因子。浓缩生长因子具有诱发干扰素，激发人体免疫组织的防御能力，还有抗肿瘤、抗辐射、抗病原微生物、体能恢复、提高免疫力、修复创伤等作用。

3. 盐藻及提取物

盐藻，亦称"杜氏藻"，是一类极端耐盐的单细胞真核绿藻。盐藻及其提取物具有清除自由基、调节酸碱平衡、全面补充细胞营养素的作用。其提取物还有减轻化疗不良反应，预防和辅助治疗心脑血管疾病、糖尿病、癌症等功效。

4. 雨生红球藻

雨生红球藻又称湖生红球藻或湖生血球藻，属于团藻目、红球藻科。雨生红球藻目前被认为是自然界中生产天然虾青素的最好的生物之一，天然虾青素可以有效清除细胞内的氧自由基，增强细胞再生能力，维持机体平衡和减少衰老细胞的堆积，由内而外保护细胞和 DNA 健康，从而保护皮肤健康，促进毛发生长，抗衰老、缓解运动疲劳、增强活力。

5. 拟微球藻

拟微球藻又称拟微绿球藻，为单胞藻科、拟微球藻属，拟微球藻中含有多种脂类物质，尤其 $\omega-3$ 多不饱和脂肪酸的 EPA 含量达到总脂肪酸的 30% 左右。EPA 对于细胞膜的流动性以及细胞代谢有重要作用。此外，研究表明 EPA 具有降低胆固醇、预防和治疗心脑血管疾病等功效，因而富含 EPA 的拟微球藻也具有此作用。

6. 球状念珠藻（葛仙米）

球状念珠藻是一种属于念珠藻科、念珠藻属的低等单细胞蓝藻，俗称天仙米、天仙菜、珍珠菜、葛仙米等，球状念珠藻具有抑菌、提高机体免疫力、增强肝脏代谢脂肪的能力、减少患动脉粥样硬化风险、抗肿瘤等作用。

7. 茶藨子叶状层菌发酵菌丝体

茶藨子叶状层菌是来源于忍冬科金银花植株上的一种真菌，具有抗炎、抗病毒、治疗肿瘤和糖尿病等功效。

8. 蛹虫草

蛹虫草生长于针叶林、阔叶林或混交林地表土层中鳞翅目昆虫的蛹体上，主要分布于云南、吉林、辽宁（沈阳）、内蒙古等区域。中医认为，蛹虫草既能补肺阴，又能补肾阳，主治肾虚、阳痿遗精、腰膝酸痛、病后虚弱、久咳虚弱、劳咳痰血、自汗盗汗等。现在研究表明其具有提高机体免疫力、抗辐射、清除自由基、扩张血管、降血压、调节血脂、增强大脑记忆力等多种活性。

9. 广东虫草子实体

广东虫草子实体，由广东虫草菌种经接种、培养，采收子实体后烘干制成，广东虫草子实体具有多种生物活性。对感染禽流感病毒小鼠的肺损伤有显著的抑制作用；可改善慢性肾衰竭大鼠的临床症状及肾脏水肿、变大等病变程度；可显著的延长负重小鼠的游泳时间，加快疲劳大鼠体内血乳酸的清除。

10. 蝉花子实体（人工种植）

蝉花子实体是虫草科真菌蝉棒束孢菌株由固体发酵培养得到的子实体干燥粉末。人工蝉花子实体可以有效的清除反应性氧化代谢产物和自由基，减轻脂质过氧化反应、提高巨噬细胞的吞噬活性，具有免疫调节、抗疲劳应激、解热镇痛、镇静催眠等作用。

11. 莱茵衣藻

莱茵衣藻主要营养成分包括蛋白质、碳水化合物、脂肪、氨基酸、维生素和矿物质等，其中蛋白质含量超过 30.0%、粗多糖含量超过 10.0%。莱茵衣藻具有辅助降低动物血糖、提升免疫力的作用。

第八节 乳酸菌及其他菌

本节简介属于乳酸菌和其他菌的新食品原料，包括两歧双歧杆菌（R0071）、婴儿双歧杆菌（R0033）、瑞士乳杆菌（R0052）、植物乳杆菌（ST-Ⅲ）、植物乳杆菌（299v）、植物乳杆菌（CGMCC NO.1258）、鼠李糖乳杆菌（MP108）、鼠李糖乳杆菌（R0011）、嗜酸乳杆菌（R0052）、副干酪乳杆菌（GM080、GMNL-33）、弯曲乳杆菌、马乳酒样乳杆菌马乳酒样亚种、清酒乳杆菌、产丙酸丙酸杆菌、乳酸片球菌、戊糖片球菌、马克斯克鲁维酵母、长双歧杆菌长亚种（BB536）和肠膜明串珠菌乳脂亚种，共19种，可参考本书第七章相关内容。

1. 两歧双歧杆菌（R0071）

两歧双歧杆菌（R0071, *Bifidobacterium bifidum* R0071）是从成人肠道分离得到的一种新食品原料，在人体肠内发酵后能够产生乳酸和醋酸，提高钙、磷、铁的利用率，促进铁和维生素D的吸收，有助于调节免疫系统功能。两歧双歧杆菌可以治疗慢性腹泻，以及治疗大量使用抗生素导致的伪膜性肠炎。

2. 婴儿双歧杆菌（R0033）

婴儿双歧杆菌（R0033）是从婴幼儿肠道分离得到的益生菌，具有提高免疫力、改善胃肠道功能、抗衰老、抗肿瘤、以及增加营养等多种重要生物功效。

3. 瑞士乳杆菌（R0052）

瑞士乳杆菌（R0052）是从乳制品中分离得到的一种益生菌，其具有保护肝脏、增强肠道保护屏障等作用。此外其具有较强的蛋白水解能力，能够利用肠道内未被消化的碳水化合物发酵产生一系列生物活性肽、细菌素以及短链脂肪酸，对婴幼儿健康有益。

4. 植物乳杆菌（ST-Ⅲ）

植物乳杆菌（ST-Ⅲ）是乳酸菌中的一种，常存在于蔬菜、果汁及发酵制品中。植物乳杆菌ST-Ⅲ菌株具有稳定的降胆固醇能力，对不同来源的胆固醇均具有降低作用。

5. 植物乳杆菌（299v）

植物乳杆菌（299v）为一种外形呈棒状的革兰氏阳性菌，在自然界中广泛存在，植物乳杆菌（299v）作为人体胃肠道内重要的益生菌群，可调节肠道菌群结构，改善肠道微生态稳态，对维持人体健康具有重要作用。此外还具有减少系统性炎症、调节焦虑、抑郁等情绪功能障碍、改善重度抑郁症患者的认知功能等作用。

6. 植物乳杆菌（CGMCC NO.1258）

植物乳杆菌（CGMCC NO.1258）属于植物乳杆菌属，来源于健康婴儿粪便，为冷冻干燥粉末或颗粒。

7. 鼠李糖乳杆菌（MP108）

鼠李糖乳杆菌（MP108）是一种可用于婴幼儿食品的菌种，其具有调节肠道菌群、增强婴幼儿免疫力、改善便秘腹泻的作用。此外，还具有预防小儿轮状病毒肠炎、特异性皮炎、过敏性鼻炎等功效。

8. 鼠李糖乳杆菌（R0011）

鼠李糖乳杆菌（R0011）属于鼠李糖乳杆菌属，来源于脱水的发酵牛乳，为冷冻干燥粉末或颗粒。

9. 嗜酸乳杆菌（R0052）

嗜酸乳杆菌（R0052）属于嗜酸乳杆菌属，来源于脱水的发酵牛乳，为冷冻干燥粉末。

10. 副干酪乳杆菌（GM080、GMNL-33）

副干酪乳杆菌（GM080、GMNL-33）属于副干酪乳杆菌属，来源于健康人体胃肠道，为冷冻干燥粉末。

11. 弯曲乳杆菌

弯曲乳杆菌（*Lactobacillus curvatus*）是弯曲、豆状的杆菌，成短链或通常为四个细胞组成封闭的环形或马蹄形。

12. 马乳酒样乳杆菌马乳酒样亚种

马乳酒样乳杆菌马乳酒样亚种是一类革兰氏阳性乳杆菌，能够产胞外多糖。其可以有效的抑制有害微生物，如沙门氏菌、口腔链球菌等。此外，其还能够调节机体的代谢和免疫，维持肠道健康。

13. 清酒乳杆菌

清酒乳杆菌（*Lactobacillus sakei*）为可食用菌种，卫生安全指标应当符合我国相关标准。

14. 产丙酸丙酸杆菌

产丙酸丙酸杆菌（*Propionibacterium acidipropionici*）为可食用菌种，卫生安全指标应当符合我国相关标准。

15. 乳酸片球菌

乳酸片球菌（*Pediococcus acidilactici*）为可食用菌种，卫生安全指标应当符合我国相关标准。

16. 戊糖片球菌

戊糖片球菌（*Pediococcus pentosaceus*）为可食用菌种，卫生安全指标应当符合我国相关标准。

17. 马克斯克鲁维酵母

马克斯克鲁维酵母（*Kluyveromyces marxianus*）为可食用菌种，卫生安全指标应当符合我国相关标准。

18. 长双歧杆菌长亚种（BB536）

长双歧杆菌长亚种（BB536）自 1969 年从一位健康婴儿肠道中分离出来，作为适合人类的益生菌菌株，已有 50 多年的研究开发历史，其能有效促进双歧杆菌定植、促进免疫发育、降低过敏风险，以及防御上呼吸道感染，并对生命早期肠道菌群的建立与免疫系统的发育和成熟有积极作用。

19. 肠膜明串珠菌乳脂亚种

肠膜明串珠菌乳脂亚种（*Leuconstoc mesenteroides* subsp. *cremoris*）为可食用菌种，卫生安全指标应当符合我国相关标准。

思考题

（1）请列举3~4个属于功能性碳水化合物的新食品原料，阐述其生物功效。

（2）茶叶茶氨酸在食品工业的适用范围是怎样？

（3）γ-亚麻酸油脂有什么生物功效？

（4）请列举5个属于植物提取物的新食品原料，阐述其生物功效。

（5）请列举4个属于菌藻类新食品原料，阐述其生物功效。

（6）请利用本章讨论的新食品原料，开发一款具有提高免疫力的产品。

（7）请利用本章讨论的新食品原料，开发一款具有降血脂的产品。

（8）请利用本章讨论的新食品原料，开发一款具有抗疲劳的产品。

第十四章

CHAPTER

公告为普通食品原料

14

[学习目标]

（1）掌握普通食品原料与保健食品原料的区别与联系。
（2）掌握 45 种公告为普通食品原料的性质与应用。
（3）了解 45 种公告为普通食品原料的生物功效。

食品原料是指用于食品生产的原材料，截至 2022 年 3 月，国务院卫生行政主管部门曾以公告、批复、复函形式同意作为普通食品原料的名单，共 45 种，本章将之分成 6 类。

单成分原料（8 种）：海藻糖、水苏糖、抗性糊精、黄明胶、柑橘纤维、中链甘油三酯、酪蛋白酸钙（钾、镁）、加氧饮用水。

叶草类植物原料（10 种）：沙棘叶、布渣叶、白毛银露梅、冬青科苦丁茶、木犀科粗壮女贞苦丁茶、凉粉草、夏枯草、大麦苗、小麦苗、平卧菊三七。

花和花粉类植物原料（11 种）：玉米须、鸡蛋花、玫瑰花（重瓣玫瑰花）、荞麦花粉、向日葵花粉、松花粉、油菜花粉、玉米花粉、芝麻花粉、紫云英花粉、高粱花粉。

果实类植物和藻类原料（7 种）：刺梨、针叶樱桃果、酸角、纳豆、天贝、钝顶螺旋藻、极大螺旋藻。

根茎类植物原料（6 种）：玫瑰茄、五指毛桃、魔芋、牛蒡根、耳叶牛皮消、梨果仙人掌。

动物类原料（3 种）：蚕蛹、蛋清粉、养殖梅花鹿副产品。

另外，国务院卫生行政主管部门公告明确不是普通食品的名单（历年发文总结），共 11 种：西洋参、鱼肝油、灵芝（赤芝）、紫芝、冬虫夏草、莲子芯、薰衣草、大豆异黄酮、灵芝孢子粉、鹿角、龟甲。

第一节　单成分原料

在公告作为普通食品原料中，属于单成分原料的共 8 种，包括海藻糖、水苏糖、抗性糊精、黄明胶、柑橘纤维、中链甘油三酯、酪蛋白酸钙（钾、镁）、加氧饮用水。

1. 海藻糖

海藻糖（Trehalose，国家卫生计生委 2014 年第 15 号公告）广泛存在于低等植物、藻类、细菌、真菌、酵母、昆虫及无脊椎动物中，海藻糖在食品工业中，可用于防止淀粉老化和蛋白质变性，抑制脂质氧化变质，保持蔬菜和肉类的组织稳定和保鲜等。

2. 水苏糖

水苏糖（Stachyose，卫生部 2010 年第 17 号公告）是天然存在的一种四糖，可以显著促进双歧杆菌等有益菌的增殖。水苏糖甜度较低，只有蔗糖的 22%，可作为甜味料加入糖尿病、肥胖症等患者的食物中。具有较强的吸水性，持水性非常好，因此在开发保湿类化妆品方面有很好的用处。

3. 抗性糊精

抗性糊精（Resistant dextrin，卫生部 2012 年第 16 号公告）由淀粉加工而成，属低分子水溶性膳食纤维，在消化道中不会被消化吸收，直接进入大肠，具有高消化耐受性、低血糖指数、低胰岛素指数、低热量、防止龋齿等特性。

4. 黄明胶

黄明胶（Oxhide gelatin，《国家卫生计生委办公厅关于黄明胶、鹿角胶和龟甲胶有关问题的复函》，国卫办食品函〔2014〕570 号）属中药材，黄明胶具有润肠通便、抗疲劳、补血的作用。

5. 柑橘纤维

柑橘纤维（Citrus fiber，《卫生部办公厅关于柑橘纤维作为普通食品原料的复函》，卫办监督〔2012〕262 号）是一种从天然柑橘中提取的膳食纤维，柑橘纤维具有预防肥胖、降低血糖、预防心血管疾病、提高机体免疫力等功效。

6. 中链甘油三酯

中链甘油三酯（《国家卫生计生委办公厅关于中链甘油三酯有关问题的复函》，国卫办食品函〔2013〕514 号）是通过水解植物油先分离出辛酸和癸酸，随后与甘油酯化而形成的一种天然油脂改性产品，其生物功效如下：

①因分子量较小而较易溶于水和体液中，在生物体内的溶解度更高；

②因分子量小故胰脂酶能将其水解得更完全更易吸收，甚至在胰脂酶和胆盐缺乏的情况下大部分能以甘油三酯形式吸收，人体摄取中链甘油三酯后不引起胰液分泌；

③在体内运输时不需与其他脂类物质形成乳糜微粒，也不易与蛋白质结合；

④可越过淋巴系统直接经门静脉进入肝脏，在肝内不合成脂类，故不易形成脂肪肝；

⑤普通油脂的能量值为 37.66kJ/g，而中链甘油三酯为 34.73kJ/g，是葡萄糖提供能量的 2 倍；且中链甘油三酯很容易释放能量，对于急需能量的运动员来说属于容易吸收的能源。

7. 酪蛋白酸钙、钾、镁

酪蛋白是牛乳中的主要蛋白，占总蛋白含量的 80% 以上，它含有人体必需的 8 种氨基酸，是一种全价蛋白质，能够为生物体生长发育提供必需的氨基酸。酪蛋白酸镁具有补充微量元素、增稠、乳化和起泡等特性，可作为食品添加剂应用于营养饮料、奶酪、酸乳酪和面包等食品。

8. 加氧饮用水

目前，加氧饮用水作为普通食品管理应符合以下条件：所使用的氧气应符合医用氧要求，氧气纯度不低于 99%，制成的饮用水中含氧量不应超过 150mg/L。

第二节　叶草类植物原料

在公告作为普通食品原料中，属于叶草类植物原料的共 10 种，包括沙棘叶、布渣叶、白毛银露梅、冬青科苦丁茶、木犀科粗壮女贞苦丁茶、凉粉草、夏枯草、大麦苗、小麦苗、平卧菊三七。

1. 沙棘叶

沙棘（*Hippophae rhamnoides* L.，国家卫生和计划生育委员会 2013 年第 3 号公告）又名醋柳，沙棘总黄酮是指从沙棘的果实或叶子中提取的黄酮类化合物，沙棘黄酮具有增加冠状动脉血流量、降低心肌耗氧量、抑制血小板聚集、抗肿瘤、免疫调节、延缓衰老等功效。

2. 布渣叶

布渣叶（*Microcos paniculata* L.，卫生部 2010 年第 3 号公告）为椴树科、布渣叶属（*Microcos* L.）植物的叶，具有清热解毒、消食导滞、解渴开胃的功效。

3. 白毛银露梅

白毛银露梅为蔷薇科、委陵菜属植物，灌木，有理气散寒、镇痛固齿、利尿消水、肠道防腐的功效，可入方治疗风热牙痛等。此外，白毛银露梅还具有抑制动脉血管硬化、降低血脂及抗氧化、抗菌、抗癌等功效。

4. 冬青科苦丁茶

苦丁茶是民间一种传统优良饮料，具有消炎镇痛、清凉解毒、降脂、降压、减肥的功效。成品茶清香有苦味、而后甘凉，具有清热消暑、明目益智、生津止渴、利尿强心、润喉止咳、降压减肥、抑癌防癌、抗衰老、活血脉等功效。

5. 木犀科粗壮女贞苦丁茶

木犀科粗壮女贞苦丁茶［*Ligustrum robustum*（Roxb.）Blum.，《卫生部关于同意木犀科粗壮女贞苦丁茶为普通食品的批复》，卫监督函〔2011〕428 号］是采用木犀科、女贞属植物的鲜叶加工而成的非茶属饮料，经冲泡叶片舒展鲜活，汤色翠绿，滋味先苦后甘，具有清热解毒、生津止渴、提神醒脑、杀菌消炎、降脂减肥、健胃强身、利尿降压等功效。

6. 凉粉草

凉粉草（*Mesona chinensis* Benth.，卫生部 2010 年第 3 号公告）全草味甘、淡、性凉，清热利湿，凉血，有消暑、清热、凉血、解毒等作用，用于治疗中暑、糖尿病、黄疸、泄泻、痢疾、高血压病、肌肉疼痛、关节疼痛、急性肾炎、风火牙痛、烧烫伤、丹毒、梅毒和漆过敏等症。

7. 夏枯草

夏枯草（*Prunella vulgaris* L.，卫生部 2010 年第 3 号公告）为唇形科植物夏枯草（*Prunella vulgaris* L.）的干燥果穗，别名麦穗夏枯草、铁线夏枯草，麦夏枯等，夏枯草活性成分有全草含三萜皂苷、齐墩果酸、熊果酸、芸香苷、金丝桃苷、鞣质、挥发油和少量生物碱。花穗中含飞燕草素和矢车菊素的花色苷、d-樟脑、d-小茴香酮等。

8. 大麦苗

大麦苗（Barley leaves，卫生部 2012 年第 8 号公告）是禾本科植物大麦（*Hordeum vulgare* L.）的幼苗，大麦苗中含维生素、矿物质及蛋白质等各种营养成分。大麦苗汁含 β-胡萝卜素、维生素 B_1、维生素 B_2、维生素 B_6、维生素 B_{12}、泛酸、叶酸及矿物质钙、铁、磷等，其他成分包括叶绿素、氨基酸、蛋白质、纤维素和生物酶。素食者通过补充大麦苗可以避免发生维生素 B_{12} 缺乏症。

9. 小麦苗

小麦苗（Wheat seedling，《卫生部关于同意将小麦苗作为普通食品管理的批复》，卫监督函〔2013〕17 号）为禾本科、小麦属植物小麦（*Triticum aestivum* L.）的嫩茎叶，具有清热解毒的功效。常用于除烦热、疗黄疸、解酒毒等。小麦苗具有恢复血液碱性、减轻疲劳、增强体力、保护胃黏膜、促进人体消化、缓解高血压和高血脂、增强免疫力等功效，长期使用还可改善人体体质，预防疾病的发生。

10. 平卧菊三七

平卧菊三七［*Gynura procumbens*（Lour.）Merr，卫生部 2012 年第 8 号公告］为菊科、菊三七属，多年生草本植物，又名续命草、神仙草。现代研究表明其具有保肝、降压、调脂降糖、抗炎镇痛、抗癌等多种活性。平卧菊三七含有机酸、黄酮、生物碱、三萜等化学成分，具有清热解毒、止血止咳、活血通络、提高人体免疫力和抗病毒能力、补钙、抗感冒等功效。

第三节　花和花粉类植物原料

公告作为普通食品原料中，属于花和花粉类植物原料的共 11 种，包括玉米须、鸡蛋花、玫瑰花（重瓣玫瑰花）、荞麦花粉、向日葵花粉、松花粉、油菜花粉、玉米花粉、芝麻花粉、紫云英花粉、高粱花粉。

1. 玉米须

玉米须（Corn silk，《卫生部关于玉米须有关问题的批复》，卫监督函〔2012〕306 号）是禾本科作物玉米（*Zea mays* L.）的干燥花柱和柱头，具有利水消肿、降压功效，用于治疗肾炎性水肿、小便不利、湿热黄疸、高血压等病症。

2. 鸡蛋花

鸡蛋花（*Plumeria rubra* L. cv. acutifolia，卫生部 2010 年第 3 号公告），别名缅栀、蛋黄花，是夹竹桃科、鸡蛋花属落叶小乔木或灌木，其具有清热解毒、止咳、延缓衰老、抗氧化、抗真菌和抗肿瘤活性。

3. 玫瑰花（重瓣玫瑰花）

玫瑰花（重瓣红玫瑰）（*Rose rugosa cv. Plena*，卫生部 2010 年第 3 号公告）是蔷薇科、蔷薇属落叶丛生灌木的花，又名徘徊花、刺玫、笔头花等。其具有促进血液循环、强化血管壁弹性、降低心脏的充血现象、减低心脏病的发生率、改善脾脏功能、利脾益心、抗菌、改善肝功能、清除毒素、平衡及强化胃肠道功能、改善情绪紧张、压抑等引起的胃痛等功能。

4. 荞麦花粉

荞麦花粉含有丰富的蛋白质、膳食纤维、矿物质（K、Fe、Se 含量较高）、黄酮类化合物以及合理的必需氨基酸。具有改善心血管系统、提高机体免疫力、延缓衰老、抗辐射、保护消化系统、预防前列腺病变、调节内分泌等作用。

5. 向日葵花粉

向日葵（Helianthus pollen，卫生部 2004 年第 17 号公告）为木兰纲、菊目、菊科、向日葵属的一年生草本植物。葵花花粉味微甘、性平，可祛风、平肝、利湿，可治头晕、耳鸣、小便淋沥等。葵花花粉有扩张血管的作用，同时还可引起呼吸兴奋、血压下降。此外，葵花花粉还能明显增强小肠收缩，可用于肠无力。

6. 松花粉

松花粉（Pine pollen，卫生部 2004 年第 17 号公告）药名松花、松黄，为鲜黄色或淡黄色细粉，其性味甘平、无毒，富有营养物质。

7. 油菜花粉

油菜为十字花科、芸薹属植物，油菜花粉（Rape pollen 2004 年 17 号公告）具有延缓衰老、美容养颜、治疗前列腺炎的功效，而且油菜花粉提取物对肿瘤细胞有不同程度的抑制作用。

8. 玉米花粉

玉米花粉（Corn pollen，卫生部 2004 年第 17 号公告）呈淡黄色，多数为近球形或长球形，表面呈颗粒状，形体大且外壁薄，清香，微甜，无怪味。玉米花粉具有明显的降血脂作用，还有增强心肌、耐缺氧、促进造血功能、改善微循环、抗疲劳、增强体质、促进生长、抗衰老、对抗放疗化疗损伤、提高免疫力等作用。

9. 芝麻花粉

芝麻花粉（Sesame pollen，卫生部 2004 年第 17 号公告）含氨基酸 20.41%。其具有修复皮肤膜、增强皮肤抵抗力、降低血糖等活性。

10. 紫云英花粉

紫云英花粉（Milk vetch pollen，卫生部 2004 年第 17 号公告）含氨基酸丰富，为25.703%。具有促进幼童生长发育、抗疲劳等活性。

11. 高粱花粉

高粱属于禾本科、玉蜀黍属，和玉米花粉同科同属。高粱花粉（Sorghum pollen，卫生部 2004 年第 17 号公告）具有提高免疫力、抑瘤、防治心脑血管疾病等活性。

第四节　果实类植物和藻类原料

在公告属于普通食品原料中，属于果实类植物和藻类原料的共 7 种，包括刺梨、针叶樱桃果、酸角、纳豆、天贝、钝顶螺旋藻、极大螺旋藻。

1. 刺梨

刺梨（*Rosa roxburghii*，卫生部 2004 年第 17 号公告）又名送春归、缫丝花，其用于消食、止泻、解暑及积食腹胀、痢疾、肠炎、高血压、血管破裂出血、维生素 C 缺乏症等疾病的治疗。此外，刺梨还具有调节机体免疫功能、解毒、镇静、延缓衰老、抗动脉粥样硬化、抗肿瘤等功效。

2. 针叶樱桃果

针叶樱桃果（Acerola cherry，卫生部 2010 年第 9 号公告）是金虎尾科（*Malpighiaceae*）、金虎尾属（*Malpighia*）凹缘金虎尾（*M. emarginata*）的果实。含有丰富的维生素 C，以及超氧化物歧化酶。维生素 C 是维持人体生命不可欠缺的重要成分，能够防感冒、坏血病，改善人体抵抗能力，对美容以及抗肿瘤也有一定功效。

3. 酸角

酸角（*Tamarindus indica* L.，卫生部 2009 年第 18 号公告）又称酸豆、罗望子等。是蔷薇目、豆科、酸角属的一种热带、亚热带常绿大乔木。在我国，酸角多由当地居民作水果食用。酸角种仁榨取的油可食用，种子富含罗望子胶，是一种食品增稠剂和稳定剂。果实入药有驱风和抗坏血病的功效。

4. 纳豆

纳豆（Natto，《卫生部关于纳豆作为普通食品管理的批复》，卫法监发〔2002〕308 号）是日本一种历史悠久的传统大豆发酵食品，纳豆中富含皂青素，具有改善便秘、降血脂、预防大肠癌、降低胆固醇、软化血管、预防高血压和动脉硬化、抑制艾滋病病毒、提高记忆力、护肝美容、延缓衰老等功效。

5. 天贝

天贝（Tempeh，卫生部 2013 年第 7 号公告）又称丹贝、天培，是一种来自印度尼西亚的特色发酵大豆产品。天贝异黄酮可以有效螯合铁离子，抑制亚铁态引起的血脂过氧化反应。天贝提取物能够显著抑制血管紧张素转换酶活性，预防高血压。另外，它还具有减轻腹泻、降血糖等功效。

6. 钝顶螺旋藻

钝顶螺旋藻（*Spirulina platensis*，卫生部 2004 年第 17 号公告）是一种蓝绿色的海藻，属于念珠藻。钝顶螺旋藻可以降血脂、抑制糖尿病、肥胖症、贫血症的发生。钝顶螺旋藻多糖具有增强免疫力的作用，显著抑制移植性癌细胞的增殖。

7. 极大螺旋藻

极大螺旋藻（*Spirulina maxima*，卫生部 2004 年第 17 号公告）属蓝藻门、颤藻科。极大螺旋藻在预防心血管疾病、降低胆固醇、降血脂、治疗胃溃疡和缺铁性贫血方面具有良好效果，还具有抗疲劳、抗衰老、抗辐射、抗病毒、抑制肿瘤、提高机体免疫力等作用。另外，极大螺旋藻具有较强的生物吸附和富集能力，能够有效清除多种重金属。

第五节　根茎类植物原料

在公告属于普通食品原料中，属于根茎类植物原料的共 6 种，包括玫瑰茄、五指毛桃、魔芋、牛蒡根、叶耳牛皮消、梨果仙人掌。

1. 玫瑰茄

玫瑰茄（*Hibiscus sabdariffa*，卫生部 2004 年第 17 号公告）又名山茄、苏丹红、美丽纳，玫瑰茄含有的木槿酸被认为对治疗心脏病、高血压、动脉硬化等病有一定功效。其提取物还具有驱虫、抑菌、胆汁分泌、刺激肠壁蠕动等功效。

2. 五指毛桃

五指毛桃（*Ficus hirta* Vahl，《国家卫生计生委办公厅关于五指毛桃有关问题的复函》，国卫办食品函〔2014〕205 号）又名南芪、五爪龙、五指牛奶、土北芪，为桑科植物粗叶榕的干燥根。岭南地区的中医或少数民族民间医生常用于治疗脾虚浮肿、食少无力、肺痨咳嗽、盗汗、带下、产后无乳、月经不调、风湿痹痛、水肿等症。

3. 魔芋

魔芋（*Amorphophallus rivieri*，卫生部 2004 年第 17 号公告）是天南星科、魔芋属多年生草本植物，全株有毒，以块茎为最，不可生吃，需加工后方可食用。具有清理肠道、防止肥胖、提高耐糖力、改善胆固醇代谢和抑制胆固醇结石形成等功效。中医认为魔芋性寒、味辛有毒，可化痰散积、行敷消肿，治痰嗽、积滞、疟疾、经闭、跌打损伤、痈肿、烫火伤。

4. 牛蒡根

牛蒡是菊科、牛蒡属植物，其果实（牛蒡子）、叶和根入药。牛蒡根（《国家卫生计生委关于牛蒡作为普通食品管理有关问题的批复》，国卫食品函〔2013〕83 号）在日本和欧洲兼作蔬菜，中医认为牛蒡子有辛凉解表、疏风散热和清热解毒的功效，用于风热感冒、咳嗽多痰和麻疹等症。

5. 耳叶牛皮消

耳叶牛皮消（*Cynanchum auriculatum* Royle ex Wight，《国家卫生计生委办公厅关于滨海白首乌有关问题的复函》，国卫办食品函〔2014〕427 号）别名飞来鹤，又称牛皮消，系萝摩科鹅绒藤属植物。有养阴清热、润肺止咳之效，可治神经衰弱、胃及十二指肠溃疡、肾炎、水肿、食积腹痛、小儿疳积、痢疾；外用治毒蛇咬伤、疔疮。

6. 梨果仙人掌

梨果仙人掌［*Opuntia ficus-indica*（Linn.）Mill.，卫生部 2012 年第 19 号公告］俗称仙桃（米邦塔品种），具有清热解毒、散瘀消肿、健胃止痛、镇咳等功效，还可以外用治疗流行性腮腺炎、乳腺炎、痔疮、蛇咬伤、烧烫伤等。此外还具有抗氧化、抗衰老、抗癌、降血脂、美容养颜等功效。

第六节　动物类原料

在公告属于普通食品原料中，属于动物原料的有 3 种，包括蚕蛹、蛋清粉、养殖梅花鹿副产品。

1. 蚕蛹

蚕蛹（Silkworm chrysalis，卫生部 2004 年第 17 号公告）是鳞翅目、蚕蛾科昆虫蚕（*Bombyx moil* L.）的蛹，是蚕丝业的主要副产物之一。既是高营养的美食，又是传统中药材。具有长肌退热、除蛔虫、止消渴等作用。蚕蛹蛋白肽具有降血压、抗肿瘤、抗氧化、抗疲劳等作用。蚕蛹油含有约75%不饱和脂肪酸和20%饱和脂肪酸，是α-亚麻酸的重要来源，具有良好的调节血脂和血糖、改善肝功能和抗氧化等功效。

2. 蛋清粉

蛋清粉是一种以蛋清液为原料，经拣蛋、洗蛋、消毒、喷淋、吹干、打蛋、分离、过滤、均质、巴氏杀菌、脱糖、喷雾干燥等工序精制而成的优良干蛋制品，一般可通过加水的方法还原为蛋清液，是传统蛋白最为理想的替代品，且酶解后制备的蛋清肽具有降血压、抗氧化等功效。

3. 养殖梅花鹿副产品

除鹿茸、鹿角、鹿胎、鹿骨外，养殖梅花鹿（*Cervus nippon temminck*）副产品［《卫生部关于养殖梅花鹿副产品作为普通食品有关问题的批复》，卫监督函〔2012〕8号］可作为普通食品，包括鹿血、鹿鞭、鹿肾、鹿尾、鹿心、鹿筋、鹿肉等。

鹿血具有促进性器官发育和性激素分泌、改善性功能、抗炎镇痛、促进骨及软骨愈合、降血压、保护心脑血管、促进损伤修复、促进细胞和神经再生、加快神经轴生长速度、清除自由基、抗衰老、抗癌等功效。鹿鞭具有补肾、壮阳、益精、活血之功效。鹿尾自古以来就作为名贵的滋补强壮剂。鹿心能够促进机体新陈代谢，保护心血管系统和改善大脑功能。鹿心肽具有活血通窍、调节心脏功能紊乱、补充心肌动力等功效。鹿筋可用于肾虚手足无力、风湿关节痛、转筋、劳损等症。鹿肉可以补脾胃、益气血、助肾阳、填精髓、暖腰脊、补五脏、调血脉。

🔍 思考题

（1）请列举3~5种公告为普通食品原料，阐述其可能具有的生物功效。

（2）请利用本章原料开发一款具有高效提高人体免疫功能的产品。

（3）请利用本章原料开发一款具有高效提高调理心血管疾病的产品。

（4）谈一谈你对食物养生的见解。

参考文献

［1］杨月欣．中国功能食品原料基本成分数据表［M］．北京：中国轻工业出版社，2013.

［2］石汉平，刘学聪．特殊医学用途配方食品临床应用［M］．北京：人民卫生出版社，2017.

［3］郑建仙．功能性食品学（第三版）［M］．北京：中国轻工业出版社，2019.

［4］高福成，郑建仙．食品工程高新技术（第二版）［M］．北京：中国轻工业出版社，2021.

［5］中国营养学会．中国居民膳食指南（2022）［M］．北京：人民卫生出版社，2022.

［6］中国营养学会．中国学龄儿童膳食指南（2022）［M］．北京：人民卫生出版社，2022.

［7］中国营养学会．中国居民膳食营养素参考摄入量（2023）［M］．北京：人民卫生出版社，2023.

［8］中国营养学会．中国肥胖预防和控制蓝皮书［M］．北京：北京大学医学出版社，2019.

［9］中国疾病预防控制中心营养与食品安全所．中国食物成分表（第6版）［M］．北京：北京大学医学出版社，2018.

［10］庞国明，倪青，谢春光，等．内分泌疾病中医临床诊治专家共识［M］．北京：科学出版社，2022.

［11］肖新华．实用糖尿病治疗学［M］．北京：科学出版社，2021.

［12］中国抗癌协会肿瘤营养专业委员会，中华医学会肠外肠内营养学分会．中国肿瘤营养治疗指南2022［M］．北京：人民卫生出版社，2022.

［13］中华医学会．维生素矿物质补充剂在疾病防治中的临床应用专家共识［M］．北京：人民卫生出版社，2009

［14］郑建仙．植物活性成分开发［M］．北京：中国轻工业出版社，2005.

［15］郑建仙．功能性食品生物技术［M］．北京：中国轻工业出版社，2004.

［16］郑建仙．功能性食品（第一卷）［M］．北京：中国轻工业出版社，1995.

［17］郑建仙．功能性食品（第二卷）［M］．北京：中国轻工业出版社，1995.

［18］郑建仙．功能性食品（第三卷）［M］．北京：中国轻工业出版社，1995.

［19］郑建仙．功能性糖醇［M］．北京：化学工业出版社，2005.

［20］郑建仙．功能性膳食纤维［M］．北京：化学工业出版社，2005.

［21］郑建仙．功能性低聚糖［M］．北京：化学工业出版社，2004.

［22］SIMS S. Protein Hydrolysates：Uses，Properties and Health Effects［M］．New York：Nova Science Publishers，Inc.，2019.

［23］MEDICINE O I，BOARD N A F，INTAKES R D O E S T O C S，et al. Dietary Reference Intakes for Energy，Carbohydrate，Fiber，Fat，Fatty Acids，Cholesterol，Protein，and Amino Acids［M］．Washington：National Academies Press，2005.

［24］The Molecular Nutrition of Amino Acids and Proteins［M］．Amsterdam：Elsevier Inc.，2016.

［25］E A K E. Methods for Investigation of Amino Acid and Protein Metabolism［M］．Boca Raton：CRC Press，2017.

［26］FRIEDMAN M. Absorption and Utilization of Amino Acids：Volume I ［M］. Boca Raton：CRC Press，2019.

［27］D'MELLO J P F. Amino acids in human nutrition and health ［M］. Wallingford：CABI，2012.

［28］VANCLEEF L. Making Sense of What We Eat：Amino Acid Taste Receptors Tune Ghrelin Release and Smooth Muscle Contractility ［M］. Leuven：Leuven University Press，2018.

［29］FRIEDMAN M. Absorption and Utilization of Amino Acids：Volume II ［M］. Boca Raton：CRC Press，2018.

［30］WU G. Amino Acids：Biochemistry and Nutrition ［M］. Boca Raton：CRC Press，2021.

［31］HARDING S E，TOMBS M P，ADAMS G G，et al. An Introduction to Polysaccharide Biotechnology，Second Edition ［M］. Boca Raton：CRC Press，2017.

［32］CUI W S. Polysaccharide Gums from Agricultural Products ［M］. Oxford：Taylor and Francis，2012.

［33］HUGHES A B. Amino Acids，Peptides and Proteins in Organic Chemistry：Modified Amino Acids，Organocatalysis and Enzymes ［M］. Weinheim：Wiley - VCH Verlag GmbH & Co. KGaA，2009.

［34］R B R，ALLEIGH W，SABRINA M，et al. Metabolomics Analysis Reveals Novel Targets of Chemosensitizing Polyphenols and Omega-3 Polyunsaturated Fatty Acids in Triple Negative Breast Cancer Cells ［J］. International Journal of Molecular Sciences，2023，24（5）：4406-4406.

［35］KEI H. The role of omega-3 polyunsaturated fatty acids in mental health. ［J］. Nihon yakurigaku zasshi. Folia pharmacologica Japonica，2023，158（6）：460-463.

［36］GAÍVA H M，COUTO C R，OYAMA M L，et al. Diets rich in polyunsaturated fatty acids ［J］. Nutrition，2003，19（2）：144-149.

［37］RAO V A，RAO L. Dietary Carotenoids-Sources，Properties，and Role in Human Health ［M］. London：IntechOpen，2024.

［38］ZIA-UL-HAQ M，DEWANJEE S，RIAZ M. Carotenoids：Structure and Function in the Human Body ［M］. Cham：Springer International Publishing. 2021

［39］MITHUN R. Polyphenols：Food，Nutraceutical，and Nanotherapeutic Applications ［M］. Hoboken：John Wiley & Sons，Inc.，2023.

［40］DION A. Polyphenols and their Role in Health and Disease ［M］. New York：Nova Science Publishers，Inc.，2023.

［41］BELGHITH L F，FATMA C，FATMA K，et al. Antioxidant and antimicrobial activities of polyphenols extracted from pea and broad bean pods wastes ［J］. Journal of Food Measurement and Characterization，2022，16（6）：4822-4832.

［42］ARYA A ，KAUSHIK R. The Role of Vitamins in Combating Infectious Viral Diseases ［M］. Boca Raton：CRC Press，2024.

［43］PACKER L. Vitamin E in Health and Disease：Biochemistry and Clinical Applications ［M］. Boca Raton：CRC Press，2023.

［44］Vitamins and Minerals in Neurological Disorders ［M］. Amsterdam：Elsevier Inc.，2023.

［45］STEWART N. Vitamin Deficiency：Prevalence，Management and Outcomes ［M］. New

York：Nova Science Publishers，Inc. ，2020.

［46］BELL I. Carbohydrates And Vitamins In Chemical Natural Products ［M］. Tritech Digital Media，2018.

［47］ENSHASY E A H，YANG T S. Probiotics，the Natural Microbiota in Living Organisms：Fundamentals and Applications ［M］. Boca Raton：CRC Press，2021.

［48］W G E，V L M，MARC M，et al. The Power of Probiotics：Improving Your Health with Beneficial Microbes ［M］. Oxford：Taylor and Francis，2013.

［49］OTLES S. Probiotics and prebiotics in Food，Nutrition and Health ［M］. Boca Raton：CRC Press，2013.

［50］P N M. Molds，Mushrooms，and Medicines：Our Lifelong Relationship with Fungi ［M］. Princeton：Princeton University Press，2024.

［51］SEMWAL C K，STEVEN L S，HUSEN A. Wild Mushrooms and Health Diversity，Phytochemistry，Medicinal Benefits，and Cultivation ［M］. Boca Raton：CRC Press，2023.

［52］CRUZ D. Medicinal Mushrooms：Cultivation，Properties and Role in Health and Disease ［M］. New York：Nova Science Publishers，Inc. ，2018.

第七节　昆虫类和爬行类动物活性物质

自古以来，昆虫就是人类和许多动物的美食，在我国和亚洲的其他许多国家，以及在非洲、北美甚至欧洲都有食用昆虫的习惯。世界上的昆虫约有 100 万种，有 3650 余种可以食用。昆虫是地球上种类最多且生物量巨大的生物类群，繁殖速度快，低脂肪低胆固醇，肉质纤维少，营养结构合理，又易于吸收，优点突出并优于植物蛋白，为世界各国所关注。

根据我国长期以来的习惯和各地的食虫习俗，目前已知被食用的或曾被食用的昆虫有 8 目 39 种，它们是：

①蜚蠊目的东方蜚蠊、德国蜚蠊和美洲蜚蠊；

②直翅目的飞蝗、中华稻蝗、长翅稻蝗、中华蚱蜢、蟋蟀、棺头蟋蟀和油葫芦；

③半翅目的荔蝽、九香虫；

④同翅目的蚱蝉、雷鸣蝉、黄花蛄蝉和黄蚱蝉；

⑤鳞翅目的豆天蛾、白薯天蛾、芝麻天蛾、葡萄天蛾、棘桃六点天蛾、家蚕、柞蚕、大蓑蛾、玉米螟和二化螟；

⑥鞘翅目的三星龙虱、黄边大龙虱、黑鳃金龟、白星花金龟、暗黑鳃金龟、棕鳃金龟、铜绿丽金龟、黄褐丽金龟和禾犀金龟；

⑦等翅目的土垅大白蚁；

⑧膜翅目的黄胡蜂、黑胸胡蜂和大黑蚂蚁。

本节讨论 12 种昆虫类和爬行类动物物品，分别是蚂蚁、蚕蛹、蚕砂、蚯蚓（地龙）、蝉蜕、蝎子、团螵蛸、蜂王浆、蜂蜡、牛蛙、蛇和蛤蟆油（林蛙卵油）。

1. 蚂蚁

蚂蚁（Ant）属节肢动物门、昆虫纲、膜翅目、蚁科的社会性昆虫，其具有增强免疫功能、防止类风湿性关节炎、护肝、改善性功能等活性。

2. 蚕蛹

蚕蛹（Silkworm chrysalis），又名小蜂儿，隶属于节肢动物门、昆虫纲、鳞翅目、蚕蛾科，为蚕蛾科昆虫家蚕蛾（*Bombyx mori* L.）的蛹。其具有抗肿瘤、降压降糖、护肝、雄激素样作用等活性。

3. 蚕砂

蚕砂（Excrementum bombycis），又名晚蚕沙、蚕屎、蚕粪、原蚕屎，是节肢动物门、昆虫纲、鳞翅目、蚕蛾科昆虫家蚕的干燥粪便。其具有降血糖、改善贫血、抗肿瘤、消炎抑菌、抗病毒、保肝等作用。

4. 蚯蚓（地龙）

蚯蚓（Earthworm），中文学名环毛蚓，隶属于环节动物门、环带纲、寡毛亚纲、单向蚓目、环节动物属，其具有免疫增强、抗血栓、改善血液循环、杀精、强精、抗肿瘤等作用。

5. 蝉蜕

蝉蜕（*Cicadae Periostracum*），又名蝉壳、蝉退、蝉衣、知了皮，为节肢动物门、昆虫纲、半翅目、蝉亚目、蝉科昆虫蝉的若虫羽化时脱落的皮壳，其具有保护心脑血管、抗肿瘤、抗菌抗炎、抗凝血、抗惊厥、镇静等功效。

6. 蝎子

蝎子（Scorpion），又名全蝎、全虫、钳蝎、山蝎，隶属于节肢动物门、蛛形纲、蝎目、钳蝎科，为东亚钳蝎（*Buthus marthensii* Karsch）的干燥全体。其具有抗惊厥、抗癫痫、镇痛、抗凝血、抗血栓、抗肿瘤、抗哮喘等作用。

7. 团螵蛸

团螵蛸（Mantis Egg-case），又名软螵蛸，为植物界、被子植物门、双子叶植物纲、螵蛸目、螳螂科昆虫大刀螂（*Tenodera sinensis* Saussure）的干燥卵蛸，其具有增强免疫活性、抗菌、抗疲劳、降血糖、降血脂、改善性功能等作用。

8. 蜂王浆

蜂王浆（Royal jelly），又称蜂乳、王浆、蜜尖、蜂皇浆，是节肢动物门、昆虫纲、膜翅目、蜜蜂科昆虫工蜂上颚腺和咽下腺共同分泌的一种黏稠的浆状物质，供蜂王和幼虫食用。其具有抗衰老、增强免疫力、抗肿瘤、改善心脑血管疾病、促进伤口愈合等功效。

9. 蜂蜡

蜂蜡，又称荧蜡、黄蜡、蜜蜡，为节肢动物门、昆虫纲、膜翅目、蜜蜂科昆虫中华蜜蜂（*Apis cerana* Fadricius）或意大利蜂（*Apis mellifera* Linnaeus）工蜂腹部四对蜡腺分泌的用于建巢的复杂有机混合物，其具有降血脂、抗溃疡、抗皮肤炎症、抗血栓、镇痛等作用。

10. 牛蛙

牛蛙（*Rana catesbeiana*），俗名美国水蛙，隶属于脊索动物门、脊椎动物亚门、两栖纲、无尾目、蛙科、蛙属，其具有抗氧化、增强免疫力、抗菌、改善心血管等作用。

11. 蛇

蛇（*Serpentiformes*），属于脊索动物门、脊椎动物亚门、爬行纲、双孔亚纲、蛇目。其具有增强免疫力、抗疲劳、抗炎、镇咳等活性。

12. 蛤蟆油（林蛙卵油）

蛤蟆油（Oviductus Ranae），又名蛤什蟆油、田鸡油、林蛙油，是雌性林蛙输卵管干制而成的淡黄色固体，其具有增强免疫力、抗氧化、抗衰老、抗疲劳、耐缺氧、降血脂、改善骨质疏松、改善性功能、抗焦虑等作用。

🔍 思考题

（1）请列举4个属于药食两用动物品种的化学组成和生物功效。

（2）燕窝、珍珠、乌鸡、蜂王浆的主要生物功效有哪些？

（3）海洋动物一般有哪些生物功效？

（4）哪些动物的肉类具有明显的抗疲劳功效？请列举3例并阐述其生物功效。

（5）昆虫有哪些营养价值和生物功效？请列举3例简要说明。

（6）利用本章原料，请开发一款具有抗肿瘤作用的功能性食品。

（7）利用本章原料，请开发一款具有降血脂功效的功能性食品。

（8）利用本章原料，请开发一款具有改善性功能作用的产品。

（9）利用本章原料，请开发一款具有提高免疫力作用的功能性食品。

第十三章

新食品原料

[学习目标]

（1）掌握功能性碳水化合物新食品原料的基本信息、使用范围和生物功效。

（2）掌握氨基酸、肽和蛋白质新食品原料的基本信息、使用范围和生物功效。

（3）掌握功能性脂质新食品原料的基本信息、使用范围和生物功效。

（4）掌握矿物质新食品原料的基本信息、使用范围和生物功效。

（5）掌握植物活性化合物、植物及其提取物类新食品原料的基本信息、使用范围和生物功效。

（6）掌握藻菌类新食品原料的基本信息、使用范围和生物功效。

新资源食品是指在中国新研制、新发现、新引进的无食用习惯的，符合食品基本要求，对人体无毒无害的物品。新资源食品具有以下特点：

①在我国无食用习惯的动物、植物和微生物；

②从动物、植物和微生物中分离的在我国无食用习惯的食品原料；

③在食品加工过程中使用的微生物新品种；

④因采用新工艺生产导致原有成分或者结构发生改变的食品原料。

新资源食品应当符合《食品卫生法》及有关法规、规章、标准的规定，对人体不得产生任何急性、亚急性、慢性或其他潜在性健康危害。国家鼓励对新资源食品的科学研究和开发。

从 2013 年 10 月 1 日起，"新资源食品"更名为"新食品原料"。

新食品原料是指在我国无传统食用习惯的以下物品：动物、植物和微生物；从动物、植物和微生物中分离的成分；原有结构发生改变的食品成分；其他新研制的食品原料。同时规定，新食品原料不包括转基因食品、保健食品、食品添加剂新品种。

本章讨论至 2023 年 12 月已批准的 139 种新食品原料（含之前的新资源食品），分成 7 类。

功能性碳水化合物（18 种）：L-阿拉伯糖、塔格糖、1,6-二磷酸果糖三钠盐、异麦芽酮糖醇、低聚半乳糖、低聚甘露糖、低聚木糖、棉籽低聚糖、壳寡糖、阿拉伯半乳聚糖、燕麦 β-葡聚糖、酵母 β-葡聚糖、β-1,3/α-1,3-葡聚糖、多聚果糖、菊粉、库拉索芦荟凝胶、透明质酸钠、蚌肉多糖。

氨基酸、肽和蛋白质（11种）：γ-氨基丁酸、N-乙酰神经氨酸、茶叶茶氨酸、小麦低聚肽、玉米低聚肽粉、珠肽粉、水解蛋黄粉、初乳碱性蛋白、牛奶碱性蛋白、地龙蛋白、酵母蛋白。

功能性脂质（26种）：顺-15-二十四碳烯酸、丝氨酸磷脂、共轭亚油酸、共轭亚油酸甘油酯、γ-亚麻酸油脂（来源于刺孢小克银汉霉）、DHA藻油、花生四烯酸油脂、中长链脂肪酸食用油、甘油二酯油、茶叶籽油、长柄扁桃油、翅果油、番茄籽油、光皮梾木果油、美藤果油、乳木果油、水飞蓟籽油、盐地碱蓬籽油、盐肤木果油、御米油、元宝枫籽油、牡丹籽油、杜仲籽油、磷虾油、鱼油及提取物、蔗糖聚酯。

矿物质（3种）：乳矿物盐、β-羟基-β-甲基丁酸钙、吡咯并喹啉醌二钠盐。

植物化合物（11种）：竹叶黄酮、二氢槲皮素、叶黄素酯、(3R,3′R)-二羟基-β-胡萝卜素、表没食子儿茶素没食子酸酯、米糠脂肪烷醇、植物甾醇、植物甾醇酯、植物甾烷醇酯、甘蔗多酚、儿茶素。

植物及其提取物（39种）：雪莲培养物、西兰花种子水提物、诺丽果浆、宝乐果粉、玛咖粉、金花茶、茶树花、丹凤牡丹花、杜仲雄花、显脉旋覆花（小黑药）、线叶金雀花、枇杷花、关山樱花、湖北海棠（茶海棠）叶、青线柳叶、乌药叶、辣木叶、显齿蛇葡萄叶、枇杷叶、明日叶、赶黄草、食叶草、木姜叶柯、阿萨伊果、黑果腺肋花楸果、柳叶蜡梅、奇亚籽、白子菜、狭基线纹香茶菜、圆苞车前子壳、短梗五加、人参（人工种植）、蓝莓花色苷、黑麦花粉、文冠果种仁、文冠果叶、油莎豆、桃胶、巴拉圭冬青叶（马黛茶叶）。

藻菌类原料（11种）：裸藻、蛋白核小球藻、盐藻及提取物、雨生红球藻、拟微球藻、球状念珠藻（葛仙米）、茶藨子叶状层菌发酵菌丝体、蛹虫草、广东虫草子实体、蝉花子实体（人工种植）、莱茵衣藻。

乳酸菌和其他菌（19种）：两歧双歧杆菌（R0071）、婴儿双歧杆菌（R0033）、瑞士乳杆菌（R0052）、植物乳杆菌（ST-Ⅲ）、植物乳杆菌（299v）、植物乳杆菌（CGMCC NO.1258）、鼠李糖乳杆菌（MP108）、鼠李糖乳杆菌（R0011）、嗜酸乳杆菌（R0052）、副干酪乳杆菌（GM080、GMNL-33）、弯曲乳杆菌、马乳酒样乳杆菌马乳酒样亚种、清酒乳杆菌、产丙酸丙酸杆菌、乳酸片球菌、戊糖片球菌、马克斯克鲁维酵母、长双歧杆菌长亚种（BB536）、肠膜明串珠菌乳脂亚种。

第一节　功能性碳水化合物

本节简介属于功能性碳水化合物的新食品原料，包括L-阿拉伯糖、塔格糖、1,6-二磷酸果糖三钠盐、异麦芽酮糖醇、低聚半乳糖、低聚甘露糖、低聚木糖、棉籽低聚糖、壳寡糖、阿拉伯半乳聚糖、燕麦β-葡聚糖、酵母β-葡聚糖、β-1,3/α-1,3-葡聚糖、多聚果糖、菊粉、库拉索芦荟凝胶、透明质酸钠、蚌肉多糖，共18种，其中有些具体内容可参考本书第二章。

1. L-阿拉伯糖

L-阿拉伯糖在水果和粗粮的皮壳中含量较为丰富，具有抑制蔗糖吸收、抑制身体脂肪堆积的功效，所以在防治肥胖、高血压、高血脂等疾病方面应用广泛，参见本书第二章第四节的讨论。

2. 塔格糖

塔格糖是一种天然来源的新型单糖，是果糖的一种差向异构体，具有抑制高血糖、改善肠道菌群、不致龋齿等多种生物功效，参见本书第二章第四节的讨论。

3. 1,6-二磷酸果糖三钠盐

1,6-二磷酸果糖三钠盐是一种钠盐，具有明显的抗缺血、耐缺氧作用，能改善机体运动能力。参见本书第二章第四节的讨论。

4. 异麦芽酮糖醇

异麦芽酮糖醇（Isomalt）天然存在于蜂蜜和甘蔗汁中，热稳定性好，对酸碱稳定，不致龋齿，参见本书第二章第五节的讨论。

5. 低聚半乳糖

低聚半乳糖在动物的乳汁中存在微量，在人母乳中含量较多，婴儿体内的双歧杆菌菌群的建立很大程度上依赖母乳中的低聚半乳糖成分。可应用于婴幼儿食品、乳制品、饮料、焙烤食品、糖果等，参见本书第二章第三节的讨论。

6. 低聚甘露糖

低聚甘露糖不被人体胃肠道消化，但可以促进生物体内以双歧杆菌为代表的肠道益生菌群的特异性增殖并抑制有害菌的生长，减少有毒代谢产物的生成，改善人体肠道功能，防止便秘，保护肝脏，抗肿瘤及增强免疫力，参见本书第二章第三节的讨论。

7. 低聚木糖

低聚木糖可以选择性促进肠道双歧杆菌的增殖，其功效强度是其他低聚糖的 $10 \sim 20$ 倍，参见本书第二章第三节的讨论。

8. 棉籽低聚糖

棉籽低聚糖是一种采用物理萃取方式从植物中提取的天然低聚糖，主要成分是棉籽糖。它是除蔗糖外在植物中分布最广的低聚糖，它对植物的生长和发育起重要的作用，同时也是大豆低聚糖的主要成分之一，参见本书第二章第三节的讨论。

9. 壳寡糖

壳寡糖又叫壳聚寡糖、低聚壳聚糖，聚合度在 $2 \sim 20$ 之间，相对分子质量≤3200。它具有壳聚糖所没有的较高溶解度，可全溶于水，容易被生物体吸收利用。壳寡糖具有调节肠道微生态、改善肠道组织形态、增强免疫功能的功效。参见本书第二章第一节的讨论。

10. 阿拉伯半乳聚糖

阿拉伯半乳聚糖为阿拉伯糖与半乳糖组成的中性多糖。阿拉伯半乳聚糖可作为增稠剂、稳定剂、乳化剂、增容剂、上光剂、黏结剂，可以用于乳化香精、用作调味品的基料、调制调味酱等，也可以代替阿拉伯树胶，常用于面条、面包和香肠等。

11. 燕麦 β-葡聚糖

燕麦 β-葡聚糖是存在于燕麦胚乳和糊粉层细胞壁的一种非淀粉多糖。燕麦具有降低血脂和血清胆固醇的作用，对预防和治疗心脑血管疾病以及糖尿病有重要功效，其中的有效成分主要就是燕麦 β-葡聚糖，参见本书第二章第二节的讨论。

12. 酵母 β-葡聚糖

酵母细胞壁含有大量的 β-1,3/1,6-葡聚糖，这是一种水不溶性的有分支聚合物。酵母 β-

葡聚糖具有增强动物免疫力、抗肿瘤、抗感染、抗病毒、降低胆固醇、促进伤口愈合等功能。

13. β-1,3/α-1,3-葡聚糖

β-1,3/α-1,3-葡聚糖属于一种水溶性 β-葡聚糖，是以由 7 个 β-1,3-D-葡萄糖和 2 个 α-1,3-葡萄糖相互连接而成的 9 个 D-葡萄糖为重复单元构成的直链多糖，β-1,3/α-1,3-葡聚糖还具有多种生物功效，如保湿、延缓衰老、增加皮肤弹性、增强机体免疫力、辅助降血糖、降血脂等。

14. 多聚果糖

多聚果糖是从菊苣根中提取得到的一种水溶性膳食纤维。多聚果糖可以预防便秘与结肠癌、降低血液胆固醇、稳定血糖水平，同时还具有调节肠道菌群、增殖双歧杆菌、促进钙的吸收、促进免疫调节、抗龋齿、减少肝脏毒素等功效。

15. 菊粉

菊粉是植物中的储存性多糖，已发现有 36000 多种。菊粉具有控制血脂、降低血糖、促进矿物质吸收、调节肠道微生物菌群、抑制有毒发酵产物的生成、保护肝脏、预防结肠癌、改善肠道健康、防止便秘等功效，参见本书第二章第一节的讨论。

16. 库拉索芦荟凝胶

库拉索芦荟（*Aloe barbadensis* Miller）是百合科芦荟属植物，其凝胶具有杀菌、消炎、抗辐射、抗肿瘤、抗衰老、抗内毒素、免疫调节、补水保湿、营养滋润、抗敏修护、平衡油脂分泌、防斑防痘、延缓衰老、营养头发等生物功效。

17. 透明质酸钠

透明质酸钠是人体内一种固有的成分，是一种聚葡萄糖醛酸，其具有皮肤防晒修复、润滑关节、改善滑液组织的炎症反应、促进关节软骨的愈合与再生等生物活性。

18. 蚌肉多糖

蚌肉多糖是从淡水双壳软体动物三角帆蚌的蚌肉里提取、纯化而得到的一种白色粉末状天然多糖物质，在化妆品方面，其具有皮肤保湿、改善皮肤生理条件、护肤养颜、延缓肌肤衰老、抗皱消炎等作用，作为食品使用具有清热、解毒、护肝等方面的作用。

第二节　氨基酸、肽和蛋白质

本节简介属于氨基酸、肽和蛋白质的新食品原料，包括 γ-氨基丁酸、*N*-乙酰神经氨酸、茶叶茶氨酸、小麦低聚肽、玉米低聚肽粉、珠肽粉、水解蛋黄粉、初乳碱性蛋白、牛奶碱性蛋白、地龙蛋白和酵母蛋白，共 11 种，其中有些具体内容可参考本书第三章。

1. γ-氨基丁酸

γ-氨基丁酸广泛分布于动植物体内，植物如豆属、参属等的种子、根茎和组织液中都含有 γ-氨基丁酸。在动物体内，γ-氨基丁酸几乎只存在于神经组织中。γ-氨基丁酸是目前研究较为深入的一种重要的抑制性神经递质，它参与多种代谢活动，具有很高的生物活性。

2. *N*-乙酰神经氨酸

N-乙酰神经氨酸又称唾液酸，广泛存在于自然界中的碳水化合物，也是许多糖蛋白、糖